朔黄铁路机辆分公司“四大体系”教育培训系列教材

JICHE JIANXIU TIXI

机车检修体系

PEIXUN JIAOCHENG

培训教程

（第2版）（上册）

主编　张朝辉

西南交通大学出版社
·成　都·

图书在版编目（CIP）数据

机车检修体系培训教程：全 3 册 / 张朝辉主编. —
2 版. —成都：西南交通大学出版社，2019.4
ISBN 978-7-5643-6777-0

Ⅰ. ①机… Ⅱ. ①张… Ⅲ. ①机车检修－技术培训－
教材 Ⅳ. ①U269

中国版本图书馆 CIP 数据核字（2019）第 037749 号

朔黄铁路机辆分公司"四大体系"教育培训系列教材

机车检修体系培训教程

（第 2 版）（上中下册）

主编　张朝辉

责任编辑　孟苏成
封面设计　何东琳设计工作室

出版发行　西南交通大学出版社
（四川省成都市二环路北一段 111 号
西南交通大学创新大厦 21 楼）
发行部电话　028-87600564　028-87600533
邮政编码　610031
网　　址　http：//www.xnjdcbs.com

印　　刷　四川玖艺呈现印刷有限公司
成品尺寸　185 mm × 260 mm
总 印 张　76.75
总 字 数　1914 千
版　　次　2019 年 4 月第 2 版
印　　次　2019 年 4 月第 2 次
书　　号　ISBN 978-7-5643-6777-0
套　　价　346.00 元

朔黄铁路机辆分公司“四大体系”教育培训系列教材编纂委员会

《机车检修体系培训教程》
编写人员

主　　编　张朝辉

副 主 编　张树珍

编写人员　罗永君　宁兴良　张晓蓉　郭　林
　　　　　金　明　任　虎　刘克岩　孟　婷
　　　　　李　波　于百齐　李　玲

审　　核　张树珍

序

机辆分公司“机务运用、机车检修、设备维护、综合保障”四大体系建设系列培训教材，经过分公司各部门及编辑人员的共同努力，已于2015年7月付梓成册、出版发行，第1版教材得到了广大读者的充分肯定。为了使本教材能更好地适应分公司持续深化推进四大体系建设、努力打造三个机辆、实现“朔黄重载梦”的发展需要，分公司组织编写团队对教材进行了修订。

本次修订突出“新颖、充实、适用”的编写特点，对机务运用体系、机车检修体系、设备维护体系、综合保障体系教材进行了增、减、换、留，主要是增加了岗位应知应会知识，更新了新技术、新装备、新业务相关知识，调整了部分专业技能知识范围，使教材与工作实践联系更加紧密。修订的教材展现了新时代分公司在“11431”发展战略指引下取得的丰硕成果，也满足了新时期重载铁路技术技能型人才的培训需要。既突出四大体系专业特色，又提高了整套教材的系统性和协调性。

分公司成立16年来，员工培训经历了从“委外为主”到“内培为主、委外为辅”的两个时期，并建立了功能较为齐全、配套较为完善的教育培训基地。2014年10月，机辆分公司教育培训基地被国家铁路局指定为神华集团铁路机车司机考试站朔黄考点，这是设在合资铁路企业的唯一考点。这些成绩的取得，充分说明我们机辆分公司的员工培训工作同逐年增长的运量一样，实现了跨越式发展。

分公司“四大体系”建设系列教材第2版主要供各体系有关工程技术人员和一线员工参考，也可以作为员工教育培训教材。通过对教材的反复使用，不断发现教材中的不足，不断改进和完善，力求使之更加具有可操作性和实用性，方便教学和学习，以更加适应朔黄铁路重载技术发展和高技能人才培养的需要。由于修改时间有限，可能还存在很多暂未发现的瑕疵，欢迎各位同行、读者批评指正。

张朝辉

2018年4月

再版前言

为全面提高分公司检修体系生产岗位操作人员队伍素质，加快推进高技能人才队伍建设，进一步推进检修体系建设，打造“新检修”，满足分公司内部技能培训、学习的需要，我们组织编写了《机车检修体系培训教程》。

本教材以提升检修人员岗位能力为核心，遵循为技能服务的原则，内容包括：电工基础知识、钳工基础知识、量具使用指导书、工具使用指导书、机车检修体系各班组应知应会练习题及答案，突出实践性和应用性。本教材知识面宽、通俗易懂、实用性强，涉及机车检修体系主要工种日常工作的各个生产环节，是职工日常培训的必备书籍，也可以作为员工上岗、转岗、晋级的规范化岗位培训教材，以及检修人员日常工作的参考书。

编写检修体系培训系列教材是一项涵盖范围广、专业性强、技术复杂的系统工程，也是艰苦细致的工作，由于编者水平所限，编写时间仓促，缺乏经验，书中疏漏及不足之处在所难免，恳请各位读者提出宝贵意见和建议。

编　者

2018 年 4 月

第 1 版前言

神华八轴大功率交流传动电力机车是为适应神华铁路运输需求，由神华集团和南车株洲电力机车有限责任公司共同研制的干线货运交流传动电力机车。

该型机车在沿袭 HXD_1 型电力机车基本设计的基础上，在设备国产化和司机操控人性化方面有显著改进：一是使用 DK-2 型制动机和株洲电力机车研究所研发的主变流器，实现了核心设备的国产化；二是采用人性化的司机室设计，司机室的结构和设备布置符合人机工程学的要求和美学原理，便于司机操作和日常的检查维修，提升了操控舒适度。

为了使机务有关运用、检修、技术人员对神华八轴交流电力机车的电气线路、制动系统、机车各部件结构等有一个系统的、完整的了解和进行员工培训，我们特编写了《机车检修体系培训教材（神华号八轴大功率交流传动电力机车）》一书。希望该书成为铁路相关工作者了解学习神华号八轴交流传动电力机车的一本具有价值的参考书。

本书编写过程中，参考了《HXD_1 型电力机车》《神华八轴交流电力机车》以及《神华八轴大功率交流传动电力机车检修手册》等资料，在此对本书参考文献中的有关作者致以诚挚的感谢。

编　者

2015 年 7 月

目录 CONTENTS

第一章　电工基础知识

第一节　基本物理量及电工术语

一、基本物理量

1. 电　流

电荷的定向移动形成电流。电流有大小，有方向。

1）电流的方向

人们规定正电荷定向移动的方向为电流的方向。金属导体中，电流是电子在导体内电场的作用下定向移动的结果，电子流的方向是负电荷的移动方向，与正电荷的移动方向相反，所以金属导体中电流的方向与电子流的方向相反，如图 1-1 所示。

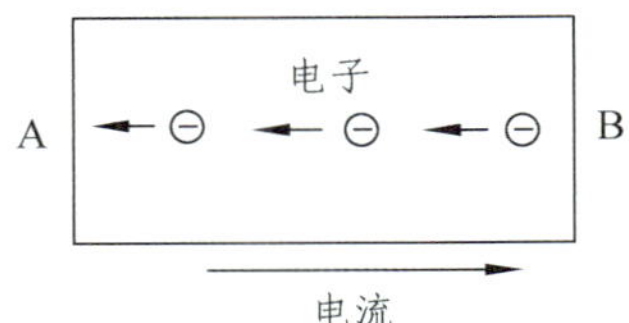

图 1-1　金属导体中的电流方向

2）电流的大小

电学中用电流强度来衡量电流的大小。电流强度就是 1 s 内通过导体截面的电量（见图 1-2）。电流强度用字母 I 表示，计算公式如下：

$$I=\frac{Q}{t}$$

式中　I——电流强度，单位安培（A）；

Q——在 t 秒时间内，通过导体截面的电量数，单位库仑（C）；

t——时间，单位秒（s）。

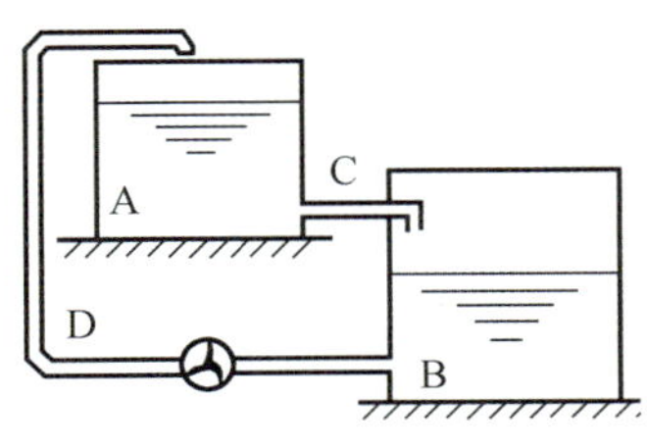

（a）水流的形成

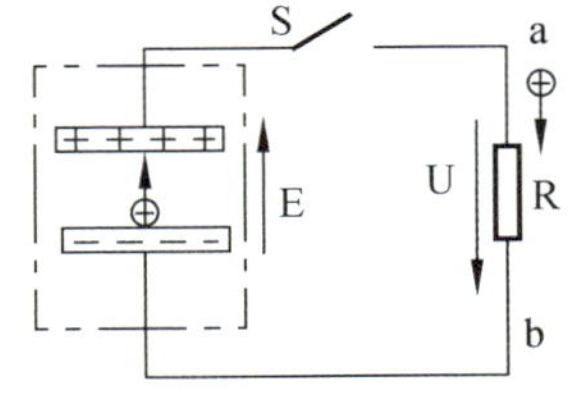

（b）电流的形成

图 1-2　水流和电流形成

实际使用时，人们把电流强度简称为电流。电流的单位是安培，简称安，用字母 A 表示。如果 1 s 内通过导体截面的电量为 1 C，则该电流的电流强度为 1 A。实际应用中，除单位安培外，还有千安（kA）、毫安（mA）和微安（μA）。它们之间的关系为：

$$1\ \text{kA} = 10^3\ \text{A}$$

$$1\ \text{A} = 10^3\ \text{mA}$$

$$1\ \text{mA} = 10^3\ \mu\text{A}$$

2. 电　压

电场内任意两点间的电位差，称为两点间的电压，用 U 表示，它的方向一般规定为高电位指向低电位。

3. 电　阻

电子在导体内移动时，导体阻碍电子移动的能力称为电阻，用 R 或 r 表示。电阻的单位为欧姆，简称欧，用字母 Ω 表示。

如果导体两端的电压为 1 V，通过的电流为 1 A，则该导体的电阻就是 1 Ω。

实验表明，导体的电阻跟导体的长度成正比，跟导体的横截面面积成反比，并与导体的材料有关。对于长度为 L、截面面积为 S 的导体，其电阻为：

$$R = \rho \times L / S$$

式中的 ρ 是与导体的材料有关的物理量，称为电阻率或电阻系数，单位是欧姆·米（Ω·m）。电阻率的大小反映了某种材料导电性能的好坏，电阻率越大，其导电性能越差。另外，温度的高低使导体内阻值亦随之变化，一般情况下，温度高，电阻值大；温度低，电阻值小。

电阻的单位有欧姆（Ω）、千欧（kΩ）、兆欧（MΩ）。换算关系为：

$$1\ \Omega = 10^{-3}\ \text{k}\Omega = 10^{-6}\ \text{M}\Omega$$

导体传导电流的能力称为电导。电导与电阻的含义相反，所以电导的数值是电阻的倒数，即：$1/R$。因此，导体的电导越大，则表明该导体的电阻越小；相反，导体的电导越小，则表明该导体的阻值越大。

4. 电　感

因为变化的电流通过导体或线圈而产生自感电动势，这个自感电动势的大小和导线及线圈形式有关。

当一个线圈通过 1 安（A）的电流可以产生 1 韦伯（Wb）的磁通时，我们就说这个线圈具有 1 亨（H）的电感量。较小的电感单位有毫亨（mH）和微亨（μH）。

$$1\text{亨(H)} = 1\ 000\ \text{mH};\ 1\text{毫亨(mH)} = 1\ 000\ \mu\text{H}$$

二、电子元件及电工术语

1. 电容器

由两片金属导体中间隔着电介质组成的封闭物体叫电容器。两片金属板叫极板，它能储存电荷。如果把电容器的两端接到电源上，则电容就被充电，此时在极板上出现电荷。电容器所带的电荷量与两极板间的电压的比值，称为电容器的电容量，用 C 表示。其表达式为：

$$C = Q/U$$

电容的单位有法拉（F）、微法（μF）及皮法（pF）。

$$1\ \text{F} = 10^6\ \mu\text{F};\ 1\ \mu\text{F} = 10^6\ \text{pF}。$$

1）电容器的分类

电容器的种类很多，一般工业生产上所用的电容器按其结构可以分为固定电容器、可变电容器和半可变电容器 3 种。此外还可以按介质所用材料的不同分为空气电容器、纸介质电容器、云母电容器、金属膜电容器、油质电容器、陶瓷电容器、电解电容器等。一般电解电容器有正负极之分，它的极性是固定的，称为有极性电解电容器，主要供交流电路中使用。

2）电容器额定电压

如果一个电容器两极板间所加的电压高到某一数值时，电容器的介质就会被击穿。电容器被击穿后它的介质从原来不导电变成导电。也就是说介质不再绝缘，该电容器也就不能再使用了（金属膜电容器及空气介质电容器除外），因此电容器的外壳上一般都标有它的额定工作电压值，使用时加在电容器上的电压不应超过它的额定工作电压值。

3）电容器的充电和放电

电容器得电荷的过程叫作充电，失电荷的过程叫作放电。为清楚说明其充、放电的特性，我们可参考充、放电实验电路，如图 1-3 所示。

当电容器 C 与电源并联接通时，电源 E 开始向电容器充电。刚开始电流较大，灯泡 D 较亮。经过一段时间后，灯泡逐渐变暗，直至灯泡不亮，说明电流的变化是从最大逐渐到小，直至变为 0。此时电容器两端的电压等于电源 E 的电压（即 $U_c = E$），这个过程就叫作电容器的充电。

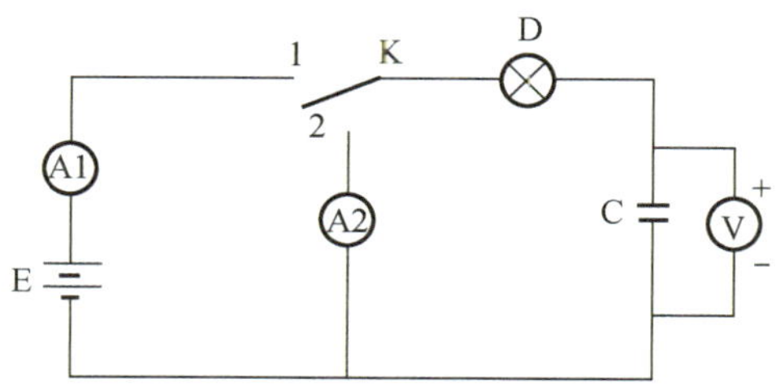

图 1-3　电容器充放电实验电路

电容器充电结束后，将电容器的两端与一个闭合的外电路接通时，电容器就开始放电，此时电流流过灯泡 D，开始时灯泡 D 较亮，逐渐变暗，经过一段时间后不亮了，说明电流是由大变小直至为 0，电容器放电即结束，电容器两端的电压等于零，这个过程就叫作电容器的放电。

如果电容器接通交流电源，由于交流电的大小和方向不断交替变化，使电容器反复进行充放电，使电路中出现持续的交变电流，因此电容器具有“隔直通交”的作用。

4）电容器的两端电压不能突变

电容器两端电压不能突变的原因是由于电容器有一个充电的时间，也有一个放电的时间，所谓充电就是电容器两端刚接上电源开始充电后，随着时间的推移，极板上电荷积聚慢慢增加，电容器两端电压才能建立，并逐渐上升至与电源电压相等。同理，所谓放电，就是电容器极板上两端电荷慢慢中和，所以电容器刚开始放电时，电压 U_c 不能立即降至为零，这个电荷中和的时间就是电容器的放电时间，因此，电容器两端电压的增高或降低是需要一定时间的，这个时间的大小由电容 C 的容量及充、放电电路中的电阻值大小来决定。如图 1-4 所示。

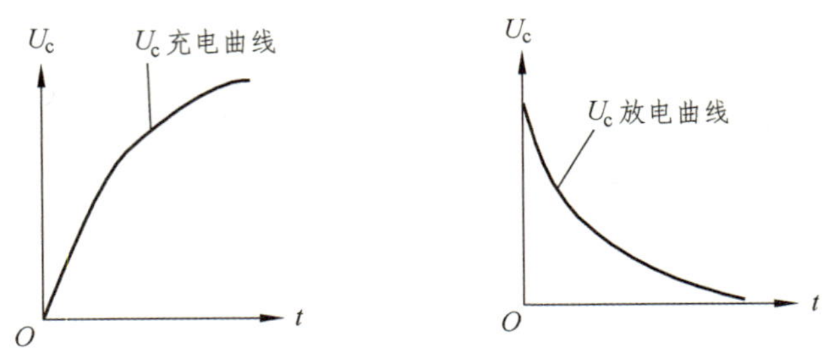

图 1-4 电容器充、放电曲线

2. 短 路

电路中发生不正常接触而使电流通过了电阻几乎等于零的电路称为短路。一般电源被短路时，由于电路电阻极小，因而电流会立即上升到很大值，使电路产生高热，从而使电源、各用电器及仪表等部件损坏。

3. 断 路

使电流中断而不能流通的电路或者状态称为断路。

4. 通 路

电路中电流正常流通称为通路。

5. 二极管

二极管是指具有一个阳极和一个阴极的最简单的电子管，二极管由一个 PN 结构成，具有单向导电性。

6. 三极管

三极管在中文含义里面只是对 3 个引脚的放大器件的统称。三极管顾名思义具有 3 个电极，二极管是由一个 PN 结构成的，而三极管是由两个 PN 结构成，共用的一个电极成为三极管的基极（用字母 b 表示），其他的两个电极为集电极（用字母 c 表示）和发射极（用字母 e 表示），如图 1-5 所示。

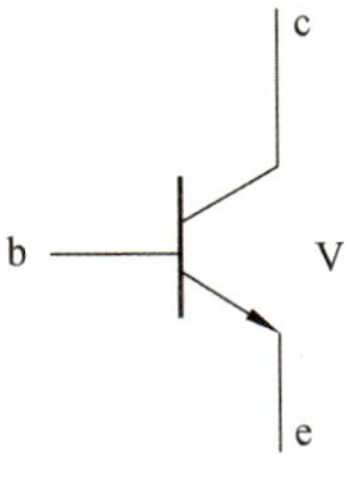

图 1-5 三极管

三极管按 PN 结的结构可以分成 PNP 型三极管与 NPN 型三极管，如图 1-6 所示

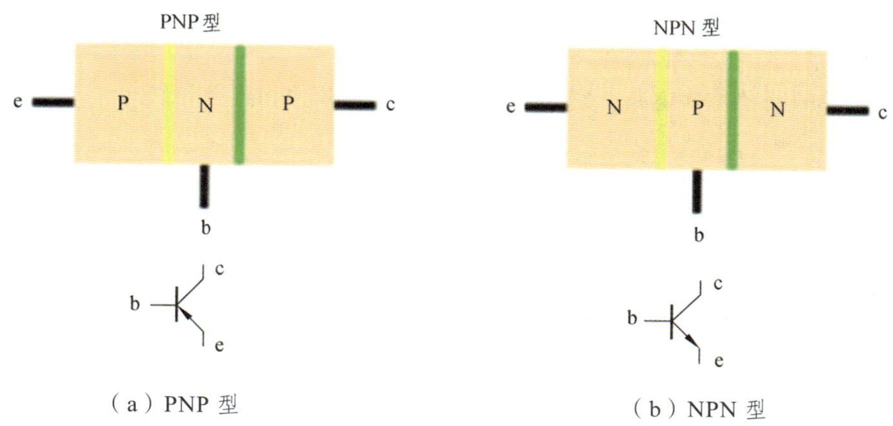

（a）PNP 型　　（b）NPN 型

图 1-6　三极管的结构

7. 晶闸管

可控硅又称晶闸管，是一种新型功率半导体器件，在调压、整流、逆变装置等方面具有广泛用途。它由两层 N 型半导体、两层 P 型半导体相互叠加，形成 3 个 PN 结，具有阳极、阴极和控制极 3 个电极（阳极由最外层 P 型半导体引出，阴极由最外层 N 型半导体引出，控制极由中间 P 型半导体引出）。

晶闸管是由一个 P-N-P-N 4 层（4 layers）半导体构成的，中间形成了 3 个 PN 结，如图 1-7 所示。

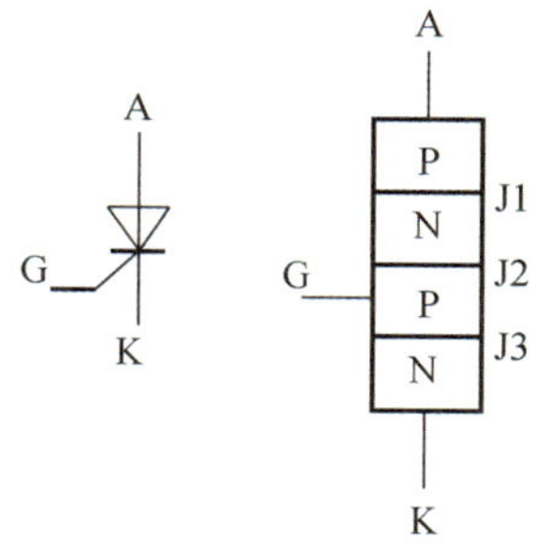

图 1-7　晶闸管

第二节　直流电路

一、欧姆定律

在同一电路中，导体中的电流跟导体两端的电压成正比，跟导体的电阻成反比，这就是欧姆定律。

公式为：

$$I=U/R$$

式中 I、U、R——3 个量是属于同一部分电路中同一时刻的电流强度、电压和电阻。

二、电　路

电流所流过的路径称为电路，它是由电源、负载、开关和连接导线等 4 个基本部分组成的，如图 1-8 所示。

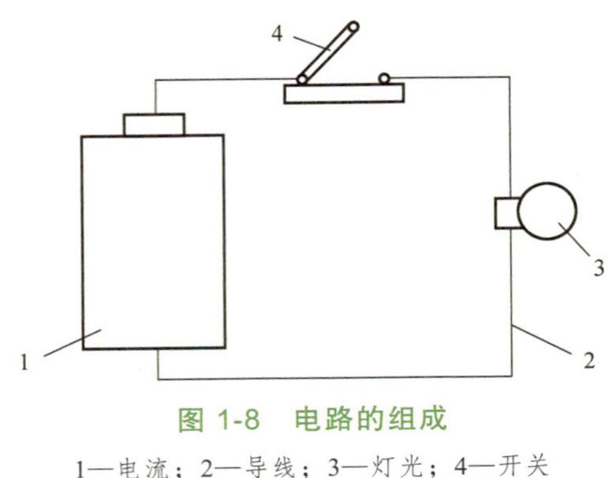

图 1-8　电路的组成

1—电流；2—导线；3—灯光；4—开关

三、电路图

用电路元件符号表示电路连接的图，叫电路图。

电路图是人们为研究、工程规划的需要，用物理电学标准化的符号绘制的一种表示各元器件组成及器件关系的原理布局图。由电路图可以得知组件间的工作原理，为分析性能，安装电子、电器产品提供规划方案。在设计电路时，工程师可从容地在纸上或电脑上进行，确认完善后再进行实际安装。通过调试改进、修复错误，直至成功。采用电路仿真软件进行电路辅助设计、虚拟的电路实验，可提高工程师的工作效率、节约学习时间，使实物图更直观。

SS_{4B} 型电力机车电路图，是用于说明机车在工作过程中电路的逻辑关系、动作原理的。机车根据电气线路主要分为主电路、辅助电路与控制电路三大部分。

四、电阻的串联

在一段电路上，将几个电阻的首尾依次相连所构成的一个没有分支的电路，叫作电阻的串联电路，如图 1-9 所示。

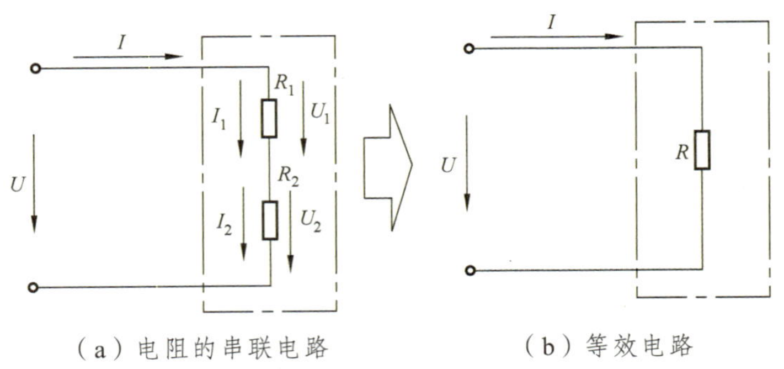

图 1-9　电阻的串联电路及等效电路

电流计算

串联电路电流处处相等：$I_{总}=I_1=I_2=I_3=\cdots=I_n$

电压计算

串联电路总电压等于各处电压之和：$U_{总}=U_1+U_2+U_3+\cdots+U_n$

电阻计算

串联电阻的等效电阻等于各电阻之和：$R_{总}=R_1+R_2+R_3+\cdots+R_n$

五、电阻的并联

将两个或两个以上的电阻两端分别接在电路中相同的两个节点之间，这种连接方式叫作电阻的并联电路，如图 1-10 所示。

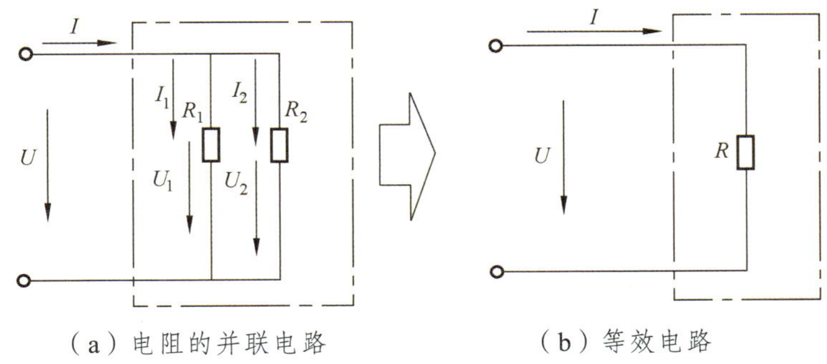

（a）电阻的并联电路　　（b）等效电路

图 1-10　电阻的并联电路及等效电路

电流计算：

$$I_{总}=I_1+I_2+\cdots+I_n$$

即总电流等于通过各个电阻的电流之和。

电压计算：

$$U_{总}=U_1=U_2=\cdots=U_n$$

并联电路各支路两端的电压相等，且等于总电压。

电阻计算：

$$1/R_{总}=1/R_1+1/R_2+\cdots+1/R_n$$

即总电阻的倒数等于各分电阻的倒数之和。

第三节　交流电路

一、单向交流电

在交流发电机的定子上只有一组线圈，所以只能产生一个交变电势，这样的发电机叫作单相交流发电机。单相交流发电机所发出的电，称为单相交流电。

交流电是由交流发电机发出来的，若该磁场的空间是按正弦规律分布的，则导线在磁场中做圆周运动而切割磁力线时，便会产生一种按周期性变化的正弦波电动势。即从零开始逐渐增大到最高，然后又降回零，再按反方向（负值）增至最大值，最后回到零。这就是发电机产生交流电的过程。把这一周期性的电动势用坐标图表示出来，就是正弦波交流电的波形，如图 1-11 所示。

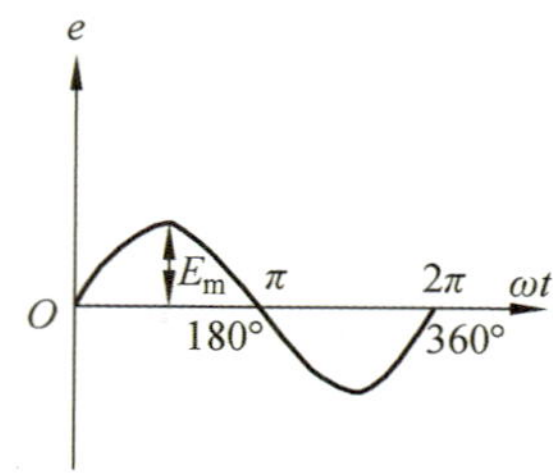

图 1-11　正弦波交流电波型

表达单相正弦交流电的 3 个要素是最大值、频率和初相。单相正弦交流电的函数表达式是：

$$i = I_{\mathrm{m}} \sin(\omega t + \Phi)$$

式中　i——正弦交流电的瞬时值；

I_{m}——正弦交流电的最大值；

ω——以弧度表示的频率称为角频率，$\omega = 2\pi f$；

Φ——正弦交流电的初相位，也就是计时开始的相位，简称初相。

正弦函数简称正弦量。当最大值、频率和初相三者都是已知量时，这个正弦量才能完全确定。

1. 交流电的有效值、最大值和平均值

周期性电流的最大瞬时值叫作最大值，又叫振幅，交流电在半个周期内的平均数值称为平均值。交流电的有效值是为了便于计算，根据热效应相等的原则确定的。当交流电通过电阻 r 所产生的平均热效应与直流电通过同一电阻所产生的平均热效应相同时，这个直流电的大小，就是交流电的有效值。通常各种交流用电设备标出的都是有效值。

正弦交流电的最大值、平均值和有效值之间有如下关系：

$$U_{\text{有效值}} = \frac{1}{\sqrt{2}} U_{\text{最大值}} \qquad I_{\text{有效值}} = \frac{1}{2} I_{\text{最大值}}$$

$$U_{\text{平均值}} = \frac{2}{\pi} U_{\text{最大值}} \qquad I_{\text{平均值}} = \frac{1}{\sqrt{2}} I_{\text{最大值}}$$

2. 交流电的周期、频率

交流电压或电流一次循环所需要的时间叫周期。用字母 T 表示，单位是秒。交流电压或电流每秒钟完成循环的次数叫作频率，用符号 f 表示，单位是周/秒（又叫赫兹）。频率等于周期的倒数，即

$$f = 1/T$$

电机的磁极对数用 p 表示，每分钟转速用 n 表示，它们与频率 f 有如下关系：

$$f = 1/T = pn/60$$

二、三相交流电

3 个频率相同、最大值相等、在相位上彼此相差 120° 的交流电，称为三相交流电，由三相交流电供电的电路叫三相交流电路。

三相三线制是三相交流电源的一种连接方式，从 3 个线圈的始端引出 3 根导线，另将 3 个线圈尾端连在一起，又叫星形接线，这种用引出 3 根导线供电的叫三相三线制，如图 1-12 所示。

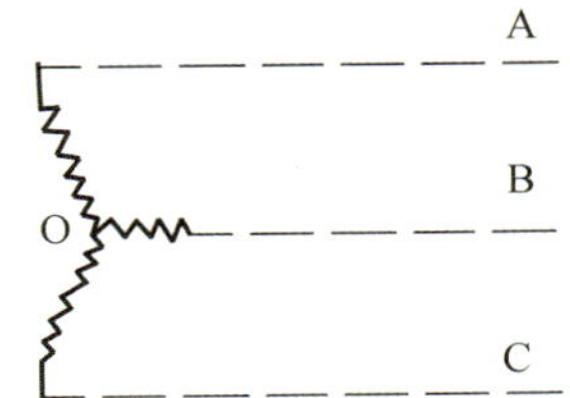

图 1-12　三相三线供电示意图

在星形接线的三相三线中，除从三个线圈端头引出 3 根导线外，还从 3 个线圈尾端的连接点上再引出 1 根导线，这种引出 4 根导线供电的叫三相四线制，如图 1-13 所示。

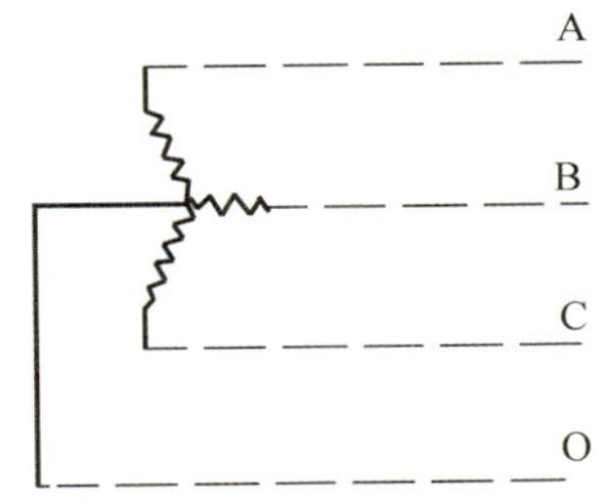

图 1-13　三相四线供电示意图

从三相交流电源的 Y 形接线的中点（即它的 3 个绕组的尾端连接在一起的那一点）引出的导线叫中线或零线。从 3 个绕组的首端引出的三条导线叫相线或火线。

三相交流电中每相绕组始端或末端之间的电压（火线与地线之间的电压），叫作相电压，通常用 $U_{相}$ 或 U_A、U_B、U_C 来表示。每相绕组的始端与另一相绕组始端之间的电压（火线与火线之间的电压）叫线电压，用 $U_{线}$ 或 U_{AB}、U_{BC}、U_{CA} 表示。流过每一相绕组的电流叫相电流，流过火线的电流叫线电流。星形接线的线电流与相电流是相等的。

1. 相电压

在三相四线制供电线路中，火线与中线之间的电压称为相电压。

2. 对称三相电路中，线电压、线电流与相电压、相电流的关系

对于 Y 接电路，线电流等于相电流，线电压是相电压的 $\sqrt{3}$ 倍，且相位超前 30°；对于△

接电路，线电压等于相电压，线电流等于相电流的 $\sqrt{3}$ 倍，且相位超前 30°。

3. 线电压

在三相电路中，火线与火线之间的电压叫线电压。

4. 三相四线制

发电机三相绕组作星形连接时，一般采用 4 根输电线。即 3 根火线和 1 根中线，这种输电方式称为三相四线制。

5. 星形连接

把三相电路中的三相负载分别接到三相四线制电路的每一根火线和中线之间，这种连接方式叫三相负载的星形连接。

6. 三角形连接

把三相负载首尾相接，构成一个闭合回路，再把 3 个接点分别接到三相电路的 3 根火线上，这种连接叫三相负载的三角形连接。

三、电　磁

1. 磁的基本概念

能够吸引铁、镍、钴等金属及它们的合金的性质称为磁性。具有磁性的物体叫作磁体。磁铁是应用最广泛的磁性物体。磁铁有两种，一种是天然磁铁，另一种是人造磁铁。人造磁铁又分永久磁铁和暂时磁铁两种。一般磁铁两端的磁性最强，一端为南极 S，一端为北极 N，而且具有同性相斥，异性相吸的特点。铁、钴、镍及其合金等具有高磁导率的材料通常叫作铁磁材料或铁磁物质。磁铁吸引铁屑和铁块的力叫磁力。

2. 磁力线

磁力作用的线迹称为磁力线。磁力线具有下列特性：

（1）磁铁外部的磁力线总是由北极 N 出发，回到本身的南极 S，或进入邻近磁铁的南极 S。

（2）磁铁内部的磁力线是由南极 S 到北极 N。

（3）磁力线具有力求缩短其长度的倾向。

（4）磁力线永远互不相交。

（5）磁力线是封闭的回线，没有起点和终点。

3. 电流的磁场

在电流的周围存在着磁场，这一现象被称作电流的磁效应。通电直导线所产生的磁场，其磁力线分布是以直导线为中心的许多同心圆；通电螺线管所产生的磁场，其磁力线跟条形磁铁所产生的磁场相似。

电流产生的方向可用安培定则（又称右手螺旋定则）来判断，其具体方法为：

（1）通电直导线：用右手握住导线，使拇指指向电流的方向，那么，其余 4 指所指的方向就是磁力线的方向。如果我们已知导线周围磁力线的方向，也可以用这个定则来确定电流的方向，如图 1-14（a）所示。

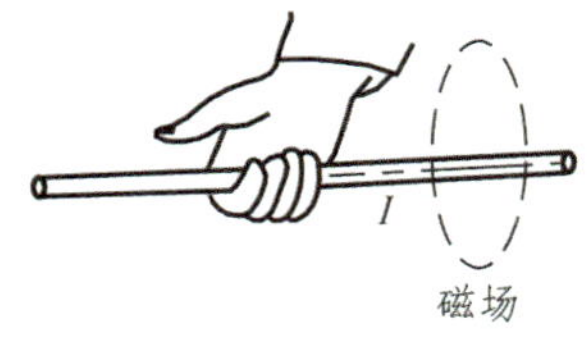

（a）导线的右手定则

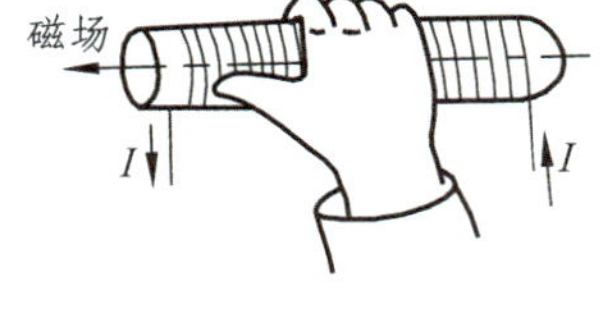

（b）线圈的右手定则

图 1-14　右手螺旋定则

（2）通电螺线管：如图 1-14（b）所示，用右手握住线圈，使 4 指符合电流的方向，那么拇指的指向就是线圈中磁力线的方向。

4. 磁场和磁场强度

磁铁周围由磁力作用达到的范围称为磁场。磁场某点的磁感应强度 B 和同一点上的磁导率 μ 的比值称为该点的磁场力，以 H 表示。用公式表示：$H=B/\mu$。（磁场强度的单位是安/米。）

μ 亦称磁介质的磁导系数，它与磁介质的性质有关，各种不同的磁介质有不同的磁导率。

5. 磁通、磁通密度及相关术语

通过某一平面面积为 S 的磁力线总根数叫磁通，以 Φ 表示。磁场断面内，每一单位面积上磁力线的数目称为磁通密度，也称为磁感应强度，以 B 表示。即：$\Phi=B\cdot S$，Φ 的单位有麦克斯韦（Mx）及韦伯（Wb）两种。

当 B 的单位用韦伯/米^2（$\mathrm{Wb/m^2}$），S 的单位用平方米时，则 Φ 的单位是韦伯（Wb）。

当 B 的单位用高斯（Gs），S 的单位用平方厘米时，则 Φ 的单位是麦克斯韦（Mx）。

各单位的换算关系为：

$$1\text{韦伯/米}^2(\mathrm{Wb/m^2})=10\ 000\text{高斯}(\mathrm{Gs})$$

$$1\text{韦伯}(\mathrm{Wb})=10^8\text{麦克斯韦}(\mathrm{Mx})$$

钢、铁等磁化物质在磁化过程中（即励磁时）磁通或磁通密度最初增加很快，随着磁化物质内部磁性的增加，磁通密度的增长逐渐减慢，最后当磁化力已达很大（某一极限值）时，磁通基本上不再增加，此时称磁化物质已处于磁饱和状态。

对环绕铁磁物质的线圈通以电流使其磁化的现象称为励磁。当把铁磁物质放入通电螺管线圈中磁化后，若把电流切断，这时线圈中的电流磁场将会立即消失，然而磁体内的磁场并不完全消失，而是在相当长的时间内保留着磁性，这种剩下来的磁性称为剩磁。铁磁物质在磁化过程中磁通密度的变化总是落后于磁化力，这种现象叫磁滞。

6. 电磁感应和感应电动势

当导体在磁场内做切割磁力线运动或穿过线圈的磁通量发生变化时，导体或线圈中将产生感应电动势，这种现象称为电磁感应。由于电磁感应而产生的电动势叫感应电动势，感应电动势以 E 表示。产生的电流称为感应电流。

1）产生感应电动势的原因

导体在磁场中做切割磁力线运动时，导体中的自由电子因磁场力的作用而沿导线向一定方向移动，其结果使导体的一端聚集着较多的自由电子而呈现出负电荷；另一端则由于失去

电子后而呈现出正电荷，导体两端因出现这些电荷而产生了电位差，这就是导体上的感应电动势。

2）与感应电动势大小有关的因素

导体中感应电动势的大小与下面几个因素有关：

（1）与切割磁力线的导体的有效长度 L 成正比。

（2）与切割磁力线的导体的运动速度 v 成正比。

（3）与磁场的磁通密度 B 的大小成正比。

（4）与导体切割磁力线的角度有关：当导体的运动方向与磁力方向垂直时，感应电动势最大；导体的运动方向与磁力线相平行，感应电动势为零（因此时已不切割磁力线）。

- 右手定则

感应电动势的方向用“右手定则”来确定，右手定则也称发电机定则，用来确定导体切割磁力线所产生的感应电动势的方向。此时，应伸开右手掌，4 指并拢与拇指垂直在同一平面，当手心对着磁力线的方向（磁力线穿入手心），并使大拇指指示导线移动的方向，则伸直的四指就指示感应电动势方向（如导线呈闭合回路就是感应电流方向）。

- 左手定则

通电的导线放在磁场内，受到磁力的作用产生磁力矩使导线移动。导线移动的方向可以用左手定则决定：将左手掌伸开于磁场内，4 指并拢与拇指垂直于同一平面，手心向着北极（N），如 4 指表示导线中电流的方向，这时拇指所指方向为导线运动的方向。左手定则也称电动机定则。

7. 自感和互感

自感是在一个闭合的回路中，当通过的电流方向或大小发生变化时，在导体周围所产生的磁场也发生变化，这种因变化的磁通而使本回路同时产生感应电动势的现象称自感现象，产生的电动势称为自感电动势。

自感电动势的方向可用楞次定律来确定。当回路中电流增大时，由它产生的磁通也相应增加，此时自感电动势的方向阻碍磁通的增加，也就是与回路电流方向相反。当回路中电流减小时，引起磁通减少，其自感电动势阻碍着磁通减小，也就是与回路电流方向相同，所以由于自感电势的存在，结果使回路中在接通电路的瞬间电流不能立即增大到最大值。而当切断电路时，电流却不能立即降到零（需要经过一段时间）。

自感电动势的大小决定于磁通变化的速度，这种变化速度除与电流变化速度有关外，还与原有磁场情况有关，如在线圈匝数较多，或在线圈中加入铁心时，则可产生较高的自感电动势。

若有两个线圈彼此靠近，形成两个独立回路，其中一个回路通过变化的电流，线圈周围产生变化的磁场，这个磁场切割着相邻线圈，使相邻线圈同时产生感应电动势，这种现象称为互感现象，其电动势称为互感电动势。

- 楞次定律

在一个闭合的线圈回路中，如果有一个变化的电流或磁场对它作用，线圈内就产生感应电动势。这个感应电动势产生的感应电流阻碍着线圈原电流的变化。也就是说当电流或磁通要增加或减少时，感应电流要产生新的磁通去反抗它增加或减少，这个规律就叫楞次定律。

8. 涡　流

在电工技术中，经常用铁磁材料作为电机电器的铁心磁路，当外面绕着的线圈中的电流变化时，铁心中的磁通也随着变化，因此铁心中产生感应电动势。因为铁磁材料也呈导电体，所以在铁心中便有闭合的感应电流产生。这个产生在铁心内部的感应电流往往是以磁通轴线为中心，呈涡形分布，为了与一般导线上的感应电流相区别，故称涡流。在电机、变压器等许多电气设备中，不希望在铁心中有涡流，因为涡流的存在将使铁心发热，产生热损耗，同时使磁场削弱，因而使电机、变压器的效率降低，容量减少与寿命缩短，所以应该设法避免涡流。为了减少涡流损失，一般在电机、电器中通常采用涂有绝缘漆的薄硅钢片叠成铁心，增大了涡流的路径与回路电阻，并分散了涡流，把涡流损耗限制在允许的范围内。涡流有不利的一面，但也有可利用的一面。例如电工仪表中，利用磁场对涡流的力效应制成阻尼器，在工业生产中还利用涡流的发热拆装一些齿轮、轴套等工件。

第四节　常用知识

一、继电器

继电器（Relay），也称电驿，是一种电子控制器件，它具有控制系统（又称输入回路）和被控制系统（又称输出回路），通常应用于自动控制电路中，它实际上是用较小的电流去控制较大电流的一种“自动开关”，故在电路中起着自动调节、安全保护、转换电路等作用。继电器线圈在电路中用一个长方框符号表示，如果继电器有两个线圈，就画两个并列的长方框。

1. 中间继电器

中间继电器在控制电路中作为逻辑传递的一个环节，用于增加信号数量、量值放大以及开闭逻辑状态转换。SS_{4B} 型电力机车上常用的两种型号为：JZ15-44Z（4 常开 4 常闭型），JZ15-62Z（6 常开 2 常闭型）。

2. 时间继电器

1）断电延时时间继电器

所谓断电延时时间继电器就是在时间继电器的工作电压断开后开始延时动作，其工作过程如下：时间继电器通电后内部磁保持继电器从常闭接点转换到常开接点并保持；在用户将时间继电器电源关闭后时间继电器开始延时动作，此时接点继续保持状态；时间继电器的延时时间到后接点从常开转换回常闭形成一个回归并等待下一次的延时。断电后为了能让时间继电器能得到很好的延时所以断电延时继电器的 IC 必须采用低功耗集成电路,内部需有大电容作为电压蓄能。总体来说内部需要两个电容器做蓄能工作，一个电容所蓄能的电能需要给集成电路供电并需要提供足够的电能，否则集成电路在计时时间还没有到达就失去电能而停止了计时工作就达不到用户所设定的目的了。另一个电容提供磁保持继电器在接受集成电路因为延时时间到达后输出的控制信号以驱动磁保持继电器能回归到初始状态。

2）电子式时间继电器

电子式时间继电器又称半导体时间继电器，是利用半导体元件做成的时间继电器，具有适用范围广、延时精度高、调节方便、寿命长等一系列的优点，被广泛应用于自动控制系统中。半导体延时电路大致可分为阻容式（电阻与电容构成）和数字式两大类。如果延时电路的输出是有触点的继电器则称为触点输出，若输出是无触点元件则称为无触点输出。

3. 接地继电器

接地继电器线圈接零序电流互感器（电缆式，母线式，或者由 3 个相电流互感器组成的零序电流滤过器）。当被保护电机的零点经阻抗接地时继电器接入变流器的差动回路。当继电器接入由 3 个电流互感器组成的零序电流滤过器时，还应接入闭锁继电器，以防止由于外部穿越性短路不稳定电流可能引起的误动作。

SS_{4B} 型电力机车采用 TJJ2—18/20 接地继电器用于主电路接地保护。TJJ2 系列电磁继电器，主要由电磁系统，触头系统，指示器，接线端子及有机玻璃罩等组成，组装在由酚醛玻璃纤维压制成的底板上。

TJJ2 系列继电器的磁系统为拍合式并带有吸引线圈，指示器带有恢复线圈及螺管式磁路，有两对主触头和一对联锁触头，都为桥式双断点，主触头由衔铁控制，联锁触头由指示杆带动。

TJJ2—18/20 接地继电器的工作过程：

正常工作状态，红色指示杆埋在罩内，继电器处于无电释放状态。一旦发生接地故障时，在电磁吸力的作用下，衔铁被吸合，其主触头进行分合转换，开闭有关控制电路，使主断路器分断从而达到保护的目的，与此同时，衔铁压下钩子的尾部，迫使钩子转开，使红色指示杆脱扣并在弹簧的作用下跳出外罩显示动作信号，这是一种机械式信号，同时联锁触头也随之闭合，接通信号灯，在司机台上显示相应信号。

当故障消失后，衔铁又在反力弹簧作用下返回。但此时红色指示杆未能回复罩内，司机台上的信号灯也未能熄灭。只有通过主断路器“合”按钮的恢复电路环节，使恢复线圈短时得电，将指示杆吸入，联锁触头断开，继电器才又恢复正常状态。

4. 过流继电器

过流继电器用以保护电路电气设备不致因电流过大而损坏。SS_{4G} 型电力机车上选用 JL14—5/2 型电流继电器（车上代号 101KC）与高压电流互感器（车上代号 7TA）配合作主电路原边过流保护，选用额定电流 2 800 A 电流继电器（车上代号 282KC）直接作辅助电路过流保护。

JL14 系列继电器采用拍合式电磁结构。磁系统由磁轭、铁心、衔铁组成。铁心端的衔铁上装有非磁性垫片，利用调整非磁性垫片的厚薄来调节继电器的释放电流值。当继电器线圈中通过的电流达到动作值时，衔铁动作，带动触头组开闭，最后使主断路器分断。

二、接触器

接触器分为交流接触器（电压 AC）和直流接触器（电压 DC），应用于电力、配电与用电。接触器广义上是指工业电中利用线圈流过电流产生磁场，使触头闭合，以达到控制负载的电器。

电磁接触器在电力机车上的作用是操纵辅助电路或控制电路中负载的接通或断开。SS_{4B}

型电力机车辅助电路主要采用三相电磁接触器，控制电路采用直流电磁接触器，这两类接触器都是通用性电器。

三、自动开关（脱扣）

自动开关又称自动空气开关。当电路发生严重过载、短路以及失压等故障时，能自动切断故障电路，有效地保护串接在它们后面的电气设备。在正常情况下，自动开关也可以不频繁地接通和断开电路及控制电动机直接起动。因此，自动开关是低压电路常用的具有保护环节的断合电器。

SS_{4B}型电力机车辅助电路采用 TO-100BA 型及 TO-225BA 型三相自动开关进行保护。该型自动开关是一种集电磁保护与热动保护于一体的自动分断故障电路的开关。自动开关具有过载和短路保护装置，能对电路中辅机进行过载和短路保护，自动切断故障电路。通过自动开关上的辅助联锁，可对辅机的工作状态进行监视，自动开关动作后不必更换内部零件就可继续使用。

四、电空接触器

电空接触器是一种通过控制电源的接通与断开，从而打开与切断压缩空气的通断来控制其主触头的接通与断开的一种电气设备。电空接触器是一种典型的通过低压电来控制高压电的控制方式。

SS_{4B} 型电力机车使用了 3 种型号电空接触器，即直流 TCK7F-1000/1500 型、TCK1-400/1500 型、TCK7G-1000/1500 型，前者用于主电路牵引电机回路中，TCK1 型用于磁场削弱回路，后者安装在励磁电路中。

五、闸刀开关

闸刀开关是一种用于对开路的超导接通或切断的机械式开关，闸刀开关必须在接通支路断电情况下方可进行转手动转换，其本身没有灭弧能力。

SS_{4B}机车上常用的闸刀开关有主电路中用于隔离牵引电机支路的闸刀开关（19QS\29QS\39QS\49QS），用于机车入库主电路的闸刀开关（20QS\50QS），用于机车主电路耐压试验的闸刀开关（10QP\60QP），用于机车辅助回路中辅助回路入库的闸刀开关（235QS）等。

六、高压隔离开关

隔离开关，即在分位置时，触头间有符合规定要求的绝缘距离和明显的断开标志；在合位置时，能承载正常回路条件下的电流及在规定时间内异常条件（例如短路）下的电流的开关设备。

隔离开关（俗称“刀闸”），一般指的是高压隔离开关，即额定电压在 1 kV 及其以上的隔离开关，通常简称为隔离开关，是高压开关电器中使用最多的一种电器，它本身的工作原理及结构比较简单，但是由于使用量大，工作可靠性要求高，对变电所、电厂的设计、建立和安全运行的影响均较大。隔离开关的主要特点是无灭弧能力，只能在没有负荷电流的情况下分、合电路。隔离开关用于各级电压，用作改变电路连接或使线路或设备与电源隔离，它没有断流能力，只能先用其他设备将线路断开后再操作。一般带有防止开关带负荷时误操作的联锁装置，有时需要销子来防止在大的故障的磁力作用下断开开关。

SS_{4B}机车车顶上安装有高压隔离开关，用于当一节车车顶电器出现故障需要切单节维持运行时，在机车断电降弓的条件下切断两车车顶高压回路的连接。

第二章　电工应知应会练习题

第一节　机车电工（包修组）应知应会练习题

一、单选题

1. HXD1 型交流机车检修周期 C1 修为（　　）万千米。
A. 6.5 ~ 7.5　B. 7.5 ± 0.5　C. 7.5 ± 0.7

2. 神八机车，只能在（　　）工况进行定速控制。
A. 向前牵引　B. 向后牵引　C. 向前或向后牵引

3. 电力机车蓄电池组中各蓄电池采用（　　）方式。
A. 串联　B. 并联　C. 混联　D. 串联或并联

4. 机车蓄电池提供的是（　　）。
A. 交流电　B. 直流电
C. 交、直流电均可　D. 正弦交流电

5. SS_{4B}/SS_{4G} 型机车检修周期辅修为（　　）万千米。
A. 7.5 ± 0.6　B. 7.5 ± 0.5　C. 7.5 ± 0.7

6. SS_{4B}/SS_{4G} 型机车检修周期小修为（　　）万千米。
A. 15 ×（1 ± 10%）　B. 16 ×（1 ± 10%）
C. 17 ×（1 ± 10%）

7. SS_{4B}/SS_{4G} 型机车检修周期中修为（　　）万千米。
A. 56 ×（1 ± 10%）　B. 55 ×（1 ± 10%）
C. 57 ×（1 ± 10%）

8. SS_{4B}/SS_{4G} 型机车检修停时小修停时（　　）小时。
A. 36　B. 48　C. 50　D. 72

9. 控制电源柜 AC/DC 模块的作用是（　　）。
A. 将单相交流 220 V 电源变为直流 110 V 电源，并为蓄电池充电
B. 将直流 110 V 电源变为直流 48 V 电源
C. 将直流 110 V 电源变为直流 24 V 电源
D. 将直流 110 V 电源变为直流 15 V 电源

10. 神八机车牵引变压器的牵引绕组额定容量是（　　）。
A. 4 × 1 320 kV · A　B. 4 × 1 040 kV · A
C. 4 × 1 120 kV · A　D. 4 × 1 024 kV · A

11. 神八电力机车牵引变流器的牵引绕组额定电压是（　　）。

A. AC 950 V/50 Hz　　B. AC 970 V/50 Hz

C. AC 1 000 V/50 Hz　　D. AC 980 V/50 Hz

12. 神八电力机车控制电源柜额定输入电压是（　　）。

A. 3AC 440 V（60 Hz）　　B. 3AC 380 V（60 Hz）

C. 3AC 440 V（50 Hz）　　D. 3AC 380 V（50 Hz）

13. 神八机车辅照灯/标志灯电源采用（　　）。

A. 110 V　　B. 24 V　　C. 48 V　　D. 15 V

14. SS_{4B}型机车小、辅修范围中规定主变压器必须化验油的修程为（　　）修修程。

A. 小修　　B. 双小　　C. 辅修

15. SS_{4B}型机车小、辅修范围中规定牵引电机必须对轴承加油的修程为（　　）修修程。

A. 小修　　B. 双小　　C. 辅修

16. SS_{4B} 型机车小、辅修范围中规定牵引电机必须测量绝缘电阻的修程为（　　）修修程。

A. 小修　　B. 双小　　C. 辅修

17. SS_{4B} 型机车小、辅修范围中规定牵引电机必须打开接线盒检查的修程为（　　）修程。

A. 小修　　B. 双小　　C. 辅修

18. SS_{4B}/SS_{4G}型机车将入中修的 4 小机车按（　　）修程进行检修，不镟轮。

A. 单小　　B. 双小　　C. 辅修

19. SS_{4B}/SS_{4G}型机车将入大修的 4 小、5 小机车按（　　）修程进行检修，并进行镟轮。

A. 单小　　B. 双小　　C. 辅修

20. SS_{4B}型机车小、辅修范围中规定主变压器在（　　）时必须吹扫主变压器散热器。

A. 单小修程　　B. 双小修程

C. 辅修修程　　D. 春检

21. SS_{4B}型机车小、辅修工艺中规定牵引电机绝缘测试采用（　　）V 兆欧表。

A. 500　　B. 1 000　　C. 2 500

22. SS_{4B}型机车小、辅修工艺中规定牵引电机换向器面凹凸量不大于（　　）mm。

A. 0.01　　B. 0.5　　C. 1.4　　D. 1.2

23. SS_{4B}型机车小、辅修工艺中规定牵引电机小修补油，传动端（　　）g。

A. 80　　B. 90　　C. 100　　D. 120

24. SS_{4B}型机车小、辅修工艺中规定牵引电机同一电机（　　）要使用同一厂家同一型号的电刷。

A. 不一定　　B. 一定　　C. 可以混用　　D. 以上都可以

25. SS_{4B}型机车小、辅修工艺中规定牵引电机电刷与换向器接触面积不小于（　　）%。

A. 50　　B. 60　　C. 70　　D. 80

26. SS_{4B} 型机车小、辅修工艺中规定牵引电机电刷长度小于（　　）mm 时应更新。

A. 10　　B. 30　　C. 50　　D. 60

27. SS_{4B} 型机车小、辅修范围中规定主变压器瓷瓶表面缺损面积大于（　　）mm^2 时，须更新。

A. 30　　B. 20　　C. 10　　D. 5

28. SS_{4B} 型机车小、辅修范围中规定主变压器干燥剂变色大于总量（　　）时，应更新干燥剂。

A. 三分之一　　B. 三分之二　　C. 四分之一　　D. 二分之一

29. SS_{4B} 型机车小、辅修范围中规定主变压器干燥器下部油杯，内变压器油应盛满油杯的（　　）左右。

A. 三分之一　　B. 三分之二　　C. 四分之一　　D. 二分之一

30. SS_{4B} 型机车小、辅修工艺中规交流辅机中制动风机加油量为（　　）g。

A. 10　　B. 12　　C. 20　　D. 40

31. SS_{4B} 型机车小、辅修工艺中规交流辅机中绝缘测试采用（　　）V 兆欧表。

A. 500　　B. 1 000　　C. 1 500　　D. 2 500

32. SS_{4B} 型机车小、辅修工艺中规交流辅机中绝缘测试测量交流辅机绕组对地及绕组间的绝缘不小于（　　）MΩ。

A. 10　　B. 12　　C. 20　　D. 40

33. SS_{4B} 型机车小、辅修范围中规定（　　）修程测量制动电阻对地绝缘电阻值。

A. 辅修　　B. 小修　　C. 中修　　D. 大修

34. SS_{4B} 型机车小、辅修范围中规定（　　）时候对空调室外机组进行吹扫。

A. 春鉴　　B. 小修　　C. 辅修　　D. 秋整

35. SS_{4B} 型机车小、辅修范围中规定（　　）时对司机室空调进风口滤网进行清洗。

A. 春鉴　　B. 小修　　C. 辅修　　D. 秋整

36. SS_{4B} 型机车小、辅修范围中规定热风机组试验及检查其工作状态为每年的（　　）。

A. 9 月 15 日～次年 4 月 15 日　　B. 8 月 15 日～次年 4 月 15 日

C. 10 月 15 日～次年 4 月 15 日　　D. 12 月 15 日～次年 4 月 15 日

37. SS_{4B} 型机车小、辅修范围中规定空调机组试验及检查其工作状态为每年的（　　）。

A. 1 月 15 日～9 月 15 日　　B. 2 月 15 日～9 月 15 日

C. 4 月 15 日～9 月 15 日　　D. 4 月 15 日～11 月 15 日

38. SS_{4B} 型机车小、辅修范围中规定在（　　）时，检查调压阀，排空 BVAC 储风缸。

A. 春鉴　　B. 小修　　C. 辅修　　D. 秋整

39. SS_{4B} 型机车高压电压互感器为（　　）。

A. 油式　　B. 干式　　C. 混用

40. SS_{4B} 型机车小、辅修范围中规定干式高压电压互感器在（　　）修程中开盖检查并测量熔断器。

A. 双小　　B. 小修　　C. 辅修　　D. 秋整

41. SS_{4B} 型机车小、辅修范围中规定干式高压电压互感器在双小修程中开盖检查并测量（　　）。

A. 熔断器　　B. 线路　　C. 外壳

42. SS_{4B} 型机车小、辅修范围中规定两位置转换开关在（　　）修程中传动风缸给油。

A. 双小　　B. 小修　　C. 辅修　　D. 秋整

43. SS_{4B} 型机车小、辅修范围中规定在（　　）修程中车顶导电杆连接线防护盒打开检查。

A. 双小　　B. 小修　　C. 辅修　　D. 秋整

44. SS_{4B} 型机车小、辅修工艺中规定软连接线安装牢固，折损面积不超过原形的（　　）%，接触部无烧伤。

A. 2　　B. 5　　C. 10

45. SS_{4B} 型机车小、辅修工艺中规定合车后检查两台高压连接器的状态，高低不大于（　　）mm，最大退程为 240 mm。

A. 5　　B. 10　　C. 30　　D. 50

46. SS_{4B} 型机车小、辅修工艺中规定高压隔离开关闭合过程中（　　）面同时接触。

A. 上　　B. 下　　C. 上下

47. SS_{4B} 型机车小、辅修工艺中规定高压隔离开关闸刀接触部涂少量（　　）。

A. 凡士林　　B. 黄油　　C. 压缩机油

48. SS_{4B} 型机车小、辅修工艺中规定干式高压电压互感器底座安装螺丝紧固，底架无锈蚀，如有锈蚀进行（　　）处理，锈蚀严重进行更换处理。

A. 刷漆　　B. 喷漆　　C. 不用

49. SS_{4B} 型机车小、辅修工艺中规定电控接触器灭弧罩石棉板无裂纹及严重缺损，壁厚不小于原形的（　　）。

A. 1/2　　B. 1/5　　C. 2/3　　D. 1/4

50. SS_{4B} 型机车小、辅修工艺中规定电容无膨胀、渗油现象，测量 71C、72C、81C、82C 电容值不得小于（　　）μF。

A. 10　　B. 15　　C. 20　　D. 25

51. SS_{4B} 型机车小、辅修工艺中规定 TSG15G 型受电弓升弓时间为（　　）。

A. 2 ~ 6 s　　B. 6 ~ 10 s　　C. 10 ~ 11 s

52. SS_{4B} 型机车小、辅修工艺中规定 TSG15G 型受电弓降弓时间为（　　）。

A. ≤4 s　　B. ≤6 s　　C. ≤8 s　　D. ≤10 s

53. SS_{4B} 型机车小、辅修工艺中规定 TSG15G 型受电弓静态接触压力为（　　）。

A.（50±10）N　　B.（70±10）N
C.（80±10）N　　D.（90±10）N

54. SS_{4B}型机车小、辅修工艺中规定 TSG15G 型受电弓滑板厚度不低于（　　）。
A. 25 mm　　B. 27 mm　　C. 28 mm　　D. 29 mm

55. SS_{4B}型机车小、辅修工艺中规定 CED180 型受电弓降弓时间不大于（　　）。
A. 2 s　　B. 4 s　　C. 6 s　　D. 8 s

56. SS_{4B}型机车小、辅修工艺中规定 CED180 型受电弓静态接触压力为（　　）。
A.（50±10）N　　B.（70±10）N
C.（80±10）N　　D.（90±10）N

57. SS_{4B}型机车小、辅修工艺中规定 CED180 型受电弓滑板厚度不低于（　　）。
A. 25 mm　　B. 27 mm　　C. 28 mm　　D. 29 mm

58. SS_{4B}型机车小、辅修工艺中规定 CED180 型受电弓升弓时间不大于（　　）。
A. 2 s　　B. 5.4 s　　C. 6 s　　D. 8 s

59. SS_{4B}型机车小、辅修工艺中规定 CED180 型受电弓自动降弓装置基本调试，受电弓的 ADD 控制阀不应经常试验，在更换滑板时，检验 ADD 性能，即将受电弓升起 0.6 m，打开试验阀，受电弓应（　　）（必须注意安全）。
A. 缓慢下降　　B. 迅速降下　　C. 下降

60. SS_{4B}型机车小、辅修工艺中规定 CED180 型受电弓升弓时间应不大于 5.4 s，且（　　）受电弓有任何回跳。
A. 允许　　B. 不允许　　C. 都可以

61. SS_{4B}型机车小、辅修工艺中规定 CED180 型受电弓降弓时间应不大于 4 s，且（　　）有引起损坏的冲击。
A. 允许　　B. 不允许　　C. 都可以

62. SS_{4B}型机车小、辅修工艺中规定 TSG15G 型受电弓额定工作压力（供风）为（　　）kPa。
A. 300　　B. 550　　C. 580　　D. 600

63. SS_{4B}型机车小、辅修工艺中规定 CED180 型受电弓气囊额定工作压力为（　　）。
A. 0.16 MPa　　B. 0.36 MPa　　C. 0.56 MPa

64. SS_{4B}型机车小、辅修范围中规定机车双小修程不下车的部件是（　　）。
A. 主司控　　B. 电空制动控制器
C. 主台扳钮箱　　D. 副台扳钮箱

65. SS_{4B}型机车小、辅修范围中规定（　　）修程测量蓄电池单节电压。
A. 双小　　B. 小修　　C. 辅修　　D. 每次

66. SS_{4B}型机车小、辅修范围中规定发生蓄电池亏电必须进行（　　）。
A. 补充充电　　B. 快速充电　　C. 浮充电

67. SS_{4B} 型机车小、辅修范围中规定（　　）检查壁炉、脚炉、窗加热状态及联线绝缘状态。

A. 双小　　B. 小修　　C. 辅修　　D. 冬季每次

68. SS_{4B} 型机车小、辅修范围中规定仪表（　　）修程中总风表、列车管表必须进行效验。

A. 双小　　B. 小修　　C. 辅修　　D. 冬季每次

69. SS_{4B} 型机车小、辅修范围中规定仪表电表校验周期为（　　）个月。

A. 4　　B. 5　　C. 7　　D. 9

70. SS_{4B} 型机车小、辅修范围中规定电源柜（　　）修程打开后盖进行检查。

A. 双小　　B. 小修　　C. 辅修　　D. 冬季每次

71. SS_{4B} 型机车小、辅修范围中规定（　　）时对主变风机滤网进行清洗。

A. 春鉴　　B. 秋整　　C. 小修　　D. 辅修

72. SS_{4B} 型机车小、辅修范围中规定主断路器防护罩（　　）期间安装，“春鉴”期间拆卸并妥善保存。

A. 春鉴　　B. 秋整　　C. 小修　　D. 辅修

73. SS_{4B} 型机车小、辅修范围中规定主断路器防护罩“秋整”期间安装，（　　）期间拆卸并妥善保存。

A. 春鉴　　B. 秋整　　C. 小修　　D. 辅修

74. SS_{4B} 型机车小、辅修范围中规定无线重联同步操控通信单元在（　　）修程测试 400K、800M 电台电性能。

A. 春鉴　　B. 秋整　　C. 小修　　D. 双辅修

75. SS_{4B} 型机车小、辅修范围中规定无线重联同步操控通信单元在（　　）修程更新分相预备按钮。

A. 春鉴　　B. 秋整　　C. 小修　　D. 中修

76. SS_{4B} 型机车小、辅修工艺中规定 JZ15 型中间继电器检修测试线圈电阻值为（　　）。

A. 0.5 kΩ　　B. 1 kΩ　　C. 2 kΩ　　D. 2.5 kΩ

77. SS_{4B} 型机车小、辅修工艺中规定 JZ15 型中间继电器检修触头开距应不小于（　　）mm。

A. 2　　B. 3　　C. 3.5　　D. 4

78. SS_{4B} 型机车小、辅修工艺中规定 JZ15 型中间继电器检修触头超程不小于（　　）mm。

A. 2.5　　B. 2　　C. 3　　D. 3.5

79. SS_{4B} 型机车小、辅修工艺中规定电磁接触器联锁接触电阻阻值（　　）Ω。

A. 小于 10　　B. 大于 10

C. 小于 15　　D. 大于 15

80. SS_{4B}型机车小、辅修工艺中规定各闸刀检修时各闸刀光洁，无烧痕，动刀片转动自如，接触线长不小于（　　）%，夹力适当。

A. 60　　B. 70　　C. 80　　D. 90

81. SS_{4B}型电力机车小、辅修工艺中规定低压柜移相电容不得小于（　　）μF。

A. 20　　B. 30　　C. 40　　D. 50

82. SS_{4B}型电力机车大修后牵引通风机三相自动开关的整定值为（　　）。

A. 75A　　B. 100A　　C. 125A　　D. 130A

83. SS_{4B}型电力机车小、辅修工艺中规定主司机控制器检修测量电位器阻值，阻值最大时符合（　　）。

A. $50\times(1\pm15\%)\ \Omega$　　B. $150\times(1\pm15\%)\ \Omega$

C. $250\times(1\pm15\%)\ \Omega$　　D. $350\times(1\pm15\%)\ \Omega$

84. SS_{4B}型电力机车小、辅修工艺中规定电空制动控制器手柄只能在（　　）位取出。

A. 重联　　B. 运转　　C. 中立　　D. 紧急

85. SS_{4B}型电力机车小、辅修工艺中规定空气制动阀手柄只能在（　　）位取出。

A. 重联　　B. 运转　　C. 中立　　D. 紧急

86. SS_{4B}型机车小、辅修工艺中规定主副台琴键/扳键开关检修各联锁开关外观无变形、破裂，通断电阻阻值不大于（　　）Ω。

A. 5　　B. 10　　C. 15　　D. 16

87. SS_{4B}型机车小、辅修工艺中规定司机台电联锁开关检修钥匙在闭合位（　　）拔出。

A. 可以　　B. 不能　　C. 以上都可以

88. SS_{4B}型机车小、辅修工艺中规定司机室转换开关转动灵活，触头接触电阻阻值不大于（　　）Ω，接线无松动。

A. 5　　B. 10　　C. 15　　D. 16

89. SS_{4B}型机车小、辅修工艺中对蓄电池规定正常运用机车入库各电池电压应在（　　）V 以上，且各电池电压差最大不超 0.2 V。

A. 1　　B. 2　　C. 2.1　　D. 2.2

90. SS_{4B}型机车小、辅修工艺中对蓄电池规定正常运用机车如发现部分电池电压不足 2 V 时进行（　　）充电，充满后电池电压仍低于 2 V 的进行更换。

A. 整组　　B. 单节　　C. 全车

91. SS_{4B}型机车小、辅修工艺中对蓄电池规定正常运用机车如发现部分电池电压不足 2 V 时进行整组充电，充满后电池电压仍低于（　　）V 的进行更换。

A. 1　　B. 2　　C. 2.1　　D. 2.2

92. SS_{4B}型机车小、辅修工艺中对蓄电池规定单节机车电池电压低于（　　）V 时进行充电。

A. 50　　B. 60　　C. 70　　D. 85

93. SS_{4B}型机车小、辅修工艺中对接线端子柜检查规定接线端子不得压迫隔板，隔板缺损不得大于原截面积的（　　）%，隔板绝缘良好。

A. 30　　B. 35　　C. 40　　D. 45

94. SS_{4B}型机车小、辅修工艺中对接线端子柜检查规定每个螺栓接线座（端子）上接线不超过（　　）根。

A. 2　　B. 3　　C. 4　　D. 5

95. SS_{4B}型机车小、辅修工艺中对线束检查规定线芯或导线断股（折损）不得超过原截面的（　　）%，单股导线不得有裂纹。

A. 5　　B. 10　　C. 12　　D. 20

96. SS_{4B}型机车小、辅修工艺中对铜排母线检查规定用（　　）清除放电痕迹。

A. 砂布　　B. 锉刀　　C. 以上都可以

97. SS_{4B}型机车小、辅修工艺中对电路绝缘测试规定主电路用（　　）V 兆欧表测量。

A. 500　　B. 1 000　　C. 1 500　　D. 2 500

98. SS_{4B}型机车小、辅修工艺中对电路绝缘测试规定辅助电路用（　　）V 兆欧表测量。

A. 500　　B. 1 000　　C. 1 500　　D. 2 500

99. SS_{4B}型机车小、辅修工艺中对电路绝缘测试规定辅助电路用 500 V 兆欧表测量，辅助电路测量值不低于（　　）MΩ。

A. 0.1　　B. 0.2　　C. 0.3　　D. 0.4

100. SS_{4B}型机车小、辅修工艺中对电路绝缘测试规定主电路用 2 500 V 兆欧表测量。牵引绕组整流电路≥（　　）MΩ。

A. 1　　B. 3　　C. 5　　D. 7

101. SS_{4B}型机车小、辅修工艺中对电路绝缘测试规定主电路用 2 500 V 兆欧表测量。牵引电路≥（　　）MΩ。

A. 1　　B. 2　　C. 3　　D. 4

102. HXD1 型神华号电力机车检查级检查范围规定检查 1 级机车走行公里（　　）。

A. $10\times(1\pm20\%)$万 km　　B. $15\times(1\pm20\%)$万 km
C. $20\times(1\pm20\%)$万 km　　D. $25\times(1\pm20\%)$万 km

103. HXD1 型神华号电力机车检查级检查范围规定检查 2 级机车走行公里（　　）。

A. $10\times(1\pm20\%)$万 km　　B. $15\times(1\pm20\%)$万 km
C. $20\times(1\pm20\%)$万 km　　D. $30\times(1\pm20\%)$万 km

104. HXD1 型神华号电力机车检查级检查范围规定检查 3 级机车走行公里（　　）。

A. $30\times(1\pm20\%)$万 km　　B. $40\times(1\pm20\%)$万 km
C. $50\times(1\pm20\%)$万 km　　D. $60\times(1\pm20\%)$万 km

105. SS_{4B}型机车段修不包括（　　）。

A. 辅修　　B. 小修　　C. 中修　　D. 大修

106. HXD1 型神华号电力机车检查级检查范围规定段修不包括（ ）。

A. I1　　B. I2　　C. I3　　D. R1

107. HXD1 型神华号电力机车检查级检查范围规定检查 3 级停时（ ）天（暂定）。

A. 5　　B. 6　　C. 7　　D. 8

108. HXD1 型神华号电力机车检查级检查范围规定半月检停时（ ）小时。

A. 12　　B. 20　　C. 24　　D. 36

109. HXD1 型神华号电力机车检查级检查范围规定检查 1 级停时（ ）小时。

A. 12　　B. 20　　C. 24　　D. 36

110. HXD1 型神华号电力机车检查级检查范围规定检查 2 级停时（ ）小时。

A. 12　　B. 24　　C. 36　　D. 48

111. HXD1 型神华号电力机车检查级检查范围规定（ ）修程牵引电机开盖检查接线座、引出线，并紧固固定螺栓。

A. I1　　B. I2　　C. I3　　D. R1

112. HXD1 型神华号电力机车检查级检查范围规定（ ）修程牵引电机更新接线盒盖板螺丝及弹垫。

A. I1　　B. I2　　C. I3　　D. R2

113. HXD1 型神华号电力机车检查级检修工艺规定主变压器油化验对油样超标者，要进行（ ），然后进行排气。

A. 换油　　B. 滤油　　C. 加油　　D. 以上都可以

114. HXD1 型神华号电力机车检查级检修工艺规定主变压器油位符合限度要求（环境温度 ± 10 °C），补油后必须进行（ ）。

A. 排气　　B. 锁死　　C. 排空　　D. 以上都可以

115. HXD1 型神华号电力机车检查级检修工艺规定主变压器干燥剂检查干燥剂颜色是橙色的部分不少于（ ）。

A. 1/3　　B. 2/3　　C. 1/4　　D. 2/4

116. HXD1 型神华号电力机车检查级检修工艺规定牵引电机绕组检测电机三相阻值不平衡度不大于（ ）。

A. 1%　　B. 2%　　C. 3%　　D. 4%

117. HXD1 型神华号电力机车检查级检修工艺规定牵引电机非传动端轴承补脂对 N 端（非传动端）轴承补脂（美孚 SHC220）每次补脂量（ ）克。

A. 50　　B. 100　　C. 150　　D. 200

118. HXD1 型神华号电力机车检查级检查工艺规定辅助风机组用 500 V 兆欧表进行测量对地绝缘电阻为不小于（ ）。

A. 40 MΩ　　B. 10 MΩ　　C. 80 MΩ　　D. 100 MΩ

119. HXD1 型神华号电力机车检查级检查工艺规定辅助风机组用（ ）兆欧表测量对地绝缘电阻。

A. 500 V　　B. 1 000 V　　C. 1 500 V　　D. 2 000 V

120. HXD1型神华号电力机车检查级检查工艺规定电源柜过压保护器显示，正常的时候显示（　　），过压损坏时为红色。

A. 红色　　B. 绿色　　C. 蓝色　　D. 黑色

121. HXD1型神华号电力机车检查级检查工艺规定电源柜过压保护器显示，正常的时候显示绿色，过压损坏时为（　　）。

A. 红色　　B. 绿色　　C. 蓝色　　D. 黑色

122. HXD1型神华号电力机车检查级检查工艺规定电源柜中AC/DC模块有（　　）块。

A. 2　　B. 3　　C. 4　　D. 5

123. HXD1型神华号电力机车检查级检查工艺规定电源柜中DC/DC模块有（　　）块。

A. 2　　B. 3　　C. 4　　D. 6

124. HXD1型神华号电力机车检查级检查工艺规定电源柜中监控模块有（　　）块。

A. 1　　B. 2　　C. 3　　D. 4

125. HXD1型神华号电力机车检查级检查工艺规定整个蓄电池系统包括（　　）节单体蓄电池。组成一个96 V的直流电源系统。

A. 24　　B. 48　　C. 50　　D. 60

126. HXD1型神华号电力机车检查级检查工艺规定整个蓄电池系统包括48节单体蓄电池组成一个（　　）V的直流电源系统。

A. 90　　B. 96　　C. 100　　D. 110

127. HXD1型神华号电力机车检查级检查工艺规定整个蓄电池系统一节车蓄电池组内（　　）组装有不同型号的蓄电池。

A. 可以　　B. 严禁　　C. 允许　　D. 以上都可以

128. HXD1型神华号电力机车检查级检查工艺规定整个蓄电池系统单块蓄电池的容量为（　　）。

A. 150A · h　　B. 170A · h　　C. 190A · h　　D. 210A · h

129. HXD1型神华号电力机车检查级检查工艺规定辅助变压器输出回路滤波电容 = 31 – C01、 = 31 – C02两相之间测量电容值为（　　）。

A. $275\times(1\pm5\%)\ \mu F$　　B. $375\times(1\pm5\%)\ \mu F$

C. $475\times(1\pm5\%)\ \mu F$　　D. $575\times(1\pm5\%)\ \mu F$

130. SS_{4B}电力机车铁鞋报警装置的电源取自司机室控制电压表（　　）。

A. 464400　　B. 531400　　C. 560400　　D. 466400

131. 关于交流机车压力释放阀行程开关接线防护管与紧固件连接处进行打胶防护的业务通知，自管HXD1型交流机车每次修程时，作业班组需对（　　）行程开关接线防护管与紧固件连接处进行打胶防护。

A. 压力释放阀　　B. 接触器

C. 继电器　　D. 297QP

132. 关于交流机车主断支持瓷瓶底部打胶的业务通知，自管 HXD1 型交流机车修程作业时，对（　　）与底座连接处重新进行打胶防护，配件负责班组需对班组备品重新打胶防护。（防护胶采用硅酮密封胶，俗称玻璃胶）。

A. 主断支持瓷瓶　　B. 主断传动
C. 传动风缸　　D. 电磁阀

133. 关于取消 SS_{4B} 机车端子柜护板及紧固螺栓的业务通知，自管 SS_{4B} 型电力机车（　　）作业时，对一二号端子柜防护板及其紧固螺栓进行拆除。拆除后需对原线道各接线按工艺要求规范布线及绑扎。

A. 辅修　　B. 中修　　C. 小修　　D. 大修

134. 关于切除 SS_{4B} 电力机车磁削功能的业务通知，机车修程中拆除磁削接触器的（　　）。

A. 主静触头　　B. 主动触头　　C. 联锁　　D. 传动装置

135. 关于规范电力机车蓄电池维护保养的业务通知，小辅修机车库内蓄电池检测前，打开（　　）系统负载（负载约 20A 即可）。

A. 机车照明　　B. 风扇　　C. 信号检测　　D. 劈相机

136. 关于规范电力机车蓄电池维护保养的业务通知，小辅修机车库内蓄电池检测前，打开机车照明系统负载（负载约 20 A 即可），放电（　　）分钟左右，然后进行测量。

A. 5　　B. 10　　C. 15　　D. 20

137. 关于规范电力机车蓄电池维护保养的业务通知，测量每节电压应不小于 2 V，检测发现单节电池电压不足 2 V 时进行整组充电，充满后负载条件下单节电池电压仍低于（　　）的进行更换。

A. 2 V　　B. 3 V　　C. 4 V　　D. 5 V

138. 关于规范电力机车蓄电池维护保养的业务通知，对于负载条件下检测发现单节电压小于（　　）V 的电池直接予以更换。

A. 1.5　　B. 1.8　　C. 2.0　　D. 1.0

139. 关于修改 XCD1 型机车水泵三相开关整定值的作业通知，对 HXD1 型机车水泵三相开关整定值进行调整，由原来的 14 A 调整到（　　）。

A. 12A　　B. 16A　　C. 16.5A　　D. 18A

140. HXD1 型交流机车在正常情况下，受电弓选择开关位应该在“正常”位，升（　　）弓。

A. 前　　B. 后　　C. 双　　D. 不升

141. HXD1 型交流机车实际速度低于（　　）km/h，再生制动不投入。

A. 2　　B. 3　　C. 5　　D. 10

142. HXD1 型交流机车当一个辅助变压器出现故障时，此时故障节（　　）被切除。

A. 冷却塔风机　　B. 水泵
C. 主压缩机

143. HXD1 型交流机车辅助变压器柜的冷却方式为（　　）。
A. 强迫风冷　　B. 自然冷却
C. 水冷

144. HXD1 型交流机车中，（　　）属于变频变压起动的部件。
A. 空调　　B. 空气压缩机
C. 牵引电动机风机

145. HXD1 型交流机车冷却塔通风机是从（　　）吸入空气。
A. 车底　　B. 车顶　　C. 侧墙

146. HXD1 型交流机车牵引变压器运行中通过（　　）进行冷却。
A. 潜油泵　　B. 冷却塔　　C. 水泵

147. HXD1 型交流机车机械间风机的作用是（　　）。
A. 冷却辅助变压器
B. 冷却机械间
C. 冷却辅助变压器同时使机械间保持正压

148. 将交流电变为直流电的过程叫（　　）。
A. 调压　　B. 调频　　C. 整流　　D. 逆流

149. 机车蓄电池提供的是（　　）。
A. 交流电　　B. 直流电
C. 交直流均可　　D. 正弦交流电

150. 电传动机车直流牵引电机在进行再生制动时，采用（　　）方式。
A. 串励　　B. 并励　　C. 他励　　D. 其他

151. “四按、三化”记名检修中，（　　）不属于“四按”的内容。
A. 按范围　　B. 按“机车－28”
C. 按工艺　　D. 按规程

152. “四按、三化”记名检修中，（　　）不属于“三化”的内容。
A. 程序化　　B. 信息化
C. 文明化　　D. 机械化

153. 兆欧表是用来测量（　　）的。
A. 高值电阻　　B. 低值电阻
C. 绝缘电阻　　D. 击穿电压

154. 属于手动电器的有（　　）。
A. 按钮　　B. 接触器
C. 继电器　　D. 断路器

155. 电器按操作方式的不同分为手动电器和（　　）。
A. 高压电器　　B. 自动电器
C. 低压电器　　D. 有触点电器

156. 为了人身安全，要求电气设备的金属外壳必须采取（　　）措施。

A. 隔离　　B. 接地　　C. 封锁　　D. 喷漆

157. 电器温度升高后，其本身温度与周围环境温度之差称为（　　）。

A. 温升　　B. 升温　　C. 温差　　D. 环温

158. TCK7 型电空接触器熄灭电弧采用（　　）。

A. 空气灭弧　　B. 灭弧罩

C. 自然熄灭　　D. 真空灭弧

159. 晶闸管触发导通后，其控制极对主电路（　　）。

A. 推动控制作用　　B. 有时具有控制作用

C. 无控制作用　　D. 不能确定

160. SS_{4B} 型电力机车控制原理图自动开关的字母代号是（　　）。

A. BV　　B. AC　　C. QA　　D. TC

161. SS_{4B} 型电力机车控制原理图电源变压器的字母代号是（　　）。

A. BV　　B. AC　　C. QA　　D. TC

162. SS_{4B} 型电力机车牵引电机故障隔离开关 19QS、29QS、39QS 和 49QS 均为（　　）开关。

A. 单刀单投　　B. 单刀双投

C. 双刀双投　　D. 三刀两投

163. SS_{4B} 型电力机车当牵引电机之一故障时，应将相应故障隔离开关置于（　　）位。

A. 运行位　　B. 故障位　　C. 中间位　　D. 库用位

164. 接触网（25 kV）——受电弓——（　　）——高压连接器——另一节车车顶母线。

A. 车顶母线　　B. 避雷器

C. 高压电压互感器　　D. 主断路器

165. 当一台整流器故障时，只需切除一台转向架的两台电机，机车仍保留（　　）的牵引能力。

A. 1/4　　B. 1/2　　C. 3/4　　D. 4/5

166. SS_{4B} 型电力机车网侧电路使用（　　）V 的交流电压互感器来测量 25 kV 网压。

A. 25 000/10　　B. 25 000/25

C. 25 000/50　　D. 25 000/100

167. SS_{4B} 型电力机车牵引供电电路中，电压传感器与电枢绕组相（　　）。

A. 并联　　B. 串联　　C. 串并联　　D. 混联

168. SS_{4B} 型电力机车牵引供电电路中，电流传感器与电枢绕组相（　　）。

A. 并联　　B. 串联　　C. 串并联　　D. 混联

169. 电力机车主接地故障将引起（　　）动作。

A. 主断路器　　B. 线路接触器

C. 励磁接触器　　D. 辅机接触器

170. SS_{4B} 型电力机车做空载试验时，应将闸刀（　　）均置“试验”位。
A. 10QP、20QP　　B. 20QP、50QP
C. 10QP、60QP　　D. 50QP、60QP

171. SS_{4B} 型电力机车一端空载试验转换开关代号是（　　）。
A. 10QP　　B. 20QP　　C. 50QP　　D. 60QP

172. SS_{4B} 型电力机车二端入库转换开关代号是（　　）。
A. 10QP　　B. 20QP　　C. 50QP　　D. 60QP

173. SS_{4B} 型电力机车二端空载试验转换开关代号是（　　）。
A. 10QP　　B. 20QP　　C. 50QP　　D. 60QP

174. SS_{4B} 型电力机车一端入库转换开关代号是（　　）。
A. 10QP　　B. 20QP　　C. 50QP　　D. 60QP

175. SS_{4B} 型电力机车库内动车时，应将入库转换开关（　　）打在库用位。
A. 10QP 或 20QP　　B. 20QP 或 50QP
C. 10QP 或 60QP　　D. 50QP 或 60QP

176. Y10WT-42/105TD 型避雷器的主要元件是（　　）阀片。
A. 氧化铝　　B. 氧化锌　　C. 氧化铜　　D. 合金

177. 电空接触器一般应用于（　　）中。
A. 主电路　　B. 辅助电路　　C. 控制电路　　D. 电子电路

178. 电力机车上的通风机采用（　　）启动的方式。
A. 降压　　B. 直接　　C. 串电阻　　D. 分相

179. SS_{4B} 型电力机车三相负载电源来自主变压器的（　　）绕组。
A. 牵引　　B. 辅助　　C. 励磁　　D. 电枢

180. SS_{4B} 型电力机车辅助绕组 a6-x6 通过导线 204、205 经（　　）与导线 201、202 连接，从而给辅助电路提供 380 V 的单相电源。
A. 235QS　　B. 236QS　　C. 237QS　　D. 296QS

181. SS_{4B} 型电力机车在库内时，将（　　）打向库用位，此时辅助电路设备可用库内电源供电。
A. 235QS　　B. 236QS　　C. 237QS　　D. 296QS

182. SS_{4B} 型电力机车辅助电路 380 V 单相负载电路由导线 201、（　　）供电。
A. 206　　B. 205　　C. 203　　D. 202

183. SS_{4B} 型机车辅助电路 380 V 单相负载电路主要给前窗电热玻璃和（　　）提供交流电源。
A. 热风机　　B. 脚炉　　C. 空调　　D. 辅压机

184. SS_{4B} 型机车辅助电路（　　）V 单相负载电路由导线 202、206 供电。
A. 110　　B. 220　　C. 314　　D. 380

185. SS_{4B}型机车当辅助回路发生接地时，（ ）得电动作，使故障显示屏“辅接地”信号灯亮。

A. 97KE B. 98KE C. 284KE D. 285KE

186. 电力机车辅机采用（ ）作为过载保护装置。

A. RC 吸收电路 B. LC 吸收电路

C. 自动开关 D. 继电器

187. 电力机车采用（ ）来操作辅助电路或控制电路中负载的接通和断开。

A. 接触器 B. 继电器 C. 电空阀 D. 传感器

188. SS_{4B}型电力机车劈相机进行单相起动时，必须在（ ）绕组与发电相绕组间接入起动电阻，以获得起动力矩。

A. 第一电动相 B. 第二电动相

C. 第三电动相 D. 以上都不对

189. SS_{4B}型电力机车劈相机控制有手动和自动两种起动方式，它是通过选择开关（ ）进行选择的。

A. 591QS B. 592QS C. 242QS D. 583QS

190. SS_{4B}型电力机车上（ ）不是辅助电路移相电容的代号。

A. 247C B. 249C C. 250C D. 255C

191. SS_{4B}型电力机车辅助回路中间继电器 284KE，其控制电压为（ ）V。

A. DC110 B. AC220 C. AC314 D. AC38

192. SS_{4B}型电力机车辅助回路中间继电器 284KE 的作用是机车在电网下接通（ ）V 电路回路。

A. DC110 B. AC220 C. AC314 D. AC38

193. 电力机车控制电源，按标准要求为（ ）V 稳压电源。

A. AC220 B. AC380 C. DC110 D. DC48

194. （ ）不属于控制电路。

A. 牵引制动电路 B. 控制电源

C. 调速控制电路 D. 照明控制电路

195. SS_{4B}型电力机车是无级调速的相控机车，它的调速控制主要是由（ ）控制电路来完成的。

A. 电子 B. 无接点 C. 有接点 D. 司控器

196. 机车调速控制电路包括（ ）、加速、减速。

A. 起动 B. 制动 C. 向前 D. 向后

197. SS_{4B}型电力机车每一节上分别装有（ ）个重联中间继电器。

A. 2 B. 4 C. 6 D. 8

198. SS_{4B}型电力机车单机-重联开关的代号为（ ）。

A. 571QS　　B. 572QS　　C. 591QS　　D. 592QS

199. 当 SS_{4B} 型电力机车辅助回路接地时，辅助回路接地继电器（　　）得电动作，促使主断路器分断。

A. 97KE　　B. 98KE　　C. 284KE　　D. 285KE

200. 牵引电机励磁过流是由（　　）传感器的监测信号直接送入微机柜，由微机柜来判断励磁是否过流。

A. 电流　　B. 电压　　C. 电阻　　D. 功补

201. TKS14A 型司机控制器电位器的阻值为（　　）Ω。

A. 200 × (1 ± 15%)　　B. 230 × (1 ± 15%)

C. 250 × (1 ± 15%)　　D. 275 × (1 ± 15%)

202. TKS14A 型主司机控制器手轮回零位，电阻值应能回（　　）。

A. 0　　B. 1

C. 150 × (1 ± 15%)　　D. 250 × (1 ± 15%)

203. TKZ1A 型主按键开关箱，其中主断路器的“断”与“合”按键开关是（　　）式的。

A. 自动　　B. 手动　　C. 自复　　D. 非自复

204.（　　）的作用是在控制电路中的主令电器和执行电器之间进行逻辑转换及传递。

A. 接触器　　B. 继电器　　C. 电空阀　　D. 传感器

205. JZ15 型中间继电器线圈的电阻值为（　　）Ω。

A. 930　　B. 950　　C. 980　　D. 1 000

206. JY5A 型风道继电器的额定电压为（　　）V。

A. DC110　　B. AC110　　C. AC220　　D. AC380

207. 电空阀的控制对象是（　　）。

A. 电路　　B. 电磁　　C. 压缩空气　　D. 液体介质

208. SS_{4B} 型电力机车低压试验前，应确认车顶无人，锁闭两节车车顶门，使（　　）可靠闭合。

A. 278AS　　B. 287YV　　C. 296QS　　D. 297QP

209. 主故障显示屏“零位”信号灯（　　），表示机车调速手轮处于零位状态。

A. 灭　　B. 亮　　C. 闪烁　　D. 长亮

210. 辅故障显示屏“主接地 1”信号灯亮，表示（　　）所属的主回路有接地现象。

A. 第一转向架　　B. 第二转向架

C. 两台转向架　　D. 一节车

211. 辅故障显示屏“牵引电机 1”信号灯（　　），表示牵引电机 1 过流。

A. 灭　　B. 亮　　C. 闪烁　　D. 长亮

212. 辅故障显示屏“辅接地”信号灯亮，表示机车的（　　）有接地现象。

A. 辅助回路　B. 主电路
C. 控制回路　D. 灯回路

213. 蓄电池充电时把电能转变为（　　）储存起来。
A. 势能　B. 机械能　C. 动能　D. 化学能

214. 蓄电池使用时把（　　）能转变为电能。
A. 势能　B. 机械能　C. 动能　D. 化学能

215. 电力机车蓄电池的充电制不包括（　　）。
A. 初充电制　B. 临时充电制
C. 标准充电制　D. 快速充电制

216. SS_{4B} 型电力机车端子排上每个接线柱连线不允许超过（　　）根。
A. 2　B. 3　C. 4　D. 5

217. SS_{4B} 型电力机车上 575QS 是（　　）的故障隔离开关。
A. 牵引风机 1　B. 牵引风机 2
C. 变压器风机　D. 油泵

218. SS_{4B} 型电力机车上 581QS 是（　　）的故障隔离开关。
A. 制动风机 1　B. 牵引风机 2
C. 变压器风机　D. 油泵

219. SS_{4B} 型电力机车上 586QS 是（　　）的故障隔离开关。
A. 制动风机 1　B. 主断路器
C. 变压器风机　D. 油泵

220. SS_{4B} 型电力机车上 582QS 是（　　）的故障隔离开关。
A. 制动风机 2　B. 主断路器
C. 变压器风机　D. 油泵

221. SS_{4B} 型电力机车上 576QS 是（　　）的故障隔离开关。
A. 制动风机 1　B. 牵引风机 2
C. 变压器风机　D. 油泵

222. SS_{4B} 型电力机车上，（　　）是机车各室门、高压室门的联锁安全保护阀。
A. 278AS　B. 287YV　C. 296QS　D. 297QP

223. SS_{4B} 型电力机车运行中，门联锁保护电空阀 287YV 由（　　）路供电。
A. 1　B. 2　C. 3　D. 4

224. SS_{4B} 型电力机车低压试验前应检查各管路塞门在正常工作位，总风压力在（　　）kPa 以上。
A. 500　B. 600　C. 700　D. 800

225. SS_{4B} 型电力机车在低压试验准备前应检查控制电压不低于（　　）V。
A. 88　B. 92.5　C. 100　D. 110

226. SS_{4B} 型电力机车闭合电源柜蓄电池闸刀、自动开关（　　）后，看屏内电压表 650PV 及副台电压表显示应有 96 V 工作电压。

A. 601QA　　B. 602QA　　C. 603QA　　D. 604QA

227. SS_{4B} 型电力机车闭合电源柜“逆变电源”自动开关 614QA 后，确认逆变器（　　）V 风扇应能转动。

A. 24　　B. 48　　C. 110　　D. 220

228. SS_{4B} 型电力机车受电弓控制电源应由（　　）自动开关提供。

A. 602QA　　B. 603QA　　C. 604QA　　D. 605QA

229. SS_{4B} 型电力机车低压试验时，闭合主断路器“断”按键 400SK，主台故障显示屏（　　）灯应亮。

A. 零位　　B. 主断　　C. 劈相机　　D. 主接地

230. SS_{4B} 型电力机车高压试验时，合主断路器按键 401SK，主台故障显示屏“主断”灯、（　　）灯应灭。

A. 零位　　B. 主断　　C. 劈相机　　D. 欠压

231. SS_{4B} 型电力机车低压试验时，闭合劈相机按键 404SK，8 ~ 10 s 后 283AK 动作，（　　）失电应能释放。

A. 201KM　　B. 202KM　　C. 212KM　　D. 213KM

232. SS_{4B} 型电力机车低压试验时，劈相机自启功能需将转换开关（　　）置于“1”位。

A. 242QS　　B. 583QS　　C. 591QS　　D. 592QS

233. SS_{4B} 型电力机车低压试验时，当总风压力低于（　　）kPa 时，闭合强泵按键 408SK，压缩机接触器 203KM 应能吸合动作。

A. 550　　B. 600　　C. 650　　D. 750

234. SS_{4B} 型电力机车压缩机的工作由（　　）压力控制器控制。

A. 515KF　　B. 516KF　　C. 517KF　　D. 518KF

235. SS_{4B} 型电力机车运行中，当压缩机故障时可通过（　　）中的故障隔离开关进行隔离。

A. 主电路　　B. 辅助电路

C. 控制电路　　D. 电子电路

236. SS_{4B} 型电力机车低压试验时，闭合通风机按键 406SK，副台故障显示屏“牵引风机 1”“牵引风机 2”、（　　）灯应依次亮。

A. 变压器风机　　B. 制动风机

C. 压缩机　　D. 油泵

237. SS_{4B} 型电力机车低压试验时，627AC 换向手柄置“前”位时，可以得电的导线是（　　）。

A. 403　　B. 404　　C. 405　　D. 407

238. SS_{4B}型电力机车低压试验时，627AC换向手柄置（　　）位时，导线402、404、406应有电。

A. 前　　B. 后　　C. 制　　D. 零

239. SS_{4B}型电力机车低压试验时，627AC换向手柄置（　　）位时，导线402、403、405应有电。

A. 前　　B. 后　　C. 制　　D. 零

240. SS_{4B}型电力机车低压试验时，627AC换向手柄置（　　）位时，导线402、403、406应有电。

A. 前　　B. 后　　C. 制　　D. 零

241. SS_{4B}型电力机车低压试验时，627AC换向手柄置“后”位时，可以得电的导线是（　　）。

A. 403　　B. 404　　C. 405　　D. 407

242. SS_{4B}型电力机车低压试验时，627AC换向手柄置“制”位时，可以得电的导线是（　　）。

A. 402　　B. 404　　C. 405　　D. 407

243. SS_{4B}型电力机车低压试验时，627AC换向手柄置“前”位，主台（　　）灯应灭。

A. 零位　　B. 主断　　C. 预备　　D. 欠压

244. SS_{4B}型电力机车低压试验时，627AC调速手轮回“0”位，（　　）灯应亮。

A. 零位　　B. 电制动　　C. 预备　　D. 辅助回路

245. SS_{4B}型电力机车低压试验时，627AC调速手轮置8级以上，牵引预备完成等（　　）s以后，看“预备”灯应亮。

A. 1　　B. 3　　C. 8　　D. 25

246. SS_{4B}型电力机车低压试验时，627AC换向手柄置（　　）位，导线407应有电。

A. 前　　B. 后　　C. Ⅰ　　D. Ⅱ

247. SS_{4B}型电力机车低压试验时，627AC换向手柄置（　　）位，导线408应有电。

A. 前　　B. 后　　C. Ⅰ　　D. Ⅱ

248. SS_{4B}型电力机车低压试验时，627AC换向手柄打“制”位，将闸缸压力缓解至（　　）kPa左右后，调速手轮离开“0”位，打向“制”区91KM、92KM应能吸合动作。

A. 80　　B. 100　　C. 150　　D. 200

249. SS_{4B}型电力机车低压试验时，电制动试验正常后，空气制动阀置（　　）位，“电制”灯灭、“预备”灯应亮。

A. 缓解　　B. 运转　　C. 中立　　D. 制动

250. SS_{4B}型电力机车低压试验时，电制动试验正常后，空气制动阀打“制动”位，主台故障显示屏电制动灯灭、预备灯亮，则（　　）应能释放。

A. 12KM　　B. 17KM　　C. 91KM　　D. 209KM

251. SS_{4B} 型电力机车低压试验时，闭合主断路器，将调速手轮打非“0”位，将大闸置（　　）位，主断路器应能跳闸及自动撒砂。

A. 缓解　　B. 运转　　C. 中立　　D. 紧急

252. SS_{4B} 型电力机车低压试验时，当按下紧急制动按钮时，LCU 接收到 912 信号，使控制导线（　　）应有电，促使主断器跳闸动作。

A. 531　　B. 541　　C. 544　　D. 560

253. 直流电机电枢绕组经过拆卸修理后，重新包扎的绝缘材料应选用（　　）的绝缘材料。

A. 和原来同一个等级　　B. 比原来高一个等级

C. 比原来低一个等级　　D. 无要求

254. 电机的可逆原理说明同一台电机的（　　）不同运行方式。

A. 一种　　B. 二种　　C. 三种　　D. 四种

255. SS_{4B} 型电力机车司机控制器给定电位器由（　　）供给 + 15 V 电源。

A. 电源柜　　B. 微机柜　　C. LCU　　D. 监控装置

256. 中心八项关键作业安全管理规定高压试验升弓前必须确认车内各电器室无人，门联锁（　　）。

A. 关闭　　B. 打开　　C. 开放　　D. 锁死

257. 中心八项关键作业安全管理规定高压试验必须确认库用闸刀、（　　）及各开关位置状态。

A. 分配阀　　B. 重联阀　　C. 紧急阀　　D. 中继阀

258. 中心八项关键作业安全管理规定高压试验必须确认各(　　)及换向手柄均在零位。

A. 司机控制器　　B. 接触器　　C. 继电器　　D. 开关

259. 中心八项关键作业安全管理规定高压试验必须确认总风压力为 600 kPa 以上、闸缸压力在（　　）kPa 以上。

A. 100　　B. 200　　C. 300　　D. 400

260. 中心八项关键作业安全管理规定高压试验禁止牵引电流超过（　　）A。

A. 100　　B. 200　　C. 300　　D. 400

261. 中心八项关键作业安全管理规定牵车作业必须坚持（　　）人互控、呼唤应答作业制度。

A. 1　　B. 2　　C. 3　　D. 4

262. 中心八项关键作业安全管理规定高压试验必须确认（　　）内人员在司机室，必须确认止轮器打好。

A. 地沟　　B. 车体　　C. 车顶　　D. 以上都可以

263. 中心八项关键作业安全管理规定高压试验（　　）不是三禁止的内容。

A. 禁止非交车人员升弓、试车

B. 禁止牵引电流超过 300 A

C. 禁止试验过程中处理任何故障
D. 禁止车体正在起落过程中进行检修作业

264. 中心八项关键作业安全管理规定牵车作业（　　）不是三禁止的内容。
A. 禁止单人作业
B. 禁止动车过程中乘、降机车
C. 禁止超负荷使用吊具
D. 禁止牵车速度过快

265. 中心八项关键作业安全管理规定机车库内给电（　　）不是三禁止的内容。
A. 禁止单人作业
B. 禁止空气断路器附近站人
C. 禁止给电过程中处理故障
D. 禁止中断轴箱组装作业

266. 中心八项关键作业安全管理规定车上电气焊作业完毕，必须全面检查作业现场，消灭火种，并且进行不少于（　　）分钟的监控。
A. 5　　B. 10　　C. 20　　D. 40

267. 中心八项关键作业安全管理规定天车吊运天车司机必须严格执行“（　　）”的原则。
A. 十不吊　　B. 八不吊　　C. 七不吊　　D. 四不吊

268. 牵车作业过程中（　　）人必须密切配合作业，动车速度不得大于 3km/h。
A. 1　　B. 2　　C. 3　　D. 4

269. 牵车作业过程中 3 人必须密切配合作业，动车速度不得大于（　　）km/h。
A. 1　　B. 2　　C. 3　　D. 5

270. 牵车作业过程中，牵车前方（　　）m 范围内，不允许人员及车辆通过。
A. 4　　B. 7　　C. 8　　D. 10

271. 牵车作业动车开始后，必须进行一度停车试闸，确认（　　）良好。
A. 制动性能　　B. 低压性能　　C. 高压性能　　D. 以上都可以

272. 牵车作业结束后，必须恢复库用闸刀至“（　　）”，并按规定打好止轮器。
A. 运行位　　B. 中间位　　C. 故障位　　D. 库用位

273. 合车作业时，要先提开（　　）车钩，确认不动节止轮器放置正确才能动车。
A. 单节车　　B. 两节车　　C. 全车　　D. 都可以

274. 交流机车入库前，牵车班组负责关闭机车（　　）塞门（停放制动切除塞门），并挂好禁动牌。
A. 156　　B. 153　　C. 177　　D. 180

275. 交流机车出库后，应及时打开（　　）塞门，并撤除禁动牌。
A. 156　　B. 153　　C. 177　　D. 180

276. 机车分车后在（　　）司机侧第一、二轮反置各一只。
A. 单节车　　B. 两节车　　C. 全车　　D. 都可以

277. 牵车出入库后，应按要求打好止轮器。止轮器打放位置为：在机车出库方向节（　　）第一、二轮反置各一只。

A. 司机侧　　B. 副司机侧　　C. 后面　　D. 都可以

278. 公铁两用车牵车作业（　　）人进行。

A. 1　　B. 2　　C. 3　　D. 4

279. 在工作时间，人员进入检修库内（　　）戴好安全帽，随时注意上下左右的设施和作业状况，做好自我防护。

A. 必须　　B. 可以　　C. 不用　　D. 都可以

280. 车顶绝缘作业必须由至少（　　）人完成，一人车上操作，一人监护，一人车下监控安全作业动态，否则，严禁进行作业。

A. 三　　B. 四　　C. 五　　D. 六

281. 车顶绝缘装置的电源由（　　）提供。

A. 头灯　　B. 标志灯　　C. 记点灯　　D. 走廊灯

282. 检修作业完毕后，检查不包括（　　）。

A. 自检　　B. 互检　　C. 他检　　D. 班组长检

283. 对于存在的机车质量问题，相关管理人员必须依据（　　）原则做好闭环管理工作。

A. 一不放过　　B. 三不放过

C. 四不放过　　D. 五不放过

284. 机车交验工作与（　　）组无关。

A. 中修组　　B. 制动组　　C. 包修组　　D. 电器一

285. 日常教育培训中规定（　　）周岁以上人员不参加月考、抽考。

A. 35　　B. 40　　C. 45　　D. 50

286. 个人工作时间内，必须对所负责的连接到网络的电脑（　　）进行一次360安全卫士健康体检，并按规定及时处理软件发现的问题，保持体检分数达到90分以上。

A. 每天　　B. 每周　　C. 每月　　D. 季度

287. 个人工作时间内，必须对所负责的连接到网络的电脑每天进行一次360安全卫士健康体检，并按规定及时处理软件发现的问题，保持体检分数达到（　　）分以上。

A. 70　　B. 80　　C. 90　　D. 100

288. 朔黄铁路公司风险评估划分了（　　）个等级。

A. 1　　B. 3　　C. 4　　D. 5

289. 朔黄铁路公司风险评估划分了5个等级，错误的是（　　）。

A. 极度风险　　B. 高度风险

C. 轻度风险　　D. 微度风险

290. 包修组专业安全风险预控库中危险源机车高压试验时检修作业属于（　　）。

A. 极度风险　　B. 高度风险

C. 轻度风险　　D. 中度风险

291. 包修组专业安全风险预控库中危险源交验机车走行部关键部位状态不属于(　　)。
A. 极度风险　　B. 高度风险
C. 轻度风险　　D. 中度风险

292. 包修组专业安全风险预控库中危险源溜车作业安全程序执行不到位属于(　　)。
A. 极度风险　　B. 高度风险
C. 轻度风险　　D. 中度风险

293. 包修组专业安全风险预控库中危险源天车吊挂物件不牢属于(　　)。
A. 极度风险　　B. 高度风险
C. 轻度风险　　D. 中度风险

294. 包修组专业安全风险预控库中危险源吊挂物件时扶持位置不正确属于(　　)。
A. 极度风险　　B. 高度风险
C. 轻度风险　　D. 中度风险

295. 包修组专业安全风险预控库中危险源使用断股破损吊索属于(　　)。
A. 极度风险　　B. 高度风险
C. 轻度风险　　D. 中度风险

296. 包修组专业安全风险预控库中危险源盲目、超速进行牵车作业属于(　　)。
A. 极度风险　　B. 高度风险
C. 轻度风险　　D. 中度风险

297. 包修组专业安全风险预控库中危险源高空或车顶作业防护措施不足属于(　　)。
A. 极度风险　　B. 高度风险
C. 轻度风险　　D. 中度风险

298. 包修组专业安全风险预控库中危险源检修作业机车防溜措施不足属于(　　)。
A. 极度风险　　B. 高度风险
C. 轻度风险　　D. 中度风险

299. 包修组专业安全风险预控库中危险源机车给电作业时检修电器配件属于(　　)。
A. 极度风险　　B. 高度风险
C. 轻度风险　　D. 中度风险

300. 包修组专业安全风险预控库中危险源车顶表面湿滑属于(　　)。
A. 极度风险　　B. 高度风险
C. 轻度风险　　D. 中度风险

301. 包修组专业安全风险预控库中危险源库内给电作业防护措施不足属于(　　)。
A. 极度风险　　B. 高度风险
C. 轻度风险　　D. 中度风险

302. 包修组专业安全风险预控库中危险源绝缘试验时车顶有人作业属于(　　)。
A. 极度风险　　B. 高度风险
C. 轻度风险　　D. 中度风险

303. 包修组专业安全风险预控库中危险源库内作业跳跃地沟属于（　　）。
A. 极度风险　　B. 高度风险
C. 低度风险　　D. 中度风险

304. 包修组专业安全风险预控库中危险源使用手持电动工具防护措施不足属于（　　）。
A. 极度风险　　B. 高度风险
C. 低度风险　　D. 中度风险

305. 包修组专业安全风险预控库中危险源上下司机室时方式不正确属于（　　）。
A. 极度风险　　B. 高度风险
C. 低度风险　　D. 中度风险

306. 包修组专业安全风险预控库中危险源分合车作业时风管拆解方法不正确属于（　　）。
A. 极度风险　　B. 高度风险
C. 低度风险　　D. 中度风险

307. 包修组专业安全风险预控库中危险源库内检修机车蓄电池闸刀未断开属于（　　）。
A. 极度风险　　B. 高度风险
C. 低度风险　　D. 中度风险

308. 包修组专业安全风险预控库中危险源带电检修电源柜端子排属于（　　）。
A. 极度风险　　B. 高度风险
C. 低度风险　　D. 中度风险

309. 包修组专业安全风险预控库中危险源带电打开交流机车主变流柜属于（　　）。
A. 极度风险　　B. 高度风险
C. 低度风险　　D. 中度风险

310. 包修组专业安全风险预控库中危险源主断路器放置及翻转时防护措施不足属于（　　）。
A. 极度风险　　B. 高度风险
C. 低度风险　　D. 中度风险

311. 公司、分公司的红线有（　　）。
A. 带电打开交流机车主变流柜　　B. 高处作业不系安全带
C. 带电检修电源柜端子排　　D. 检修机车蓄电池闸刀未断开

312. 公司、分公司红线有（　　）。
A. 带电打开交流机车主变流柜
B. 以车代步、钻车或抢越移动的机车、车辆
C. 带电检修电源柜端子排
D. 检修机车蓄电池闸刀未断开

313. 公司、分公司红线包括（　　）。
A. 带电打开交流机车主变流柜

B. 无证或违反操作规程操作设备、压力容器
C. 带电检修电源柜端子排
D. 检修机车蓄电池闸刀未断开

314. 公司、分公司红线含（　　）。
A. 带电打开交流机车主变流柜
B. 酒后上岗，班中饮酒
C. 带电检修电源柜端子排
D. 检修机车蓄电池闸刀未断开

315. 公司、分公司红线为（　　）。
A. 带电打开交流机车主变流柜
B. 发生火情
C. 带电检修电源柜端子排
D. 检修机车蓄电池闸刀未断开

316. 公司、分公司红线只有（　　）。
A. 带电打开交流机车主变流柜
B. 发生火情
C. 带电检修电源柜端子排
D. 检修机车蓄电池闸刀未断开

317. 公司、分公司红线有（　　）。
A. 带电打开交流机车主变流柜
B. 不使用或错误使用绝缘工具、备品
C. 带电检修电源柜端子排
D. 检修机车蓄电池闸刀未断开

318. 公司、分公司红线有（　　）。
A. 带电打开交流机车主变流柜
B. 责任员工轻伤
C. 带电检修电源柜端子排
D. 检修机车蓄电池闸刀未断开

319. 公司、分公司红线有（　　）。
A. 带电打开交流机车主变流柜
B. 新职人员未经培训上岗、师徒分离、低职代高职；
C. 带电检修电源柜端子排
D. 检修机车蓄电池闸刀未断开

320. 公司、分公司红线有（　　）。
A. 带电打开交流机车主变流柜
B. 段内轧铁鞋动车
C. 带电检修电源柜端子排
D. 检修机车蓄电池闸刀未断开

321. 公司、分公司红线有（　　）。
A. 带电打开交流机车主变流柜
B. 段内机车、车辆不按规定做防溜措施
C. 带电检修电源柜端子排
D. 检修机车蓄电池闸刀未断开

322. 电力机车电路图所表示的继电器、接触器线圈在（　　）状态。
A. 有电　B. 无电　C. 运用　D. 库内

323. SS_{4B}型电力机车（　　）前带有“N”字母，如：N401、N403 等。
A. 内重联线号
B. 外重联线号
C. 内部线号
D. 外部线号

324. SS_{4B}型电力机车（　　）前带有“W”字母，如：W400。

A. 内重联线号　　B. 外重联线号　　C. 内部线号　　D. 外部线号

325. SS_{4B}型电力机车线号为（　　）是逆变电压 + 15 V 的地线，400 和 600 是控制电源 + 110 V 地线，其中 600 是电源屏柜内使用，通过 667QS 与 400 线相连。

A. 400　　B. 500　　C. 600　　D. 700

326. SS_{4B}型电力机车控制电路电线沿两侧（　　）上的专用线槽布线。

A. 走廊线槽　　B. 司机室

C. 走廊天花板　　D. 两端线槽

327. SS_{4B}型电力机车（　　）采用端子板集中布线，便于检查处理故障。

A. 控制电路　　B. 辅助电路

C. 主电路　　D. 网侧电路

328. SS_{4B}型电力机车两节车完全相同，每节车都以（　　）为中心斜对称布置，保证合理的重量分配。

A. 整流柜　　B. 高压柜

C. 主断路器　　D. 变压器

329. SS_{4B}型电力机车（　　）安装在变压器室下面的两侧，便于检修和维护。

A. 油泵　　B. 总风缸

C. 通风机　　D. 蓄电池

330. SS_{4B}型电力机车在运行中发生主接地故障，将主接地故障隔离开关 95QS 或 96QS 置故障位后，接地电流经（　　）流至“地”。

A. 接地继电器　　B. 限流电容

C. 限流电阻　　D. 限流电感

331. 受电弓在升、降弓过程具有（　　）的特点。

A. 先快后慢　　B. 先慢后快

C. 匀速　　D. 快速

332. 受电弓在升弓时滑板离开底架要快，贴近接触导线要慢，以防（　　）。

A. 拉弧　　B. 机械变形

C. 弹跳　　D. 接触不良

333. SS_{4B}型电力机车风压继电器 515KF 故障，联锁（　　）将造成各室门在未关闭的情况下，受电弓仍能升起。

A. 开路　　B. 断路　　C. 短路　　D. 虚接

334. 主断路器故障隔离开关（　　）处于“故障”位，将造成单节机车主断路器不能闭合。

A. 583QS　　B. 585QS　　C. 586QS　　D. 589QS

335. 主断路器风压不足或塞门（　　）关闭，将造成单节机车主断路器不能闭合。

A. 143　　B. 145　　C. 147　　D. 141

336. SS_{4B}型电力机车段修时，检查各闸刀开关光洁，无烧痕，动刀片转动自如，接触线长度大于（　　）%。

A. 80　　B. 85　　C. 90　　D. 95

337. SS_{4B}型电力机车在牵引向前位低压试验时，因（　　）原因，使向前转鼓转换不到位，不能完成预备。

A. 导线 403 线无电　　B. 导线 404 线无电
C. 导线 405 线无电　　D. 导线 408 线无电

338. 电空接触器因其具有较大的开断能力，在电力机车上被用在（　　）中。

A. 辅助电路　　B. 主电路
C. 控制电路　　D. 电子电路

339. SS_{4B}型电力机车低压试验时，司机控制器有级位信号导线（　　）无电，将使线路接触器不吸合。

A. 411 线　　B. 412 线
C. 415 线　　D. 417 线

340. SS_{4B}型电力机车低压试验时，牵引风机故障隔离开关（　　）接点不良，将使第一转架向架两台线路接触器不吸合。

A. 573QS　　B. 574QS
C. 575QS　　D. 576QS

341. 电磁接触器是用（　　）来驱动衔铁，从而带动触头闭合或断开，实现电路控制。

A. 电磁力　　B. 压缩空气
C. 吸力　　D. 机械力

342. 电磁式接触器的（　　）用来熄灭主触头开断时产生的电弧。

A. 灭弧装置　　B. 吹弧线圈
C. 触头系统　　D. 驱动装置

343. 机车在运行中，蓄电池总电压不得低于（　　）V。

A. 70　　B. 75　　C. 80　　D. 90

344. 通过在劈相机发电相 W 相与电动相 U 相负载端子上并联（　　），有利于改善劈相机输出电压的对称性。

A. 电阻器　　B. 电感器
C. 电容器　　D. 非线性电阻

345. 劈相机起动过程中，因起动电阻接触器 213KM 机械卡滞或触头（　　），将烧损起动电阻。

A. 接触压力过大　　B. 开距过大
C. 超程过大　　D. 熔焊

346. 劈相机起动过程中，起动监测继电器 283AK 无比较电压信号时，将造成起动电阻（　　），劈相机走单相的故障。

A. 过早切除　　B. 过晚切除
C. 不切除　　D. 不投入工作

347. SS_{4B}型电力机车第二劈相机故障隔离开关（　　）处于“1”位，第二劈相机被切除，不能起动。

A. 242QS　　B. 583QS
C. 584QS　　D. 585QS

348. SS_{4B}型电力机车压缩机故障隔离开关（　　）处于“1”位，压缩机被切除。

A. 242QS　　B. 583QS
C. 579QS　　D. 581QS

349. 压缩机（　　）监测进气口压力大于0.3 MPa时，切断压缩机接触器203KM线圈电路。

A. 温度开关　　B. 压力开关
C. 进气阀　　D. 传感器

350. SS_{4B}型电力机车牵引通风机起动过程中，将故障隔离开关（　　）置“1位”，则第一通风机被切除，第二通风机直接起动。

A. 242QS　　B. 583QS
C. 575QS　　D. 581QS

351. SS_{4B}型电力机车LCU逻辑控制装置采用（　　）冗余设计，提高了机车整个控制系统的可靠性。

A. 单路　　B. 双路　　C. 三路　　D. 多路

352. 观察SS_{4B}型电力机车LCU逻辑控制装置（　　）上各指示灯亮不亮，可以判断出相应信号是否输入。

A. 电源板　　B. 输入板　　C. 输出板　　D. CPU板

353. 机车检修周期应根据机车实际（　　）和走行公里或使用时间来确定。

A. 技术状态　　B. 故障情况
C. 运行时间　　D. 使用效率

354. 机车出段前检查车钩中心水平线距钢轨顶面高度为（　　）mm。

A. 845 ~ 880　　B. 815 ~ 890
C. 870 ~ 890　　D. 880 ~ 890

355.（　　）属于我国安全电压。

A. 36 V　　B. 60 V　　C. 50 V　　D. 110 V

356.（　　）的表述是错误的。

A. “－”表示直流　　B. “ZC”表示直流
C. “～”表示交流　　D. “AC”表示交流

357. 触头的接触方式不包括（　　）。

A. 点接触　　B. 线接触

C. 面接触　　D. 体接触

358. 触头磨损不包括（　　）。
A. 机械磨损　　B. 化学磨损
C. 物理磨损　　D. 电磨损

359. 触头磨损主要取决于（　　）。
A. 机械磨损　　B. 化学磨损
C. 物理磨损　　D. 电磨损

360. 串联电路中，其总电阻值比各分电阻值（　　）。
A. 大　　B. 小　　C. 相等　　D. 不定

361. 并联电路中，其总电阻值比各分电阻值（　　）。
A. 大　　B. 小　　C. 相等　　D. 不定

362. 电路中温度升高时，绝缘电阻值将会（　　）。
A. 减小　　B. 增大　　C. 不变　　D. 不定

363. 电压又称为电位差，其实用单位为（　　）。
A. 安培　　B. 欧姆　　C. 伏特　　D. 瓦特

364. 机车电阻制动是通过制动电阻将电能转化为（　　）而消耗掉。
A. 势能　　B. 动能　　C. 热能　　D. 机械能

365. JZ15-44 型继电器是（　　）。
A. 时间继电器　　B. 中间继电器
C. 接地继电器　　D. 过载继电器

366. 半导体二极管最主要的特点是（　　）。
A. 反向击穿性　　B. 反向电流大
C. 单向导电性　　D. 正向压降小

367.（　　）不属于机械式继电器。
A. 风速继电器　　B. 风压继电器
C. 油流继电器　　D. 过载继电器

368.（　　）不属于电空接触器组成部分。
A. 传动风缸　　B. 触头系统
C. 高压联锁触头　　D. 灭弧系统

369. 兆欧表是进行（　　）测量的仪表。
A. 接触电阻　　B. 绝缘电阻
C. 较小电阻　　D. 绕组阻值

370. 交流接触器可用在（　　）中。
A. 交流电路　　B. 交、直流电路均可
C. 只能用在正弦电路　　D. 直流电路

371. 接触器的触头处于断开状态时，必须有足够的（　　）以保证可靠熄灭电弧和开断电路。

A. 超程　B. 研距　C. 开距　D. 终压力

372. 电力机车上的劈相机主要有旋转劈相机和（　　）劈相机两种。

A. 异步　B. 静止　C. 交流　D. 直流

373. 3 个频率相同、最大值相等、相位相差（　　）的正弦电流、电压或电动势叫三相交流电。

A. 90°　B. 120°　C. 180°　D. 360°

374. 现场生产中常使用（　　）来测量电机绕组的阻值。

A. 万用表　B. 兆欧表

C. 电桥　D. 接触电阻检测仪

375. 晶体管的 3 种工作状态不包括（　　）。

A. 放大状态　B. 饱和状态

C. 截止状态　D. 临界饱和状态

376. JT3-21/5 型继电器是（　　）。

A. 时间继电器　B. 中间继电器

C. 接地继电器　D. 过载继电器

377.（　　）不属于电力机车基本组成部分。

A. 机械部分　B. 电气部分

C. 空气管路部分　D. 制动系统

378. 电力机车蓄电池的充电制不包括（　　）。

A. 初充电制　B. 临时充电制

C. 标准充电制　D. 快速充电制

379. SS_{4B} 型机车库内动车时，应将入库转换开关（　　）打在库用位。

A. 10QP 或 20QP　B. 20QP 或 50QP

C. 10QP 或 60QP　D. 50QP 或 60QP

380. Y10WT-42/105TD 型避雷器主要元件是（　　）阀片。

A. 氧化铝　B. 氧化锌

C. 氧化铜　D. 合金

381. 电空接触器一般应用于（　　）中。

A. 主电路　B. 辅助电路

C. 控制电路　D. 电子电路

382. 机车上的通风机采用（　　）起动的方式。

A. 降压　B. 直接　C. 串电阻　D. 分相

383. SS_{4B} 型机车三相负载电源来自主变压器的（　　）绕组。

A. 牵引　B. 辅助　C. 励磁　D. 电枢

384. SS_{4B}型机车辅助绕组 a6-x6 通过导线 204、205 经（　　）与导线 201、202 连接，从而给辅助电路提供 380V 单相电源。

A. 235QS　　B. 236QS
C. 237QS　　D. 296QS

385. SS_{4B}型机车在库内时，将（　　）打向库用位，此时辅助电路设备可用库内电源供电。

A. 235QS　　B. 236QS
C. 237QS　　D. 296QS

386. SS_{4B}型机车辅助电路 380V 单相负载电路由导线 201、（　　）供电。

A. 206　　B. 205　　C. 203　　D. 202

387. SS_{4B}型机车辅助电路 380 V 单相负载电路主要给前窗电热玻璃和（　　）提供交流电源。

A. 热风机　　B. 脚炉　　C. 空调　　D. 辅压机

388. SS_{4B}型电力机车辅助电路（　　）V 单相负载电路由导线 202、206 供电。

A. 110　　B. 220　　C. 314　　D. 380

389. SS_{4B}型电力机车当辅助回路发生接地时，（　　）得电动作，使故障显示屏“辅接地”信号灯亮。

A. 97KE　　B. 98KE　　C. 284KE　　D. 285KE

390. 电力机车的辅机采用（　　）作为过载保护装置。

A. RC 吸收电路　　B. LC 吸收电路
C. 自动开关　　D. 继电器

391. 劈相机控制分正常操作和“过分相”区的（　　）两种形式。

A. 人工控制　　B. 自动控制
C. 顺序控制　　D. 人工或自动控制

392. 异步劈相机用于提供（　　）。

A. 直流电源　　B. 单相交流电
C. 两相交流电源　　D. 三相交流电源

393. 劈相机不能正常启动的原因不包括（　　）。

A. 网压过低　　B. 接触器粘连
C. 启动电阻变小　　D. 劈相机内部有断路或短路

394. 旋转劈相机采用（　　）启动。

A. 降压　　B. 串电阻
C. 直接　　D. 分相

395. 机车用通风机是用作提供（　　）的。

A. 压缩空气　　B. 冷却用风
C. 加温　　D. 调节功率因数

396.（　　）不能带电转换。

A. 两位置转换开关　　B. 线路接触器

C. 辅机接触器　　D. 励磁接触器

397. 调速手柄的调速主要是通过调节电位器（　　）的大小来实现的。

A. 电流　　B. 电压　　C. 电阻　　D. 电位

398. 电钥匙开关是选择操纵端的依据，同时是为启动各控制线路提供（　　）的总开关。

A. 电源　　B. 气路　　C. 液压　　D. 电源和气路

399. 关于自动开关，（　　）的叙述是错误的。

A. 自动开关在机车上用来自动切断故障电路

B. 自动开关能够开断较大的短路电流

C. 自动开关具有对电路过载、短路的双重保护

D. 允许操作频率高

400. 关于电力机车司机控制器，（　　）的叙述是错误的。

A. 是操作机车运行的重要电器，它通过对低压电器来间接控制高压电器

B. 使司机操纵机车安全方便可靠

C. 机车起动和调速、前进、后退、电气制动均受司机控制

D. 调速手柄有“降、固、升”3个工作位置

401. 晶闸管有（　　）PN结。

A. 1　　B. 2　　C. 3　　D. 4

402. 晶闸管触发导通后，其控制极对主电路（　　）。

A. 仍有控制作用　　B. 失去控制作用

C. 有时仍有控制作用　　D. 不能确定

403.（　　）将机车制动时的动能转化为热能而消耗掉。

A. 电阻制动　　B. 再生制动

C. 反接制动　　D. 反馈制动

404. 牵引电机的冷却方式是（　　）。

A. 强迫风冷　　B. 油冷

C. 水冷　　D. 自然风冷

405. SS_{4B}型机车小、辅修工艺中规定低压柜移相电容不得小于（　　）μF。

A. 20　　B. 30　　C. 40　　D. 50

406. SS_{4B}型机车大修后牵引通风机三相自动开关的整定值为（　　）。

A. 75 A　　B. 100 A　　C. 125 A　　D. 130 A

407. SS_{4B}型机车小、辅修工艺中规定主司机控制器检修测量电位器阻值，阻值最大时符合（　　）。

A. $50\times(1\pm15\%)\ \Omega$　　B. $150\times(1\pm15\%)\ \Omega$

C. $250\times(1\pm15\%)\ \Omega$　　D. $350\times(1\pm15\%)\ \Omega$

408. SS_{4B}型机车小、辅修工艺中规定电空制动控制器手柄只能在（　　）位取出。

A. 重联　B. 运转　C. 中立　D. 紧急

409. SS_{4B}型机车小、辅修工艺中规定空气制动阀手柄只能在（　　）位取出。

A. 重联　B. 运转　C. 中立　D. 紧急

410. 把交流电转换为直流电的过程叫（　　）。

A. 变压　B. 稳压　C. 整流　D. 滤波

411. 电量的单位是（　　）。

A. C（库）　B. A（安）　C. S（西）　D. H（亨）

412. 电源的电动势方向和电源两端电压的方向（　　）。

A. 相同　B. 相反　C. 不能确定　D. 无关

413. 电钥匙的代号（　　）。

A. 570QS　B. 586QS

C. 575QS　D. 576QS

414. 欠压故障隔离开关代号是（　　）。

A. 570QS　B. 586QS

C. 575QS　D. 236QS

415. 本节升弓合闸隔离开关代号是（　　）。

A. 570QS　B. 588QS

C. 571QS　D. 237QS

416. 受电弓故障隔离开关代号是（　　）。

A. 570QS　B. 587QS

C. 575QS　D. 237QS

417. 牵引风机 1 故障隔离开关代号是（　　）。

A. 570QS　B. 587QS

C. 575QS　D. 238QS

418. 牵引风机 2 故障隔离开关代号是（　　）。

A. 570QS　B. 587QS

C. 576QS　D. 236QS

419. 制动风机 1 故障隔离开关代号是（　　）。

A. 581QS　B. 587QS

C. 576QS　D. 237QS

420. 制动风机 2 故障隔离开关代号是（　　）。

A. 582QS　B. 587QS

C. 576QS　D. 237QS

421. 劈相机 1 故障隔离开关代号是（　　）。

A. 582QS　　B. 587QS

C. 576QS　　D. 242QS

422. 劈相机 2 故障隔离开关代号是（　　）。

A. 583QS　　B. 587QS

C. 576QS　　D. 243QS

423. 压缩机故障隔离开关代号是（　　）。

A. 583QS　　B. 587QS

C. 579QS　　D. 242QS

424. 主断故障隔离开关代号是（　　）。

A. 580QS　　B. 586QS

C. 570QS　　D. 242QS

425. 升弓电空阀代号是（　　）。

A. 1YV　　B. 202KM

C. 213KM　　D. 566QS

426. 劈相机 1 接触器代号是（　　）。

A. 209KM　　B. 201KM

C. 213KM　　D. 567QS

427. 劈相机 2 接触器代号是（　　）。

A. 209KM　　B. 202KM

C. 213KM　　D. 568QS

428. 牵引风机 1 接触器代号是（　　）。

A. 205KM　　B. 212KM

C. 213KM　　D. 569QS

429. 牵引风机 2 接触器代号是（　　）。

A. 209KM　　B. 206KM

C. 213KM　　D. 570QS

430. 制动风机 1 接触器代号是（　　）。

A. 209KM　　B. 212KM

C. 213KM　　D. 571QS

431. 制动风机 2 接触器代号是（　　）。

A. 203KM　　B. 210KM

C. 213KM　　D. 572QS

432. 压缩机接触器代号是（　　）。

A. 203KM　　B. 212KM

C. 213KM　　D. 573QS

433. 油泵接触器代号是（　　）。

A. 201KM　　B. 212KM

C. 213KM　　D. 574QS

434. 主变压器接触器代号是（　　）。

A. 201KM　　B. 211KM

C. 213KM　　D. 575QS

435. 劈相机启动接触器代号是（　　）。

A. 201KM　　B. 202KM

C. 213KM　　D. 576QS

436. 劈相机检测继电器代号是（　　）。

A. 581QS　　B. 285KE

C. 576QS　　D. 283AK

437. 辅接地继电器代号是（　　）。

A. 581QS　　B. 285KE

C. 576QS　　D. 236QS

438. 辅接地故障隔离开关代号是（　　）。

A. 581QS　　B. 587QS

C. 576QS　　D. 237QS

439. 一位电机线路接触器代号是（　　）。

A. 12KM　　B. 22KM

C. 32KM　　D. 42KM

440. 二位电机线路接触器代号是（　　）。

A. 12KM　　B. 22KM

C. 32KM　　D. 42KM

441. 三位电机线路接触器代号是（　　）。

A. 12KM　　B. 22KM

C. 32KM　　D. 42KM

442. 四位电机线路接触器代号是（　　）。

A. 12KM　　B. 22KM

C. 32KM　　D. 42KM

443. 一位电机故障隔离开关代号是（　　）。

A. 19QS　　B. 29QS

C. 39QS　　D. 49QS

444. 二位电机故障隔离开关代号是（　　）。

A. 19QS　　B. 29QS

C. 39QS　　D. 49QS

445. 三位电机故障隔离开关代号是（　　）。

A. 19QS　　B. 29QS

C. 39QS　　D. 49QS

446. 四位电机故障隔离开关代号是（　　）。

A. 19QS　　B. 29QS

C. 39QS　　D. 49QS

447. 一位电机线路接触器吸合电源线号是（　　）。

A. 471　　B. 472

C. 473　　D. 474

448. 二位电机线路接触器吸合电源线号是（　　）。

A. 471　　B. 472

C. 473　　D. 474

449. 三位电机线路接触器吸合电源线号是（　　）。

A. 471　　B. 472

C. 473　　D. 474

450. 四位电机线路接触器吸合电源线号是（　　）。

A. 471　　B. 472

C. 473　　D. 474

451. 一位电机线路接触器联锁线号是（　　）。

A. 661　　B. 662

C. 663　　D. 666

452. 二位电机线路接触器联锁线号是（　　）。

A. 661　　B. 662

C. 663　　D. 666

453. 三位电机线路接触器联锁线号是（　　）。

A. 661　　B. 662

C. 663　　D. 666

454. 四位电机线路接触器联锁线号是（　　）。

A. 661　　B. 662

C. 663　　D. 666

455. 两位置转换开关牵引到位的线号（　　）。

A. 434　　B. 429

C. 431　　D. 425

456. 两位置转换开关制动到位的线号是（　　）。

A. 434　　B. 429

C. 431　　D. 425

457. 两位置转换开关向前到位的线号是（　　）。

A. 434　　B. 429

C. 431　　D. 425

458. 两位置转换开关向后到位的线号是（　　）。

A. 434　　B. 429

C. 431　　D. 425

459. 交流电（　　）正负极之分。

A. 无　　B. 有

C. 可有可无　　D. 不确定

460. 稳压二极管主要是利用其（　　）。

A. 单向导电性　　B. 反向击穿特性

C. 结电容　　D. 正向击穿特性

461. 采用二极管的整流电路中主要是利用其（　　）。

A. 单向导电性　　B. 反向击穿特性

C. 结电容　　D. 正向击穿特性

462. 更换牵引电机电刷时，（　　）的叙述是错误的。

A. 在同一台电机上可以混用不同牌号的电刷

B. 电刷与刷握的间隙及电刷弹簧压力应符合规定

C. 电刷不应有裂纹、掉角，刷辫不应松脱，刷辫紧固螺栓不应松动

D. 电刷与换向器表面应保持清洁、干燥

463. 电力机车电路由 3 部分组成，这 3 部分不包括（　　）。

A. 主电路　　B. 辅助电路

C. 保护电路　　D. 控制电路

464. 控制电路中预备灯的电源线号是（　　）。

A. 703　　B. 719

C. 705　　D. 709

465. 控制电路中主断灯的电源线号是（　　）。

A. 718　　B. 704

C. 708　　D. 709

466. 控制电路中零位灯的电源线号是（　　）。

A. 718　　B. 719

C. 705　　D. 709

467. 控制电路中欠压灯的电源线号是（　　）。

A. 718　　B. 719

C. 705　　D. 710

468. 控制电路中劈相机 1 灯的电源线号是（　　）。

A. 718　　B. 719
C. 705　　D. 706

469. 控制电路中劈相机 2 灯的电源线号是（　　）。
A. 718　　B. 719
C. 705　　D. 706

470. 电力机车进行高、低压电器试验时，应（　　）。
A. 先进行低压试验，再进行高压试验
B. 先进行高压试验，再进行低压试验
C. 高低压试验同时进行
D. 没有固定次序

471. 电力机车辅助电路不包括（　　）。
A. 电源电路　　B. 负载电路
C. 检测电路　　D. 保护电路

472. 晶闸管 3 个电极不包括（　　）。
A. 阴极　　B. 阳极
C. 基极　　D. 门极

473. 晶闸管从阻断转化为导通的条件不包括（　　）。
A. 门极必须加正向电压
B. 阳极电流需小于擎住电流
C. 阳极电压必须高于阴极电压
D. 门极必须有足够大的触发功率

474.（　　）不属于辅助电路中三相负载。
A. 空气压缩机电动机　　B. 通风机电动机
C. 牵引电动机　　D. 油泵电动机

475. 电力机车各辅机在启动时要（　　）。
A. 顺序启动　　B. 同时启动
C. 任意启动　　D. 不能确定

476. 晶体三极管放大时，它的两个 PN 结的工作状态为（　　）。
A. 均处于正向偏置
B. 均处于反向偏置
C. 发射结处于正向偏置，集电结处于反向偏置
D. 发射结处于反向偏置，集电结处于正向偏置

477. SS_{4B} 型电力机车牵引通风机的通风支路是（　　）。
A. 车底到车顶　　B. 车体内到车顶
C. 车体内到车底　　D. 车顶到车底

478. SS_{4B} 型电力机车制动风机的通风支路是（　　）。

A. 车底到车顶　　B. 车体内到车顶
C. 车体内到车底　　D. 车顶到车底

479. SS_{4B}型电力机车主变风机的通风支路是（　　）。
A. 车底到车顶　　B. 车体内到车顶
C. 车体内到车底　　D. 车顶到车底

480.（　　）不属于 SS_{4B} 型电力机车低压电器柜的设备。
A. 劈相机启动继电器　　B. 劈相机启动电阻转换开关
C. 直流接触器　　D. 硅整流装置柜

481. SS_{4B}电力机车正常工作网压为（　　）kV。
A. 29　　B. 25　　C. 19　　D. 15

482. SS_{4B}电力机车最高工作网压为（　　）kV。
A. 29　　B. 25　　C. 19　　D. 15

483. SS_{4B}电力机车故障网压为（　　）kV。
A. 29　　B. 25　　C. 19　　D. 15

484. SS_{4B}电力机车劈相机手动与自动启动转换开关代号是（　　）。
A. 591QS　　B. 575QS　　C. 593QS　　D. 581QS

485. SS_{4B}电力机车重联与单机转换开关代号是（　　）。
A. 591QS　　B. 575QS　　C. 592QS　　D. 582QS

486. 1 V =（　　）mV。
A. 10　　B. 10^2　　C. 10^3　　D. 10^6

487. 把几个电阻依次连接起来的电路，叫作（　　）。
A. 并联电路　　B. 串联电路
C. 串并联电路　　D. 混联电路

488. 并联电路的总电阻等于各并联电阻（　　）。
A. 和　　B. 倒数的和
C. 倒数和的倒数　　D. 积

489. 属于高压开关电器的是（　　）。
A. 继电器　　B. 自动开关
C. 熔断器　　D. 主断路器

490. 属于低压开关电器的是（　　）。
A. 继电器　　B. 电抗器
C. 高压电压互感器　　D. 主断路器

491. 动、静触头在接触过程中动触头在静触头表面的研磨距离称为触头的（　　）。
A. 开距　　B. 初压力　　C. 超程　　D. 研距

492.（　　）是将机械能转换为电能。

A. 发电机　　B. 电动机　　C. 变压器　　D. 蓄电池

493.（　　）是将电能转换为机械能。

A. 发电机　　B. 电动机　　C. 变压器　　D. 蓄电池

494.（　　）是起到变压降压作用的。

A. 发电机　　B. 电动机　　C. 变压器　　D. 蓄电池

495. SS_{4B} 型电力机车受电弓代号是（　　）。

A. 1AP　　B. 12KM　　C. 4QF　　D. 5F

496. SS_{4B} 型电力机车主断路器代号是（　　）。

A. 1AP　　B. 12KM　　C. 4QF　　D. 5F

497. SS_{4B} 型电力机车线路接触器 12KM 主要用于（　　）电机的起动与停止。

A. 第一　　B. 第二　　C. 第三　　D. 第四

498. SS_{4B} 型电力机车上装有（　　）台受电弓。

A. 1　　B. 2　　C. 3　　D. 4

499. BVACN99 型真空断路器合闸状态是通过（　　）来维持。

A. 保持线圈　　B. 合闸线圈

C. 分闸线圈　　D. 恢复线圈

500. SS_{4B} 型电力机车通过（　　）的指令，对励磁晶闸管进行相位控制，以便调节励磁电流，改变机车的电制动力。

A. 低压柜　　B. 高压柜

C. 电源柜　　D. 微机柜

二、判断题

1. SS_{4B}/SS_{4G} 型机车修程划分执行 2 个辅修做一个小修，4 个小修做一个中修，3 个中修做一个大修。（　　）

2. SS_{4B}/SS_{4G} 型机车检修周期辅修为（7.5 ± 0.5）万 km。（　　）

3. SS_{4B}/SS_{4G} 型机车检修周期小修为 $15 \times (1 \pm 10\%)$ 万 km。（　　）

4. SS_{4B}/SS_{4G} 型机车检修周期中修为 $55 \times (1 \pm 10\%)$ 万 km。（　　）

5. SS_{4B}/SS_{4G} 型机车检修停时小修停时 24 h。（　　）

6. SS_{4B}/SS_{4G} 型机车检修停时辅修停时 24 h。（　　）

7. SS_{4B}/SS_{4G} 型机车将入中修的 4 小机车按双小进行检修，不镟轮。（　　）

8. SS_{4B}/SS_{4G} 型机车将入大修的 4 小、5 小机车按单小进行检修，并进行镟轮。（　　）

9. SS_{4B} 型机车小、辅修范围中规定牵引电机每次只检查定子状态。（　　）

10. SS_{4B} 型机车小、辅修范围中规定牵引电机必须打开接线盒检查的修程为 2 小修程。（　　）

11. SS_{4B} 型机车小、辅修范围中规定牵引电机必须测量绝缘电阻的修程为辅修修程。( )

12. SS_{4B} 型机车小、辅修范围中规定牵引电机必须对轴承加油的修程为小修修程。( )

13. SS_{4B} 型机车小、辅修范围中规定主变压器必须化验油的修程为单修修程。( )

14. SS_{4B} 型机车小、辅修范围中规定主变压器在小修修程中必须吹扫主变压器散热器。( )

15. SS_{4B} 型机车小、辅修工艺中规定牵引电机绝缘测试采用 1 000 V 兆欧表。( )

16. SS_{4B} 型机车小、辅修工艺中规定牵引电机采用 1 000 V 兆欧表对地绝缘测试定子回路不小于 10 MΩ。( )

17. SS_{4B} 型机车小、辅修工艺中规定牵引电机采用 1 000 V 兆欧表对地绝缘测试电枢不小于 6 MΩ。( )

18. SS_{4B} 型机车小、辅修工艺中规定牵引电机换向器面凹凸量不大于 0.5 mm。( )

19. SS_{4B} 型机车小、辅修工艺中规定牵引电机小修补油，传动端 120 g，非传动端 80 g。( )

20. SS_{4B} 型机车小、辅修工艺中规定牵引电机同一电机不一定要使用同一厂家同一型号的电刷。( )

21. SS_{4B} 型机车小、辅修工艺中规定牵引电机电刷与换向器接触面积不小于 80%。( )

22. SS_{4B} 型机车小、辅修工艺中规定牵引电机电刷长度小于 60 mm 时更新。( )

23. SS_{4B} 型机车小、辅修范围中规定主变压器瓷瓶表面缺损面积大于 30 mm^2 时，须更新。( )

24. SS_{4B} 型机车小、辅修范围中规定主变压器干燥剂变色大于总量三分之二时，更新干燥剂。( )

25. SS_{4B} 型机车小、辅修范围中规定主变压器干燥器下部油杯，油杯内变压器油应盛满油杯的三分之一左右。( )

26. SS_{4B} 型机车小、辅修工艺中规定交流辅机中制动风机加油量为 50 g。( )

27. SS_{4B} 型机车小、辅修工艺中规定交流辅机中绝缘测试采用 2 500 V 兆欧表。( )

28. SS_{4B} 型机车小、辅修工艺中规定交流辅机中绝缘测试不需要拆开辅机短接片。( )

29. SS_{4B} 型机车小、辅修工艺中规定交流辅机中绝缘测试需要拆开辅机短接片。( )

30. SS_{4B} 型机车小、辅修工艺中规定交流辅机中绝缘测试测量交流辅机绕组对地及绕组间的绝缘不小于 10 MΩ。( )

31. SS_{4B} 型机车小、辅修工艺中规定电阻带对地绝缘电阻值（2 500 V 兆欧表）≥10 MΩ。( )

32. SS_{4B} 型机车小、辅修范围中规定小修修程测量制动电阻对地绝缘电阻值。( )

33. SS_{4B} 型机车小、辅修范围中规定在 2 小修程中对劈相机及油泵绕组进行绝缘测试。（ ）

34. SS_{4B} 型机车小、辅修范围中规定春鉴时对空调室外机组进行吹扫。（ ）

35. SS_{4B} 型机车小、辅修范围中规定秋整时对司机室空调进风口滤网进行清洗。（ ）

36. SS_{4B} 型机车小、辅修范围中规定热风机组试验及检查其工作状态为每年的 9 月 15 日～次年 4 月 15 日。（ ）

37. SS_{4B} 型机车小、辅修范围中规定空调机组试验及检查其工作状态为每年的 9 月 15 日～次年 4 月 15 日。（ ）

38. SS_{4B} 型机车高压电压互感器为油式。（ ）

39. SS_{4B} 型机车小、辅修范围中规定干式高压电压互感器在辅修修程中开盖检查并测量熔断器。（ ）

40. SS_{4B} 型机车小、辅修范围中规定干式高压电压互感器在双小修程中开盖检查并测量熔断器。（ ）

41. SS_{4B} 型机车小、辅修范围中规定两位置转换开关在辅修修程中传动风缸给油。（ ）

42. SS_{4B} 型机车小、辅修范围中规定两位置转换开关在双小修修程中传动风缸不给油。（ ）

43. SS_{4B} 型机车小、辅修范围中规定两位置转换开关在双小修修程中传动风缸给油。（ ）

44. SS_{4B} 型机车小、辅修范围中规定在小修修程中车顶导电杆连接线防护盒打开检查。（ ）

45. SS_{4B} 型机车小、辅修工艺中规定软连接线安装牢固，折损面积不超过原形的 10%，接触部无烧伤。（ ）

46. SS_{4B} 型机车小、辅修工艺中规定软连接线安装牢固，折损面积不超过原形的 5%，接触部无烧伤。（ ）

47. SS_{4B} 型机车小、辅修工艺中规定合车后检查两台高压连接器的状态，高低不大于 30 mm，最大退程为 240 mm。（ ）

48. SS_{4B} 型机车小、辅修工艺中规定高压隔离开关闭合过程中下面同时接触。（ ）

49. SS_{4B} 型机车小、辅修工艺中规定高压隔离开关闭合过程中上下面同时接触。（ ）

50. SS_{4B} 型机车小、辅修工艺中规定高压隔离开关闸刀接触部涂少量黄油。（ ）

51. SS_{4B} 型机车小、辅修工艺中规定干式高压电压互感器底座安装螺丝紧固，底架无锈蚀，如有锈蚀进行刷漆处理，锈蚀严重进行更换处理。（ ）

52. SS_{4B} 型机车小、辅修工艺中规定干式高压电压互感器器身各部无裂纹、破损，如有进行补胶处理。（ ）

53. SS_{4B} 型机车小、辅修工艺中规定电空接触器灭弧罩石棉板无裂纹及严重缺损，壁厚不小于原形的 1/2。(　　)

54. SS_{4B} 型机车小、辅修工艺中规定电容无膨胀、渗油现象，测量 71C、72C、81C、82C 电容值不得小于 10 μF。(　　)

55. SS_{4B} 型机车小、辅修工艺中规定 TSG15G 型受电弓升弓时间 6 ~ 10 s。(　　)

56. SS_{4B} 型机车小、辅修工艺中规定 TSG15G 型受电弓降弓时间≤6 s。(　　)

57. SS_{4B} 型机车小、辅修工艺中规定 TSG15G 型受电弓静态接触压力(70 ± 10)N。(　　)

58. SS_{4B} 型机车小、辅修工艺中规定 TSG15G 型受电弓滑板厚度不低于 27 mm。(　　)

59. SS_{4B} 型机车小、辅修工艺中规定 CED180 型受电弓降弓时间不大于 4 s。(　　)

60. SS_{4B} 型机车小、辅修工艺中规定 CED180 型受电弓静态接触压力(70 ± 11)N。(　　)

61. SS_{4B} 型机车小、辅修工艺中规定 CED180 型受电弓滑板厚度不低于 28 mm。(　　)

62. SS_{4B} 型机车小、辅修工艺中规定 CED180 型受电弓升弓时间不大于 5.4 s。(　　)

63. SS_{4B} 型机车小、辅修工艺中规定 CED180 型受电弓自动降弓装置基本调试，受电弓的 ADD 控制阀不应经常试验，在更换滑板时，检验 ADD 性能，即将受电弓升起 0.6 m，打开试验阀，受电弓应迅速降下（必须注意安全）。(　　)

64. SS_{4B} 型机车小、辅修工艺中规定 CED180 型受电弓升弓时间应不大于 5.4 s，且允许受电弓有任何回跳。(　　)

65. SS_{4B} 型机车小、辅修工艺中规定 CED180 型受电弓降弓时间应不大于 4 s，且不允许有引起损坏的冲击。(　　)

66. SS_{4B} 型机车小、辅修工艺中规定 TSG15G 型受电弓额定工作压力（供风）550 kPa。(　　)

67. SS_{4B} 型机车小、辅修工艺中规定 CED180 型受电弓气囊额定工作压力 0.36 MPa。(　　)

68. SS_{4B} 型机车小、辅修范围中规定机车双小修程下车的部件主司控、电空制动控制器、主台扳钮箱、副台扳钮箱。(　　)

69. SS_{4B} 型机车小、辅修范围中规定小修修程测量蓄电池单节电压。(　　)

70. SS_{4B} 型机车小、辅修范围中规定发生蓄电池亏电必须进行补充充电。(　　)

71. SS_{4B} 型机车小、辅修范围中规定小修修程头灯开罩擦拭反光镜。(　　)

72. SS_{4B} 型机车小、辅修范围中规定冬季每次检查壁炉、脚炉、窗加热状态及联线绝缘状态。(　　)

73. SS_{4B} 型机车小、辅修范围中规定仪表辅修修程中总风表、列车管表不下车进行效验。(　　)

74. SS_{4B} 型机车小、辅修范围中规定仪表电表校验周期为 9 个月。(　　)

75. SS_{4B} 型机车小、辅修范围中规定电源柜辅修修程打开后盖进行检查。（　　）

76. SS_{4B} 型机车小、辅修范围中规定秋整时对主变风机滤网进行清洗。（　　）

77. SS_{4B} 型机车小、辅修范围中规定春鉴时对主变风机滤网进行清洗。（　　）

78. SS_{4B} 型机车小、辅修范围中规定春鉴时对主变风机滤网进行吹扫。（　　）

79. SS_{4B} 型机车小、辅修范围中规定主断路器防护罩不进行拆装，只做外观检查，对不良进行更换。（　　）

80. SS_{4B} 型机车小、辅修范围中规定主断路器防护罩“春鉴”期间安装，“秋整”期间拆卸并妥善保存。（　　）

81. SS_{4B} 型机车小、辅修范围中规定无线重联同步操控通信单元在双小修程编组测试 400K、800M 电台电性能。（　　）

82. SS_{4B} 型机车小、辅修范围中规定无线重联同步操控通信单元在中修修程更新分相预备按钮。（　　）

83. SS_{4B} 型机车小、辅修工艺中规定 JZ15 型中间继电器检修测试线圈电阻值 1 kΩ。（　　）

84. SS_{4B} 型机车小、辅修工艺中规定 JZ15 型中间继电器检修测试线圈电阻值 0.5 kΩ。（　　）

85. SS_{4B} 型机车小、辅修工艺中规定 JZ15 型中间继电器检修触头开距应不小于 3 mm。（　　）

86. SS_{4B} 型机车小、辅修工艺中规定 JZ15 型中间继电器检修触头超程不小于 2 mm。（　　）

87. SS_{4B} 型机车小、辅修工艺中规定电磁接触器联锁接触电阻阻值 $\leqslant 10\ \Omega$。（　　）

88. SS_{4B} 型机车小、辅修工艺中规定二极管板检修各元件正向阻值约几百欧，反向阻值无穷大（随万用表型号、量程不同而有差异）。（　　）

89. SS_{4B} 型机车小、辅修工艺中规定各闸刀检修各闸刀光洁，无烧痕，动刀片转动自如，接触线长不小于 50%，夹力适当。（　　）

90. SS_{4B} 型机车小、辅修工艺中规定各闸刀检修各闸刀光洁，无烧痕，动刀片转动自如，接触部位涂少量凡士林。（　　）

91. SS_{4B} 型机车小、辅修工艺中规定各闸刀检修各闸刀光洁，无烧痕，动刀片转动自如，接触部位涂少量黄油。（　　）

92. SS_{4B} 型机车小、辅修工艺中规定低压柜移相电容不得小于 40 μF。（　　）

93. SS_{4B} 型机车小、辅修工艺中规定低压柜移相电容不得小于 10 μF。（　　）

94. SS_{4B} 型机车小、辅修工艺中规定电容无膨胀、惨油现象，接线绝缘子清洁不松动。（　　）

95. SS_{4B} 型机车小、辅修工艺中规定三相自动开关联锁接触时万用表测量电阻值≤10 Ω。（　　）

96. SS_{4B} 型机车小、辅修工艺中规定三相自动开关联锁接触时万用表测量电阻值≤5 Ω。（　　）

97. SS_{4B} 型机车大修后牵引通风机三相自动开关的整定值为 100 A。（　　）

98. SS_{4B} 型机车小、辅修工艺中规定主司机控制器检修测量电位器阻值，阻值最大时符合 250 × (1 ± 15%) Ω。（　　）

99. SS_{4B} 型机车小、辅修工艺中规定主司机控制器检修测量电位器阻值，阻值最大时符合 200 × (1 ± 15%) Ω。（　　）

100. SS_{4B} 型机车小、辅修工艺中规定主司机控制器检修测量电位器阻值用万用表检测给定电位器抽头对端头电阻，当手轮旋转时，其阻值应由零均匀上升、无跃升现象，手柄回零位电阻值应回“0”。（　　）

101. SS_{4B} 型机车小、辅修工艺中规定主司机控制器机械联锁应符合定位关系手柄在“制动”位时，手柄被锁在“制”位。（　　）

102. SS_{4B} 型机车小、辅修工艺中规定主司机控制器机械联锁应符合定位关系手柄在“零”位时，手轮被锁在“零”位。（　　）

103. SS_{4B} 型机车小、辅修工艺中规定主司机控制器机械联锁应符合定位关系手柄在“前”“后”时，手轮可转向“牵引”位。（　　）

104. SS_{4B} 型机车小、辅修工艺中规定主司机控制器机械联锁应符合定位关系手柄在“制”位时，手轮可转向“制动”位。（　　）

105. SS_{4B} 型机车小、辅修工艺中规定辅助司机控制器试验同主司机控制器。（　　）

106. SS_{4B} 型机车小、辅修工艺中规定辅助司机控制器的机械联锁仅为手柄只能在“取”位取出。（　　）

107. SS_{4B} 型机车小、辅修工艺中规定电空制动控制器手柄只能在“运转”位取出。（　　）

108. SS_{4B} 型机车小、辅修工艺中规定电空制动控制器手柄只能在“重联”位取出。（　　）

109. SS_{4B} 型机车小、辅修工艺中规定空气制动阀手柄只能在运转位取出。（　　）

110. SS_{4B} 型机车小、辅修工艺中规定电表检查牵引电机电压表范围为（0 ~ 1 500 V）。（　　）

111. SS_{4B} 型机车小、辅修工艺中规定电表检查牵引电机电流表（0 ~ 1 500 A）。（　　）

112. SS_{4B} 型机车小、辅修工艺中规定电表检查网压表（0 ~ 40 kV，0 ~ 600 V）。（　　）

113. SS_{4B} 型机车小、辅修工艺中规定电表检查控制电压、电流表（0 ~ 150 V，0 ~ 100 A）。（　　）

114. SS_{4B} 型机车小、辅修工艺中规定压力表检查总风缸、均衡风缸压力表（0 ~ 1 600 kPa）。（　　）

115. SS_{4B} 型机车小、辅修工艺中规定压力表检查列车管、闸缸压力表（0 ~ 1 000 kPa）。（　　）

116. SS_{4B} 型机车小、辅修工艺中规定速度表及传感器安装牢固，外壳、玻璃完好，插头、插座插接可靠，传感器导线绑扎良好，可以与车体、转向架摩擦。（　　）

117. SS_{4B} 型机车小、辅修工艺中规定主副台琴键/扳键开关检修各联锁开关外观无变形，破裂，通断电阻阻值不大于 5 Ω。（　　）

118. SS_{4B} 型机车小、辅修工艺中规定主副台琴键/扳键开关检修各联锁开关外观无变形，破裂，通断电阻阻值不大于 10 Ω。（　　）

119. SS_{4B} 型机车小、辅修工艺中规定主副台扳键开关检修非自复式扳键操作力不大于 25 N，自复式扳键操作力不大于 35 N。（　　）

120. SS_{4B} 型电力机车小、辅修工艺中规定司机台电联锁开关检修钥匙在闭合位不得拔出。（　　）

121. SS_{4B} 型机车小、辅修工艺中规定司机室转换开关转动灵活，触头接触电阻阻值不大于 10 Ω，接线无松动。（　　）

122. SS_{4B} 型机车小、辅修工艺中规定高压电流互感器检查清洁瓷瓶表面瓷瓶完好清洁，安装牢固。（　　）

123. SS_{4B} 型机车小、辅修工艺中规定高压电流互感器检查安装座四周密封圈作用检查安装座密封良好，无漏雨。（　　）

124. SS_{4B} 型机车小、辅修工艺中对蓄电池规定正常运用机车入库各电池电压应在 2.0 V 以上，且各电池电压差最大不超 0.2 V。（　　）

125. SS_{4B} 型机车小、辅修工艺中对蓄电池规定正常运用机车如发现部分电池电压不足 2 V 时进行整组充电，充满后电池电压仍低于 2 V 的进行更换。（　　）

126. SS_{4B} 型机车小、辅修工艺中对蓄电池规定单节机车电池电压低于 85 V 时进行充电。（　　）

127. SS_{4B} 型机车小、辅修工艺中对蓄电池规定单节机车电池电压低于 60 V 时进行充电。（　　）

128. SS_{4B} 型机车小、辅修工艺中对接线端子柜检查规定接线端子不得压迫隔板，隔板缺损不得大于原截面积的 30%，隔板绝缘良好。（　　）

129. SS_{4B} 型机车小、辅修工艺中对接线端子柜检查规定接线端子不得压迫隔板，隔板缺损不得大于原截面积的 40%，隔板绝缘良好。（　　）

130. SS_{4B} 型机车小、辅修工艺中对接线端子柜检查规定每个螺栓接线座（端子）上接线不超过 4 根。（　　）

131. SS_{4B} 型机车小、辅修工艺中对接线端子柜检查规定每个螺栓接线座（端子）上接线不超过 6 根。（　　）

132. SS_{4B}型机车小、辅修工艺中对接线端子柜检查规定每个螺栓接线座（端子）上接线不超过 3 根。(　　)

133. SS_{4B}型机车小、辅修工艺中对线束检查规定线芯或导线断股（折损）不得超过原截面的 10%，单股导线不得有裂纹。(　　)

134. SS_{4B}型机车小、辅修工艺中对铜排母线检查规定母线与母线、母线与端子连接处的连接长度不小于母线的宽度，无过热弯曲及裂纹，接触面紧贴，搪锡完好，局部缺损不得大于原面积的 5%。(　　)

135. SS_{4B}型电力机车小、辅修工艺中对铜排母线检查规定红漆层脱落处要补修。(　　)

136. HXD1 型神华号电力机车检查级检查范围规定检查 1 级停时 36 h。(　　)

137. SS_{4B}型机车小、辅修工艺中对铜排母线检查规定用砂布清除放电痕迹。(　　)

138. SS_{4B}型机车小、辅修工艺中对接线端子柜检查规定每个螺栓接线座（端子）上接线不超过 2 根。(　　)

139. SS_{4B} 型机车小、辅修工艺中规定司机台电联锁开关检修钥匙在闭合位不得拔出。(　　)

140. SS_{4B} 型机车小、辅修工艺中对电路绝缘测试规定主电路用 2 500 V 兆欧表测量。(　　)

141. SS_{4B} 型机车小、辅修工艺中对电路绝缘测试规定辅助电路用 500 V 兆欧表测量。(　　)

142. SS_{4B} 型机车小、辅修工艺中对电路绝缘测试规定主电路用 500 V 兆欧表测量。(　　)

143. SS_{4B}型机车小、辅修工艺中对电路绝缘测试规定辅助电路用 2 500 V 兆欧表测量。(　　)

144. SS_{4B}型机车小、辅修工艺中对电路绝缘测试规定辅助电路用 500V 兆欧表测量，辅助电路测量值不低于 0.3 MΩ。(　　)

145. SS_{4B}型机车小、辅修工艺中对电路绝缘测试规定辅助电路用 500 V 兆欧表测量，辅助电路测量值不低于 0.1MΩ。(　　)

146. SS_{4B}型机车小、辅修工艺中对电路绝缘测试规定主电路用 2 500 V 兆欧表测量牵引绕组整流电路≥3 MΩ。(　　)

147. SS_{4B}型机车小、辅修工艺中对电路绝缘测试规定主电路用 2 500 V 兆欧表测量牵引电路≥2 MΩ。(　　)

148. HXD1 型神华号电力机车检查级检查范围规定检查 1 级机车走行公里 $15\times(1\pm20\%)$ 万 km。(　　)

149. HXD1 型神华号电力机车检查级检查范围规定检查 2 级机车走行公里 $30\times(1\pm20\%)$ 万 km。(　　)

150. HXD1 型神华号电力机车检查级检查范围规定检查 3 级机车走行公里 60 × (1 ± 20%) 万 km。(　　)

151. HXD1 型神华号电力机车检查级检查范围规定检查 1 级机车走行公里 25 × (1 ± 20%) 万 km。(　　)

152. HXD1 型神华号电力机车检查级检查范围规定检查 2 级机车走行公里 40 × (1 ± 20%) 万 km。(　　)

153. HXD1 型神华号电力机车检查级检查范围规定检查 3 级机车走行公里 70 × (1 ± 20%) 万 km。(　　)

154. SS_{4B} 型机车段修包括辅修、小修、中修、大修。(　　)

155. HXD1 型神华号电力机车检查级检查范围规定段修包括 VI、I1、I2、I3。(　　)

156. SS_{4B} 型机车段修包括辅修、小修、中修。(　　)

157. HXD1 型神华号电力机车检查级检查范围规定段修包括 VI、I1、I2、I3、R1。(　　)

158. HXD1 型神华号电力机车检查级检查范围规定半月检停时 24 h。(　　)

159. HXD1 型神华号电力机车检查级检查范围规定检查 1 级停时 36 h。(　　)

160. HXD1 型神华号电力机车检查级检查范围规定检查 2 级停时 48 h。(　　)

161. HXD1 型神华号电力机车检查级检查范围规定检查 3 级停时 8 天（暂定）。(　　)

162. HXD1 型神华号电力机车检查级检查范围规定 I3 修程牵引电机开盖检查接线座、引出线，并紧固固定螺栓。(　　)

163. HXD1 型神华号电力机车检查级检查范围规定 I2 和 I3 修程对变压器油（运行中的变压器油）进行化验。(　　)

164. HXD1 型神华号电力机车检查级检查范围规定 I3 修程对直流辅助压缩机电机进行绕组对地绝缘电阻测试。(　　)

165. HXD1 型神华号电力机车检查级检查范围规定机车显示器（IDU）校准显示器与监控装置的日期、时间，以监控装置为准不超 ± 30 s。(　　)

166. HXD1 型神华号电力机车检查级检查范围规定机车显示器（IDU）清洁检查司机显示屏外观完好无刮损，各按键动作有效。屏幕如有污、脏情况，用布、水和中性清洗剂清洁显示屏。(　　)

167. HXD1 型神华号电力机车检查级检查范围规定机车显示器（IDU）拆下显示器检查 MVB 及通信、电源接线插头紧固、完好。(　　)

168. HXD1 型神华号电力机车检查级检查范围规定扳键开关外观检查各扳键完好，无缺损；手动检查扳扭箱各开关动作灵活。(　　)

169. HXD1 型神华号电力机车检查级检查范围规定空调 3 月 15 日至 10 月 15 日各修程检查车体下部空调积水导流孔畅通。(　　)

170. HXD1 型神华号电力机车检查级检查范围规定空调 10 月 15 日至 3 月 15 日各修程检查车体下部空调积水导流孔孔盖严密。(　　)

171. HXD1 型神华号电力机车检查级检查范围规定空调车顶进风口防护盖板紧固、密封状态良好，冬季各修程安装，春季各修程拆除。(　　)

172. HXD1 型神华号电力机车检查级检修工艺规定主变压器油化验对油样超标者，要进行滤油，然后进行排气。(　　)

173. HXD1 型神华号电力机车检查级检修工艺规定主变压器检查变压器油位符合要求（高于油位标准时放油，低于油位标准时补油）。(　　)

174. HXD1 型神华号电力机车检查级检修工艺规定主变压器冷却液检查液面位置与环境温度不一致。(　　)

175. HXD1 型神华号电力机车检查级检修工艺规定主变压器冷却液检查液面位置与环境温度一致。(　　)

176. HXD1 型神华号电力机车检查级检修工艺规定主变压器复合散热器清扫检查用吸尘器对散热器表面吸尘处理。(　　)

177. HXD1 型神华号电力机车检查级检修工艺规定主变压器复合散热器清扫检查车底散热器下部放置油盘，从车内用 35 °C 左右温水融合中性清洗剂，均匀淋至散热片各部，浸泡 30 min。(　　)

178. HXD1 型神华号电力机车检查级检修工艺规定主变压器复合散热器清扫检查用清水从车内向下清洗散热器，用压缩空气从车内向车底吹扫散热器各部。(　　)

179. HXD1 型神华号电力机车检查级检修工艺规定牵引电机绕组检测电机三相阻值不平衡度不大于 1%。(　　)

180. HXD1 型神华号电力机车检查级检修工艺规定牵引电机非传动端轴承补脂，对 N 端（非传动端）轴承补脂（美孚 SHC220）每次补脂量 40 g。(　　)

181. HXD1 型神华号电力机车检查级检修工艺规定牵引电机非传动端轴承补脂，对 N 端（非传动端）轴承补脂（美孚 SHC220）每次补脂量 100 g。(　　)

182. HXD1 型神华号电力机车检查级检修工艺规定辅助变压器接触器外观检查打开灭弧罩，检查触头无熔焊、烧蚀严重时更新。(　　)

183. HXD1 型神华号电力机车检查级检修工艺规定辅助变压器接触器外观检查接触器壳体状态壳体无变形、轻微裂损。(　　)

184. HXD1 型神华号电力机车检查级检查工艺规定辅助风机组用 500 V 兆欧表进行测量对地绝缘电阻为不小于 10 MΩ。(　　)

185. HXD1 型神华号电力机车检查级检查工艺规定辅助风机组用 500 V 兆欧表进行测量对地绝缘电阻为不小于 11 MΩ。(　　)

186. HXD1 型神华号电力机车检查级检查工艺规定司机控制器机械联锁的可靠性和准确性进行检查方向转换开关在“0”时，方向手柄才能插入或取出。(　　)

187. HXD1 型神华号电力机车检查级检查工艺规定司机控制器机械联锁的可靠性和准确性进行检查方向转换开关在“0”位时，牵引/制动手柄被锁在“0”位（中间位置）。（　　）

188. HXD1 型神华号电力机车检查级检查工艺规定司机控制器机械联锁的可靠性和准确性进行检查牵引/制动手柄在“0”位时，方向转换开关可在“向前”“0”“向后”之间任意转换。（　　）

189. HXD1 型神华号电力机车检查级检查工艺规定司机控制器机械联锁的可靠性和准确性进行检查牵引/制动手柄在“牵引”或“制动”区域时，方向转换开关被锁在“向前”位或“向后”位。（　　）

190. HXD1 型神华号电力机车检查级检查工艺规定司机控制器检查各轴及凸轮如果发现有裂纹、变形或者脱落等，则不必更换。（　　）

191. HXD1 型神华号电力机车检查级检查工艺规定司机控制器检查各轴及凸轮如果发现有裂纹、变形或者脱落等，则必须更换。（　　）

192. HXD1 型神华号电力机车检查级检查工艺规定司机控制器检查电位器输出要求在制动最大位 + 45° 时，输出电压值为 9.6 ~ 10.1 V。（　　）

193. HXD1 型神华号电力机车检查级检查工艺规定司机控制器检查电位器输出要求在制动小零位 + 7.5° 时，输出电压值为 < 0.05 V。（　　）

194. HXD1 型神华号电力机车检查级检查工艺规定司机控制器检查电位器输出要求在零位 0° 时，输出电压 0 V。（　　）

195. HXD1 型神华号电力机车检查级检查工艺规定司机控制器检查电位器输出要求在牵引小零位 – 7.5° 时，输出电压值为 < 0.05 V。（　　）

196. HXD1 型神华号电力机车检查级检查工艺规定司机控制器检查电位器输出要求在牵引最大位 – 45° 时，输出电压值为 9.6 ~ 10.1 V。（　　）

197. HXD1 型神华号电力机车检查级检查工艺规定司机室台目视检查无“松、虚、断、破、错、损、缺、漏”等不符合基本规范、基本规定要求的现象。（　　）

198. HXD1 型神华号电力机车检查级检查工艺规定电源柜过压保护器显示，正常的时候显示绿色，过压损坏时为黑色。（　　）

199. HXD1 型神华号电力机车检查级检查工艺规定电源柜中 AC/DC 模块有 5 块。（　　）

200. HXD1 型神华号电力机车检查级检查工艺规定电源柜中 DC/DC 模块有 1 块。（　　）

201. HXD1 型神华号电力机车检查级检查工艺规定电源柜中监控模块有 2 块。（　　）

202. HXD1 型神华号电力机车检查级检查工艺规定蓄电池检查禁止将蓄电池极性接反。（　　）

203. HXD1 型神华号电力机车检查级检查工艺规定蓄电池检查仅允许相同厂家和相同型号的蓄电池一起使用。（　　）

204. HXD1 型神华号电力机车检查级检查工艺规定整个蓄电池系统包括 48 节单体蓄电池，组成一个 96 V 的直流电源系统。（　　）

205. HXD1 型神华号电力机车检查级检查工艺规定整个蓄电池系统包括 48 节单体蓄电池，组成一个 110 V 的直流电源系统。(　　)

206. HXD1 型神华号电力机车检查级检查工艺规定整个蓄电池系统一节车蓄电池组内严禁组装有不同型号的蓄电池。(　　)

207. HXD1 型神华号电力机车检查级检查工艺规定整个蓄电池系统一节车蓄电池组内可以组装有不同型号的蓄电池。(　　)

208. HXD1 型神华号电力机车检查级检查工艺规定整个蓄电池系统单节蓄电池的容量为 170 A·h。(　　)

209. HXD1 型神华号电力机车检查级检查工艺规定网络控制系统检查 DXM/DIM/AXM 模块输入输出通道用模块通道测试台测试各模块输入输出通道，对通道不良的模块，及时更换。(　　)

210. HXD1 型神华号电力机车检查级检查工艺规定辅助变压器输出回路滤波电容 = 31 – C01、 = 31 – C02 两相之间测量电容值为 375 × (1 ± 5%) μF。(　　)

211. HXD1 型神华号电力机车检查级检查工艺规定辅助变压器输出回路滤波电容 = 31 – C01、 = 31 – C02 两相之间测量电容值为 275 × (1 ± 5%) μF。(　　)

212. SS_{4B} 电力机车铁鞋报警装置的电源取自司机室控制电压表 464，400。(　　)

213. SS_{4B} 电力机车铁鞋报警装置的电源取自司机室控制电压表 466，400。(　　)

214. 关于交流机车压力释放阀行程开关接线防护管与紧固件连接处进行打胶防护的业务通知，自管 HXD1 型交流机车每次修程时，作业班组需对压力释放阀行程开关接线防护管与紧固件连接处进行打胶防护。对于已打胶的情况，需进行检查，确认打胶到位，不到位的情况需对旧胶清理后重新进行打胶（防护胶采用乐泰 587 胶）。(　　)

215. 关于交流机车主断支持瓷瓶底部打胶的业务通知，自管 HXD1 型交流机车修程作业时，对主断支持瓷瓶与底座连接处重新进行打胶防护，配件负责班组需对班组备品重新打胶防护（防护胶采用硅酮密封胶，俗称玻璃胶）。(　　)

216. 关于取消 SS_{4B} 机车端子柜护板及紧固螺栓的业务通知，自管 SS_{4B} 型电力机车中修作业时，对一二号端子柜防护板及其紧固螺栓进行拆除。拆除后需对原线道各接线按工艺要求规范布线及绑扎。(　　)

217. 关于切除 SS_{4B} 电力机车磁削功能的业务通知，机车修程中拆除磁削接触器的主静触头。(　　)

218. 关于规范电力机车蓄电池维护保养的业务通知，小辅修机车库内蓄电池检测前，打开机车照明系统负载（负载约 20 A 即可），放电 10 min 左右，然后进行测量。(　　)

219. 关于规范电力机车蓄电池维护保养的业务通知，小辅修机车库内蓄电池检测前，打开机车照明系统负载（负载约 20 A 即可），放电 30 min 左右，然后进行测量。(　　)

220. 关于规范电力机车蓄电池维护保养的业务通知，对于负载条件下检测发现单节电压小于 1.8 V 的电池直接予以更换。(　　)

221. 关于规范电力机车蓄电池维护保养的业务通知，对于负载条件下检测发现单节电压小于 1.5 V 的电池直接予以更换。(　　)

222.《关于修改 XCD1 型机车水泵三相开关整定值的作业通知》要求，决定对 HXD1 型机车水泵三相开关整定值进行调整，由原来的 14 A 调整到 20 A。(　　)

223.《关于解决 SS_{4B} 电力机车万吨重联从车电流偏高问题的作业通知》里要求，对无线重联模拟输入 1703 信号线（OCEJ3 插头 A 芯）进行复线校对，校对对后将其接入包括有 1703-N100 的接线柱，其他接线保持原状。(　　)

224. 神八机车牵引变压器冷却介质为 45#变压器油。(　　)

225. HXD1 型交流机车最大速度为 100 km/h。(　　)

226. HXD1 型交流机车在按下受电弓扳键开关后，若风压低时，由辅助压缩机提供升弓所需的压力，且立即动作。(　　)

227. HXD1 型交流机车当两组辅助逆变器中的一组故障时，另一组能维持全部的负载，此时所有辅助系统将以变频变压方式供电。(　　)

228. HXD1 型交流机车控制电源柜是将单相 AC380V 转换成 DC 110 V。(　　)

229. HXD1 型交流机车控制电源柜是将单相 AC440V 转换成 DC 110 V。(　　)

230. HXD1 型交流机车司机控制器是机车的主令控制电器，用来转换机车的牵引与制动工况，改变机车的运行方向，设定机车运行速度，实现机车的起动和调速等工况。(　　)

231. HXD1 型交流机车每节车有 4 个四象限整流器。(　　)

232. HXD1 型交流机车当辅助变流器 1 发生故障时，由辅助变流器 2 维持机车辅机继续工作。(　　)

233. HXD1 型交流机车当无人警惕装置故障时，可以通过无人警惕装置故障隔离开关将无人警惕装置切除。(　　)

234. HXD1 型交流机车在正常情况下，受电弓选择开关位应该在“正常”位，升前弓。(　　)

235. HXD1 型交流机车在正常情况下，受电弓选择开关位应该在“正常”位，升后弓。(　　)

236. HXD1 型交流机车实际速度低于 5 km/h，再生制动不投入。(　　)

237. HXD1 型交流机车实际速度低于 10 km/h，再生制动不投入。(　　)

238. HXD1 型交流机车当一个辅助变压器出现故障时，此时故障节主压缩机被切除。(　　)

239. 机车蓄电池提供的是交流电。(　　)

240. 按工艺检修是“四按、三化”记名检修的重中之重。(　　)

241. 不同的电路应使用相同电压等级的兆欧表来测量其绝缘电阻。(　　)

242. 触头的磨损主要取决于机械磨损。(　　)

243. 机车电器按接入的电路来分，可分为主电路电器、辅助电路电器、控制电路电器等。(　　)

244. 电力机车上电子时间继电器属于有触点电器。(　　)

245. 一般把 38 V 电压作为人体的安全电压。(　　)

246. 直流电机不具有可逆性，只能作直流电动机使用，不能作直流发电机使用。(　　)

247. 变压器是利用电磁感应的原理来工作的。(　　)

248. SS_{4B} 型电力机车牵引电机故障隔离开关代号是 19QS、29QS、39QS、49QS。(　　)

249. SS_{4B} 型电力机车的牵引供电电路，采用转向架独立供电方式。(　　)

250. 由于两轴转向架两台牵引电机为背向布置，其相对旋转方向相反。(　　)

251. SS_{4B} 型电力机主电路任意点接地时，接地继电器动作，通过其联锁，使接触器动作，实现保护。(　　)

252. 电力机车接地继电器须闭合主断路器进行恢复。(　　)

253. SS_{4B} 型电力机采用双接地继电保护，不利于查找接地故障。(　　)

254. SS_{4B} 型电力机车处于正常运行时，空载闸刀 10QP 和 60QP 将 1 位和 4 位电流传感器分别与 1M 和 4M 的电枢相连。(　　)

255. SS_{4B} 型电力机车处于空载试验位时，空载闸刀 10QP 和 60QP 将 1 位和 4 位电压传感器分别与主整流器 70 V 和 80 V 的输出端相连，同时短接 76R 和 86R，使电机与整流器断开，确保空载试验时的安全性。(　　)

256. SS_{4B} 型电力机空载试验转换开关 10QP 和 60Q 为三刀双投开关。(　　)

257. SS_{4B} 型电力机车正常运行时，20QP、50QP 主闸刀与主电路隔离，相应辅助联锁接通门联锁保护电空阀 287YV。(　　)

258. SS_{4B} 型电力机车主变流装置负载电阻 75R 和 76R 的作用是在正常运行时，能够吸收部分过电压。(　　)

259. SS_{4B} 型电力机车主接地隔离开关 95QS、96QS 有两个工作位置分别为：运行位和库用位。(　　)

260. SS_{4B} 型电力机车若发生主接地不能排除时，又需维持故障运行时，可将主接地隔离开关 95QS 或 96QS 打在运行位。(　　)

261. BVAC. N99 型真空断路器绝缘操纵杆通过绝缘子中心，连接电空机械装置和动触头。(　　)

262. BVAC. N99 型真空断路器垂直绝缘子起机械支撑和绝缘作用。(　　)

263. BVAC. N99 型真空断路器保持线圈还能保证主断路器分闸时的快速脱扣和分断。(　　)

264. TLG1 型高压连接器导向羊角件具有良好的手动导向对接性能。(　　)

265. SS_{4B} 型电力机车 A、B 节的高压连接器不完全一致，不能进行互换。(　　)

266. TLG1 型高压连接器安装在每节车的车顶尾部。(　　)

267. TKH4-840/1000 型两位置开关的传动气缸工作风压为 0 ~ 1 000 kPa。(　　)

268. TCK7F-1000/1500 型电空接触器最小工作气压为 150 kPa。(　　)

269. TCK7F-1000/1500 型电空接触器失电时，气缸中压缩空气由电空阀排入大气，动触头上移将电路断开。(　　)

270. TCK7F-1000/1500 型电空接触器得电时，压缩空气进入气缸，带动动触头向下移接通电路。(　　)

271. 电空接触器一般应用于主电路中。(　　)

272. SS_{4B} 型电力机车段修时，手按电空阀检查电空接触器动作应灵活，各部无漏风现象。(　　)

273. SS_{4B} 型电力机车段修时，检查电空接触器触头表面如有烧痕，应用细锉整修，并用白布擦净。(　　)

274. SS_{4B} 型电力机车在高速区采用磁削方式进行调节。(　　)

275. SS_{4B} 型电力机车段修时，高压柜闸刀的接触线长度应大于 70%。(　　)

276. 电力机车的辅助电路主要由电源电路、控制电路、保护电路组成。(　　)

277. 电力机车的辅助系统一般采用劈相机向三相负载供电。(　　)

278. SS_{4B} 型电力机车主变压器的辅助绕组的出线端符号为 a5-x5。(　　)

279. SS_{4B} 型电力机车辅助绕组 a6-x6 的额定电压为 220 V。(　　)

280. SS_{4B} 型电力机车辅助电路电源来自主变压器的辅助绕组 a6-b6-x6。(　　)

281. SS_{4B} 型电力机车 380 V 单相电源电路，主要给前窗电热玻璃及脚炉提供交流电源。(　　)

282. SS_{4B} 型电力机车 220 V 单相电源电路取自导线 201 和 202。(　　)

283. SS_{4B} 型电力机车辅助电路过电流保护采用电流继电器 101KC 进行保护。(　　)

284. SS_{4B} 型电力机车辅助电路发生短路时，282KC 吸合使主断路器分闸，并显示辅接地信号。(　　)

285. SS_{4B} 型电力机车辅助电路发生接地时，285KE 吸合使主断路器分闸，并显示辅接地信号。(　　)

286. SS_{4B} 型电力机车直流电磁接触器用在控制电路中。(　　)

287. SS_{4B} 型电力机车第一台劈相机分相起动完成后，第二台劈相机作三相异步电机起动。(　　)

288. SS_{4B} 型电力机车上辅助电路移相电容 247C ~ 250C 的接入，随牵引风机的工作而投入。(　　)

289. SS_{4B}型电力机车中间继电器 285KE 的作用是：机车在电网下，连通导线 206-B6 而接通 220 V 电路回路。(　　)

290. SS_{4B}型电力机车辅助电路有一点接地且不能排除时，可将 237QS 置“故障”位切断保护电路，使机车作故障运行。(　　)

291. 电力机车要使受电弓升起，必须具备足够压力的压缩空气。(　　)

292. 电力机车的三大电路在电方面是相互独立的，没有任何联系。(　　)

293. SS_{4B}型电力机车调速控制主要是通过调节电位器电阻的大小来实现的。(　　)

294. SS_{4B}型电力机车的通风机除了正常的手动控制外，还有自启控制功能。(　　)

295. SS_{4B}型电力机车是无极调速的相控机车，它的调速控制主要是由有接点控制电路来完成的。(　　)

296. SS_{4B}型电力机车司机控制器根据调速信号的大小，对机车速度实施控制。(　　)

297. 机车磁场削弱接触器不可带电转换。(　　)

298. SS_{4B}型电力机车为了防止一台车两个司机室内的钥匙都给上，而造成机车窜车现象，加装了钥匙环节。(　　)

299. SS_{4B}型电力机车若两节车都给上电钥匙，此时的结果是牵引无流，电制动有流。(　　)

300. SS_{4B}型电力机车重联中间继电器受 591QS 隔离控制。(　　)

301. 当两节 SS_{4B}型电力机车重联时，通过内重联线 N526 使另一节车的 526 得电，另一节车的 545KA-548KA 得电动作，接通后一节车的重联控制信号。(　　)

302. 若 SS_{4B}型电力机车励磁过流，微机柜送出一个 + 110 V 的电压信号，直接作用于励磁过流继电器，励磁过流继电器动作切除 91KM 的供电回路使励磁无流，保护励磁回路。(　　)

303. SS_{4B}型电力机车欠压保护只要主断路器闭合工作时就能起保护作用。(　　)

304. SS_{4B}型电力机车若劈相机未投入工作，欠压保护功能使“欠压”故障灯亮，而不跳主断路器。(　　)

305. SS_{4B}型电力机车全车司控器共用一个换向手柄，保证了机车在运行中，司机只能操作一台司机控制器，不致引起电路指令发生混乱。(　　)

306. TKS14A 型司机控制器通过调节电位器输出电阻的大小来实现调节机车速度的目的。(　　)

307. 主按键开关箱只有当钥匙插入锁孔，打开联锁开关，才能进行起车控制操作。(　　)

308. 继电器的触头容量小，所以不带灭弧装置。(　　)

309. SS_{4B}型电力机车段修时，中间继电器线圈应无短路、断路、过热和绝缘老化现象。(　　)

310. 风道继电器属于压力式继电器的一种。(　　)

311. 风道继电器能反映通风系统的工作状态，以确保通风系统有足够的风量。(　　)

312. 风道继电器在无风压的情况时，膜片在复原弹簧的作用下，膜片平直，其常开触头断开。(　　)

313. 风道继电器在风机正常工作时，其压力达到一定值时，推动膜片，压缩复原弹簧，使常闭触点闭合，并保持一定接触压力。(　　)

314. 电空阀是一种借助电磁吸力来控制压缩空气管路开通或截断的阀，从而实现近距离控制气动器件的目的。(　　)

315. 电空阀是一种借助电磁吸力来控制压缩空气管路开通或截断的阀，从而实现远距离控制气动器件的目的。(　　)

316. TFK1B-110 型电空阀当线圈无电时，压缩空气不能进入电空阀的传动气缸，此时传动气缸与大气截断。(　　)

317. TFK1B-110 型电空阀当线圈得电后，电空阀的传动气缸与大气间的通路被截断，压缩空气进入大气。(　　)

318. 机车装有车顶门行程开关，用来防止车顶门未关闭而将受电弓升起。(　　)

319. SS_{4B} 型电力机车司机室主台上装有八位电机电压表。(　　)

320. SS_{4B} 型电力机车在运行中，如主显示屏显示“牵引电机”故障，那么辅显示屏将显示某一台电机故障。(　　)

321. SS_{4B} 型电力机车在牵引运行时，辅助显示屏“主接地 1”信号灯亮，表示两转向架所属的主回路有接地现象。(　　)

322. SS_{4B} 型电力机车辅助显示屏“牵引电机 1”信号灯亮，表示牵引电机 1 过流。(　　)

323. SS_{4B} 型电力机车辅助显示屏“辅接地”信号灯亮，表示机车的辅助回路有接地现象。(　　)

324. DM-170 型阀控式密封铅酸蓄电池，单个额定电压为 2 V。(　　)

325. SS_{4B} 型电力机车段修时，端子柜接线端子线芯断股不得超过原截面的 20%。(　　)

326. 电力机车当一台牵引风机故障时，将相应的隔离开关打到故障位，就可以切除了故障风机，同时也切除了该风机对应冷却的两台牵引电机。(　　)

327. SS_{4B} 型电力机车升弓、合闸后，来自辅助绕组的 380 V 交流电经降压、整流变成直流 110 V 向 287YV 供电，这样就构成了 287YV 的另一路供电系统。(　　)

328. SS_{4B} 型电力机车升弓后保护电空阀 287YV 得电，门联锁锁闭，各室门不能打开，达到确保人身安全的目的。(　　)

329. SS_{4B} 型电力机车用 500 V 兆欧表测量控制回路对地绝缘电阻值应 ≥ 0.05 MΩ。(　　)

330. 机车耐压试验时，对电子设备可以直接进行耐压试验，无须采取任何保护措施。(　　)

331. SS_{4B}型电力机车低压试验应检查全车各控制器均在“零”位，操纵节钥匙开关在断开位。(　　)

332. SS_{4B}型电力机车低压试验应检查全车各控制器均在“零”位，非操纵节钥匙开关在断开位。(　　)

333. 低压试验时，人员均处于安全位置，两端操作台要求无禁动牌。(　　)

334. SS_{4B}型电力机车闭合电源柜蓄电池闸刀全部自动开关后，确认主台故障显示屏“前节车”“后节车”“零位”“主断”和“欠压”灯亮。(　　)

335. SS_{4B}型电力机车高压试验升弓前必须高声呼唤“某某车升弓啦!”，并鸣笛一长声方可升弓试验。(　　)

336. SS_{4B}型电力机车低压试验时，闭合钥匙开关 580QS，门联锁保护阀 287YV 应能吸合。(　　)

337. SS_{4B}型电力机车低压试验时，闭合钥匙开关 570QS，门联锁保护阀 287YV 应能吸合。(　　)

338. SS_{4B}型电力机车高压试验时，闭合钥匙开关 570QS，门联锁保护阀 287YV 应能得电动作，开通了通向受电弓升弓电磁阀的气路，为升弓做好准备。(　　)

339. SS_{4B}型电力机车高压试验时，闭合主断路器，辅台控制电压表应能上升到 96 V。(　　)

340. SS_{4B}型电力机车低压试验时，闭合主断路器，主台故障显示屏“主断”灯、“欠压”灯应灭。(　　)

341. SS_{4B}型电力机车低压试验时，闭合主断路器，人为使辅助回路某点接地，主台“主断”灯、“辅助回路”灯亮；辅台“辅接地”灯应亮。(　　)

342. SS_{4B}型电力机车低压试验时，闭合劈相机按键 404SK，起动电阻接触器 213KM、劈相机 1 接触器 202KM 应能得电动作。(　　)

343. SS_{4B}型电力机车低压试验时，闭合劈相机按键 404SK，起动电阻接触器 213KM、劈相机 1 接触器 201KM 应能得电动作。(　　)

344. SS_{4B}型电力机车低压试验时，第二劈相机单独起动应将 242QS 置于“2”位。(　　)

345. SS_{4B}型电力机车低压试验时，闭合通风机按键 406SK，接触器 205KM、206KM、209KM、210KM 应能依次吸合。(　　)

346. SS_{4B}型电力机车低压试验时，闭合制动风机按键 407SK，副台故障显示屏“制动风机 1”灯亮；隔 3 s 后，“制动风机 2”灯也亮。(　　)

347. SS_{4B}型电力机车低压试验时，闭合通风机按键 406SK，牵引风机 1 接触器 205KM 吸合；主台故障显示屏“牵引风机 1”灯亮。(　　)

348. SS_{4B} 型电力机车低压试验时，627AC 换向手柄置“0”位，预备灯应不灭。(　　)

349. SS_{4B} 型电力机车低压试验时，627AC 换向手柄置“前”位，导线 402、404、406 应有电。(　　)

350. SS_{4B} 型电力机车低压试验时，627AC 换向手柄置“前”位，导线 402、403、406 应有电。(　　)

351. SS_{4B} 型电力机车低压试验时，627AC 调速手轮离开“0”位置牵引区，导线 412、415 应有电，417 则失电。(　　)

352. SS_{4B} 型电力机车低压试验时，627AC 的换向手柄打到 1 级位，导线 407 有电，磁削电空阀 17YV 和 47YV 应能得电动作。(　　)

353. SS_{4B} 型电力机车低压试验时，627AC 换向手柄置“制”位，将闸缸压力缓解至 100 kPa 左右后，627AC 调速手轮离开“0”位，打向“制”区，线路接触器 12KM、22KM、32KM、42KM 及励磁接触器 91KM、92KM 应能吸合。(　　)

354. SS_{4B} 型电力机车低压试验时，大、小闸置运行位，闭合钥匙 570QS，合主断路器后，按“微机复位”按钮，起紧急制动，主断路器跳闸及自动撒砂。(　　)

355. 主变压器的铁心结构在形式上可分为心式和日式两类。(　　)

356. TBQ8A-4923/25 型主变压器油流继电器需要更换时，必须使进出油管的蝶阀关闭。(　　)

357. 油泵正常运行时，油流继电器的常开接点闭合，常闭接点打开，显示正常。(　　)

358. TBQ8A-4923/25 型主变压器为保证内部散热能力良好，冷却系统采用油泵油循环冷却方式部分。(　　)

359. 油泵工作时，观察油流继电器的指针摆动位置，可以判断油循环是否正常。(　　)

360. TXL5A 型电抗器与变压器供油箱都是强迫油循环风冷却方式。(　　)

361. 劈相机起动完毕，才能顺序投入各负载。(　　)

362. 劈相机停止前，应先断开各负载。(　　)

363. 劈相机起动时应先投入起动电阻，当劈相机起动完成后必须切除起动电阻。(　　)

364. YFD-280S-4 型牵引通风机的结构为三相鼠笼式同步电机。(　　)

365. YFD-280S-4 型牵引通风机的三相绕组采用对称三角形接法。(　　)

366. TZTF5.6#/JD305 型制动风机自上往下吹风，用来冷却制动电阻。(　　)

367. TZTF5.6#/JD305 型制动风机自下往上吹风，用来冷却制动电阻。(　　)

368. 微机柜开关电源插件板上，当钮子开关处于断开位置时，电源指示红灯灭表示 110 V 电源未送到。(　　)

369. 微机柜工作时，电源插件板指示指示红灯亮，表示输出负载有短路现象。(　　)

370. 微机柜电源插件具有二次保护功能。(　　)

371. 微机柜信号调整 2 插件的另一功能，是将 ± 24 V 电源经过二极管输出，以保障在故障位时，牵引电机信号的传感器能从另一机箱得到 ± 24 V 电源。(　　)

372. TDB1-R 型机车空调的工作电压为 AC 220 V，控制电压为 DC 110 V。(　　)

373. 电力机车劈相机不启动时，各辅机可依次投入工作。(　　)

374. SS_{4B} 型电力机车劈相机起动过程中，当 283AK 监测到发电相电压接近于比较电压时，283AK 动作，常开联锁闭合，切除起动电阻。(　　)

375. SS_{4B} 型电力机车劈相机监测继电器 283AK 低压延时动作时间是 3 ~ 5 s。(　　)

376. SS_{4B} 型电力机车移相电容的符号代码是 247R-250R。(　　)

377. 电力机车上蓄电池相当于一个数千微法的电容，在线路上兼起整流作用。(　　)

378. 电力机车保护电路根据机车的使用情况分为两种，一种是跳主断路器；另一种是跳自动开关。(　　)

379. 电力机车保护电路根据机车的使用情况分为两种，一种是跳主断路器；另一种是跳接触器。(　　)

380. SS_{4B} 型电力机车控制电路线号从 500 开始。(　　)

381. SS_{4B} 型电力机车内重联线线号前面带有“N”字母，如 N401、N403 等。(　　)

382. SS_{4B} 型电力机车外重联线线号前面带有“N”字母，如 N401、N404 等。(　　)

383. SS_{4B} 型电力机车的电器设备代号编制原则，主要是采用数字流水号与英文字母相结合的方式。(　　)

384. SS_{4B} 型电力机车控制原理图自动开关的字母代号为 QA。(　　)

385. SS_{4B} 型电力机车控制原理图按钮的字母代号为 SB。(　　)

386. SS_{4B} 型电力机车控制原理图压力继电器的字母代号为 KF。(　　)

387. BVAC. N99 型主断路器是空气断路器。(　　)

388. SS_{4B} 型电力机车要使两节主断路器闭合，本节升弓合闸隔离开关 588QS 应置于正常位。(　　)

389. 两位置转换开关可带电转换。(　　)

390. 自动开关可用于频繁地接通和断开的电路。(　　)

391. TKS14A 型司机控制器牵引区域级位是从 0 ~ 10 级。(　　)

392. TKS14A 型司机控制器制动区域级位是从 0 ~ 10 级。(　　)

393. SS_{4B} 型电力机车风压继电器 515KF 用于保护本节机车门联锁及高压室门是否关好。(　　)

394. SS_{4B} 型电力机车上牵引风速 1 的故障隔离开关代号是 574QS。(　　)

395. SS_{4B} 型电力机车劈相机采用电容分相起动。(　　)

396. SS_{4B} 型电力机车劈相机起动电阻的代号为 264C。(　　)

397. SS_{4B} 型电力机车电源柜故障需重联运行时，应将重联闸刀 668QS 打至运行位。(　　)

398. S_{4B} 型电力机车电源柜中蓄电池闸刀的代号为 668QS。(　　)

399. 微机控制系统具有 3 个要素：即由控制对象、信息处理机构及执行机构 3 部分组成。(　　)

400. SS_{4B} 型电力机车段修时，检查主变流装置快速熔断器的指示键跳出时，必须检测可控硅元件。(　　)

401. 中心八项关键作业安全管理规定高压试验升弓前必须确认车内各电器室无人，门联锁关闭。(　　)

402. 中心八项关键作业安全管理规定高压试验必须确认库用闸刀、分配阀及各开关位置状态。(　　)

403. 中心八项关键作业安全管理规定高压试验必须确认各司机控制器及换向手柄均在零位。(　　)

404. 中心八项关键作业安全管理规定高压试验必须确认总风压力为 600 kPa 以上、闸缸压力在 300 kPa 以上。(　　)

405. 中心八项关键作业安全管理规定高压试验必须确认总风压力为 600 kPa 以上、闸缸压力在 500 kPa 以上。(　　)

406. 中心八项关键作业安全管理规定高压试验必须确认地沟内无人作业，必须确认止轮器不用打好。(　　)

407. 中心八项关键作业安全管理规定高压试验必须确认地沟内无人作业，必须确认止轮器打好。(　　)

408. 中心八项关键作业安全管理规定高压试验禁止非交车人员升弓、试车。(　　)

409. 中心八项关键作业安全管理规定高压试验允许非交车人员升弓、试车。(　　)

410. 中心八项关键作业安全管理规定高压试验禁止牵引电流超过 300 A。(　　)

411. 中心八项关键作业安全管理规定高压试验禁止试验过程中处理任何故障。(　　)

412. 中心八项关键作业安全管理规定牵车作业必须确认地沟及机车周围无人。(　　)

413. 中心八项关键作业安全管理规定牵车作业必须确认轨面及机车走行方向畅通、无障碍物。(　　)

414. 中心八项关键作业安全管理规定牵车作业必须监控引车前方股道动态。(　　)

415. 中心八项关键作业安全管理规定牵车作业必须坚持 3 人互控、呼唤应答作业制度。(　　)

416. 中心八项关键作业安全管理规定牵车作业动车前必须确认制动性能良好。(　　)

417. 中心八项关键作业安全管理规定牵车作业中发现异状必须立即停车。(　　)

418. 中心八项关键作业安全管理规定牵车作业禁止单人作业。(　　)

419. 中心八项关键作业安全管理规定牵车作业禁止动车过程中乘、降机车。(　　)

420. 中心八项关键作业安全管理规定牵车作业禁止牵车速度过快。(　　)

421. 中心八项关键作业安全管理规定车上电气焊作业完毕，必须全面检查作业现场，消灭火种，并且进行不少于 40 min 的监控。(　　)

422. 中心八项关键作业安全管理规定车上电气焊作业必须预备良好的灭火器。(　　)

423. 中心八项关键作业安全管理规定天车吊运天车司机必须严格执行“十不吊”的原则。(　　)

424. 中心八项关键作业安全管理规定天车吊运天车司机必须严格执行“八不吊”的原则。(　　)

425. 牵车作业过程中 3 人必须密切配合作业，动车速度不得大于 3 km/h。(　　)

426. 牵车作业过程中 3 人必须密切配合作业，动车速度不得大于 10 km/h。(　　)

427. 牵车作业过程中，牵车前方 10 m 范围内，不允许人员及车辆通过。(　　)

428. 牵车作业动车开始后，必须进行一度停车试闸，确认制动性能良好。(　　)

429. 牵车作业动车开始后，必须进行一度停车试闸，确认低压实验良好。(　　)

430. 牵车作业结束后，必须恢复库用闸刀至“运行位”，并按规定打好止轮器。(　　)

431. 牵车作业结束后，必须恢复库用闸刀至“库用位”，并按规定打好止轮器。(　　)

432. 牵车作业完毕，要及时关断牵车机电源，及时关闭升降门。(　　)

433. 合车作业时，要先提开两节车车钩，确认不动节止轮器放置对才能动车。(　　)

434. 两节车连挂后，要反向动车，确认车钩可靠连接后，方可接重联线、风管等。(　　)

435. 同一股道两台车摘挂作业时，要先打好从动机车止轮器才能进行作业。(　　)

436. 分车作业时，要先检查确认连接部分彻底拆除，然后提开车钩，并对不动节打上止轮器，动车后须单节试闸，制动正常后方可动车。(　　)

437. 交流机车入库前，牵车班组负责关闭机车 177 塞门（停放制动切除塞门），并挂好禁动牌。(　　)

438. 交流机车入库前，牵车班组负责关闭机车 177 塞门（停放制动切除塞门），不用挂好禁动牌。(　　)

439. 交流机车出库后，及时打开 117 塞门，并撤除禁动牌。(　　)

440. 交流机车出库后，及时打开 177 塞门，并撤除禁动牌。(　　)

441. 牵车出入库后，应按要求打好止轮器。止轮器打放位置为：在机车出库方向节司机侧第一、二轮反置各一只。(　　)

442. 牵车出入库后，应按要求打好止轮器。止轮器打放位置为：在机车出库方向节副司机侧第一、二轮反置各一只。(　　)

443. 多台机车停放时，每台机车均要按要求打放止轮器。(　　)

444. 公铁两用车牵车作业 4 人进行。(　　)

445. 工作时，作业人员必须按规定穿戴好劳保防护用品，着装整洁，不得赤足裸背，不得穿高跟鞋、塑料底鞋、钉子鞋上岗作业。(　　)

446. 库内不准骑自行车、摩托车、三轮车等代步交通工具行走，禁止跳跃地沟，不准停放自行车和其他妨碍库内作业通行的车辆。(　　)

447. 在工作时间，人员进入检修库内必须戴好安全帽，随时注意上下左右的设施和作业状况，做好自我防护。(　　)

448. 车辆及人员严禁在库门开闭过程中通过。(　　)

449. 非工作人员不得随意进入作业场所，非本中心人员未经中心管理人员许可，不准进入检修库内。(　　)

450. 车顶作业人员要穿戴好防护用品，工具携带齐全，上下车顶要站稳抓牢，不得穿塑料底鞋、高跟鞋等不便捷的鞋上下车顶。(　　)

451. 在车顶进行吊装作业或走动时，要踩稳慢走，可以手拿过重的物件。(　　)

452. 车顶相邻的人同时作业时，要注意互不妨碍工作和保证作业安全，听到天车警铃时，注意躲避吊件。(　　)

453. 严禁在车顶边缘放置工具、配件等物件，以免坠落伤人。松紧螺母（杆）时，脚要踩稳，所站位置要合理，不得用力过猛。(　　)

454. 车顶作业时严禁从空气主断路器隔离开关处通过。库内低压试验时，禁止站在空气主断路器附近。(　　)

455. 严禁从车顶向下或从车下向车顶上抛掷工具、吊具或其他任何物件，禁止搬上搬下过重的物件。(　　)

456. 车顶绝缘作业必须由至少 3 人完成，1 人车上操作，1 人监护，1 人车下监控安全作业动态，否则，严禁进行作业。(　　)

457. 试验完毕，车上人员需断开头灯开关及车顶绝缘检测盒开关方可进行后续作业。(　　)

458. 严格执行“四按三化”记名检修制度，按要求做好记名检修记录，相关生产调度每日进行记名检修记录检查。(　　)

459. 各班组对所承修的修程或临修机车，应根据班组人员结构，做好三级检查（自检、互检、他检），制订并不断完善组内质量检查制度。(　　)

460. 对于存在的机车质量问题，相关管理人员必须依据“二不放过”原则做好闭环管理工作。(　　)

461. 对于存在的机车质量问题，相关管理人员必须依据“三不放过”原则做好闭环管理工作。(　　)

462. 作业人员应严格执行记名检修制度。检修作业完毕后，作业者应根据作业过程如实填写《机车检修记录》,并签字,在机车交验时上交生产调度处,由生产调度检查并保存。(　　)

463. 班组及个人要对其保管的工具认真保养，摆放整齐，不得乱堆乱放。(　　)

464. 职工转岗、离退等应及时交回工具，对所保管的工具如有丢失、损坏，根据实际情况追究其经济责任；转岗的职工根据新岗位标准领取新增工具，并交回原工具。(　　)

465. 日常教育培训中规定 45 周岁以上人员不参加月考、抽考。(　　)

466. 日常教育培训中规定 35 周岁以上人员不参加月考、抽考。(　　)

467. 员工作业时，按检修工艺范围和有关要求，用工具袋或工具盒将所用检修工具、照明用具、测量器具等携带齐全，禁止摸黑修理，禁止错修、漏修、简化修、违章修。(　　)

468. 工具使用要符合其功能特点，禁止任何以大代小、以小代大或移为它用等违章使用工具现象的发生。(　　)

469. 个人工作时间内，必须对所负责的连接到网络的电脑每月进行一次 360 安全卫士健康体检，并按规定及时处理软件发现的问题，保持体检分数达到 90 分以上。(　　)

470. 个人工作时间内，必须对所负责的连接到网络的电脑每天进行一次 360 安全卫士健康体检，并按规定及时处理软件发现的问题，保持体检分数达到 90 分以上。(　　)

471. 个人工作时间内，必须对所负责的连接到网络的电脑每天进行一次 360 安全卫士健康体检，并按规定及时处理软件发现的问题，保持体检分数达到 60 分以上。(　　)

472. 所有的网络端口禁止私自加装路由器、集线器、USB 无线热点等网络拓扑设备，如有特殊需要，需经过分公司技术部批准。(　　)

473. 朔黄铁路公司风险评估划分了 5 个等级。(　　)

474. 朔黄铁路公司风险评估划分了 4 个等级。(　　)

475. 朔黄铁路公司风险评估划等级，分别是极度风险、高度风险、中度风险、低度风险、轻度风险。(　　)

476. 朔黄铁路公司风险评估划等级，分别是极度风险、高度风险、中度风险、低度风险、微度风险。(　　)

477. SS_{4B} 型电力机车 400#、500#、700#这 3 种地线相互独立，互不联系。(　　)

478. SS_{4B} 型电力机车经重联中间继电器控制的导线线号是在原线号前面加“C”，如线号为 401 的导线，经重联继电器接点后就成为“C401”，这样做的好处是便于记住每根重联线的用途。(　　)

479. SS_{4B} 型电力机车本节升弓合闸故障隔离开关 588QS 处于“0”位，将造成单节机车主断路器不能闭合。(　　)

480. SS_{4B} 型电力机车本节升弓合闸故障隔离开关 588QS 处于“1”位，将造成单节机车主断路器不能闭合。(　　)

481. SS_{4B} 型电力机车 136 塞门关闭，将造成单节机车主断路器不能闭合。(　　)

482. SS_{4B} 型电力机车辅助压缩机工作时，辅助风缸压力传感器和辅助风缸压力表故障可能造成辅助风缸压力表不起。(　　)

483. SS_{4B} 型电力机车在牵引向前位低压试验时，线路接触器 12KM ~ 42KM 未断开或辅助联锁粘连，使向前转鼓转换不到位，不能完成预备。(　　)

484. SS_{4B} 型电力机车低压试验时，风压不足或高压柜塞门 145 处于关闭状态，将使线路接触器不能吸合。(　　)

485. 在特殊情况下，同一台电机可以使用不同规格型号的电刷。(　　)

486. 劈相机起动过程中，起动电阻接触器 213KM 辅助联锁短路，将造成劈相机接触器 201KM 不吸合，劈相机不能投入工作。(　　)

487. 第二劈相机接触器 202KM 辅助联锁短路时，劈相机不能吸合。(　　)

488. 压缩机接触器 203KM 线圈断路或机械卡滞将可能造成压缩机不能工作。(　　)

489. 牵引通风机起动过程中，由于第二牵引通风机接触器 206KM 卡滞在闭合位，将造成第一、第二牵引通风机同时起动。(　　)

490. 当变压器的匝间短路或铁心片间绝缘损坏时，变压器油温会迅速升高。(　　)

491. SS_{4B} 型电力机车微机柜电源插件故障或二次保护，不能提供其他插件需要的电源，将造成机车无流。(　　)

492. SS_{4B} 型电力机车控制系统发生故障时，首先应判断是否是控制信号未送入 LCU，再确认是否是逻辑控制单元故障所引起的。(　　)

493. SS_{4B} 型电力机车 LCU 逻辑控制装置具有 A/B 两组完全相同的系统，可以通 A/B 组转换开关判断出 LCU 其中哪一组发生故障。(　　)

494. 机车无线同步操控系统主要由数据传输系统单元（DTE）、机车重联操纵控制单元（OCE）、人机接口及信息显示单元（BCU）组成。(　　)

495. 一台电机使用不同牌号的电刷，只影响电机换向，不会出现电刷轨痕。(　　)

496. 机车牵引电机进行磁场削弱时，接触器不可带电操作。(　　)

497. 机车换向试验时，两位置转换开关不可带电操作。(　　)

498. 电空接触器漏风或风压不足，可能导致接触器吸合不灵。(　　)

499. SS_{4B} 型电力机车低压试验时，线路接触器风缸漏风，将使线路接触器不能可靠吸合。(　　)

500. 当电空接触器的电空阀线圈失电后，传动气缸中的压缩空气经由电空阀排向大气，在气缸中反力弹簧的作用下，动触头下移与静触头断开，将电路分断。(　　)

三、多选题

1. SS_{4B} 型机车小、辅修范围中规定牵引电机每次应检查的范围是（　　）。

A. 外观检修　　B. 定子检修

C. 电枢检修　　D. 刷架装置

2. SS_{4B}型机车小、辅修范围中规定主变压器每次检查范围有（　　）。

A. 瓷瓶　　B. 箱体

C. 干燥器及油位检查　　D. 化验油

3. SS_{4B}型机车小、辅修工艺中规交流辅机加油量为 25 g 的辅机为（　　）。

A. 劈相机　　B. 油泵

C. 制动风机　　D. 通风机

4. SS_{4B}型机车小、辅修范围中规定在单小修程中对（　　）绕组进行绝缘测试。

A. 劈相机　　B. 油泵

C. 主变风机　　D. 通风机

5. SS_{4B}型机车小、辅修工艺中规定开关柜内电容无膨胀、渗油现象，测量（　　）电容值不得小于 10 μF。

A. 71C　　B. 72C　　C. 81C　　D. 82C

6. SS_{4B}型机车小、辅修工艺中规定（　　）受电弓静态接触压力（70 ± 10）N。

A. CED180 型　　B. TSG15G

C. TSG15B　　D. TSG3

7. SS_{4B}型机车小、辅修工艺中规定（　　）受电弓滑板厚度不低于 27 mm。

A. CED180 型　　B. TSG15G

C. TSG15B　　D. TSG3

8. 电力机车（　　）受电弓滑板厚度不低于 27 mm。

A. CED180 型　　B. TSG15G

C. TSG15B　　D. TSG3

9. 电力机车（　　）受电弓静态接触压力（70 ± 10）N。

A. CED180 型　　B. TSG15G

C. TSG15B

10. SS_{4B}型机车小、辅修范围中规定机车双小修程下车的部件是（　　）。

A. 主司控　　B. 电空制动控制器

C. 主台扳钮箱　　D. 电小闸

11. SS_{4B}型机车小、辅修范围中规定仪表每次修程中对（　　）进行校验。

A. 总风表　　B. 列车管　　C. 电表　　D. 后制动缸表

12. SS_{4B}型机车小、辅修范围中规定冬季每次检查（　　）取暖设备的状态及联线绝缘状态。

A. 壁炉　　B. 脚炉　　C. 窗加热　　D. 热风机

13. SS_{4B}型机车小、辅修范围中规定仪表小修修程中（　　）必须进行效验。

A. 总风表　　B. 列车管　　C. 电表　　D. 后制动缸表

14. SS_{4B}型机车小、辅修范围中规定无线重联同步操控通信单元在双辅修程测试（　　）电台电性能。

A. 400K　　B. 800M　　C. 600M　　D. 500K

15. SS_{4B}型机车（　　）代号都是电磁接触器。

A. 201KM　　B. 202KM　　C. 203KM　　D. 205KM

16. SS_{4B}型机车重联中间继电器的代号为（　　）。

A. 545KA　　B. 546KA　　C. 547KA　　D. 548KA

17. SS_{4B}型机车小、辅修工艺中规定低压柜（　　）移相电容不得小于 40 μF。

A. 247C　　B. 249C　　C. 248C　　D. 250C

18. SS_{4B}型机车小、辅修工艺中规定主司机控制器（　　）位置。

A. 后　　B. 零　　C. 制　　D. 前

19. SS_{4B}型机车小、辅修工艺中规定主司机控制器机械联锁应符合定位关系手轮在“零”位时，手柄只能在（　　）位间移动。

A. 后　　B. 零　　C. 制　　D. 前

20. SS_{4B}型机车小、辅修工艺中规定主司机控制器机械联锁应符合定位关系手轮在“牵引”位时，手柄只能在（　　）位间移动。

A. 前　　B. 1　　C. 2　　D. 3

21. SS_{4B}型机车小、辅修工艺中规定辅助司机控制器（　　）位置。

A. 取　　B. 向前　　C. 取　　D. 向后

22. SS_{4B}型机车小、辅修工艺中规定电空制动控制器有（　　）位置。

A. 过充　　B. 运转　　C. 中立

D. 制动　　E. 重联　　F. 紧急制动

23. SS_{4B}型机车小、辅修工艺中规定空气制动阀有（　　）位置。

A. 缓解　　B. 运转　　C. 中立　　D. 制动

24. SS_{4B}型机车段修包括（　　）。

A. 辅修　　B. 小修　　C. 中修　　D. 大修

25. HXD1 型神华号电力机车检查级检查范围规定段修包括（　　）。

A. I1　　B. I2　　C. I3　　D. R1

26. HXD1 型神华号电力机车检查级检查范围规定 VI 牵引电机外观检查（　　）。

A. 检查轴承有无漏油　　B. 清洁磁性螺栓

C. 清扫通大气孔　　D. 检查出水口

27. HXD1 型神华号电力机车检查级检查范围规定（　　）修程对变压器油（运行中的变压器油）进行化验。

A. I1　　B. I2　　C. I3　　D. VI

28. HXD1 型神华号电力机车检查级检查范围规定 I3 修程对（　　）辅助机组进行绕组对地绝缘电阻测试。

A. 油泵　　B. 牵引电机通风机
C. 辅助变压器通风机　　D. 冷却塔风机
E. 主压缩机电机

29. HXD1 型神华号电力机车检查级检查工艺规定辅助风机组用 500 V 兆欧表测量对地绝缘电阻的辅机有（　　）。

A. 主压缩机电机　　B. 牵引电机通风机
C. 辅助变压器通风机　　D. 冷却塔风机

30. HXD1 型神华号电力机车检查级检查工艺规定辅助风机组用 500 V 兆欧表测量对地绝缘电阻为不小于 10 MΩ 的辅机有（　　）。

A. 主压缩机电机　　B. 牵引电机通风机
C. 辅助变压器通风机　　D. 冷却塔风机

31. HXD1 型神华号电力机车检查级检查工艺规定司机室台检修打开主、副台面，对操纵台各部件接线和操纵台下方接线端子排及（　　）和进行外观检查。

A. 数字量输入输出模块　　B. 模拟量输入输出模块
C. 数字量输入模块　　D. ERM 模块

32. HXD1 型神华号电力机车检查级检查工艺规定司机控制器的方向转换开关位置有（　　）。

A. 向前　　B. 0　　C. 向后　　D. 制

33. HXD1 型神华号电力机车检查级检查工艺规定司机控制器的牵引/制动手柄位置有（　　）。

A. 牵引区　　B. 0　　C. 制动区　　D. 磁削区

34. HXD1 型神华号电力机车检查级检查工艺规定司机控制器机械联锁的可靠性和准确性进行检查，牵引/制动手柄在“0”位时，方向转换开关可在（　　）之间任意转换。

A. 向前　　B. 0　　C. 向后　　D. 制

35. HXD1 型神华号电力机车有（　　）冷却通风装置。

A. 冷却塔散热器过滤网　　B. 空调滤网
C. 辅助变压器旋风除尘器　　D. 压缩机冷却散热器

36. 关于切除 SS_{4B} 电力机车磁削功能的业务通知，改造完成的机车在各修程中只对（　　）外观检查及灰尘清扫。

A. 磁削电控阀　　B. 磁削接触器
C. 磁削电阻　　D. 触头

37. HXD1 型神华号电力机车主断路器主要包括（　　）部分。

A. 高压回路　　B. 支持绝缘子
C. 控制结构　　D. 合闸装置

38. “四按、三化”记名检修中“四按”的内容有（　　）。

A. 按工艺　　B. 按范围

C. 按“机统-28”及机车状态　　D. 按规定的技术要求

E. 按“机统-6”及机车状态

39. “四按、三化”记名检修中“三化”的内容有（　　）。

A. 文明化　　B. 程序化　　C. 机械化　　D. 信息化

40. 兆欧表主要由（　　）组成。

A. 手摇直流发电机　　B. 磁电系比率表

C. 测量线路　　D. 电流表

41. 兆欧表有 3 个测量端钮，分别是（　　）。

A. L 端钮　　B. E 端钮

C. G 端钮　　D. W 端钮

42. 属于手动电器的有（　　）。

A. 刀开关　　B. 隔离开关

C. 按钮　　D. 接触器

43. 属于自动电器的有（　　）。

A. 隔离开关　　B. 按钮

C. 接触器　　D. 继电器

44. 电力机车上常用的有触点电器有（　　）。

A. 时间继电器　　B. 过流继电器

C. 电磁接触器　　D. 晶闸管

45. 常用的灭弧方法，主要有（　　）。

A. 磁吹灭弧　　B. 气吹灭弧法

C. 栅片灭弧法　　D. 真空灭弧法

46. 三相异步电动机的主要由（　　）组成。

A. 定子　　B. 转子　　C. 端盖　　D. 轴承

47. 下列属于交流电机的有（　　）。

A. 交流发电机　　B. 交流电动机

C. 同步电机　　D. 异步电机

48. 三极管在电路中常用于（　　）。

A. 放大　　B. 稳压　　C. 整流　　D. 逆变

49. SS_{4B} 型电力机车牵引电机故障隔离开关代号包括（　　）。

A. 12KM　　B. 22KM　　C. 19QS　　D. 29QS

50. SS_{4B} 型电力机车网侧低压电路的主要电器设备有（　　）。

A. 电度表　　B. 网压表

C. PFC 电压互感器 100TV　　D. 接地回流电刷

51. SS_{4B} 型电力机车电气制动的方式主要有（　　）。

A. 电阻制动　　B. 加馈电阻制动
C. 闸瓦制动　　D. 空气制动

52. SS_{4B}型电力机车空载试验开关代号包括（　　）。
A. 20QP　　B. 50QP　　C. 10QP　　D. 60QP

53. SS_{4B}型电力机车主回路入库转换开关代号包括（　　）。
A. 20QP　　B. 50QP　　C. 10QP　　D. 60QP

54. 电力机车的辅助电路主要由（　　）组成。
A. 电源电路　　B. 负载电路
C. 保护电路　　D. 110 V 电路

55. 电力机车的辅助设备主要有（　　）。
A. 劈相机设备　　B. 空气压缩机组
C. 通风机组　　D. 油泵

56. SS_{4B}型电力机车辅助电路 380 V 单相负载电路由导线（　　）供电。
A. 201　　B. 202　　C. 209　　D. 210

57. SS_{4B}型电力机车辅助电路 380 V 单相负载电路主要给（　　）提供交流电源。
A. 空调　　B. 热饭电炉
C. 前窗电热玻璃　　D. 脚炉

58. SS_{4B}型电力机车辅助电路 220 V 单相负载电路由导线（　　）供电。
A. 201　　B. 202　　C. 206　　D. 210

59. SS_{4B}型电力机车辅助电路 220 V 单相负载电路主要给（　　）提供交流电源。
A. 空调　　B. 热饭电炉　　C. 热风机　　D. 脚炉

60. SS_{4B}型电力机车劈相机 1MG、2MG 的运转与停止均通过其相应接触器（　　）控制。
A. 212KM　　B. 201KM　　C. 202KM　　D. 210KM

61. SS_{4B}型电力机车上辅助电路移相电容的代号包括（　　）。
A. 247C　　B. 248C　　C. 249C　　D. 250C

62. SS_{4B}型电力机车整备控制电路具体来讲有（　　）的操作。
A. 升受电弓　　B. 合主断路器
C. 起动劈相机　　D. 换向电路

63. SS_{4B}型电力机车重联中间继电器的代号包括（　　）。
A. 545KA　　B. 546KA　　C. 547KA　　D. 548KA

64. TFK1B-110 型电空阀用于（　　）的控制。
A. 受电弓　　B. 主断路器
C. 两位置开关　　D. 线路接触器

65. SS_{4B}型电力机车司机室主台上装有（　　）压力表。

A. 总风缸　B. 后制动缸　C. 前制动缸
D. 均衡风缸　E. 列车管

66. 蓄电池由（　　）组成。
A. 正极　B. 负极　C. 电解液
D. 隔膜　E. 容器

67. 机车的整车试验一般包括（　　）等。
A. 低压试验　B. 空气管路系统试验
C. 高压试验　D. 耐压试验
E. 试运行试验

68. SS_{4B} 型电力机车低压试验时，需将两节车故障隔离开关（　　）置故障位，其余开关、闸刀均置正常位。
A. 573QS　B. 574QS　C. 589QS
D. 590QS　E. 236QS

69. 机车试运试验是在机车完成（　　）之后的一项综合性试验。
A. 耐压试验　B. 低压试验
C. 八步闸试验　D. 高压试验

70. SS_{4B} 型电力机车闭合电源柜“逆变电源”自动开关 614QA 后，确认开关电源插件板上（　　）信号灯亮。
A. 5 V　B. 15 V　C. 24 V　D. 48 V

71. SS_{4B} 型电力机车低压试验时，闭合主断路器现象正确的是（　　）。
A. 听主断路器闭合声　B. 看“主断”灯灭
C. 看“欠压”灯灭又亮　D. 看“主断”灯亮

72. SS_{4B} 型电力机车低压试验时，闭合通风机按键 406SK，（　　）应能依次吸合。
A. 205KM　B. 206KM　C. 211KM　D. 212KM

73. SS_{4B} 型电力机车低压试验时，闭合通风机按键 406SK，主台“辅助回路”灯亮，副台（　　）灯应能依次点亮。
A. 牵引风机 1　B. 牵引风机 2
C. 变压器风机　D. 油泵

74. SS_{4B} 型电力机车低压试验时，闭合劈相机按键 404SK，（　　）应能依次吸合。
A. 201KM　B. 206KM　C. 211KM　D. 213KM

75. SS_{4B} 型电力机车低压试验时，闭合制动风机按键 407SK，主台“辅助回路”灯亮，副台（　　）灯应能依次点亮。
A. 制动风机 1　B. 制动风机 2
C. 变压器风机　D. 油泵

76. SS_{4B} 型电力机车低压试验时，闭合制动风机按键 407SK，（　　）应能依次吸合。
A. 209KM　B. 210KM　C. 211KM　D. 212KM

77. SS_{4B}型电力机车低压试验时，627AC 换向手柄打“前”位，导线（　　）应有电。

A. 402　　B. 403　　C. 406　　D. 405

78. SS_{4B}型电力机车低压试验时，627AC 换向手柄打“后”位，导线（　　）应有电。

A. 402　　B. 403　　C. 406　　D. 404

79. SS_{4B}型电力机车低压试验时，627AC 换向手柄打“制”位，导线（　　）应有电。

A. 402　　B. 403　　C. 406　　D. 405

80. SS_{4B}型电力机车低压试验时，627AC 换向手柄置“I”位，（　　）应能得电动作。

A. 17KM　　B. 27KM　　C. 37KM　　D. 47KM

81. SS_{4B}型电力机车低压试验时，627AC 换向手柄置“Ⅲ”位，导线（　　）有应电。

A. 402　　B. 403　　C. 407　　D. 408

82. SS_{4B}型电力机车低压试验时，627AC 换向手柄置“制”位，将闸缸压力缓解至 100 kPa 左右，627AC 调速手轮离开“0”位，打向“制”区，（　　）应能依次吸合。

A. 214KM　　B. 91KM　　C. 92KM　　D. 208KM

83. SS_{4B}型电力机车低压试验时，627AC 换向手柄打“制”位，将闸缸压力缓解至 100 kPa 左右后，627AC 调速手轮离开“0”位，打向“制”区，（　　）灯应亮。

A. 牵引风机 1　　B. 牵引风机 2　　C. 电制动　　D. 油泵

84. TBQ8A-4923/25 型主变压器的线圈主要有（　　）。

A. 高压线圈　　B. 励磁线圈　　C. 辅助线圈　　D. 牵引线圈

85. SS_{4B}型电力机车的三大通风支路主要有（　　）。

A. 牵引电机通风支路　　B. 制动电阻通风支路

C. 压缩机通风支路　　D. 主变压器通风支路

86. SS_{4B}型电力机车的牵引电机通风支路主要是冷却（　　）。

A. 油散热器　　B. 牵引电机

C. 制动电阻柜　　D. 主变流装置

87. SS_{4B}型电力机车控制电路中，（　　）属于直流电磁接触器。

A. 头灯 440KM　　B. 辅压机 442KM

C. 油泵接触器 212KM　　D. 劈相机 1 接触器 201KM

88. TBQ8A-4923/25 型主变压器牵引绕组出线端子标号是（　　）。

A. a2、x2　　B. a4、x4

C. a1、b1、x1　　D. a3、b3、x3

89. SS_{4B}型电力机车起动电阻的代号包括（　　）。

A. 263R　　B. 264R　　C. 13R　　D. 14R

90. SS_{4B}型电力机车电源柜开关板上装有（　　）闸刀。

A. 235QS　　B. 668QS　　C. 666QS　　D. 667QS

91. SS_{4B} 型电力机车 LCU 逻辑控制单元主要包括机箱、(　　)

A. 电源板　　B. 控制板　　C. 输入板　　D. 输出板

92. (　　) 原因引起 SS_{4B} 型电力机车司机手柄一离开“0”位就窜车。

A. 同步电压信号不正常　　B. 司机控制器的指令不对

C. 脉冲放大插件故障　　D. 整流元件降级或击穿

93. SS_{4B} 型电力机车微机柜电源插件向各插件模拟器、(　　) 提供 ± 15 V 的电源。

A. 速度传感器　　B. 司控器的电位器

C. 电压传感器　　D. 电流传感器

94. SS_{4B} 型电力机车主电路保护包括 (　　)。

A. 短路　　B. 过流　　C. 过电压　　D. 接地

95. 触头的磨损分为 (　　) 3 种。

A. 机械磨损　　B. 化学磨损　　C. 电磨损　　D. 电弧磨损

96. 电器触头的参数主要有 (　　) 和终压力等。

A. 触头的结构尺寸　　B. 开距

C. 超程　　D. 研距

E. 触头初压力

97. (　　)、电钥匙 570QS 接点不良等原因将造成 SS_{4B} 型电力机车受电弓不能升起。

A. 风压不足　　B. 故障隔离开关接点不良

C. 机车重联线不通　　D. 风压继电器 515KF 故障

98. SS_{4B} 型电力机车因 (　　) 原因造成在门联锁未关闭的情况下，受电弓仍能升起。

A. 门联锁阀故障，窜风

B. 570QS 故障

C. 风压继电器 515KF 故障，联锁导通

D. 升弓电空阀 1YV 线路窜电

99. SS_{4B} 型电力机车牵引向前位低压试验时，(　　) 原因使向前转鼓转换不到位，不能完成预备工作。

A. 风压不足

B. 高压柜塞门 141、142 处于关闭状态

C. 导线 403 无电

D. 线路接触器 12KM ~ 42KM 未断开

100. SS_{4B} 型电力机车低压试验时，(　　) 原因将使线路接触器不吸合。

A. 风压不足

B. 高压柜塞门 141、142 处于关闭状态

C. 空载试验闸刀 10QP、60QP 未闭合在“运行”位

D. 牵引风机故障隔离开关 575QS、576QS 接点不良

E. 司机控制器有级位信号导线 415 线无电

机车电工（包修组）应知应会练习题参考答案

一、单选题

1. A	2. A	3. C	4. B	5. B	6. A	7. B	8. B	9. A	10. A
11. B	12. A	13. B	14. B	15. A	16. A	17. B	18. A	19. A	20. D
21. B	22. B	23. D	24. B	25. D	26. D	27. A	28. A	29. A	30. C
31. A	32. A	33. B	34. A	35. A	36. A	37. C	38. D	39. B	40. A
41. A	42. A	43. B	44. C	45. C	46. C	47. A	48. A	49. A	50. A
51. B	52. B	53. B	54. B	55. B	56. B	57. B	58. B	59. B	60. B
61. B	62. B	63. B	64. D	65. D	66. A	67. D	68. B	69. D	70. B
71. A	72. B	73. A	74. D	75. D	76. B	77. B	78. B	79. A	80. C
81. C	82. B	83. C	84. A	85. B	86. B	87. B	88. B	89. B	90. A
91. B	92. D	93. A	94. C	95. B	96. A	97. D	98. A	99. C	100. B
101. B	102. B	103. D	104. D	105. D	106. D	107. D	108. C	109. D	110. D
111. C	112. C	113. B	114. A	115. B	116. B	117. B	118. B	119. A	120. B
121. A	122. D	123. A	124. A	125. B	126. B	127. B	128. B	129. B	130. A
131. A	132. A	133. B	134. A	135. A	136. B	137. A	138. B	139. B	140. B
141. C	142. C	143. A	144. C	145. B	146. B	147. C	148. C	149. B	150. C
151. D	152. B	153. C	154. A	155. B	156. B	157. A	158. B	159. C	160. C
161. D	162. B	163. B	164. A	165. C	166. D	167. A	168. B	169. A	170. C
171. A	172. C	173. D	174. B	175. B	176. B	177. A	178. B	179. B	180. A
181. A	182. D	183. B	184. B	185. D	186. C	187. A	188. B	189. A	190. D
191. A	192. B	193. C	194. A	195. B	196. A	197. B	198. D	199. D	200. A
201. C	202. A	203. C	204. B	205. D	206. A	207. C	208. D	209. B	210. A
211. B	212. A	213. D	214. D	215. B	216. C	217. A	218. A	219. B	220. A
221. B	222. B	223. B	224. C	225. B	226. A	227. B	228. A	229. B	230. D
231. D	232. C	233. D	234. C	235. C	236. D	237. A	238. B	239. C	240. A
241. B	242. C	243. C	244. A	245. D	246. C	247. D	248. B	249. D	250. C
251. D	252. C	253. B	254. B	255. B	256. A	257. B	258. A	259. C	260. C
261. C	262. B	263. D	264. C	265. D	266. C	267. A	268. C	269. C	270. D
271. A	272. A	273. B	274. C	275. C	276. B	277. A	278. D	279. A	280. A
281. A	282. D	283. B	284. D	285. C	286. A	287. C	288. D	289. D	290. D
291. B	292. D	293. D	294. D	295. D	296. D	297. D	298. D	299. D	300. D
301. D	302. D	303. C	304. C	305. C	306. C	307. C	308. C	309. C	310. C

311. B　312. B　313. B　314. B　315. B　316. B　317. B　318. B　319. B　320. B
321. B　322. B　323. A　324. B　325. D　326. C　327. A　328. D　329. D　330. C
331. A　332. C　333. C　334. C　335. B　336. A　337. A　338. B　339. C　340. C
341. A　342. A　343. C　344. C　345. D　346. A　347. B　348. C　349. B　350. C
351. B　352. B　353. A　354. B　355. A　356. B　357. D　358. C　359. D　360. A
361. B　362. A　363. C　364. C　365. B　366. C　367. D　368. C　369. B　370. A
371. C　372. B　373. B　374. C　375. D　376. A　377. D　378. B　379. B　380. B
381. A　382. B　383. B　384. A　385. A　386. D　387. B　388. B　389. D　390. C
391. B　392. D　393. A　394. D　395. B　396. A　397. C　398. A　399. D　400. D
401. C　402. B　403. A　404. A　405. C　406. B　407. C　408. A　409. B　410. C
411. A　412. B　413. A　414. D　415. B　416. B　417. C　418. C　419. A　420. A
421. D　422. A　423. C　424. B　425. A　426. B　427. B　428. A　429. B　430. A
431. B　432. A　433. B　434. B　435. C　436. D　437. B　438. D　439. A　440. B
441. C　442. D　443. A　444. B　445. C　446. D　447. A　448. B　449. C　450. D
451. A　452. B　453. C　454. D　455. B　456. C　457. A　458. D　459. A　460. B
461. A　462. A　463. C　464. A　465. B　466. D　467. C　468. A　469. B　470. A
471. C　472. C　473. B　474. C　475. A　476. C　477. C　478. A　479. B　480. D
481. B　482. A　483. C　484. A　485. C　486. C　487. B　488. C　489. D　490. A
491. D　492. A　493. B　494. C　495. A　496. C　497. A　498. B　499. A　500. D

二、判断题

1. √　2. √　3. √　4. √　5. ×　6. ×　7. √　8. ×　9. √　10. ×
11. √　12. ×　13. √　14. ×　15. ×　16. √　17. ×　18. ×　19. √　20. √
21. ×　22. √　23. √　24. √　25. ×　26. √　27. ×　28. ×　29. ×　30. √
31. √　32. √　33. √　34. √　35. ×　36. ×　37. √　38. ×　39. ×　40. ×
41. √　42. ×　43. ×　44. √　45. √　46. √　47. ×　48. √　49. ×　50. √
51. ×　52. √　53. ×　54. √　55. √　56. √　57. √　58. √　59. √　60. √
61. ×　62. ×　63. √　64. √　65. ×　66. √　67. √　68. √　69. ×　70. ×
71. √　72. √　73. √　74. √　75. √　76. ×　77. ×　78. √　79. ×　80. √
81. ×　82. √　83. √　84. √　85. ×　86. √　87. √　88. √　89. √　90. ×
91. √　92. ×　93. √　94. ×　95. √　96. ×　97. √　98. √　99. ×　100. √
101. √　102. √　103. √　104. √　105. √　106. √　107. ×　108. √　109. √　110. √
111. √　112. √　113. √　114. √　115. √　116. ×　117. ×　118. √　119. √　120. √
121. √　122. √　123. √　124. √　125. √　126. √　127. ×　128. √　129. ×　130. √

131. × 132. × 133. √ 134. √ 135. √ 136. √ 137. √ 138. × 139. √ 140. √

141. √ 142. × 143. × 144. √ 145. × 146. √ 147. √ 148. √ 149. √ 150. √

151. × 152. × 153. × 154. × 155. √ 156. √ 157. × 158. √ 159. √ 160. √

161. √ 162. √ 163. √ 164. × 165. √ 166. √ 167. √ 168. √ 169. √ 170. √

171. √ 172. √ 173. √ 174. × 175. √ 176. √ 177. √ 178. √ 179. √ 180. ×

181. √ 182. √ 183. × 184. √ 185. × 186. √ 187. √ 188. √ 189. √ 190. ×

191. √ 192. √ 193. √ 194. √ 195. √ 196. √ 197. √ 198. × 199. √ 200. ×

201. × 202. √ 203. √ 204. √ 205. × 206. √ 207. × 208. √ 209. √ 210. √

211. × 212. √ 213. × 214. √ 215. √ 216. √ 217. √ 218. √ 219. × 220. √

221. × 222. × 223. √ 224. √ 225. × 226. √ 227. × 228. × 229. √ 230. √

231. √ 232. √ 233. √ 234. × 235. √ 236. √ 237. × 238. √ 239. × 240. √

241. × 242. × 243. √ 244. × 245. × 246. √ 247. √ 248. √ 249. √ 250. √

251. × 252. √ 253. × 254. × 255. √ 256. √ 257. √ 258. √ 259. × 260. ×

261. √ 262. √ 263. √ 264. × 265. × 266. √ 267. × 268. × 269. × 270. ×

271. √ 272. √ 273. √ 274. √ 275. × 276. × 277. √ 278. × 279. × 280. √

281. √ 282. × 283. × 284. × 285. √ 286. √ 287. √ 288. √ 289. × 290. √

291. √ 292. × 293. √ 294. √ 295. × 296. × 297. × 298. × 299. × 300. ×

301. √ 302. √ 303. × 304. √ 305. √ 306. √ 307. √ 308. √ 309. √ 310. √

311. √ 312. √ 313. × 314. × 315. √ 316. × 317. × 318. √ 319. × 320. √

321. × 322. √ 323. √ 324. √ 325. × 326. √ 327. √ 328. √ 329. √ 330. ×

331. × 332. √ 333. √ 334. × 335. √ 336. × 337. √ 338. × 339. × 340. ×

341. √ 342. × 343. √ 344. √ 345. × 346. √ 347. × 348. √ 349. × 350. √

351. × 352. √ 353. √ 354. × 355. × 356. √ 357. √ 358. × 359. √ 360. √

361. √ 362. √ 363. √ 364. × 365. × 366. × 367. √ 368. √ 369. √ 370. √

371. √ 372. √ 373. × 374. √ 375. × 376. × 377. × 378. × 379. √ 380. ×

381. √ 382. × 383. √ 384. √ 385. √ 386. √ 387. × 388. √ 389. × 390. ×

391. √ 392. × 393. √ 384. × 395. × 396. × 397. × 398. × 399. √ 400. √

401. √ 402. × 403. √ 404. √ 405. × 406. × 407. √ 408. √ 409. × 410. √

411. √ 412. √ 413. √ 414. √ 415. √ 416. √ 417. √ 418. √ 419. √ 420. √

421. × 422. √ 423. √ 424. × 425. √ 426. × 427. √ 428. √ 429. × 430. √

431. × 432. √ 433. √ 434. √ 435. √ 436. √ 437. √ 438. × 439. × 440. √

441. √ 442. × 443. √ 444. √ 445. √ 446. √ 447. √ 448. √ 449. √ 450. √

451. × 452. √ 453. √ 454. √ 455. √ 456. √ 457. √ 458. √ 459. √ 460. ×

461. √ 462. √ 463. √ 464. √ 465. √ 466. × 467. √ 468. √ 469. × 470. √

471. × 472. √ 473. √ 474. × 475. √ 476. × 477. √ 478. × 479. × 480. √

481. × 482. √ 483. √ 484. × 485. × 486. × 487. × 488. √ 489. × 490. √

491. √ 492. √ 493. √ 494. × 495. × 496. × 497. √ 498. √ 499. √ 500. √

三、多选题

1. ABCD	2. ABC	3. AD	4. AB	5. ABCD
6. AB	7. AB	8. ABC	9. ABC	10. ABCD
11. ABCD	12. ABCD	13. AB	14. AB	15. ABCD
16. ABCD	17. ABCD	18. ABCD	19. ABCD	20. ABCD
21. ABCD	22. ABCDEF	23. ABCD	24. ABC	25. ABC
26. ABCD	27. BC	28. ABCDE	29. ABCD	30. ABCD
31. ABC	32. ABC	33. ABC	34. ABC	35. ABCD
36. ABC	37. ABCD	38. ABCD	39. ABC	40. ABC
41. ABC	42. ABC	43. CD	44. ABC	45. ABCD
46. ABCD	47. ABCD	48. AB	49. CD	50. ABCD
51. AB	52. CD	53. AB	54. ABC	55. ABCD
56. AB	57. CD	58. BC	59. ABC	60. BC
61. ABCD	62. ABCD	63. ABCD	64. ACD	65. ABCDE
66. ABCDE	67. ABCDE	68. ABCDE	69. ABCD	70. BCD
71. ABC	72. ABCD	73. ABD	74. AD	75. AB
76. AB	77. ABC	78. ACD	79. ABD	80. ABCD
81. CD	82. BC	83. ABCD	84. ABCD	85. ABD
86. BD	87. AB	88. ABCD	89. AB	90. BCD
91. ABCD	92. ABCD	93. AB	94. ABCD	95. ABC
96. ABCDE	97. ABCD	98. AC	99. ABCD	100. ABCDE

第二节　机车电工（中修组）应知应会练习题

一、单选题

1. 神八型机车（25T 轴重）时的最大牵引力是（　　）kN。
   A. 750　　B. 760　　C. 770
2. 神八机车断开 CCU 会引起（　　）制动。
   A. 紧急　　B. 常用　　C. 不产生
3. 神八机车机械间风机的作用是（　　）。
   A. 冷却辅助变压器
   B. 冷却机械间
   C. 冷却辅助变压器同时使机械间保持正压

4. 神八机车冷却塔通风机是从（　　）吸入空气。
A. 车底　　B. 车顶　　C. 侧墙

5. 神八机车牵引变压器运行中通过（　　）进行冷却。
A. 潜油泵　　B. 冷却塔　　C. 水泵

6. HXD1 型机车牵引电机的额定功率（　　）。
A. 1 200 kW　　B. 1 224 kW　　C. 1 264 kW

7. 神八型机车采用什么供电方式（　　）。
A. 交-直-交　　B. 交-直-直　　C. 直-直-交

8. 蓄电池已上电，在总风缸无压力空气的情况下，要缓解机车弹停装置，必须（　　）。
A. 按压司机室弹停装置缓解按钮
B. 按压气阀柜弹停模块上的缓解脉冲电磁阀
C. 手拉 4 个弹停风缸的缓解拉杆

9. 神八机车中，（　　）属于变频变压起动的部件。
A. 牵引电动机风机　　B. 空气压缩机
C. 空调

10. 神八机车中，（　　）属于恒频恒压起动的部件。
A. 牵引电动机风机　　B. 油泵
C. 复合冷却器风机

11. 控制电源柜 AC/DC 模块的作用是（　　）。
A. 将单相交流 220 V 电源变为直流 110 V 电源，并为蓄电池充电
B. 将直流 110 V 电源变为直流 48 V 电源
C. 将直流 110 V 电源变为直流 24 V 电源

12. 关于牵引控制单元 TCU，下列说法错误的是（　　）。
A. TCU 的作用是控制转向架的牵引和制动
B. TCU 分两组，分别控制两个转向架
C. 在正常情况下，TCU1 和 TCU2 都具有主控功能

13. 神八机车，只能在（　　）工况进行定速控制。
A. 向前牵引　　B. 向后牵引
C. 向前或向后牵引

14. 使用定速控制模式时，机车实际运行速度与目标速度相差（　　）km/h 时实行牵引与制动工况的自动转换。
A. 1　　B. 2　　C. 3

15. 机车运行速度在（　　）km/h 及以上时，无人警惕装置开始进入监控状态。
A. 3　　B. 4　　C. 5

16. 关于车辆总重参数的输入对机车在定速控制模式下运行的影响，下列说法正确的是（　　）。

A. 车辆总重参数的输入对机车在定数控制模式下运行没有影响

B. 输入车辆总重为 0 时，不能进行定速控制操作

C. 如果输入偏大的车辆总重，不能进行定速控制

17. 当神八机车油水冷却塔水温达到（　　）时，主变流器降低功率。

A. 55 °C　　B. 60 °C　　C. 65 °C

18. 当神八机车油水冷却塔水温达到（　　）时，主变流器封锁。

A. 55 °C　　B. 60 °C　　C. 65 °C

19. 正常情况下，（　　）不属于第 1 辅助变流器供电范围。

A. 牵引电动机风机　　B. 复合冷却器风机

C. 水泵

20. 正常情况下，（　　）不属于第 2 辅助变流器供电范围。

A. 牵引电动机风机　　B. 空气压缩机

C. 油泵

21. 关于神八机车的升弓条件，下列说法错误的是（　　）。

A. 紧急制动按钮的状态对升弓没有影响

B. 机车模式开关必须在正常位

C. 受电弓截止阀塞门在正常位

22. 神八机车有（　　）充电模块。

A. 两组　　B. 三组　　C. 四组

23. 当神八机车速度超过（　　）时，牵引停止。

A. 110 km/h　　B. 120 km/h　　C. 125 km/h

24. 制动缸压力开关 285KP，是当制动缸压力达到（　　）时传输信号到 CCU 切除电制动。

A. 90 kPa　　B. 120 kPa　　C. 150 kPa

25. 制动缸压力开关 284KP，是当制动缸压力达到（　　）时传输信号到 CCU 切除牵引。

A. 20 kPa　　B. 30 kPa　　C. 40 kPa

26. 神八机车一节车有（　　）个牵引通风机。

A. 2　　B. 4　　C. 6

27. 停放制动没有缓解同时机车速度大于（　　）时，惩罚制动触发。

A. 3 km/h　　B. 5 km/h　　C. 8 km/h

28. 出现下列哪些情况，将不退出定速模式（　　）。

A. 重新按下定速按钮　　B. 投入空气制动

C. B 等级故障发生

29. 需要将故障部件隔离，应按压微机复位按钮（　　）次。

A. 1　　B. 2　　C. 3

30. TCU 具有机车级控制和（　　）控制的功能。
A. 列车级　　B. 网络系统级
C. 变流器级

31. 真空断路器灭弧室的玻璃外壳起（　　）作用。
A. 真空密封　　B. 绝缘
C. 安全防护　　D. 真空密封和绝缘

32. 三相四线制中线电流的描述正确的是（　　）。
A. 始终有电流　　B. 始终无电流
C. 决定于负载　　D. 以上均不正确

33. 三相四线制中线（　　）。
A. 必须接保险丝　　B. 不能接保险丝
C. 可接可不接保险丝　　D. 视具体情况而定

34. 三相负载对称指的是它们的（　　）相等。
A. 阻抗幅值　　B. 负载性质
C. 电阻值　　D. 阻抗

35.（　　）的换算是正确的。
A. 1 马力 = 736 瓦　　B. 1 马力 = 1000 瓦
C. 1 瓦 = 736 马力　　D. 1 瓦 = 1 000 马力

36. 在通常条件下，对人体而言，安全电压值一般为小于（　　）。
A. 6 V　　B. 36 V　　C. 100 V　　D. 220 V

37. 三相对称电动势在任一瞬间的代数和为（　　）。
A. 0　　B. 3EA　　C. 3EB　　D. 3EC

38. 通常所讲的 220 V 和 380 V 指的是电源作（　　）联接时提供的两种电压。
A. Y 接　　B. △接
C. 任意联接　　D. Y 接和△接

39. 使用兆欧表时，手摇发电机由慢到快，转速应达到（　　）并保持匀速。
A. 90 r/min　　B. 100 r/min
C. 110 r/min　　D. 120 r/min

40. 三相交流电 ABC，则 A 相比 B 相的相位（　　）。
A. 超前 60°　　B. 超前 120°
C. 滞后 60°　　D. 滞后 120°

41. 下面那个开关的辅助联锁不在升弓电路中（　　）。
A. 20QP　　B. 50QP　　C. 60QP　　D. 297QP

42. 示波器是将电信号转换成（　　）的仪器。
A. 声信号　　B. 机械信号　　C. 光信号　　D. 电信号

43. 三相交流电是由3个频率相同、电势振幅相等、相位互差（　　）的交流电路组成的电力系统。

A. 0°　　B. 90°　　C. 120°　　D. 180°

44. 三相对称电动势的矢量和为（　　）。

A. 0　　B. UL　　C. 3UL　　D. 3Uϕ

45. 只有具备（　　），才能对自己的职业有一种责任感和使命感。

A. 道德精神　　B. 服务精神

C. 敬业精神　　D. 好学精神

46. 当示波器的整步选择开关扳置“外”的位置时，则扫描同步信号（　　）。

A. 来自Y轴放大器的被测信号　　B. 来自50 Hz交流电源

C. 需由整步输入端输入　　D. 来自1 kHz信号发生器

47. 示波器上的扫描微调钮，用来调节（　　）。

A. 扫描幅度　　B. 扫描频率

C. 扫描频率和幅度　　D. 都不对

48. 示波器输入信号“交、直”流选择开关置“直流”位置时，其输入为（　　）。

A. 交直流均直接输入　　B. 只是直流信号

C. 只是低频交流信号　　D. 只是高频交流信号

49. 要想测量高频脉冲信号，应选用（　　）。

A. 简易示波器　　B. SB-10型通用示波器

C. 同步示波器　　D. 其他双踪示波器

50. 示波器中扫描发生器产生的是（　　）。

A. 锯齿波信号　　B. 正弦波信号

C. 矩形波信号　　D. 三角波信号

51. 在用示波器测量信号波形时，要使输出波形稳定，则要使扫描周期是被测信号周期的（　　）倍。

A. 0、5　　B. 1　　C. 2　　D. 整数

52. 若输入信号太大，则需调节示波器的（　　）钮。

A. 增益控制　　B. 交、直流输入选择

C. 扫描开关　　D. 触发选择

53. 在对JT-1型晶体管特性图示仪的正阶梯信号进行调零时，Y轴作用开关应置于（　　）位置。

A. 集电极电流范围　　B. 外接

C. 基极电流或基极电压　　D. 以上都不对

54. 用JT-1型晶体管特性图示仪测试小功率晶体三极管时，功耗电阻应选得（　　）。

A. 小一些　　B. 大一些　　C. 无要求　　D. 以上均不对

55. 用JT-1型晶体管特性图示仪测试晶体管的极限参数时，阶梯作用钮应置（　　）位。

A. 重复　　B. 关　　C. 单簇　　D. 任意

56. 电力机车上的总开关和总保护是（　　）。

A. 接触器　　B. 蓄电池　　C. 受电弓　　D. 主断路器

57. 用 JT-1 型晶体管特性图示仪测 PNP 型三极管时，集电极反描电压极性开关应置于（　　）位。

A. +　　B. −　　C. 任意　　D. 以上都不对

58. 用 JT-1 型晶体管特性图示仪测 PNP 型三极管时，阶梯信号极性开关应置于（　　）位。

A. +　　B. −　　C. 任意　　D. 以上都不对

59.（　　）仪表可以交、直流两用，能精确测量电压、电流、功率、功率因数和频率。

A. 电磁系　　B. 磁电系

C. 电动系　　D. 感应系数

60.（　　）的换算是正确的。

A. 1 马力 = 736 瓦　　B. 1 马力 = 1000 瓦

C. 1 瓦 = 736 马力　　D. 1 瓦 = 1 000 马力

61. SS_{4B} 电力机车固定分路电阻阻值是（　　）。

A. 0.211 Ω　　B. 0.0021 Ω　　C. 0.018 Ω　　D. 1 Ω

62. SS_{4B} 电力机车主电路接地故障隔离开关的代号是（　　）。

A. 49QS　　B. 10QP　　C. 96QS　　D. 50QP

63. 下列不是 SS_{4B} 电力机车 1 号高压柜接触器代号的是（　　）。

A. 12KM　　B. 22KM　　C. 32KM　　D. 91KM

64. 主断路器隔离开关的代号是（　　）。

A. 586QS　　B. 584QS　　C. 582QS　　D. 588QS

65. 高压隔离开关动触片检修工艺要求厚度不小于（　　）mm。

A. 8.5　　B. 6　　C. 7　　D. 6.5

66. SS_{4G} 机车中修时，劈相机起动电容 253C 测量其电容值应不小于（　　）。

A. 1 100 μF　　B. 1 000 μF　　C. 500 μF　　D. 1 200 μF

67. SS_{4B} 机车主断加热电源取用 45#插头 17、18 芯对应线号为 1191、1193，其电压为（　　）。

A. ± 24 V　　B. ± 12 V　　C. 77 V　　D. ± 48 V

68. 剥线钳可以剥去截面积在（　　）mm^2 以下的小绝缘层。

A. 1.5　　B. 2.5　　C. 10　　D. 16

69. 普通钳形电流表可用来测量（　　）。

A. 交流电流　　B. 直流电流

C. 交流电压　　D. 直流电压

70. 110 V 电源柜的限制电流是（　　）。

A. 100 A　　B. 55 A　　C. 30 A　　D. 10 A

71. 接到 283AK 的电源线线号是（　　）。

A. 281、400　　B. 561、400

C. 279、280　　D. 202、201

72. 下面哪一个设备不是机车三项设备之一（　　）。

A. 机车信号　　B. 机车电台

C. 48 V 风扇　　D. 监控

73. 兆欧表是用来测量（　　）的。

A. 高值电阻　　B. 低值电阻

C. 绝缘电阻　　D. 击穿电压

74. 当有人触电时，应首先（　　）。

A. 切断电源　　B. 拉出触电者

C. 对触电者进行人工呼吸　　D. 送医院

75. 万用表在使用完毕后，应将选择开关置（　　）挡。

A. 电流　　B. 电阻

C. 直流电压最高挡　　D. 交流电压最高挡

76. 发生电气火灾时，应使用（　　）进行灭火。

A. 水　　B. 泡沫灭火器

C. 四氯化碳灭火器　　D. 酸或碱性灭火器

77. 机车原理图中 QF 指的是（　　）。

A. 受电弓　　B. 主断路器　　C. 接触器　　D. 继电器

78. 电阻制动是将电制动产生的电能转变为（　　）。

A. 电能　　B. 机械能　　C. 化学能　　D. 热能

79. 下面那个是受电弓压力继电器（　　）。

A. 511KF　　B. 512KF　　C. 515KF　　D. 519KF

80. SS_{4B} 机车下面那个开关的辅助联锁不在升弓电路中（　　）。

A. 20QP　　B. 50QP　　C. 60QP　　D. 297QP

81. 辅助电路中的阻容过电压吸收电路，电阻是（　　）。

A. 260R　　B. 261R　　C. 262R　　D. 都不是

82. 辅助电路中的阻容过电压吸收电路，电容是（　　）。

A. 257C　　B. 255C　　C. 250C　　D. 都不是

83. 101KC 动作下面那个灯亮（　　）。

A. 励磁过流　　B. 原边过流

C. 功补过流　　D. 牵引电机

84. 触头厚度为（　　）厚度。

A. 金属陶瓷材料　B. 原材料

C. 合金　D. 纯金属

85. ABB 接触器的触头厚度为（　　）mm。

A. 0.2　B. 0.5　C. 0.6　D. 0.4

86. SS_{4B}型电力机车（　　）轴的速度传感器为 4 通道。

A. 4　B. 3　C. 1　D. 2

87. ZD114 牵引电动机的最高允许电压为（　　）。

A. 1 096 V　B. 1 150 V　C. 1 183 V　D. 1 020 V

88. 劈相机的起动电阻值为（　　）。

A. 0、97 Ω　B. 0、63 Ω

C. 0、85 Ω　D. 0、79 Ω

89. 接线时，一个螺栓上最多可接（　　）个端子。

A. 1　B. 2　C. 3　D. 4

90. 下面机车保护时，不发出主断分信号的是（　　）。

A. 原边过流　B. 主回路接地

C. 励磁过流　D. 牵引电机接地

91. 三极管放大电路中，利用的是集电极电流与基极电流成（　　）。

A. 正比　B. 反比

C. 无关　D. 成其他关系

92. 单相桥式整流电路与单相双半波整流电路相比，整流元件承受的最大反向电压（　　）。

A. 大 1 倍　B. 相等

C. 小 50%　D. 小 75%

93. 在空气断路器的工作过程中所使用的压缩空气最主要的作用是保证其主触头（　　）。

A. 闭合状态　B. 闭合过程

C. 断开状态　D. 断开过程

94. 常用灭火器有（　　）。

A. 干粉，泡沫，1211，清水

B. 干粉，泡沫，酸碱，二氧化碳，1211，清水

C. 干粉，泡沫，酸碱，二氧化碳

D. 泡沫，酸碱，二氧化碳，1211，清水

95. 隔离开关 242QS 的（　　）线号之间的阻值太大，将直接导致劈相机起动电阻烧损。

A. 279，280　B. 279，281

C. 278，280　D. 270，280

96. SS_{4B} 型电力机车在电网下，235QS 倒向（　　）。

A. 运行位　　B. 库用位

C. 中间位　　D. 重联位

97. 若机车库内时，235QS 在（　　），以便使用库内电源。

A. 运行位　　B. 库用位

C. 中间位　　D. 重联位

98. 配合的方式有：（　　）。

A. 间隙配合，过盈配合

B. 过盈配合，过渡配合

C. 间隙配合，过渡配合

D. 间隙配合，过盈配合，过渡配合

99. 三相星接负载在有中线情况下其单相负载端电压将会（　　）。

A. 恒等于相电压　　B. 恒等于线电压

C. 随负载变化　　D. 以上均不对

100. 在三相交流电路中 ABC，则 A 相比 B 相的相位（　　）。

A. 超前 60°　　B. 超前 120°

C. 滞后 60°　　D. 滞后 120°

101. 韶山型机车辅助电路中的阻容过电压吸收电路，电阻是（　　）。

A. 260R　　B. 261R　　C. 262R　　D. 都不是

102. 用由一个电容与两个相同的灯泡角接组成的相序仪，若假定电容是 A 相，则灯泡较亮的是（　　）。

A. A 相　　B. B 相　　C. C 相　　D. 不能确定

103. 三相交流电是指：由 3 个频率相同、电势振幅相等、相位互差（　　）的交流电路组成的电力系统。

A. 0°　　B. 90°　　C. 120°　　D. 180°

104. 风压继电器 515KF 的闭合风压整定值为（　　）。

A. 160 kPa　　B. 155 kPa　　C. 150 kPa　　D. 145 kPa

105. 风压继电器 515KF 的断开风压整定值为（　　）。

A. $120\times(1\pm10\%)$ kPa　　B. $100\times(1\pm5\%)$ kPa

C. $100\times(1\pm10\%)$ kPa　　D. $100\times(1\pm15\%)$ kPa

106. 触头处于闭合状态，其主要任务是保证（　　）。

A. 能通过规定的电压且触头的温升不超过允许值

B. 能通过规定的电流且触头的温升不超过允许值

C. 能通过规定的电流且触头的温度不超过允许值

D. 能通过规定的电阻且触头的温升不超过允许值

107. 继电器的作用是（　　）。

A. 辅助电路中的主令电器和执行电器之间进行逻辑转换及传递
B. 主电路中的主令电器和执行电器之间进行逻辑转换及传递
C. 控制电路中的主令电器和执行电器之间进行逻辑转换及传递
D. 控制电路中的主令电器和执行电器之间进行逻辑转换

108. JT3 系列时间继电器开距（　　）。
A. 不小于 2 mm　　B. 不小于 1 mm
C. 不小于 3 mm　　D. 不小于 4 mm

109. JT3 系列时间继电器超程（　　）。
A. 不小于 1.2 mm　　B. 不小于 1.0 mm
C. 不小于 1.5 mm　　D. 不小于 2 mm

110. 中修工艺中规定检查 20 芯插头碳化深度不大于（　　）mm。
A. 0.5　　B. 1　　C. 0.2　　D. 0.8

111. 电容 247C-249C 额定值为（　　）μf。
A. 138.5　　B. 138.6　　C. 138.4　　D. 138.3

112. 电容 247C-249C 中修工艺规定不小于（　　）μf。
A. 105　　B. 110　　C. 120　　D. 130

113. 环境类风险是指系统运行的（　　）可能引发的生产安全风险。
A. 自然环境、单位和社会环境
B. 自然环境、物理环境、社会环境
C. 自然环境、物理环境、单位和社会环境
D. 自然环境、物理环境、单位环境

114. 各接线端子的线号齐全、清晰、正确，线芯断股面积不得超过原截面的（　　）。
A. 1/10　　B. 1/5　　C. 3/10　　D. 1/2

115. 辅助司机控制器取位.向前 0 位、向后 0 位时，电压不大于（　　）V。
A. 0.15　　B. 1　　C. 15　　D. 10

116. ABB 接触器动触头压力弹簧自由高（　　）mm。
A. 78　　B. 41　　C. 40　　D. 79

117. 游标卡尺由（　　）和附在主尺上能滑动的（　　）两部分构成。
A. 副尺、游标　　B. 主尺、副尺
C. 主尺、游标　　D. 副尺、卡尺

118. SS_{4B} 机车制动电阻通风支路中不包括（　　）。
A. 制动风机　　B. 牵引电机
C. 车顶百叶窗　　D. 制动电阻柜

119.（　　）仪表可以交、直流两用，能精确测量电压、电流、功率、功率因数和频率。
A. 电磁系　　B. 磁电系
C. 电动系　　D. 感应系数

120. 测量 4 A 的电流时，选用了量程为 5 A 的电流表，若要求测量结果的相对误差为小于 1.0%，则该表的准确度至少应为（　　）。

A. 0.5 级　　B. 1 级　　C. 1.5 级　　D. 2.5 级

121. 钳形电流表与一般电流表相比（　　）。

A. 测量误差较小　　B. 测量误差一样

C. 测量误差较大　　D. 人为误差大

122. 测量可控硅整流输出电压时，（　　）仪表可以直接读出有效值（假定频率合适）。

A. 磁电系　　B. 电动系　　C. 整流系　　D. 感应系

123. 尺寸标注为φ10h7 代表的公差等级是（　　）级。

A. H　　B. 7　　C. h7　　D. 10

124. 当导体沿磁力线运动时，导体中产生的感应电动势将为（　　）。

A. 最大　　B. 0　　C. 最小　　D. 视具体而定

125. 下面属于铁磁性物质的是（　　）。

A. 银　　B. 铜　　C. 铝　　D. 钴

126. 电气设备分断电路时，只要电源电压达到（　　）V 时，就有可能出现电弧。

A. 3　　B. 10　　C. 8　　D. 5

127. 电容的单位是（　　）。

A. 伏　　B. 亨　　C. 法　　D. 欧

128. 感抗的单位是（　　）。

A. 伏　　B. 亨　　C. 法　　D. 欧

129. “道德”一词主要是指人们的（　　）以及与之相联系的品性。

A. 道德规范　　B. 行为规范

C. 操作规范　　D. 社会规范

130. 道德是人们用来评价别人和自己言行的标准与（　　）。

A. 要求　　B. 尺度　　C. 目标　　D. 对错

131. 铁路运输的联动和半军事化的特性，决定了铁路从业人员必须具有更加严密的（　　）。

A. 职业纪律　　B. 组织纪律

C. 技能素质　　D. 思维方式

132. 道德属于上层建筑的范畴，是一种特殊的社会意识形态，受（　　）决定。

A. 文化基础　　B. 生活条件

C. 经济基础　　D. 个人习惯

133. 信誉是企业生存与发展的根本，信誉的关键在一个“（　　）”字。

A. 诚　　B. 誉　　C. 德　　D. 信

134. 在发展生产中，协作不仅提高个人生产力，而且创造了新的（　　）。

A. 生产关系　　B. 生产秩序
C. 生产力　　D. 生产模式

135. 道德属于（　　）的范畴，是一种特殊的社会意识形态。
A. 上层建筑　　B. 市场竞争
C. 市场价值　　D. 社会基金

136. 道德品质是综合个人的（　　）、道德意识和道德行为的特定属性。
A. 道德思想　　B. 道德心理
C. 道德评价　　D. 道德要求

137. 道德品质的构成要素有知、（　　）、行等 4 个要素。
A. 德、情　　B. 品、事　　C. 情、义　　D. 情、意

138. 道德是用内心信念、传统习惯和社会舆论来（　　）。
A. 处理　　B. 维护　　C. 发展　　D. 变迁

139. “慎独”重在（　　），是一种崇高的思想道德境界。
A. 锻炼　　B. 批评　　C. 自律　　D. 帮助

140. 道德规范是一定社会为了调整人们之间以及个人与（　　）之间的关系。
A. 社会　　B. 班组　　C. 家庭　　D. 企业

141. 从（　　）最能看出一个人的品质，从最细微的小处最能显示人的灵魂。
A. 工作场合　　B. 言谈举止
C. 大众场合　　D. 最隐蔽处

142.《公民道德建设实施纲要》提出的公民应遵守的基本道德规范是（　　）。
A. 爱国守法、文明礼貌、团结友善、勤俭自强、敬业奉献
B. 爱国守法、明礼诚信、团结友善、勤俭自强、敬业奉献
C. 遵纪守法、明礼诚信、团结友善、勤俭自强、敬业奉献
D. 爱国守法、明礼诚信、尊老爱幼、勤俭自强、敬业奉献

143. 职业既是人们谋生的手段，又是人们与（　　）进行交往的一种主要渠道。
A. 他人　　B. 社会　　C. 设备　　D. 工具

144. 职业在社会生活中，主要体现出（　　）三方面要素。
A. 职业行为、职业权利、职业利益
B. 职业职责、职业道德、职业利益
C. 职业职责、职业权利、职业内容
D. 职业职责、职业权利、职业利益

145. 铁路职工爱护铁路一切设施，不仅包含爱护公共财物的含义，而且是自身（　　）应该遵循的准则。
A. 利益关系　　B. 职业道德
C. 职业习惯　　D. 职业行为

146. 铁路职工职业技能的提高，是推广新技术、使用（　　）的必要条件。
A. 新设备　B. 新技术　C. 新思路　D. 新场地

147. 职业道德的基础与核心是爱岗（　　）。
A. 敬业　B. 团结　C. 奉献　D. 学习

148. 仪表端庄实质上是一个人的思想情操、道德品质、文化修养和（　　）的综合反映。
A. 衣帽整齐　B. 衣着洁净
C. 人格气质　D. 衣着时尚

149. 职业道德是安全文化的深层次内容，对安全生产具有重要的（　　）作用。
A. 思想保证　B. 组织保证
C. 监督保证　D. 制度保证

150. 铁路职工是运输产品的创造者，也是企业形象的（　　）者。
A. 评价　B. 塑造　C. 灌输　D. 交流

151. 某一正弦交流电报周期是 0.01 s，则其频率为（　　）。
A. 0.01 Hz　B. 50 Hz　C. 60 Hz　D. 100 Hz

152. 有两只电容，C1 = 5 μf，C2 = 2 μf，它们并联后的总电容是（　　）。
A. 7 μf　B. 0.7 μf　C. 3.5 μf　D. 1.43 μf

153. 电源的电动势方向和电源两端电压的方向（　　）。
A. 相同　B. 相反　C. 不能确定　D. 无关

154. 在一个串联电路中，各处的导线粗细不一样，则通过各导线的电流是（　　）的。
A. 相等　B. 不相等
C. 视导线粗细而定　D. 无关

155. 交流电通过单向整流电路后，所得到的输出电压是（　　）。
A. 交流电压　B. 稳定的直流电压
C. 脉动直流电压　D. 脉冲电压

156. 在整流电路的负载两端，并联一个电容，其输出波形脉动的大小，将随着负载电阻的值和电容增大而（　　）。
A. 增大　B. 减小　C. 不变　D. 无关

157. 粗实线应为细实线的（　　）倍。
A. 1　B. 2　C. 3　D. 4

158. 中间继电器的触头开距为（　　）mm。
A. 2 ~ 3　B. 1 ~ 2　C. 1 ~ 1.5　D. 1.2 ~ 2

159. 交流电（　　）正负极之分。
A. 无　B. 有
C. 可有可无　D. 不确定

160. 常用的指针式万用表属于（　　）仪表。

A. 磁电式　B. 电磁式　C. 电动式　D. 感应式

161. 常用的电度表属于（　　）。

A. 磁电式　B. 电磁式　C. 电动式　D. 感应式

162. 电磁式仪表可测量（　　）。

A. 交流　B. 直流

C. 交、直流均可　D. 其他

163. 仪器的标准越高，则该仪表的测量误差就越（　　）。

A. 大　B. 小　C. 无关　D. 不一定

164. 电压表的内阻越大，则其测量误差越（　　）。

A. 大　B. 小　C. 无关　D. 不一定

165. 电流表的内阻越大，则其测量误差越（　　）。

A. 大　B. 小　C. 无关　D. 不一定

166. 进行电气修理作业时，须（　　）作业。

A. 带电　B. 断电

C. 带电或断电　D. 任意

167. 在机车上工作时，凡许可触及的有电气仪表和器具外罩（　　）。

A. 必须接地　B. 不可接地

C. 无要求　D. 视具体情况而定

168. 中间继电器的超程为（　　）mm。

A. 1 ~ 1.5　B. 1 ~ 2　C. 0.5 ~ 1　D. 1 ~ 1.2

169. 电源柜单极自动开关小辅修时在接通位的阻值接近于（　　）欧。

A. 0　B. 1　C. 2　D. 3

170. 铜的电阻率比铝的电阻率（　　）。

A. 高　B. 低　C. 相等　D. 无关

171. 在端电压一定时，电容器的电容 C 和它的带电量（　　）。

A. 成正比　B. 成反比　C. 无关　D. 成其他关系

172. 欧姆定律是：电流的大小与电阻两端的电压成正比，而与电阻的阻值成（　　）。

A. 正比　B. 反比　C. 无关　D. 成其他关系

173. 导线的电阻是 4 Ω，把它对折起来作为一条导线用，电阻变为 1 Ω，如果把它均匀地拉长到原来的 2 倍，电阻变为（　　）Ω。

A. 1/4　B. 16　C. 1　D. 8

174. 机车控制级的核心是（　　）。

A. SBC 单板机　B. 脉冲控制器

C. 故障记忆传送　D. 调制解调

175. 两个分别为 20 μF 和 60 μF 的电容并联，其容量为（　　）μF。

A. 15　B. 20　C. 60　D. 80

176. 当温度升高时，半导体的电阻将（　　）。

A. 增加　B. 减小　C. 不变　D. 不一定

177. 剥线钳可以剥去截面积在（　　）mm^2 以下的小绝缘层。

A. 1.5　B. 2.5　C. 10　D. 16

178. 用电流表测得的交流电流的数值是交流电的（　　）。

A. 有效值　B. 瞬时值　C. 峰值　D. 均值

179. 用电流表测量电流时，应将电流表与被测电路联成（　　）方式。

A. 串联　B. 并联

C. 串联或并联　D. 任意

180. 下面不属于机车检修 3 个“一次成功”的是（　　）。

A. 一次低压试验成功　B. 一次高压试验成功

C. 一次试运成功　D. 一次安装成功

181. 两个 10 μF 的电容并联时的值为（　　）μF。

A. 10　B. 20　C. 30　D. 40

182. 电压表使用时应（　　）在电路中。

A. 并联　B. 串联　C. 混联　D. 以上都不对

183. 两个 10 μF 的电容串联时的值为（　　）μF。

A. 30　B. 20　C. 5　D. 10

184. 电压表的内阻越大，则其测量误差越（　　）。

A. 大　B. 小　C. 无关　D. 不一定

185. 电流表的内阻越大，则其测量误差越（　　）。

A. 大　B. 小　C. 无关　D. 不一定

186. 进行电气修理作业时，须（　　）作业。

A. 带电　B. 断电

C. 带电或断电　D. 任意

187. 电小闸的 4 个位置分别为（　　）。

A. 制动，中立，0，过充

B. 过充，制动，运转，中立

C. 制动，中立.运转，重联

D. 制动，中立，运转，缓解

188. 电力机车小辅修时，接线排检查时，不得有烧损和绝缘破损，线芯断股不超过原截面的（　　）。

A. 10%　B. 5%　C. 20%　D. 30%

189. 电力机车小辅修时，继电器各联锁阻值（　　）欧姆。

A. 不大于 10　　B. 10　　C. 大于 10　　D. 不大于 0.8

190. 继电器的检修要求（　　）。

A. 动作灵活可靠

B. 动作灵活可靠，整定值正确，各联锁开闭良好

C. 整定值正确

D. 各联锁开闭良好

191. 扳扭箱劈相机扳键的联锁是（　　）。

A. 10 A　　B. 1 A

C. 15 A　　D. 以上答案都不对

192. LW5 系列万能转换开关由（　　）组成。

A. 接触系统、定位和限位机构、凸轮

B. 接触系统

C. 定位和限位机构

D. 凸轮

193. 绝缘材料的使用寿命与使用及保管（　　）。

A. 有关　　B. 无关

C. 视情况而定　　D. 只与使用有关

194. SS_{4B} 电力机车 1 号高压柜的插头编号是（　　）。

A. 41#、42#、45#　　B. 41#、43#、45#

C. 41#、43#、44#　　D. 42#、43#、46#

195. 两个分别为 20 μF 和 60 μF 的电容并联，其容量为（　　）μF。

A. 15　　B. 20　　C. 60　　D. 80

196. 机车微机根据司机给定的手柄级位以及实际电枢电流和机车速度来调节（　　）的触发角，从而使机车稳定运行在司机希望的工况。

A. 二极管　　B. 三极管　　C. 晶闸管　　D. 电位器

197. 三极管整流电路中，是利用二极管的（　　）。

A. 单向导电性　　B. 反向击穿电压

C. 结电容　　D. 上述答案均不对

198. 稳压二极管是利用其（　　）性。

A. 单向导电性　　B. 反向击穿特性

C. 结电容　　D. 上述答案均不对

199. 穿管布线时，线管中线的外径之和不应超过线管内孔横截面面积的（　　）（1 根除外）。

A. 90%　　B. 70%　　C. 60%　　D. 50%

200. 焊接时利用烙铁头对元件引线和焊盘预热，烙铁头与焊盘的平面最好成（　　）角。

A. 15°　　B. 30°　　C. 45°　　D. 60°

201. 触头的接触方式分为（　　）。

A. 点接触、线接触、面接触　　B. 线接触、面接触

C. 点接触、面接触　　D. 点接触、线接触

202. 触头工作情况分为（　　）。

A. 无载开闭　　B. 有载开闭

C. 有载开闭和无载开闭　　D. 以上答案都不是

203. 目前我国机车的牵引电机主要为（　　）。

A. 直流电机　　B. 感应式异步电机

C. 同步电机　　D. 绕线式异步电机

204. 剥线钳可剥截面在（　　）的导线绝缘层。

A. 1 mm^2　　B. 1.5 mm^2

C. 2.5 mm^2 以下　　D. 2.5 mm^2 以上

205. SS_{4B} 机车的微机控制系统采用（　　），由系统自动调节，从而减轻司机的劳动强度。

A. 开环控制　　B. 闭环控制

C. B 组开环 A 组闭环　　D. 不能确定

206. 机车牵引入库的速度不高于（　　）。

A. 3 km/h　　B. 10 km/h　　C. 5 km/h　　D. 20 km/h

207. 线号标注时，若线号数字沿径向书写时，线号字顶应（　　）。

A. 远离端子　　B. 靠近端子

C. 与端子垂直　　D. 任意

208. SS_{4B} 机车轴式为（　　）。

A. $2(B_0\text{-}B_0)$　　B. $4(B_0\text{-}B_0)$　　C. $B_0\text{-}B_0$　　D. $C_0\text{-}C_0$

209. 牵引电机在牵引方式下主要是采用（　　）励磁方式。

A. 串励　　B. 并励　　C. 他励　　D. 复励

210. 牵引电机在电制动方式下主要是采用（　　）励磁方式。

A. 串励　　B. 并励　　C. 他励　　D. 复励

211. 牵引电机在牵引方式下作（　　）用。

A. 电动机　　B. 发电机

C. 不用　　D. 电动机或发电机

212. 牵引电机在电制动方式下作（　　）用。

A. 电动机　　B. 发电机

C. 不用　　D. 电动机或发电机

213. 碳刷使用磨耗到（　　）时禁用。

A. 10 mm　　B. 32 mm　　C. 40 mm　　D. 5 mm

214. SS_{4B}机车牵引供电方式为（　　）。

A. 集中供电　　B. 架供电

C. 轴供电　　D. 混合

215. 熔断器在电路中起的作用是（　　）。

A. 过载保护　　B. 短路保护

C. 欠压保护　　D. 自锁保护

216. 属于主令电器的有（　　）。

A. 控制按钮　　B. 刀开关

C. 接触器　　D. 继电器

217. 热继电器在控制电路中起的作用是（　　）。

A. 短路保护　　B. 过电压保护

C. 过载保护　　D. 失压保护

218. 电传动机车中两位置转换开关的作用是（　　）。

A. 开断主电路　　B. 辅助电路转换

C. 控制电路转换　　D. 机车方向、工况转换

219. 电传动机车中两位置转换开关属于（　　）驱动的电器。

A. 气动　　B. 电磁　　C. 手动　　D. 液体

220. 主断路器属于（　　）驱动的电器。

A. 电磁　　B. 气动　　C. 手动　　D. 液体

221. 线路接触器属于（　　）驱动的电器。

A. 气动　　B. 电磁　　C. 手动　　D. 液体

222. 功补装置是用来（　　）。

A. 提高机车功率因数　　B. 降低机车功率因数

C. 提高机车牵引力　　D. 降低机车牵引力

223. 交流接触器可用在（　　）中。

A. 交流电路中　　B. 直流电路

C. 交、直流均可　　D. 以上答案均正确

224. JZ-15 中间继电器的最小动作电压为（　　）。

A. 36 V　　B. 110 V　　C. 77 V　　D. 88 V

225. 下列（　　）是 SS_{4B} 机车司控器的型号。

A. TKS22　　B. TKS14A

C. TKS15A　　D. TSG1

226. 电空阀的控制对象是（　　）。

A. 电路　　B. 常压空气

C. 压缩空气　　D. 液体介质

227. 电磁接触器灭弧方式是（　　）。
A. 磁砍灭弧　　B. 压缩空气
C. 自然过零　　D. 其他

228. 主断路器的灭弧方式是（　　）。
A. 磁砍灭弧　　B. 压缩空气
C. 自然过零　　D. 其他

229. 线号标注时，若线号数字沿轴向书写时，个位数字应（　　）。
A. 远离端子　　B. 靠近端子
C. 与端子垂直　　D. 任意

230. 机车用蓄电池组采用（　　）方式。
A. 串联　　B. 并联
C. 串、并联　　D. 上述答案都不对

231. 机车蓄电池提供的是（　　）。
A. 交流电　　B. 直流电
C. 交、直流电均可　　D. 上述答案均不对

232. 在进行插头、插座焊接时，应采用（　　）焊剂。
A. 中性　　B. 酸性　　C. 碱性　　D. 任意焊剂

233. 机车受电弓出 0 ~ 1 800 mm 间升弓时间为（　　）。
A. 5 ~ 7 s　　B. 3 ~ 5 s　　C. 6 ~ 8 s　　D. 5 ~ 9 s

234. 机车蓄电池空载电压（　　）直流 110 V。
A. 小于　　B. 等于　　C. 大于　　D. 不能确定

235. 机车照明用电源为（　　）。
A. 交流 110 V　　B. 直流 110 V
C. 交流 220 V　　D. 交流 25 kV

236. 一台 SS_{4B} 机车上装有（　　）台异步劈相机。
A. 1　　B. 2　　C. 3　　D. 4

237. SS_{4B} 机车微机控制柜输入为直流 110 V 电压，经滤波整流后不能输出（　　）电压。
A. 5 V　　B. ± 15 V　　C. + 24 V　　D. ± 12 V

238. 变压器绕组电阻是指温度在（　　）时的阻值。
A. 常温　　B. 0 °C　　C. 50 °C　　D. 75 °C

239. SS_{4B} 电力机车 1 号高压柜正面小线线号是（　　）。
A. 73、75　　B. 71、72　　C. 83、85　　D. 72、82

240. 机车各辅机在起动时要（　　）。
A. 顺序起动　　B. 同时起动
C. 任意起动　　D. 不能确定

241. SS_{4B}机车的线号划分与其他韶山型机车类似，其中 200 ~ 399 表示的是（　　）。
A. 主电路　　B. 辅电路
C. 控制电路　　D. 电子电路

242. 主变压器是将工频 25 kV 网压变为各种不同电压的（　　）。
A. 直流电　　B. 单相交流电
C. 三相交流电　　D. 脉动直流电

243. 1T（特）＝（　　）Gs（高斯）。
A. 10　　B. 10^2　　C. 10^4　　D. 10^6

244. 机车原理图中 KM 指的是（　　）。
A. 主断路器　　B. 时间继电器
C. 压力继电器　　D. 接触器

245. SS_{4B}电力机车选用光电式速度传感器，可进行（　　）的检测。
A. 方向、空转及打滑等参数信息
B. 机车速度、方向、空转及打滑等参数信息
C. 机车速度、空转及打滑等参数信息
D. 机车速度.方向及打滑等参数信息

246. SS_{4B}机车额定工作电压为（　　）。
A. 19 kV　　B. 20 kV　　C. 25 kV　　D. 29 kV

247. 电力机车欠压保护电路主要保护的辅机是（　　）。
A. 空压机电机　　B. 通风机电机
C. 旋转劈相机　　D. 制动风机电机

248. SS_{4B}机车控制回路的保护控制中，出现以下哪种情况时跳接触器（　　）。
A. 励磁过流　　B. 次边过流
C. 辅助系统过流　　D. 原边过流

249. 下列电器不能带电转换的是（　　）。
A. 励磁接触器　　B. 线路接触器
C. 自动开关　　D. 转换开关

250. 机车高压试验的目的是为了对机车（　　）参数进行校核。
A. 空气管路　　B. 控制电路
C. 辅助电路　　D. 主电路

251. 异步劈相机是将单相交流电转变为（　　）。
A. 三相交流电　　B. 单相交流电
C. 直流电　　D. 机械能

252. 电容的作用：（　　）。
A. 旁路、去耦、储能　　B. 旁路、去耦、滤波、储能
C. 旁路、去耦、滤波　　D. 去耦、滤波、储能

253. 交直牵引机车主变流柜在牵引工况将交流电转变为（　　）。
A. 直流电　　B. 单相交流电
C. 三相交流电　　D. 热能

254. 牵引电机的冷却方式是（　　）。
A. 强迫风冷　　B. 油冷　　C. 水冷　　D. 自然风冷

255. SS_{4B} 型电力机车总功率为（　　）kW，电制动方式为加馈电阻制动。
A. 6 400　　B. 3 600　　C. 4 800　　D. 6 200

256. 再生制动是将电制动产生的动能转变为（　　）。
A. 电能　　B. 机械能　　C. 化学能　　D. 热能

257. 机车用通风机是用作提供（　　）的。
A. 压缩空气　　B. 冷却用风
C. 调节功率因数　　D. 其他

258. SS_{4B} 型电力机车牵引通风机的通风支路是（　　）。
A. 车底到车顶　　B. 车体内到车顶
C. 车体内到车底　　D. 车顶到车底

259. 旋转劈相机采用（　　）启动。
A. 降压　　B. 串电阻　　C. 直接　　D. 分相

260. 直流电机串励绕组出线端用（　　）表示。
A. C1，C2　　B. S1，S2
C. B1，B2　　D. T1，T2

261. 直流电机并励绕组出线端用（　　）表示。
A. C1，C2　　B. S1，S2
C. B1，B2　　D. T1，T2

262. 绝缘材料的绝缘强度通常指（　　）厚绝缘材料所能承受的电压千伏值。
A. 0.5 mm　　B. 1 mm　　C. 1.5 mm　　D. 2 mm

263. SS_{4B} 电力机车的电制动采用（　　）方式，以改善机车低速时的电制动特性。
A. 电阻制动　　B. 加馈电阻制动
C. 再生制动　　D. 以上都不是

264. 铜母线扁弯时的弯曲半径不得（　　）铜母线的宽边宽度。
A. 小于　　B. 大于　　C. 等于　　D. 任意

265. 电力机车原边过流保护是由高压电流互感器和（　　）组成的。
A. 5 A 电流继电器　　B. 大电流继电器
C. 高压电压继电器　　D. 低压电压继电器

266. 图纸中的尺寸线用（　　）表示。
A. 粗实线　　B. 细实线
C. 虚线　　D. 细点划线

267. 机车原理图中 KT 指的是（　　）。
A. 电流继电器　　B. 电压继电器
C. 时间继电器　　D. 欠压继电器

268. SS_{4B} 机车电制动方式采用（　　）。
A. 再生制动　　B. 纯电阻制动
C. 加馈电阻制动　　D. DK-1 制动

269. 用 1000 兆欧表测量牵引电机对地绝缘电阻值，定子不小于（　　）。
A. 100 MΩ　　B. 50 MΩ　　C. 10 MΩ　　D. 5 MΩ

270. 磁铁通电线圈周围存在有（　　）。
A. 磁力线　　B. 磁场　　C. 电场　　D. 磁力线和磁场

271. 变压器铁心应采用（　　）材料。
A. 软磁性　　B. 硬磁性　　C. 铜　　D. 铝

272. 变压器铁心采用相互绝缘的薄硅钢片制造，主要目的是为了降低（　　）。
A. 杂散损耗　　B. 铜耗
C. 涡流损耗　　D. 磁滞损耗

273. 剥线时，线芯断股不得超过总股数的（　　）。
A. 1%　　B. 5%　　C. 10%　　D. 20%

274. 将机车制动时的动能转化为电能而反馈回电网的制动方式是（　　）。
A. 电阻制动　　B. 再生制动
C. 反接制动　　D. 以上均不对

275. 当辅助机组发生短路故障时，自动开关在（　　）s 内开断。
A. 0.1　　B. 0.5　　C. 1　　D. 以上均不对

276. SS 系列电力机车复位按键是（　　）。
A. “主断分”　　B. “主断合”　　C. “升弓”　　D. “劈相机”

277. 晶闸管一旦导通，若在门极加反压，则该晶闸管将（　　）。、
A. 继续导通　　B. 马上关断
C. 不能确定　　D. 缓慢关断

278. JZ15 系列中间继电器适用交流（　　）电压 500 V 以下。
A. 60 Hz　　B. 50 Hz
C. 50 Hz 或 60 Hz　　D. 40 Hz

279. 串励电动机（　　）在空载或轻载时起动及运转。
A. 可以　　B. 只能　　C. 不允许　　D. 任意

280. 绝缘材料的绝缘性能随温度的升高而（　　）。
A. 降低　　B. 不变
C. 增加　　D. 呈无规律变化

281. 变压器的结构有心式和壳式，其中心式变压器的特点是（　　）。
A. 铁心包着绕组
B. 绕组包着铁心
C. 一、二次绕组在同一铁心柱上
D. 以上均不对

282. SS_{4B} 型电力机车用主变压器型号为 TBQ8A-4923/25，其中 4923 指变压器的(　　)。
A. 变压器容量　　B. 一次侧电压
C. 二次侧电压　　D. 变压器损耗功率

283. 测量两配合零件表面的间隙用（　　）。
A. 游标卡尺　　B. 塞尺　　C. 千分尺　　D. 皮尺

284. 风道继电器风压整定值为（　　）。
A. $0.2\times(1\pm10\%)$ kPa　　B. $0.3\times(1\pm10\%)$ kPa
C. $0.1\times(1\pm10\%)$ kPa　　D. $0.3\times(1\pm10\%)$ kPa

285. 变压器的变比是指（　　）。
A. 原边与次边电压之比　　B. 次边与原比电压之比
C. 原边与次边电位之比　　D. 次边与原边电位之比

286. 低压柜内有两个直流接触器代号分别为（　　）。
A. 440KM 和 442KM　　B. 442KM 和 441KM
C. 440KM 和 441KM　　D. 441KM 和 443KM

287. 在三相交流电机的三相对称绕组中通以三相对称交流电后，在其气隙圆周上（　　）。
A. 形成恒定磁场　　B. 形成脉振磁场
C. 形成旋转磁场　　D. 没有磁场形成

288. 在劈相机电动相通以交流电，则其气隙圆周上（　　）。
A. 形成脉振磁场　　B. 形成恒定磁场
C. 形成旋转磁场　　D. 没有磁场形成

289. 一个 220 V、40 W 电烙铁的电阻值约为（　　）。
A. 600 Ω　　B. 1 210 Ω　　C. 2 400 Ω　　D. 2 000 Ω

290. 指针式万用表实质上是一个（　　）。
A. 带整流器的磁电式仪表　　B. 磁电式仪表
C. 电动式仪表　　D. 电磁式仪表

291. 数字式万用表的显示部分通常采用（　　）。
A. 液晶显示器　　B. 发光显示管
C. 荧光显示　　D. 光敏二极管

292. 示波器构成的 3 个基本部分，除了电子轮，偏转系统还有（　　）。
A. 荧光屏　　B. 电子束　　C. 管壳　　D. 探极

293. 对于一个电源来讲，在接通电路时，电源两端的电位差即为电源的（　　）。

A. 电压　　B. 电动势　　C. 负电势　　D. 反电势

294. 在一般示波器上都有扫描微调，主要用来（　　）。

A. 扫描幅度　　B. 扫描频率

C. 扫描频率和幅度　　D. 扫描周期

295. 利用示波器测量电压常用的方法是（　　）。

A. 比较法　　B. 标尺法　　C. 时标法　　D. 替换法

296. 直流电机电枢绕组经过拆卸修理后，重新包扎的绝缘材料应选用（　　）的绝缘材料。

A. 和原来同一个等级　　B. 比原来高一个等级

C. 比原来低一个等级　　D. 无要求

297. 电力机车产生的三次谐波频率是（　　）。

A. 50 Hz　　B. 100 Hz　　C. 150 Hz　　D. 200 Hz

298. 牵引电机的换向是通过改变（　　）来实现的。

A. 磁场电流　　B. 电枢电流

C. 励磁、电枢电流　　D. 均不是

299. TKS15 型调车控制器又称辅助司机控制器，手柄共有（　　）4 个位置。

A. 取、向后、0、向前　　B. 取、向后、取、向前

C. 取、向后、取、重联　　D. 取、向后、取、过充

300. 一台三相异步电动机，其铭牌上标明额定电压为 220 V/380 V，其接法应为（　　）。

A. Y/△　　B. △/Y　　C. △/△　　D. Y/Y

301. 钢丝绳直径减少（　　）时，即应报废。

A. 5%　　B. 6%　　C. 7%　　D. 8%

302. 交流电的特点是（　　）。

A. 大小随时间变化

B. 方向随时间变化

C. 大小、方向都随时间变化

D. 大小、方向都不随时间变化

303. 电工学规定的对人体无伤害的安全电压是（　　）V。

A. 36　　B. 50　　C. 100　　D. 120

304. SS_{4B} 型电力机车的主电路中六臂桥投入时，此时四臂桥上的晶闸管（　　）。

A. 未开放　　B. 半开放

C. 满开放　　D. 不确定

305. 在牵引工况时，牵引电机的过流保护是通过直流电流传感器 111SC、121SC、131SC 和 141SC→微机柜→主断路器来实现的，其整定值为（　　）。

A. 1 000 × (1 ± 5%) A　　B. 1 150 × (1 ± 5%) A

C. 1 300 × (1 ± 5%) A　　D. 3 000 × (1 ± 5%) A

306. SS_{4B}电力机车牵引电动机型号为 ZD114，该电机为全（　　）级绝缘结构。

A. C　　B. H　　C. F　　D. E

307. 尺寸标注的四要素不包括（　　）。

A. 尺寸界线　　B. 尺寸线

C. 尺寸数字　　D. 尺寸长短

308. 各级耐热等级绝缘材料对应的最高允许工作温度中不正确的是（　　）。

A. 130 °C　　B. F、155 °C

C. H、175 °C　　D. 180 °C 以上

309. 下面不属于“三小危库”的是（　　）。

A. 小油库　　B. 氧气库

C. 电石（乙炔）库　　D. 小金库

310. 我国的工业纯铜有 T1，T2，T3，T4，其中纯度最高的是（　　）。

A. T1　　B. T2　　C. T3　　D. T4

311. 设变压器二次侧电压为 U，则单相全控桥式整流电路中晶闸管可能承受的最高反压为（　　）。

A. $0.707U$　　B. U　　C. $1.414U$　　D. $2.828U$

312. 接触器触电系统中所谓常开、常闭触点，是指（　　）。

A. 电磁线圈未通电动作前状态

B. 电磁线圈未通电动作前触电的状态

C. 电磁线圈通电动作前触电的状态

D. 电磁线圈动作前触电的状态

313. 用直流电压表测量 NPN 型晶体管电路，晶体管各极对地电压是 $U_b = 47$ V，$U_e = 4$ V，$U_c = 43$ V，则该三极管处于（　　）状态。

A. 截止　　B. 饱和　　C. 放大　　D. 不一定

314. SS_{4B}电力机车无间隙金属氧化物避雷器主要元件是由（　　）及其他多种金属氧化物在高温下烧结而成。

A. SiO_2　　B. Al_2O_3　　C. Fe_2O_3　　D. ZnO

315. SS_{4B}电力机车主电路中牵引电动机供电方式是（　　）。

A. 不等分三段半控整流调压

B. 转向架独立供电方式

C. 交—直传动形式

D. 功率补偿

316. 一只内阻为 0.15 Ω，最大量程为 1 A 的电流表，现给它并联一个 0.05 Ω 的电阻，则该表量程将扩大为（　　）。

A. 3A　　B. 4A　　C. 6A　　D. 2A

317. 三相变压器采用 Y/△联接时，则联接组的标号一定是（　　）。

A. 奇数　　B. 偶数　　C. 奇偶均可　　D. 一固定常数

318. 自耦调压器一、二次侧电位之间（　　）。

A. 有联系　　B. 无联系

C. 可有可无　　D. 视具体变压器而定

319. 在单相双绕组变压器中，一次和二次线圈中电势的相位关系决定于（　　）。

A. 线圈的绕向

B. 线圈的始末端标定

C. 线圈的绕向与始末端标定

D. 其他因素

320. 若电路发生非正常接触，使两端的外电阻 $R=0$，这种现象叫（　　）。

A. 断路　　B. 短路　　C. 通路　　D. 以上都不是

321. 涡流是由于线圈通过（　　）时，在铁心内产生感应电动势，而形成闭合的感应电流。

A. 交流　　B. 交变电流　　C. 直流　　D. 交直流

322. 常用的游标卡尺的精度等级为（　　）mm。

A. 0.01　　B. 0.02　　C. 0.03　　D. 0.04

323. 单相变压器一、二次额定电流是指在变压器温升不超过额定值的情况下，一、二次侧绕组所允许通过的（　　）。

A. 最大电流有效值　　B. 最大电流的平均值

C. 最大电流的幅值　　D. 以上答案均不对

324. 晶闸管有（　　）个极。

A. 2　　B. 3　　C. 4　　D. 5

325. 机车电子装置按功能、性质大致可分为（　　）。

A. 控制保护类和电子电器类　　B. 控制保护类、电源类和电子电器类

C. 电源类和电子电器类　　D. 控制保护类、电源类

326. SS_{4B} 机车故障显示屏采用（　　）作为光源。

A. 三极管　　B. 平面发光二极管

C. 光耦　　D. 灯泡

327. 用 0.2 ~ 0.3 MPa 压缩空气吹扫电器各部时，风嘴距绝缘表面距离应大于（　　）。

A. 100 mm　　B. 150 mm　　C. 110 mm　　D. 120 mm

328. 游标卡尺可以测量出工件的（　　）。

A. 内径　　B. 内径、外径、深度

C. 内径、外径　　D. 外径、深度

329. 造成直流电机换向不良的原因是（　　）。

A. 电枢电流　　B. 附加电流
C. 励磁电流　　D. 其他原因

330. 直流电机的感应电势 $E = C_e \Phi_n$，这里 Φ 指（　　）。

A. 主磁通　　B. 漏磁通
C. 气隙中的合成磁通　　D. 由电枢磁势产生的磁通

331. 直流电机稳定工作时，其电枢电流的大小主要由（　　）决定。

A. 转速大小　　B. 负载大小
C. 电枢电阻大小　　D. 其他因素

332. 直流电机工作在电动机状态稳定时，电磁转矩的大小由（　　）决定。

A. 电压大小　　B. 电阻大小
C. 电流大小　　D. 负载

333. 电源柜 202，206 线号之间的电压是（　　）V。

A. 220　　B. 396　　C. 110　　D. 380

334. 中间继电器阻值为（　　）Ω。

A. 10　　B. 1 000　　C. 100　　D. 900

335. JT3 时间继电器阻值为（　　）Ω。

A. 643　　B. 644　　C. 642　　D. 641

336. 大修的下一个修程是（　　）。

A. 1X　　B. 1F　　C. 2F　　D. 2X

337. 机车异步电机的起动采用（　　）。

A. 降压起动　　B. 串电阻起动
C. 直接起动　　D. 其他方式

338. 三极管放大电路中三极管工作在（　　）区。

A. 饱和　　B. 放大　　C. 截止　　D. 任意

339. 三相异步电动机在额定负载的情况下，若电源电压低于其额定电压 10%，电机将（　　）。

A. 不会出现过热　　B. 不一定出现过热
C. 肯定会出现过热　　D. 不能确定

340. 三相异步电动机，若要稳定运行，则转差率应（　　）。

A. 大于临界转差率　　B. 等于临界转差率
C. 小于临界转差率　　D. 无要求

341. 电动机轴承的加油量一般应占整个轴承室的（　　）。

A. 1/4　　B. 1/2　　C. 2/3　　D. 3/4

342. SS_{4B} 型电力机车的主电路中六臂桥投入时，此时四臂桥上的晶闸管（　　）。

A. 未开放　　B. 半开放　　C. 满开放　　D. 不确定

343. 秋整时间为（　　）。

A. 8 月 16 日—11 月 15 日　　B. 8 月 15 日—11 月 15 日

C. 8 月 17 日—11 月 15 日　　D. 8 月 15 日—11 月 16 日

344. SS_{4B}电力机车牵引电动机型号为 ZD114，该电机为全（　　）级绝缘结构。

A. C　　B. H　　C. F　　D. E

345. 牵引电机电刷与换向器表面的接触面积不应小于电刷全面积的（　　）。

A. 95%　　B. 80%　　C. 70%　　D. 50%

346. 牵引电机在脉流下任何状态的换向火花均小于（　　）级。

A. 11/2　　B. 11/4　　C. 21/2　　D. 21/4

347. ZD114 型牵引电机利用（　　）来消除电枢反应的部分影响。

A. 电枢绕组　　B. 主级绕组

C. 换向极绕组　　D. 补偿绕组

348. 牵引电机换向器表面在机车运用状态下其表面状态为（　　），说明换向器工作正常。

A. 有光泽、油润感　　B. 发黑

C. 出现条纹　　D. 凸凹

349. 牵引电机电刷磨损限度为（　　）。

A. 28 mm　　B. 30 mm　　C. 32 mm　　D. 34 mm

350 整流柜用晶闸管和整流管的面板由（　　）组成。

A. 电阻　　B. 电阻、电容

C. 电容　　D. 电阻、电容、二极管

351. SS_{4B}电力机车的轴式为（　　）。

A. B_0-B_0　　B. C_0-C_0　　C. 2(B_0-B_0)　　D. 2(C_0-C_0)

352. SS_{4B}电力机车采用特性控制技术，牵引时，（　　）。

A. 恒功起动，恒流运行

B. 限压起动，限流运行

C. 恒流起动，准恒速运行

D. 恒功起动，准恒速运行

353. SS_{4B}电力机车为了充分利用黏着重量，设有（　　）。

A. 轴重转移环节

B. 低位斜拉杆推挽式牵引

C. 空转、滑行保护装置

D. 转向架独立供电方式

354. SS_{4B}电力机车主电路的整流调压电路采用了（　　）。

A. 单相半波整流电路

B. 不等分三段半控桥整流调压电路

C. 单相全波整流电路

D. 不等分三段全控桥整流调压电路

355. 机车动车试验是为了检查（　　）的布线及相关电器动作的性能。

A. 照明电路　　B. 辅助回路

C. 牵引电路　　D. 原边电路

356. 低压柜劈相机起动电阻的代号为（　　）。

A. 263R、260R　　B. 263R、264R

C. 263R、261R　　D. 263R、262R

357. 机车动车可检查（　　）的转向。

A. 空压机　　B. 冷却风机　　C. 劈相机　　D. 牵引电机

358. 电力机车原边回路的耐压为（　　）而无闪络击穿发生。

A. 75 kV　　B. 70 kV　　C. 60 kV　　D. 25 kV

359. 电力机车辅助回路的耐压为（　　）而无闪络击穿发生。

A. 602 000 V　　B. 2 000 V　　C. 1 400 V　　D. 380 V

360. 危险源的等级分为（　　）。

A. 极度、高度、中度、轻度

B. 极度、高度、中度、低度、轻度

C. 高度、中度、低度、轻度

D. 极度、高度、低度、轻度

361. 风险预控的概念为（　　）。

A. 在危险源的辨识和风险评估的基础上，消除和控制风险的过程

B. 在危险源的辨识和风险评估的基础上，预先采取措施，消除和控制风险的过程

C. 在危险源的辨识基础上，预先采取措施，消除和控制风险的过程

D. 在危险源的辨识和风险评估的基础上，预先采取措施，消除风险的过程

362. 司机控制器凸轮片与主轴、转换轴的配合间隙不大于（　　）mm。

A. 0.1　　B. 0.2　　C. 0.3　　D. 0.4

363. 机车在接地时是通过（　　）进行保护的。

A. 过流继电器　　B. 接地继电器

C. 接地隔离闸刀　　D. 电子柜

364. 电力机车接地将引起（　　）动作。

A. 主断路器　　B. 线路接触器

C. 励磁接触器　　D. 辅机接触器

365. 当机车主断路器打开或接通主变压器空载电流时，机车将产生（　　）。

A. 大气过电压　　B. 操作过电压

C. 整流器换向过电压　　D. 调整过电压

366. SS_{4B}型电力机车空转检测利用的是（　　）。
A. 轮对转速　　B. 牵引电机电流
C. 牵引电机电压　　D. 整流输出电压

367. SS_{4B}电力机车励磁过流将引起（　　）的动作。
A. 主断路器　　B. 线路接触器
C. 励磁接触器　　D. 辅机接触器

368. 机车改变运行方向靠的是改变牵引电机（　　）。
A. 电枢电压极性
B. 励磁绕组极性
C. 电机励磁、电枢极性同时改变
D. 传动方式

369. 低压电器柜逻辑控制单元简称为（　　）。
A. DKL　　B. LCU　　C. CCU　　D. DCU

370. 压力变送器与微机显示屏所显示压力不得大于（　　）kPa。
A. 10　　B. 20　　C. 30　　D. 40

371. 三视图的投影图关系为（　　）。
A. 长对正、宽相等　　B. 长对正、宽相等、高平齐
C. 长对正、高平齐　　D. 宽相等、高平齐

372. 晶闸管的额定电压是指（　　）。
A. 正向平均电压　　B. 反向不重复峰值电压
C. 反向重复峰值电压　　D. 以上答案均不对

373. 晶闸管的额定电流是指（　　）。
A. 额定正向平均电流　　B. 反向不重复平均电流
C. 反向重复平均电流　　D. 以上答案均不对

374. 硅整流二极管的额定电压是指（　　）。
A. 正向平均电压　　B. 反向不重复峰值电压
C. 反向重复峰值电压　　D. 以上答案均不对

375. 硅整流二极管的额定电流是指（　　）。
A. 额定正向平均电流　　B. 反向不重复平均电流
C. 反向重复平均电流　　D. 维持电流

376. 一整流二极管的型号为 ZP100-8F，其额定电压为（　　）。
A. 100 V　　B. 1 000 V　　C. 8 V　　D. 800 V

377. 一整流二极管的型号为 ZP100-8F，其额定电流是（　　）。
A. 100 A　　B. 1 000 A　　C. 8 A　　D. 800 A

378. 一晶闸管的型号为 KP600-28，其额定电压为（　　）。
A. 600 V　　B. 6 000 V　　C. 280 V　　D. 2 800 V

379. 一晶闸管的型号为 KP600-28，其额定电流为（　　）。

A. 600 A　　B. 6 000 A　　C. 280 A　　D. 2 800 A

380. 螺栓式晶闸管的螺栓是晶闸管的（　　）。

A. 阴极　　B. 阳极　　C. 门极　　D. 任意

381. 一晶闸管型号为 3CT200/600，它的额定电压为（　　）。

A. 200 V　　B. 2 000 V　　C. 600 V　　D. 6 000 V

382. 闸刀检修时，刀片缺损宽度不得大于原形的（　　）。

A. 20%　　B. 10%　　C. 30%　　D. 40%

383. 为使晶闸管可靠触发，触发脉冲应该（　　）。

A. 大而宽　　B. 小而宽　　C. 大而窄　　D. 小而窄

384. 单结晶体管的型号为 BT3X，若 X 的序号越大，则表示其耗散功率越（　　）。

A. 大　　B. 小　　C. 无关　　D. 以上均不对

385. 晶体管静态放大倍数 β 表示（　　），其中用 I_c 表示集电极直流电流，I_b 表示基极直流电流。

A. I_b / I_c　　B. I_c / I_b　　C. $I_c \cdot I_b$　　D. $I/(I_c \cdot I_b)$

386. 晶体管工作在放大区时，发射结处于（　　）。

A. 正向偏置　　B. 反向偏置

C. 正偏或反偏　　D. 不能确定

387. 晶体管工作在放大区时，集电结处于（　　）。

A. 正向偏置　　B. 反向偏置

C. 正偏或反偏　　D. 不能确定

388. 晶体三极管饱和导通的条件是（　　）。

A. $U_b > U_e$　　B. $U_b < U_e$

C. $I_b \geqslant I_{cs} / \beta$　　D. $I_b < I_{cs} / \beta$

389. 晶体三极管截止的条件是（NPN 型）（　　）。

A. $U_b > U_e$　　B. $U_b < U_e$

C. $I_b \geqslant I_{cs} / \beta$　　D. $I_b < I_{cs} / \beta$

390. 稳压管稳压时工作在（　　）。

A. 正向区　　B. 饱和区　　C. 击穿区　　D. 无法确定

391. 晶闸管有（　　）个 PN 结。

A. 1　　B. 2　　C. 3　　D. 4

392. 一个二极管的正反向电阻都较小，则该二极管可能（　　）。

A. 正向导通　　B. 反向击穿

C. 正向断路　　D. 不能确定

393. 晶体三极管的电流放大倍数随温度升高而（　　）。

A. 增大　B. 减小　C. 不变　D. 无规律变化

394. 晶闸管触发导通后，其控制极对主电路（　　）。
A. 仍有控制作用　B. 失去控制作用
C. 有时仍有控制作用　D. 不能确定

395. 要使正向导通的普通晶闸管关断，只要（　　）即可。
A. 断开控制极
B. 给控制极加反压
C. 使通过晶闸管的电流小于维持电流
D. 给控制极加正压

396. 解决放大器截止失真的方法是（　　）。
A. 增大上偏电阻　B. 减小集电极电阻 RC
C. 减小上偏电阻　D. 降低工作电压

397. 通态平均电压值是衡量晶闸管质量好坏的指标之一，其值（　　）。
A. 越大越好　B. 越小越好
C. 适中为好　D. 无所谓

398. 为了保证晶闸管能准确可靠地被触发，要求触发脉冲的前沿要（　　）。
A. 小　B. 陡　C. 平缓　D. 无要求

399. 在由二极管组成的单相桥式整流电路中，若一只二极管断路，则（　　）。
A. 与之相邻的另一只二极管将被损坏
B. 电路仍能输出单相半波信号
C. 其他管子相继损坏
D. 上述都不对

400. 机车采用调压调速是（　　）调节。
A. 恒力矩　B. 恒功率　C. 恒电流　D. 恒磁通

401. 机车高速时采用磁场削弱是（　　）调节。
A. 恒力矩　B. 恒功率　C. 恒电流　D. 恒磁通

402. 将机车制动时的动能转化为热能而消耗掉的制动方式是（　　）。
A. 电阻制动　B. 再生制动
C. 反接制动　D. 以上均不对

403. 主台扳钮箱司机电钥匙简称（　　）。
A. 570QS　B. 点动 570QS
C. 点动 571QS　D. 571QS

404. 电力机车在低速时采用（　　）方式调节。
A. 电压调节　B. 磁削调节
C. 恒流调节　D. 恒磁通调节

405. 电力机车在高速区采用（　　）方式调节。

A. 电压调节　　B. 磁削调节
C. 恒流调节　　D. 恒磁通调节

406. 电力机车采用多段桥的目的是（　　）。

A. 降低元件耐压　　B. 便于控制
C. 方便机车布置　　D. 提高功率因数

407. 电力机车要实现再生制动，则必须有至少一段桥为（　　）。

A. 不控整流桥　　B. 半控整流桥
C. 全控桥　　D. 以上均不对

408. 电力机车串励牵引电机的抗空转能力较（　　）。

A. 强　　B. 一般　　C. 差　　D. 无

409. 在 SS_{4B} 电力机车微机控制系统中控制目标主要是（　　）。

A. 电枢电流和机车速度　　B. 电机电压和电压电流
C. 整流输出电压　　D. 实现逻辑功能

410. SS_{4B} 型电力机车微机控制系统中机车性能控制级采用的 CPU 为（　　）。

A. 80486　　B. 80186　　C. 8097　　D. 8031

411. 机车采用多段整流桥的目的是为了提高（　　）。

A. 电机电压　　B. 控制精度
C. 电机功率　　D. 机车功率因数

412. 机车功补装置是用来（　　）。

A. 提高机车功率因数　　B. 降低机车功率因数
C. 提高机车牵引力　　D. 降低机车牵引力

413. 机车制动电阻柜用风机为（　　）。

A. 离心式通风机　　B. 轴流风机
C. 其他风机　　D. 自然冷却

414. 机车牵引整流柜用风机为（　　）。

A. 离心式通风机　　B. 轴流风机
C. 其他风机　　D. 自然冷却

415. 机车励磁整流柜的冷却方式是（　　）。

A. 离心式通风机　　B. 轴流风机
C. 水冷却　　D. 自然冷却

416. 机车主变压器的冷却方式是（　　）。

A. 风冷　　B. 水冷
C. 油冷　　D. 强迫油循环风冷

417. 硅整流元件的冷却风速应（　　）。

A. 大于 3 m/s　　B. 大于 6 m/s
C. 大于 9 m/s　　D. 大于 12 m/s

418. 风道继电器的作用是（　　）。
A. 监视车上是否正常，以有效保护发热设备
B. 监视车上通风设备是否正常，以有效保护发热设备
C. 监视车上通风设备工作是否正常，以有效保护发热设备
D. 监视车上通风设备工作是否正常

419. SS_{4B}型电力机车制动风机的通风支路是（　　）。
A. 车底到车顶　　B. 车体内到车顶
C. 车体内到车底　　D. 车顶到车底

420. 接触器断电后不释放的原因为（　　）。
A. 触头熔焊，铁心极面有油污
B. 反作用力太，铁心极面有油污
C. 反作用力太小，触头熔焊，铁心极面有油污
D. 反作用力太小，触头熔焊

421.（　　）是铁路运输服务的优质程度及所要达到的效果。
A. 顾全大局　　B. 热情服务
C. 服从领导　　D. 团结互助

422. 检修职工在从事作业中，要按照规定的各种行为规则，一丝不苟地完成生产作业，这里面包括遵章和（　　）两层意思。
A. 遵规　　B. 敬老　　C. 守纪　　D. 爱幼

423. 检修职工应爱护铁路一切设施，不仅包含爱护公共财物的含义，而且是自身（　　）应该遵循的准则。
A. 利益关系　　B. 职业道德
C. 职业习惯　　D. 职业行为

424.（　　）是依据《中华人民共和国铁路法》《铁路运输安全保护条例》等有关法律法规制定的，是铁路技术管理的基本规章。
A.《铁路技术管理规程》
B.《铁路交通事故调查处理规则》
C.《中国神华能源公司铁路运输管理规程》
D.《铁路机车运用管理规程》

425. 公民有（　　）铁路设施的义务，禁止任何人破坏铁路设施，扰乱铁路运输的正常秩序。
A. 保护　　B. 爱护　　C. 检查　　D. 管理

426. 铁路沿线各级地方人民政府应当协助铁路运输企业保证铁路运输（　　），车站列车秩序良好，铁路设施完好和铁路建设顺利进行。

A. 井然有序　　B. 顺利进行
C. 作用到位　　D. 安全畅通

427. 铁路运输具有（　　）的特点，各工作环节须紧密联系、协同配合。

A. 分散管量　　B. 高度集中
C. 专线专运　　D. 各级管理

428. 铁路运输企业必须坚持社会主义经营方向和（　　）的宗旨，改善经营管理，切实改进路风，提高运输服务质量。

A. 为人民服务　　B. 安全运输
C. 服务大家　　D. 利国利民

429. 铁路运输企业必须坚持（　　）和为人民服务的宗旨，改善经营管理，切实改进路风，提高运输服务质量。

A. 国家领导　　B. 安全运输
C. 共产主义经营方向　　D. 社会主义经营方向

430. 安全生产工作应当（　　），坚持安全发展、安全第一、预防为主、综合治理的方针，强化和落实生产经营单位的主体责任，建立生产经营单位负责职工参与政府监管行业自律和社会监督的机制。

A. 以人为本　　B. 以财为本
C. 以物为本　　D. 以利为本

431.（　　）是机务部门的职工素质设备质量基础工作和管理水平的综合反映，是一项复杂的系统工程。

A. 机务管理　　B. 机务安全
C. 机车运用　　D. 机车检修

432. 抓好机务安全必须统筹兼顾（　　），既要重视安全管理和安全教育，又要重视安全设备科技开发。

A. 科学发展　　B. 以人为本
C. 精细管理　　D. 综合治理

433.“220”文件是内燃电力机车（　　）的评比办法。

A. 检修工作　　B. 检修方法
C. 机车质量　　D. 质量管理

434. 依据《内燃电力机车检修工作要求及检查办法》进行对规检查，原则上每（　　）进行一次。

A. 月　　B. 季度　　C. 半年　　D. 年

435. 依据《内燃电力机车检修工作要求及检查办法》进行对规检查的核心内容是（　　）。

A. 基础管理　　B.“四按、三化”记名检修
C. 机车检修质量　　D. 设备管理

436. “四按三化”记名检修中，( ) 不属于“四按”的内容。
A. 按范围　B. 按“机车－28”
C. 按工艺　D. 按规程

437. “四按三化”记名检修中，( ) 不属于“三化”的内容。
A. 程序化　B. 信息化　C. 文明化　D. 机械化

438. 螺丝刀的规格长度以（ ）来划分。
A. 毫米　B. 厘米　C. 分米　D. 寸

439. 电功的单位是（ ），符号为 J。
A. 焦耳　B. 瓦特　C. 伏特　D. 欧姆

440. 1 度 =（ ）焦耳。
A. 10^6　B. 3.6×10^3　C. 10^3　D. 3.6×10^6

441. 电功率，单位是瓦特，符号用（ ）表示。
A. W　B. J　C. U　D. A

442. 电功率，单位是（ ），符号用 W 表示。
A. 焦耳　B. 瓦特　C. 伏特　D. 欧姆

443. 1 千瓦 =（ ）马力。
A. 0.5　B. 0.736　C. 1　D. 1.36

444. 电路上所连接的（ ），其作用是把电能转换成其他形式的能。
A. 负载　B. 连线　C. 电源　D. 控制开关

445. 负载是各种用电设备的总称，下列不属于负载的是（ ）。
A. 电灯　B. 电动机　C. 发电机　D. 电加热器

446. 电路处于短路状态时，电路中的电流就接近（ ）A。
A. 0　B. 无穷大　C. 无穷小　D. 1 A

447. 开路是指电路某处断开，电源中的电流为（ ）A。
A. 0　B. 无穷大　C. 无穷小　D. 1 A

448. 电源以外的所有导线开关及负载电路称为（ ）。
A. 内电路　B. 外电路　C. 断路　D. 短路

449. 把几个电阻依次连接起来的电路，叫作（ ）。
A. 并联电路　B. 串联电路
C. 串并联电路　D. 混联电路

450. 电阻串联电路时，电路的总电阻（ ）各串联电阻之和。
A. 大于　B. 小于　C. 等于　D. 不大于

451. 导线的电阻是 4，如果把它均匀地拉长到原来的 2 倍，电阻又变为（ ）。
A. 1/4　B. 16　C. 1　D. 8

452. 并联电路的总电阻等于各并联电阻（　　）。
A. 和　　B. 倒数的和
C. 倒数和的倒数　　D. 积

453. 并联电路中各支路的电流与相应电阻的阻值成（　　）。
A. 正比　　B. 反比
C. 倒数的关系　　D. 倒数和的倒数

454. 导线的电阻是4，把它对折起来作为一条导线用，电阻变为（　　）。
A. 1/4　　B. 16　　C. 1　　D. 8

455. 通常使用（　　）来测量电机绕组的阻值。
A. 万用表　　B. 兆欧表
C. 电桥　　D. 接触电阻检测仪

456. 双臂电桥可用来测量阻值在（　　）的绕组电阻。
A. 1 Ω 以上　　B. 5 Ω 以上　　C. 5 ~ 10 Ω　　D. 10 Ω 以下

457.（　　）是反应材料导电性能的物理量。
A. 电阻率　　B. 电阻　　C. 导体　　D. 绝缘体

458. 导体的电阻率与（　　）有关。
A. 导体的长度　　B. 导体的横截面积
C. 导体所加电压的大小　　D. 导体的材料

459. 欧姆定律的公式为（　　）。
A. $I = U / R$　　B. $U = IR$
C. $R = U / I$　　D. $I = E/(R + r)$

460. 导体的导电性能和（　　）无关。
A. 材料　　B. 电流　　C. 温度　　D. 湿度

461.（　　）是电力机车的一个重要电气部件，它担负着整车与接触网之间的电气引入、退出和保护的作用。
A. 受电弓　　B. 避雷器
C. 电流互感器　　D. 主断路器

462. SS_{4B} 型电力机车的蓄电池组总电压不得低于（　　）V。
A. 60　　B. 70　　C. 80　　D. 90

463. 电力机车蓄电池相当于一个数千微法的电容，在线路上兼起（　　）作用。
A. 整流　　B. 滤波
C. 吸收过电压　　D. 阻碍

464. 电力机车蓄电池组采用（　　）方式。
A. 串联　　B. 并联　　C. 混联　　D. 以上都可以

465. 主台故障显示屏共显示（　　）个信号。
A. 40　　B. 16　　C. 28　　D. 32

466. SS_{4B}型电力机车装有（　　）个 DF16 型速度传感器。

A. 4　　B. 6　　C. 8　　D. 10

467. DF16 型速度传感器主要给机车提供（　　）信号。

A. 脉冲　　B. 速度　　C. 电压　　D. 电流

468. DF16 型速度传感器具有（　　）个信号输出通道可供选择。

A. 2　　B. 3　　C. 4　　D. 6

469. TCS1 型电流传感器用于检测牵引电机电流和（　　）电流，将电流信号输入到微机控制装置。

A. 原边　　B. 次边

C. 功率因数补偿　　D. 励磁

470. TCS1 型电流传感器的控制电压为（　　）V。

A. DC15　　B. DC24　　C. DC48　　D. DC110

471. SS_{4B}型电力机车受电弓故障隔离开关代号为（　　）。

A. 586QS　　B. 587QS　　C. 588QS　　D. 589QS

472. TVS1 型电压传感器用于检测牵引电机电压和（　　）电路电压，将电压信号输入微机控制装置。

A. 原边　　B. 次边

C. 功率因数补偿　　D. 励磁

473. SS_{4B}型电力机车万能转换开关用代号（　　）表示。

A. QA　　B. QS　　C. KS　　D. SB

474. CZY-1 型压力传感器的控制电压为（　　）V。

A. DC15　　B. DC24　　C. DC48　　D. DC110

475. SS_{4B}型电力机车主断路器故障隔离开关代号为（　　）。

A. 586QS　　B. 587QS　　C. 588QS　　D. 589QS

476. LW5 系列万能转换开关适用于（　　）500 V 以下的电路。

A. 交流　　B. 交、直流　　C. 直流　　D. 脉流

477. 电力机车上的 110 V 控制电源是由（　　）及蓄电池组构成。

A. 闸刀　　B. 低压柜　　C. 电源柜　　D. 微机柜

478. SS_{4B}型电力机车 110 V 电源柜输出额定电压为（　　）V。

A. DC110 × (1 ± 5%)　　B. AC220

C. DC48　　D. DC24

479. SS_{4B}型电力机车 110 V 电源柜中，666QS 为（　　）闸刀。

A. 负载输出　　B. 蓄电池　　C. 重联　　D. 库用

480. SS_{4B}型电力机车风压继电器（　　），用于保护检测非操作节门联锁是否锁闭到位。

A. 4KF　　B. 515KF　　C. 516KF　　D. 517KF

481. SS_{4B} 型电力机车 110 V 电源柜主电路采用（　　）式整流电路。

A. 三段不等分半控桥　　B. 全波全控桥

C. 全波半控桥　　D. 半波全控桥

482. SS_{4B} 型电力机车段修时，电源柜段 110 V 整流元件的散热器间距要求不小于（　　）mm。

A. 1　　B. 2　　C. 5　　D. 10

483. SS_{4B} 型电力机车 110 V 电源控制箱中装有（　　）块电源插件。

A. 1　　B. 2　　C. 3　　D. 4

484. SS_{4B} 型电力机车 110 V 电源控制箱中装有（　　）块稳压触发插件。

A. 1　　B. 2　　C. 3　　D. 4

485. SS_{4B} 型电力机车微机控制柜其输入额定电压为（　　）V。

A. DC24　　B. DC48　　C. DC110　　D. AC220

486. SS_{4B} 型电力机车微机控制系统具有三要素，其中（　　）作用是给出控制目标。

A. 控制对象　　B. 信息处理机构

C. 执行机构　　D. 动作机构

487. SS_{4B} 型电力机车微机控制系统具有三要素，其中（　　）作用是根据接收到的动作指令来进行调节，以求达到或尽量接近控制目标。

A. 控制对象　　B. 信息处理机构

C. 执行机构　　D. 动作机构

488. SS_{4B} 型电力机车微机控制系统中，Ⅰ、Ⅱ架控制机箱均采用（　　）控制系统。

A. 闭环　　B. 开环　　C. 半闭环　　D. 半开环

489. 故障显示屏的作用是（　　）。

A. 显示机车部件故障或部件工作状态

B. 显示机车故障或部件工作状态

C. 显示机车部件故障

D. 显示机车部件工作状态

490. SS_{4B} 型电力机车微机柜插件箱带有（　　）个边插的标准机箱。

A. 2　　B. 4　　C. 6　　D. 8

491. SS_{4B} 型电力机车微机柜插件箱，下机箱比上机箱多（　　）块插件。

A. 1　　B. 2　　C. 4　　D. 6

492. SS_{4B} 型电力机车当次边出现短路时，电流整定值达到（　　）A ± 5%，微机柜发出过流信号，使主断路器 4QF 动作，实现保护。

A. 1 300　　B. 2 800　　C. 3 000　　D. 4 200

493. SS_{4B} 型电力机车功率因数补偿装置是用来（　　）。

A. 提高机车功率因数　　B. 降低机车功率因数

C. 提高机车运行速度　　D. 提高机车牵引力

494. SS_{4B}型电力机车微机显示屏的散热方式为（　　）。

A. 风扇冷却　　B. 强迫风冷

C. 自然风冷　　D. 油冷

495. SS_{4B}型电力机车共有（　　）台变流柜。

A. 2　　B. 3　　C. 4　　D. 8

496. SS_{4B}型电力机车通过（　　）的指令，对励磁晶闸管进行相位控制，以便调节励磁电流，改变机车的电制动力。

A. 低压柜　　B. 高压柜　　C. 整流柜　　D. 微机柜

497. SS_{4B}型电力机车第三位电机线路接触器的代号是（　　）。

A. 12KM　　B. 22KM　　C. 32KM　　D. 42KM

498. SS_{4B}型电力机车固定分路电阻（　　）在牵引电机主极绕组两端。

A. 并联　　B. 串联　　C. 混联　　D. 串接

499. SS_{4B}型电力机车第三位电机固定分路电阻代号是（　　）。

A. 14R　　B. 24R　　C. 34R　　D. 44R

500. SS_{4B}型电力机车整流电路采用大功率晶闸管和二极管组成的不等分（　　）段半控整流电路。

A. 一　　B. 二　　C. 三　　D. 四

二、判断题

1. 晶体管要正常工作必须有过压、过流保护装置。（　　）

2. 若使晶闸管可靠地触发，触发脉冲必须有一定的幅度和宽度。（　　）

3. 普通晶闸管一经触发导通以后，控制极就失去了控制作用。（　　）

4. 晶体管直流延时利用的是阻容充电电路。（　　）

5. 当三极管的发射结和集电结都处于正偏状态时，三极管一定工作在饱和区。（　　）

6. 两只电容器在电路中使用，如果将两只电容串联起来总电容量减少。（　　）

7. 在串联电容中，电容量较小的电容器所承受的电压高。（　　）

8. 要得到变压器的等效电路，需要先进行变压器的折算。（　　）

9. 三相四线制中中线电流的大小与负载有关。（　　）

10. 三相对称负载的中线可有可无。（　　）

11. 热敏电阻的温度系数多为负值。（　　）

12. 电弧属于气体放电的一种形式，气体放电分为自持放电与非自持放电两类。（　　）

13. 电弧属于气体自持放电中的弧光放电。（　　）

14. 在测量绝缘电阻前，必须将被测设备对地放电，测量中禁止他人接近设备。（　　）

15. 真空接触器具有耐压强度高，介质恢复速度快，接通、分断能力大，电器和机械寿命长等优点。(　　)

16. 真空接触器易出现电弧电流过零前就熄灭，出现截流现象，在电感电路中产生过电压。(　　)

17. 控制继电器中的电流继电器，是用于电动机的过载及短路保护，直流电机的磁场控制或失磁保护等场台。(　　)

18. 继电器是一种根据输入量变化来控制输出量跃变的自动电器，可以实现控制、保护有关电器设备。(　　)

19. 用双臂电桥测量小电阻时的准确度比单臂电桥高。(　　)

20. 单叠绕组的直流电机电枢电压等于每条支路的电压。(　　)

21. 硅钢片和电工纯铁均属于软磁材料。(　　)

22. 变压器铁心通过接地片接地，只能有一个接地点。(　　)

23. 变压器主绝缘的击穿，一般发生在近铁心柱和铁轭的地方。(　　)

24. 电机本身引起的振动，往往是由于电枢的动平衡不好。(　　)

25. 串励直流电动机具有较大的启动转矩，当负载转矩增加，电机转速自动下降，从而使输出功率变化不大。(　　)

26. 直流电动机调压调速是恒转速调速，弱磁调速是恒功率调速。(　　)

27. 电机环火最根本的原因是换向器上电位特性过陡及片间电压过高。(　　)

28. 异步电机与同步电机的基本区别是，转子转速与定子旋转磁场的转速不相等。(　　)

29. 三相异步电动机的定子绕组，无论是单层还是双层，其节距都必须是整数。(　　)

30. 三相异步电动机运行时，若转差率为零则电磁转矩也为零。(　　)

31. 对电网来说三相异步电动机是一个电感负载。(　　)

32. 磁场削弱分路电阻的作用是调节机车运行工况。(　　)

33. 平稳启动电阻的作用是限制电流大小。(　　)

34. 中间继电器的特点是触点数量较多，容量较大，并通过它可增加控制回路数，起信号放大作用。(　　)

35. 在直流电动机中，每个主极后面装的是极性相同的换向极。(　　)

36. 直流电机的极性检查，是为了确定各绕组的绕制、装配及其相互间的联接是否正确。(　　)

37. 当启动电流倍数（启动电流/额定电流）相同时，串励电动机与并励电动机相比可获得更大的启动转矩倍数。(　　)

38. 涡流产生在与磁通垂直的铁心平面内，为了减少涡流，铁心采用涂有绝缘层的薄硅钢片叠装而成。(　　)

39. 异步电动机的空气隙越小，则功率因数就越高，空载电流就越小。(　　)

40. 机车两位置转换开关不可带电转换。(　　)

41. 例行试验是为了保证每台产品的质量而在产品总装后进行的试验。(　　)

42. 电流互感器属于无触点电器。(　　)

43. 直流电动机电枢绕组短路，会使转速变快。(　　)

44. 变压器的变比为原边绕组电势与副边绕组电势之比。(　　)

45. 旋转变压器是一种电磁耦台程度随转子转角而变化，输出电压与转子转角成某函数关系的电磁元件。(　　)

46. 修理后的变压器，若铁心叠片减少一些，而新绕组与原来相同，那么变压器的空载损耗一定上升。(　　)

47. 考虑到变压器二次侧有电压损失，因此，其二次额定电压高于负荷的额定电压。(　　)

48. 从空载到满载，变压器的磁滞损耗和涡流损耗是基本上不变的。(　　)

49. 随着大功率的晶闸管特别是大功率可关断晶闸管（GTO）的出现和微机控制技术等的发展，交流传动很自然地被交-直传动所取代。(　　)

50. NPN 三极管的集电极电流是总电流，它等于发射极和基极电流之和。(　　)

51. 机车蓄电池组在空载时电压应保持在 110 V 以上。(　　)

52. RLC 并联电路发生谐振时，其阻抗等于 R。(　　)

53. 将由模拟信号变成数字信号的装置叫作 D/A 转换器。(　　)

54. SS_4 型电力机车采用 TH-5SB 型自动开关作为控制电路单相负载的过载和短路保护。放大器的输入电阻等于晶体管的输入电阻。(　　)

55. CJ82.1502 型交流电磁接触器用于交流 50 Hz，电压 220 V 的电路中操纵负载的接通或断开。(　　)

56. 用 200 ~ 300 kPa 压缩空气吹扫 CJ8Z-1502 型电磁接触器各部尘垢，并用机油或电气清洗剂清洗接触器各部。(　　)

57. 干线客、货运内燃机车一般按机车走行 108 万千米左右进行一次大修。(　　)

58. CZ5-22-10/22 型直流电磁接触器用于直流 380 V 控制电路对前照灯的控制。(　　)

59. TJJ2 系列继电器的磁系统为吸合式并带有吸引线圈，指示器带有恢复线圈及螺管式磁路。(　　)

60. 更换 TKSl4A 型司机控制器凸轮架时，解体前在“1”位须做一标记，以免装错。(　　)

61. SS_4 型电力机车段修要求：小型交流电动机转子转轴配合面光洁，损伤超限或与轴承配合松旷时，允许焊修、嵌套。(　　)

62. TDZ1A-10/25 型空气断路器高压部分外观检查程序：主触头瓷瓶—隔离开关支持瓷

瓶→非线形电阻瓷瓶→隔离开关→专车顶连接线→放电间隙→底板和车顶结合部。（　　）

63. TZ-2 型接触电阻检测仪内部有 6 只定标电阻。（　　）

64. 牵引电机在热态下应能够承受 3 min 的超速试验。（　　）

65. 三相变压器的额定容量为额定电压与额定电流乘积的 3 倍。（　　）

66. 20 世纪 70 年代以后出现了交直传动，即所谓的交流传动，这种传动形式被认为是现代机车的标志。（　　）

67. 变压器中与电源相连的绕组称为一次绕组。（　　）

68. 变压器中与负载相连的绕组称为二次绕组。（　　）

69. 一般导体的电阻值与导体的截面面积成反比。（　　）

70. 直流电不能通过电容，交流电可以。（　　）

71. 变压器是根据互感原理制成。（　　）

72. 辅助电路与控制电路的绝大部分电器均装于低压电器柜。（　　）

73. 电流只能向一个方向流过二极管的特性称为二极管的单向导通性。（　　）

74. 牵引电机的励磁电流与电枢电流之比，称为磁场削弱系数。（　　）

75. 直流电机电枢的绕组有多种形式，其中单叠绕组和单波绕组是最基本的两种。（　　）

76. 换向器表面薄膜是由氧化膜和碳膜组成。（　　）

77. 主断路高压部分包括灭弧室、非线性电阻、隔离开关等部件。（　　）

78. 电磁火花一般呈蓝白色，连续又较细，基本上都在后刷边燃烧，产生的黑痕常有规律。（　　）

79. 接触器是一种开关电器，它的特点是可以进行远距离控制，能开断较大电流，动作次数频繁。（　　）

80. 机车牵引电机的供电方式可分为集中供电、半集中供电及独立供电等。（　　）

81. 机车接地保护是通过接地继电器来执行的。（　　）

82. 在电动机的控制线路中用熔断器做短路保护，用热继电器做过载保护，用接触器做失压保护。（　　）

83. 在交流电路中，电阻上消耗的这部分功率称为有功功率。（　　）

84. 电机的输出功率与输入功率之比叫电机效率。（　　）

85. 导体中通过电流时产生的热量与电流的平方、导体的电阻及电流通过导体的时间成正比。（　　）

86. 金属导体电阻的阻值与其外加电压无关。（　　）

87. 在交流电路中，无论是感抗或容抗都不消耗电能。（　　）

88. 直流电的方向不随时间变化。（　　）

89. 进行电气作业时，必须断开电源。(　　)

90. 电压表测量交流电压时必须用红表笔接火线，黑表笔接地线。(　　)

91. 在串联电容中，电容量较小的电容器所承受的电压高。(　　)

92. 变压器的效率指输入功率占输出功率的百分比。(　　)

93. 电器的散热以传导、对流与辐射 3 种基本方式进行。(　　)

94. 电弧属于气体放电的一种形式。在直流电动机中，电刷两端加的是直流电。(　　)

95. 触头的磨损主要取决于电磨损。(　　)

96. 电机额定功率指电机按规定的工作方式运行时，所能提供的输出功率。(　　)

97. 直流电机电枢电流的分界线是电刷。(　　)

98. 直流电机电刷的极性由线圈内电势的方向确定。(　　)

99. 直流电机空载时，电枢电流为零。(　　)

100. 直流电机电刷的正常位在主极轴线下。(　　)

101. 直流电机电枢磁通的方向与电枢导体电流的方向符合左手螺旋定则。(　　)

102. 电磁接触器一般应用于机车的辅助电路中。(　　)

103. 直流电机的电磁转矩的大小，可根据电磁力定律求得。(　　)

104. 直流电机电刷偏离几何中心线时，电刷间所包含的总磁通量有所减少。(　　)

105. 电空接触器一般应用于主电路中。(　　)

106. 串联电路的总电阻阻值大于任一电阻。(　　)

107. 交流互感器的工作原理同变压器原理。(　　)

108. 电力机车的辅机主要为三相异步电机。(　　)

109. 返回系数越接近于 1，继电器动作越灵敏。(　　)

110. 凡是不能导电的物体，我们就称它为绝缘体。(　　)

111. 牵引电机在牵引时为串励励磁方式，而在电阻制动时为他励励磁方式。(　　)

112. 劈相机是用来将单相交流电转变为三相交流电的机组。(　　)

113. 机车劈相机启动电阻在劈相机启动后就断开。(　　)

114. 电流互感器可分为保护级和测量级两种。(　　)

115. 变压器中硅胶经过浸氯化钴处理，在干燥状态下呈蓝色，在吸湿后呈淡紫色状，在接近饱和状态时呈淡红色状。(　　)

116. 电力机车主变压器是用来将网压降为低压电的装置。(　　)

117. 涡流会引起铁心发热。(　　)

118. 导磁性能好的材料其磁滞损耗就低。(　　)

119. 并励发电机励磁绕组并联在电枢的两端。(　　)

120. 牵引电机机输出的机械转矩和转速是说明电动机的两个重要物理量。(　　)

121. 直流电机换向过程也就是电枢绕组元件被电刷短路的过程。(　　)

122. 直流电机换向极装在电机的几何中心线上。(　　)

123. 直流电机在正常使用过程中，温度升高会使电刷接触压降减小，可能引起换向不良。(　　)

124. 在脉流牵引电动机中广泛采用双分裂式电刷。(　　)

125. 变压器原边绕组也叫一次绕组。(　　)

126. 电流互感器是利用电磁感应原理制成。(　　)

127. 机车电流互感器常用作机车过流保护之用。(　　)

128. 电压互感器的铁心须可靠接地。(　　)

129. 电压互感器次端可加装熔断器。(　　)

130. 按用途分，继电器分控制用继电器和保护用继电器。(　　)

131. 自动开关是用来作过载和短路保护的。(　　)

132. 中间继电器是用来作信号的中间传递和放大的。(　　)

133. 机车蓄电池可提供机车控制用电。(　　)

134. 熔断器是用来作交、直流线路和线路设备、元件的短断和过载保护。(　　)

135. 根据线号即可判定其电路分类。(　　)

136. 电子时间继电器的最大延时一般比机械式时间继电器的长。(　　)

137. 为了减小电弧对触头及电器的烧损，通常希望熄弧时间越短越好。(　　)

138. 机车的主电路、辅助电路和控制电路在电方面基本上是相互独立的。(　　)

139. 电力机车的蓄电池组与晶闸管稳压电源并联。(　　)

140. 电器工作时，发热和散热同时存在于电器发热过程中。(　　)

141. 电弧属于气体放电的一种形式，气体放电分为自持放电与非自持放电两类。(　　)

142. 电弧属于气体自持放电中的弧光放电。(　　)

143. 电路的通断和转换是通过电器中的执行部件，主要是其触头来实现。(　　)

144. 触头对电器的工作性能、总体结构、尺寸有着决定性的影响。(　　)

145. 触头闭合后，其接触处有一定的互压力，称为触头压力。(　　)

146. 触头的磨损指触头在多次接通和断开有载电路后，它的接触面将逐渐产生磨耗和损坏。(　　)

147. 真空接触器易出现电弧电流过零前就熄灭，出现截流现象，因而在电感电路中产生过电压。(　　)

148. 电弧属于气体放电的一种形式，气体放电分为自持放电与非自持放电两类。(　　)

149. 继电器是一种根据输入量变化来控制输出量跃变的自动电器，可以实现控制、保护有关电器设备。(　　)

150. 真空接触器具有耐压强度高，介质恢复数度快，接通、分断能力大，电器和机械寿命长等优点。(　　)

151. 真空断路器具有结构简单、工作可靠、分断容量大、动作速度快、绝缘强度高。(　　)

152. 整机检修工作量小等诸多优点。(　　)

153. 触头是直接接通或断开电路的零件。(　　)

154. 辅助触头，也称联锁触头，往往起某种电气联锁作用。(　　)

155. 电流继电器用于电动机的过载及短路保护，直流电机的磁场控制或失磁保护等场合。(　　)

156. 电力机车原边过流保护是由高匝电流互感器和电流继电器共同构成。(　　)

157. 电力机车的蓄电池常作为晶闸管稳压电源的滤波元件。(　　)

158. 晶闸管稳压电源正常工作时，蓄电池处于浮充电状态。(　　)

159. 万用表测电阻时，一定不能带电测量。(　　)

160. 万用表用完后，应将“选择与量程开关”拨到电压或电流挡位。(　　)

161. 主断路器连接在受电弓与主变压器原边绕组之间。(　　)

162. 在直流电路中，把电流流出的一端叫电源的正极。(　　)

163. 电流为 1 A 表示每分钟通过导线任一截面的电量是 1 C。(　　)

164. 40 W 的灯泡，每天用电 5 h，5 月份共用电 6 kW · h。(　　)

165. 1 度电等于 1 kJ。(　　)

166. 一段导线电阻值为 R，将其对折后其电阻值变为 $R/2$。(　　)

167. 使用剥线钳剥导线时，线芯断股不得超过总股数的 20%。(　　)

168. 测电笔可以测量电压在 250 V 以上的电路。(　　)

169. 电力机车小修时，Y10WT-42/105TD 型瓷套避雷器只进行检查和清扫。(　　)

170. 磁场可用磁力线来描述，磁铁中的磁力线方向始终是从 N 极到 S 极。(　　)

171. JZ15 系列中间继电器的线圈电阻为 900 Ω。(　　)

172. 磁场强度 H 和磁感应强度 B 成正比。(　　)

173. TPz27 型电子控制柜共有 3 块输入输出插件，其中 1 块用于 A 组，2 块用于 B 组。(　　)

174. 直流电机电刷边缘大部分或全部有轻微的火花为 2 级火花。(　　)

175. TZQ2A 型电阻器是劈相机启动电阻器，并联在劈相机启动电路中。(　　)

176. 按动作原理分，继电器分电磁式继电器和电子式继电器。（　　）

177. JZ15-44Z 型中间继电器是交流继电器。（　　）

178. 机车蓄电池不充电时的空载电压为直流 110 V。（　　）

179. 机车照明用电采用 220 V、50 Hz 工频交流电。（　　）

180. FD 型速度传感器采用 FD 型永磁三相测速电机。（　　）

181. CJ8Z-1502 型交流电磁接触器用于交流 50 Hz，电压 220 V 的电路中操纵负载的接通或断开。（　　）

182. CZ5-22-10/22 型直流电磁接触器用于直流 380 V 控制电路对前照灯的控制。（　　）

183. TKS6E 型司机控制器有：“后”“前”“制”“I”“Il”…Il/6 个位置。（　　）

184. 接触器的辅助触头用于接通和断开辅助电路，其额定电流为 6 ~ 10 A。（　　）

185. 电力机车接地保护电路串蓄电池的 El 的是为了实现全区域保护。（　　）

186. YPX3-280M-4 型异步旋转劈相机为对称△型接线方式。（　　）

187. YPX3-280M-4 型异步旋转劈相机振动过大时，定子应进行动平衡实验。（　　）

188. JD306A 型主变压器通风机电动机为△型接线方式。（　　）

189. IZTF56 型通风机为离心式通风机。（　　）

190. 电荷有规律的定向移动称为电流，电源内部的电流方向从正至负。（　　）

191. 空气断路器具有结构简单、工作可靠、分断容量大、动作速度快、绝缘强度高、整机检修工作量小等诸多优点。（　　）

192. 真空断路器具有结构简单、工作可靠、分断容量大、动作速度快、绝缘强度高、整机检修工作量小等诸多优点。（　　）

193. 高压绝缘材料中夹有气泡，运行中易使整个绝缘材料损坏。（　　）

194. 导线接头接触不良往往是电气事故的根源。（　　）

195. 电气设备中铜铝接头不能直接连接。（　　）

196. 正弦电流或正弦电压是交流电的一种特殊情形。（　　）

197. 变压器的能量传递和平衡全靠磁势平衡。（　　）

198. 空载运行的变压器，其功率因数很低。（　　）

199. 变压器油既是绝缘介质，又是冷却介质。（　　）

200. 变压器的变比为原边绕组电势与副边绕组电势之比。（　　）

201. 从空载到满载，变压器的磁滞损耗和涡流损耗是基本上不变的。（　　）

202. 变压器是根据电磁感应原理制成的。（　　）

203. 电路的通断和转换通过电器中的执行部件，主要是靠其触头来实现。（　　）

204. 电力机车上主按键开关钥匙只有在辅助开关处于断开位时才能插入或取出。（　　）

205. 对于电力机车上许可触及的电气仪表和设备均需可靠接地。(　　)

206. 发热温度极限就是保证电器的机械强度、导电、导磁性以及介质的绝缘性不受危害的极限温度。(　　)

207. 机车牵引力和运行速度的乘积，就是机车的功率。(　　)

208. 对电网来说三相异步电动机是一个电感负载。(　　)

209. 电弧属于气体放电的一种形式，气体放电分为自持放电与非自持放电两类。(　　)

210. 电弧属于气体自持放电中的弧光放电。(　　)

211. 机车两位置转换开关不可带电转换。(　　)

212. 触头对电器的工作性能、总体结构、尺寸有着决定性的影响。(　　)

213. 触头闭合后，其接触处有一定的互压力，称为触头压力。(　　)

214. 影响接触电阻的因素有接触压力、触头材料、触头表面情况、接触形式及化学腐蚀等。(　　)

215. 电阻制动是将牵引电机发出的电能转化为热能而消耗掉。(　　)

216. 不同的电路应使用不同电压等级的兆欧表来测量其绝缘电阻。(　　)

217. 在电子电路中要形成谐振电路，必须有电感和电容两种类型的元件。(　　)

218. 电流互感器可分为保护级和测量级两种。(　　)

219. 电力机车进行电阻制动时，牵引电机呈他励励磁方式。(　　)

220. 异步牵引电动机定子槽型一般采用开口形，这样可以用成型绕组以获得良好的绝缘性能，增加运行的可靠性。(　　)

221. 三相异步电动机变极调速就是改变定子绕组的极对数来调速。(　　)

222. 牵引电机的磁场削弱是为了提高机车的速度。(　　)

223. 直流电机改善换向的工作原理是使附加电流减小或等于零。(　　)

224. 直流电动机调压调速是恒转速调速，弱磁调速是恒功率调速。(　　)

225. 电机温升试验的目的是检查电枢绕组、定子绕组、换向器和轴承的发热情况。(　　)

226. 电机换向试验的目的在于确定电机在规定的工作条件下，换向器和电刷之间的火花程度。(　　)

227. 为了防止环火的发生，牵引电动机最有效的措施是设置补偿绕组。(　　)

228. 异步电动机是一种交流电机。(　　)

229. 三相异步电动机交流绕组的作用是产生旋转磁场。(　　)

230. 异步电动机输出机械功率主要表现在输出转矩和转速上。(　　)

231. 直流牵引电机换向器表面如有油垢可用酒精擦拭干净。(　　)

232. 牵引电机小齿轮与电机是靠锥度过盈配合。(　　)

233. 牵引电机电枢轴承烧损，会使转子固死，可能造成机破。（　　）

234. 改善直流牵引电机换向的目的在于消除电刷下的火花。（　　）

235. 串励直流电动机接上单相交流电源，电机也会转动。（　　）

236. 直流电机交轴电枢反应将会引起气隙磁场发生畸变。（　　）

237. 牵引电动机的传动方式分为个别传动和组合传动两种。（　　）

238. 直流电机换向过程也就是电枢绕组元件被电刷短路的过程。（　　）

239. 直流电机换向极装在电机的几何中心线上。（　　）

240. 直流电机在正常使用过程中，温度升高会使电刷接触压降减小，可能引起换向不良。（　　）

241. 在直流电动机中，电刷两端加的是直流电。（　　）

242. 在直流电动机中因电刷和换向器的作用，线圈内部为交流电。（　　）

243. 电刷接触电阻的大小主要决定于电刷的材质和结构。（　　）

244. 脉流牵引电动机电压、电流都是脉动的。（　　）

245. 脉流牵引电动机通常采用固定分路电阻以降低主磁通的脉动程度。（　　）

246. 直流牵引电机环火最根本的原因是换向器上电位特性过陡及片间电压过高。（　　）

247. 直流电机定子的作用是产生磁场和作为电机的机械支撑。（　　）

248. 三相对称负载的中线可有可无。（　　）

249. 三相异步电动机运行时，若转差率为零则电磁转矩也为零。（　　）

250. 三相异步电动机的转子的转速越低，电机的转差率越大，转子电动势频率越高。（　　）

251. 三相异步电动机旋转磁场的旋转方向是由三相电流的相序决定的。（　　）

252. 劈相机启动时应投入启动电阻后方能启动，当劈相机启动完成后必须切除启动电阻。（　　）

253. 旋转劈相机是将单相交流电劈成三相交流电的装置。（　　）

254. 蓄电池充电是将电能转化为化学能。（　　）

255. 碱性蓄电池充电过程中，电解液密度升高。（　　）

256. 电磁驱动装置有直流和交流两种。（　　）

257. 继电器是一种根据输入量变化来控制输出量跃变的自动电器，可以实现控制、保护有关电器设备。（　　）

258. 电流继电器的动作值整定可通过改变反力弹簧拉力来实现。（　　）

259. 电流继电器是用于电动机的过载及短路保护，直流电机的磁场控制或失磁保护等场合。（　　）

260. 触头的触头压力就是两触头接触后的压力。(　　)

261. 两触头刚接触时的压力为触头的初压力。(　　)

262. 触头的初压力可以防止触头接触时的碰撞。(　　)

263. 触头的开距必须保证触头经得住电压的冲击而不被击穿。(　　)

264. 触头的开距、超程、压力都是检修中必须进行检测的主要参数。(　　)

265. 真空接触器具有耐压强度高，介质恢复数度快，接通、分断能力大，电器和机械寿命长等优点。(　　)

266. 真空接触器易出现电弧电流过零前就熄灭，出现截流现象，因而在电感电路中产生过电压。(　　)

267. 硅元件的电流保护电流是利用熔断器。(　　)

268. 和单臂受电弓相比，双臂受电弓结构对称，侧向稳定性好，但结构复杂，调整困难。(　　)

269. 为适应高速列车运行需要，异步牵引电动机大多采用全悬挂方式（或称架承式悬挂）。(　　)

270. NPN 三极管的集电极电流是总电流，它等于发射极和基极电流之和。(　　)

271. 机车蓄电池组在空载时电压应保持在 110 V 以上。(　　)

272. RLC 并联电路发生谐振时，其阻抗等于 R。(　　)

273. 将模拟信号变成数字信号的装置叫作 D/A 转换器。(　　)

274. 在电感三点式正弦波振荡电路中，电路的品质因数 Q 越小，选频特性越好。(　　)

275. SS_4 型电力机车采用 TH-5SB 型自动开关作为控制电路单相负载的过载和短路保护。(　　)

276. 放大器的输入电阻等于晶体管的输入电阻。(　　)

277. TZ-2 型接触电阻检测仪内部有 6 只定标电阻。(　　)

278. TZ-1 型接触电阻检测仪测量电感性元件时，应在被测元件两端串接电阻器。(　　)

279. 8K 型电力机车牵引与再生两种工况均采用特性控制方式，即恒压准恒速控制。(　　)

280. 三相变压器的额定容量为额定电压与额定电流乘积的 3 倍。(　　)

281. 变压器无论带什么性质的负载，只要负载电流继续增大，其输出电压必然降低。(　　)

282. 按工艺检修是“四按、三化”记名检修的重中之重。(　　)

283. 检修工作必须以《内燃、电力机车检修工作要求及检查办法》文件为主线，认真执行“四按、三化”记名检修。(　　)

284. 依据《内燃、电力机车检修工作要求及检查办法》文件对规，也可采取专项、全面检查等形式进行深入检查，掌握确切情况。(　　)

285. 按《内燃、电力机车检修工作要求及检查办法》文件对规时，凡因故不能接受被抽项目的检查时，该项目即按评定标准予以减分。(　　)

286. 机车应实行计划预防修，实施主要零部件的专业化集中修和定期检测状态修。(　　)

287. 机车定期检修的修程为大修、中修、小修和辅修。(　　)

288. 调机和小运转机车的定修周期一般按年限确定。(　　)

289. 干线客、货运机车的定修周期一般按机车走行公里确定。(　　)

290. 调、小机车一般不超过半年应进行一次小修。(　　)

291. 机车中修一般应在机务段进行。(　　)

292. 机车小修主要是为了对有关设备进行测试和维修。(　　)

293. 机车辅修是属于临时性的维护和保养。(　　)

294. 机车中、小、辅修范围内的主要工作和超修活件必须执行记名检修。(　　)

295. 小辅修机车必须一次起机成功，方可算“一次成功”台次。(　　)

296. 机车配件的清洗、安放、防护和保管能反映机车检修工作“文明化”的程度。(　　)

297. 机车检修工具、设备、试验台的性能、精度，反映检修工作“机械化”的程度。(　　)

298. 机车及部件的日常检修要严格执行检修工艺。(　　)

299. 机车履历簿，机车报废后销毁。(　　)

300. 机车互换配件台账应永久保存。(　　)

301. “220”文件就是：内燃、电力机车检修“评比细则”。(　　)

302. “机统-28”是在“机统-27”的基础上修订完善而成的。(　　)

303. 干线客、货运内燃机车一般按机车走行 108 万千米左右进行一次大修。(　　)

304. 在机车小、辅修开工前 12 h 内应将“机统-28”送交检修车间。(　　)

305. 行修组接到“机统-28”的报活后，应及时签认修理。(　　)

306. 消游离就是正、负带电粒子中和而变成中性粒子的过程。(　　)

307. 触头的接触电阻包括收缩电阻和表面膜电阻。(　　)

308. “冷焊”是指产生于常温状态的一种触头熔接现象。(　　)

309. 当线圈失电时，触头若是打开，称为常开触头；触头若是闭合，则称为常闭触头。(　　)

310. 接触器触头部分检修后，应使用兆欧表检查各带电部分之间及对地绝缘状态。(　　)

311. 安装于主电路中的接触器，必要时还须进行对地介电强度的试验。(　　)

312. 电空传动装置主要用于小型电器，电磁传动装置主要用于较大容量的电器中。(　　)

313. 额定电压相同的交、直流继电器不能互相代替使用。(　　)

314. 电流互感器工作时所能达到的最高准确度级称为它的额定准确度级。(　　)

315. 异步电动机在进行变频调速传动时，需要根据负载特性要求对变频器的电压、电流、频率进行适应的控制。(　　)

316. 普通小型直流电动机电枢干燥后绝缘电阻值仍不能达到标准，表明绝缘老化。(　　)

317. 电力机车的运行方向是通过改变牵引电动机励磁绕组中电流方向来达到的。(　　)

318. 电力机车的牵引制动工况转换是通过改变牵引电动机励磁绕组接线方式来实现的。(　　)

319. 交-直-交型电力机车采用交流异步电动机做牵引动力。(　　)

320. 根据变流器结构的不同，交-直-交型电力机车和动车组有电压型、电流型两种基本结构。(　　)

321. 交-直型电力机车采用的磁场削弱，有电阻分路法的有级磁场削弱和晶闸管分路法的无级磁场削弱。(　　)

322. 降弓过程具有先快后慢的特点，即降弓时滑板脱离接触网导线要快，落在底架上要慢。(　　)

323. 具有加馈电阻制动功能的电力机车励磁电流达到最大后，才进入加馈制动工况。(　　)

324. 绝缘检测仪用泄漏电流呈非线性增长或微安表指针摆动现象来判断绝缘存在的机械破损。(　　)

325. 在测量绝缘电阻前，必须将被测设备对地放电，测量中禁止他人接近设备。(　　)

326. 两只电容器在电路中使用，如果将两只电容串联起来总电容量将减小。(　　)

327. 正弦电流或电压是交变电流的一种特殊情形。(　　)

328. 所谓发热温度极限就是保证电器的机械强度、导电、导磁性以及介质的绝缘性不受危害的极限温度。(　　)

329. 变压器是根据电磁感应原理制成的。(　　)

330. 机车动车试验是用来校验牵引电路布线和各电器动作性能的。(　　)

331. 两根平行的直导线同时通入相反方向的电流时，相互排斥。(　　)

332. 双电桥比单电桥测量小电阻时精确。(　　)

333. 他励直流电动机启动时，必须先给励磁绕组加上电压再加电枢电压。(　　)

334. 压敏电阻就是对电压敏感的非线性电阻元件。（　　）

335. 受电弓接触压力，决定了受电弓的受流质量。（　　）

336. 电力机车加速度可由牵引电动机转矩与车轮轮周空气制动力矩控制。（　　）

337. 只有当稳压电路两端的电压大于稳压管击穿电压时，才有稳压作用。（　　）

338. 牵引电机电枢轴承烧损，会使转子固死，可能造成机破。（　　）

339. 改善直流牵引电机换向的目的在于消除电刷下的火花。（　　）

340. 二极管属于不可控型电力电子器件。（　　）

341. 晶闸管属于半控型电力电子器件。（　　）

342. 晶闸管在反向阳极电压作用下，不论门极为何电压，它都处于关断状态。（　　）

343. 晶闸管导通条件：阳极加正向电压、门极加适当正向电压。（　　）

344. 晶闸管在导通状态时，当阳极电压减少到接近于零时，晶闸管关断。（　　）

345. 交流电机的相电压与线电压之间的关系与定子绕组接法有关。（　　）

346. 交流电机的功率因数为电机有功功率与无功功率之比值。（　　）

347. 用隔离开关可以拉、合无故障的电压互感器和避雷器。（　　）

348. 受电弓接触压力决定了受电弓的受流质量。（　　）

349. 并联电容器的补偿方法可分为个别补偿、分散补偿和集中补偿 3 种。（　　）

350. 浮充电的目的是使蓄电池经常能保持满足负载要求的容量，保证有可靠的电源。（　　）

351. 晶闸管串联的目的：当晶闸管额定电压小于要求时，可以串联。（　　）

352. 晶闸管并联的目的：多个器件并联来承担较大的电流。（　　）

353. 晶闸管触发电路希望晶闸管门极正向偏压越小越好。（　　）

354. 断路器跳闸时间加上保护装置的动作时间，就是切除故障的时间。（　　）

355. TJV2 型油流继电器用来监视主变压器潜油泵的工作状况。（　　）

356. TKH4 型位置转换开关的活塞毛毡圈组装时应用汽油润滑。（　　）

357. SS_4 型电力机车段修技术规程规定，容量在 10 kW 以下交流电机，转子允许只进行动平衡验。（　　）

358. 单相电能表的额定电压一般有 220 V、380 V、660 V 3 种。（　　）

359. NPN 三极管的集电极电流是总电流，等于发射极和基极电流之和。（　　）

360. ZC-8 型接地摇表有两个探测针，一根是电位探测针，另一根是功率探测针。（　　）

361. TZ-1 型接触电阻检测仪测量电感性元件时，应在被测元件两端串接电阻器。（　　）

362. 电力机车做耐压实验、绝缘电阻测量时，ZYDPZ2 型逻辑控制单元的 6 个 20 芯机车电连接器不允许拔下。（　　）

363. 扩散不属于电器散热的基本方式。(　　)

364. 机车风速风压继电器用于反映通风系统的工作状况。(　　)

365. 电压降的方向一般规定与电流方向一致。(　　)

366. 一般导体的电阻与导体截面面积成反比。(　　)

367. 触头磨损不包括物理磨损。(　　)

368. 触头磨损主要取决于电磨损。(　　)

369. 触头间出现电弧后，最主要的游离过程是阴极热发射。(　　)

370. 带电电器的触头在断开过程中，熄灭电弧是要解决的核心问题。(　　)

371. 栅片一般由铁磁性物质制成，它能将电弧吸入栅片之间，并迫使电弧聚向栅片中心被栅片冷却，使电弧熄灭。(　　)

372. 栅片灭弧效果在交流时要比直流时强。(　　)

373. 电流流过导电材料时，会产生电阻损耗。(　　)

374. 栅片灭弧适用于交流电器。(　　)

375. 电弧主要在触头的开断过程时产生。(　　)

376. 接触器不属于高压开关电器。(　　)

377. 隔离开关不属于低压开关电器。(　　)

378. 高、低压断路器不属于手动电器。(　　)

379. 自动开关不属于控制电器。(　　)

380. 用手触摸变压器的外壳时，如有麻电感，可能是变压器外壳接地不良。(　　)

381. 串联电路中，其总电阻值比各分电阻值大。(　　)

382. 电路中温度升高时，绝缘电阻值将会减小。(　　)

383. 在单位时间内通过导体截面面积之电荷称为电流。(　　)

384. 电动机外壳接地的目的主要是防止感应电。(　　)

385. 电压又称为电位差，其实用单位为伏特。(　　)

386. 主断路器连接在受电弓与主变压器原边绕组之间。(　　)

387. 依据欧姆定律，若电路上电阻大小不变，则电流值与电压值大小成正比。(　　)

388. 蓄电池是将化学能与电能互相转换的装置。(　　)

389. 当电路中的一部分被短接时，该部分电路处于短路状态。(　　)

390. 描述磁场中各点强弱和方向的物理量是磁感应强度。(　　)

391. 左手定则中，大拇指方向代表了导体运动方向。(　　)

392. 当温度升高时，半导体的电阻率将很快下降。(　　)

393. 直流电机的工作原理实质上是电磁感应原理。（　　）

394. 半导体的电阻，通常都是随温度的升高而减小。（　　）

395. 合上开关后，司机室灯不亮的原因可能是电路断路。（　　）

396. 电容器具有储存电荷的性能。（　　）

397. 焊锡材料一般采用低熔点合金。（　　）

398. 根据输入量变化来控制输出量跃变，可实现控制、保护有关电器设备的自动电器指的是继电器。（　　）

399. 电流互感器的副边绕组绝对不允许开路。（　　）

400. 使用万用表测量电流或电压时，如果无法估计其大小，应将量程放在最高挡上。（　　）

401. 电流互感器二次线圈有一点接地，次接地应该称为保护接地 。（　　）

402. 电流互感器的容量通常用额定二次侧负载阻抗来表示。（　　）

403. 高压电压互感器是利用电磁感应原理工作的。（　　）

404. TBYl-25 型高压电压互感器在高压线圈和低压线圈之间设置三极管 。（　　）

405. SS_4 型电力机车辅助电路系统采用了传统的交-直供电系统。（　　）

406. TBYl-25 型高压电压互感器小修时，检查干燥剂是否因吸湿后由白色变成红色。（　　）

407. TBYl-25 型高压电压互感器小修时，干燥剂有 1/2 变红则应更换或干燥处理。（　　）

408. TBYl-25 型高压电压互感器铁心与夹件之间安装短路环。（　　）

409. TQ6aA 型电压传感器利用电磁感应，采用磁补偿原理。（　　）

410. JZl5-442 型继电器是过载继电器。（　　）

411. TDZlA-10125 型空气断路器分断时，主触头先行分开将电流切断，经过一定延时后，自动开关 再分开形成电路隔离。（　　）

412. TJJ2 系列电磁继电器的初压力为 1.4 N。（　　）

413. JZl5.442 型电磁继电器的初压力为 1.4 N。（　　）

414. 接触器应满足在 90% 额定控制电压下能正常工作。（　　）

415. 接触器的电气寿命一般为机械寿命的 1/4 左右。（　　）

416. 电子元器件一般用 12 ~ 30 W 的内热式电烙铁进行焊接。（　　）

417. 机车的低压照明灯电压不应超过 110 V。（　　）

418. 一个 220 V、40 W 电烙铁的电阻值约为 600 Ω。（　　）

419. YFD.280S.6 型压缩机电动机定子有 4 个绕组。（　　）

420. 220 V 正弦交流电压是交流电的峰峰值。（　　）

421. 使用兆欧表时，手摇发电机由慢到快，转速应达到 110 r/min 并保持匀速。(　　)

422. 3 个频率相同、最大值相等、相位相差 180° 的正弦电流、电压或电动势叫三相交流电。(　　)

423. 低压熔断器一般工作在 800 V 以下。(　　)

424. 电力机车上高压电器指用于 450 V 以上电压电路的电器。(　　)

425. 直流电机的感应电势 $E = C_e \phi n$，这里 ϕ 指主磁通。(　　)

426. 当电源内阻为 R_0 时，负载 R_1 获得最大输出功率的条件是 $R_1 > R_0$。(　　)

427. 高压设备发生接地时，为了防止跨步电压触电，不得接近接地点 10 m 以内。(　　)

428. SS_4 型电力机车段修时，电空阀要求在最低工作电压 88 V 情况下，均能可靠工作。(　　)

429. GN-100 型蓄电池充电过程中，电解液的密度将减少 。(　　)

430. 机车照明用电源为交流 110 V。(　　)

431. 线接触的触头主要用于 20 A 以下的小电流电器。(　　)

432. 中小型异步电动机的气隙一般为 0.3 ~ 3 mm。(　　)

433. 异步电机的励磁电流约为额定电流的 40%。(　　)

434. TKSl5A 型调车控制器运行级数只有主司机控制器 TKSl4A 的 70%。(　　)

435. 晶闸管有 4 个 PN 结。(　　)

436. 检查电力机车变流柜中绝缘子、连接线、铜排母线时，软编线缺损面积一般不大于 15%。(　　)

437. 一段导线，其电阻为 R，将其从中对折合并成一段新导线，其电阻值为 $R/8$。(　　)

438. 电阻 R_a，R_b 串联后由直流电源供电。当 R_a 电阻为 90 Ω 时，R_a 电阻两端短接后，电路中的电流是电阻两端没有被短接时电流的 4 倍，则电阻器 R_b 的阻值为 60 Ω。(　　)

439. 单相工频交流制的接触网额定电压为 19 kV。(　　)

440. SS_4 型电力机车上单个牵引电机电压为 1 000 V。(　　)

441. ZDI14 型牵引电机电压为 865 V。(　　)

442. SS_7 型电力机车上单个牵引电机电压为 1 000 V。(　　)

443. ZDI15 型牵引电机电压为 1 020 V。(　　)

444. TCK7F 型电空接触器在最大工作气压 600 kPa 和最小工作气压 375 kPa 下，均应能可靠工作，不得有卡滞现象。(　　)

445. TCK7F 型电空接触器软连线折损面积不大于原形的 1/5，否则更新。(　　)

446. SSB 型电力机车低压试验：闭合司机钥匙电源开关 lSA 或 2SA，零压中间继电器 18KA 吸合，零压信号显示的叙述是错误的。(　　)

447. SSR 型电力机车低压试验：闭合 50QA，斩波器 24 V 风扇转动。(　　)

448. 关于 SS_4 型电力机车上高低压柜正背面母线及变压器铜排，各部编织线折损面积不大于 10% 的叙述是错误的。(　　)

449. 测量 SS_4 型电力机车上变压器铜排母线间距应为 700 mm。(　　)

450. SS_4 型电力机车高压保护试验中失压保护：降下前、后受电弓，劈相机停转 3 s 后听“主断”跳闸声。(　　)

451. SSR 型电力机车高压试验：台主断路器看控制电压表电压从 91 ~ 92.5 V 渐升至约 110 V。(　　)

452. SS_8 型电力机车高压试验，启动压缩机：压缩机启动正常，排风 2 s；压缩机 1 启动后延时 3 s 压缩机 2 启动。(　　)

453. SS_8 型电力机车启动制动风机高压试验：制动风机 1 启动，2 s 后制动风机 2 启动。(　　)

454. SS_8 型电力机车低位加流高压试验：司机主控制器或司机辅助控制器调速手轮分别置 3 ~ 4 位，牵引电流表指示 240 ~ 360 A。(　　)

455. SS_4 型电力机车电制动高压试验中，换向手柄置“制”位，闸缸压力缓至 100 kPa 左右，调速手轮离开 0 位，移至制区，看电机加馈制动电流上升至 110 A。(　　)

456. 关于 TSG3-630/25 型受电弓运用前检查维护，受电弓各铰接部分应转动灵活，油杯内应注入足量汽油的叙述是正确的。(　　)

457. 电磁接触器应满足在 90% 额定控制电压下保证接触器正常工作。(　　)

458. SS_4 型电力机车上使用的 CZT-20 型接触器是交流接触器。(　　)

459. 在 SS_3 型、SS_4 型和 SS_8 型电力机车上，牵引电机的过载保护采用直流电流传感器采样，通过时间继电器来断开主断路器或控制相应电路的电空接触器。(　　)

460. SS_4 型电力机车牵引高压试验中，换向手柄置“前”位，调速手轮置于 2 级，看：“预备”灯、“零位”灯灭，8 台电机电流均升至 150 A。(　　)

461. 关于 TSG3-630/25 型受电弓保养维护及存放，拆除受电弓框架前，必须将上框架勾在支架上，方能拆除传动部分风缸的叙述是错误的。(　　)

462. 司机控制器的手轮与手柄之间设有机械联锁装置，对它们的联锁要求，换向手柄在“前”或“后”位时，调速手轮可在“牵引”区域转动的叙述不正确。(　　)

463. TPZ27 型电子柜在 A. B 组转换时，注意转换时应在“零”位停留 2 s 以上。(　　)

464. SS_4 型电力机车低压试验时，总风缸风压不低于 600 kPa。(　　)

465. SS_8 型电力机车低压试验，控制电压表显示约为 90 V。(　　)

466. DSA200 型受电弓最小工作气压是 380 kPa。(　　)

467. TSG1-630/25 型受电弓滑板单向运动（上升或下降）时，不同高度处静态接触压力差不大于 12 N。(　　)

468. TsGl-630/25 型受电弓滑板上升和下降至同一高度时，静态接触压力差不大于 17 N。( )

469. SS_4 型电力机车在低压试验的劈相机试验中，按下 1DYJ 则 PxzJ 吸合后，延时 1.5 s 后 QRC 释放。( )

470. TDZ1A-200125 型主断路器隔离开关延时动作的时间，受启动阀控制。( )

471. TSG1-600/25 型受电弓的额定工作气压是 600 kPa 。( )

472. DSA150/DSA200 受电弓滑板安装在弓头支架上，弓头支架垂悬在 3 个拉簧下方，两个扭簧安装在弓头和上臂间。( )

473. SS_8 型电力机车 110 V 电源柜主电路采用半波全控桥整流电路。( )

474. SS 型电力机车受电弓工作高度距轨面高度为 5 100 ~ 6 100 mm。( )

475. 对 ZD105 型牵引电动机进行耐压试验，电枢通 4 000 V 电压 2 min 应无闪烙、击穿。( )

476. SS_4 型电力机车上 ZD105 型牵引电动机换向器片间电阻，其与平均值之差不大于 10%。( )

477. TDZ1A-200/25 型空气主断路器隔离闸刀与主触头提前断开。( )

478. TDZIA-200/25 型空气主断路器的额定工作气压是 500 ~ 600 kPa。( )

479. SS_4 型电力机车牵引控制柜中电子插件分板测试，电源信号板测试时，测量 13 号 ~ 14 号，3 号 ~ 4 号的电压分别为交流 15 V，调 wl、w2 使 15 号、5 号电压为 – 12 V。( )

480. SS_4 型电办机车段修技术规程要求，TKS14A 型司机控制器中铜套与轴旷动过大或间隙超过 0.3 mm 的铜套应更新。( )

481. TDZIA-200/25 型空气主断路器非线性电阻的阻值随着加在它两端的电压不同而下降。( )

482. TKH3-500/1500 型两位置开关主触指终压力为 50 ~ 55 N。( )

483. TCK7 型电空接触器熄灭电弧采用自然熄灭。( )

484. SS_9 型电力机车最深磁场削弱系数为 0.56。( )

485. 更换电机电刷时，新电刷与换向器的接触面应在 75% 以上。( )

486. 电力机车牵引电机的 3 级火花是不允许长期运行的。( )

487. 电力机车牵引电机换向器上严重发黑，用汽油不能擦掉，而且电刷有烧焦和损坏，说明电机发生过 2 级火花。( )

488. SS_4 型电力机车的调速手轮设置 11 个级位。( )

489. DSA200 型受电弓最大工作高度约为 3 000 mm。( )

490. NPN 三极管的集电极电流是总电流，它等于发射极和基极电流之和。( )

491. 机车蓄电池组在空载时电压应保持在 110 V 以上。( )

492. RLC 并联电路发生谐振时，其阻抗等于 R。(　　)

493. 将模拟信号变成数字信号的装置叫作 D/A 转换器。(　　)

494. 在电感三点式正弦波振荡电路中，电路的品质因数 Q 越小，选频特性越好。(　　)

495. SS_4 型电力机车采用 TH-5SB 型自动开关作为控制电路单相负载的过载和短路保护。(　　)

496. 放大器的输入电阻等于晶体管的输入电阻。(　　)

497. TZ-2 型接触电阻检测仪内部有 6 只定标电阻。(　　)

498. TZ-1 型接触电阻检测仪测量电感性元件时，应在被测元件两端串接电阻器。(　　)

499. 8K 型电力机车牵引与再生两种工况均采用特性控制方式，即恒压准恒速控控制。(　　)

500. 三相变压器的额定容量为额定电压与额定电流乘积的 3 倍。(　　)

三、多选题

1. 铁路职工应以主人翁姿态积极参与经营管理，增强市场营销的意识，(　　)地组织货物运输。

A. 安全　　B. 快速　　C. 经济
D. 便利　　E. 准时

2. 铁路运输生产既要职工按照分工和要求，尽职尽责地做好检修职工的本职工作，又要在统一领导下，(　　)。

A. 互相帮助　　B. 突出个人　　C. 亲密无间
D. 主动配合　　E. 密切合作

3. 铁路运输企业必须坚持(　　)的宗旨，改善经营管理，切实改进路风，提高运输服务质量。

A. 国家领导　　B. 社会主义经营方向
C. 共产主义经营方向　　D. 为人民服务
E. 利国利民

4. 机务安全是机务部门的(　　)和管理水平的综合反映，是一项复杂的系统工程。

A. 职工素质　　B. 设备质量　　C. 机车运用
D. 科技创新　　E. 基础工作

5. 抓好机务安全必须(　　)，既要重视安全管理和安全教育，又要重视安全设备科技开发。

A. 统一安排　　B. 统筹兼顾　　C. 听从指挥
D. 以人为本　　E. 综合治理

6.《内燃电力机车检修工作要求及检查办法》主要检查的内容有(　　)检修有关指标等 5 个方面。

A. 管理基础　　B. 组织健全
C.“四按、三化”记名检修　　D. 配件和材料管理
E. 机车检修质量

7. 机务段要抓好(　　)工艺检查等工作，不断提高检修人员业务技能和检修工作质量。
A. 职工素质　　B. 工艺学习　　C. 岗位练兵
D. 考勤制度　　E. 工艺表演赛

8.“四按三化”记名检修中“四按”的内容有(　　)。
A. 按工艺
B. 按范围
C. 按“机统-28”及机车状态
D. 按“机统-6”及机车状态
E. 按规定的技术要求

9.“四按三化”记名检修中“三化”的内容有(　　)。
A. 信息化　　B. 程序化　　C. 科学化
D. 机械化　　E. 文明化

10. 机械制图按表达方式可分为(　　)。
A. 零件图　　B. 左视图　　C. 右视图
D. 装配图　　E. 俯视图

11. 机械制图上使用的图线主要有(　　)。
A. 粗实线　　B. 细实线　　C. 虚线
D. 点划线　　E. 波浪线

12. 机械制图中常用的比例有(　　)。
A. 放大比例　　B. 原值比例　　C. 缩小比例
D. 相似比例　　E. 不同比例

13. 图样上标注的每一个尺寸，一般由(　　)组成。
A. 尺寸界限　　B. 尺寸线　　C. 尺寸数字
D. 细实线　　E. 粗实线

14. 三视图一般由(　　)组成。
A. 主视图　　B. 仰视图　　C. 俯视图
D. 左视图　　E. 右视图

15. 基本视图的投影规律应保持(　　)的投影规律。
A. 长对正　　B. 厚相等　　C. 高平齐
D. 宽相等　　E. 大小各异

16. 基本视图包括(　　)。
A. 主视图　　B. 俯视图　　C. 左视图
D. 右视图　　E. 仰视图

17. 为了将尺寸标注得完整，在组合体视图上，一般需标注（　　）。
A. 定形尺寸　B. 方位尺寸
C. 定位尺寸　D. 总体尺寸
E. 定长尺寸

18. 螺丝刀常用的规格有（　　）mm。
A. 75　B. 150　C. 200
D. 300　E. 400

19. 斜口钳主要用于剪切较细的（　　）。
A. 金属丝　B. 电线　C. 细铁丝
D. 钢板　E. 钢筋

20. 电工仪表按结构和用途的不同，可分为（　　）4 类。
A. 电工指示仪表　B. 电工指针仪表
C. 电工比较仪表　D. 电工数字仪表
E. 电工智能仪表

21. 测电笔的结构主要由（　　）组成。
A. 笔尖　B. 电阻　C. 氖管
D. 弹簧　E. 笔卡

22. 兆欧表主要用于测量（　　）的绝缘电阻。
A. 电动机　B. 电缆　C. 变压器
D. 电子元件　E. 绝缘子

23. 万用表都是以测量电流、电压、电阻为主要目的，有的万用表还能够测量（　　）等。
A. 电容　B. 电感　C. 晶体管的值
D. 频率　E. 温度

24. 电流常用的单位有（　　）。
A. 千安　B. 安培　C. 毫安
D. 微安　E. 伏特

25. 电压常用的单位有（　　）。
A. 伏特（V）　B. 毫伏（mV）　C. 安培（A）
D. 千伏（kV）　E. 毫安（mA）

26. 影响导体电阻大小的因素有（　　）。
A. 导体的材料　B. 导体的长度
C. 导体的横截面积　D. 温度
E. 导体两端的电压

27. 一般来讲，电容器的电容量主要受（　　）的影响。
A. 极板的面积　B. 极板间的距离

C. 极板间介质的介电常数　　D. 电容两端的电压
E. 电容两端的电流

28. 影响线圈电感的因数有（　　）。
A. 线圈的匝数　　B. 线圈的尺寸
C. 线圈有无铁心　　D. 铁心的形状
E. 通过线圈的电流

29. 属于电源种类的是（　　）。
A. 干电池　　B. 蓄电池　　C. 电动机
D. 发电机　　E. 光电池

30. 属于电功单位的是（　　）。
A. 焦耳　　B. 瓦特　　C. 伏特
D. 欧姆　　E. 度

31. 在电路中属于负载的是（　　）。
A. 电灯　　B. 电动机　　C. 发电机
D. 电加热器　　E. 电风扇

32. 电路的工作状态主要有（　　）。
A. 通路　　B. 短路　　C. 断路
D. 满载　　E. 过载

33. 测量电阻的方法较多，按获取测量结果的方式可分为（　　）。
A. 直接法　　B. 比较法　　C. 间接法
D. 目测法　　E. 预测法

34. 测量电阻的方法较多，按所使用的仪器可分为（　　）。
A. 万用表法　　B. 兆欧表法　　C. 单臂电桥法
D. 双臂电桥法　　E. 伏安法

35. 导体的电阻率与（　　）因素无关。
A. 导体的长度　　B. 导体的横截面积
C. 导体所加电压的大小　　D. 导体的材料
E. 温度

36. 导体的导电性能和（　　）有关。
A. 自由电子的多少　　B. 电压
C. 电流　　D. 温度　　E. 湿度

37. 电磁铁的形式主要有（　　）。
A. 螺管式　　B. 直动式　　C. E 形
D. U 形　　E. 以上都不对

38. 磁铁的性质具有（　　）性质。
A. 磁铁会吸引铁等金属　　B. 磁铁有两个磁极

C. 磁铁能指示南北方向　　D. 磁铁同极相互排斥
E. 磁铁异极相互吸引

39. 属于正弦交流电三要素的是（　　）。
A. 相位　　B. 有效值　　C. 振幅
D. 角频率　　E. 初相位

40. 控制电器可以用来自动或非自动地控制电机的（　　）等。
A. 起动　　B. 调速　　C. 制动
D. 换向　　E. 保护

41. 属于保护电器的有（　　）。
A. 过流继电器　　B. 熔断器　　C. 避雷器
D. 热继电器　　E. 接地继电器

42. 属于高压电器的有（　　）。
A. 高压连接器　　B. 受电弓　　C. 主变压器
D. 主断路器　　E. 司控器

43. 属于低压开关电器的有（　　）。
A. 继电器　　B. 按钮　　C. 自动开关
D. 主断路器　　E. 避雷器

44. 触头的主要参数有（　　）等。
A. 结构尺寸　　B. 开距　　C. 超程
D. 研距　　E. 初压力

45. 接触器触头开距大小与（　　）有关。
A. 电路电压　　B. 开断电流　　C. 灭弧能力
D. 线路参数　　E. 研距长短

46. 触头磨损的形式主要有（　　）。
A. 机械磨损　　B. 化学磨损　　C. 电磨损
D. 自然磨损　　E. 以上都不对

47. 以下（　　）属于绝缘材料的耐热等级。
A. Y　　B. A　　C. E
D. B　　E. C

48. 下列属于电机类的是（　　）。
A. 发电机　　B. 电动机　　C. 柴油机
D. 同步电机　　E. 异步电机

49. 变压器按用途主要分为（　　）。
A. 电力变压器　　B. 仪用变压器
C. 自耦变压器　　D. 专用变压器
E. 以上都不对

50. 二极管按结构接触形式可分为（　　）。
A. 点接触型　　B. 线接触型
C. 条接触性　　D. 面接触性
E. 体接触性

51. 二极管按用途可分为（　　）。
A. 检波二极管　　B. 整流二极管
C. 稳压二极管　　D. 开关二极管
E. 变容二极管

52. 晶体三极管的工作状态有（　　）。
A. 放大　　B. 截止　　C. 饱和
D. 整流　　E. 滤波

53. 晶闸管主要用于（　　）4 个方面。
A. 整流　　B. 调压　　C. 逆变
D. 开关　　E. 电源

54. 整流电路按控制方式的不同可分为（　　）。
A. 不可控整流　　B. 半控整流
C. 半波整流　　D. 全波整流
E. 全控整流

55. 整流电路按输入电压相数的不同可分为（　　）。
A. 单相　　B. 两相　　C. 三相
D. 四相　　E. 五相

56. SS_{4B} 型电力机车速度在（　　）km/h 时，其牵引力受黏着力的限制。
A. 20　　B. 30　　C. 40
D. 50　　E. 60

57. SS_{4B} 型电力机车速度在（　　）km/h 时，属于低速加馈区，制动力呈线性增加。
A. 5　　B. 10　　C. 15
D. 20　　E. 25

58. SS_{4B} 型电力机车速度在（　　）km/h 时，属于牵引时恒功率速度。
A. 50　　B. 60　　C. 70
D. 80　　E. 90

59. 接触网网压在（　　）kV 时，属于电力机车正常工作电压。
A. 20　　B. 25　　C. 27
D. 30　　E. 35

60. SS_{4B} 型电力机车电气线路主要分为（　　）。
A. 主电路　　B. 辅助电路　　C. 控制电路
D. 电子电路　　E. 空气管路

61. SS_{4B}型电力机车主电路包括（　　）。
A. 网侧高压电路　　B. 整流调压电路
C. 牵引供电电路　　D. PFC 电路
E. 保护电路

62. SS_{4B}型电力机车电路主电路的特点具有（　　）。
A. 大功率　　B. 高电压　　C. 速度快
D. 大电流　　E. 结构简单

63. SS_{4B}型电力机车网侧高压电路的主要设备有（　　）。
A. 受电弓　　B. 主断路器　　C. 避雷器
D. 高压连接器　　E. 主变压器的原边绕组

64. 电力机车按供电电流制-传动形式可分为（　　）。
A. 直-直　　B. 交-直　　C. 交-直-交
D. 直-交-直　　E. 交-交

65. SS_{4B}型电力机车牵引电机线路接触器的代号包括（　　）。
A. 12KM　　B. 22KM　　C. 17KM
D. 32KM　　E. 42KM

66. SS_{4B}型电力机车牵引电机固定分路电阻的代号包括（　　）。
A. 14R　　B. 24R　　C. 34R
D. 44R　　E. 74R

67. 影响直流电动机转速的因素有（　　）。
A. 电源电压　　B. 电枢回路串接的电阻
C. 气隙主磁通　　D. 脉流成分
E. 天气因素

68. SS_{4B}型电力机车主电路的保护包括（　　）。
A. 短路　　B. 过流　　C. 主接地
D. 辅接地　　E. 过电压

69. SS_{4B}型电力机车主电路产生过电压的原因（　　）。
A. 大气过电压　　B. 操作过电压
C. 整流器换向过电压　　D. 调整过电压
E. 短路过电压

70. 电力机车辅助电路包括（　　）。
A. 单-三相供电电路　　B. 三相负载电路
C. 单项负载电路　　D. 保护电路
E. 调速控制电路

71. SS_{4B}型电力机车辅助电路有（　　）负载。
A. 制动风机　　B. 通风机

C. 压缩机　　D. 暖风机

E. 辅助压缩机

72. SS_{4B} 型电力机车辅助电路移相电容有（　　）。

A. 247C　　B. 248C　　C. 249C

D. 250C　　E. 255C

73. SS_{4B} 型电力机车电子控制系统主要包括（　　）。

A. 电源控制箱　　B. 蓄电池

C. 显示诊断装置　　D. 列车运行监控记录装置

E. 微机柜

74. 引起 SS_{4B} 型电力机车跳主断路器的保护有（　　）。

A. 原边过流　　B. 次边过流

C. 牵引电机过流　　D. 主回路接地

E. 励磁过流

75. 引起 SS_{4B} 型电力机车跳接触器的保护有（　　）。

A. 励磁过流　　B. 次边过流

C. 牵引电机过流　　D. 主回路接地

E. 功补过流

76. 在 SS_{4B} 型电力机车线号编制中，其中（　　）号线是电源的负线。

A. 100　　B. 200　　C. 400

D. 500　　E. 700

77. SS_{4B} 型电力机车车内设备主要分为（　　）。

A. 司机室设备　　B. Ⅰ号电器室设备

C. 变压器室设备　　D. Ⅱ号电器室设备

E. 辅助室设备

78. SS_{4B} 型电力机车辅助室内的设备有（　　）。

A. 电源柜　　B. 微机柜

C. 制动屏柜　　D. 高压柜

E. 低压柜

79. SS_{4B} 型电力机车辅助设备有（　　）。

A. 照明灯　　B. 重联插座

C. 蓄电池柜　　D. 灭火器

E. 库用插座

80. SS_{4B} 型电力机车司机室内的设备有（　　）。

A. 电度表　　B. 座椅

C. 显示屏　　D. 壁炉

E. 油温表

81. SS_{4B}型电力机车的三大通风支路主要有（ ）。
A. 牵引电机通风支路　　B. 制动电阻通风支路
C. 压缩机通风支路　　D. 主变压器通风支路
E. 空调通风支路

82. SS_{4B}型电力机车采用车体通风方式的通风支路有（ ）。
A. 牵引电机通风支路 B. 制动电阻通风支路
C. 压缩机通风支路　　D. 主变压器通风支路
E. 空调通风支路

83. SS_{4B}型电力机车的牵引电机通风支路主要是冷却（ ）。
A. 油散热器　　B. 牵引电机
C. 制动电阻柜　　D. 主变流装置
E. 司机室温度

84. TSG3-630/25 型单臂受电弓主要技术参数正确的是（ ）。
A. 额定电压 25 kV　　B. 额定电流 630 A
C. 最大运行速度 120 km/h　　D. 静态接触压力 65 ~ 85 N
E. 降弓位保持力 80 N

85. TSG3-630/25 型单臂受电弓由（ ）等组成。
A. 底架　　B. 弓头部分
C. 传动机构　　D. 铰链机构
E. 控制机构

86. TSG3-630/25 型单臂受电弓铰链机构主要由（ ）组成。
A. 下臂杆　　B. 上框架　　C. 推杆
D. 平衡杆　　E. 铰链座

87. TSG3-630/25 型单臂受电弓测量与调整时，说法正确的是（ ）。
A. 升降弓时间应符合标准
B. 调整快排阀口弹簧压缩量来调节快排时间
C. 检查风管路是否畅通
D. 电空阀不合格的需更换
E. 风压 300 kPa 时，管路各处无泄漏

88. BVACN99 型真空断路器主要由（ ）组成。
A. 高压部分　　B. 绝缘部分
C. 电空机械装置　　D. 低压部分
E. 隔离开关

89. TJY3B-15/11 型风压继电器的动作值为 150 kPa，机车上属于这种继电器的有（ ）。
A. 4KF　　B. 515KF　　C. 516KF
D. 517KF　　E. 518KF

90. TKH4-840/1000 型两位置转换开关的工作位置有（ ）位。
A. 向前 B. 向后 C. 牵引
D. 制动 E. 加速

91. TKH4-840/1000 型两位置转换开关主要由（ ）组成。
A. 骨架 B. 转鼓 C. 触指杆
D. 传动气缸 E. 联锁触头

92. TKH4-840/1000 型两位置转换开关传动装置主要由（ ）组成。
A. 电空阀 B. 传动风缸 C. 转轴
D. 转鼓 E. 联锁触头

93. SS_{4B} 型电力机车使用了（ ）型号电空接触器。
A. TCK7F-1000/1500 B. TCKl-400/500
C. TCK7G-1000/660 D. JT3
E. JZ15

94. TCK7F-1000/1500 型电空接触器主要由（ ）组成。
A. 触头装置 B. 灭弧装置
C. 电空传动机构 D. 真空开关管
E. 衔铁装置

95. TCK7F-1000/1500 型电空接触器的灭弧装置主要由（ ）组成。
A. 灭弧罩 B. 灭弧角
C. 灭弧线圈 D. 磁吹装置
E. 以上都不对

96. TCK7F-1000/1500 型电空接触器的传动装置主要由（ ）组成。
A. 电空阀 B. 传动气缸
C. 绝缘杆 D. 灭弧罩
E. 磁吹装置

97. TFK1B-110 型电空阀的电磁机构由（ ）组成。
A. 铁心座 B. 磁轭 C. 动铁心
D. 铜套 E. 线圈

98. TFK1B-110 型电空阀的气阀部分由（ ）组成。
A. 阀门 B. 阀杆 C. 阀座
D. 弹簧 E. 线圈

99. 三相电磁接触器一般由（ ）组成。
A. 触头装置 B. 传动装置
C. 灭弧装置 D. 固定装置
E. 脱扣装置

100. 三相电磁接触器一般具有（ ）特点。

A. 能通断较大的电流　　B. 具有频繁动作的能力
C. 远距离控制　　D. 近距离控制
E. 没有灭弧装置

机车电工（中修组）应知应会练习题参考答案

一、单选题

1. B	2. C	3. C	4. B	5. B	6. B	7. A	8. A	9. A	10. B
11. A	12. C	13. A	14. A	15. A	16. B	17. A	18. B	19. C	20. A
21. A	22. C	23. C	24. A	25. C	26. B	27. B	28. C	29. C	30. C
31. D	32. C	33. B	34. D	35. A	36. B	37. A	38. A	39. D	40. B
41. C	42. C	43. C	44. A	45. C	46. C	47. B	48. A	49. C	50. A
51. D	52. A	53. C	54. B	55. A	56. D	57. B	58. A	59. C	60. A
61. A	62. C	63. C	64. A	65. A	66. D	67. A	68. B	69. A	70. B
71. A	72. C	73. C	74. A	75. D	76. C	77. B	78. D	79. C	80. C
81. A	82. B	83. B	84. D	85. B	86. D	87. C	88. D	89. D	90. C
91. A	92. C	93. D	94. B	95. A	96. A	97. B	98. D	99. A	100. B
101. A	102. B	103. C	104. C	105. C	106. B	107. C	108. C	109. C	110. B
111. B	112. C	113. C	114. A	115. A	116. B	117. C	118. B	119. C	120. A
121. C	122. B	123. B	124. B	125. D	126. B	127. C	128. B	129. B	130. B
131. A	132. C	133. D	134. C	135. A	136. B	137. D	138. B	139. C	140. A
141. D	142. B	143. B	144. D	145. D	146. A	147. A	148. C	149. A	150. B
151. D	152. A	153. B	154. A	155. C	156. B	157. C	158. A	159. A	160. A
161. D	162. C	163. B	164. B	165. A	166. B	167. A	168. B	169. A	170. B
171. A	172. B	173. B	174. A	175. D	176. D	177. B	178. A	179. A	180. D
181. B	182. A	183. C	184. B	185. A	186. B	187. D	188. A	189. A	190. B
191. A	192. A	193. A	194. B	195. D	196. C	197. A	198. B	199. B	200. C
201. A	202. C	203. A	204. C	205. B	206. A	207. B	208. A	209. A	210. C
211. A	212. B	213. B	214. B	215. B	216. A	217. C	218. D	219. A	220. B
221. A	222. A	223. A	224. D	225. B	226. C	227. A	228. B	229. A	230. A
231. B	232. A	233. C	234. A	235. B	236. D	237. D	238. D	239. A	240. A
241. B	242. B	243. C	244. D	245. B	246. C	247. C	248. A	249. D	250. D
251. A	252. B	253. A	254. A	255. A	256. A	257. B	258. C	259. D	260. A
261. C	262. B	263. B	264. A	265. A	266. B	267. C	268. C	269. C	270. B
271. A	272. C	273. C	274. B	275. B	276. B	277. A	278. C	279. C	280. A

281. B　282. A　283. B　284. B　285. A　286. A　287. C　288. A　289. B　290. A
291. A　292. A　293. A　294. B　295. B　296. B　297. C　298. A　299. B　300. A
301. C　302. C　303. A　304. C　305. C　306. A　307. D　308. C　309. D　310. A
311. C　312. B　313. B　314. D　315. B　316. B　317. A　318. A　319. C　320. B
321. B　322. B　323. A　324. B　325. B　326. B　327. B　328. B　329. B　330. C
331. B　332. C　333. A　334. B　335. B　336. B　337. C　338. B　339. B　340. C
341. C　342. C　343. B　344. A　345. B　346. B　347. D　348. A　349. C　350. B
351. C　352. C　353. A　354. B　355. C　356. B　357. D　358. C　359. C　360. B
361. B　362. B　363. B　364. A　365. B　366. A　367. C　368. B　369. B　370. B
371. B　372. C　373. A　374. C　375. A　376. D　377. A　378. D　379. A　380. B
381. C　382. B　383. A　384. A　385. A　386. A　387. B　388. C　389. B　390. C
391. C　392. B　393. A　394. B　395. C　396. C　397. A　398. B　399. B　400. C
401. B　402. A　403. B　404. A　405. B　406. D　407. C　408. C　409. A　410. B
411. D　412. A　413. B　414. A　415. D　416. D　417. B　418. C　419. A　420. C
421. B　422. C　423. D　424. A　425. B　426. D　427. B　428. A　429. D　430. A
431. B　432. D　433. A　434. C　435. B　436. D　437. B　438. A　439. A　440. D
441. A　442. B　443. B　444. A　445. C　446. B　447. A　448. B　449. B　450. C
451. B　452. C　453. B　454. C　455. C　456. D　457. A　458. D　459. A　460. B
461. D　462. C　463. B　464. A　465. D　466. C　467. B　468. C　469. D　470. B
471. B　472. C　473. B　474. B　475. A　476. B　477. C　478. A　479. B　480. B
481. C　482. C　483. B　484. B　485. C　486. A　487. C　488. A　489. A　490. C
491. B　492. B　493. A　494. A　495. C　496. D　497. C　498. A　499. C　500. C

二、判断题

1. √　2. √　3. √　4. √　5. √　6. √　7. √　8. √　9. √　10. √
11. √　12. √　13. √　14. √　15. √　16. √　17. √　18. √　19. √　20. √
21. √　22. √　23. √　24. √　25. √　26. √　27. √　28. √　29. √　30. √
31. √　32. √　33. √　34. √　35. √　36. √　37. √　38. √　39. √　40. √
41. √　42. √　43. √　44. √　45. √　46. √　47. √　48. √　49. ×　50. ×
51. ×　52. ×　53. ×　54. ×　55. ×　56. ×　57. ×　58. ×　59. ×　60. ×
61. ×　62. ×　63. ×　64. ×　65. ×　66. ×　67. √　68. √　69. √　70. √
71. √　72. √　73. √　74. √　75. √　76. √　77. √　78. √　79. √　80. √
81. √　82. √　83. √　84. √　85. √　86. √　87. √　88. √　89. √　90. √
91. √　92. √　93. √　94. √　95. √　96. √　97. √　98. √　99. √　100. √
101. √　102. √　103. √　104. √　105. √　106. √　107. √　108. √　109. √　110. √

111. √ 112. √ 113. √ 114. √ 115. √ 116. √ 117. √ 118. √ 119. √ 120. √

121. √ 122. √ 123. √ 124. √ 125. √ 126. √ 127. √ 128. √ 129. √ 130. √

131. √ 132. √ 133. √ 134. √ 135. √ 136. √ 137. √ 138. √ 139. √ 140. √

141. √ 142. √ 143. √ 144. √ 145. √ 146. √ 147. √ 148. √ 149. √ 150. √

151. √ 152. √ 153. √ 154. √ 155. √ 156. √ 157. √ 158. √ 159. √ 160. √

161. √ 162. √ 163. × 164. × 165. × 166. × 167. × 168. × 169. × 170. ×

171. × 172. × 173. × 174. × 175. × 176. × 177. × 178. × 179. × 180. ×

181. × 182. × 183. × 184. × 185. × 186. × 187. × 188. × 189. × 190. ×

191. √ 192. √ 193. √ 194. √ 195. √ 196. √ 197. √ 198. √ 199. √ 200. √

201. √ 202. √ 203. √ 204. √ 205. √ 206. √ 207. √ 208. √ 209. √ 210. √

211. √ 212. √ 213. √ 214. √ 215. √ 216. √ 217. √ 218. √ 219. √ 220. √

221. √ 222. √ 223. √ 224. √ 225. √ 226. √ 227. √ 228. √ 229. √ 230. √

231. √ 232. √ 233. √ 234. √ 235. √ 236. √ 237. √ 238. √ 239. √ 240. √

241. √ 242. √ 243. √ 244. √ 245. √ 246. √ 247. √ 248. √ 249. √ 250. √

251. √ 252. √ 253. √ 254. √ 255. √ 256. √ 257. √ 258. √ 259. √ 260. √

261. √ 262. √ 263. √ 264. √ 265. √ 266. √ 267. √ 268. √ 269. √ 270. ×

271. × 272. × 273. × 274. × 275. × 276. × 277. × 278. × 279. × 280. ×

281. × 282. √ 283. √ 284. √ 285. √ 286. √ 287. √ 288. √ 289. √ 290. √

291. √ 292. √ 293. √ 294. √ 295. √ 296. √ 297. √ 298. √ 299. √ 300. √

301. × 302. × 303. × 304. × 305. × 306. √ 307. √ 308. √ 309. √ 310. √

311. √ 312. √ 313. √ 314. √ 315. √ 316. √ 317. √ 318. √ 319. √ 320. √

321. √ 322. √ 323. √ 324. √ 325. √ 326. √ 327. √ 328. √ 329. √ 330. √

331. √ 332. √ 333. √ 334. √ 335. √ 336. √ 337. √ 338. √ 339. √ 340. √

341. √ 342. √ 343. √ 344. √ 345. √ 346. √ 347. √ 348. √ 349. √ 350. √

351. √ 352. √ 353. √ 354. √ 355. × 356. × 357. × 358. × 359. × 360. ×

361. × 362. × 363. √ 364. √ 365. √ 366. √ 367. √ 368. √ 369. √ 370. √

371. √ 372. √ 373. √ 374. √ 375. √ 376. √ 377. √ 378. √ 379. √ 380. √

381. √ 382. √ 383. √ 384. √ 385. √ 386. √ 387. √ 388. √ 389. √ 390. √

391. √ 392. √ 393. √ 394. √ 395. √ 396. √ 397. √ 398. √ 399. √ 400. √

401. √ 402. √ 403. √ 404. × 405. × 406. × 407. × 408. × 409. × 410. ×

411. × 412. × 413. × 414. × 415 × 416. × 417. × 418. × 419. × 420. ×

421. × 422. × 423. × 424. × 425. × 426. × 427. × 428. × 429. × 430. ×

431. × 432. × 433. × 434. × 435. × 436. × 437. × 438. × 439. × 440. ×

441. ×	442. ×	443. ×	444. ×	445. ×	446. ×	447. ×	448. ×	449. ×	450. ×
451. ×	452. ×	453. ×	454. ×	455. ×	456. ×	457. ×	458. ×	459. ×	460. ×
461. ×	462. ×	463. ×	464. ×	465. ×	466. ×	467. ×	468. ×	469. ×	470. ×
471. ×	472. ×	473. ×	474. ×	475. ×	476. ×	477. ×	478. ×	479. ×	480. ×
481. ×	482. ×	483. ×	484. ×	485. ×	486. ×	487. ×	488. ×	489. ×	490. ×
491. ×	492. ×	493. ×	494. ×	495. ×	496. ×	497. ×	498. ×	499. ×	500. ×

三、多选题

1. ABCD	2. ADE	3. BD	4. ABE	5. BE
6. ACDE	7. BCE	8. ABCE	9. BDE	10. AD
11. ABCD	12. ABC	13. ABC	14. ACD	15. ACD
16. ABCDE	17. ACD	18. ABCDE	19. ABC	20. ACDE
21. ABCDE	22. ABC	23. ABCDE	24. ABCD	25. ABD
26. ABCD	27. ABC	28. ABCD	29. ABDE	30. AE
31. ABDE	32. ABC	33. ABC	34. ABCDE	35. ABC
36. ABDE	37. ABCD	38. ABCDE	39. CDE	40. ABCD
41. ABCDE	42. ABCD	43. ABC	44. ABCDE	45. ABCD
46. ABC	47. ABCDE	48. ABDE	49. ABCD	50. AD
51. ABCDE	52. ABC	53. ABCD	54. ABE	55. AC
56. ABCD	57. AB	58. ABCD	59. ABC	60. ABC
61. ABCDE	62. ABD	63. ABCDE	64. ABCE	65. ABDE
66. ABCD	67. ABC	68. ABCE	69. ABCD	70. ABCD
71. ABCD	72. ABCD	73. ACDE	74. ABCD	75. AE
76. ABCDE	77. ABCDE	78. ABC	79. ABCDE	80. BCD
81. ABD	82. AD	83. BD	84. ABE	85. ABCDE
86. ABCDE	87. ABCD	88. ABCD	89. BC	90. ABCD
91. ABCDE	92. BCD	93. ABC	94. ABC	95. ABCD
96. ABC	97. ABCDE	98. ABCD	99. ABCD	100. ABC

第三节 机车电工（电器一组）应知应会练习题

一、单选题

1. 机车用蓄电池分为酸性蓄电池和（ ）蓄电池。

A. 碱性　　B. 酸性　　C. 干性　　D. 饱和

2. SS_4 型电力机车主断隔离开关的代号是（　　）。

A. 586QS　　B. 587QS　　C. 588QS　　D. 589QS

3. 真空断路器是以真空作为绝缘介质和灭弧介质，利用真空耐压强度高和（　　）的特点进行灭弧。

A. 绝缘介质　　B. 电路隔离

C. 介质恢复速度快　　D. 固体介质

4. 机车正常工作时蓄电池在线路中兼起（　　）作用，从而保证静态电压脉动有效值小于 5%。

A. 滤波　　B. 单向　　C. 放大　　D. 短路

5. 空气型主断路器的灭弧方式是（　　）。

A. 压缩空气　　B. 磁砍灭弧　　C. 自然过零　　D. 其他

6. 蓄电池由正极、负极、（　　）隔膜和容器 5 个部分组成。

A. 碱性　　B. 电解液　　C. 酸性　　D. 其他

7. 电力机车用蓄电池用于控制电路的供电以及（　　）打风用电等。

A. 劈相机　　B. 升弓压缩机　　C. 制动风机　　D. 其他

8. 电力机车主断路器属于（　　）驱动的电器。

A. 气体　　B. 手动　　C. 电磁　　D. 液体

9. 真空主断路器的灭弧方式是（　　）。

A. 压缩空气　　B. 磁砍灭弧　　C. 真空灭弧　　D. 自然过零

10. SS_4 型电力机车用蓄电池组采用（　　）方式。

A. 串联　　B. 并联

C. 串，并联　　D. 上述答案都不对

11. 机车蓄电池提供的是（　　）。

A. 交流电　　B. 直流电

C. 交、直流电均可　　D. 上述答案均不对

12. 机车蓄电池空载电压（　　）直流 110 V。

A. 小于　　B. 大于　　C. 等于　　D. 不确定

13. SS 系列电力机车复位按键是（　　）。

A. “升弓”　　B. “劈相机”　　C. “压缩机”　　D. “主断合”

14. 目前电力机车用主断路器主要是（　　）。

A. 真空主断　　B. 油浴式主断　　C. 空气主断　　D. 其他

15. 蓄电池的充电方式有：初充电、普通充电、补充充电、均衡充电、（　　）、快速充电等多种。

A. 快充　　B. 普通　　C. 浮充电　　D. 其他

16. 电力机车蓄电池在放电过程中，电解液的密度将逐渐（　　）。

A. 下降　　B. 上升　　C. 不变　　D. 其他

17. SS_{4B} 机车主断加热电源取用 45#插头 17、18 芯对应线号为 1191、1193，其电压为（　　）。

A. 48 V　　B. 36 V　　C. ± 24 V　　D. 72 V

18. SS_4 型电力机车高压隔离开关动触片检修工艺要求厚度不小于（　　）mm。

A. 60　　B. 70　　C. 8.5　　D. 50

19. 在空气断路器的工作过程中所使用的压缩空气最主要的作用是保证其主触头在下列哪种情况下的可靠工作（　　）。

A. 断开过程　　B. 断开状态

C. 闭合过程　　D. 闭合状态

20. 当机车主断路器打开或接通主变压器空载电流时，机车将产生（　　）。

A. 操作过电压　　B. 整流过电压

C. 大气过电压　　D. 调整过电压

21. TDZIA-10/25 型空气断路器的额定电流为（　　）A。

A. 600　　B. 400　　C. 1 000　　D. 1 200

22. TDZIA-10/25 型主断路器额定分断电流为（　　）kA。

A. 100　　B. 200　　C. 10　　D. 50

23. 空气主断路器静触头的头部为球形，端部镶有耐高温的（　　），静触头后座与隔离开关静触头连通。

A. 钼块　　B. 铝块　　C. 合金　　D. 铁块

24. 测量蓄电池对地绝缘应使用（　　）。

A. 万用表电压挡　　B. 摇表

C. 万用表电阻挡　　D. 上述均不可采用

25. SS_{4B} 型电力机车使用高压连接器的型号为（　　）型。

A. TLG1　　B. TGL1　　C. TDL1　　D. TLD1

26. 电力机车接地将引起（　　）动作。

A. 线路接触器　　B. 励磁接触器

C. 主断路器　　D. 辅机接触器

27. 电力机车正常运行时，控制系统由（　　）供电。

A. 稳压电源　　B. 电源并联

C. 蓄电池组　　D. 库用电源

28. 电力机车蓄电池的充电方式不包括（　　）。

A. 临时充电　　B. 初次充电

C. 标准充电　　D. 快速充电

29. 下列选项不属于电源的是（　　）。
A. 电动机　　B. 发电机　　C. 光电池　　D. 蓄电池

30. 机车蓄电池的容量表示蓄电池（　　）的能力。
A. 放电　　B. 充电　　C. 储存电荷　　D. 浮充电

31. 电力机车蓄电池的电解液属于（　　）。
A. 绝缘体　　B. 半导体　　C. 导体　　D. 超导体

32. GN-170 型蓄电池充电过程中，电解液的密度将（　　）。
A. 减少　　B. 不变　　C. 增加　　D. 时大时小

33. 电力机车蓄电池组中各蓄电池采用（　　）方式连接。
A. 混联　　B. 串联　　C. 串联或并联　　D. 并联

34. 国产电力机车采用的镉镍蓄电池为（　　）蓄电池。
A. 碱性　　B. 酸性　　C. 中性　　D. 其他

35. 电力机车上蓄电池组空载电压（　　）直流 110 V。
A. 等于　　B. 小于　　C. 大于　　D. 不确定

36. 电解液是根据蓄电池使用的（　　）配制的。
A. 环境温度　　B. 机车型号
C. 电池型号　　D. 电池容量

37. GN-100 型碱性蓄电池放电开始后每（　　）检查一次，温度不得超过 40 °C。
A. 50 min　　B. 40 min　　C. 30 min　　D. 60 min

38. GN-100 型碱性蓄电池充电开始后，每间隔 2h 检查每个电池的电压正常且温度低于（　　）。
A. 40 °C　　B. 50 °C　　C. 60 °C　　D. 70 °C

39. 当 GN-100 型碱性蓄电池温度达到（　　）时充电电流应减半。
A. 30 ~ 35 °C　　B. 45 ~ 55 °C
C. 50 ~ 55 °C　　D. 60 ~ 66 °C

40. 当 GN-100 型碱性蓄电池温度达到（　　），应停止充电，强迫冷却。
A. 50 °C　　B. 40 °C　　C. 60 °C　　D. 70 °C

41. 当每节 GN-100 型碱性蓄电池电压达到（　　），且 1 h 内电池电压不再上升，停止充电。
A. 1.75 ~ 1.85 V　　B. 2.85 ~ 2.95 V
C. 2.55 ~ 2.65 V　　D. 2.45 ~ 2.55 V

42. 当 GN-100 型碱性蓄电池充电量已达到放电量的（　　），停止充电。
A. 150%　　B. 140%　　C. 160%　　D. 170%

43. GN-100 型蓄电池按 8 h 率放电制进行放电作业，同时做电池容量检查，新电池不低于（　　）。

A. 100 A・h　B. 150 A・h　C. 120 A・h　D. 180 A・h

44. GN-100 型蓄电池有（　　）正极板。

A. 10 片　B. 15 片　C. 6 片　D. 17 片

45. TDZlA-10/25 型主断路器非线性电阻瓷瓶内装有（　　）非线性电阻片。

A. 15 块　B. 16 块　C. 10 块　D. 17 块

46. 电力机车在 110 V 稳压电源正常工作时，机车蓄电池是处于（　　）状态。

A. 浮充电　B. 不充电　C. 不放电　D. 充放电

47.（　　）不属于空气断路器的高压部分。

A. 辅助开关　B. 电阻瓷瓶

C. 高压开关　D. 隔离开关

48.（　　）不属于空气断路器的低压部分。

A. 隔离开关　B. 启动开关

C. 主阀开关　D. 辅助开关

49. 主断路器上设有（　　），可以降低在开断时引起的操作过电压。

A. 隔离开关　B. 灭弧室

C. 辅助开关　D. 非线性电阻

50. 空气断路器灭弧室瓷瓶一端通过支持瓷瓶的中心空腔与（　　）相连。

A. 主阀　B. 转轴　C. 大闸　D. 气路

51. 真空主断电磁阀线圈阻值为（　　）。

A. 11 ~ 14 Ω　B. 10 ~ 14 Ω　C. 10 ~ 15 Ω　D. 10 ~ 24 Ω

52. 真空主断路器真空泡触头开距（　　）。

A. 26 mm　B. 16 mm　C. 36 mm　D. 25 mm

53. 真空主断路器真空泡触头超程（　　）。

A. 4 ~ 4.25 mm　B. 3 ~ 4.25 mm

C. 2 ~ 4.25 mm　D. 5 ~ 5.25 mm

54. N99 型真空断路器触头压力弹簧压缩量（　　）。

A. 20 ~ 22.5 mm　B. 21 ~ 22.5 mm

C. 19 ~ 20.5 mm　D. 20 ~ 23.5 mm

55. TLG1 型高压连接器应能够在左、右、高、低的范围内摆动为（　　），并能自行复位。

A. 31°8°30′　B. 34°8°30′　C. 34°9°30′　D. 31°9°30′

56. DZ1 型主断路器主触头复原弹簧自由高（　　）。

A.（157 ± 2）mm　B.（158 ± 2）mm

C.（159 ± 2）mm　D.（160 ± 2）mm

57. DZ1 型主断路器主动触头预压力行程（　　）。

A.（20 ± 1）mm　　B.（11 ± 1）mm
C.（19 ± 1）mm　　D.（18 ± 1）mm

58. TDZ1A-10/25 型空气主断路器动触头弹簧自由高度为（　　）。
A.（38 ± 2）mm　　B.（39 ± 2）mm
C.（40 ± 2）mm　　D.（41 ± 2）mm

59. 真空主断保持线圈电阻值为（　　）。
A. 37 ~ 44.6 Ω　　B. 38 ~ 44.6 Ω
C. 38 ~ 43.6 Ω　　D. 37 ~ 43.6 Ω

60. 真空主断吸合线圈电阻值为（　　）。
A. 10 ~ 15 Ω　　B. 10 ~ 16 Ω
C. 10 ~ 14 Ω　　D. 10 ~ 17 Ω

61. TLG1 型高压连接器弹簧长度（　　）。
A.（690 ± 5）mm　　B.（680 ± 5）mm
C.（670 ± 5）mm　　D.（630 ± 5）mm

62. TLG1 型两台高压连接器对接后高低差不大于（　　）。
A. 30 mm　　B. 31 mm　　C. 39 mm　　D. 32 mm

63. TLG1 型两台高压连接器对接后最大退程为（　　）。
A. 240 mm　　B. 250 mm　　C. 260 mm　　D. 270 mm

64. TLG1 型高压连接器对接后导电杆两端之间电阻值不大于（　　）。
A. 690 μΩ　　B. 650 μΩ　　C. 660 μΩ　　D. 680 μΩ

65. TLG1 型高压连接器对接后母线接线端之间电阻值不大于（　　）。
A. 850 μΩ　　B. 860 μΩ　　C. 870 μΩ　　D. 900 μΩ

66. 蓄电池额定电压（　　）。
A. 2 V　　B. 2.5 V　　C. 2.1 V　　D. 2.2 V

67. 对整组蓄电池进行对地绝缘检测，绝缘电阻不小于（　　）。
A. 5 MΩ　　B. 0.8 MΩ　　C. 0.5 MΩ　　D. 3 MΩ

68. 对整组蓄电压进行测量：电力机车应在（　　）内。
A. 110 × (1 ± 10%) V　　B. 110 × (1 ± 6%) V
C. 110 × (1 ± 8%) V　　D. 110 × (1 ± 5%) V

69. 测开路电压，要求每节电压不小于（　　），否则应进行充电。
A. 2.0 V　　B. 2.20 V　　C. 2.30 V　　D. 2.50 V

70. 检查蓄电池箱时，箱中应无杂物，电池箱拉出、推入应轻松自如，拉手应保证能使手伸入，推入电池箱时应注意导线不要受（　　）。
A. 挤压　　B. 碰撞　　C. 断裂　　D. 其他

71. SS_4 型电力机车蓄电池检查箱体门应无（　　），锁扣作用良好。

A. 变形　　B. 裂纹　　C. 破损　　D. 其他

72. 蓄电池在充满电的情况下可存放 3 个月，搁置（　　）以上要进行均衡充电。

A. 3 个月　　B. 4 个月　　C. 5 个月　　D. 6 个月

73. 蓄电池系统安装完毕后应进行（　　）。

A. 均衡充电　　B. 南孚充电

C. 快速充电　　D. 均匀充电

74. 外观检查 TDZ1A-10/25 型空气主断路器静触头杆，应平直、表面光洁，（　　）完好，套筒齿纹良好。

A. 棍　　B. 杆　　C. 穿销　　D. 键

75. 高压连接器活塞往复运动时不许有（　　）现象，动作灵活。

A. 卡滞　　B. 动作　　C. 迟缓　　D. 都对

76. 检查高压连接端螺栓是否松动，并且检查轴向保持组装，连接杆、更换不良弹簧，弹簧要求不低于（　　）。

A. 140 mm　　B. 110 mm　　C. 120 mm　　D. 130 mm

77. 检查高压连接端螺栓是否松动，并且检查轴向保持组装，连接杆、更换不良（　　）。

A. 杆　　B. 弹簧　　C. 销　　D. 键

78. N99 型真空主断路器真空泡触头开距（　　）。

A. 16 mm　　B. 25 mm　　C. 24 mm　　D. 23 mm

79. N99 型真空主断路器真空泡触头超程（　　）。

A. 2 ~ 4.25 mm　　B. 3 ~ 4.25 mm　　C. 4 ~ 4.25 mm　　D. 3.5 ~ 4.25 mm

80. 测量空气主断路器阀杆行程不小于（　　）。

A. 4 mm　　B. 3 mm　　C. 5 mm　　D. 6 mm

81. 使用 1 000 V 兆欧表测试空气型主断路器非线性电阻值参考值为（　　）。

A. 5 ~ 190 MΩ　　B. 5 ~ 180 MΩ

C. 5 ~ 100 MΩ　　D. 5 ~ 199 MΩ

82. 用 500 V 兆欧表测量 SS_4 型电力机车控制回路对地绝缘电阻值应不小于（　　）。

A. 20 MΩ　　B. 10 MΩ　　C. 50 MΩ　　D. 60 MΩ

83. 绝缘电阻测定用（　　）兆欧表测量 SS_4 型机车控制回路对地绝缘电阻值应不小于 10 MΩ。

A. 1 500 V　　B. 800 V　　C. 500 V　　D. 2 000 V

84. 真空主断路器闭合时主电路电阻值不大于（　　）。

A. 80 μΩ　　B. 170 μΩ　　C. 150 μΩ　　D. 160 μΩ

85. 两台 TLG1 型高压连接器对接后高低差不大于（　　）；最大退程为 240 mm。

A. 25 mm　　B. 30 mm　　C. 20 mm　　D. 15 mm

86. TLG1 型两台高压连接器对接后高低差不大于 30 mm；最大退程为（　　）。

A. 1 000 mm　　B. 240 mm　　C. 2 000 mm　　D. 1 500 mm

87. 检查电池安全阀应完整无松动，壳体应无鼓胀（　　）及渗漏，否则应进行更换或维修。注意不同生产厂家的电池不能混用。

A. 破裂　　B. 锈蚀　　C. 电蚀　　D. 短路

88. 检查电池安全阀应完整无松动，壳体应无鼓胀、破裂及渗漏，否则应进行更换或维修。注意不同（　　）的电池不能混用。

A. 颜色　　B. 地方　　C. 生产厂家　　D. 电源板

89. 对机车整组电池进行对地绝缘检测，绝缘电阻不小于（　　），否则应查明原因予以处理。

A. 5 MΩ　　B. 0.5 MΩ　　C. 2 MΩ　　D. 8 MΩ

90. 对机车整组电压进行测量：电力机车应在（　　）内。

A. 110 × (1 ± 13%) V　　B. 110 × (1 ± 15%) V

C. 110 × (1 ± 5%) V　　D. 110 × (1 ± 20%) V

91. 蓄电池不允许与（　　）物质或其他腐蚀物质一起存放。

A. 酸性　　B. 碱性　　C. 混合　　D. 其他

92. 电力机车主断路器储风缸额定压力为（　　）。

A. 340 ~ 450 kPa　　B. 400 ~ 500 kPa

C. 500 ~ 600 kPa　　D. 600 ~ 700 kPa

93. SS_4 型电力机车控制电压 77 V 与 138 V 时，最好在（　　）气压 245 ~ 275 kPa 条件下，断路器均能 3 次分合闸操作。

A. 110 V　　B. 120 V　　C. 220 V　　D. 380 V

94. SS_4 型电力机车控制电压 77 V 与 138 V 时，最好在 110 V 气压（　　）条件下，断路器均能 3 次分合闸操作。

A. 75 ~ 275 kPa　　B. 27 ~ 275 kPa

C. 245 ~ 275 kPa　　D. 25 ~ 275 kPa

95. SS_4 型电力机车控制电压 77 V 与 138 V 时，最好在 110 V 气压 245 ~ 275 kPa 条件下，断路器均能（　　）次分合闸操作。

A. 3　　B. 20　　C. 10　　D. 16

96. 主断路器高压部分气密性能测试：在最大气压（　　）时，各气阀元件及通气管路保持 15 min 不许有泄漏。

A. 1 200 kPa　　B. 1 000 kPa　　C. 400 kPa　　D. 1 300 kPa

97. 主断路器高压部分气密性能测试：在最大气压 400 kPa 时，各气阀元件及通气管路保持（　　）min 不许有泄漏。

A. 17　　B. 15　　C. 20　　D. 21

98. 主断泄漏实验时，风压 0.9 MPa 的条件下，经过（　　）后观察并检查各风缸、管路、阀门接头等处，不许有泄漏。

A. 5 min　　B. 6 min　　C. 13 min　　D. 14 min

99. 辅修作业时：检查蓄电池箱中（　　），电池箱拉出、推入应轻松自如，拉手应保证能使手伸入，推入电池箱时应注意导线不要受挤压。

A. 石块　　B. 水　　C. 有无杂物　　D. 以上都不对

100. 辅修作业时：检查蓄电池应无漏液（　　）、击穿、过热等现象，否则应进行处理或更换电池

A. 爬酸　　B. 漏液　　C. 鼓包　　D. 其他

101. 神八型机车 25 t 轴重时的最大牵引力是（　　）kN。

A. 790　　B. 760　　C. 770　　D. 780

102. 神八机车断开 CCU 将（　　）制动。

A. 机车过流　　B. 机车接地

C. 空转　　D. 不产生

103. 我国铁路主要采用轨距标准规定为（　　）mm。

A. 1 353　　B. 1 433　　C. 1 435　　D. 1 438

104. HXD1 型机车牵引电机的额定功率是（　　）。

A. 1 200 kW　　B. 1 435 kW　　C. 1 300 kW　　D. 1 500 kW

105. HXD1 型交流机车真空主断型号是（　　）。

A. N98　　B. N99　　C. N99D

106. 神八型机车采用的供电方式是（　　）。

A. 交-直-交　　B. 交-直-直

C. 直-直-交　　D. 交-直

107. 牵车作业推进运行时，速度不准超过（　　）km/h。

A. 20　　B. 3　　C. 10　　D. 5

108. 神八机车中（　　）属于变频变压起动的部件。

A. 牵引电动机风机　　B. 空气压缩机

C. 空调　　D. 电扇

109. 神八机车中，（　　）属于恒频恒压起动的部件。

A. 油泵　　B. 风机　　C. 复合　　D. 空调

110. 神八机车，只能在（　　）工况进行定速控制。

A. 向前牵引　　B. 向后牵引

C. 向前向后　　D. 制动牵引

111. 机车运行速度在（　　）km/h 及以上时，无人警惕装置开始进入监控状态。

A. 1　　B. 2　　C. 3　　D. 4

112. 神八机车使用定速控制模式时，机车实际运行速度与目标速度相差（　　）km/h 时实行牵引与制动工况的自动转换。

A. 1　　B. 2　　C. 3　　D. 4

113. 神华八轴 DK-2 制动机大闸有（　　）个位置。

A. 13　　B. 14　　C. 15　　D. 6

114. 当神八机车油水冷却塔水温达到（　　）时，主变流器降低功率。

A. 55 °C　　B. 60 °C　　C. 65 °C　　D. 100 °C

115. 当神八机车油水冷却塔水温达到（　　）时，主变流器封锁。

A. 70 °C　　B. 60 °C　　C. 65 °C

116. 正常情况下，（　　）不属于第 1 辅助变流器供电范围。

A. 水泵　　B. 风机　　C. 复合

117. 神八机车有（　　）组充电模块。

A. 11　　B. 21　　C. 31　　D. 4

118. 当神八机车速度超过（　　）时，牵引停止。

A. 210 km/h　　B. 220 km/h　　C. 125 km/h　　D. 230 km/h

119. 神八机车一节车有（　　）个牵引通风机。

A. 12　　B. 4　　C. 16　　D. 18

120. 交流机车需要将故障部件隔离，应按压微机复位按钮（　　）次。

A. 11　　B. 12　　C. 3　　D. 14

121. TCU 具有机车级控制和（　　）控制的功能。

A. 列车级　　B. 网络级　　C. 变流器级

122. 神八机车牵引变压器的牵引绕组额定容量是（　　）。

A. 4 × 1320 kV · A　　B. 4 × 1420 kV · A

C. 4 × 1550 kV · A

123. 神八机车牵引变流器的牵引绕组额定电压是（　　）。

A. AC 980 V/50 Hz　　B. AC 970 V/50 Hz

C. AC 1 000 V/50 Hz

124. 神八机车控制电源柜额定输入电压是（　　）。

A. 3AC/440 V（60 Hz）　　B. 3AC/380 V（60 Hz）

C. 3AC/440 V（50 Hz）

125. 神八机车牵引变压器的绝缘等级为（　　）级。

A. A　　B. B　　C. C

126. 电器触头的磨损主要取决于（　　）。

A. 机械磨损　　B. 化学磨损

C. 电磨损　　D. 碰撞磨损

127. 神八机车辅助系统 3AC 440 V 60 Hz 变频变压支路输出频压范围为（　　）。

A. 20 ~ 60 Hz/80 ~ 440 V　　B. 30 ~ 60 Hz/100 ~ 440 V

C. 10 ~ 60 Hz/80 ~ 440 V

128. 神八机车当一个辅助变压器出现故障时，此时故障变压器节（　　）被切除。

A. 风机　B. 水泵　C. 主压缩机

129. 神八机车辅助变压器柜的冷却方式为（　　）。

A. 强迫风冷　B. 冷却　C. 水冷　D. 油冷

130. 神八机车 AC 220 V 回路的接地故障由绝缘检测装置（　　）检测。

A. 35-F03　B. 36-F04　C. 34-F07　D. 37-F08

131. 神八机车额定工作电压是（　　）。

A. 25 kV　B. 30 kV　C. 27 kV　D. 28 kV

132. 神八机车最低工作电压是（　　）。

A. 18 kV　B. 17.5 kV　C. 20 kV　D. 25 kV

133. 神八机车的电制动方式为（　　）。

A. 再生制动　B. 紧急制动

C. 常用制动　D. 电阻制动

134. 神八机车当逆变器模块发生短路故障时，将切除一架动力，机车功率损失（　　）。

A. 1/4　B. 1/3　C. 2/3　D. 3/4

135. 神八机车当网压低于（　　）并持续 1 s，将断开主断路器。

A. 18 kV　B. 17 kV　C. 20 kV　D. 28 kV

136. 神八机车网压欠压保护动作，当网压高于（　　）并超过 1 s，允许合主断。

A. 18 kV　B. 17.5 kV　C. 20 kV　D. 25 kV

137. 神八机车网压过压保护动作，当网压低于 31 kV 并超过（　　），允许合主断。

A. 40 s　B. 20 s　C. 25 s　D. 30 s

138. 神八机车控制电源柜充电机部分的充电方式分为限流充电，快速充电和（　　）3 种模式。

A. 浮充电　B. 衡充电　C. 速充电　D. 补充电

139. HXD1 型电力机车空调机组型号是（　　）。

A. TTK6G-6.0GD　B. RT-803

C. TSG3-630/25　D. BVAC. N99

140. “四按、三化”记名检修中，（　　）不属于“四按”的内容。

A. 按范围　B. 按“机车-28”

C. 按工艺　D. 按规程

141. “四按、三化”记名检修中，（　　）不属于“三化”的内容。

A. 程序化　B. 信息化　C. 文明化　D. 机械化

142. 机车检修周期不应根据机车（　　）确定。

A. 实际技术状态　B. 走行公里

C. 间隔时间　　D. 使用时间

143.《铁路技术管理规程》规定接触网最高工作电压为（　　）。

A. 29 kV　　B. 19 kV　　C. 24 kV　　D. 25 kV

144.《铁路技术管理规程》规定接触网最低工作电压为（　　）。

A. 29 kV　　B. 28 kV　　C. 20 kV　　D. 19 kV

145.（　　）检修是落实“四按、三化”记名检修工作中的重中之重。

A. 按范围　　B. 按“机车-28”

C. 按工艺　　D. 按机车状态

146. 机车的大修是一种全面恢复性修理，大修后的机车，技术状态基本上应达到（　　）的水平。

A. 新车　　B. 新车 95%　　C. 新车 90%　　D. 新车 85%

147. 机车中修的目的主要是修理（　　）。

A. 车体内部设备　　B. 电传动设备

C. 走行部　　D. 牵引装置

148. 我国铁路主要采用标准轨距，标准轨距是（　　）。

A. 1 543 mm　　B. 1 435 mm　　C. 1 345 mm　　D. 1 453 mm

149. 机车轮对内侧距离为（　　）。

A. 1 543 mm　　B. 1 345 mm　　C. 1 353 mm　　D. 1 453 mm

150. 爱岗（　　）是职业道德的基础与核心。

A. 敬业　　B. 团结　　C. 奉献　　D. 学习

151. 用电压表测量电压时，应将电压表与被测电路联成（　　）方式。

A. 串联　　B. 并联　　C. 串联或并联　　D. 任意

152. 列车停车时如列车管减压量不足（　　）kPa，5 s 后连续语音提示“注意防溜”。

A. 90　　B. 80　　C. 100　　D. 120

153. 兆欧表是用来测量（　　）的。

A. 绝缘电阻　　B. 低值电阻

C. 高值电阻　　D. 击穿电压

154. 万用表在使用完毕后，应将选择开关置（　　）最高挡。

A. 电流　　B. 电阻　　C. 交流电压　　D. 直流

155. 普通钳形电流表可用来测量（　　）。

A. 电流　　B. 直流　　C. 交流　　D. 变流

156. 导体切割磁力线产生电动势的方向用（　　）来判定。

A. 右手　　B. 安培　　C. 右手定则　　D. 左手

157. 绝缘导线的耐热等级最高的是（　　）。

A. A 级　　B. Y 级　　C. B 级　　D. E 级

158. 数字量输入插件完成对（　　）的采集，并将转换后的电平送到数据总线，供监控记录插件采样。

A. A 级　　B. B 级　　C. C 级　　D. D 级

159. 金属导体的电阻与（　　）无关。

A. 导体的长度　　B. 导体的截面积

C. 导体材料的电阻率　　D. 外加电压

160. 过压抑制板中能够起到抑制电压，具有速度快且高的浪涌吸收能力的元件是(　　)

A. 反向击穿二极管　　B. 稳压二极管

C. 硅瞬变电压吸收二极管　　D. 交流稳压器

161. DK-2 型电空制动机紧急后，需要（　　）才能解锁。

A. 115 s　　B. 130 s　　C. 145 s　　D. 60 s

162. 速度的国际单位制是（　　）。

A. km/h　　B. m/s　　C. m/min　　D. km/s

163. 在整流电路的输出端并联一个电容，利用电容的（　　）特性。

A. 隔直通交　　B. 放大特性

C. 正向导通　　D. 放大特性

164. 长度的国际单位制是（　　）。

A. m（米）　　B. dm（分米）　　C. cm（厘米）　　D. mm（毫米）

165. 高压柜风缸使用的油脂为（　　）。

A. 89D　　B. 锂基脂

C. 美孚 100　　D. 以上答案都不对

166. 对于 2 位、3 位、4 位、5 位出现的轴承二级报警 6 次以上应（　　）

A. 更换电机或轮对　　B. 到限镟轮

C. 更换传感器　　D. 扣车处理

167. 5 千克力等于（　　）牛。

A. 49　　B. 20　　C. 10　　D. 5

168. 电量的单位是（　　）。

A. C（库）　　B. A（安）　　C. S（西）　　D. H（亨）

169. 下列表示无功功率单位的是（　　）。

A. VA（伏安）　　B. W（瓦）　　C. var（乏）　　D. J（焦）

170. 在一个串联电路中，各处的导线粗细不一样，则通过各导线的电流是（　　）的。

A. 相等　　B. 不相等

C. 视导线粗细而定　　D. 无关

171. 三相交流电是指 3 个频率相同、电势振幅在先、相位互差（　　）的交流电路。

A. 60°　　B. 90°　　C. 120°　　D. 180°

172. 交流电（　　）正负极之分。
A. 无　B. 有　C. 可　D. 不

173. 常用的电度表属于（　　）。
A. 感应式　B. 电磁式　C. 电动式　D. 磁电式

174. 下列哪一项不是监控装置的功能（　　）。
A. 监控功能　B. 记录功能
C. 自动分析功能　D. 提示功能

175. 电压表的内阻越大，则其测量误差越（　　）。
A. 小　B. 大　C. 无　D. 不

176. 电流表的内阻越大，则其测量误差越（　　）。
A. 大　B. 小　C. 无　D. 定

177. 机车双针速度表的仪表灯由（　　）控制。
A. 监控主机　B. 仪表灯琴键开关
C. TAX 箱　D. 平调盒

178. 进行电气修理作业时，须（　　）作业。
A. 带电　B. 断电
C. 无要求　D. 视具体情况而定

179. 当有人触电时，应首先（　　）。
A. 切断电源　B. 拉出触电者
C. 对触电者进行人工呼吸　D. 送医院

180. 发生电气火灾时，应使用（　　）进行灭火。
A. 水　B. 泡沫灭火器
C. 四氯化碳灭火器　D. 酸或碱性灭火器

181. 两个分别为 20 μF 和 60 μF 的电容并联，其容量为（　　）μF。
A. 150　B. 200　C. 600　D. 80

182. 剥线钳可以剥去截面面积在（　　）mm^2 以下的小绝缘层。
A. 3.5　B. 2.5　C. 10　D. 16

183. 导流线检查应清洁，齐全，紧固，折损面积不超过原截面的（　　）%。
A. 4.5　B. 2.5　C. 10　D. 16

184. 电工绝缘材料的耐压等级有 Y，A，E，B，F，H，C 7 个等级，（　　）级耐压等级最高。
A. Y　B. A　C. C　D. F

185. 电流的正方向规定为（　　）运动的方向。
A. 负电荷　B. 电流　C. 正电荷　D. 电子

186. 电路中任意两点的（　　）叫电压

A. 电位差　B. 电流　C. 电压　D. 相位

187. 交流机车清扫排水装置应（　　）电源，并接好接地线。

A. 断开　B. 闭合　C. 拆除　D. 接通

188. 空气开关检查用（　　）兆欧表检测，确认充电部和非充电部的绝缘电阻。

A. 500 V　B. 2 500 V　C. 1 000 V　D. 1 200 V

189. 经常接通的空气开关应（　　）检查，要进行反复开、关操作。

A. 定期　B. 经常　C. 偶尔　D. 反复

190. 神八机车高压连接器最多退程为（　　）。

A. 240 mm　B. 100 mm　C. 15 mm　D. 30 mm

191. 车内母排、导电杆铜排平直、光洁，局部缺损不许超过原截面的（　　）。

A. 5%　B. 10%　C. 15%　D. 50%

192. 检查线束线芯或编织线断股不许超过原形的（　　）。

A. 5%　B. 10%　C. 15%　D. 50%

193. 车顶瓷瓶表面清洁、无裂纹，安装牢固，（　　）时更换。

A. 龟裂　B. 丢失　C. 破损　D. 定期

194. 车顶绝缘子表面有烧痕，可打磨后涂快干绝缘漆处理，缺损面积大于（　　）时，必须更换。

A. 2 cm^2　B. 5 cm^2　C. 10 cm^2　D. 20 cm^2

195. 在神八机车变流柜中短接充电接触器表面无（　　）烧损等异常现象。

A. 过热　B. 烧损　C. 龟裂　D. 破损

196. 用（　　）表检测神八机车变流柜中短接、充电接触器主触头接触电阻符合要求。

A. 万用表　B. 兆欧表　C. 电流表　D. 电桥

197. 神八机车空调：空气-水热交换器冷却风机检查时需要拆卸（　　）。

A. 外罩　B. 散热板　C. 水箱　D. 风机

198. 神八机车谐振吸收电容设定值为（　　）。

A. $1\times(1\pm5\%)$ mF　B. $5\times(1\pm5\%)$ mF

C. $9.39\times(1\pm5\%)$ mF　D. $10\times(1\pm5\%)$ mF

199. 在一个变流器柜中只能安装一个制造厂商的电容器，因此（　　）在一个变流器柜中混装。

A. 不可　B. 可以　C. 应该　D. 必须

200. 冷却系统软管不得开裂、划伤，软管弯曲弧度不得小于（　　）。

A. 100°　B. 900°　C. 500°　D. 120°

201. 检修功补开关柜不常用材料（　　）。

A. 棉丝　B. 纱布　C. 绝缘漆　D. 石棉手套

202. 检修功补开关柜不常用工具（　　）。
A. 万能电桥　B. 兆欧表　C. 毛刷　D. 铜锤

203. 功补开关柜用（　　）的风压进行吹扫。
A. 0.2～0.3 MPa　B. 0.6～1.0 MPa
C. 0.8～1.0 MPa　D. 0.8～2.0 MPa

204. 功补柜吹扫时嘴距各电器及绝缘部分应大于（　　）。
A. 150 mm　B. 160 mm　C. 170 mm　D. 180 mm

205. 功补开关柜不常用设备（　　）。
A. 环境温度计　B. 毛刷　C. 兆欧表　D. 万用表

206. 功补开关柜耐压试验 W 值为（　　）。
A. $W=(\mathrm{AI}-80)/80\times100\%\leqslant5\%$　B. $W=(\mathrm{AI}-80)/80\times100\%\leqslant30\%$
C. $W=(\mathrm{AI}-80)/80\times100\%\leqslant40\%$　D. $W=(\mathrm{AI}-80)/80\times100\%\leqslant20\%$

207. 功补开关柜耐压试验电流值为（　　）。
A. 20 kA　B. 30 A　C. 40 A　D. 80 mA

208. 功补开关柜耐压试验电压值为（　　）。
A. 2 000 V 原边电压　B. 2 200 V 原边电压
C. 2 800 V 原边电压　D. 2 500 V 原边电压

209. 功补开关柜外观检查各电阻不正确的（　　）。
A. 放电　B. 变形　C. 短路　D. 其他

210. 功补开关柜外观检查各电阻不正确的（　　）。
A. 其他　B. 烧痕　C. 裂损　D. 开路

211. 绝缘板表面有轻微过热变色或碳化深度不超过（　　）。
A. 1 mm　B. 2 mm　C. 3 mm　D. 0.5 mm

212. 绝缘板表面有轻微过热变色或碳化需用什么工具打磨（　　）。
A. 细砂布　B. 细锉刀　C. 粗锉刀　D. 刀片

213. 绝缘板表面缺少绝缘漆需涂抹（　　）。
A. 白色自喷漆　B. 红色自喷漆
C. 绝缘漆　D. 黑色自喷漆

214. 检查功补柜各电阻安装支架绝缘板应无（　　）。
A. 碳化　B. 短路　C. 过热　D. 烧痕

215. 功补开关柜次边过压吸收电阻（　　）。
A.（73、74、83、84）R　B.（72、74、84、86）R
C.（63、64、73、74）R　D.（43、44、53、54）R

216. 功补开关柜次边过压吸收励磁电阻（　　）。
A. $3.1\times(1\pm10\%)\ \Omega$　B. $5\times(1\pm10\%)\ \Omega$

C. 18 × (1 ± 10%) Ω　　D. 7.1 × (1 ± 10%) Ω

217. 功补开关柜次边电容（　　）μf。

A. 20　　B. 30　　C. 18　　D. 19

218. 功补开关柜主整流装置负载电阻（　　）。

A.（85、86、95、96）R　　B.（75、76、85、86）R

C.（87、88、98、99）R　　D.（83、84、94、96）R

219. 功补开关柜主 PFC 放电电阻（　　）Ω。

A. 800 × (1 ± 10%) Ω　　B. 900 × (1 ± 10%) Ω

C. 1 000 × (1 ± 10%) Ω　　D. 2 000 × (1 ± 10%) Ω

220. 功补柜励磁过压吸收电阻（　　）R。

A. 102　　B. 94　　C. 104　　D. 250

221. 功补隔离开关大片刀片的缺损宽度不大于（　　）。

A. 1/2　　B. 1/10　　C. 1/3　　D. 1/5

222. 功补隔离开关大片刀片缺损厚度不大于原形（　　）

A. 20%　　B. 10%　　C. 1/3　　D. 30%

223. 功补隔离开关大片刀片接触线（或面）长度应大于（　　）

A. 90%　　B. 100%　　C. 80%　　D. 70%

224. 电力机车屏柜中检查各辅助联锁不得有烧痕，其厚度不小于（　　）。

A. 0.7 mm　　B. 0.5 mm　　C. 0.8 mm　　D. 0.9 mm

225. 功补隔离开关用（　　）检查辅助联锁通断状态。

A. 深度尺　　B. 点温计　　C. 万用表　　D. 游标卡尺

226. 功补开关柜同步变压器检修外观检查（　　）。

A. 断路　　B. 短路

C. 不得有过热、绝缘良好　　D. 断丝

227. 外观检查各电容器外壳（箱体）不正确的是（　　）。

A. 裂损　　B. 膨胀变形　　C. 短路　　D. 放电烧痕

228. 功补开关柜同步变压器检修抽头 1、2 间电压（　　）。

A.（800 ± 10）V　　B.（600 ± 10）V

C.（700 ± 10）V　　D.（800 ± 10）V

229. 功补开关柜同步变压器检修抽头 3、4 间电压（　　）。

A.（8 ± 0.5）V　　B.（7 ± 0.5）V

C.（5 ± 0.5）V　　D.（9 ± 0.5）V

230. 真空接触器检查主触头开距，可通过测量磁轭和联轴节之间的尺寸获得其开距为（　　）。

A. 1.9 mm　　B. 1.8 mm　　C. 1.5 mm　　D. 20 mm

231. 真空接触器检查主触头开距、可通过测量磁轭和联轴节之间的尺寸禁用限度为（　　）。

A. 5.5 mm　　B. 4.5 mm　　C. 3.5 mm　　D. 6.0 mm

232. 功补开关柜辅助触头的检查滑杆行程为（　　）。

A. 3.5 mm　　B. 3.0 mm　　C. 2.5 mm　　D. 4.0 mm

233. 功补开关柜辅助触头的检查滑杆超程为（　　）。

A. 10 mm　　B. 0.5 mm　　C. 20 mm　　D. 5 mm

234. 功补开关柜辅助触头在两触头间加 2 500 V 工频交流电压（　　）min，无击穿闪络现象。

A. 1　　B. 2　　C. 3　　D. 4

235. 功补开关柜检查各铜排母线间及对地绝缘距离应不小（　　）mm。

A. 30　　B. 20　　C. 40　　D. 50

236. 功补柜绝缘电阻检测和工频耐压试验应大于（　　）MΩ。

A. 2.5 MΩ　　B. 3.5 MΩ　　C. 4.5 MΩ　　D. 5.5 MΩ

237. 功补柜控制电路用 500 V 兆欧表检测控制电路对地绝缘电阻值应大于（　　）MΩ（用过渡插座引出线，并接地）工频耐压试验：1 000 V/1 min 无击穿。

A. 3　　B. 2　　C. 1　　D. 4

238. 硅整流柜对地绝缘选择的量具为（　　）。

A. 2 500 V 兆欧表　　B. 电压表

C. 电流表　　D. 万用表

239. 硅整流柜对地绝缘电阻值（　　）。

A. ⩾10　　B. ⩾20　　C. ⩾30　　D. ⩾40

240. 硅整流柜对地耐电压试验值（　　）V，1 min。

A. 5 900　　B. 5 800　　C. 6 000　　D. 7 000

241. 硅整流柜脉冲幅度值（　　）。

A. 3 ~ 4　　B. 4 ~ 5　　C. 5 ~ 6　　D. 6 ~ 7

242. 硅整流柜中修对地耐电压试验值不小于（　　）V，1 min。

A. 5 000　　B. 4 900　　C. 5 100　　D. 5 800

243. 晶闸管触发脉冲值（　　）。

A. 900 ~ 1 000　　B. 800 ~ 900　　C. 700 ~ 800　　D. 600 ~ 700

244. 硅整流柜软连线折损面积不许有超过原形的（　　）。

A. 1/3　　B. 1/2　　C. 1/10

245. 硅整流柜铜排母线缺损面积不许超过原形的（　　）。

A. 1/2　　B. 1/3　　C. 1/20　　D. 1/4

246. 变流装置中修作业时各臂并联支路均流系数应大于（　　）。

A. 1.05　　B. 0.95　　C. 0.85　　D. 1.35

247. 变流装置解体前用（　　）MPa 干燥压缩空气吹扫整流柜各部。

A. 0.4 ~ 0.5　　B. 0.5 ~ 0.6　　C. 0.2 ~ 0.3　　D. 0.6 ~ 0.7

248. 变流装置铜排母线有轻微烧痕时，用（　　）打磨消除。

A. 锉刀　　B. 细锉或砂布　　C. 细锉　　D. 砂布

249. 变流装置铜排母线缺损及软连线断股大于原形的（　　）时应更新。

A. 5%　　B. 10%　　C. 15%　　D. 20%

250. 用（　　）测量快速熔断器及指示件不许有开路。

A. 电流表　　B. 电压表　　C. 万用表　　D. 游标卡尺

251. 整流柜耐压试验在带电部分与对地之间施加工频交流电压 5 100 V（　　）应不许有击穿和闪烙。

A. 2 min　　B. 1 min　　C. 3 min　　D. 4 min

252. 整流柜耐压试验在带电部分与对地之间施加工频交流电压（　　），1min 应不许有击穿和闪烙。

A. 8 060 V　　B. 5 100 V　　C. 6 100 V　　D. 7 120 V

253. 变流装置用 2 500 V 兆欧表测量受试部分的绝缘电阻值不小于（　　）MΩ。

A. 30　　B. 20　　C. 10　　D. 40

254. 变流装置通电 15 min 以后，用交直流钳形电流表测量各并联支路的电流，各桥臂均流系数应不小于（　　）。

A. 1.00　　B. 0.95　　C. 0.85　　D. 1.05

255. 变流装置调节交流电源电压，使变流装置输出额定值（　　）。

A. 6 000 A　　B. 1 680 A　　C. 2 000 A　　D. 2 100 A

256. 变流装置开启通风机冷却，入风口处的平均风速≥（　　）。

A. 6 m/s　　B. 7 m/s　　C. 8 m/s　　D. 9 m/s

257. 变流装置交流输入端接低压大电流变压器，交流装置输出端用 2 500 A/75 mV 的分流器短接（或接一个低电阻），脉冲触发装置连到插座上并将触发脉冲调到（　　）。

A. 中间值　　B. 最小值　　C. 最大值

258. 变流装置组装时应用酒精清洗主电路连接处的原导电膏，并涂上新的导电膏，涂层厚度（　　）。

A. 0.1 ~ 0.2 mm　　B. 0.2 ~ 0.3 mm　　C. 0.3 ~ 0.4 mm　　D. 0.4 ~ 0.5 mm

259. 变流装置若有元件击穿或电压降级需更换元件时，换上的新元件应与桥臂上未更换元件属同一厂家，且元件正向压降相等或相差不大于（　　）。

A. 0.09 V　　B. 0.06 V　　C. 0.08 V　　D. 0.02 V

260. 变流装置若有元件击穿或电压降级需更换元件时，换上的新元件应与桥臂上未更换元件属同一厂家，且元件正向压降相等或相差（　　）0.02 V。

A. 不大于　　B. 不小于　　C. 不相等

261. 变流装置使用晶闸管触发特性测试仪测试，晶闸管门极触发电流 I_{gt} 均不小于（　　）。

A. 600 mA　　B. 500 mA　　C. 450 mA　　D. 400 mA

262. 变流装置功率因数补偿用晶闸管 KPA900-46，测试电压为 4 600 V 时，断态（　　）重复峰值电流 IRRM、IDRM 不大于 45 mA（25 °C）。

A. 反向　　B. 同向　　C. 单向

263. 变流装置功率因数补偿用晶闸管 KPA900-46，测试电压为 4 600 V 时，断态（反向）重复峰值电流 IRRM、IDRM 不大于（　　）（25 °C）。

A. 45 mA　　B. 55 mA　　C. 65 mA　　D. 75 mA

264. 变流装置功率因数补偿用晶闸管 KPA900-46，测试电压为（　　）V 时，断态（反向）重复峰值电流 IRRM、IDRM 不大于 45 mA（25 °C）。

A. 5 000　　B. 4 600　　C. 4 700　　D. 4 800

265. 变流装置励磁半控桥晶闸管 KPA1300-10，测试电压为（　　），断态（反向）重复峰值电流 IRRM、IDRM 不大于 55 mA（25 °C）。

A. 1 000 V　　B. 2 000 V　　C. 3 000 V　　D. 4 000 V

266. 变流装置励磁半控桥晶闸管 KPA1300-10，测试电压为 1 000 V，断态（反向）重复峰值电流 IRRM、IDRM 不大于（　　）mA（25 °C）。

A. 55　　B. 65　　C. 85　　D. 95

267. 变流装置对主晶闸管 KPA1300-30，测试电压为（　　）V 时，断态（反向）重复峰值电流 IRRM、IDRM 不大于 50 mA（25 °C）。

A. 5 000　　B. 4 000　　C. 3 000　　D. 6 000

268. 变流装置对主晶闸管 KPA1300-30，测试电压为 3 000 V 时，断态（反向）重复峰值电流 IRRM、IDRM 不大于（　　）mA（25 °C）。

A. 80　　B. 70　　C. 60　　D. 50

269. 变流装置励磁半控桥整流管 ZPA2100-10，测试电压为（　　）时反向重复峰值电流 IRRM 不大于 55 mA（25 °C）。

A. 1 000 V　　B. 2 000 V　　C. 3 000 V　　D. 4 000 V

270. 变流装置励磁半控桥整流管 ZPA2100-10，测试电压为 1 000 V 时反向重复峰值电流 IRRM 不大于（　　）mA（25 °C）。

A. 55　　B. 65　　C. 85　　D. 95

271. 变流装置对主整流管 ZPA2100-30，测试电压为（　　）V 时反向重复峰值电流 IRRM 不大于 50 mA（25 °C）。

A. 5 000　　B. 4 000　　C. 3 000　　D. 6 000

272. 变流装置对主整流管 ZPA2100-30，测试电压为 3 000 V 时反向重复峰值电流 IRRM 不大于（　　）mA（25 °C）。

A. 50　　B. 65　　C. 85　　D. 95

273. 变流装置励磁半控桥整流管 ZPA2100-10，测试电压为 1 000 V 时反向重复峰值电流 IRRM 不大于 55 mA 环温度（　　）°C。

A. 25　　B. 35　　C. 45　　D. 55

274. 变流装置外观检查快速熔断器瓷件不许有裂损，用（　　）测量快速熔断器及指示件不许有开路。

A. 点温计　　B. 深度尺　　C. 万用表　　D. 游标卡尺

275. 变流装置铜排母线有轻微烧痕时，用细锉或砂布打磨消除，如铜排母线缺损及软连线断股大于原形的（　　）时应更新。

A. 25%　　B. 15%　　C. 5%　　D. 10%

276. 变流装置元件的测试对 ZPA800-30：VRRM 为（　　）V；IRRM≤66 mA（25 °C）中修限度。

A. 5 000　　B. 3 000　　C. 4 000　　D. 6 000

277. 变流装置元件的测试对 ZPA800-30：VRRM 为 3 000 V；IRRM≤（　　）mA（25 °C）中修限度。

A. 76　　B. 66　　C. 86　　D. 96

278. 变流装置元件应按原排列位置组装，注意元件极性要正确。每个臂 4 个并联晶闸管或整流元件正向压降之差，其中 T2、T4、T5、D2、D3 臂由上到下按次（　　）递减，T1、T3、T6、D1、D4 臂差值相等。

A. 0.01 V　　B. 0.04 V　　C. 0.03 V　　D. 0.02 V

279. 变流装置元件应按原排列位置组装，注意元件极性要正确。每个臂 4 个并联晶闸管或整流元件正向压降之差，其中 T2、T4、T5、（　　）、D3 臂由上到下按次 0.01 V 递减，T1、T3、T6、D1、D4 臂差值相等。

A. D2　　B. D4　　C. D3　　D. D5

280. 变流装置元件应按原排列位置组装，注意元件极性要正确。每个臂 4 个并联晶闸管或整流元件正向压降之差，其中 T2、T4、T5、D2、D3 臂由上到下按次 0.01 V 递减，T1、T3、T6、（　　）、D4 臂差值相等。

A. D1　　B. D3　　C. D2　　D. D4

281. 变流装置各固定螺栓应紧固牢靠，各接触面接触应良好，并涂（　　）。

A. 导电膏　　B. 凡士林　　C. 美孚 100　　D. 美孚 200

282. 高压隔离开关动触片检修工艺要求厚度不小于（　　）mm。

A. 8.5　　B. 6　　C. 7　　D. 6.5

283. 机车原理图中 QF 指的是（　　）。

A. 受电弓　　B. 主断路器　　C. 接触器　　D. 继电器

284. SS_{4B} 电力机车无间隙金属氧化物避雷器主要元件是由（　　）及其他多种金属氧化物在高温下烧结而成。

A. SiO_2　　B. Al_2O_3　　C. Fe_2O_3　　D. ZnO

285. SS_{4B} 电力机车主电路中牵引电动机供电方式是（　　）。
A. 不等分三段半控整流调压　　B. 转向架独立供电方式
C. 交-直传动形式　　D. 功率补偿

286. SS_{4B} 机车轴式为（　　）。
A. $2(B_0\text{-}B_0)$　　B. $4(B_0\text{-}B_0)$　　C. $B_0\text{-}B_0$　　D. $C_0\text{-}C_0$

287. 电力机车产生的三次谐波频率是（　　）。
A. 50 Hz　　B. 100 Hz　　C. 150 Hz　　D. 200 Hz

288. 绝缘材料的绝缘强度通常指（　　）厚绝缘材料所能承受的电压千伏值。
A. 0.5 mm　　B. 1 mm　　C. 1.5 mm　　D. 2 mm

289. 硅整流元件的冷却风速应（　　）。
A. 大于 3 m/s　　B. 大于 6 m/s
C. 大于 9 m/s　　D. 大于 12 m/s

290. 机车牵引整流柜用风机为（　　）。
A. 离心式通风机　　B. 轴流风机
C. 其他风机　　D. 自然冷却

291. 机车励磁整流柜的冷却方式是（　　）。
A. 离心式通风机　　B. 轴流风机
C. 水冷却　　D. 自然冷却

292. 机车采用多段整流桥的目的是为了提高（　　）。
A. 电机电压　　B. 控制精度
C. 电机功率　　D. 机车功率因数

293. 机车功补装置是用来（　　）。
A. 提高机车功率因数　　B. 降低机车功率因数
C. 提高机车牵引力　　D. 降低机车牵引力

294. 进行电气修理作业时，须（　　）作业。
A. 带电　　B. 断电
C. 无要求　　D. 视具体情况而定

295. 在一个变流器柜中只能安装一个制造厂商的电容器，因此（　　）在一个变流器柜中混装。
A. 不可　　B. 可以　　C. 应该　　D. 必须

296. 冷却系统软管不得开裂、划伤，软管弯曲弧度不得小于（　　）。
A. 200°　　B. 190°　　C. 150°　　D. 120°

297. 将冲洗完毕的整流柜吊运到烘干箱进行烘干（　　）。
A. 4 ~ 7 h　　B. 4 ~ 6 h　　C. 4 ~ 8 h　　D. 4 ~ 9 h

298. 将冲洗完毕的整流柜吊运到烘干箱进行烘干（　　）°C。

A. 100　　B. 70　　C. 50　　D. 80

299. 变流装置晶闸管有阳极、（　　）、门极。

A. 三级　　B. 二极　　C. 阴极　　D. 无极

300. 用（　　）测量熔断器通断是否良好。

A. 电压表　　B. 万用表　　C. 电流表　　D. 钳形电流表

301. SS_{4B}型电力机车受电弓静态接触压力是（　　）。

A.（80 ± 10）N　　B.（70 ± 10）N

C.（75 ± 10）N　　D.（85 ± 10）N

302. SS_{4B}型电力机车 TSG3-630/25 型受电弓传动风缸工作气压为（　　）。

A. 750 ~ 1 900 kPa　　B. 800 ~ 1 100 kPa

C. 1500 ~ 1 900 kPa　　D. 520 ~ 1 000 kPa

303. SS_{4B}型电力机车受电弓最大升弓高度为（　　）。

A. 2 620 mm　　B. 2 605 mm　　C. 2 600 mm　　D. 2 650 mm

304. SS_{4B}受电弓从 0 ~ 1 800 mm 间升弓时间为（　　）

A. 7 ~ 9 s　　B. 7 ~ 10 s　　C. 6 ~ 8 s　　D. 7 ~ 11 s

305. SS_{4B}受电弓从 1800 ~ 0 mm 间降弓时间为（　　）。

A. 6 ~ 9 s　　B. 6 ~ 10 s　　C. 6 ~ 12 s　　D. 5 ~ 7 s

306. 受电弓各关节轴承和滑动部分给油在（　　）。

A. 辅修　　B. 小修　　C. 辅修、小修

307. TSG3-630/25 型受电弓的额定工作气压是（　　）kPa。

A. 540　　B. 500　　C. 600　　D. 700

308. TSG3-630/25 型受电弓额定电压为 25 kV，额定电流为（　　）A。

A. 650　　B. 630　　C. 800　　D. 1 000

309. 受电弓平衡杆的作用是控制（　　）。

A. 工作高度　　B. 运动轨迹

C. 受电弓滑板面保持水平　　D. 工作长度

310. 受电弓最小工作高度是（　　）mm。

A. 800　　B. 700　　C. 600　　D. 500

311. 受电弓最大工作高度是（　　）mm。

A. 2 700　　B. 2 800　　C. 2 900　　D. 2 250

312. SS_{4B}型电力机车受电弓弓头长度为（　　）。

A. 2 085 mm　　B. 2 090 mm　　C. 2 095 mm　　D. 2 100 mm

313. TSG3-630/25 型受电弓的工作高度为（　　）mm。

A. 600 ~ 2600　　B. 700 ~ 2600　　C. 500 ~ 2250　　D. 800 ~ 2650

314. TSG3-630/25 型受电弓的降弓时间不大于（　　）s。

A. 8　　B. 7　　C. 9　　D. 10

315. TSG3-630/25 型受电弓滑板两端制成弧形弓角的作用是（　　）。

A. 避免拉弧　　B. 减小冲击

C. 避免刮弓影响　　D. 改善受流

316. 检修 TSG3-630/25 型受电弓弓头时，挂 7 kg 重物，弹簧盒支架伸缩量为（　　）mm。

A. 113 ~ 129　　B. 114 ~ 121　　C. 14 ~ 20　　D. 113 ~ 122

317. 在车上检修受电弓时，检查软编织线截面积缺损大于（　　）时更换。

A. 15%　　B. 10%　　C. 25%　　D. 20%

318. 目前朔黄铁路使用的滑板为浸金属碳滑板，《SS_{4B} 型电力机车检修工艺》规定：受电弓滑板厚度不小于（　　）。

A. 11 mm　　B. 10 mm　　C. 8 mm　　D. 9 mm

319. TSG3-630/25 型单臂受电弓弓头总长度（　　）。

A. 2 255 mm　　B. 2 250 mm　　C. 2 375 mm　　D. 2 085 mm

320. 滑板下落时应与两止挡同时接触，两止挡水平差不得超过 （　　）。

A. 5 mm　　B. 6 mm　　C. 7 mm　　D. 8 mm

321. 在受电弓的顶部挂一个 8 kg 重锤，在 1 900 mm 的高度上无初速地释放受电弓，弓应能自动下降到（　　）以下。

A. 0.50 m　　B. 0.65 m　　C. 0.75 m　　D. 0.85 m

322. 在升弓的顶部挂一个 8 kg 重锤，在 0.5 m 的高度上无初速地释放受电弓，弓应能自动上升（　　）。

A. 1 900 mm　　B. 1 920 mm　　C. 1 930 mm　　D. 1 910 mm

323. 升弓至（　　）mm，调整滑板的平衡机构，使滑板摩擦面沿水平轴向前、向后的倾斜量相同，弓头倾斜度应 < 4°。

A. 1 700　　B. 2 700　　C. 3 700　　D. 4 700

324. 在（　　）kPa 的风压下，滑板能顺利升至 2 600 mm，在升弓过程中无停滞现象，且传动风缸活塞无旷动。

A. 500　　B. 1 500　　C. 2 500　　D. 4 500

325. 调整受电弓的接触压力，在距止挡（　　）mm 到 1 900 mm 时，接触压力为 60 ~ 80 N，风压 520 ~ 1 000 kPa。

A. 400　　B. 4 400　　C. 2 400　　D. 1 400

326. 安装新滑条时，托架与滑板条密贴，滑板条与诱导角间隙不大于（　　）mm，局部磨耗深度不大于 0.5 mm。

A. 2　　B. 2.3　　C. 2.2　　D. 2.1

327. 受电弓作业时，将弹簧座杆上涂适量轴承润滑脂，插入弹簧盒腔内，打好穿销。检查弓头，挂（　　）kg 重物时，弹簧盒支架伸缩量为 14 ~ 20 mm。

A. 8　　B. 9　　C. 10　　D. 11

328. TSG3-630/25 型受电弓传动风缸内径不大于（　　）mm。

A. 172.1　　B. 170　　C. 172.2　　D. 172.3

329. TSG3-630/25 型在 500 kPa 的风压下，滑板能顺利升至（　　）mm，在升弓过程中无停滞现象，且传动风缸活塞无旷动。

A. 2 800　　B. 2 900　　C. 2 600　　D. 3 000

330. 弓头、弓角不许有裂损、锈蚀、变形；弓角安装牢固，不许有变形，与滑板之间须平滑过渡，间隙为 0.5 ~（　　）mm；弓头连接风管更新。

A. 1.51　　B. 1.52　　C. 1.5　　D. 1.53

331. 受电弓自身高（　　）mm。

A. 675　　B. 673　　C. 680　　D. 690

332. 受电弓自身重量（　　）kg。

A. 169　　B. 159.8　　C. 160　　D. 161

333. 兆欧表有 3 个测量端钮，分别标有 L、E 和 G 3 个字母，若测量其屏蔽层应接（　　）。

A. L 端钮　　B. E 端钮　　C. G 端钮　　D. 任意

334. 电桥是用于测量（　　）的仪表。

A. 电阻　　B. 电压　　C. 电流　　D. 绝缘电阻

335. 受电弓分流线截面缺损≤（　　）%。

A. 20　　B. 10　　C. 30　　D. 40

336. 三极管作开关管时，可使三极管在（　　）或截止状态。

A. 饱和　　B. 截止　　C. 放大　　D. 以上均可能

337. 二极管串联限幅器在二极管（　　）时限幅。

A. 截止　　B. 导通　　C. 击穿　　D. 以上均可能

338. 用熔断器做一台电机的短路保护，熔体的额定电流应为额定电流的（　　）倍。

A. 1.0 ~ 1.2　　B. 1.5 ~ 2.5　　C. 4 ~ 7　　D. 8 ~ 10

339. 下列保护器件中，不可用作短路保护的是（　　）。

A. 热继电器　　B. 自动空气开关

C. 熔断器加缺相保护　　D. 以上均不对

340. 微机控制系统一般都具有 3 个要素，不包括（　　）。

A. 控制对象　　B. 信息处理机构

C. 信息储存机构　　D. 执行机构

341. 中央控制单元的符号是（　　）。

A. LCU　　B. CCU　　C. ATP　　D. DCU

342. 弓头横向摆动幅度≤（　　）mm。

A. 40　　B. 30　　C. 50　　D. 60

343. 滑板工作长度范围内高低偏差≤（　　）mm。

A. 25　　B. 15　　C. 35

344. 滑板条与诱导角间间隙≤（　　）mm。

A. 3　　B. 5　　C. 2　　D. 4

345. 滑板从 2 250 mm 下降到落弓位所需时间不大于（　　）。

A. 5 s　　B. 6 s　　C. 7 s　　D. 8 s

346. 受电弓滑板下落时应与两止挡同时接触，两止挡水平差不得超过（　　）。

A. 7 mm　　B. 10 mm　　C. 8 mm　　D. 9 mm

347. 受电弓由 1.8 m 下降到 0 所需时间：5 s≤T_m≤（　　）。

A. 10 s　　B. 11 s　　C. 8 s　　D. 9 s

348. 受电弓各轴销配合间隙应小于（　　）mm，并适量涂润滑脂。

A. 3　　B. 4　　C. 5

349. 受电弓传动风缸内径不大于（　　）。

A. 170 mm　　B. 180 mm　　C. 190 mm　　D. 200 mm

350. 受电弓轴承完好，各轴、关节转动灵活；油路畅通，油润良好；导流线紧固，不许有过热、老化，断股不超过原形的（　　）%。

A. 5　　B. 6　　C. 7　　D. 8

351. 受电弓在最小工作气压（　　）kPa 下，弓头须能顺利上升至最大高度且无呆滞现象。

A. 375　　B. 383　　C. 395

352. 受电弓升弓至 1 700 mm，调整滑板的平衡机构，使滑板摩擦面沿水平轴向前、向后的倾斜量相同，弓头倾斜度应＜（　　）°。

A. 4.1　　B. 4.2　　C. 4.3　　D. 4

353. 受电弓在额定工作气压下，滑板从落弓位上升至（　　）mm，所需时间 6 ~ 10 s。

A. 2 270　　B. 2 260　　C. 2 250

354. 受电弓滑板从 2 250 mm 下降到落弓位所需时间不大于（　　）s。

A. 6　　B. 6.1　　C. 6.3　　D. 6.2

355. 受电弓气囊及气路的气密性试验：将气囊及气路与容积相当的储气缸相连，并充以 400 kPa 的额定气压后关闭气源，10 min 后气缸中的气压下降不超过（　　）%。

A. 5　　B. 6　　C. 7　　D. 8

356. 受电弓气囊裂缝达到长（　　）mm、深 1.2 mm（露尘夹布层）或漏泄者更新。阻尼器不许有泄漏，动作灵活，更新保护套；钢丝拉绳更新。

A. 20　　B. 30　　C. 40　　D. 50

357. 受电弓托架两端的诱导角及弓角完好紧固，导角下部的挡铁应牢固，滑板上两个支承点之间的距离为 1 347 ±（　　）mm。

A. 1　　B. 6　　C. 8　　D. 9

358. 受电弓在工作高度 220 ~（　　）mm 范围内及额定工作气压下，受电弓的接触压力及接触压力差（不带阻尼器）须符合规定。

A. 5 000　　B. 4 000　　C. 2 250　　D. 6 000

359. 受电弓气囊及气路的气密性试验:将气囊及气路与容积相当的储气缸相连，并充以 400 kPa 的额定气压后关闭气源，（　　）min 后气缸中的气压下降不超过 5%。

A. 80　　B. 70　　C. 60　　D. 10

360. 受电弓滑板条与诱导角间间隙≤（　　）mm。

A. 2　　B. 3　　C. 4　　D. 5

361. 受电弓相邻两滑板条间应平滑过渡，且每（　　）mm 长度范围内厚度差≤1 mm。

A. 5　　B. 6　　C. 8　　D. 9

362. 受电弓滑板在工作高度范围内，其中心线与车顶中心线偏差≤（　　）mm。

A. 20　　B. 30　　C. 40　　D. 50

363. 受电弓滑板工作长度范围内高低偏差≤（　　）mm。

A. 15　　B. 18　　C. 19　　D. 20

364. 爱岗（　　）是职业道德的基础与核心。

A. 敬业　　B. 团结　　C. 奉献　　D. 学习

365. 用电压表测量电压时，应将电压表与被测电路联成（　　）方式。

A. 并联　　B. 串联　　C. 混联　　D. 任意

366. 受电弓额定静态工作压力是（　　）~ 80 N。

A. 60　　B. 80　　C. 100　　D. 120

367. 兆欧表是用来测量（　　）的。

A. 绝缘电阻　　B. 低值电阻

C. 高值电阻　　D. 击穿电压

368. 万用表在使用完毕后，应将选择开关置（　　）最高挡。

A. 电流　　B. 电阻　　C. 交流电压　　D. 直流

369. 普通钳形电流表可用来测量（　　）。

A. 电流　　B. 直流　　C. 交流　　D. 电压

370. 导体切割磁力线产生电动势的方向用（　　）来判定。

A. 右手　　B. 安培　　C. 右手定则　　D. 左手

371. “慎独”重在（　　），是一种崇高的思想道德境界。

A. 锻炼　　B. 批评　　C. 自律　　D. 帮助

372. 升弓弹簧自由高（　　）mm。

A. 400　　B. 500　　C. 600　　D. 800

373. 金属导体的电阻与（　　）无关。

A. 长度　　B. 截面积　　C. 电阻率　　D. 外加电压

374. 过压抑制板中能够起到抑制电压，具有速度快且高的浪涌吸收能力的元件是（　　）。

A. 反向击穿二极管　　B. 稳压二极管

C. 硅瞬变电压吸收二极管　　D. 交流稳压器

375. TSG3-630/25 型受电弓弓头总长度为（　　）。

A. 2 585 mm　　B. 2 865 mm　　C. 2 895 mm　　D. 2 085 mm

376. 在电路中电压表的内阻越大，则其测量误差越（　　）。

A. 小　　B. 大　　C. 无

377. 在电路中电流表的内阻越大，则其测量误差越（　　）。

A. 大　　B. 小　　C. 无

378. 受电弓滑板条间接缝间隙应≤（　　）mm。

A. 2　　B. 1　　C. 3　　D. 5

379. 受电弓滑板直线长（　　）。

A. 1 250 mm　　B. 1 350 mm　　C. 1 550 mm

380. SS_4 型电力机车 JK430 轴温监测每根轴有（　　）点位。

A. 6　　B. 4　　C. 10　　D. 7

381. 在力学中 5 千克力等于（　　）牛。

A. 49　　B. 50　　C. 60　　D. 70

382. 电流的单位是（　　）。

A. A（安培）　　B. V（伏特）　　C. S（西）　　D. H（亨）

383. 下列表示热量单位的是（　　）。

A. var（乏）　　B. W（瓦）　　C. VA（伏安）　　D. J（焦）

384. 在一个串联电路中，各处的导线粗细不一样，则通过各导线的电流是（　　）的。

A. 相等　　B. 不相等

C. 视导线粗细而定　　D. 无关

385. 连接空调机组与实验台进行实验，试验时插头插接（　　），各为一组分别进行实验。

A. 2，4 和 3，5　　B. 2，3 和 4，2

C. 1，2 和 3，4　　D. 1，2 和 4，1

386. 检查空调电源箱体内部，用万用表测量自动开关接触电阻要求不得大于（　　）。

A. 0.5 Ω　　B. 0.6 Ω　　C. 0.3 Ω　　D. 0.4 Ω

387. 连接空调电源与实验台进行实验，通电运行 10 min，用温度测试仪确认空调机组制冷，冷风与回风温差在（　　）。

A. 9～13 °C　　B. 8～12 °C　　C. 9～14 °C　　D. 9～15 °C

388. 栅片灭弧的效果在交流时要比在直流时（　　）。

A. 强　　B. 弱　　C. 无

389. 空调电源主电路和控制电路对地绝缘电阻应（　　）。

A. ≥5 MΩ　　B. ≥2 MΩ　　C. ≥3 MΩ　　D. ≤4 MΩ

390. SS_4 型电力机车有三大电路，分别是主电路、（　　）和控制电路。

A. 电子电路　　B. 辅助电路　　C. 隔离电路

391. 解体前吹扫，在吹扫间内用（　　）压缩空气吹扫高压柜，清除尘土。

A. 0.2～0.3 MPa　　B. 0.3～0.4 MPa

C. 0.3～0.43 MPa　　D. 0.3～5 MPa

392. 高压柜解体吹扫时，风嘴距绝缘距离不小于（　　）mm，清洁度符合要求。

A. 160　　B. 170　　C. 180　　D. 150

393. 电力机车中修时，发现主接地保护装置中电阻表面珐琅有轻微剥离，应用（　　）涂封处理。

A. 环氧树脂　　B. 绝缘漆　　C. 有机硅　　D. 胶带

394. 电磁接触器触点重新更换后应调整（　　）。

A. 开距　　B. 压力

C. 压力、开距　　D. 超程

395. 动刀片与静刀片或刀夹接触良好，且接触线（或面）长度应在（　　）以上，夹刀正常。

A. 110%　　B. 80%　　C. 90%　　D. 100%

396. 主电路入库转换开关，在刀片与刀夹接触处涂（　　）。

A. 美孚 100　　B. 黄油　　C. 凡士林　　D. 机油

397. 用万用表检测刀开关辅助联锁通断情况，辅助触头不许有烧痕，触头厚度应不小于（　　）。

A. 0.7 mm　　B. 0.8 mm　　C. 0.5 mm　　D. 0.6 mm

398. 用 2 500 V 兆欧表测量高压柜各电阻对地绝缘电阻值应不小于（　　）。

A. 13 MΩ　　B. 15 MΩ　　C. 18 MΩ　　D. 10 MΩ

399. 高压柜上各接线，线芯断股不大于原形的（　　）。

A. 25%　　B. 10%　　C. 15%　　D. 20%

400. 检修固定分路电阻及磁场削弱电阻，抽出芯杆，如果碳化深度超过（　　）时应更新。

A. 2.5 mm　　B. 1 mm　　C. 1.5 mm　　D. 2 mm

401. 高压柜主接地保护装置电阻（191、192R）阻值为（　　）。
A. 900 × (1 ± 10%) Ω　　B. 500 × (1 ± 10%) Ω
C. 800 × (1 ± 10%) Ω　　D. 7.5 × (1 ± 10%) kΩ

402. 高压柜主接地保护装置电阻（193、194R）阻值为（　　）。
A. 300 × (1 ± 10%) Ω　　B. 500 × (1 ± 10%) Ω
C. 800 × (1 ± 10%) Ω　　D. 7.5 × (1 ± 10%) kΩ

403. 高压柜主接地保护装置电阻（195、196R）阻值为（　　）。
A. 300 × (1 ± 10%) Ω　　B. 500 × (1 ± 10%) Ω
C. 800 × (1 ± 10%) Ω　　D. 7.5 × (1 ± 10%) kΩ

404. 高压柜固定分路电阻阻值为（　　）。。
A. 0.79 × (1 ± 10%) Ω　　B. 0.211 × (1 ± 10%) Ω
C. 1 × (1 ± 10%) Ω　　D. 6 × (1 ± 10%) Ω

405. 检修高压柜各刀开关，刀片缺损宽度不大于原型的（　　）。
A. 1/10　　B. 1/4　　C. 1/5　　D. 1/2

406. 检修高压柜各刀开关，刀片缺损厚度不大于原型的（　　）。
A. 1/10　　B. 1/3　　C. 1/5　　D. 1/2

407. 两位置转换开关底座与盖板上的尼龙轴套与转轴的旷动量不大于（　　）。
A. 2.5 mm　　B. 1 mm　　C. 1.5 mm　　D. 2 mm

408. 检查软连线时，其折损截面积不大于原形的（　　），否则应更新。
A. 1/10　　B. 1/3　　C. 1/5　　D. 1/2

409. 机车采用磁削控制是为了（　　）。
A. 提高功率因数　　B. 改善换向
C. 提高机车运行速度　　D. 以上说法均对

410. 触头最繁重的工作过程是（　　）。
A. 开断过程　　B. 闭合状态
C. 断开状态　　D. 闭合过程

411. SS_{4B} 电力机车 1 号高压柜的插头编号是（　　）。
A. 41#、42#　　B. 41#、43#、45#
C. 41#、43#　　D. 42#、43#

412. 电传动机车中两位置转换开关的作用是（　　）。
A. 开断主电路　　B. 辅助电路转换
C. 控制电路转换　　D. 机车方向、工况转换

413. 接触器触点重新更换后应调整（　　）。
A. 开距　　B. 压力
C. 压力、开距　　D. 超程

414. 电传动机车中两位置转换开关属于（ ）驱动的电器。
A. 气动 B. 电磁 C. 手动 D. 液体

415. 功补装置是用来（ ）。
A. 提高机车功率因数 B. 机车功率因数
C. 提高机车牵引力 D. 降低机车牵引力

416. 电空阀的控制对象是（ ）。
A. 电路 B. 常压 C. 压缩空气 D. 介质

417. 电磁接触器灭弧方式是（ ）。
A. 磁砍灭弧 B. 压缩空气
C. 自然过零 D. 自然吸气

418. SS_{4B}型电力机车一级磁场削弱系数为（ ）。
A. 0.79 B. 0.89 C. 0.7 D. 0.96

419. 交流接触器可用在（ ）中。
A. 交流电路 B. 直流电路
C. 直流 D. 交流

420. SS_{4B}电力机车 1 号高压柜正面小线线号是 （ ）。
A. 73、75 B. 81、82 C. 83、85 D. 82、83

421. 机车原理图中 KM 指的是（ ）。
A. 主断路器 B. 时间继电器
C. 压力继电器 D. 接触器

422. 铜母线扁弯时的弯曲半径不得（ ）铜母线的宽边宽度。
A. 小于 B. 大于 C. 等于 D. 任意

423. SS_{4B}电力机车固定分路电阻阻值是（ ）。
A. 0.211 Ω B. 0.5 Ω C. 0.8 Ω D. 1 Ω

424. SS_{4B}电力机车主电路接地故障隔离开关的代号是（ ）。
A. 49QP B. 100QP C. 96QS D. 50QP

425. 下列不是 SS_{4B}电力机车 1 号高压柜接触器代号的是（ ）。
A. 12KM B. 22KM C. 32KM D. 91KM

426. 在接触器中，衔铁在磁场中受到电磁吸力的作用被吸向铁心，从而驱动（ ）动作。
A. 触头 B. 阀门 C. 触杆 D. 阀杆

427.（ ）用于改变机车运行方向及实现机车由牵引工况转换为制动工况。
A. 牵引制动转换股 B. 向前向后股
C. 反向股

428. SS_{4B}电力机车共使用了（ ）种型号的电空接触器。

A. 10　　B. 20　　C. 3　　D. 4

429. 高压柜中励磁接触器的代号为91KM和92KM，其中91KM为（　　）流接触器，92KM为直流接触器。

A. 直　　B. 交　　C. 交直　　D. 直交

430. TCK7G型交流接触器与TCK7F型直流接触器，外观上交流接触器上（　　）吹弧线圈，而直流接触器上（　　）吹弧线圈。

A. 无，有　　B. 有，无　　C. 无，无　　D. 有，有

431. 接触器是可以用于频繁（　　）的负荷电路。

A. 接通　　B. 分断　　C. 接通和分断

432. 触头完全闭合后，如果将静触头移开，动触头在触头弹簧的作用下继续前移的距离称为（　　）。

A. 超程　　B. 研距　　C. 开距

433. 触头处于断开位置时，动静触头之间最小距离称为（　　）。

A. 开距　　B. 研距　　C. 超程

434. 触头的接触方式不包括（　　）。

A. 体接触　　B. 线接触　　C. 面接触　　D. 点接触

435. 触头的磨损不包括（　　）。

A. 机械磨损　　B. 物理磨损

C. 化学磨损　　D. 电磨损

436. 触头的磨损主要取决于（　　）。

A. 机械磨损　　B. 物理磨损

C. 化学磨损　　D. 电磨损

437. 电弧主要在触头的（　　）时产生。

A. 断开过程　　B. 闭合状态

C. 闭合过程　　D. 断开状态

438. 电空接触器一般使用在（　　）电路中。

A. 主　　B. 辅　　C. 控　　D. 信

439. 电空接触器应具有较大的接触压力和触头（　　）。

A. 开距　　B. 触面　　C. 超程　　D. 研距

440. 电空接触器熄灭电弧采用（　　）。

A. 磁吹灭弧　　B. 空气灭弧

C. 自然熄灭　　D. 真空灭弧

441. 接触器的触头处于断开状态时，必须有足够的（　　）以保证可靠熄灭电弧和断开电路。

A. 开距　　B. 研距　　C. 超程　　D. 压力

442. 当触头的（　　）较小时，触头表面的清洁度对接触电阻影响较大。
A. 压力　B. 温度　C. 开距　D. 超程

443. 电力机车上线路接触器用于断开（　　）。
A. 辅助电路　B. 控制电路
C. 保护电路　D. 主电路

444. TCK7 型电空接触器中修用（　　）压缩空气吹扫各部尘垢。
A. 0.2 ~ 0.3 MPa　B. 1 ~ 2 MPa
C. 2 ~ 3 MPa　D. 2 ~ 4 MPa

445. TCK7 型电空接触器动、静触头左、右接触偏移（　　）mm。
A. ≤1　B. ≤3　C. ≤6　D. ≤9

446. SS_4 型电空接触器在电路图中用（　　）表示。
A. KA　B. KC　C. KM　D. KT

447. SS_4 型电力机车中位置转换开关在电路图中用（　　）表示。
A. SB　B. QP　C. SA　D. SK

448. 电器触头工作时，接触压力不足将造成触头（　　）。
A. 严重发热　B. 振动大
C. 不吸合　D. 噪声大

449. 电磁接触器的联锁触头用来构成（　　）。
A. 辅助电路　B. 控制电路
C. 保护电路　D. 主电路

450. 容量较大的交流接触器采用（　　）灭弧装置。
A. 栅片　B. 触点　C. 电动力　D. 以上均不对

451. 电动力灭弧装置一般适用于（　　）灭弧。
A. 交流接触器　B. 直流接触器
C. 交，直流接触器均可　D. 以上均不对

452. 关于气吹灭弧（　　）的叙述是错误的。
A. “气吹灭弧是利用压缩空气来熄弧”
B. “其缺点是灭小电弧容易在大电感电路中产生过电压”
C. “由于压缩空气不易得到，使用不方便，因此使用不广泛”
D. “通常采用并联非线性电阻的方法来减小和抑制大电感电路中产生的电压”

453. 机车上常用的灭弧装置不包括（　　）。
A. 电磁灭弧　B. 角灭弧
C. 电容灭弧　D. 油吹灭弧装置

454. SS_4 型电力机车检修刀开关时，刀开关缺损厚度不应大于原形的（　　）。
A. 1/3　B. 1　C. 2　D. 3

455. 固定分路电阻及磁场削弱电阻检修绝缘杆碳化深度（　　）。

A. ≤1 mm　　B. ≤3 mm　　C. ≤6 mm　　D. ≤9 mm

456. 电空接触器灭弧罩壁板厚度≥原形的（　　）。

A. 50%　　B. 80%　　C. 90%　　D. 100%

457. 电空接触器主触头接触线长度（　　）mm。

A. ≥35　　B. ≥45　　C. ≥31　　D. ≥40

458. 电空接触器主触头开距为 19 ~（　　）mm。

A. 50　　B. 23　　C. 30　　D. 40

459. 电空接触器主触头超程为 7 ~（　　）mm。

A. 30　　B. 14　　C. 20　　D. 25

460. 电空接触器主触头中修厚度不得小于（　　）mm。

A. 2.5　　B. 1.5　　C. 2　　D. 3

461. 中修空调电源箱解体吹扫箱体各部，用 0.2 ~（　　）MPa 压缩空气吹扫。

A. 0.4　　B. 0.2　　C. 0.3　　D. 1

462. 空调电源箱体内部用万用表测量自动开关接触电阻要求不得大于（　　）Ω。

A. 1　　B. 2　　C. 0.3　　D. 0.4

463. 空调机组清洗完毕后用 0.2 ~（　　）MPa 压缩空气将空调机组各部积水吹净。

A. 1　　B. 2　　C. 0.3　　D. 0.4

464. 线路接触器正常情况下是（　　）转换的。

A. 无电　　B. 带电　　C. 均可

465. SS_{4B} 电力机车上的主接地继电器用（　　）。

A. 辅助电路接地保护　　B. 控制电路接地保护

C. 主电路接地保护

466. 接触器触头熔焊会出现（　　）。

A. 不吸合　　B. 铁心不释放

C. 线圈烧坏　　D. 线圈短路

467.（　　）不是接触器断电不释放的原因。

A. 作用力　　B. 剩磁过少　　C. 熔焊　　D. 有油

468. 下列选项中不会造成接触器的触头严重发热或熔焊的是（　　）。

A. 超程过小　　B. 闭合过程

C. 接触压力太大　　D. 触头分段

469. 检查高压柜辅助联锁超程符合要求为 1 ~（　　）mm。检查联锁动作应灵活不许有卡滞及与外罩不得相碰。

A. 2　　B. 5　　C. 6　　D. 7

470. 保持触指与触片相对高度一致，给主触头接触面涂（　　）。

A. 美孚 100　　B. 润滑油　　C. 清洗剂　　D. 涂抹黄油

471. 用测力计（弹簧秤）测量并调整转换开关单个主触头压力应为 39 ~（　　）N。

A. 147　　B. 148　　C. 49　　D. 150

472. 用塞尺检查并调整两位置转换开关主触头触指超行程，应为 2 ~（　　）mm。

A. 3　　B. 5　　C. 6　　D. 7

473. 检查并调整高压柜主触头接线长度，单个主触头接触线长度应不小于（　　）mm。

A. 18　　B. 19　　C. 20　　D. 14

474. 必要时进行单个电控接触器主触头接触电阻测量应不大于（　　）μΩ（参考值）。

A. 800　　B. 900　　C. 1 000　　D. 200

475.（　　）不属于电空接触器组成部分。

A. 传动风缸　　B. 触头系统

C. 高压连锁触头　　D. 灭弧系统

476. 在操作闸刀开关时，动作应当（　　）。

A. 迅速　　B. 缓慢　　C. 平稳　　D. 均可

477. 刀开关主要用于（　　）。

A. 隔离电源　　B. 额定电流

C. 短路电流　　D. 过载电流

478. 接触器触头开距大小与（　　）无关。

A. 研距长短　　B. 断开电流

C. 灭弧能力　　D. 电路电压

479.（　　）不能带电转换。

A. 两位置转换开关　　B. 线路接触器

C. 辅机接触器　　D. 励磁接触器

480. 灭弧室的作用是（　　）。

A. 冷却电弧　　B. 限制电弧

C. 熄灭电弧　　D. 拉长电弧

481. 电磁灭弧装置主要由灭弧线圈和（　　）组成。

A. 灭弧室　　B. 灭弧罩　　C. 灭弧角　　D. 灭弧针

482. 剩磁过大将造成接触器（　　）。

A. 闭合不灵活　　B. 断电后不释放

C. 铁心震动大　　D. 铁心噪音大

483. 反作用力太小将造成接触器（　　）。

A. 闭合不灵活　　B. 断电后不释放

C. 铁心震动大　　D. 铁心噪音大

484. 检修固定分路电阻及磁场削弱电阻，抽出芯杆，如果碳化深度超过（　　）时应更新。

A. 2.5 mm　　B. 1 mm　　C. 1.5 mm　　D. 2 mm

485. SS_4 型高压柜主接地保护装置电阻（191、192R）阻值为（　　）。

A. 600 × (1 ± 10%) Ω　　B. 500 × (1 ± 10%) Ω

C. 800 × (1 ± 10%) Ω　　D. 7.5 × (1 ± 10%) kΩ

486. SS_4 型高压柜主接地保护装置电阻（193、194R）阻值为（　　）。

A. 300 × (1 ± 10%) Ω　　B. 500 × (1 ± 10%) Ω

C. 800 × (1 ± 10%) Ω　　D. 7.5 × (1 ± 10%) kΩ

487. SS_4 型高压柜主接地保护装置电阻（195、196R）阻值为（　　）。

A. 300 Ω　　B. 500Ω

C. 800Ω　　D. 7.5 × (1 ± 10%) kΩ

488. SS_4 型高压柜主接地保护装置电容（197、198C）电容值为（　　）。

A. 3 μF　　B. 10 × (1 ± 10%) μF

C. 8 μF　　D. 15 μF

489. SS_4 型检修高压柜各刀开关，刀片缺损宽度不大于原型的（　　）。

A. 1/10　　B. 1/6　　C. 1/5　　D. 1/2

490. SS_4 型检修高压柜各刀开关，刀片缺损厚度不大于原型的（　　）。

A. 10　　B. 1/3　　C. 5　　D. 2

491. SS_4 型两位置转换开关底座与盖板上的尼龙轴套与转轴的旷动量不大于（　　），否则应更新尼龙轴套。

A. 2.5 mm　　B. 1 mm　　C. 1.5 mm　　D. 2 mm

492. 道德是人们用来评价别人和自己言行的标准与（　　）。

A. 要求　　B. 尺度　　C. 目标　　D. 对错

493. 铁路运输的联动和半军事化的特性，决定了铁路从业人员必须具有更加严密的（　　）。

A. 职业纪律　　B. 组织纪律

C. 技能素质　　D. 思维方式

494. 电力机车上的总开关和总保护是（　　）。

A. 接触器　　B. 蓄电池　　C. 受电弓　　D. 主断路器

495.（　　）的换算是正确的。

A. 1 马力 = 735 瓦　　B. 1 马力 = 1 000 瓦

C. 1 瓦 = 735 马力　　D. 瓦 = 1 000 马力

496. 钳形电流表与一般电流表相比（　　）。

A. 测量误差较小　　B. 测量误差一样

C. 测量误差较大　　D. 人为误差大

497. 电容的单位是（　　）。
A. 伏　B. 亨　C. 法　D. 欧

498. 使用兆欧表时，手摇发电机由慢到快，转速应达到（　　）并保持匀速。
A. 90 r/min　B. 100 r/min　C. 110 r/min　D. 120 r/min

499. 三相对称电动势在任一瞬间的代数和为（　　）。
A. 0　B. 3EA　C. 3EB　D. 3EC

500. 在通常条件下，对人体而言，安全电压值一般为小于（　　）。
A. 6 V　B. 36 V　C. 100 V　D. 220 V

二、判断题

1. 检修功补开关柜常用材料石棉手套。（　　）
2. 检修功补开关柜常用工具铜锤。（　　）
3. 功补开关柜用的风压进行吹扫 0.2 ~ 0.3 MPa。（　　）
4. 功补柜吹扫时嘴距各电器及绝缘部分应大于 150 mm。（　　）
5. 功补开关柜常用设备环温计。（　　）
6. 功补开关柜耐压试验 W 值为 $W=(AI-80)/80\times100\%\leqslant5\%$。（　　）
7. 功补开关柜耐压试验电流值为 80 mA。（　　）
8. 功补开关柜耐压试验电压值为 2 000 V 原边电压。（　　）
9. 整流元件击穿形成短路时，将引起网侧短路保护作用，使主断路器分断。（　　）
10. 钳型电流表主要用于测量极小电流。（　　）
11. 绝缘板表面有轻微过热变色或碳化深度不超过 0.5 mm。（　　）
12. 绝缘板表面有轻微过热变色或碳化需用刀片工具打磨。（　　）
13. 绝缘板表面缺少绝缘漆需涂抹红色自喷漆。（　　）
14. 三极管放大电路中三极管工作在任意区。（　　）
15. 功补开关柜次边过压吸收电阻为 73、74、83、84R。（　　）
16. 功补开关柜次边过压吸收励磁电阻 $3.1\times(1\pm10\%)\ \Omega$。（　　）
17. 功补开关柜次边电容 18 μF。（　　）
18. 功补开关柜主整流装置负载电阻 75、76、85、86R。（　　）
19. 功补开关柜主 PFC 放电电阻 $800\times(1\pm10\%)\ \Omega$。（　　）
20. 功补柜励磁过压吸收电阻 94R。（　　）
21. 功补隔离开关刀片的缺损宽度不大于 1/10。（　　）
22. 功补隔离开关刀片缺损厚度不大于原形的 1/3。（　　）

23. 功补隔离开关刀片接触线（或面）长度应大于 80%。（　　）

24. 检查各辅助联锁不得有烧痕，其厚度不小于 0.5 mm。（　　）

25. 功补隔离开关用点温计检查辅助联锁通断状态。（　　）

26. 功补开关柜同步变压器检修外观检查短路。（　　）

27. 二极管串联限幅器在二极管击穿限幅。（　　）

28. 功补开关柜同步变压器检修抽头 1、2 间电压（600 ± 10）V。（　　）

29. 功补开关柜同步变压器检修抽头 3、4 间电压（5 ± 0.5）V。（　　）

30. 检查真空接触器主触头开距，可通过测量磁轭和连轴节之间的尺寸获得其开距为 1.5 mm。（　　）

31. 检查真空接触器主触头开距，可通过测量磁轭和连轴节之间的尺寸禁用限度为 3.5 mm。（　　）

32. 功补开关柜辅助触头的检查滑杆行程为 2.5 mm。（　　）

33. 功补开关柜辅助触头的检查滑杆超程为 0.5 mm。（　　）

34. 功补开关柜辅助触头在两触头间加 2 500 V 工频交流电压 1 min，无击穿闪络现象。（　　）

35. 功补开关柜检查各铜排母线间及对地绝缘距离应不小 20 mm。（　　）

36. 绝缘电阻检测和工频耐压试验应大于 2.5 MΩ。（　　）

37. 控制电路用 500 V 兆欧表检测控制电路对地绝缘电阻值应大于 1 MΩ(用过渡插座引出线，并接地）工频耐压试验：1 000 V/1 min 无击穿。（　　）

38. 硅整流柜对地绝缘选择的工具为 2 500 V 兆欧表。（　　）

39. 硅整流柜对地绝缘电阻值≥10 Ω。（　　）

40. 硅整流柜对地耐电压试验值 5 800 V，1 min。（　　）

41. 硅整流柜脉冲幅度值 3 ~ 4。（　　）

42. 硅整流柜中修对地耐电压试验值不小于 4 900 V，1 min。（　　）

43. 晶闸管触发脉冲值 600 ~ 700。（　　）

44. 硅整流柜软连线折损面积不许有超过原形的 1/10。（　　）

45. 硅整流柜铜排母线缺损面积不许超过原形的 1/20。（　　）

46. 变流装置各臂并联支路均流系数 0.85。（　　）

47. 变流装置解体前用 0.2 ~ 0.3 MPa 干燥压缩空气吹扫整流柜各部。（　　）

48. 变流装置铜排母线有轻微烧痕时，用刀片打磨消除。（　　）

49. 变流装置铜排母线缺损及软连线断股大于原形的 5% 时应更新。（　　）

50. 用游标卡尺测量快速熔断器及指示件不许有开路。（　　）

51. 耐电压试验在带电部分与对地之间施加工频交流电压 5 100 V/min 应不许有击穿和闪烙。(　　)

52. 功补控制本身就具备过载保护。(　　)

53. 变流装置用 2 500 V 兆欧表测量受试部分的绝缘电阻值不小于 10 MΩ。(　　)

54. 变流装置通电 15 min 以后，用交直流钳形电流表测量各并联支路的电流，各桥臂均流系数应不小于 0.85。(　　)

55. 变流装置调节交流电源电压，使变流装置输出额定值 1 680 A。(　　)

56. 变流装置开启通风机冷却，入风口处的平均风速≥6 m/s。(　　)

57. 变流装置交流输入端接低压大电流变压器，交流装置输出端用 2 500 A/75 mV 的分流器短接（或接一个低电阻），脉冲触发装置连到插座上并将触发脉冲调到最大值。(　　)

58. 变流装置组装时应用酒精清洗主电路连接处的原导电膏，并涂上新的导电膏，涂层厚度 0.1 ~ 0.2 mm。(　　)

59. 变流装置若有元件击穿或电压降级需更换元件时，换上的新元件应与桥臂上未更换元件属同一厂家且元件正向压降相等或相差不大于 0.06 V。(　　)

60. 变流装置若有元件击穿或电压降级需更换元件时，换上的新元件应与桥臂上未更换元件需属同一厂家且元件正向压降相等或相差不大于 0.02 V。(　　)

61. 变流装置使用晶闸管触发特性测试仪测试，晶闸管门极触发电流 I_{gt} 均在不小于 400 mA 之间。(　　)

62. 变流装置功率因数补偿用晶闸管 KP_A900-46，测试电压为 4 600 V。(　　)

63. 机车采用多段整流桥的目的是为了提高控制精度。(　　)

64. 变流装置功率因数补偿用晶闸管 KP_A900-46，测试电压为 4 600 V 时，断态（反向）重复峰值电流 I_{RRM}、I_{DRM} 不大于 45 mA（25 °C）。(　　)

65. 变流装置励磁半控桥晶闸管 KP_A1300-10，测试电压为 1 000 V。(　　)

66. 变流装置励磁半控桥晶闸管 KP_A1300-10，测试电压为 1 000 V，断态（反向）重复峰值电流 I_{RRM}、I_{DRM} 不大于 55 mA（25 °C）。(　　)

67. 变流装置对主晶闸管 KP_A1300-30，测试电压为 3 000 V 时，断态（反向）重复峰值电流 I_{RRM}、I_{DRM} 不大于 50 mA（25 °C）。(　　)

68. 为了使电流表测电流时的数值准确，电流表的内阻应尽量小。(　　)

69. 变流装置励磁半控桥整流管 ZP_A2100-10，测试电压为 1 000 V 时反向重复峰值电流 I_{RRM} 不大于 55 mA（25 °C）。(　　)

70. 标注尺寸时既要考虑设计要求又要考虑工艺要求，对零件的使用性能和装配精度有影响的尺寸，要求从工艺基准出发进行标注。(　　)

71. 变流装置对主整流管 ZP_A2100-30，测试电压为 3 000 V 时反向重复峰值电流 I_{RRM} 不大于 50 mA（25 °C）。（ ）

72. 用 JT-1 型晶体管特性图示仪测 PNP 型三极管时，集电极反描电压极性开关应置于任意位。（ ）

73. 关于晶闸管的静态特性，要使晶闸管关断，必须使流过晶闸管的电流大于维持电流。（ ）

74. 变流装置外观检查快速熔断器瓷件不许有裂损，用游标卡尺测量快速熔断器及指示件不许有开路。（ ）

75. 变流装置铜排母线有轻微烧痕时，用细锉或砂布打磨消除，如铜排母线缺损及软连线断股大于原形的 5% 时应更新。（ ）

76. 变流装置元件的测试：对 ZP_a800-30 整流管测试，V_{rrm} 为 3 000 V；$I_{rrm} \leqslant 66$ mA（25 °C）中修限度。（ ）

77. 用 JT-1 型晶体管特性图示仪测试晶体管的极限参数时，阶梯作用钮应置任意位。（ ）

78. 变流装置元件应按原排列位置组装，注意元件极性要正确。每个臂 4 个并联晶闸管或整流元件正向压降之差，其中 T2、T4、T5、D2、D3 臂由上到下按 0.01 V 递减，T1、T3、T6、D1、D4 臂差值相等。（ ）

79. 机车上常用的灭弧装置不包括电容灭弧装置。（ ）

80. 关于长弧灭弧法拉长电弧，使电弧两端电压不足以维持电弧燃烧。（ ）

81. 变流装置各固定螺栓应紧固牢靠，各接触面接触应良好，并涂美孚润滑脂。（ ）

82.“四按、三化”记名检修中，按规程属于“四按”的内容。（ ）

83.“四按、三化”记名检修中，信息化属于“三化”的内容。（ ）

84. 机车检修周期不应根据机车实际技术状态确定。（ ）

85.《铁路技术管理规程》规定接触网最高工作电压为 29 kV。（ ）

86. 在一个串联电路中，各处的导线粗细不一样，则通过各导线的电流是无关的。（ ）

87. 三相交流电是指 3 个频率相同、电势振幅在先、相位互差 120° 的交流电路。（ ）

88. 三极管放大电路中三极管工作在截止区。（ ）

89. 常用的电度表属于电动式。（ ）

90. 显示和声音提示功能不是监控装置的功能记录功能。（ ）

91. 电压表的内阻越大，则其测量误差越大。（ ）

92. 电流表的内阻越大，则其测量误差越无关。（ ）

93. 机车双针速度表的仪表灯由 TAX 箱控制。（ ）

94. 进行电气修理作业时，须视具体情况而定作业。（ ）

95. 在一个变流器柜中只能安装一个制造厂商的电容器，因此应该在一个变流器柜中混装。(　　)

96. 冷却系统软管不得开裂、划伤，软管弯曲弧度不得小于 120°。(　　)

97. 将冲洗完毕的整流柜吊运到烘干箱进行烘干 4 ~ 6 h。(　　)

98. 将冲洗完毕的整流柜吊运到烘干箱进行烘干（50 °C）。(　　)

99. 变流装置晶闸管有阳极、两级、门极。(　　)

100. 用钳形电流表测量熔断器通断是否良好。(　　)

101. 受电弓平衡杆的作用是控制受电弓滑板面保持水平。(　　)

102. 受电弓组装后，其性能须符合试验要求，自动降弓系统密封良好，功能正常。(　　)

103. 弓头、弓角不许有裂损、锈蚀、变形；弓角安装牢固，不许有变形，与滑板之间须平滑过渡，间隙为 1.5 ~ 2.5 mm；弓头连接风管更新。(　　)

104. 受电弓检查各轴承完好，各轴、关节转动灵活；油路畅通，油润良好；导流线紧固，不许有过热、老化，断股不超过原形的 50%。(　　)

105. 在最小工作气压 475 kPa 下，弓头须能顺利上升至最大高度且无呆滞现象。(　　)

106. 在工作高度 220 ~ 2 270 mm 范围内及额定工作气压下，受电弓的接触压力符合规定。(　　)

107. 在额定工作气压下，滑板从落弓位上升至 2 250 mm，所需时间 6 ~ 8 s。(　　)

108. 滑板从 2 250 mm 下降到落弓位所需时间不大于 5 s。(　　)

109. 受电弓控制阀板上的精密调压阀、节流阀作用不良者更新。(　　)

110. 受电弓滑板下落时应与两止挡同时接触，两止挡水平差不得超过 7 mm。(　　)

111. 调整受电弓的接触压力，在距止挡 400 mm 到 1 900 mm 时，接触压力为 70 ~ 80 N，风压 520 ~ 1 000 kPa。(　　)

112. 在受电弓的顶部挂一个 10 kg 重锤，在 1 900 mm 的高度上无初速地释放受电弓，弓应能自动下降到 0.5 m 以下。(　　)

113. 在升弓的顶部挂一个 8 kg 重锤，在 0.5 m 的高度上无初速地释放受电弓，弓应能自动上升 1 900 mm 以下。(　　)

114. 受电弓由 1.8 m 下降到 0 所需时间：5 s ≤ T_m ≤ 8 s。(　　)

115. 受电弓由 0 m 上升到 1.8 m 所需时间：6 s ≤ T_m ≤ 7 s。(　　)

116. 升降弓时间是指电空阀动作开始到滑板停止动作为止的时间。(　　)

117. 调整升降弓时间可通过调整与升弓电空阀相连的调整阀的调整螺栓来调节。(　　)

118. 受电弓在升起和下降初始阶段动作应快。(　　)

119. 受电弓各轴销配合间隙应小于 3 mm，并适量涂润滑脂。(　　)

120. 检查降弓弹簧无裂痕、变形，测其自由高，内簧不小于 575 × (1 ± 2%) mm。(　　)

121. 检查降弓弹簧无裂痕、变形，测其自由高，外簧不小于 597 × (1 ± 2%) mm。(　　)

122. 受电弓传动风缸活塞皮腕无拉伤、变形、裂损，活塞杆无变形、裂纹，皮腕外径不小于 175 mm。(　　)

123. 受电弓传动风缸内径不大于 170 mm。(　　)

124. 在 0.75 MPa 风压下测试，检查受电弓风缸及各部无泄漏现象。(　　)

125. 滑板工作长度范围内高低偏差≤10 mm。(　　)

126. 滑板在工作高度范围内，其中心线与车顶中心线偏差≤10 mm。(　　)

127. 弓头横向摆动幅度≤20 mm。(　　)

128. 滑板条与诱导角间间隙≤3 mm。(　　)

129. 碳滑板条局部磨耗深度≤7 mm。(　　)

130. 滑板直线长 1 260 mm。(　　)

131. 受电弓自身高（包括绝缘子）773 mm。(　　)

132. 受电弓自身质量（不含绝缘子）158.8 kg。(　　)

133. 相邻两滑板条间应平滑过渡，且每 6 mm 长度范围内厚度差≤1 mm。(　　)

134. 受电弓弹簧盒弹簧自由高 77.9 × (1 ± 2%) mm。(　　)

135. 受电弓工作风压 550 ~ 1 000 kPa。(　　)

136. 受电弓额定静态工作压力 70 ~ 80 N。(　　)

137. 受电弓升弓弹簧自由高 300 × (1 ± 2%) mm。(　　)

138. 受电弓安装新滑条时，托架与滑板条密贴，滑板条与诱导角间隙不大于 1 mm，局部磨耗深度不大于 0.5 mm。(　　)

139. 受电弓在升起和下降终了时要慢，对接触网及车顶无冲击。(　　)

140. 用中性清洗剂擦净受电弓绝缘子表面，特别是裙边下侧面。(　　)

141. 紧固受电弓绝缘子底座螺栓，绝缘子与铁件连接应牢固，铁件脱漆锈蚀应除锈后，涂防锈漆及灰色磁漆。(　　)

142. 检查受电弓绝缘子表面损伤情况，确认损伤程度在可修复范围内时进行修复；修复工作最好在地面进行。(　　)

143. 弓头支撑轴（平衡梁）滑动轴承状态良好，活动部分动作灵活。(　　)

144. 受电弓组装后，其性能须符合试验要求，自动降弓系统密封良好，功能正常。(　　)

145. 受电弓控制阀板上的精密调压阀、节流阀作用不良者更新。(　　)

146. 受电弓弓头支撑轴（平衡梁）滑动轴承状态良好，活动部分动作灵活。(　　)

147. 受电弓弹簧盒检查弹簧状态良好，其自由高度不小于 70 mm。(　　)

148. 检查受电弓升弓弹簧，弹簧无裂纹及局部拉伸变形，测量其自由高不大于 380 mm。(　　)

149. 升弓至 1 700 mm 调整滑板的平衡机构，使滑板摩擦面沿水平轴向前、向后的倾斜量相同，弓头倾斜度应 < 5°。(　　)

150. 受电弓橡胶弹簧元件更新。各弹簧不许有变形、裂损及锈蚀，作用良好。(　　)

151. 受电弓气囊裂缝达到长 10 mm、深 1.2 mm（露尘夹布层）或漏泄者更新。(　　)

152. 受电弓阻尼器不许有泄漏，动作灵活，更新保护套；钢丝拉绳更新。(　　)

153. 受电弓各 PU 软管更新，其他软管不许有裂损、老化。(　　)

154. 受电弓气阀板及各气动部件的接头和管路清洁，排除管路积水，各部件良好，不许有泄漏。(　　)

155. 受电弓升弓时须平稳、不冲网，降弓时能迅速脱离接触网导线而后再缓慢落至止挡。(　　)

156. 受电弓外露的铁质零件须进行除锈、涂漆处理。(　　)

157. 检查受电弓滑板条与托架接触面无腐蚀及凸凹不平等不良现象，锈蚀严重者应更换新托架。(　　)

158. 受电弓滑板上两个支承点之间的距离为（1 347 ± 2）mm。(　　)

159. 受电弓伞裙表面缺损规定为“缺损总面积不大于绝缘子表面总面积的 0.3%”。(　　)

160. 受电弓气囊及气路与容积相当的储气缸相连，并充以 400 kPa 的额定气压后关闭气源，10 min 后气缸中的气压下降不超过 10%。(　　)

161. 清洁受电弓空气滤清器、精密调压阀，更新空气滤清器纸滤芯，作用良好。(　　)

162. 受电弓轴、销及套无不正常磨耗；杆件接头螺纹完好，不许有松动；紧固件正常。(　　)

163. 受电弓轴承完好，各轴、关节转动灵活。(　　)

164. 受电弓橡胶止挡不许有老化、龟裂和变形。(　　)

165. 列车司机在列车运行中，应做到彻底瞭望，确认信号，认真执行呼唤应答制度，严格按信号显示要求机车，确保列车安全正点。(　　)

166. SS_{4B} 机车受电弓滑板中修小于限度进行更新。(　　)

167. 受电弓弓头、弓角不许有裂损、锈蚀、变形。(　　)

168. 受电弓弓角安装牢固，不许有变形，与滑板之间须平滑过渡。(　　)

169. 受电弓绝缘子安装须正确牢固。(　　)

170. 受电弓中修作业需要进行气囊及气路的气密性试验。(　　)

171. 受电弓中修要更新分流线、风缸皮碗、风缸鞲鞴杆防尘套，铰链座及下臂杆轴承清洗检查补油，其他轴承更新。(　　)

172. 受电弓检查上框架杆无变形、扭曲，有裂纹应补焊。(　　)

173. 受电弓检查传动杆与传动杆绝缘子连接状态良好。(　　)

174. 受电弓绝缘子表面用中性清洗剂擦拭干净。(　　)

175. 受电弓组装时，在转销上涂适量的润滑脂，更换不良的转销。(　　)

176. 受电弓升弓弹簧清除弹簧表面锈斑，检查其高速螺杆、螺扣应完好，无锈蚀，除锈后螺杆上涂一层润滑脂。(　　)

177. 受电弓升弓弹簧除锈后涂防锈漆及红色磁漆。(　　)

178. 紧固受电弓绝缘子底座螺栓，绝缘子与铁件连接牢固，铁件脱漆锈蚀应除锈后，涂防锈漆及灰色磁漆。(　　)

179. 检查受电弓绝缘子表面损伤情况，确认损伤程度在可修复范围内时进行修复；修复工作最好在地面进行。(　　)

180. 受电弓各风缸风管无漏泄。(　　)

181. 受电弓伞裙撕裂长度≤20 mm。(　　)

182. 受电弓传动风缸内径不大于 175 mm。(　　)

183. 受电弓分流线截面缺损≤20%。(　　)

184. 受电弓滑板单向运动时压力差≤20 N。(　　)

185. 受电弓滑板接触压力（70 ± 20）N。(　　)

186. 碳滑板弓头限位阀的安全装置：限位阀杆上端面与弓头滑板条上平面的垂直距离为 155 ~ 169 mm。(　　)

187. 受电弓弓头调整包括：弓头平衡的调整和弹簧盒的调整。(　　)

188. 受电弓由滑板机构、框架、气缸传动机构组成。(　　)

189. 受电弓框架由上部框架、平衡杆、下臂杆、推杆、底架组成。(　　)

190. 受电弓气缸传动机构由缓冲阀、传动气缸、绝缘连杆、滑环、支持绝缘子、升弓弹簧、降弓弹簧组成。(　　)

191. 受电弓滑板机构由滑板、支架组成。(　　)

192. 受电弓受流情况的好坏主要取决于滑板与接触导线之间的接触压力。(　　)

193. 受电弓工作高度指受电弓正常受流的工作范围。(　　)

194. 受电弓弓头在整个工作高度范围内应该始终处于机车转向架的回转中心上，垂直运动轨迹应该是一直线。(　　)

195. 降弓时间的调整是通过调节快排阀口上弹簧压缩量，来调节快排的时间。(　　)

196. 受电弓升降弓时间的调整：升弓时间的调整是通过改变节流阀口的大小。(　　)

197. 检查受电弓绝缘子表面损伤情况，确认损伤程度在可修复范围内时进行修复；修复工作最好在地面进行。(　　)

198. 应清除受电弓升弓弹簧表面锈斑，检查其高速螺杆、螺扣应完好，无锈蚀，除锈后螺杆上涂一层润滑脂。(　　)

199. 受电弓升弓弹簧除锈后涂防锈漆及红色磁漆。(　　)

200. 受电弓绝缘子表面用中性清洗剂擦拭干净。(　　)

201. 神八机车在按下主断扳键开关后，若风压低时，由辅助压缩机提供升弓所需的压力，且立即动作。(　　)

202. 神八机车在制动前都要做无人警惕装置试验。(　　)

203. 在机车受流情况下，允许人员在机械间停留。(　　)

204. 神八机车只有在静止时才允许插入和转动钥匙。(　　)

205. 神八机车车顶高压断路器（主断）合不住，确认显示器上的高压断路器（主断）栏是否变黑。(　　)

206. 如果调车监控装置故障，此时彩屏发出“呜呜”声后监控立即放风(　　)

207. 神八机车断开蓄电池，等待 10 s 以上，才能再次闭合蓄电池开关。(　　)

208. 神八机车速度过低，电制动不再有效。(　　)

209. 当辅助变流器 1 发生故障时，由辅助变流器 2 维持机车辅机继续工作。(　　)

210. 神八机车没有最大电制动力。(　　)

211. 神八监控装置显示器限制速度窗口显示为常用固定模式限速值。(　　)

212. 神八机车每节车没有四象限整流器。(　　)

213. 神华号电力机车最大速度为 120 km/h。(　　)

214. 小闸可以用来缓解车辆。(　　)

215. 制动缸压力过高，电制动将解除。(　　)

216. 神八机车当网压过高，断开主断路器。(　　)

217. 神八机车速度过快电制动制动力降低且被空气制动力取代。(　　)

218. 神八机车双弓受流时，牵引封锁。(　　)

219. 神八机车冷却塔包含轴流风机、水泵和复合冷却塔，其主要作用为冷却主变流器。(　　)

220. 神八机车辅助逆变器标称输入电压为过电压。(　　)

221. 神华号 HXD1 型电力机车空调机组采用国祥 TTK6G-6.0GD 型空调。(　　)

222. 神八机车空调系统关闭后，个别部件可能很热，例如压缩机、制冷剂管路和电加热器，可以触摸，没有烧伤危险。(　　)

223. 神八机车清理空调进水管内污物应断电作业，接好接地线。(　　)

224. 神八机车空气开关检查不应断电作业，接好接地线。(　　)

225. 神八机车空气开关检查用 500 V 兆欧表检测，确认充电部和非充电部的绝缘电阻应大于 5 MΩ。(　　)

226. 神八机车空调系统温度保险上应无积尘；温度保险的电缆线联接无松动；常温下温度保险两线端应是非导通状态。(　　)

227. 神八机车机车高压穿墙套管瓷瓶表面清洁，裂纹、龟裂时可不更换。(　　)

228. 电力机车重新安装车顶绝缘瓷瓶时保证底座安装处凸起。(　　)

229. 检查机车各软编线、接地线断股不得超过 10%。(　　)

230. 清洗机车硅橡胶绝缘子表面时，可大力擦拭。(　　)

231. 机车各紧固件应无松动现象，气管及接头可轻微漏风。(　　)

232. 硅橡胶绝缘子累计缺损面积大于 2 cm^2 时，需通过 45 kV 工频耐压试验。(　　)

233. 硅橡胶绝缘子累计缺损面积大于 2 cm^2 时需更新。(　　)

234. 入夏前定期检查主断调压阀、通风管堵及密封件，排空储风缸，若发现漏气，应及时进行更换。(　　)

235. 春季之前应排放气路，以免积水冻结造成气动元件误操作。(　　)

236. 接地闸刀合闸分闸时应慢速进行。(　　)

237. 高压连接器如果出现上下摆动超限或无法摆动的情况，必须更换支承座体。(　　)

238. 高压连接器如果出现左右摆动超限或无法摆动的情况，必须更换左右十字头支承座。(　　)

239. 高压连接器使用美孚 SHC100 润滑脂进行润滑和保持清洁。(　　)

240. 高压连接器如果水平，则用支承座上的调整螺钉进行调整，顺时针调为高，逆时针调为低。(　　)

241. 高压连接器波纹管检查时应无断裂、破损或烧损，如果有可不更换。(　　)

242. 主断环硬线回路状态就是指主断路器的状态。(　　)

243. 检查绝缘子，用清水和软布将绝缘子表面的灰尘和污秽擦拭干净，并仔细观察绝缘子表面。(　　)

244. 机车柜门表面不得有脏污、变形、脱漆现象，油漆表面裂纹、剥落和锈蚀，不必修理。(　　)

245. 机车柜门密封条无变形、损坏现象，影响牵引变流器柜的密封性能无须更换。(　　)

246. 输入输出铜母排连接部位可有颜色变化和过热现象。(　　)

247. 短接、充电接触器表面可有过热、烧损等异常现象。(　　)

248. 短接、充电接触器主触头可被侵蚀、损坏。(　　)

249. 工具使用要符合其功能特点，可以以大带小，以小带大或移为它用等违章使用工具现象的发生。(　　)

250. 库内车顶作业可以从车顶向下或从车下向车顶抛掷工具、吊具等物件，可以搬上搬下过重的物件。(　　)

251. 神八机车网络控制系统的列车级保护主要是惩罚制动。(　　)

252. 神八机车高压电压互感器的作用主要用于测量接触网电压，为机车提供网压信号。(　　)

253. 神八机车高压电流互感器的作用主要用于测量接触网电压，为机车提供网压信号，同时也用于机车能耗测量。(　　)

254. 神八机车高压电流互感器的作用是测量牵引变压器高压绕组进线端的线路电流，该测量电流值用于过流保护以及变压器差动保护。(　　)

255. 神八机车高压电压互感器的作用是测量牵引变压器高压绕组进线端的线路电流，该测量电流值用于过流保护和短路保护以及变压器差动保护。(　　)

256. 神八机车辅助变压器柜的功能是将牵引变流器中辅助逆变器输出的三相交流电进行电压调整后，为机车辅助系统所有的两相负载提供电源。(　　)

257. 神八机车辅助变压器柜冷却通风机除冷却辅助变压器外，还向机械间送风以保持机械间微负压。(　　)

258. 神八机车网侧电路保护包括：网侧短路保护。(　　)

259. 神八机车辅助电气系统包含三相变频变压支路，440 V 60 Hz 三相恒频恒压支路，230 V 60 Hz 交流支路。(　　)

260. 神八机车辅助电气系统三相变频变压支路，负载包括 4 个牵引通风机组和 1 个冷却塔通风机组。(　　)

261. 神八机车辅助电气系统 440 V 60 Hz 三相恒频恒压支路，负载有压缩机、水泵、油泵、空调、控制电源柜、440 V/230 V 变压器、辅助变压器柜风机等。(　　)

262. 神八机车辅助电气系统 230 V 60 Hz 交流支路，负载包括后墙暖风机、前窗玻璃加热器、屏柜加热器等。(　　)

263. 神八型电力机车整车通风系统分成牵引电机通风支路，冷却塔通风支路，机械间散热通风支路，主压缩机散热通风支路。(　　)

264. 神八机车冷却塔用于冷却牵引变流器的水散热器和牵引变压器的油泵，从而带走牵引变流器和牵引变压器工作时产生的热量，起到冷却牵引变流器和牵引变压器的作用。(　　)

265. 神八机车充电机若报“充电过压”或“**模块故障时”，观察蓄电池充电电压正常时可不处理。(　　)

266. 神八机车充电机若充电不正常时可对充电机复位，同时按压充电机监控模块小屏幕上的“+”和“-”按键，保持5 s后充电机重置。如无效则维持到前方站停车后“蓄电池复位”处理。（　　）

267. 神八机车充电机有4组充电模块。（　　）

268. TCU主要控制牵引变流系统的逻辑单元。（　　）

269. TCU主要控制牵引的特性计算。（　　）

270. TCU主要控制2象限PWM整流器控制。（　　）

271. TCU主要控制同步牵引电机直接转矩控制。（　　）

272. TCU主要控制机车牵引时空转、制动时保护的控制。（　　）

273. TCU主要控制变压系统的保护、故障记录、诊断。（　　）

274. TCU主要控制与多功能机车车辆总线AVB接口及通信。（　　）

275. TCU主要控制辅助逆变器的恒频恒流/变频变压控制。（　　）

276. TCU主要控制辅助逆变器的功能。（　　）

277. TCU主要控制过分相辅助逆变器断电功能。（　　）

278. 神八机车中央控制单元CCU具备机车级过程控制：执行如牵引/制动控制、空电联合控制、超速保护等控制功能。（　　）

279. 神八机车中央控制单元CCU具备通信管理：具有MVB的管理能力，并且能够进行主权交接功能。（　　）

280. 神八机车中央控制单元DCU具备显示控制：与微机显示屏HMI显示有关的数据传输功能。（　　）

281. 神八机车中央控制单元DCU具备故障诊断：状态数据、故障数据的采集处理，并通过HMI报告司机功能。（　　）

282. 神八机车中央控制单元DCU具备列车级过程控制：执行诸如牵引/制动控制等与机车重联运行有关的控制功能。（　　）

283. 神八机车中央控制单元DCU具备列车总线管理：具有绞线式列车总线WTB的管理能力功能。（　　）

284. 神八机车中央控制单元DCU具备列车级数据通信：与机车重联运行有关的数据交换功能。（　　）

285. 神八机车中央控制单元DCU具备数据记录：事件数据的记录，将事件数据具体化功能。（　　）

286. 神八机车中央控制单元BCU具备数据转储：通过转储接口将记录的数据下载，供便携式维护工具分析功能。（　　）

287. 神八机车牵引变流器柜负责牵引时通过主变压器将单相交流电逆变后给牵引电机供三相电，电制动时将牵引电机发的两相电逆变成单相电后通过主变压器反馈回接触网。(　　)

288. 神八机车冷却塔包含轴流风机、水泵和复合冷却器，其主要作用是冷却主变流器和主变压器的水路和油路，从而带走主变流器和主变压器工作时产生的冗余。(　　)

289. 神八机车高压电器柜装有微机网络控制单元和机车控制用的接触器、继电器、辅机自动开关、转换开关等部件。(　　)

290. 神八机车控制电源柜（数量为 1 个，含蓄电池充电机）：将单相 AC 440 V 转换成 DC 110 V，为机车提供 110 V 电源，将 110 V 直流转换成 24 V 直流，为机车提供 24 V 电源，对机车蓄电池进行充电管理，如均充、浮充、恒流充电；并显示、记录模块的运行状态。(　　)

291. 神八机车信号柜（数量为 1 个）：用于安装 TAX2 型机车安全信息综合监测装置、LKJ2000 列车运行监控记录装置、机车综合无线通信设备（CIR）主机、JT-C 系列机车信号车载系统设备主机等部件。(　　)

292. 神八机车压缩机负责压缩空气干燥和过滤处理。(　　)

293. 神八机车机械间通风支路的作用是冷却机械间，使机械间温升维持正常水平，同时起到维持机械间负压的作用。机械间正压可以有效防止车外灰尘、雨雪等杂物进入车内。(　　)

294. 在三相电路中，火线与地线之间的电压叫线电压。(　　)

295. 在三相四线制供电线路中，火线与中线之间的电压称为线电压。(　　)

296. 游标卡尺是一种测量长度、内外径、深度的工具。(　　)

297. 相序是指相位的顺序，习惯上用 A，B，D 表示三相电动势的相序。(　　)

298. 单臂直流电桥可测量 1 ~ 100 kΩ 的电阻，双臂直流电桥用于测量阻值在 0.0001 ~ 11 Ω 的电阻。(　　)

299. 电力机车运行时，受电弓升起，从接触网上取得 25 kV 单相工频交流电，通过主断路器进入牵引变压器，将接触网的高压交流电变为低压交流电，然后经过硅整流装置将交流电整成直流电，再经过平波电抗器滤波后，供给牵引电动机。(　　)

300. 切断触电者电源时要注意：（1）动作要快而且准确；（2）切断电源时，救人者必须安全操作；（3）注意防止触电者 2 次受伤；（4）夜间切断电源时应备有照明装置（如电筒），以利于停电后的抢救工作。(　　)

301. 空调电源箱量自动开关接触电阻要求不得大于 0.3 Ω。(　　)

302. 空调系统模拟过分相，断电源后部交流 220 V 保险开关或 220 V 外部控制开关，三相电机停止工作，5 ~ 10 s 后重合 220 V 交流电源开关空调电源在 1 min 延时内应能自己重新启动恢复三相供电。(　　)

303. 动刀片与静刀片或刀夹接触良好，其接触线（或面）长度应在 80% 以上，夹刀正常。(　　)

304. 电磁阀是一种借助于电磁吸力来控制压缩空气截断的阀。(　　)

305. 检修固定分路电阻及磁场削弱电阻，抽出芯杆，如果碳化严重仍可继续使用。(　　)

306. 电器开关触头接触分为面接触、点接触和线接触 3 种基本形式。(　　)

307. 位置转换开关一般选用面接触较为合适，在该种压力下，线接触的接触电阻要比面接触和点接触小得多，这对降低转换开关的温升是有利的。(　　)

308. 接触器的作用：一是转换开关总装完成后，调整触头之间的触头压力和接触线进行手转动用；二是转换开关在装车应用时，手柄作为转换开关传动机构，检修故障时手动操作用。(　　)

309. 栅片灭弧的效果在交流时要比在直流时要差。(　　)

310. 电力机车中修时，发现主接地保护装置中电阻表面珐琅有轻微剥离无须处理。(　　)

311. 主电路入库转换开关，在刀片与刀夹接触处涂黄油。(　　)

312. 触头最繁重的工作过程是闭合过程。(　　)

313. 电传动机车中接触器的作用是机车方向、工况转换。(　　)

314. 电磁接触器灭弧方式是空气灭弧。(　　)

315. SS_{4B} 型电力机车一级磁场削弱系数为 1.0。(　　)

316. 机车原理图中 KA 指的是接触器。(　　)

317. 高压柜中位置转换开关能带电转换。(　　)

318. 电力机车原边过流保护是由高压电流互感器和 5A 电流继电器组成的。(　　)

319. TJJ2 系列继电器的磁系统为拍合式并带有吸引线圈，指示器带有恢复线圈及螺管式磁路。(　　)

320. 正常工作状态下 TJJ2 系列继电器的白色指示杆埋在罩里。(　　)

321. 开关主要用于隔离电源。(　　)

322. 机车接地保护是通过接触器来执行的。(　　)

323. 接触器的交流励磁线圈接在额定电压值相等的交流电源上，因线圈阻抗太大，电流太小，衔铁不能吸合。(　　)

324. 高压柜接触器用测力计（弹簧秤）测量并调整单个主触头压力应为 39 ~ 49 N。(　　)

325. 检查联锁动作应灵活不许有卡滞及与外罩不得相碰，检查辅助联锁超程符合要求（1 ~ 2 mm）。(　　)

326. 触头分段能力不足不会造成接触器的触头严重发热或熔焊。(　　)

327. SS_{4B}电力机车上的继电器用主电路接地保护。( )

328. 空调电源箱体内部用万用表测量自动开关接触电阻要求不得大于 0.3 Ω。( )

329. SS_4型电力机车检修刀开关时，刀开关缺损厚度不应该大于原形的 1/3。( )

330. 固定分路电阻及磁场削弱电阻检修绝缘杆碳化深度≤1 mm。( )

331. 电空接触器灭弧罩壁板厚度≥原形 50%。( )

332. 电空接触器主触头接触线长度≥31。( )

333. 电空接触器主触头开距为 19 ~ 23 mm。( )

334. 电空接触器主触头超程为 7 ~ 14 mm。( )

335. 电空接触器主触头中修厚度不小于 1.5 mm。( )

336. 容量较大的交流接触器采用磁吹灭弧装置。( )

337. 电磁接触器的联锁触头用来构成主电路。( )

338. 接触器的触头处于闭合状态时，必须有足够的开距以保证可靠熄灭电弧和断开电路。( )

339. 电空接触器一般使用在信号电路中。( )

340. 触头完全闭合后，如果将静触头移开，动触头在触头弹簧的作用下继续前移的距离称为开距。( )

341. 触头处于断开位置时，动静触头之间最小距离称为超程。( )

342. 在接触器中，衔铁在磁场中受到电场吸力的作用被吸向铁心，从而驱动触头动作。( )

343. 牵引制动转换股用于改变机车运行方向及实现机车由牵引工况转换为向前工况。( )

344. SS_{4B}电力机车高压柜内共使用了 3 种型号的电空接触器。( )

345. 高压柜中励磁接触器的代号为 91KM 和 92KM，其中 91KM 为交流接触器，92KM 为直流接触器。( )

346. TCK7G 型交流接触器与 TCK7F 型直流接触器，外观上直流接触器上无吹弧线圈，而交流接触器上有吹弧线圈。( )

347. 铜母线扁弯时的弯曲半径不得等于铜母线的宽边宽度。( )

348. 交流接触器用在交流或者直流电路中均可。( )

349. 剩磁过大将造成接触器断电后释放。( )

350. 电磁灭弧装置主要由灭弧线圈和灭弧室组成。( )

351. 接触器触头开距大小与研距长短有关。( )

352. 解体前吹扫，在吹扫间内用 0.2 ~ 0.3 MPa 压缩空气吹扫高压柜，清除尘土。( )

353. 电力机车中修时，发现主接地保护装置中电阻表面珐琅有轻微剥离，用绝缘胶带涂封处理。(　　)

354. 接触器触点重新更换后应调整安装位置。(　　)

355. 主电路入库转换开关，在刀片与刀夹接触处涂黄油。(　　)

356. 高压柜两位置转换开关的换向鼓用于改变机车运行方向，所以又称制动鼓。(　　)

357. 高压柜接触器的牵引制动转换鼓用于实现机车牵引与电阻制动工况之间的转换。(　　)

358. 高压柜两位置转换开关借助电磁阀控制压缩空气，带动转轴、动触片动作，利用动触片在不同的位置与静触指构成不同电路，改变机车主电路。(　　)

359. 触头按工作情况可分为有载开闭和无载开闭 2 种。(　　)

360. 电磁阀是借电磁吸力来控制压缩空气管路的导通或关断，从而达到远距离控制气动器械的目的。(　　)

361. 继电器按传动装置分电磁接触器和电空接触器。(　　)

362. 灭弧罩是让电流与固体介质相接触，降低电弧温度，从而加速电弧熄灭的比较常用的装置。(　　)

363. 电器的传动装置是指用来驱使电器运动部分（触头、接点）按规定进行动作的控制机构。(　　)

364. TJJ2-18/20 型接地继电器主要由电磁系统、触头系统、指示器、接线端子和有机玻璃外罩 5 部分组成。(　　)

365. 因为灭弧线圈与主电路是并联的，因此电弧电流也就是流过灭弧线圈的电流。(　　)

366. 灭弧线圈所产生的磁力线，经铁心和增磁夹片形成闭合回路，它的磁通方向由左手螺旋定则确定。(　　)

367. 灭弧罩或灭弧角的作用是缩短电弧，并将其引向灭弧装置，以便缩短灭弧时间，保护触头不被电弧烧损。(　　)

368. 由热效应而引起的触头熔接，称为触头的“焊接”。(　　)

369. 容量较大的直流接触器采用栅片灭弧装置。(　　)

370. 接触器银或银合金触点的积垢应用汽油或四氯化碳溶剂清除干净。(　　)

371. 灭弧装置一般适用于交流接触器或直流接触器。(　　)

372. JZ15 型中间继电器为非整体式结构，布置比较松散。(　　)

373. 高压柜主接地保护装置电阻（191、192R）的阻值为 $500 \times (1 \pm 10\%)\ \Omega$。(　　)

374. 高压柜主接地保护装置电阻（193、194R）的阻值为 $300 \times (1 \pm 10\%)\ \Omega$。(　　)

375. 高压柜主接地保护装置电阻（195、196R）的阻值为 $7.5 \times (1 \pm 10\%)\ \mathrm{k}\Omega$。(　　)

376. 高压柜主接地保护装置电容（197、198C）的电容值为 10 × (1 ± 10%) μF。（　　）

377. 高压柜上各接线，线芯断股不大于原形的 10%。（　　）

378. 用 2 500 V 兆欧表测量各电阻对地绝缘电阻值应不小于 10 M。检查各紧固件应齐全、可靠。（　　）

379. 两位置转换开关可以带电转换。（　　）

380. 在操作闸刀开关时，动作应当缓慢。（　　）

381. 高压联锁触头属于电空接触器的组成部分。（　　）

382. 用塞尺检查并调整主触头触指超行程，应为 2 ~ 3 mm。（　　）

383. 检查并调整主触头接线长度，单个主触头接触线长度应不小于 14 mm。（　　）

384. 必要时进行单个主触头接触电阻测量应不大于 200 μΩ（参考值）。（　　）

385. 空调机组清洗完毕后用 0.2 ~ 0.3 MPa 压缩空气将空调机组各部积水吹净。（　　）

386. 中修空调电源箱解体吹扫箱体各部，用 0.2 ~ 0.3 MPa 压缩空气吹扫。（　　）

387. 机车上常用的灭弧装置包括油吹灭弧装置。（　　）

388. 电磁接触器的联锁触头用来构成主电路。（　　）

389. 接触器的触头处于闭合状态时，必须有足够的开距以保证可靠熄灭电弧和断开电路。（　　）

390. 当触头的压力较大时，触头表面的清洁度对接触电阻影响较大。（　　）

391. 电力机车上线路接触器用于闭合主电路。（　　）

392. TCK7 型电空接触器中修用 0.2 ~ 0.3 MPa 压缩空气吹扫各部尘垢。（　　）

393. TCK7 型电空接触器动、静触头左、右接触偏移≤1 mm。（　　）

394. SS_4 型电空接触器在电路图中用 KA 表示。（　　）

395. SS_4 型电力机车中位置转换开关在电路图中用 KM 表示。（　　）

396. 触头的接触方式为点接触、线接触、面接触、体接触。（　　）

397. 触头的磨损不包括电磨损。（　　）

398. 触头的磨损主要取决于机械磨损。（　　）

399. 电弧主要在触头的闭合过程时产生。（　　）

400. SS_{4B} 电力机车高压柜内共使用了 3 种型号的电空接触器。（　　）

401. 主断路低压部分包括灭弧室、非线性电阻、隔离开关等部件。（　　）

402. 主断路器非线性电阻用于限制过电压，加快电压恢复速度。（　　）

403. 机车蓄电池可提供机车辅助用电。（　　）

404. 机车蓄电池不充电时的空载电压小于直流 110 V。（　　）

405. 高压连接器的主要功能是在两节机车进行连挂时，自动连接两节机车车顶的 25 kV 高压电路。(　　)

406. 真空接触器易出现电弧电流过零后就熄灭，出现截流现象，因而在电感电路中产生过电压。(　　)

407. 空气断路器具有结构简单、工作可靠、分断容量大、动作速度快、绝缘强度高、整机检修工作量小等诸多优点。(　　)

408. 主断路器是用来接通或开断电力机车辅助电路的。(　　)

409. 蓄电池充电是将电能转化为动能。(　　)

410. 碱性蓄电池充电过程中，电解液密度降低。(　　)

411. 连接器是电力机车电源的总开关和机车的总保护电器。(　　)

412. 接触器属于高压断路器的一种，按其灭弧介质可分为油断路器、空气断路器、六氟化硫断路器和真空断路器。(　　)

413. 真空断路器的真空开关可长期使用。(　　)

414. TDV3・8/25 型真空断路器合闸时间小于等于 150 s。(　　)

415. TDZIA-10/25 型真空断路器灭弧室中动触头有轻微烧伤，可用砂纸打磨后镀银。(　　)

416. 机车蓄电池组在负载时电压应保持不变。(　　)

417. 机车蓄电池在运用中是不需要充电的。(　　)

418. 机车蓄电池对地绝缘电阻不可用兆欧表来测量。(　　)

419. 碱性蓄电池检修时，对容量低于 60% 的单节电池应更换。(　　)

420. 蓄电池充电电阻的作用是限制电流平衡。(　　)

421. 真空断路器灭弧室中的静触头更新时用喷灯加热，待焊锡熔化后拆下旧触头。(　　)

422. 电力机车的蓄电池组与晶闸管稳压电源并联，蓄电池始终处于浮充电状态。(　　)

423. 机车用蓄电池分为酸性蓄电池和干性蓄电池。(　　)

424. GN-100 型碱性蓄电池在充放电时，电解液要始终低于极板。(　　)

425. 主断隔离开关的代号是 586QS。(　　)

426. 真空断路器是以真空作为绝缘介质和灭弧介质，利用真空耐压强度高和固体介质的特点进行灭弧。(　　)

427. 机车正常工作时蓄电池在线路中兼起单向作用，从而保证静态电压脉动有效值。(　　)

428. 主断路器的灭弧方式是自然过零。(　　)

429. 蓄电池由正极、负极、电解液隔膜和容器 5 个部分组成。(　　)

430. 电力机车用蓄电池用于主电路的供电以及升弓压缩机打风用电等。(　　)

431. 主断路器属于手动驱动的电器。(　　)

432. 真空主断路器的灭弧方式是压缩空气灭弧。(　　)

433. 机车用蓄电池组采用并联方式。(　　)

434. 机车蓄电池提供的是交流电。(　　)

435. 机车蓄电池空载电压小于直流 110 V。(　　)

436. 蓄电池的充电方式有：补充充电、间断充电、浮充电、快速充电等多种。(　　)

437. 在电池放电过程中，电解液的密度将不变。(　　)

438. SS_{4B} 机车主断加热电源取用 45#插头 17、18 芯对应线号为 1191、1193，其电压为 ± 24 V。(　　)

439. 高压隔离开关动触片检修工艺要求厚度不小于 8.5 mm。(　　)

440. 在真空断路器的工作过程中所使用的压缩空气最主要的作用是保证其主触头在断开情况下的可靠工作。(　　)

441. 当机车主断路器打开或接通主变压器空载电流时，机车将产生操作过电流。(　　)

442. TDZlA-10/25 型空气断路器的额定电流为 400 A。(　　)

443. 测量蓄电池对地绝缘应使用万用表。(　　)

444. SS_{4B} 型电力机车使用高压连接器的型号为 TGL1 型。(　　)

445. 电力机车接地将引起接触器动作。(　　)

446. 电力机车正常运行时，控制系统由蓄电池供电。(　　)

447. 电力机车蓄电池的充电制包括临时充电。(　　)

448. 蓄电池的电压表示蓄电池储存电荷的能力。(　　)

449. 蓄电池的电解液属于半导体。(　　)

450. GN-100 型蓄电池充电过程中，电解液的密度将减少。(　　)

451. 电力机车蓄电池组中各蓄电池采用并联方式。(　　)

452. 国产电力机车采用的镉镍蓄电池为酸性蓄电池。(　　)

453. 电解液是根据蓄电池使用的厂家配制的。(　　)

454. GN-100 型碱性蓄电池放电开始后每 30 min 检查一次，温度不得超过 40 °C。(　　)

455. GN-100 型碱性蓄电池充电开始后，每间隔 30 min 检查每个电池的电压正常，温度低于 40 °C。(　　)

456. 当 GN-100 型碱性蓄电池温度降低时充电电流应减半。(　　)

457. 当 GN-100 型碱性蓄电池温度轻微升高时，应停止充电，强迫冷却。（　　）

458. 电力机车在 110 V 稳压电源正常工作时，机车蓄电池是处于浮充电状态。（　　）

459. 当每节 GN-100 型碱性蓄电池电压达到 1.75 ~ 1.85 V，且 1 h 内电池电压不再上升，停止充电。（　　）

460. 主断路器上设有电阻，可以降低在开断时引起的操作过电压。（　　）

461. 断路器灭弧室瓷瓶一端通过支持瓷瓶的中心空腔与启动阀相连。（　　）

462. 真空主断电磁阀线圈阻值为 10 ~ 14 Ω。（　　）

463. 真空主断路器真空泡触头开距为 16 mm。（　　）

464. 真空主断路器真空泡触头超程为 2 ~ 4.25 mm。（　　）

465. N99 型真空断路器触头压力弹簧压缩量为 19 ~ 20.5 mm。（　　）

466. 高压连接器应能够在左、右 34°，高、低 8°30′ 的范围内摆动，并能自行复位。（　　）

467. 主断路器 DZ1 型主触头复原弹簧自由高（157 ± 2）mm。（　　）

468. 主断路器 DZ1 型主动触头预压力行程（11 ± 1）mm。（　　）

469. 真空主断保持线圈电阻值为 38 ~ 44.6 Ω。（　　）

470. 真空主断吸合线圈阻值为 10 ~ 14 Ω。（　　）

471. 高压连接器弹簧长度（630 ± 5）mm。（　　）

472. 两台高压连接器对接后高低差不大于 30 mm。（　　）

473. 两台高压连接器对接后最大退程为 240 mm。（　　）

474. 高压连接器对接后导电杆两端之间电阻值不大于 650 μΩ。（　　）

475. 高压连接器对接后母线接线端之间电阻值不大于 850 μΩ。（　　）

476. 单节蓄电池额定电压 2 V。（　　）

477. 对整组电池进行对地绝缘检测，绝缘电阻不小于 0.5 MΩ。（　　）

478. 对整组电压进行测量：电力机车应在 110 × (1 ± 5%) V 内。（　　）

479. 测开路电压，要求每节电压不小于 2.10 V，否则应进行充电。（　　）

480. 检查电池箱门应无破损，锁扣作用良好。（　　）

481. 蓄电池在充满电的情况下可存放 3 个月，搁置 3 个月以上要进行均衡充电。（　　）

482. 蓄电池系统安装完毕后应进行补充充电。（　　）

483. 外观检查主断动触头杆，应平直、表面光洁，穿销完好，套筒齿纹良好。（　　）

484. 检查高压连接端螺栓是否松动，并且检查轴向保持组装，连接杆、更换不良弹簧，弹簧要求不低于 110 mm。（　　）

485. 两台高压连接器对接后高低差不大于 30 mm；最大退程为 240 mm。（　　）

486. 检查电池安全阀应完整无松动，壳体应无鼓胀、破裂及渗漏，否则应进行更换或维修。注意不同生产厂家的电池能混用。(　　)

487. “主断环硬线回路状态”就是指主断路器的状态。(　　)

488. 对整组电池进行对地绝缘检测，绝缘电阻不小于 0.5 MΩ，否则应查明原因予以处理。(　　)

489. 对整组电压进行测量：电力机车应在 110 × (1 ± 5%) V 内。(　　)

490. 蓄电池允许与酸性物质或其他腐蚀物质一起存放。(　　)

491. 主断路器储风缸额定压力 340 ~ 450 kPa。(　　)

492. 控制电压 77 V 与 138 V 时，最好在 110 V 气压 245 ~ 275 kPa 条件下，断路器均能 3 次分合闸操作。(　　)

493. 主断路器高压部分气密性能测试： 在最大气压 400 kPa 时，各气阀元件及通气管路保持 15 min 不许有泄漏。(　　)

494. 主断泄漏实验风压 0.9 MPa 的条件下，经过 5 min 后观察并检查各风缸、管路、阀门接头等处，不许有泄漏。(　　)

495. 检查电池箱中有无杂物 ，电池箱拉出、推入应轻松自如，拉手应保证能使手伸入，推入电池箱时应注意导线要受挤压。(　　)

496. 检查电池应无漏液爬电、击穿、过热等现象，可不进行处理或更换电池。(　　)

497. 真空主断路器主触头之间能承受工频试验电压 75 kV 及带电部分应能承受工频试验电压 75 kV，并且电流不超过 3 A，无闪烁击穿现象。(　　)

498. 高压连接器波纹管弹簧状态良好，弹力正常，无变形、无断裂，长度为（630 ± 5）mm，弹簧直径（3.5 ± 0.1）mm，外形直径（42 ± 2）mm。(　　)

499. 蓄电池检查各连线应无裂损及锈蚀，引出线线鼻应无裂损，与导线压接应良好，截面积折损不超过 10%，引出线外皮无破损。(　　)

500. 用万用表测量主断路器保持线圈电阻值为：38 ~ 44.6 Ω。(　　)

三、多选题

1. SS_{4B} 型电力机车受电弓升不起的原因有（　　）。
   A. 升弓管路泄露严重
   B. 升弓管路上有关塞门错关
   C. 变压器室、高压室各门以及车顶门没关好
   D. 高压室有人

2. 受电弓弓头调整包括（　　）。
   A. 弓头平衡调整　　B. 弹簧盒的调整
   C. 安装瓷瓶的调整　　D. 风缸的调整

3. 受电弓由哪些部件组成（　　）。

A. 框架　　B. 滑板机构

C. 气缸传动机构　　D. 低压联锁

4. 受电弓滑板机构由（　　）组成。

A. 滑板　　B. 支架

C. 传动风缸　　D. 软连线

5. 受电弓气缸传动机构由哪些部件组成（　　）。

A. 缓冲阀　　B. 传动气缸

C. 绝缘连接杆　　D. 绝缘子

6. 受电弓框架由（　　）组成。

A. 平衡杆　　B. 下臂杆　　C. 推杆　　D. 电控阀

7. 交流机车受电弓铰链机构由（　　）组成。

A. 下臂杆　　B. 上框架　　C. 拉杆　　D. 风缸

8. 交流机车受电弓弓头由（　　）组成。

A. 弓角　　B. 碳滑板

C. 弓头悬挂装置　　D. 支持绝缘子

9. TSG15B 型受电弓阀板由（　　）组成。

A. 节流阀　　B. 压力开关

C. 水雾分离器　　D. 转换开关

10. TSG15B 型受电弓由（　　）组成。

A. 升弓气囊装置　　B. 自动降弓装置

C. 阻尼器　　D. 低压联锁

11. 受电弓弓头悬挂装置由（　　）组成。

A. 橡胶扭矩原件　　B. V 字型链接器

C. 压力开关　　D. 电控阀

12. 受电弓每条接触滑板由（　　）构成。

A. 石墨磨损件　　B. 铝托架　　C. 风缸　　D. 上框架

13. TSG3-630/25 型受电弓的弓头部分包括（　　）。

A. 弹簧盒　　B. 弓头　　C. 电空阀　　D. 绝缘子

14. TSG3-630/25 型受电弓的控制机构包括（　　）。

A. 电磁阀　　B. 缓冲阀　　C. 升弓控制　　D. 降弓控制

15. TSG3-630/25 型受电弓检修完毕后状态调整包括（　　）。

A. 弓头的调整　　B. 升、降弓时间调整

C. 静态接触压力的调整　　D. 接触形式调整

16. TSG3-630/25 型受电弓传动机构包括（　　）。

A. 连接杆　　B. 传动风缸
C. 连杆绝缘子　　D. 滑板

17. TSG3-630/25 型受电弓底架上承有（　　）。
A. 两组升弓弹簧　　B. 一套铰链机构
C. 一付受电弓阻尼器　　D. 支持绝缘子

18. TSG3-630/25 型受电弓弓头弹簧盒内装有（　　）。
A. 弹簧盒杆　　B. 弓头弹簧
C. 阻尼器　　D. 滑板

19. TSG15B 型受电弓上框架由（　　）焊接而成。
A. 铝管　　B. 顶管　　C. 肘接横管　　D. 下臂杆

20. TSG15B 型受电弓下臂杆包括（　　）的主轴承。
A. 底架轴承管　　B. 肘接轴承管
C. 传动风缸　　D. 支持绝缘子

21. 检修功补开关柜常用材料（　　）。
A. 棉丝　　B. 纱布　　C. 绝缘漆　　D. 石棉手套

22. 检修功补开关柜常用测量仪表（　　）。
A. 万用表　　B. 兆欧表　　C. 游标卡尺　　D. 塞尺

23. 检修功补开关柜常用工具有（　　）。
A. 点温计　　B. 螺丝刀　　C. 棘轮　　D. 开口扳手

24. SS 系列电力机车复位按键不正确的是（　　）。
A. “主断分”　　B. “主断合”　　C. “升弓”　　D. “劈相机”

25. 功补开关柜外观检查各电阻应无（　　）。
A. 短路　　B. 烧痕　　C. 裂损　　D. 开路

26. 绝缘板表面有轻微过热变色或碳化不许用（　　）打磨。
A. 钢丝刷　　B. 细砂布　　C. 砂轮机　　D. 刀片

27. 检查功补柜各电阻安装支架绝缘板应无（　　）。
A. 碳化　　B. 短路　　C. 过热　　D. 烧痕

28. 功补隔离开关不需用（　　）检查辅助联锁通断状态。
A. 深度尺　　B. 点温计　　C. 万用表　　D. 游标卡尺

29. 功补开关柜同步变压器检修外观检查不正确的是（　　）。
A. 断路　　B. 短路
C. 不得有过热、绝缘良好　　D. 断丝

30. 外观检查各电容器外壳（箱体）正确的是（　　）。
A. 裂损　　B. 膨胀变形　　C. 短路　　D. 放电烧痕

31. 变流装置铜排母线有轻微烧痕时，打磨工具选择错误的是（　　）。

A. 锉刀　　B. 细锉或砂布
C. 钢丝刷　　D. 百洁布

32. 测量快速熔断器及指示件不许有开路，不正确的仪表是（　　）。
A. 电流表　　B. 电压表　　C. 万用表　　D. 游标卡尺

33. “四按、三化”记名检修中，“四按”的内容包括（　　）。
A. 按范围　　B. 按“机车-28”
C. 按工艺　　D. 按规程

34. “四按、三化”记名检修中，属于“三化”的内容是（　　）。
A. 程序化　　B. 信息化　　C. 文明化　　D. 机械化

35. 机车检修周期应根据（　　）确定。
A. 实际技术状态　　B. 走行公里
C. 间隔时间　　D. 使用时间

36. 将冲洗完毕的整流柜吊运到烘干箱进行烘干，时间错误的是（　　）。
A. 4 ~ 17 h　　B. 4 ~ 6 h　　C. 4 ~ 18 h　　D. 4 ~ 19 h

37. 将冲洗完毕的整流柜吊运到烘干箱进行烘干，加热温度错误的是（　　）°C。
A. 100　　B. 170　　C. 50　　D. 120

38. 变流装置晶闸管有（　　）。
A. 阳极　　B. 门极　　C. 阴极　　D. 栅极

39. 测量熔断器通断不用的仪表是（　　）。
A. 电压表　　B. 万用表　　C. 电流表　　D. 钳形电流表

40. BVAC. N99D 型真空断路器的额定工作气压错误的是（　　）。
A. 400 ~ 2 000 kPa　　B. 500 ~ 2 000 kPa
C. 450 ~ 1 000 kPa　　D. 500 ~ 9 000 kPa

41. 下面哪些设备是机车三项设备（　　）。
A. 机车信号　　B. 机车电台
C. 48 伏风扇　　D. 监控

42. 两根导线相互平行，通有电流后，它们之间的作用力是（　　）。
A. 引力　　B. 斥力
C. 没有作用力　　D. 既有引力又有斥力

43. 两只电容：$C_1 = 5\ \mu F$，$C_2 = 2\ \mu F$，它们并联/串联后的总电容分别是（　　）。
A. 7 μF　　B. 0.7 μF　　C. 3.5 μF　　D. 1.43 μF

44. 中间直流支撑电容检查要求表面无（　　）等异常现象。
A. 鼓包　　B. 放电　　C. 灰尘　　D. 漏液

45. 电阻检查外观无严重（　　）及烧损现象。
A. 变色　　B. 短路　　C. 破裂

46. 交流机车柜门、盖板外观检查各部无（　　）现象。

A. 变形　　B. 脱漆　　C. 裂纹　　D. 锈蚀

47. 高压隔离开关两弹簧片间的距离、闸刀接触部分厚度分别是（　　）。

A. ≤7.5 mm　　B. ≥9 mm　　C. 10　　D. 5

48. 测量误差分为（　　）。

A. 系统误差　　B. 测角误差

C. 疏失误差　　D. 设备误差

49. 机车电阻制动是通过制动电阻将机车制动时产生的（　　）转化为（　　）而消耗掉。

A. 电能　　B. 机械能　　C. 热能　　D. 动能

50. 检修作业时，按检修工艺范围和有关要求，用工具袋或工具盒将作业中所用到的检修工具、照明用具、测量器具等佩带齐全，禁止摸黑修理，禁止（　　）。

A. 错修　　B. 简化修　　C. 漏修　　D. 违章修

51. 机车布线要求规范、（　　）插头绝缘部分绝缘良好。

A. 线号齐全　　B. 插接紧固

C. 上下对齐　　D. 左右对齐

52. 蓄电池柜包括（　　）蓄电池接线盒和其他辅助附件。

A. 柜体　　B. 组装箱　　C. 电阻　　D. 接触器

53. 冷却塔用于冷却牵引变流器的（　　）。

A. 水散热器　　B. 油散热器

C. 对流散热　　D. 电感散热

54. 电力机车主电路主变压器一次回路由（　　）部分组成。

A. 变流调压电路　　B. 负载电路

C. 保护电路　　D. 劈相机启动电路

55. 电力机车的电器联锁包括（　　）延时联锁。

A. 串联联锁　　B. 并联联锁

C. 自持联锁　　D. 常开触头

56. 电器清洗机允许清洗（　　）等部件表面。

A. 半导体散热器　　B. 螺栓

C. 绝缘套管　　D. 管芯磁环

57. 神八机车机械间通风支路的作用是（　　）。

A. 冷却机械间　　B. 维持正压

C. 维持零压　　D. 维持负压

58. 神八电力机车整车通风系统分成牵引电机通风支路（　　）。

A. 冷却塔通风支路　　B. 机械间散热通风支路

C. 主压缩机散热通风支路　　D. 辅助变流器通风支路

59. 神八机车牵引电机主要由（　　）两部分组成。

A. 定子　　B. 碳刷　　C. 转子　　D. 换向器

60. 神八机车 TCU 的主要功能是完成对机车的（　　），实现对四象限整流器和牵引逆变器、辅助变流器及交流异步牵引电机的实时控制、黏着利用控制。

A. 牵引/制动特性控制　　B. 逻辑控制

C. 故障保护　　D. 无线重联

61. 电源箱各插座检查，应（　　）现象。

A. 无裂损　　B. 无烧损　　C. 无放电　　D. 无退针

62. 高压柜两位置转换开关由两个转股组成，即（　　）。

A. 偏置　　B. 反向股

C. 牵引制动转换股　　D. 两位置

63. 关于气吹灭弧说法正确的是（　　）。

A. 气吹灭弧是利用压缩空气来熄弧

B. 产生过电压

C. 由于压缩空气不易得到，使用不方便，因此使用不广泛

D. 通常采用并联非线性电阻的方法来减小和抑制大电感电路中产生的电压

64. 常用的灭弧装置有（　　）。

A. 电磁灭弧装置　　B. 角灭弧装置

C. 电容灭弧装置　　D. 缝隙灭弧

65. 关于长弧灭弧法，（　　）的叙述是正确的。

A. 利用电容器充放电的原理进行灭弧

B. 桥式触头装置利用触头回路的电动力拉长电弧

C. 拉长电弧，使电弧两端电压不足以维持电弧燃烧

D. 电弧拉长时由于在磁场中受力，抑制游离作用，迫使电弧熄灭

66. 接触器触点重新更换后应调整（　　）。

A. 超程　　B. 研距　　C. 开距　　D. 风压

67. 下列是 SS_{4B} 电力机车 1 号高压柜接触器代号的是（　　）。

A. 12KM　　B. 22KM　　C. 32KM　　D. 91KM

68. SS_{4B} 电力机车 1 号高压柜的插头编号是（　　）。

A. 41#　　B. 43#　　C. 45#　　D. 65#

69. SS_{4B} 电力机车 1 号高压柜正面小线线号是（　　）。

A. 73　　B. 75　　C. 4　　D. 2

70. 触头的接触方式包括（　　）。

A. 点接触　　B. 线接触　　C. 面接触　　D. 体接触

71. 下列电器可以带电转换的是（　　）。

A. 励磁接触器　　B. 线路接触器

C. 自动开关　　D. 位置转换开关

72. 电传动机车中两位置转换开关的作用是（　　）。

A. 开断主电路　　B. 辅助电路转换

C. 机车方向转换　　D. 工况转换

73. 电力机车中修时，发现主接地保护装置中电阻表面珐琅有轻微剥离时，处理方法错误的是（　　）。

A. 涂环氧树脂　　B. 涂绝缘漆

C. 涂有机硅树脂　　D. 缠绝缘胶带

74. 接触器触头开距大小与（　　）有关。

A. 电路电压　　B. 断开电流

C. 灭弧能力　　D. 触头尺寸

75. 下列属于电空接触器组成部分（　　）。

A. 传动风缸　　B. 触头系统

C. 高压连接器　　D. 灭弧系统

76. 造成接触器的触头严重发热或熔焊的原因是（　　）。

A. 超程过小　　B. 闭合过程中震动过剧烈

C. 接触压力小　　D. 触头分段能力不足

77. 造成接触器断电不释放的原因是（　　）。

A. 反作用力太小　　B. 风压过小

C. 触头熔焊　　D. 铁心极面有油或尘埃黏着

78. 机车上常用的灭弧装置不包括（　　）。

A. 电磁灭弧装置　　B. 缝隙弧装置

C. 电感灭弧装置　　D. 油吹灭弧装置

79. 下列是 SS_{4B} 电力机车 2 号高压柜接触器代号的是（　　）。

A. 32KM　　B. 42KM　　C. 91KM　　D. 92KM

80. 接触器触头的熔焊主要发生在（　　）。

A. 触头闭合有载电路的过程中　　B. 触头处于闭合状态时

C. 触头处于断开状态时　　D. 触头闭合无载电路的过程

81. 蓄电池由正极、负极、（　　）和容器 5 个部分组成。

A. 碱性　　B. 电解液　　C. 隔膜　　D. 容器

82. 主断路器不属于（　　）驱动的电器。

A. 电磁　　B. 气动　　C. 固体　　D. 液体

83. 机车用蓄电池组不采用（　　）方式连接。

A. 并联　　B. 直流电　　C. 串联　　D. 交流电

84. 机车蓄电池不提供（　　）。

A. 交流电　B. 直流电　C. 220 V　D. 380 V

85. 蓄电池的充电方式有：初充电、普通充电、补充充电、（　　）、快速充电等多种。
A. 快充　B. 均衡充电　C. 浮充电　D. 其他

86. TDZlA-10/25 型空气断路器的额定电流和额定分断电流分别为（　　）。
A. 60 A　B. 400 A　C. 10 kA　D. 120 A

87. 蓄电池的容量说法错误的是（　　）。
A. 放电能力　B. 充电能力
C. 储存电荷的能力　D. 导体能力

88. SS_{4B} 电力机车不采用（　　）蓄电池。
A. 碱性　B. 酸性　C. 镉镍　D. 其他

89. GN-100 型碱性蓄电池放电开始后巡检时间叙述错误的是（　　）。
A. 50 min　B. 40 min　C. 30 min　D. 60 min

90. 电力机车在稳压电源正常工作时，蓄电池不处于（　　）状态。
A. 快速充电　B. 间隔充电
C. 浮充电　D. 既不充电也不放电

91. 主断路器灭弧室瓷瓶一端通过支持瓷瓶的中心空腔不与（　　）相连。
A. 非线性电阻　B. 灭弧室
C. 主阀　D. 隔离开关

92. 真空主断路器真空泡触头开距错误的是（　　）。
A. 2 ~ 5.25 mm　B. 16 mm
C. 2 ~ 4.25 mm　D. 2 ~ 3.25 mm

93. 主断路器 DZ1 型主触头复原弹簧自由高错误的是（　　）。
A.（157 ± 2）mm　B.（121 ± 1）mm
C.（16 ± 2）mm　D.（15 ± 2）mm

94. 主断路器 DZ1 型主动触头预压力行程错误的是（　　）。
A.（100 ± 1）mm　B.（11 ± 1）mm
C.（380 ± 2）mm　D.（800 ± 1）mm

95. 真空主断保持、吸合线圈电阻值分别为（　　）。
A. 37 Ω　B. 38 ~ 44.6 Ω　C. 10 ~ 14 Ω　D. 33 Ω

96. 两台高压连接器对接后最大退程错误的是（　　）。
A. 31 mm　B. 30 mm　C. 240 mm　D. 32 mm

97. 蓄电池单节额定电压错误的是（　　）。
A. 2.9 V　B. 2 V　C. 0.5 V　D. 5 V

98. 将蓄电池推入电池箱时应注意导线不要（　　）。
A. 有灰尘　B. 弯折　C. 挤压　D. 异物

99. 检查电池安全阀应完整无松动，壳体应无（　　）。
A. 鼓胀　B. 破裂　C. 渗漏　D. 短路

100. 主断泄漏实验风压 0.9 MPa 的条件下，应检查以下哪些部位（　　）。
A. 风缸　B. 电空阀　C. 管路　D. 阀门接头

机车电工（电器一组）应知应会练习题参考答案

一、单选题

1. A	2. A	3. C	4. A	5. A	6. B	7. B	8. A	9. C	10. A
11. B	12. A	13. D	14. A	15. C	16. A	17. C	18. C	19. A	20. A
21. B	22. C	23. A	24. B	25. A	26. C	27. A	28. A	29. A	30. C
31. C	32. C	33. B	34. A	35. B	36. A	37. C	38. A	39. A	40. B
41. A	42. B	43. A	44. C	45. C	46. A	47. A	48. A	49. D	50. A
51. B	52. B	53. C	54. C	55. B	56. A	57. B	58. A	59. B	60. C
61. D	62. A	63. A	64. B	65. A	66. A	67. C	68. D	69. A	70. A
71. A	72. A	73. A	74. C	75. A	76. B	77. B	78. A	79. A	80. B
81. C	82. B	83. C	84. A	85. B	86. B	87. A	88. C	89. B	90. C
91. A	92. A	93. A	94. C	95. A	96. C	97. B	98. A	99. C	100. A
101. B	102. D	103. C	104. A	105. C	106. A	107. B	108. A	109. A	110. A
111. A	112. A	113. D	114. A	115. B	116. A	117. D	118. C	119. B	120. C
121. C	122. A	123. B	124. A	125. A	126. C	127. C	128. C	129. A	130. C
131. A	132. B	133. A	134. A	135. B	136. B	137. B	138. A	139. A	140. D
141. B	142. C	143. A	144. D	145. C	146. A	147. C	148. B	149. C	150. A
151. B	152. B	153. A	154. C	155. A	156. C	157. B	158. A	159. D	160. C
161. D	162. A	163. A	164. A	165. A	166. A	167. A	168. A	169. C	170. C
171. C	172. A	173. A	174. C	175. A	176. A	177. B	178. B	179. A	180. C
181. D	182. B	183. B	184. C	185. C	186. A	187. A	188. A	189. A	190. A
191. A	192. A	193. A	194. A	195. A	196. A	197. B	198. C	199. A	200. D
201. D	202. D	203. A	204. A	205. A	206. A	207. D	208. A	209. D	210. A
211. D	212. A	213. C	214. A	215. A	216. A	217. C	218. B	219. A	220. B
221. B	222. C	223. C	224. B	225. C	226. C	227. C	228. B	229. C	230. C
231. C	232. C	233. B	234. A	235. B	236. A	237. C	238. A	239. A	240. B
241. A	242. B	243. D	244. C	245. C	246. C	247. C	248. B	249. A	250. C
251. B	252. B	253. C	254. C	255. B	256. A	257. C	258. A	259. D	260. A

261. D　262. A　263. A　264. B　265. A　266. A　267. C　268. D　269. A　270. A
271. C　272. A　273. A　274. C　275. C　276. B　277. B　278. A　279. A　280. A
281. A　282. A　283. B　284. D　285. B　286. A　287. C　288. B　289. B　290. A
291. D　292. D　293. A　294. B　295. A　296. D　297. B　298. C　299. C　300. B
301. B　302. D　303. C　304. C　305. D　306. C　307. B　308. B　309. C　310. D
311. D　312. A　313. C　314. B　315. C　316. C　317. B　318. C　319. D　320. A
321. A　322. A　323. A　324. A　325. A　326. A　327. A　328. B　329. C　330. C
331. B　332. B　333. C　334. A　335. B　336. A　337. A　338. B　339. A　340. C
341. B　342. B　343. B　344. C　345. A　346. A　347. C　348. A　349. A　350. A
351. A　352. D　353. C　354. A　355. A　356. A　357. A　358. C　359. D　360. A
361. A　362. A　363. A　364. A　365. A　366. A　367. A　368. C　369. A　370. C
371. C　372. A　373. D　374. C　375. D　376. A　377. A　378. B　379. A　380. A
381. A　382. A　383. D　384. C　385. A　386. C　387. B　388. A　389. B　390. B
391. A　392. D　393. A　394. C　395. B　396. A　397. C　398. D　399. B　400. B
401. B　402. A　403. D　404. B　405. A　406. B　407. B　408. A　409. C　410. A
411. B　412. D　413. C　414. A　415. A　416. C　417. A　418. C　419. A　420. A
421. D　422. A　423. A　424. C　425. C　426. A　427. A　428. C　429. B　430. A
431. C　432. A　433. A　434. A　435. B　436. D　437. A　438. A　439. A　440. A
441. A　442. A　443. D　444. A　445. A　446. C　447. B　448. A　449. B　450. A
451. C　452. B　453. D　454. A　455. A　456. A　457. C　458. B　459. B　460. B
461. C　462. C　463. C　464. A　465. C　466. B　467. B　468. C　469. A　470. A
471. C　472. A　473. D　474. D　475. C　476. A　477. A　478. A　479. A　480. A
481. A　482. B　483. B　484. B　485. B　486. A　487. D　488. B　489. A　490. B
491. B　492. B　493. A　494. D　495. A　496. C　497. C　498. D　499. A　500. B

二、判断题

1. ×　2. ×　3. √　4. √　5. ×　6. √　7. √　8. √　9. ×　10. ×
11. √　12. ×　13. ×　14. ×　15. √　16. √　17. √　18. √　19. √　20. √
21. √　22. √　23. √　24. √　25. ×　26. ×　27. ×　28. √　29. √　30. √
31. √　32. √　33. √　34. √　35. √　36. √　37. √　38. √　39. √　40. √
41. √　42. √　43. √　44. √　45. √　46. √　47. √　48. ×　49. √　50. ×
51. √　52. ×　53. √　54. √　55. √　56. √　57. √　58. √　59. ×　60. √
61. √　62. √　63. ×　64. √　65. ×　66. √　67. √　68. √　69. √　70. ×
71. √　72. ×　73. ×　74. ×　75. √　76. √　77. √　78. √　79. ×　80. √

81. ×　82. ×　83. ×　84. ×　85. √　86. ×　87. √　88. ×　89. ×　90. ×
91. ×　92. ×　93. ×　94. ×　95. ×　96. √　97. √　98. √　99. ×　100. ×
101. √　102. √　103. ×　104. ×　105. ×　106. ×　107. ×　108. ×　109. √　110. ×
111. ×　112. ×　113. ×　114. ×　115. ×　116. √　117. √　118. √　119. ×　120. ×
121. ×　122. ×　123. ×　124. ×　125. ×　126. ×　127. ×　128. ×　129. ×　130. ×
131. ×　132. ×　133. ×　134. ×　135. ×　136. ×　137. ×　138. ×　139. √　140. √
141. √　142. √　143. √　144. √　145. √　146. √　147. ×　148. ×　149. ×　150. √
151. ×　152. √　153. √　154. √　155. √　156. √　157. √　158. ×　159. ×　160. ×
161. √　162. √　163. √　164. √　165. √　166. √　167. √　168. √　169. √　170. √
171. √　172. √　173. √　174. √　175. √　176. √　177. √　178. √　179. √　180. √
181. ×　182. ×　183. ×　184. ×　185. ×　186. ×　187. √　188. √　189. √　190. √
191. √　192. √　193. √　194. √　195. √　196. √　197. √　198. √　199. √　200. √
201. ×　202. ×　203. ×　204. ×　205. ×　206. ×　207. ×　208. ×　209. √　210. ×
211. ×　212. ×　213. √　214. ×　215. ×　216. ×　217. ×　218. ×　219. ×　220. ×
221. √　222. ×　223. ×　224. ×　225. √　226. ×　227. ×　228. ×　229. √　230. ×
231. ×　232. √　233. √　234. ×　235. ×　236. ×　237. ×　238. ×　239. √　240. ×
241. ×　242. ×　243. ×　244. ×　245. ×　246. ×　247. ×　248. ×　249. ×　250. ×
251. ×　252. ×　253. ×　254. ×　255. ×　256. ×　257. ×　258. ×　259. √　260. √
261. √　251. √　263. ×　264. ×　265. ×　266. √　267. √　268. ×　269. ×　270. ×
271. ×　272. ×　273. ×　274. ×　275. ×　276. ×　277. ×　278. ×　279. ×　280. ×
281. ×　282. ×　283. ×　284. ×　285. ×　286. ×　287. ×　288. ×　289. √　290. √
291. √　292. ×　293. ×　294. ×　295. ×　296. ×　297. ×　298. √　299. √　300. √
301. √　302. √　303. √　304. ×　305. ×　306. √　307. ×　308. ×　309. ×　310. ×
311. ×　312. ×　313. ×　314. ×　315. ×　316. ×　317. ×　318. √　319. ×　320. ×
321. ×　322. ×　323. ×　324. √　325. √　326. ×　327. √　328. √　329. √　330. √
331. √　332. √　333. √　334. √　335. √　336. ×　337. ×　338. ×　339. ×　340. ×
341. ×　342. ×　343. ×　344. √　345. √　346. ×　347. ×　348. ×　349. ×　350. √
351. ×　352. √　353. ×　354. ×　355. ×　356. ×　357. ×　358. ×　359. √　360. ×
361. ×　362. √　363. √　364. √　365. ×　366. ×　367. ×　368. ×　369. ×　370. ×
371. ×　372. ×　373. √　374. √　375. √　376. √　377. √　378. √　379. ×　380. ×
381. ×　382. √　383. √　384. √　385. √　386. √　387. ×　388. ×　389. ×　390. ×
391. ×　392. √　393. √　394. ×　395. ×　396. ×　397. ×　398. ×　399. ×　400. √
401. ×　402. ×　403. ×　404. √　405. √　406. ×　407. ×　408. ×　409. ×　410. ×
411. ×　412. ×　413. ×　414. √　415. ×　416. ×　417. ×　418. ×　419. √　420. ×
421. ×　422. ×　423. ×　424. ×　425. √　426. ×　427. ×　428. ×　429. √　430. ×
431. ×　432. ×　433. ×　434. ×　435. √　436. ×　437. ×　438. √　439. √　440. ×

441. × 442. √ 443. × 444. × 445. × 446. × 447. × 448. × 449. × 450. ×
451. × 452. × 453. × 454. √ 455. √ 456. × 457. × 458. √ 459. √ 460. ×
461. × 462. √ 463. √ 464. √ 465. √ 466. √ 467. √ 468. √ 469. √ 470. √
471. √ 472. √ 473. √ 474. √ 475. √ 476. √ 477. √ 478. √ 479. √ 480. ×
481. √ 482. × 483. × 484. √ 485. √ 486. × 487. × 488. √ 489. √ 490. ×
491. √ 492. √ 493. √ 494. √ 495. × 496. × 497. √ 498. √ 499. √ 500. √

三、多选题

1. ABC　2. AB　3. ABC　4. AB　5. ABC
6. ABC　7. ABC　8. ABC　9. ABC　10. ABC
11. AB　12. AB　13. AB　14. AB　15. ABC
16. ABC　17. ABC　18. AB　19. ABC　20. AB
21. ABC　22. AB　23. BCD　24. ACD　25. BCD
26. ACD　27. ACD　28. ABD　29. ABD　30. ABD
31. ACD　32. ABD　33. ABC　34. ACD　35. ABD
36. ACD　37. ABD　38. ABC　39. ACD　40. ABD
41. ABD　42. AB　43. AD　44. ABD　45. AC
46. ABCD　47. AB　48. ABC　49. AC　50. ABCD
51. AB　52. AB　53. AB　54. ABC　55. ABC
56. ABCD　57. AB　58. ABCD　59. AC　60. ABC
61. ABCD　62. BC　63. ACD　64. ABC　65. ABCD
66. ABC　67. ABD　68. ABC　69. AB　70. ABC
71. ABC　72. CD　73. BCD　74. ABC　75. ABD
76. ABCD　77. ACD　78. BCD　79. ABD　80. AB
81. BC　82. ACD　83. ABD　84. ACD　85. BC
86. BC　87. ABD　88. BCD　89. ABD　90. ABD
91. ABD　92. ACD　93. BCD　94. ACD　95. BC
96. ABD　97. ACD　98. BC　99. ABC　100. ACD

第四节　机车电工（电器二组）应知应会练习题

一、单选题

1. SS_{4B} 机车中修停时多长时间？（　　）
   A. 互换修 5 天，定位修 9 天　B. 互换修 7 天，定位修 9 天
   C. 互换修 7 天，定位修 8 天　D. 互换修 5 天，定位修 8 天

2. SS_{4B}机车小修停时多长时间？（　　）

A. 48 小时　　B. 24 小时　　C. 36 小时　　D. 12 小时

3. SS_{4B}机车辅修修停时多长时间？（　　）

A. 12 小时　　B. 48 小时　　C. 24 小时　　D. 36 小时

4. 机车中修时各联锁的阻值不得大于（　　）。

A. 0.8 Ω　　B. 0.2 Ω　　C. 0.4 Ω　　D. 0.6 Ω

5. 三相交流发电机发出 3 个频率（　　）而彼此相隔（　　）电相角的单相交流电。

A. 相等，120°　　B. 相同，60°　　C. 相同，120°　　D. 相同，180°

6. 电空阀的额定气压为（　　），额定电压为（　　）。

A. 500 kPa，DC 110 V　　B. 500 kPa，DC 220 V

C. 1 000 kPa，DC 110 V　　D. 1 000 kPa，DC 220 V

7. 电空阀的阀杆行程为（　　），线圈阻值：（　　）。

A. 1.0 mm ± 0.2 mm，890 ~ 1 013 Ω　　B. 1.0 mm ± 0.2 mm，892 ~ 1 013 Ω

C. 1.0 mm ± 0.2 mm，900 ~ 1 013 Ω　　D. 1.0 mm ± 0.02 mm，893 ~ 1 013 Ω

8. 电流是指电荷有规律的（　　）。

A. 定向运动　　B. 移动　　C. 定向移动　　D. 运动

9. 司机控制器电位器电位器阻值为（　　）。

A. 250 × (1 ± 15%) Ω　　B. 200 × (1 ± 15%) Ω

C. 250 × (1 ± 10%) Ω　　D. 200 × (1 ± 10%) Ω

10. 游标卡尺由（　　）和附在主尺上能滑动的（　　）两部分构成。

A. 副尺，游标　　B. 主尺，副尺

C. 主尺，游标　　D. 副尺，卡尺

11. 神八机车额定工作电压是（　　）。

A. 25 kV　　B. 15 kV　　C. 20 kV　　D. 30 kV

12. 神八机车当网压低于（　　）并持续 1 s，将断开主断路器。

A. 17 kV　　B. 18 kV　　C. 19 kV　　D. 20 kV

13. 网压欠压保护动作，当网压高于（　　）并超过 1 s，允许合主断。

A. 19 kV　　B. 18.5 kV　　C. 17.5 kV　　D. 18 kV

14. 运行途中进行 GWM 网关复位时，当重新上电后 DK-2 将触发（　　）。

A. 惩罚制动　　B. 紧急制动

C. 牵引封锁　　D. 电制动力封锁

15. 神八机车最高工作电压是（　　）。

A. 小于 31.5 kV　　B. 大于 31 kV

C. 小于 31 kV　　D. 大于 31.5 kV

16. 神八机车最低工作电压是（　　）。

A. 大于 17 kV　　B. 大于 17.5 kV
C. 小于 17 kV　　D. 小于 17.5 kV

17. 神八机车电传达方式采用（　　）传动。
A. 交-直　　B. 交-直-交　　C. 直-交　　D. 交

18. 神八机车的最大电制动力为（　　）。
A. 460 kN　　B. 460.5 kN　　C. 461 kN　　D. 461.5 kN

19. 剥线钳是用来剥削截面为（　　）mm^2 以下的塑料或橡皮电线端部的表面绝缘层。
A. 5　　B. 6　　C. 7　　D. 8

20. SS_{4B} 型机车设置的喷脂间隔距离为（　　）mm。
A. 810　　B. 820　　C. 800　　D. 840

21. Y 形接法的负载引线为 3 条火线、1 条零线和 1 条地线，3 条火线之间的电压为（　　）V，任一火线对零线或对地线的电压为（　　）V。
A. 220、380　　B. 380、220　　C. 380、110　　D. 220、110

22. 机车上低压柜中三相自动开关能实现（　　）保护和（　　）保护。
A. 电磁，短路　　B. 电磁，过压
C. 电磁，热动　　D. 热动，短路

23. SS_{4B} 电力机车采用（　　）型压力传感器。测量范围：（　　）输出：（　　）。
A. CZY-1 型；0 ~ 1 000 kPa；1 ~ 10 mA
B. CZY-1 型；0 ~ 900 kPa；1 ~ 10 mA
C. CZY-1 型；0 ~ 1 000 kPa；1 ~ 9 mA
D. CZY-2 型；0 ~ 1 000 kPa；1 ~ 10 mA

24. SS_{4B} 电力机车选用（　　）光电式速度传感器。
A. DF15　　B. DF16　　C. DF17　　D. DF18

25. 电空阀是一种借助（　　）来控制压缩空气管路开通或截断的阀，从而实现远距离控制气动器件的目的。
A. 磁力　　B. 电力　　C. 电磁吸力　　D. 压力

26. 控制电源柜主要用来产生控制（　　）电源，供机车低压控制电路使用。
A. 稳定的 110 V　　B. 直流 110 V
C. 稳定的直流 110 V　　D. 交流 380 V

27. 控制电源柜提供（　　），分别供机车自动信号装置，两端司机室仪表照明使用。
A. 48 V，24 V，15 V 电源　　B. 直流 48 V，24 V，15 V 电源
C. 直流 48 V，24 V，10 V 电源　　D. 直流 36 V，24 V，15 V 电源

28. 交流机车司机控制器方向转换开关有（　　）位置。
A. 向前　　B. 向前、0、向后
C. 0、向后　　D. 向前、向后

29. 风道继电器触头间隙为（　　）。

A. 1～2 mm　　B. 2～2.5 mm　　C. 2～3 mm　　D. 2.5 mm

30. YDS-1 双针电压表用于显示机车的（　　）和（　　）。

A. 控制电压，牵引电压　　B. 网压，牵引电压

C. 网压，控制电压　　D. 网压，牵引电流

31. 电空阀的型号为（　　）。

A. FK1BM-1B　　B. TKS-1B　　C. FK1BM　　D. FKBM

32. 风道继电器触头间隙夏天应（　　），冬天应（　　）。

A. 调小，调大　　B. 调小，调小

C. 调大，调小　　D. 调大，调大

33. 交流机车司机控制器制动和牵引最大位时，电位器输出值为（　　）。

A. 9.5～10.1 V　　B. 9.6～10.1 V

C. 9.6～10 V　　D. 9.5～10 V

34. 交流机车司机控制器制动和牵引最小位时，电位器输出值为（　　）。

A. 小于 0.05 V　　B. 小于 0.06 V

C. 大于 0.05 V　　D. 大于 0.06 V

35. 新下发的作业通知规定电空阀报废期限为（　　）年。

A. 5　　B. 6　　C. 7　　D. 8

36. SS_{4B}牵引电压表.牵引电流表和励磁电流表的输出电压全为（　　）。

A. 7.5 V　　B. 8 V　　C. 8.5 V　　D. 9 V

37. SS_{4B}牵引电压表.牵引电流表和励磁电流表的精度等级全为（　　）级。

A. 2　　B. 1　　C. 1.5　　D. 2.5

38. SS_{4B}牵引电压表、牵引电流表和励磁电流表允许基本误差为（　　）。

A. 0.112 5　　B. 0.112 6　　C. 0.112 7　　D. 0.112 8

39. 电小闸的型号为（　　）。

A. TKB2TB　　B. TKS1TB　　C. TKS2TA　　D. TKS27B

40. 电小闸的手柄只能在（　　）位取出。

A. 中立　　B. 运转　　C. 制动　　D. 缓解

41. 大闸的工作位置有（　　）。

A. 过充，运转，中立，重联，制动，紧急

B. 过充，运转，中立，重联，制动

C. 运转，中立，重联，制动，紧急

D. 过充，运转，中立，重联，制动，缓解

42. 大闸的手柄只能在（　　）位取出。

A. 运转　　B. 重联　　C. 制动　　D. 紧急

43. SS_{4B} 型电力机车仪表照明的工作电压为（　　）V。
A. 24　　B. 12　　C. 48　　D. 32

44. 神华号交流电力机车 0 ~ 1 200 kPa 的双针压力表两个指针分别表示（　　）压力值。
A. 总风缸，均衡风缸　　B. 总风缸，制动风缸
C. 制动风缸，均衡风缸　　D. 总风缸

45. 速度传感器的相位差是（　　）。
A. 90 ± 40　　B. 85 ± 45　　C. 90 ± 45　　D. 90 ± 35

46. 速度传感器的占空比是（　　）。
A. 45 ± 20　　B. 45 ± 15　　C. 50 ± 20　　D. 50 ± 15

47. 速度传感器的工作电压为（　　）。
A. 20 V　　B. 19 V　　C. 15 V　　D. 10 V

48. 低压柜控制电路通过（　　）与外电路连接。
A. 柜顶 10 芯圆插　　B. 柜顶 20 芯圆插
C. 20 芯圆插　　D. 10 芯圆插

49. 测量电器二组电器部件的绝缘值时用（　　）测量。
A. 兆欧表　　B. 万用表
C. 卡尺　　D. 电器综合试验台

50. 电源柜或低压柜使用风扇的工作电压为（　　）V。
A. 110　　B. 24　　C. 48　　D. 220

51. 微机显示屏扬声器检修时的并联电阻为（　　）Ω。
A. 3.0 ~ 4.5　　B. 3.5 ~ 4.5　　C. 3.0 ~ 4.0　　D. 3.5 ~ 4.0

52. 交流车两周检的下一个修程是（　　）。
A. 检查三级　　B. 季检　　C. 年检　　D. 两年检

53. SS_{4B} 机车故障显示屏的工作电压为（　　）V。
A. 48　　B. 220　　C. 110　　D. 24

54. 低压柜移相电容小辅修时测量电容值不小于（　　）μF。
A. 35　　B. 30　　C. 40　　D. 20

55. 中间继电器小辅修时各联锁开关测量电阻值≤（　　）Ω。
A. 8　　B. 10　　C. 1　　D. 0.8

56. 中间继电器的触头开距（　　）mm。
A. 2 ~ 3　　B. 1 ~ 2　　C. 1 ~ 1.5　　D. 1.2 ~ 2

57. 中间继电器的超程（　　）mm。
A. 1 ~ 1.5　　B. 1 ~ 2　　C. 0.5 ~ 1　　D. 1 ~ 1.2

58. 电源柜单极自动开关小辅修时在接通位的阻值接近于（　　）Ω。
A. 0　　B. 1　　C. 2　　D. 3

59. 两个 10 μF 的电容并联时的值为（　　）μF。

A. 10　　B. 20　　C. 30　　D. 40

60. 两个 10 μF 的电容串联时的值为（　　）μF。

A. 30　　B. 20　　C. 5　　D. 10

61. 电小闸的 4 个位置分别为（　　）。

A. 制动，中立，0，过充　　B. 过充，制动，运转，中立

C. 制动，中立，运转，重联　　D. 制动，中立，运转，缓解

62. 电力机车小辅修接线排检查时，不得有烧损和绝缘破损，线芯断股不超过原截面的（　　）。

A. 10%　　B. 5%　　C. 20%　　D. 30%

63. 电力机车小辅修时，继电器各联锁阻值（　　）Ω。

A. 不大于 10　　B. 10

C. 大于 10　　D. 不大于 0.8

64. 继电器的检修要求（　　）。

A. 动作灵活可靠

B. 动作灵活可靠，整定值正确，各联锁开闭好

C. 整定值正确

D. 各联锁开闭良好

65. 扳扭箱劈相机扳键的联锁是（　　）。

A. 10 A　　B. 1 A

C. 15 A　　D. 以上答案都不对

66. LW5 系列万能转换开关由（　　）组成。

A. 接触系统，定位和限位机构，凸轮

B. 接触系统

C. 定位和限位机构

D. 凸轮

67. 电力机车各辅机自动开关脱扣动作后，须间隔（　　）后，才能恢复正常工作位。

A. 2 min　　B. 2 ~ 2.5 min　　C. 2 ~ 3 min　　D. 1 ~ 2 min

68. 速度传感器的高电平为（　　）V。

A. ≥9　　B. ≤9　　C. 9　　D. 8

69. 速度传感器的低电平为（　　）V。

A. ≤2　　B. ≥2　　C. 2　　D. 3

70. 接触器的线圈用在（　　）电路中。

A. 主　　B. 辅助　　C. 控制　　D. 主电路和控制

71. 接触器的触头用在（　　）电路中。

A. 辅助　　B. 主
C. 主电路或辅助　　D. 控制

72. 风道继电器用于（　　）。
A. 监视机车上通风设备工作是否正常
B. 监视机车是否正常
C. 监视通风设备工作是否正常
D. 监视机车上设备工作是否正常

73. 电弧是指（　　）。
A. 在电器触头气隙空气中强烈放电的现象
B. 在电器触头气隙空气中放电的现象
C. 在电器触头空气中强烈放电的现象
D. 在电器触头气隙强烈放电的现象

74. TQG15 型速度传感器相位差的范围是（　　）。
A. 60 ~ 135　　B. 50 ~ 135　　C. 45 ~ 135　　D. 70 ~ 130

75. SS_{4B} 型机车的 15 V 线号为（　　）。
A. 792　　B. 791　　C. 790　　D. 793

76. SS_{4B} 型机车 110 V 线号为（　　）。
A. 463　　B. 464　　C. 462　　D. 461

77. 晶闸管触发导通的条件是（　　）。
A. 正向电压　　B. 加正向电压和门极触发电流
C. 门极触发电流　　D. 以上答案都不是

78. 神八机车主电路支撑电容起（　　）的作用。
A. 缓冲和平滑主电路中间直流电压
B. 平滑主电路中间直流电压
C. 缓冲主电路中间直流电压
D. 缓冲和平滑主电路直流电流

79. 中间继电器 JZ15-44Z 的结构：（　　）。
A. 线圈，磁轭，铁心，衔铁，按钮，触头组，防尘罩，反力弹簧，支座
B. 线圈，磁轭，铁心，衔铁，按钮，触头组，防尘罩
C. 线圈，磁轭，铁心，衔铁，防尘罩，反力弹簧，支座
D. 线圈，按钮，触头组，防尘罩，反力弹簧，支座

80. 劈相机起动电阻 263R，在 20 °C 时的电阻值为（　　）。
A. $0.76 \times (1 \pm 10\%)\ \Omega$　　B. $0.79 \times (1 \pm 10\%)\ \Omega$
C. $0.77 \times (1 \pm 10\%)\ \Omega$　　D. $0.78 \times (1 \pm 10\%)\ \Omega$

81. 触头的磨损形式是（　　）。
A. 机械磨损，电磨损　　B. 机械磨损，化学磨损

C. 机械磨损，化学磨损.电磨损　　D. 化学磨损，电磨损

82. I 端低压电器柜装有的故障隔离开关 236QS 称为（　　）。

A. 辅接地隔离开关　　B. 零压隔离开关

C. 牵引风速故障隔离开关　　D. 制动风机故障隔离开关

83. I 端低压电器柜装有的故障隔离开关 237QS 称为（　　）。

A. 零压隔离开关　　B. 辅接地隔离开关

C. 自动撒砂隔离开关　　D. 本节车升弓合闸隔离开关

84. I 端低压电器柜装有的故障隔离开关 572QS 称为（　　）。

A. 辅接地隔离开关　　B. 功补故障隔离开关

C. 零压隔离开关　　D. 制动风机故障隔离开关

85. I 端低压电器柜装有的故障隔离开关 573QS 称为（　　）。

A. 制动风机故障隔离开关　　B. 牵引风速故障隔离开关

C. 辅接地隔离开关　　D. 零压隔离开关

86. I 端低压电器柜装有的故障隔离开关 575QS 称为（　　）。

A. 零压隔离开关　　B. 牵引风机故障隔离开关

C. 制动风速故障隔离开关　　D. 自动撒砂隔离开关

87. I 端低压电器柜装有的故障隔离开关 581QS 称为（　　）。

A. 辅接地隔离开关　　B. 制动风机故障隔离开关

C. 零压隔离开关　　D. 自动撒砂隔离开关

88. I 端低压电器柜装有的故障隔离开关 583QS 称为（　　）。

A. 零压隔离开关　　B. 劈相机故障隔离开关

C. 辅接地隔离开关　　D. 制动风机故障隔离开关

89. I 端低压电器柜装有的故障隔离开关 585QS 称为（　　）。

A. 本节车升弓合闸隔离开关　　B. 自动撒砂隔离开关

C. 辅接地隔离开关　　D. 制动风机故障隔离开关

90. I 端低压电器柜装有的故障隔离开关 587QS 称为（　　）。

A. 辅接地隔离开关　　B. 受电弓故障隔离开关

C. 制动风机故障隔离开关　　D. 零压隔离开关

91. I 端低压电器柜装有的故障隔离开关 588QS 称为（　　）。

A. 零压隔离开关　　B. 本节车升弓合闸隔离开关

C. 制动风机故障隔离开关　　D. 受电弓故障隔离开关

92. I 端低压电器柜装有的故障隔离开关 589QS 称为（　　）。

A. 本节车升弓合闸隔离开关　　B. 制动风速故障隔离开关

C. 制动风机故障隔离开关　　D. 零压隔离开关

93. 逆变的定义是（　　）。

A. 把直流电变换成交流电称之为逆变
B. 把交流电变换成直流电称之为逆变
C. 把直流电变换成直流电称之为逆变
D. 把交流电变换成交流电称之为逆变

94. 焊接时利用烙铁头对元件引线和焊盘预热，烙铁头与焊盘的平面最好成（ ）角。
A. 15° B. 30° C. 45° D. 60°

95. 触头的接触方式分为：（ ）。
A. 点接触，线接触，面接触 B. 线接触，面接触
C. 点接触，面接触 D. 点接触，线接触

96. 触头工作情况分为（ ）。
A. 无载开闭 B. 有载开闭
C. 有载开闭和无载开闭 D. 以上答案都不是

97. SS_{4B} 电力机车选用光电式速度传感器，可进行（ ）的检测。
A. 方向、空转及打滑等参数信息
B. 机车速度、方向、空转及打滑等参数信息
C. 机车速度、空转及打滑等参数信息
D. 机车速度、方向及打滑等参数信息

98. SS_{4B} 机车主电路采用不等分三段半控桥，相控调压，电工绝缘材料的耐压等级有 Y、A、E、B、F、H、C 7 个等级，其中允许工作温度最高的是（ ）级。
A. C B. A C. Y D. B

99. SS_{4B} 机车主电路采用不等分三段半控桥，相控调压，电工绝缘材料的耐压等级有（ ）7 个等级。
A. Y、A、E、B、F、H、G B. Y、A、E、B、F、H、C
C. Y、A、E、B、F、H、D D. Y、A、E、B、F、H、M

100. 电容的作用：（ ）。
A. 旁路，去耦，储能 B. 旁路，去耦，滤波，储能
C. 旁路，去耦，滤波 D. 去耦，滤波，储能

101. SS_{4B} 型电力机车总功率（ ）kW，电制动方式为加馈电阻制动。
A. 6 400 B. 3 600 C. 4 800 D. 6 200

102. JZ15 系列中间继电器适用交流（ ）电压 500 V 以下。
A. 60 Hz B. 50 Hz
C. 50 Hz 或 60 Hz D. 40 Hz

103. JZ15 系列中间继电器适用（ ）中，用来增加信号数量及大小。
A. 直流电压 110 V 以下的控制电路
B. 直流电压 220 V 以下的控制电路
C. 直流电压 48 V 以下的控制电路
D. 直流电压 220 V 以下的辅助电路

104. 风道继电器风压整定值为（　　）。

A. $0.2\times(1\pm10\%)$ kPa
B. $0.3\times(1\pm10\%)$ kPa
C. $0.1\times(1\pm10\%)$ kPa
D. $0.3\times(1\pm5\%)$ kPa

105. 低压柜内有两个直流接触器代号分别为（　　）和（　　）。

A. 440KM、442KM
B. 442KM、441KM
C. 440KM、441KM
D. 441KM、443KM

106. TKS15 型调车控制器又称辅助司机控制器，手柄共有（　　）4 个位置。

A. 取，向后，0，向前
B. 取，向后，取，向前
C. 取，向后，取，重联
D. 取，向后，取，过充

107. 接触器触电系统中所谓常开、常闭触点，是指（　　）。

A. 电磁线圈未通电动作前状态
B. 电磁线圈未通电动作前触电的状态
C. 电磁线圈通电动作前触电的状态
D. 电磁线圈动作前触电的状态

108. 若电路发生非正常接触，使两端的外电阻 $R=0$，这种现象叫（　　）。

A. 断路　B. 短路　C. 通路　D. 以上都不是

109. 涡流是由于线圈通过（　　）时，在铁心内产生感应电动势，而形成闭合的感应电流。

A. 交流　B. 交变电流　C. 直流　D. 交直流

110. 常用的游标卡尺的精度等级为（　　）mm。

A. 0.01　B. 0.02　C. 0.03　D. 0.04

111. 晶闸管有（　　）个极。

A. 2　B. 3　C. 4　D. 5

112. 机车电子装置按功能、性质大致可分为（　　）。

A. 控制保护类和电子电器类
B. 控制保护类、电源类和电子电器类
C. 电源类和电子电器类
D. 控制保护类、电源类

113. SS_{4B} 机车故障显示屏采用（　　）作为光源。

A. 三极管
B. 平面发光二极管
C. 光耦
D. 灯泡

114. 用 0.2 ~ 0.3 MPa 压缩空气吹扫电器各部时，风嘴距绝缘表面距离应大于（　　）。

A. 100 mm　B. 150 mm　C. 110 mm　D. 120 mm

115. 游标卡尺可以测量出工件的（　　）。

A. 内径
B. 内径、外径、深度
C. 内径、外径
D. 外径、深度

116. 电源柜 202，206 线号之间的电压是（　　）V。

A. 220　　B. 396　　C. 110　　D. 380

117. 中间继电器阻值为（　　）Ω。

A. 10　　B. 1 000　　C. 100　　D. 900

118. JT3 时间继电器阻值为（　　）Ω。

A. 643　　B. 644　　C. 642　　D. 641

119. 大修的下一个修程是（　　）。

A. 1X　　B. 1F　　C. 2F　　D. 2X

120. 测试表笔的使用：将黑表笔插入（　　）插孔，红表笔插入（　　）插孔。（　　）

A. COM，V/Ω　　B. COM，-V/Ω

C. V，-V/Ω　　D. -V/Ω，COM

121. 秋整时间为（　　）。

A. 8 月 16 日～11 月 15 日　　B. 8 月 15 日～11 月 15 日

C. 8 月 17 日～11 月 15 日　　D. 8 月 15 日～11 月 16 日

122. 整流柜用晶闸管和整流管的面板由（　　）组成。

A. 电阻　　B. 电阻，电容

C. 电容　　D. 电阻，电容，二极管

123. 低压柜劈相机起动电阻的代号为（　　）。

A. 263R，260R　　B. 263R，264R

C. 263R，261R　　D. 263R，262R

124. 危险源的等级分为（　　）。

A. 极度，高度，中度，轻度

B. 极度，高度，中度，低度，轻度

C. 高度，中度，低度，轻度

D. 极度，高度，低度，轻度

125. 风险预控的概念为（　　）。

A. 根据危险源的辨识和风险评估的基础上，消除和控制风险的过程

B. 根据危险源的辨识和风险评估的基础上，预先采取措施，消除和控制风险的过程

C. 根据危险源的辨识基础上，预先采取措施，消除和控制风险的过程

D. 根据危险源的辨识和风险评估的基础上，预先采取措施，消除风险的过程

126. 司机控制器凸轮片与主轴、转换轴的配合间隙不大于（　　）mm。

A. 0.1　　B. 0.2　　C. 0.3　　D. 0.4

127. 低压电器柜逻辑控制单元简称为（　　）。

A. DKL　　B. LCU　　C. CCU　　D. DCU

128. 压力变送器与微机显示屏所显示压力不得大于（　　）kPa。

A. 10　　B. 20　　C. 30　　D. 40

129. 三视图的投影图关系为（　　）。
A. 长对正，宽相等　　B. 长对正，宽相等，高平齐
C. 长对正，高平齐　　D. 宽相等，高平齐

130. 闸刀检修时，刀片缺损宽度不得大于原形的（　　）。
A. 20%　　B. 10%　　C. 30%　　D. 40%

131. 主台扳钮箱司机电钥匙简称（　　）。
A. 570QS　　B. 点动 570QS
C. 点动 571QS　　D. 571QS

132. 风道继电器的作用是（　　）。
A. 监视车上是否正常，以有效保护发热设备
B. 监视车上通风设备是否正常，以有效保护发热设备
C. 监视车上通风设备工作是否正常，以有效保护发热设备
D. 监视车上通风设备工作是否正常

133. 接触器断电后不释放的原因为（　　）。
A. 触头熔焊，铁心极面有油污
B. 反作用力太，铁心极面有油污
C. 反作用力太小，触头熔焊，铁心极面有油污
D. 反作用力太小，触头熔焊

134. 故障显示屏的作用是（　　）。
A. 显示机车部件故障或部件工作状态
B. 显示机车故障或部件工作状态
C. 显示机车部件故障
D. 显示机车部件工作状态

135. 主台故障显示屏共显示（　　）个信号。
A. 40　　B. 16　　C. 28　　D. 32

136. SS_{4B} 型电力机车段修时，电空阀要求在最低工作电压（　　）V 下，均能可靠工作。
A. 220　　B. 110　　C. 88　　D. 77

137. 电力机车的联锁方式有（　　）两种。
A. 机械联锁和电磁联锁　　B. 机械联锁和真空联锁
C. 机械联锁和电气联锁　　D. 真空联锁和电气联锁

138. 轮轨润滑系统由（　　）组成。
A. 机械控制和机械执行　　B. 电气控制和机械执行
C. 电气控制和电气执行　　D. 电气控制和机械结构

139. 金属导体的电阻随温度的升高而（　　）。
A. 不变　　B. 降低
C. 升高　　D. 以上都不是

140. 触头厚度为（　　）厚度。

A. 金属陶瓷材料　　B. 原材料

C. 合金　　D. 纯金属

141. ABB 接触器的触头厚度为（　　）mm。

A. 0.2　　B. 0.5　　C. 0.6　　D. 0.4

142. SS_{4B} 型电力机车（　　）轴的速度传感器为 4 通道。

A. 4　　B. 3　　C. 1　　D. 2

143. 常用灭火器有（　　）。

A. 干粉，泡沫，1211，清水

B. 干粉，泡沫，酸碱，二氧化碳，1211，清水

C. 干粉，泡沫，酸碱，二氧化碳

D. 泡沫，酸碱，二氧化碳，1211，清水

144. 隔离开关 242QS 的（　　）线号之间的阻值太大，将直接导致劈相机起动电阻烧损。

A. 279、280　　B. 279、281　　C. 278、280　　D. 270、280

145. SS_{4B} 型电力机车在电网下，235QS 倒向（　　）。

A. 运行位　　B. 库用位　　C. 中间位　　D. 重联位

146. 若机车库内时，235QS 在（　　），以便使用库内电源。

A. 运行位　　B. 库用位　　C. 中间位　　D. 重联位

147. 配合的方式有（　　）。

A. 间隙配合、过盈配合

B. 过盈配合、过渡配合

C. 间隙配合、过渡配合

D. 间隙配合、过盈配合、过渡配合

148. 用劈相机起动继电器试验台测试 283AK 动作值，发电相电压应在（　　）之间动作接通开关，不符合要求进行更新。

A. 190 ~ 206 V　　B. 190 ~ 205 V

C. 190 ~ 207 V　　D. 190 ~ 208 V

149. Ⅰ号低压电器柜顶部所安装的风压继电器代号为（　　），为控制机车（　　）部件。（　　）

A. 515KF，受电弓　　B. 570QS，受电弓

C. 515KF，主断　　D. 283AK，受电弓

150. 接触器 6C 桥式整流器的作用是（　　）。

A. 使电源为交直两用　　B. 使控制电源为交直两用

C. 使控制电源变为交流　　D. 使控制电源成为直流

151. 电空阀阀杆行程过大或过小有（　　）影响。

A. 行程过大，动作缓慢
B. 行程过小，风量不足
C. 行程过小，动作缓慢；行程过大，风量不足
D. 行程过小，风量不足；行程过大，动作缓慢

152. 中间继电器 284KE 作用是（　　）。
A. 在电网下能使机车获得 220 V 电压
B. 不论机车在电网下还是使用库内电源，都能使机车获得 220 V 电压
C. 不论机车在电网下还是使用库内电源，都能使机车获得 110 V 电压
D. 不论机车在电网下还是使用库内电源，都能使机车获得 380 V 电压

153. ABB185 型接触器的线圈阻值为（　　）。
A. $22 \times (1 \pm 5\%)\ \Omega$　　B. $22 \times (1 \pm 10\%)\ \Omega$
C. $21 \times (1 \pm 10\%)\ \Omega$　　D. $20 \times (1 \pm 10\%)\ \Omega$

154. 交流机车每节各有风表（　　）块。
A. 3　　B. 4　　C. 2　　D. 5

155. 交流机车每节车风表分别为（　　）。
A. 双针压力表 1 600 kPa，单针压力表 1 200 kPa，双针压力表 1 000 kPa
B. 双针压力表 1 200 kPa，单针压力表 1 200 kPa
C. 双针压力表 1 200 kPa，双针压力表 1 000 kPa
D. 双针压力表 1 200 kPa，单针压力表 1 200 kPa，双针压力表 1 000 kPa

156. 测量小电阻的仪器是（　　）。
A. 万用表　　B. 直流双臂电桥
C. 兆欧表　　D. 游标卡尺

157. 测量大电阻的仪器为（　　）。
A. 万用表　　B. 直流双臂电桥
C. 兆欧表　　D. 游标卡尺

158. 击穿是指（　　）。
A. 绝缘物质发生强烈放电或闪络的现象
B. 绝缘物质在电场作用下发生强烈放电的现象
C. 绝缘物质在电场作用下发生强烈闪络的现象
D. 绝缘物质在电场作用下发生强烈放电或闪络的现象

159. 单结晶体管 3 个工作区是（　　）。
A. 截止区，负阻区，饱和区　　B. 截止区，负阻区，放大区
C. 截止区，线性区，饱和区　　D. 截止区，负阻区，控制区

160. 晶闸管的额定电压是指：（　　）。
A. 反向重复电压　　B. 正向重复峰值电压
C. 反向重复峰值电压　　D. 反向重复峰值电流

161. 晶闸管的导通条件是（　　）。
A. 加正向电流和门极有触发电流
B. 加正向电压和负极有触发电流
C. 加正向电压和门极有触发电流
D. 加反向电压和门极有触发电流

162. 拧内径为 4 mm 的六角螺母，需要使用（　　）mm 开口扳手。
A. 5.5　　B. 10　　C. 8　　D. 7

163. 压力表的主要术语有（　　）。
A. 基本误差，来回差，零位偏差，指针偏转的平稳性，轻敲位移
B. 基本误差，来回差，指针偏转的平稳性，轻敲位移
C. 基本误差，来回差，零位偏差，轻敲位移
D. 来回差，零位偏差，指针偏转的平稳性，轻敲位移

164. 微机柜控制系统中控制目标是（　　）。
A. 电枢电流　　B. 电枢电流和机车速度
C. 机车速度　　D. 电枢电压和机车速度

165. 交流车风表的校验周期为（　　）个月。
A. 9　　B. 6　　C. 12　　D. 3

166. 风压继电器 515KF 的闭合风压整定值为（　　）。
A. 160 kPa　　B. 155 kPa　　C. 150 kPa　　D. 145 kPa

167. 风压继电器 515KF 的断开风压整定值为（　　）。
A. $120\times(1\pm10\%)$ kPa　　B. $100\times(1\pm5\%)$ kPa
C. $100\times(1\pm10\%)$ kPa　　D. $100\times(1\pm15\%)$ kPa

168. 触头处于闭合状态，其主要任务是保证（　　）。
A. 能通过规定的电压且触头的温升不超过允许值
B. 能通过规定的电流且触头的温升不超过允许值
C. 能通过规定的电流且触头的温度不超过允许值
D. 能通过规定的电阻且触头的温升不超过允许值

169. 继电器的作用是（　　）。
A. 辅助电路中的主令电器和执行电器之间进行逻辑转换及传递
B. 主电路中的主令电器和执行电器之间进行逻辑转换及传递
C. 控制电路中的主令电器和执行电器之间进行逻辑转换及传递
D. 控制电路中的主令电器和执行电器之间进行逻辑转换

170. JT3 系列时间继电器开距（　　）。
A. 不小于 2 mm　　B. 不小于 1 mm
C. 不小于 3 mm　　D. 不小于 4 mm

171. JT3 系列时间继电器超程（　　）。

A. 不小于 1.2 mm　　B. 不小于 1.0 mm
C. 不小于 1.5 mm　　D. 不小于 2 mm

172. 中修工艺中规定检查 20 芯插头碳化深度不大于（　　）mm。
A. 0.5　　B. 1　　C. 0.2　　D. 0.8

173. 电容 247C-249C 额定值为（　　）μF。
A. 138.5　　B. 138.6　　C. 138.4　　D. 138.3

174. 电容 247C-249C 中修工艺规定不小于（　　）μf。
A. 105　　B. 110　　C. 120　　D. 130

175. 环境类风险是指系统运行的（　　）可能引发的生产安全风险。
A. 自然环境、单位和社会环境
B. 自然环境、物理环境、社会环境
C. 自然环境、物理环境、单位和社会环境
D. 自然环境、物理环境、单位环境

176. 各接线端子的线号齐全、清晰、正确，线芯断股面积不得超过原截面的（　　）。
A. 1/10　　B. 1/5　　C. 3/10　　D. 1/2

177. 辅助司机控制器取位、向前 0 位、向后 0 位时，电压不大于（　　）V。
A. 0.15　　B. 1　　C. 15　　D. 10

178. ABB 接触器动触头压力弹簧自由高（　　）mm。
A. 78　　B. 41　　C. 40　　D. 79

179. ABB 接触器动触头复原弹簧自由高（　　）mm。
A. 78　　B. 41　　C. 40　　D. 79

180. TFK1B 型电空阀铁心气隙为（　　）mm。
A. 1.9 ± 0.2　　B. 1.8 ± 0.1　　C. 1.9 ± 0.1　　D. 1.8 ± 0.2

181. 低压柜中的 257C 电容值为（　　）μF。
A. 20 × (1 ± 10%) μF　　B. 15 × (1 ± 5%) μF
C. 10 × (1 ± 10%) μF　　D. 5 × (1 ± 10%) μF

182. 过流继电器的开距为（　　）mm。
A. 2.5　　B. 不小于 2.5　　C. 3　　D. 1.5

183. 过流继电器的超程为（　　）mm。
A. 不小于 1.5　　B. 1.5　　C. 小于 1.5　　D. 2

184. LCU 滤尘网应无破损，用 0.2 ~ 0.3 MPa 的干燥压缩空气吹扫干净，吹扫时风嘴距滤尘网距离应大于（　　）mm。
A. 300　　B. 400　　C. 150　　D. 200

185. 低压柜内电器按（　　）布置。
A. 控制电路在上，主电路在下
B. 辅助电路在上，控制电路在下

C. 主电路在上，辅助电路在下
D. 控制电路在上，辅助电路在下

186. 前照灯和升弓压缩机的控制采用（　　）接触器。
A. CZT-20 型交流电磁　　B. CZT-20 型直流
C. CZT-21 型直流电磁　　D. CZT-20 型直流电磁

187. 稳压管稳压时工作在（　　）区。
A. 饱和　　B. 击穿　　C. 截止　　D. 放大

188. 常用来稳压的电子元件是（　　）。
A. 晶闸管　　B. 三极管　　C. 二极管　　D. 以上都不是

189. SS_{4B} 型电力机车主司机控制器向前的线号为（　　），向后的线号为（　　）。（　　）
A. 401、404　　B. 401、403　　C. 403、404　　D. 401、402

190. 弹簧管式压力表每次在各校验点的（　　）和两次在同一校验点的差值率均应小于 1.5%。
A. 差值率　　B. 误差率　　C. 数值　　D. 误差

191. 主司机控制器电位器测量时应测量（　　）端和（　　）端之间的阻值。（　　）
A. 2、3　　B. 1、2　　C. 1、3　　D. 1、2、3

192. 晶体晶闸管 3 个极分别是（　　）。
A. 基极、发射极、集电极　　B. 基极、阴极、集电极
C. 阳极、发射极、集电极　　D. 基极、发射极、控制极

193. 扳钮箱劈相机扳键的联锁是（　　）A。
A. 1　　B. 10　　C. 20　　D. 50

194. 一般导体的电阻与导体（　　）成反比。
A. 密度　　B. 材质　　C. 长度　　D. 截面积

195. 触头磨损不包括（　　）。
A. 机械磨损　　B. 物理磨损
C. 化学磨损　　D. 电磨损

196.（　　）不属于电器散热的基本方式。
A. 传导　　B. 对流　　C. 扩散　　D. 辐射

197. 串联电路中，其总电阻值比各分电阻值（　　）。
A. 大　　B. 小　　C. 相等　　D. 不定

198. 在单位时间内通过导体截面积之电荷称为（　　）。
A. 电功率　　B. 电压　　C. 电阻　　D. 电流

199. 按电器所接入的电路分类，电力机车电器不包括（　　）。
A. 主电路电器　　B. 辅助电路电器
C. 控制电路电器　　D. 保护电路电器

200. 一个 220 V、40 W 电烙铁的电阻值约为（　　）。
A. 600 Ω　B. 1 200 Ω　C. 2 000 Ω　D. 2 400 Ω

201. 交流车司机控制器由（　　）组成。
A. 牵引/制动单元、面板、辅助触头盒、电位器
B. 牵引/制动单元、方向转换手柄、辅助触头盒、电位器
C. 牵引/制动单元、方向转换手柄、面板、辅助触头盒、电位器
D. 牵引/制动单元、方向转换手柄、面板、电位器

202. 温控盒试验电压 110 V，Ⅰ塔灯与Ⅱ塔灯转换一个来回的时间为（　　）。
A. 90 ~ 180 s　B. 90 ~ 100 s
C. 45 ~ 180 s　D. 45 ~ 90 s

203. PV 的名称是（　　）。
A. 电压表　B. 自动开关　C. 隔离开关　D. 分流器

204. QA 的名称是（　　）。
A. 电压表　B. 自动开关　C. 隔离开关　D. 分流器

205. QS 的名称是（　　）。
A. 电压表　B. 自动开关　C. 隔离开关　D. 分流器

206. RS 的名称是（　　）。
A. 电压表　B. 自动开关　C. 隔离开关　D. 分流器

207. 电容器的定义是（　　）。
A. 由金属导体中间隔着电介质组成的封闭物件
B. 由两片金属导体中间隔着电介质组成的封闭物件
C. 由两片金属导体电介质组成的封闭物件
D. 由两片金属导体中间隔着电介质组成的物件

208. 电源柜或低压柜使用风扇的工作电压为（　　）。
A. 48 V　B. 24 V　C. 110 V　D. 220 V

209. 神华号机车制动最大位输出电压为（　　）。
A. 9.5 ~ 10.1 V　B. 9.6 ~ 14.3 V
C. 9.2 ~ 10.1 V　D. 9.6 ~ 10.1 V

210. 弹垫的作用是（　　）。
A. 拧紧螺母以后，给螺母一个弹力，抵紧螺母使其不易脱落
B. 弹簧垫圈给螺母一个弹力，抵紧螺母使其不易脱落
C. 拧紧螺母以后，弹簧垫圈给螺丝一个弹力，抵紧螺母使其不易脱落
D. 拧紧螺母以后，弹簧垫圈给螺母一个弹力，抵紧螺母使其不易脱落

211. 风险评估是指（　　）。
A. 评估风险大小是否可允许的全过程
B. 评估风险大小以及确定风险是否可允许的全过程

C. 针对管理对象所制定的以消除或控制风险的准则

D. 针对管理对象所制定的以消除或控制风险的准则

212. 风压继电器检查气缸的气密性应良好，当气压为（　　）时，涂肥皂液若产生皂泡在 5 s 内不破裂，视为合格。

A. 900 kPa　　B. 600 kPa　　C. 300 kPa　　D. 1 000 kPa

213. 风压继电器整定好后，检查支板与支架不偏斜和卡位，微动开关动作灵活、接触可靠，开关与支板之间间隙（　　）。

A. ≥0.4 mm　　B. 0.4 mm　　C. 0.5 mm　　D. ≥0.5 mm

214. 电源柜检查钮子开关时要求（　　）。

A. 动作灵活，不许有裂损，作用良好，用万用表测量通断状态

B. 动作灵活，作用良好，用万用表测量通断状态

C. 动作灵活，不许有裂损，用万用表测量通断状态

D. 不许有裂损，作用良好，用万用表测量通断状态

215. 电源柜变压器、电抗器的检修要求（　　）。

A. 检查其绕组无过热，用 500 V 兆欧表分别测量绕组间及对地的绝缘电阻值不小于 2 MΩ

B. 检查其绕组无过热，绝缘无破损，接线紧固，用 500 V 兆欧表分别测量绕组间及对地的绝缘电阻值不小于 1 MΩ

C. 检查其绝缘无破损，接线紧固，用 500 V 兆欧表分别测量绕组间及对地的绝缘电阻值不小于 2 MΩ

D. 检查其绕组无过热，绝缘无破损，接线紧固，用 500 V 兆欧表分别测量绕组间及对地的绝缘电阻值不小于 2 MΩ

216. 电源柜万能转换开关各低压联锁触头无烧痕.断裂及变形，其烧蚀不超过（　　）。

A. 1/3　　B. 原形的 1/3　　C. 1/2　　D. 1/4

217. 电源柜插座、端子排的检修要求（　　）。

A. 检查内部无烧痕，插针表面无氧化或折断，插针的接线牢固，插座上的接线线套、线号齐全清晰

B. 检查各插座无变形，内部无烧痕，插针表面无氧化或折断，线号齐全清晰

C. 检查各插座无变形，插针的接线牢固，插座上的接线线套、线号齐全清晰

D. 检查各插座无变形，内部无烧痕，插针表面无氧化或折断，插针的接线牢固，插座上的接线线套、线号齐全清晰

218. 微机显示屏检查显示器逆变器的要求（　　）。

A. 焊点光滑无虚焊，无多余焊渣，贴焊正确到位。如有不良进行更新处理

B. 焊点光滑无虚焊，不漏焊，贴焊正确到位。如有不良进行更新处理

C. 焊点光滑无虚焊，不漏焊，无多余焊渣。如有不良进行更新处理

D. 焊点光滑无虚焊，不漏焊，无多余焊渣，贴焊正确到位。如有不良进行更新处理

219. 微机显示屏语音测试时的要求（　　）。

A. 各色灯和语音信号<包括警惕报警>无杂音，语音调整正常

B. 各色灯和语音信号<包括警惕报警>发声完整，无杂音，语音调整正常

C. 各色灯和语音信号<包括警惕报警>发声完整，语音调整正常

D. 各色灯和语音信号<包括警惕报警>发声完整，无杂音

220. 微机显示屏检查 CPU 主板时的要求（　　）。

A. 元器件无变色，电子盘无破裂、烧损，各连接插排插针无弯曲。

B. 元器件无烧损、变色，电子盘无破裂、烧损，各连接插排插针无弯曲。

C. 元器件无烧损、变色，各连接插排插针无弯曲。

D. 元器件无烧损、变色，电子盘无破裂、烧损。

221. 微机显示屏检修高压板的要求（　　）。

A. 检查板件上元件无烧损，检查逆变器是否烧损

B. 检查与液晶屏连线无虚接，检查逆变器是否烧损

C. 检查与液晶屏连线无虚接，板件上元件无烧损

D. 检查与液晶屏连线无虚接，板件上元件无烧损，检查逆变器是否烧损

222. 微机显示屏检查线路时的要求是（　　）。

A. 检查显示屏内部各板件的连接线路，无短路，无断路，插接无松动

B. 检查显示屏内部各板件的连接线路，无虚接，无断路，插接无松动

C. 检查显示屏内部各板件的连接线路，无虚接，无短路

D. 检查显示屏内部各板件的连接线路，无虚接，无短路，无断路，插接无松动

223. 轮轨润滑装置整体外观检查时的要求是（　　）。

A. 各元件不许有开焊、虚焊，元件不许有过热、变色、断裂、放电痕迹，外观状态良好

B. 各元件焊接正确牢固，元件不许有过热、变色、断裂、放电痕迹，外观状态良好

C. 各元件焊接正确牢固，不许有开焊、虚焊，外观状态良好

D. 各元件焊接正确牢固，不许有开焊、虚焊，元件不许有过热、变色、断裂、放电痕迹，外观状态良好

224. 轮轨润滑装置线路检查时的要求是（　　）。

A. 导线清洁，线路排列整齐，线号齐全、清晰、正确。

B. 导线清洁，不许有过热、烧损和绝缘老化现象，线路排列整齐

C. 导线清洁，不许有过热、烧损和绝缘老化现象，线路排列整齐，线号齐全、清晰、正确

D. 导线清洁，不许有过热，线路排列整齐，线号齐全、清晰、正确

225. 劈相机起动电阻用 500 V 兆欧表测量继电器 A、B 端和 C、N 端对地绝缘电阻值（　　）。

A. 不小于 2 MΩ　　B. 2 MΩ

C. 3 MΩ　　D. 小于 2 MΩ

226. 电子时间继电器试验时，接通电源，用电秒表测量延时时间，应为（　　）。

A. 15 × (1 ± 10%) s　　B. 25 × (1 ± 10%) s

C. 25 × (1 ± 5%) s　　D. 20 × (1 ± 10%) s

227. 压力传感器的满度调整时，给传感器加压的压力源精度应（　　）。

A. 高于传感器精度的 2 倍　　B. 低于传感器精度的 3 倍

C. 高于传感器精度的 3 倍　　D. 高于传感器精度的 1 倍

228. 压力传感器的满度调整时，在给传感器输入压力之前，应先将零压输出值调整在（　　）范围内。

A. 0 ~ 4 mV　　B. 0 ~ 5 mV　　C. 0 ~ 3 mV　　D. 0 ~ 2 mV

229. 压力传感器在校准前必须将仪器及传感器预热（通电）1 h，将仪器调整后再进行加卸校准，校准点应不少于（　　）个测量点。

A. 4　　B. 5　　C. 3　　D. 2

230. 压力传感器电路板检修时（　　）。

A. 不许有变形、变色现象，不许有短路、断路状况

B. 不许有变形，各元件连接完好，可调电阻作用良好，各连线连接良好、紧固，不许有短路、断路状况

C. 不许有变形、变色现象，各元件连接完好，可调电阻作用良好，各连线连接良好、紧固

D. 不许有变形、变色现象，各元件连接完好，可调电阻作用良好，各连线连接良好、紧固，不许有短路、断路状况

231. 传感器的满度调整时，保持额定压力值不变，打开传感器盖，用钟表改锥调节 W1 使额定压力输出值为（　　）。再卸压为零，检查零压输出值，反复几次便可满足要求。

A. 2 V + 20 mV<1 级精度>或 2 V + 10 mV<0.5 级精度>

B. 2 V + 20 mV<1 级精度>

C. 2 V + 10 mV<0.5 级精度>

D. 2 V + 20 mV<1 级精度>或 2 V + 0.5 mV<0.5 级精度>

232. 低压柜头灯降压电阻应良好，测量其电阻值应为（　　）。

A. 6 Ω　　B. 5 Ω　　C. 4 Ω　　D. 3 Ω

233. 辅助电路过压保护电阻 260R：在 20 °C 时的电阻值为（　　）。

A. 4.5 × (1 ± 10%) Ω　　B. 5 × (1 ± 10%) Ω

C. 6 × (1 ± 10%) Ω　　D. 4.0 × (1 ± 10%) Ω

234. 分相启动电阻<264R>：电阻值为（　　）。

A. 2 × (1 ± 10%) kΩ　　B. 1 × (1 ± 10%) kΩ

C. 0.8 × (1 ± 10%) kΩ　　D. 1.2 × (1 ± 10%) kΩ

235. 零压保护电阻<261R>：电阻值为（　　）。

A. 100 × (1 ± 10%) Ω　　B. 1 000 × (1 ± 10%) Ω

C. 2 000 × (1 ± 10%) Ω　　D. 200 × (1 ± 10%) Ω

236. 辅助接地电阻<262R>：电阻值为（　　）。

A. 100 × (1 ± 10%) Ω　　B. 1 000 × (1 ± 10%) Ω

C. 2 000 × (1 ± 10%) Ω　　D. 200 × (1 ± 11%) Ω

237. 低压柜检查二极管、稳压管的检修要求（　　）。

A. 外观检查元件不许有烧痕。用万用表检查正反向阻值，无击穿、断路

B. 连线焊接牢固，安装螺栓紧固。用万用表检查正反向阻值，无击穿、断路

C. 外观检查元件不许有烧痕。连线焊接牢固，安装螺栓紧固。用万用表检查正反向阻值，无击穿、断路

D. 外观检查元件不许有烧痕。连线焊接牢固，安装螺栓紧固

238. 检查零压变压器时用 500 V 兆欧表检查线圈对地及原、次边之间绝缘电阻值应（　　）。

A. 小于 50 MΩ　　B. 不小于 50 MΩ

C. 不小于 40 MΩ　　D. 不小于 500 MΩ

239. 低压柜检查插头、插座、电线路的检修要求（　　）。

A. 插针无歪斜，压接良好；导线绝缘无老化、破损；绑扎带合格，布线规范、美观

B. 插头、插座不许有裂损，防尘圈须完好。插针无歪斜，压接良好；导线绝缘无老化、破损；绑扎带合格，布线规范、美观

C. 插头、插座不许有裂损，防尘圈须完好。导线绝缘无老化、破损；绑扎带合格，布线规范、美观

D. 插头、插座不许有裂损，防尘圈须完好。插针无歪斜，压接良好；导线绝缘无老化、破损

240. 检修闸刀时要求动刀片与刀平面接触良好，其接触线长度应大于（　　）。

A. 70%　　B. 80%　　C. 60%　　D. 50%

241. 测试低压电器柜测量控制回路对地绝缘电阻值（　　）。

A. 500 V 兆欧表测量插头引出线对地绝缘电阻值不小于 1 MΩ

B. 500 V 兆欧表测量插头引出线对地绝缘电阻值不小于 3 MΩ

C. 500 V 兆欧表测量插头引出线对地绝缘电阻值不小于 2 MΩ

D. 500 V 兆欧表测量插头引出线对地绝缘电阻值不小于 4 MΩ

242. 司机控制器在使用游标卡尺测量轴与手柄的配合间隙时，要求间隙值（　　）。

A. 不大于 0.1 mm　　B. 不大于 0.2 mm

C. 不大于 0.3 mm　　D. 不小于 0.22 mm

243. 司机控制器检查定位弹簧时要求（　　）。

A. 弹簧不许有裂纹，拉力正常

B. 弹簧不许有裂纹，疲劳变形

C. 疲劳变形，拉力正常

D. 弹簧不许有裂纹，疲劳变形，拉力正常

244. 司机控制器检查滚轮式杠杆时要求（　　）。

A. 滚轮不许有过量磨耗

B. 滚轮不许有过量磨耗，杠杆不许有变形。

C. 转动灵活，杠杆不许有变形。

D. 滚轮不许有过量磨耗，转动灵活，杠杆不许有变形。

245. 司机控制器检查棘轮各部时要求（　　）。

A. 棘轮不许有裂损，并用游标卡尺测量棘轮与轴的配合间隙，其间隙值不大于 0.2 mm

B. 棘轮不许有裂损及过量磨耗，并用游标卡尺测量棘轮与轴的配合间隙，其间隙值不大于 0.2 mm

C. 棘轮不许有裂损及过量磨耗，并用游标卡尺测量棘轮与轴的配合间隙，其间隙值不大于 0.1 mm

D. 棘轮不许有裂损及过量磨耗，并用游标卡尺测量棘轮与轴的配合间隙，其间隙值不小于 0.2 mm

246. 司机控制器清洗检查各轴承<或铜套>时要求（　　）。

A. 用清水清洗轴承<或铜套>，并外观检查轴与轴承<或铜套>配合应良好，转动灵活，旷动过大或磨耗过大应更新

B. 用汽油清洗轴承<或铜套>，并外观检查轴与轴承<或铜套>配合应良好，转动灵活，旷动过大或磨耗过大应更新

C. 用汽油清洗轴承<或铜套>，并外观检查轴与轴承<或铜套>配合应良好，旷动过大或磨耗过大应更新

D. 用汽油清洗轴承<或铜套>，并外观检查轴与轴承<或铜套>配合应良好，转动灵活

247. 司机控制器清洗检查接触转鼓时要求（　　）。

A. 清洗检查圆鼓表面，凸轮不许有缺损及过量磨耗，否则应更新。接触表面应平整光滑

B. 清洗检查圆鼓表面、滚轮与凸轮接触情况，凸轮不许有缺损及过量磨耗，否则应更新。接触表面应平整光滑

C. 清洗检查圆鼓表面、滚轮与凸轮接触情况，否则应更新。接触表面应平整光滑

D. 清洗检查圆鼓表面、滚轮与凸轮接触情况，凸轮不许有缺损及过量磨耗，否则应更新

248. 司机控制器转鼓组装时要求（　　）。

A. 将各凸轮工作面涂适量的工业凡士林，然后按解体的方向组装。要求位置正确，不许有松旷。螺钉紧固

B. 将各凸轮工作面涂适量的工业凡士林，然后按解体的反序方向组装。要求位置正确，不许有松旷。螺钉紧固

C. 将各凸轮工作面涂适量的工业凡士林，然后按解体的反序方向组装。螺钉紧固
D. 将各凸轮工作面涂适量的工业凡士林，然后按解体的反序方向组装。要求位置正确，不许有松旷

249. 司机控制器主触指盒时组装要求（　　）。
A. 要求安装紧固，滚轮应与凸轮片中心对正，触指在闭合位时，其弹簧不得压死
B. 滚轮应与凸轮片中心对正，触指在闭合位时，其弹簧不得压死
C. 主触指盒的安装，要求安装紧固，触指在闭合位时，其弹簧不得压死
D. 主触指盒的安装，要求安装紧固，滚轮应与凸轮片中心对正，触指在闭合位时，其弹簧不得压死

250. 主司机控制器，在安装电位器时，应（　　）。
A. 保证手轮位置在“12”位时进行组装，要求安装紧固，齿轮啮合良好
B. 保证手轮位置在“32”位时进行组装，要求安装紧固，齿轮啮合良好
C. 保证手轮位置在“32”位时进行组装，要求安装紧固
D. 保证手轮位置在“32”位时进行组装，齿轮啮合良好

251. SS_4型电力机车电路图中接触器用（　　）表示。
A. KA　　B. KC　　C. KM　　D. KF

252. SS_4型电力机车电路图中电压继电器用（　　）表示。
A. KA　　B. AK　　C. gaM　　D. SK

253. SS_4型电力机车电路图中时间继电器用（　　）表示。
A. KA　　B. KC　　C. KM　　D. KT

254. SS_4型电力机车电路图中中间继电器用（　　）表示。
A. KA　　B. KC　　C. YV　　D. KF

255. SS_4型电力机车电路图中自动空气开关用（　　）表示。
A. QA　　B. QS　　C. SA　　D. SK

256. SS_4型电力机车电路图中位置转换开关用（　　）表示。
A. QA　　B. QP　　C. SA　　D. SK

257. SS_4型电力机车电路图中故障转换开关、功能转换开关用（　　）表示。
A. QA　　B. QS　　C. SA　　D. SK

258. SS_4型电力机车电路图中接地继电器用（　　）表示。
A. KA　　B. KC　　C. KE　　D. KF

259. SS_4型电力机车电路图中司机控制器用（　　）表示。
A. SK　　B. SA　　C. AK　　D. AC

260.（　　）的表述是错误的。
A. “－”表示直流　　B. “ZC”表示直流
C. “～”表示交流　　D. “AC”表示交流

261. 接触器铁心极面上有污垢时，可用棉纱蘸少量（　　）擦拭。
A. 丙酮　B. 酒精　C. 柴油　D. 汽油

262. 触头接触处有金属颗粒或毛刺时，应用（　　）处理。
A. 砂布打磨　B. 錾子踢平
C. 砂纸擦拭　D. 细锉锉平

263. 交流接触器可用在（　　）中。
A. 交流电路中　B. 直流电路
C. 交-直流均可　D. 以上答案均正确

264. JZ-15 中间继电器的最小动作电压为（　　）。
A. 36 V　B. 110 V　C. 77 V　D. 88 V

265. 下列（　　）是 SS_{4B} 机车司控器的型号。
A. TKS22　B. TKS14A　C. TKS15A　D. TSG1

266. 电空阀的控制对象是（　　）。
A. 电路　B. 常压空气　C. 压缩空气　D. 液体介质

267. 电磁接触器灭弧方式是（　　）。
A. 磁吹灭弧　B. 压缩空气　C. 自然过零　D. 其他

268. 机车用蓄电池组采用（　　）方式。
A. 串联　B. 并联　C. 串、并联　D. 上述答案都不对

269. 机车照明用电源为（　　）。
A. 交流 110 V　B. 直流 110 V　C. 交流 220 V　D. 交流 25 kV

270. SS_{4B} 机车微机控制柜输入为直流 110 V 电压，经滤波整流后不能输出（　　）电压。
A. 5 V　B. ±15 V　C. +24 V　D. ±12 V

271. SS_{4B} 机车额定工作电压为（　　）。
A. 19 kV　B. 20 kV　C. 25 kV　D. 29 kV

272. 机车原理图中 KM 指的是（　　）。
A. 主断路器　B. 时间继电器
C. 压力继电器　D. 接触器

273. 机车原理图中 KT 指的是（　　）。
A. 电流接触器　B. 电压接触器
C. 时间继电器　D. 欠压继电器

274. 剥线时，线芯断股不得超过总股数的（　　）。
A. 1%　B. 5%　C. 10%　D. 20%

275. 剥线钳可剥截面在（　　）的导线绝缘层。
A. 1 mm^2　B. 1.5 mm^2
C. 2.5 mm^2 以下　D. 2.5 mm^2 以上

276. 接线时，一个螺栓上最多可接（　　）个端子。

A. 1　　B. 2　　C. 3　　D. 4

277. SS_{4B}机车控制回路的保护控制中，出现以下哪种情况时跳接触器：（　　）。

A. 励磁过流　　B. 次边过流

C. 辅助系统过流　　D. 原边过流

278.（　　）不属于低压开关电器。

A. 隔离开关　　B. 接触器　　C. 自动开关　　D. 熔断器

279. 带电电器的触头在断开过程中，（　　）是要解决的核心问题。

A. 触头的机械振动　　B. 熄灭电弧

C. 触头的发热　　D. 实现可靠的电隔离

280. 电路中温度升高时，绝缘电阻值将会（　　）。

A. 减小　　B. 增大　　C. 不变　　D. 不定

281. 蓄电池是将（　　）与电能互相转换的装置。

A. 化学能　　B. 动能　　C. 势能　　D. 机械能

282. JZ15-442 型继电器是（　　）。

A. 时间继电器　　B. 中间继电器

C. 接地继电器　　D. 过载继电器

283. 半导体二极管最主要的特点是（　　）。

A. 反向击穿性　　B. 反向电流大

C. 单向导电性　　D. 正向压降小

284. 兆欧表是进行（　　）测量的仪表。

A. 接触电阻　　B. 绝缘电阻

C. 较小电阻　　D. 绕组阻值

285. 接触器的触头处于断开状态时，必须有足够的（　　）以保证可靠熄灭电弧和开断电路。

A. 超程　　B. 研距　　C. 开距　　D. 终压力

286. 使用兆欧表时，手摇发电机由慢到快，转速应达到（　　）并保持匀速。

A. 90 r/min　　B. 100 r/min　　C. 110 r/min　　D. 120 r/min

287. 使用万用表测量电流或电压时，如果无法估计其大小，应将量程放在（　　）上。

A. 最高挡　　B. 最低挡　　C. 电阻挡　　D. 交流挡

288. SS_4 型电力机车段修时，电空阀要求在最低工作电压（　　）情况下，均能可靠工作。

A. 77 V　　B. 88 V　　C. 925 V　　D. 110 V

289. 测量前检查兆欧表的好坏，将联线断开摇动手柄时，指针指示的位置应（　　）。

A. 在零处　　B. 在无穷大处

C. 在中间处　　D. 视摇动快慢而定

290. 当触头的（　　）较小时，触头表面的清洁度对接触电阻影响较大。

A. 超程　　B. 温度　　C. 开距　　D. 压力

291. 在做绝缘测试时，应对电子元件采取（　　）保护措施。

A. 接地　　B. 过电压

C. 断开电源　　D. 封锁或隔离

292. 电力机车上，两位置转换开关的作用是（　　）。

A. 开断主电路　　B. 辅助电路转换

C. 控制电路转换　　D. 机车方向、工况转换

293. LW5 系列转换开关适用于（　　）以下的电路。

A. 直流电压 110 V　　B. 交.直流电压 110 V

C. 直流电压 500 V　　D. 交-直流电压 500 V

294. 二极管的正反向电阻都较小，说明该二极管可能（　　）。

A. 正向导通　　B. 反向击穿

C. 正向断路　　D. 不能确定

295. 晶闸管触发导通后，其控制极对主电路（　　）。

A. 仍有控制作用　　B. 失去控制作用

C. 有时仍有控制作用　　D. 不能确定

296. 检查电力机车变流柜中绝缘子、连接线、铜排母线时，软扁线缺损面积一般不大于（　　）。

A. 5%　　B. 10%　　C. 15%　　D. 20%

297. 数字式万用表的显示部分通常采用（　　）。

A. 液晶显示器　　B. 发光管显示

C. 荧光显示　　D. 光敏二极管

298. 数字式万用表所使用的叠层电池电压过低时，（　　）。

A. 所有的钡 9 量功能都不能工作　　B. 仍能测量电压、电流

C. 仍能测量电阻　　D. 只能测量电压

299. JT3 系列时间继电器分成 3 个时间级，不包括（　　）。

A. 1 s（0.3 ~ 0.9 s）　　B. 3 s（0.7 ~ 3 s）

C. 5 s（2.5 ~ 5 s）　　D. 7s（5.5 ~ 7 s）

300.（　　）不会造成接触器的触头严重发热或熔焊。

A. 超程过小　　B. 闭合过程中振动过于剧烈

C. 接触压力太大　　D. 触头分断能力不足

301. 功补装置是用来（　　）。

A. 提高机车功率因数　　B. 降低机车功率因数

C. 提高机车牵引力　　D. 降低机车牵引力

302. SS_{4B}型电力机车在低压柜内 296QS 表示的是（　　）。
A. 第一通风机电机接触器　　B. 启动电阻闸刀
C. 启动电阻接触器　　D. 库用闸刀

303. SS_{4B}型电力机车在低压柜内 213KM 表示的电器是（　　）。
A. 劈相机启动电阻接触器　　B. 第一风机电机接触器
C. 启动电阻闸刀　　D. 辅库用闸刀

304. 电磁接触器应满足在（　　）额定控制电压下保证接触器正常工作。
A. 75%　　B. 80%　　C. 85%　　D. 90%

305. JT3 型继电器是（　　）。
A. 中间继电器　　B. 时间继电器
C. 接地继电器　　D. 过载继电器

306. 司机控制器的手轮与手柄之间设有机械联锁装置，对它们的联锁要求，（　　）的叙述不正确。
A. 换向手柄在“0”位时，调速手轮被锁在“0”位不能动作
B. 换向手柄在“前”或“后”位时，调速手轮可在“牵引”区域转动
C. 换向手柄在“制”位时，调速手轮可在“制动”区域转动
D. 调速手轮在“牵引”区域时，换向手柄可在“前”或“后”位转动

307. SS_4型电力机车段修技术规程要求，TKS14A 型司机控制器手轮与主轴的配合间隙应不大于（　　）。
A. 0.1 mm　　B. 0.2 mm　　C. 0.3 mm　　D. 0.4 mm

308. 电动势在电路中起负载作用，此电动势叫（　　）。
A. 电源　　B. 负电动势　　C. 电压　　D. 反电动势

309. SS_{4B}型电力机车的调速手轮设置（　　）级位。
A. 8 个　　B. 10 个　　C. 11 个　　D. 12 个

310. 应安装短路环的电磁铁是（　　）。
A. 单相交流电磁铁　　B. 三相交流电磁铁
C. 单相直流电磁铁　　D. 三相直流电磁铁

311. 晶闸管导通后，通电晶闸管的电流（　　）。
A. 决定于电路的负载　　B. 决定于晶闸管的电流容量
C. 决定于电路电压　　D. 其他因素

312. 关于电磁式接触器，（　　）的叙述是错误的。
A. 电磁机构包括磁系统和线圈
B. 主触头用于接通或断开主电路
C. 灭弧装置用来熄灭主触头闭合时产生的电弧
D. 联锁触头用来构成各种控制电路

313. 三极管处于饱和状态则为（　　）。

A. 发射结正偏，集电结反偏　　B. 发射结、集电结均反偏
C. 发射结、集电结都正偏　　D. 发射结反偏，集电结正偏

314. 绝缘材料的绝缘强度通常指（　　）厚绝缘材料所能承受的电压千伏值。

A. 0.5 mm　　B. 1 mm　　C. 1.5 mm　　D. 2 mm

315. 耐热等级是指绝缘材料在正常运用条件下允许的（　　）工作温度等级。

A. 最低　　B. 平均　　C. 最高　　D. 极限

316. 一导线型号为 DCYHR2.5/1000，指其耐压为（　　）。

A. 2.5 V　　B. 1 000 V　　C. 2.5 kV　　D. 1 000 kV

317. 一晶闸管的型号为 KP600/28，指其额定电压为（　　）。

A. 280 V　　B. 2 800 V　　C. 600 V　　D. 6 000 V

318. 一晶闸管的型号是 KP600-28，指其额定电流为（　　）。

A. 280 A　　B. 600 A　　C. 2 800 A　　D. 6 000 A

319. 晶闸管一旦导通，若在门极加反压，则该晶闸管将（　　）。

A. 继续导通　　B. 马上关断
C. 不能确定　　D. 缓慢关断

320. 与触头接触电阻无关的因素是（　　）。

A. 触头压力　　B. 触头超程
C. 接触面形式　　D. 表面清洁状况

321. 接触器触点重新更换后应调整（　　）。

A. 压力、开距、超程　　B. 压力
C. 压力、开距　　D. 超程

322. 用万用表欧姆挡测量二极管好坏时，主要测量二极管的正反向电阻值，两者相差（　　）。

A. 越大越好　　B. 越小越好
C. 不大则好　　D. 相等最好

323. 用万用表测量二极管的极性好坏，应把欧姆表拨到（　　）。

A. R×10 kΩ 挡　　B. R×1 Ω 挡或 R×10 kΩ 挡
C. R×1 Ω 挡　　D. R×100 Ω 挡或 R×1 kΩ 挡

324. 电磁接触器 6C180 型的额定电流为（　　）。

A. 110 A　　B. 180 A　　C. 220 A　　D. 360 A

325. 在三相交流电 ABC 中，A 相比 B 相的相位（　　）。

A. 超前 60°　　B. 超前 120°　　C. 滞后 60°　　D. 滞后 120°

326. 仪器的标准越高，则该仪表的测量误差就越（　　）。

A. 大　　B. 小　　C. 无关　　D. 不一定

327. 进行电气修理作业时，须（　　）作业。

A. 带电　　B. 断电
C. 带电或断电　　D. 任意

328. 当流经高压电流互感器的电流超过整定值时，主断路器将进行分断保护称之为（　　）。
A. 网侧短路保护　　B. 网侧过压保护
C. 网压监测保护　　D. 原边接地保护

329.（　　）在牵引工况下进行交-直变换，为中间直流回路提供电能。
A. 四象限整流器　　B. 三象限整流器
C. 二象限整流器　　D. 以上都不是

330. 电抗器主要由（　　）组成。
A. 线圈、上下磁轭、引线　　B. 线圈、上下磁轭
C. 线圈、引线　　D. 上下磁轭、引线

331. 单相交流电的电压有效值为 220 V，则其峰值为（　　）。
A. 156 V　　B. 220 V　　C. 311 V　　D. 380 V

332. 交流电（　　）正负极之分。
A. 无　　B. 有　　C. 可有可无　　D. 不确定

333. 接触器线圈阻值为（　　）。
A. $20\times(1\pm10\%)\ \Omega$　　B. $22\times(1\pm10\%)\ \Omega$
C. $21\times(1\pm10\%)\ \Omega$　　D. $23\times(1\pm10\%)\ \Omega$

334. ABB 接触器静触头的检修要求为（　　）。
A. 静触头座无裂损、无老化。外观检查铜排齐全完整，无放电灼烧
B. 静触头座有严重裂损应更新触头座。外观检查铜排齐全完整，无放电灼烧
C. 静触头座无裂损、无老化，如有严重裂损应更新触头座。外观检查铜排齐全完整，无放电灼烧
D. 静触头座无裂损、无老化，如有严重裂损应更新触头座

335. ABB 接触器解体时需要（　　）。
A. 一字螺丝刀逆时针旋转 45° 依次打开接触器各螺钉，取下触头组装，将动触头取下
B. 一字螺丝刀逆时针旋转 90° 依次打开接触器各螺钉，取下触头组装，将动触头取下
C. 一字螺丝刀顺时针旋转 90° 依次打开接触器各螺钉，取下触头组装，将动触头取下
D. 一字螺丝刀逆时针旋转 30° 依次打开接触器各螺钉，取下触头组装，将动触头取下

336. ABB 接触器（　　）电压下，检查接触器闭合通断情况。
A. 在 88 ~ 121 V 直流　　B. 在 77 ~ 121 V 直流

C. 在 88 ~ 121 V 交流　　D. 在 88 ~ 110 V 直流

337. 神八机车控制电源柜额定输入电压是（　　）。
A. 3AC 440 V（60 Hz）　　B. 3AC 300 V（60 Hz）
C. 3AC 440 V（50 Hz）　　D. 3AC 380 V（50 Hz）

338. 需要将故障部件隔离，应按压微机复位按钮（　　）次。
A. 1　　B. 2　　C. 3　　D. 4

339. 控制电源柜 AC/DC 模块的作用是（　　）。
A. 将单相交流 220 V 电源变为直流 110 V 电源，并为蓄电池充电
B. 将直流 110 V 电源变为直流 48 V 电源
C. 将直流 110 V 电源变为直流 24 V 电源
D. 将直流 110 V 电源变为直流 12 V 电源

340. 神八机车只能在（　　）工况进行定速控制。
A. 向前牵引　　B. 向后牵引
C. 向前或向后牵引　　D. 运行

341. 神八机车原边过流保护动作是当原边电流大于（　　），立即分主断。
A. 300 A　　B. 400 A　　C. 500 A　　D. 600 A

342. SS_{4B} 机车共使用了（　　）种型号电空接触器。
A. 1　　B. 2　　C. 3　　D. 4

343. 交流接触器可用（　　）。
A. 交流电路　　B. 直流电路
C. 交直流电路都可　　D. 只能用在正弦电路

344. 电空阀中阀座的检修要求，（　　）。
A. 检查不许有裂纹、径向沟槽，阀座底螺纹良好
B. 检查不许有裂纹、拉伤、径向沟槽，阀座底螺纹良好
C. 检查不许有拉伤、径向沟槽，阀座底螺纹良好
D. 检查不许有裂纹、拉伤，阀座底螺纹良好

345. 电空阀中上、下阀胶件及防尘帽的检修要求，（　　）。
A. 检查各胶件不许有龟裂、老化现象，阀口粘接良好，否则应更新
B. 检查各胶件不许有龟裂、变形、老化现象，阀口粘接良好，否则应更新
C. 检查各胶件不许有龟裂、变形现象，阀口粘接良好，否则应更新
D. 检查各胶件不许有龟裂、变形、老化现象，否则应更新

346. 电空阀中阀杆芯杆的检修要求，（　　）。
A. 检查测量阀杆行程及铁心气隙，调整行程、气隙，可用锉修或更换的方法
B. 检查测量阀杆行程及铁心气隙，须符合限度要求，调整行程、气隙，可用锉修或更换的方法

C. 检查测量阀杆行程及铁心气隙，须符合限度要求，调整气隙，可用锉修或更换的方法

D. 检查阀杆行程及铁心气隙，须符合限度要求，调整行程，气隙，可用锉修或更换的方法

347. 用（ ）压缩空气吹净电空阀内部。

A. 0.2 ~ 0.4 MPa　　B. 0.2 ~ 0.3 MPa

C. 0.1 ~ 0.3 MPa　　D. 0.1 ~ 0.2 MPa

348. 电空阀试验时需接通额定气压（ ）通断电源多次，检查其动作性能。

A. 0.4 MPa　　B. 0.5 MPa　　C. 0.6 MPa　　D. 0.3 MPa

349. 电空阀试验时需接通额定电压（ ）通断电源多次，检查其动作性能。

A. 110 V　　B. 220 V　　C. 77 V　　D. 88 V

350. 电空阀试验时需接通最小动作电压（ ），通断电源多次，检查其动作性能。

A. 77 V　　B. 88 V　　C. 110 V　　D. 220 V

351. 电空阀试验时需接通最低工作气压（ ），通断电源多次，检查其动作性能。

A. 0.4 MPa　　B. 0.3 MPa　　C. 0.2 Mpa　　D. 0.1 MPa

352. 电空阀最大工作气压 0.65 MPa 下，通以额定电压的（ ），亦在排气孔处检查其气密性。

A. 50%　　B. 40%　　C. 30%　　D. 20%

353. 神华号交流电力机车 C1-C4 修为段修程，各修程周期<以先到为准>为：C4 修：50 万 ~ 60 万 km，不超过（ ）。

A. 6 个月　　B. 12 个月　　C. 2 年　　D. 4 年

354. 神华号（HXD1）交流电力机车 C1-C4 修为段修程，各修程周期（以先到为准）为：C1 修：（ ），不超过 6 个月。

A. 50 万 ~ 60 万 km　　B. 13 万 ~ 15 万 km

C. 25 万 ~ 30 万 km　　D. 6.5 万 ~ 7.5 万 km

355. 神华号（HXD1）交流电力机车 C1-C4 修为段修程，各修程周期（以先到为准）为：C2 修：（ ），不超过 12 个月。

A. 6.5 万 ~ 7.5 万 km　　B. 50 万 ~ 60 万 km

C. 25 万 ~ 30 万 km　　D. 13 万 ~ 15 万 km

356. 神华号交流电力机车 C1-C4 修为段修程，各修程周期<以先到为准>为：C3 修：（ ），不超过 2 年。

A. 6.5 万 ~ 7.5 万 km　　B. 13 万 ~ 15 万 km

C. 50 万 ~ 60 万 km　　D. 25 万 ~ 30 万 km

357. 神华号交流电力机车 C1-C4 修为段修程，各修程周期<以先到为准>为：C4 修：（ ），不超过 4 年。

A. 6.5 万 ~ 7.5 万 km　　B. 13 万 ~ 15 万 km
C. 25 万 ~ 30 万 km　　D. 50 万 ~ 60 万 km

358. 神华号交流电力机车 C1-C4 修为段修程，各修程周期<以先到为准>为：C1 修：6.5 万 ~ 7.5 万 km，不超过（　　）。
A. 6 个月　　B. 12 个月　　C. 2 年　　D. 4 年

359. 神华号交流电力机车 C1-C4 修为段修程，各修程周期<以先到为准>为：C2 修：13 万 ~ 15 万 km，不超过（　　）。
A. 12 个月　　B. 6 个月　　C. 2 年　　D. 4 年

360. 神华号交流电力机车 C1-C4 修为段修程，各修程周期<以先到为准>为：C3 修：25 万 ~ 30 万 km，不超过（　　）。
A. 2 年　　B. 12 个月　　C. 6 个月　　D. 4 年

361. 辅过流继电器 282KC 的吸合值是（　　）
A. 3 100 ~ 3 600 A　　B. 3 500 ~ 3 600 A
C. 3 200 ~ 3 600 A　　D. 3 300 ~ 3 600 A

362. 电源电子柜的绝缘电阻值测量时，需要使用（　　）兆欧表。
A. 100 V　　B. 500 V　　C. 1 000 V　　D. 以上都不是

363. 风道继电器小修时的工艺要求（　　）。
A. 无开焊，无漏泄。安全防护装置齐全有效
B. 无变形破损，无开焊，无漏泄。安全防护装置齐全有效
C. 无变形破损，无开焊。安全防护装置齐全有效
D. 无变形破损，无开焊，无漏泄

364. 电源的电动势方向和电源两端电压的方向（　　）。
A. 相同　　B. 相反　　C. 不能确定　　D. 无关

365. 在一个串联电路中，各处的导线粗细不一样，则通过各导线的电流（　　）。
A. 相等　　B. 不相等
C. 视导线粗细而定　　D. 无关

366. 当神八机车油水冷却塔水温达到（　　）时，主变流器封锁。
A. 55 °C　　B. 60 °C　　C. 65 °C　　D. 62 °C

367. 当神八机车速度超过（　　）时，牵引停止。
A. 110 km/h　　B. 120 km/h　　C. 125 km/h　　D. 130 km/h

368. 神八机车一节车有（　　）个牵引通风机。
A. 2　　B. 4　　C. 6　　D. 8

369.（　　），将不退出定速模式。
A. 重新按下定速按钮　　B. 投入空气制动
C. B 等级故障发生　　D. A 等级故障发生

370. TCU 具有机车级控制和（　　）控制的功能。

A. 列车级　　B. 网络系统级

C. 变流器级　　D. 变压器级

371. 神八机车辅照灯/标志灯电源采用（　　）。

A. 110 V　　B. 24 V　　C. 48 V　　D. 15 V

372. 神八机车辅助系统 3AC440V60Hz 变频变压支路输出频压范围为（　　）。

A. 20 ~ 60 Hz 80 ~ 440 V　　B. 10 ~ 60 Hz 100 ~ 440 V

C. 10 ~ 60 Hz 80 ~ 440 V　　D. 30 ~ 60 Hz 80 ~ 440 V

373. 神八机车 AC 220 V 回路的接地故障由绝缘检测装置（　　）检测。

A. 31-F03　　B. 31-F04　　C. 34-F07　　D. 34-F04

374. 神八机车在温度低于（　　）时，必须在开关闭合时停放。

A. －20 °C　　B. －25 °C　　C. －15 °C　　D. －35 °C

375. 神八机车当网压低于（　　）并持续 1 s，将断开主断路器

A. 16 kV　　B. 17 kV　　C. 15 kV　　D. 14 kV

376. 神八机车蓄电池充电机部分由（　　）个 110 V 充电模块（　　）个 24 V 模块和一个监控单元组成。（　　）

A. 5、1　　B. 5、2　　C. 4、2　　D. 6、2

377. 示波器是将电信号转换成（　　）的仪器。

A. 声信号　　B. 机械信号　　C. 光信号　　D. 电信号

378. 电力机车上的总开关和总保护是（　　）。

A. 接触器　　B. 蓄电池　　C. 受电弓　　D. 主断路器

379. 电气设备分断电路时，只要电源电压达到（　　）V 时，就有可能出现电弧。

A. 3　　B. 10　　C. 8　　D. 5

380. 电容的单位是（　　）。

A. 伏　　B. 亨　　C. 法　　D. 欧

381. 线电压的定义：（　　）。

A. 三相四线制电路中，火线与火线之间的电压

B. 在三相电路中，火线与火线之间的电压

C. 在三相电路中，火线与零线之间的电压

D. 电路中，火线与火线之间的电压

382. 相电压的定义：（　　）。

A. 三相四线制线路中，火线与中线之间的电压

B. 三相四线制供电线路中，火线与中线之间的电压

C. 三相四线制供电线路中，火线与零线之间的电压

D. 三相四线制供电线路中，火线与火线之间的电压

383. 当示波器的整步选择开关扳置“外”的位置时，则扫描同步信号（　　）。

A. 来自 Y 轴放大器的被测信号　　B. 来自 50 Hz 交流电源

C. 需由整步输入端输入　　D. 来自 1 kHz 信号发生器

384. 辅助电路中的阻容过电压吸收电路，电阻是（　　）。

A. 260R　　B. 261R　　C. 262R　　D. 都不是

385. 辅助电路中的阻容过电压吸收电路，电容是（　　）。

A. 257C　　B. 255C　　C. 250C　　D. 都不是

386. 继电器 101KC 动作（　　）灯亮。

A. 励磁过流　　B. 原边过流

C. 功补过流　　D. 牵引电机

387. 下面机车保护时，不发出主断分信号的是（　　）。

A. 原边过流　　B. 主回路接地

C. 励磁过流　　D. 牵引电机接地

388. SS_{4B} 电力机车主电路接地故障隔离开关的代号是（　　）。

A. 49QS　　B. 10QP　　C. 96QS　　D. 50QP

389. SS_{4G} 机车中修时，劈相机启动电容 253C 测量其电容值应不小于（　　）。

A. 1 100 μF　　B. 1 000 μF　　C. 500 μF　　D. 1 200 μF

390. 电源柜 110 V 的限制电流是（　　）。

A. 100 A　　B. 55 A　　C. 30 A　　D. 10 A

391. 接到 283AK 的电源线线号是（　　）。

A. 281.400　　B. 561.400　　C. 279.280　　D. 202.201

392.（　　）仪表可以交、直流两用，能精确测量电压、电流、功率、功率因数和频率。

A. 电磁系　　B. 磁电系　　C. 电动系　　D. 感应系数

393. 测量 4 A 的电流时，选用了量程为 5 A 的电流表，若要求测量结果的相对误差为小于 1.0%，则该表的准确度至少应为（　　）。

A. 0.5 级　　B. 1 级　　C. 1.5 级　　D. 2.5 级

394. 机车原理图中 QF 指的是（　　）。

A. 受电弓　　B. 主断路器

C. 接触器　　D. 继电器

395. 运行中的电流互感器二次侧（　　）。

A. 不允许开路　　B. 允许开路

C. 不允许短路　　D. 任意

396. 容量较大的交流接触器采用（　　）灭弧装置。

A. 栅片灭弧　　B. 双断口触点

C. 电动力　　D. 以上均不对

397. 兆欧表有“L”“E”“G”3个接线柱，其中G（　　）必须用。
A. 在每次测量时
B. 在要求测量精度较高时
C. 当被测绝缘电阻表面不干净时，为测量电阻
D. 以上均不对

398.（　　）是对机车基本参数、结构和性能等所做的全面考核。
A. 型式试验　　B. 例行试验
C. 线路运行和考核试验　　D. 以上均不对

399. 电桥是用于测量（　　）的仪表。
A. 电阻　　B. 电压　　C. 电流　　D. 绝缘电阻

400. 下列控制方案中不适用于交流机车调速的是（　　）。
A. 转差频率控制　　B. 矢量控制技术
C. 直接力矩控制　　D. 变极调速控制

401. 用电压表测电压时所产生的测量误差，其大小取决于（　　）。
A. 准确度等级　　B. 准确度等级和选用的量程
C. 所选用的量程　　D. 电压表的质量

402. 使用补偿线圈的低功率因数表的正确接线方法是（　　）。
A. 电压线圈接后　　B. 电压线圈接前
C. 电压线圈前后接均可　　D. 以上均不对

403. 一直流电磁接触器的型号为CZ5-22-10/22则其有（　　）个常开辅助触头。
A. 0　　B. 2　　C. 4　　D. 5

404. 容量较大的交流接触器采用（　　）灭弧装置。
A. 栅片灭弧　　B. 双断口触点
C. 电动力　　D. 以上均不对

405. 接触器触点重新更换后应调整（　　）。
A. 压力、开距、超程　　B. 压力
C. 压力、开距　　D. 超程

406. 三相四线制中线电流的描述正确的是（　　）。
A. 始终有电流　　B. 始终无电流
C. 决定于负载　　D. 以上均不正确

407. 三相负载对称指的是它们的（　　）相等。
A. 阻抗幅值　　B. 负载性质
C. 电阻值　　D. 阻抗

408. 三相交流电ABC，则A相比B相的相位（　　）。
A. 超前60°　　B. 超前120°
C. 滞后60°　　D. 滞后120°

409. 下列保护器件中，不可用作短路保护的是（　　）。
A. 热继电器　　B. 自动空气开关
C. 熔断器加缺相保护　　D. 以上均不对

410. 为了使电流表测电流时的内阻准确，电流表的内阻应尽量（　　）。
A. 大　　B. 小
C. 接近被测电路　　D. 无关系

411. 量蓄电池对地绝缘应使用（　　）。
A. 摇表　　B. 万用表电压挡
C. 万用表电阻挡　　D. 上述均不可采用

412. SS_{4B} 型电力机车的磁削只有速度手轮转到（　　）级以上时，才起作用。
A. 4　　B. 5　　C. 6　　D. 7

413. 在 TKZ2A-15/110 型按键开关型号中，K 的意义是（　　）。
A. 开关　　B. 控制
C. 设计派生序号　　D. 设计代号

414. 当主司机控制器 627AC 的换向手柄置“制动”位时，控制两位置完成制动位转换的导线是（　　）。
A. 402　　B. 403　　C. 404　　D. 465

415. 以下标号代表速度传感器的是（　　）。
A. EL　　B. MD　　C. SB　　D. BV

416. 当主司机控制器 627AC 的换向手柄置“后”位时，（　　）号导线无电。
A. 402　　B. 403　　C. 404　　D. 406

417. SS_{4B} 型电力机车速度传感器的型号为（　　）型。
A. CG3　　B. DF16　　C. TCS1　　D. TQG4A

418. 当劈相机转速达到额定转速的（　　）倍时，283AK 动作。
A. 0.8　　B. 0.9　　C. 1　　D. 1.1

419. 控制电源柜除提供 110 V 控制电源外还提供（　　）V 电源。
A. 12　　B. 36　　C. 30　　D. 15

420. SS_{4B} 型电力机车当机车发挥 50% 及以上额定功率时，功率因数不小于（　　）。
A. 0.9　　B. 0.85　　C. 0.81　　D. 0.75

421. 微机柜电源插件提供的 5 V 电源供（　　）使用。
A. 数字逻辑电路　　B. 模拟器件
C. 电流传感器　　D. 电压传感器

422. 功补控制本身就具备（　　）保护。
A. 短路　　B. 过压　　C. 过载　　D. 接地

423. 主司机控制器 627AC 输出的速度给定信号是通过（　　）来完成的。

A. 627R　　B. 637R　　C. 628R　　D. 638R

424. 辅司机控制器 628AC 输出的速度给定信号是通过（　　）来完成的。

A. 627R　　B. 637R　　C. 628R　　D. 639R

425. 当机车处于欠压或失压超过（　　）以上时，微机柜保护动作。

A. 1 s　　B. 1.2 s　　C. 1.5 s　　D. 2 s

426. 电力机车接地将引起（　　）动作。

A. 主断路器　　B. 线路接触器

C. 励磁接触器　　D. 辅机接触器

427. SS_{4B} 机车主电路中单刀双投开关是（　　）。

A. 10QP　　B. 19QS　　C. 50QP　　D. 20QP

428. SS_{4B} 机车辅助电路中 282KC 的短路动作电流值为（　　）。

A. 1 000 A　　B. 1 800 A　　C. 2 800 A　　D. 3 000 A

429. 电力机车微机控制系统是一个多 CPU 控制系统，其级间通信采用 RS-485 标准，CPU 为（　　）。

A. 80486　　B. 80186　　C. 8097　　D. 8031

430. 触头最繁重的工作过程是（　　）。

A. 开断过程　　B. 闭合状态

C. 断开状态　　D. 闭合过程

431. 下列代号说明错误的有（　　）。

A. PA：电流表　　B. BV：速度传感器

C. PV：电压表　　D. PP：电度表

432. SS_{4B} 机车的微机柜控制系统采用（　　），由系统自动调节，从而减轻司机的劳动强度。

A. 开环控制　　B. 闭环控制

C. A 组闭环 B 组开环　　D. 不能确定

433. 电力机车中修时，发现主接地保护装置中电阻表面珐琅有轻微剥离，应该用（　　）进行涂封处理。

A. 树脂　　B. 环氧树脂

C. 胶带　　D. 绝缘胶带

434. LCU 逻辑控制单元的主要作用是（　　）。

A. 尝试新技术

B. 取代传统的继电器有触点控制电路

C. 简化机车控制环节，提高控制效率

D. 减少电器柜的体积，节省机车内部空间

435. 中央控制单元的符号是（　　）。

A. LCU　　B. CCU　　C. ATP　　D. DCU

436. 机车上常用的灭弧装置不包括（　　）。
A. 电磁灭弧装置　　B. 角灭弧装置
C. 电容灭弧装置　　D. 油吹灭弧装置

437. 电力机车逻辑控制单元的输入电压为（　　）。
A. 66 ~ 1 365 V　　B. 77 ~ 1 375 V
C. 88 ~ 1 385 V　　D. 99 ~ 1 395 V

438. 电空阀线圈匝数为（　　）。
A. 13 000 匝　　B. 13 001 匝　　C. 13 002 匝　　D. 13 003 匝

439. TKS15A 型辅助司机控制器限位器转动的最大范围为（　　）。
A. 75°　　B. 76°　　C. 77°　　D. 78°

440. 升弓、合主断后，当主变流器输入电流超过（　　），主断断开。
A. 2 450 A　　B. 2 550 A　　C. 2 350 A　　D. 2 250 A

441. 当神八机车速度超过（　　）时，牵引停止。
A. 120 km/h　　B. 125 km/h　　C. 124 km/h　　D. 123 km/h

442. 神八机车 HVB 是（　　）的缩写。
A. 主断路器　　B. 中央控制单元
C. 4 象限整流器　　D. 机车自动保护

443. 神八机车 CCU 是（　　）的缩写。
A. 中央控制单元　　B. 4 象限整流器
C. 主断路器　　D. 机车自动保护

444. 神八机车 ATP 是（　　）的缩写。
A. 机车自动保护　　B. 中央控制单元
C. 主断路器　　D. 4 象限整流器

445. 神八机车 4QC 是指（　　）的缩写。
A. 4 象限整流器　　B. 中央控制单元
C. 主断路器　　D. 机车自动保护

446. 神华号每节机车装有（　　）个数字量输入输出模块 DXM。
A. 7　　B. 8　　C. 9　　D. 6

447. 神华号每节机车装有（　　）个数字量输入模块 DIM。
A. 1　　B. 2　　C. 3　　D. 4

448. 神华号每节机车装有（　　）个模拟量输入输出模块 AXM。
A. 2　　B. 1　　C. 3　　D. 4

449. 神八机车辅助变压器的额定输出电压是（　　）。
A. AC 440 V　　B. AC 380 V
C. DC 110 V　　D. DC 220 V

450. 神八机车起动牵引力为（　　）。

A. 760 kN　　B. 761 kN　　C. 762 kN　　D. 763 kN

451. 神八机车自动过分相的最大减载率为（　　）。

A. 48 kN/s　　B. 47 kN/s　　C. 46 kN/s　　D. 45 kN/s

452. 在静止或速度低于（　　）km/h 或者方向手柄在“零”位的时候无人警惕装置不会报警。

A. 4　　B. 1　　C. 2　　D. 3

453. 无人警惕系统试验启动条件：某个无人警惕装置的按钮或脚踏长时间按下，不小于（　　）。

A. 180 s　　B. 181 s　　C. 182 s　　D. 183 s

454. 神八机车主断路器的固有分闸时间是（　　）。

A. 20 ~ 60 ms　　B. 10 ~ 60 ms

C. 20 ~ 70 ms　　D. 30 ~ 60 ms

455. 中央控制单元 CCU 中故障诊断功能的作用（　　）。

A. 状态数据的采集处理，并通过 HMI 报告司机

B. 状态数据、故障数据的采集处理，并通过 HMI 报告司机

C. 故障数据的采集处理，并通过 HMI 报告司机

D. 状态数据、故障数据的采集处理

456. 中央控制单元 CCU 中车辆级过程控制（　　）

A. 执行如牵引/制动控制、超速保护等控制功能

B. 执行如牵引/制动控制、空电联合控制、超速保护等控制功能

C. 执行如空电联合控制、超速保护等控制功能

D. 执行如牵引/制动控制、空电联合控制等控制功能

457. 继电器 101KC 的吸合值为（　　）

A. 8 ~ 8.05 A　　B. 8 ~ 8.04 A

C. 8 ~ 8.03 A　　D. 8 ~ 8.02 A

458. 继电器 282KC 触头的超程（　　）

A. 大于 1.4 mm　　B. 大于 1.5 mm

C. 大于 1.6 mm　　D. 大于 1.7 mm

459. 继电器 282KC 触头的开距（　　）

A. 大于 2 mm　　B. 大于 3 mm

C. 大于 4 mm　　D. 大于 5 mm

460. 继电器 101KC 触头的超程（　　）

A. 大于 1.4 mm　　B. 大于 1.5 mm

C. 大于 1.6 mm　　D. 大于 1.7 mm

461. 继电器 101KC 触头的开距（　　）

A. 大于 2 mm　　B. 大于 3 mm
C. 大于 4 mm　　D. 大于 5 mm

462. 下列哪项不属于电磁式接触器的结构（　　）。
A. 电磁机构　　B. 主触头
C. 灭弧装置　　D. 楔形触头

463. 金属导体的电阻与（　　）无关。
A. 导体的长度　　B. 导体的截面积
C. 导体材料的电阻率　　D. 外加电压

464. 双针压力 1 000 kPa（制动缸/列车管）的工作位置不包括哪个位置（　　）
A. 900 kPa　　B. 300 kPa　　C. 450 kPa　　D. 600 kPa

465.（　　）属于 8 项工作程序。
A. 机车检修作业　　B. 牵车及分和车
C. 圆簧测试台　　D. 缓冲器拆装车

466. 天车吊挂物件不牢的控制标准是（　　）。
A. 起吊、下落物件时确保手部安全
B. 吊环与吊座连接稳固
C. 吊挂物件确认连接可靠
D. 捆绑物件确认止挡可靠

467. 吊挂物件时扶持位置不正确的预控措施：（　　）。
A. 起吊时不得扶持连挂缝隙
B. 下落时不得伸入连挂缝隙
C. 起吊时不得扶持连挂缝隙，下落时不得伸入连挂缝隙
D. 起吊、下落物件时确保手部安全

468. 库内作业跳跃地沟的预控措施：（　　）。
A. 越过地沟时从渡板上通过，无渡板时应绕行
B. 通过地沟时无人员坠落
C. 起吊、下落物件时确保手部安全
D. 检修配件无倾倒掉落情况

469. 检修配件倾倒掉落的风险等级为（　　）。
A. 极度　　B. 高度　　C. 中度　　D. 低度

470. 控制标准为头部与锡焊部件距离不小于 100 mm 的危险源为（　　）。
A. 检修配件倾倒掉落　　B. 焊锡作业时产生飞溅
C. 库内作业跳跃地沟　　D. 吊挂物件时扶持位置不正确

471. 平衡叉车<拖止车>拖运物件防护措施不足的控制标准：（　　）。
A. 拖运物件无倾倒坠落
B. 控制标准为头部与锡焊部件距离不小于 100 mm

C. 试验区不发生人身伤害

D. 钢丝绳断丝不超过 5%，吊环无裂损，吊带无破损

472. 配件电气、动作试验防护措施不足的控制标准：(　　)。

A. 试验区不发生人身伤害

B. 控制标准为头部与锡焊部件距离不小于 100 mm

C. 钢丝绳断丝不超过 5%，吊环无裂损，吊带无破损

D. 拖运物件无倾倒坠落

473. 控制标准为“钢丝绳断丝不超过 5%，吊环无裂损，吊带无破损”的危险源(　　)。

A. 配件电气、动作试验防护措施不足

B. 使用断股破损吊索具

C. 平衡叉车<拖止车>拖运物件防护措施不足

D. 检修配件倾倒掉落

474. (　　) 属于 3 项工作任务。

A. 事故救援作业　　B. 牵车及分和车

C. 机车铁鞋　　D. 机车齿轮箱

475. TFK1B-110 型电控阀的额定气压为(　　)。

A. 600 kPa　　B. 500 kPa　　C. 700 kPa　　D. 800 kPa

476. CZT-20 型直流接触器的额定工作电流是(　　)。

A. 30 A　　B. 31 A　　C. 32 A　　D. 34 A

477. TCK1-400/1500 中 C 的意义是(　　)。

A. 铁路用　　B. 接触器

C. 压缩空气控制　　D. 设计序号

478. 风道继电器触头额定电流为(　　)。

A. 1 A　　B. 2 A　　C. 3 A　　D. 4 A

479. 风道继电器的触头数量是(　　)。

A. 一常开　　B. 一常闭　　C. 两常开　　D. 两常闭

480. 栅片一般由铁磁性物质制成，它能将电弧(　　)栅片之间，并迫使电弧聚向栅片中心被栅片冷却，使电弧熄灭。

A. 离开　　B. 拉长　　C. 吸入　　D. 隔离

481. 栅片灭弧效果在交流时要比直流时(　　)。

A. 强　　B. 弱　　C. 没有差别　　D. 无法比较

482. 栅片灭弧适用于(　　)。

A. 直流电器　　B. 直流电器和交流电器

C. 交流电器　　D. 交直流电器

483. 焊锡材料一般采用(　　)。

A. 低熔点合金　　B. 高熔点合金
C. 锡　　D. 铅

484. 光电传感器中使用的半导体器件是利用了半导体的（　　）。
A. 光敏性　　B. 导通性　　C. 热敏性　　D. 力敏性

485. JZ15-44Z 型电磁继电器的初压力为（　　）。
A. 0.25 N　　B. 0.7 N　　C. 0.9 N　　D. 1.4 N

486. JZ15-44Z 型电磁继电器的终压力为（　　）。
A. 0.25 N　　B. 0.7 N　　C. 0.9 N　　D. 1.4 N

487.（　　）及以下的铜导线接头，可用 150 W 电烙铁进行锡焊。
A. 4 mm^2　　B. 6 mm^2　　C. 8 mm^2　　D. 10 mm^2

488. 电子元器件一般用（　　）的内热式电烙铁进行焊接。
A. 5～10 W　　B. 10～15 W
C. 12～30 W　　D. 20～30 W

489. 导线绝缘老化的主要原因是（　　）。
A. 电压过高　　B. 环境湿度大
C. 温度过高　　D. 风吹日晒

490. LW5 系列万能转换开关适用于（　　）以下的电路。
A. 直流电压 110 V　　B. 交、直流电压 110 V
C. 直流电压 500 V　　D. 交、直流电压 500 V

491. 电器工作时，导磁材料中有（　　）。
A. 电阻损耗　　B. 磁滞和涡流损耗
C. 介质损耗　　D. 位能损耗

492. TJJ2 电磁继电器的初压力为（　　）。
A. 0.8 N　　B. 0.9 N　　C. 0.7 N　　D. 0.8 N

493. TJJ2 电磁继电器吸引线圈的匝数为（　　）。
A. 2 000 匝　　B. 3 000 匝
C. 4 000 匝　　D. 5 000 匝

494. TJJ2 电磁继电器恢复线圈的匝数为（　　）。
A. 3 0000 匝　　B. 2 0000 匝
C. 2 5000 匝　　D. 3 5000 匝

495. TJJ2 电磁继电器中恢复线圈的阻值为（　　）。
A. 202 Ω　　B. 203 Ω　　C. 204 Ω　　D. 205 Ω

496. 司机控制器按控制手柄的操作方式可以分为（　　）。
A. 手轮式、扳把式和平推式　　B. 手轮式、扳把式
C. 扳把式和平推式　　D. 手轮式和平推式

497. 神八机车牵引变压器的绝缘等级为（ ）级。

A. A　　B. C　　C. F　　D. B

498. 神八机车每节车共有（ ）个速度传感器。

A. 1　　B. 2　　C. 3　　D. 4

499. 天车吊挂物件不牢的后果是（ ）。

A. 挤压伤害　　B. 坠落伤害

C. 烧烫伤害　　D. 人身伤害

500. 用直流电压表测量 NPN 型晶体管电路，晶体管各极对地电压是 $U_b = 4.7$ V，$U_e = 4$ V，$U_c = 4.3$ V，则该三极管处于（ ）状态。

A. 截止　　B. 饱和　　C. 放大　　D. 不一定

二、判断题

1. 触点电器是由导电材料、导磁材料和绝缘材料等组成。（ ）

2. 电器在工作时由于有电流通过导体和线圈而产生电阻损耗。（ ）

3. 电弧是触头从闭合状态过渡到断开状态过程中产生的。（ ）

4. 电弧是气体自持放电的形式之一，是一种带电质点的急流。（ ）

5. 触头的接触形式分为点接触和线接触两种。（ ）

6. 触头的主要参数有开距、超程、初压力和终压力等。（ ）

7. 触头有 3 种工作情况的。（ ）

8. 触头处于断开状态时，必须有足够的开距，以保证可靠地熄灭电弧和必要的安全绝缘间隔。（ ）

9. 触头在闭合过程中会因碰撞而产生机械振动。（ ）

10. JT3 系列时间继电器分为 3 个时间级：1 s（0.3 ~ 0.9 s），3 s（0.7 ~ 3 s），5 s（2.5 ~ 5 s）。（ ）

11. 继电器 101KC 整定值为 $8 \times (1 \pm 10\%)$ A。（ ）

12. 把交流电变成直流电的变换称之为逆变。（ ）

13. 游标卡尺的读数分为：① 读整数，副尺<游标>零线左边主尺的第一条刻线是整数的毫米值；② 读小数，副尺上找出哪一条刻线与主尺刻线对其，在对齐处从副尺上读出毫米的小数值。然后将上述两数值相加，即为游标卡尺测量尺寸。（ ）

14. 游标卡尺的结构：尺身、外测量爪、内测量爪、紧固螺钉、游标、尺框。（ ）

15. 轮轨润滑系统是一种为减少轮缘和钢轨的磨耗而向机车轮缘自动喷射润滑剂的装置。（ ）

16. JT3 系列时间继电器的结构有底座、铁心、线圈、反力弹簧、反力调节弹簧、反力调节螺母、衔铁、调节螺母、触头组；其磁系统采用拍合式，铁心上可装有阻尼铜套<阻尼铝套>。(　　)

17. 导体的电阻跟导体的长度成正比，跟导体的横截面积成反比，并与导体材料无关。(　　)

18. SS_{4B} 机车主电路采用不等分三段半控桥，相控调压，电工绝缘材料的耐压等级有 Y、A、E、B、F、H、C 7 个等级，其中允许工作温度最高的是 Y 级。(　　)

19. 司机控制器的换向手柄只能在零位取出电控制动控制器，俗称大闸，大闸手柄只能在重联位取出。(　　)

20. 触头材料分为 3 大类，即纯金属、合金和金属陶瓷材料。(　　)

21. 钻孔用的钻头是麻花钻，麻花钻分锥柄麻花钻和直柄麻花钻两种。(　　)

22. 主司控电位器的质量要求：阻值 $250 \times (1 \pm 10\%)\ \Omega$。电位器固定牢固，引线良好的。(　　)

23. 主司控型号是 TKS15A。(　　)

24. 辅司控的型号是 TKS15A。(　　)

25. 主司机控制器联锁线号 417 的作用是风机自启。(　　)

26. 主司机控制器联锁线号 407 的作用是二级磁削。(　　)

27. 三极管的 3 个极是：基极 B、发射极 E、集电极 C。(　　)

28. 电控制动控制器<大闸>的型号为 TKS23。(　　)

29. 重联中间继电器的代号为 545KA-548KA。(　　)

30. JZ15 型中间继电器的开距要求不小于 3 mm，超程不小于 2 mm。(　　)

31. JT3 系列时间继电器的开距要求为不小于 4 mm，超程不小于 2 mm。(　　)

32. SS_{4B} 机车一、二号低压柜 LCU 之间用于通信的插头代号为 LC1A 与 LC2A。(　　)

33. SS_{4B} 电力机车使用的万能转换开关 LW5 系列，适用于 500 V 以下的交直流电路中。(　　)

34. SS_{4B} 电力机车使用的万能转换开关 LW5 系列由接触系统、定位和限位机构、凸轮、手柄和面板等组成。(　　)

35. 接触器在电力机车上是用来频繁地接通和开断带有负载的主电路、辅助电路或大容量的控制电路。(　　)

36. SS_{4B} 电力机车微机柜电源插件 5 V 电源供各插件数字参数电路用。(　　)

37. 电磁接触器 6C 主触头开距为 5 ~ 12 mm。(　　)

38. SS_{4B} 型电力机车总功率为 6 400 kW，电制动方式为加馈电阻制动。(　　)

39. 继电器 101KC 有线圈。(　　)

40. 继电器 282KC 无线圈。(　　)

41. 机车电子装置按功能性质分为控制保护类、电源类、电子电器类等三大类。(　　)

42. JZ15 系列中间继电器适用交流 50 Hz 或 60 Hz，电压 1 000 V 以下，直流电压 220 V 以下的控制电路中，用来增加信号数量及大小。(　　)

43. 6C 接触器整流器的作用：使控制电流为可用的交流。(　　)

44. 司机控制器的换向手柄只能在零位取出。(　　)

45. 大闸手柄只能在重联位取出。(　　)

46. SS_{4B} 机车故障显示屏采用平面发光二极管做光源。(　　)

47. 自动开关特点：能开断较大的短路电流，对电路起过载、短路双重保护，允许操作频率低。(　　)

48. 采用稳压笔来稳压，利用的是稳压管的反向击穿特性。(　　)

49. SS_{4B} 型电力机车司机台仪表灯工作电压为 24 V。(　　)

50. 用 0.2 ~ 0.3 MPa 压缩空气吹扫电器各部时，风嘴距绝缘表面距离应大于 150 mm。(　　)

51. 丝锥是一种用于加工圆柱形和圆锥形内螺纹的标准工具，分为手用丝锥和机用丝锥。(　　)

52. 电子时间继电器 525KT 的额定电压是 DC 110 V，延时动作时间为 25 s。(　　)

53. 万用表由表头、测量线路、转换开关三部分组成。(　　)

54. SS_{4B} 电力机车的耐压试验又称机车绝缘介电强度试验，目的是检验机车在组装过程中各种电路中的电器设备的绝缘状态是否良好。(　　)

55. 在测量范围内任何位置上，当手指轻敲仪表外壳时，指针指示值的变动量不应超过允许基本误差绝对值的 50%。(　　)

56. 电空阀是一种借助压缩空气来控制压缩空气截断阀的装置。(　　)

57. 机车风速（风压）继电器用作反映通电系统工作状况。(　　)

58. 触头烧损不大于原形的 1/2，触头厚度不小于 0.5 mm，阻值不大于 0.8 Ω。(　　)

59. 中间继电器阻值不大于 0.4 Ω。(　　)

60. 电阻 260R 的阻值是 4.5 ~ 5.5 Ω。(　　)

61. 电阻 263R 的阻值是 0.711 ~ 0.869 Ω。(　　)

62. 司机控制器凸轮片与主轴、转换轴的配合间隙不大于 0.1 mm。(　　)

63. 电空阀线圈阻值<R20 °C>：892 ~ 1 000 Ω。(　　)

64. 电控阀的阀杆行程为（1.0 ± 0.1）mm。(　　)

65. 高压试验过程中，严禁任何人在车上和车下从事修理作业。(　　)

66. 重联中间继电器代号是 545KA、546KA、547KA、548KA。(　　)

67. 电力机车微机控制系统是一个多 CPU 控制系统。(　　)

68. TBL1-25 型高压电流互感器额定电流比为 200：3。(　　)

69. 金属导体的电阻随温度升高而增大，因为电阻率随温度升高而减小。(　　)

70. 剥线时，线芯断股不得超过总股数的 20% 。(　　)

71. SS_{4B} 型电力机车段修时，电空阀要求在最低工作电压 110 V 下，均能可靠地工作。(　　)

72. 故障显示屏的作用是显示机车部件故障或部件工作状态。(　　)

73. 弹簧管式压力表的作用是确认各气路压力状态及压力变化情况。(　　)

74. 电空制动控制器有 6 个位，分别是过充、运转、中立、紧急、重联、制动。(　　)

75. 司机控制器的作用是司机用来操作机车的主令电器，以达到控制主电路中电气设备的目的，使司机操作既方便又安全可靠。(　　)

76. 风道继电器的作用是监视车上通风设备工作是否正常，以有效保护通风设备。(　　)

77. 电源控制箱试验电压为 DC 110 V。(　　)

78. 温控盒试验电压是 220 V。(　　)

79. 温控盒 Ⅰ 塔灯与 Ⅱ 塔灯转换一个来回的时间是 120 ~ 180 s。(　　)

80. 防火视频主机试验电压 AC 220 V，检查各接线插接良好，灯显正常。(　　)

81. 电空阀型号是 TFK-1B，报废期限为 8 年。(　　)

82. SS_{4B} 机车主台故障显示屏采用平面发光二极管。(　　)

83. 司控器、控制器的代号为 AC。(　　)

84. 速度传感器、测速发电机的代号为 BV。(　　)

85. 接地继电器的代号为 KE。(　　)

86. 按键开关的代号为 SK。(　　)

87. 控制电源变压器的代号为 U。(　　)

88. 电测压力表的代号为 PP。(　　)

89. 短路是由于电路中发生不正常接触而使电流通过了电阻几乎等于零的电路。(　　)

90. 断路是使电流中断而不能流通的电路。(　　)

91. QA 是自动开关的代号。(　　)

92. 交流车司机控制器由方向转换手柄、面板、辅助触头盒、电位器组成。(　　)

93. 电路由电源、连接导线和辅助设备四大部分组成。(　　)

94. 电源的电动势是指电源将其他形式的能量转化为电能的本领，在数值上，等于非静电力将单位正电荷从电源的负极通过电源内部移送到正极时所做的功。(　　)

95. 速度传感器测试技术要求：最低高电平不低于 9 V，最高低电平不大于 2 V。(　　)

96. 速度传感器的占空比为（50 ± 20），相位差为（90° ± 45°）。(　　)

97. 低压柜内有两个直流接触器，代号分别为：440KM、441KM。(　　)

98. 中间继电器的作用是在控制电路中作为逻辑传递的一个环节，用于增加信号数量、量值减小，以及开闭逻辑状态的转换。(　　)

99. 摇表又称兆欧表，是用来测量被测设备的绝缘电阻的仪表。(　　)

100. 神八机车主电路主要由网侧电路、牵引变压器、牵引变流器和牵引电机组成。(　　)

101. 危险源监测：通过管理与技术手段检查、测量危险源存在的状态及其变化的过程。(　　)

102. 电路的欧姆定律是在同一电路中，导体中的电流跟导体两端的电压成正比，跟导体的电阻也成正比。(　　)

103. 中间继电器的型号分为 44Z<表示 4 常开,4 常闭>,62Z<表示 6 常闭,2 常开>。(　　)

104. 电空阀阀杆行程过大，动作缓慢，行程过小，风量不足。(　　)

105. 电阻的作用：分压、分流、短路。(　　)

106. 主台故障显示屏信号灯有 36 个，18 个为一组，上面两排显示前节车，下面两排显示后节车，两组除前节车与后节车不同外，其余完全相同。(　　)

107. SS_{4B} 型电力机车主电路保护包括：短路、过流、过电压以及主接地保护等 4 个方面。(　　)

108. 若劈相机 1 故障，则将 242QS 打到 2 位，此时劈相机 1 被切除，劈相机 2 代替 1 工作。(　　)

109. 中间继电器 284KE 的作用是不论机车在电网下还是使用库内电源，都能使机车获得 220 V 电压。(　　)

110. 机车接线时，一个螺栓上最多接头不能超过 3 根。(　　)

111. 生产必须安全，安全促进生产，当安全与生产发生矛盾时，生产服从安全。(　　)

112. 吊运大型工件必须有专人指挥。(　　)

113. 电流的正方向规定为负电荷运动的方向。(　　)

114. 电路中任意两点的电位差叫电压。(　　)

115. 通常所说的工频交流电是指频率为 60 Hz 的正弦交流电的。(　　)

116. 通常所讲的 220 V 交流电指的其有效值为 220 V。(　　)

117. 不同材料有不同的电阻率，电阻率数值越小的材料，其导电能力越好。(　　)

118. 并联电路中，总电阻等于各电阻之和。(　　)

119. 电容、电感均属于储能元件。(　　)

120. 并联电路中，总电阻等于各电阻倒数和的倒数。(　　)

121. 检修库内作业可以从主断路器隔离开关处通过。(　　)

122. 上岗前要穿好工作服，戴好安全帽，班前严禁饮酒。(　　)

123. 给电过程中严禁任何人从事车上任何修理作业，进行修理作业时必须确认给电电源已可靠断开。(　　)

124. 电工绝缘材料的耐压等级有 5 个。(　　)

125. 用电流表测电路电流时该表必须并联入该电路中。(　　)

126. 四按的内容是按范围、按工艺、按机车状态、按机车-28。(　　)

127. 三化的内容是程序化、机械化、文明化。(　　)

128. 万用表使用完毕后，应将选择开关放在电压挡。(　　)

129. 兆欧表用来测量绝缘电阻。(　　)

130. 普通钳形电流表可用来测量直流电流和交流电流。(　　)

131. 三相交流电是指 3 个频率相同、电势振幅相同、相位互差 120° 的交流电路。(　　)

132. 电压表的内阻越大，其测量误差越大。(　　)

133. 电流表的内阻越大，其测量误差越大。(　　)

134. 机车控制原理图中 KE 表示的是接地继电器。(　　)

135. 机车控制原理图中 KA 表示的是中间继电器。(　　)

136. 接触器 6C 线圈的额定控制电压可以是直流的也可以是交流的。(　　)

137. JZ15-44Z 型中间继电器有 4 对常开触头，5 对常闭触头。(　　)

138. 中间继电器在控制电路中作为逻辑传递的一个环节元件，用于增加信号数量、量值放大以及开闭逻辑转换。(　　)

139. JZ15 型中间继电器线圈的阻值为 800 Ω。(　　)

140. 接触器 6C 系列分为 6C110 和 6C180 两种，其中的 110 和 180 表示额定电流。(　　)

141. JT3 系列时间继电器线圈的阻值为 644 Ω。(　　)

142. 司机控制器换向轴共有 7 个位置，分别为后、零、制、前、Ⅰ、Ⅱ、Ⅲ。(　　)

143. 司机控制器的换向手柄只能在前位取出。(　　)

144. 接触器 6C 静触头片为弧面，动触头片为平面。(　　)

145. ABB 接触器触头片厚度小于 0.5 mm 时更新。(　　)

146. 电力机车微机柜的执行机构是晶闸管。(　　)

147. 电子时间继电器 525KT 的整定值为 25 s。(　　)

148. 电流继电器是一种按一定电流值动作的继电器。(　　)

149. 接触器触点系统中所谓常开、常闭触点是指电磁线圈未通电动作前触点的状态。(　　)

150. JZ15 型中间继电器的开距要求不小于 3 mm，超程不小于 3 mm。(　　)

151. 机车检修分为大修、中修、小修、辅修 4 级，其中中修、小修、辅修为段修修程。(　　)

152. 接触器不能频繁地接通和分断负荷电路。(　　)

153. 绝缘材料的绝缘强度通常指 2 mm 厚绝缘材料所能承受的电压千伏值。(　　)

154. 耐热等级是指绝缘材料在正常运用条件下允许的最高工作温度等级。(　　)

155. 三极管放大电路中三极管工作在放大区。(　　)

156. 有人触电时应先切断电源。(　　)

157. 我国职业安全健康方针是安全第一、预防为主。(　　)

158. 夏天工作时，出汗多，更应注意做好防护，防止触电。(　　)

159. 钳型电流表主要用于测量较小电流。(　　)

160. 数字式万用表的显示部分通常采用液晶显示器。(　　)

161. “三小危库”的是指小油库、氧气库、电石（乙炔）库。(　　)

162. 灭火器有泡沫、酸碱、清水、干粉、二氧化碳、1211 等 6 种类型。(　　)

163. 转换开关无电转换是靠司机手柄在零位可进行转换来保证。(　　)

164. 机车耐压试验的目的是为了鉴定部件的绝缘性能以及寻找绝缘击穿点。(　　)

165. SS_{4B} 电力机车上的风道继电器用于监视机车上通风设备工作是否正常。(　　)

166. 机车原边过流保护是通过低压电流互感器和电流继电器共同构成的。(　　)

167. 晶闸管有 4 个 PN 结。(　　)

168. 用 500 V 兆欧表检查 6C 接触器对地及相间绝缘电阻值不小于 5 MΩ 。(　　)

169. 常用的灭弧装置有磁纵缝灭弧装置和灭弧栅片，以及这两种装置的结合而派生的灭弧装置等。(　　)

170. 触头处于闭合状态，其主要任务是保证能通过规定的电流，且触头的温升，不超过允许值。(　　)

171. 接地是指与大地相接。(　　)

172. 电流有大小、无方向。(　　)

173. 直流电不能通过电容，交流电可以。(　　)

174. 进行电气作业时，必须断开电源。(　　)

175. 机车中修时各联锁的阻值不得大于 0.8 Ω。(　　)

176. SS_{4B} 型机车设置的喷脂间隔距离为 800 m。(　　)

177. SS_{4B} 电力机车选用 DF16 光电式速度传感器。（ ）

178. 电小闸的手柄只能在中立位取出。（ ）

179. 低压柜移相电容小辅修时测量电容值不小于 40 μF。（ ）

180. 中间继电器的触头开距为 2 ~ 3 mm。（ ）

181. 中间继电器的超程为 1 ~ 2 mm。（ ）

182. 劈相机起动电阻 263R，在 20 °C 时的电阻为 0.76 × (1 ± 10%) Ω。（ ）

183. 触头工作情况分为有载开闭和无载开闭。（ ）

184. 风道继电器风压整定值为 0.3 × (1 ± 10%) kPa。（ ）

185. 低压柜劈相机起动电阻的代号为 263R、264R。（ ）

186. 神八机车额定工作电压是 30 kV。（ ）

187. 神八机车的最高工作电压大于 31 kV。（ ）

188. 神八机车的最大电制动力为 450 kN。（ ）

189. 神八机车有 3 组充电模块。（ ）

190. 不允许在得电的神八机车的机械件内停留超过 2 h。（ ）

191. 神八机车在制动前都要做无人警惕装置试验。（ ）

192. 神八机车每节车有 4 个四象限整流器。（ ）

193. 神华号电力机车的最大速度为 100 km/h。（ ）

194. 双弓受流时，速度大于 8 km/h 牵引封锁。（ ）

195. 绝缘物质在电场作用下发生强烈放电或闪络现象。（ ）

196. 通过耐压试验可以鉴定部件的绝缘性是否合乎运用要求，同时，耐压试验还可以帮助寻找绝缘击穿点。（ ）

197. 直流电机稳定工作时，其电枢电流大小主要由阻值大小决定。（ ）

198. 晶闸管的额定电流是额定正向平均电流。（ ）

199. 扳钮箱电钥匙代号是 570QS。（ ）

200. 蓄电池串联时容量不变，电压升高。（ ）

201. 蓄电池并联时容量升高，电压减小。（ ）

202. 电源柜产生的直流 110 V 控制电源，供机车低压控制电路使用；直流 48 V、24 V、15 V 电源，分别供机车自动信号装置，两端司机室仪表照明使用。（ ）

203. 机车电源柜小辅修作业时，必须先确认 601QA、666QS、667QS 处于断开位，但是 670 仍然有 110 V 电，为蓄电池电压。（ ）

204. ABB 型接触器联锁接触电阻阻值：小辅修≤12 Ω 中修≤0.8 Ω。（ ）

205. 线路接触器正常情况下是无电转换。（ ）

206. SS_{4B}机车 283AK 左侧线号从上到下依次为 279、280、202、206，右侧线号从上到下依次为 281、400、466N466Q、568。(　　)

207. SS_{4G}机车 283AK 左侧线号从上到下依次为 279、280、202、206，右侧线号从上到下依次为 281、400、561H561G、568A。(　　)

208. 压力差的定义以测量范围的百分数（%）表示，其值为精度等级，如精度等级为 2.5 级，则允许基本误差为 2.5%，其值在测量范围内任何位置上均不能超过其基本误差 (　　)

209. 接触器不吸合或正常情况下突然断开的原因是线圈引出线断裂，线圈内部断线。(　　)

210. 低压柜控制电路采用装于柜顶的 10 芯圆插与外部连接，辅助电路通过端子排与外部连接，端子排装于柜子最下面。(　　)

211. 压力表的来回差是指指针在升压和降压过程中，同一压力值的示值差即为来回差，其值不应超过允许基本误差的绝对值。(　　)

212. 微机柜控制系统中控制目标是电枢电流和机车速度。(　　)

213. 机车的功补装置用来降低机车功率因数。(　　)

214. SS_{4B}型机车检修周期：辅修（8 ± 0.5）万 km，小修 $15 \times (1 \pm 10\%)$ 万 km，中修 $55 \times (1 \pm 10\%)$ 万 km。(　　)

215. 检修停时：小修停时 48 h，辅修停时 24 h，中修停时：互换修 7 天，定位修 9 天。(　　)

216. 主副司机控制器小辅修检修范围：① 清扫、检查控制器各部及连线<每次>；② 主司控下车检修<2X>；③ 试验手柄。(　　)

217. 仪表的小辅修检修范围：① 外观检查各仪表、传感器及连线状态<每次>；② 风压表校验<每次>；③ 电表校验<6 个月>。(　　)

218. 空转保护用于监视轮对空转。(　　)

219. 交流车风表的校验周期为 9 个月。(　　)

220. 风压继电器 515KF 闭合风压整定值为 300 kPa，断开风压整定值为 $100 \times (1 \pm 10\%)$ kPa。(　　)

221. 触头处于闭合状态，其主要任务是保证能通过规定的电流且触头的温升不超过允许值。(　　)

222. 机车用线号来表示该线的电路情况，小线号表示高压电路。(　　)

223. 电力机车继电器的作用是控制电路中的主令电器和执行电器之间进行逻辑转换及传递。(　　)

224. 电磁吸力在线圈参数固定，外加电压一定时，直流电磁吸力仅与气隙有关。(　　)

225. 劈相机起动电阻在低压柜 1 号柜，劈相机起动继电器在低压柜 2 号柜。(　　)

226. SS_{4B}型电力机车上装有 JY5、JY5A 型两种风道继电器，它们均属通风式继电器。（　　）

227. 速度传感器的测速范围是 0 ~ 1 000 r/min。（　　）

228. 常用灭火器有泡沫、酸碱、清水、干粉、二氧化碳、1211 等。（　　）

229. 速度传感器工作电源：DC10 ~ 20 V。（　　）

230. 绝缘材料的耐热等级有 Y、A、E、B、F、H、C。（　　）

231. JT3 系列时间继电器线圈阻值为 600 Ω。（　　）

232. 触头磨损主要取决于机械磨损。（　　）

233. 测电笔只能用在对地电压小于 100 V 的电路中。（　　）

234. 止轮器的打放方式为在机车出库方向节左侧第一、二轮反置各 1 只，多台机车停放时，每台车按要求打放止轮器，库内机车抬车，转向架推出后，每个架子都要打放 2 个止轮器。（　　）

235. 简统化微机柜上机箱组成：电源板 2 块，数字入出板 4 块，机车控制板 2 块，脉冲分配板 4 块，转换控制板 2 块。（　　）

236. 机车轮对内测距离为 1 300 mm。（　　）

237. SS_{4B}机车轴式为 B_0-B_0。（　　）

238. 蓄电池的充电方式为初充电、普通充电、补充充电、均衡充电、浮充电、快速充电。（　　）

239. 四按三化：按工艺、按范围、按机统-28 及机车状态、按规定的技术要求；机械化、程序化、文明化。（　　）

240. 电压表测量交流电压必须用红表笔接火线，用黑表笔接地线。（　　）

241. 速度的国际单位是 km/h。（　　）

242. 串联电路的总电阻等于各分电阻之和。（　　）

243. 交流互感器的工作原理同变压器原理。（　　）

244. 测量过程中，无论测量值如何准确，必然存在测量误差。（　　）

245. 剥线钳只可用来剥去面积在 2.5 mm^2 以下的小线绝缘层。（　　）

246. 万用表可用来测量电气设备的绝缘电阻。（　　）

247. 兆欧表可用来测量阻值较大电阻的阻值。（　　）

248. 根据工作电压的不同，兆欧表的选用也不同。（　　）

249. 在各种耐热绝缘材料中，Y 级的耐热程度最高。（　　）

250. 凡是不能导电的物体，我们就称它为绝缘体。（　　）

251. 普通锉刀也可用来锉削铝等材料。（　　）

252. H 是电感的单位。(　　)

253. 电量的单位是 A<安>。(　　)

254. 功率的国际单位是度。(　　)

255. 功率的国际单位是瓦。(　　)

256. 直流电指电流的大小和方向均不随时间变化。(　　)

257. 正弦交流电是指电流按正弦规律变化。(　　)

258. 正弦交流电的有效值等于峰值的 5 倍。(　　)

259. 三相负载对称是指每一相负载阻抗相同。(　　)

260. 电流表测电流时必须串入被测电路中。(　　)

261. 电压表测电压时必须串入被测电路中。(　　)

262. 电气作业中，必须断开电源。(　　)

263. 发生触电事故时，可立即将触电者用手拉开。(　　)

264. 对于机车上许可触及的电气仪表和器具均需可靠接地。(　　)

265. 串联电路总电阻阻值大于任一电阻。(　　)

266. 并联电路总电阻阻值大于任一电阻。(　　)

267. 电容串联的总电容量增加。(　　)

268. 电容并联的总电容量增加。(　　)

269. 由欧姆定律知，电阻与外加电压成正比。(　　)

270. 在并联电阻中，阻值较大的电阻承受的电压高。(　　)

271. 三极管是由两个 PN 结构成的。(　　)

272. 二极管的主要参数为额定整流电流、最高反向工作电压及最高工作频率。(　　)

273. 三极管要正常工作必须选择合适的偏置电阻。(　　)

274. 三极管的工作区域可分为截止区、饱和区和放大区。(　　)

275. 滤波电路的作用是用来消去脉动分量。(　　)

276. 交流继电器也可用于直流电路中。(　　)

277. 机车用转换开关组仅用于改变机车的前后运行状态。(　　)

278. 接触器没有灭弧罩也可正常工作。(　　)

279. 自动开关是用来做过载和短路保护的。(　　)

280. 有触点电器由触头和驱动部分组成。(　　)

281. 常开触头是指经常打开的触头，常闭触头是指经常闭合的触头。(　　)

282. 机车的接地继电器是自恢复式的。(　　)

283. 机车蓄电池长期进行浮充电。(　　)

284. 时间继电器也可用作分断大电流电路。(　　)

285. 机车照明用电采用 220 V、50 Hz 单相工频交流电。(　　)

286. 电子时间继电器的最大延时一般比机械式时间继电器的长。(　　)

287. 三相四线制中中线电流的大小与负载有关。(　　)

288. 中间继电器的特点是：触点数量较多，容量较大，通过它可增加控制回路数，起信号放大作用。(　　)

289. 接地继电器只能保护两点以上的接地点。(　　)

290. 接地继电器须采用人工手动恢复。(　　)

291. 自动开关在轻微过载时也能得到有效的保护。(　　)

292. 自动开关可用于频繁地接通和断开的电路。(　　)

293. 机车主电路、辅电路、控制电路之间无任何电的联系。(　　)

294. 机车两位置转换开关不可带电转换。(　　)

295. 晶闸管一旦触发导通，控制门级就失去了作用。(　　)

296. 晶闸管只要加正向电压就会导通。(　　)

297. 晶闸管要正常工作必须有过压、过流保护装置。(　　)

298. 轮轨润滑装置插件框架不得变形、裂纹，标志牌应齐全、清晰。(　　)

299. 压力传感器可把远程测试的空气压力转换成电流输出。(　　)

300. 原边过流继电器简称为 101KC，用于主电路原边过流保护。(　　)

301. 辅助系统过流继电器的代号为 282KC，用于辅助系统过流保护。(　　)

302. 6C 接触器线圈保护器检修时应无过热变形。(　　)

303. 接触器用于频繁地接通和分断负荷电路。(　　)

304. 线路接触器用于开断制动电机。(　　)

305. SS_{4B} 机车整台车共有 48 节蓄电池，各蓄电池之间采用串联组成。(　　)

306. 机车控制原理图中 PP 表示电侧压力表。(　　)

307. SS_{4B} 机车工作电压范围为 29 V。(　　)

308. SS_{4B} 机车采用了交-直传动形式。(　　)

309. 辅助电路过电流保护采用电流继电器 282KC。(　　)

310. 辅助绕组短路或其他原因造成辅助电路短路，其电流超过 1 400 A 时，282KC 吸合动作使机车主断路器分闸，并显示辅助过流信号。(　　)

311. SS_{4B} 型电力机车辅助电路设备代号分两部分，即流水号与文字符号相结合。(　　)

312. SS_{4B} 机车的控制电路可分为：有接点控制电路和无接点控制电路两大部分。(　　)

313. SS_{4B} 型机车的控制电路由起不同作用的各种控制环节组成。(　　)

314. SS_{4B} 机车照明控制电路完成机车的内外照明及标志显示。(　　)

315. SS_{4B} 型辅助电路线号为 200 ~ 400。(　　)

316. SS_{4B} 型控制电路线号从 500 开始。(　　)

317. SS_{4B} 机车微机控制柜下部为副柜，上部为主柜。(　　)

318. 线号 500 是逆变电源正 24 V 和正 15 V 的地线。(　　)

319. 线号 400 和 600 是控制电源正 110 V 地线。(　　)

320. 线号 700 是微机柜本身电源的地线。(　　)

321. TC 是控制电源变压器的代号。(　　)

322. 控制电路采用装于柜顶的 20 芯插座与外部电路连接。(　　)

323. 低压柜Ⅰ和Ⅱ门上装有 9 个故障隔离开关。(　　)

324. 低压柜中控制变压器的代号为 280TC。(　　)

325. 低压柜中时间继电器 527KT 的整定值为 $0.5\times(1\pm10\%)$ s。(　　)

326. 低压柜中时间继电器 539KT 的整定值为 $0.5\times(1\pm10\%)$ s。(　　)

327. SS_{4B} 型机车上的 110 V 控制电源是由 110 V 电源柜及蓄电池构成。(　　)

328. 电源柜具有恒压、限流的特点。(　　)

329. 控制电源柜上蓄电池闸刀代号为 667QS。(　　)

330. 控制电源柜上负载闸刀代号为 666QS。(　　)

331. 控制电源柜上重联闸刀代号为 668QS。(　　)

332. 控制电源柜分流器板上装有两个分流器 673RS 和 672RS，及信号电阻 635R。(　　)

333. 电源柜主电路采用全波半控桥整流电路。(　　)

334. 电源 110 V/48 V 斩波电源的工作原理与 110 V/12 V、24 V 斩波电源的工作原理基本相同。(　　)

335. 控制系统一般都具有 3 个要素：即由控制对象、信息处理机构及执行机构 3 部分组成。(　　)

336. 风道继电器安装时应平行安装。(　　)

337. JY5 型风道继电器在盖上接有一管道，风压取自硅风机风道，压力值为负。(　　)

338. JY5A 型风道继电器的额定电流为 6 A。(　　)

339. JY5A 型风道继电器的风压整定值为 $0.3\times(1\pm5\%)$ Pa。(　　)

340. 压力传感器测量范围是 0 ~ 5 000 kPa。(　　)

341. CZY-1 型压力传感器主要由电源变换、芯片及放大 3 个部件组成。（　　）

342. 司机控制器的额定电压为 220 V。（　　）

343. 司机控制器的额定电流为 10 A。（　　）

344. 司机控制器的触头超程为 0.2 ~ 1 mm。（　　）

345. 司机控制器中手轮调速主要是通过调节电位器输出电阻的大小来实现。（　　）

346. 司机控制器电位器“3”端接地，1 端加 15V 直流电压，然后测量“1、2”端电压。（　　）

347. 司机控制器手柄在“0”位时，手轮被锁住在“0”位。（　　）

348. 司机控制器手柄在“前”或“后”位时，手轮只可转向“牵引”和“0”区域。（　　）

349. 司机控制器手柄在“制”位时，手轮只可转向“制动”区域。（　　）

350. 司机控制器手轮在“0”位时，手柄只可移向“前”“后”。（　　）

351. 司机控制器手轮在“牵引”区域时，手柄只能在“前”“Ⅰ”“Ⅱ”“Ⅲ”位间移动。（　　）

352. 司机控制器手轮在“制动”区域时，手柄被锁在“制”位。（　　）

353. 司机控制器在进行绝缘试验时，用 500 V 兆欧表测量触头、插座导线对地绝缘电阻值不小于 100 MΩ。（　　）

354. 风险预控：在危险源辨识和风险评估的基础上，预先采取措施消除或控制风险的过程。（　　）

355. 危险源监控形式分为人工自查、自动监测、员工举报等。（　　）

356. 风险预控 3 项工作任务为机车检修作业、机车技术改造、事故救援作业。（　　）

357. 电空接触器更换动静触头时注意，静触头组装后应贴靠上端，检查与安装座下方伸出距离为 3 ~ 4 mm，并保证齿面啮合良好，组装完后，手动开闭 10 ~ 20 次，检查上下触头接触偏差不大于 1 mm，接触线长度不小于 29 mm。（　　）

358. 控制电源柜是将单相 AC 380 V 转换成 DC 110 V。（　　）

359. 只有在速度≤10 km/h，电制动制动力降低且被空气制动力取代。（　　）

360. 无人警惕系统的功能试验只能在机车静止时进行。（　　）

361. 神八机车只有在静止时才允许插入和转动钥匙。（　　）

362. 和谐 1 型机车实际速度低于 5 km/h，电制动不再有效。（　　）

363. 如司机显示屏有布赫继电器报警信息，只需恢复布赫继电器复位按钮即可清除系统保护。（　　）

364. 在有气压的情况下，如果控制电压断开，停放制动仍然可以缓解或施加。（　　）

365. 当无人警惕装置故障时，可以通过无人警惕装置故障隔离开关将无人警惕装置切除。（　　）

366. 在机车受流情况下，允许人员在机械间内停留超过 1 h。(　　)

367. 当辅助变流器 1 发生故障时，由辅助变流器 2 维持机车辅机继续工作。(　　)

368. 制动缸压力高于 150 kPa，电制动将解除。(　　)

369. CCU 通过 6 个牵引电机速度传感器信号获取机车速度。(　　)

370. 机车速度超过 3 km/h 且无空气制动时，在微机显示屏中选择定速模式，机车进入定速状态。(　　)

371. 当两组辅助逆变器中的一组故障时，另一组能维持全部的负载，此时所有辅助系统将以变频变压方式供电。(　　)

372. HVB_SP 的含义是本节车不允许有高压，要求断开 RDC<机车动力切除>。(　　)

373. 双弓受流时，速度大于 8 km/h 牵引封锁。(　　)

374. 控制电源柜是将单相 AC 380 V 转换成 DC 110 V。(　　)

375. 电工学规定的对人体无伤害的安全电压是 36 V。(　　)

376. 机车检修分为大修、中修、小修、辅修四级，其中中修、小修、辅修为段修修程。(　　)

377. 压力传感器可把远程测试的空气压力转换成电量输出。(　　)

378. 若电路发生非正常接触，使两端的外电阻 $R=0$，这种现象叫短路。(　　)

379. "三个一次"成功是机车检修后一次低压试验成功、一次高压试验成功、一次试运成功。(　　)

380. 触头闭合后如果将静触头拿走，动触头可移动的大小称为触头的超程。(　　)

381. 触头的开距是指在开断情况下动、静触头间的最大距离，开距又称触头间隙。(　　)

382. 四做到：做到班前充分休息；做到工作中精力充沛，精神集中；做到横越线路一站、二看、三通过；做到正确使用防护用品。(　　)

383. 在使用电压表和电流表时，要注意表的量程选择。(　　)

384. 公司的两个安全理念是安全在自己，安全为自己，违章就是事故，细节决定安全。(　　)

385. 机车的大修是一种全面恢复性修理，大修后的机车，技术状态基本上应达到新车 95% 的水平。(　　)

386. 我国电力机车的输入电源为 25 kV 的工频交流电，表示其供电频率为 60 Hz。(　　)

387. SS_{4B} 机车具有恒流准速控制的牵引特性和恒制动力准恒速控制的加馈电阻制动特性。(　　)

388. SS_{4B} 机车全长约 30 m，总功率 6 400 kW。(　　)

389. 压力容器内工作时安全电压规定为 10 V。(　　)

390. 方向不变，而大小随时间做周期性变化的电流叫脉动直流电。(　　)

391. 不同材料有不同的电阻率，电阻率数值越小的材料，其导电能力就越差。(　　)

392. 机车检修周期不应根据机车走行公里确定。(　　)

393. 当有人触电时，应首先送医院。(　　)

394. 铜的电阻率比铝的电阻率高。(　　)

395. 两个分别为 20 μF 和 60 μF 的电容并联，其容量为 60 μF。(　　)

396. 粗实线应为细实线的 3 倍。(　　)

397. 发生电气火灾时，应使用四氯化碳灭火器进行灭火。(　　)

398. 电磁接触器灭弧方式是磁砍灭弧。(　　)

399. 电路图用于详细表示电路、设备或成套装置的全部组成部分和连接关系。(　　)

400. 开关 237QS 是辅助接地保护故障隔离开关，若确定辅助电路有点接地且不能排除时，可切断保护电路，此时机车做故障运行，要求司机严密监视各辅机工作状态，确保安全。(　　)

401. 机车上的过电压包括大气过电压、操作过电压、整流换向过电压和调整过电压。(　　)

402. 主司机控制器的换向手柄有“后、0、制、前、Ⅰ、Ⅱ、Ⅲ”7 个位置，调速手柄有“牵引、0”2 个位置。(　　)

403. 剥线钳是用来剥去截面积在 5.0 mm^2 以下的线绝缘层的。(　　)

404. 三基建设是指基层建设、基础建设、基本功建设。(　　)

405. 上岗前要穿好工作服，戴好工作帽，要求整齐清洁，班前严禁饮酒。(　　)

406. 绝缘材料按形态可分为气体绝缘材料、液体绝缘材料和固体绝缘材料等。(　　)

407. 交流电的周期越长，说明交流电变化得越快。(　　)

408. 触电有 3 种情况：单相触电、两相触电和三相触电。(　　)

409. 钳型电流表主要用于测量一般电流。(　　)

410. 钢丝绳直径减少 8% 时，即应报废。(　　)

411. 数字式万用表的显示部分通常采用液晶显示器。(　　)

412. 人体只触及一根火线（相线），这是双线触电。(　　)

413. 低压柜中 255C 的电容值为 $10 \times (1 \pm 10\%)$ μF。(　　)

414. 天车吊挂物件不牢的风险等级是轻度的。(　　)

415. 机车齿轮箱是 8 项工作任务中的一项。(　　)

416. 配件检修是 8 项工作任务中的一项。(　　)

417. CZT-20 型直流电磁接触器为两常开主触头。(　　)

418. 使用断股破损吊索具的后果是坠落伤害。(　　)

419. 控制标准为试验区不发生人身伤害的危险源是配件电气、动作试验防护措施不足。(　　)

420. 低压柜的柜门、框体不得开焊、裂损、变形，破损处应进行整修。检查柜门开闭灵活，锁扣装置完好。(　　)

421. ABB 接触器在解体时应用一字螺丝刀逆时针旋转 45° 依次打开接触器各螺钉。(　　)

422. 电源柜进行检查试验时，48 V 输出欠压保护值约为 42 V、过压保护值约为 44 V。(　　)

423. 电源柜进行检查试验时，24 V 输入欠压保护值约为 20 V、过压保护值约为 21 V。(　　)

424. 电源柜进行检查试验时，15 V 输出欠压保护值约为 13 V、过压保护值约为 17 V。(　　)

425. 电源柜进行检修时，需将电子板隔离，硅元件正负极短接，用 500 V 兆欧表测量输入、输出回路对地绝缘电阻值应大于 20 MΩ。(　　)

426. 电源柜进行检查试验时，检查 110 V 电源的输出直流电压为 110 × (1 ± 10%) V<并联蓄电池运行>。(　　)

427. 电源柜进行检查试验时，检查 110 V 电源的额定输出直流电流为 50 A。(　　)

428. 电源柜进行检修时，要求纽子开关动作灵活，作用良好，不许有裂损。(　　)

429. 电源柜进行检修时，要求熔断器及其座应清洁，作用良好，接触紧密，不许有松动；熔体型号、容量须符合要求。(　　)

430. 神华号 HXD1 型电力机车速度表的质量标准是外壳无明显裂痕、无影响读数的缺陷，表盖玻璃应光滑整洁，仪表应密封良好；标签填写正确有效。(　　)

431. 神华号 HXD1 型电力机车司机控制器的质量标准方向转换开关在“0”时，方向手柄才能插入或取出。(　　)

432. 神华号 HXD1 型电力机车司机控制器的质量标准方向转换开关在“0”位时，牵引/制动手柄被锁在“向前”位（中间位置）。(　　)

433. 神华号 HXD1 型电力机车司机控制器的质量标准是牵引/制动手柄在“0”位时，方向转换开关可在“向前”“0”“向后”之间任意转换。(　　)

434. 神华号 HXD1 型电力机车司机控制器的质量标准是牵引/制动手柄在“牵引”或“制动”区域时，方向转换开关被锁在“向前”位。(　　)

435. 神华号 HXD1 型电力机车司机控制器的输出要求：在制动最大位 + 45° 时，输出电压值为 10.1 V。(　　)

436. 神华号 HXD1 型电力机车司机控制器的输出要求：在制动小零位 + 7.5° 时，输出电压值为 < 0.02 V。(　　)

437. 神华号 HXD1 型电力机车司机控制器的输出要求：在零位 0° 时，输出电压 9.6 V。(　　)

438. 神华号 HXD1 型电力机车司机控制器的输出要求：在牵引小零位 – 7.5° 时，输出电压值为 < 0.05 V。(　　)

439. 神华号 HXD1 型电力机车司机控制器的输出要求：在牵引最大位 – 30° 时，输出电压值为 9.6 ~ 10.1 V。(　　)

440. 神华号 HXD1 型电力机车司机控制器的检修要求：使用 500 V 兆欧表检测电位器对地之间的绝缘电阻值应不低于 2 MΩ。(　　)

441. 神华号 HXD1 型电力机车扳键开关的检修要求：扳键开关动作灵活可靠，复位作用良好；扳把无裂损，扳动自如；各螺栓紧固。(　　)

442. 神华号 HXD1 型电力机车扳键开关的检修要求：扳键定位扭簧无变形；扳键定位曲臂无裂损；联锁动作自如，无卡滞。(　　)

443. 神华号 HXD1 型电力机车扳键开关的检修要求：接线正确可靠，单股导线不得有裂纹，线号齐全，清晰。(　　)

444. 神华号 HXD1 型电力机车控制电源柜的充电方式分为快速充电和浮充电两种。(　　)

445. 神华号 HXD1 型电力机车电源柜的要求：当电池电压低于 96 V 时，合上交流开关时，充电柜进入快充状态（100 V），如果充电电流小于 25.5 A，充电状态转为浮充。(　　)

446. 神华号 HXD1 型电力机车低压柜中设备安装板 1 组成：单极断路器、双极断路器、三相自动开关。(　　)

447. SS_{4B} 型机车的电磁接触器在每次小修时应检查触头厚度、开距。(　　)

448. 功补开关由 4 个晶闸管组成，代号分别为 T6、T7、T8 和 T9。(　　)

449. 电力机车上的线路接触器用于开断牵引电机电路。(　　)

450. 两位置转换开关牵引转换到位信号为 428 线有电。(　　)

451. 机车主电路接地保护是通过主接地继电器实现的。(　　)

452. 接触器可用来频繁地接通和分断负荷电路。(　　)

453. SS_{4B} 机车两位置转换开关接触线长度应不小于 12 mm，超程为 2 ~ 3 mm。(　　)

454. 主接地继电器吸合线圈的动作整定电压值为 15 V。(　　)

455. SS_{4B} 机车故障显示屏有两种形式，分别是主台和副台。(　　)

456. 劈相机按键开关的代号是 404SK。(　　)

457. SS_{4B} 机车微机显示屏电源取自 DC 110 V，线号为 1789。(　　)

458. 电阻可分为固定式电阻和可变电阻两种。(　　)

459. 机车控制电压为 DC 110 V。(　　)

460. 在 TKZ4A-15/110 型按键开关型号中，K 的意义是控制。(　　)

461. SS_{4B} 电力机车的电器设备代号编制原则，主要是采用数字流水号和汉语拼音相结合的方式。(　　)

462. 控制电源柜除提供 110 V 控制电源外还提供 30 V 电源。(　　)

463. 主司机控制器 627AC 输出的速度给定信号是通过 637R 来完成的。(　　)

464. 辅司机控制器 628AC 输出的速度给定信号是通过 637R 来完成的。(　　)

465. 电动力灭弧装置一般适用于交直流接触器灭弧。(　　)

466. 触头最繁重的工作过程是开断过程。(　　)

467. 机车控制级的核心是 SBC 单板机。(　　)

468. 电压互感器副边不允许短路。(　　)

469. 500 mA = 0.5 A。(　　)

470. 表示电容器电容量大小的电容 $C=Q/I$ 。(　　)

471. 若正弦交流电的幅值为 311 V，则其有效值为 380 V。(　　)

472. 机车接地保护是通过接地继电器执行。(　　)

473. 套扣时，圆杆直径应比螺纹外径大 0.2 ~ 0.4 mm。(　　)

474. SS_{4B} 机车中间继电器 284KE 的作用是无论机车在网下还是库内电源都能使机车获得 110 V 电源。(　　)

475. 电空阀的控制对象是压缩空气。(　　)

476. 在进行插头、座焊接时，应采用酸性焊剂。(　　)

477. 电路中温度升高时，绝缘电阻值将会增大。(　　)

478. 电容器具有储存电荷的性能。(　　)

479. 剩磁过小不是接触器断电后不释放的原因。(　　)

480. 电磁式接触器的结构不包括主触头。(　　)

481. 将交流电变为直流电的过程叫整流。(　　)

482. 在做绝缘测试时，应对电子元件采取过电压保护措施。(　　)

483. 电源电子柜在吹扫时应用 0.2 ~ 0.3 MPa 干燥的压缩空气吹扫屏柜，清扫出残存在柜体内的各种杂物，吹扫时风嘴距绝缘表面距离应大于 150 mm。(　　)

484. LCU 检修作业时，应检查线路整齐绑扎牢固，不许有过热、烧损、破损和绝缘老化现象；各接线端子的线号齐全、清晰、正确，线芯断股面积不得超过原截面的 10%。(　　)

485. LCU 检修作业时，应检查 A、B 组转换开关不许有裂损，动作灵活，不许卡滞，位置正确，通断作用可靠。参照万能转换开关相关工艺进行检修。(　　)

486. 检查通信子板，板件上元器件无烧损、变色，连接插排插针无弯曲不是微机屏的检修要求。(　　)

487. 微机显示屏的检修要求是：检查显示器逆变器，焊点光滑无虚焊、不漏焊、无多余焊渣，贴焊正确到位。如有不良进行更新处理。(　　)

488. 微机显示屏的检修要求是：检修扬声器，检查扬声器连线，无虚接。断开扬声器与 IC 卡语音板的连接，测量其并联电阻，范围在 2 ~ 4.5 Ω。(　　)

489. 故障显示屏应按解体时的顺序组装。(　　)

490. 劈相机启动继电器在做绝缘试验时应用 500 V 兆欧表测量继电器 A、B 端和 C、N 端对地绝缘电阻值不小于 2 MΩ。(　　)

491. 在 88 ~ 120 V 直流电压下，检查接触器闭合通断情况，闭合、断开均可靠，动作灵活无卡滞，线圈无过热现象。(　　)

492. 电空阀型号为 TFK-1B，报废期限为 6 年。(　　)

493. 防火视频主机试验电压 DC 220 V，检查各接线插接良好，灯显正常。(　　)

494. 低压柜内有两个直流接触器，代号分别为：440KM、442KM。(　　)

495. 风险评估的定义为：用风险矩阵法对危险源进行风险评估，必要时采用作业条件危险性评价法（LEC）、失效模式与影响分析评价法（FMEA）对环境和设备类风险评估准确性进行验证。(　　)

496. 低度风险危险源的整改期限不得超过 6 天。(　　)

497. 交流机车扳键开关的作用是利用控制电路的低压电器控制主电路的电气设备，用来控制机车的运用工况和行车速度。(　　)

498. 神华号交流机车检修公里数要求二周检的公里数为（1.0 ± 0.5）万 km。(　　)

499. 神华号交流机车检修公里数要求季检<辅修>：（10 ± 1）万 km。(　　)

500. 神华号交流机车检修公里数要求半年检<单小>：（15 ± 1）万 km。(　　)

三、多选题

1. 下列哪些属于中间继电器 JZ15-44Z 的结构组成？（　　）

A. 磁轭　　B. 线圈　　C. 铁心　　D. 触头组

2. 影响接触电阻的因素有哪些？（　　）

A. 接触压力的影响

B. 触头材料的影响

C. 触头温度的影响

D. 触头表面情况的影响，触头表面的电化学腐蚀

3. 下列哪些部件属于司机控制器的结构组成？（　　）

A. 凸轮　　B. 插销座　　C. 警惕按钮　　D. 衔铁

4. 下列哪些部件属于扳纽箱的结构组成？（　　）

A. 自复弹簧　　B. 按键　　C. 定位凸轮　　D. 防尘罩

5. 减小接触电阻的方法有哪些？（　　）

A. 增加接触点数目

B. 增大压力

C. 采用本身电阻系数小且不易氧化或氧化膜电阻较小的材料作为接触导体

D. 触头在开闭过程中应具有研磨过程，以擦去氧化膜。

6. JT3 系列时间继电器分为哪几个时间级？（　　）

A. 1 s<0.3 ~ 0.9 s>　　B. 3 s<0.7 ~ 3 s>

C. 5 s<2.5 ~ 5 s>　　D. 7 s<5.5 ~ 7 s>

7. JT3 系列时间继电器延时调整方法有几种？（　　）

A. 增加接触点数目

B. 增大压力

C. 调整非磁性垫片，增厚可减少延时，反之增加延时

D. 调整反力弹簧压力大小，弹簧愈紧延时愈短，反之延时愈长。

8. 晶闸管有几个极？（　　）

A. 阳极　　B. 门极　　C. 阴极　　D. 放大级

9. 触头的磨损有形式是什么？（　　）

A. 机械磨损　　B. 化学磨损

C. 电磨损　　D. 力磨损

10. 触头的接触方式分为哪几种？（　　）

A. 点接触　　B. 线接触　　C. 体接触　　D. 面接触

11. 下列属于游标卡尺结构部件的有哪些？（　　）

A. 尺身　　B. 外测量爪　　C. 深度尺　　D. 尺框

12. 游标卡尺测量值的读书方法分哪几步进行？（　　）

A. 读整数。副尺<游标>零线左边主尺的第一条刻线是整数的毫米值。

B. 读小数。副尺上找出哪一条刻线与主尺刻线对其，在对齐处从副尺上读出毫米的小数值

C. 将上述两数值相加除以 2，即为游标卡尺测量尺寸

D. 将上述两数值相加，即为游标卡尺测量尺寸。

13. 触头有几种工作情况？（　　）

A. 触头处于闭合状态　　B. 触头闭合过程

C. 触头处于断开状态　　D. 触头的开断过程

14. 目前国内电力机车 LCU 主要采用哪几种版本？（　　）

A. 长沙瑞玮　　B. 深圳通业

C. 武汉正远　　D. 成都运达

15. 三极管的几个极分别是什么？（ ）
A. 阴极 B. 基极 C. 发射极 D. 集电极

16. 主司机控制器联锁线号401、402的作用是什么？（ ）
A. 联锁盒电源线 B. 供电给415
C. 零位延时 D. 风机自起

17. 减少接触电阻的方法有哪些？（ ）
A. 增加接触点数目
B. 采用本身电阻系数小，且不易氧化或氧化膜电阻较小的材料作为接触导体
C. 触头在开闭过程中应具有研磨过程，以擦去氧化膜
D. 增加接触点压力

18. 下列哪些属于电弧熄灭的方法装置？（ ）
A. 灭弧罩：纵缝灭弧罩、横缝灭弧罩
B. 油冷灭弧装置
C. 气吹灭弧装置
D. 真空灭弧装置

19. 螺纹三要素是什么？（ ）
A. 牙型 B. 外径 C. 内径 D. 螺距

20. 机车电子装置按功能性质分为哪几类？（ ）
A. 机械类 B. 控制保护类
C. 电源类 D. 电子电器类

21. 下列哪些属于电容的作用？（ ）
A. 旁路 B. 去耦 C. 滤波 D. 储能

22. 磁电式仪表<YS-3>的调零器结构有哪些？（ ）
A. 连杆 B. 调整片 C. 转轴 D. 调整螺钉

23. 万用表由哪些部分组成？（ ）
A. 表头 B. 测量线路 C. 转换开关 D. 液晶屏

24. 下列哪些属于天车指挥手势？（ ）
A. 副钩 B. 吊钩上升
C. 吊钩下降 D. 吊钩水平移动

25. 重联中间继电器代号是什么？（ ）
A. 545KA B. 546KA C. 547KA D. 548KA

26. 影响接触电阻的因素有哪些？（ ）
A. 接触压力 B. 触头材料
C. 触头表面情况 D. 接触形式及化学腐蚀

27. 下列哪些位置属于电空制动控制器？（ ）
A. 过充 B. 制动 C. 运转 D. 牵引

28. 接触器断电后不释放的原因有哪些？（ ）

A. 压力太大　　B. 反作用力太小

C. 触头熔焊　　D. 铁心极面有油污

29. 速度传感器的作用是什么？（ ）

A. 显示机车部件故障或部件工作状态

B. 确认各气路压力状态及压力变化情况

C. 与机车的速度表、微机、列车运行监控记录及轮喷等装置配套使用

D. 可进行机车速度、方向、空转及打滑的参数信息的检测

30. 常用灭火器有哪些？（ ）

A. 泡沫　　B. 酸碱　　C. 清水　　D. 干粉

31. 风道继电器的组成有哪些部件？（ ）

A. 凸轮块　　B. 塑料体

C. 出线环　　D. 复原弹簧

32. 触头材料分为哪几类？（ ）

A. 纯金属　　B. 合金

C. 金属陶冶材料　　D. 塑料

33. 蓄电池的充电方式有哪些？（ ）

A. 初充电　　B. 普通充电

C. 补充充电　　D. 均衡充电

34. 锡焊接时应注意什么？（ ）

A. 应将所焊接头的绝缘层各脏污刮掉.刮净

B. 焊接的线头要接牢固、可靠

C. 使用规定的焊料，避免用强腐蚀焊料

D. 焊接温度合适，焊点要均匀，焊接可靠，不得虚焊

35. 四按三化中的“四按”指的是什么？（ ）

A. 按规定的技术要求　　B. 机械化

C. 程序化　　D. 文明化

36. 电路的组成有哪些？（ ）

A. 电源　　B. 负载

C. 辅助设备　　D. 连接导线

37. 机车检修“段修”修成包括哪些？（ ）

A. 中修　　B. 小修　　C. 辅修　　D. 临修

38. 电阻的作用有哪些？（ ）

A. 短路　　B. 分压　　C. 分流　　D. 负载

39. 配合的几种方式是什么？（ ）

A. 间隙配合　　B. 过盈配合

C. 过渡配合　　D. 过量配合

40. SS_{4B}型电力机车主电路保护是什么？（　　）

A. 短路　　B. 过流

C. 过电压　　D. 主接地保护

41. 机车电源柜小辅修作业时，必须先确认哪些部件处于断开位？（　　）

A. 601QA　　B. 665QS　　C. 666QS　　D. 667QS

42. 压力表的主要术语有哪些？（　　）

A. 基本误差　　B. 来回差

C. 零位偏差　　D. 指针偏转的平稳性

43. 电源电子柜风扇的检查要求是什么？（　　）

A. 清扫检查各绝缘板

B. 清扫检查逆变电源，并进行试验。

C. 将内部风扇抽屉抽出，外观检查风扇安装牢固，转动灵活，风叶无变形、裂纹，接线牢固，插头、插座插接良好

D. 外观检查指示灯熔断器作用良好，通电试验转动良好无异音

44. 平垫圈的作用有哪些？（　　）

A. 增大螺母与被连接零件间的接触压力

B. 遮盖被连接的不平表面便于紧固。

C. 保护被连接零件表面不致因紧固螺母而擦伤

D. 增大螺母与被连接零件间的接触面积，降低压比

45. 机车转换开关的作用是什么？（　　）

A. 转换接通主电路

B. 改变牵引电动机励磁绕组中电流的方向

C. 实现机车由牵引工况转换为电阻制动工况

D. 实现机车由电制动工况转换为牵引工况

46. KPA1300-10 型晶闸管的型号含义是什么？（　　）

A. K 表示闸流特性

B. P 表示普通反向阻断性

C. 1 300 表示通态平均电流为 1 300 A

D. 10 表示断态<反向>重复峰值电压为 1 000 V

47. 自动开关的特点有哪些？（　　）

A. 能开断较大的短路电流

B. 对电路具有过载短路双重保护

C. 允许操作频率低

D. 能开断较大的电压

48. SS_{4B}型电力机车上非电磁继电器有哪几种？（　　）

A. 风道继电器　　B. 电子时间继电器
C. 油流继电器　　D. 压力继电器

49. 各种结构不同的接触联锁，按照工作情况的电接触有哪些形式？（　　）
A. 固定的　　B. 可转移的
C. 可分合的　　D. 可滑动的

50. 电器的熄弧方法有哪些？（　　）
A. 拉长电弧　　B. 磁吹灭弧
C. 纵缝熄弧　　D. 栅片熄弧

51. 电容器按结构可分为哪几类？（　　）
A. 固定电容器　　B. 可变电容器
C. 半变电容器　　D. 三分之一可变容器类

52. 继电器动作性能有哪些要求？（　　）
A. 触点开断迅速　　B. 动作灵活可靠
C. 整定值正确　　D. 各连锁开闭良好

53. 机车段修时，电磁接触器的动作性能要求有哪些？（　　）
A. 动作灵活，不可有卡滞现象
B. 衔铁释放时，不得有严重回弹现象
C. 在最小工作电压 88 V 时能可靠动作，三相触头通断一致，辅助连锁动作准确可靠
D. 触头不得有熔焊现象

54. 电测压力表电气性能检查时有哪些要求？（　　）
A. 将被检电表按正负极接在电器仪表试验台上
B. 接通电源，并逐渐增加输出，使指针指示满刻度，然后在退到零，反复 3 次，指针动作灵活，不许有卡针、迟滞现象
C. 选几个校正点<不少于 4 点>的读数与标准表相比，计算其误差率，并在同一刻度点上计算其上升、下降之间的误差率，各刻度上的误差率小于 2.5%
D. 动作灵活无卡滞

55. 窜车的原因是什么？（　　）
A. 电子柜故障
B. N105 或 N106 插座接触不良
C. 司机控制器电位器故障
D. 扳扭箱扳键故障

56. 电磁继电器，接触器中电磁力的大小与哪些因素有关？（　　）
A. 铁磁材料　　B. 线圈参数
C. 结构尺寸　　D. 及所加电压大小

57. 双针压力 1 600 kPa 的工作位置在什么地方？（　　）
A. 600 kPa　　B. 750 kPa　　C. 900 kPa　　D. 950 kPa

58. 甯车的处理情况是什么？（　　）

A. 将两节车的电子柜 A、B 转换开关均置“B”组，判断是否是电子柜故障

B. 扳扭箱故障时，更换扳扭箱扳键开关

C. 电位器故障时，进行处理或更换

D. 检查电子柜上的 N105、N106 插座，使其接触良好

59. 双针压力 1 000 kPa 的工作位置都有哪些？（　　）

A. 900 kPa　　B. 300 kPa　　C. 450 kPa　　D. 600 kPa

60. 使用钳形电流表应注意什么？（　　）

A. 根据被测对象，选择不同型式的钳形电流表以及选择电流表的量程

B. 被测导线必须置于钳口中部，钳口必须闭紧

C. 转换量程时，先将钳口打开再转换量程挡位

D. 进行测量时，要注意对带电部分的安全距离，以免触电。

61. 扳钮箱的小辅修检修范围是什么？（　　）

A. 清扫检查各开关<包括按钮、按键、转换开关、刀开关、自动开关>每次

B. 清扫、检查主、副台扳扭箱<小修>

C. 主台扳扭箱下车检修<2 小>

D. 主台扳扭箱下车检修<辅修>

62. 神八机车电源柜的下方主要是低压配电部分，为机车提供什么功能？（　　）

A. 48 V 输出电压配电　　B. 库内充电转换

C. 110 V 输出电压配电　　D. 24 V 输出电压配电

63. 神八机车主电路的中间直流回路包括哪几个电路？（　　）

A. 接地保护电路　　B. 二次谐振电路

C. 过压保护电路　　D. 接地检测电路

64. 神八机车网侧电路保护包括哪些？（　　）

A. 网侧短路保护　　B. 网压监测保护

C. 网侧过流保护　　D. 网侧接地保护

65. 神八机车牵引通风机频率控制因素有哪些？（　　）

A. 牵引风机温度　　B. 主变流柜水温温度

C. 主变压器油温　　D. 辅助变压器油温

66. 神八机车主断路器主要包括哪几个部分？（　　）

A. 高压回路　　B. 支持绝缘子

C. 控制结构　　D. 合闸装置

67. 神八机车高压电压互感器的作用有哪些？（　　）

A. 测量接触网电压　　B. 为机车提供网压信号

C. 用于机车能耗测量　　D. 用于机车电流测量

68. 下列哪些是神八机车冷却塔的主要组成部件？（　　）

A. 副油箱　　B. 主冷风机
C. 吸湿器　　D. 水膨胀箱

69. 神八机车网络控制系统的列车级保护主要有哪些？（　　）
A. 惩罚制动　　B. 紧急制动
C. 牵引封锁　　D. 电制动力封锁

70. "四做到"的内容有哪些？（　　）
A. 做到班前充分休息
B. 做到工作中精力充沛，精神集中
C. 做到横越线路一站、二看、三通过
D. 做到正确使用防护用品

71. 属于机车检修几个"一次成功"的是（　　）。
A. 一次低压试验成功　　B. 一次安装成功
C. 一次高压试验成功　　D. 一次试运成功

72. 金属导体的电阻与（　　）有关。
A. 导体的长度　　B. 导体的截面积
C. 导体材料的电阻率　　D. 外加电压

73. "四按，三化"记名检修中，（　　）属于"三化"的内容。
A. 程序化　　B. 信息化　　C. 文明化　　D. 机械化

74. 电磁式接触器的结构包括（　　）。
A. 电磁机构　　B. 主触头　　C. 灭弧装置　　D. 楔形触头

75. 中修机车对 LCU 试验有何要求？（　　）
A. 必须转换 A、B 组实验
B. 确认 A、B 组牵引、制动工况及其性能正常
C. LCU 通电电压正常
D. LCU 通电电流不小于 380 V

76. 对故障处理的"三不放过"具体指什么？（　　）
A. 事故原因分析不清不放过
B. 事故责任者和群众未接受教育不放过
C. 事故造成的后果处理不及时不放过
D. 没有防范措施不放过

77. 机车电器按照电路可分为几类？（　　）
A. 主电路电器　　B. 辅助电路电器
C. 控制电路电器　　D. 高压回路电器

78. 按使用方法分类，丝锥可分为几种？（　　）
A. 手用丝锥　　B. 电动丝锥
C. 机用丝锥　　D. 挤压丝锥

79. 机车上过电压保护有哪几类？（　　）

A. 大气过电压　　B. 操作过电压
C. 整流换向过电压　　D. 调整过电压

80. 燃烧必须具备哪几个条件？（　　）

A. 要有可燃场地　　B. 要有可燃物
C. 要有助燃物　　D. 要有着火源

81. 下列哪几项是“三小危库”？（　　）

A. 小油库　　B. 氧气库
C. 电石<乙炔>库　　D. 二氧化碳库

82. 职业危害分为哪几种？（　　）

A. 缺氧危害　　B. 物理因素危害
C. 接触毒物危害　　D. 粉尘危害

83. 对新工人，改职及调入的工人要进行哪几级安全教育？（　　）

A. 分公司　　B. 班组<岗位>
C. 车间　　D. 厂

84. 下列哪些属于微机控制的特点？（　　）

A. 通用性　　B. 灵活性
C. 重现性　　D. 可靠性

85. 下列哪项属于尺寸标注的要素？（　　）

A. 尺寸界线　　B. 尺寸线
C. 尺寸数字　　D. 箭头

86. 检修作业完毕必须做到哪些？（　　）

A. 关闭所有电源
B. 关闭所有设施，设备的闸刀和开关
C. 把所有物件归回到指定位置，并摆设整齐
D. 将工作场地彻底清除，做到工完料净，场地干净

87. 机车的过电压包括？（　　）

A. 大气过电压　　B. 操作过电压
C. 整流换向过电压　　D. 调整过电压

88. 指出用电容、电阻、电感构成的几种滤波方式？（　　）

A. 电容滤波　　B. 电感滤波
C. 电容电阻滤波　　D. 电容电感滤波

89. SS_{4G} 机车电子柜 AB 组各有一块完全相同的电源板，其输入电压为 77 ~ 130 V，输出（　　）。

A. ± 15 V　　B. + 5 V　　C. ± 24 V　　D. ± 48 V

90. 下列哪些属于用兆欧表测量前应当做的准备？（　　）

A. 测量前，应切断被测设备的电源，并进行充分放电，以确保人身安全
B. 擦拭被测设备的表面，使其保持清洁、干燥，以减少测量误差
C. 将兆欧表放置平稳，并远离带电导体和磁场，以免影响测量的准确度
D. 对有可能感应出高电压的设备，应采取必要的措施

91. 说出自动开关的几种保护功能？（ ）
A. 瞬时电磁脱扣的短路保护
B. 热脱扣动作的过载保护
C. 过流保护
D. 过压保护

92. 机车段修时，对电磁接触器的动作性能有哪些要求？（ ）
A. 动作灵活，不可有卡滞现象
B. 衔铁释放时不得有严重回弹现象
C. 在最小工作电压 88 V 时能可靠动作
D. 三相触头通断一致。辅助连锁动作准确可靠

93. 电力机车微机控制系统一般采用三级分级结构，主要包括哪几方面？（ ）
A. 人一机对话级
B. 变流器控制级
C. 机车特性控制级
D. 机车变压控制级

94. 下列保护器件中，可用作短路保护的是（ ）。
A. 热继电器
B. 自动空气开关
C. 熔断器加缺相保护
D. 以上均不对

95. 下列属于主电路设备的是（ ）。
A. 牵引电机
B. 牵引整流柜
C. 制动电阻柜
D. 司机控制器

96. 关于晶闸管的静态特性，（ ）的叙述是正确的。
A. 承受反向电压时，不论门极是否有触发电流，晶闸管都不会导通
B. 承受正向电压时，仅在门极有触发电流的情况下，晶闸管才能开通
C. 晶闸管一旦导通，门极就失去控制作用
D. 要使晶闸管关断，必须使流过晶闸管的电流大于维持电流

97. 关于微机控制和模拟控制，（ ）的叙述是正确的。
A. 微机控制系统硬件欠缺通用性
B. 模拟控制中只有硬件
C. 硬件是指各种能完成一定功能的电子插件，是看得见摸得着的
D. 软件是指为实现一定功能而编制的程序

98. 关于长弧灭弧法，（ ）的叙述是正确的。
A. 利用电容器充放电的原理进行灭弧
B. 桥式触头装置利用触头回路的电动力拉长电弧
C. 拉长电弧，使电弧两端电压不足以维持电弧燃烧
D. 电弧拉长时由于在磁场中受力，抑制游离作用，迫使电弧熄灭

99. 机车上常用的灭弧装置包括（　　）。

A. 电磁灭弧装置　　B. 角灭弧装置
C. 电容灭弧装置　　D. 油吹灭弧装置

100. 电流的单位有哪几种？（　　）

A. 安培　　B. 千安　　C. 微安　　D. 毫安

机车电工（电器二组）应知应会练习题参考答案

一、单选题

1. B	2. A	3. C	4. A	5. C	6. A	7. B	8. C	9. A	10. C
11. A	12. A	13. C	14. A	15. C	16. B	17. B	18. C	19. B	20. C
21. B	22. C	23. A	24. B	25. C	26. C	27. B	28. B	29. C	30. C
31. C	32. C	33. B	34. A	35. B	36. A	37. C	38. A	39. D	40. B
41. A	42. B	43. A	44. A	45. C	46. C	47. C	48. B	49. A	50. C
51. B	52. B	53. C	54. C	55. B	56. A	57. B	58. A	59. B	60. C
61. D	62. A	63. A	64. B	65. A	66. A	67. C	68. A	69. A	70. C
71. A	72. A	73. A	74. C	75. C	76. B	77. B	78. A	79. A	80. B
81. C	82. B	83. B	84. B	85. B	86. B	87. B	88. B	89. B	90. B
91. B	92. B	93. A	94. C	95. A	96. C	97. B	98. A	99. B	100. B
101. A	102. C	103. A	104. B	105. A	106. B	107. B	108. B	109. B	110. B
111. B	112. B	113. B	114. B	115. B	116. B	117. B	118. B	119. B	120. B
121. B	122. B	123. B	124. B	125. B	126. B	127. B	128. B	129. B	130. B
131. B	132. C	133. C	134. A	135. D	136. D	137. C	138. B	139. C	140. D
141. B	142. D	143. B	144. A	145. A	146. B	147. D	148. B	149. A	150. B
151. D	152. B	153. B	154. A	155. D	156. B	157. A	158. D	159. A	160. C
161. C	162. D	163. A	164. B	165. B	166. C	167. C	168. B	169. C	170. C
171. C	172. B	173. B	174. C	175. C	176. A	177. A	178. B	179. A	180. A
181. A	182. B	183. A	184. B	185. D	186. D	187. B	188. C	189. C	190. B
191. A	192. A	193. B	194. D	195. B	196. C	197. A	198. A	199. D	200. B
201. C	202. A	203. A	204. B	205. C	206. D	207. B	208. A	209. D	210. D
211. B	212. A	213. D	214. A	215. D	216. B	217. D	218. D	219. B	220. B
221. D	222. D	223. D	224. C	225. A	226. B	227. C	228. B	229. B	230. D
231. A	232. A	233. B	234. B	235. D	236. C	237. C	238. B	239. B	240. B
241. C	242. B	243. D	244. D	245. B	246. B	247. B	248. B	249. D	250. B
251. C	252. A	253. D	254. A	255. A	256. B	257. B	258. C	259. D	260. B

261. D　262. D　263. A　264. D　265. B　266. C　267. A　268. A　269. B　270. D
271. C　272. D　273. C　274. C　275. D　276. D　277. A　278. A　279. B　280. A
281. A　282. B　283. C　284. B　285. C　286. D　287. A　288. A　289. B　290. D
291. D　292. D　293. D　294. B　295. B　296. B　297. A　298. A　299. D　300. C
301. A　302. B　303. A　304. C　305. B　306. D　307. B　308. D　309. B　310. A
311. A　312. C　313. C　314. B　315. C　316. B　317. B　318. B　319. A　320. B
321. A　322. A　323. D　324. B　325. B　326. B　327. B　328. A　329. A　330. A
331. C　332. A　333. B　334. C　335. B　336. A　337. A　338. C　339. A　340. A
341. D　342. C　343. A　344. B　345. B　346. B　347. B　348. B　349. A　350. A
351. A　352. A　353. D　354. D　355. D　356. D　357. D　358. A　359. A　360. A
361. B　362. B　363. B　364. B　365. A　366. B　367. C　368. B　369. C　370. C
371. B　372. C　373. C　374. B　375. B　376. B　377. C　378. D　379. B　380. C
381. B　382. B　383. C　384. A　385. B　386. B　387. C　388. C　389. D　390. B
391. A　392. C　393. A　394. B　395. A　396. A　397. C　398. A　399. A　400. D
401. B　402. A　403. B　404. A　405. A　406. C　407. D　408. B　409. A　410. B
411. A　412. C　413. A　414. D　415. D　416. B　417. B　418. B　419. D　420. A
421. A　422. B　423. B　424. D　425. C　426. A　427. B　428. C　429. D　430. A
431. D　432. B　433. B　434. B　435. B　436. D　437. B　438. A　439. A　440. B
441. B　442. A　443. A　444. A　445. A　446. B　447. B　448. B　449. A　450. A
451. D　452. D　453. A　454. A　455. B　456. B　457. A　458. B　459. B　460. B
461. B　462. D　463. D　464. A　465. B　466. B　467. C　468. A　469. D　470. B
471. A　472. A　473. B　474. A　475. B　476. D　477. B　478. C　479. A　480. C
481. A　482. C　483. A　484. A　485. B　486. C　487. D　488. D　489. C　490. D
491. B　492. B　493. C　494. A　495. D　496. A　497. A　498. C　499. B　500. B

二、判断题

1. √　2. √　3. √　4. √　5. ×　6. √　7. ×　8. √　9. √　10. √
11. ×　12. ×　13. √　14. ×　15. √　16. √　17. ×　18. ×　19. √　20. √
21. √　22. ×　23. ×　24. √　25. √　26. ×　27. √　28. ×　29. √　30. √
31. ×　32. √　33. √　34. ×　35. √　36. √　37. ×　38. √　39. √　40. √
41. √　42. ×　43. ×　44. √　45. √　46. √　47. √　48. √　49. √　50. √
51. √　52. √　53. √　54. √　55. √　56. ×　57. ×　58. ×　59. ×　60. √
61. √　62. ×　63. ×　64. ×　65. √　66. √　67. ×　68. ×　69. ×　70. ×
71. ×　72. √　73. √　74. √　75. ×　76. ×　77. √　78. ×　79. ×　80. ×
81. ×　82. √　83. √　84. √　85. √　86. √　87. ×　88. √　89. √　90. √

91. √ 92. × 93. × 94. √ 95. √ 96. √ 97. × 98. × 99. √ 100. √
101. √ 102. × 103. × 104. √ 105. × 106. × 107. √ 108. √ 109. √ 110. ×
111. √ 112. √ 113. × 114. √ 115. × 116. √ 117. √ 118. × 119. √ 120. √
121. × 122. √ 123. √ 124. × 125. × 126. √ 127. √ 128. × 129. √ 130. ×
131. √ 132. × 133. × 134. √ 135. √ 136. √ 137. × 138. √ 139. × 140. √
141. √ 142. √ 143. × 144. × 145. √ 146. √ 147. × 148. √ 149. √ 150. ×
151. √ 152. × 153. × 154. √ 155. √ 156. √ 157. √ 158. √ 159. × 160. √
161. √ 162. √ 163. √ 164. √ 165. √ 166. × 167. × 168. × 169. √ 170. √
171. × 172. × 173. √ 174. √ 175. √ 176. √ 177. √ 178. × 179. √ 180. √
181. √ 182. × 183. √ 184. √ 185. √ 186. × 187. × 188. × 189. × 190. ×
191. × 192. √ 193. × 194. √ 195. √ 196. √ 197. × 198. √ 199. √ 200. √
201. × 202. √ 203. √ 204. × 205. √ 206. √ 207. × 208. √ 209. √ 210. ×
211. √ 212. √ 213. × 214. × 215. √ 216. √ 217. × 218. √ 219. × 220. ×
221. √ 222. √ 223. √ 224. √ 225. × 226. × 227. × 228. √ 229. × 230. √
231. × 232. × 233. × 234. √ 235. √ 236. × 237. × 238. √ 239. √ 240. ×
241. × 242. √ 243. √ 244. √ 245. √ 246. × 247. × 248. √ 249. × 250. √
251. × 252. √ 253. × 254. × 255. √ 256. √ 257. × 258. × 259. × 260. √
261. × 262. √ 263. × 264. √ 265. √ 266. × 267. × 268. √ 269. × 270. ×
271. √ 272. √ 273. √ 274. √ 275. √ 276. × 277. × 278. × 279. √ 280. ×
281. × 282. × 283. √ 284. × 285. × 286. √ 287. √ 288. √ 289. × 290. ×
291. × 292. × 293. × 294. √ 295. √ 296. × 297. √ 298. √ 299. × 300. √
301. √ 302. × 303. √ 304. × 305. × 306. √ 307. × 308. √ 309. √ 310. ×
311. √ 312. √ 313. √ 314. √ 315. × 316. × 317. × 318. √ 319. √ 320. √
321. √ 322. √ 323. × 324. × 325. √ 326. × 327. √ 328. √ 329. × 330. ×
331. √ 332. √ 333. √ 334. × 335. √ 336. × 337. √ 338. √ 339. × 340. ×
341. √ 342. × 343. × 344. × 345. √ 346. √ 347. √ 348. × 349. √ 350. ×
351. × 352. √ 353. × 354. √ 355. √ 356. √ 357. × 358. × 359. × 360. √
361. √ 362. √ 363. × 364. √ 365. √ 366. × 367. √ 368. × 369. × 370. ×
371. × 372. × 373. √ 374. × 375. √ 376 √ 377. √ 378. √ 379. √ 380. ×
381. × 382. √ 383. √ 384. √ 385. × 386. × 387. √ 388. × 389. × 390. √
391. × 392. × 393. × 394. × 395. × 396. √ 397. × 398. √ 399. √ 400. √
401. √ 402. × 403. × 404. √ 405. √ 406. √ 407. × 408. × 409. × 410. ×
411. √ 412. × 413. √ 414. × 415. × 416. √ 417. √ 418. √ 419. √ 420. √
421. × 422. × 423. × 424. √ 425. × 426. × 427. √ 428. √ 429. √ 430. √
431. √ 432. × 433. √ 434. × 435. × 436. × 437. × 438. √ 439. × 440. ×

441. √ 442. √ 443. √ 444. √ 445. × 446. √ 447. √ 448. × 449. √ 450. ×
451. √ 452. √ 453. × 454. × 455. √ 456. √ 457. √ 458. √ 459. √ 460. ×
461. × 462. × 463. √ 464. × 465. √ 466. √ 467. √ 468. √ 469. √ 470. ×
471. × 472. √ 473. √ 474. × 475. √ 476. × 477. × 478. √ 479. √ 480. ×
481. √ 482. × 483. √ 484. √ 485. √ 486. × 487. √ 488. × 489. × 490. √
491. √ 492. √ 493. × 494. √ 495. √ 496. × 497. √ 498. × 499. √ 500. ×

三、多选题

1. ABCD　2. ABCD　3. AC　4. AB　5. ACD
6. ABC　7. CD　8. ABC　9. ABC　10. ABD
11. ABCD　12. ABD　13. ABCD　14. ABD　15. BCD
16. AB　17. ABC　18. ABCD　19. ABD　20. BCD
21. ABCD　22. ABCD　23. ABC　24. ABCD　25. ABCD
26. ABCD　27. ABC　28. BCD　29. CD　30. ABCD
31. BCD　32. ABC　33. ABCD　34. ABCD　35. ABCD
36. ABCD　37. ABC　38. BCD　39. ABC　40. ABCD
41. ACD　42. ABCD　43. CD　44. BCD　45. ABC
46. ABCD　47. ABC　48. ABCD　49. ACD　50. ABCD
51. ABC　52. BCD　53. ABC　54. ABC　55. ABC
56. ABCD　57. ABCD　58. ACD　59. BCD　60. ABCD
61. ABC　62. BCD　63. BCD　64. ABCD　65. ABC
66. ABCD　67. ABC　68. ABCD　69. ABCD　70. ABCD
71. ACD　72. ABC　73. ACD　74. ABC　75. AB
76. ABD　77. ABC　78. AC　79. ABCD　80. BCD
81. ABC　82. ABCD　83. BCD　84. ABCD　85. ABCD
86. BCD　87. ABCD　88. ABCD　89. ABC　90. ABCD
91. AB　92. ABCD　93. ABC　94. BC　95. ABC
96. ABC　97. BCD　98. ABD　99. ABC　100. ABCD

第五节　机车电工公共应知应会练习题

一、单选题

1. 神八机车（25 t 轴重时）的最大牵引力是（　　）kN。

A. 760　　B. 750　　C. 770

2. 神八机车断开 CCU 会引起（　　）制动。

A. 不产生　　B. 常用　　C. 紧急

3. 蓄电池已上电，但总风缸无压力空气的情况下，要缓解机车弹停装置，必须（　　）。

A. 按压司机室弹停装置缓解按钮

B. 按压气阀柜弹停模块上的缓解脉冲电磁阀

C. 手拉 4 个弹停风缸的缓解拉杆

4. 神八机车机械间风机的作用是（　　）。

A. 冷却辅助变压器同时使机械间保持正压

B. 冷却机械间

C. 冷却辅助变压器

5. 控制电源柜 AC/DC 模块的作用是（　　）。

A. 将三相交流 440 V 电源变为直流 110 V 电源，并为蓄电池充电

B. 将直流 110 V 电源变为直流 48 V 电源

C. 将直流 110 V 电源变为直流 24 V 电源

6. 神八机车冷却塔通风机是从（　　）吸入空气。

A. 车顶　　B. 车底　　C. 侧墙

7. 关于牵引控制单元 TCU，下列说法错误的是（　　）。

A. TCU 的作用是控制转向架的牵引和制动

B. TCU 分两组，分别控制两个转向架

C. 在正常情况下，TCU1 和 TCU2 都具有主控功能

8. 神八机车牵引变压器运行中通过（　　）进行冷却。

A. 冷却塔　　B. 潜油泵　　C. 水泵

9. 神八机车牵引电机的额定功率（　　）。

A. 1 225 kW　　B. 1 200 kW　　C. 1 264 kW

10. 神八机车采用什么供电方式（　　）。

A. 交-直-交　　B. 交-直-直　　C. 直-直-交

11. 使用定速控制模式时，机车实际运行速度与目标速度相差（　　）km/h 以下时实行牵引与制动的自动转换。

A. 3　　B. 2.5　　C. 1

12. 神八机车中，（　　）属于变频变压起动的部件。

A. 牵引电动机风机　　B. 空气压缩机　　C. 空调

13. 关于车辆总重参数的输入对机车在定速控制模式下运行的影响，下列说法正确的是（　　）。

A. 车辆总重参数的输入对机车在定数控制模式下运行没有影响

B. 输入车辆总重为 0 时，不能进行定速控制操作
C. 如果输入偏大的车辆总重，不能进行定速控制

14. 神八机车中，(　　) 属于恒频恒压起动的部件。
A. 油泵　　B. 牵引电动机风机　　C. 复合冷却塔风机

15. 神八机车，只能在（　　）工况进行定速控制。
A. 向前牵引　　B. 向后牵引　　C. 向前或向后牵引

16. 神八机车运行速度在（　　）km/h 及以上时，无人警惕装置开始进入监控状态。
A. 3　　B. 4　　C. 5

17. 正常情况下，(　　) 不属于第 1 辅助变流器供电范围。
A. 牵引电动机风机　　B. 复合冷却塔风机　　C. 水泵

18. 当神八机车油水冷却塔水温达到（　　）时，主变流器降低功率。
A. 55 °C　　B. 60 °C　　C. 65 °C

19. 当神八机车油水冷却塔水温达到（　　）时，主变流器封锁。
A. 60 °C　　B. 55 °C　　C. 65 °C

20. 正常情况下，(　　) 不属于第 2 辅助变流器供电范围。
A. 牵引电动机风机　　B. 空气压缩机　　C. 油泵

21. 关于神八机车的升弓条件，下列说法错误的是（　　）。
A. 紧急制动按钮的状态对升弓没有影响
B. 机车模式开关必须在正常位
C. 受电弓截止阀塞门在正常位

22. 神八机车有（　　）AC/DC 充电模块。
A. 5 组　　B. 3 组　　C. 2 组

23. 当神八机车速度超过（　　）时，牵引停止。
A. 125 km/h　　B. 120 km/h　　C. 110 km/h

24. 神八机车制动缸压力开关 285 kPa，是当制动缸压力达到（　　）时传输信号到 CCU 切除电制动。
A. 90 kPa　　B. 120 kPa　　C. 150 kPa

25. 神八机车制动缸压力开关 284 kPa，是当制动缸压力达到（　　）时传输信号到 CCU 切除牵引。
A. 40 kPa　　B. 30 kPa　　C. 20 kPa

26. 神八机车一节车有（　　）牵引通风机。
A. 4　　B. 2　　C. 6

27. 停放制动没有缓解同时机车速度大于（　　）时，惩罚制动触发。
A. 3 km/h　　B. 5 km/h　　C. 8 km/h

28. 出现下列哪些情况，将不退出定速模式（　　）。

A. 重新按下定速按钮　　B. 投入空气制动　　C. B等级故障发生

29. 需要将故障部件隔离，应按压微机复位按钮（　　）次。

A. 1　　B. 2　　C. 3

30. TCU具有机车级控制和（　　）控制的功能。

A. 列车级　　B. 网络系统级　　C. 变流器级

31. 神八机车牵引变压器的牵引绕组额定容量是（　　）。

A. 4×1 320 kV·A　　B. 4×1 020 kV·A　　C. 4×1 250 kV·A

32. TCU检测牵引电机的定子最高温度高于（　　），转矩被减至0。

A. 230 °C　　B. 240 °C　　C. 220 °C

33. 神八机车牵引变流器的牵引绕组额定电压是（　　）。

A. AC 970 V/50 Hz　　B. AC 950 V/50 Hz　　C. AC 1 000 V/50 Hz

34. 神八机车控制电源柜额定输入电压是（　　）。

A. 3AC 440 V（60 Hz）　　B. 3AC 380 V（60 Hz）　　C. 3AC 440 V（50 Hz）

35. BVAC、N99D型真空断路器的额定工作气压是（　　）。

A. 400～1 000 kPa　　B. 500～1 000 kPa　　C. 450～1 000 kPa

36. 神八机车牵引变压器的绝缘等级为（　　）级。

A. A　　B. C　　C. F

37. 神八机车辅助系统3AC 440 V 60 Hz变频变压支路输出频压范围为（　　）。

A. 10～60 Hz　80～440 V　　B. 10～60 Hz　100～440 V

C. 20～60 Hz　80～440 V

38. 神八机车当一个辅助变压器出现故障时，此时故障变压器节（　　）被切除。

A. 主压缩机　　B. 水泵　　C. 冷却塔风机

39. 辅助变压器柜的冷却方式为（　　）。

A. 自然风冷　　B. 强迫冷却　　C. 水冷

40. 主变压器安装在机车（　　）和两个蓄电池之间。

A. 第一转向架　　B. 第二转向架　　C. 车底转向架之间

41. 神八机车AC 220 V回路的接地故障由绝缘检测装置（　　）检测。

A. 34-F07　　B. 31-F03　　C. 31-F04

42. 辅助变压器具有（　　）和滤波电抗器的多重功能。

A. 低压电路变压　　B. 高压电路隔离、变压

C. 低压电路隔离、变压

43. 神八机车额定工作电压是（　　）。

A. 25 kV　　B. 22 kV　　C. 19 kV

44. 神八机车最高工作电压是（　　）。

A. 31 kV　　B. 30 kV　　C. 29 kV

45. 自动制动和电制动能够实现互锁，当机车电制动投入时，由自动制动产生的制动缸压力将（　　）。

A. 制动　　B. 缓解　　C. 情况不明

46. 神八机车最低工作电压是（　　）。

A. 17.5 kV　　B. 17 kV　　C. 19 kV

47. 神八机车电传动方式采用（　　）传动。

A. 交-直-交　　B. 直-交　　C. 交-直

48. 神八机车轮周功率（持续制）为（　　）。

A. 9 600 kW　　B. 7 200 kW　　C. 10 000 kW

49. 如果布赫继电器 2 级报警（　　）出现 2 次，主断路器 HVB 立即分断并封锁。

A. 大于 1 s　　B. 大于 2 s　　C. 大于 3 s

50. 神八机车起动牵引力为（　　）。

A. 760 kN　　B. 531 kN　　C. 450 kN

51. 神八机车的电制动方式为（　　）。

A. 再生制动　　B. 电阻制动　　C. 磁轨制动

52. 当逆变器模块发生短路故障时，将切除（　　），机车功率损失 1/4。

A. 全车　　B. 一节机车　　C. 一架动力

53. 神八机车的最大电制动力为（　　）。

A. 461 kN　　B. 531 kN　　C. 450 kN

54. 神八机车如果蓄电池主开关关闭，（　　）将自动投入。

A. 停放制动　　B. 空气制动　　C. 电制动

55. 这个图标表示（　　）。

A. 主断闭合且已经缓解　　B. 主断断开且已经锁死

C. 主断断开且已经缓解

56. 这个图标表示（　　）。

A. 机车制动缓解　　B. 机车制动死锁　　C. 机车制动投入

57. 这个图标表示（　　）。

A. 紧急制动　　B. 常用制动　　C. 制动死锁

58. 神八机车网络控制系统采用（　　）控制技术，即分布采集及执行，中央集中控制与管理的模式。

A. 分布式　　B. 集中式　　C. 集散式

59. 网压欠压保护动作，当网压高于（　　）并超过 1 s，允许合主断。

A. 17 kV　　B. 17.5 kV　　C. 19 kV

60. 神八机车当网压低于（　　）并持续 1 s，将断开主断路器。

A. 17 kV　　B. 19 kV　　C. 22 kV

61. 升弓、合主断后，当主变流器输入电流超过（　　），主断断开。

A. 2 450 A　　B. 2 500 A　　C. 2 550 A

62. 神八机车原边过流保护动作是当原边电流有效值（　　）超过 2.5 s，主断断开。

A. ＞320 A　　B. ＞350 A　　C. ＞500 A

63. 神八机车原边过流保护动作是当原边电流（　　），立即分主断。

A. ＞600 A　　B. ＞500 A　　C. ＞650 A

64. 运行途中进行 GWM 网关复位时，当重新上电后 DK-2 将触发（　　）。

A. 常用制动　　B. 惩罚制动　　C. 紧急制动

65. 神八机车有（　　）DC/DC 充电模块。

A. 2 组　　B. 4 组　　C. 5 组

66. 在正常情况下，受电弓选择开关位应该在“(　　)”位，升后弓。

A. 前弓　　B. 后弓　　C. 自动

67. 神八机车自动过分相的最大减载率为（　　）。

A. 45 kN/s　　B. 40 kN/s　　C. 50 kN/s

68. 在静止或速度低于（　　）km/h 或者方向手柄在“零”位的时候无人警惕装置不会报警。

A. 4　　B. 3　　C. 5

69. 在风压低时，提供升弓所需的风压由（　　）完成。

A. 主压缩机　　B. 辅助压缩机　　C. 备用压缩机

70. 如果空气制动施加且机车速度大于（　　）km/h，牵引将切除。

A. 3　　B. 5　　C. 8

71. 机车上安装了 2 台辅助变流器为机车的辅助电路供电：一个用于需要（　　）的部件、另一个用于其他有着变频要求的辅助设备。

A. 变压变频　　B. 变压恒频　　C. 恒压恒频

72. 停放制动没有缓解同时机车速度大于（　　）km/h 将触发惩罚制动。

A. 3　　B. 4　　C. 5

73. 无人警惕系统的功能试验只能在机车（　　）时进行。

A. 静止　　B. 检修　　C. 运行

74. 神八机车供电系统交流 25 kV，（　　）Hz。

A. 50　　B. 40　　C. 60

75. 神八机车无人警惕系统试验启动条件：某个无人警惕装置的按钮或脚踏长时间按下，不小于（　　）。

A. 180 s　　B. 150 s　　C. 120 s

76. 神八机车在温度低于（　　）时，必须在开关闭合时停放。

A. －25 °C　　B. －20 °C　　C. －30 °C

77. 当神八机车速度超过（　　）时，牵引停止。

A. 125 km/h　　B. 118 km/h　　C. 120 km/h

78. 神八机车检查蓄电池表，工作电压必须不低于（　　）。

A. 77 V　　B. 88 V　　C. 96 V

79. 只有在速度（　　），电制动制动力降低且被空气制动力取代。

A. ≤3 km/h　　B. ≤4 km/h　　C. ≤5 km/h

80. 神八机车实际速度通过（　　）个速度传感器读入。

A. 6　　B. 4　　C. 8

81. 神八机车 HVB 是（　　）的缩写。

A. 主断路器　　B. 受电弓　　C. 高压电压互感器

82. 神八机车辅助电气系统由集成在牵引变流器内的（　　）供电。

A. 辅助逆变器　　B. 4 象限整流器　　C. 主逆变器

83. 神八机车 CCU 是（　　）的缩写。

A. 中央控制单元　　B. 传动控制单元　　C. 制动控制单元

84. 神八机车 ATP 是指（　　）的缩写。

A. 机车自动保护　　B. 列车运行监控记录装置　　C. 机车车载安全防护系统

85. 神八机车 4QC 是指（　　）的缩写。

A. 4 象限整流器　　B. 牵引变流器　　C. 辅助变流器

86. 为保证库内电源引入机车时相序正确，在每个输入接触器前设置了一个（　　）。

A. 相序继电器　　B. 时间继电器　　C. 中间继电器

87. 神华八轴交流电力机车主断路器采用（　　）型真空断路器。

A. BVAC、N99D　　B. TDVA-360/25　　C. TDV10

88. 神八机车装有（　　）个数字量输入输出模块 DXM。

A. 8　　B. 4　　C. 6

89. 牵引变压器的冷却方式为（　　）。

A. 油浸自冷　　B. 强迫导向油循环水冷　　C. 强迫导向油循环风冷

90. 神八机车装有（　　）个数字量输入模块 DIM。

A. 2　　B. 1　　C. 3

91. 变流器模块（以下简称模块）集成了 8 个（　　）的 IGBT 元件。

A. 3 300 V/400 A　　B. 3 300 V/1 200 A　　C. 4 500 V/600 A

92. 神八机车装有（　　）个模拟量输入输出模块 AXM。

A. 1　　B. 2　　C. 3

93. WTB 是（　　）的缩写。

A. 多功能车辆总线　　B. 绞线式列车总线　　C. 通用串行总线

94. 神八机车蓄电池开关代号为（　　）。
A. =32-F06　B. =32-F10　C. =32-F12

95. 神八机车牵引风机是一种（　　）通风机。
A. 轴向离心式　B. 轴流式　C. 混流式

96. 牵引电机是机车进行电能和（　　）相互转换的重要部件。
A. 动能　B. 机械能　C. 热能

97. 牵引电机主要由定子和（　　）两部分组成。
A. 整流子　B. 机座　C. 转子

98. 神八机车采用（　　）通风方式。
A. 独立　B. 车体　C. 车体和独立

99. MVB 是（　　）的缩写。
A. 通用串行总线　B. 绞线式列车总线　C. 多功能车辆总线

100. 神八机车辅助变压器的额定输出电压是（　　）。
A. AC 440 V　B. AC 380 V　C. AC 970 V

二、判断题

1. 带心脏起搏器的人员不允许登上神八机车。（　　）

2. 允许在得电的神八机车的机械间内停留超过 1 h。（　　）

3. 神八机车在按下受电弓扳键开关后，若风压低时，由辅助压缩机提供升弓所需的压力，且延时 1 min 动作。（　　）

4. 神八机车在制动前都要做无人警惕装置试验。（　　）

5. 无人警惕系统的功能试验只能在机车静止时进行。（　　）

6. 神八机车在速度小于 5 km/h 时，允许插入和转动钥匙。（　　）

7. 神八机车实际速度高于 5 km/h 时，电制动不再有效。（　　）

8. 神八机车车顶高压断路器（主断）合不住，确认显示器上的高压断路器（主断）栏是否变黑。（　　）

9. 如司机显示屏有布赫继电器报警信息，只需恢复布赫继电器复位按钮即可清除系统保护。（　　）

10. 神八机车断开蓄电池，等待 10 s 以上，才能再次闭合蓄电池开关。（　　）

11. 在有气压的情况下，如果控制电压断开，停放制动仍然可以缓解或施加。（　　）

12. 在正常情况下，受电弓选择开关位应该在“正常”位，升前弓。（　　）

13. 神八机车大闸紧急制动试验，主断路器断开且受电弓自动降下。（　　）

14. 当无人警惕装置故障时，可以通过无人警惕装置故障隔离开关将无人警惕装置切除。（　　）

15. 当一个油泵停止运行时，油温检测将导致转矩降低并且当油温过高时断开主断路器，大于 85 °C 时转矩降为 0，大于 90 °C 时断开主断。(　　)

16. 在机车受流情况下，允许人员在机械间内停留超过 1 h。(　　)

17. 当辅助变流器 1 发生故障时，由辅助变流器 2 维持机车辅机继续工作。(　　)

18. 神八机车最大电制动力为 532 kN。(　　)

19. 神八机车每节车有 2 个四象限整流器。(　　)

20. 制动缸压力高于 150 kPa，电制动将解除。(　　)

21. 神八机车当网压高于 31.5 kV 并持续 20 s，断开主断路器。(　　)

22. 在关断机车蓄电池且等待 10 s 后，才允许重新闭合蓄电池。(　　)

23. 只有在速度≤10 km/h，电制动制动力降低且被空气制动力取代。(　　)

24. 定速控制如果输入偏大的车辆质量将引起定速控制的纵向摆动，偏小的车辆质量将引起电制动时的超速。(　　)

25. CCU 通过 6 个牵引电机速度传感器信号获取机车速度。(　　)

26. 无人警惕安全装置作为一个软件功能在 BCU 内执行。(　　)

27. 神八机车速度超过 3 km/h 且无空气制动时，在微机显示屏中选择定速模式，机车进入定速状态。(　　)

28. 神八机车最大速度为 100 km/h。(　　)

29. 双弓受流时，速度大于 15 km/h 牵引封锁。(　　)

30. 神八机车控制电源柜是将单相 AC 380 V 转换成 DC 110 V。(　　)

31. 司机控制器是机车的主令控制电器，用来转换机车的牵引与制动工况，改变机车的运行方向，设定机车运行速度，实现机车的起动和调速等工况。(　　)

32. 神八机车冷却塔包含轴流风机、水泵、油泵和复合冷却塔，其主要作用是冷却主变流器和主变压器的水路和油路。(　　)

33. 当两组辅助逆变器中的一组故障时，另一组能维持全部的负载，此时所有辅助系统将以变频变压方式供电。(　　)

34. 神八机车牵引变压器冷却介质为 25#变压器油。(　　)。

35. 神八机车辅助逆变器标称输入电压为 DC 1 000 V。(　　)

36. 神八机车主变压器气压保护只具有布赫继电器保护。(　　)

37. HVB_SP 的含义是本节车不允许有高压，要求断开 RDC（机车动力切除）。(　　)

38. TCU 检测牵引电机的定子最高温度高于 230 °C，应当降转矩运用。(　　)

39. 神八机车网络控制系统出现中等故障（等级 2）会影响列车运行，并要求列车操作人员立即注意或采取行动消除故障或隔离故障设备。(　　)

40. 牵引电机 TM1 ~ TM4 的速度由 CCU 检测。(　　)

41. 神八机车牵引传动系统采用架控技术。(　　)

42. 神八机车各部件通风系统采用车体通风方式。(　　)

43. TCU 具有列车级控制和变流器级控制的功能。(　　)

44. 牵引变流器机组的冷却方式为强迫水循环冷却。(　　)

45. 神八机车受电弓型号是 TSG19。(　　)

46. TGY12 型控制电源柜可输出 DC 48 V 电源。(　　)

47. 神八机车充电机部分由 4 个 110 V 充电模块、2 个 24 V 模块和 1 个监控单元组成。(　　)

48. 神八机车主电路中间直流回路包括支撑电容、固定放电电阻和斩波保护电路。(　　)

49. TCU 对牵引电机的转矩控制采用了直接转矩控制方式。(　　)

50. TGA6C 型牵引变流器主电路中 VH3A 是直流回路半电压传感器。(　　)

三、多选题

1. 控制电源柜充电机部分的充电方式分为（　　）3 种模式。
   A. 限流充电　　B. 快速充电
   C. 均衡充电　　D. 浮充电

2. 神八机车主变压器具有（　　）3 种保护。
   A. 油温检测
   B. 气压检测（包括布赫继电器和压力释放阀）
   C. 油流检测
   D. 相间短路

3. 冷却塔分别用于冷却牵引变流器和牵引变压器的（　　）。
   A. IGBT 元件　　B. 斩波电阻
   C. 水散热器　　D. 油散热器

4. 神八机车牵引变流器冷却液包括（　　）两种溶液的混合。
   A. 乙二醇　　B. 乙醇　　C. 纯水　　D. 丙三醇

5. 神八机车网侧电路中属于测量部件的有（　　）。
   A. 高压电压互感器　　B. 避雷器
   C. 原边电流互感器　　D. 回流电流互感器

6. 以下属于辅助电气系统变频变压支路的负载有（　　）。
   A. 油泵　　B. 牵引通风机
   C. 冷却塔通风机　　D. 空调

7. 以下属于辅助电气系统恒频恒压支路的负载有（　　）。

A. 油泵　　B. 主压缩机
C. 冷却塔通风机　　D. 空调

8. 神八机车保护控制主要分为（　　）。
A. 牵引电机保护　　B. 牵引系统保护
C. 辅助系统保护　　D. 微机网络控制保护

9. 神八机车牵引电机主要由（　　）组成。
A. 端盖　　B. 定子　　C. 转子　　D. 机座

10. 机车通风系统分为（　　）。
A. 各部件通风系统　　B. 机械间通风系统
C. 司机室空调通风系统　　D. 压缩机通风系统

11. 中间直流回路包括了（　　）。
A. 支撑电容　　B. 固定放电电阻
C. 二次谐振电路　　D. 斩波保护电路

12. 数字量输入输出 DXM 模块由（　　）组成。
A. MVB 板　　B. CPU 板　　C. 接口板　　D. I/O 板

13. 主变压器的结构特点包括（　　）。
A. 采用卧式安装　　B. 采用同心式线圈
C. 采用强迫导向油循环冷却　　D. 采用心式结构

14. 神八机车网侧电路保护包括（　　）。
A. 网侧短路保护　　B. 网压监测保护
C. 网侧过流保护　　D. 网侧接地保护

15. 下列属于神八机车牵引通风机频率控制因素的有（　　）。
A. 牵引电机温度　　B. 机车速度
C. 主变压器油温　　D. 主变流柜水温

16. 受电弓的模式选择有（　　）。
A. 前弓　　B. 自动　　C. 后弓　　D. 单机

17. 神八机车采用 DC 24 V 照明电源的有（　　）。
A. 辅照灯　　B. 标志灯　　C. 头灯　　D. 司机室顶棚灯

18. 下列不属于司机室模块的是（　　）。
A. 数字量输入输出模块 DXM　　B. 模拟量输入输出模块 AXM
C. 事件记录模块 ERM　　D. 网关模块 GWM

19. 下列属于主断控制回路的继电器有（　　）。
A. ＝21-K06　　B. ＝21-K07　　C. ＝21-K08　　D. ＝21-K03

20. 机车网络控制系统的故障等级可以分为（　　）。
A. 紧急故障　　B. 严重故障
C. 中等故障　　D. 轻微故障

21. 布赫继电器用于保护主变压器，出现保护时，可分为（　　）。
A. 布赫警告
B. 封锁变流器
C. 布赫保护
D. 紧急制动

22. 高压接地开关的状态有（　　）。
A. 工作位
B. 接地位
C. 故障位
D. 隔离位

23. 属于神八机车网络控制系统列车级保护的有（　　）。
A. 常用制动
B. 牵引封锁
C. 电制动力封锁
D. 跳充电及短接接触器

24. 神八机车的模式选择有（　　）。
A. 正常操作
B. 辅机测试
C. 库内动车
D. 紧急运行

25. 下列属于 TCU 机箱配置插件的有（　　）。
A. 脉冲转换（PCU）
B. 网侧信号（LSC）
C. 网侧控制（LCC）
D. 电机控制（MCC）

26. 辅助变压器的功能有（　　）。
A. 高、低压电路隔离
B. 变压
C. 滤波
D. 接地保护

27. 数字量输入输出模块 DXM 的功能包括（　　）。
A. 数据记录
B. 输入信号采集
C. 控制信号输出
D. 设备地址输入

28. BVAC. N99 真空主断路器的合闸条件有（　　）。
A. 必须处于断开状态
B. 必须有充足的气压
C. 受电弓必须升起
D. 保持线圈必须处于得电状态

29. 下列属于神八机车车顶高压电器的是（　　）。
A. 受电弓
B. 主断路器
C. 高压隔离开关
D. 高压连接器

30. 下列属于微机网络控制系统部件级保护的是（　　）。
A. 电机组牵引封锁
B. 电机组制动力封锁
C. 逆变器封锁
D. 蓄电池欠压保护

31. 下列属于微机网络控制系统车辆级保护的是（　　）。
A. 电机组牵引封锁
B. 电机组制动力封锁
C. 逆变器封锁
D. 蓄电池欠压保护

32. 微机显示屏需要显示的信息有（　　）。
A. 显示故障的功能，并提供故障处理建议
B. 空转/滑行状态
C. 接触网电压

D. 机车运行工况

33. 神八机车支持的过分相模式有（　　）。

A. 自动过分相　　B. 半自动过分相

C. 带电过分相　　D. 手动过分相

34. 下列属于牵引变流器固定放电电阻的是（　　）。

A. R1A　　B. R2A　　C. R3A　　D. R4A

35. 下列属于牵引变流器过压斩波电阻的是（　　）。

A. RCH1A　　B. RCH2A　　C. R3A　　D. R4A

36. 神八机车主断路器的组成主要包括（　　）。

A. 高压回路　　B. 支持绝缘子

C. 控制结构　　D. 合闸装置

37. 神八机车高压电压互感器的作用是（　　）。

A. 为机车提供网压信号　　B. 用于网侧短路保护

C. 用于网侧接地保护　　D. 用于机车能耗测量

38. 神八机车辅助电气系统 230 V 60 Hz 交流支路的负载有（　　）。

A. 水泵　　B. 油泵

C. 后墙暖风机　　D. 前窗玻璃加热器

39. 关于神八机车的升弓条件，下列说法正确的是（　　）。

A. 紧急制动按钮的状态对升弓没有影响

B. 机车模式开关必须在正常位

C. 受电弓截止阀塞门在正常位

D. 没有蓄电池欠压信号

40. 出现下列哪些情况，将退出定速模式（　　）。

A. 重新按下定速按钮　　B. 投入空气制动

C. B 等级故障发生　　D. C 等级故障发生

41. 自动过分相装置通过采集（　　）、机车轮对速度以及机车电器逻辑信号进行算法计算。

A. 主断状态信号　　B. LKJ 数据

C. 牵引力矩设定值　　D. 网压信号

42. 高压电流互感器检测的电流值用于（　　）。

A. 过流保护　　B. 短路保护

C. 变压器差动保护　　D. 机车能耗测量

43. 牵引变流器的特点是（　　）。

A. 主辅一体化　　B. 结构模块化

C. 使用低感母排技术　　D. 水冷+风冷

44. 属于低压电器柜的部件有（　　）。

A. 三相滤波电容　　B. 库内三相电源接触器

C. 主冷风机　　D. 斩波电阻组件

45. 下列属于无线重联设备的有（　　）。

A. OCE　　B. RDTE　　C. GDTE　　D. BCU

46. 属于牵引变流器短接接触器的是（　　）。

A. KM3A　　B. KM3B　　C. KM1A　　D. KM2A

47. 下列属于辅助电路接地检测继电器的是（　　）。

A. 110 V 接地检测 = 32-F15

B. 440 V 变频支路接地检测 = 31-F03

C. 440 V 恒频支路接地检测 = 31-F04

D. 230 V 接地检测 = 34-F07

48. 属于库内电源相序继电器的是（　　）。

A. = 31-F03　　B. = 34-F72　　C. = 31-F04　　D. = 34-F82

49. 牵引风机的接触器是（　　）。

A. = 34-K01　　B. = 34-K03　　C. = 34-K71　　D. = 34-K81

50. 属于辅助变流器输出接触器的是（　　）。

A. = 31-K11　　B. = 31-K12　　C. = 31-K13　　D. = 31-K05

机车电工公共应知应会练习题参考答案

一、单选题

1. A	2. A	3. C	4. A	5. A	6. A	7. C	8. A	9. A	10. A
11. C	12. A	13. B	14. A	15. A	16. A	17. C	18. A	19. A	20. A
21. A	22. A	23. A	24. A	25. A	26. A	27. B	28. C	29. C	30. C
31. A	32. B	33. A	34. A	35. C	36. A	37. A	38. A	39. B	40. C
41. A	42. C	43. A	44. A	45. B	46. A	47. A	48. A	49. B	50. A
51. A	52. C	53. A	54. A	55. C	56. B	57. A	58. A	59. B	60. A
61. C	62. A	63. A	64. B	65. A	66. C	67. A	68. B	69. B	70. B
71. C	72. C	73. A	74. A	75. A	76. A	77. A	78. A	79. C	80. A
81. A	82. A	83. A	84. A	85. A	86. A	87. A	88. A	89. C	90. A
91. B	92. A	93. B	94. A	95. A	96. B	97. C	98. A	99. C	100. A

二、判断题

1. × 2. × 3. × 4. × 5. √ 6. × 7. × 8. × 9. × 10. ×
11. √ 12. × 13. × 14. √ 15. × 16. × 17. √ 18. × 19. × 20. ×
21. × 22. × 23. × 24. √ 25. × 26. × 27. × 28. × 29. √ 30. ×
31. √ 32. × 33. × 34. × 35. × 36. × 37. × 38. √ 39. × 40. ×
41. × 42. × 43. × 44. √ 45. × 46. × 47. × 48. × 49. √ 50. √

三、多选题

1. ABD 2. ABC 3. CD 4. AC 5. ACD
6. BC 7. ABD 8. BCD 9. BC 10. ABC
11. ABCD 12. AD 13. ACD 14. ABCD 15. ACD
16. ABCD 17. AB 18. CD 19. ABC 20. BCD
21. AC 22. AB 23. BC 24. AB 25. ABCD
26. ABC 27. BCD 28. ABD 29. ABCD 30. AB
31. CD 32. ABCD 33. ABD 34. CD 35. AB
36. ABCD 37. AD 38. CD 39. BCD 40. AB
41. BD 42. ABCD 43. ABCD 44. AB 45. ABC
46. CD 47. BCD 48. BD 49. AB 50. ABC

第六节　机车电工（电机组）应知应会练习题

一、单选题

1. 小齿轮的拆卸时挡板与轴端保持（　　）的距离。
A. 2 ~ 3 mm　B. 4 ~ 5 mm　C. 5 ~ 6 mm　D. 6 ~ 7 mm

2. 在专用机床上对换向器云母槽进行下刻，下刻深度（　　）。
A. 1.2 ~ 2 mm　B. 2 ~ 3 mm　C. 3 ~ 4 mm　D. 4 ~ 5 mm

3. 用齿轮样板检查齿形偏差，不大于（　　）。
A. 0.1 mm　B. 0.2 mm　C. 0.3 mm　D. 0.4 mm

4. 检查单侧齿面，点蚀包罗面积不大于（　　）。
A. 20%　B. 30%　C. 50%　D. 70%

5. 检查单侧齿面点蚀深度不大于（　　）。
A. 0.1 mm　B. 0.2 mm　C. 0.3 mm　D. 0.4 mm

6. 检查单侧齿面剥离面积不大于（　　）。
A. 3 mm^2　B. 6 mm^2　C. 7 mm^2　D. 9 mm^2

7. 检查单侧齿面剥离深度不大于（　　）。
A. 0.3 mm　B. 0.6 mm　C. 0.7 mm　D. 1 mm

8. 检查齿轮崩角沿齿高方向不大于（　　）。
A. 25%　B. 40%　C. 50%　D. 60%

9. 检查齿轮崩角沿齿宽方向不大于（　　）。
A. 12%　B. 20%　C. 30%　D. 40%

10. 检查齿轮锥孔拉伤面积不大于（　　）。
A. 3%　B. 5%　C. 8%　D. 9%

11. SS_{4B}换向器端轴承自由状态间隙原形（　　）mm。
A. 0.001 ~ 0.002　B. 0.125 ~ 0.165
C. 0.234 ~ 0.345　D. 0.345 ~ 0.456

12. SS_{4B}非换向器端轴承自由状态间隙原形（　　）mm。
A. 0.123 ~ 0.234　B. 0.165 ~ 0.215
C. 0.234 ~ 0.345　D. 0.456 ~ 0.567

13. SS_{4B}定子绕组对地绝缘值原形不小于 1 000 V 兆欧表（　　）MΩ。
A. 35　B. 45　C. 55　D. 100

14. SS_{4B}定子绕组对地绝缘值限度不小于 1 000 V 兆欧表（　　）MΩ。
A. 15　B. 20　C. 25　D. 35

15. SS_{4B}电刷高度原形不小于（　　）mm。
A. 25　B. 32　C. 64　D. 80

16. SS_{4B}同刷盒电刷长度差限度不大于（　　）mm。
A. 5　B. 10　C. 20　D. 30

17. 牵引电机齿轮的装入量（　　）mm。
A. 1.1 ~ 2.2　B. 1.5 ~ 2.5　C. 1.9 ~ 2.3　D. 2.1 ~ 2.5

18. SS_{4B}电刷压指压力（　　）N。
A. 11 ± 3　B. 22 ± 3　C. 34 ± 3　D. 44 ± 3

19. SS_{4B}刷架对地绝缘值原形不小于（1 000 V 兆欧表）（　　）MΩ。
A. 50　B. 100　C. 150　D. 250

20. SS_{4B}刷架对地绝缘值限度不小于（1 000 V 兆欧表）（　　）MΩ。
A. 5　B. 15　C. 20　D. 35

21. 电磁火花一般呈（　　）色。
A. 红　B. 蓝白　C. 黄　D. 白

22. 机械火花产生的黑痕（　　）。
A. 常有规律　B. 常无规律
C. 有规律　D. 以上都不对

23. 机车异步交流电机是三相（　　）式异步电机。
A. 鼠笼　　B. 电压　　C. 绕组　　D. 电流

24. 三相鼠笼式感应电动机的启动有直接启动和（　　）。
A. 升压启动　　B. 降压启动
C. 自动启动　　D. 人为启动

25. 直流电机主极的极性在圆周上呈（　　）排列，主极所产生的磁场称主磁极。
A. 纵向　　B. 横向　　C. NS 间隔　　D. 圆周

26. 牵引电机轴承外圈应该用（　　）压入轴承室。
A. 铁锤敲入　　B. 铜棒猛击
C. 轴承压装机　　D. 液压钳

27. 牵引电机轴承内圈套装时，（　　）的一面应朝外。
A. 无字码　　B. 有拉伤　　C. 有字码　　D. 有厂家

28. 平衡块脱落或窜动、电机出现异常震动重新浸漆及重新绑扎无纬带的电枢均应进行（　　）试验。
A. 静平衡　　B. 动平衡　　C. 绝缘耐压　　D. 空载

29. 直流电动机进行调磁调速时，属于（　　）调速，从额定转速往上调节。
A. 恒速度　　B. 恒电流　　C. 恒功率　　D. 恒电压

30. 直流电动机进行电枢调压调速时，属于（　　）调速，从额定转速往下调节。
A. 恒速度　　B. 恒电流　　C. 恒转矩　　D. 恒电压

31. 离心式通风机的气流方向与轴（　　）。
A. 垂直　　B. 平行　　C. 斜吹　　D. 无规律

32. 轴流式通风机的气流方向与轴（　　）。
A. 垂直　　B. 平行　　C. 斜吹　　D. 无规律

33. 劈相机从输出端看，其工作效果相当于一台单相电动机和一台（　　）的组合。
A. 单相电动机　　B. 三相电动机
C. 单相发电机　　D. 三相发电机

34. 三相异步电动机的转子实际转速总是（　　）定子旋转磁场的转速。
A. 低于　　B. 高于　　C. 等于　　D. 无规律

35. 牵引电机在启动时，随着转速升高其电流值不断（　　）。
A. 减小　　B. 增大　　C. 不变　　D. 时大时小

36. ZD114 牵引电机电枢绕组是产生感应电动势和（　　），实现能量转换的重要部件之一。
A. 电磁转矩　　B. 力矩　　C. 电流　　D. 电压

37. 机车用变压器是用来将网压变为不同电压的（　　）。
A. 高压电　　B. 低压电　　C. 安全电压　　D. 电流

38. SS_{4B}型电力机车劈相机启动电阻的阻值是（　　）。

A. 0.79 Ω　　B. 1 Ω　　C. 2 Ω　　D. 3 Ω

39. 旋转劈相机一般采用（　　）启动方式启动。

A. 电阻分相　　B. 手动　　C. 自动　　D. 电动

40. 电传动机车中直流牵引电机的转向是通过改变直流牵引电机（　　）的电流方向来实现的。

A. 励磁绕组　　B. 定子绕组

C. 补偿绕组　　D. 单层绕组

41. 目前SS_{4B}辅机轴承润滑采用的是（　　）。

A. 美孚 220　　B. 美孚 100

C. 3#锂基脂　　D. 变压器油

42. 电机轴承加油油量应占整个轴承室的（　　）为宜。

A. 1/3　　B. 1/4　　C. 1/5　　D. 2/3

43. ZD114 型牵引电机的传动方式为（　　）。

A. 单侧斜齿　　B. 双侧斜齿

C. 单侧直齿　　D. 双侧直齿

44. 牵引电机采用（　　）结构的电刷。

A. 自复式　　B. 分裂式

C. 非自复式　　D. 耦合

45. 三相鼠笼式电动机的启动方法有（　　）及降压起动。

A. 间接启动　　B. 直接启动

C. 自动启动　　D. 人为启动

46. 直流电机电枢线圈换向时，在（　　）的接触处往往会产生火花。

A. 定子绕组　　B. 通风网板

C. 小齿　　D. 电刷与换向片

47. ZD114 牵引电机电枢绕组是产生（　　）和电磁转矩，实现能量转换的重要部件之一。

A. 感应电动势　　B. 电流　　C. 电压　　D. 脉冲

48. 在做绝缘测试时，对电子元件半导体元件进行（　　）保护。

A. 封锁或隔离　　B. 短路　　C. 过电流　　D. 过电压

49. 三相交流辅机重复试验工频交流耐压值为（　　）。

A. 3 000 V　　B. 1 700 V　　C. 4 000 V　　D. 5 000 V

50. 三相交流辅机重复试验工频交流耐压时间为（　　）。

A. 1 min　　B. 5 min　　C. 10 min　　D. 15 min

51. YPX3-280M-4 型劈相机的额定电压：输入单相 380 V，输出三相（　　）。

A. 380 V　　B. 100 V　　C. 500 V　　D. 1 000 V

52. 牵引电机安装电枢前，刷握压指弹簧应（　　）。

A. 放下　B. 架起　C. 放电

53. 牵引电机安装转子时，应轻轻下落吊起的转子，否则（　　）将出现擦伤。

A. 定子　B. 观察孔盖

C. 轴承内环表面　D. 机壳

54. 制动风机中修时，风叶与风筒间隙限度为（　　）。

A. <1.5 mm　B. <2 mm　C. <3 mm　D. <4 mm

55. 劈相机转子轴承档检查，其轴径有效面积拉伤为（　　）时禁用。

A. 5%　B. 10%　C. 20%　D. 30%

56. 劈相机转子轴承挡检查，其轴径拉伤深度/轴径为（　　）时禁用。

A. 2%　B. 10%　C. 20%　D. 30%

57. SS_{4G} 机车当劈相机故障时，采用（　　）代替劈相机。

A. 第一牵引通风机　B. 第二牵引通风机

C. 第一制动通风机　D. 第一制动通风机

58. 机车在电阻制动时，牵引电机做（　　）运行。

A. 电动机　B. 发电机　C. 自由　D. 永动机

59. 机车电制动工况时，制动电阻应在制动风机运行之（　　）投入使用。

A. 后　B. 前　C. 前后均可　D. 中间

60. ZD114 牵引电机换向器端轴承内圈一侧有凸缘，另一侧设有轴承（　　），根据角圈尺寸来确定电机轴向窜动量。

A. 挡板　B. 角圈　C. 内套　D. 油封

61. 机车电阻制动是通过制动电阻将机车制动时产生的电能转化为（　　）而消耗掉。

A. 电能　B. 热能　C. 太阳能　D. 生物能

62. 机车采用串励直流电机是因为串励直流电机的（　　）。

A. 电压性　B. 硬特性　C. 软特性　D. 电流大

63. 一般使用（　　）来测量电机绕组的电阻值。

A. 电桥　B. 万用表　C. 钳形电流表　D. 兆欧表

64. SS_{4B} 机车用侧墙暖风机电源电压为（　　）。

A. 110 V　B. 220 V　C. 380 V　D. 1 000 V

65. 机车司机室风扇额定电压为（　　）。

A. 110 V　B. 220 V　C. 380 V　D. 1 000 V

66. SS_{4B} 机车 DJDF 系列后墙暖风机按下启动按钮后，通过滚筒（　　）启动。

A. 延时　B. 即时　C. 随时　D. 任意

67. 电机火花分为 5 级，当电机正常运行时，火花应不超过（　　）级。

A. 1　B. 2　C. 1　D. 3

68. SS_{4B} 机车司机室风扇扇叶转动时，导风筒（　　）转动。
A. 迅速　B. 不能　C. 快速　D. 缓慢

69. SS_{4B} 机车用侧墙暖风机采用的通风部件为滚筒或（　　）。
A. 风扇　B. 空调　C. 波轮　D. 自然冷却

70. 劈相机空载试验应进行（　　）相启动试验。
A. 单　B. 多　C. 双　D. 三

71. 绝缘材料的（　　）极高。
A. 电阻　B. 电阻率　C. 耐热　D. 电导率

72. 电刷与换向器接触面积不小于（　　）。
A. 50%　B. 60%　C. 85%　D. 90%

73. 电动机启动（　　）很大。
A. 电压　B. 电阻　C. 电流　D. 电磁

74. 电动机启动后（　　）逐渐减小。
A. 电压　B. 电阻　C. 电流　D. 电磁

75.（　　）电机具有可逆性。
A. 直流　B. 交流　C. 直流和交流　D. 脉流

76. 直流电桥主要用于测量（　　）。
A. 交流电压　B. 直流电压
C. 交流电阻　D. 直流电阻

77. 单臂电桥适于测量（　　）的电阻。
A. 1 ~ 10 kΩ　B. 1 ~ 100 kΩ
C. 1 ~ 10 Ω　D. 1 ~ 100 Ω

78. 双臂臂电桥适于测量（　　）的电阻。
A. 1 Ω 以上　B. 1 Ω 以下　C. 5 Ω 以上　D. 5 Ω 以下

79. SS_{4B} 电力机车主电路中牵引电动机供电方式是（　　）。
A. 不等分三段半控整流调压　B. 转向架独立供电方式
C. 交-直传动形式　D. 功率补偿

80. 双臂电桥又称（　　）电桥。
A. 惠斯登　B. 开尔文　C. 楞次　D. 以上都不对

81. 单臂电桥又称（　　）电桥。
A. 惠斯登　B. 开尔文　C. 楞次　D. 以上都不对

82. 机械火花一般呈（　　）色。
A. 红　B. 黄　C. 白　D. 红黄

83. 电磁火花一般呈（　　）色。
A. 红　B. 黄　C. 白　D. 蓝白

84. 机械火花产生的黑痕（ ）。

A. 常有规律　　B. 常无规律

C. 有规律　　D. 以上都不对

85. 电磁火花（ ）。

A. 断续较粗　　B. 断续较细

C. 连续较粗　　D. 连续较细

86. 造成直流电机换向不良的原因是（ ）。

A. 电枢电流　　B. 附加电流

C. 励磁电流　　D. 其他原因

87. 辅助电路中不属于 SS_4 型电力机车三相负载的是（ ）。

A. 空气压缩机电动机　　B. 通风机电动机

C. 牵引电动机　　D. 油泵电动机

88. 电器温度升高后，其本身温度与周围环境温度之差，称为（ ）。

A. 温升　　B. 升温　　C. 温差　　D. 环温

89. 对 ZD105 型牵引电动机进行耐压试验，电枢通 4 000 V 电压（ ）应无闪烙击穿。

A. 1 min　　B. 2 min　　C. 3 min　　D. 4 min

90. SS_4 型电力机车中单三相变换的劈相机属于（ ）。

A. 主电路　　B. 辅助电路

C. 控制电路　　D. 启动电路

91. SS_4 型电力机车中风机电动机和空气压缩机电动机属于（ ）。

A. 主电路　　B. 辅助电路

C. 控制电路　　D. 启动电路

92.（ ）用来防止因磁路不对称等原因引起支路电流分配不均而在直流牵引电机电枢绕组中引起环流。

A. 中位线　　B. 引线　　C. 均压线　　D. 导线

93. 三相异步电动机，若要稳定运行，则转差率应（ ）临界转差率。

A. 小于　　B. 等于　　C. 大于　　D. 小于或等于

94. 交流电机空载运行时，功率因数（ ）。

A. 低　　B. 高　　C. 先低后高　　D. 先高后低

95. 直流电机改善换向减小火花最好采用的是（ ）。

A. 用合适电刷　　B. 适当移动电刷位置

C. 增设换向极和补偿绕组　　D. 调整电刷的弹簧压力

96. 单相异步电动机空载或在外力帮助下能启动，但电机转向不定，可能原因是（ ）。

A. 启动绕组开路　　B. 工作绕组开路

C. 电源开路　　D. 工作绕组短路

97. 单相异步电动机启动后很快发热冒烟，可能原因是（　　）。
A. 工作绕组短路　　B. 启动绕组短路
C. 电源开路　　D. 启动绕组开路

98. 直流电机经过一段时间的运行之后，在换向器的表面上形成一层氧化膜，其电阻较大，对换向（　　）。
A. 有利　　B. 不利　　C. 没影响　　D. 有可能影响

99. 直流电机作耐压试验时，其试验电压应采用（　　）。
A. 直流电　　B. 交流电
C. 交直流电均可　　D. 先交流后直流

100. 电力机车牵引电机常见机械故障不包括（　　）。
A. 电枢轴弯曲拉伤或断裂　　B. 电枢轴承损坏或窜油
C. 电枢扎线甩开　　D. 电机短路

101.（　　）不是三相异步电动机制动方法。
A. 直接制动　　B. 再生制动
C. 反接制动　　D. 能耗制动

102. 不是三相异步电动机调速方法的有（　　）。
A. 变极调速　　B. 改变转差率调速
C. 变频调速　　D. 升压调速

103. 关于交-直-交型电力机车，（　　）的叙述是错误的。
A. 三相异步电动机使用换向器，所以电动机的功率体积特别大
B. 交流电机维修量小
C. 使用的异步电动机具有很稳定的机械特性
D. 简化了主电路，机车主电路中的两位置转换开关可省去

104. SS_{4B} 机车牵引电机小辅修时检查定子错误的是（　　）。
A. 各绕组及磁极可见部分固定螺栓
B. 补偿绕组、换向极与电枢间隙
C. 各绕组外包绝缘状态（可见部分）
D. 换向器表面状态

105. SS_{4B} 机车牵引电机小辅修时检查电枢错误的是（　　）。
A. 换向器表面状态，清洁换向器表面及云母槽
B. 升高片状态
C. 补油
D. 无纬带

106. SS_{4B} 机车牵引电机小辅修时检查刷架错误的是（　　）。
A. 补油
B. 检查刷架、刷握、刷杆、压指弹簧等

C. 按要求更换碳刷

D. 检查刷盒与换向器表面间间隙

107. 如果换向器表面出现以下情况，不用车削方法重新加工（ ）。

A. 换向器表面严重发黑或由于火花等原因致使换向器表面粗糙

B. 换向器出现偏心、直径不均匀、凹凸等现象

C. 换向器表面光滑有油润感

D. 换向器表面碳刷接触面磨出凹槽达 0.15 mm 时

108. 三小危库不包括（ ）。

A. 小油库 B. 氧气库

C. 电石（乙炔）库 D. 物资库

109. 处理电枢轴承时的注意事项错误的是（ ）。

A. 长时间加热轴承

B. 请勿混合使用不同规格的轴承润滑脂

C. 滚柱轴承的内环和外环必须配套使用，要确认相互间的编号正确

D. 装配轴承和润滑脂时，必须保持环境和工具的清洁，以防灰尘水等杂质进入轴承和润滑脂

110. SS_{4B} 机车牵引电机轴承的检查错误的是（ ）。

A. 可以戴手套接触轴承

B. 目视检查内套的粗糙度，刮伤、碰伤、褪色、生锈等

C. 转动滚柱，检查滚柱和保持架的磨耗，铆钉的松动，保持架有无损伤等异常现象

D. 发现内环或外环有异常，应同时更换两环

111. SS_{4B} 机车牵引电机磁极的检修错误的是（ ）。

A. 铁心密贴机座，固定可靠

B. 磁极接地良好

C. 绕组清洁，不许有松动及变形，外包绝缘良好

D. 绕组连线及引出线固定可靠

112. SS_{4B} 机车牵引电机空转试验要求错误的是（ ）。

A. 空转试验时高速启动

B. 在专用试验台上进行空载试验

C. 缓慢升高电压至最高转速，在此转速下，正反向各连续运行半小时

D. 轴承运行平稳轻快，无异音及甩油，温升不超过 40 °C

113. 牵引通风机电动机主要参数错误的是（ ）。

A. 额定电流 1 000 A B. 额定电压 380 V

C. 额定频率 50 Hz D. 额定转速 1 480 r/min

114. 牵引通风机空载试验要求错误的是（ ）。

A. 启动正常无剧烈振动

B. 测量三相空载电流，在三相电源平衡的条件下，任一相与三相平均值的差不大于 10%，并不得超过出厂值的 10%

C. 轴承的稳定温升不得超过 55 K

D. 轴承运行中短暂停滞

115. 制动通风机电机技术参数错误的是（　　）。

A. 额定电压 380 V　　B. 额定电流 1 000 A

C. 额定频率 50 Hz　　D. 额定转速 2 950 r/min

116. 制动通风机空载试验要求错误的是（　　）。

A. 启动正常无剧烈振动

B. 测量三相空载电流，在三相电源平衡的条件下，任一相与三相平均值的差不大于 10%，并不得超过出厂值的 10%

C. 轴承无停滞异音

D. 轴承的稳定温升不得超过 200 K

117. 主变压器通风机组技术参数错误的是（　　）。

A. 额定电压 380 V　　B. 额定电流 1 000 A

C. 额定转速 2 920 r/min　　D. 额定频率 50 Hz

118. 主变通风机空载试验要求错误的是（　　）。

A. 启动正常无剧烈振动，轴承无停滞

B. 测量三相空载电流，在三相电源平衡的条件下，任一相与三相平均值的差不大于 10%，并不得超过出厂值的 10%

C. 轴承的稳定温升不得超过 55 K

D. 轴承可以有轻微异音

119. 变压器潜油泵转子检修错误的是（　　）。

A. 检查转子铸铝导条及端环，不许有断条和裂纹

B. 检查转子铁心不许有与定子铁心相磨的痕迹

C. 检查转轴、转子铁心与轴之间不许有松弛和位移

D. 定子不许有断条和裂纹

120. 变压器潜油泵试验要求错误的是（　　）。

A. 试验前先用 500 V 兆欧表测量定子绕组对地绝缘电阻值

B. 连续启动 3 次以上，电机无剧烈振动

C. 轴承应平稳轻快，无停滞现象，声音均匀无异常杂音

D. 试验前加 1 号润滑脂

121. JD160 型牵引电机速度传感器检查错误的是（　　）。

A. 传感器外观状态良好、无损伤

B. 连线无破损；插头插接良好

C. 用 500 V 兆欧表对传感器各芯对地绝缘进行测量

D. 温度传感插针正常

122. JD160 型牵引电机温度传感器检查错误的是（　　）。
A. 传感器外观状态良好、无损伤
B. 连线无破损
C. 用 100 V 兆欧表对传感器各芯对地绝缘进行测量
D. 插头轻微晃动

123. JD160 型牵引电机绕组检测要求错误的是（　　）。
A. 车下夹持电机线缆直接测量
B. 电机三相阻值不平衡度不大于 1%
C. 用 1 000 V 兆欧表检查电机绕组对地绝缘
D. 电机绕组对地绝缘不小于 100 MΩ

124. HXD1 型电力机车牵引风机组检查要求错误的是（　　）。
A. 外观检查各部件
B. 打开接线盒检查
C. 用 500 V 兆欧表测量对地绝缘电阻
D. 拆除接地螺栓

125. HXD1 型电力机车辅助变压器通风机检查要求错误的是（　　）。
A. 外观检查各部件
B. 打开接线盒检查
C. 用 500 V 兆欧表测量对地绝缘电阻
D. 用 2 500 V 兆欧表测量对地绝缘电阻

126. HXD1 型电力机车冷却塔风机检查要求错误的是（　　）。
A. 外观检查各部件
B. 打开接线盒检查
C. 用 500 V 兆欧表测量对地绝缘电阻
D. 万用表测量电容值

127. 横越线路时，执行制度错误的是（　　）。
A. 直接通过　　B. 一站
C. 二看　　D. 三通过

128. 三基建设错误的是（　　）。
A. 基层建设　　B. 基础建设
C. 基本功建设　　D. 基建

129. 车顶作业人员要穿戴好防护用品，工具佩带齐全；上下车顶要站稳抓牢，穿（　　）鞋上下车顶。
A. 劳保鞋　　B. 塑料底鞋
C. 高跟鞋　　D. 拖鞋

130. 普通万用表不可用来测量（　　）。
A. 绝缘　　B. 交直流电流

C. 电阻　　D. 交直流电压

131. 四按、三化记名检修中，（　　）不属于四按的内容。

A. 按流程　　B. 按工艺

C. 按范围　　D. 按机车-28

132. 四按、三化记名检修中，（　　）不属于三化的内容。

A. 信息化　　B. 程序化

C. 文明化　　D. 机械化

133. 处理职工伤亡事故不属于三不放过的内容是什么（　　）。

A. 事故原因分析不清不放过

B. 事故的责任者和群众未接受教育不放过

C. 没有制定出防范措施不放过

D. 没有罚款不放过

134. 电机组涉及专业类危险源下列做法错误的是（　　）。

A. 天车吊挂物件不牢

B. 吊挂物件时扶持位置不正确

C. 使用断股破损吊索具

D. 配合无安全协议单位施工

135. 牵引电机齿轮套装检查错误的是（　　）。

A. 清洁检查主动齿轮和轴头

B. 检查单侧齿面及锥孔状态

C. 电机外观检查

D. 对主动齿轮和轴头进行探伤

136. ZD114 电机刷架检查刷盒尺寸，用游标卡尺测量刷盒内部尺寸错误的是（　　）。

A. 单碳刷刷盒不得大于 40.3 mm

B. 双碳刷刷盒不得大于 80.5 mm

C. 宽度不大于 20.3 mm

D. 高度不得低于 100 mm

137. ZD114 换向器直径要求错误的是（　　）。

A. 换向器直径每次必须车削至 484 mm

B. 换向器直径禁用限度为 484 mm 以下

C. 换向器直径设计原型为 500 mm 但厂家生产时留有余量，一般最大直径能达到 502 mm

D. 无论是碳刷磨耗或是因车削等原因造成电枢换向器直径小于 484 mm 时禁止使用

138. ZD114 轴承检查错误的是（　　）。

A. 检查轴承外观良好，轴承标识规格及编码正确

B. 用塞尺测量轴承自由间隙符合要求

C. 使用轴承压装机将轴承外套平稳压入轴承室
D. 用铜锤使劲敲打轴承

139. 三相交流异步电动机的耐压试验不包括（ ）等耐压。
A. 配件与配件间 B. 各相绕组对地
C. 各相绕组之间 D. 绕组内匝间

140. SS_{4B}电力机车三大通风支路不包括（ ）。
A. 劈相机通风支路 B. 牵引电机通风支路
C. 制动电阻通风支路 D. 主变压器通风支路

141. SS_{4B}机车牵引电机的额定电压为（ ）。
A. 1 020 V B. 2 000 V C. 3 000 V D. 4 000 V

142. SS_{4B}机车牵引电机的额定电流为（ ）。
A. 845 A B. 1 000 A C. 2 000 A D. 3 000 A

143. 机车牵引电机是用来提供机车的（ ）。
A. 牵引力 B. 制动力
C. 牵引力和制动力 D. 电能

144. 机车风速继电器用来反映（ ）的工作状态。
A. 电机 B. 通风系统 C. 风扇 D. 空调

145. 制动电阻是将机车制动产生的电能转化为（ ）而消耗掉的装置。
A. 风能 B. 热能 C. 核能 D. 太阳能

146. 机车劈相机是将单相交流电压变换成（ ）的装置。
A. 单相交流电 B. 三相交流电
C. 单相直流电 D. 三相直流电

147. 牵引电机接线端子上的C1、C2是（ ）绕组出线端。
A. 励磁 B. 换向 C. 补偿 D. 定子

148. 牵引电机接线端子上的S1、S2是（ ）绕组出线端。
A. 电枢 B. 换向 C. 补偿 D. 定子

149. 电传动机车直流牵引电机的启动方式是（ ）。
A. 降压启动 B. 升压启动
C. 直接启动 D. 间接启动

150. 小齿轮与轴配合接触面不小于（ ）。
A. 50% B. 60% C. 85% D. 90%

151. ZD114牵引电机通风方式为（ ）。
A. 自然冷却 B. 风扇
C. 空调 D. 外通风强迫风冷

152. ZD114牵引电机额定功率为（ ）。
A. 800 kW B. 1 000 kW C. 2 000 kW D. 3 000 kW

153. ZD114 牵引电机额定转速为（　　）。

A. 960 r/min　B. 2 000 r/min　C. 3 000 r/min　D. 4 000 r/min

154. 牵引电机主极由（　　）和主机铁心两大部分组成。

A. 换向极线圈　B. 主极线圈

C. N 级线圈　D. S 级线圈

155. 牵引电机主极的作用是产生（　　）。

A. 动能　B. 主磁场　C. 机械能　D. 电能

156. ZD114 牵引电机换向器端轴承内圈一侧有凸缘，另一侧设有轴承角圈，根据（　　）尺寸来确定电机轴向窜动量。

A. 目测　B. 角圈　C. 钢板尺　D. 滚珠

157. ZD105 牵引电机换向器直径为（　　）。

A. 540 mm　B. 1 000 mm　C. 2 000 mm　D. 3 000 mm

158. ZD114 牵引电机换向器直径为（　　）。

A. 500 mm　B. 1 000 mm　C. 2 000 mm　D. 3 000 mm

159. 机车在电阻制动时，发电机发出的电能消耗在制动电阻上变为（　　）由风机吹至大气。

A. 风能　B. 太阳能　C. 电能　D. 热能

160. SS_{4B} 机车安装有 YPX3-280M-4 型异步劈相机（　　）台。

A. 1　B. 2　C. 3　D. 4

161. SS_{4B} 机车安装有牵引通风机（　　）台。

A. 1　B. 2　C. 3　D. 4

162. SS_{4B} 机车安装有制动通风机（　　）台。

A. 1　B. 2　C. 3　D. 4

163. SS_{4B} 机车安装有油泵（　　）台。

A. 1　B. 2　C. 3　D. 4

164. SS_{4B} 机车安装有主变压器通风机（　　）台。

A. 1　B. 2　C. 3　D. 4

165. SS_{4B} 机车安装有主压缩机（　　）台。

A. 1　B. 2　C. 3　D. 4

166. SS_{4B} 机车安装有辅助压缩机（　　）台。

A. 1　B. 2　C. 3　D. 4

167. SS_{4B} 机车安装有牵引电机（　　）台。

A. 5　B. 6　C. 7　D. 8

168. 变压器通风机组用来冷却主变压器（　　）。

A. 水散热器　B. 铜排

C. 油散热器　D. 平波电抗器

169. 劈相机额定电流为输入（　　）200 A。
A. 单相　B. 三相　C. 两相　D. 四相

170. 劈相机额定电流为输出（　　）90 A。
A. 单相　B. 三相　C. 两相　D. 四相

171. 劈相机额定转速为（　　）。
A. 1 000 r/min　B. 1 499 r/min　C. 2 000 r/min　D. 3 000 r/min

172. 制动电阻通风机组用来冷却（　　）。
A. 牵引电机　B. 主变流柜
C. 制动电阻柜　D. 高压柜

173. SS_{4B}牵引通风机组用来冷却（　　）。
A. 牵引电机和整流柜　B. 主变压器
C. 制动电阻柜　D. 高压柜

174. 制动电阻通风机组的额定功率为（　　）。
A. 30 kW　B. 100 kW　C. 200 kW　D. 300 kW

175. SS_{4B}变压器通风机组额定功率为（　　）。
A. 15 kW　B. 100 kW　C. 200 kW　D. 300 kW

176. 辅助压缩机电机的额定电压为（　　）。
A. 24 V　B. 110 V　C. 36 V　D. 220 V

177. 劈相机轴承润滑采用（　　）进行润滑。
A. 1#锂基脂　B. 2#锂基脂
C. 3#锂基脂　D. 4#锂基脂

178. 变压器潜油泵轴承润滑采用（　　）进行润滑。
A. 齿轮箱油　B. 压缩机油
C. 变压器油　D. 仪表油

179. 电阻柜额定电流为（　　）。
A. 800 A　B. 1 500 A　C. 2 500 A　D. 3 500 A

180. 电阻柜额定电压为（　　）。
A. 1 020 V　B. 2 000 V　C. 3 000 V　D. 4 000 V

181. 电阻带允许最高工作温度为（　　）。
A. 640 °C　B. 1 000 °C　C. 2 000 °C　D. 3 000 °C

182. 电阻带对地绝缘电阻值测量应使用（　　）兆欧表。
A. 100 V　B. 500 V　C. 1 000 V　D. 2 500 V

183. 电阻带对地绝缘电阻值应不小于（　　）。
A. 5 MΩ　B. 10 MΩ　C. 20 MΩ　D. 30 MΩ

184. 劈相机用定子绕组的绝缘电阻，冷态下不得低于（　　）（500 V 兆欧表）。

A. 10 MΩ　　B. 15 MΩ　　C. 25 MΩ　　D. 35 MΩ

185. 换向器退刀槽处升高片焊接面应涂（　　）。

A. 自喷漆　　B. 普通油漆

C. 绝缘漆　　D. 水性漆

186. 牵引电机轴承安装时，（　　）的一面朝里面。

A. 无字码的　　B. 无所谓

C. 有字码的　　D. 没划痕

187. 牵引电机小齿轮擦拭干净后进行（　　）探伤。

A. 超声波　　B. 射线　　C. 着色　　D. 磁粉

188. 牵引电机小齿轮探伤不得有裂纹，否则（　　）。

A. 继续使用　　B. 再次探伤

C. 更新　　D. 焊接裂纹

189. 测量牵引电机轴承游隙应使用（　　）。

A. 塞尺　　B. 钢板尺

C. 深度尺　　D. 游标卡尺

190. ZD105 电机测量轴向窜动量应使用（　　）。

A. 塞尺　　B. 钢板尺　　C. 深度尺　　D. 游标卡尺

191. ZD114 电机测量轴向窜动量应使用（　　）。

A. 塞尺　　B. 钢板尺　　C. 深度尺　　D. 百分表

192. 牵引电机空载试验正反运转（　　）。

A. 各 30 min　　B. 各 60 min　　C. 各 10 min　　D. 各 120 min

193. ZD105 电机电枢中修时工频交流耐压值为（　　）。

A. 1 000 V　　B. 2 000 V　　C. 3 000 V　　D. 4 000 V

194. 牵引电机吹扫时，风嘴距离绝缘部分应大于（　　）mm。

A. 100　　B. 150　　C. 200　　D. 300

195. ZD105 电机刷盒底面与换向器表面距离应为（　　）。

A. 1 ~ 2　　B. 3 ~ 4　　C. 5 ~ 6　　D. 7 ~ 8

196. ZD105 电机齿轮在工艺轮对上套装时必须撬动电枢使电枢处于（　　）。

A. 左侧位置　　B. 右侧位置

C. 中间位置　　D. 哪边都行

197. 劈相机空载试验应进行（　　）相空载运行试验。

A. 单　　B. 两　　C. 三　　D. 四

198. 劈相机空载试验额定工况下轴承稳定温升不得超过（　　）。

A. 10 K　　B. 20 K　　C. 30 K　　D. 55 K

199. SS_{4B} 牵引风机空载试验额定工况下轴承稳定温升不得超过（　　）。

A. 10 K　B. 20 K　C. 30 K　D. 55 K

200. 制动风机空载试验额定工况下轴承稳定温升不得超过（　　）。

A. 10 K　B. 20 K　C. 30 K　D. 55 K

201. 主变风机空载试验额定工况下轴承稳定温升不得超过（　　）。

A. 10 K　B. 20 K　C. 30 K　D. 55 K

202. 检查 4G 电枢注意事项错误的是（　　）。

A. 检查轴颈光整、无拉伤

B. 用电磁探伤检查小齿轮配合面锥度处应无横向裂纹，无内部缺陷

C. 检查轴端螺孔螺纹良好，油孔畅通

D. 检查定子喷漆良好

203. ZD105 电机齿轮套装时撬动电枢轴，测量大小齿轮轴向错位不大于（　　）。

A. 4 mm　B. 10 mm　C. 20 mm　D. 30 mm

204. ZD105 电机齿轮套装时左右两对大小齿轮反齿间隙相差不大于（　　）。

A. 0.15 mm　B. 1 mm　C. 2 mm　D. 3 mm

205. 三相交流辅机重复试验工频交流耐压值为（　　）。

A. 500 V　B. 1 000 V　C. 1 700 V　D. 2 000 V

206. 劈相机轴承挡轴径有效面积拉伤不得大于（　　）。

A. 5%　B. 10%　C. 20%　D. 30%

207. 劈相机轴承挡轴径拉伤深度，不得大于（　　）。

A. 2%　B. 10%　C. 20%　D. 30%

208. 制动风机风叶与风筒间隙应（　　）。

A. ＜1.5 mm　B. ＜5 mm　C. ＜10 mm　D. ＜15 mm

209. 三相异步交流电机的连接组别分为星形连接和（　　）。

A. 四方形　B. 三角形　C. 五边形　D. 六角形

210. SS_{4B} 牵引电机电枢铁心一般用（　　）压制而成。

A. 铁　B. 硅钢片　C. 铜　D. 铝

211. 把输入的直流电能转化为机械能输出的电机叫作（　　）。

A. 交流电动机　B. 直流电动机

C. 三星电动机　D. 无刷电机

212. 直流电机按照励磁方式可分为（　　）电机，并励电机，复励电机和他励电机。

A. 串励　B. 自励　C. 他励　D. 直励

213. 串励电机励磁绕组与（　　）绕组串联。

A. 电枢　B. 定子　C. 补偿　D. 并励

214. 串励电机的优点是（　　）力矩大。

A. 空转　B. 负载　C. 起动　D. 运行

215. 电枢磁场对主磁场的作用将使主磁场发生畸变，这种电枢磁场对主磁场的影响叫作（　　）。

A. 定子反应　　B. 电机反应
C. 电枢反应　　D. 刷架反应

216. 三相发电机 3 个绕组的连接方法有（　　）种。

A. 1　　B. 2　　C. 3　　D. 5

217. 劈相机的散热方式为（　　）。

A. 自然冷却　　B. 风扇冷却
C. 空调冷却　　D. 自行通风防护式

218. 电枢平衡块的作用是使电枢（　　）符合要求。

A. 动平衡　　B. 静平衡
C. 动、静平衡　　D. 重量

219. 辅机绝缘电阻测试应测量定子绕组对地及（　　）绝缘。

A. 螺栓间　　B. 相间
C. 两台辅机间　　D. 定子间

220. 兆欧表测量前应进行一次开路试验和（　　）试验。

A. 短路　　B. 断路　　C. 通电　　D. 保护

221. 检查中发现轴承内环或外环有异常时，应该（　　）。

A. 不用更换整盘轴承　　B. 更换整盘轴承
C. 组装试验　　D. 自行处理异常轴承

222. SS_{4B} 机车上的侧墙暖风机工作电压为（　　）。

A. 24 V　　B. 36 V　　C. 110 V　　D. 220 V

223. ZD114 电机解体时若轴承型号为 NTN 轴承，吊电枢前要将（　　）退下。

A. 内油封　　B. 封环　　C. 外油封　　D. 平衡块

224. 牵引电机轴头螺丝孔中的注油孔周围有一圈 45° 倒角，比其他螺丝孔的倒角（　　）。

A. 明显较小　　B. 明显较大
C. 一样大小　　D. 浅一些

225. 劈相机接线时，1MGD W（2MGD W）应接到劈相机的（　　）相。

A. W　　B. U　　C. V　　D. Y

226. SS_{4B} 机车牵引风机电机风叶端轴承型号为（　　）。

A. N313　　B. 6313　　C. 6310　　D. 6308

227. SS_{4B} 机车劈相机使用的轴承型号为（　　）。

A. 6313　　B. N313　　C. 6310　　D. 6308

228. SS_{4B} 机车制动风机电机使用的轴承型号为（　　）。

A. 6312　　B. 6310　　C. 6313　　D. 6308

229. SS_{4B}机车潜油泵使用的轴承型号为（　　）。

A. 6308　　B. N313　　C. 6313　　D. 6310

230. SS_{4G}机车若劈相机故障时，用（　　）代替劈相机的作用。

A. 制动通风机　　B. 主变通风机

C. 牵引通风机　　D. 牵引电机

231. SS_{4B}机车第一劈相机在电路图上的代号为（　　）。

A. 1MA　　B. 2MA　　C. 1MG　　D. 2MG

232. 辅助压缩机电动机是按照（　　）工作制设计的，连续工作时间不得大于 20 min。

A. 间歇　　B. 连续　　C. 不定时　　D. 标准

233. SS_{4B}单台牵引通风机为（　　）台牵引电机提供冷却风。

A. 1　　B. 2　　C. 3　　D. 4

234. 测量劈相机定子绕组直流电阻值应使用（　　）。

A. 单臂电桥　　B. 双臂电桥

C. 万用表　　D. 兆欧表

235. 牵引电机云母槽深度（　　）mm。

A. 1.2～2　　B. 2～3　　C. 3～4　　D. 4～5

236. 用电流表测电路电流时该表必须（　　）联入该电路。

A. 串联　　B. 并联　　C. 混联　　D. 接地

237. 用电压表测电路电流时该表必须（　　）联入该电路。

A. 串联　　B. 并联　　C. 混联　　D. 接地

238. 攻丝是用（　　）在工件孔中切削出内螺纹的加工方法。

A. 锉刀　　B. 丝锥　　C. 板牙　　D. 锯弓

239. 套扣是用（　　）在外圆柱面（或外圆锥面）上切削出外螺纹的加工方法。

A. 锉刀　　B. 丝锥　　C. 板牙　　D. 锯弓

240. 齿轮传动依靠轮齿间的（　　）来传递运动和扭矩。

A. 间隙　　B. 啮合　　C. 油　　D. 大小

241. 风道继电器属于（　　）式继电器。

A. 压力　　B. 时间　　C. 速度　　D. 电流

242. 风道继电器用于监视机车上（　　）设备工作是否正常。

A. 风扇　　B. 通风　　C. 牵引电机　　D. 空调

243. 牵引电机在启动过程中，随着转速升高，其电流值不断（　　）。

A. 增大　　B. 减小　　C. 不变　　D. 时大时小

244. 直流电机的火花分为机械火花和（　　）火花。

A. 颗状　　B. 点状　　C. 电磁　　D. 面状

245. ZD114 牵引电机同刷盒碳刷长度差不得大于（　　）mm。
A. 5　B. 10　C. 20　D. 30

246. 牵引电机刷辫断股不得超过（　　）。
A. 5%　B. 10%　C. 35%　D. 45%

247. 测量牵引电机绕组对地绝缘电阻值应选用（　　）兆欧表。
A. 100 V　B. 500 V　C. 1 000 V　D. 2 500 V

248. 牵引通风机为（　　）式通风机。
A. 离心　B. 轴流　C. 强迫　D. 以上都不是

249. ZD114 牵引电机采用（　　）的传动方式。
A. 单侧斜齿　B. 双侧斜齿
C. 单侧刚性直齿　D. 双侧直齿

250. ZD105 牵引电机采用（　　）的传动方式。
A. 单侧斜齿　B. 双侧斜齿
C. 单侧刚性直齿　D. 双侧直齿

251. 改变直流电机转向方法错误的是（　　）。
A. 同时改变励磁电流和电枢电流方向
B. 改变电枢电流方向
C. 改变励磁电流方向
D. 反接制动

252. 劈相机转子采用（　　）转子结构。
A. 铸铝式　B. 绕线式
C. 绕组式　D. 以上都不对

253. 制动电阻通风机组为（　　）式通风机。
A. 离心　B. 轴流　C. 强迫　D. 以上都不是

254. 制动电阻通风机组通风方向为（　　）吹风。
A. 自下往上　B. 自上往下
C. 从左往右　D. 从四周向中间

255. 牵引通风机组通风方向为（　　）吹风。
A. 自下往上　B. 自上往下
C. 从左往右　D. 从四周向中间

256. 变压器通风机组为（　　）式通风机。
A. 离心　B. 轴流　C. 强迫　D. 以上都不是

257. 变压器潜油泵三相绕组连接形式为（　　）。
A. 对称△接　B. 对称 Y 接
C. 不对称 Y 接　D. 不对称△接

258.（　　）不属于电器散热的基本方式。

A. 扩散　　B. 传导　　C. 对流　　D. 辐射

259. 单相工频交流制的接触网额定电压为（　　）。

A. 19 kV　　B. 25 kV　　C. 39 kV　　D. 49 kV

260. 电机外壳接地的目的主要是防止（　　）。

A. 感应电　　B. 断电　　C. 通电　　D. 充电

261. 电压又称为点位差，其实用单位为（　　）。

A. 安培　　B. 伏特　　C. 欧姆　　D. 瓦特

262. 电流其实用单位为（　　）。

A. 安培　　B. 伏特　　C. 欧姆　　D. 瓦特

263. 描述磁场中各点强弱和方向的物理量是（　　）。

A. 磁感应强度　　B. 磁场

C. 磁通　　D. 磁阻

264. 直流电机的工作原理实质上是（　　）。

A. 楞次定律　　B. 基尔霍夫定律

C. 电磁感应原理　　D. 安培定理

265. SS_4型电力机车辅助电路系统采用了传统的（　　）供电系统。

A. 单相　　B. 单-三相　　C. 三相　　D. 交-直

266. 风速继电器的联锁触头采用的是（　　）开关。

A. 微动　　B. 行程　　C. 万能转换　　D. 自动

267. 三相异步电动机运行维护时，不需要检查（　　）。

A. 合格证是否脏污　　B. 轴承是否过热

C. 三相电流是否平衡　　D. 三相电压是否平衡

268. 直流电机额定转速指电机（　　）运行时的转速，以每分钟的转速表示。

A. 短时　　B. 断续　　C. 降压　　D. 连续

269. 异步电机过载时造成电动机（　　）增加并发热。

A. 转速　　B. 铁耗　　C. 铝耗　　D. 铜耗

270. 电力机车上的劈相机主要有旋转劈相机和（　　）劈相机两种。

A. 异步　　B. 静止　　C. 交流　　D. 直流

271. 电气设备绝缘击穿的原因不包括（　　）。

A. 受潮或非绝缘物侵入

B. 短时间大电流使绝缘性能降低

C. 绝缘材料本身质量不高

D. 绝缘设备选择不合适，层数太多

272. 电流与其产生主磁场的方向可用（　　）来判断。

A. 安培定则　　B. 欧姆定律
C. 基尔霍夫第一定律　　D. 基尔霍夫第二定律

273. 使用兆欧表时，手摇发电机由慢到快，转速应达到（　　）并保持匀速。
A. 90 r/min　　B. 100 r/min　　C. 120 r/min　　D. 2 000 r/min

274. 使用万用表测量电流或电压时，如果无法估计其大小，应将量程放在（　　）上。
A. 最低挡　　B. 最高挡　　C. 电阻挡　　D. 交流挡

275. 触电伤害的程度与触电电流的路径有关，对人最危险的触电电流路径是（　　）。
A. 流过手指　　B. 流过下肢
C. 流过心脏　　D. 流过脚心

276. 3 个频率相同、最大值相等、相位相差（　　）的正弦电流.电压或电动势叫三相交流电。
A. 90°　　B. 120°　　C. 180°　　D. 360°

277. 电力机车上用的劈相机是一种结构与用途特殊的（　　）电机。
A. 三相异步　　B. 两相　　C. 同步　　D. 旋转

278. 电力机车上牵引电机常采用（　　）结构的碳刷。
A. 整体式　　B. 斜面式　　C. 分裂式　　D. 直面式

279. 直流电机电枢的主要作用是（　　）。
A. 实现电能和机械能的转换　　B. 将交流电变为直流电
C. 改善直流电机的换向　　D. 在气隙中产生磁通

280. 导线绝缘老化的主要原因是（　　）。
A. 电阻过高　　B. 环境湿度大
C. 温度过高　　D. 风吹日晒

281. 直流电动机换向器片间云母板一般采用含胶量少、密度高、厚度均匀的（　　），也称换向器云母板。
A. 柔软云母板　　B. 塑型云母板
C. 硬质云母板　　D. 衬垫云母板

282. 按电流性质不同电机可以分为 3 类，不属于按电流性质分类的是（　　）。
A. 直流电机　　B. 交流电机
C. 脉流电机　　D. 异步电机

283. 直流电机换向磁极的作用是（　　）。
A. 改变电流换向　　B. 产生主磁通
C. 产生换向电流　　D. 产生换向磁通

284. 直流电机的换向电流愈大，换向时火花（　　）。
A. 愈弱　　B. 愈强　　C. 不变　　D. 不产生火花

285. 磁性材料具有较高的（　　），一般用来制造电气设备的铁心。

A. 导电系数　　B. 绝缘性能
C. 导磁系数　　D. 电阻系数

286. 万用表测量完毕后应将转换开关拨至（　　）的最高挡上。
A. 电流　　B. 电阻
C. 直流电压　　D. 交流电压

287. 机械火花（　　）。
A. 断续较粗　　B. 断续较细
C. 连续较粗　　D. 连续较细

288. 异步劈相机用于提供（　　）。
A. 直流电源　　B. 单相交流电源
C. 两相交流电源　　D. 三相交流电源

289. 劈相机不能正常启动的原因不包括（　　）。
A. 网压过低　　B. 接触器粘连
C. 启动电阻变小　　D. 劈相机内部有断路或短路

290. 运行中劈相机发电相电压不稳定的原因不包括（　　）。
A. 启动电阻变小　　B. 转子断条
C. 内部有匝间短路　　D. 发电相断路

291. 旋转劈相机采用（　　）启动。
A. 分相　　B. 串电阻　　C. 直接　　D. 降压

292. 机车用通风机是用作提供（　　）的。
A. 压缩空气　　B. 冷却用风
C. 加温　　D. 提高功率因数

293. 关于 YFD-280S_4 型牵引通风机电动机，（　　）的叙述是错误的。
A. 接线方式为△接　　B. 额定频率 50 Hz
C. 绝缘等级为 F 级　　D. 额定电压 380 V

294. 关于 JD305 型制动电阻通风电动机，（　　）叙述是错误的。
A. 接线方式为 Y 接　　B. 额定频率 50 Hz
C. 绝缘等级为 F 级　　D. 额定电压 380 V

295. 绝缘材料的绝缘性能随温度的升高而（　　）。
A. 增加　　B. 不变
C. 降低　　D. 呈无规律变化

296. 绝缘材料的使用寿命与使用及保管情况（　　）。
A. 无关　　B. 有关
C. 视情况而定　　D. 只与使用情况有关

297.（　　）将机车制动时的动能转化为热能而消耗掉。

A. 电阻制动　　B. 再生制动
C. 反接制动　　D. 反馈制动

298. 牵引电机的冷却方式是（　　）。
A. 油冷　　B. 水冷　　C. 自然风冷　　D. 强迫风冷

299. 为了减小磁滞损耗，可使用导磁性能（　　）的材料。
A. 差　　B. 好　　C. 随意　　D. 极差

300. 磁感应强度的变化总落后磁场强度的变化，这种现象称为（　　）现象。
A. 涡流　　B. 损耗　　C. 磁滞　　D. 剩磁

301. 把交流电转换为直流电的过程叫（　　）。
A. 变压　　B. 稳压　　C. 整流　　D. 滤波

302. 当空气中的相对湿度较大时，会使绝缘电阻（　　）。
A. 上升　　B. 下降　　C. 不变　　D. 略上升

303. 在正常情况下，绝缘材料也会逐渐因（　　）而降低绝缘性能。
A. 磨损　　B. 老化　　C. 腐蚀　　D. 磨损或腐蚀

304. 交流电（　　）正负极之分。
A. 有　　B. 无　　C. 可有可无　　D. 区分

305. 直流电（　　）正负极之分。
A. 有　　B. 无　　C. 可有可无　　D. 不区分

306. 发生电气火灾时，应使用（　　）进行灭火。
A. 水　　B. 泡沫灭火器
C. 四氯化碳灭火器　　D. 酸或碱性灭火器

307. 铜的电阻率比铝的电阻率（　　）。
A. 低　　B. 高　　C. 相等　　D. 不一定

308. 目前我国电力机车的牵引电机主要为（　　）。
A. 感应式异步电机　　B. 绕线式异步电机
C. 同步电机　　D. 直流电机

309. 电力机车用旋转式劈相机是（　　）。
A. 感应式异步电机　　B. 绕线式异步电机
C. 同步电机　　D. 直流电机

310. 电力机车空气压缩机用电机是（　　）。
A. 感应式异步电机　　B. 绕线式异步电机
C. 同步电机　　D. 直流电机

311. 三相异步电动机，若要稳定运行，则转差率应（　　）临界转差率。
A. 大于　　B. 小于　　C. 等于　　D. 大于或等于

312. 牵引电机在牵引方式下作（　　）。

A. 电动机或发电机用　　B. 电动机用
C. 发电机用　　D. 永动机用

313. 牵引电机在电制动方式下作（　　）。
A. 电动机或发电机用　　B. 电动机用
C. 发电机用　　D. 永动机用

314. 牵引电动机的励磁绕组在（　　）。
A. 定子上　　B. 转子上
C. 定转子均有　　D. 无励磁绕组

315. 异步劈相机的励磁绕组在（　　）。
A. 无励磁绕组　　B. 转子上
C. 定转子均有　　D. 定子上

316. 异步劈相机是将单相交流电转变为（　　）的装置。
A. 单相直流电　　B. 三相直流电
C. 单相交流电　　D. 三相交流电

317. 电阻制动是将电制动产生的电能转变为（　　）。
A. 电能　　B. 机械能　　C. 化学能　　D. 热能

318. 再生制动是将列车的动能转变为（　　）。
A. 电能　　B. 机械能　　C. 化学能　　D. 热能

319. 磁铁、通电线圈周围存在有（　　）。
A. 磁场　　B. 磁力线　　C. 磁场和磁力线　　D. 电场

320. 机车改变运行方向靠的是改变牵引电机（　　）。
A. 电枢电压极性
B. 励磁绕组极性
C. 电机励磁、电枢极性同时改变
D. 传动方式

321.（　　）绝缘是电机绕组对机座和其他不带电部件之间的绝缘。
A. 匝间　　B. 层间　　C. 对地　　D. 外包

322. 异步电动机在启动瞬间电流（　　）。
A. 很小　　B. 波动　　C. 很大　　D. 无变化

323. 进行电气修理作业时，须（　　）作业。
A. 带电　　B. 断电
C. 带电断电都行　　D. 多人

324. 一台 ZD105 型牵引电机共有（　　）碳刷。
A. 3 副　　B. 6 副　　C. 12 副　　D. 18 副

325. 一台 ZD114 型牵引电机共有（　　）碳刷。
A. 3 副　　B. 6 副　　C. 12 副　　D. 18 副

326. ZD105 型牵引电机换向器表面良好的氧化膜颜色应是（　　）并反射出光泽。

A. 淡褐色至亮黑色　　B. 淡褐色至亮白色

C. 深棕色至亮黑色　　D. 深棕色至亮白色

327. 正常运行时，至少应保证（　　）对 ZD105 型牵引电机每个电枢轴承补充油脂量 120 ~ 150 g。

A. 1 ~ 2 个月　　B. 1 ~ 3 个月

C. 1 ~ 4 个月　　D. 3 ~ 6 个月

328. ZD105 型牵引电机电枢轴承的润滑脂应使用（　　）锂基脂。

A. 1 号　　B. 2 号　　C. 3 号　　D. 4 号

329. ZD114 型牵引电机电枢轴承的润滑脂应使用（　　）锂基脂。

A. 1 号　　B. 2 号　　C. 3 号　　D. 4 号

330. 导体的电阻，单位是（　　）。

A. 焦耳　　B. 瓦特　　C. 伏特　　D. 欧姆

331. 对直流电动机进行制动的所有方法中，最经济的制动是（　　）。

A. 回馈制动　　B. 机械制动

C. 能耗制动　　D. 反接制动

332. 牵引电动机损耗的原因不包括（　　）。

A. 机械损耗　　B. 附加损耗

C. 铜耗　　D. 化学损耗

333. 更换牵引电机电刷时，（　　）的叙述是错误的。

A. 电刷与刷握的间隙及电刷弹簧压力应符合规定

B. 在同一台电机上可以混用不同牌号的电刷

C. 电刷不应有裂纹掉角，刷辫不应松脱，刷辫紧固螺栓不应松动

D. 电刷与换向器表面应保持清洁干燥

334. 电力机车各辅机的启动为（　　）。

A. 同时启动　　B. 顺序启动

C. 任意启动　　D. 不能确定

335.（　　）电动机在结构上无特殊防护装置，用于干燥无灰尘的场所。

A. 开启式　　B. 防护式　　C. 封闭式　　D. 防爆式

336. 在机壳或端盖下面有通风罩，或将外壳做成挡板状的电动机结构形式为（　　）。

A. 开启式　　B. 防护式　　C. 封闭式　　D. 防爆式

337. 直流电机和交流异步电动机相比，直流电机（　　）。

A. 动力性能和制动性能好　　B. 构造复杂

C. 黏着性能好　　D. 功率大，牵引力大

338. 各种类型电机其单位重量功率最大的是（　　）。

A. 异步电动机　　B. 直流电动机
C. 脉流电动机　　D. 同步电动机

339. 电力机车小修时，牵引电动机应测量（　　）。
A. 电枢轴承内圈和轴的接触电阻
B. 电枢片间电阻
C. 电机主极绕组，附加极与补偿绕组阻值
D. 电枢对地绝缘电阻

340. 电刷装置的作用是通过（　　）与换向器表面的滑动接触，把转动的电枢绕组与外电路相连。
A. 电刷　　B. 刷握　　C. 刷辫　　D. 弹簧

341. 牵引电动机的机械损耗不包括（　　）。
A. 转子振动　　B. 轴承损耗
C. 电刷与换向器摩擦　　D. 电枢与空气摩擦

342. 兆欧表开路校验时，指针指示的位置应在（　　）处。
A. 0　　B. 无穷大　　C. 中间　　D. 不确定

343. 牵引电机日常检查时，（　　）属于正常的整流子表面。
A. 放电　　B. 烧伤　　C. 过热　　D. 油润感

344. 异步电动机的启动性能主要是指启动电流和启动（　　）两方面。
A. 力矩　　B. 电压　　C. 电流　　D. 电阻

345. 直流电动机启动时在电枢电路串入附加电阻的目的是（　　）。
A. 限制启动电流　　B. 增大启动力矩
C. 增大启动电流　　D. 减小启动力矩

346. 电力机车上牵引电机新电刷与换向器的接触面应在（　　）以上。
A. 75%　　B. 80%　　C. 85%　　D. 95%

347. SS_{4B}型电力机车牵引电动机的型号为（　　）。
A. ZD114 型　　B. ZD115 型　　C. ZD105 型　　D. ZD104 型

348. 关于电磁火花和机械火花，（　　）表述是正确的。
A. 机械火花一般呈蓝白色连续而较细
B. 电磁火花一般呈红黄色，断续而较粗
C. 机械火花一般沿切线飞出，换向器表面产生的黑痕常无规律
D. 电磁火花一般沿切线飞出，换向器表面产生的黑痕常无规律

349. ZD114A 型牵引电机的额定功率是（　　）。
A. 800 kW　　B. 1 500 kW　　C. 2 500 kW　　D. 3 500 kW

350. ZD114A 型牵引电机的额定电压是（　　）。
A. 1 000 V　　B. 1 020 V　　C. 2 000 V　　D. 3 000 V

351. ZD114A 型牵引电机的最大电压是（　　）。
A. 1 000 V　B. 1 185 V　C. 2 000 V　D. 3 000 V

352. ZD114A 型牵引电机的额定电流是（　　）。
A. 845 A　B. 1 000 A　C. 2 000 A　D. 3 000 A

353. ZD114A 型牵引电机的最大电流是（　　）。
A. 1 000 A　B. 1 200 A　C. 2 000 A　D. 3 000 A

354. ZD114A 型牵引电机的额定转速是（　　）。
A. 200 r/min　B. 400 r/min　C. 600 r/min　D. 960 r/min

355. ZD105A 型牵引电机的额定功率是（　　）。
A. 800 kW　B. 1 500 kW　C. 2 500 kW　D. 3 500 kW

356. ZD105A 型牵引电机的额定电压是（　　）。
A. 1 000 V　B. 1 020 V　C. 2 000 V　D. 3 000 V

357. ZD105A 型牵引电机的最大电压是（　　）。
A. 1 000 V　B. 1 180 V　C. 2 000 V　D. 3 000 V

358. ZD105A 型牵引电机的额定电流是（　　）。
A. 840 A　B. 1 000 A　C. 2 000 A　D. 3 000 A

359. ZD105A 型牵引电机的最大电流是（　　）。
A. 1 000 A　B. 1 200 A　C. 2 000 A　D. 3 000 A

360. ZD105A 型牵引电机的额定转速是（　　）。
A. 200 r/min　B. 400 r/min　C. 600 r/min　D. 960 r/min

361. ZD105A 型牵引电机的最高转速是（　　）。
A. 200 r/min　B. 400 r/min　C. 600 r/min　D. 1 850 r/min

362. SS_{4G}（SS_{4B}）型电力机车 YPX3-280M-4 型异步旋转劈相机的额定功率是（　　）。
A. 20 kW　B. 57 kW　C. 60 kW　D. 80 kW

363. SS_{4G}（SS_{4B}）型电力机车 YPX3-280M-4 型异步旋转劈相机的额定电压是（　　）。
A. 输入单相 80 V　B. 输入单相 300 V
C. 输入单相 380 V　D. 输入单相 500 V

364. SS_{4G}（SS_{4B}）型电力机车 YPX3-280M-4 型异步旋转劈相机的额定电流是（　　）。
A. 输入单相 50 A　B. 输入单相 150 A
C. 输入单相 200 A　D. 输入单相 350 A

365. SS_{4G}（SS_{4B}）型电力机车 YPX3-280M-4 型异步旋转劈相机的额定转速是（　　）。
A. 1 000 r/min　B. 2 000 r/min
C. 1 499 r/min　D. 3 000 r/min

366. SS_{4G}（SS_{4B}）型电力机车 YPX3-280M-4 型异步旋转劈相机的额定频率是（　　）。
A. 5 Hz　B. 15 Hz　C. 25 Hz　D. 50 Hz

367. SS_{4G}（SS_{4B}）型电力机车 13-50-No6 离心式牵引通风机组的额定功率是（　　）。
A. 37 kW　B. 40 kW　C. 50 kW　D. 60 kW

368. SS_{4G}（SS_{4B}）型电力机车 13-50-No6 离心式牵引通风机组的额定电压是（　　）。
A. 110 V　B. 220 V　C. 380 V　D. 500 V

369. SS_{4G}（SS_{4B}）型电力机车 13-50-No6 离心式牵引通风机组的额定电流是（　　）。
A. 68 A　B. 80 A　C. 90 A　D. 100 A

370. SS_{4G}（SS_{4B}）型电力机车 13-50-No6 离心式牵引通风机组的额定转速是（　　）。
A. 1 000 r/min　B. 2 000 r/min
C. 1 480 r/min　D. 3 000 r/min

371. SS_{4G}（SS_{4B}）型电力机车 13-50-No6 离心式牵引通风机组的额定频率是（　　）。
A. 5 Hz　B. 15 Hz　C. 25 Hz　D. 50 Hz

372. SS_{4G}（SS_{4B}）型电力机车 TZTF5.6 型制动电阻通风机组的额定功率是（　　）。
A. 30 kW　B. 45 kW　C. 55 kW　D. 65 kW

373. SS_{4G}（SS_{4B}）型电力机车 TZTF5.6 型制动电阻通风机组的额定电压是（　　）。
A. 110 V　B. 220 V　C. 380 V　D. 500 V

374. SS_{4G}（SS_{4B}）型电力机车 TZTF5.6 型制动电阻通风机组的额定电流是（　　）。
A. 56.5 A　B. 60 A　C. 70 A　D. 80 A

375. SS_{4G}（SS_{4B}）型电力机车 TZTF5.6 型制动电阻通风机组的额定转速是（　　）。
A. 1 000 r/min　B. 2 000 r/min
C. 2 950 r/min　D. 3 000 r/min

376. SS_{4G}（SS_{4B}）型电力机车 TZTF5.6 型制动电阻通风机组的额定频率是（　　）。
A. 5 Hz　B. 15 Hz　C. 25 Hz　D. 50 Hz

377. SS_{4G}（SS_{4B}）型电力机车 TZTF6.0F 型主变压器通风机组的额定功率是（　　）。
A. 15 kW　B. 20 kW　C. 30 kW　D. 40 kW

378. SS_{4G}（SS_{4B}）型电力机车 TZTF6.0F 型主变压器通风机组的额定电压是（　　）。
A. 110 V　B. 220 V　C. 380 V　D. 500 V

379. SS_{4G}（SS_{4B}）型电力机车 TZTF6.0F 型主变压器通风机组的额定电流是（　　）。
A. 29.4 A　B. 30 A　C. 40 A　D. 80 A

380. SS_{4G}（SS_{4B}）型电力机车 TZTF6.0F 型主变压器通风机组的额定转速是（　　）。
A. 1 000 r/min　B. 2 000 r/min
C. 2 920 r/min　D. 3 000 r/min

381. SS_{4G}（SS_{4B}）型电力机车 TZTF6.0F 型主变压器通风机组的额定频率是（　　）。
A. 5 Hz　B. 15 Hz　C. 25 Hz　D. 50 Hz

382. ZD105 型牵引电动机定子绕组对地绝缘电阻值（　　）MΩ。
A. ≥50　B. ≥100　C. ≥200　D. ≥300

383. ZD105 型牵引电动机刷架对地绝缘电阻值（　　）MΩ。

A. ≥50　　B. ≥100　　C. ≥200　　D. ≥300

384. ZD105 型牵引电动机整机对地耐电压试验值为（　　）V。

A. 1 500　　B. 2 500　　C. 3 500　　D. 4 000

385. ZD105 型牵引电动机电刷长度为（　　）mm。

A. 15　　B. 25　　C. 35　　D. 50

386. ZD105 型牵引电动机电刷压力为（　　）N。

A. 15 ± 3　　B. 25 ± 3　　C. 30 ± 3　　D. 45 ± 3

387. ZD105 型牵引电动机轴承组装间隙为（　　）mm。

A. 0.10 ~ 0.20　　B. 0.30 ~ 0.40　　C. 0.50 ~ 0.60　　D. 0.70 ~ 0.80

388. ZD105 型牵引电动机轴承自由状态间隙为（　　）mm。

A. 0.15 ~ 0.22　　B. 0.30 ~ 0.40　　C. 0.50 ~ 0.60　　D. 0.70 ~ 0.80

389. ZD105 型牵引电动机电枢轴向窜动量为（　　）mm。

A. 5.76 ~ 8.74　　B. 0.30 ~ 0.40　　C. 0.50 ~ 0.60　　D. 0.70 ~ 0.80

390. ZD105 型牵引电动机刷盒底面与换向器表面距离为（　　）mm。

A. 1 ~ 2　　B. 7 ~ 8　　C. 3 ~ 4　　D. 5 ~ 6

391. ZD105 型牵引电动机小齿轮与轴配合接触面积 % 原型（　　）。

A. ≥50　　B. ≥60　　C. ≥85　　D. ≥100

392. ZD105 型牵引电动机小齿轮装入量为（　　）mm。

A. 1.9 ~ 2.3　　B. 0.3 ~ 0.4　　C. 0.5 ~ 0.6　　D. 0.7 ~ 0.8

393. ZD105 型牵引电动机小齿轮套装使大小齿轮一侧齿面紧贴，用塞尺测量另一侧齿侧间隙为（　　）。

A. 0.6 ~ 0.9 mm　　B. 0.67 ~ 0.93 mm

C. 0.7 ~ 0.9 mm　　D. 0.8 ~ 0.9 mm

394. ZD105 型牵引电动机左右两对大小齿轮反齿间隙相差不大于（　　）。

A. 0.1 mm　　B. 0.15 mm　　C. 0.3 mm　　D. 0.5 mm

395. 撬动电枢轴，测量大小齿轮轴向错位不大于（　　）mm。

A. 1.5　　B. 2.5　　C. 3.5　　D. 4

396. ZD105 型牵引电动机小齿轮套装用塞尺测量大小齿轮齿顶间隙不小于（　　）mm。

A. 1　　B. 2.5　　C. 3　　D. 4

397. 异步旋转劈相机空载电流与出厂值偏差不大于（　　）。

A. 10%　　B. 15%　　C. 20%　　D. 30%

398. 异步旋转劈相机额定工况下轴承稳定温升可以超过（　　）。

A. 60 K　　B. 70 K　　C. 35 K　　D. 80 K

399. SS_{4B}牵引通风机空载电流与出厂值偏差不大于（ ）。

A. 10% B. 15% C. 25% D. 35%

400. SS_{4B}牵引通风机额定工况下轴承稳定温升可以超过（ ）。

A. 60 K B. 70 K C. 35 K D. 80 K

401. 制动风机空载电流与出厂值偏差不大于（ ）。

A. 10% B. 15% C. 25% D. 35%

402. 制动风机额定工况下轴承稳定温升可以超过（ ）。

A. 65 K B. 75 K C. 30 K D. 85 K

403. SS_{4B}主变风机空载电流与出厂值偏差不大于（ ）。

A. 10% B. 15% C. 25% D. 35%

404. SS_{4B}主变风机额定工况下轴承稳定温升可以超过（ ）。

A. 100 K B. 200 K C. 30 K D. 400 K

405. 绝缘材料的（ ）极高。

A. 电阻 B. 电阻率 C. 耐热 D. 电导率

406. 绝缘漆分为（ ）。

A. 涂覆漆和浸渍漆 B. 有溶剂漆

C. 无溶剂漆 D. 有溶剂漆和无溶剂漆

407. 牵引电机的冷却方式是（ ）。

A. 油冷 B. 水冷

C. 自然风冷 D. 强迫风冷

408. 电动机启动时（ ）很大。

A. 电压 B. 电阻 C. 电流 D. 电磁

409. 电动机启动后（ ）逐渐减小。

A. 电压 B. 电阻 C. 电流 D. 电磁

410.（ ）的电机具有可逆性。

A. 直流和交流 B. 直流

C. 交流 D. 脉流

411. 关于交-直交型电力机车，（ ）叙述是错误的。

A. 由于三相异步电动机结构中使用了换向器，所以功率体积比大

B. 交流电机维修量小

C. 使用的异步电动机具有很稳定的机械特性

D. 简化了主电路，机车主电路中的两位置转换开关可省去

412. 电力机车牵引电机的（ ）火花是不允许长期运行的。

A. 2 级 B. 3 级 C. 1 级 D. 1 级和 2 级

413. 电力机车牵引电机换向器上严重发黑，用汽油不能擦掉，而且电刷有烧焦和损坏，说明电机发生过（ ）火花。

A. 3 级　B. 2 级　C. 1 级　D. 4 级

414. 电功率，单位是（ ），符号用 W 表示。

A. 焦耳　B. 瓦特　C. 伏特　D. 欧姆

415. 交流电机空载运行时，功率因数（ ）。

A. 低　B. 高　C. 先低后高　D. 先高后低

416. 电机直接启动时，其启动电流通常为额定电流的（ ）。.

A. 6 ~ 8 倍　B. 2 ~ 4 倍

C. 4 ~ 6 倍　D. 4 ~ 5 倍

417. 星一三角降压启动时，电动机（ ）。

A. 先接成星形接法，后接成三角形接法

B. 先接成三角形接法，后接成星形接法

C. 接成三角形接法

D. 接成星形接法

418. 变压器的结构有芯式和壳式两类，其中芯式变压器的特点是（ ）。

A. 绕组包着铁心

B. 铁心包着绕组

C. 一、二次绕组绕在同一铁心柱上

D. 一、二次绕组绕在二个铁心柱上

419. TZZ8B 型制动电阻装置的（ ）是连接风机和电阻柜的中间过渡节。

A. 电阻柜　B. 过渡风道

C. 风机　D. 底板

420. 三角形接法的三相笼型异步电动机，若误接成星形，那么在额定负载转矩下运行时，其铜耗和温升将会（ ）。

A. 增大　B. 减小　C. 不变　D. 时大时小

421. 直流电机改善换向，减小火花最好采用的是（ ）。

A. 选用合适电刷　B. 适当移动电刷位置

C. 增设换向极和补偿绕组　D. 调整电刷的弹簧压力

422. 直流电机他励绕组出线端用（ ）表示。

A. C1、C2　B. S1、S2

C. B1、B2　D. T1、T2

423. 兆欧表是一种专门用来检查电气设备（ ）的便携式仪表。

A. 电压　B. 电流

C. 绝缘电阻　D. 电阻

424. 单相串励电动机不可在（ ）上使用。

A. 100 Hz 交流电源　　B. 工频交流电源
C. 直流电源　　D. 交直流电源

425. 他励直流电动机的负载转矩一定时，若在电枢回路串入一定的电阻，则其转速将（　　）。
A. 下降　　B. 上升　　C. 不变　　D. 忽高忽低

426. 三相异步电动机，若要稳定运行，则转差率应（　　）。
A. 大于临界转差率　　B. 等于临界转差率
C. 小于临界转差率　　D. 大小一样

427. 经常频繁启动和大中型直流电动机宜采用（　　）的启动方法。
A. 降压启动　　B. 直接启动
C. 电枢回路串电阻　　D. 励磁回路串电阻

428. 直流电机作耐压试验时，其试验电压应采用（　　）。
A. 直流电　　B. 交流电
C. 交直流电均可　　D. 先交流电后直流电

429. 异步电动机中旋转磁场是由（　　）产生。
A. 通入定子中的交流电流
B. 永久磁铁的磁场作用
C. 通入转子中的交流电流
D. 通入定子中的直流电流

430. 异步电动机额定运转时转子的转动方向、转速与旋转磁场的关系是（　　）。
A. 二者方向相同，转子的转速略小于旋转磁场的转速
B. 二者方向相反，转速相同
C. 二者方向相同，转速相同
D. 二者方向相同，转子的转速略大于旋转磁场的转速

431. 牵引电机换向器表面应经常保持清洁，有油垢时可用白布蘸（　　）擦拭干净。
A. 硅油　　B. 煤油　　C. 水　　D. 酒精

432. 直流电机电枢绕组出线端用（　　）表示。
A. C1、C2　　B. S1、S2　　C. B1、B2　　D. T1、T2

433. 当电源容量一定时，（　　）的大小反映了电源输出功率利用率的高低。
A. 电压　　B. 电流　　C. 电阻　　D. 功率因数

434. 改变电枢回路的电阻调速，使直流电动机的转速（　　）。
A. 下降　　B. 忽升互降
C. 不变　　D. 忽高忽低

435. 并励直流电动机运行时，如励磁绕组（　　），可能造成飞车事故。
A. 断路　　B. 短路　　C. 接地　　D. 接通

436. TZZ8B 型制动电阻装置采用（　　）安装。

A. 立式　　B. 卧式　　C. 交叉式　　D. 平行式

437. 直流电动机在一定负载下运行，若电源电压有所降低，则转子的转速将会（　　）。

A. 变大　　B. 变小　　C. 不变　　D. 忽大忽小

438. 电动机绕组干燥过程中，绕组温度逐渐稳定，在恒定温度下，绝缘电阻保持在（　　）h 以上数值不变化，干燥工作即可认为结束。

A. 10　　B. 20　　C. 3　　D. 40

439. 在纯电阻电路中，电路的有功功率因数为（　　）。

A. 0.5　　B. 0.6　　C. 0.7　　D. 1

440. 牵引电动机的工作条件非常恶劣，关于牵引电动机的工作环境说法错误的是（　　）。

A. 三相整流器供电，电流是脉动的

B. 承受来自轮轨的冲击力

C. 使用环境恶劣

D. 负载变化较大

441. SS_{4B} 型电力机车制动通风支路主要是冷却（　　）。

A. 主变流装置　　B. 制动电阻

C. 油散热器　　D. 压缩机

442. 修理后直流电机进行各项试验的顺序为（　　）。

A. 空载试验—耐压试验—负载试验

B. 空载试验—负载试验—耐压试验

C. 耐压试验—空载试验—负载试验

D. 负载试验—耐压试验—空载试验

443. 关于轴承润滑脂，（　　）的叙述是错误的。

A. 轴承润滑脂应装满轴承室的 1/2 到 2/3 之间

B. 二极电机装满 1/2 即可

C. 四极及以上电机装满 2/3 即可

D. 润滑脂太少会引起轴承过热，所以越多越好

444.（　　）不能改变异步电动机转速。

A. 改变负载　　B. 改变电源频率

C. 改变电机的转差率 s　　D. 改变电机定子绕组的极对数

445. 旋转劈相机采用（　　）启动。

A. 分相　　B. 串电阻　　C. 直接　　D. 降压

446. 机车用通风机是用作提供（　　）的。

A. 压缩空气　　B. 冷却用风

C. 加温　　D. 提高功率因数

447. 兆欧表短路校验时，指针指示的位置应在（　　）处。
A. 0　　B. 无穷大　　C. 中间　　D. 左右摆动

448. 通过（　　）和短路试验来检查兆欧表的好坏。
A. 接地试验　　B. 空载试验
C. 开路试验　　D. 满载试验

449. 直流电机的火花分为机械火花和（　　）火花。
A. 颗状　　B. 点状　　C. 电磁　　D. 面状

450. 关于电力机车劈相机控制特点，（　　）的叙述是错误的。
A. 只能通过手动方式启动
B. 劈相机可以无载启动
C. 劈相机启动完毕后，其他辅助电机才能先后进行启动
D. 劈相机故障切除，用第一台通风机电容分相启动代替劈相机

451. 螺丝刀的规格长度以（　　）来划分。
A. 毫米　　B. 厘米　　C. 分米　　D. 米

452. SS_{4G}型电力机车牵引电动机的型号为（　　）。
A. ZD114 型　　B. ZD115 型
C. ZD105 型　　D. ZD104 型

453. 测量牵引电机游隙应使用（　　）。
A. 塞尺　　B. 钢板尺　　C. 深度尺　　D. 游标卡尺

454. ZD105 电机测量轴向窜动量应使用（　　）。
A. 塞尺　　B. 钢板尺　　C. 深度尺　　D. 游标卡尺

455. 直流电机并励绕组出线端用（　　）表示。
A. C1、C2　　B. S1、S2　　C. B1、B2　　D. T1、T2

456. 换向器滑动面的薄膜是（　　）与换向器接触并在相对运动过程中逐渐形成的。
A. 电刷　　B. 刷握　　C. 整流子　　D. 升高片

457. 修理直流电机时，各绕组之间的耐压试验使用（　　）。
A. 直流电　　B. 交流电
C. 交直流均可　　D. 高频交流电

458. 串励电动机（　　）在空载或轻载时启动及运转。
A. 不允许　　B. 允许　　C. 只能　　D. 任意

459. 直流电动机能耗制动是利用（　　）配合实现的。
A. 直流电源　　B. 电阻
C. 交流电源　　D. 晶闸管

460. ZD105 型牵引电动机的励磁方式为（　　）。
A. 串励　　B. 并励　　C. 复励　　D. 他励

461. 异步电动机的启动性能主要是指启动电流和启动（　　）两方面。
A. 力矩　B. 功率因素　C. 电压　D. 效率

462. 直流电动机启动时，在电枢电路串入附加电阻的目的是（　　）。
A. 限制启动电流　B. 增大启动力矩
C. 增大启动电流　D. 减小启动力矩

463. 直流电机串励绕组出线端用（　　）表示。
A. C1、C2　B. S1、S2
C. B1、B2　D. T1、T2

464. 交-直型电力机车采用了以（　　）为主的调速方法。
A. 磁场削弱调速　B. 串电阻调速
C. 调压调速　D. 电阻制动调速

465. SS_{4B}每台牵引通风机为（　　）台牵引电机提供冷却风。
A. 1　B. 2　C. 3　D. 4

466. SS_4型电力机车旋转劈相机采用（　　）启动。
A. 分相　B. 降压　C. 串电阻　D. 直接

467. 在三相交流电机的三相对称绕组中通以三相对称交流电后，在其气隙圆周上（　　）。
A. 形成旋转磁场　B. 形成恒定磁场
C. 形成脉振磁场　D. 没有磁场形成

468. 在SS_4型电力机车劈相机电动相通以交流电，则其气隙圆周上（　　）。
A. 形成脉振磁场　B. 形成恒定磁场
C. 形成旋转磁场　D. 没有磁场形成

469. 直流电动机换向极的极性，沿电枢旋转方向看应（　　）。
A. 与前方主磁极极性相反　B. 与前方主磁极极性相同
C. 与后方主磁极极性相同　D. 与前后方主磁极极性无关

470. 直流发电机换向极的极性，沿电枢旋转方向看应（　　）。
A. 与前方主磁极极性相同　B. 与前方主磁极极性相反
C. 与后方主磁极极性相同　D. 与前后方主磁极极性无关

471.（　　）是一种用来剥去导线线头绝缘层的专用工具。
A. 克丝钳　B. 压线钳　C. 剥线钳　D. 斜口钳

472. 当线圈电流不变即磁势不变时，改变（　　）就可以改变磁通。
A. 磁阻　B. 磁势　C. 铁心　D. 衔铁

473. 当空气中的相对湿度较大时，会使绝缘电阻（　　）。
A. 上升　B. 下降　C. 不变　D. 略上升

474. 在正常情况下，绝缘材料也会逐渐因（　　）而降低绝缘性能。
A. 磨损　B. 老化　C. 腐蚀　D. 磨损或腐蚀

475.（　　）绝缘是电机绕组对机座和其他不带电部件之间的绝缘。
A. 匝间　B. 层间　C. 对地　D. 外包

476. 异步电动机在启动瞬间时电流（　　）。
A. 很小　B. 波动　C. 很大　D. 无变化

477. 为了延长锉刀使用寿命，不得用新锉刀锉（　　）金属。
A. 软　B. 硬　C. 铜　D. 有色

478. 机车作业中（　　）用来代替剪刀剪切绝缘套管、绑扎带、胶布等。
A. 克丝钳　B. 压线钳　C. 剥线钳　D. 斜口钳

479. 牵引电机小齿轮擦拭干净后进行（　　）探伤。
A. 超声波　B. 射线　C. 着色　D. 磁粉

480. ZD114 型牵引电动机电刷装置每个刷盒装有（　　）块电刷。
A. 1　B. 2　C. 3　D. 4

481. 如锉软金属、加工余面小、精度等级高的工件可选用（　　）。
A. 细扁锉　B. 粗扁锉　C. 圆锉　D. 三角锉

482. 如锉软金属、加工余面大、精度等级低的工件可选用（　　）。
A. 细扁锉　B. 粗扁锉　C. 圆锉　D. 三角锉

483. 不属于轴承正常工作时的要求是什么（　　）。
A. 不能有异常的冲击　B. 振动和噪声
C. 润滑良好　D. 温升符合要求

484. 把几个电阻依次连接起来的电路叫作（　　）。
A. 并联　B. 串联　C. 串并联　D. 混联

485. 机车用串励直流电机是因为串励直流电机的（　　）。
A. 电压性　B. 硬特性　C. 软特性　D. 电流大

486. 一般用（　　）来测量电机绕组的电阻值。
A. 电桥　B. 万用表　C. 钳形电流表　D. 兆欧表

487. SS_{4B} 机车侧墙暖风机电源电压为（　　）。
A. 110 V　B. 220 V　C. 380 V　D. 1 000 V

488. 机车司机室风扇额定电压为（　　）。
A. 110 V　B. 220 V　C. 380 V　D. 1 000 V

489. 牵引电机轴承内套与轴的配合属于（　　）配合。
A. 过盈　B. 过渡　C. 间隙　D. 自由

490. 不属于电动机运行时必须解决的问题的是（　　）。
A. 启动　B. 反转　C. 制动　D. 重量

491. SS_{4B} 型电力机车主变压器通风支路主要是冷却（　　）。

A. 主变流装置　　B. 制动电阻
C. 油散热器　　D. 过电压吸收电阻

492. 三相交流辅机重复试验工频交流耐压时间为（　　）。

A. 1 min　　B. 5 min　　C. 10 min　　D. 15 min

493. YPX3-280M-4 型劈相机额定电压：输入单相 380 V 输出三相（　　）。

A. 380 V　　B. 100 V　　C. 500 V　　D. 1 000 V

494. 对于装有换向极的直流电动机，为了改善换向，应将电刷（　　）。

A. 放置在几何中心线上　　B. 顺转向移动一角度
C. 逆转向移动一角度　　D. 放置在物理中心线上

495. 牵引电机安装转子时，应轻轻下落转子，否则（　　）将出现擦伤。

A. 定子　　B. 观察孔盖
C. 轴承内环表面　　D. 机壳

496. 制动风机中修时，风叶与风筒间隙限度为（　　）。

A. ＜1.5 mm　　B. ＜2 mm　　C. ＜3 mm　　D. ＜4 mm

497. 测定直流牵引电机电刷中性线的方法不包括（　　）。

A. 感应法　　B. 大电流法
C. 正反转电动机法　　D. 正反转发电机法

498. 钳型电流表主要用于测量（　　）。

A. 极小电流　　B. 一般电流
C. 较大电流　　D. 极大电流

499. 劈相机从输出端看，工作效果相当于一台单相电动机和一台（　　）的组合。

A. 单相电动机　　B. 三相电动机
C. 单相发电机　　D. 三相发电机

500. 三相异步电动机的转子实际转速总是（　　）定子旋转磁场转速。

A. 低于　　B. 高于　　C. 等于　　D. 无规律

二、判断题

1. 人体的安全电压为 36 V。（　　）

2. ZD114 牵引电机换向器端轴承角圈安装前，轴端面不用涂抹润滑脂。（　　）

3. 牵引电机轴承内圈套装时，有字码的一面应朝外。（　　）

4. 牵引电机小齿装入量为 1.9 ~ 2.3 mm。（　　）

5. 劈相机只有静止劈相机一种。（　　）

6. 机车异步交流电机不是三相鼠笼式异步电机。（　　）

7. 直流牵引电机的换向绕组是用来改善换向的。（　　）

8. 电传动机车中直流牵引电机的转向是通过改变直流牵引电机的补偿绕组电流方向来实现的。(　　)

9. 直流电机的换向极绕组和补偿绕组均应与电枢绕组串联。(　　)

10. 三相鼠笼式感应电动机的启动有直接启动和自动启动。(　　)

11. 直流电动机的制动方法有电阻制动、再生制动和反接制动等 3 种。(　　)

12. 三相感应电机在运行中通常采用过载保护和断路保护。(　　)

13. 三相异步感应式电动机的降压启动有串联电阻启动、星三角启动、自耦减压启动和延边三角形启动 4 种。(　　)

14. 直流电机主极的极性在圆周上呈随机排列，主极所产生的磁场称主磁极。(　　)

15. 直流电动机进行调磁调速时，属于自由调速，从额定转速往上调节。(　　)

16. 电机中绝缘的热老化现象表现为绝缘材料的机械和电气性能逐步下降直至损坏。(　　)

17. 通过对绕组绝缘电阻的测量，能判定绝缘材料的受潮沾污或绝缘缺陷等问题。(　　)

18. 三相交流异步电动机的耐压试验包括各相绕组对地、各相绕组之间及绕组内匝间等耐压。(　　)

19. 国产电力机车的通风方式采用的是车底通风方式。(　　)

20. 直流电机负载运行时，电枢磁场对主极磁场的影响称为定子反应。(　　)

21. ZD114 牵引电机解体传动端端盖，松开螺栓后用暴力顶出。(　　)

22. ZD114 牵引电机解体传动端端盖时，如果是 NTN 牌号的轴承，则需要拆下轴上的外油封。(　　)

23. 平衡块脱落或窜动、电机出现异常振动、重新浸漆及重新绑扎无纬带的电枢不用进行动平衡试验。(　　)

24. ZD114 电机电枢在机床上光刀前，校正电枢两端轴承挡跳动量应不大于 0.03 mm。(　　)

25. 牵引电机轴承外圈应该用轴承压装机压入轴承室。(　　)

26. 牵引电机轴承内圈套装时，无字码的一面应朝外。(　　)

27. 劈相机从输出端看，其工作效果相当于一台单相电动机和一台三相电动机的组合。(　　)

28. Y 级绝缘材料的耐热温度为 100°。(　　)

29. ZD114 换向器端轴承自由间隙为 0.125 ~ 0.165 mm。(　　)

30. ZD114 非换向器端轴承自由间隙为 0.165 ~ 0.215 mm。(　　)

31. 欧姆定律是：电流的大小与电阻两端的电压成正比，而与电阻的阻值无关。(　　)

32. 测试导体电器电气设备是否带电的常用电工工具是电桥。(　　)

33. 在机车上工作时，凡许可触及有电气仪表和器具外罩必须接地。(　　)

34. 当有人触电时，应首先拉出触电者。(　　)

35. 速度的国际单位制是 km/h。(　　)

36. 金属导体的电阻与外加电压无关。(　　)

37. 长度的国际单位制是 kg。(　　)

38. ZD105 型牵引电动机小齿轮装入量为 1.9 ~ 2.3 mm。(　　)

39. ZD105 型牵引电动机小齿轮与轴配合接触面积（%）原型≥85。(　　)

40. ZD105 型牵引电动机电刷压力为（30 ± 3）N。(　　)

41. ZD105 型牵引电动机整机对地耐电压试验值为 4 000 V。(　　)

42. 轴承加油越多越好。(　　)

43. 机械火花一般呈蓝白色连续而较细。(　　)

44. SS_{4G}（SS_{4B}）型电力机车 YPX3-280M-4 型异步旋转劈相机的额定频率为 50 Hz。(　　)

45. SS_{4G}（SS_{4B}）型电力机车 TZTF5.6 型制动电阻通风机组的额定电压为 380 V。(　　)

46. 机械火花一般呈红黄色断续而较粗。(　　)

47. 电磁火花一般呈蓝白色连续而较细。(　　)

48. 机械火花一般沿切线飞出，换向器表面产生的黑痕常无规律。(　　)

49. 电磁火花换向器表面产生的黑痕常有规律。(　　)

50. 电力机车各辅机的启动为顺序启动。(　　)

51. 电刷与刷握的间隙及电刷弹簧压力应符合规定。(　　)

52. 在同一台电机上不能混用不同牌号的电刷。(　　)

53. 电刷不应有裂纹掉角，刷辫不应松脱，刷辫紧固螺栓不应松动。(　　)

54. 电刷与换向器表面应保持清洁干燥。(　　)

55. ZD114 型牵引电机电枢轴承的润滑脂应使用 3 号锂基脂。(　　)

56. 牵引电机日常检查时放电属于正常的整流子表面。(　　)

57. 电磁火花一般呈红黄色，断续而较粗。(　　)

58. 机械火花一般沿切线飞出，换向器表面产生的黑痕常有规律。(　　)

59. 电磁火花一般沿切线飞出，换向器表面产生的黑痕常无规律。(　　)

60. ZD105 型牵引电机电枢轴承的润滑脂应使用 3 号锂基脂。(　　)

61. 一台 ZD114 型牵引电机共有 18 副碳刷。(　　)

62. 在同一台电机上可以混用不同牌号的电刷 。(　　)

63. ZD114 型牵引电机电枢轴承的润滑脂应使用 1 号锂基脂。(　　)

64. ZD105 型牵引电机电枢轴承的润滑脂应使用 1 号锂基脂。(　　)

65. 一台 ZD105 型牵引电机共有 18 副碳刷。(　　)

66. 进行电气修理作业时，须断电作业。(　　)

67. 一台 ZD114 型牵引电机共有 30 副碳刷。(　　)

68. 一台 ZD105 型牵引电机共有 30 副碳刷。(　　)

69. 进行电气修理作业时，不须断电作业。(　　)

70. 异步电动机在启动瞬间电流不变。(　　)

71. 电阻制动是将电制动产生的电能转变为化学能。(　　)

72. 异步电动机在启动瞬间电流很大。(　　)

73. 电阻制动是将电制动产生的电能转变为热能。(　　)

74. 再生制动是将列车的动能转变为电能。(　　)

75. 再生制动是将列车的动能转变为化学能。(　　)

76. 异步劈相机是将单相交流电转变为单相直流电的装置。(　　)

77. 异步劈相机是将单相交流电转变为三相交流电的装置。(　　)

78. 牵引电机在牵引方式下作发电机用。(　　)

79. 牵引电机在电制动方式下作电动机用。(　　)

80. 铜的电阻率比铝的电阻率高。(　　)

81. 发生电气火灾时，应使用水进行灭火。(　　)

82. 牵引电机在牵引方式下作电动机用。(　　)

83. 牵引电机在电制动方式下作发电机用。(　　)

84. 直流电有正负极之分。(　　)

85. 交流电无正负极之分。(　　)

86. 当空气中的相对湿度较大时，会使绝缘电阻下降。(　　)

87. 直流电无正负极之分。(　　)

88. 牵引电机的冷却方式是强迫风冷。(　　)

89. 绝缘材料的使用寿命与使用及保管情况有关。(　　)

90. 绝缘材料的绝缘性能随温度的升高而降低。(　　)

91. 机车用通风机是用作提供冷却用风的。(　　)

92. 交流电有正负极之分。(　　)

93. 当空气中的相对湿度较大时，会使绝缘电阻上升。(　　)

94. 牵引电机的冷却方式是水冷。(　　)

95. 绝缘材料的使用寿命与使用及保管情况无关。(　　)

96. 绝缘材料的绝缘性能随温度的升高而提高。(　　)

97. 机车用通风机不是用作提供冷却用风的。(　　)

98. 导线绝缘老化的主要原因是风吹日晒。(　　)

99. 直流电机电枢的主要作用是实现电能和机械能的转换。(　　)

100. 电力机车上牵引电机常采用分裂式结构的碳刷。(　　)

101. 3个频率相同最大值相等、相位相差120°的正弦电流、电压或电动势叫三相交流电。(　　)

102. 3个频率相同最大值相等、相位相差360°的正弦电流、电压或电动势叫三相交流电。(　　)

103. 使用兆欧表时，手摇发电机由慢到快，转速应达到120 r/min并保持匀速。(　　)

104. 使用兆欧表时，手摇发电机由慢到快，转速应达到360 r/min并保持匀速。(　　)

105. 电气设备绝缘击穿的原因包括受潮或非绝缘物侵入。(　　)

106. 电气设备绝缘击穿的原因包括短时间大电流使绝缘性能降低。(　　)

107. 电气设备绝缘击穿的原因包括绝缘材料本身质量不高 。(　　)

108. 电力机车上的劈相机主要有旋转劈相机和静止劈相机两种。(　　)

109. 电力机车上的劈相机主要有旋转劈相机和交流劈相机两种。(　　)

110. 电力机车上的劈相机主要有旋转劈相机和直流劈相机两种。(　　)

111. 三相异步电动机运行维护时，需要检查轴承是否过热 。(　　)

112. 三相异步电动机运行维护时，需要检查三相电流是否平衡 。(　　)

113. 三相异步电动机运行维护时，需要检查三相电压是否平衡 。(　　)

114. 变压器通风机组为轴流式通风机。(　　)

115. 三相异步电动机运行维护时，不需要检查轴承是否过热 。(　　)

116. 制动电阻通风机组为轴流式通风机。(　　)

117. 变压器通风机组为离心式通风机。(　　)

118. 制动电阻通风机组为离心式通风机。(　　)

119. 制动电阻通风机组通风方向为自上往下吹风。(　　)

120. 制动电阻通风机组通风方向为自下往上吹风。(　　)

121. 牵引通风机组通风方向为自上往下吹风。(　　)

122. 牵引通风机组通风方向为自下往上吹风。(　　)

123. ZD114牵引电机采用单侧直齿的传动方式。(　　)

124. ZD105 牵引电机采用双侧斜齿的传动方式。(　　)

125. ZD114 牵引电机采用双侧直齿的传动方式。(　　)

126. ZD105 牵引电机采用双侧直齿的传动方式。(　　)

127. ZD105 牵引电机采用单侧斜齿的传动方式。(　　)

128. ZD114 牵引电机采用双侧斜齿的传动方式。(　　)

129. 测量牵引电机绕组对地绝缘电阻值应选用 1 000 V 兆欧表。(　　)

130. 直流电机的火花分为机械火花和电磁火花。(　　)

131. 齿轮传动依靠轮齿间的啮合来传递运动和扭矩。(　　)

132. 电工绝缘材料的耐压等级有 Y，A，E，B，F，H，C 7 个等级，其中允许工作温度最高的是 C 级。(　　)

133. 电工绝缘材料的耐压等级有 Y，A，E，B，F，H，C 7 个等级，其中允许工作温度最高的是 Y 级。(　　)

134. 绝缘材料的绝缘性能与温度有密切的关系，温度越低，绝缘材料的绝缘性能越差。(　　)

135. 机车司机室风扇额定电压为 24 V。(　　)

136. 电工绝缘材料的耐压等级允许工作温度 90 °C 的是 B 级。(　　)

137. 电工绝缘材料的耐压等级允许工作温度 180 °C 的是 F 级。(　　)

138. ZD105 电机测量轴向窜动量应使用万用表。(　　)

139. ZD105 电机测量轴向窜动量应使用游标卡尺。(　　)

140. 测量劈相机定子绕组直流电阻值应使用双臂电桥。(　　)

141. 测量劈相机定子绕组直流电阻值应使用兆欧表。(　　)

142. SS_{4B} 每台牵引通风机为 2 台牵引电机提供冷却风。(　　)

143. SS_{4B} 每台牵引通风机为 1 台牵引电机提供冷却风。(　　)

144. 配件耐压动作试验须断电再拆接试验线。(　　)

145. SS_{4B} 主变风机空载试验额定工况下轴承稳定温升不得超过 55 K。(　　)

146. 制动风机空载试验额定工况下轴承稳定温升不得超过 55 K。(　　)

147. 每台牵引通风机为 6 台牵引电机提供冷却风。(　　)

148. 一般用万用表测量绕组阻值。(　　)

149. 一般用钳形电流表表测量绕组阻值。(　　)

150. SS_{4G} 机车若劈相机故障时，用牵引通风机代替劈相机的作用。(　　)

151. 牵引电机轴头螺丝孔中的注油孔周围有一圈 45° 倒角，比其他螺丝孔的倒角明显较大。(　　)

152. 牵引电机轴头螺丝孔中的注油孔周围有一圈 45° 倒角，比其他螺丝孔的倒角明显较小。（　　）

153. SS_{4B} 机车上的侧墙暖风机工作电压为 220 V。（　　）

154. SS_{4B} 机车上的侧墙暖风机工作电压为 24 V。（　　）

155. SS_{4B} 机车上的侧墙暖风机工作电流为 110 A。（　　）

156. SS_{4B} 机车上的侧墙暖风机工作电流为 36 A。（　　）

157. 电枢平衡块的作用是使电枢动静平衡符合要求。（　　）

158. 牵引电机电枢铁心一般用硅钢片压制而成。（　　）

159. 三相异步交流电机的连接组别分为星形连接和三角形连接。（　　）

160. 每台牵引通风机为 4 台牵引电机提供冷却风。（　　）

161. 每台牵引通风机为 5 台牵引电机提供冷却风。（　　）

162. SSS_{4B} 牵引风机空载试验额定工况下轴承稳定温升不得超过 55 K。（　　）

163. 劈相机空载试验额定工况下轴承稳定温升不得超过 55 K。（　　）

164. 三相异步交流电机的连接组别分为星形连接和五角形连接。（　　）

165. 主变风机空载试验额定工况下轴承稳定温升可以超过 55 K。（　　）

166. 制动风机空载试验额定工况下轴承稳定温升可以超过 55 K。（　　）

167. SS_{4B} 牵引风机空载试验额定工况下轴承稳定温升可以超过 55 K。（　　）

168. 劈相机空载试验额定工况下轴承稳定温升可以超过 55 K。（　　）

169. ZD105 电机齿轮在工艺轮对上套装时必须撬动电枢使电枢处于中间位置。（　　）

170. ZD105 电机齿轮在工艺轮对上套装时必须撬动电枢使电枢处于左侧位置。（　　）

171. ZD105 电机齿轮在工艺轮对上套装时必须撬动电枢使电枢处于右侧位置。（　　）

172. 牵引电机空载试验正反运转 30 min。（　　）

173. ZD114 电机测量轴向窜动量应使用百分表。（　　）

174. ZD114 电机测量轴向窜动量应使用万用表。（　　）

175. ZD114 电机测量轴向窜动量应使用游标卡尺。（　　）

176. ZD114 电机测量轴向窜动量应使用塞尺。（　　）

177. ZD105 电机测量轴向窜动量应使用百分表。（　　）

178. 电工绝缘材料的耐压等级有 Y，A，E，B，F，H，C 7 个等级，其中允许工作温度最低的是 H 级。（　　）

179. 电工绝缘材料的耐压等级有 Y，A，E，B，F，H，C 7 个等级，其中允许工作温度最低的是 B 级。（　　）

180. ZD105 电机测量轴向窜动量应使用塞尺。（　　）

181. ZD105 电机测量轴向窜动量应使用深度尺。(　　)

182. 牵引电机小齿轮探伤不得有裂纹，否则更新。(　　)

183. 电阻带对地绝缘电阻值测量应使用 2 500 V 兆欧表。(　　)

184. 劈相机轴承润滑采用 3#锂基脂进行润滑。(　　)

185. SS_{4B} 牵引通风机组用来冷却牵引电机和整流柜。(　　)

186. 牵引通风机组用来冷却主变压器。(　　)

187. 牵引通风机组用来冷却制动电阻柜。(　　)

188. 牵引通风机组用来冷却压缩机。(　　)

189. SS_{4B} 机车安装有 YPX3-280M-4 型异步劈相机 1 台。(　　)

190. 直流电机具有良好的起动和调速性能。(　　)

191. 直流电机转子是电机中的旋转部件。(　　)

192. SS_{4B} 机车安装有 YPX3-280M-4 型异步劈相机 4 台。(　　)

193. SS_{4B} 机车安装有牵引通风机 4 台。(　　)

194. 电机换向试验的目的是确定电机在规定的工作条件下，换向器和电刷之间的火花等级。(　　)

195. 脉流牵引电动机电刷装置将转动的电枢绕组与外电路连接起来。(　　)

196. SS_{4B} 机车安装有牵引通风机 1 台。(　　)

197. SS_{4B} 机车安装有制动通风机 4 台。(　　)

198. SS_{4B} 机车安装有制动通风机 3 台。(　　)

199. 在直流电动机中，电刷两端所加的电压是直流电。(　　)

200. SS_{4B} 型电力机车段修时，检查牵引电机换向器工作表面应光洁，氧化膜形成良好。(　　)

201. SS_{4B} 机车安装有油泵 1 台。(　　)

202. SS_{4B} 机车安装有油泵 2 台。(　　)

203. 温度越低，绝缘材料的绝缘性能越差。(　　)

204. TZZ8B 型制动电阻装置采用立式安装。(　　)

205. SS_{4B} 机车安装有主变压器通风机 1 台。(　　)

206. SS_{4B} 机车安装有主变压器通风机 2 台。(　　)

207. 直流电机包括直流电动机和交流发电机。(　　)

208. SS_{4B} 型电力机车段修时，检查油泵接头部分漏油可更换密封垫处理。(　　)

209. SS_{4B} 机车安装有主压缩机 1 台。(　　)

210. SS_{4B} 机车安装有主压缩机 2 台。(　　)

211. 直流电机定子是电机中的旋转部件。(　　)

212. TZZ8B 型制动电阻装置中，电阻段之间和电阻带对骨架的电气间隙分别不小于 14 mm 和 18 mm。(　　)

213. SS_{4B} 机车安装有辅助压缩机 1 台。(　　)

214. SS_{4B} 机车安装有辅助压缩机 2 台。(　　)

215. 配件耐压动作试验不须断电再拆接试验线。(　　)

216. 牵引电机日常检查时，要求刷握及刷架圈安装位置应正确、牢固，碳刷压力等符合要求。(　　)

217. SS_{4B} 机车安装有牵引电机机 1 台。(　　)

218. 劈相机起动完毕，才能顺序投入各负载。(　　)

219. 运送配件时平车推动速度不大于 0.5 m/s。(　　)

220. 运送配件时平车推动速度不大于 50 km/s。(　　)

221. 车顶作业人员要穿戴好防护用品，工具佩带齐全；上下车顶要站稳抓牢，穿高跟鞋上下车顶。(　　)

222. 车顶作业人员要穿戴好防护用品，工具佩带齐全；上下车顶要站稳抓牢，穿拖鞋上下车顶。(　　)

223. 车顶作业人员要穿戴好防护用品，工具佩带齐全；上下车顶要站稳抓牢，穿塑料底鞋上下车顶。(　　)

224. SS_{4B} 机车安装有牵引电机机 8 台。(　　)

225. 牵引电机主极的作用是产生主磁场。(　　)

226. 牵引电机主极由线圈和主机铁心两大部分组成。(　　)

227. ZD114 牵引电机通风方式为外通风强迫风冷。(　　)

228. ZD114 牵引电机通风方式为自然冷却。(　　)

229. 机车牵引电机是用来提供机车的牵引力和制动力的。(　　)

230. SS_{4B} 电力机车三大通风支路包括牵引电机通风支路。(　　)

231. SS_{4B} 电力机车三大通风支路包括制动电阻通风支路。(　　)

232. SS_{4B} 电力机车三大通风支路包括主变压器通风支路。(　　)

233. SS_{4B} 电力机车三大通风支路包括风扇。(　　)

234. 可以混合使用不同规格的轴承润滑脂。(　　)

235. 滚柱轴承的内环和外环不用配套使用。(　　)

236. SS_{4B} 电力机车三大通风支路包括劈相机通风支路。(　　)

237. 普通万用表不可用来准确测量绝缘。(　　)

238. 普通万用表可以用来准确测量绝缘。(　　)

239. SS_{4B} 机车安装有牵引电机机 5 台。(　　)

240. TZZ8B 型制动电阻装置工作时主要由主变风机冷却。(　　)

241. SS_{4B} 机车安装有牵引电机机 7 台。(　　)

242. 如果换向器表面出现换向器出现偏心、直径不均匀、凹凸等现象，用车削方法重新加工。(　　)

243. 如果换向器表面出现换向器表面严重发黑或由于火花等原因致使换向器表面粗糙，用车削方法重新加工。(　　)

244. 如果换向器表面出现换向器出现偏心、直径不均匀、凹凸等现象，不用车削方法重新加工。(　　)

245. 如果换向器表面出现换向器表面严重发黑或由于火花等原因致使换向器表面粗糙 ，不用车削方法重新加工。(　　)

246. 直流电机作耐压试验时，其试验电压应采用交流电。(　　)

247. 直流电机作耐压试验时，其试验电压应采用直流电。(　　)

248. SS_{4B} 型电力机车中单三相变换的劈相机属于主电路。(　　)

249. SS_{4B} 型电力机车中风机电动机和空气压缩机电动机属于主电路。(　　)

250. SS_{4B} 型电力机车中单三相变换的劈相机属于辅助电路。(　　)

251. SS_{4B} 型电力机车中风机电动机和空气压缩机电动机属于辅助电路。(　　)

252. SS_{4B} 型电力机车中单三相变换的劈相机属于控制电路。(　　)

253. SS_{4B} 型电力机车中风机电动机和空气压缩机电动机属于控制电路。(　　)

254. 辅助电路中不属于 SS_{4B} 型电力机车三相负载的是空气压缩机电动机。(　　)

255. 辅助电路中不属于 SS_{4B} 型电力机车三相负载的是通风机电动机。(　　)

256. 辅助电路中不属于 SS_{4B} 型电力机车三相负载的是油泵电动机。(　　)

257. 辅助电路中不属于 SS_{4B} 型电力机车三相负载的是牵引电动机。(　　)

258. SS_{4B} 机车用侧墙暖风机采用的通风部件为滚筒或风扇。(　　)

259. SS_{4B} 机车司机室风扇扇叶转动时，导风筒缓慢转动。(　　)

260. 直流电机电刷压指弹簧压力不均时，将造成电刷负荷分配不均，使换向器表面出现电刷轨痕。(　　)

261. TZZ8B 型制动电阻装置不论机车在牵引位还是制动位工作时都投入使用。(　　)

262. 电工绝缘材料的耐压等级 A 级允许工作温度最高 120 °C。(　　)

263. 电工绝缘材料的耐压等级 E 级允许工作温度最高 130 °C。(　　)

264. 机车司机室风扇额定电压为 220 V。(　　)

265. 机车司机室风扇额定电压为 110 V。(　　)

266. 一般使用电桥来测量电机绕组的电阻值。(　　)

267. 一般使用万用表来测量电机绕组的电阻值。(　　)

268. 直流电机电枢线圈换向时，在电刷与换向片的接触处往往会产生火花。(　　)

269. 直流电机电枢线圈换向时，在大小齿的接触处往往会产生火花。(　　)

270. 电机轴承加油油量应占整个轴承室的 2/3 为宜。(　　)

271. 牵引电机电枢轴颈锥面的拉伤、磨损和轴头螺丝孔轻微损坏时不可以进行整修打磨处理。(　　)

272. 电机轴承加油油量应占整个轴承室的 1/4 为宜。(　　)

273. 离心式通风机的气流方向与轴垂直。(　　)

274. 离心式通风机的气流方向与轴平行。(　　)

275. 轴流式通风机的气流方向与轴平行。(　　)

276. 轴流式通风机的气流方向与轴垂直。(　　)

277. 检查电枢的外观，特别是氩弧焊接处有无开焊过热。(　　)

278. 检查电枢线圈表面绝缘有无老化损伤，槽楔有无松动。(　　)

279. 电枢端部无纬带绑扎有无裂纹或拉丝现象，否则应进行更换。(　　)

280. 检查电枢线圈有无过热等不良现象，刷表面覆盖漆。(　　)

281. SS_{4B} 电机用工频耐压试验台进行绝缘检测，工频耐压 3 495 V，1 min 无闪络无击穿。(　　)

282. SS_{4B} 电机用工频耐压试验台进行绝缘检测，工频耐压 3 495 V，5 min 无闪络无击穿。(　　)

283. 平衡块脱落或窜动、电机出现异常震动、重新浸漆及重新绑扎无纬带的电枢均应进行动平衡试验。(　　)

284. 直流电机负载越小，电枢反应引起的磁场畸变就越强烈。(　　)

285. 换向器退刀槽处升高片焊接面涂绝缘漆。(　　)

286. 换向器退刀槽处升高片焊接面不用涂绝缘漆。(　　)

287. 检查前端止口处的四个滚针轴承是否完好，并适量涂油。(　　)

288. 检查接线盒完好固定可靠。(　　)

289. 聚四氟乙烯绝缘套不许松动裂损。(　　)

290. 换向器表面有规律或无规律地发黑或有灼痕属于牵引电动机电气方面的常见故障。(　　)

291. 传动小齿轮有裂纹或齿面有剥离属于牵引电动机电气方面的常见故障。(　　)

292. 检查牵引电机端盖不得有裂纹，轴承盖油封环不许有损坏变形。(　　)

293. 电磁火花一般在后刷边燃烧。(　　)

294. 端盖通大气孔畅通不得有油垢，刷架圈定位装置完好可靠。(　　)

295. 检查油管油堵完整，油路畅通，防护网完好。(　　)

296. 轴承检查取下内环，目视检查内套的粗糙度、刮伤碰伤褪色生锈等。(　　)

297. 轴承检查对于外环要边旋转所有滚柱边检查是否有粗糙部位、刮伤碰伤褪色生锈等。(　　)

298. 转动滚柱，检查滚柱和保持架的磨耗、铆钉的松动、保持架有无损伤等异常现象。(　　)

299. 发现内环或外环有异常，应同时更换两环。(　　)

300. 发现内环或外环有异常，不用同时更换两环。(　　)

301. 可以安装具有不同系列编号的外环和内环。(　　)

302. 必须安装具有相同系列编号的外环和内环，安装前必须清理轴颈。(　　)

303. 请勿混合使用不同规格的轴承润滑脂。(　　)

304. 可以混合使用不同规格的轴承润滑脂。(　　)

305. 滚柱轴承的内环和外环不用配套使用。(　　)

306. 滚柱轴承的内环和外环必须配套使用，要确认相互间的编号正确。(　　)

307. 绕组清洁，不许有松动及变形，外包绝缘良好。(　　)

308. 镟修牵引电机换向器后，应按规定要求进行云母槽的下刻和倒角。(　　)

309. 线端子平整搪锡完好，接头不许有过热及断裂现象。(　　)

310. 刷握绝缘杆及聚四氟乙烯绝缘套管清洁，不许有裂损、灼痕及松动。(　　)

311. 刷盒裂纹严重烧损进行更新，刷架圈定位装置完好可靠。(　　)

312. 涡卷弹簧不许有断裂或疲劳现象。涡卷弹簧支承轴不许有松晃。(　　)

313. 刷架圈定位装置完好可靠不许有松动及变形。(　　)

314. 将齿轮用酒精白布擦拭干净后进行磁粉探伤，不许有裂纹，否则更新。(　　)

315. 一台电机使用不同牌号的电刷，只影响电机换向，不会出现电刷轨痕。(　　)

316. 轴承在装配过程中要注意防止灰尘等杂质进入，同时勿过度敲打和挤压。(　　)

317. 轴承在装配过程中要注意防止灰尘等杂质进入，同时可以过度敲打和挤压。(　　)

318. 轴承内环紧靠内封环，不允许有间隙。(　　)

319. 轴承内环紧靠内封环，允许有间隙。(　　)

320. 组装时边拧紧端盖螺栓，边旋转电枢，电枢应能顺利旋转，否则需要重新均匀地拧紧端盖螺栓。(　　)

321. 组装时边拧紧端盖螺栓，边旋转电枢，电枢不能顺利旋转继续拧紧端盖螺栓。(　　)

322. 使用百分表检查 4B 电枢窜动量符合限度要求。(　　)

323. 安装电刷装置，检查刷握底面与换向器表面间隙符合要求。(　　)

324. 空载试验：电机在无负荷情况下通电，使电机转速达 1 920 r/min，正反运转各 30 min。(　　)

325. 空载试验：电机在无负荷情况下通电，使电机转速达 1 920 r/min，正反运转各 90 min。(　　)

326. SS_{4B} 检查轴承、换向器、电刷有无异常振动噪声，轴承的温升不大于 40 °C，同时检查碳刷与换向器接触面应大于 85% 以上。(　　)

327. 将检查合格的齿轮用白布擦净锥孔，并用红丹粉检查齿轮锥孔和轴颈接触面不小于 75%。(　　)

328. 待齿轮冷却后，装好轴端挡板，紧固轴端螺栓，打好防缓垫圈。(　　)

329. 直流电机换向器由许多换向片组成，换向片间用石棉片绝缘。(　　)

330. 电枢轴探伤无裂纹，轴承配合面拉伤面积不大于 15%。(　　)

331. 电机在额定转速下正反转各半小时(不得超过最高转速)，轴承温升不超限。(　　)

332. 用 0.2 ~ 0.3MP 的干燥压缩空气吹扫定子各部分，吹扫时，风嘴距绝缘部分应大于 150 mm。(　　)

333. 检查机座无裂损，无内部缺陷，电机铭牌完好清晰。(　　)

334. 查接线盒引出线、接线板、绝缘柱无裂纹、放电灼痕，否则视情况应打磨并涂刷绝缘漆处理，或更换新品。(　　)

335. 检查磁极绕组绝缘应无过热、老化、破损现象，机座无裂损。(　　)

336. 绑线卡子处应绝缘良好，无松动；接线端子平整，搪锡完好，接头无过热及断裂现象。(　　)

337. 绑线卡子处应绝缘良好，无松动；接线端子平整，搪锡完好，接头可以有过热及断裂现象。(　　)

338. 检查电枢铁心与轴，换向器与轴之间无松弛位移。(　　)

339. 检查轴颈光整无拉伤，用电磁探伤检查小齿轮配合面锥度处应无横向裂纹，无内部缺陷。(　　)

340. 碳刷一般用金属合金压制而成。(　　)

341. 检查轴端螺孔螺纹良好，油孔畅通，内密封环良好。(　　)

342. 检查电枢槽楔无裂损松动，电枢绕组绝缘无老化过热及破损。(　　)

343. 无纬带绑扎合格，无松动损伤，否则重新绑扎无纬带。(　　)

344. 用白布蘸酒精擦拭换向器表面，清除轻微铜斑痕迹和云母槽内污垢。(　　)

345. 换向器工作面凸片高度或跳动量过限及表面严重拉伤，进行镟修。(　　)

346. 三相异步电动机启动时，电流要尽可能地大。(　　)

347. 检查换向器升高片无过热缩头开焊等不良现象。(　　)

348. 检查刷握连线及其固定夹板处的加强绝缘，无老化击穿或破损，刷架连接线解体涂漆。(　　)

349. 检查刷杆无裂纹电灼伤等现象，否则用 00#砂布打磨涂漆处理或更换新品。(　　)

350. 刷握光滑，无疵纹；刷握安装位置正确无偏斜，螺杆无松动。(　　)

351. 检查刷握压指转动是否灵活，压指弹簧无变形灼伤。(　　)

352. 检查刷架圈各螺栓，定位装置合格，刷架圈胀紧螺栓更新。(　　)

353. SS_{4B} 同一台电机用同一厂家同一型号电刷，新电刷长度不小于 64 mm。(　　)

354. 同一台电机用同一厂家同一型号电刷，新电刷长度不小于 30 mm。(　　)

355. 电刷接触面无缺损，电刷研磨后，电刷与换向片表面接触面积不小于 80%。(　　)

356. 刷在刷盒内上下活动自如，用塞尺测量圆周与轴向间隙，符合限度要求。(　　)

357. SS_{4G} 电机用测力计测量弹簧压力为（30 ± 3）N。(　　)

358. 更换刷握后，在专用检修台上检查刷握中线，相邻刷握电刷中心线在换向器圆周上的距离偏差不超限。(　　)

359. 检查各端盖轴承外盖无裂纹和变形，止口无损伤，否则更新。(　　)

360. 检查端盖上防护网罩应完整紧固，接线板应干燥干净，无放电痕迹。(　　)

361. 清除油管内旧油，检查油管油堵合格，油路畅通，回油孔不堵塞，均压孔畅通。(　　)

362. 检查齿面无台阶磨痕，剥离面积固定弦齿厚磨耗、锥孔拉伤均不得超限。(　　)

363. 装配轴承和润滑脂时，必须保持环境和工具的清洁，以防灰尘水等杂质进入轴承和润滑脂。(　　)

364. 一般把 60 V 电压作为人体的安全电压。(　　)

365. 用牵引电机端盖轴承拆装机，组装时将无字码的一面朝外，用锤棒重力敲打。(　　)

366. 用牵引电机端盖轴承拆装机，组装时将有字码的一面朝外，严禁用锤棒直接敲打。(　　)

367. 4G 电机刷盒底面与换向器间隙为 3 ~ 4 mm，不平行度符合限度要求。(　　)

368. 测量电机各绕组对地绝缘电阻，应符合限度要求。(　　)

369. 对更换过电枢、刷架或变动过刷握、磁极位置以及在运用中换向不良的电机，进行电刷中性位校正。(　　)

370. 兆欧表的测量范围不需要与被测绝缘电阻的范围相符合。(　　)

371. 4G 电机整机对地耐压试验时，通入单相工频交流 4 kV 电压，1 min 不击穿。(　　)

372. 4G 电机轴承运行平稳轻快，无异音及甩油，用测温计测量其稳定温升不超过 55℃。（　　）

373. 将加热好的小齿轮顺齿旋方向用力转动，推进齿轮，使两端大小齿轮在同一方向贴紧，并安装到位。（　　）

374. 使电枢处于中间位置，撬动小齿轮，使大小齿轮一侧齿面紧贴，用塞尺测量另一侧齿侧间隙为 0.67 ~ 0.93 mm。（　　）

375. 使用深度尺测量 4G 电枢轴向自由窜动量在限度范围内。（　　）

376. 槽楔不得开裂松动；接线板应干燥干净，无放电痕迹。（　　）

377. 清扫检查转子与轴、导条与端环、风叶与平衡柱状态。（　　）

378. 电机振动过大时，转子应进行动平衡试验。（　　）

379. 清洗检查端盖及各零部件，端盖及各零部件不得出现裂纹，端盖与机座配合情况良好。（　　）

380. 更新轴承、润滑脂，在轴承室和轴承中加入 1 号锂基润滑脂。（　　）

381. 更新轴承、润滑脂，在轴承室和轴承中加入 3 号锂基润滑脂。（　　）

382. 用加热器将轴承加热 4 min 或用轴承加热油炉将轴承加热至 100 ~ 130 °C 保温 20 ~ 30 min。（　　）

383. 在转子两端套入轴承内盖，将加热好的轴承套入转子轴承挡靠紧轴肩，装轴承钢丝挡圈。（　　）

384. 提起端盖将轴承室套入轴承外圈边沿，用铜棒轻打端盖，使轴承套入轴承室。（　　）

385. 提起端盖将轴承室套入轴承外圈边沿，用铜棒猛击端盖，使轴承套入轴承室。（　　）

386. 空载试验：电机应连续启动 3 次以上无异常，电机无剧烈振动，轴承应平稳轻快，无停滞异常杂音现象。（　　）

387. 劈相机进行单相空载运行试验，电压电流正常。空载电流与出厂值偏差不大于 15%。（　　）

388. 劈相机定子转子进行更换重新装配的电机，应进行单相空载电压为最低时的低压启动试验，启动时间不许超过 15 s。（　　）

389. 劈相机定子转子进行更换重新装配的电机，应进行单相空载电压为最低时的低压启动试验，启动时间不许超过 100 s。（　　）

390. 通风机机壳检修：清洗检查机壳、补焊缺口清渣打磨。更换衬垫。（　　）

391. 叶轮检修：除锈，检测几何尺寸，调修平面度；涂刷防锈漆。（　　）

392. 拆卸蜗壳：取下止块卡板，用吊车将电动机叶轮组装从蜗壳中吊出。（　　）

393. 检查连接管、盖的几何尺寸、清洗检修；更换衬垫。（　　）

394. 进风筒检修：检查进风筒几何尺寸；清洗调圆。（　　）

395. 将衬垫用胶合剂粘贴在盖板上，衬垫须粘贴平整牢固。(　　)

396. 将电动机叶轮组装整体调入组装台，与通风机蜗壳组装，且叶轮与进风口径向间隙为（10 ± 1）mm，轴向间隙（5 ± 1）mm。(　　)

397. 用卡簧钳拆下后端卡簧，用轴承拉拔装置取出两端轴承，再取出两端轴承内盖。(　　)

398. SS_{4B} 型电力机车上主变压器通风机采用立式安装。(　　)

399. SS_{4B} 型电力机车上主变压器通风机采用卧式安装。(　　)

400. 测量定子绕组对地及相间绝缘电阻，并进行对地耐压试验。如果绕组更新，需要进行匝间绝缘试验。(　　)

401. 清扫检查转子与轴、导条与端环、风叶与平衡柱状态。用干燥压缩空气清除转子内部及外部的灰尘和污物。(　　)

402. 当试验运行中电机振动过大时，转子应进行动平衡试验。(　　)

403. 清洗检查端盖及各零部件，端盖及各零部件不得出现裂纹，检查端盖与机座配合情况。(　　)

404. 更新轴承润滑脂，在轴承室和轴承中加入三号锂基润滑脂用润滑脂轻轻涂抹所有转动部位的间隙。(　　)

405. 在转子两端套入轴承内盖，将加热好的轴承套入转子轴承挡靠紧轴肩，装轴承卡簧，在轴承室和轴承中加入三号锂基润滑脂。(　　)

406. 用气动扳手将端盖轴承外盖螺钉拧紧，用铜棒轻打轴头，以消除装配时的轴向应力。(　　)

407. 用气动扳手将端盖轴承外盖螺钉拧紧，用铜棒猛击轴头，以消除装配时的轴向应力。(　　)

408. 组装后轻轻盘动转子，看转动是否灵活，转动困难时应仔细检查。(　　)

409. 在试验台上进行三相空载试验，启动正常无剧烈振动，轴承无停滞及异常杂音。(　　)

410. 在试验台上进行三相空载试验，启动正常无剧烈振动，轴承可以有停滞及异常杂音。(　　)

411. 测量三相空载电流，在三相电源平衡的条件下，任一相与三相平均值的差不大于 10%，并不得超过出厂值的 10%。(　　)

412. SS_{4B} 风机空载转速正常。用点温计测量额定工况下轴承的稳定温升不得超过 55 K。(　　)

413. 一台电机上各电刷压力必须均匀，压力不均使电流分配不均，电流较大的可能产生火花。(　　)

414. 检查接线板不许有放电灼伤等不良现象，否则应更新。(　　)

415. 接线端子良好，引接线绝缘不许有破损老化龟裂；接线折损面积不得大于原形的 1/10。(　　)

416. 接线柱不许有松动歪斜及过热烧痕，螺纹应完好。(　　)

417. 风机螺母垫圈短接片应齐全完好，无变形，丝扣良好。(　　)

418. 清扫检查风叶及其轴孔，风叶无掉块变形，轴孔尺寸符合限度要求，否则更新。(　　)

419. 检查键与键槽状态，无变形，尺寸符合限度要求，否则更新。(　　)

420. 清扫检查导流筒主风筒，无开裂变形，否则进行整修。(　　)

421. 清洗检查油管轴头螺母等部件，状态良好，否则更新。(　　)

422. 叶轮压装：将键装在轴伸端键槽内；将叶轮平放在轴上，校正叶轮键槽与键位置，用铜棒轻打叶轮，使叶轮套入电机轴上。(　　)

423. 叶轮压装：校正叶轮键槽与键位置，用铜棒用力敲打叶轮，使叶轮套入电机轴上。(　　)

424. TZZ8B 型制动电阻装置采用卧式安装。(　　)

425. TZZ8B 型制动电阻装置工作时主要由牵引风机冷却。(　　)

426. SS_{4B} 型电力机车劈相机采用电容分相启动。(　　)

427. SS_{4B} 型电力机车劈相机的作用是将单相电源劈成两相电源以供电。(　　)

428. 用铜棒将转子敲出，将转子吊具套在转子非轴伸端，吊起转子，从定子内取出，放置在木制放置台上。(　　)

429. 槽楔不得开裂松动；接线板应干燥干净，无放电痕迹。(　　)

430. 检查定子机座、铁心、绕组及端部绑扎，槽楔、接线端子、接线板等各部状态，测量接线板的绝缘电阻符合要求。(　　)

431. 清扫检查转子与轴，导条与端环，风叶与平衡柱状态。用 196 ~ 294 kp 干燥压缩空气清除转子内部及外部的灰尘和污物。(　　)

432. 清洗检查端盖及各零部件，端盖及各零部件不得出现裂纹，端盖与机座配合良好。(　　)

433. ZD114 型牵引电机日常检查时，换向器表面有灰尘和碳粉，应用硬钢刷清理干净。(　　)

434. 直流电机包括直流电动机和直流发电机。(　　)

435. 电力机车各辅机的投入采用延时顺序启动的方式，以避免因全部辅机同时启动而造成对劈相机供电系统的负载冲击。(　　)

436. 检查定子机座、铁心、绕组及端部绑扎槽楔，接线端子接线板等各部状态槽楔不得松动。(　　)

437. 用气动扳手将两端轴承外盖螺钉拧松取出，卸下轴承外盖。(　　)

438. 清扫检查转子与轴，导条与端环，风叶与平衡柱状态用压缩空气清除转子内部及外部的灰尘和污物。(　　)

439. SS_{4B}型电力机车劈相机的作用是将三相电源劈成两相电源以供电。(　　)

440. 直流电机从整体上看，可分为静止部分和旋转部分。(　　)

441. 辅助电机当轴承破裂或内部有缺陷，两端轴承装配不平行都会造成轴承过热烧损。(　　)

442. 用感应加热器将轴承加热 300 min 或用轴承加热油炉将轴承加热至 90 ~ 100 °C 保温 200 ~ 300 min。(　　)

443. 在转子两端套入轴承内盖，将加热好的轴承套入转子轴承挡靠紧轴肩，装轴承卡簧，在轴承室和轴承中加入三号锂基润滑脂。(　　)

444. 在转子两端套入轴承内盖，将加热好的轴承套入转子轴承挡靠紧轴肩，装轴承卡簧，在轴承室和轴承中加入 1 号锂基润滑脂。(　　)

445. 提起端盖将轴承室套入轴承外圈边沿，用铜棒猛击用力敲打端盖，使轴承套入轴承室。(　　)

446. 轻轻盘动转子，看转动是否灵活，不灵活加力臂用力转动。(　　)

447. 组装后测量定子绕组对地、相间绝缘电阻并进行对地耐压试验。(　　)

448. 在试验台上进行三相空载试验，启动正常无剧烈振动，轴承无停滞及异常杂音。(　　)

449. 测量三相空载电流，在三相电源平衡的条件下，任一相与三相平均值的差不大于 10%，并不得超过出厂值的 10%。(　　)

450. 环火是直流和脉流牵引电动机最轻微的故障之一。(　　)

451. 测量三相空载电流，在三相电源平衡的条件下，任一相与三相平均值的差不大于 100%，并不得超过出厂值的 100%。(　　)

452. 牵引电动机加油时，油脂牌号必须相同不能混用，否则会造成油脂皂化变质。(　　)

453. 拆卸叶轮：伸直止动垫圈扣片，卸下轴端螺母，再用叶轮拔出机具拔下叶轮，取下平键。(　　)

454. 更换牵引电机电刷时，应检查电刷与换向器表面，须经常保持干燥、清洁。(　　)

455. 检查接线端子良好，引接线绝缘不许有破损老化龟裂。(　　)

456. 接线柱不许有松动歪斜及过热烧痕，螺纹应完好；螺母垫圈短接片应齐全完好。(　　)

457. 直流电机换向极又称换向器，装在两个主极之间。(　　)

458. 清扫检查风叶及其轴孔，风叶无掉块变形，轴孔尺寸符合限度要求，否则更新。(　　)

459. 直流牵引电机定子主要由转子电枢、主磁极、机座和电刷装置等组成。（　　）

460. 检查键与键槽状态，无变形尺寸符合限度要求，否则应更新。（　　）

461. 清扫检查导流筒、主风筒，无开裂变形，否则应进行整修。（　　）

462. 清洗检查油管轴头螺母等部件，状态良好，否则应更新。（　　）

463. 电力机车劈相机不启动时，各辅机可依次投入工作。（　　）

464. 机械火花一般在后刷边燃烧。（　　）

465. 使用螺丝刀紧固或拆卸带电的螺钉时，手可以触及螺丝刀金属杆。（　　）

466. 叶轮压装：将键装在轴伸端键槽内，将叶轮平放在轴上，校正叶轮键槽与键位置，用铜棒轻打叶轮，使叶轮套入电机轴上。（　　）

467. 使用螺丝刀时，要选用合适的型号，不允许以大代小。（　　）

468. 电刷与换向器接触不良，电刷在刷盒中松旷或卡死，弹簧压力不当就会产生火花。（　　）

469. 用铜棒轻轻敲出转子，将套转子专用工具套在转子上，从定子内取出，放置在转子支架上。（　　）

470. 使用螺丝刀紧固或拆卸带电的螺钉时，手不得触及螺丝刀金属杆以免发生触电事故。（　　）

471. 槽楔不得松动；接线板应干燥干净，无放电痕迹。测量接线板的绝缘电阻符合要求。（　　）

472. 清洗检查端盖及各零部件，检查端盖及各零部件不得出现裂纹，端盖与机座配合良好。（　　）

473. 在转子两端套入轴承内盖，将加热好的轴承套入转子轴承挡靠紧轴肩，装轴承卡簧。（　　）

474. 将转子吊起，套入定子内，用气动扳手将端盖轴承外盖螺钉拧紧，用铜棒轻打轴头。（　　）

475. 将转子吊起，套入定子内，用气动扳手将端盖轴承外盖螺钉拧紧，用铜棒用力重打轴头。（　　）

476. 使用螺丝刀时，要选用合适的型号，允许以大代小。（　　）

477. 检查定子铁心与机座之间不许有松弛和位移，安装螺孔良好。（　　）

478. 检查定子绕组绝缘不得有破损过热老化现象，绑线应牢固，槽楔不许变形。（　　）

479. 检查接线板各密封垫圈应良好；接线端子需良好。（　　）

480. 接线绝缘不得有老化开裂，折损面积不得大于原形的 1/10，否则应更新。（　　）

481. 潜油泵用 500 V 兆欧表检查接线板，接线柱间及对地绝缘电阻值，不小于 50 MΩ。（　　）

482. 潜油泵用 500 V 兆欧表检查接线板，接线柱间及对地绝缘电阻值，不小于 500 MΩ。(　　)

483. 对 SS_{4B} 辅机定子绕组进行对地耐压试验，按工频 1 700 V，1 min（旧品值），绝缘不许击穿。(　　)

484. 对 SS_{4B} 辅机定子绕组进行对地耐压试验，按工频 1 700 V，10 min（旧品值），绝缘不许击穿。(　　)

485. 电磁火花一般沿切线飞出，机械火花在后刷边燃烧。(　　)

486. 检查转子铁心不许有与定子铁心相磨的痕迹。(　　)

487. 检查转轴转子铁心与轴之间不许有松弛和位移。(　　)

488. 潜油泵检查叶轮安装处轴颈拉伤面积不大于 15%。(　　)

489. 检查轴承档、轴伸档及其肩胛不许有毛刺凹凸不平的伤痕及锈斑现象，如有则须用细锉及细砂布仔细打磨除去。(　　)

490. 电机环火俗称“放炮”。(　　)

491. 检查轴键槽需完好，不得有拉伤变形毛刺现象。(　　)

492. 在电气设备中，绝缘材料容易受到高温的影响而加速老化并损坏。(　　)

493. 套装轴承将合格的轴承加热，迅速地平行推入轴承挡处，并将后端轴承的轴向挡圈装入到位。(　　)

494. 用手扶住转子及前端盖，使转子保持平稳平并使定转子轴线对齐，注意移入时不得碰伤定子绕组。(　　)

495. 安装前端盖：按记号带上前端盖固定螺栓，用铜棒边对称轻敲前端盖边对称均匀拧紧其固定螺栓，使止口完全贴合。(　　)

496. 将机组竖放（后端朝下）平稳后，键装入轴键槽内，叶轮键槽对准轴键将叶轮装入轴上。(　　)

497. 直流电机正常工作时应该不允许产生任何换向火花。(　　)

498. 检查装配好的机组，轴转动是否灵活，有无不正常的噪声。(　　)

499. 在专用试验台上进行油泵试验，试验前先用 500 V 兆欧表测量定子绕组对地绝缘电阻值，并记录。(　　)

500. 外观检查，电阻带不许有变形裂纹短路断路和放电烧损，片间距离须均匀距离不小于 12 mm。(　　)

三、多选题

1. 牵引电机碳刷的磨损分为（　　）。

A. 机械磨损　　B. 电气磨损

C. 自然磨损　　D. 人为磨损

2. 三相鼠笼式感应电动机的启动有（　　）。

A. 低速启动　　B. 高速启动

C. 直接启动　　D. 降压启动

3. ZD114 牵引电机刷架装置由（　　）等组成。

A. 刷架圈　　B. 刷握装配

C. 联线　　D. 定位装置

4. ZD114 牵引电机由（　　）及刷架系统等三大部分组成。

A. 观察孔盖　　B. 电枢

C. 定子　　D. 网板

5. 电枢在以下哪种情况下（　　）应进行动平衡试验。

A. 平衡块脱落或窜动　　B. 电机出现异常振动

C. 重新浸漆　　D. 重新绑扎无纬带

6. 电刷装置一般由（　　）等部分组成。

A. 电刷　　B. 刷握　　C. 刷杆　　D. 刷杆座

7. 机车耐压试验的目的是为了（　　）。

A. 检查配件寿命　　B. 鉴定部件的绝缘性能

C. 寻找绝缘击穿点　　D. 破坏配件

8. 三相异步电动机制动方法有（　　）。

A. 直接制动　　B. 再生制动

C. 反接制动　　D. 能耗制动

9. 直流电机机座起（　　）作用。

A. 保护　　B. 电气

C. 机械支撑　　D. 磁路

10. 三相异步电动机的调速方法有（　　）。

A. 变极调速　　B. 改变转差率调速

C. 变频调速　　D. 升压调速

11. 下列（　　）情况时需要对牵引电机换向器进行镟修。

A. 换向器表面磨耗深度超过限度

B. 表面严重拉伤或烧损

C. 跳动量超过允许值

D. 换向器大修

12. 职业危害分为哪几种？（　　）。

A. 粉尘危害　　B. 接触毒物危害

C. 物理因素危害　　D. 缺氧危害

13. SS_{4B}/SS_{4G} 型机车修程划分为（　　）。

A. 辅修　　B. 小修　　C. 中修　　D. 大修

14. SS_{4B} 机车牵引电机小辅修时检查定子（　　）。
A. 各绕组及磁极可见部分固定螺栓
B. 补偿绕组、换向极与电枢间隙
C. 各绕组外包绝缘状态（可见部分）
D. 换向器表面状态

15. SS_{4B} 机车牵引电机小辅修时检查电枢（　　）。
A. 换向器表面状态，清洁换向器表面及云母槽
B. 升高片状态
C. 补油
D. 无纬带

16. SS_{4B} 机车牵引电机小辅修时检查刷架（　　）。
A. 补油
B. 检查刷架刷握刷杆压指弹簧等
C. 按要求更换碳刷
D. 检查刷盒与换向器表面间间隙

17. SS_{4B} 机车牵引电机 2 h 检查接线盒（　　）。
A. 检查绝缘子
B. 外观检查引出线
C. 打开接线盒，清扫检查接线压板、引出线线鼻子
D. 接线盒外部放电

18. SS_{4B} 机车辅助机组小辅修时交流辅助电机检查（　　）。
A. 清扫外观（可见部分）检查定子、接线盒、电机安装及引出线状态
B. 检查接线状态
C. 检查橡胶底座电机接线状态
D. 轴承补油并记录

19. SS_{4B} 机车辅助机组小辅修时制动电阻柜检查（　　）。
A. 打开每个面板检查内部
B. 检查接地螺丝
C. 外观检查柜体、电阻带联线、紧固件状态
D. 测量制动电阻对地绝缘电阻值

20. SS_{4B} 机车牵引电机主要参数正确的是（　　）。
A. 传动方式单边直齿　　B. 额定电压 1 020 V
C. 额定电流 845 A　　D. 额定转速 960 r/min

21. 如果换向器表面出现以下情况，必须用车削方法重新加工（　　）。
A. 换向器表面严重发黑或由于火花等原因致使换向器表面粗糙
B. 换向器出现偏心、直径不均匀、凹凸等现象

C. 换向器表面光滑有油润感

D. 换向器表面碳刷接触面磨出凹槽达 0.15 mm 时

22. 三小危库是指（　　）。

A. 小油库　　B. 氧气库

C. 电石（乙炔）库　　D. 物资库

23. 电动机运行时必须解决的问题的是（　　）。

A. 启动　　B. 反转　　C. 制动　　D. 重量

24. 处理电枢轴承时的注意事项（　　）。

A. 长时间加热轴承

B. 请勿混合使用不同规格的轴承润滑脂

C. 滚柱轴承的内环和外环必须配套使用，要确认相互间的编号正确

D. 装配轴承和润滑脂时，必须保持环境和工具的清洁，以防灰尘、水等杂质进入轴承和润滑脂

25. 小齿轮检查单侧齿面（　　）。

A. 点蚀包罗面积不大于 20%，点蚀深度不大于 0.3 mm

B. 剥离不多于 1 处，剥离面积不大于 6 mm2，剥离深度不大于 0.6 mm

C. 检查齿轮崩角不多于 2 处，沿齿高方向不大于 25%，沿齿宽方向不大于 12%

D. 检查锥孔拉伤面积不大于 8%

26. ZD105 型牵引电动机主要参数正确的是（　　）。

A. 额定电压 1 020 V　　B. 额定电流 840 A

C. 额定转速 960 r/min　　D. 传动方式双侧斜齿

27. SS_{4B} 机车牵引电机刷架检修（　　）。

A. 刷握绝缘杆及聚四氟乙烯绝缘套管清洁，不许有裂损.灼痕及松动

B. 刷盒裂纹、严重烧损进行更新

C. 刷握全部更新

D. 瓷瓶全部更新

28. SS_{4B} 机车牵引电机轴承的检查（　　）。

A. 可以戴手套接触轴承

B. 目视检查内套的粗糙度刮伤碰伤、褪色生锈等

C. 转动滚柱，检查滚柱和保持架的磨耗、铆钉的松动、保持架有无损伤等异常现象

D. 发现内环或外环有异常，应同时更换两环

29. SS_{4B} 机车牵引电机机座、端盖的检修（　　）。

A. 检查机座不得有裂损　　B. 检查接线盒完好固定可靠

C. 检查端盖不得有裂纹　　D. 轴承盖油封环不许有损坏变形

30. SS_{4B} 机车牵引电机磁极的检修（　　）。

A. 磁极接地良好

B. 铁心密贴机座，固定可靠

C. 绕组清洁，不许有松动及变形，外包绝缘良好

D. 绕组连线及引出线固定可靠

31. SS_{4B} 机车牵引电机电枢的检修（　　）。

A. 用干燥压缩空气清除电枢表面及铁心通风孔内的灰尘，用毛刷和清洗剂将润滑脂等油污擦净

B. 检查电枢线圈表面绝缘有无老化损伤

C. 检查电枢线圈有无过热等不良现象，刷表面覆盖漆

D. 电枢端部无纬带绑扎有无裂纹或拉丝现象，否则应进行更换

32. SS_{4B} 机车牵引电机空转试验要求（　　）。

A. 空转试验时高速启动

B. 在专用试验台上进行空载试验

C. 缓慢升高电压至最高转速，在此转速下，正反向各连续运行半小时

D. 轴承运行平稳轻快，无异音及甩油，温升不超过 40 °C

33. SS_{4G}（SS_{4B}）型电力机车 YPX3-280M-4 型异步旋转劈相机主要参数（　　）。

A. 额定电压输入单相 380 V　　B. 额定电流输入单相 200 A

C. 额定转速 1 499 r/min　　D. 额定频率 50 Hz

34. YPX3-280M-4 型异步旋转劈相机定子检修（　　）。

A. 检查转子无变形松动

B. 检查槽楔接线端子接线板等各部状态

C. 清扫定子各部，用 196 ~ 294 kPa 干燥压缩空气清除定子内部及外部的灰尘和污物

D. 检查定子机座、铁心绕组及端部绑扎等各部状态

35. YPX3-280M-4 型异步旋转劈相机转子检修（　　）。

A. 定子接地良好

B. 清扫检查转子与轴、导条与端环、风叶与平衡柱状态

C. 电机振动过大时不可上车使用

D. 清洗检查端盖及各零部件，端盖及各零部件不得出现裂纹，端盖与机座配合情况良好

36. YPX3-280M-4 型异步旋转劈相机空载试验要求（　　）。

A. 电机应连续启动 3 次以上无异常

B. 电机无剧烈振动

C. 轴承应平稳轻快，无停滞异常杂音现象

D. 进行单相空载运行试验，电压电流正常

37. 牵引通风机电动机主要参数（　　）。

A. 额定电流 1 000 A　　B. 额定电压 380 V

C. 额定频率 50 Hz　　D. 额定转速 1 480 r/min

38. 牵引通风机电动机定子检修（　　）。
A. 检查转子各部良好
B. 清扫定子各部，用干燥压缩空气清除定子内部及外部的灰尘和污物
C. 接线板应干燥、干净，无放电痕迹
D. 2 500 V 兆欧表测量绝缘阻值

39. 牵引通风机电动机转子检修（　　）。
A. 检查定子各部良好
B. 清扫检查转子与轴、导条与端环、风叶与平衡柱状态
C. 清洗检查端盖及各零部件
D. 电机振动过大时加橡胶垫

40. 牵引通风机空载试验要求（　　）。
A. 启动正常无剧烈振动，轴承无异常杂音
B. 测量三相空载电流，在三相电源平衡的条件下，任一相与三相平均值的差不大于 10%，并不得超过出厂值的 10%
C. 轴承的稳定温升不得超过 55 K
D. 轴承正常运行中短暂停滞

41. 制动通风机电机技术参数（　　）。
A. 额定电压 380 V　　B. 额定电流 1 000 A
C. 额定频率 50 Hz　　D. 额定转速 2 950 r/min

42. 制动通风机电动机定子检修（　　）。
A. 检查转子无变形松动
B. 清扫定子各部，用干燥压缩空气清除定子内部及外部的灰尘和污物
C. 接线板应干燥、干净，无放电痕迹
D. 100 V 兆欧表测量绝缘阻值

43. 制动通风机电动机转子检修（　　）。
A. 检查定子无变形松动
B. 清扫检查转子与轴、导条与端环、风叶与平衡柱状态
C. 清洗检查端盖及各零部件
D. 电机振动过大时加橡胶垫

44. 制动通风机空载试验要求（　　）。
A. 轴承的稳定温升不得超过 55 K
B. 测量三相空载电流，在三相电源平衡的条件下，任一相与三相平均值的差不大于 10%，并不得超过出厂值的 10%
C. 启动正常无剧烈振动，轴承无停滞
D. 轴承温升不得超过 200 K

45. 主变压器通风机组技术参数（　　）。
A. 额定电压 380 V　　B. 额定电流 1 000 A

C. 额定转速 2 920 r/min　　D. 额定频率 50 Hz

46. 主变通风机电动机定子检修（　　）。
A. 转子平衡无放电
B. 清扫定子各部，用干燥压缩空气清除定子内部及外部的灰尘和污物
C. 接线板应干燥、干净，无放电痕迹
D. 2 500 V 兆欧表测量绝缘阻值

47. 主变通风机电动机转子检修（　　）。
A. 定子接地良好
B. 清扫检查转子与轴、导条与端环、风叶与平衡柱状态
C. 清洗检查端盖及各零部件
D. 电机振动过大时不可上车使用

48. 主变通风机空载试验要求（　　）。
A. 启动正常无剧烈振动，轴承无停滞及异常杂音
B. 测量三相空载电流，在三相电源平衡的条件下，任一相与三相平均值的差不大于10%，并不得超过出厂值的 10%
C. 轴承的稳定温升不得超过 55 K
D. 轴承温升不得超过 200 K

49. 变压器潜油泵定子检修（　　）。
A. 检查机座不许有裂纹，安装螺孔良好
B. 检查定子绕组绝缘不得有破损过热老化现象，绑线应牢固
C. 槽楔不许裂纹变形
D. 定子铁心与机座之间不许有松弛和位移

50. 变压器潜油泵转子检修（　　）。
A. 检查转子铸铝导条及端环，不许有断条和裂纹
B. 检查转子铁心不许有与定子铁心相磨的痕迹
C. 检查转轴转子铁心与轴之间不许有松弛和位移
D. 检查定子不得有破损现象

51. 变压器潜油泵试验要求（　　）。
A. 试验前先用 500 V 兆欧表测量定子绕组对地绝缘电阻值
B. 连续启动 3 次以上，电机无剧烈震动
C. 轴承应平稳轻快，无停滞现象，声音均匀无异常杂音
D. 偶尔启动异常不影响使用

52. 制动电阻装置电阻元件检修（　　）。
A. 每次补充 2#润滑脂
B. 电阻带在瓷夹间固定良好
C. 电阻带不许有变形裂纹、短路断路和放电烧损
D. 方轴不得弯曲变形

53. 制动电阻装置电阻元件连线检修（　　）。
A. 检查各连接导线、接线板不许有过热裂损
B. 软铜编织线不许有过热，其导线折损面积不许大于原形的 5%
C. 检查各瓷件不许有放电灼伤或裂损
D. 检查各石棉板不许有裂损

54. 制动电阻装置电阻元件阻值要求（　　）。
A. 每组阻值不超过 5 000 Ω
B. 用电桥（或电压电流法）测量每一组制动电阻的冷态直流电阻值
C. 用 2 500 V 兆欧表测量各电阻对地绝缘电阻值不小于 10 MΩ
D. 用万用表测量电阻值

55. JD160 型牵引电机外观检查要求（　　）。
A. 机座无变形；无裂纹损伤
B. 引出线绝缘良好，无龟裂破损
C. 风道无破损各部螺丝紧固
D. 接地线固定螺栓紧固，断股不超过横截面的 10%

56. JD160 型牵引电机接线盒及接线检查（　　）。
A. 外观检查大线及接线头是否过热断裂
B. 接线柱无爬电碳化现象；接线盒内部清洁
C. 更新接线盒盖板螺丝弹垫，螺丝使用强度为 10.9 级螺栓
D. 接线盒密封垫无破损，密封性能良好

57. JD160 型牵引电机速度传感器检查（　　）。
A. 传感器外观状态良好无损伤
B. 连线无破损；插头插接良好
C. 用 500 V 兆欧表对传感器各芯对地绝缘进行测量
D. 温度传感器正常

58. JD160 型牵引电机温度传感器检查（　　）。
A. 传感器外观状态良好、无损伤
B. 连线无破损；插头插接良好
C. 用 100 V 兆欧表对传感器各芯对地绝缘进行测量
D. 速度传感器正常

59. JD160 型牵引电机绕组检测要求（　　）。
A. 用万用表测量绕组阻值
B. 电机三相阻值不平衡度不大于 1%
C. 用 1 000 V 兆欧表检查电机绕组对地绝缘
D. 电机绕组对地绝缘不小于 100 MΩ

60. HXD1 型电力机车牵引风机组检查要求（　　）。
A. 外观检查各部件

B. 打开接线盒检查
C. 用 500 V 兆欧表测量对地绝缘电阻
D. 拆除接地螺栓

61. HXD1 型电力机车辅助变压器通风机检查要求（　　）。
A. 外观检查各部件
B. 打开接线盒检查
C. 用 500 V 兆欧表测量对地绝缘电阻
D. 用 2 500 V 兆欧表测量对地绝缘电阻

62. HXD1 型电力机车冷却塔风机检查要求（　　）。
A. 外观检查各部件
B. 打开接线盒检查
C. 用 500 V 兆欧表测量对地绝缘电阻
D. 万用表测量电容值

63. 党和国家的安全生产方针是（　　）。
A. 安全你我他　　B. 安全无小事
C. 安全第一　　D. 预防为主

64. 横越线路时，要执行（　　）制度。
A. 直接通过　　B. 一站
C. 二看　　D. 三通过

65. 三基建设是指（　　）。
A. 基层建设　　B. 基础建设
C. 基本功建设　　D. 基建

66. 公司两个安全理念是（　　）。
A. 安全在自己，安全为自己
B. 违章就是事故，细节决定安全
C. 安全无小事
D. 安全责任重于泰山

67. 车顶作业人员要穿戴好防护用品，工具佩带齐全；上下车顶要站稳抓牢，不得穿（　　）等不便捷的鞋上车顶。
A. 劳保鞋　　B. 塑料底鞋
C. 高跟鞋　　D. 拖鞋

68. 检修作业时，按检修工艺范围和有关要求，将作业中所用到的检修工具.照明用具.测量器具等佩带齐全，禁止（　　）。
A. 错修　　B. 漏修　　C. 简化修　　D. 违章修

69. 普通万用表可用来测量（　　）。
A. 电容　　B. 交直流电流
C. 电阻　　D. 交直流电压

70. 四按、三化”记名检修中，（　　）属于“四按”的内容。

A. 按流程　　B. 按工艺

C. 按范围　　D. 按“机车-28”

71. “四按、三化”记名检修中，（　　）属于“三化”的内容。

A. 信息化　　B. 程序化　　C. 文明化　　D. 机械化

72. 处理职工伤亡事故“三不放过”的内容是什么（　　）。

A. 事故原因分析不清不放过

B. 事故的责任者和群众未接受教育不放过

C. 没有制定出防范措施不放过

D. 没有罚款不放过

73. 电机组涉及的安全作业不包括（　　）。

A. 架落车作业　　B. 天车吊运

C. 镟轮作业　　D. 牵车作业

74. 游标卡尺由哪些部分组成（　　）。

A. 刻度　　B. 主尺

C. 附在主尺上能滑动的游标　　D. 盒子

75. 电机组涉及专业类危险源下列正确的是（　　）。

A. 天车吊挂物件不牢

B. 吊挂物件时扶持位置不正确

C. 使用断股破损吊索具

D. 配合无安全协议单位施工

76. 牵引电机齿轮套装检查正确的是（　　）。

A. 清洁检查主动齿轮和轴头

B. 检查单侧齿面及锥孔状态

C. 观察孔盖检查

D. 对主动齿轮和轴头进行探伤

77. ZD114 电机刷架检查刷盒尺寸，用游标卡尺测量刷盒内部尺寸正确的是（　　）。

A. 单碳刷刷盒不得大于 40.3 mm

B. 双碳刷刷盒不得大于 80.5 mm

C. 宽度不大于 20.3 mm

D. 高度不得低于 100 cm

78. ZD114 换向器直径要求正确的是（　　）。

A. 换向器直径每次必须车削至 484 mm

B. 换向器直径禁用限度为 484 mm 以下

C. 换向器直径设计原型为 500 mm 但厂家生产时留有余量一般最大直径能达到 502 mm

D. 无论是碳刷磨耗或是因车削等原因造成电枢换向器直径小于 484 mm 时禁止使用

79. ZD114 轴承检查正确的是（　　）。
A. 检查轴承外观良好，轴承标识、规格及编码正确
B. 用塞尺测量轴承自由间隙符合要求
C. 使用轴承压装机将轴承外套平稳压入轴承室
D. 用铜锤用力敲打轴承

80. ZD114 轴承检查注意事项正确的是（　　）。
A. 可用脏手或油手套直接接触轴承
B. 工作中应轻拿轻放，不得碰坏、损伤配件
C. 必须安装具有相同系列编号的外环和内环
D. 不同系列编号可以混装

81. 电阻带出现以下情况时更换电阻带，换下电阻带予以报废（　　）。
A. 电阻带发生烧断、烧灼情况的
B. 电阻带出现较大变形的
C. 电阻带带体出现裂纹的
D. 电阻带发生严重过热，变色严重的

82. 三相交流异步电动机的耐压试验包括（　　）等耐压。
A. 配件与配件间　　B. 各相绕组对地
C. 各相绕组之间　　D. 绕组内匝间

83. 牵引电机换向器薄膜的不正常状态主要有（　　）。
A. 黑痕　　B. 条纹
C. 电刷轨痕　　D. 表面磨光

84. SS_{4B} 型电力机车的牵引电机通风支路主要是冷却（　　）。
A. 主变流装置　　B. 牵引电机
C. 制动电阻　　D. 主变压器

85. SS_{4B} 电力机车三大通风支路分别为（　　）。
A. 劈相机通风支路　　B. 牵引电机通风支路
C. 制动电阻通风支路　　D. 主变压器通风支路

86. 手摇式兆欧表的额定电压主要有（　　）V。
A. 500　　B. 1 000　　C. 2 500　　D. 10 000

87. ZD114 轴承检查注意事项不正确的是（　　）。
A. 可用脏手或油手套直接接触轴承
B. 工作中应轻拿轻放，不得碰坏损伤配件
C. 必须安装具有相同系列编号的外环和内环
D. 不同系列编号可以混装

88. 游标尺不是主要由哪些部分组成（　　）。
A. 刻度　　B. 主尺
C. 附在主尺上能滑动的游标　　D. 盒子

89. 电机组涉及的安全作业包括（　　）。

A. 架落车作业　　B. 天车吊运

C. 镟轮作业　　D. 牵车作业

90. 制动电阻装置电阻元件阻值要求不正确的是（　　）。

A. 每组阻值不超过 5 000 Ω

B. 用电桥（或电压电流法）测量每一组制动电阻的冷态直流电阻值

C. 用 2 500 V 兆欧表测量各电阻对地绝缘电阻值不小于 10 MΩ

D. 用万用表测量电阻值

91. 主变通风机电动机定子检修不正确的是（　　）。

A. 转子平衡无放电

B. 清扫定子各部，用干燥压缩空气清除定子内部及外部的灰尘和污物

C. 接线板应干燥、干净，无放电痕迹

D. 2 500 V 兆欧表测量绝缘阻值

92. 主变通风机电动机转子检修不正确的是（　　）。

A. 定子接地良好

B. 清扫检查转子与轴、导条与端环、风叶与平衡柱状态

C. 清洗检查端盖及各零部件

D. 为制动风机提供冷却用风

93. 牵引通风机电动机定子检修不正确的是（　　）。

A. 检查转子各部良好

B. 清扫定子各部，用干燥压缩空气清除定子内部及外部的灰尘和污物

C. 接线板应干燥干净，无放电痕迹

D. 2 500 V 兆欧表测量绝缘阻值

94. 牵引通风机电动机转子检修不正确的是（　　）。

A. 检查定子各部良好

B. 清扫检查转子与轴、导条与端环、风叶与平衡柱状态

C. 清洗检查端盖及各零部件

D. 电机振动过大时加橡胶垫

95. 制动通风机电动机定子检修不正确的是（　　）。

A. 检查转子电容值符合要求

B. 清扫定子各部，用干燥压缩空气清除定子内部及外部的灰尘和污物

C. 接线板应干燥、干净，无放电痕迹

D. 100 V 兆欧表测量绝缘阻值

96. 制动通风机电动机转子检修不正确的是（　　）。

A. 检查定子无变形松动

B. 清扫检查转子与轴、导条与端环、风叶与平衡柱状态

C. 清洗检查端盖及各零部件

D. 为牵引电机提供冷却用风

97. 下列哪些不属于 ZD114 牵引电机三大部分组成（　　）。

A. 电枢　　B. 网板　　C. 观察孔盖　　D. 定子

98. 牵引电机碳刷的磨损不对的是（　　）。

A. 机械磨损　　B. 电气磨损

C. 自然磨损　　D. 人为磨损

99. YPX3-280M-4 型异步旋转劈相机定子检修不对的是（　　）。

A. 检查转子无变形松动

B. 用深度尺检查槽楔接线端子

C. 清扫定子各部，用 196 ~ 294 kPa 干燥压缩空气清除定子内部及外部的灰尘和污物

D. 检查定子机座、铁心绕组及端部绑扎等各部状态

100. YPX3-280M-4 型异步旋转劈相机转子检修不对的是（　　）。

A. 检查定子接地良好

B. 清扫检查转子与轴、导条与端环、风叶与平衡柱状态

C. 用 2 500 V 兆欧表测量绝缘

D. 清洗检查端盖及各零部件，端盖及各零部件不得出现裂纹，端盖与机座配合情况良好

机车电工（电机组）应知应会练习题参考答案

一、单选题

1. A	2. A	3. C	4. A	5. C	6. B	7. B	8. A	9. A	10. C
11. B	12. B	13. D	14. B	15. C	16. A	17.C	18. C	19. B	20. C
21. B	22. B	23. A	24. B	25. C	26. C	27. C	28. B	29. C	30. C
31. A	32. B	33. D	34. A	35. A	36. A	37. B	38. A	39. A	40. A
41. C	42. D	43. C	44. B	45. B	46. D	47. A	48. A	49. B	50. A
51. A	52. B	53. C	54. A	55. A	56. A	57. A	58. B	59. A	60. B
61. B	62. C	63. A	64. B	65. A	66. A	67. C	68. D	69. A	70. A
71. B	72. C	73. C	74. C	75. C	76. D	77. B	78. B	79. B	80. B
81. A	82. D	83. D	84. B	85. D	86. B	87. C	88. A	89. A	90. B
91. B	92. C	93. A	94. A	95. C	96. A	97. A	98. A	99. B	100. D
101. A	102. A	103. A	104. D	105. C	106. A	107. C	108. D	109. A	110. A
111. B	112. A	113. A	114. D	115. B	116. D	117. B	118. D	119. D	120. D
121. D	122. D	123. A	124. D	125. D	126. D	127. A	128. D	129. A	130. A
131. A	132. A	133. D	134. D	135. C	136. D	137. A	138. D	139. A	140. A

141. A　142. A　143. C　144. B　145. B　146. B　147. A　148. A　149. A　150. C
151. D　152. A　153. A　154. B　155. B　156. B　157. A　158. A　159. D　160. D
161. D　162. D　163. B　164. B　165. B　166. B　167. D　168. C　169. A　170. B
171. B　172. C　173. A　174. A　175. A　176. B　177. C　178. C　179. A　180. A
181. A　182. D　183. A　184. A　185. C　186. A　187. D　188. C　189. A　190. C
191. D　192. A　193. D　194. B　195. B　196. C　197. A　198. D　199. D　200. D
201. D　202. D　203. A　204. A　205. C　206. A　207. A　208. A　209. B　210. B
211. B　212. A　213. A　214. C　215. C　216. B　217. D　218. C　219. B　220. A
221. B　222. D　223. C　224. B　225. A　226. A　227. A　228. A　229. A　230. C
231. C　232. A　233. B　234. B　235. A　236. A　237. B　238. B　239. C　240. B
241. A　242. B　243. B　244. C　245. A　246. B　247. C　248. A　249. C　250. B
251. A　252. A　253. B　254. A　255. B　256. B　257. A　258. A　259. B　260. A
261. B　262. A　263. A　264. C　265. B　266. A　267. A　268. D　269. D　270. B
271. D　272. A　273. C　274. B　275. C　276. B　277. A　278. C　279. A　280. C
281. C　282. D　283. A　284. B　285. C　286. D　287. A　288. D　289. C　290. A
291. A　292. B　293. A　294. A　295. C　296. B　297. A　298. D　299. B　300. C
301. C　302. B　303. B　304. B　305. A　306. C　307. A　308. D　309. A　310. A
311. B　312. B　313. C　314. A　315. A　316. D　317. D　318. A　319. A　320. A
321. C　322. C　323. B　324. D　325. D　326. A　327. D　328. C　329. C　330. D
331. A　332. D　333. B　334. B　335. A　336. B　337. A　338. A　339. D　340. A
341. A　342. B　343. D　344. A　345. A　346. B　347. A　348. C　349. A　350. B
351. B　352. A　353. B　354. D　355. A　356. B　357. B　358. A　359. B　360. D
361. D　362. B　363. C　364. C　365. C　366. D　367. A　368. C　369. A　370. C
371. D　372. A　373. C　374. A　375. C　376. D　377. A　378. C　379. A　380. C
381. D　382. A　383. A　384. D　385. D　386. C　387. A　388. A　389. A　390. C
391. C　392. A　393. B　394. B　395. D　396. B　397. B　398. C　399. A　400. C
401. A　402. C　403. A　404. C　405. B　406. A　407. D　408. C　409. C　410. A
411. A　412. A　413. A　414. B　415. A　416. A　417. A　418. A　419. B　420. A
421. C　422. D　423. C　424. A　425. A　426. C　427. A　428. B　429. A　430. A
431. D　432. B　433. D　434. A　435. A　436. A　437. B　438. C　439. D　440. A
441. B　442. C　443. D　444. A　445. A　446. B　447. A　448. C　449. C　450. A
451. A　452. C　453. A　454. C　455. C　456. A　457. B　458. A　459. B　460. A
461. A　462. A　463. A　464. A　465. B　466. A　467. A　468. A　469. A　470. A
471. C　472. A　473. B　474. B　475. C　476. C　477. B　478. D　479. D　480. C
481. A　482. B　483. B　484. B　485. C　486. A　487. B　488. A　489. A　490. D
491. C　492. A　493. A　494. A　495. C　496. A　497. B　498. C　499. D　500. A

二、判断题

1. √ 2. × 3. √ 4. √ 5. × 6. × 7. √ 8. × 9. √ 10. ×
11. √ 12. × 13. √ 14. × 15. × 16. √ 17. √ 18. √ 19. × 20. ×
21. × 22. √ 23. × 24. √ 25. √ 26. × 27. × 28. × 29. √ 30. √
31. × 32. × 33. √ 34. × 35. √ 36. √ 37. × 38. √ 39. √ 40. √
41. √ 42. × 43. × 44. √ 45. √ 46. √ 47. √ 48. √ 49. √ 50. √
51. √ 52. √ 53. √ 54. √ 55. √ 56. × 57. × 58. × 59. × 60. √
61. √ 62. × 63. × 64. × 65. √ 66. √ 67. × 68. × 69. × 70. ×
71. × 72. √ 73. √ 74. √ 75. × 76. × 77. √ 78. × 79. × 80. ×
81. × 82. √ 83. √ 84. √ 85. √ 86. √ 87. × 88. √ 89. √ 90. √
91. √ 92. × 93. × 94. × 95. × 96. × 97. × 98. × 99. √ 100. √
101. √ 102. × 103. √ 104. × 105. √ 106. √ 107. √ 108. √ 109. × 110. ×
111. √ 112. √ 113. √ 114. √ 115. × 116. √ 117. × 118. × 119. × 120. √
121. √ 122. × 123. √ 124. √ 125. × 126. × 127. × 128. × 129. √ 130. √
131. √ 132. √ 133. × 134. × 135. × 136. × 137. × 138. × 139. × 140. √
141. × 142. √ 143. × 144. √ 145. √ 146. √ 147. × 148. × 149. × 150. √
151. √ 152. × 153. √ 154. × 155. × 156. × 157. √ 158. √ 159. √ 160. ×
161. × 62. √ 163. √ 164. × 165. × 166. × 167. × 168. × 169. √ 170. ×
171. × 172. √ 173. √ 174. × 175. × 176. × 177. × 178. × 179. × 180. ×
181. √ 182. √ 183. √ 184. √ 185. √ 186. × 187. × 188. × 189. × 190. √
191. √ 192. √ 193. √ 194. √ 195. √ 196. × 197. √ 198. × 199. √ 200. √
201. × 202. √ 203. × 204. √ 205. × 206. √ 207. × 208. √ 209. × 210. √
211. × 212. √ 213. × 214. √ 215. × 216. √ 217. × 218. √ 219. √ 220. ×
221. × 222. × 223. × 224. √ 225. √ 226. √ 227. √ 228. × 229. √ 230. √
231. √ 232. √ 233. × 234. × 235. × 236. × 237. √ 238. × 239. × 240. ×
241. × 242. √ 243. √ 244. × 245. × 246. √ 247. × 248. × 249. × 250. √
251. √ 252. × 253. × 254. × 255. × 256. × 257. √ 258. √ 259. √ 260. √
261. × 262. × 263. × 264. × 265. √ 266. √ 267. × 268. √ 269. × 270. √
271. × 272. × 273. √ 274. × 275. √ 276. × 277. √ 278. √ 279. √ 280. √
281. √ 282. × 283. √ 284. × 285. √ 286. × 287. √ 288. √ 289. √ 290. √
291. × 292. √ 293. √ 294. √ 295. √ 296. √ 297. √ 298. √ 299. √ 300. ×
301. × 302. √ 303. √ 304. × 305. × 306. √ 307. √ 308. √ 309. √ 310. √
311. √ 312. √ 313. √ 314. √ 315. × 316. √ 317. × 318. √ 319. × 320. √
321. × 322. √ 323. √ 324. √ 325. × 326. √ 327. √ 328. √ 329. × 330. √
331. √ 332. √ 333. √ 334. √ 335. √ 336. √ 337. × 338. √ 339. √ 340. ×

341. √ 342. √ 343. √ 344. √ 345. √ 346. × 347. √ 348. √ 349. √ 350. √
351. √ 352. √ 353. √ 354. × 355. √ 356. √ 357. √ 358. √ 359. √ 360. √
361. √ 362. √ 363. √ 364. × 365. × 366. √ 367. √ 368. √ 369. √ 370. ×
371. √ 372. √ 373. √ 374. √ 375. √ 376. √ 377. √ 378. √ 379. √ 380. ×
381. √ 382. √ 383. √ 384. √ 385. × 386. √ 387. √ 388. √ 389. × 390. √
391. √ 392. √ 393. √ 394. √ 395. √ 396. √ 397. √ 398. √ 399. × 400. √
401. √ 402. √ 403. √ 404. √ 405. √ 406. √ 407. × 408. √ 409. √ 410. ×
411. √ 412. √ 413. √ 414. √ 415. √ 416. √ 417. √ 418. √ 419. √ 420. √
421. √ 422. √ 423. × 424. × 425. × 426. × 427. × 428. √ 429. √ 430. √
431. √ 432. √ 433. × 434. √ 435. √ 436. √ 437. √ 438. √ 439. × 440. √
441. √ 442. × 443. √ 444. × 445. × 446. × 447. √ 448. √ 449. √ 450. ×
451. × 452. √ 453. √ 454. √ 455. √ 456. √ 457. × 458. √ 459. × 460. √
461. √ 462. √ 463. × 464. × 465. × 466. √ 467. √ 468. √ 469. √ 470. √
471. √ 472. √ 473. √ 474. √ 475. × 476. × 477. √ 478. √ 479. √ 480. √
481. √ 482. × 483. √ 484. × 485. × 486. √ 487. √ 488. √ 489. √ 490. √
491. √ 492. √ 493. √ 494. √ 495. √ 496. √ 497. × 498. √ 499. √ 500. √

三、多选题

1. AB　2. CD　3. ABCD　4. BC　5. ABCD
6. ABCD　7. BC　8. BCD　9. CD　10. ABC
11. ABCD　12. ABCD　13. ABCD　14. ABC　15. ABD
16. BCD　17. ABC　18. ABCD　19. CD　20. ABCD
21. ABD　22. ABC　23. ABC　24. BCD　25. ABCD
26. ABCD　27. AB　28. BCD　29. ABCD　30. BCD
31. ABCD　32. BCD　33. ABCD　34. BCD　35. BCD
36. ABCD　37. BCD　38. BC　39. BC　40. ABC
41. ACD　42. BC　43. BC　44. ABC　45. ACD
46. BC　47. BCD　48. ABC　49. ABCD　50. ABC
51. ABC　52. BCD　53. ABCD　54. BC　55. ABCD
56. ABCD　57. ABC　58. ABC　59. BCD　60. ABC
61. ABC　62. ABC　63. CD　64. BCD　65. ABC
66. AB　67. BCD　68. ABCD　69. ABCD　70. BCD
71. BCD　72. ABC　73. CD　74. BC　75. ABC
76. ABD　77. ABC　78. BCD　79. ABC　80. BC
81. ABCD　82. BCD　83. ABCD　84. AB　85. BCD

86. ABC	87. AD	88. AD	89. AB	90. AD
91. AD	92. AD	93. AD	94. AD	95. AD
96. AD	97. BC	98. CD	99. AB	100. AC

第七节　机车电工（电机组）公共应知应会练习题

一、单选题

1. 神华八轴交流电机牵引型号 JD160A 型是（　　）。
   A. 单相异步电动机　　B. 三相异步电动机
   C. 罩极异步电动机　　D. 单相串励电动机

2. JD160A 型牵引电机采用（　　）结构。
   A. 单端盖机壳　　B. 无机壳
   C. 双端盖机壳　　D. 铝合金机壳

3. JD160A 型牵引电机定子由（　　）、定子绕组等部件组成。
   A. 转子铁心　　B. 转子绕组
   C. 定子铁心　　D. 转轴

4. JD160A 型牵引电机转子由转轴、（　　）、压圈、导条、端环和内油封等组成。
   A. 转子铁心　　B. 定子绕组
   C. 定子铁心　　D. 转轴

5. JD160A 型牵引电机主要由定子和（　　）两部分组成。
   A. 定子　　B. 转子　　C. 接线盒盖　　D. 风筒

6. 三相异步电动机的转子实际转速总是（　　）定子旋转磁场的转速。
   A. 低于　　B. 高于　　C. 等于　　D. 不变

7. JD160A 型牵引电机轴承采用（　　）。
   A. 滚针轴承　　B. 绝缘轴承
   C. 不完全液体润滑轴承　　D. 无润滑轴承

8. JD160A 型牵引电机轴承最高运行温度为（　　）℃。
   A. 200　　B. 300　　C. 130　　D. 500

9. JD160A 型牵引电机非传动端轴承由美孚（　　）润滑脂润滑。
   A. 1　　B. 2　　C. 4　　D. 220

10. JD160A 型牵引电机传动端轴承由（　　）润滑。
    A. 齿轮箱油　　B. 1　　C. 2　　D. 4

11. 改变定子频率即可改变电机转速，随着定子频率的增加，电机转速相应（　　）。
    A. 增加　　B. 减少　　C. 不变　　D. 忽高忽低

12. 神华八轴交流电机转速传感器的连接器是（　　）的，连接器中的针是布满的。

A. 两芯　　B. 四芯　　C. 五芯　　D. 六芯

13. 神华八轴交流电机温度传感器是（　　）的，在连接器中仅布置了 5 根针，其他是空的。

A. 一芯　　B. 三芯　　C. 五芯　　D. 十芯

14. 神华八轴交流电力机车辅助变压器柜风机，主要由风机叶轮、（　　）、机壳焊接、进风筒、安装板等组成。

A. 三相交流电动机　　B. 三相直流电动机
C. 单相交流电动机　　D. 单相直流电动机

15. 神华八轴交流电力机车牵引风机是一种（　　）。

A. 轴向离心风机　　B. 径向离心风机
C. 轴流风机　　D. 横流式风机

16. 神华八轴交流电力机车牵引风机电机功率为（　　）。

A. 10 kW　　B. 13 kW　　C. 20 kW　　D. 30 kW

17. 神华八轴交流电力机车牵引风机主要由风机离心叶轮，（　　），外风筒，内风筒，后导流片，进风道等部件组成。

A. 三相异步电动机　　B. 三相直流电动机
C. 单相交流电动机　　D. 单相直流电动机

18. 神华八轴交流电力机车冷却塔主冷风机是（　　），安装在机车油水冷却塔中。

A. 轴流式风机　　B. 径向离心风机
C. 轴向离心风机　　D. 横流式风机

19. 神华八轴交流电力机车冷却塔主冷风机为（　　）提供冷空气。

A. 冷却塔散热器　　B. 牵引电机
C. 辅助变流柜　　D. 司机室

20. 神华八轴交流电力机车辅助变压器风机用 500 V 兆欧表检查定子绕组的绝缘电阻，在冷态下不低于（　　）。

A. 5 MΩ　　B. 10 MΩ　　C. 15 MΩ　　D. 25 MΩ

21. 神华八轴交流电力机车辅助变压器风机用 500 V 兆欧表检查接线板的绝缘电阻应不低于（　　）。

A. 15 MΩ　　B. 25 MΩ　　C. 50 MΩ　　D. 65 MΩ

22. JD160A 型异步牵引电机传动方式为（　　）。

A. 单侧直齿轮　　B. 单侧斜齿轮
C. 双侧斜齿轮　　D. 双侧直齿轮

23. JD160A 型异步牵引电机冷却方式为（　　）。

A. 自然冷却　　B. 水冷
C. 油冷　　D. 强迫通风空气冷却

24. JD160A 型异步牵引电机的额定电压为（　　）。

A. 1 300 V　B. 1 375 V　C. 2 300 V　D. 3 300 V

25. JD160A 型异步牵引电机的额定电流为（　　）。

A. 300 A　B. 598 A　C. 600 A　D. 800 A

26. JD160A 型异步牵引电机的额定频率为（　　）。

A. 20 Hz　B. 30 Hz　C. 58.1 Hz　D. 60 Hz

27. JD160A 型异步牵引电机的额定转速为（　　）。

A. 1 500 r/min　B. 2 500 r/min　C. 3 500 r/min　D. 1 720 r/min

28. JD160A 型异步牵引电机的最大转速为（　　）。

A. 1 500 r/min　B. 2 500 r/min　C. 3 500 r/min　D. 3 452 r/min

29. JD160A 型异步牵引电机的持续功率为（　　）。

A. 1 000 kW　B. 1 225 kW　C. 2 000 kW　D. 3 000 kW

30. JD160A 型异步牵引电机转子采用（　　）结构，可靠性高，维护工作量最小。

A. 铜条鼠笼　B. 铝合金　C. 绕线式　D. 防爆式

31. JD160A 型异步牵引电机为了降低转子发热，导条采用低电阻率的（　　）。

A. 无氧铜　B. 铸铝　C. 聚乙烯　D. 铁

32. JD160A 型异步牵引电机端环采用高强度的（　　）。

A. 铬锆铜　B. 铸铝　C. 聚乙烯　D. 铁

33. JD160A 型异步牵引电机转轴采用锻造的优质（　　），具有高机械强度以及抗疲劳耐冲击性能。

A. 合金钢　B. 铸铝　C. 聚乙烯　D. 铁

34. JD160A 型异步牵引电机转子铁心与转轴之间采用（　　）以提高转子在高速运行中的稳定性。

A. 间隙配合　B. 过渡配合

C. 过盈配合　D. 自由配合

35. JD160A 型异步牵引电机传动端轴承采用（　　）。

A. 循环水润滑　B. 循环油润滑

C. 循环风润滑　D. 无润滑

36. JD160A 型异步牵引电机定子绕组采用耐电晕（　　）导线。

A. 聚酰亚胺薄膜　B. 铸铝

C. 聚乙烯　D. 铁

37. JD160A 型异步牵引电机测量端子组间的绕组电阻值，20 °C 时测得的电阻必须为（　　）。

A. $0.020\ 00 \times (1 \pm 5\%)\ \Omega$　B. $0.024\ 86 \times (1 \pm 5\%)\ \Omega$

C. $0.030\ 00 \times (1 \pm 5\%)\ \Omega$　D. $0.040\ 00 \times (1 \pm 5\%)\ \Omega$

38. JD160A 型异步牵引电机检修绕组，在绕组和机壳上逐步施加 50 Hz 的交流测试电压（　　），持续 1 min。

A. 1 000 V　　B. 2 000 V　　C. 3 000 V　　D. 4 650 V

39. 神华八轴交流电力机车单个牵引电机通风机为（　　）台牵引电机通风冷却。

A. 1　　B. 3　　C. 5　　D. 7

40. JD160A 型异步牵引电机（　　）是连接定子和转子的部件。

A. 接线盒　　B. 轴承　　C. 小齿轮　　D. 转轴

41. 电蚀产生的原因是内圈与外圈之间存在电位差，轴电流流过其间，解决的方法是采用（　　）。

A. 绝缘轴承　　B. 非绝缘轴承

C. 向心轴承　　D. 滚针轴承

42. 轴承室内润滑脂不能太多或太少，否则会引起轴承发热，一般润滑脂应占轴承室容积的（　　）。

A. 1/5 ~ 1/3　　B. 1/3 ~ 1/2

C. 1/5 ~ 1/2　　D. 1/5 ~ 1/4

43. JD160A 型异步牵引电机在电机传动端端盖下部安装了（　　），吸附铁质残渣，以免造成轴承的异常损害。

A. 通气孔　　B. 磁性排油螺栓

C. 普通螺栓　　D. 观察孔

44. JD160A 型异步牵引电机接线柱的主要材料成分是云母，用 1 000 V 兆欧表测量其绝缘电阻不低于（　　）。

A. 5 MΩ　　B. 25 MΩ　　C. 50 MΩ　　D. 55 MΩ

45. JD160A 型异步牵引电机接线盒内连接螺栓紧固力矩为（　　），严禁超过该值，以免对接线柱造成损坏。

A. 45 ~ 55 N · m　　B. 40 ~ 50 N · m

C. 50 ~ 60 N · m　　D. 60 ~ 70 N · m

46. JD160A 型异步牵引电机轴承经过拆卸后，即使没有达到运行里程，也应更换(　　)。

A. 内圈　　B. 外圈　　C. 保持架　　D. 轴承

47. 神华八轴交流电力机车轴承达到规定运行公里数或机车运行里程达到 15 万 km 时应对（　　）、齿轮牙型和绕组等进行检查。

A. 内圈　　B. 外圈　　C. 保持架　　D. 轴承

48. 神华八轴交流电力机车冷却塔风机按（　　）接法接电源线。

A. 星形　　B. 三角形　　C. 任意　　D. 无所谓

49. 神华八轴交流电力机车冷却塔风机额定功率为（　　）。

A. 10 kW　　B. 20 kW　　C. 30 kW　　D. 34 kW

50. 神华八轴交流电力机车冷却水泵的额定功率为（　　）。

A. 5 kW　　B. 5.4 kW　　C. 10 kW　　D. 15 kW

51. 神华八轴机车牵引电机通风机支路用于冷却（　　）。

A. 辅变流柜　　B. 主变流柜

C. 牵引电机　　D. 主变压器

52. 神华八轴交流机车一台牵引电机用（　　）台风机进行强迫通风冷却。

A. 1　　B. 2　　C. 3　　D. 4

53. 神华八轴交流机车单节车共有（　　）个牵引电机通风机支路。

A. 1　　B. 2　　C. 3　　D. 4

54. 神华八轴交流机车全车共有（　　）个牵引电机通风机支路。

A. 5　　B. 6　　C. 7　　D. 8

55. 神华八轴交流电力机车牵引风机供电方式：由辅助电源 1 提供变频 VVVF 电源（　　）。

A. 3AC 110 V　　B. 3AC 200 V

C. 3AC 440 V　　D. 3AC 300 V

56. 神华八轴交流电力机车冷却塔风机由变流器提供（　　）电源。

A. 变频变压　　B. 定频变压

C. 定频定压　　D. 变频定压

57. 神华八轴交流电力机车冷却塔风机供电方式：由辅助电源 1 提供变频 VVVF 电源（　　）。

A. 3AC 110 V　　B. 3AC 200 V

C. 3AC 440 V　　D. 3AC 300 V

58. 神华八轴交流电力机车辅助变压器通风支路：单节有（　　）个辅助变压器通风支路。

A. 1　　B. 2　　C. 3　　D. 4

59. 神华八轴交流电力机车辅助变压器通风支路：全车有（　　）个辅助变压器通风支路。

A. 1　　B. 2　　C. 3　　D. 4

60. 神华八轴交流电力机车辅助变压器通风支路冷却（　　）和机械间，维持机械间微正压。

A. 主变流柜　　B. 辅助变压器

C. 牵引电机　　D. 主变压器

61. 神华八轴交流电力机车辅助变压器柜风机为（　　）。

A. 离心式风机　　B. 混流式风机

C. 轴流式风机　　D. 横流式风机

62. 神华八轴交流电力机车辅助变压器柜风机的额定功率为（　　）。

A. 5 kW　　B. 5.5 kW　　C. 20 kW　　D. 30 kW

63. 神华八轴交流电力机车辅助变压器柜风机检测三相电流为（　　）。

A. 5 A　　B. 5.8 A　　C. 8 A　　D. 10 A

64. 在起用长时间存放后的备用电机时，电机内部必须用高压风加以清扫，必须用（　　）检查绝缘电阻。

A. 万用表　　B. 毫伏表　　C. 兆欧表　　D. 钳形电流表

65. 神华八轴交流电机主冷风机工作电压最高不大于（　　），最低不小于 270 V；其电机起动时间不能过长。

A. 100 V　　B. 200 V　　C. 300 V　　D. 460 V

66. 神华八轴交流电机主冷风机工作电压最高不大于 460 V，最低不小于（　　）；其电机起动时间不能过长。

A. 100 V　　B. 200 V　　C. 270 V　　D. 300 V

67. 为防止润滑油进入电机定子内部，内轴承盖除采用（　　）结构密封外，设有回油孔。

A. 无接触式迷宫　　B. 隙缝密封

C. 甩油环密封　　D. 组合式

68. 神华八轴交流电机主冷风机电机起动时间不能过长，在最低电压 270 V 时不超过（　　）。

A. 10 s　　B. 15 s　　C. 20 s　　D. 30 s

69. 神华八轴机车主冷风机电机连续起动次数不应超过（　　）次，如仍不能起动，则应查明原因消除故障后，方能再投入运动。

A. 2　　B. 3　　C. 4　　D. 6

70. 神华交流牵引风机电机为三相交流异步电动机，轴承采用（　　）轴承，维护次数少且简单。

A. 自润滑　　B. 无润滑　　C. 气体润滑　　D. 复合型

71. 神华八轴交流电力机车牵引电机补充的润滑脂必须和组装时使用的为（　　）品种。

A. 不同　　B. 两种　　C. 同一　　D. 可以混用

72. 神华八轴交流电力机车牵引电机对于转子的轴伸部分不能修复者则应（　　）。

A. 换轴　　B. 打磨一下

C. 不用处理　　D. 继续使用

73. 神华八轴交流电力机车牵引电机为了减轻电机的振动，在装配齿轮时，必须确保大小齿轮配套须（　　）。

A. 不同　　B. 打磨　　C. 擦拭　　D. 原装原配

74. 神华交流电力机车的牵引电机风机和辅变柜风机叶轮属（　　）。

A. 平板形　　B. 圆弧形
C. 中空机翼形　　D. 正方形

75. 三相异步电机负载增加、转差率增大，反过来对电动机而言，转差率大的电机，负载会（　　）。

A. 增大　　B. 减小　　C. 不变　　D. 可大可小

76. 三相异步电机变极调速是改变绕组的（　　）。

A. 极对数　　B. 转差率　　C. 频率　　D. 负载

77. 三相异步电机串级调速是改变（　　）。

A. 转差率　　B. 极对数　　C. 频率　　D. 负载

78. 三相异步电机变频调速是改变电源的（　　）。

A. 频率　　B. 转差率　　C. 极对数　　D. 负载

79. JD160A 型牵引电机主要由（　　）和转子两部分组成。

A. 定子　　B. 转子　　C. 接线盒盖　　D. 风筒

80. 神华八轴交流电力机车牵引电机检查轴承，电机有无异常振动、噪声，轴承的温升应不大于（　　）。

A. 25 K　　B. 45 K　　C. 65 K　　D. 80 K

81. 神华八轴交流电力机车牵引电机在工频 50 Hz、1 210 V 下无负荷运行，测量空载电流，设计值（　　），容差 ± 10%。

A. 100 A　　B. 120 A　　C. 200 A　　D. 300 A

82. 神华八轴交流电力机车牵引电机观察盖板 M10 紧固螺栓，拧紧转矩为（　　）。

A. 20 × (1 ± 20%) N · m　　B. 22 × (1 ± 20%) N · m
C. 30 × (1 ± 20%) N · m　　D. 40 × (1 ± 20%) N · m

83. 造成三相异步电机绕组温度过高的主要原因有机车负载过大，（　　）。

A. 各电机负载不均匀　　B. 各电机负载均匀
C. 各电机质量不均匀　　D. 各电机电阻不均匀

84. 神华八轴交流电力机车牵引电机 TM1 ~ TM4 的温度、速度由（　　）检测。

A. TCU　　B. GWM　　C. DXM　　D. AXM

85. 神华八轴交流电力机车牵引通风机采用（　　）布置，便于均衡机车轴重。

A. 任意　　B. 斜对称　　C. 对称　　D. 随机

86. 为获得更大的额定功率和减少损耗，JD160A 型牵引电机转子铁心进行了优化设计，采用（　　）的导条。

A. 宽而浅　　B. 窄而深　　C. 宽而深　　D. 窄而浅

87. 三相异步交流电机轴承烧损的主要原因有（　　）。

A. 温度监测单元出现故障　　B. 温度连接端子松动
C. 电蚀　　D. 速度传感器的测速齿盘松动

88. 轴承在旋转时有电流通过其内外圈和滚珠的接触面，导致润滑油膜起火燃烧，使其表面局部产生熔融凹凸是（　　）现象。

A. 电蚀　　B. 过载　　C. 温差　　D. 超速

89. 单位时间内流过通风机入口的气体体积是（　　）。

A. 通风机流量　　B. 通风机有功功率

C. 通风机无功功率　　D. 通风机额定功率

90. 通风机所输送的气体，在单位时间内从通风机中获得的有效能量是（　　）。

A. 通风机流量　　B. 通风机有功功率

C. 通风机无功功率　　D. 通风机额定功率

91. 神华八轴交流电力机车电机速度信号异常用 500 V 直流兆欧表检测各线端对地绝缘电阻，应不小于（　　）。

A. 5 MΩ　　B. 10 MΩ　　C. 15 MΩ　　D. 25 MΩ

92. 旋转磁场的同步转速和电动机转子转速之差与旋转磁场的同步转速之比称为（　　）。

A. 超速　　B. 额定功率　　C. 转差率　　D. 温升

93. 异步电动机额定电压指电动机在额定工作状况下工作时，定子线端输入的（　　）。

A. 线电压　　B. 线电流　　C. 相电压　　D. 相电流

94. 异步电动机额定电流在定子绕组上加额定电压，且轴上输出额定功率时，定子绕组中是（　　）。

A. 线电流　　B. 线电压　　C. 相电压　　D. 相电流

95. JD160A 型异步牵引电机磁性排油螺栓的作用是（　　）。

A. 润滑　　B. 美观

C. 吸附过滤油路中铁质残渣　　D. 连接紧固

96. 轴承滚道面磨损应检查轴承的径向装配游隙、齿轮啮合状况和外部负荷以及（　　）的润滑情况。

A. 绕组　　B. 接线盒　　C. 轴承　　D. 定子

97. JD160A 型电机接线盒内电缆接头与电机铜排端子改用（　　）连接。

A. 单孔　　B. 双孔　　C. 三孔　　D. 五孔

98. 神华八轴交流电力机车 JD160A 型牵引电机维护时，润滑油添加应注意（　　）的润滑脂补充量补充润滑脂。

A. 超过规定　　B. 减少规定

C. 按规定　　D. 油枪润滑脂余量

99. 双孔连接增加电缆接头与电机铜排端子的（　　）。

A. 配合　　B. 接触面积　　C. 润滑　　D. 电阻

100. 神华八轴交流电力机车牵引电机小齿轮锥度为（　　）。

A. 1:20　　B. 2:20　　C. 4:20　　D. 6:20

二、判断题

1. 神华八轴交流电机牵引型号 JD160A 型是三相异步电动机。(　　)

2. JD160A 型牵引电机轴承的最高运行温度是 1 000 °C。(　　)

3. JD160A 型牵引电机主要定子和转子两部分组成。(　　)

4. JD160A 型牵引电机采用无机壳结构。(　　)

5. JD160A 型牵引电机采用有机壳结构。(　　)

6. JD160A 型牵引电机轴承采用非绝缘轴承。(　　)

7. JD160A 型牵引电机轴承采用绝缘轴承。(　　)

8. JD160A 型牵引电机非传动端轴承由美孚 1 号润滑脂润滑。(　　)

9. JD160A 型牵引电机非传动端轴承由美孚 220 润滑脂润滑。(　　)

10. 神华八轴交流电机转速传感器的连接器是六芯的，连接器中的针是布满的。(　　)

11. JD160A 型牵引电机传动端轴承由齿轮箱油润滑。(　　)

12. JD160A 型牵引电机温度传感器是四芯的。(　　)

13. JD160A 型电机温度传感器是十芯的，在连接器中仅布置了 5 根针，其他是空的。(　　)

14. 神华八轴交流电力机车牵引风机是一种轴流式风机。(　　)

15. 神华八轴交流电力机车冷却塔主冷风机为牵引电机提供冷空气。(　　)

16. 神华八轴交流电力机车牵引风机是一种离心式风机。(　　)

17. 神华八轴交流电力机车冷却塔主冷风机为冷却塔散热器提供冷空气。(　　)

18. JD160A 型异步牵引电机传动方式为单侧斜齿轮。(　　)

19. 神华八轴交流电力机车冷却塔主冷风机为辅变流柜提供冷空气。(　　)

20. JD160A 型异步牵引电机齿轮是连接定子和转子的部件。(　　)

21. 轴承室内润滑脂不能太多或太少，否则会引起轴承发热，一般润滑脂应占轴承室容积的全部。(　　)

22. JD160A 型异步牵引电机转子铁心与转轴之间采用过盈配合以提高转子在高速运行中的稳定性。(　　)

23. JD160A 型异步牵引电机在电机传动端端盖下部安装了普通螺栓，吸附铁质残渣，以免造成轴承的异常损害。(　　)

24. JD160A 型异步牵引电机轴承是连接定子和转子的部件。(　　)

25. 轴承室内润滑脂不能太多或太少，否则会引起轴承发热，一般润滑脂应占轴承室容积的 1/3 ~ 1/2。(　　)

26. JD160A 型异步牵引电机轴承经过拆卸后，即使达到运行里程，也不用更换轴承。(　　)

27. 牵引电机通风机支路用于冷却主变压器。(　　)

28. 神华八轴交流机车全车共有 6 个主变压器通风机支路。(　　)

29. JD160A 型异步牵引电机在电机传动端端盖下部安装了磁性排油螺栓，吸附铁质残渣，以免造成轴承的异常损害。(　　)

30. 神华八轴机车牵引电机通风机支路用于冷却牵引电机。(　　)

31. 交流电力机车辅助变压器风机用 2 500 V 兆欧表检查定子绕组的绝缘电阻，在冷态下不低于 100 MΩ。(　　)

32. 神华八轴交流机车 1 台牵引电机用 4 台风机进行强迫通风冷却。(　　)

33. 神华八轴交流机车 1 台牵引电机用 1 台风机进行强迫通风冷却。(　　)

34. 神华八轴交流电力机车辅助变压器风机用 500 V 兆欧表检查定子绕组的绝缘电阻，在冷态下不低于 10 MΩ。(　　)

35. 神华八轴交流机车单节车共有 4 个牵引电机通风机支路。(　　)

36. 神华八轴交流机车主冷风机电机起动时间不能过长，在最低电压 270 V 时不超过 15 s。(　　)

37. 神华八轴交流机车单节车共有 2 个牵引电机通风机支路。(　　)

38. 神华八轴交流电力机车牵引电机补充的润滑脂必须和组装时使用的为同一品种。(　　)

39. 神华八轴交流机车全车共有 4 个冷却塔电机通风机支路。(　　)

40. JD160A 型异步牵引电机传动方式为双侧斜齿轮。(　　)

41. 神华八轴交流机车全车共有 2 个冷却塔电机通风机支路。(　　)

42. 神华八轴交流电力机车牵引电机对于转子的轴伸部分不能修复者则直接使用。(　　)

43. 神华八轴交流电力机车辅助变压器通风支路：全车有 4 个辅助变压器通风支路。(　　)

44. 神华八轴交流电力机车辅助变压器通风支路：全车有 2 个辅助变压器通风支路。(　　)

45. 神华八轴交流机车全车共有 8 个牵引电机通风机支路。(　　)

46. 神华八轴交流机车牵引电机通风机支路用于冷却主变流柜。(　　)

47. 神华八轴交流机车全车共有 5 个牵引电机通风机支路。(　　)

48. 神华八轴交流电力机车牵引电机为了减轻电机的振动，在装配齿轮时，必须确保大小齿轮配套，须原装原配。(　　)

49. 三相异步电动机的转子实际转速总是低于定子旋转磁场的转速。(　　)

50. 神华八轴交流电力机车牵引通风机采用斜对称布置，便于均衡机车轴重。(　　)

三、多选题

1. JD160A 型牵引电机主要由（　　）两部分组成。
   A. 定子　　B. 转子　　C. 接线盒盖　　D. 风筒

2. 异步牵引电机变频调速主要有（　　）3 种。
   A. 恒转矩变频调速　　B. 恒磁通变频调速
   C. 恒功率变频调速　　D. 恒功率定频调速

3. JD160A 型牵引电机定子由（　　）等部件组成。
   A. 转子铁心　　B. 转子绕组
   C. 定子铁心　　D. 定子绕组

4. JD160A 型牵引电机转子由（　　）压圈、导条、端环和内油封等组成。
   A. 转子铁心　　B. 定子铁心
   C. 定子绕组　　D. 转轴

5. 神华八轴交流电力机车辅助变压器柜风机，主要由（　　）、机壳焊接、安装板等组成。
   A. 风机叶轮　　B. 三相交流电动机
   C. 进风筒　　D. 接地线

6. 神华八轴交流电力机车牵引风机主要由（　　）、外风筒，内风筒等组成。
   A. 风机离心叶轮　　B. 三相异步电动机
   C. 后导流片　　D. 进风道

7. JD160A 型异步牵引电机轴承是连接（　　）的部件。
   A. 接线盒　　B. 小齿轮　　C. 定子　　D. 转子

8. 神华八轴交流电力机车轴承达到规定运行公里数或机车运行里程达到 15 万 km 时应对（　　）绕组等进行检查。
   A. 齿轮牙型　　B. 轴承　　C. 接地线　　D. 接线盒盖

9. 神华八轴交流电力机车冷却塔通风支路：冷却牵引变流器的（　　）和牵引变压器的（　　）。
   A. 盖板　　B. 接线　　C. 水散热器　　D. 油散热器

10. 神华八轴交流电力机车冷却塔风机由变流器提供（　　）电源。
    A. 变频　　B. 变压　　C. 变速　　D. 变比

11. 通风机按气体流向分类：（　　）。
    A. 离心式　　B. 混流式　　C. 轴流式　　D. 水流式

12. 通风机进风口又称集流器，有（　　）形等。

A. 筒形　　B. 锥形　　C. 圆弧形　　D. 锥弧形

13. 叶轮是通风机的心脏部分，叶片形状有（　　）等。
A. 平板形　　B. 圆弧形
C. 中空机翼形　　D. 正方形状

14. 三相异步电动机制动方法有:（　　）。
A. 直接制动　　B. 反接制动
C. 能耗制动　　D. 再生制动

15. 三相交流异步电动机的耐压试验包括（　　）等耐压。
A. 各相绕组对地　　B. 各相绕组之间
C. 绕组内匝间　　D. 机座与机座间

16. 三相异步交流电机接地故障主要原因有（　　）。
A. 接地座与外壳没有可靠连接
B. 接地故障造成连接导线损坏
C. 绕组绝缘损坏
D. 电机吊耳裂纹

17. 电机油脂污染或过早老化原因有（　　）。
A. 换向器磨耗　　B. 风量不足
C. 冲击或振动　　D. 轴承有电蚀现象

18. 三相异步交流电机轴承烧损的主要原因有（　　）。
A. 电蚀　　B. 内圈滚道面磨损
C. 滚珠滚道面磨损　　D. 保持架变形断裂

19. 三相交流异步电机有撞击噪声的主要原因有（　　）。
A. 有电流从轴承流过
B. 轴承故障
C. 电机悬挂装置开裂
D. 电机悬挂装置松动

20. 三相异步电机局部过热的主要原因有（　　）。
A. 电机内冷却风道堵塞
B. 轴承游隙错误，轴承损坏
C. 轴承卡位
D. 轴承润滑过量或过少

21. 三相异步电机轴向振动的主要原因有（　　）。
A. 轴承游隙错误　　B. 轴承损坏
C. 电机悬挂损坏　　D. 电机悬挂松动

22. 造成三相异步电机冒烟的主要原因有（　　）。
A. 盖板螺栓松　　B. 绕组绝缘损坏
C. 轴承卡位　　D. 轴弯曲

23. 三相异步交流电机径向振动的主要原因有（　　）。

A. 轴承游隙过大　　B. 轴承损坏

C. 电机悬挂损坏　　D. 电机悬挂松动

24. 三相异步电机过热的主要原因有（　　）。

A. 过负荷运行，电流过大　　B. 缺相运行

C. 电压过高或过低　　D. 电机通风不够

25. 三相异步电动机合闸后嗡嗡响不能启动的原因是（　　）。

A. 定子绕组回路有一相断线

B. 转子回路断线或接触不良

C. 电动机或被拖动的机械有卡住现象

D. 电动机转子与定子铁心相摩擦

26. 异步电机与直流电机相比有哪些特点？（　　）。

A. 体积小　　B. 质量轻　　C. 转速高　　D. 维护少

27. 神华八轴交流机车牵引风机异音主要原因有（　　）。

A. 轴承漏油造成的轴承过度磨损

B. 叶轮动平衡超标造成轴承损坏

C. 电机装配不当造成轴承损坏

D. 接线盒裂

28. 神华八轴交流电力机车冷却塔风机异音主要原因有（　　）。

A. 接线盒裂　　B. 轴承安装不正

C. 轴承被侵蚀　　D. 叶轮平衡被破坏

29. 三相交流异步电机绝缘电阻低的主要原因有（　　）。

A. 绕组受潮或被水淋湿

B. 绕组绝缘粘满粉尘、油垢

C. 引出线绝缘老化破裂

D. 绕组绝缘老化

30. 三相异步交流电机速度信号变化的主要原因有（　　）。

A. 速度传感器有故障

B. 信号不正常

C. 速度传感器安装松动

D. 速度传感器的传动轮松动

31. 三相异步电机温度指示不符合实际或出错的主要原因有（　　）。

A. 天气炎热　　B. 温度监测单元出现故障

C. 连接端子松动　　D. 风雨交加

32. 轴承滚道面磨损的原因是（　　）。

A. 径向装配游隙太小　　B. 负荷太大

C. 润滑不良　　D. 信号异常

33. JD160A 型异步牵引电机转轴采用锻造的优质合金钢材料，具有（　　）性能。

A. 反光　　B. 高机械强度

C. 抗疲劳　　D. 耐冲击

34. JD160A 型异步牵引电机定子绕组采用耐电晕聚酰亚胺薄膜导线，具有（　　）特点。

A. 高的电气性能　　B. 防潮

C. 耐振　　D. 寿命长

35. 润滑油的选择主要依据（　　）。

A. 负荷　　B. 轴承　　C. 速度　　D. 温度

36. JD160A 型异步牵引电机测量端子组间的绕组电阻值应在（　　）间测量。

A. UV　　B. UW　　C. VW　　D. 对地

37. JD160A 型异步牵引电机测速装置由（　　）组成。

A. 温度传感器　　B. 测速齿盘

C. 温度探头　　D. 速度传感器

38. 电蚀产生的原因是（　　）之间存在电位差。

A. 速度传感器　　B. 温度传感器

C. 内圈　　D. 外圈

39. 神华八轴交流电力机车牵引风机供电方式：由辅助电源 1 提供变频 VVVF 电源（　　）。

A. 3AC 440 V　　B. 80 ~ 440 V

C. 10 ~ 60 Hz　　D. 5 000 A

40. 神华八轴交流电力机车单节有一个辅助变压器通风支路，冷却（　　），维持机械间微正压。

A. 司机室　　B. 辅助变压器

C. 机械间　　D. 牵引电机

41. 机车控制系统根据变压器支路和主变支流支路（　　），自动调节其运行电压和频率，来改变风机的转速。

A. 空气　　B. 风　　C. 油温　　D. 水温

42. 神华八轴交流电力机车冷却塔供电方式：由辅助电源 1 提供变频 VVVF 电源（　　）。

A. 3AC 440 V　　B. 80 ~ 440 V　　C. 10 ~ 60 Hz　　D. 5 000 A

43. 异步电机与直流电机相比有哪些优点？（　　）

A. 恒功运行范围宽　　B. 起动转矩大

C. 起动电流小　　D. 具有自然的防空转能力

44. 异步电机与直流电机相比有哪些特别点？（　　）

A. 更好地利用转向机空间　　B. 检修周期长

C. 机械特性陡峭　　D. 具有自然的防空转能力

45. JD160A 型异步牵引电机磁性排油螺栓的作用是（　　）。

A. 吸附过滤传动端润滑油路中的铁质残渣

B. 以免造成轴承的异常损害

C. 美观

D. 平衡气压

46. JD160A 型异步牵引电机接线盒拆装注意事项是（　　）。

A. 拆机车母线时先拆螺母，再拆螺钉，然后将母线取出

B. 安装母线时，先插入母线，再安装螺钉，最后安螺母

C. 接线座 M12 紧固螺栓和螺母，紧固力矩 50 × (± 10%) N · m

D. 接线盒盖板拆后重装时重新涂胶进行密封

47. 神华八轴交流电力机车 JD160A 型牵引电机与传统电机有哪些改进？（　　）

A. 接线盒内电缆接头与电机铜排端子改用双孔连接

B. 绝缘支撑由接线柱改为接线座

C. 增加电缆与电缆接头与电机铜排端子接触面积

D. 线缆接触面电流密度更低，发热更少

48. 神华八轴交流电力机车 JD160A 型牵引电机维护时，润滑油添加应注意（　　）。

A. 采用原装容器内合格干净的润滑脂

B. 按规定的润滑脂补充量补充润滑脂

C. 当轴承非常冷时，避免过多加润滑脂

D. 低速条件下移动车辆几千米使得润滑脂均匀分布

49. 神华八轴交流电力机车辅助变压器供电方式：由 CVCF 恒频恒压电源（　　）供电。

A. 5 000 A　　B. 60 Hz　　C. 3AC 440 V　　D. 5 000 V

50. 司机室取暖设备包括（　　）。

A. 膝炉　　B. 脚炉　　C. 暖风机　　D. 风扇

机车电工（电机组）公共应知应会练习题参考答案

一、单选题

1. B	2. B	3. C	4. A	5. B	6. A	7. B	8. C	9. D	10. A
11. A	12. C	13. D	14. A	15. A	16. B	17. A	18. A	19. A	20. B
21. C	22. B	23. D	24. B	25. B	26. C	27. D	28. D	29. B	30. A
31. A	32. A	33. A	34. C	35. B	36. A	37. B	38. D	39. A	40. B
41. A	42. B	43. B	44. C	45. A	46. D	47. D	48. A	49. D	50. B
51. C	52. A	53. D	54. D	55. C	56. A	57. C	58. A	59. B	60. B
61. A	62. B	63. B	64. C	65. D	66. C	67. A	68. B	69. B	70. A

71. C　72. A　73. D　74. A　75. A　76. A　77. A　78. A　79. A　80. D
81. B　82. B　83. A　84. A　85. B　86. A　87. C　88. A　89. A　90. B
91. B　92. C　93. A　94. A　95. C　96. C　97. B　98. C　99. B　100. A

二、判断题

1. √　2. ×　3. √　4. √　5. ×　6. ×　7. √　8. ×　9. √　10. ×
11. √　12. ×　13. √　14. ×　15. ×　16. √　17. √　18. √　19. ×　20. ×
21. ×　22. √　23. ×　24. √　25. √　26. ×　27. ×　28. ×　29. √　30. √
31. ×　32. ×　33. √　34. √　35. √　36. √　37. ×　38. √　39. ×　40. ×
41. √　42. ×　43. ×　44. √　45. √　46. ×　47. ×　48. √　49. √　50. √

三、多选题

1. AB　2. ABC　3. CD　4. AD　5. ABC
6. ABCD　7. CD　8. AB　9. CD　10. AB
11. ABC　12. ABCD　13. ABC　14. BCD　15. ABC
16. ABC　17. CD　18. ABCD　19. ABCD　20. ABCD
21. ABCD　22. BCD　23. ABCD　24. ABCD　25. ABCD
26. ABCD　27. ABC　28. BCD　29. ABCD　30. ABCD
31. BC　32. ABC　33. BCD　34. ABCD　35. ABCD
36. ABC　37. BD　38. CD　39. ABC　40. BC
41. CD　42. ABC　43. ABCD　44. ABCD　45. AB
46. ABCD　47. ABCD　48. ABCD　49. BC　50. ABC

朔黄铁路机辆分公司“四大体系”教育培训系列教材

JICHE JIANXIU TIXI

机车检修体系

PEIXUN JIAOCHENG

培训教程

（第2版）（中册）

主编　张朝辉

西南交通大学出版社
·成　都·

目录

CONTENTS

第三章　钳工基础知识

第一节　钳工入门知识

一、钳工简介

钳工大多是使用手工工具并经常在台虎钳上进行手工操作的一个工种。一些不适宜采用机械方法或机械加工不能解决的问题，都可由钳工来完成。如零件加工过程中的划线，精密加工（刮削、锉削、制作样板和制作模具等）以及检验、修配等。

二、钳工作业内容及种类

钳工按种类大致可分为普通钳工、机修钳工、工具钳工 3 种。

（1）普通钳工（装配钳工）：对零件进行装配、修整、加工的人员。 把零件按机械设备的装配技术要求进行组件、部件装配和总装配，并经过调整、检验和调试等，使之成为合格的机械设备。

（2）机修钳工：主要从事各种机械设备、部件的维修和保养工作。当机械在使用过程中产生故障，出现损坏或长期使用后精度降低，部件磨耗等影响使用时，也要通过钳工进行维护和修理更换等作业。

（3）工具钳工（模具钳工）：主要从事工具、模具、刀具的制造和修理。

三、钳工技能操作学习要求简介

钳工基本操作技能包括划线，錾削，锯削，锉削，钻孔，扩孔，锪孔，铰孔，攻螺纹，套螺纹，矫正和弯形，铆接，刮削，研磨，机器装配调试，设备维修，测量和简单的热处理。钳工基本操作技能是进行产品生产的基础，也是钳工专业技能的基础，因此，必须熟练掌握。钳工基本操作项目较多，各项技能的学习掌握又有一定的相互依赖关系，因此要循序渐进、由易到难、由简单到复杂，一步一步对每项操作按要求学习好并且掌握好。

四、钳工常用设备简介

（1）台虎钳：是用来夹持工件的通用夹具（有固定式和回转式两种）。台虎钳的规格以钳口的宽度来表示，有 100 mm（4″）；125 mm（5″）；150 mm（6″）等。

（2）钳台：用来安装台虎钳，放置工具和工件等。

（3）砂轮机：用来刃磨钻头、錾子等刀具或其他工具等。

（4）钻床：用来对工件进行各类圆孔的加工。有台钻、立钻、摇臂钻床等。

使用台虎钳时应注意：

（1）夹紧工件时松紧要适当，只能用手拧紧手柄，而不能借助于工具加力，防止丝杆与螺母及钳身受损坏和夹坏工件表面。

（2）不能在活动钳身的光滑平面上敲击作业，以防破坏它与固定钳身的配合性能。

（3）对丝杆、螺母等活动表面，应经常清洁、润滑，以防生锈。

五、钳工常用工、量具简介

1. 常用的工具

（1）划线用的划针、划针盘、划规、样冲和平板等。

（2）錾削用的手锤和錾子；锉削用的各种锉刀；锯割用的锯弓和锯条；孔加工用的麻花钻，各种锪孔钻和铰刀。

（3）攻丝、套扣用的各种丝锥、板牙及铰杠；刮削用的平面刮刀和曲面刮刀；各种扳手和螺丝刀等。

2. 常用的量具

钢尺、刀口直尺、内外卡钳、 游标卡尺、千分尺、直角尺、万能量角器、塞规、百分表等。

六、钳工安全文明生产要求

（1）工具、量具和工件要摆放整齐并便于取放，操作中使用的常用工具放在虎钳的右侧；不常用工具放在虎钳的左侧；量具放在虎钳的右前方；不允许将工件、工量具混放。且不能使其伸出钳台边以外。

（2）每天工作后，必须将虎钳及工作地周围清扫干净。

（3）钻床、砂轮机和其他电动工具要做好用前检查、用后清扫，按要求进行日常保养。

（4）进入实习场地必须遵守安全文明生产和实习教学的各项规章制度。

七、钳工安全技术操作规程

（1）工作前应把个人防护用品穿戴整齐，不准赤背操作，防止崩伤。

（2）工作前应检查工具、机器、电器设备，发现问题及时修理，必要时请领导协助解决。

（3）使用电钻、电砂轮时应穿绝缘鞋，戴好绝缘手套，不准坐在导电物体上操作，以防触电（跑电不准使用）。

（4）使用钻床不准戴手套，活件卡垫牢固，小件不准用手扶着，薄铁板用压板压着。

（5）使用砂轮，要戴好防护眼镜，要站在砂轮侧面。不准磨较大或较小的活件，砂轮孔大应灌铅，绝对不准垫纸板、铁片及一切物品，防止砂轮破裂伤人。

（6）装修机器，一定要把防护用品安好再试车，试车时所有人员一律离开后再合闸，防止电线绞入牙轮内，试车时机器车床上面，不准有任何工具物品。

（7）上螺丝使用的扳手必须合适，不适合的扳手严禁使用。

（8）移动机器活件时，应配备足够的人力物力，听从专人指挥，保持行动一致。过大的活件要找起重工协助解决。

（9）电灯、电闸需要接线时，不准自己动手，随便移动、变更，换灯泡时一定要关电门，不准带电换灯泡。

（10）使用大、小锤，一定要用钳子，不准戴手套操作，打锤时应先检查周围再落锤。

（11）使用锉刀必须有木柄，没有木柄的锉刀不准用，虎钳不准过力使用，大件活件一定要夹卡牢固。

（12）使用一切转动机器，在转动时不准用手去摸各种部件，没有安全罩的机器不准使用。

（13）榔头顶不平，不准使用，应磨平再用。

（14）零件、部件、原料不准堆积过高，防止伤人。

（15）修理一切机器设备要首先拉闸，不准合闸操作。

（16）使用刮刀用力要平衡，不准用力过猛。

（17）机器设备操作完了，应立即拉闸或把插销拔掉，拔插销时不准拉着电线拔。

（18）在装配轴承时，不准用铁榔头直接砸，以免伤人，应用合适的撞子。

（19）保持工作地周围整洁，零部件堆放整齐，保证道路畅通。在干大件活时要行动一致，严禁交头接耳，防止事故发生。

（20）手电钻和电扳子要有专人保管，定期检查，严禁带病使用。

第二节　钳工基本功知识

一、曲线板划线

1. 曲线板划线

1）什么是划线

在毛坯或工件上，用划线工具划出待加工部位的轮廓线或作为基准的点、线，这项操作叫作划线。

2）划线的作用

（1）确定各加工表面的加工余量，使加工有明确的标志。

（2）检查毛坯是否合格，对有缺陷的毛坯可以通过借料方法进行补救，无法补救的毛坯予以报废，避免造成加工浪费。

（3）形状复杂的工件，通过划线有助于在机床上安装找正。

3）划线的种类

（1）平面划线：根据加工需要仅在工件的一个表面上划线，叫平面划线。

（2）立体划线：为满足加工需要在工件的几个不同角度的平面上划线，叫立体划线。

2. 常用划线工具及使用方法

1）长度单位要求

长度的单位是“米”，但机械工程上所标注的米制尺寸，是以“毫米”为主单位。图样上以“毫米”为单位的尺寸规定不注单位符号，如 100 即为 100 mm；0.02 即为 0.02 mm；在工作中，有时还遇到英制单位。1″（英寸）= 25.4 mm。

2）划线平板

支承和安放工件及划线的工具，并作为划线时的基准平面。（使用时，应水平放置；不准在平板上敲打；应注意保持平板的平整、整洁）

3）划　针

用中、高碳钢丝制成，经淬火硬化，尖端刃磨成 10°、20° 尖角，针尖必须锋利。划针通常与钢直尺、角尺或样板等导向工具配合使用。划针的使用方法：使用时，针尖紧靠导向工具一次划出，不得重复。因为重复划，会使线条变粗，反而模糊不清。

4）钢直尺

钢直尺是一种简单的尺寸量具。主要用来量取尺寸，也可作划直线时的导向工具。

5）划线盘

用于划线和找正工件。划针的直头端用来划线，弯头端用来对工件安放位置的找正。（使用时，应握稳底盘，并紧贴平板移动，划针与划线表面成 45°、70° 角，一次划出，不得重复。）

6）高度游标卡尺

用于测量零件高度和精密划线的工具，可直接确定尺寸进行划线。（使用时，应先检查尺的精度，如有误差，划线时可将误差考虑进去。在划线时应握稳底盘，并紧贴平板移动，线条一次划出，不得重复。）

7）划　规

用中、高碳钢制成，经淬火硬化，主要用来划圆和圆弧、等分线段、等分角度以及量取尺寸等。（使用时，划规要基本垂直于划线平面。）

8）样冲及注意事项

样冲：用中、高碳钢制成的冲眼工具，经淬火硬化，冲尖磨成 45°、60° 锥角。用于在工件所划加工线条上打样冲眼，作加强界线标志和作划圆弧或钻孔时的定位中心。

用样冲冲眼时，应注意以下几点：

（1）使用时，样冲必须垂直于工件表面。

（2）冲眼必须对准线中，不可偏离线条。

（3）样冲眼间的距离应根据情况确定，一般直线部分冲眼距离可大些，曲线部分冲眼距离要小些，线条相交和拐角处应用样冲眼标志出来。

（4）样冲眼的深浅要适当，已加工表面样冲眼要浅，而粗糙表面要冲得深一些。

9）90° 角尺

划线时常用作划平行线或垂直线的导向工具，也可用来找正工件平面在划线平台上的垂直位置。

3. 平面划线基准定位概念

1）什么是基准

所谓基准，就是工件上用来确定其他点、线、面的位置所依据的点、线、面。

2）基准的形式

（1）以两相互垂直的平面（或线）作为基准。

（2）以一个平面与一条垂直中心线为基准。

（3）以两条中心线为基准。

3）基准的确定

图纸上使用的基准为设计基准；划线时所用的基准为划线基准；划线基准应与设计基准一致，即基准重合原则。

4. 划线的步骤

（1）熟悉图纸。

（2）确定划线基准。

（3）检查毛坯是否合格。

（4）涂料，增加线条的清晰度。

（5）选择划线工具。

（6）正确安放工件。

（7）划线。

（8）检查所划线条是否正确。

（9）打样冲眼。

5. 基本线条的划法

（1）直角的三等分。

（2）垂直线的划法。

（3）过线段的端点作垂直线。

（4）划平行线。

（5）圆弧与两直线相切的划法。

（6）圆弧与一条直线、一圆弧相切的划法。

（7）圆弧与两圆弧相切的划法（外切、内切、内外切）。

（8）圆的等分（五等分、任意等分）。

（9）直线段的等分。

二、锯　削

1. 锯削定义、工作范围

锯削是用手锯对材料或工件进行分割或锯槽等的加工方法。

锯削的工作范围 ：适用于较小材料或工件的加工，将材料锯断、锯掉工件上的多余部分、在工件上锯槽。

2. 手锯组成及类别用途

手锯由锯弓和锯条组成。

锯弓用途：张紧锯条可调式。

锯弓类型：固定式和可调式。

固定式：弓架是整体的只能安装一种长度的锯条。

可调式：弓架分为两个部分，长度可以调节，能安装几种长度的锯条，夹头上的销子插入锯条的安装孔后，可以通过旋转翼形螺母来调节锯条的张紧程度。

锯条：直接锯削材料或工件的刃具，规格以两端孔的中心距来表示。常用规格为 300 mm。

锯路：在制造锯条时所有的锯齿按照一定的规则左右错开排成一定的形状，称为锯路。形状分为交叉形和波浪形。

锯路的作用能使锯缝的宽度大于锯背部的厚度，使得锯条在锯割时不会被锯缝夹住，以减少锯缝与锯条之间的摩擦，减轻锯条的发热与磨损，延长锯条的使用寿命，提高锯削的效率。

锯齿的粗细用每 25 mm 长度内齿的个数来表示。常用的有 14、18、24 和 32 等几种，齿数越多，锯齿就越细。

选择锯齿的粗细应根据材料的硬度和厚度来确定，以使锯削工作既省力又经济。

粗齿锯条：适用于锯软材料和较大表面的材料，因为在这种情况下每一次推锯都会产生较多的切屑，这就要求锯条有较大的容屑槽，以防止产生堵塞现象。

细齿锯条：适用于锯硬材料及管子或薄壁材料。对于硬材料，一方面由于锯齿不易切入材料，切屑少不需要大的容屑槽。另一方面由于细齿锯条的锯齿较密，能使更多的齿同时参加切削，使得每一个齿的切削量小，容易实现切削。对于薄壁或管子，主要是为了防止锯齿被钩住甚至使锯条折断。

3. 锯条安装注意事项

（1）安装方向：齿尖朝前。由于手锯在向前推进时进行切削，回程时不起切削作用，故安装时，锯齿的切削方向应朝前。

（2）安装松紧：由翼形螺母调节，太松锯条易扭曲折断，锯缝易歪斜；太紧预拉伸力太大，稍有阻力易崩断。

（3）安装位置：锯弓与锯条尽量保持在同一中心面内。

4. 工件定位

（1）工件夹在台虎钳的左侧。

（2）伸出台虎钳的部分不应太长（20 mm 左右）。

（3）锯缝与钳口保持平行。

（4）工件要夹紧，同时避免夹坏工件。

5. 起锯方法分类及选择

1）起锯方法

远起锯：在工件靠近身体一侧起锯。

近起锯：在工件远离身体一侧起锯。

起锯角度：起锯的角度一般不大于 15°。太大不易平稳，锯齿易被工件的棱边崩断；太小不易切入。

2）起锯方法的选择

常用远起锯的方法开始锯削加工，若采用近起锯 ，锯齿易被工件的棱边卡住，卡住时可以将锯弓回拉，然后再做推进运动。

6. 锯削要领

手锯的握法：右手握柄，左手扶住锯弓前端。

锯削时的姿势：基本上与錾削的姿势相似，推锯时身体稍微向前倾。

锯削时的压力：推力、压力均由右手控制，左手扶正锯弓，不加压力只起一个导向的作用。推锯时加压力，回锯时不加压力。

7. 锯削时的运动方式、速度及行程

直线式：适用于锯割要求锯缝底面平直的槽、薄壁零件。

摆动式：推时，左手上翘、右手下压；退时，右手上抬、左手自然浮动。

锯削的行程应为锯条长度的 2/3 ，不宜太短。

速度：20 ~ 40 次/分，硬材料速度应慢一些，软材料速度可以快一些。切削行程即推时速度应慢一些，空行程即拉时速度可以快一些。

8. 不同材料工件锯割方法

1）管类材料锯割

工件夹持：应使用两块木制的 V 形槽或方形槽垫块夹持以防止夹扁管子或夹坏管子表面。

起锯方法：每一个方向只锯到管子的内壁处，然后把管子转过一角度后再起锯，且仍锯到管子的内壁处，如此循环进行直到锯断。在转动管子时，应使已锯的部分向推锯方向转动，否则锯齿也会被管壁勾住。

2）薄板类材料锯割

方法一：将薄板夹在木块或金属块之间，连同木块或金属块一起锯削。这样一来既可以避免锯齿被勾住，又可以增加薄板的刚性。

方法二：将薄板料夹在台虎钳上用手锯作横向斜推，就能使同时参加切削的齿数增多，避免锯齿被勾住，又可以增加薄板的刚性。

3）深缝锯割

深缝：当锯缝的深度超过锯弓的高度时，我们称这种缝为深缝。锯削方法：当锯弓快要碰到工件时，应将锯条拆出旋转 90° 重新安装或把锯条的锯齿朝着锯弓背进行锯削，使锯弓背不与工件相碰。

9. 锯条损坏的原因及应对措施

1）锯齿崩断

（1）原因：锯齿的粗细选择不当。

措施：根据工件材料的硬度选择锯条的粗细，锯薄板或薄壁管时，选择细齿锯条。

（2）原因：起锯的方法不正确。

措施：起锯角度要小，远起锯时用力要小。

（3）原因：突然碰到砂眼、杂质或突然加大压力。

措施：碰到砂眼、杂质时，用力要减小，锯削时突然加大压力。

2）锯条折断

（1）原因：锯条安装不当。

措施：调整锯条到适当的松紧状态。

（2）原因：工件装夹不正确。

措施：工件装夹要牢固，伸出端尽量短。

（3）原因：强行借正歪斜的锯缝。

措施：锯缝歪斜后，将工件调向再锯，不可调向的要逐步纠正。

（4）原因：用力太大或突然加压力。

措施：用力均匀、适当。

（5）原因：新换的锯条在旧锯缝内受卡后被折。

措施：新换锯条后要将工件调向再锯，若不能调向要较轻较慢地过渡，待锯缝变宽后再正常锯削。

3）锯齿过早磨损

（1）原因：锯削的速度太快。

措施：锯削速度要适当。

（2）原因：锯削硬材料时未进行冷却、润滑。

措施：锯削钢件时应加机油，锯铸铁时加柴油，锯其他金属材料时可以加切削液进行冷却、润滑。

10. 锯削时产生废品的形式、原因及预防措施

1）锯缝歪斜

（1）原因：锯条安装过松。

措施：调整锯条到适当的松紧状态。

（2）原因：目测不及时。

措施：安装工件时使锯缝的划线与钳口的外侧平行，锯削过程中经常进行目测。扶正锯弓按线锯削。

2）尺寸太小

（1）原因：划线不正确。

措施：按照图样正确划线。

（2）原因：锯削线偏离划线。

措施：起锯和锯削过程中始终使锯缝与划线重合。

3）起锯时工件表面被拉毛

原因：起锯的方法不对。

措施：起锯时左手大拇指要挡好锯条，起锯角度要适当。待有一定的深度后再正常锯削以免锯条弹出。

11. 锯削操作注意事项

（1）锯削练习时，必须注意工件的安装及锯条的安装是否正确，并要注意起锯方法和起锯角度，以免一开始锯削就造成废品和锯条损坏。

（2）初学锯削，对锯削速度不易掌握，往往推出速度过快，这样容易使锯条很快磨钝。同时，也常会出现摆动姿势不自然，摆动幅度过大等错误姿势，应注意及时纠正。

（3）在锯削钢件时，可加些机油，以减少锯条与锯削断面的摩擦并能冷却锯条，可以提高锯条的使用寿命。

（4）锯削完毕，应将锯弓上张紧螺母适当放松，但不要拆下锯条，防止锯弓上的零件失散，并将其妥善放好。

三、锉 削

用锉刀对工件表面进行切削加工，使其尺寸、形状、位置和表面粗糙度等都达到要求，这种加工方法叫锉削。它可以加工工件的内外平面、内外角、沟槽和各种复杂形状的表面。

1. 锉削姿势及作业要求

1）平面锉削姿势

锉削姿势正确与否，对锉削质量、锉削力的运用和发挥以及操作者的疲劳程度都起着决定影响。锉削姿势的正确掌握，必须从握锉、站立步位和姿势动作以及操作用力这几方面进行，协调一致地反复练习才能达到。

锉刀握法：板锉大于 250 mm 的握法。右手紧握锉刀柄，柄端抵在拇指根部的手掌上，大拇指放在锉刀柄上部，其余手指由下而上地握着锉刀柄；左手的基本握法是将拇指根部的肌肉压在锉刀头上，拇指自然伸直，其余四指弯向手心，用中指、无名指捏住锉刀前端。锉削时右手推动锉刀并决定推动方向，左手协同右手使锉刀保持平衡。

姿势动作：两手握住锉刀放在工件上面，左臂弯曲，小臂与工件锉削面的左右方向保持基本平行，右小臂要与工件锉削面的前后方向保持基本平行，但要自然。锉削时，身体先于锉刀并与之一起向前，右脚伸直并稍向前倾，重心在左脚，左膝部呈弯曲状态。当锉刀锉至约 3/4 行程时，身体停止前进，两臂则继续将锉刀向前锉到头，同时，左脚自然伸直并随着锉削时的反作用力，将身体重心后移，使身体恢复原位，并顺势将锉刀收回。当锉刀收回将近结束，身体又开始先于锉刀前倾，做第二次锉削的向前运动。

2）锉削时的力度及速度掌握

要锉出平直的平面，必须使锉刀保持直线的锉削运动。为此，锉削时右手的压力要随锉刀推动而逐渐增加，左手的压力要随锉刀推动而逐渐减小，回程时不加压力，以减少锉齿的磨损。锉削速度一般应在 40 次/分左右，推出时稍快，动作要自然协调。

3）顺平锉削方法

锉刀运动方向与工件夹持方向一致。在锉宽平面时，为使整个加工表面能均匀地锉削，每次退回锉刀时应在横向做适当的移动。

顺向锉的锉纹整齐一致，比较美观，这是最基本的一种锉削方法。

交叉锉锉刀运动方向与工件夹持方向成 30°～40° 角，且锉纹交叉。 由于锉刀与工件的接触面大，锉刀容易掌握平稳，同时，从锉痕上可以判断出锉削面的高低情况，便于不断地修正锉削部位。交叉锉法一般用于粗锉，精锉时必须采用顺直锉，使锉痕变直，纹理一致。

2. 锉削安全文明生产注意事项

（1）锉刀是右手工具，应放在台虎钳的右面；放在钳台上时锉刀柄不可露在钳桌外面，以免掉落地上砸伤脚或损坏锉刀。

（2）没有装柄的锉刀、锉刀柄已裂开或没有锉刀柄箍的锉刀不可使用。

（3）锉削时锉刀柄不能撞击到工件，以免锉刀柄脱落造成事故。

（4）不能用嘴吹锉屑，也不能用手擦摸锉削表面。

（5）锉刀不可作撬棒或手锤用。

3. 锉刀的保养

（1）锉刀要先使用一面，用钝后再使用另一面。

（2）在粗锉时，应充分使用锉刀的有效全长，既可提高锉削效率，又可避免锉齿局部磨损。

（3）锉刀上不可沾油与沾水。

（4）如锉屑嵌入齿缝内必须及时用钢丝刷沿着锉齿的纹路进行清除。

（5）不可锉毛坯件的硬皮及经过淬硬的工件。

（6）铸件表面如有硬皮，应先用砂轮磨去或用旧锉刀和锉刀的有齿侧边锉去，然后再进行正常锉削加工。

（7）锉刀使用完毕时必须清刷干净，以免生锈。

（8）无论在使用过程中或放入工具箱时，不可将锉刀与其他工具或工件堆放在一起，也不可与其他锉刀互相重叠堆放，以免损坏锉齿。

4. 锉平平面练习要领

用锉刀锉平平面的技能技巧必须通过反复的、多样性的刻苦练习才能形成，而掌握要领的练习，可加快技能技巧的掌握。

（1）掌握好正确的姿势和动作。

（2）做到锉削力的正确和熟练运用，使锉削时保持锉刀的直线平衡运动。因此，在操作过程时注意力要集中，练习过程要用心研究。

（3）练习前了解几种锉不平的具体因素，便于练习中分析改进。

5. 平面不平的形式及原因

1）平面中凸

（1）锉削时双手的用力不能使锉刀保持平衡。

（2）锉刀在开始推出时，右手压力太大，锉刀被压下，锉刀推倒前面，左手压力太大，锉刀被压下，形成前后面多锉。

（3）锉削姿势不正确。

（4）锉刀本身中凹。

2）对角扭曲或塌角

（1）左手或右手施加压力时重心偏在锉刀的一侧。

（2）工件未夹正确。

（3）锉刀本身扭曲。

3）平面横向中凸或中凹

锉刀在锉削时左右移动不均匀。

6. 检查平面度的方法

锉削工件时，由于锉削平面较小，其平面度通常都采用刀口形直尺（或钢直尺）通过透光法来检查。检查时，刀口形直尺应垂直放在工件表面上并在加工面的纵向、横向、对角方向多处逐一进行，以确定各方向的直线度误差。如果刀口形直尺与工件平面间透光微弱而均匀，说明该方向是直的；如果透光强弱不一，说明该方向不是直的。差值的确定，可用塞尺作塞入检查。对于中凹平面，其平面度误差可取各检查部位中的最大直线度误差值计；对于中凸平面，则应在两边以同样厚度的塞尺作塞入检查，其平面度误差可取各检查部位中的最大直线度误差值计。直尺不能在平面上拖动，应提起后再轻放到另一检查位置，否则直尺的测量棱边容易磨损而降低其精度。塞尺是用来检验两个结合面之间间隙大小的片状量规。使用时根据被测间隙的大小，可用一片或数片重叠在一起作塞入检验，并须作两次极限尺寸的检验后才能得出其间隙的大小。例如用 0.04 mm 的塞片可以插入，而用 0.05 mm 的塞片就插不进去，则其间隙在 0.04 ~ 0.05 mm。塞尺的塞片很薄，容易弯曲和折断，所以测量时不能用力太大，用毕要擦拭干净，及时合到夹板中去。

7. 操作练习注意事项

（1）锉削是钳工的一项重要基本操作，正确的姿势是掌握锉削技能的基础，因此必须练好。

（2）初次练习，会出现各种不正确的姿势，特别是身体和双手动作不协调，要随时注意及时纠正，若不正确的姿势成为习惯，纠正就困难了。

（3）在练习姿势动作时，也要注意体会两手用力如何变化才能使锉刀在工件上保持直线运动。

第三节 钳工基本技能知识

一、螺纹加工

1. 螺纹的种类

螺纹的种类很多，在圆柱或圆锥表面上加工出的螺纹叫外螺纹，在孔壁上加工出的螺纹叫内螺纹。按螺纹的旋转方向不同，可以分为顺时针方向旋入的右螺纹和逆时针方向旋入的左螺纹，螺纹的旋向可以用右手来判定，手心对着自己，螺纹的旋向与右手大拇指的指向一致为右螺纹，反之为左螺纹，一般常用右螺纹。按螺旋线的数目不同，还可分为单线螺纹和多线螺纹。螺纹按用途的不同，可分为连接螺纹和传动螺纹两大类，按其截面的形状不同，还可以分为三角形、梯形、锯齿形、矩形以及其他特殊形状的螺纹。

2. 普通螺纹的主要参数

普通螺纹的主要参数有：大径、小径、中径、螺距、导程、线数、牙型角和升角等 8 个。对于标准螺纹来说，只要知道大径、线数、螺距和牙型角就可以了，而其他参数，可通过计算或查表得出。

（1）螺纹大径（D、d）。螺纹大径是指与外螺纹牙顶或内螺纹牙底相切的假想圆柱或圆锥的直径。对内螺纹用 D 表示，外螺纹用 d 表示，国家标准规定，螺纹大径的基本尺寸即为螺纹的公称直径，螺纹大径的公称位置在等边三角形上部削平处。

（2）螺纹小径（D_1、d_1）。螺纹小径是指与外螺纹牙底或内螺纹牙顶相切的假想圆柱或圆锥的直径。对内螺纹用 D_1 表示，外螺纹用 d_1 表示，螺纹小径的公称位置在三角形下部的削平处。

（3）螺纹中径（D_2、d_2）。螺纹中径是一个假想圆柱或圆锥的直径。该圆柱或圆锥的母线通过牙型上沟槽和凸起宽度相等的地方，该假想圆柱或圆锥称为中径圆柱或中径圆锥。外螺纹中径用 d_2 表示，内螺纹中径用 D_2 表示。外螺纹的中径和内螺纹的中径相等。

（4）螺距（P）。螺距是相邻两牙在中径线上对应两点间的轴向距离。

（5）线数（n）。线数是指一个螺纹零件的螺旋线数。

（6）导程（L）。导程是指同一条螺旋线上相邻两牙在中径线上对应两点间的轴向距离。当螺纹为单线螺纹时，导程与螺距相等；当螺纹为多线螺纹时，导程等于螺旋线数（n）与螺距（P）的乘积，即 $L=nP$ 。

（7）牙型角（α）。它是在螺纹牙型上，两相邻牙侧间的夹角。

3. 螺纹的代号和标记

三角形螺纹按其规格和用途不同，分为普通螺纹、英制螺纹和管螺纹。三角形螺纹中，普通螺纹是我国应用最广泛的一种，牙型角为 60°。同一公称直径可以与几种螺距组合成螺纹，按组合的螺距大小不同，螺纹分为粗牙和细牙两种。下面主要介绍一下普通螺纹的代号与标记：普通螺纹代号是由螺纹特征代号和尺寸代号组成。粗牙普通螺纹用字母 M 与公称直径表示；细牙普通螺纹用字母 M 与公称直径 × 螺距表示。当螺纹为左旋时，在代号之后加“左”字。例如，M24 表示公称直径为 24 mm 的粗牙普通螺纹；M24 × 1.5 表示公称直径为 24 mm，螺距为 1.5 mm 的细牙普通螺纹；M24 × 1.5 左表示公称直径为 24 mm，螺距为 1.5 mm 的左旋细牙普通螺纹。M6 ~ M24 的是经常使用的粗牙螺纹，它们的螺距应该熟记，M6 的螺距为 1 mm，M8 为 1.25 mm，M10 为 1.5 mm，M12 为 1.75 mm，M16 为 2 mm，M20 为 2.5 mm，M24 为 3 mm。

4. 螺纹加工

螺纹加工是金属切削中的重要内容之一，螺纹加工的方法多种多样，一般比较精密的螺纹都需要在车床上加工，而钳工只能加工三角螺纹（米制三角螺纹、英制三角螺纹、管螺纹），其加工方法是攻螺纹和套螺纹。

1）攻螺纹作业要求及方法

用丝锥在工件孔中切削出内螺纹的加工方法，称为攻螺纹。

丝锥分手用丝锥和机用丝锥，丝锥由柄部和工作部分组成，柄部是攻螺纹时被夹持的部分，起传递扭矩的作用，工作部分由切削部分 L1 和校准部分 L2 组成，切削部分的前角（8° ~ 10°）和后角（6° ~ 8°），起切削作用，校准部分有完整的牙型，用来修光和校准已切出的螺纹，并引导丝锥沿轴向前进，校准部分的后角为零度。攻螺纹时，为了减小切削力和延长丝锥寿命，一般将整个切削工作量分配给几支丝锥来承担。

铰杠是手工攻螺纹时用来夹持丝锥的工具，铰杠分普通铰杠和丁字形铰杠两类，每类铰杠又有固定式和活络式两种。

攻螺纹前底孔直径与孔深的确定攻螺纹时，丝锥对金属层有较强的挤压作用，使攻出螺纹的小径小于底孔直径，因此攻螺纹之前的底孔直径应稍大于螺纹小径。

攻螺纹的方法：

（1）攻螺纹前要对底孔孔口倒角，且倒角处的直径应略大于螺纹大径，通孔螺纹两端都要倒角，这样丝锥开始起攻时容易切入材料，并能防止孔口处被挤压出凸边。

（2）工件的装夹位置应尽量使螺孔中心线位于垂直或水平位置，使攻螺纹时容易判断丝锥轴线。

（3）起攻时，要把丝锥放正在孔口上，然后对丝锥加压力并转动铰杠，当丝锥切入 1 ~ 2 圈后，应及时检查并校正丝锥的位置，检查应在丝锥的前后、左右方向上进行，一般在切入 3 ~ 4 圈后，丝锥的位置应正确无误，不能再有明显的偏斜和强行纠正。

（4）当丝锥的切削部分全部切入工件后，只需转动铰杠即可，不能再对丝锥施加压力，否则螺纹牙形将被破坏。攻螺纹时，要经常倒转 1/4 ~ 1/2 圈，使切屑断碎后容易排出，避免因切屑阻塞而使丝锥卡死。

（5）攻不通孔时，要经常退出丝锥，排出孔内的切屑，否则会因切屑阻塞使丝锥折断或达不到螺纹深度的要求。当工件不便倒向时，可用磁性针棒吸出切屑。

（6）攻塑性材料的螺纹时，要加注切削液，以减小切削阻力，减小螺孔的表面粗糙度值，延长丝锥使用寿命。

（7）用成组丝锥攻螺纹时，必须以头锥、二锥、三锥的顺序攻削到标准尺寸，在较硬的材料上攻螺纹时，可用各丝锥轮换交替进行，以减小切削刃部的负荷，防止丝锥折断。

2）套螺纹作业要求及方法

用板牙在外圆柱面上（或外圆锥面）切削出外螺纹的方法，称为套螺纹。套螺纹用的工具有板牙和板牙架。板牙有封闭式和开槽式两种结构。套螺纹时，金属材料因受板牙的挤压而产生变形，牙顶将被挤得高一些，所以套螺纹前圆杆直径应小于螺纹大径。

（1）为了使板牙容易切入材料，圆杆端要倒成锥角，锥体的最小直径应比螺纹小径略小，避免螺纹端部出现锋口和卷边。

（2）套螺纹时切削力矩较大，圆杆工件要用 V 形钳口或厚铜板作衬垫，才能牢固地夹持。

（3）起套时，要使板牙的端面与圆杆轴线垂直，要在转动板牙时施加轴向压力，转动要慢，压力要大。当板牙切入材料 2 ~ 3 圈时，要及时检查并校正板牙的位置，否则切出的螺纹牙形一面深一面浅，甚至出现乱牙。

（4）起套完成正常套螺纹时，不要加压，让板牙自然引进，以免损坏螺纹和板牙，并要经常倒转断屑。

（5）在钢件上套螺纹要加切削液，以减小加工螺纹的表面粗糙度值和延长板牙使用寿命。

二、刮削加工

1. 刮削简述

用刮刀刮去工件表面金属薄层的加工方法称为刮削。刮削分平面刮削和曲面刮削两种。

1）刮削原理

刮削是在工件或校准工具上涂一层显示剂，经过推研，使工件上较高的部位显示出来，然后用刮刀刮去较高部分的金属层；经过反复推研、刮削，使工件达到要求的尺寸精度、形状精度及表面粗糙度，所以刮削又称刮研。

2）刮削特点

刮削具有切削量小、切削力小、切削热少和切削变形小的特点，所以能获得很高的尺寸精度、形状精度、接触精度和很小的表面粗糙度值。刮削时工件受到刮刀的推挤和压光作用，使工件表面组织变得比原来紧密，表面粗糙度值很小。

3）刮削作用

刮削一般经过粗刮、细刮、精刮和刮花过程。刮削后的工件表面形成了比较均匀的微小凹坑，创造了良好的存油条件，有利于润滑。因此，机床导轨、滑板、滑座、滑动轴承、工具、量具等的接触表面常用刮削的方法进行加工。

2. 刮削工具

刮削工具有刮刀、校准工具（平板、直尺、角度尺等）和显示剂。刮刀又有平面刮刀和曲面刮刀两种。

（1）平面刮刀用于平面刮削和平面上刮花。

（2）曲面刮刀主要用来刮削曲面，如滑动轴承的内孔等。

（3）校准工具是用来研点和检验刮削表面准确情况的工具。

（4）显示剂是工件和校准工具对研时所加的涂料，常用的显示剂有红丹粉和蓝油。

3. 刮削注意事项

（1）刮削前，工件的锐边应倒角，防止伤手。

（2）刮削中因操作者高度不够需要在脚下垫脚踏板，踏板要安放平稳，以防操作人员跌倒受伤。

（3）挺刮时，刮刀柄应安装可靠，防止木柄破裂使刮刀柄穿过木柄伤人。

（4）工件要装夹牢固，大型工件要安放平稳，搬动时要注意安全。

（5）刮削至工件边缘时，不可用力过猛，以免失控，发生事故。

（6）刮刀用后，刀头部要用纱布包裹好，妥善放置。

三、錾削、研磨概述

1. 錾　削

用锤子打击錾子对金属工件进行切削加工的方法，称为錾削。錾削主要用于不便机械加工的场合，如去除毛坯上的凸缘、毛刺、浇口、冒口，以及分割材料，錾削平面及沟槽等。錾削所用的主要工具是锤子和錾子。錾子由头部、錾身和切削部分组成，主要分为扁錾、尖錾和油槽錾等。锤子又称榔头，由锤头、木柄和楔子组成，锤子的规格有 0.25 kg、0.5 kg 和 1 kg 等多种。

2. 研　磨

用研磨工具和研磨剂从工件表面上研去一层极薄金属层的加工方法称为研磨。研磨是对工件进行精加工的一种方法。研磨的主要作用是使工件获得很高的尺寸精度、形状精度和极小的表面粗糙度值。常用的研磨工具有研磨平板、研磨棒和研磨套等。研磨剂是磨料、研磨液和辅助材料的混合剂。

四、孔加工

（一）钻　孔

1. 概　述

钻孔是指在材料上打眼，所打孔眼用于部件连接、穿线、攻丝等目的。在教学仪器设备维修和自制时，不仅常在金属材料上钻孔，而更多的情况则是在非金属材料上打孔，钳工技术中的钻孔则主要指用钻头打孔。钻孔常用的工具是钻床、手持电动钻和手摇钻，其上装有钻头，常为麻花钻头。

（1）台钻。台式钻床简称台钻，这是一种小型钻床，一般用来加工小型工件上直径≤12 mm 的小孔。

（2）钻头的刃磨方法。标准麻花钻的刃磨要求：① 顶角 2ϕ 为 $118° \pm 2°$；② 外缘处的后角为 $10° \sim 14°$；③ 横刃斜角为 $50° \sim 55°$；④ 两主切削刃长度以及和钻头轴心线组成的两个 ϕ 角要相等；⑤ 两个主后面要刃磨光滑。

（3）划线钻孔的方法：钻孔的工件划线按孔位置要求，划出十字中心线，打样冲眼，划出孔圆周线。对直径较大的孔，应划出几个大小不等的检查圆，以便检查和借正孔位置。孔精度要求较高时，也可直接划出以孔中心的几个大小不等的方格，作为钻孔时的检查线，后将中心冲眼敲大，以便准确落钻定心。

（4）工件的装夹：工件钻孔时，要根据工件的不同形体以及钻削力的大小等情况，采用不同的装夹方法，以保证钻孔的质量和安全。常用的基本装夹方法有：

① 平正工件可用平口钳装夹。

② 圆柱形工件可用 V 形铁对工件进行装夹。

③ 对较大的工件且钻孔直径在 10 mm 以上时，可用压板的方法进行钻孔。

④ 底面不平或加工基准在侧面的工件，可用角铁进行装夹。

⑤ 在小型工件或薄板件上钻小孔，可将工件放置在定位块上，用手虎钳进行夹持。

⑥ 圆柱工件端面上钻孔，可用三爪卡盘进行装夹。

（5）钻床转速的选择。钻小孔时，转速高些，进给量小些；钻孔工件材料硬时，转速底些，进给量小些；工件材料软时，转速可高些，进给量可大些；在硬材料上钻小孔时，应适当减低转速。

（6）起钻。钻孔时，先使钻头对准中心样冲眼钻一浅窝，观察钻孔位置是否正确，如发现偏心，应及时纠正。

① 用小钻头试钻时若发生偏心，可用样冲重新冲眼。

② 用大钻头试钻时若发生偏心，在校正的方向用油槽錾打上几条槽以减小此处切削阻力，达到校正目的。

③ 钻出的锥窝不深且程度轻微，可用手在钻削的同时，将工件向偏心的反方向推移，达到逐步借正的目的。

（7）手进给操作：

① 用手进给，进给力不可过大，否则会造成钻头弯曲，孔径歪斜或钻头折断。

② 钻小孔或深孔，要及时退钻排屑，以免切屑堵塞折断钻头。一般每当钻头钻进深度达孔径的 3 倍时，应退钻排屑 1 次。

③ 孔将钻穿时，必须减小进给力，以防钻头折断或使工件转动造成事故。钻孔时应使用切削液。

2. 电钻的正确操作方法

（1）钻孔前一般先划线，确定孔的中心，在孔中心先用冲头打出较大的中心眼。

（2）钻孔时应先钻一个浅坑，以判断是否对中。

（3）在钻削过程中，特别是钻深孔时，要经常退出钻头以排出切屑和进行冷却，否则可能使切屑堵塞或钻头过热磨损甚至折断，并影响加工质量。

（4）钻通孔时，当孔将被钻透时，进刀量要减小，避免钻头在钻穿时的瞬间抖动，出现“啃刀”现象，影响加工质量，损伤钻头，甚至发生事故。

（5）钻削大于 ϕ30 mm 的孔应分两次钻，第一次先钻第一个直径较小的孔（为加工孔径的 0.5 ~ 0.7）；第二次用钻头将孔扩大到所要求的直径。

（6）钻削时的冷却润滑：钻削钢件时常用机油或乳化液；钻削铝件时常用乳化液或煤油；钻削铸铁时则用煤油。

3. 钻孔的安全知识

（1）操纵钻床时不可戴手套，袖口必须扎紧，女生必须戴工作帽。

（2）工件必须夹紧，特别是在小工件上钻较大直径时必须夹牢固，孔将钻穿时，要尽量减小进给力。

（3）开动钻床前，应检查是否有钻夹头钥匙或斜铁插在钻轴上。

（4）钻孔时不可用手和棉纱或嘴来吹除切屑，必须用毛刷清除，钻出长条切屑时，要用铁钩子钩除。

（5）操作者的头部不准与旋转着的主轴靠得太近，停车时应让主轴自然停止，不可用手刹车，或反转制动。

（6）严禁在开车状态下装拆工件、检验工件和改变主轴转速。

（7）清洁钻床或加注润滑油时，必须切断电源。

4. 使用电钻时的个人防护

（1）面部朝上作业时，要戴上防护面罩。在生铁铸件上钻孔要戴好防护眼镜，以保护眼睛。

（2）作业时钻头处在灼热状态，应注意避免灼伤肌肤。

（3）用手持电锯钻 ϕ12 mm 以上的孔时应使用有侧柄的手枪钻。

（4）站在梯子上工作或高处作业应做好防高处坠落措施，梯子应有地面人员扶持。

5. 使用电钻的注意事项

（1）确认现场所接电源与电钻铭牌是否相符，是否接有漏电保护器。

（2）钻头与夹持器应适配，并妥善安装。

（3）确认电钻上开关接通锁扣状态，否则插头插入电源插座时电钻将出其不意地立刻转动，从而可能导致人员伤害。

（4）若作业场所在远离电源的地点，需延伸线缆时，应使用容量足够、安装合格的延伸线缆。延伸线缆如通过人行过道应高架或做好防止线缆被碾压损坏的措施。

6. 维护和检查

（1）检查钻头。使用钝或弯曲的钻头，将使电动机过负荷面工况失常，并降低作业效率，因此，若发现这类情况，应立刻更换钻头。

（2）电钻机身紧固螺钉检查。使用前检查电钻机身安装螺钉紧固情况，若发现螺钉松了，应立即重新扭紧，否则会导致电钻故障。

（3）检查碳刷。电动机上的碳刷是一种消耗品，其磨耗度一旦超出极限，电动机将发生故障，因此，磨耗了的碳刷应立即更换，此外碳刷必须常保持干净状态。

（4）保护接地线检查。保护接地线是保护人身安全的重要措施，因此应经常检查其外壳应有良好的接地。

（二）扩　孔

扩孔用以扩大已加工出的孔（铸出、锻出或钻出的孔），它可以校正孔的轴线偏差，并使其获得正确的几何形状和较小的表面粗糙度，其加工精度一般为 IT9～IT10 级，表面粗糙度 $R_a=3.2\sim6.3\ \mu m$。扩孔的加工余量一般为 0.2～4 mm。

扩孔时可用钻头扩孔，但当孔精度要求较高时常用扩孔钻。扩孔钻的形状与钻头相似，不同的是：扩孔钻有 3～4 个切削刃，且没有横刃，其顶端是平的，螺旋槽较浅，故钻芯粗实、刚性好，不易变形，导向性好。

（三）锪　孔

锪孔是用锪钻进行孔口形面的加工。

1. 锪孔种类及作用

锪孔种类有：锪柱形埋头孔；锪锥形埋头孔；锪孔端平面。

锪孔作用有：在工件的连接孔端锪出柱形或锥形埋头孔，用埋头螺钉埋入孔内把有关零件连接起来，使外观整齐，装配位置紧凑；将孔口端面锪平，并与孔中心线垂直，能使连接螺栓的端面与连接件保持良好接触。

2. 锪孔加工要求

（1）锪锥形埋头孔加工要求：锥角和最大直径要符合图样规定，加工表面无振痕。

（2）锪柱形埋头孔加工要求：孔径和深度要符合图样规定，孔底面要平整并与原螺栓孔垂直，加工表面无振痕。

（四）铰　孔

铰孔是用铰刀对已经粗加工的孔进行精加工的方法。

铰刀的种类：铰刀有手铰刀和机铰刀。铰刀按用途不同分为圆柱形铰刀和圆锥形铰刀。圆柱形铰刀又分为固定式和可调式。圆锥形铰刀是用来铰圆锥孔的。可调式铰刀主要用在装配和修理时铰非标准尺寸的通孔。铰刀的刀齿有直齿和螺旋齿两种。螺旋铰刀多用于铰有缺口或带槽的孔，其特点是在铰削时不会被槽边勾住，且切削平稳。

铰削用量选择：铰削余量是否合适，对铰出孔的表面粗糙度和精度影响很大。

机铰铰削速度的选择：机铰时为了获得较小的加工表面粗糙度，必须避免产生积屑瘤，减少切削热及变形，因而应取较小的切削速度。用高速钢铰刀铰钢件时 $v=4\sim8$ m/min；铰

铸件时 $v = 6 \sim 8$ m/min；铰铜件时 $v = 8 \sim 12$ m/min；

机铰进给量的选择：对铰钢件及铸铁可取 0.5 ~ 1 mm/r；铜、铝可取 1 ~ 1.2 mm/r。

铰削操作方法：

（1）在手铰起铰时，可用右手通过铰孔轴线施加进刀压力，左手旋转。正常铰削时，两手用力要均匀、平稳地旋转，适当加压，获得较小的加工表面粗糙度，避免喇叭口或孔径扩大。

（2）铰刀铰孔或退出铰刀时，铰刀均不能反转，以防止刃口磨钝以及切屑嵌入刀具后面与孔壁间，将孔壁划伤。

（3）机铰时，应使工件一次装夹进行钻、铰工作，以保证铰刀中心线与钻孔中心线一致。铰毕后，要等铰刀退出后再停车，以防止孔壁拉出痕迹。

（4）铰尺寸较小的锥孔，先按小端直径并留去圆柱孔精铰余量钻出圆柱孔，然后用锥铰刀铰削即可。对尺寸和深度较大的锥孔，为减小铰削余量，铰孔前可先钻出阶梯孔后再用铰刀铰削。铰削过程中要经常用相配的锥销检查铰孔尺寸 。.

（5）铰削时必须选用适当的切削液减少摩擦并降低刀具和工件的温度，防止产生积屑瘤并避免切屑细末黏附在铰刀刀刃上及孔臂和铰刀的刃带之间，从而减小工件表面粗糙度值与孔的扩大量。

五、弯形和矫正

将坯料弯成所需要形状的加工方法，称为弯形。

（一）弯 形

1. 弯形概述

金属材料变形有两种：一种是弹性变形，另一种是塑性变形 。弯形是使材料产生塑性变形，因此只有塑性好的材料才能进行弯形。弯形虽然是塑性变形，但也有弹性变形，为抵消材料的弹性变形，变形过程中应多弯一些。

2. 弯形方法

弯形方法有冷弯和热弯两种。在常温下进行的弯形叫冷弯。当弯形厚度大于 5 mm 及直径较大的棒料和管料工件时，常需要将工件加热后再进行弯形，这种弯形方法称为热弯。

（1）板料在厚度方向上的弯形，小工件可在台虎钳上进行，先在弯形的地方划好线，然后用木槌锤击，也可用木块垫住工件再用锤子敲击。

（2）板料在宽度方向上的弯形，是利用金属材料具有延展性能，在弯形的外弯部分进行锤击，使材料朝一个方向逐渐延伸；较窄的板料可在 V 形架或特制的弯形模上用锤击法，使工件弯形；另外还可以利用弯形工具进行弯形。

（二）矫 正

消除材料或工件弯曲、翘曲、凸凹不平等缺陷的加工方法，称为矫正。

1. 矫正概念

金属材料主要有弹性变形和塑性变形两种。 矫正的实质就是让金属材料产生一种新的塑性变形，来消除原来不应存在的塑性变形。矫正可在机床上进行，也可用手工进行。这里主要介绍钳工常用的手工矫正方法。手工矫正是将材料（或工件）放在平板、铁砧或台虎钳上，采用锤击、弯形、延展或伸长等进行的矫正方法。矫正过程中，材料要受到锤击、弯形等外力作用，使矫正后的材料内部组织发生变化，造成硬度提高、性质变脆，这种现象称为冷作硬化。冷作硬化给继续矫正或下道工序加工带来困难，必要时应进行退火处理，恢复材料原来的力学性能。

2. 矫正工具

（1）平板和铁砧平板、铁砧及台虎钳都可以作为矫正板材或型材的基座。

（2）软、硬手锤。矫正一般材料均可采用钳工常用手锤； 矫正已加工表面、薄钢件或有色金属制件时，应采用铜锤、木槌或橡胶锤等软手锤。

（3）抽条和拍板。抽条是采用条状薄板料弯成的简易手工工具，用于抽打较大面积的板料。拍板是用质地较硬的檀木制成的专用工具，主要用于敲打板料。

（4）螺旋压力工具（或压板） 适用于矫正较大的轴类工件或棒料。

3. 矫正方法

（1）扭转法。扭转法用来矫正条料的扭曲变形。一般是将条料夹持在台虎钳上，用扳手把条料向变形的相反方向扭转到原来的形状。

（2）伸张法。伸张法用来矫正各种细长线材的变形。其方法是将线材一头固定，然后在固定端让线材绕圆木一周，紧握圆木向后拉，使线材在拉力作用下绕过圆木得到伸张矫直。

（3）弯形法。弯形法用来矫正各种弯曲的棒料和在宽度方向上变形的条料。直径较小的棒料和薄料，可用台虎钳在靠近弯曲处夹持，用扳手矫正。直径大的棒料和较厚的条料，则要用压力机械矫正。

（4）延展法。延展法是用手锤敲击材料，使其延展伸长来达到矫正的目的。

六、连 接

连接是机器制造和设备修理中经常应用的加工方法之一。

（一）连接方法

1. 锡 焊

锡焊是常用的一种连接方法。锡焊时，工件材料并不熔化，只是将焊锡熔化而把工件连接起来。锡焊的优点是热量少，被焊工件不产生热变形，焊接设备简单，操作方便。锡焊常用于强度要求不高或密封性要求较高的连接。

2. 锡焊工具

锡焊常用的工具有烙铁、烘炉和喷灯等。

烙铁有电烙铁和非电加热烙铁两种。

3. 焊料焊剂

焊料：锡焊用焊料叫焊锡，焊锡是一种锡铅合金，熔点一般为 180 ~ 300 °C 。焊锡的熔点由锡、铅含量之比决定 。锡的比例越大，熔点越低，焊接时的流动性就越好。

焊剂：焊剂又称焊药。焊剂的作用是消除焊缝处的金属氧化膜，提高焊锡的流动性，增加焊接强度。

4. 焊接注意事项

（1）严格控制烙铁温度。温度过低，焊锡不能熔化；温度过高，烙铁表面会生成氧化铜，黏不上焊锡。此时应刮掉氧化铜后才能使用。

（2）应根据被焊工件的大小合理选择电烙铁。接通电源后电烙铁应放在烙铁架上，以防烫坏电线，酿成事故。

（3）配制稀盐酸时，只能将盐酸缓慢倒入水中，不得将水倒入盐酸中稀释，否则会溅出伤人。

（二）黏　结

1. 简　述

利用黏合剂把不同或相同的材料牢固地连接成一体的操作方法，称为黏结。黏结工艺操作方便，连接可靠，适应性广，其应用不受材料种类的限制，黏结部分应力分布均匀，耐疲劳性好，有机黏结还有耐腐蚀和绝缘性能好等优点。黏结的最大缺点是强度较低和耐热性较差。黏结按使用黏合剂的材料来分，有无机黏结和有机黏结两大类。

2. 无机黏结简述

无机黏结使用的黏合剂为无机黏合剂。工业上大都采用磷酸和氧化铜。无机黏合剂有强度较低、脆性大、适应范围小的缺点。适应于套接，不适于平面对接和搭接。黏结面要尽量粗糙。黏结前，还应对黏结面进行除锈、脱脂和清洗。黏结后，需经过干燥、硬化才能使用。

3. 有机黏结简述

有机黏结使用的黏合剂为有机黏合剂。有机黏合剂的品种很多，下面主要介绍两种最常用的黏合剂。

（1）环氧黏合剂：它具有黏合力强、硬化收缩小、耐腐蚀、绝缘性好及使用方便等优点，因而得到广泛应用。主要缺点是耐热性差、脆性大。

（2）聚丙烯酸酯黏合剂：该黏合剂常用的牌号有 501、502。这类黏合剂的特点是没有溶剂，可以在室温下固化，并呈一定的透明状，但因固化速度较快，所以不适于大面积黏结。

（三）铆　接

1. 铆接概述

用铆钉将两个或两个以上工件组成不可拆卸的连接，称为铆接。铆接过程是将铆钉插入被铆接工件的孔中，并把铆钉头紧贴工件表面，然后将铆钉杆的一端镦粗成为铆合头。目前，在很多工件的连接中，铆接已逐渐被焊接所代替，但因铆接有操作方便、连接可靠等优点，所以在机器、设备、工具制造中，仍有较多的应用。

2. 铆接种类

按使用要求不同，铆接可分为活动铆接和固定铆接两大类。

（1）活动铆接（铰链铆接）。它的结合部分可以相互转动，如剪刀、钢丝钳、划规等工具的铆接，都是活动铆接。

（2）固定铆接。它的结合部位是固定不动的。 固定铆接根据使用要求不同，又可分为坚固铆接、紧密铆接和坚固紧密铆接等。

3. 铆接方法

按铆接方法来分，铆接又可分为冷铆、热铆和混合铆。

（1）冷铆：铆钉不需要加热，直接镦出铆合头的铆接方法，称为冷铆。冷铆要求铆钉材料具有较好的塑性，一般直径小于 8 mm 的钢制铆钉均可采用冷铆的方法。

（2）热铆：把整个铆钉加热到一定温度后，再进行铆接的方法，称为热铆。铆钉加热后塑性提高，容易成形，冷却后铆钉收缩，可增加结合强度。热铆应把孔径扩大 0.5 ~ 1 mm，使铆钉加热后容易插入。一般直径大于 8 mm 的钢制铆钉，常采用热铆的方法。

（3）混合铆：只把铆钉的铆合头端加热的铆接方法，称为混合铆。混合铆适用于细长的铆钉，其目的是避免铆接时铆钉杆的弯曲变形。

4. 铆接工具及铆钉

（1）铆接工具：手工铆接工具有手锤、压紧冲头、罩模和顶模。罩模用于铆接时镦出完整的铆合头；顶模用于铆接时顶住铆钉的头部，这样既有利于铆接，又不损伤铆钉头部。

（2）铆钉：铆钉按其制造材料不同可分为钢质、铜质、铝质铆钉等。铆钉按其形状分有平头、半圆头、沉头、半圆沉头、管状空心和皮带铆钉等。铆钉的标记，一般要标出直径、长度和国家标准序号。如铆钉 5 × 20GB867-86，表示直径为 ϕ5 mm，长度为 20 mm，国家标准序号为 GB 867—86。

七、装配工艺规程

（一）装配工艺规程概述

按照一定的精度标准和技术要求，将若干个零件组成部件或将若干个零件、部件组合成机构或机器的工艺过程，称为装配。

装配工艺规程是指规定装配部件和整个产品的工艺过程，以及该过程中所使用的设备和工、夹、量具等的技术文件。

装配工艺规程是生产实践和科学实验的总结，是提高劳动生产率、保证产品质量的必要措施，是组织装配生产的重要依据。只有严格按工艺规程生产，才能保证装配工作的顺利进行，降低成本，增加经济效益。但装配工艺规程也应随生产力的发展而不断改进。

（二）装配工艺过程

1. 装配前准备工作

（1）研究装配图及工艺文件、技术资料，了解产品结构，熟悉各零件、部件的作用、相互关系及连接方法。

（2）确定装配方法，准备所需要的工具。

（3）对装配的零件进行清洗，检查零件加工质量，对有特殊要求的零部件应进行平衡或压力实验。

2. 装配工作

对比较复杂的产品，其装配工作分为部件装配和总装配。

（1）部件装配：凡是将两个以上零件组合在一起或将零件与几个组件结合在一起，成为一个单元的装配工作，称为部件装配 。

（2）总装配：将零件、部件结合成一台完整产品的装配工作，称为总装配。

3. 调试、检验、试车

（1）调试：调节零件或机构的相互位置、配合间隙、结合面松紧等，使机构或机器工作协调。

（2）检验：检验机构或机器的几何精度和工作精度。

（3）试车：试验机构或机器运转的灵活性、振动情况、工作温度、噪声、转速、功率等性能参数是否达到要求。

（三）装配工作的组织形态

1. 单件生产时的组织形态

单件生产时，产品几乎不重复，装配工作常在固定地点由一个工人或一组工人完成装配工作。这种装配组织形式对工人的技术要求较高，装配周期较长，生产效率较低。

2. 成批生产时的组织形态

成批生产时，装配工作通常分为部件装配和总装配。每个部件由一个工人或一组工人在固定地点完成人或一组工人在固定地点完成然后进行总装配。

3. 大量生产时的组织形态

大量生产时，把产品的装配过程划分为部件、组件装配。每一个工序只由一个工人或一组工人来完成，只有当所有工人都按顺序完成自己负责的工序后，才能装配出产品。在大量生产中，其装配过程是有顺序地由一个或一组工人转移给另一个（或一组）工人。这种转移可是装配对象的移动，也可以是工人的移动，通常把这种装配的组织形式叫作流水装配法。流水装配法由于广泛采用互换性原则，使装配工作工序化，因此装配质量好，生产效率高，是一种先进的装配组织形式。

（四）固定连接的装配

固定连接是装配中最基本的一种装配方法，常见的固定连接有螺纹连接、键连接、销连接、过盈连接和管道连接等。

1. 螺纹连接

螺纹连接是一种可拆卸的固定连接，它具有结构简单、连接可靠、装拆方便、成本低廉等优点，因此在机械制造中广泛应用。

1）螺纹连接及技术要求

（1）保证有足够的拧紧力矩。为达到连接牢固可靠，拧紧螺纹时，必须有足够的力矩，对有预紧力要求的螺纹连接，其预紧力的大小可从工艺文件中查出。

（2）保证螺纹连接的配合精度。

（3）有可靠的防松装置。为防止在冲击负荷下螺纹出现松动现象，螺纹连接时必须有可靠的防松装置。

2）螺纹连接装配常用工具

（1）螺钉旋具：主要用来装拆头部开槽的螺钉。螺钉旋具有一字旋具、十字旋具、快速旋具和弯头旋具等。

（2）扳手：用来装拆六角形、正方形螺钉及各种螺母。扳手有通用扳手（活扳手）、专用扳手和特种扳手等。活扳手使用时应让固定钳口承受主要的作用力，扳手长度不可随意加长，以免损坏扳手和螺钉。专用扳手只能拆装一种规格的螺母或螺钉。根据用途不同可分为呆扳手、整体扳手、成套套筒扳手、钳形扳手和内六角扳手等。特种扳手是根据某些特殊需要制造的，如棘轮扳手，不仅使用方便，而且效率高。

3）螺母螺钉装配要求

（1）螺钉不能弯曲变形，螺钉、螺母应与机体接触良好。

（2）被连接件应受力均匀，互相贴合，连接牢固。

（3）拧紧成组螺母时，需按一定顺序逐次拧紧。拧紧原则一般为从中间向两边对称扩展。

4）螺纹连接防松方法

螺纹连接常用的防松方法有：用双螺母防松、用弹簧垫圈防松、用开口销与带槽螺母防松、用止动垫圈防松和用串联钢丝防松等。

2. 键连接概述

键连接是将轴和轴上零件通过键在圆周方向上固定，以传递转矩的一种装配方法 。它具有结构简单、工作可靠和装拆方便等优点，因此在机械制造中被广泛应用。键连接根据装配时的松紧程度，可分为松键连接和紧键连接两大类。松键连接是靠键的侧面来传递转矩的，对轴上零件作圆周方向固定，不能承受轴向力。松键连接所采用的键有普通平键、导向键、半圆键和花键等。根据平键的头部形状不同，普通平键有圆头、平头和单圆头 3 种。圆头平键，因为在键槽中不会中发生轴向移动，所以应用最广，单圆头平键，则多应用在轴的端部。

平键连接的应用特点是：依靠键的侧面传递扭矩，对中性良好，装拆方便，适用于高速、高精度和承受变载冲击的场合，但不能实现轴上零件的轴向定位。

3. 销连接装配

销连接可起定位、连接和保险作用。销连接可靠，定位方便，拆装容易，再加上销子本身制造简便，故销连接应用广泛。根据销子的形状不同可分为圆柱销装配和圆锥销装配。

1）圆柱销装配

圆柱销有定位、连接和传递转矩的作用。圆柱销连接属过盈配合，不宜多次装拆。圆柱销作定位时，为保证配合精度，通常需要两孔同时钻、铰，装配时应在销子上涂以机油，用铜棒将销子打入孔中。

2）圆锥销装配

圆锥销具有 1：50 的锥度，它定位准确，可多次拆装。圆锥销装配时，被连接的两孔也应同时钻、铰出来，孔径大小以销子能自由插入孔中长度约 80% 左右为宜，然后用锤子打入即可。

4. 过盈连接装配法

1）简　述

过盈连接是以包容件（孔）和被包容件（轴）配合后的过盈来达到紧固连接的一种连接方法。过盈连接有对中性好、承载能力强，并能承受一定冲击力等优点，但对配合面的精度要求较高，加工、装拆都比较困难。

2）装配方法

（1）压入法：用锤子加垫块敲击压入或用压力机压入。

（2）热胀法：利用物体热胀冷缩的原理，将孔加热使孔径增大然后将轴装入孔中。

（3）冷缩法：利用物体热胀冷缩的原理，对轴进行冷却，待轴径缩小后再把轴装入孔中。

第四章　钳工应知应会练习题

第一节　制动钳工（制动组）应知应会练习题

一、单选题

1.（　　）是铁路运输服务的优质程度及所要达到的效果。

A. 顾全大局　B. 热情服务　C. 服从领导　D. 团结互助

2. 检修职工在从事作业中，始终按照明文规定的各种行为规则，一丝不苟地完成生产作业的行为，这里面包括：遵章和（　　）两层意思。

A. 遵规　B. 尊老　C. 守纪　D. 爱幼

3. 检修职工应爱护铁路一切设施，不仅包含爱护公共财物的含义，而且是自身（　　）应该遵循的准则。

A. 利益关系　B. 职业道德　C. 职业习惯　D. 职业行为

4. 机破应在机车回段后（　　）h 内进行分析，临修要定期组织分析。

A. 72　B. 24　C. 48　D. 12

5. 机车检修“三化”是指程序化、文明化、（　　）。

A. 自动化　B. 机械化　C. 电气化　D. 简单化

6. 造成（　　）的直接经济损失的事故列为重大事故。

A. 5 000 万以上 1 亿元以下

B. 1 亿元以上

C. 1 000 万元以上 5 000 万以下

D. 500 万元以上 1 000 万以下

7. 一般事故的调查期限为（　　）。

A. 10 天　B. 20 天　C. 30 天　D. 60 天

8. DJKG-A 型空气干燥器电动排泄阀防冻装置的断开温度是（　　）。

A.（5 ± 1）°C　B.（10 ± 1）°C　C.（15 ± 1）°C　D.（20 ± 1）°C

9. DJKG-A 型空气干燥器再生时间是（　　）。

A.（45 ± 15）s　B.（55 ± 15）s　C.（50 ± 15）s　D.（60 ± 15）s

10. DJKG 系列空气干燥器的型式为（　　）。

A. 双塔式　　B. 单塔式　　C. 多塔式　　D. 加热式

11. DJKG 型空气干燥器的再生空气是由（　　）供给的。

A. 总风缸　　B. 再生风缸

C. 油水分离器　　D. 工作风缸

12. DJKG 型空气干燥器的温控器，其作用主要是对干燥器上的（　　）进行自动加热，以防止该处冻结。

A. 干燥塔　　B. 排泄阀

C. 油水分离器　　D. 再生风缸

13. 当压缩空气的相对湿度低于（　　）时，可以防止管壁的锈蚀。

A. 30%　　B. 40%　　C. 35%　　D. 45%

14. DJKG-A 型空气干燥器防冻装置，加热时温控器 3、2 端子间电压为（　　）V，红色发光管亮。

A. 0.5　　B. 0.7　　C. 110　　D. 48

15. DJKG-A 型空气干燥器防冻装置，不加热时温控器 3、2 端子间电压为（　　）V，绿色发光管亮。

A. 24　　B. 110　　C. 12　　D. 48

16. YWK-50-C 型压力控制器的重复性误差为（　　）kPa。

A. ±10　　B. ±20　　C. ±30　　D. ±40

17. YWK-51-C 型压力控制器的设定值误差为（　　）kPa。

A. ±10　　B. ±20　　C. ±30　　D. ±40

18. BT-2.6/10A 型螺杆空压机的排气量为（　　）m^3/min。

A. 3.6　　B. 3　　C. 2.6　　D. 10

19. BT-2.6/10A 型螺杆空压机的油量为（　　）L。

A. 5　　B. 7　　C. 6　　D. 8

20. 螺杆式空气压缩机油过滤器的过滤精度在（　　）μm。

A. 5 ~ 10　　B. 6 ~ 10　　C. 10 ~ 15　　D. 15 ~ 20

21. 螺杆式空气压缩机空气中有油的原因是（　　）。

A. 油位过低　　B. 油过滤器故障

C. 油细分离器故障　　D. 最小压力阀故障

22. 螺杆式空气压缩机的压力开关断开压力设置为（　　）MPa。

A. 0.1　　B. 0.2　　C. 0.3　　D. 0.4

23. 机车球芯折角塞门手把处漏风的原因是（　　）。

A. 球芯缺油　　B. 球芯表面偏磨

C. 密封垫圈失效　　D. 阀体内卡脏

24. 列车折角塞门试验风压须达到（ ）kPa。

A. 300 B. 400 C. 600 D. 500

25. 电力机车球芯塞门修竣后，储存期超过 6 个月的，须经（ ）后方可装车使用。

A. 检查员 B. 验收员
C. 试验合格 D. 试验人员

26. SS_{4B} 型电力机车门联锁阀的代号是（ ）。

A. 37、38 B. 27、28
C. 35、36 D. 25、26

27. SS_{4B} 型电力机车风压继电器 515KF 的触头断开风压为（ ）kPa。

A. 100 ± 10 B. 200 ± 10
C. 150 ± 10 D. 250 ± 10

28. QTY 型调压阀共有（ ）个弹簧。

A. 4 B. 3 C. 1 D. 2

29. SS_{4B} 型电力机车调压阀 55 用来调整供给（ ）充风的总风压力。

A. 均衡风缸 B. 制动缸
C. 作用管 D. 空气制动阀

30. SS_{4B} 型电力机车调压阀（ ）用来调整通往空气制动阀的总风压力。

A. 53 B. 52 C. 51 D. 55

31. SS_{4B} 型电力机车电空位时调压阀 53 的整定值是（ ）kPa。

A. 300 B. 400 C. 500 D. 600

32. SS_{4B} 型电力机车空气位时调压阀 53 的整定值是（ ）kPa。

A. 500 或 600 B. 300 C. 450 D. 200

33. 人们将利用酸溶液去除钢铁表面上的氧化皮和锈蚀物的方法称为（ ）。

A. 除锈 B. 酸化 C. 磷化 D. 酸洗

34. 将工件浸入磷化液在表面沉积形成一层不溶于水的结晶型磷酸盐转换膜的过程称之为（ ）。

A. 磷洗 B. 酸化 C. 磷化 D. 酸洗

35. SS_{4B} 型电力机车，总风缸压力由零升至 900 kPa 的时间不大于（ ）min。

A. 4 B. 5 C. 6 D. 7

36. TSA-230A 型螺杆压缩机压力维持阀的开启压力是（ ）MPa。

A. 0.5 ± 0.05 B. 0.7 ± 0.05
C. 0.6 ± 0.05 D. 0.8 ± 0.05

37. TSA-230A 型螺杆压缩机的排气量是（ ）m^3/min。

A. 2.6 B. 2.5 C. 2.4 D. 2.7

38. 辅助压缩机性能试验要求辅助风缸压力由零升至 500 kPa 的时间不大于（ ）min。

A. 3　　B. 3.5　　C. 4　　D. 4.5

39. 辅助压缩机的工作电压不低于（　　）V。

A. 50　　B. 60　　C. 80　　D. 70

40. SS_{4B} 型电力机车总风缸压力升至 900 kPa，风压稳定后，空气管路系统的总泄漏量每分钟不大于（　　）kPa，测定时间应不少于 3 min。

A. 10　　B. 20　　C. 30　　D. 40

41. SS_{4B} 型电力机车控制风缸压力升至 900 kPa 时，关闭风缸前塞门 97，控制风缸的泄漏量每 10 min 不大（　　）kPa。

A. 10　　B. 11　　C. 15　　D. 20

42. 电力机车在测定辅助压缩机生产能力后升起受电弓，待辅助风缸压力稳定在 500 kPa 时，停止辅助压缩机组工作，控制系统泄漏量每分钟不大于（　　）kPa，测定时间应不少于 3 min。

A. 10　　B. 15　　C. 20　　D. 25

43. 高、低音喇叭在总风压力大于（　　）kPa 时，音色正常。

A. 400　　B. 500　　C. 600　　D. 700

44. 刮雨器摆角大于（　　）。

A. 30°　　B. 35°　　C. 40°　　D. 45°

45. 国产电力机车根据 GB/T 3317—2006《电力机车通用技术条件》规定撒砂量标准为（　　）L/min。

A. 0.7 ~ 1.5　　B. 0.5 ~ 1.5

C. 0.7 ~ 2.0　　D. 0.8 ~ 2.0

46. 电力机车总风缸压力升至（　　）kPa 时，压力控制器应断开电路，使主压缩机组停止工作。

A. 800 ± 20　　B. 850 ± 20

C. 900 ± 20　　D. 950 ± 20

47. 电力机车总风缸压力降至（　　）kPa 时，压力控制器应闭合电路，使主压缩机组恢复工作。

A. 600 ± 20　　B. 650 ± 20

C. 750 ± 20　　D. 700 ± 20

48. 电空制动控制器和空气制动阀均置运转位时，按下紧急制动按钮，机车产生紧急制动，制动缸压力应不低于（　　）kPa。

A. 400　　B. 340　　C. 300　　D. 450

49. 螺杆压缩机空气滤清器清洁指示器显示红色或箭头指向（　　）kPa，应清扫滤纸。

A. 5　　B. 6　　C. 7.5　　D. 6.5

50. 闸瓦压力增大，闸瓦摩擦系数（　　）。

A. 增大　　B. 减小　　C. 不变　　D. 以上都不对

51. 列车速度减低，闸瓦摩擦系数（　　）。

A. 减小　　B. 增大　　C. 不变　　D. 以上都不对

52. 闸瓦温度增高，闸瓦摩擦系数（　　）。

A. 增大　　B. 减小　　C. 不变　　D. 以上都不对

53. 闸瓦摩擦表面的材质硬度提高，摩擦系数（　　）。

A. 增大　　B. 减小　　C. 不变　　D. 以上都不对

54. DK-1 型制动机中继阀受（　　）压力变化影响，继而控制列车制动管的压力变化，从而完成列车的制动、保压和缓解作用。

A. 制动管　　B. 均衡风缸

C. 作用管　　D. 控制风缸

55. DK-1 型制动机压力开关受（　　）的压力变化进行电路的转换。

A. 制动管　　B. 控制风缸

C. 作用管　　D. 均衡风缸

56. DK-1 型制动机电空制动控制器有（　　）个作用位置。

A. 6　　B. 5　　C. 7　　D. 8

57. 橡胶模板的标注是以模板（　　）的大小来表示。

A. 半径　　B. 直径　　C. 外径　　D. 内径

58. 夹心阀的标注是以模板（　　）的大小来表示。

A. 半径　　B. 直径　　C. 外径　　D. 内径

59. 制动机常见的密封元件材料是（　　）。

A. 氟橡胶　　B. 丁腈橡胶

C. 石棉橡胶　　D. 铜片

60. 制动机由于橡胶密封元件失效造成的常见故障是（　　）。

A. 漏泄　　B. 堵塞

C. 自然制动　　D. 自然缓解

61. 夹心阀对接触面压痕不均匀或过深者，允许用细砂布研磨，研磨量不得大于硬芯下胶层的（　　）。

A. 0.333 333 333 333 333　　B. 0.5

C. 0.25　　D. 0.666 666 666 666 667

62. DK-1 型电空制动机的气动部件自由高大于 25 mm 的圆弹簧，塑性变形量不得大于（　　）mm。

A. 2　　B. 3　　C. 4　　D. 5

63. DK-1 型电空制动机的气动部件自由高小于 25 mm 的圆弹簧，塑性变形量不得大于（　　）mm。

A. 1　　B. 2　　C. 4　　D. 5

64. DK-1 型电空制动机的气动部件各柱塞与衬套间配合间隙不大于（　　）mm。

A. 0.15　　B. 0.11　　C. 0.12　　D. 0.2

65. DK-1 型电空制动机的气动部件各部件组装前，转轴部分涂适量（　　）。

A. 美孚脂　　B. 黄油

C. 201 甲基硅油润滑　　D. 锂基脂

66. DK-1 型电空制动机各部件组装前，对柱塞、活塞式接触配合表面须涂以适量（　　）。

A. 硅油　　B. 黄油　　C. 硅脂　　D. 锂基脂

67. 给电或给风试验中须（　　）人以上进行。

A. 1　　B. 2　　C. 3　　D. 4

68. DK-1 型电空制动机的电空制动控制器在过充位，使列车缓解充风，以高出列车制动管定压（　　）kPa 的充风压力快速充风缓解。

A. 10 ~ 20　　B. 20 ~ 30　　C. 30 ~ 40　　D. 40 ~ 50

69. TKS22 型电空制动控制器的额定电压是（　　）V。

A. DC110　　B. AC110　　C. DC120　　D. AC120

70. DK-1 型电空制动机空气制动阀的顶杆长度符合（　　）mm。

A. 125 ± 1　　B. 135 ± 2　　C. 125 ± 2　　D. 135 ± 1

71. DK-1 型电空制动机空气制动阀的凸轮无裂损，均匀磨耗量不大于（　　）mm。

A. 0.5　　B. 1　　C. 1.5　　D. 2

72. DK-1 型电空制动机空气制动阀方轴与凸轮方孔间隙不大于（　　）mm。

A. 0.3　　B. 0.5　　C. 0.2　　D. 0.4

73. 空气制动阀修竣后，储存期超过 3 个月不足 6 个月的，须经（　　）确认合格后才可以装车。

A. 检查员　　B. 试验台试验

C. 验收员　　D. 试验人员

74. DK-1 型电空制动机空气制动阀在电空位时，试验台上缓解位试验要求作用管压力由 300 kPa 降至 40 kPa 的时间不大于（　　）s。

A. 5　　B. 3.5　　C. 4　　D. 4.5

75. DK-1 型电空制动机空气制动阀在电空位时，试验台上制动位试验要求作用管压力由 0 kPa 升至 280 kPa 的时间不大于（　　）s。

A. 5　　B. 3.5　　C. 4　　D. 4.5

76. DK-1 型电空制动机空气制动阀在空气位时，试验台上制动位试验要求均衡压力由 600 kPa 降至 430 kPa 的时间为（　　）s。

A. 5 ~ 7　　B. 6 ~ 8　　C. 5 ~ 9　　D. 7 ~ 9

77. DK-1 型电空制动机空气制动阀在空气位时，试验台上缓解位试验要求均衡压力由 0 kPa 升至 580 kPa 的时间不大于（　　）s。

A. 10　　B. 9　　C. 11　　D. 8

78. DK-1 型电空制动机双阀口式中继阀供气阀与阀套配合间隙≤（　　）mm。

A. 0.15　　B. 0.12　　C. 0.10　　D. 0.2

79. DK-1 型电空制动机双阀口式中继阀如果总风遮断阀在常开状态下，中继阀具有（　　）功能。

A. 列车制动管自动排风　　B. 列车制动管自动补风

C. 自锁　　D. 以上都对

80. DK-1 型电空制动机双阀口式中继阀顶杆长度为（　　）mm。

A. 92　　B. 80　　C. 85　　D. 90

81. DK-1 型电空制动机中继阀在试验台上试验，阶段减压试验要求列车制动管阶段减压至 250 kPa 时与均衡压差小于（　　）。

A. 5 kPa　　B. 10 kPa　　C. 15 kPa　　D. 20 kPa

82. DK-1 型电空制动机中继阀在试验台上试验，供气阀供气试验要求列车制动管压力在（　　）内由 0 升至 580 kPa。

A. 4 s　　B. 3 s　　C. 5 s　　D. 2 s

83. DK-1 型电空制动机中继阀在试验台上试验，膜板状态试验要求均衡压力为 600 kPa，列车制动管压力上升量不大于（　　）。

A. 3 kPa　　B. 5 kPa　　C. 10 kPa　　D. 8 kPa

84. DK-1 型电空制动机总风遮断阀当中立电空阀得电时，切断（　　）通路。

A. 总风通往遮断阀左侧　　B. 列车制动管排大气

C. 总风通往过充柱塞　　D. 总风通往供气室

85. DK-1 型电空制动机总风遮断阀套与体套的间隙配合不大于（　　）mm。

A. 0.12　　B. 0.15　　C. 0.18　　D. 0.1

86. DK-1 型电空制动机遮断阀在试验台上试验，保压试验要求 1 min 内列车制动管压力变化不大于（　　）kPa。

A. 10　　B. 5　　C. 15　　D. 8

87. DK-1 型电空制动机电动放风阀接受（　　）得电或失电的控制。

A. 制动电空阀　　B. 紧急电空阀

C. 缓解电空阀　　D. 重联电空阀

88. DK-1 型电空制动机可关闭塞门（　　）使电动放风阀失去作用。

A. 114　　B. 115　　C. 116　　D. 117

89. DK-1 型电空制动机关闭塞门（　　）可以切除紧急电空阀的风源。

A. 155　　B. 156　　C. 157　　D. 158

90. DK-1 型电空制动机电动放风阀试验台上试验时，漏泄试验时要求列车制动管压力稳定后 60 s 内下降不大于（　　）。

A. 10 kPa　　B. 5 kPa　　C. 8 kPa　　D. 15 kPa

91. DK-1 型电空制动机电动放风阀试验台上试验时，紧急试验时要求列车制动管压力由 600 kPa 降至 0 kPa 的时间不大于（　　）。

A. 5 s　　B. 3 s　　C. 2 s　　D. 1 s

92. DK-1 型电空制动机重联阀在本机位时将制动缸管与（　　）连通。

A. 作用管　　B. 列车制动管

C. 平均管　　D. 总风管

93. DK-1 型电空制动机重联阀在补机位时将作用管与（　　）连通。

A. 制动缸管　　B. 列车制动管

C. 总风管　　D. 平均管

94. DK-1 型电空制动机重联阀的转换阀部在本机位时，连通重联阀活塞下侧与（　　）之间的通路。

A. 平均管　　B. 总风联管

C. 大气　　D. 作用管

95. DK-1 型电空制动机重联阀的转换阀部在补机位时，连通重联阀活塞下侧与（　　）之间的通路。

A. 平均管　　B. 总风联管

C. 大气　　D. 作用管

96. DK-1 型电空制动机重联阀在试验台上试验时，本机位断钩试验制动缸压力应不随（　　）压力变化。

A. 作用管　　B. 平均管

C. 容积室　　D. 总风联管

97. DK-1 型电空制动机重联阀在试验台上试验时，补机位断钩试验（　　）压力应不与平均管压力同步升降。

A. 制动缸　　B. 作用管

C. 容积室　　D. 总风联管

98. DK-1 型电空制动机 109 型分配阀的（　　）主要用于根据列车制动管的压力变化来控制容积室和作用管的充、排风。

A. 安全部　　B. 均衡部

C. 紧急增压阀部　　D. 主阀部

99. DK-1 型电空制动机 109 型分配阀的安全阀在正常运用机车整定值为（　　）kPa。

A. 400 ± 10　　B. 380 ± 10　　C. 420 ± 10　　D. 450 ± 10

100. DK-1 型电空制动机 109 型分配阀的安全阀在机车无火回送时整定值为(　　)kPa。

A. 300 ± 10　　B. 150 ± 10　　C. 250 ± 10　　D. 200 ± 10

101. DK-1 型电空制动机 109 型分配阀的节制阀弹簧自由高为（　　）mm。

A. 20　　B. 14　　C. 18　　D. 16

102. DK-1 型电空制动机 109 型分配阀在试验台上试验时，工作风缸充风试验要求工作风缸压力由 0 升至 580 kPa 的时间为（　　）。

A. 50 ~ 60 s　　B. 60 ~ 80 s　　C. 50 ~ 75 s　　D. 60 ~ 75 s

103. DK-1 型电空制动机 109 型分配阀在试验台上试验时，列车制动管减压 80 kPa 制动缸压力应上升至（　　）kPa。

A. 180　　B. 200　　C. 220　　D. 240

104. DK-1 型电空制动机 109 型分配阀在试验台上试验时，紧急制动后制动缸压力升至 400 kPa 时间不大于（　　）s。

A. 5　　B. 4　　C. 3　　D. 6

105. DK-1 型电空制动机转换阀 153 置空气位连通均衡风缸与（　　）之间的气路。

A. 制动电空阀　　B. 空气制动阀

C. 缓解电空阀　　D. 以上都对

106. DK-1 型电空制动机转换阀在试验台上试验时，正常位下口压力 1 min 内变化不大于（　　）kPa。

A. 5　　B. 10　　C. 15　　D. 8

107. 直流机车电空制动控制器在重联位时导线（　　）得电。

A. 812　　B. 821　　C. 803　　D. 806

108. 直流机车电空制动控制器在过充位时导线（　　）得电。

A. 804　　B. 805　　C. 808　　D. 以上都对

109. 直流机车电空制动控制器在中立位时导线（　　）得电。

A. 803　　B. 807　　C. 808　　D. 804

110. DK-1 型电空制动机均衡风缸的容积是（　　）。

A. 5L　　B. 6L　　C. 4L　　D. 8L

111. 电空阀最小动作电压为（　　）。

A. DC 100 V　　B. DC 80 V　　C. DC 70 V　　D. DC 77 V

112. 电空阀有电不吸合的原因，下列说法错误的是（　　）。

A. 线圈烧损　　B. 线圈开路

C. 机械卡滞　　D. 自复弹簧遮断

113. TFK1B 电空阀的铁心气隙为（　　）mm。

A. 1.5 ± 0.1　　B. 1.5 ± 0.2　　C. 1.9 ± 0.1　　D. 1.9 ± 0.2

114. 电空阀的阀杆行程为（　　）mm。

A. 2 ± 0.1　　B. 1 ± 0.1　　C. 2 ± 0.2　　D. 1 ± 0.2

115. 电空阀漏泄的原因，下列说法错误的是（　　）。

A. O 形密封圈破损　　B. 阀口裂损

C. 阀杆过长　　D. 阀杆过短

116. DK-1 型电空制动机空气制动阀在电空位时，手把置制动位，连通了（　　）之间的气路。

A. 调压阀管与均衡风缸　　B. 调压阀管与作用管
C. 作用管与大气　　D. 均衡风缸与大气

117. SS_{4B} 型电力机车 DK-1 型电空制动机空气制动阀在电空位时，手把置中立位，断开电路（　　）。

A. 809 ~ 818　　B. 809 ~ 812　　C. 809 ~ 810　　D. 809 ~ 821

118. DK-1 型电空制动机空气制动阀在空气位时，手把置缓解位，开通了（　　）的充风通路。

A. 作用管　　B. 列车制动管
C. 制动缸管　　D. 均衡风缸

119. DK-1 型电空制动机空气制动阀在空气位时，手把置制动位，开通了（　　）的排风通路。

A. 作用管　　B. 列车制动管
C. 制动缸管　　D. 均衡风缸

120. DK-1 型电空制动机制动后中立位，会造成中继阀排风口排风不止的原因的是（　　）。

A. 中立电空阀泄漏　　B. 制动电空阀泄漏
C. 排风 1 电空阀泄漏　　D. 排风 2 电空阀泄漏

121. DK-1 型电空制动机过充位，造成中继阀排风口排风不止的原因的是（　　）。

A. 中立电空阀泄漏　　B. 排风阀阀口损坏
C. 制动电空阀泄漏　　D. 缓解电空阀泄漏

122. DK-1 型电空制动机总风遮断阀溢风孔排风不止的原因是（　　）。

A. 遮断阀弹簧损坏　　B. 遮断阀阀口损坏
C. 遮断阀 O 形圈损坏　　D. 以上都不对

123. DK-1 型电空制动机失电时，应该产生（　　）。

A. 常用制动　　B. 紧急制动
C. 阶段制动　　D. 以上都不对

124. 当 DK-1 型制动机出现故障而转换至“空气位”运行时，监控装置所发生的（　　）不发生作用。

A. 缓解作用　　B. 常用制动
C. 紧急制动　　D. 以上都不对

125. 中继阀的过充压力消除是通过（　　）缓慢排大气来实现。

A. 排 1 电空阀　　B. 过充风缸
C. 过充电空阀　　D. 排 2 电空阀

126. 双阀口式中继阀的膜板活塞左侧与（　　）连通。

A. 列车制动管　　B. 均衡风缸
C. 过充风缸管　　D. 总风缸管

127. 双阀口式中继阀的膜板活塞右侧与（　　）连通。

A. 过充风缸管　　B. 列车制动管

C. 均衡风缸　　D. 总风缸管

128. 当列车制动管发生泄漏时，双阀口式中继阀将进行（　　）作用。

A. 自动保压　　B. 自动补风

C. 自动制动　　D. 自动缓解

129. 双阀口式中继阀主活塞的动作灵敏度为（　　）。

A. 5 kPa　　B. 10 kPa　　C. 12 kPa　　D. 15 kPa

130. DK-1 型电空制动机紧急阀在充气位时列车制动管经活塞杆上的（　　）控制紧急室充风速度。

A. 缩孔Ⅰ　　B. 缩孔Ⅲ　　C. 缩孔Ⅱ　　D. 缩孔Ⅳ

131. DK-1 型电空制动机紧急阀紧急制动时，可通过改变（　　）孔径的大小，即可调整放风阀口开启的时间。

A. 缩孔Ⅰ　　B. 缩孔Ⅲ　　C. 缩孔Ⅱ　　D. 缩孔Ⅳ

132. 109 型分配阀初制动位时，节制阀上移，切断了（　　）的通路。

A. 列车制动管与大气　　B. 列车制动管与局减室

C. 工作风缸与制动管　　D. 工作风缸与列车制动管

133. 109 型分配阀安装面上的缩孔孔径为（　　）mm。

A. 0.5　　B. 1　　C. 1.1　　D. 0.8

134. 109 型分配阀充风缓解位时，连通了容积室经（　　）排大气的通路。

A. 115 塞门　　B. 114 塞门　　C. 119 塞门　　D. 156 塞门

135. 109 型分配阀紧急制动位时，紧急增压部连通了容积室与（　　）的气路。

A. 大气　　B. 工作风缸

C. 列车制动管　　D. 总风

136. 109 型分配阀紧急制动位时，主阀部连通了容积室与（　　）的气路。

A. 总风　　B. 大气

C. 列车制动管　　D. 工作风缸

137. 109 型分配阀紧急制动位时，容积室的最高压力为（　　）kPa。

A. 300 ± 10　　B. 350 ± 10　　C. 400 ± 10　　D. 450 ± 10

138. DK-1 型电空制动机客货转换阀 154 在列车制动管定压（　　）kPa 时，应置于货车位。

A. 600　　B. 400　　C. 500　　D. 700

139. DK-1 型电空制动机客货转换阀 154 在列车制动管定压（　　）kPa 时，应置于客车位。

A. 600　　B. 400　　C. 500　　D. 700

140. DK-1 型电空制动机空气制动阀在运转位，电空制动控制器在过充位与运转位的区别是（　　）。

A. 电空阀 258YV 失电　　B. 电空阀 254YV 失电
C. 电空阀 256YV 失电　　D. 以上都不对

141. 电空制动控制器运转位和过充位都使导线（　　）得电。

A. 805　　B. 803　　C. 807　　D. 809

142. DK-1 型电空制动机电空制动控制器在制动前和制动后的中立位相同点是导线（　　）得电。

A. 805　　B. 806　　C. 803　　D. 809

143. DK-1 型电空制动机电空制动控制器在制动前和制动后的中立位不同点是（　　）得电。

A. 电空阀 258YV 得电　　B. 电空阀 257YV 得电
C. 电空阀 253YV 得电　　D. 电空阀 254YV 得电

144. 当断钩分离发生在重联机车之间时，通过重联阀的自动转换保持（　　）的压力。

A. 平均管　　B. 列车制动管
C. 制动缸　　D. 作用管

145. DK-1 型电空制动机有（　　）个初制风缸。

A. 1　　B. 2　　C. 3　　D. 4

146. DK-2 型电空制动机有（　　）个初制风缸。

A. 1　　B. 2　　C. 3　　D. 以上都不对

147. SS_{4B} 型电力机车制动机空气位操作前，调整操纵节机车调压阀（　　），使其输出压力为列车制动管定压。

A. 53　　B. 52　　C. 51　　D. 55

148. 当列车制动管定压为 600 kPa 时，无火回送机车总风缸压力为（　　）kPa。

A. 500　　B. 400　　C. 460　　D. 480

149. DK-1 型电空制动机电空位紧急制动时，列车制动管由定压下降至零的时间不大于（　　）s。

A. 3　　B. 5　　C. 4　　D. 2

150. DK-1 型电空制动机电空位紧急制动时，制动缸压力由零升至 400 kPa 的时间不大于（　　）s。

A. 4　　B. 4.5　　C. 3　　D. 5

151. DK-1 型电空制动机电空位时，列车制动管由 600 kPa 减至 500 kPa，制动缸压力为（　　）kPa。

A. 240 ~ 270　　B. 230 ~ 260　　C. 260 ~ 300　　D. 220 ~ 180

152. DK-1 型电空制动机电空位时，列车制动管由 600 kPa 减至 430 kPa，制动缸压力为（　　）kPa。

A. 380～420　　B. 390～430　　C. 400～435　　D. 400～430

153. DK-1 型电空制动机电空位时，列车制动管定压为 600 kPa，列车制动管最大减压量为（　　）kPa。

A. 190～240　　B. 210～290　　C. 190～230　　D. 200～300

154. DK-1 型电空制动机电空位时，过充压力的消除时间为（　　）s。

A. 100～160　　B. 120～240　　C. 100～200　　D. 120～180

155. DK-1 型电空制动机电空位时，均衡风缸由 600 kPa 减至 430 kPa 的时间为（　　）s。

A. 5～7　　B. 5～8　　C. 6～8　　D. 6～9

156. DK-1 型电空制动机电空位时，均衡风缸由 500 kPa 减至 360 kPa，制动缸由 0 升至 340～380 kPa 的时间为（　　）s。

A. 6～8　　B. 7～9　　C. 6～9　　D. 7～9.5

157. DK-1 型电空制动机空气位时，均衡风缸由 500 kPa 减至 360 kPa 的时间为（　　）s。

A. 5～7　　B. 5～9　　C. 6～8　　D. 6～9

158. DK-1 型电空制动机电-空联锁性能检查，大闸和小闸置运转位，将司机控制器换向手柄置制动位，启动各风机，将调速手轮离开 0 位，列车制动管应减压（　　）kPa。

A. 40±5　　B. 35±5　　C. 45±5　　D. 50±5

159. DK-1 型电空制动机电-空联锁性能检查要求，列车制动管减压后，延时（　　）s，应自动恢复定压，且制动缸压力自动缓解。

A. 25～30　　B. 20～28　　C. 20～30　　D. 25～35

160. DK-1 型电空制动机无火回送性能检查要求，总风缸压力应在低于列车制动管定压（　　）kPa 间。

A. 140～180　　B. 100～140　　C. 200～250　　D. 160～200

161. DK-2 型电空制动机的制动控制单元为（　　）。

A. DKL　　B. BCU　　C. DKU　　D. BCL

162. 下列不属于 EP 均衡模块的是（　　）。

A. 制动高速电空阀　　B. 缓解高速电空阀

C. 保护电空阀　　D. 列车制动管传感器

163. DK-2 型电空制动机 EP 均衡模块有（　　）个缩堵。

A. 1　　B. 2　　C. 3　　D. 4

164. DK-2 型电空制动机 BCU 由（　　）块插件组成。

A. 5　　B. 7　　C. 6　　D. 8

165. DK-2 型电空制动机 BCU 有（　　）块输出板。

A. 1　　B. 2　　C. 3　　D. 4

166. BUC 上的 PWM 板输出（　　）V 电压信号驱动高速电空阀，控制均衡风缸的压力。

A. DC48　　B. DC24　　C. DC110　　D. DC12

167. SS_{4B} 型电力机车 DK-2 型电空制动机失电保护排风缩堵的检测要求，均衡风缸由 600 kPa 减至 430 kPa 的时间为（　　）s。

A. 6～8　　B. 6～9　　C. 7～9　　D. 5～8

168. SS_{4B} 型电力机车 DK-2 型电空制动机空气位均衡风缸排风缩堵的检测要求，均衡风缸由 600 kPa 减至 430 kPa 的时间为（　　）s。

A. 6～8　　B. 6～9　　C. 7～9　　D. 5～8

169. SS_{4B} 型电力机车 DK-2 型电空制动机相比 DK-1 型电空制动机增加了调压阀(　　)。

A. 304　　B. 53　　C. 305　　D. 306

170. SS_{4B} 型电力机车 DK-2 型电空制动机相比 DK-1 型电空制动机增加了塞门（　　）。

A. 303　　B. 304　　C. 305　　D. 306

171. 神华号交流机车 DK-2 型电空制动机，紧急电空阀（　　）在紧急制动时控制电动放风阀 98 的排风。

A. 94YV　　B. 95YV　　C. 265YV　　D. 264YV

172. 神华号交流机车 DK-2 型电空制动机，单制调压阀 51 的整定值为（　　）kPa。

A. 300　　B. 350　　C. 450　　D. 480

173. 109 型分配阀在列车制动管减压量为 70 kPa 时，制动缸压力为（　　）kPa。

A. 175　　B. 160　　C. 180　　D. 182

174. 109 型分配阀在列车制动管减压量为 140 kPa 时，制动缸压力为（　　）kPa。

A. 300　　B. 350　　C. 360　　D. 364

175.《中华人民共和国安全生产法》自 2002 年（　　）起施行。

A. 11 月 1 日　　B. 6 月 29 日　　C. 12 月 1 日　　D. 7 月 1 日

176. 在国家安全生产管理体制中，工会行使（　　）职能。

A. 国家监察　　B. 行政管理

C. 群众监督　　D. 安全检查

177. 在铁路运输安全中，问题最突出的是（　　）。

A. 货运安全　　B. 客运安全

C. 设备安全　　D. 行车安全

178.《中华人民共和国铁路法》自（　　）起施行。

A. 1991 年 5 月 1 日　B. 1990 年 5 月 1 日

C. 1990 年 9 月 7 日　D. 1991 年 9 月 1 日

179. 铁路的标准轨距为（　　）mm。新建国家铁路必须采用标准轨距。

A. 1 524　　B. 1 435　　C. 1 000　　D. 1 354

180. 国家铁路、地方铁路参加国际联运，必须经（　　）批准。

A. 铁路总公司　　B. 铁路局

C. 省政府　　D. 国务院

181. 每年的 6 月 5 日是（　　）。

A. 世界环境日　　B. 地球日

C. 土地日　　D. 节约用电日

182. 环境污染损害赔偿提起诉讼的时效期间为（　　）年。

A. 2　　B. 1　　C. 3　　D. 5

183.《铁路安全管理条例》于（　　）经国务院第 18 次常务会议通过。

A. 2013 年 7 月 24 日　　B. 2014 年 1 月 1 日

C. 2013 年 7 月 31 日 D. 2013 年 12 月 31 日

184. 任何单位和个人不得擅自在铁路桥梁跨越处河道上下游各（　　）m 范围内围垦造田、拦河筑坝、架设浮桥或者修建其他影响铁路桥梁安全的设施。

A. 2 000　　B. 1 500　　C. 1 000　　D. 500

185. 高速铁路线路路堤坡脚、路堑坡顶或者铁路桥梁外侧起向外各（　　）m 范围内禁止抽取地下水。

A. 180　　B. 150　　C. 200　　D. 220

186. 行人持有长大、飘动等物件通过道口时，不得高举挥动，应与牵引供电设备带电部分保持（　　）m 以上距离。

A. 3　　B. 2　　C. 4　　D. 2.5

187. 在电气化铁路附近施工、冲洗车辆时，保持水流与接触网带电部分有（　　）m 以上距离，防止触电事故发生。

A. 1　　B. 2　　C. 0.5　　D. 2.5

188. 接触网导线折断下垂搭在车辆上或其他物品与接触接网接触时，列检和乘务人员不要进行处理，应保持（　　）m 以上距离，同时对现场进行防护，并及时通知有关人员查处。

A. 5　　B. 10　　C. 15　　D. 20

189. 机车（　　）人员是铁路公司对机车行使质量监督、技术认可和合格确认的代表。

A. 检修　　B. 乘务　　C. 技术　　D. 验收

190. DK-1 型电空制动机，在设计初制动时，考虑到最初列车制动管减压量的要求，列车制动管定压为 500 kPa 时，列车制动管最小有效减压量选取（　　）kPa。

A. 36　　B. 40　　C. 50　　D. 56

191. DK-1 型电空制动机，列车制动管定压为 600 kPa 时，列车制动管最大有效减压量选取（　　）kPa。

A. 140　　B. 190　　C. 150　　D. 170

192. 由第一辆车制动缸压力上升到最大值的瞬间起，到最后一辆车的制动缸压力上升到最大值为止称为（　　）。

A. 第一制动阶段　　B. 第二制动阶段

C. 第三制动阶段　　D. 第四制动阶段

193. 由司机扳动制动阀手柄至制动位时开始，到最后一辆车制动缸压力开始上升的瞬间为止称为（　　）。

A. 第一制动阶段　　B. 第二制动阶段
C. 第三制动阶段　　D. 第四制动阶段

194. 空气管路系统中对于所选用的管子，其管子伤口伤痕深度为管壁厚的（　　）以上者必须剔除。

A. 0.05　　B. 0.1　　C. 0.15　　D. 0.2

195. 空气管路系统中对于所选用的管子，其管子表面凹入达管子直径的（　　）mm 以上者必须剔除。

A. 0.05　　B. 0.1　　C. 0.15　　D. 0.2

196. 空气管路系统中对于管子弯曲加工时，允许椭圆度为（　　）mm。

A. 0.05　　B. 0.1　　C. 0.15　　D. 0.2

197. 管子与橡胶密封管接头连接时，必须插入至管接头体的圆锥根部内（　　）mm 以上。

A. 3　　B. 4　　C. 5　　D. 10

198. 管子与管接头、配件的螺纹连接时，一旦需用密封填料时，必须离管端大于（　　）mm 处开始顺时针方向缠绕。

A. 5　　B. 8　　C. 10　　D. 15

199. SS_{4B} 型电力机车列车制动管的管径为（　　）。

A. Dg32 mm　　B. Dg25 mm　　C. Dg30 mm　　D. Dg35 mm

200. SS_{4B} 型电力机车制动缸管的管径为（　　）。

A. Dg20 mm　　B. Dg25 mm　　C. Dg30 mm　　D. Dg33 mm

201. 不考虑有实际影响因素存在时的轮轨间黏着系数称为（　　）。

A. 实际黏着系数　　B. 理想黏着系数
C. 计算黏着系数　　D. 以上都不对

202. 发生空转，机车的牵引力将（　　）。

A. 下降　　B. 升高　　C. 急剧下降　　D. 不变

203. 机车的牵引力大于轮轨间的黏着力时，将会产生（　　）。

A. 滑行　　B. 空转　　C. 不影响　　D. 以上都不对

204. 机车的制动力大于轮轨间的黏着力时，将会产生（　　）。

A. 滑行　　B. 空转　　C. 不影响　　D. 以上都不对

205. 滑行时轮轨间黏着状态被破坏，使列车制动力（　　）。

A. 下降　　B. 升高　　C. 不变　　D. 逐渐减小

206.（　　）是确保总风管路不超压的安全设施。

A. 压力控制器　　B. 止回阀
C. 逆流止回阀　　D. 高压安全阀

207. 空气中实际所含有的水汽密度与同温度时饱和水汽密度的百分比叫作（ ）。

A. 湿度　　B. 绝对湿度

C. 相对湿度　　D. 湿度率

208. 当湿空气在一定压力下冷却到某一温度时，水分开始从湿空气中析出，这个温度就称为（ ）。

A. 熔点　　B. 露点　　C. 分离点　　D. 凝结点

209. 当温度不变时，湿度与压力的变化（ ）。

A. 成正比　　B. 成反比　　C. 没关系　　D. 以上都不对

210. DJKG-A 型空气干燥塔在工作时，电动排泄阀排风口排风不止的原因是（ ）。

A. 电空阀断线　　B. 排泄阀口被异物垫住

C. 排泄阀活塞密封圈破损　　D. 止回阀胶垫损坏

211. DJKG-A 型空气干燥塔在再生阶段电动排泄阀不排风的原因是（ ）。

A. 止回阀胶垫损坏

B. 排泄阀活塞密封圈破损

C. 排泄阀口被异物垫住

D. 电动排泄阀内活塞杆与活塞、排气阀的固定螺母松动、脱落

212. 螺杆空气压缩机的工作循环分为吸气、（ ）和排气 3 个过程。

A. 冷却　　B. 喷油　　C. 压缩　　D. 润滑

213. 螺杆空气压缩机进气止回阀关闭不及时会造成（ ）。

A. 空压缩机不能建立　　B. 压缩空气中有油

C. 空气过滤器中有油　　D. 压力开关断开

214. 螺杆空气压缩机最小压力阀有泄漏会造成（ ）。

A. 空气过滤器中有油　　B. 安全阀排气

C. 空压机不能建立　　D. 压缩空气中有油

215. 环境温度低于设计规定会造成螺杆空气压缩机（ ）。

A. 空气过滤器中有油　　B. 温度开关断开

C. 空压机不能建立　　D. 压缩空气中有油

216. 逆流止回阀的阀芯底部中央处以及圆柱面靠近底部位置二处，钻出 3 个（ ）mm 圆孔。

A. 5　　B. 6　　C. 7　　D. 8

217. 总风缸的试验压力按标准规定为工作压力加（ ）kPa 的水压试验。

A. 300　　B. 200　　C. 400　　D. 500

218. 对于各机务段运用机车的总风缸，检查和清洗应不少于每年（ ）次。

A. 1　　B. 2　　C. 3　　D. 4

219. 压缩机组工作结束时，两节机车总风缸压力一致；而停止工作后，两节机车总风缸压力差开始增大的原因是（ ）。

A. 总风表损坏
B. 逆流止回阀装反
C. 逆流止回阀错装为普通止回阀
D. 总风缸塞门错关

220. 压缩机工作时，总风缸压力上升缓慢，且总风缸表显示的压缩机组的启动、停止和高压安全阀的动作值不符合要求的原因是（　　）。

A. 总风表损坏
B. 逆流止回阀错装为普通止回阀
C. 逆流止回阀装反
D. 压力控制器失效

221.（　　）会造成受电弓升不起。

A. 控制风缸塞门关闭
B. 调压阀 51 调整压力低
C. 门联锁阀 37 或 38 卡滞
D. 另一节车风压继电器 516KF 故障

222. 造成受电弓升不起的原因，说法错误的是（　　）。

A. 车顶门没关好
B. 门联锁阀 37 或 38 卡滞
C. 升弓管路泄漏严重
D. 另一节车风压继电器 516KF 故障

223. 打开控制风缸前膜板塞门 97 后，辅助风缸压力上升的原因是（　　）。

A. 止回阀 106 窜风　　B. 止回阀 108 窜风
C. 止回阀 109 窜风　　D. 止回阀 107 窜风

224. 辅助压缩机打风时，应将控制风缸前（　　）关闭。

A. 塞门 140　　B. 塞门 157
C. 塞门 97　　D. 塞门 145

225. 辅助压缩机打风时，控制管路系统上（　　）窜风，会造成其打风慢。

A. 止回阀 106　　B. 止回阀 107
C. 止回阀 108　　D. 止回阀 109

226. 正常运用时，辅助风缸压力与总风压力一致的原因是（　　）窜风。

A. 止回阀 106　　B. 止回阀 107
C. 止回阀 108　　D. 止回阀 109

227. 利用酸溶液去除钢铁表面上的氧化皮和锈蚀物的方法称为（　　）。

A. 除锈　　B. 酸化　　C. 磷化　　D. 酸洗

228. 工件浸入磷化液在表面沉积形成一层不溶于水的结晶型磷酸盐转换膜的过程称之为（　　）。

A. 磷洗　　B. 酸化　　C. 磷化　　D. 酸洗

229. 青铜粉末冶金过滤元件的过滤精度为（　　）μm。

A. 30　　B. 50　　C. 40　　D. 60

230. 对于球芯折角塞门手把处漏风的原因是（　　）。

A. 球芯缺油　　B. 球芯表面偏磨

C. 密封垫圈失效　　D. 阀体内卡脏

231. 球芯塞门修竣后，储存期超过 6 个月的，须经（　　）后可装车使用。

A. 检查员　　B. 试验合格

C. 验收员　　D. 试验人员

232. 总风折角塞门试验风压须达到（　　）kPa。

A. 1 000　　B. 800　　C. 500　　D. 600

233. 折角塞门通以定压空气，涂肥皂水保压（　　）min 须无鼓泡。

A. 1　　B. 2　　C. 3　　D. 5

234. 管接头连接方式有螺纹及（　　）连接两种方式。

A. 管卡　　B. 卡套　　C. 焊接　　D. 过渡

235. 球面活接头密封副形状主要由接头体、球面活接头和（　　）组成。

A. 橡胶环　　B. 外套螺母

C. 平垫圈　　D. 弹性圈

236. 风缸各部腐蚀深度超过原型厚度（　　）mm 者更换。

A. 0.1　　B. 0.2　　C. 0.3　　D. 0.4

237. 风缸吊架弯曲变形时调修，裂纹腐蚀超过（　　）mm 者更换。

A. 0.1　　B. 0.15　　C. 0.2　　D. 0.25

238. 制动主管两端各安设一段补助管，其长度为（　　）mm。

A. 250 ~ 300　　B. 300 ~ 350　　C. 200 ~ 250　　D. 200 ~ 300

239. 机车列车软管的水压试验的压力为（　　）kPa。

A. 600　　B. 800　　C. 1 000　　D. 1 200

240. 产生制动原力的部件是（　　）。

A. 制动传动装置　　B. 闸瓦装置

C. 制动缸　　D. 闸瓦间隙调整器

241.（　　）用于调整闸瓦与车轮踏面间的工作角度。

A. 制动传动装置　　B. 闸瓦装置

C. 制动缸　　D. 闸瓦间隙调整器

242. SS_{4B} 型电力机车装有（　　）手制动机。

A. 链条式　　B. 螺旋式

C. 棘轮式　　D. 涡轮蜗杆式

243. 目前我国客车上一般采用（　　）手制动机。

A. 链条式　　B. 螺旋式

C. 棘轮式　　D. 蜗轮蜗杆式

244. 经焊接的客车手制动链条须做（　　）。

A. 10 kN 的拉力试验　　B. 14.7 kN 的拉力试验

C. 大于 10 kN 的拉力试验　　D. 小于 14.7 kN 的拉力试验

245. 机车闸瓦间隙调整装置的棘轮转动一齿，闸瓦移动（　　）mm。

A. 0.22　　B. 0.20　　C. 0.21　　D. 0.25

246. 对于柱塞阀或带有橡胶件的相对运动部位，选用（　　）作为润滑脂较为理想。

A. 普通凡士林　　B. 医用凡士林

C. 202 甲基硅油润滑　　D. 锂基脂

247. DK-1 型电空制动机，大闸运转位，（　　）故障会造成均衡风缸和列车制动管不充风。

A. 缓解电空阀　　B. 中立电空阀

C. 中继阀　　D. 制动电空阀

248. DK-1 型电空制动机，大闸运转位，（　　）故障会造成均衡风缸充风，列车制动管不充风。

A. 缓解电空阀　　B. 中立电空阀

C. 重联电空阀　　D. 制动电空阀

249. 电空制动控制器在运转位，塞门（　　）关闭，会造成均衡风缸充风正常，列车制动管不充风。

A. 112　　B. 113　　C. 114　　D. 115

250. DK-1 型电空制动机紧急阀阀口关不严漏泄，可关闭塞门（　　）。

A. 115　　B. 116　　C. 117　　D. 114

251. DK-1 型电空制动机电动放风阀阀口关不严漏泄，可关闭塞门（　　）。

A. 115　　B. 116　　C. 117　　D. 114

252. DK-1 型电空制动机（　　）会造成均衡风缸与列车制动管窜通。

A. 重联电空阀下阀口不严

B. 重联电空阀上阀口不严

C. 缓解电空阀下阀口不严

D. 缓解电空阀上阀口不严

253. DK-1 型电空制动机均衡风缸与列车制动管窜通的原因，下列说法错误的是(　　)。

A. 重联电空阀下阀口不严

B. 重联电空阀犯卡

C. 中继阀膜板破损

D. 重联电空阀上阀口不严

254. DK-1 型电空制动机关闭塞门（　　）会造成机车紧急制动时，列车制动管不排风。

A. 115　　B. 116　　C. 117　　D. 114

255. 可以使 DK-1 型电空制动机发生紧急制动作用的方法，下列说法错误的是（　　）。

A. 大闸紧急位　　B. 拉手动放风阀

C. 机车超速　　D. 紧急阀故障

256. DK-1 型电空制动机制动后中立位（　　）会造成均衡风缸和列车制动管自行减压。

A. 制动电空阀上阀口泄漏

B. 中继阀膜板破损

C. 制动电空阀下阀口泄漏

D. 空气气制动阀转换柱塞第一道 O 形圈泄漏

257. DK-1 型电空制动机制动后中立位，造成均衡风缸和列车制动管自行减压的原因，下列说法错误的是（　　）。

A. 制动电空阀泄漏　　B. 缓解电空阀泄漏

C. 中继阀泄漏　　D. 重联阀泄漏

258. DK-1 型电空制动机电空制动控制器制动位，均衡风缸不减压的原因，下列说法错误的是（　　）。

A. 缓解电空阀卡在吸合位　　B. 压力开关 209 膜板破损

C. 压力开关 208 膜板破损　　D. 缓解电空阀卡在释放位

259. DK-1 型电空制动机电空制动控制器制动位，均衡风缸和列车制动管只有 40 ~ 60kPa 的初制动减压量的原因，下面说法错误的是（　　）。

A. 制动电空阀阀座上缩口风堵堵塞

B. 制动电空阀没有失电

C. 压力开关 208 故障

D. 压力开关 209 故障

260. DK-1 型电空制动机电空制动控制器制动位，均衡风缸和列车制动管只有 40 ~ 60kPa 的初制动减压量的原因，下面说法正确的是（　　）。

A. 制动电空阀阀座上缩口风堵堵塞

B. 缓解电空阀卡在吸合位

C. 初制风缸堵塞

D. 压力开关 209 故障

261. 电空制动控制器手柄紧急制动位后回运转位，列车制动管与均衡风缸均不充风的原因，下列说法错误的是（　　）。

A. 操纵不当，在紧急位或重联位停顿时间不够

B. 缓解电空阀故障

C. 紧急阀电联锁故障

D. 压力开关 208 故障

262. 电空制动控制器手柄紧急制动位后回运转位，列车制动管与均衡风缸均不充风的原因，下列说法正确的是（　　）。

A. 紧急阀电联锁故障　　B. 压力开关208故障
C. 压力开关209故障　　D. 制动电空阀故障

263. DK-1型电空制动机列车制动管充风时产生紧急制动的原因，下列说法正确的是（　　）。

A. 紧急阀活塞组装螺母松脱　　B. 电动放风阀故障
C. 紧急阀活塞杆缩孔堵塞　　D. 紧急阀放风阀口未关严

264. DK-1型电空制动机列车制动管充风时产生紧急制动的原因，下列说法错误的是（　　）。

A. 紧急活塞顶端O形密封圈脱落
B. 紧急阀活塞组装螺母松脱
C. 紧急活塞顶端O形密封圈破损
D. 紧急阀放风阀口未关严

265. DK-1型电空制动机常用制动时引起紧急制动的原因，下列说法正确的是（　　）。

A. 紧急阀的缩孔Ⅰ半堵
B. 紧急阀的缩孔Ⅲ半堵
C. 紧急阀膜板破损
D. 紧急阀活塞组装螺母松脱

266. DK-1型电空制动机常用制动时，会引起紧急制动正确的是（　　）。

A. 制动电空阀排风缩孔过大
B. 紧急阀膜板破损
C. 紧急阀活塞组装螺母松脱
D. 紧急阀的缩孔Ⅲ半堵

267. SS_{4B}型电力机车大闸、小闸操纵制动机时，会造成操纵节机车制动缸压力变化慢，且压力比不符要求。正确的是（　　）

A. 操纵节重联阀工作位置不对
B. 非操纵节重联阀工作位置不对
C. 平均管泄漏
D. 以上都不对

268. DK-1型电空制动机电空制动控制器制动位时，造成制动缸压力与列车制动管减压量不成1：2.5的比例关系的原因，下列说法错误的是（　　）。

A. 分配阀坐垫不严　　B. 分配阀主阀膜板破损
C. 工作风缸管路泄漏　　D. 局减室泄漏

269. DK-1型电空制动机制动后移中立位，会造成均衡风缸有较大回风，下列说法正确的是（　　）。

A. 压力开关209膜板破损　　B. 缓解电空阀上阀口不严

C. 重联电空阀上阀口不严　　D. 制动电空阀故障

270. DK-1 型电空制动机制动后移中立位，造成均衡风缸有较大回风原因，下列说法错误的是（　　）。

A. 缓解电空阀下阀口不严　　B. 压力开关 209 膜板破损

C. 压力开关 208 膜板破损　　D. 重联电空阀上阀口不严

271. DK-1 型电空制动机初制动形成后，（　　）会造成均衡风缸迅速恢复定压。

A. 中继阀故障　　B. 压力开关 208 故障

C. 压力开关 209 故障　　D. 重联电空阀故障

272. DK-1 型电空制动机大闸制动后“中立位”均衡风缸和列车制动管保压状态良好，会造成制动缸压力自动下降正确的是（　　）。

A. 分配阀安全阀泄漏　　B. 排风 1 电空阀上阀口泄漏

C. 分配阀 156 塞门开放　　D. 制动缸表泄漏

273. DK-1 型电空制动机大闸制动后“中立位”均衡风缸和列车制动管保压状态良好，造成制动缸压力自动下降的原因，下列说法错误的是（　　）。

A. 分配阀安全阀泄漏　　B. 分配阀安全阀阀座泄漏

C. 排风 1 电空阀泄漏　　D. 分配阀 156 塞门开放

274. DK-1 型电空制动机过充压力消除慢的原因，下列说法错误的是（　　）。

A. 过充风缸缩堵堵塞　　B. 过充风缸缩堵孔径小

C. 过充电空阀下阀口泄漏　　D. 过充电空阀上阀口泄漏

275. DK-1 型电空制动机电空制动控制器过充位，造成无过充作用或过充量不足的原因，下列说法错误的是（　　）。

A. 过充风缸缩堵丢失　　B. 过充风缸排水堵松脱

C. 排风 2 电空阀上阀口泄漏　　D. 排风 2 电空阀下阀口泄漏

276. DK-1 型电空制动机过充位，均衡风缸和列车制动管追总风压力的原因，下列说法正确的是（　　）。

A. 重联电空阀下阀口泄漏

B. 重联电空阀上阀口泄漏

C. 过充柱塞大 O 形圈破损

D. 过充柱塞小端 O 形圈破损

277. DK-1 型电空制动机紧急制动，列车制动管压力下降缓慢的原因，下列说法正确的是（　　）。

A. 中立电空阀故障

B. 重联电空阀故障

C. 缓解电空阀故障

D. 紧急阀故障

278. DK-1 型电空制动机紧急制动，列车制动管压力下降缓慢的原因，下列说法错误的是（　　）。

A. 遮断阀故障　　B. 中立电空阀故障
C. 中立电空阀不得电　　D. 紧急阀故障

279. DK-1 型电空制动机紧急制动，会造成机车制动缸压力增长缓慢，下列说法正确的是（　　）。

A. 分配阀主阀部上盖的缩堵Ⅲ堵塞
B. 分配阀主阀膜板破损
C. 分配阀缓解塞门 156 打开
D. 以上都不对

280. DK-1 型电空制动机紧急制动，造成机车制动缸压力增长缓慢的原因，下列说法错误的是（　　）。

A. 分配阀紧急增压部不工作
B. 制动缸塞门开放不到位
C. 分配阀主阀部上盖的缩堵Ⅲ堵塞
D. 分配阀缓解塞门 156 打开

281. DK-1 型电空制动机紧急制动，单独缓解时制动缸压力缓不到 0 的原因，下列说法错误的是（　　）。

A. 分配阀紧急增压部故障
B. 空气制动阀的排气阀开度过小
C. 分配阀主阀部上盖的缩堵Ⅲ孔径过大
D. 分配阀主阀部上盖的缩堵Ⅱ孔径过大

282. DK-1 型电空制动机电空控制器在运转位，空气制动阀手柄在制动位，机车制动缸压力不起，将空气制动阀手柄置“缓解位”若无排风声，为操纵端（　　）在关闭位。

A. 分配阀供给塞门　　B. 空气制动阀塞门
C. 制动缸塞门　　D. 以上都不对

283. DK-1 型电空制动机电空控制器在运转位，空气制动阀手柄在中立位，制动缸压力自动上升至 300 kPa，是由于空气制动阀的（　　）造成的。

A. 定位柱塞密封圈状态不良
B. 转换柱塞密封圈状态不良
C. 作用柱塞密封圈状态不良
D. 分配阀故障

284. DK-1 型电空制动机空气位操作，空气制动阀在缓解位，均衡风缸充风正常，列车制动管不充风的原因，下列说法正确的是（　　）。

A. 总风遮断阀故障　　B. 塞门 117 关闭
C. 塞门 116 关闭　　D. 空气制动阀故障

285. DK-1 型电空制动机空气位操作，空气制动阀在缓解位，均衡风缸充风正常，列车制动管不充风的原因，下列说法错误的是（　　）。

A. 总风遮断阀故障　　B. 中立电空阀故障

C. 塞门 115 关闭　　D. 空气制动阀故障

286. DK-1 型电空制动机司机将大闸放紧急位或其他原因产生紧急制动作用，机车（　　）时，自动分断主断路器。

A. 无级位　　B. 有级位

C. 任何情况下　　D. 以上都不对

287. DK-1 型电空制动机空气制动阀作用柱塞弹簧自由高度为（　　）mm。

A. 40　　B. 45　　C. 44　　D. 55

288. DK-1 型电空制动机空气制动阀排风缩堵的孔径为（　　）mm。

A. 0.5　　B. 0.8　　C. 1　　D. 1.2

289. DK-1 型电空制动机 109 型分配阀容积室的容积为（　　）L。

A. 1.8　　B. 1.95　　C. 1.9　　D. 1.85

290. DK-1 型电空制动机 109 型分配阀工作风缸的容积为（　　）L。

A. 8　　B. 9　　C. 10　　D. 11

291. 制动机 109 型分配阀在初制动位时，开通了（　　）的通路。

A. 列车制动管与工作风缸　　B. 工作风缸与容积室

C. 总风与制动缸　　D. 列车制动管与局减室

292. DK-1 型电空制动机 109 型分配阀在初制动位时，开通了（　　）的通路。

A. 列车制动管与工作风缸　　B. 工作风缸与容积室

C. 总风与制动缸　　D. 容积室排大气

293. DK-1 型电空制动机 109 型分配阀在制动位时，开通了（　　）的通路。

A. 列车制动管与局减室　　B. 列车制动管与工作风缸

C. 列车制动管与容积室　　D. 工作风缸与容积室

294. DK-1 型电空制动机 109 型分配阀在制动位时，开通了（　　）的通路。

A. 列车制动管与工作风缸　　B. 总风与容积室

C. 列车制动管与容积室　　D. 总风与制动缸

295. DK-1 型电空制动机 109 型分配阀在紧急制动位时，与制动的不同是连通了（　　）的通路

A. 总风与制动缸　　B. 列车制动管与容积室

C. 列车制动管与工作风缸　　D. 总风与容积室

296. DK-1 型机车电空制动机遮断阀弹簧的自由高度是（　　）mm。

A. 36　　B. 38　　C. 40　　D. 37.5

297. DK-1 型机车电空制动机遮断阀活塞弹簧的自由高度是（　　）mm。

A. 70　　B. 63　　C. 65　　D. 60

298. DK-1 型机车电空制动机双阀口式中继阀排风阀弹簧的自由高度为（　　）mm。

A. 36　　B. 38　　C. 37　　D. 40

299. DK-1 型机车电空制动机双阀口式中继阀供风阀弹簧的自由高度为（　　）mm。

A. 38　　B. 29　　C. 25　　D. 28

300. DK-1 型机车电空制动机中继阀阀体缩堵的孔径为（　　）mm。

A. 0.5　　B. 1　　C. 1.1　　D. 1.2

301. DK-1 型机车电空制动机紧急阀放风阀弹簧的自由高度为（　　）mm。

A. 40　　B. 48　　C. 50　　D. 52

302. DK-1 型机车电空制动机紧急阀活塞杆缩孔Ⅲ的孔径为（　　）mm。

A. 0.5　　B. 1　　C. 1.8　　D. 0.2

303. DK-1 型机车电空制动机紧急阀活塞杆缩孔（　　）是用以控制紧急室压力空气向列车制动管逆流的速度。

A. Ⅰ　　B. Ⅱ　　C. Ⅲ　　D. 以上都不对

304. DK-1 型机车电空制动机紧急阀活塞杆缩孔（　　）是用以控制紧急制动后，控制紧急室压力空气排入大气的时间。

A. Ⅰ　　B. Ⅱ　　C. Ⅲ　　D. 以上都不对

305. DK-1 型机车电空制动机紧急阀活塞杆缩孔（　　）是用以控制列车制动管压力空气向紧急室的充气速度。

A. Ⅰ　　B. Ⅱ　　C. Ⅲ　　D. 以上都不对

306. DK-1 型机车电空制动机电动放风阀弹簧的自由高度为（　　）mm。

A. 56　　B. 58　　C. 60　　D. 63

307. DK-1 型机车电空制动机根据分配阀的构造和实际试验，确定列车制动管减压（　　）kPa 以上就能克服摩擦阻抗。

A. 40　　B. 50　　C. 60　　D. 30

308. SS_{4B} 型电力机车 DK-1 型电空制动机空电联合制动是通过开关（　　）控制的。

A. 466QS　　B. 464QS　　C. 465QS　　D. 463QS

309. SS_{4B} 型电力机车 DK-1 型电空制动机空电联合制动转换开关置Ⅰ位为（　　）。

A. 自动缓解空气制动　　B. 切除动力

C. 手动缓解空气制动　　D. 以上都不对

310. SS_{4B} 型电力机车 DK-1 型电空制动机空电联合制动转换开关置Ⅱ位为（　　）。

A. 手动缓解空气制动　　B. 自动缓解空气制动

C. 切除　　D. 以上都不对

311. DK-1 型电空制动机初制风缸容积的选择应随列车制动管定压的增大而（　　）。

A. 减小　　B. 增大　　C. 不变　　D. 没关系

312. DK-1 型电空制动机初制风缸容积的选择应随列车制动管定压的减小而（　　）。

A. 减小　　B. 增大　　C. 不变　　D. 没关系

313. 直流机车 DK-2 型电空制动机电空位操作时，电空制动控制器在运转位，均衡风缸及列车制动管压力上升缓慢的原因，下列说法错误的是（ ）。

A. 中继阀膜板破损　　B. 重联电空阀下阀口泄漏

C. 缓解高速电空阀阀口堵塞　　D. 重联电空阀上阀口泄漏

314. 直流机车 DK-2 型电空制动机电空位操作时，电空制动控制器手柄制动位，均衡风缸不减压的原因，下列说法错误的是（ ）。

A. 缓解高速电空阀得电　　B. 均衡风缸排风缩堵堵塞

C. 制动高速电空阀不得电　　D. 制动高速电空阀得电

315. 直流机车 DK-2 型电空制动机电空位操作时，电空制动控制器手柄运转位，电小闸手柄制动位，机车制动缸压力不上升的原因，下列说法错误的是（ ）。

A. 塞门 123 关闭　　B. 塞门 303 关闭

C. 塞门 119 关闭　　D. 塞门 127 关闭

316. 直流机车 DK-2 型电空制动机电空位操作时，电空制动控制器手柄运转位，电小闸手柄制动位，机车制动缸压力上升缓慢的原因，下列说法正确的是（ ）。

A. 调压阀 303 供气不足　　B. 调压阀 53 供气量不足

C. 塞门 127 半开　　D. 以上都不对

317. 神华交流电力机车 DK-2 型电空制动机，（ ）得电时，BUC 输出板第 7 点灯亮。

A. 排 2 电空阀 256YV　　B. 切换电空阀 262YV

C. 缓解高速电空阀 258YV　　D. 单缓高速电空阀 261YV

318. 神华交流电力机车 DK-2 型电空制动机，过充电空阀电空 252YV 得电时，BUC 输出板第（ ）点灯亮。

A. 5　　B. 8　　C. 7　　D. 6

319. 神华交流电力机车 DK-2 型电空制动机电空位操作时，自动制动控制器紧急位，导线（ ）得电，使 BCU 输入板第 5 点灯亮。

A. 804　　B. 821　　C. 806　　D. 814

320. 神华交流电力机车 DK-2 型电空制动机电空位操作时，自动制动控制器紧急位，紧急电空阀得电，使 BCU 输出板第（ ）点灯亮。

A. 3　　B. 1　　C. 2　　D. 4

321. 神华交流电力机车 DK-2 型电空制动机电空位操作时，自动制动控制器运转位，单独制动控制器制动位，导线 815 得电，BCU 输入板第（ ）点灯亮。

A. 3　　B. 1　　C. 2　　D. 5

322. 神华交流电力机车 DK-2 型电空制动机电空位操作时，自动制动控制器运转位，单独制动控制器中立位，导线（ ）得电，BCU 输入板第 3 点灯亮。

A. 803　　B. 813　　C. 807　　D. 815

323. 神华交流电力机车 DK-2 型电空制动机电空位操作时，自动制动控制器运转位，单独制动控制器中立位，下列说法错误的是（ ）。

A. 导线803得电　　B. 导线807得电

C. 导线813得电　　D. 导线814得电

324. 神华交流电力机车DK-2型电空制动机电空位操作时，自动制动控制器运转位，单独制动控制器缓解位，导线（　　）得电，BCU输入板第4点灯亮。

A. 813　　B. 809　　C. 807　　D. 815

325. 神华交流电力机车DK-2型电空制动机电空位操作时，自动制动控制器运转位，单独制动控制器缓解位，单缓电空阀246YV得电，BCU输出板第（　　）点灯亮。

A. 12　　B. 10　　C. 9　　D. 6

326. 神华交流电力机车DK-2型电空制动机无动力回送时，制动缸最高压力不超过（　　）kPa。

A. 200　　B. 250　　C. 300　　D. 220

327. 神华交流电力机车DK-2型电空制动机解锁成功后，自动制动控制器“运转”位，均衡风缸充风正常但列车制动管不充风的原因，下列说法错误的是（　　）。

A. 总风遮断阀故障　　B. 塞门115关闭

C. 列车制动管遮断阀故障　　D. 塞门157关闭

328. 神华交流电力机车DK-2型电空制动机解锁成功后，自动制动控制器“运转”位，均衡风缸不充风的原因，下列说法错误的是（　　）。

A. 缓解高速电空阀故障　　B. 塞门157关闭

C. 转换阀153置于空气位　　D. 均衡风缸传感器故障

329. 109分配阀滑阀和节制阀使用201甲基硅油，其黏度为（　　）Pa·s为好。

A. 200 ~ 300　　B. 200 ~ 250　　C. 300 ~ 350　　D. 250 ~ 300

330. 109分配阀制动灵敏度试验，要求列车制动管由定压减压40 kPa，列车制动管减压（　　）kPa前作用管压力应上升。

A. 15　　B. 40　　C. 30　　D. 20

331. SS_{4B}型机车电空制动机电空制动控制器手柄由紧急位移到运转位，规定列车制动管定压为500 kPa时，列车制动管压力由0升至480 kPa的时间不大于（　　）s。

A. 9　　B. 9.5　　C. 10　　D. 11

332. SS_{4B}型机车电空制动机电空制动控制器手柄由运转位移到制动位，规定列车制动管定压为500 kPa时，列车制动管压力减压140 kPa的时间为（　　）s。

A. 5 ~ 7　　B. 5 ~ 8　　C. 5 ~ 9　　D. 6 ~ 8

333. 对机车关键部件和易损易耗零部件检查修理，有针对性地恢复机车运行可靠性为（　　）。

A. 小修　　B. 辅修　　C. 大修　　D. 中修

334. 对机车主要部件检查修理，恢复其可靠使用的质量状态为（　　）。

A. 小修　　B. 辅修　　C. 大修　　D. 中修

335. 对机车例行检查，做故障诊断，按状态修理为（　　）。

A. 小修　　B. 辅修　　C. 大修　　D. 中修

336. 风源系统在使用过程应定期打开总风缸（　　），检查和排除总风缸内的积水。

A. 排水阀　　B. 排气阀　　C. 进气阀　　D. 止回阀

337. BT-3.0/10A 型螺杆压缩机组除电机、风机和（　　）外，所有功能部件都集中在主机壳体上，结构十分紧凑。

A. 油细分离器　　B. 油过滤器

C. 冷却器　　D. 压力开关

338. BT-3.0/10A 型螺杆压缩机组风机叶轮与风机（　　）连成一体，套装在电机轴上，置于蜗壳腹中。

A. 轴承　　B. 螺杆副　　C. 联轴节　　D. 电机

339. BT-3.0/10A 型螺杆压缩机的吸气口，必须设计得使压缩室可以充分吸气，而螺杆式空压机并无进气与排气阀组，进气只靠进气（　　）开启与关闭控制。

A. 温度开关　　B. 压力开关

C. 截止阀　　D. 压力阀

340. BT-3.0/10A 型螺杆压缩机组电机旋转时，（　　）随之转动，将从主机端吸入的冷风吹向冷却器，以冷却压缩空气和循环油。

A. 转子　　B. 联轴节　　C. 叶轮　　D. 冷却器

341. 下列（　　）项属于 BT-3.0/10A 型螺杆压缩机的运动机构的组成部分。

A. 曲轴　　B. 连杆　　C. 阴阳转子　　D. 活塞

342. BT-3.0/10A 型螺杆压缩机封闭过程结束时，两转子继续转动，其齿峰与齿沟在吸气端吻合，吻合面逐渐向排气端移动，此过程为（　　）工作过程。

A. 压缩　　B. 喷油　　C. 输送　　D. 排气

343. BT-3.0/10A 型螺杆压缩机最高停机温度是（　　）°C。

A. 90 ± 5　　B. 100 ± 5　　C. 110 ± 5　　D. 120 ± 5

344. BT-3.0/10A 型螺杆压缩机冷却系统由　风机、蜗壳和（　　）等组成。

A. 转子　　B. 叶轮　　C. 冷却器　　D. 联轴节

345. BT-3.0/10A 型螺杆压缩机中修时，做一次油系统清洗工作让空压机运转（　　）小时。

A. 5 ~ 7　　B. 7 ~ 9　　C. 6 ~ 8　　D. 5 ~ 9

346. 螺杆压缩机在机车运行时，允许暂时性倾斜，但最大倾斜角必须小于（　　）。

A. 22°　　B. 18°　　C. 14°　　D. 20°

347. YWK-5-C 型压力控制器是根据（　　）压力变化，自动闭合或切断主空气压缩机电动机电源。

A. 副风缸　　B. 列车制动管

C. 总风缸　　D. 工作风缸

348.（　　）是由杠杆、波纹管、调节弹簧以及切换差旋钮内的弹簧组成的一个杠杆体系，是一种结构简单的压力调节控制装置。

A. 压力开关　　B. 压力控制器
C. 调压阀　　D. 风压继电器

349. YWK-5-C 型压力控制器当被控压力空气压力上升或下降时，(　　)的伸长和缩短，通过杠杆与拨臂，拨开微动开关。

A. 拨臂　　B. 调整螺杆
C. 调节弹簧　　D. 波纹管

350. YWK-50-C 型压力控制器差动旋钮上的数字以及调节杆和指针在标尺牌上的数值仅表示上、下限设定切换值的大小而非实际值，实际值由（　　）读取。

A. 总风压力表　　B. 压力控制器
C. 列车制动管压力表　　D. 电测压力表

351. YWK-50-C 型压力控制器当下限设定值调定在（750 ± 20）kPa 后，再反复旋动差动旋钮，使总风压力达（　　）kPa 时准确停机。

A. 900 ± 100　　B. 900 ± 20　　C. 950 ± 20　　D. 950 ± 10

352. 逆流止回阀在阀芯底部中央处以及圆柱面靠近底部位置两处，钻出（　　）直径为 6 mm 的圆孔。

A. 1 个　　B. 2 个　　C. 3 个　　D. 4 个

353. 重联机车间发生断钩时，各机车第一总风缸内压力空气将经断裂的（　　）快速排入大气。

A. 总风联管　　B. 制动缸管　　C. 列车制动管　　D. 平均管

354. 高压安全阀的压力整定值为（　　）kPa。

A. 950 ± 20　　B. 900 ± 20　　C. 950 ± 10　　D. 900 ± 10

355. 总风缸也可以使机车风源系统产生的压力空气在总风缸内（　　），分离、沉淀出油水及尘埃等。

A. 减压　　B. 压缩　　C. 储存　　D. 进一步冷却

356. 储风缸裂纹小于（　　）mm 及焊缝开焊时焊修，裂纹长度大于时更换。

A. 50　　B. 60　　C. 70　　D. 80

357. DJKG-A 型空气干燥器电动排泄阀阀体上有安装棒形（　　）元件的内孔。

A. 固定　　B. 加热　　C. 冷却　　D. 转换

358. DJKG-A 型空气干燥器的控制电压是（　　）。

A. DC 48 V　　B. DC 110 V　　C. AC 220 V　　D. AC 380 V

359. 空气压缩机运转时压力空气进入滤清筒后的油雾、水分和尘埃，机械杂质被高效气液（　　）拦截捕获。

A. 止回阀　　B. 滤清筒　　C. 过滤网　　D. 排泄

360. DJKG 型空气干燥器的再生空气是由（　　）供给的。

A. 总风缸　　B. 再生风缸

C. 油水分离器　　D. 工作风缸

361. DJKG 型空气干燥器再生风缸内压力空气降至约（　　）kPa 时，排泄阀内的活塞弹簧推动活塞及活塞杆上移，关闭排泄阀口，再生过程结束。

A. 20　　B. 30　　C. 40　　D. 50

362. JKG 系列空气干燥器的再生方式为（　　）。

A. 加热再生　　B. 无热再生

C. 负压再生　　D. 真空再生

363. 下列不属于 DJKG-A 型干燥器电动排泄阀防冻装置部件的一项是（　　）。

A. 控温器　　B. 塞门

C. 感温元件盒　　D. 加热元件

364. 空气干燥器的干燥剂有（　　）cm 变黄时应全部更换。

A. 2　　B. 5　　C. 8　　D. 10

365. SS_{4B} 型机车总风缸设置在车体（　　），这既利于压缩空气的冷却，又便于安装。

A. 外部　　B. 中部　　C. 内部　　D. 上部

366. SS_{4B} 型机车在干燥器故障时，应打开干燥器塞门（　　）维持运行回段处理。

A. 110　　B. 111　　C. 112　　D. 113

367. 空气的容积、温度与压力之间的关系是（　　）。

A. PV/T = GR　　B. PT/V = GR　　C. TV/P = GR　　D. TP/V = GR

368. 下列不属于空气干燥措施的是（　　）。

A. 化学法　　B. 吸附法　　C. 冻结法　　D. 压缩法

369. 压缩空气的压力由压力控制器 517KF 来调整，经塞门（　　）与总风联管连通。

A. 136　　B. 139　　C. 113　　D. 111

370. 压缩机正常工作时，第二总风缸的压缩空气经塞门（　　）向制动机和气动器械供风。

A. 111　　B. 112　　C. 113　　D. 114

371. 受电弓升起后，保护电空阀将（　　），门联锁内压缩空气不能排出，这样高压室的门就打不开，实现了人与高压隔离。

A. 得电　　B. 失电

C. 失去作用　　D. 与升弓电空阀同时动作

372. 受电弓的代号用（　　）来表示的。

A. 1AP　　B. 1YV　　C. 4QF　　D. 1KP

373. 塞门 140 是总风缸内压缩空气进入（　　）的控制塞门。

A. 风源系统　　B. 辅助管路系统

C. 控制管路系统　　D. 制动机

374. 控制管路系统塞门（　　）是用来控制主断路器供风的。

A. 140　　B. 141　　C. 143　　D. 145

375. 控制管路系统中，机车正常运行时经过（　　）供风。

A. 107 止回阀　　B. 108 止回阀

C. 106 止回阀　　D. 47 止回阀

376. 膜板塞门 97 打开时是利用（　　）内贮存的压力空气进行升弓、合闸的。

A. 控制风缸　　B. 辅助风缸

C. 过充风缸　　D. 总风缸

377. 库停后控制风缸内贮存的压力空气大于（　　）kPa 时，可打开膜板塞门进行升弓、合闸操作。

A. 450　　B. 500　　C. 600　　D. 700

378. 为了减轻辅助压缩机的工作，缩短打风时间，应在启动辅助压缩机之前关闭(　　)，切除 102 控制风缸。

A. 140 塞门　　B. 止回阀 106

C. 膜板塞门 97　　D. 145 塞门

379. 库停后辅助压缩机打风时，当辅助风缸压力达到（　　）kPa 时可边打风边升弓合闸操作。

A. 700　　B. 500　　C. 600　　D. 300

380. 设置控制风缸 102 是为了由（　　）而引起的压力波动时，稳定控制系统管路内的风压。

A. 控制风缸供风　　B. 分合闸操作

C. 辅助风缸供风　　D. 总风供风

381. 库停后辅助压缩机供风，辅助风缸起着（　　）、贮存、冷却压缩空气的作用。

A. 控制　　B. 保压　　C. 稳定　　D. 储存

382. SS_{4B} 型电力机车每节车上设置（　　）个辅助压缩机按钮。

A. 1　　B. 2　　C. 3　　D. 4

383. 机车辅助管路系统使用的压力空气均来自于（　　）压缩空气。

A. 控制风缸　　B. 总风缸

C. 辅助风缸　　D. 调压管

384. SS_{4B} 型电力机车每节车上设置了 3 个风喇叭分别由司机台上的手动喇叭控制阀和司机台下面的（　　）控制。

A. 脚踏开关　　B. 按钮

C. 压力开关　　D. 按键

385. 空转发生时，机车（　　）力急剧下降，使列车速度降低，容易造成坡停和运缓。

A. 横向作用　　B. 纵向作用

C. 牵引　　D. 制动

386. 机车撒砂电空阀是（　　）连接方式。

A. 串联　　B. 并联　　C. 单独　　D. 混联

387. 向轨面断断续续地进行撒砂叫（　　）撒砂。

A. 线式　　B. 面式　　C. 间断　　D. 点式

388. 司机踩动脚踏开关或空转滑行时，中间继电器和断钩保护继电器动作，以及大闸紧急制动时，导线 812 均（　　）。

A. 得电　　B. 不得电　　C. 没关系　　D. 不受控制

389. 风喇叭为了保证在（　　）kPa 压力范围内有良好的音响，需调节筒套与套的距离以调整喇叭筒的长度，达到调节音响的目的。

A. 900　　B. 750　　C. 750 ~ 900　　D. 500 ~ 900

390. SS_{4B} 型电力机车每节车上设置了 3 个风喇叭，下列叙述错误的是（　　）。

A. 向前高音喇叭　　B. 向后高音喇叭

C. 向前低音喇叭　　D. 向后低音喇叭

391. 当列车制动管减压速率低于某一数值范围时，制动机将不发生（　　）作用的性能，称为制动机的稳定性。

A. 制动　　B. 紧急制动　　C. 缓解　　D. 充风

392. 当列车制动管减压速率达到一定数值范围时，制动机必须产生（　　）作用的性能，称为制动机的灵敏度。

A. 制动　　B. 紧急制动　　C. 缓解　　D. 充风

393. 压力表采用表盘内部半导体平面发光照明，其照明电源为 DC（　　）V。

A. 12　　B. 24　　C. 48　　D. 110

394. 压力传感器在校准前必须将传感器通电预热 1 h，再进行加卸载校准，校准点应不少于（　　）个测量点。

A. 3　　B. 4　　C. 5　　D. 6

395. 对于折角塞门试验风压须达到（　　）kPa。

A. 300　　B. 400　　C. 500　　D. 600

396. 组装后，折角塞门中心线与主管垂直中心夹角须为（　　）。

A. 30°　　B. 45°　　C. 60°　　D. 80°

397. 球芯折角塞门手把处漏风的原因是（　　）。

A. 球芯缺油　　B. 球芯表面偏磨

C. 密封垫圈失效　　D. 阀体内卡脏

398. 列车折角塞门通以定压空气，涂肥皂水保压（　　）须无鼓泡。

A. 30 s　　B. 45 s　　C. 1 min　　D. 5 min

399. 制动软管连接器组成后，应将连接器浸入水槽中通入（　　）kPa 的压缩空气保持 5min，各处不得漏泄。

A. 500　　B. 600　　C. 750　　D. 900

400. 制动软管连接器组成后应将连接器通入（　　）kPa 的水压保持 2 min，软管的膨胀不得超过 8 mm，并不得有显著的局部凸起或局部膨胀。。

A. 600　　B. 900　　C. 1 000　　D. 1 200

401. 平均管连接软管水压试验时，风压试验合格后再进行（　　）kPa 的水压试验。

A. 600　　B. 800　　C. 1 000　　D. 1 400

402. 总风连接软管风压试验时，应通入（　　）kPa 的压力空气。

A. 500　　B. 600　　C. 800　　D. 900

403. 机车空气管路采用多类型的管接头，其性能的优劣直接与（　　）性能及列车安全运行有着重要的关系。

A. 制动机　　B. 气源系统

C. 基础制动装置　　D. 手制动机

404. DK-1 型电空制动机将整体式的（　　）结构改成组合结构，使单件结构简化，通用件增多。

A. 滑阀　　B. 柱塞　　C. 阀口　　D. 凸轮

405. SS_{4B} 型机车总风与均衡风缸双针压力表、列车制动管与制动缸双针压力表、非操纵节机车（　　）安装在司机台面的左前方，方便司机观看。

A. 制动缸电测压力表　　B. 控制电路电流

C. 辅助风缸电测压力表　　D. 控制电路电压表

406. SS_{4B} 型机车在学习司机台前方装设了辅助压缩机按钮和（　　）按钮。

A. 充气　　B. 消除　　C. 紧急制动　　D. 检查

407. DK-1 型电空制动机空气位操作时，通过操作（　　）可控制、实施全列车的制动与缓解。

A. 空气制动阀　　B. 电空制动控制器

C. 主台司控器　　D. 副台司控器

408. 双阀口式中继阀属于（　　）空气阀。

A. 柱塞式　　B. 阀口式　　C. 滑阀式　　D. 遮断式

409. 双阀口式中继阀是操作电空制动控制器或空气位下操作空气制动阀时的中间控制部件，用来控制（　　）充、排风。

A. 作用管　　B. 列车制动管

C. 平均管　　D. 制动缸管

410. 中继阀列车制动管通往膜板活塞右侧的缩孔直径为（　　）。

A. 0.5 mm　　B. 1.0 mm　　C. 1.2 mm　　D. 1.5 mm

411. 双阀口式中继阀活塞膜板由内、外活塞和（　　）等组成。

A. 活塞柱塞　　B. 橡胶膜板

C. O 型圈　　D. 活塞柱塞套

412. 双阀口式中继阀活塞膜板用于感应不同压力空气间的压力变化，从而带动（　　）左、右移动，实现连通或切断排、供气气路。

A. 过充柱塞　　B. 顶杆

C. 排气阀　　D. 供气阀

413. 双阀口式中继阀排气阀机构主要由排气阀、排气阀套、（　　）及O形圈等组成。

A. 排气堵　　B. 排气阀弹簧

C. 缩堵　　D. 排气止回阀

414. 均衡风缸与列车制动管沟通，中继阀不能打开供、排气阀口，人们习惯地称双阀口式中继阀此时处于（　　）状态。

A. 缓解　　B. 自锁　　C. 过充　　D. 制动

415. 均衡风缸压力升高时，中继阀活塞膜板左侧的压力升高，活塞膜板带动顶杆右移顶开供气阀口，总风经开启的供气阀口向列车制动管充风，这个工作过程称为（　　）状态。

A. 制动　　B. 缓解　　C. 过充　　D. 自锁

416. 电空制动控制器手柄置制动位，均衡风缸减压，中继阀处于（　　）工作状态。

A. 充气缓解　　B. 制动　　C. 过充　　D. 自锁

417. 电空制动控制器手柄置过充位时，连通了（　　）向过充风缸充风的气路。

A. 调压阀管　　B. 均衡风缸

C. 列车制动管　　D. 总风

418. 双阀口式中继阀补风作用是随着（　　）的泄漏自动完成的。

A. 均衡风缸管　　B. 列车制动管

C. 制动缸管　　D. 作用管

419. 中立电空阀253YV得电时，总风向（　　）管充风。

A. 总风遮断阀　　B. 调压阀

C. 列车制动管　　D. 制动缸管

420. 总风遮断阀左侧空间与（　　）连通。

A. 双阀口式中继阀供气室　　B. 总风遮断阀管

C. 调压阀管　　D. 总风管

421. DK-1型电空制动机在电空位下，控制列车制动管压力变化，从而控制机车（　　）的动作，实现机车的制动与缓解。

A. 中继阀　　B. 分配阀

C. 总风遮断阀　　D. 紧急阀

422. DK-1型电空制动机在电空位下，空气制动阀可以单独控制（　　）的压力变化，从而控制机车的单独制动与缓解。

A. 均衡风缸管　　B. 列车制动管

C. 作用管　　D. 制动缸管

423. 109 型分配阀局减室在主阀安装面上，通大气的缩孔直径为（　　）。

A. 0.5 mm　　B. 0.6 mm　　C. 1.0 mm　　D. 0.8 mm

424. 109 型分配阀稳定装置是使主活塞具有一定的稳定性，以防止列车在运行中因（　　）轻微漏泄或压力波动而引起意外自然制动。

A. 均衡风缸管　　B. 制动缸管

C. 作用管　　D. 列车制动管

425. 109 型分配阀滑阀局减孔和局减室入孔是用于局减状态时列车制动管向（　　）降压。

A. 工作风缸　　B. 作用管　　C. 容积室　　D. 局减室

426. 109 型分配阀在局减位时，主活塞带动节制阀相对于滑阀上移（　　）mm。

A. 2　　B. 3　　C. 3.5　　D. 4

427. 在施行缓解的过程中，制动缸已缓解完毕，但分配阀排气口还排风不止的原因是（　　）。

A. 滑阀与滑阀座接触不良　　B. 充气止回阀漏泄

C. 局减阀与阀口接触不良　　D. 主活塞膜板穿孔

428. 109 型分配阀主阀部局减状态连通两条气路，一是容积室向（　　）的气路，二是列车制动管向局减室降压的气路，以实现局部减压作用。

A. 制动缸充风　　B. 工作风缸逆流

C. 作用管充风　　D. 大气排风

429. 常用制动时，109 型分配阀滑阀的位移是靠（　　）实现的。

A. 稳定弹簧的压力

B. 总风的压力

C. 工作风缸的压力

D. 工作风缸和列车制动管的压力差

430. 109 型分配阀容积室压力升高时，（　　）产生向上的作用力之差，推动供气阀脱离与阀座的接触，从而开启供气阀口，同时排气阀口关闭。

A. 供气阀　　B. 排气阀　　C. 主活塞　　D. 均衡活塞

431. 机车制动时，制动缸的压力空气来自于（　　）。

A. 总风缸　　B. 列车制动管　　C. 工作风缸　　D. 作用管

432. 109 型分配阀均衡部在（　　）状态时，连通机车制动缸向大气排风的气路，实现机车的缓解。

A. 制动后的保压　　B. 缓解后的保压

C. 制动　　D. 缓解

433. 机车制动缸缓解不良的主要原因是（　　）。

A. 缓解弹簧折断　　B. 活塞皮碗漏泄

C. 制动缸内漏风沟堵塞　　D. 制动缸漏泄

434. 分配阀自然缓解的原因是（　　）。

A. 活塞漏泄　　B. 充气止回阀漏泄

C. 均衡活塞漏泄　　D. 紧急放风阀漏泄

435. 机车缓解时，制动缸的压力空气是通过（　　）排向大气。

A. 排 1 电空阀排气口　　B. 空气制动阀凸轮盒

C. 空气制动阀排风阀口　　D. 分配阀排风口

436. 109 型分配阀当机车制动缸压力下降到与（　　）压力平衡时，停止机车制动缸的排风，而呈保压状态。

A. 工作风缸　　B. 局减室

C. 列车制动管　　D. 容积室

437. 109 型分配阀机车制动缸压力上升到与容积室压力平衡时呈制动后的保压状态，从而停止机车（　　）的充风。

A. 容积室　　B. 列车制动管

C. 工作风缸　　D. 制动缸

438. 109 型分配阀容积室的压力变化是为机车（　　）的压力变化提供一个标准参量。

A. 作用管　　B. 制动管

C. 工作风缸　　D. 制动缸

439. DK-1 型电空制动机操作空气制动阀，单独控制机车的制动、缓解及保压就是通过直接控制分配阀（　　）的压力变化来实现的。

A. 容积室　　B. 制动缸

C. 工作风缸　　D. 列车制动管

440. 109 型分配阀紧急增压阀套径向孔与（　　）连通。

A. 列车制动管　　B. 工作风缸

C. 作用管　　D. 总风

441. 109 型分配阀紧急增压阀属于（　　）式空气阀。

A. 遮断　　B. 滑阀　　C. 阀口　　D. 柱塞

442. 非紧急制动时，列车制动管压力不会急剧下降至零，紧急增压阀受到向下的作用力下移至下端，由柱塞凹槽切断总风向（　　）迅速充风的气路。

A. 工作风缸　　B. 容积室　　C. 制动缸　　D. 局减室

443. 109 型分配阀在紧急制动状态下，增压阀受到作用力之差移动到（　　），连通总风向容积室充风的通路。

A. 右端　　B. 下端　　C. 左端　　D. 上端

444. 109 型分配阀安全阀是在紧急制动时，限定容积室和（　　）的最高压力。

A. 制动管　　B. 紧急室　　C. 局减室　　D. 作用管

445. 空气制动阀在电空位时，调压阀 53 的调整压力是（　　）kPa。

A. 300　　B. 500　　C. 600　　D. 750

446. 空气制动阀阀座是调压阀管、作用管和（　　）管的连接基座。

A. 均衡风缸　　B. 列车制动
C. 制动缸　　D. 平均

447. 电空位操作时，空气制动阀手柄置于缓解位，作用柱塞阀连通（　　）与大气的通路。

A. a 管　　B. b 管　　C. 均衡风缸管　　D. 作用管

448. 电空位操作时，空气制动阀手柄置于缓解位，（　　）使右侧对应微动开关连通了外接电路。

A. 定位柱塞　　B. 作用柱塞
C. 定位凸轮　　D. 作用凸轮

449. 电空位操作时，空气制动阀手柄置于制动位，微动开关 3SA2 断开电路（　　）。

A. 899-801　　B. 808-800　　C. 807-827　　D. 809-818

450. 电空位操作时，空气制动阀手柄置于制动位时，作用柱塞阀连通（　　）与大气的通路。

A. a 管　　B. b 管　　C. 调压阀管　　D. 作用管

451. 电空位操作时，空气制动阀手柄置于运转位，作用柱塞阀切断（　　）气路。

A. a 管　　B. b 管　　C. 调压阀管　　D. 所有

452. 电空位操作时，空气制动阀手柄置于中立位，作用凸轮较制动位时有一个较小的升程，作用柱塞左移至（　　）位，切断所有的气路。

A. 左极端　　B. 右极端　　C. 中间　　D. 不确定

453. 空气制动阀电空转换扳钮置于空气位时，转换柱塞右移至右端，由柱塞凹槽连通均衡风缸与（　　）之间的气路。

A. a 管　　B. b 管　　C. 调压阀管　　D. 大气

454. 空气制动阀电空转换扳钮置于空气位时，微动开关 3SA1 动作，闭合电路 899-800，使（　　）电空阀得电。

A. 缓解　　B. 中立　　C. 制动　　D. 重联

455. 空气位操作时，空气制动阀手柄置缓解位，开通了调压阀管→作用柱塞阀→ a 管→（　　）阀→均衡风缸管的充风气路。

A. 缓解电空　　B. 中继阀
C. 单独缓解　　D. 电空转换

456. 空气位操作时，空气制动阀手柄置制动位，开通了（　　）的排风气路，经中继阀动作使列车制动管排风，最终实现全列车的制动。

A. 工作风缸　　B. 均衡风缸
C. 作用管　　D. 制动缸管

457. 空气制动阀制动位，（　　）有一个最大的降程，使作用柱塞在柱塞左侧弹簧反力作用下，右移到右极端位置。

A. 转换柱塞　　B. 作用凸轮
C. 作用柱塞　　D. 定位凸轮

458. 空气位操作时，空气制动手柄置中立或运转位，空气制动阀不开通（　　）的充、排风气路，使全列车保压。

A. 均衡风缸　　B. 作用管
C. 列车制动管　　D. 制动缸管

459. 电动放风阀属于（　　）式空气阀。

A. 柱塞　　B. 滑阀　　C. 截断　　D. 阀口

460. 电动放风阀主要接受（　　）的控制，还可以接受自动停车装置、紧急制动按钮、列车分离保护等发出的紧急停车电信号的控制。

A. 司机控制器　　B. 电空制动控制器
C. 空气制动阀　　D. 手动放风阀

461. 电动放风阀下侧及铜碗上侧空间经阀体孔（ϕ25.4 mm）与（　　）连通。

A. 列车制动管　　B. 总风
C. 94YV 的控制气路　　D. 大气

462. 紧急电空阀得电时，连通总风向电动放风阀铜碗及膜板（　　）空间充风的气路，推动芯杆上移而压缩放风阀弹簧，顶开放风阀口。

A. 上侧　　B. 下侧　　C. 左侧　　D. 右侧

463. 紧急阀放风阀下侧空间经排气口与（　　）连通。

A. 紧急室　　B. 列车制动管
C. 均衡风缸管　　D. 大气

464. 紧急阀活塞膜板上侧空间与（　　）连通。

A. 紧急室　　B. 列车制动管
C. 均衡风缸管　　D. 大气

465. 紧急阀在充气缓解状态时，列车制动管压力空气经缩孔（　　）向紧急室缓慢充风，直至两者压力相等为止。

A. Ⅰ　　B. Ⅱ　　C. Ⅲ　　D. Ⅰ和Ⅱ

466. 紧急阀的紧急活塞在上极端位时，紧急活塞杆的底面距放风阀的距离是（　　）mm。

A. 2　　B. 3　　C. 4　　D. 5

467. 紧急阀紧急室的容积是（　　）。

A. 1.0 L　　B. 1.5 L　　C. 1.85 L　　D. 3.8 L

468. 紧急制动时，紧急室的压力空气经紧急阀活塞杆缩孔（　　）排向大气。

A. Ⅰ　　B. Ⅱ　　C. Ⅲ　　D. Ⅰ和Ⅲ

469. 紧急制动时，紧急阀活塞膜板产生较大的向下的作用力之差，带动活塞杆下移，压缩（　　）而顶开放风阀口，连通列车制动管的放风气路。

A. 安定弹簧　　B. 微动开关
C. 放风阀弹簧　　D. 放风阀

470. 常用制动时，紧急室压力空气经紧急阀缩孔向列车制动管逆流，直至两者压力相等，并且在（　　）作用下，使活塞膜板带动活塞杆重新上移至上端。
A. 安定弹簧　　B. 列车制动管压力空气
C. 放风阀弹簧　　D. 紧急室压力空气

471. 电空制动控制器主要由操纵手柄、凸轮轴组装、静触头组和（　　）等组成。
A. 凸轮机构　　B. 定位机构
C. 机械联锁　　D. 电位器

472. SS_{4B} 型机车电空制动控制器（　　）位是手柄取出位。
A. 重联　　B. 制动　　C. 运转　　D. 中立

473. SS_{4B} 型机车电空制动控制器（　　）位是正常运行位，全列车缓解的位置。
A. 运转　　B. 制动　　C. 重联　　D. 中立

474. TKS22 型电空制动控制器的额定电压是（　　）V。
A. DC24　　B. DC48　　C. DC110　　D. AC220

475. 电空阀是由电磁机构及（　　）两大部分组成。
A. 机械联锁　　B. 气阀
C. 执行机构　　D. 气动机构

476. 电空阀按电磁铁的型式分为拍合式和（　　）两种。
A. 立式　　B. 卧式　　C. 闭式　　D. 螺管式

477. TFK1B 型电空阀的气阀机构被上、下阀口分成（　　）个气室，且各气室分别与外部连通。
A. 2　　B. 3　　C. 4　　D. 5

478. TFK1B 型电空阀的气阀机构上气室与（　　）连通，称为排气口。
A. 大气　　B. 风源　　C. 控制对象　　D. 管堵

479. TFK1B 型电空阀失电时，关闭下阀口，并开启上阀口，连通输出口与（　　）之间的气路。
A. 控制对象　　B. 风源　　C. 输入口　　D. 排气口

480. TFK1B 型电空阀得电时，关闭上阀口并开启下阀口，连通输入口与（　　）间的气路。
A. 控制对象　　B. 风源　　C. 输出口　　D. 排气口

481. SS_{4B} 型机车每台机车共有（　　）个撒砂电空阀。
A. 8　　B. 6　　C. 4　　D. 3

482. DK-1 型电空制动机中立电空阀的代号是（　　）。
A. 251YV　　B. 252YV　　C. 253YV　　D. 254YV

483. DK-1 型电空制动机排风 1 电空阀的代号是（　　）。

A. 251YV　　B. 252YV　　C. 253YV　　D. 254YV

484. 排风 1 电空阀得电时，连通（　　）向大气排风的气路，以实现机车的缓解。

A. 作用管　　B. 列车制动管

C. 均衡风缸管　　D. 制动缸管

485. 过充电空阀得电时，连通（　　）向过充风缸充风的气路，使列车制动管快速充风，并得到过充压力。

A. 调压阀管　　B. 列车制动管

C. 均衡风缸管　　D. 总风

486. DK-1 型电空制动机 252YV 是指（　　）电空阀。

A. 中立　　B. 过充　　C. 排风 1　　D. 排风 2

487. DK-1 型电空制动机 255YV 是指（　　）电空阀。

A. 中立　　B. 过充　　C. 检查　　D. 制动

488. DK-1 型电空制动机检查电空阀得电时，连通总风向（　　）充风的气路，以完成列车制动管折角塞门开通状态的检查。

A. 作用管　　B. 列车制动管

C. 均衡风缸管　　D. 制动缸管

489. DK-1 型电空制动机排风 2 电空阀的代号是（　　）。

A. 253YV　　B. 254YV　　C. 255YV　　D. 256YV

490. DK-1 型电空制动机（　　）电空阀失电时，连通初制风缸和缓解电空阀排气口向大气排风的气路。

A. 制动　　B. 排风 1　　C. 排风 2　　D. 过充

491. DK-1 型电空制动机 257YV 是指（　　）电空阀。

A. 制动　　B. 中立　　C. 检查　　D. 过充

492. DK-1 型电空制动机 257YV 失电后，排风口开启，必然会排出（　　）的压力空气。

A. 作用管　　B. 均衡风缸　　C. 初制风缸　　D. 工作风缸

493. DK-1 型电空制动机缓解电空阀的代号是（　　）。

A. 256YV　　B. 257YV　　C. 258YV　　D. 259YV

494. DK-1 型电空制动机缓解电空阀得电时，连通总风经调压阀（　　）向均衡风缸充风的气路，并使其得到定压。

A. 51　　B. 52　　C. 53　　D. 55

495. DK-1 型电空制动机 259YV 是指（　　）电空阀。

A. 重联　　B. 制动　　C. 缓解　　D. 中立

496. DK-1 型电空制动机在紧急位时，（　　）电空阀得电控制电动放风阀开放列车制动管的放风气路，失电时关闭该气路。

A. 94YV　　B. 257YV　　C. 254YV　　D. 256YV

497. 机车段修时，检查电空阀接线断股不得大于原截面的（　　）。

A. 5%　　B. 10%　　C. 15%　　D. 20%

498. 机车段修时，用万用表检查电空阀线圈应无开路、短路现象，其直流阻值为（　　）Ω。

A. 640 ~ 810　　B. 720 ~ 809　　C. 890 ~ 1014　　D. 902 ~ 1106

499. 重联阀连接管路包括作用管、平均管、总风联管及（　　）管。

A. 列车制动　　B. 制动缸　　C. 均衡风缸　　D. 调压阀

500. 重联阀制动缸遮断阀部是根据遮断阀活塞上侧（　　）压力和下侧弹簧反作用力之差带动活塞杆上下移动，从而实现切断或连通制动缸与相应管路之间的气路。

A. 列车制动管　　B. 总风　　C. 调压阀管　　D. 制动缸

501. 主压缩机压力控制器 289KP 的整定值为（　　）kPa。

A. 低于 650　　B. 680 ~ 750　　C. 750 ~ 900

502. 主压缩机压力控制器 287KP 的整定值为（　　）kPa。

A. 低于 650　　B. 750 ~ 900　　C. 680 ~ 750

503. 重新闭合电空制动电源约（　　）制动机才能被激活。

A. 20 s　　B. 30 s　　C. 40 s

504. JZ7 重联阀制动缸遮断阀部是根据遮断阀活塞上侧（　　）压力和下侧弹簧反作用力之差带动活塞杆上下移动，从而实现切断或连通制动缸与相应管路之间的气路。

A. 列车制动管　　B. 总风

C. 调压阀管　　D. 制动缸

505. 中继阀能保证列车管压力与均衡风缸压力在（　　）范围内。

A. ± 5 kPa　　B. ± 10 kPa　　C. ± 15 kPa

506. 中继阀列车制动管通往膜板活塞右侧的缩孔直径为（　　）。

A. 0.5 mm　　B. 1.0 mm　　C. 1.2 mm　　D. 1.5 mm

507. 机车制动机由于橡胶密封元件失效造成的常见故障是（　　）。

A. 漏泄　　B. 堵塞

C. 自然制动　　D. 自然缓解

508. 机车制动机常见的密封元件材料是（　　）。

A. 氟橡胶　　B. 丁腈橡胶

C. 石棉橡胶　　D. 铜片

509. 制动缸压力开关 285 kp，是当制动缸压力达到（　　）时传输信号到 CCU 切除电制动。

A. 90 kPa　　B. 120 kPa　　C. 150 kPa

510. 制动缸压力开关 284 kp，是当制动缸压力达到（　　）时传输信号到 CCU 切除牵引。

A. 20 kPa　　B. 30 kPa　　C. 40 kPa

511. 折角塞门试验风压须达到（　　）kPa。

A. 300　　B. 400　　C. 600　　D. 500

512. 在正常情况下，要缓解停放制动装置，只需（　　）。

A. 按压司机室停放缓解按钮

B. 按压气阀柜停放制动模块上的缓解双脉冲电磁阀

C. 手拉 8 个蓄能制动缸上的缓解拉环

513. 总风压力不足的情况下，要缓解机车停放制动装置，必须（　　）。

A. 按压司机室停放缓解按钮

B. 按压气阀柜停放制动模块上的缓解双脉冲电磁阀

C. 关闭制动屏柜中停放制动塞门 177，然后手拉车下 8 个蓄能制动缸上的缓解拉环

514. 在蓄电池开关断开、总风缸压力充足的情况下，要缓解机车停放制动装置，必须（　　）。

A. 按压司机室停放缓解按钮

B. 按压气阀柜中停放制动模块上的缓解双脉冲电磁阀

C. 手拉 8 个蓄能制动缸上的缓解拉环

515. 在后备制动模式下，下压单缓按钮，制动缸压力应能缓解，停止下压，制动缸压力（　　）。

A. 停止下降　　B. 缓解到 0　　C. 逐渐上升

516. 制动机配件橡胶模板的标注是以膜板（　　）的大小来表示。

A. 半径　　B. 直径　　C. 外径　　D. 内径

517. 不属于 EP 均衡模块的是（　　）。

A. 制动高速电空阀　　B. 缓解高速电空阀

C. 保护电空阀　　D. 列车制动管传感器

518. 下列（　　）项不属于神华号交流机车 DK-2 型电空制动机制动缸控制模块的主要功能。

A. 根据系统指令控制制动缸风压

B. 实现预控风缸闭环控制

C. 实现停放制动施加与缓解

D. 电子分配阀和空气分配阀切换、机车单缓

519. 下列（　　）项不属于神华号交流机车 DK-2 型电空制动机停放制动模块的部件。

A. 停放制动调压阀　　B. 停放制动压力开关

C. 双向阀　　D. 滤尘器

520. 下列（　　）项不属于神华号交流机车 DK-2 型电空制动机后备制动阀连接通路。

A. 作用管　　B. 均衡风缸管

C. 总风调压阀管　　D. 排大气缩孔

521. 下列（　　）项不属于神华号交流机车 DK-2 型电空制动机制动显示屏的功能。

A. 显示制动机操作的提示信息和故障信息

B. 提供机车号、时间日期、软件版本号的显示及设置功能

C. 单机、重联的设置功能

D. 单机自检、事件记录和传感器校准等列车诊断功能

522. 无火回送安全阀是控制无火回送时制动缸最高压力，整定值为（　　）。

A. 180 kPa　　B. 200 kPa　　C. 250 kPa

523. 停放制动总风调压阀 58 的整定值为（　　）kPa。

A. 450　　B. 550　　C. 600

524. 停放制动没有缓解同时机车速度大于（　　）时，惩罚制动触发。

A. 3 km/h　　B. 5 km/h　　C. 8 km/h

525. DK-1 双阀口式中继阀属于（　　） 空气阀。

A. 柱塞式　　B. 阀口式　　C. 滑阀式　　D. 遮断式

526. DK-1 双阀口式中继阀排气阀机构主要由排气阀、排气阀套、（　　）及 O 形圈等组成。

A. 排气堵　　B. 排气阀弹簧

C. 缩堵　　D. 排气止回阀

527. 实施紧急制动，制动缸压力上升至（　　）kPa。

A. 300　　B. 100　　C. 450 ± 10

528. 实施初制动，列车管减压量为（　　）kPa。

A. 10　　B. 50　　C. 100

529. DK-2 型电空制动机无动力回送时，制动缸最高压力不超过（　　）kPa。

A. 200　　B. 250　　C. 300　　D. 220

530. DK-2 型电空制动机解锁成功后，自动制动控制器“运转”位，均衡风缸充风正常但列车制动管不充风的原因，下列说法错误的是（　　）。

A. 总风遮断阀故障　　B. 塞门 115 关闭

C. 列车制动管遮断阀故障　　D. 塞门 157 关闭

531. DK-2 型电空制动机解锁成功后，自动制动控制器“运转”位，均衡风缸不充风的原因，下列说法错误的是（　　）。

A. 缓解高速电空阀故障　　B. 塞门 157 关闭

C. 转换阀 153 置于空气位　　D. 均衡风缸传感器故障

532. DK-2 型电空制动机电空位操作时，自动制动控制器运转位，单独制动控制器中立位，下列说法错误的是（　　）。

A. 导线 803 得电　　B. 导线 807 得电

C. 导线 813 得电　　D. 导线 814 得电

533. DK-2 型电空制动机电空位操作时，自动制动控制器运转位，单独制动控制器中立位，导线（　　）得电，BCU 输入板第 3 点灯亮。

A. 803　　B. 813　　C. 807　　D. 815

534. DK-2 型电空制动机电空位操作时，自动制动控制器运转位，单独制动控制器制动位，导线 815 得电，BCU 输入板第（　　）点灯亮。

A. 3　　B. 1　　C. 2　　D. 5

535. DK-2 型电空制动机电空位操作时，自动制动控制器运转位，单独制动控制器缓解位，导线（　　）得电，BCU 输入板第 4 点灯亮。

A. 813　　B. 809　　C. 807　　D. 815

536. DK-2 型电空制动机电空位操作时，自动制动控制器运转位，单独制动控制器缓解位，单缓电空阀 246YV 得电，BCU 输出板第（　　）点灯亮。

A. 12　　B. 10　　C. 9　　D. 6

537. DK-2 型电空制动机电空位操作时，自动制动控制器紧急位，紧急电空阀得电，使 BCU 输出板第（　　）点灯亮。

A. 3　　B. 1　　C. 2　　D. 4

538. DK-2 型电空制动机电空位操作时，自动制动控制器紧急位，导线（　　）得电，使 BCU 输入板第 5 点灯亮。

A. 804　　B. 821　　C. 806　　D. 814

539. DK-2 型电空制动机，过充电空阀电空 252YV 得电时，BUC 输出板第（　　）点灯亮。

A. 5　　B. 8　　C. 7　　D. 6

540. DK-2 型电空制动机，（　　）得电时，BUC 输出板第 7 点灯亮。

A. 排 2 电空阀 256YV　　B. 切换电空阀 262YV

C. 缓解高速电空阀 258YV　　D. 单缓高速电空阀 261YV

541. 神华号较流机车制动缸控制模块的主要功能是实现预控风缸（　　）控制、电子分配阀和空气分配阀切换、机车单缓等功能。

A. 开环　　B. 闭环　　C. 直接　　D. 间接

542. 神华号交流机车停放制动调压阀整定值是（　　）kPa。

A. 450　　B. 480　　C. 500　　D. 550

543. 神华号交流机车电子分配阀包括分配阀均衡部、（　　）电空阀、制动缸预控压力的闭环模拟控制部件。

A. 切换　　B. 单缓　　C. 单制　　D. 保护

544. 神华号交流机车 DK-2 型电空制动机停放制动压力开关整定值为（　　）kPa。

A. 480　　B. 500　　C. 580　　D. 600

545. 神华号交流机车 DK-2 型电空制动机停放制动调压阀整定值为（　　）kPa。

A. 500　　B. 550　　C. 600　　D. 650

546. 神华号交流机车DK-2型电空制动机均衡风缸控制模块的功能是对均衡风缸风压进行（　　）控制，一旦制动系统失电时使均衡风缸排风。

A. 开环　　B. 闭环　　C. 直接　　D. 间接

547. 神华号交流机车DK-2型电空制动机后备制动调压阀压力调整为（　　）kPa。

A. 300　　B. 400　　C. 500　　D. 600

548. DK-2型电空制动机，紧急电空阀（　　）在紧急制动时控制电动放风阀98的排风。

A. 94YV　　B. 95YV　　C. 265YV　　D. 264YV

549. DK-2型电空制动机，单制调压阀51的整定值为（　　）kPa。

A. 300　　B. 350　　C. 450　　D. 480

550. 神八交流机车制动系统的型号是（　　）。

A. CCBII　　B. DK-2　　C. EUROTROL

551. 神八交流机车一节车有（　　）蓄能制动缸。

A. 2　　B. 4　　C. 6

552. 神八交流机车无火回送时，应将中继阀列车管塞门和（　　）塞门关闭。

A. 无火回送　　B. 紧急增压阀

C. 无火回送安全阀

553. 神八交流机车每个砂箱的容积为（　　）L。

A. 90　　B. 100　　C. 120

554. 神八交流机车均衡风缸调压阀55调整压力值（　　）kPa。

A. 450　　B. 500　　C. 650

555. 神八交流机车基础制动采用（　　）方法。

A. 盘型制动　　B. 踏面制动

C. 停放制动

556. 神八交流机车共有（　　）个蓄能制动缸。

A. 1　　B. 4　　C. 8

557. 神八交流机车断开制动控制电源会引起（　　）制动。

A. 紧急　　B. 常用　　C. 不产生

558. 折角塞门手把处漏风的原因是（　　）。

A. 球芯缺油　　B. 球芯表面偏磨

C. 密封垫圈失效　　D. 阀体内卡脏

559. 机车上球芯塞门修竣后，储存期超过6个月的，须经（　　）后可装车使用。

A. 检查员　　B. 验收员

C. 试验合格　　D. 试验人员

560. 机车螺杆压缩机空气滤清器清洁指示器显示红色或箭头指向（　　）kPa，应清扫滤纸。

A. 5　　B. 6　　C. 7.5　　D. 6.5

561. 机车螺杆压缩机的压力开关断开压力设置为（　　）MPa。

A. 0.1　B. 0.2　C. 0.3　D. 0.4

562. 机车螺杆式空气压缩空气中有油的原因是（　　）。

A. 油位过低　B. 油过滤器故障

C. 油细分离器故障　D. 最小压力阀故障

563. 标顶螺杆式空气压缩机油过滤器的过滤精度在（　　）μm 之间。

A. 5 ~ 10　B. 6 ~ 10　C. 10 ~ 15　D. 15 ~ 20

564. 标顶螺杆空气压缩机的工作循环分为吸气、（　　）和排气 3 个过程。

A. 冷却　B. 喷油　C. 压缩　D. 润滑

565. 标顶螺杆空气压机最小压力阀有泄漏会造成（　　）。

A. 空气过滤器中有油　B. 安全阀排气

C. 空压机不能建立　D. 压缩空气中有油

566. 标顶螺杆空气压机进气止回阀关闭不及时会造成（　　）。

A. 空压机不能建立　B. 压缩空气中有油

C. 空气过滤器中有油　D. 压力开关断开

567. 空气位时单缓机车制动压力靠（　　）来实现。

A. 单独制动阀缓解位　B. 单独制动阀运转位

C. 按压单缓按钮

568. 当均衡风缸与列车制动管沟通，中继阀不能打开供、排气阀口，人们习惯地称双阀口式中继阀此时处于（　　）状态。

A. 缓解　B. 自锁　C. 过充　D. 制动

569. 制动系统紧急阀在充气缓解状态时，列车制动管压力空气经缩孔（　　）向紧急室缓慢充风，直至两者压力相等为止。

A. Ⅰ　B. Ⅱ　C. Ⅲ　D. Ⅰ和Ⅱ

570. DK-1 紧急阀放风阀下侧空间经排气口与（　　）连通。

A. 紧急室　B. 列车制动管

C. 均衡风缸管　D. 大气

571. DK-1 紧急阀的紧急活塞在上极端位时，紧急活塞杆的底面距放风阀的距离是（　　）mm。

A. 2　B. 3　C. 4　D. 5

572. DK-1 紧急电空阀得电时，连通总风向电动放风阀铜碗及膜板（　　）空间充风的气路，推动芯杆上移而压缩放风阀弹簧，顶开放风阀口。

A. 上侧　B. 下侧　C. 左侧　D. 右侧

573. 各种夹心阀的标注是以模板（　　）的大小来表示。

A. 半径　B. 直径　C. 外径　D. 内径

574. 用万用表检查电空阀线圈应无开路、短路现象，其直流阻值为（　　）Ω。

A. 640～810　B. 720～809　C. 890～1 014　D. 902～1 106

575. 当环境温度低于设计规定会造成螺杆空气压机（　　）。

A. 空气过滤器中有油　B. 温度开关断开

C. 空压机不能建立　D. 压缩空气中有油

576. 直流机车高、低音喇叭在总风压力大于（　　）kPa 时，音色正常。

A. 400　B. 500　C. 600　D. 700

577. 关闭 97 塞门辅助压缩机性能试验要求辅助风缸压力由零升至 500 kPa 的时间不大于（　　）min。

A. 3　B. 3.5　C. 4　D. 4.5

578. 直流机车辅助压缩机的工作电压不低于（　　）V。

A. 50　B. 60　C. 80　D. 70

579. 直流机车电空制动控制器和空气制动阀均置运转位时，按下紧急制动按钮，机车产生紧急制动，制动缸压力应不低于（　　）。

A. 400　B. 340　C. 300　D. 450

580. 机车电空阀按电磁铁的型式分为拍合式和（　　）两种。

A. 立式　B. 卧式　C. 闭式　D. 螺管式

581. DK-1 电动放风阀主要接受（　　）的控制，还可以接受自动停车装置、紧急制动按钮、列车分离保护等发出的紧急停车电信号的控制。

A. 司机控制器　B. 电空制动控制器

C. 空气制动阀　D. 手动放风阀

582. 当制动缸压力越小，蓄能风缸的压力将（　　）。

A. 越小　B. 不变　C. 越大

583. 当停放制动缸压力大于（　　）时，停放缓解。

A. 380 kPa　B. 480 kPa　C. 550 kPa

584. TSG15B 型受电弓升弓时间为（　　）。

A. 5～7 s　B. 6～8 s　C. 6～10 s

585. TSG15B 型受电弓车内气路板上调压阀压力设定值为（　　）。

A. 3.8～4.0 bar　B. 3.0～4.0 bar　C. 3.5～4.0 bar

586. 直流机车 TFK1B 型电空阀的气阀机构上气室与（　　）连通，称为排气口。

A. 大气　B. 风源　C. 控制对象　D. 管堵

587. 直流机车 TFK1B 型电空阀得电时，关闭上阀口并开启下阀口，连通输入口与（　　）间的气路。

A. 控制对象　B. 风源　C. 输出口　D. 排气口

588. SS_{4B} 型机车 DK-2 型电空制动机应将空气制动阀转到空气位，调整 53 调压阀压力为（　　）kPa。

A. 600　　B. 400　　C. 450　　D. 300

589. SS_{4B} 型机车 DK-2 型电空制动机单制调压阀 304 压力应调整为（　　）kPa。

A. 300　　B. 400　　C. 500　　D. 600

590. 直流机车 DK-2 型电空制动机采用（　　）故障显示灯。

A. DC 12 V　　B. DC 110 V

C. DC 48 V　　D. DC 24 V

591. SS_{4B} 型机车 DK-2 型电空制动机 EP 模块的制动高速电空阀和缓解高速电空阀是采用（　　）控制电压控制。

A. DC 24 V　　B. DC 36 V

C. DC 48 V　　D. DC 110 V

592. SS_{4B} 型电力机车辅修时，检查空气制动阀插头及（　　）接线牢固，无松动脱落。

A. 插座　　B. 压力开关　　C. 微动开关　　D. 转换阀

593. DK-2 型制动机在正常情况下，分配阀处于（　　）

A. 电子分配阀状态　　B. 空气分配阀状态

C. 任何一种状态均可

594. DK-2 型制动机“单缓按钮”在制动机处于（　　）时有效。

A. 空气位　　B. 电空位　　C. 任何状态

595. 神八 DK-2 型电空制动机有（　　）个初制风缸。

A. 1　　B. 2　　C. 3　　D. 以上都不对

596. DK-1 型电空制动机的制动控制单元为（　　）。

A. DKL　　B. BCU　　C. DKU　　D. BCL

597. DK-1 型电空制动机 EP 均衡模块有（　　）个缩堵。

A. 1　　B. 2　　C. 3　　D. 4

598. 电空制动机 BCU 有（　　）块输出板。

A. 1　　B. 2　　C. 3　　D. 4

599. 电空制动机 BCU 由（　　）块插件组成。

A. 5　　B. 7　　C. 6　　D. 8

600. 直流机车 BUC 上的 PWM 板输出（　　）V 电压信号驱动高速电空阀，控制均衡风缸的压力。

A. DC48　　B. DC24　　C. DC110　　D. DC12

二、判断题

1. 铁路客货运输应充分体现“以人为本、诚信服务”的理念。（　　）

2. 铁路运输生产要职工按照分工和要求，尽职尽责地做好本职工作。(　　)

3. 检修职工的行为规则是遵章守纪。(　　)

4. DK-1 型电空制动机紧急制动，156 塞门处于半开状态会造成机车制动缸压力增长缓慢。(　　)

5. 用人单位发生合并或者分立等情况，原劳动合同继续有效。(　　)

6. 劳动合同终止后，用人单位应当在十五日内为劳动者办理档案和社会保险关系转移手续。(　　)

7. 特种作业人员未经专门的安全作业培训，未取得特种作业操作资格证书，上岗作业导致事故的，应追究生产经营单位有关人员的责任。(　　)

8. 环境保护法适用于中华人民共和国领域和中华人民共和国管辖的其他海域。(　　)

9. 一次事故中死亡 3～9 人以上的是特大生产安全事故。(　　)

10. DK-1 型电空制动机紧急制动，分配阀主阀部上盖的第二堵塞，会造成机车制动缸压力增长缓慢。(　　)

11. 托运人或者旅客根据自愿，可以办理保价运输，也可以办理货物运输保险；还可以既不办理保价运输，也不办理货物运输保险。(　　)

12. 对在铁路线路上行走、坐卧的，铁路职工有权制止。(　　)

13. DK-1 型电空制动机 109 型分配阀在制动位与初制动位时的动作状态是一样的。(　　)

14. 旅客车票、行李票、包裹票和货物运单是合同或者合同的组成部分。(　　)

15. 环境与资源保护法律责任的客体一般包括行为和物两种。(　　)

16. 禁止使用无线电台及其他仪器干扰铁路运营指挥无线电频率使用。(　　)

17. DK-1 型电空制动机电空制动控制器过充位，过充风缸缩堵丢失不会造成无过充作用或过充量不足。(　　)

18. 铁路与道路交叉的无人看守道口应当按照国家标准设置警示标志，有人看守的道口也要设警示标志。(　　)

19. 隔离开关开闭作业时，必须执行一人操作一人监护制度。(　　)

20. 遇雷雨天气时，不可以操作隔离开关。(　　)

21. 机车鉴定成绩分为优秀、良好、合格、不合格 4 个等级。(　　)

22. 机车履历本的填写应由专人负责。填写必须及时、准确、整洁，不得有漏项和缺项。(　　)

23. 造成 2 人死亡未构成较大以上事故的，为一般 B 类事故。(　　)

24. 货运列车脱轨 6 辆以上 60 辆以下，并中断其他线路铁路行车 48 小时以上的事故为较大事故。(　　)

25. 神华交流电力机车 DK-2 型电空制动机，导线 801 得电时，BCU 的输入板第 10 点灯亮。(　　)

26. SS_{4B} 型电力机车制动管的管径为 Dg20 mm。(　　)

27. SS_{4B} 型电力机车均衡管的管径为 Dg8 mm。(　　)

28. DJKG-A 型空气干燥塔在再生阶段电动排泄阀不排风的原因可能是排泄阀活塞密封圈破损。(　　)

29. DJKG-A 型空气干燥塔再生作用结束后电动排泄阀排风不止的原因可能是止回阀胶垫损坏。(　　)

30. 螺杆空气压机“三滤”是指油细分离器、油过滤器、空气滤清器。(　　)

31. 螺杆空气压机温控阀能维持恒定的润滑油温度和黏度。(　　)

32. 螺杆空气压机冷却器或空气管路不畅通或结冰会造成安全阀排气。(　　)

33. DK-1 型电空制动机重联阀在试验台上试验时，本机位试验作用管压力应与制动缸压力同步上升下降 (　　)

34. 螺杆空气压机进气阀关闭不到位会造成空气过滤器中有油。(　　)

35. 逆流止回阀与压缩机出风管路上安装的止回阀外形不相同。(　　)

36. 逆流止回阀安装时也应注意方向，且必须垂直安装。(　　)

37. DK-1 型电空制动机电空制动控制器过充位，过充风缸无缩堵不会造成无过充作用或过充量不足。(　　)

38. 总风缸容积选择过小会加重压缩机的负担，并使压缩空气质量下降，直接影响制动装置及机车其他气动装置的可靠性。(　　)

39. 在机车检修时，不允许在总风缸上电焊打火或搭接地线。(　　)

40. 当总风缸充风后严禁用重物锤打，更应注意其周围加温情况，以免发生意外。(　　)

41. DK-1 型电空制动机过充压力消除的时间为 180 ~ 240 s。(　　)

42. 干燥器止回阀损坏会造成高压安全阀动作频繁。(　　)

43. 总风缸塞门 112 错关闭会造成高压安全阀动作频繁，且动作时总风缸压力变化不大。(　　)

44. DK-1 型电空制动机排风 1 电空阀下阀口不严密会造成作用管泄漏。(　　)

45. DK-1 型电空制动机过充压力消除是通过排 2 电空阀来消除的。(　　)

46. DK-1 型电空制动机电空制动控制器过充位，均衡风缸追总风压力的原因是重联电空阀上阀口泄漏。(　　)

47. 在中继阀阀盖过充部下方的呼吸孔，过充位如果排风不止时，为过充柱塞的大端 O 形密封圈损坏。(　　)

48. DK-1 型电空制动机紧急制动，列车制动管压力下降缓慢，说明均衡风缸必然下降缓慢。(　　)

49. DK-1 型电空制动机紧急制动，中继阀故障会使均衡风缸压力下降缓慢。(　　)

50. 神华交流电力机车 DK-2 型电空制动机电空位操作时，自动制动控制器紧急位，重联电空阀 255YV 得电，BCU 输出板第 8 点灯亮。(　　)

51. 神华交流电力机车 DK-2 型电空制动机电空位操作时，自动制动控制器运转位，单独制动控制器制动位，导线 815 得电，BCU 输入板第 2 点灯亮。(　　)

52. 电力机车电空制动机电空位操作时，大闸运转位，小闸中立位，为机车单独制动前的准备以及单独制动后保压时所使用的位置。(　　)

53. 神华交流电力机车 DK-2 型电空制动机内重联模式运行时，操纵节制动柜上的重联阀转换按钮置于“补机位”，分配阀缓解塞门 156 置于开放位。(　　)

54. DK-2 型电空制动机无线重联模式运行时，两节机车进行以下操作：制动柜重联阀上的转换按钮打到“补机位”，分配阀缓解塞门 156 置于打开位，大闸置“重联”位，小闸置“运转”位，制动锁定后将制动器钥匙手柄取车。(　　)

55. 电力机车电空制动机启动后，操作大小闸，制动机没有反应，可能的原因是制动机未解锁 (　　)

56. 神华交流电力机车 DK-2 型电空制动机解锁成功后，自动制动控制器“运转”位，均衡风缸不充风，可能的原因是塞门 114 处于关闭位。(　　)

57. 止回阀 50 安装在第一总风缸和第二总风缸之间。(　　)

58. 控制风缸 102 的设置是为了在分合闸操作引起压力波动时，稳定控制系统管路内的风压。(　　)

59. 造成 5 000 万元以上 1 亿元以下直接经济损失的事故为特别重大事故。(　　)

60. 控制管路系统由受电弓、升弓电空阀、主断路器、门联锁阀、辅助压缩机、膜板塞门、控制风缸、压力传感器组成。(　　)

61. 机车撒砂的目的是提高钢轨和车轮之间的摩擦力。(　　)

62. 辅助风缸对辅助压缩机产生的压缩空气进行冷却。(　　)

63. 我国现有各种车辆上都采用三通阀式空气制动机。(　　)

64. DK-1 型电空制动机电空位操作，小闸处于运转位，大闸在运转位，总风遮断阀左侧压力经中立电空阀下阀口排大气。(　　)

65. 重联运行中，一旦发生机车间分离，所有机车制动机都应产生紧急制动作用，并保持机车制动缸压力。(　　)

66. DK-1 型电空制动机电空位操作，小闸处于运转位，大闸在制动位，过充风缸压力经排风 2 电空阀下阀口排大气。(　　)

67. DK-1 型电空制动机电空位操作，小闸处于运转位，大闸在紧急位，所有撒砂电空阀都得电。(　　)

68. 电空制动机按紧急制动按钮，在任何情况下都分主断路器。(　　)

69. DK-1 型电空制动机空气制动阀转换柱塞定位装置弹簧自由高度是 32 mm。(　　)

70. DK-1 型电空制动机空气制动阀排气阀弹簧自由高度是 24.3 mm。(　　)

71. 两侧高压区的门关闭到位，才能转动门联锁杆到正确位置，门联锁才能正常的锁闭。(　　)

72. DK-1 型电空制动机空制动机空气制动阀排风缩堵的孔径为 0.8 mm。(　　)

73. DK-1 型电空制动机空制动机空气制动阀顶杆的长度为（135 ± 2）mm。(　　)

74. DK-1 型电空制动机 109 型分配阀均衡阀弹簧的自由高度为 45mm。(　　)

75. DK-1 型电空制动机 109 型分配阀节制阀弹簧的自由高度为 20 mm。(　　)

76. DK-1 型电空制动机 109 型分配阀稳定弹簧的自由高度为 24.3 mm。(　　)

77. DK-1 型电空制动机 109 型分配阀增压阀弹簧的自由高度为 43 mm。(　　)

78. DK-1 型电空制动机 109 型分配阀安装面缩堵 I 的孔径为 1 mm。(　　)

79. DK-1 型电空制动机 109 型分配阀局减室的容积为 0.65 L。(　　)

80. DK-1 型电空制动机 109 型分配阀工作风缸的容积为 10 L。(　　)

81. 109 型分配阀的初制动位是制动位的过渡位。(　　)

82. DK-1 型电空制动机 109 型分配阀的初制动位车辆产生制动作用。(　　)

83. DK-1 型电空制动机 109 型分配阀的初制动位连通了容积室与制动管的通路。(　　)

84. DK-1 型机车电空制动机遮断阀活塞弹簧的自由高度是 66 mm。(　　)

85. TFK1B 型电空阀得电时，关闭上阀口并开启下阀口，连通输入口与输出口间的气路。(　　)

86. DK-1 型机车电空制动机双阀口式中继阀排风阀弹簧的自由高度为 40 mm。(　　)

87. DK-1 型机车电空制动机双阀口式中继阀供风阀弹簧的自由高度为 18 mm。(　　)

88. 制动机中继阀阀体缩堵的孔径为 1.0 mm。(　　)

89. DK-1 型机车电空制动机紧急阀放风阀弹簧的自由高度为 55 mm。(　　)

90. SS_{4B} 型电力机车小闸操纵制动机时，非操纵节机车制动缸压力不变化，且与操纵节机车制动缸压力不符，可能是由于非操纵节机车重联转换阀 93 的工作位置不对引起的。(　　)

91. DK-1 型机车电空制动机紧急阀稳定弹簧的自由高度为 63 mm。(　　)

92. DK-1 型机车电空制动机电动放风阀放风阀弹簧的自由高度为 16 mm。(　　)

93. DK-1 型电空制动机初制风缸的选择与均衡风缸的最小减压量无关。(　　)

94. 机车制动缸充风后将制动缸活塞推出使闸瓦压紧车轮的过程中，需要克服制动缸弹簧对活塞的背压及相关的摩擦阻力。(　　)

95. 电空制动机根据分配阀的构造和实际试验，确定列车制动管减压 40 kPa 以上就能克服摩擦阻抗。(　　)

96. DK-1 型机车电空制动机紧急阀活塞杆缩孔Ⅰ、Ⅱ是用以在紧急制动后控制紧急室压力空气向列车制动管逆流的速度。(　　)

97. 机车的空电联合制动过程中，司机根据运行要求可以随时人工干预空气制动，对列车制动管追加减压或充风缓解。(　　)

98. 神华交流机车在机车加馈电阻制动故障后，空电联合制动装置将自动实行列车制动管减压。(　　)

99. 设置初制动风缸不仅有利于小减压量时后部车辆制动机的出闸，而且大大缓和了压力回升现象。(　　)

100. DK-1 型电空制动机设置了 3 个初制动风缸。(　　)

101. DK-1 型电空制动机初制风缸的选择与列车管压力无关。(　　)

102. SS_{4B} 型电力机车电空制动机电空位操作时，电空制动控制器在运转位，中继阀膜板破损会造成均衡风缸及列车制动管压力下降缓慢。(　　)

103. SS_{4B} 型电力机车 DK-1 型电空制动机，制动高速电空阀失电时，使均衡风缸压力排大气。(　　)

104. SS_{4B} 型电力机车电空制动机电空位操作时，电空制动控制器手柄运转位，电小闸手柄制动位，制动缸压力高于 300 kPa 的原因是调压阀 304 整定值不符合要求。(　　)

105. DK-1 型电空制动机电动放风阀的膜板破损会使制动系统仍然产生紧急制动作用。(　　)

106. 电动放风阀试验台上试验时，常用制动不可以起紧急制动。(　　)

107. DK-1 型电空制动机电动放风阀试验台上试验时，排风口允许有轻微泄漏。(　　)

108. DK-1 型电空制动机紧急阀是以电而产生动作并随之带动电联锁。(　　)

109. 紧急阀组装时应注意导向阀、传递杆在下盖内上下动作灵活。(　　)

110. 紧急阀在常用制动后转紧急制动仍然有效。(　　)

111. DK-1 型电空制动机紧急阀试验台上试验时，紧急室漏泄试验要求紧急室压力稳定后 60 s 内下降不大于 5 kPa。(　　)

112. 109 型分配阀在制动状态时，工作风缸向容积室充风，从而使制动缸压力升高而工作风缸压力降低。(　　)

113. DK-1 型电空制动机紧急阀试验台上试验时，列车制动管压力下降 430 kPa 时不突降至 0。(　　)

114. DK-1 型电空制动机重联阀制动缸遮断阀部主要由制动缸遮断阀活塞、活塞杆、遮断阀弹簧、阀套、O 形圈和遮断阀等组成。(　　)

115. DK-1 型电空制动机重联阀在补机位时将作用管与制动缸管连通。(　　)

116. DK-1 型电空制动机重联阀的转换阀部在本机位时，连通重联阀活塞下侧与总风联管之间的通路。(　　)

117. DK-1 型电空制动机重联阀在试验台上试验时，补机位试验制动缸压力不与作用管同步升降。(　　)

118. 109 型分配阀各活塞、活塞杆应无碰伤、变形及裂纹。(　　)

119. DK-1 型电空制动机 109 型分配阀的节制阀弹簧自由高为 18 mm。(　　)

120. 109 型分配阀的均衡膜板破损，会造成制动缸无压力。(　　)

121. 109 分配阀的滑阀、滑阀座、节制阀等各滑动面接触不严密及有划伤时研磨。(　　)

122. DK-1 型电空制动机 109 型分配阀在试验台上试验时，列车制动管减压 10 kPa 前局减室显示压力。(　　)

123. DK-1 型电空制动机遮断阀是用来控制空气管路的开通与关断，并保证良好的气密性和满足屏柜布置的需要。(　　)

124. DK-1 型电空制动机系统中设有两个转换阀，其结构相同，功能也相同。(　　)

125. DK-1 型电空制动机转换阀试验台上试验时，开通试验输出压力降至 0。(　　)

126. 压力开关 208 属于气动电器，利用压力空气的压力变化来实现电路控制。(　　)

127. 208、209 压力开关整定值一经设定就无法调整。(　　)

128. DK-1 型电空制动机压力开关 209 在试验台上试验时，芯杆不可以波动。(　　)

129. DK-1 型电空制动机压力开关 208 在试验台上试验时，压差动作值试验要求均衡压力差为 20 ~ 30 kPa 常开指示灯暗。(　　)

130. 压力开关 209 的整定值为 20 kPa。(　　)

131. 压力开关 209 由单断点微动开关、外罩、膜板、阀体、下盖、活塞杆等组成。(　　)

132. DK-1 型电空制动机压力开关 209 在试验台上试验时，压差动作值试验要求均衡压力升至 500 ~ 600 kPa 常开指示灯亮。(　　)

133. DK-1 型电空制动机压力开关 209 在试验台上试验时，压差动作值试验要求均衡压力差为 190 ~ 230 kPa 常开指示灯暗。(　　)

134. 电空制动机压力开关 209 在试验台上试验时，均衡压力排到 0，保压 1 min 压力不得回升。(　　)

135. 电空制动机电空制动控制器中立位可分为制动后中立位和制动前中立位。(　　)

136. DK-1 型电空制动机电空制动控制器运转位只使机车进行正常缓解。(　　)

137. 均衡风缸的容积小，容易控制。(　　)

138. DK-1 型电空制动机均衡风缸的容积为 5L。(　　)

139. 电空阀得电吸合、失电释放，自复状态良好，不得有延时吸合或延时释放现象。(　　)

140. 电空阀按作用原理分为开式和闭式。(　　)

141. SS_{4B} 电力机车断钩保护电路的解锁一定要在紧急阀动作完毕恢复到充气位后再进行。(　　)

142. DK-1 型电空制动机大闸放紧急位时，产生紧急制动作用同时跳主断路器。(　　)

143. 监控装置所发出的制动指令不得人为缓解，只有在其发出缓解指令后，方可回到原有的制动机有效操作。(　　)

144. 过充压力应该缓慢排向大气，否则会引起后部车辆的自然制动。(　　)

145. 中继阀的过充柱塞直接作用于膜板左侧之上。(　　)

146. 双阀口式中继阀阀体内缩堵过大，会影响中继阀的动作。(　　)

147. DK-1 型电空制动机电空位操作，小闸处于运转位，大闸在制动位，总风经中立电空阀下阀口到达中断阀。(　　)

148. 双阀口式中继阀均衡风缸泄漏，列车制动管压力也随之下降。(　　)

149. 双阀口式中继阀主活塞的动作灵敏度为 10 kPa。(　　)

150. 电空制动机紧急阀充气位时，紧急活塞始终与上盖紧贴。(　　)

151. 电空制动机紧急阀在充气位时列车制动管经活塞杆上的缩孔Ⅱ控制紧急室充风速度。(　　)

152. DK-1 型电空制动机紧急阀充气位时，紧急室充风过快不会引起意外的紧急制动。(　　)

153. DK-1 型电空制动机紧急阀的限制缩孔Ⅱ过小会降低紧急阀在常用制动时的安定性。(　　)

154. DK-1 型电空制动机紧急阀当列车制动管压力停止下降，处于保压位时，紧急活塞在弹簧的作用下重新与上盖分离。(　　)

155. DK-1 型电空制动机紧急阀紧急制动时，紧急室经缩孔Ⅲ向大气排风。(　　)

156. DK-1 型电空制动机紧急阀紧急制动时，微动开关断开电路 838-839。(　　)

157. 109 型分配阀滑阀上的充气孔 L6、L7 与 g1 孔相通，用于缓解状态时由列车制动管向容积室充风。(　　)

158. 109 型分配阀滑阀上的孔 L4 用于局减状态时列车制动管向局减室降压。(　　)

159. 109 型分配阀均衡活塞上方缩孔Ⅱ是使制动缸的压力空气稳定上升，用来平衡活塞上下的压力差，以控制机车制动缸压力的大小。(　　)

160. DK-1 型机车电空制动机紧急阀活塞杆缩孔Ⅰ的孔径为 0.8 mm。(　　)

161. 109 型分配阀均衡部缩堵Ⅱ的孔径为 0.8 mm。(　　)

162. DK-1 型制动机 109 型分配阀在初制动位时，除主阀活塞带动节制阀动作外，分配阀其他部分均在制动位置。(　　)

163. 109 型分配阀在初制动位时，也称第一阶段局部减压。(　　)

164. 109 型分配阀在制动位时，形成了容积室和工作风缸的充风通路。(　　)

165. 109 型分配阀在制动位时，切断了工作风缸与列车制动管的通路。(　　)

166. DK-1 型机车电空制动机遮断阀弹簧的自由高度是 29 mm。(　　)

167. 109 型分配阀充风缓解位时，随着列车制动管压力的升高，使增压阀处于下端，切断总风向容积充风的气路。(　　)

168. 109 型分配阀充风缓解位时，连通了容积室经 156 塞门排大气的通路。(　　)

169. 109 型分配阀主阀部的局减、制动及制动后保压 3 个状态的动作是连续的。(　　)

170. DK-1 型电空制动机电空位操作，小闸处于运转位，大闸在紧急位，紧急阀先动作，然后电动放风阀动作。(　　)

171. 109 型分配阀制动后保压位时，制动缸的泄漏可随时得到补偿，具有良好的制动不衰减性。(　　)

172. 109 型分配阀紧急制动位时，增压阀部连通了总风与容积室的气路。(　　)

173. 109 型分配阀紧急制动位时，除紧急增压阀外，其他各部均与常用制动位相同，只是动作更加迅速，通路变大(　　)

174. DK-1 型电空制动机客货转换阀 154 在列车制动管定压 600 kPa 时，应置于货车位。(　　)

175. DK-1 型电空制动机客货转换阀 154 在列车制动管定压 500 kPa 时，应置于客车位。(　　)

176. 常用制动和紧急制动的共同点都是接受列车制动管减压量的控制而实施。(　　)

177. DK-1 型电空制动机中设置了电动放风阀和紧急阀，是用来迅速排放列车制动管压力，提高空气波速和紧急波速，实现全列车的紧急制动。(　　)

178. 当机车发生断钩分离时制动机紧急阀先动作，然后使电动放风阀动作。(　　)

179. SS_{4B} 型电力机车紧急放风阀电联锁 95SA 故障时，可断开钮子开关 466QS 来切除。(　　)

180. 电空制动控制器在运转位，塞门 115 关闭，会造成均衡风缸充风正常，列车制动管不充风。(　　)

181. DK-1 型电空制动机紧急阀阀口关不严漏泄，可关闭塞门 118。(　　)

182. DK-1 型制动机重联电空阀 259YV 上阀口不严会造成均衡风缸与列车制动管窜通。(　　)

183. 转换阀 153 密封垫堵塞会造成均衡风缸和列车制动管充风缓慢。(　　)

184. DK-1 型电空制动机紧急阀故障会造成紧急制动时列车制动管不排风。(　　)

185. SS_{4B} 型电力机车一节车电动放风阀故障，机车还能产生紧急制动作用。(　　)

186. DK-1 型电空制动机制动后中立位制动电空阀下阀口不严，会造成均衡风缸泄漏。(　　)

187. SS_{4B} 型机车紧急制动性能试验时，机车具有级位时，应自动断开主断路器，无级位时不应断开主断路器。(　　)

188. DK-1 型电空制动机制动后中立位，均衡风缸和列车制动管自行减压的根本原因是列车制动管泄漏。(　　)

189. 机车辅助风缸起着压缩空气贮存和冷却作用。(　　)

190. DK-1 型电空制动机电空制动控制器手柄制动位，压力开关 208 或 209 的膜板破损会造成列车管不减压。(　　)

191. DK-1 型电空制动机造成制动电空阀排风口不排风的可能因素有制动电空阀因故卡在吸合位。(　　)

192. DK-1 型电空制动机造成制动电空阀排风口不排风的可能因素有制动电空阀制动位时因故没有得电。(　　)

193. 电空制动控制器手柄紧急制动位后回运转位，紧急阀电联锁故障会造成列车制动管与均衡风缸均不充风 (　　)

194. SS_{4B} 型电力机车的风源系统可分为主压缩空气的生产、压力控制、存储，净化处理和总风的重联 5 个环节。(　　)

195. BT-3.0/10A 型螺杆压缩机组电机通过柔性联轴器与主机直联，从而带动主机定向旋转。(　　)

196. BT-3.0/10A 型螺杆压缩机组将电机和主机刚性地连接在一起，构成螺杆空压机主体结构，这种结构能简化装配程序，保证电机轴与主机轴的同轴度。(　　)

197. BT-3.0/10A 型螺杆压缩机的运动机构主要是由蜗轮蜗杆转子和转轴组成。(　　)

198. 压缩机与底架之间装有橡胶减震器，以消除主空气压缩机组高速运转引起的震动对机车的影响。(　　)

199. BT-3.0/10A 型螺杆压缩机阴阳转子在吸气终了时，两转子齿峰会与机壳封闭，此时空气在齿沟内封闭不再外流，即为封闭过程。(　　)

200. BT-3.0/10A 型螺杆压缩机润滑油的用量是 6.0 L。(　　)

201. DK-1 型电空制动机电动放风阀阀口关不严漏泄，可关闭塞门 116。(　　)

202. BT-3.0/10A 型螺杆压缩机润滑油油耗量是 0.5 g/h。(　　)

203. BT-3.0/10A 型螺杆压缩机冷却系统风机蜗壳与电机、主机相连构成刚性主体，风机叶轮紧固在联轴节上。(　　)

204. BT-3.0/10A 型螺杆压缩机换油时将空压机运转，使油温上升，然后停机，以利排油。(　　)

205. BT-3.0/10A 型螺杆压缩机换油时无须同时更换油细分离器，无论其是否达正常更换时间。(　　)

206. 螺杆空压机应有足够大的安装空间，通风良好，一方面便于必要的维护，另一方面使吸气温度控制在设计范围内。(　　)

207. YWK-50-C 型压力控制器机车上设定范围 750 ~ 900 kPa。(　　)

208. YWK-50-C 型压力控制器是根据被控压缩空气的压力上升或下降，使触头闭合或断开而达到压缩空气压力控制的目的。(　　)

209. DK-1 型机车电空制动机紧急阀紧急室的容积为 1.75 L。(　　)

210. 压力控制器调整压力范围时，应先调下限设定值后再调上限设定值。(　　)

211. DK-1 型电空制动机 109 型分配阀在试验台上试验时，容积室压力保压 1 min 压力变化不大于 10 kPa。(　　)

212. YWK-50-C 型压力控制器根据压力控制器的使用情况，进行定期校对调整。(　　)

213. 神华交流电力机车 DK-2 型电空制动机电空位操作时，自动制动控制器紧急位，单制高速电空阀 262YV 得电，BCU 的 PWM 板第 3 点灯亮，当预控风缸压力充至规定的压力时灯灭。(　　)

214. 逆流止回阀与止回阀的区别是止回阀的盖为四方体。(　　)

215. 机车断钩分离时，逆流止回阀保证了机车制动机所需的压力空气。(　　)

216. DK-1 型电空制动机电空制动控制器手柄制动位，缓解电空阀失电会造成均衡风缸不减压。(　　)

217. 使用过程中应定期检查高压安全阀的整定值，如不符合要求要及时调整。(　　)

218. 为确保制动机及其他风动装置工作安全，应定期开放总风缸排水阀，排出风缸内积水和尘埃。(　　)

219. 为保证压力空气的充分供应，机车上必须配备容量足够大的总风缸。(　　)

220. DK-1 型电空制动机 109 型分配阀容积室的容积为 1.8 L。(　　)

221. SS_{4B} 型机车在正常运行时，风源系统塞门 113 应处于开放状态。(　　)

222. SS_{4B} 型机车在正常运行时，风源系统塞门 112 应处于开放状态。(　　)

223. SS_{4B} 型机车在正常运行时，风源系统塞门 110 应处于关闭状态。(　　)

224. 机车入库后可以关闭 113 塞门，保存总风缸内的压缩空气。(　　)

225. DK-1 型电空制动机 109 型分配阀在制动位与紧急制动位时分配阀的紧急增压阀所处的位置相同。(　　)

226. 空气管路中的压缩空气可以近似地认为是理想气体，因此在状态变化过程中可以运用气态方程。（　　）

227. 压缩空气管路系统中聚集的水分，不仅对管路有锈蚀影响，而且对气动电气的性能也会有影响。（　　）

228. 不论是客运还是货运或者其他用途的车，管路系统不会有很大的差异，只有局部的增减或调整，以满足不同性能的要求。（　　）

229. SS_{4B} 机车使用 JZ7 型重联阀（　　）

230. 重联机车人与高压的隔离是靠安装在门联锁阀 38 后的风压继电器 515KF 控制来实现的。（　　）

231. 非操纵节机车的人与高压区隔离受本务机车的控制。（　　）

232. 控制主断的管路是总风经过 108 止回阀、145 塞门、分水滤气器再到主断来实现的。（　　）

233. 控制管路系统中 106 止回阀作用是正常运行时截止压缩空气向 105 辅助风缸充风。（　　）

234. 库内使用辅压机打风升弓时应关闭膜板塞门 97。（　　）

235. 库停后控制风缸的供风通路中 106 止回阀是处于开放状态的。（　　）

236. 辅助压缩机组供风到可以升弓合闸作业时，应立即启动压缩机组打风，总风缸压力达到 450 kPa 后，停止辅助压缩机运转。（　　）

237. 在机车停放前，应将控制风缸内的压缩空气充至大于 900 kPa，然后关闭膜板塞门。（　　）

238. 使用按钮对辅助压缩机组操作时要注意观察，防止其中一节机车辅助风缸压力超高。（　　）

239. 撒砂器、风喇叭、刮雨器均属于辅助装置。（　　）

240. 机车辅助装置前均设有塞门，便于相关配件故障时切除或检修。（　　）

241. 空转即将开始前撒砂和空转发生后撒砂效果是不一样的。（　　）

242. 内燃、电力机车发生空转时，由于其牵引电动机高速旋转，会造成电机损伤，甚至造成电机“扫膛”。（　　）

243. 撒砂装置电空阀并联使用目的是为了增加撒砂风量。（　　）

244. 机车撒砂装置中使 812 导线有电，两位置转换开关辅助联锁 107QPF 或 107QPBW 最后到达导线 810 或 820，使得撒砂电空阀得电。（　　）

245. 高音喇叭为短筒，低音喇叭为长筒。（　　）

246. 要使 DK-1 型制动机可靠地产生制动作用，除了要有一定的列车制动管减压量外，还需要一定的减压速度，两者缺一不可。（　　）

247. 常用制动时不发生紧急制动作用的性能，称为制动机的安定性。(　　)

248. 压力表为测量仪表，在机车上主要作为制动机作用性能的显示，更应定期校验，现规定机车用压力表为每 3 个月为鉴定周期。(　　)

249. DK-1 性制动机压力传感器采用直接固定平圆膜片作为弹性变形元件，在压力作用下膜片产生变形。(　　)

250. 折角塞门一端与机车管路连接，另一端与连接软管相接。(　　)

251. 运用机车车辆的制动软管，应每隔 6 个月进行 1 次试验，并按规定在软管中部涂打试验标记。(　　)

252. 平均管连接软管风压试验时，应通入 600 kPa 的压力空气，保持 5 min 无泄漏，表面或边缘发生的气泡在 5 min 内消失者允许使用。(　　)

253. 新装软管或每经使用 3 个月后的软管，均应进行压力试验。(　　)

254. 机车空气管路呈立体状布置在车体、转向架内外，规格多、形状复杂且受空间的限制，在管路连接上必须采用多类型的管接头，才能满足不同管路连接的需要。(　　)

255. 受电弓升起后，保护电空阀 287YV 将保持得电，门联锁阀内的压缩空气不能排出，高压室及变压器室各门均不能打开。(　　)

256. 门联锁阀卡滞的主要原因是润滑不良或组装不当。(　　)

257. 管道滤尘器用来过滤压力空气中的灰尘等杂质，防止其进入制动部件中，而影响正常工作。(　　)

258. DK-1 型制动机中立电空阀得电时，总风遮断阀管向大气排风，遮断阀套左侧压力降低，使其产生向左的作用力之差，并带动遮断阀套及遮断阀左移而开启遮断阀口，连通总风通往供气室的通路。(　　)

259. 总风遮断阀阀座左侧空间与总风遮断阀管连通。(　　)

260. 主阀部、均衡部和紧急增压阀为 109 型分配阀的主要气动部分，且三者共用一个阀体，成为相互独立的组合体。(　　)

261. 109 型分配阀的阀座内设一个容积室，也是分配阀和安全阀的安装基座。(　　)

262. DK-1 型电空制动机在电空位下，空气制动阀可以单独控制均衡风缸的压力变化，从而控制机车分配阀均衡部的动作，实现机车的单独制动与缓解。(　　)

263. 109 型分配阀稳定装置是使主活塞具有一定的稳定性，以防止列车在运行中因作用管轻微漏泄或压力波动而引起意外自然制动。(　　)

264. DK-1 型电空制动机电空位操作，小闸处于运转位，大闸在紧急位，均衡风缸压力经制动电空阀排大气。(　　)

265. 109 型分配阀稳定装置是加强制动机在缓解状态时的稳定性，防止意外自然制动发生。(　　)

266. 109 型分配阀滑阀缓解联络沟槽 dl 用于缓解状态时容积室经排气孔 d2 向大气排风。(　　)

267. DK-1 型电空制动机紧急制动，分配阀主阀部上盖的缩堵 I 堵塞，会造成机车制动缸压力增长缓慢。(　　)

268. 109 型分配阀主阀部的局减、制动及制动后保压 3 个状态的动作是连续的，因此，可以将其合为一个工作状态称为常用制动状态。(　　)

269. 109 型分配阀均衡部在制动状态时，连通总风向机车制动缸充风的气路，实现机车的制动。(　　)

270. 109 型分配阀容积室压力降低时，均衡活塞产生向下的作用力之差，并带动空心阀杆下移使其脱离与供气阀的接触，从而开启排气阀口，连通机车制动缸向大气的排风气路。(　　)

271. 109 型分配阀机车制动缸压力下降到与容积室压力平衡时，停止机车制动缸的排风，而呈保压状态。(　　)

272. 109 型分配阀呈制动后保压状态时，均衡部在供气阀弹簧及供气阀导向杆上侧压力空气的作用下，关闭供气阀口，但由于均衡活塞下侧的压力空气作用面积大于其上侧的而维持一定量的向上作用力之差，所以不能开启排气阀口，从而停止机车制动缸的充风。(　　)

273. 109 型分配阀容积室的作用是为机车制动管的压力变化提供一个标准参量。(　　)

274. 109 型分配阀紧急增压阀下侧及内侧与容积室连通。(　　)

275. 109 型分配阀紧急增压阀上侧与总风连通。(　　)

276. 109 型分配阀紧急增压阀的工作过程包括紧急制动状态和非紧急制动状态。(　　)

277. 109 型分配阀在紧急制动状态下，增压阀上移至上端，连通总风向容积室充风的通路。(　　)

278. DK-1 型电空制动机转换阀 154 置客车位连通两个初制风缸之间的气路。(　　)

279. 109 型分配阀安全阀在机车无动力回送时最高压力调整为 200 kPa。(　　)

280. 109 型分配阀安全阀安装在分配阀阀座上与容积室连通。(　　)

281. 空气制动阀在空气位下，可以控制全列车的制动、缓解、与保压。(　　)

282. 空气制动阀电空位，手柄置于缓解位时，作用柱塞阀连通 b 管与大气的通路，实现机车的单独缓解。(　　)

283. 空气制动阀电空位，手柄置于缓解位时，微动开关 3SA2 闭合电路 809—818。(　　)

284. 空气制动阀电空位，手柄置于制动位时，作用柱塞阀连通 a 管与大气、调压阀管与 b 管的通路。(　　)

285. 空气制动阀电空位，手柄置于制动位时，定位凸轮有一个升程，使得凸轮与右侧对应微动开关接触，微动开关常闭联锁断开，切断了外接电路。(　　)

286. DK-1 型电空制动机不同的列车制动管定压所需的列车制动管最小减压量相同。(　　)

287. 电空位操作时，空气制动阀手柄置于运转位，接通了微动开关 3SA2 电路 809-818，使排 1 电空阀得电，实现机车的缓解作用。(　　)

288. 电空位操作时，空气制动阀手柄置于中立位，作用凸轮较制动位时有一个较小的升程，作用柱塞左移至中间位，切断所有的气路。(　　)

289. 下压空气制动阀手柄时，顶开单缓阀口，从而连通作用管至单缓阀口到大气的通路，实现机车的单独缓解。(　　)

290. DK-1 型制动机空气制动阀在空气位时，转换柱塞凹槽连通均衡风缸与 b 管的气路。(　　)

291. 空气制动阀电空转换扳钮置于空气位时，微动开关 3SA1 动作，闭合电路 899-800，断开电路 899-801，从而切断电空制动控制器电源电路。(　　)

292. DK-1 型电空制动机重联电空阀的代号是 258YV。(　　)

293. 空气位操作时，空气制动阀手柄置缓解位，作用柱塞阀连通调压阀管与 a 管、b 管与大气的气路。(　　)

294. 空气位操作时，空气制动阀手柄置缓解位，开通了均衡风缸管的充风气路，经中继阀动作使列车制动管充风，最终实现车辆缓解而机车保压。(　　)

295. 空气位操作时，空气制动阀手柄置制动位，开放了均衡风缸与大气的通路，均衡风缸排气减压速度受排气缩堵的限制。(　　)

296. DK-1 型电空制动机电空制动控制器过充位，过充柱塞犯卡不会造成无过充作用或过充量不足。(　　)

297. 空气位，空气制动阀中立位与运转位的作用相同。(　　)

298. 空气位操作时，空气制动阀手柄置中立位或运转位时，作用柱塞阀切断所有气路。(　　)

299. 电动放风阀是用来接受 94YV 得电或失电的控制，经其动作后，连通或关断列车制动管的放风气路，从而控制紧急制动的实施。(　　)

300. 电动放风阀铜碗及膜板下侧空间与紧急电空阀 94YV 连通。(　　)

301. 紧急电空阀 94YV 得电时，连通总风管经电动放风阀铜碗及膜板下侧空间充风的气路，使橡胶膜板、铜碗推动芯杆上移而压缩放风阀弹簧，顶开放风阀口，实现列车制动管的快速排风作用。(　　)

302. DK-1 型电控制动机紧急电空阀得电时，切断列车制动管的放风气路。(　　)

303. 紧急阀活塞杆缩Ⅲ是紧急制动时，控制紧急室向大气排风速度的。(　　)

304. 紧急阀活塞膜板下侧及放风阀弹簧侧的空间与列车制动管连通。(　　)

305. DK-1 型制动机紧急阀在充气缓解状态时，微动开关 95SA 处于闭合状态。(　　)

306. 紧急制动时，紧急室压力空气经缩孔向大气排风，当紧急室压力降到某一压力值时，在弹簧反力作用下，使活塞膜板重新上移至上端并且放风阀、顶杆也一起上移，关闭放风阀口。(　　)

307. 紧急制动时，紧急阀微动开关 95SA 动作，使电路 838-839 闭合。(　　)

308. 列车制动管压力停止下降，处于保压位时，紧急室压力空气逆流到与列车制动管压力相等时，停止逆流，紧急活塞在安定弹簧作用下又恢复到极上端位置。(　　)

309. 电空制动控制器是制动机的操作控制部件，可以控制全列车的制动、缓解和保压。(　　)

310. DK-1 型机车制动机换端操纵时应将电空制动控制器置运转位。(　　)

311. TKS22 型电空制动控制器额定电流是 5A。(　　)

312. DK-1 型电空制动机除采用传统的 TFK1B 型电空阀外，为满足系统的性能也装用 TFK 型电空阀，称为两通电空阀。(　　)

313. TFK1B 型电空阀与 TFK 型电空阀电磁机构完全相同。(　　)

314. DK-1 型电空制动机排风 1 电空阀的代号是 256YV。(　　)

315. TFK1B 型电空阀的气阀机构中气室通向控制对象，称为输出口。(　　)

316. TFK1B 型电空阀的气阀机构被上、下阀口分成 2 个气室，且各气室分别与外部连通。(　　)

317. 实施紧急制动时，使撒砂电空阀得电以实现人工干预撒砂，防止机车车轮在制动时滑行。(　　)

318. DK-1 型机车电空制动机紧急阀活塞杆缩孔 Ⅱ 的孔径为 1.8 mm。(　　)

319. 操纵电空制动控制器使中立电空阀得电时，连通总风向总风遮断阀管充风的气路，以关闭总风遮断阀口，切断列车制动管供气风源。(　　)

320. 操纵电空制动控制器使中立电空阀失电时，开通列车制动管的供气风源。(　　)

321. DK-1 型电空制动机排风 1 电空阀得电时，关闭作用管的排风气路。(　　)

322. 总风管连接软管风压试验时，应通入 600 kPa 的压力空气，保持 5 min 无泄漏，表面或边缘发生的气泡在 5 min 内消失者允许使用。(　　)

323. DK-1 型电空制动机过充电空阀的代号是 254YV。(　　)

324. 重联阀不仅可以使同型号机车制动机重联，还可以使不同类型机车重联使用，以便实现多机牵引。(　　)

325. DK-1 型电空制动机排风 2 电空阀得电时，加快过充风缸的排风。(　　)

326. DK-1 型电空制动机 257YV 电空阀得电时，连通初制风缸和缓解电空阀排气口向大气排风的气路。(　　)

327. 只有当制动电空阀和缓解电空阀同时失电时，才能连通均衡风缸向大气排风的气路。(　　)

328. SS_{4B}型机车电空制动机操作单独制动控制器可对机车进行单独制动与缓解。(　　)

329. DK-1 型电空制动机缓解电空阀的代号是 254YV。(　　)

330. DK-1 型电空制动机紧急电空阀得电时，连通电动放风阀铜碗及膜板下侧向大气排风的气路，以控制电动放风阀切断列车制动管的放风气路。(　　)

331. 机车段修时，外观检查电空阀电压抑制器上电阻、压敏电阻和二极管焊接牢固，无过执变色、放电痕迹。(　　)

332. 重联机车制动机动作时不影响本务机车与其他重联机车以及车辆制动机的制动和缓解。(　　)

333. DK-1 型电空制动机电空制动控制器过充位，均衡风缸和列车制动管追总风压力的原因是重联电空阀上阀口泄漏。(　　)

334. 重联阀制动缸遮断阀部主要由制动缸遮断阀活塞、活塞杆、遮断阀弹簧、遮断阀套、O 形圈及止回阀、止回阀弹簧等组成。(　　)

335. 重联阀置于本机位时，连通制动缸管与平均管之间的气路，为实现重联机车制动缸压力变化与本务机车制动缸压力变化协调一致做准备。(　　)

336. 重联阀置于补机位时，连通作用管与平均管之间的气路。(　　)

337. DK-1 型电空制动机紧急制动后，单独缓解时制动缸压力缓解不到 0 的原因是分配阀工作风缸的补风速度大于排风速度。(　　)

338. 机车间发生断钩分离时，本务机车重联阀遮断制动缸管，防止制动缸压力空气经重联阀部止回阀、平均管向大气排风，从而保证了本务机车的安全。(　　)

339. DK-1 型电空制动机检查电空阀的代号是 252YV。(　　)

340. SS_{4B}型电力机车在防寒期时，52 调压阀整定值应调整为 520 kPa。(　　)

341. SS_{4B}型电力机车 55 调压阀整定值应调整为 500 kPa 或 600 kPa。(　　)

342. 调压阀是为满足不同气路整定压力并保证稳定的供给而设置的。(　　)

343. 调压阀在溢流状态时，中央气室压力与调整弹簧整定压力相等，溢流阀口关闭，停止溢流。(　　)

344. 调压阀整定值是通过手轮旋转来给定，逆时针旋转为降低，反之为增高。(　　)

345. 压力开关 208 的芯杆直径与压力开关 209 的芯杆直径一样大。(　　)

346. 均衡风缸充风至定压时，膜板带动心杆下移，释放微动开关，以控制相应的电路。(　　)

347. DK-1 型机车电空制动机双阀口式中继阀供风阀弹簧的自由高度为 38 mm。(　　)

348. 均衡风缸减压至压力开关整定值时，压力开关膜板带动心杆上移并与微动开关的接触，以控制相应电路。(　　)

349. 转换阀是一个手动操纵阀，若需转换位置，须先将转换按钮向里推，然后再转动 180° 到所需的位置后松开。(　　)

350. DK-1 型电空制动机分配阀缓解塞门半开，会使电空制动控制器制动后中立位制动缸不保压。(　　)

351. 转换阀 154 置于客车位时，切断两个初制风缸之间的气路。(　　)

352. 转换阀 153 置于空气位时，切断均衡风缸与制动屏均衡风缸之间的气路。(　　)

353. 列车制动管定压为 600 kPa 时，转换阀 154 应置于客车位。(　　)

354. 过充位、运转位、制动前的中立位，双阀口式中继阀排风口排风不止的原因，是中继阀排风阀阀口损坏，排风阀弹簧损坏，使排风阀关闭不严造成的。(　　)

355. 空气管路系统的布置必须兼顾车体结构、布线方案等机车其他系统，在总体布置许可条件下择优布置。(　　)

356. 空气管路的布置应兼顾美观与简统化的要求。(　　)

357. 工伤人员在享有工伤社会保险后，可再向本单位提出赔偿要求。(　　)

358. 滤尘止回阀用来控制无动力机车总风压力只能由列车制动管充风，而不能向列车制动管逆流。(　　)

359. 机车无动力装置的止回阀弹簧的整定值为 140 kPa，所以，当列车制动管定压为 600 kPa 时，充入无动力机车总风缸的最大压力为 460 kPa。(　　)

360. SS_{4B} 型机车紧急制动性能试验时，机车自动撒砂。(　　)

361. DK-1 型电控制动机将电空制动控制器手柄由紧急位移至运转位，列车制动管压力由零升至 580 kPa 的时间不大于 9 s。(　　)

362. 电空制动控制器手柄由运转位移至制动位，使列车制动管减压 40 ~ 60 kPa 后置于中立位保压，列车制动管泄漏量应每分钟不大于 10 kPa。(　　)

363. DK-1 型电空制动机将电空制动控制器手柄置于制动位，列车制动管应获得最大减压量，待压力稳定后，制动缸压力变化每分钟应不大于 5 kPa。(　　)

364. SS_{4B} 型机车将电空制动控制器手柄由制动位移至过充位（小闸仍处运转位），制动缸压力应不缓解。(　　)

365. DK-1 型电空制动机列车制动管定压为 600 kPa 时，均衡风缸减压 170 kPa 的时间为 5 ~ 7 s。(　　)

366. DK-1 型电空制动机电空制动控制器在运转位，将空气制动阀手柄在制动位与中立位间移动，阶段缓解作用应稳定正常。(　　)

367. 重联机车制动机制动与缓解与本务机车制动机应协调一致。(　　)

368. DK-1 型电空制动机空气位单独缓解性能试验，下压空气制动阀手柄，制动缸压力应能缓解，停止下压手柄，制动缸压力仍能下降。(　　)

369. DK-1 型电空制动机空气位性能试验，将空气制动阀手柄由制动位与运转位间移动，阶段制动作用应稳定。(　　)

370. SS_{4B}型机车电空联锁性能检查，列车制动管应减压（45±5）kPa，且制动缸升压，延时20～28 s，列车制动管应自动恢复定压，且制动缸压力自动缓解。(　　)

371. SS_{4B}型机车无火回送性能试验前应将制动机调整到无火回送状态，并将电空制动控制器置于重联位，空气制动阀手柄置于运转位。(　　)

372. SS_{4B}型机车电空制动机单机自检过程中，可以通过移动电空制动控制器、单独制动控制器手柄来停止制动机单机自检。(　　)

373. SS_{4B}型机车DK-2型电空制动机自检过程中，某一个关键数据超出规定范围，并已经影响到制动机的安全应用，此时司机室的制动机状态指示灯将慢闪，自检将自动停止运行。(　　)

374. SS_{4B}型机车电空制动机故障代码F【03】，表示电空制动控制器、单独制动控制器均在运转位，闸缸的压力值大于0 kPa。(　　)

375. SS_{4B}型机车DK-2型电空制动机故障代码C【13】，表示电空制动控制器运转位、单独制动控制器制动位，4 s后制动缸压力值小于280 kPa。(　　)

376. SS_{4B}型机车电空制动机故障代码E【15】,表示均衡风缸的泄漏量每分钟大于10 kPa。(　　)

377. SS_{4B}型机车电空制动机单制调压阀304应调整为300 kPa。(　　)

378. SS_{4B}型机车电空制动机单独缓解性能试验时，制动缸压力由300 kPa下降至40 kPa的时间不大于5 s。(　　)

379. SS_{4B}型机车电空制动机高速电磁阀,是采集列车制动管风压值供制动控制单元BCU分析处理。(　　)

380. 制动控制单元BCU的PWM板面板上编号为A01～A04的指示灯（绿色灯）代表4路DC24V的PWM1～PWM4输出，灯亮表示有对应的DC12V的PWM输出。(　　)

381. 制动控制单元BCU的PWM板面板上编号为S1～S8的指示灯（绿色灯）中的S1～S4指示灯代表电源板的4个钮子开关的位置，灯亮表示开关打到下方。(　　)

382. 制动控制单元BCU的输出板面板上编号为A01～A08的指示灯（绿色灯）代表8路DC24V的输出信号，灯亮表示有DC24V开关量信号输出。(　　)

383. DK-2制动控制单元BCU的模拟板用于高速电控阀和流量计的电流模拟信号的采集与处理。(　　)

384. 神华号交流机车型电空制动机列车制动管控制模块主要是控制列车制动管的初充风和再充风、常用制动排风和紧急制动排风、列车制动管前后遮断功能。(　　)

385. 神华号交流机车电空制动机均衡风缸控制模块的保护电空阀可以确保系统故障或失电时均衡风缸的自动减压排风。(　　)

386. DK-2制动控制单元BCU采用高速电空阀、压力传感器以及PWM脉宽调制方式实现对风压精确控制的EP开环模拟控制模式。(　　)

387. 神华号交流机车 DK-2 型电空制动机切换电空阀是控制预控风缸的充风作用。(　　)

388. 神华号交流机车电空制动机制动缸控制模块上的切换阀是接受切换电空阀控制，控制电子分配阀和空气分配阀的切换。(　　)

389. 神华号交流机车停放制动双脉冲电磁阀，按压右侧红色按钮实施停放制动，按压左侧绿色按钮实施停放制动缓解。(　　)

390. 神华号交流机车停放制动模块的停放制动压力开关是防止停放制动力和机车制动缸制动力叠加。(　　)

391. DK-1 型电空制动机常用制动排风速度过快引起电动放风阀动作，而造成紧急制动。(　　)

392. 均衡风缸充风至定压时，压力开关膜板带动心杆上移，压缩微动开关，从而控制相应的电路。(　　)

393. DK-1 型电空制动机均衡风缸排风过快，不会引起紧急制动。(　　)

394. DK-1 型电空制动机制动缸与列车制动管减压量比例是依靠作用管的容积与分配阀容积室的容积比来设定的。(　　)

395. SS_{4B} 型电力机车操纵节重联阀错置补机位，会造成制动缸压力比不符合要求。(　　)

396. 总风遮断阀溢风孔排风不止的原因是因为遮断阀 O 形圈损坏，使总风泄漏造成的。(　　)

397. DK-1 型电空制动机制动后移中立位，缓解电空阀上阀口不严会造成均衡风缸有较大回风。(　　)

398. DK-1 型电空制动机制动后移中立位，重联电空阀误得电不会造成均衡风缸有较大回风。(　　)

399. 压力开关芯杆窜风将影响压力开关正常工作。(　　)

400. 压力开关阀杆弯曲变形会引起压力开关不能正常工作。(　　)

401. DK-1 型电空制动机制动后“中立位”均衡风缸和列车制动管保压状态良好，分配阀 156 塞门开放会造成制动缸压力自动下降。(　　)

402. 调压阀出风口侧压力总是随调整弹簧整定压力的变化而变化，因此，改变调整弹簧的整定压力，即可达到调整其输出压力的目的。(　　)

403. DK-1 型电空制动机排风 1 电空阀上阀口不严密会造成作用管泄漏。(　　)

404. DK-1 型电空制动机过充压力消除是通过排风 2 电空阀来消除的。(　　)

405. 电空制动机过充压力消除的时间为 120 ~ 180 s。(　　)

406. DK-1 型电空制动机电空制动控制器过充位，过充风缸排水阀丢失不会造成无过充作用或过充量不足。(　　)

407. 调整压力控制器调节杆与差动旋钮，控制空气压缩机组的起动和停机，就能控制总风缸内压力空气的压力，使其保持在规定的范围内。(　　)

408. 中继阀阀盖过充部下方的呼吸孔，如果排风不止时，为过充柱塞的小端 O 形密封圈损坏。(　　)

409. DK-1 型电空制动机紧急制动，列车制动管压力下降缓慢，说明有总风压力继续向均衡风缸供风。(　　)

410. DK-1 型电空制动机紧急制动，中继阀故障会使列车制动管压力下降缓慢。(　　)

411. 电空制动机紧急制动，119 塞门处于半开状态会造成机车制动缸压力增长缓慢。(　　)

412. 转换阀阀套轴向方向两个位置上开径向通孔，上孔与阀体的出气口相通，下孔与阀体的进气口相通。(　　)

413. DK-1 型电空制动机紧急制动，分配阀缓解塞门 156 打开会造成机车制动缸压力增长缓慢。(　　)

414. DK-1 型电空制动机紧急制动后，单独缓解时，空气制动阀的排风阀开度过小，不会使制动缸压力缓解不到 0。(　　)

415. 调压阀进风口输入压力空气后，当出风口侧或中央气室压力与调整弹簧整定压力相等时，进气阀口关闭，即出风口侧压力不再升高。(　　)

416. 压力开关 208 是为自动控制列车制动管的最大减压量而设备，其动作压差值为 190 ~ 230 kPa。(　　)

417. DK-1 型电空制动机分配阀供给塞门 123 处半开放状态，会造成制动缸缓解缓慢。(　　)

418. 电空制动机制动缸塞门 119 处半开放状态，会造成制动缸充风、缓解缓慢。(　　)

419. DK-1 型电空制动机空气制动阀塞门 127 处半开放状态，会造成制动缸缓解缓慢。(　　)

420. 电空制动机空气制动阀电空转换扳钮未搬到位，会造成制动缸压力由 0 升至 280 kPa 的时间大于 4 s (　　)

421. 电空制动机空气位，空气制动阀在缓解位，中立电空阀故障会造成均衡风缸充风正常，列车制动管不充风。(　　)

422. DK-1 型电空制动机空气位，空气制动阀在缓解位，均衡风缸充风正常，列车制动管不充风，是由于列车制动管塞门 116 关闭。(　　)

423. 电空制动机空气位操作，列车制动管定压为 500 kPa，均衡风缸由 500 kPa 减至 360 kPa 的时间为 5 ~ 7 s。(　　)

424. 电空制动机空气位操纵，空气制动阀手柄置制动位，空气制动阀排风口上缩堵脱落会造成紧急阀排风。(　　)

425. DK-1 型电空制动机空气位操纵，空气制动阀手柄置制动位，空气制动阀排风口上缩堵孔径过小会造成紧急阀排风。（　　）

426. SS_{4B} 型电力机车单机试验正常，而挂车后仅列车制动管充风缓慢，可能是尾部车辆列车制动管折角塞门开放引起的。（　　）

427. DK-1 型电空制动机 109 型分配阀安全阀座的缩堵Ⅳ孔径为 1.2 mm。（　　）

428. SS_{4B} 型电力机车单机试验正常，而挂车后大闸制动位或中立位起非常，可能是由于列车充风未满引起的。（　　）

429. SS_{4B} 型电力机车单机试验正常，而挂车后大闸制动位或中立位起非常，可能是由于个别车辆制动机紧急灵敏度过高引起的。（　　）

430. DK-1 型制动机非操纵节机车中继阀 104 排风不止，可能是由于操作节机车重联电空阀故障引起的。（　　）

431. SS_{4B} 型电力机车非操纵节机车中继阀 104 排风不止，可能是由于非操作节机车中继阀排气阀泄漏引起的。（　　）

432. DK-1 型电空制动机，制动缸上闸后重联阀阀体排气孔排风不止的原因是重联阀重联阀部活塞杆上 O 形圈破损漏风。（　　）

433. 电空制动机重联阀 93 内转换阀上部或按钮处漏风的原因是重联阀 93 内转换阀柱塞上 O 形圈破损漏风。（　　）

434. DK-1 型电空制动机电空位操作，小闸处于运转位，大闸在运转位，作用管压力经排风 2 电空阀排大气。（　　）

435. 电空制动机 109 型分配阀的初制动位是制动位的过渡位。（　　）

436. DK-1 型电空制动机 109 型分配阀的初制动位机车产生制动作用。（　　）

437. 电空制动机 109 型分配阀的初制动位连通了容积室排大气的通路。（　　）

438. DK-1 型电空制动机 109 型分配阀在制动位与紧急制动位时的动作状态是一样的。（　　）

439. DK-1 型机车电空制动机遮断阀活塞弹簧的自由高度是 60 mm。（　　）

440. SS_{4B} 型电力机车 DK-2 型电空制动机电空位操作时，电空制动控制器手柄运转位，电小闸手柄制动位，制动缸压力高于 300 kPa 的原因是调压阀 53 整定值不符合要求。（　　）

441. 电空制动机 109 型分配阀在制动位与紧急制动位时分配阀的紧急增压阀所处的位置不相同。（　　）

442. 遮断阀弹簧的自由高度是 38 mm。（　　）

443. 机车间发生断钩分离时，重联机车重联阀自动转换到本机位，将原沟通的平均管与作用管的通路切断。（　　）

444. DK-1 型机车电空制动机双阀口式中继阀排风阀弹簧的自由高度为 36 mm。（　　）

445. 中继阀阀体缩堵的孔径为 1.0 mm。（　　）

446. DK-1 型机车电空制动机紧急阀放风阀弹簧的自由高度为 50 mm。(　　)

447. 紧急阀稳定弹簧的自由高度为 50 mm。(　　)

448. DK-1 型机车电空制动机紧急阀紧急室的容积为 1.85 L。(　　)

449. 紧急阀活塞杆缩孔Ⅱ的孔径为 0.5 mm。(　　)

450. DK-1 型机车电空制动机紧急阀活塞杆缩孔Ⅱ是用以在紧急制动后控制紧急室压力空气向列车制动管逆流的速度。(　　)

451. DK-1 型机车电空制动机电动放风阀放风阀弹簧的自由高度为 63mm。(　　)

452. 制动缸充风后将制动缸活塞推出使闸瓦压紧车轮的过程中，需要克服制动缸弹簧对活塞的背压及相关的摩擦阻力。(　　)

453. DK-1 型机车电空制动机根据分配阀的构造和实际试验，确定列车制动管减压 50kPa 以上就能克服摩擦阻抗。(　　)

454. 空电联合制动过程中，司机根据运行要求可以随时人工干预空气制动，对列车制动管追加减压或充风缓解。(　　)

455. 在机车加馈电阻制动故障后，空电联合制动装置将自动实行列车制动管减压。(　　)

456. SS_{4B} 型电力机车设置初制动风缸不仅有利于小减压量时后部车辆制动机的出闸，而且大大缓和了压力回升现象。(　　)

457. DK-1 型电空制动机设置了 1 个初制动风缸。(　　)

458. SS_{4B} 型电力机车电空制动机不同的列车制动管定压所需的列车制动管最小减压量不同。(　　)

459. DK-1 型电空制动机初制风缸的选择与列车制动管的最小减压量无关。(　　)

460. DK-1 型电空制动机初制风缸的选择与均衡风缸的容积无关。(　　)

461. SS_{4B} 型电力机车电空制动机电空位操作时，电空制动控制器在运转位，中继阀膜板破损会造成均衡风缸及列车制动管压力上升缓慢。(　　)

462. SS_{4B} 型电力机车 DK-2 型电空制动机，制动高速电空阀失电时，使均衡风缸压力排大气。(　　)

463. SS_{4B} 型电力机车电空制动机电空位操作时，电空制动控制器手柄运转位，电小闸手柄制动位，机车制动缸压力不起的原因是塞门 303 关闭。(　　)

464. 神华交流电力机车 DK-2 型电空制动机，导线 805 得电时，BCU 的输入板第 9 点灯亮。(　　)

465. 神华交流电力机车 DK-2 型电空制动机，缓解电空阀得电时，BCU 的 PWM 板第 1 点灯常亮。(　　)

466. 神华交流电力机车电空制动机，自动制动控制器制动位，制动电空阀 257YV 得电，BCU 的 PWM 板第 3 点灯亮，当列车制动管压力完成规定的减压量后灯灭。(　　)

467. 神华交流电力机车 DK-2 型电空制动机，导线 806 得电时，BCU 的输入板第 10 点灯亮。(　　)

468. 神华交流电力机车电空制动机电空位操作时，自动制动控制器紧急位，单制高速电空阀 260YV 得电，BCU 的 PWM 板第 3 点灯亮，当预控风缸压力充至规定的压力时灯亮。(　　)

469. 神华交流电力机车 DK-2 型电空制动机电空位操作时，自动制动控制器紧急位，重联电空阀 259YV 得电，BCU 输出板第 8 点灯亮。(　　)

470. 神华交流电力机车电空制动机电空位操作时，自动制动控制器运转位，单独制动控制器制动位，导线 815 得电，BCU 输入板第 3 点灯亮。(　　)

471. 神华交流电力机车电空制动机电空位操作时，自动制动控制器运转位，单独制动控制器中立位，为机车单独制动前的准备以及单独制动后保压时所使用的位置。(　　)

472. 神华交流电力机车 DK-2 型电空制动机内重联模式运行时，操纵节制动柜上的重联阀转换按钮置于“本机位”，分配阀缓解塞门 156 置“关闭位”。(　　)

473. 神华交流电力机车 DK-2 型电空制动机外重联模式运行时，两节机车进行以下操作：制动柜重联阀上的转换按钮置“补机位”，分配阀缓解塞门 156 置“打开位”，大闸置“重联”位，小闸置“运转”位，制动锁定后将制动器钥匙手柄取车。(　　)

474. 神华交流电力机车电空制动机启动后，操作自动制动控制器、单独制动控制器，制动机没有反应，可能的原因是制动机未解锁。(　　)

475. 神华交流电力机车 DK-2 型电空制动机解锁成功后，自动制动控制器“运转”位，均衡风缸不充风，可能的原因是塞门 115 处于关闭位。(　　)

476. TFK 型电空阀与 TFK1B 型电空阀的本质区别是排风口是否能集中引出。(　　)

477. TFK 型电空阀可在排气口集中引出，并根据需要接管或加堵，供不同处所使用。(　　)

478. DK-2 型制动机停车制动电空阀输入口接总风管，输出口与弹簧止轮器作用管连通，排气口通大气。(　　)

479. 电控制动机 94YV 得电时，连通总风向电动放风阀铜碗及膜板下侧充风的气路，以控制电动放风阀开放列车制动管的放风气路。(　　)

480. TFK1B 型电空阀的行程是（1.0 ± 0.1）mm。(　　)

481. 重联阀主要由本—补转换阀部、重联阀部和制动缸遮断阀部组成。(　　)

482. 重联阀本—补转换阀部是一个柱塞式空气阀，操纵时直接将转换按钮转动 180° 至所需的作用位置即可。(　　)

483. 重联阀在本机位时，切断总风联管与重联阀活塞下侧之间的气路，而连通重联阀活塞下侧与大气的气路。(　　)

484. DK-1 型机车电空制动机紧急阀活塞杆缩孔 I 的孔径为 1 mm。(　　)

485. 重联阀的重联阀部由重联活塞、活塞杆、重联阀弹簧、阀套、O形圈、遮断阀及止回阀等组成。(　　)

486. 重联阀的重联阀部是根据重联阀活塞上下两侧的作用力之差带动活塞杆上下移动，关闭或顶开止回阀口，实现相应气路的连通和切断。(　　)

487. 重联阀制动缸遮断阀部主要由遮断阀活塞、活塞杆、遮断阀弹簧、遮断阀阀套、O形圈及止回阀、止回阀弹簧等组成。(　　)

488. 调压阀53是设在通往空气制动阀的总风支管上。(　　)

489. DK-1型电控制动机调压阀53设在制动屏柜，用来调整均衡风缸的压力。(　　)

490. 调压阀是为满足空气管路系统内不同气路整定压力并保证稳定的供给而设置的。(　　)

491. 每台SS_{4B}型机车装用了10个调压阀。(　　)

492. 当调压阀中央气室压力高于调整弹簧力时，膜板上凸，打开溢流阀，将多余的压缩空气排入大气，直至平衡为止。(　　)

493. DK-1型电控制动机调压阀膜板上侧的作用力大于下侧作用力时，调压阀处于溢流状态。(　　)

494. 安装调压阀时，空气管路中压力空气的流动方向应与阀体上的箭头指向相同。(　　)

495. 安装调压阀时，保证调压阀风表向外，便于观看。(　　)

496. 风压继电器是利用上下气室的压差动作从而实现电路的控制。(　　)

497. 压力开关整定值一经设定无法调整。(　　)

498. 压力开关是根据上、下两侧的压力差动作，通过心杆联动微动开关，以闭合或断开相应的电路。(　　)

499. 压力开关主要由气动部分和微动开关两部分组成。(　　)

500. 压力开关208与209的整定值不相同。(　　)

501. VAPORD空气干燥器湿度显示卡的颜色显示为蓝色，即指空气干燥器功能正常。(　　)

502. 神八交流机车在给上受电弓扳键开关后，在总风缸及控制风缸风压低时，由辅助压缩机工作提供升弓所需的压力。(　　)

503. 神八交流机车空气位时，下压单缓按钮然后停止下压，制动缸压力停止下降。(　　)

504. 神八交流机车在升弓前将安全联锁箱的钥匙插入，将操作手柄打到“ON”位置。(　　)

505. 中继阀能保证列车管压力与均衡风缸压力差在±10 kPa范围内。(　　)

506. 流量计用于检测列车管充风流量。(　　)

507. DK-2 型制动机紧急位性能试验时，自动制动阀紧急制动时，列车管压力在 5 s 内降至零。(　　)

508. 制动机保压试验时，均衡风缸每分钟漏泄不大于 5 kPa；列车管每分钟漏泄不大于 10 kPa。(　　)

509. 停放制动压力开关 286KP 的整定值为 450 kPa。(　　)

510. 停放制动模块中，采用的双向阀 180 可防止机车制动缸压力与停放制动压力叠加。(　　)

511. DK-2 型制动机“单缓按钮”点空位有效。(　　)

512. DK-2 型制动机自动制动阀在无电状态时，没有紧急制动作用。(　　)

513. DK-2 型制动机只有自动制动阀在重联位才允许插入和转动机械钥匙。(　　)

514. 机车施加的停放制动可以手动缓解。(　　)

515. 如果后备制动阀塞门 129 打开，自动制动控制器（除紧急位）将失去作用。(　　)

516. 停放制动双脉冲电磁阀的代号为 243YV。(　　)

517. 神八交流机车空压机 1 年或累计工作 500 小时，应更换滤芯（以先到为限），期间（约 3 个月）时可拆下滤芯清除表面灰尘。(　　)

518. DK-2 型制动机后备制动调压阀空气位的整定值为 300 kPa。(　　)

519. 当车下两侧停放制动指示器处于红色状态时，代表停放制动。(　　)

520. 停放制动缸充风，停放缓解；停放制动缸排风，停放制动。(　　)

521. 神八交流机车空压机每工作 500 小时应更换油过滤器。(　　)

522. 在有充足气压的情况下，如果控制电源断开，停放制动仍然可以手动缓解或施加。(　　)

523. 可视回油单向阀由可视回油观油镜和单向阀组成。(　　)

524. 机车在控制电源断电时可自动施加停放制动。(　　)

525. 制动机具有制动灵敏度：当列车管压力从定压以每秒钟下降 10 ~ 40 kPa 时，在列车管减压 35 kPa 前机车制动缸产生制动作用。(　　)

526. 操纵自动制动阀可对全列车进行制动与缓解；操纵单独制动阀可对机车进行单独制动与缓解。(　　)

527. 自动制动阀在紧急制动后，必须停留 60 s，制动显示屏倒计时结束，手把移至重联位 3 s 解锁后再回到运转位才能缓解全列车（或车辆）。(　　)

528. 在机车正常运行中，使用停放制动必须蓄电池开关处于正常闭合位。(　　)

529. 神八交流机车空压机最小压力阀开启压力为：0.4 ~ 0.6 MPa。(　　)

530. 神八交流机车空压机温度开关的整定值为：排气温度（110 ± 5）°C 断开，（90 ± 5）°C 闭合。(　　)

531. 神八交流机车辅助压缩机碳刷长度小于 10 mm 时需更换。(   )

532. TSG15B 型受电弓升弓时间为 6 ~ 10 s。(   )

533. 神八交流机车制动缸压力高于 30 kPa，电制动将解除。(   )

534. 神八交流机车制动控制器具有两个操作手柄，自动制动控制手柄和单独制动控制手柄。(   )

535. DK-2 制动机制动显示屏的数据是通过 MVB 总线与 BCU 之间进行实时通信。(   )

536. 制动机具有紧急制动灵敏度：当列车管减压速度大于每秒 80 kPa 时，机车制动机产生紧急制动。(   )

537. 制动机具有制动稳定性：当列车管压力从定压以每分钟小于 40 kPa 的速度下降时，机车制动缸不起制动作用。(   )

538. 当停放制动按钮（红色）时发出红光，表明机车停放制动处于制动状态。(   )

539. 单独制动仅用来单独控制机车制动缸的制动和缓解。(   )

540. TSG15B 型受电弓滑板如果有任何损坏（破损或过度磨损）造成压缩气体泄露，气囊将通过快排阀排气从而实现受电弓的自动降弓。(   )

541. 神八交流机车停放制动为弹簧蓄能制动。(   )

542. 神八交流机车如果 ATP 触发了惩罚制动，并且空气制动已经施加，则 BCU 将追加到 170 kPa 的列车管减压量。(   )

543. 神八交流机车如果 ATP 触发了惩罚制动，同时空气制动没有施加则制动机将使列车管减压至 100 kPa。(   )

544. DK-2 型制动机中，117 塞门是控制电动放风阀 94YV 与列车管的通断。(   )

545. DK-2 型制动机中，自动制动阀在运转位时，由其原因引起的紧急制动，需经 30 s 以上，制动显示屏倒计时结束，手把移至重联位 3 s 解锁后再回到运转位才能缓解列车（或车辆）。(   )

546. 神八交流机车刮雨器装置，它是电动+气动控制。(   )

547. 神八交流机车如果 ATP 触发了惩罚制动，同时空气制动没有施加则使列车管减压至 100 kPa。(   )

548. DK-2 型制动机后备制动阀具有制动位、重联位、缓解位三个操作位置，能够保证全列车的制动、保压、缓解等基本功能。(   )

549. 神八交流机车在总风压力大于 500 kPa，但无停放制动电源时，按压制动柜中双脉冲电磁阀 243YV 手动缓解按钮，则停放制动缓解。(   )

550. 机车保压试验时，均衡风缸每分钟漏泄不大于 5 kPa；列车管每分钟漏泄不大于 10 kPa。(   )

三、多选题

1. 铁路职工应以主人翁姿态积极参与经营管理，增强市场营销的意识，（　　）地组织货物运输。

A. 安全　　B. 快速　　C. 经济
D. 便利　　E. 和谐

2. 铁路运输生产既要职工按照分工和要求，尽职尽责地做好检修职工的本职工作，又要在统一领导下，（　　）。

A. 互相帮助　　B. 突出个人　　C. 亲密无间
D. 主动配合　　E. 密切合作

3. 电力机车检修一般有（　　）基本程序。

A. 检查　　B. 解体　　C. 检修
D. 更换　　E. 测量

4. 我国目前对电力机车检修一般检查的工序包括（　　）。

A. 清除表面油污　　B. 可见部分检查与修理
C. 拆罩内部检修　　D. 给油
E. 试验

5. 解体检修基本工序包括（　　）。

A. 外部清扫　　B. 解体、清洗　　C. 检查修理
D. 整洁处理　　E. 组装试验

6. 目前车辆产生制动力的方法主要有（　　）两大类。

A. 摩擦制动　　B. 闸瓦（踏面）制动
C. 电阻制动　　D. 盘形制动
E. 非黏着制动

7. BT-3.0/10A 型螺杆压缩机组主要由电机、出风连接管、进气放空阀、油气分离器、主机头、最小压力阀、底座、风机、温度开关和（　　）等组成。

A. 冷却器　　B. 空滤器　　C. 压力开关
D. 作用阀　　E. 油过滤器

8. BT-3.0/10A 型螺杆压缩机的工作过程包括（　　）。

A. 吸气过程　　B. 封闭及输送过程
C. 封闭及压缩过程　　D. 压缩及喷油过程
E. 排气过程

9. YWK-50-C 压力控制器是利用（　　）以及差动旋钮内的弹簧组成一个杠杆体系。

A. 杠杆　　B. 波纹管　　C. 调节弹簧
D. 连杆　　E. 曲柄

10. 高压安全阀由（　　）组成。

A. 弹簧盒　　B. 阀杆　　C. 弹簧和阀

D. 止挡环　　　E. 压帽

11. 下列对于总风缸说法正确的是（　　）。
A. 机车上必须配备容量足够大的总风缸
B. 严禁在总风缸上进行电焊打火或搭接地线
C. 总风缸充风后严禁重物锤击
D. 应避免在其周围加温
E. 机车总风缸必须定期排水

12. TAD-H 型空气干燥器由干燥塔、离心式油水分离器，消声器和（　　）等组成。
A. 进气阀　　　B. 排气阀　　　C. 出气止回阀
D. 再生风缸　　　E. 电控器

13. 电动排泄阀主要是由（　　）组成。
A. 加热原件　　　B. 一个 TFK1B 型电空阀
C. 1 个排泄阀　　　D. 2 个柱塞式排泄阀
E. 1 个两位两通电空阀

14. DJKG-A 型干燥器电动排泄阀防冻装置包括（　　）部分。
A. 控温器　　　B. 感温元件盒　　　C. 加热元件
D. 制冷元件　　　E. 连接线路

15. 总风缸容积的选择必须根据机车的（　　）确定。
A. 用途　　　B. 功率　　　C. 压缩机排风能力
D. 使用频率　　　E. 安装空间

16. SS_{4B} 型机车控制管路系统中正常运行时 106、107、108 各止回阀的说法正确的是（　　）。
A. 108 止回阀开放 106 止回阀截止
B. 106 止回阀截止
C. 107、106 止回阀截止
D. 仅 108 开放
E. 107 止回阀截止

17. SS_{4B} 型机车库停后开放塞门 97 控制风缸的供风通路可分为四路，分别是（　　）。
A. 止回阀 108 截止　　　B. 主断路器
C. 止回阀 106 截止　　　D. 受电弓
E. 辅助风缸 105

18. 库停后辅助压缩机供风，辅助风缸起着（　　）作用。
A. 平衡压力空气　　　B. 贮存压力空气
C. 冷却压力空气　　　D. 稳定压力空
E. 控制压力空气

19. 辅助管路系统的组成包括（　　）。
A. 撒砂器　　　B. 风喇叭

C. 刮雨器　　D. 辅助装置的控制部件
E. 高压安全阀

20. 双针压力表主要由游丝弹簧、扇形齿轮、连杆和（　　）等组成。
A. 杠杆　　B. 表框　　C. 小齿轮
D. 指针　　E. 连接软管

21. 软管连接器组成后应进行（　　）试验。
A. 单机　　B. 低压　　C. 风压
D. 水压　　E. 高压

22. 门联锁阀漏风的主要原因是（　　）。
A. 皮碗老化或窜风　　B. 活塞安装螺母松脱
C. 阀体裂损　　D. 门联锁弹簧断
E. 底座未安装到位

23. 双阀口式中继阀和总风遮断阀通过阀座安装于制动屏柜上，并经阀座与（　　）连接。
A. 过充管　　B. 总风缸管
C. 均衡风缸管　　D. 总风遮断阀管
E. 总风联管

24. 双阀口式中继阀的顶杆是用来随活塞（　　）移动并顶开（　　）阀口。
A. 向左　　B. 向右　　C. 供气阀
D. 排气阀　　E. 局减

25. 双阀口式中继阀供气阀机构主要由供气阀（　　）等组成。
A. 供气阀　　B. 供气阀套
C. 供气阀弹簧　　D. O形橡胶密封圈
E. 顶杆

26. 电空制动控制器在过充位时，（　　）电空阀同时得电，在二者共同的作用下，中继阀产生过充作用。
A. 319YV　　B. 252YV　　C. 256YV
D. 258YV　　E. 257YV

27. 总风遮断阀的工作过程包括（　　）。
A. 缓解　　B. 制动　　C. 保压
D. 阀口关闭　　E. 阀口开启

28. 109型分配阀的阀座是分配阀与（　　）等空气管路的连接基座。
A. 列车制动管　　B. 总风缸管　　C. 制动缸管
D. 工作风缸管　　E. 总风联管

29. 109型分配阀主阀部的工作过程包括（　　）。
A. 缓解　　B. 局减　　C. 制动
D. 制动后保压　　E. 阶段缓解

30. DK-1 型电空制动机紧急阀内部各空间的气路连通有（　　）。
A. 放风阀下侧空间经排风口与大气连通
B. 活塞膜板上侧空间与紧急室的连通
C. 活塞膜板下侧及放风阀弹簧侧的空间与列车制动管连通
D. 夹心阀下部与大气通
E. 放风阀上侧空间经排风口与大气连通

31. 空气制动阀电空位，操纵手柄置于缓解位时，实现（　　）。
A. 作用管排大气　　B. 机车单独缓解
C. 均衡风缸无变化　　D. 闸缸缓解
E. 调压阀通大气

32. DK-1 空气制动阀电空位，操纵手柄置于缓解位时，实现（　　）
A. 作用管排大气　　B. 机车单独缓解
C. 均衡风缸无变化　　D. 闸缸缓解
E. 调压阀通大气

33. 电动放风阀主要由芯杆、芯杆套、（　　）和阀座等组成。
A. 夹心阀　　B. 铜碗　　C. 放风阀
D. 放风阀弹簧　　E. 微动开关

34. 电空阀电磁机构是由（　　）等组成。
A. 静铁心　　B. 磁轭　　C. 动铁心
D. 线圈　　E. 阀杆

35. TFK1B 型电空阀的工作过程包括（　　）。
A. 缓解　　B. 制动　　C. 保压
D. 得电　　E. 失电

36. SS_{4B} 型机车撒砂电空阀的代号分别是（　　）。
A. 240YV　　B. 250YV　　C. 241YV
D. 251YV　　E. 247YV

37. 重联阀主要由本补转换阀部和（　　）等组成。
A. 重联阀部　　B. 管座
C. 阀体　　D. 制动缸遮断阀部
E. 安全阀部

38. 压力开关部分主要由（　　）等组成。
A. 微动开关　　B. 膜板　　C. 心杆
D. 外罩　　E. 波纹管

39. 转换阀 153 用来控制均衡风缸与（　　）之间的气路开通与关断。
A. 208.209 压力开关　　B. 258YV
C. 259YV　　D. 255YV
E. 257YV

40. DK-1型电空制动控制器主要由（　　）等组成。

A. 操纵手把　　B. 行程开关　　C. 凸轮轴

D. 辅助触头盒　　E. 定位凸轮

41. TKS22型电空制动控制器的凸轮轴由（　　）等组成。

A. 转轴　　B. 定位凸轮　　C. 凸轮块

D. 凸轮架　　E. 辅助联锁

42. DK-1型电空制动机空气制动阀的柱塞有（　　）。

A. 定位柱塞　　B. 作用柱塞　　C. 转换柱塞

D. 定位柱塞　　E. 放风柱塞

43. DK-1型电空制动机空气制动阀的阀座连接的管路错误的是（　　）。

A. 平均管　　B. 列车管　　C. 闸缸管

D. 调压阀管　　E. 均衡风缸管

44. DK-1型电空制动机空气制动阀的电空转换阀套在轴向位置上设有径向通孔，从左至右分别于（　　）连通，原因是为沟通不同的气路。

A. b管　　B. 均衡风缸管　　C. a管

D. 闸缸管　　E. 列车管

45. DK-1型电空制动机中继阀由（　　）组成。

A. 管座　　B. 总风遮断阀　　C. 双阀口式中继阀

D. 阀座　　E. 过充阀

46. DK-1型电空制动机双阀口式中继阀各内部空间的气路连通有（　　）。

A. 过充柱塞左侧空间与过充风缸管连接

B. 活塞膜板左侧空间与均衡风缸管的连通

C. 活塞膜板右侧及阀座中间的空间与制动管连通

D. 排气室与大气连通

E. 供气室与经总风遮断阀过来的制动管连通

47. DK-1型电空制动机双阀口式中继阀的工作过程包含（　　）。

A. 重联自锁状态　　B. 过充位快速充风

C. 缓解后保压状态　　D. 制动状态

E. 紧急状态

48. DK-1型电空制动机总风遮断阀各内部空间的气路连通错误的是（　　）。

A. 阀座右侧空间与列车缸管连通

B. 阀座右侧空间与均缸管连通

C. 阀座左侧空间与双阀口式中继阀排气室连通

D. 阀座左侧空间与双阀口式中继阀供气室连通

E. 遮断阀套左侧空间与总风遮断阀管连通

49. DK-1型电空制动机总风遮断阀的工作过程错误的是（　　）。

A. 制动状态　　B. 缓解状态　　C. 保压状态
D. 阀口关闭状态　　E. 阀口开启状态

50. DK-1 型电空制动机电动放风阀内部各空间的气路连通有（　　）。
A. 放风阀夹心阀上侧与列车制动管连通
B. 放风阀上侧空间经阀体孔与列车制动管连通
C. 放风阀下侧及铜碗上侧空间经阀体孔与大气连通
D. 铜碗及膜板下侧空间与紧急电空阀的控制气路连通
E. 放风阀上侧空间经阀体孔与总风管连通

51. DK-1 型电空制动机电动放风阀的工作过程包括（　　）。
A. 常用制动状态　　B. 紧急制动状态
C. 充风状态　　D. 常用制动
E. 非紧急制动状态

52. DK-2 型电空制动机紧急阀内部各空间的气路连通有（　　）。
A. 放风阀下侧空间经排风口与大气连通
B. 活塞膜板上侧空间与紧急室的连通
C. 活塞膜板下侧及放风阀弹簧侧的空间与列车制动管连通
D. 夹心阀下部与大气通
E. 放风阀上侧空间经排风口与大气连通

53. DK-1 型电空制动机紧急阀的作用位置包括（　　）。
A. 充气位　　B. 常用制动位　　C. 紧急制动位
D. 常用制动　　E. 过充位

54. 下列可诱发紧急阀的动作原因（　　）。
A. 列车制动管压力急剧下降　　B. 列车分离
C. 拉车长阀　　D. 阶段制动
E. 常用制动

55. DK-1 型电空制动机重联阀由（　　）组成。
A. 转换阀部　　B. 重联阀部　　C. 制动缸遮断阀部
D. 重联阀体　　E. 阀座

56. SS_{4B} 型机车制动机电空位操作前的准备工作有（　　）。
A. 闭合电源
B. 关闭塞门 155、156
C. 转换阀 153、154 置相应位置
D. 调整调压阀 55、53
E. 空气制动阀处于本机位

57. SS_{4B} 型机车制动机空气位操作前的准备工作有（　　）。
A. 纽子开关打空气位
B. 转换阀 153 置空气位

C. 空气制动阀处于空气位

D. 调整调压阀 53 压力为列车制动管定压

E. 调整调压阀 52 压力为列车制动管定压

58. SS_{4B} 型机车制动机无火回送的操作有（　　）。

A. 关闭两节机车 115 塞门

B. 开放两节机车塞门 155、156

C. 调整安全阀整定值为 180 ~ 200 kPa

D. 关闭两节机车塞门 112

E. 重联阀 93 本机位

59. 机车无火回送装置的止回阀主要由（　　）等组成。

A. 止回阀体　　B. 阻流塞　　C. 止回阀

D. 止回阀座　　E. 止回阀胶圈

60. 机车无火回送装置的截断塞门主要由（　　）等组成。

A. 手把　　B. 截断塞门芯　　C. 截断塞门弹簧

D. 塞门体　　E. 风缸

61. 神华机车 DK-2 型电空制动机的制动柜采用模块化设计，主要由电子分配模块、停放制动模块、（　　）组成。

A. 均衡控制模块　　B. 压缩机启停控制模块

C. 车列电空模块　　D. 电空阀模块

E. 容积室控制模块

62. DK-2 型电空制动机相比 DK-1 型制动机增加了（　　）。

A. 总风传感器　　B. 列车制动管传感器

C. 均衡风缸传感器　　D. 制动缸传感器

E. 检查电空阀

63. DK-2 型电空制动机均衡控制模块由（　　）组成。

A. 制动高速电空阀　　B. 缓解高速电空阀

C. 均衡风缸传感器　　D. 保护电空阀

E. 列车制动管传感器

64. 电空制动机 BCU 由电源板、模拟板、（　　）组成。

A. 数字板　　B. 通讯板　　C. 输出板

D. 输入板　　E. 控制板

65. BCU 的电源板具有（　　）保护功能。

A. 中断　　B. 通讯　　C. 过流

D. 过压　　E. 过热

66. BCU 具有（　　）等特点。

A. 检修成本低　　B. 结构松散

C. 抗干扰能力强　　D. 可靠性高
E. 反应速度快

67. BCU 的外来故障有（　　）。
A. 插件接触不良　　B. 电源板故障
C. 器件生锈　　D. 负载短路
E. 导电灰尘引起短路

68. 处理 BCU 故障的方法有（　　）。
A. 短接法　　B. 校正法　　C. 替换法
D. 测量法　　E. 直观法

69. DK-2 型电空制动机相比 DK-1 型制动机电空阀增加（　　）。
A. 单制电空阀　　B. 保护电空阀　　C. 切控电空阀
D. 单缓电空阀　　E. 制动电空阀

70. DK-2 型电空制动机相比 DK-1 型制动机取消了（　　）。
A. 转换阀 154　　B. 压力开关 208　　C. 初制风缸
D. 压力开关 209　　E. 排风 1 电空阀

71. DK-2 型电空制动机的制动柜采用模块化设计，主要由电子分配模块、停放制动模块、（　　）组成。
A. 均衡控制模块　　B. 压缩机启停控制模块
C. 车列电空模块　　D. 电空阀模块
E. 容积室控制模块

72. 神华号交流电力机车 DK-2 型电空制动机列车制动管风压控制模块的主要功能是控制列车制动管的（　　）。
A. 初充风　　B. 常用制动排风
C. 紧急制动排风　　D. 列车制动管前后遮断功能
E. 风压控制

73. 神华号交流电力机车 DK-2 型电空制动机均衡风压控制模块主要零部件包括(　　)。
A. 制动、缓解高速电空阀　　B. 均衡风缸风压传感器
C. 均衡风缸调压阀　　D. 重联电空阀
E. 切换电空阀

74. 神华号交流电力机车 DK-2 型电空制动机制动缸控制模块的主要功能是（　　）。
A. 实现电子分配阀和空气分配阀切换
B. 实现预控风缸闭环控制
C. 实现机车单缓
D. 实现无动力回送
E. 实现预控风缸开环控制

75. DK-1 改型电空制动机故障一般可分为（　　）。

A. 控制电路故障
B. 阀类部件故障
C. 管路及连接部分故障
D. 操纵不当造成的故障
E. 继电器接触器故障

76. 机车检修分为（　　）。
A. 辅修
B. 小修
C. 整备
D. 中修
E. 大修

77. 电空制动控制器在运转位，三针一致，列车制动管发生过量供给的原因有（　　）。
A. 检查电空阀 255YV 的下阀口泄漏
B. 调压阀 55 故障
C. 操纵端的充气按钮作用不良
D. 检查电空阀 255YV 的上阀口泄漏
E. 中继阀故障

78. 电空制动控制器在运转位，均衡风缸充风正常，列车制动管不充风的原因有（　　）。
A. 中立电空阀故障
B. 遮断阀故障
C. 中继阀故障
D. 塞门 114 关闭
E. 塞门 157 关闭

79. 电空制动控制器在运转位，列车制动管表针来回摆动，总风压力下降快，有较大的排风声的原因有（　　）。
A. 电动放风阀阀口未关严
B. 紧急阀阀口未关严
C. 列车制动管泄漏量大
D. 风表故障
E. 遮断阀的关闭不严

80. DK-1 型电空制动机紧急制动时，列车制动管不排风的原因有（　　）。
A. 塞门 117 关闭
B. 电动放风阀故障
C. 紧急电空阀故障或不得电
D. 塞门 116 关闭
E. 紧急阀故障

81. DK-1 型电空制动机制动后中立位，均衡风缸和列车制动管自行减压的原因可能是（　　）。
A. 制动电空阀失电
B. 均衡管系泄漏
C. 制动电空阀泄漏
D. 缓解电空阀得电
E. 过充电空阀故障

82. DK-1 型电空制动机电空制动控制器制动位，均衡风缸不减压的原因有（　　）。
A. 缓解电空阀故障
B. 压力开关 209 膜板破损
C. 压力开关 208 膜板破损
D. 制动电空阀故障
E. 紧急电空阀故障

83. DK-1 型电空制动机电空制动控制器制动位，均衡风缸和列车制动管只有 40 ~ 60 kPa 的初制动减压量的原因有（　　）。

A. 制动电空阀本身故障，不能开放排风口
B. 制动电空阀阀座上缩口风堵堵塞
C. 压力开关 208 故障
D. 制动电空阀制动位时因故没有得电
E. 压力开关 209 故障

84. DK-1 型电空制动机常用制动时引起紧急制动的原因有（　　）。

A. 制动电空阀排风缩孔过大
B. 紧急阀的缩孔 I 半堵
C. 均衡管系漏泄严重
D. 缓解电空阀排风缩孔过大
E. 紧急阀膜板破损

85. DK-1 型电空制动机电空制动控制器制动位时，造成制动缸压力与列车制动管减压量不成 1：2.5 的比例关系的原因有（　　）。

A. 分配阀坐垫不严
B. 分配阀主阀膜板破损
C. 工作风缸管路泄漏
D. 分配阀 156 塞门开放
E. 分配阀第三缩堵小

86. DK-1 型电空制动机制动后移中立位，造成均衡风缸有回风的原因有（　　）。

A. 缓解电空阀下阀口不严
B. 压力开关 209 膜板破损
C. 压力开关 208 膜板破损
D. 重联电空阀上阀口不严
E. 中继阀排气阀故障

87. DK-1 型电空制动机引起压力开关 209 不能正常工作的因素有（　　）。

A. 膜板破损
B. 微动开关故障
C. 阀杆弯曲变形卡劲
D. 坐垫装反

88. DK-1 型电空制动机电空制动控制器手柄置制动后“中立位”均衡风缸和列车制动管保压状态良好，造成制动缸压力自动下降的原因有（　　）。

A. 分配阀安全阀泄漏
B. 单缓阀泄漏
C. 排风 1 电空阀泄漏
D. 分配阀 156 塞门开放
E. 制动缸表泄漏

89. DK-1 型电空制动机过充压力消除慢，下列说法正确的是（　　）。

A. 过充风缸缩堵堵塞
B. 过充柱塞卡在过充位
C. 过充电空阀下阀口泄漏
D. 过充风缸缩堵孔径小
E. 中继阀故障

90. DK-1 型电空制动机电空制动控制器手柄置过充位，造成无过充作用或过充量不足，下列说法正确的是（　　）。

A. 过充风缸缩堵丢失
B. 过充风缸排水堵丢失
C. 过充柱塞盖密封垫破损
D. 排风 2 电空阀泄漏
E. 过充电空阀故障

91. DK-1型电空制动机手柄置过充位，均衡风缸和列车制动管追总风压力，下列说法正确的是（　　）。

A. 检查电空阀串风
B. 重联电空阀下阀口泄漏
C. 过充柱塞大O形圈破损
D. 中继阀膜板破损
E. 过充柱塞O形圈破损

92. DK-1型电空制动机紧急制动，造成机车制动缸压力增长缓慢的原因，下列说法错误的是（　　）。

A. 分配阀紧急增压部不工作
B. 制动缸塞门开放不到位
C. 分配阀主阀部上盖的缩堵堵Ⅲ堵塞
D. 分配阀缓解塞门156打开
E. 排1电空阀得电

93. DK-1型电空制动机紧急制动，单独缓解时制动缸压力缓不到0，下列说法正确的是（　　）。

A. 分配阀主阀部上盖的缩堵Ⅲ孔丢失
B. 空气制动阀的排气阀开度过小
C. 分配阀主阀部上盖的缩堵Ⅲ孔径过大
D. 分配阀紧急增压部故障
E. 空气制动阀故障

94. DK-1型电空制动机电空控制器手柄置运转位，空气制动阀手柄制动位，制动缸压力低于300 kPa是（　　）。

A. 小闸单缓阀卡位
B. 操纵端调压阀53整定值低于300 kPa
C. 分配阀缓解塞门156打开
D. 排风1电空阀得电
E. 排风1电空阀失电

95. DK-1型电空制动机电空控制器手柄置运转位，空气制动阀手柄制动位，制动缸压力由0升至280kPa的时间大于4s的是（　　）。

A. 分配阀供给塞门半开
B. 制动缸塞门开放不到位
C. 空气制动阀转换板钮未搬到位
D. 空气制动阀塞门127半开
E. 重联阀制动缸塞门160半开

96. DK-1型电空制动机电空控制器手柄置运转位，空气制动阀手柄由制动位回中立位，制动缸压力自动下降的是（　　）。

A. 分配阀缓解塞门156处于半开状态
B. 分配阀安全阀泄漏

C. 排风 1 电空阀泄漏

D. 作用管泄漏

E. 空气制动阀缩堵漏泄

97. SS_{4B} 型电力机车单机试验正常，而挂车后大闸制动位或中立位起非常，下列说法正确的是（　　）。

A. 尾部车辆列车制动管折角塞门未关

B. 列车充风未满

C. 个别车辆制动机紧急灵敏度过高

D. 列车制动管泄漏严重

E. 列尾装置故障

98. DK-1 型电空制动机电空位操作，小闸处于运转位，大闸在紧急位，电空阀得电正确的是（　　）。

A. 紧急电空阀　　B. 制动电空阀

C. 中立电空阀　　D. 重联电空阀

E. 撒砂电空阀

99. DK-1 型电空制动机初制风缸容积的选择与（　　）有关。

A. 均衡风缸容积　　B. 列车制动管的最小减压量

C. 均衡风缸的压力　　D. 均衡风缸容积

E. 列车管压力

100. SS_{4B} 型电力机车 DK-2 型电空制动机电空位操作时，电空制动控制器在运转位，均衡风缸及列车制动管压力上升缓慢的是（　　）。

A. 中继阀膜板破损　　B. 重联电空阀下阀口泄漏

C. 均衡风缸充风缩堵堵塞　　D. 缓解高速电空阀阀口堵塞

E. 157 塞门全开

101. 神华号交流机车 DK-2 型电空制动机制动显示屏具有以风表和数值的形式显示（　　）压力值的功能。

A. 总风　　B. 列车制动管　　C. 前后制动缸

D. 均衡风缸　　E. 辅助风缸

102. 制动控制单元 BCU 的输入板用于（　　）开关量信号的输入与处理。

A. DC 24 V　　B. DC 110 V　　C. DC 48 V

D. AC 220 V　　E. DC 5 V

103. 神华号交流机车停放制动控制模块由（　　）及停放制动塞门、压力测试接口等部件组成。

A. 停放制动调压阀　　B. 双脉冲电磁阀

C. 停放制动压力开关　　D. 双向阀

E. 缓解电空阀

104. 神华号交流电力机车 DK-2 型电空制动机停放制动模块的主要功能是（　　）。

A. 实现停放制动缸的排气与充气

B. 防止停放制动力和大的机车制动缸制动力叠加

C. 实现停放制动缸的充气

D. 实现停放制动缸的排气

E. 实现制动缸的排气与充气

105. DK-2 型电空制动机列车制动管风压控制模块的主要功能是控制列车制动管的（　　）。

A. 初充风

B. 常用制动排风

C. 紧急制动排风

D. 列车制动管前后遮断功能

E. 风压控制

106. DK-2 型电空制动机均衡风压控制模块主要零部件包括（　　）。

A. 制动、缓解高速电空阀

B. 均衡风缸风压传感器

C. 均衡风缸调压阀

D. 重联电空阀

E. 切换电空阀

107. DK-2 型电空制动机制动缸控制模块的主要功能是（　　）。

A. 实现电子分配阀和空气分配阀切换

B. 实现预控风缸闭环控制

C. 实现机车单缓

D. 实现无动力回送

E. 实现预控风缸开环控制

108. 神华交流电力机车电空制动机电空位操作时，自动制动控制器在运转位，单独制动控制器在运转位，下列说法正确的是（　　）。

A. 保护电空阀 263YV 得电

B. 排 2 电空阀 256YV 得电

C. 切换电空阀 262YV 失电

D. 缓解高速电空阀 258YV 得电

E. 单缓高速电空阀 261YV 得电

109. 神华交流电力机车电空制动机电空位操作时，自动制动控制器在过充位，下列说法正确的是（　　）。

A. 保护电空阀 263YV 得电

B. 排 2 电空阀 256YV 得电

C. 切换电空阀 262YV 失电

D. 缓解高速电空阀 258YV 得电

E. 过充电空阀 252YV 得电

110. 神华交流电力机车电空制动机电空位操作时，自动制动控制器制动位，单独制动控制器在运转位，下列说法正确的是（　　）。

A. 保护电空阀 263YV 得电
B. 排 2 电空阀 256YV 得电
C. 切换电空阀 262YV 得电
D. 制动高速电空阀 257YV 得电
E. 中立电空阀 253YV 得电

111. 神华交流电力机车电空制动机电空位操作时，自动制动控制器中立位，单独制动控制器在运转位，下列说法正确的是（　　）。

A. 保护电空阀 263YV 得电
B. 排 2 电空阀 256YV 失电
C. 切换电空阀 262YV 得电
D. 制动高速电空阀 257YV 失电
E. 中立电空阀 253YV 的电

112. 神华交流电力机车电空制动机电空位操作时，电空制动控制器紧急位，单独制动控制器在运转位，下列说法正确的是（　　）。

A. 紧急电空阀 264YV 得电
B. 遮断电空阀 255YV 得电
C. 重联电空阀 259YV 得电
D. 制动高速电空阀 257YV 得电
E. 中立电空阀 253YV 得电

113. DK-2 型电空制动机停放制动模块的主要功能是（　　）。

A. 实现停放制动缸的排气与充气
B. 防止停放制动力和大的机车制动缸制动力叠加
C. 实现停放制动缸的充气
D. 实现停放制动缸的排气
E. 实现制动缸的排气与充气

114. 神华号电力机车电空制动机列车制动管风压控制模块的主要功能是控制列车制动管的（　　）。

A. 初充风
B. 常用制动排风
C. 紧急制动排风
D. 列车制动管前后遮断功能
E. 风压控制

115. 神华号电力机车电空制动机均衡风压控制模块主要零部件包括（　　）。

A. 制动、缓解高速电空阀
B. 均衡风缸风压传感器

C. 均衡风缸调压阀
D. 重联电空阀
E. 切换电空阀

116. 神华号交流电力机车 DK-2 型电空制动机制动缸控制模块的主要功能是（　　）。
A. 实现电子分配阀和空气分配阀切换
B. 实现预控风缸闭环控制
C. 实现机车单缓
D. 实现无动力回送
E. 实现预控风缸开环控制

117. 机辆分公司提出的四大体系包括（　　）。
A. 机务运用体系　　B. 机车检修体系
C. 综合保障体系　　D. 设备维护体系
E. 数据信息体系

118. 铁路运输生产既要职工按照分工和要求，尽职尽责地做好检修职工的本职工作，又要在统一领导下，（　　）。
A. 互相帮助　　B. 突出个人　　C. 亲密无间
D. 主动配合　　E. 密切合作

119. 韶山型电力机车检修一般有（　　）基本程序。
A. 检查　　B. 解体　　C. 检修
D. 更换　　E. 测量

120. 电力机车检修一般检查的工序包括（　　）。
A. 清除表面油污　　B. 可见部分检查与修理
C. 拆罩内部检修　　D. 给油
E. 随机性试验

121. 配件的解体检修基本工序包括（　　）。
A. 外部清扫　　B. 解体、清洗　　C. 检查修理
D. 整洁处理　　E. 组装试验

122. 我国车辆产生制动力的方法主要有（　　）两大类。
A. 摩擦制动　　B. 闸瓦（踏面）制动
C. 电阻制动　　D. 盘形制动
E. 非黏着制动

123. 标顶型螺杆压缩机组主要由电机、出风连接管、进气放空阀、油气分离器、主机头、最小压力阀、底座、风机、温度开关和（　　）等组成。
A. 冷却器　　B. 空滤器　　C. 压力开关
D. 作用阀　　E. 油过滤器

124. BT 螺杆压缩机的工作过程包括（　　）。
A. 吸气过程　　B. 封闭及输送过程

C. 封闭及压缩过程　　D. 压缩及喷油过程
E. 排气过程

125. SS_{4B}机车 517KF 压力控制器是利用（　　）以及差动旋钮内的弹簧组成一个杠杆体系。

A. 杠杆　　B. 波纹管　　C. 调节弹簧
D. 连杆　　E. 曲柄

126. 直流机车高压安全阀由（　　）组成。

A. 弹簧盒　　B. 阀杆　　C. 弹簧和阀
D. 止挡环　　E. 压帽

127. 对于机车总风缸描述正确的是（　　）。

A. 机车上必须配备容量足够大的总风缸
B. 严禁在总风缸上进行电焊打火或搭接地线
C. 总风缸充风后严禁重物锤击
D. 应避免在其周围加温

128. SS_{4B}型辅助管路系统的组成包括（　　）。

A. 撒砂器　　B. 风喇叭
C. 刮雨器　　D. 辅助装置的控制部件
E. 高压安全阀

129. 机车上双针压力表主要由游丝弹簧、扇形齿轮、连杆和（　　）等组成。

A. 杠杆　　B. 表框　　C. 小齿轮
D. 指针　　E. 连接软管

130. 机车车辆软管连接器组成后应进行（　　）试验。

A. 单机　　B. 低压　　C. 风压
D. 水压　　E. 高压

131. 直流机车无火回送装置的止回阀主要由（　　）等组成。

A. 止回阀体　　B. 阻流塞
C. 止回阀　　D. 止回阀座
E. 止回阀胶圈

132. SS_{4B}型机车无火回送装置的截断塞门主要由（　　）等组成。

A. 手把　　B. 截断塞门芯
C. 截断塞门弹簧　　D. 塞门体
E. 风缸

133. 神华交流机车电空制动机的制动柜采用模块化设计，主要由电子分配模块、停放制动模块（　　）组成。

A. 均衡控制模块　　B. 压缩机启停控制模块
C. 车列电空模块　　D. 电空阀模块
E. 容积室控制模块

134. 神华交流机车 DK-2 型电空制动机相比 DK-1 型制动机增加了（　　）。
A. 总风传感器　B. 列车制动管传感器
C. 均衡风缸传感器　D. 制动缸传感器
E. 检查电空阀

135. 神华交流机车 DK-2 型电空制动机均衡控制模块由（　　）组成。
A. 制动高速电空阀　B. 缓解高速电空阀
C. 均衡风缸传感器　D. 保护电空阀
E. 列车制动管传感器

136. 直流机车电空制动机 BCU 由电源板、模拟板、（　　）组成。
A. 进出板　B. 数字板　C. PWM 板
D. 输入板　E. 控制板

137. BCU 上插件的电源板具有（　　）保护功能。
A. 欠流　B. 超载　C. 过流
D. 过压　E. 过热

138. DK-1 改 BCU 具有（　　）等特点。
A. 检修成本低　B. 结构松散
C. 抗干扰能力强　D. 可靠性高
E. 反应速度块

139. DK-1 改 BCU 机箱的外来故障有（　　）。
A. 电源板故障　B. 插件接触不良
C. 负载短路　D. 器件生锈
E. 导电灰尘引起短路

140. 交直流机车处理 BCU 故障的方法均可用（　　）。
A. 短接法　B. 校验法　C. 替换法
D. 测量法　E. 直观法

141. 神华交流机车 DK-2 型电空制动机相比 DK-1 型制动机电空阀增加（　　）。
A. 单制电空阀　B. 保护电空阀
C. 切控电空阀　D. 单缓电空阀
E. 制动电空阀

142. 神华交流机车 DK-2 型电空制动机相比 DK-1 型制动机取消了（　　）。
A. 转换阀 154　B. 压力开关 208
C. 初制风缸　D. 压力开关 209
E. 排风 2 电空阀

143. 交流电动机采用异步鼠笼型电机，其突出优点是（　　）。
A. 制造、使用、维护方便　B. 运行可靠
C. 成本低廉　D. 重量轻
E. 变频起动方式

144. 为满足各种气动控制电器工作风压的不同要求，在控制管路系统中设置有（　　）调压阀。

A. 51　　B. 52　　C. 53

D. 55　　E. 170

145. 正常运行时，总风缸压力空气经过调压阀 51 之后有两条通路分别是（　　）。

A. 经塞门 141、142 供给Ⅰ、Ⅱ号高压柜

B. 膜板塞门 97

C. 经塞门 146 供给机车吹扫用风

D. 经塞门 145 供给机车吹扫用风

E. 调压阀 52

146. 神华号交流机车总风经控制管路系统可以向（　　）部件供风。

A. 控制风缸　　B. 受电弓

C. 主断路器　　D. 受电弓隔离开关

E. 机车高压互感器

147. 神华号交流机车辅助压缩机产生的压力空气可以向（　　）部件供风。

A. 控制风缸　　B. 受电弓　　C. 主断路器

D. 受电弓　　E. 机车高压隔离开关

148. 神华号交流机车辅助管路系统主要由（　　）等辅助管路及其相应的控制装置和控制塞门等组成。

A. 撒砂器　　B. 高低音喇叭　　C. 刮雨器

D. 轮喷　　E. 辅助压缩机

149. 电力机车电动刮雨器由雨刷、雨刮电机、机盒、（　　）组成。

A. 雨刷转轴　　B. 转轴安装固定轴套

C. 传动连杆机构　　D. 操纵按钮

E. 操纵手柄

150. BCU 的电源板具有（　　）保护功能。

A. 欠流　　B. 超载　　C. 过流

D. 过压　　E. 过热

制动钳工（制动组）应知应会练习题参考答案

一、单选题

1. B	2. C	3. D	4. A	5. B	6. A	7. A	8. B	9. B	10. B
11. B	12. B	13. C	14. B	15. B	16. D	17. D	18. C	19. C	20. C
21. C	22. C	23. C	24. C	25. C	26. A	27. A	28. B	29. A	30. A

31. A	32. A	33. D	34. C	35. A	36. C	37. C	38. C	39. C	40. A
41. A	42. C	43. B	44. D	45. A	46. C	47. C	48. A	49. C	50. B
51. B	52. B	53. B	54. B	55. D	56. A	57. C	58. C	59. B	60. A
61. B	62. B	63. B	64. C	65. C	66. C	67. B	68. C	69. A	70. D
71. A	72. C	73. B	74. B	75. B	76. B	77. B	78. B	79. B	80. A
81. B	82. B	83. B	84. D	85. C	86. B	87. B	88. D	89. D	90. B
91. B	92. C	93. D	94. C	95. B	96. B	97. B	98. D	99. D	100. D
101. B	102. B	103. B	104. B	105. B	106. B	107. B	108. B	109. B	110. C
111. D	112. D	113. D	114. B	115. D	116. B	117. A	118. D	119. D	120. B
121. B	122. C	123. A	124. B	125. B	126. B	127. B	128. B	129. B	130. C
131. B	132. D	133. D	134. D	135. D	136. D	137. D	138. C	139. A	140. B
141. B	142. B	143. A	144. C	145. B	146. D	147. A	148. C	149. A	150. D
151. A	152. C	153. B	154. D	155. C	156. A	157. A	158. C	159. B	160. A
161. B	162. D	163. C	164. B	165. B	166. B	167. A	168. A	169. A	170. A
171. D	172. C	173. D	174. D	175. A	176. C	177. D	178. A	179. B	180. D
181. A	182. D	183. A	184. C	185. C	186. B	187. B	188. B	189. D	190. C
191. D	192. C	193. A	194. B	195. D	196. B	197. C	198. A	199. A	200. A
201. B	202. C	203. B	204. A	205. A	206. D	207. C	208. B	209. A	210. B
211. B	212. C	213. C	214. C	215. C	216. B	217. D	218. A	219. C	220. C
221. C	222. D	223. A	224. C	225. C	226. A	227. D	228. C	229. B	230. C
231. B	232. D	233. A	234. C	235. B	236. D	237. D	238. A	239. C	240. C
241. B	242. A	243. D	244. B	245. B	246. B	247. A	248. B	249. D	250. B
251. C	252. A	253. D	254. C	255. D	256. A	257. D	258. D	259. D	260. A
261. D	262. A	263. A	264. D	265. A	266. A	267. A	268. D	269. A	270. D
271. C	272. A	273. D	274. D	275. D	276. A	277. A	278. D	279. A	280. D
281. D	282. B	283. C	284. A	285. D	286. B	287. B	288. C	289. D	290. D
291. D	292. D	293. D	294. D	295. D	296. B	297. B	298. B	299. B	300. B
301. B	302. B	303. A	304. C	305. B	306. B	307. A	308. A	309. A	310. A
311. A	312. B	313. D	314. D	315. D	316. A	317. B	318. B	319. B	320. B
321. B	322. B	323. D	324. B	325. B	326. B	327. D	328. D	329. D	330. D
331. A	332. A	333. A	334. D	335. B	336. A	337. C	338. C	339. C	340. C
341. C	342. C	343. C	344. C	345. C	346. C	347. C	348. B	349. D	350. A
351. B	352. C	353. A	354. A	355. D	356. A	357. B	358. B	359. C	360. B
361. B	362. B	363. B	364. B	365. A	366. A	367. A	368. D	369. B	370. C
371. A	372. A	373. C	374. D	375. B	376. A	377. D	378. C	379. C	380. B
381. C	382. B	383. B	384. A	385. C	386. B	387. D	388. A	389. D	390. D

391. A 392. A 393. B 394. C 395. D 396. A 397. C 398. C 399. B 400. C
401. B 402. D 403. A 404. A 405. A 406. C 407. A 408. B 409. B 410. B
411. B 412. B 413. B 414. B 415. B 416. B 417. D 418. B 419. A 420. B
421. B 422. C 423. D 424. D 425. D 426. D 427. A 428. D 429. D 430. D
431. A 432. D 433. A 434. B 435. D 436. D 437. D 438. D 439. A 440. D
441. D 442. B 443. D 444. D 445. A 446. A 447. B 448. C 449. D 450. A
451. D 452. C 453. A 454. C 455. D 456. B 457. B 458. A 459. D 460. B
461. D 462. B 463. D 464. A 465. D 466. C 467. B 468. D 469. C 470. A
471. B 472. A 473. A 474. C 475. B 476. D 477. B 478. A 479. D 480. C
481. A 482. C 483. D 484. A 485. D 486. B 487. C 488. C 489. D 490. A
491. A 492. C 493. C 494. D 495. A 496. A 497. B 498. C 499. B 500. B
501. C 502. C 503. C 504. B 505. B 506. B 507. A 508. B 509. A 510. C
511. C 512. A 513. C 514. B 515. A 516. C 517. D 518. C 519. D 520. A
521. C 522. C 523. B 524. B 525. B 526. B 527. C 528. B 529. B 530. D
531. D 532. D 533. B 534. B 535. B 536. B 537. B 538. B 539. B 540. B
541. B 542. D 543. A 544. A 545. B 546. B 547. D 548. D 549. C 550. B
551. B 552. B 553. B 554. C 555. A 556. C 557. B 558. C 559. C 560. C
561. C 562. C 563. C 564. C 565. C 566. C 567. C 568. B 569. D 570. D
571. C 572. B 573. C 574. C 575. C 576. B 577. C 578. C 579. A 580. D
581. B 582. C 583. B 584. C 585. A 586. A 587. C 588. A 589. A 590. B
591. A 592. A 593. A 594. A 595. D 596. B 597. C 598. B 599. B 600. B

二、判断题

1. √ 2. √ 3. √ 4. × 5. √ 6. √ 7. √ 8. √ 9. × 10. ×
11. √ 12. √ 13. × 14. √ 15. √ 16. √ 17. × 18. √ 19. √ 20. √
21. √ 22. √ 23. × 24. × 25. × 26. √ 27. √ 28. √ 29. √ 30. √
31. √ 32. √ 33. × 34. √ 35. √ 36. √ 37. × 38. √ 39. √ 40. √
41. × 42. √ 43. √ 44. × 45. × 46. × 47. √ 48. × 49. × 50. ×
51. × 52. √ 53. × 54. × 55. √ 56. × 57. √ 58. √ 59. × 60. √
61. √ 62. √ 63. √ 64. × 65. √ 66. × 67. × 68. √ 69. × 70. ×
71. √ 72. × 73. × 74. × 75. × 76. × 77. × 78. × 79. × 80. ×
81. √ 82. × 83. × 84. × 85. √ 86. × 87. × 88. √ 89. × 90. √
91. × 92. × 93. × 94. √ 95. √ 96. × 97. √ 98. √ 99. √ 100. ×
101. × 102. √ 103. × 104. √ 105. × 106. √ 107. × 108. × 109. √ 110. √
111. × 112. √ 113 × 114. × 115. × 116. × 117. × 118. √ 119. × 120. √

121. √ 122. × 123. × 124. × 125. × 126. √ 127. √ 128. × 129. × 130. √
131. √ 132. × 133. × 134. √ 135. √ 136. × 137. √ 138. × 139. √ 140. √
141. √ 142. × 143. √ 144. √ 145. √ 146. √ 147. × 148. √ 149. √ 150. √
151. √ 152. × 153. × 154. × 155. × 156. × 157. √ 158. √ 159. √ 160. ×
161. √ 162. × 163. √ 164. √ 165. √ 166. × 167. √ 168. √ 169. √ 170. ×
171. √ 172. √ 173. √ 174. × 175. × 176. √ 177. × 178. √ 179. √ 180. √
181. × 182. × 183. √ 184. × 185. √ 186. × 187. √ 188. × 189. √ 190. ×
191. × 192. × 193. √ 194. √ 195. √ 196. √ 197. √ 198. √ 199. √ 200. √
201. × 202. √ 203. √ 204. √ 205. √ 206. √ 207. √ 208. √ 209. × 210. √
211. × 212. √ 213. × 214. √ 215. √ 216. × 217. √ 218. √ 219. √ 220. ×
221. √ 222. √ 223. √ 224. √ 225. × 226. √ 227. √ 228. √ 229. √ 230. √
231. √ 232. √ 233. √ 234. √ 235. √ 236. √ 237. √ 238. √ 239. √ 240. √
241. √ 242. √ 243. √ 244. √ 245. √ 246. × 247. √ 248. √ 249. × 250. √
251. √ 252. √ 253. √ 254. √ 255. √ 256. √ 257. √ 258. × 259. √ 260. √
261. √ 262. × 263. √ 264. × 265. √ 266. √ 267. × 268. √ 269. √ 270. √
271. √ 272. √ 273. √ 274. √ 275. √ 276. √ 277. √ 278. × 279. √ 280. √
281. √ 282. √ 283. √ 284. √ 285. √ 286. × 287. √ 288. √ 289. √ 290. ×
291. √ 292. × 293. √ 294. √ 295. √ 296. × 297. √ 298. √ 299. √ 300. √
301. √ 302. × 303. √ 304. √ 305. × 306. √ 307. √ 308. √ 309. √ 310. ×
311. √ 312. × 313. √ 314. × 315. √ 316. √ 317. √ 318. × 319. √ 320. √
321. × 322. √ 323. × 324. √ 325. × 326. × 327. √ 328. √ 329. × 330. ×
331. √ 332. √ 333. × 334. √ 335. √ 336. √ 337. × 338. √ 339. × 340. √
341. √ 342. √ 343. √ 344. √ 345. √ 346. √ 347. × 348. √ 349. √ 350. ×
351. √ 352. √ 353. √ 354. √ 355. √ 356. √ 357. √ 358. √ 359. √ 360. √
361. × 362. √ 363. × 364. √ 365. × 366. × 367. √ 368. × 369. × 370. √
371. √ 372. √ 373. × 374. √ 375. × 376. √ 377. √ 378. √ 379. × 380. ×
381. × 382. × 383. × 384. √ 385. √ 386. × 387. × 388. √ 389. √ 390. √
391. × 392. √ 393. × 394. × 395. √ 396. √ 397. × 398. × 399. √ 400. √
401. × 402. √ 403. × 404. × 405. √ 406. × 407. √ 408. √ 409. × 410. ×
411. √ 412. √ 413. × 414. × 415. √ 416. √ 417. × 418. √ 419. × 420. √
421. √ 422. × 423. √ 424. √ 425. × 426. √ 427. × 428. √ 429. √ 430. ×
431. √ 432. × 433. √ 434. × 435. √ 436. × 437. √ 438. × 439. × 440. ×
441. √ 442. √ 443. √ 444. × 445. √ 446. × 447. √ 448. × 449. √ 450. ×
451. × 452. √ 453. × 454. √ 455. √ 456. √ 457. × 458. √ 459. × 460. ×
461. √ 462. × 463. √ 464. × 465. × 466. × 467. × 468. × 469. × 470. ×
471. √ 472. × 473. × 474. √ 475. × 476. √ 477. √ 478. × 479. √ 480. √

481. √ 482. √ 483. √ 484. × 485. √ 486. √ 487. √ 488. √ 489. × 490. √
491. √ 492. √ 493. × 494. √ 495. √ 496. √ 497. √ 498. √ 499. √ 500. √
501. √ 502. √ 503. √ 504. √ 505. √ 506. √ 507. × 508. √ 509. √ 510. √
511. × 512. × 513. × 514. √ 515. √ 516. √ 517. √ 518. × 519. √ 520. √
521. √ 522. √ 523. √ 524. √ 525. √ 526. √ 527. √ 528. √ 529. √ 530. √
531. √ 532. √ 533. √ 534. √ 535. × 536. √ 537. √ 538. √ 539. √ 540. √
541. √ 542. √ 543. √ 544. × 545. × 546. √ 547. √ 548. × 549. √ 550. √

三、多选题

1. ABCD 2. ADE 3. ABC 4. ABCDE 5. ABCDE
6. BD 7. ABCE 8. ABCE 9. ABCE 10. ABCD
11. ABCDE 12. ABCE 13. ABCE 14. ABCE 15. ABCDE
16. ABCDE 17. ABCD 18. ABCD 19. ABCD 20. ABCD
21. CD 22. ABC 23. ABCD 24. ABCD 25. ABCD
26. ABCD 27. DE 28. ABCD 29. ABCD 30. ABCD
31. ABCD 32. ABCD 33. ABCD 34. ABCD 35. DE
36. ABCD 37. ABCD 38. ABCD 39. ABCD 40. ABCD
41. ABCD 42. ABCD 43. ABC 44. ABC 45. ABCD
46. ABCD 47. ABCD 48. ABC 49. ABC 50. ABCD
51. ABCD 52. ABCD 53. ABCD 54. ABC 55. ABCD
56. ABCD 57. ABCD 58. ABCD 59. ABCD 60. ABCD
61. ABCD 62. ABCD 63. ABCD 64. CDE 65. CDE
66. CDE 67. CDE 68. CDE 69. ABCD 70. ABCD
71. ABCD 72. ABCD 73. ABCD 74. ABCD 75. ABCD
76. ABDE 77. ABC 78. ABCD 79. ABC 80. ABC
81. ABC 82. ABC 83. ABC 84. ABC 85. ABC
86. ABC 87. ABC 88. ABC 89. ABCDE 90. ABCDE
91. ABCD 92. ABC 93. ABCDE 94. ABCD 95. ABCD
96. ABCD 97. ABCDE 98. ABCDE 99. ABCD 100. ABCD
101. ABCD 102. CDE 103. ABCD 104. ABCD 105. ABCD
106. ABCD 107. ABCD 108. ABCDE 109. ABCDE 110. ABCDE
111. ABCDE 112. ABCDE 113. ABCD 114. ABCD 115. ABCD
116. ABCD 117. ABCD 118. ADE 119. ABC 120. ABCDE
121. ABCDE 122. BD 123. ABCE 124. ABCE 125. ABCD

126. ABCD	127. ABCD	128. ABCD	129. ABCD	130. CD
131. ABCD	132. ABCD	133. ABCD	134. ABCD	135. ABCD
136. CDE	137. CDE	138. CDE	139. CDE	140. CDE
141. ABCD	142. ABCD	143. ABCD	144. AB	145. AC
146. ABCD	147. ABCE	148. ABCD	149. ABCD	150. CDE

第二节　电力机车钳工（机械一组）应知应会练习题

一、单选题

1. 铁路运输服务的最终目的就是使（　　）满意。
A. 单位领导　　B. 有关职工
C. 当地群众　　D. 旅客货主

2. 铁路职工职业道德教育的重要内容有（　　）。
A. 安全正点、尊老爱幼、优质服务
B. 安全正点、尊客爱货、清正廉洁
C. 安全正点、尊客爱货、优质服务
D. 安全正点、办事公道、优质服务

3. 铁路职工“想旅客、货主之所想，急旅客、货主之所急”，促进了社会（　　）建设。
A. 物质文明　　B. 企业文化
C. 道德风尚　　D. 道德规范

4. 热情周到，指的是铁路运输服务的（　　）及所要达到的效果。
A. 优质程度　　B. 运输过程
C. 礼貌待客　　D. 关心程度

5. 尊重旅客货主主要表现在对旅客货主人格的尊重，对旅客货主乘车运货过程中（　　）的满足。
A. 正当要求　　B. 个人需求
C. 所有要求　　D. 部分要求

6. 一个铁路职工为了承担起自己的（　　），必须进行经常性的职业道德修养。
A. 岗位责任　　B. 行为责任
C. 历史责任　　D. 职业责任

7.（　　）是铁路职工职业道德的基本原则。
A. 人民铁路为人民　　B. 安全正点
C. 尊客爱货　　D. 优质服务

8. 铁路行业是服务性行业，能否做到（　　）是衡量铁路职业道德的一个重要标准。
A. 尊客爱货　　B. 热情周到

C. 诚实守信　　D. 注重质量

9. 尊客爱货，热情周到是（　　）宗旨的体现。

A. 人民铁路为人民　　B. 为人民服务

C. 集体主义　　D. 特鲁工作

10.“四按、三化”记名检修中，（　　）不属于“四按”的内容。

A. 按范围　　B. 按“机车-28”

C. 按工艺　　D. 按规程

11.“四按、三化”记名检修中，（　　）不属于“三化”的内容。

A. 程序化　　B. 信息化　　C. 文明化　　D. 机械化

12.《内燃、电力机车检修工作要求及检查办法》简称（　　）。

A.“220”文件　　B.“110”文件

C.“118”文件　　D.“120”文件

13.“220”文件是内燃、电力机车（　　）的评比办法。

A. 检修工作　　B. 检修方法

C. 机车质量　　D. 质量管理

14. 依据《内燃、电力机车检修工作要求及检查办法》进行对规检查的核心内容是（　　）。

A. 基础管理　　B.“四按、三化”记名检修

C. 机车检修质量　　D. 设备管理

15. 接受《内燃电力机车检修工作要求及检查办法》文件对规检查的机务段，不因检修工作责任造成机车大破事故时（　　）。

A. 不影响本次对规检查成绩　　B. 本次对规成绩降级排名

C. 超过及格成绩时按及格记　　D. 按失格处理

16.《内燃、电力机车检修工作要求及检查办法》进行对规检查时，不对（　　）进行评定。

A. 管理基础　　B. 配件材料管理

C. 设备管理　　D. 检修指标

17. 铁路事故责任一般事故分为（　　）类。

A. 1　　B. 2　　C. 4　　D. 3

18. 落轮作业时造成 2 人死亡 1 人重伤，列为（　　）事故。

A. 一般 C 类　　B. 一般 D 类

C. 一般 A 类　　D. 一般 B 类

19. 机车大破 1 台，未构成较大事故时应列为（　　）事故。

A. 一般 A 类　　B. 一般 B 类

C. 一般 C 类　　D. 一般 D 类

20. 机车交车试验时造成大部件报废，直接经济损失 150 万元，应列为（　　）事故。
A. 一般 C 类　　B. 一般 D 类
C. 一般 B 类　　D. 一般 E 类

21. 机车检修作业过程中造成 1 人死亡 1 人重伤，应列为（　　）事故。
A. 一般 E 类　　B. 一般 B 类
C. 一般 C 类　　D. 一般 D 类

22. 机车小、辅修计划兑现率至少要高于（　　）。
A. 65%　　B. 70%　　C. 75%　　D. 80%

23. 机车中修范围由（　　）制订。
A. 铁路总公司　　B. 铁路局
C. 机务段　　D. 机车工厂

24. 机车小、辅修范围内的主要工作的具体项目由（　　）在小、辅修范围中确定。
A. 铁路总公司　　B. 铁路局
C. 机务段　　D. 检修车间

25. 段修机车车上作业项目，零、小部件的检修工艺由（　　）制订。
A. 铁路总公司　　B. 铁路局
C. 机务段　　D. 机车工厂

26. 机车中修台账保存期限为（　　）。
A. 1 年　　B. 2 年　　C. 5 年　　D. 3 年

27. 机车小、辅修台账保存期限为（　　）。
A. 半年　　B. 1 年　　C. 3 年　　D. 2 年

28. 机车运用、检修指标台账的保存期限为（　　）。
A. 永久　　B. 10 年　　C. 5 年　　D. 3 年

29. 机车临修登记簿的保存期限为（　　）。
A. 半年　　B. 1 年　　C. 2 年　　D. 3 年

30. 机车中修、小、辅修工作记录薄的保存期限为（　　）。
A. 半年　　B. 1 年　　C. 1.5 年　　D. 2 年

31.《神华铁路运输管理规程（试行）》规定辅修、小修范围由（　　）负责编制并确定。
A. 铁路公司　　B. 机务段
C. 铁路总公司　　D. 机车工厂

32.《神华铁路运输管理规程（试行）》规定中修范围由（　　）组织编制，报集团公司运输管理部备案。
A. 铁路总公司　　B. 铁路公司
C. 机务段　　D. 机车工厂

33.《神华铁路运输管理规程（试行）》规定（　　）范围应由编制单位根据执行中出现的机车设备故障（以下简称机破）、临修、碎修、超范围修和加装改造等情况定期组织修订。

A. 小辅修　　B. 中修　　C. 厂修　　D. 段修

34. (　　) 范围内的主要工作及超范围必须记名。

A. 辅修　　B. 小修
C. 小辅修及中修　　D. 中修

35.《神华铁路运输管理规程（试行）》规定（　　）检修要结合检修或实验记录认真记名。

A. 各种配件　　B. 各种设备
C. 各种设施　　D. 各种工具

36. (　　) 安排出工前应结合工作内容、工作特点、工作重点，对可能预控失效的危险源进行明示，并提出针对性措施。

A. 车间主任　　B. 作业组长
C. 安全员　　D. 学习委员

37. 作业组（　　）对未整改危险源安全措施复查一次。

A. 每天　　B. 每周　　C. 每二天　　D. 每三天

38. 危险源指可能导致伤害或疾病、(　　)工作环境破坏或这些情况组合的根源或状态。

A. 财产损失　　B. 人员死亡
C. 事故发生　　D. 自然环境破坏

39. 危险源辨识指认识（　　）的存在并确定其特性的过程。

A. 危险源　　B. 风险
C. 隐患　　D. 危险运行值

40. 风险指某一特定危险情况发生的可能性和（　　）的组合。

A. 危险运行值　　B. 爆发周期
C. 特性　　D. 后果

41. 风险评估指（　　）以及确定风险是否可容许的全过程。

A. 危险源辨识　　B. 评估风险大小
C. 风险辨识　　D. 测量风险存在的状态

42. 风险预控指在危险源辨识和风险评估的基础上，预先采取措施（　　）风险的过程。

A. 警示和减弱　　B. 联锁和警示
C. 减弱和隔离　　D. 消除或控制

43. 危险源监测指通过（　　）手段检查、测量危险源存在的状态及其变化的过程。

A. 危险源辨识　　B. 风险评估
C. 管理与技术　　D. 危险源辨识和风险评估

44. 风险预警指通过一定的方式，对（　　）的风险进行信息警示。

A. 中度　　B. 存在　　C. 极度　　D. 高度

45. 不安全行为指可能（　　）或导致事故发生的行为。

A. 产生风险　　B. 存在风险
C. 违章操作　　D. 违章指挥

46. 风险管理对象指可能产生或存在风险的（　　）。
A. 手段　　B. 准则　　C. 主体　　D. 方法

47. 风险管理标准指针对管理对象所制定的以消除或控制风险的（　　）。
A. 主体　　B. 手段　　C. 方法　　D. 准则

48. 风险管理措施是指（　　）的具体方法、手段。
A. 达到风险管理标准　　B. 针对风险管理对象
C. 消除危险源　　D. 控制风险

49. 持续改进是指（　　），根据本质安全管理方针，完善安全风险预控管理的过程。
A. 为改进生产安全总体绩效　　B. 为消除和控制危险发生
C. 为保证安全生产　　D. 为了达到预期安全目标

50. 风险预控管理体系的管理基础（　　）。
A. 危险源辨识　　B. 风险预控
C. 管理员工不安全行为　　D. 切断事故发生的因果

51. 风险预控管理体系的管理重点是（　　）。
A. 危险源辨识　　B. 风险预控
C. 管理员工不安全行为　　D. 切断事故发生的因果

52. 生产安全风险的分类不包括（　　）。
A. 行为类　　B. 设备类　　C. 环境类　　D. 意识类

53. 危险源辨识主要采用的方法是（　　）。
A. 调查法　　B. 工作任务分析法
C. 安全检查表辨识法　　D. 经验法

54. 风险评估主要是（　　）对危险源进行风险评估。
A. 调查法　　B. 风险矩阵法
C. 工作任务分析法　　D. 安全检查表辨识法

55. 环境类和设备类风险评估的准确性可采用（　　）（LEC）和失效模式与影响分析评价法（FMEA）进行验证。
A. 作业条件危险性评价法　　B. 风险矩阵法
C. 工作任务分析法　　D. 安全检查表辨识法

56. 危险源根据危险程度可分为（　　）级。
A. 2　　B. 3　　C. 5　　D. 4

57. 极度风险危险源整改时期限不得超过（　　）天。
A. 0.5　　B. 0.4　　C. 0.3　　D. 0.2

58. 高度风险危险源整改时期限不得超过（　　）天。

A. 0.5　B. 1　C. 0.4　D. 0.3

59. 中度风险危险源整改时期限不得超过（　　）天

A. 0.5　B. 2　C. 1　D. 1.5

60. 低度风险危险源整改时期限不得超过（　　）天

A. 1　B. 2　C. 3　D. 0.5

61. 对危险源及其风险的控制遵循的原则不包括（　　）。

A. 消除　B. 预防　C. 个体防护　D. 引导

62.（　　）危险源按各专业或单位检测周期进行监测，对人的不安全行为实行实时监测。

A. 设备类　B. 行为类　C. 管理类　D. 行政类

63. 同一危险源在同一单位，一个月失控（　　），风险等级升一级。

A. 2 次　B. 3 次　C. 1 次　D. 半次

64. 危险源超周期整改，风险等级升（　　）。

A. 1 级　B. 0.2 级　C. 0.3 级　D. 0.5 级

65. 超过（　　）时，由安监部门调查处理。

A. 低度风险危险源　B. 中度风险危险源

C. 高度风险危险源整改　D. 极度风险危险源

66. 规格 0.02 mm 游标卡尺的尺身与游标每格长度相差（　　）。

A. 0.02 mm　B. 0.01 mm　C. 0.005 mm　D. 0.008 mm

67. 精度为 0.02 mm 的游标卡尺，游标刻线间距为（　　）mm。

A. 0.9　B. 0.95　C. 0.98　D. 0.85

68. 精度为 0.05 mm 的游标卡尺，游标刻线间距为（　　）mm。

A. 0.9　B. 0.95　C. 0.8　D. 0.85

69. 用控制螺栓长度法预紧时，按预紧力要求拧紧后的螺栓长度（　　）螺栓原始长度。

A. 等于　B. 大于　C. 小于　D. 大于或小于

70. 拧紧长方形布置的成组螺母或螺钉时，应从（　　）扩展。

A. 左端开始向右端　B. 右端开始向左端

C. 中间开始向两边对称　D. 两边开始向中间

71. 紧固联结通常用（　　）螺纹。

A. 三角形　B. 梯形　C. 矩形　D. 锯齿型

72. 精度为 0.02 mm 游标卡尺的游标上第 50 格刻线与尺身上（　　）刻线对齐。

A. 15 mm　B. 19 mm　C. 39 mm　D. 49 mm

73. 游标卡尺测量外径时，应先将两量爪张开（　　）被测尺寸。

A. 略小于　B. 等于　C. 略大于　D. 都可以

74. 清除切屑时，应用（　　）清除。
A. 刷子　B. 手拂　C. 嘴吹　D. 铲刀

75. 工件应该夹在台虎钳钳口的（　　）。
A. 上部　B. 中部　C. 下部　D. 都可以

76. 下列不属于钳工基本操作技能的是（　　）。
A. 划线　B. 锉削　C. 安装插座　D. 电钻钻孔

77. 下列不属于钳工基本操作技能的是（　　）。
A. 锯削　B. 铆接　C. 矫正　D. 测量电压

78. 下列不属于钳工常用设备的是（　　）。
A. 台虎钳　B. 砂轮机　C. 剥线钳　D. 钻床

79. 使用钻床钻较薄的工作物时须垫（　　）。
A. 铁板　B. 木板　C. 铜板　D. 铝板

80. 钻过于微小的工作物应使用（　　）加工。
A. 台式钻床　B. 立式钻床
C. 摇臂钻床　D. 都可以

81. 应使砂轮磨出的火星喷向（　　）。
A. 上方　B. 下方　C. 左方　D. 右方

82.（　　）不适于修整砂轮。
A. 金刚石砂轮修整器　B. 碳化硼棒
C. 星形钢片修整器　D. 废砂轮

83. 砂轮机的搁架与砂轮间的距离，一般应保持在（　　）mm。
A. 1 mm　B. 2 mm　C. 2.5 mm　D. 3 mm

84. 磨削碳钢、合金钢、可锻铸铁、硬青铜应选用（　　）砂轮。
A. 氧化物　B. 碳化物
C. 绿碳化硅　D. 高硬磨料

85. 磨削硬质合金、不锈钢、高合金钢等难加工材料应选用（　　）砂轮。
A. 氧化物　B. 碳化物
C. 绿碳化硅　D. 高硬磨料

86. 磨削铸铁、黄铜、铝及非金属应选用（　　）砂轮。
A. 氧化物　B. 碳化物
C. 绿碳化硅　D. 高硬磨料

87. 长期搁置不用和检修电动工具后必须测量电动工具的（　　）。
A. 绝缘电阻　B. 电压　C. 电流　D. 功率

88. 使用角磨机磨削作业时，应使砂轮与工作面保持（　　）的倾斜位置。
A. 0° ~ 15°　B. 15° ~ 30°　C. 3° ~ 5°　D. 5° ~ 10°

89. 使用角磨机作业时间过长，机具温升超过（　　）时，应停机，自然冷却后再行作业。

A. 50 °C　　B. 60 °C　　C. 40 °C　　D. 30 °C

90. 使用角磨机切割及打磨作业时，周围（　　）内不能有人员及易爆物品。

A. 1 m　　B. 0.5 m　　C. 0.3 m　　D. 0.8 m

91. 操作手电钻向前钻孔时，双脚站立最适当姿势为（　　）。

A. 前弓后箭步　　B. 双脚并拢

C. 双脚和肩同宽平行　　D. 双脚比肩稍宽平行站立

92. 使用手电钻工作时，不应（　　）。

A. 注意垂直度　　B. 夹紧钻头

C. 一手抓工件一手握电钻　　D. 注意钻削状况

93. 操作手电钻钻孔即将贯穿时，所施的压力应（　　）。

A. 加大　　B. 一样　　C. 减小　　D. 不加压

94. 夹紧钻头于手提电钻，宜采用（　　）。

A. 活动扳手　　B. 錾子与手锤

C. 钻头夹头扳手　　D. 梅花扳手

95. 锤子的质量增加 1 倍，能量增加（　　）倍。

A. 1　　B. 0.5　　C. 0.7　　D. 0.9

96. 锤子的速度增加 1 倍，能量增加（　　）倍。

A. 1　　B. 2　　C. 3　　D. 4

97. 钢质手锤规格的表示方法是根据（　　）。

A. 锤头质量　　B. 锤头尺寸

C. 柄长　　D. 柄的材质

98. 装配或安装机件时，应避免使用的手锤是（　　）手锤。

A. 刚　　B. 铜　　C. 橡胶　　D. 塑料锤

99. 风动工具必须保证有正常的工作压力，一般的工作压力为（　　）MPa。

A. 0.2 ~ 0.4　　B. 0.4 ~ 0.6　　C. 0.3 ~ 0.5　　D. 0.2 ~ 0.5

100. 规格 600 mm 以上的管钳若需要用加力管时，其管长只能为钳柄长度的（　　）倍。

A. 0.5　　B. 0.4　　C. 0.3　　D. 0.2

101. 管钳钳口应卡在距管体连接螺纹末端（　　）cm 处。

A. 0 ~ 10　　B. 10 ~ 20　　C. 0 ~ 15　　D. 10 ~ 15

102. 规格在（　　）mm 以下的管钳，严禁使用加力管。

A. 300　　B. 350　　C. 450　　D. 600

103. 欲快速拆卸六角螺帽，使用（　　）较快。

A. 棘轮　　B. 活扳手　　C. 开口扳手　　D. 梅花扳手

104. 扭力扳手使用后应将示值调节到（　　）。

A. 最大值　　B. 中间值　　C. 最小值　　D. 都可以

105. 选择扭力扳手的条件是工作值在被选扭力扳手限值（　　）之间。

A. 20% ~ 50%　　B. 20% ~ 80%　　C. 50% ~ 70%　　D. 30% ~ 60%

106. 用测力扳手拧工件目的是为了（　　）。

A. 防松　　B. 控制拧紧力矩

C. 保证正确连接　　D. 提高装配效率

107. 用千斤顶支承工件时其支承点应尽量选择在（　　）。

A. 斜面　　B. 凹面　　C. 凸面　　D. 平面

108. 标准螺丝刀的长度规格指的是（　　）。

A. 总长度　　B. 刀体的长度

C. 木柄的长度　　D. 刀口的长度

109. 带电操作时，手与钢丝钳的金属部分要保持（　　）cm 以上的距离。

A. 1　　B. 2　　C. 0.5　　D. 1.5

110. 将部件、组件、零件联接组合成为整台机器的操作过程，称为（　　）。

A. 组件装配　　B. 部件装配

C. 总装配　　D. 简单装配

111. 在装配前，须认真做好装配零件的清理和（　　）工作。

A. 修理　　B. 调整　　C. 清洗　　D. 去毛倒刺

112. 粗牙普通螺纹大径为 20，螺距为 2.5，中径和顶径公差带代号均为 5g，其螺纹标记为（　　）。

A. M20-4 g　　B. M20-5 g　　C. M20-3 g　　D. M20-2 g

113. 非标准螺纹是指（　　）不符合标准的螺纹。

A. 大径　　B. 螺距　　C. 牙型　　D. 直径

114. 决定螺纹旋合性的主要参数是（　　）。

A. 中径　　B. 大径　　C. 螺距　　D. 牙型

115. 弹簧垫圈上开出斜口目的是为了（　　）。

A. 增大预紧力　　B. 产生弹力

C. 防止螺母回转　　D. 增大摩擦力

116. 不属于平垫圈作用的是（　　）。

A. 减少摩擦　　B. 防止漏泄

C. 隔离　　D. 锁紧螺母

117. 主要起增加支承面，遮盖较大孔眼作用的垫圈是（　　）。

A. 圆垫圈　　B. 弹簧垫圈

C. 橡胶垫圈　　D. 止动垫圈

118. 螺纹连接属于（　　）。

A. 可拆的活动连接　　B. 不可拆的固定连接

C. 可拆的固定连接　　D. 不可拆的活动连接

119. 同一条螺旋线上对应两点间的轴向距离称为（　　）。

A. 导程　　B. 螺距　　C. 线数　　D. 大径

120. 当螺杆的螺距为 3 mm，螺杆的线数为 3，螺杆旋转一周时，螺母相应移动（　　）。

A. 3 mm　　B. 6 mm　　C. 9 mm　　D. 8 mm

121. 划线在选择尺寸基准时，应使划线的尺寸基准与图样上的（　　）一致。

A. 测量基准　　B. 设计基准

C. 工艺基准　　D. 测量基准

122. 划线时，用来确定工件各部位尺寸、几何形状及相对位置的线，称为（　　）线。

A. 原始　　B. 零位　　C. 基准　　D. 标准

123. 畸形工件需要多次划线时，为保证加工质量必须做到（　　）。

A. 安装方法一致　　B. 划线方法一致

C. 划线基准统一　　D. 借料方法相同

124. 畸形工件的划线基准可以借助于以下哪个基准作为参考基准（　　）。

A. 原始基准　　B. 辅助基准

C. 最大的面　　D. 最小的面

125. 划线时，使工件上的有关面处于合理位置，应利用划线工具进行（　　）。

A. 支承　　B. 吊线　　C. 找正　　D. 借料

126. 工件划线时画好基准线和位置线后应先划（　　）。

A. 垂直线　　B. 水平线　　C. 圆弧线　　D. 斜线

127. 可调式锯弓由后段和前段组成弓架，前段可在后段中伸缩，前段中有（　　）半圆缺口。

A. 2 个　　B. 3 个　　C. 1 个　　D. 1.5 个

128. 锯割时，工件伸出部分尽量要短，而且要尽量夹在虎钳的（　　）。

A. 中间　　B. 中间偏右　　C. 左侧　　D. 右侧

129. 工件不应伸出钳口过长，一般应保持锯缝距离钳口（　　）左右，防止在锯削过程中产生振动。

A. 5 mm　　B. 20 mm　　C. 10 mm　　D. 15 mm

130. 锯削时，起锯角要小，一般不超过（　　）。

A. 9°　　B. 11°　　C. 13°　　D. 15°

131. 一般情况下，锯条至少有（　　）齿同时工作比较合理。

A. 1 个　　B. 3 个　　C. 2 个　　D. 2.5 个

132. 为使锯条得到充分的利用，又延长锯条的寿命，一般操作时的往返长度不小于锯条全长的（　　）。

A. 1/2　　B. 2/3　　C. 1/4　　D. 1/5

133. 锯割工件时，锯入工件（　　），锯缝的两边对锯条的摩擦阻力就越大。

A. 越宽　　B. 越窄　　C. 越深　　D. 越浅

134. 标准麻花钻主切削刃上各点处的后角大小不相等，越接近中心越大，其值约为（　　）。

A. 20° ~ 26°　　B. 6° ~ 20°　　C. 3° ~ 16°　　D. 16° ~ 20°

135. 麻花钻顶角越小，则刀尖角增大，有利于（　　）。

A. 切削液的进入　　B. 散热和提高钻头的寿命
C. 排屑　　D. 散热

136. 加工 M16 内螺纹应选钻头直径为（　　）mm。

A. 13　　B. 14　　C. 12　　D. 11

137. 加工 M16X1 内螺纹应选钻头直径为（　　）mm。

A. 13　　B. 14　　C. 15　　D. 12

138. 材料在外力作用下，抵抗产生塑性变形和断裂的能力称为（　　）。

A. 强度　　B. 弹性　　C. 塑性　　D. 硬度

139. 材料在外力作用下发生变形，当外力解除后，变形消失恢复原来形状的性能称为（　　）。

A. 强度　　B. 弹性　　C. 塑性　　D. 硬度

140. 材料抵抗冲击力的作用而不致破裂的性能称为（　　）。

A. 冲击韧性　　B. 疲劳强度
C. 蠕变强度　　D. 抗拉强度

141. 材料经受多次交变载荷的作用而不致破坏的性能称为（　　）。

A. 冲击韧性　　B. 疲劳强度
C. 蠕变强度　　D. 抗拉强度

142. 一般情况下碳的质量分数为 0.25% ~ 0.55% 的属于（　　）。

A. 低碳钢　　B. 中碳钢
C. 中高碳钢　　D. 高碳钢

143. 一般情况下碳的质量分数为 0.95% ~ 1.15% 的属于（　　）。

A. 低碳钢　　B. 中碳钢　　C. 中高碳钢　　D. 高碳钢

144. 高级优质碳素钢含（　　）较低。

A. 碳　　B. 镁　　C. 硫、磷　　D. 硅、锰

145. 规格 45 钢属于（　　）。

A. 低碳钢　　B. 中碳钢　　C. 合金钢　　D. 高碳钢

146.（　　）主要用于制造工具、量具和模具。
A. 碳素工具钢　　B. 碳素结构钢
C. 铸铁　　D. 铝合金

147. 规格 45 钢表示平均碳含量为（　　）的优质碳素结构钢。
A. 0.00 004 5　　B. 0.045　　C. 0.004 5　　D. 0.000 45

148. 材料在外力作用下发生变形，当外力解除后，仍然保留变形而不断裂的性能称为（　　）。
A. 强度　　B. 弹性　　C. 塑性　　D. 硬度

149. 材料抵抗硬物压入的能力称为（　　）。
A. 强度　　B. 弹性　　C. 塑性　　D. 硬度

150. 金属加工行业应用最多的硬度试验法是（　　）。
A. HRA　　B. HRB　　C. HRC　　D. HRF

151. 碳素工具钢热处理后的硬度可达（　　）。
A. 60 ~ 64HRC　　B. 60 ~ 61HRC
C. 61 ~ 62HRC　　D. 61 ~ 63HRC

152. 普通、优质和高级碳素钢是按（　　）区别的。
A. 机械性能的高低　　B. 磷、硫含量的多少
C. 硅、锰含量的多少　　D. 碳含量的多少

153. 淬火会使钢料（　　）。
A. 变硬且强度增加　　B. 变硬且延性增加
C. 变韧且强度增加　　D. 变软且延性增加

154. 决定钢材淬硬层深度和硬度分布的特性叫（　　）。
A. 淬硬性　　B. 回火　　C. 淬透性　　D. 淬变形

155. 钢在理想条件下进行淬火硬化能达到的最高硬度的能力称（　　）。
A. 淬硬性　　B. 回火　　C. 淬透性　　D. 淬变形

156. 钢的淬硬性主要取决于马氏体中的（　　）含量。
A. 锰　　B. 硫　　C. 碳　　D. 磷

157.（　　）不属于工业上常用的退火工艺。
A. 完全退火　　B. 变温退火
C. 球化退火　　D. 去应力退火

158. 去除应力退火，一般是加热到（　　），经保温一段时间后，随炉冷却至 300 °C 以下出炉。
A. 400 ~ 500 °C　　B. 500 ~ 550 °C
C. 600 ~ 650 °C　　D. 400 ~ 550 °C

159. 将烧红至约 800 °C 的中碳钢料随即在密闭炉中缓慢冷却，这种处理方法称（　　）。
A. 淬火　　B. 回火　　C. 退火　　D. 正常化

160. 退火主要目的是为了降低钢的硬度，提高（　　）和韧性。
A. 塑性　　B. 强度　　C. 疲劳强度　　D. 蠕变

161. 钢料退火的目的是（　　）。
A. 变硬　　B. 变软　　C. 变形　　D. 变色

162. 若想消除钢料中的应力，最好的办法就是（　　）。
A. 淬火　　B. 退火　　C. 回火　　D. 正火

163. 在正常配置的 3 个基本视图中，机件上对应部分的主、左视图（　　）。
A. 高平齐　　B. 长对正　　C. 宽相等　　D. 宽不等

164. 主视图是工件正前方看到的视图，可表示工件的尺寸是（　　）。
A. 长与宽　　B. 长与高
C. 长、宽与高　　D. 宽与高

165. 三视图的投影规律，长对正指的是（　　）两个视图。
A. 主、左　　B. 主、右　　C. 主、俯　　D. 俯、左

166. 三视图的投影规律，高平齐指的是（　　）两个视图。
A. 主、左　　B. 主、右　　C. 主、俯　　D. 俯、左

167. 三视图的投影规律，宽相等指的是（　　）两个视图。
A. 主、左　　B. 主、右　　C. 主、俯　　D. 俯、左

168. 视图中能反映出物体的前、后、上、下位置关系的是（　　）。
A. 主视图　　B. 俯视图　　C. 左视图　　D. 斜视图

169. 视图中能反映出物体的前、后、左、右位置关系的是（　　）。
A. 主视图　　B. 俯视图　　C. 左视图　　D. 斜视图

170. 视图中能反映出物体的左、右、上、下位置关系的是（　　）。
A. 主视图　　B. 俯视图　　C. 左视图　　D. 斜视图

171. 可以气割的金属应符合的条件是金属氧化物的熔点应（　　）金属熔点。
A. 高于　　B. 低于　　C. 等于　　D. 都可以

172. 可以进行气割的金属是（　　）。
A. 纯铁　　B. 低碳钢　　C. 中碳钢　　D. 都可以

173. 不能进行气割的金属是（　　）。
A. 纯铁　　B. 低碳钢　　C. 中碳钢　　D. 铝和铜

174. 铸铁不能进行气割的原因是（　　）。
A. 导热性太好
B. 铸铁熔点低于铸铁氧化物熔点
C. 铸铁不能与氧气发生剧烈反应
D. 铸铁氧化物的流动性差

175. 装配时，使用可换垫片、衬套和镶条等，以消除零件间的累积误差或配合间隙的方法是（　　）。

A. 修配法　B. 选配法　C. 调整法　D. 互换法

176. 分组选配法是将一批零件逐一测量后，按（　　）的大小分组。

A. 测量尺寸　B. 实际尺寸

C. 基本尺寸　D. 极限尺寸

177. 装配精度完全依赖于零件加工精度的装配方法是（　　）。

A. 调整法　B. 修配法

C. 选配法　D. 完全互换法

178. 修配法一般适用于（　　）。

A. 单件生产　B. 成批生产

C. 小量生产　D. 大量生产

179. 铁路轨道两条钢轨之间的距离为（　　）mm。

A. 1 435　B. 1 353　C. 1 250　D. 1 235

180. SS_{4B}型电力机车的轴列式是（　　）。

A. B_0-B_0　B. 2(B_0-B_0)　C. C_0-C_0　D. 2(C_0-C_0)

181. SS_{4B}型电力机车机车落弓状态最高处（连接器处）距轨面高度（　　）mm。

A. 4 775　B. 4 665　C. 4 705　D. 4 605

182. SS_{4B}型电力机车单节机车转向架中心距（　　）mm。

A. 8 000　B. 8 200　C. 8 050　D. 8 100

183. SS_{4B}型电力机车单节机车全轴距（　　）mm。

A. 10 100　B. 11 000　C. 11 100　D. 10 200

184. SS_{4B}型电力机车转向架轴距（　　）mm。

A. 2 800　B. 2 850　C. 2 900　D. 2 750

185. SS_{4B}型电力机车新轮情况下传动齿轮箱地面距轨面高度不小于（　　）mm。

A. 100　B. 110　C. 105　D. 109

186. SS_{4B}型电力机车新轮车轮直径（　　）mm。

A. 1 150 ± 1　B. 1 200 ± 1　C. 1 230 ± 1　D. 1 250 ± 1

187. SS_{4B}型电力机车轮轨内侧距（　　）mm。

A. 1 350 ± 3　B. 1 351 ± 3　C. 1 352 ± 3　D. 1 353 ± 3

188. 不属于SS_{4B}型电力机车车体与转向架机械连接部件的是（　　）。

A. 牵引电机大线　B. 横向油压减振器

C. 侧向摩擦减振器　D. 牵引杆

189. 不属于SS_{4B}型电力机车车体与转向架管路连接部件的是（　　）。

A. 撒砂管　B. 闸缸管

C. 平均管　　D. 轮喷总风管

190. 属于 SS_{4B} 型电力机车车体与转向架电机连接部件的是（　　）。

A. 轴温传感器　　B. 电机大线

C. 电机风筒　　D. 电机接电盒盖板

191. 属于 SS_{4B} 型电力机车车体与转向架电器连接部件的是（　　）。

A. 轮喷总风管　　B. 速度传感器

C. 电机大线　　D. 电机碳刷

192. SS_{4B} 型电力机车转向架由（　　）大部分组成。

A. 10　　B. 9　　C. 8　　D. 7

193. 不属于 SS_{4B} 型电力机车转向架主要十大组成部件是（　　）。

A. 构架　　B. 主变压器

C. 一系弹簧支撑装置　　D. 电机悬挂装置

194. 不属于 SS_{4B} 型电力机车转向架主要十大组成部件是（　　）。

A. 轮对电机组装　　B. 主变压器

C. 二系弹簧支撑装置　　D. 附属装置

195. 不属于 SS_{4B} 型电力机车转向架主要十大组成部件是（　　）。

A. 牵引装置　　B. 基础制动装置

C. 主变压器　　D. 砂箱装置

196. SS_{4B} 型电力机车转向架单轴轴重（　　）t。

A. 21.5　　B. 22　　C. 23　　D. 20

197. SS_{4B} 型电力机车转向架通过的最小曲线半径（　　）。

A. 115 m（$v > 5$ km/h）　　B. 125 m（$v < 5$ km/h）

C. 120 m（$v < 10$ km/h）　　D. 123 m（$v > 10$ km/h）

198. SS_{4B} 型电力机车转向架轮对左右轴箱中心线间距（　　）mm。

A. 2 100　　B. 1 200　　C. 1 210　　D. 2 110

199. SS_{4B} 型电力机车转向架最高速度为（　　）。

A. 70 km/h　　B. 80 km/h　　C. 90 km/h　　D. 100 km/h

200. SS_{4B} 型电力机车转向架的牵引方式是（　　）。

A. 中央推挽式斜拉杆方式　　B. 拐臂式牵引

C. 推挽式高位牵引　　D. 高位斜拉杆式牵引

201. SS_{4B} 型电力机车牵引点距轨面高度为（　　）。

A. 9 mm　　B. 12 mm　　C. 10 mm　　D. 11 mm

202. SS_{4B} 型电力机车轮对单侧自由横动量为（　　）。

A. 0.2 mm　　B. 0.6 mm　　C. 0.75 mm　　D. 0.5 mm

203. SS_{4B} 型电力机车新车转向架侧梁顶面至轨面高度为（　　）mm。

A. 1 100 B. 1 150 C. 1 120 D. 1 180

204. SS_{4B}型电力机车转向架总重为（ ）t。

A. 20 B. 21 C. 21.4 D. 20.4

205. SS_{4B}型电力机车牵引电机悬挂方式为（ ）。

A. 全悬挂 B. 滚动抱轴式半悬挂

C. 架悬式悬挂 D. 轴悬式悬挂

206. SS_{4B}型电力机车牵引电机的传动方式为（ ）。

A. 单侧刚性直齿 B. 双侧刚性直齿

C. 单侧斜齿 D. 双侧斜齿

207. SS_{4B}型电力机车传动装置的传动比为（ ）。

A. 4.35 B. 4.2 C. 4.1 D. 4.17

208. SS_{4B}型电力机车转向架一系弹簧静挠度为（ ）mm。

A. 138 B. 139 C. 137 D. 136

209. SS_{4B}型电力机车转向架二系支撑静挠度为（ ）mm。

A. 4 B. 3 C. 6 D. 5

210. SS_{4B}型电力机车转向架油压减振器的阻尼数为（ ）。

A. 700 N · s/cm B. 800 N · s/cm

C. 900 N · s/cm D. 1 000 N · s/cm

211. SS_{4B}型电力机车转向架相对车体横动量为（ ）。

A. 15 mm B. 20 mm C. 17 mm D. 18 mm

212. SS_{4B}型电力机车基础制动方式为（ ）。

A. 独立单元制动器制动 B. 轮盘制动

C. 电阻制动 D. 电磁制动

213. SS_{4B}型电力机车机车制动率为（ ）。

A. 0.31 B. 0.28 C. 0.24 D. 0.18

214. SS_{4B}型电力机车手制动率为（ ）。

A. 0.15 B. 0.2 C. 0.18 D. 0.19

215. SS_{4B}型电力机车单个砂箱容积为（ ）m^3。

A. 0.02 B. 0.08 C. 0.1 D. 0.04

216. 机车在静止状态下（ ）压在钢轨上的重量，称为轴重。

A. 每根轮对 B. 每个转向架

C. 整台机车 D. 每一车轮

217. 机车（ ）所发挥的功率，称为单轴功率。

A. 每个构架 B. 每个电机

C. 每根轮轴 D. 每个转向架

218. 转向架在结构上所允许的机车（　　），称为机车的结构速度。

A. 运行速度　　B. 最大运行速度
C. 功率　　D. 最大功率

219. 电力机车运行过程中的不良运动有（　　）种形式。

A. 4　　B. 5　　C. 6　　D. 3

220. 不属于电力机车运行过程中的不良运动是（　　）。

A. 点头　　B. 蛇行　　C. 摇摆　　D. 牵引

221. 不属于电力机车运行过程中的不良运动是（　　）。

A. 制动　　B. 侧滚　　C. 伸缩　　D. 倾斜

222. 转向架要在（　　）的引导下，实现机车在直线和曲线上的运行，并保证机车曲线运行的安全和顺利。

A. 乘务人员　　B. 受电弓
C. 钢轨　　D. 机车信号

223. 转向架要缓和线路不平顺对机车的冲击，保证机车运行的平衡性，（　　）运行中的作用力及其危害。

A. 减少　　B. 增加　　C. 改变　　D. 避免

224. 机车称重后每根轴重不应该超过机车实际平均轴重的（　　）。

A. ±1%　　B. ±2%　　C. ±0.3%　　D. ±0.4%

225. 机车称重后每一轮对的每一个轴重与实际平均轴重之差，不超过该轴两轮平均轮重的（　　）。

A. ±1%　　B. ±2%　　C. ±3%　　D. ±4%

226. 拆卸机车零件时，应按照（　　）的程序进行。

A. 由内至外　　B. 与装配相反
C. 与装配相同　　D. 由外至内

227. 用锤子或冲棒冲击零件时，应垫好软衬垫，或用软材料（如紫铜）以防止损坏（　　）。

A. 零件表面　　B. 零件构造
C. 零件质地　　D. 零件性能

228. 拆卸旋转部件时，应注意尽量不破坏原来的（　　），不得在拆卸时发生碰撞。

A. 平衡条件　　B. 零件构造
C. 零件精度　　D. 零件表面

229. 拆卸容易产生位移而又（　　）或有方向性的配件时，应预先做好标记，以免在修复后装配时因辨认而浪费时间。

A. 无定位装置　　B. 定位装置
C. 标准件装置　　D. 非标装置

230. 齿轮箱的作用是为了对（　　）进行润滑以及防止尘土、沙石等污物对齿轮的侵袭。

A. 大齿轮　　B. 小齿轮　　C. 抱轴　　D. 牵引电机

231. SS_{4G}型电力机车齿轮箱体为（　　）焊接结构。

A. 低碳钢　　B. 高碳钢　　C. 45 号钢　　D. 铸钢

232. SS_{4B}型电力机车齿轮箱处除了合口处的螺栓连接外，整个箱体还通过（　　）螺栓固定在电机端部外壳上，使两者固定连接不产生相对位移。

A. 四根　　B. 六根　　C. 五根　　D. 三根

233. SS_4型电力机车齿轮箱由上箱和（　　）组成。

A. 下箱　　B. 端盖　　C. 底盖　　D. 侧板

234. SS_{4B}型电力机车齿轮箱使用的毛毡条的厚度要求是（　　）。

A. 3.5 ~ 4 mm　　B. 4.5 ~ 5 mm　　C. 5.5 ~ 6 mm　　D. 5.5 ~ 3 mm

235. 齿轮箱在装配毛毡条前，把胶条的中间部分进行浸油处理，（　　）不得沾油。

A. 两端　　B. 胶面上　　C. 毛毡处　　D. 突出部分

236. 齿轮箱毛毡装配后凸出量为（　　）mm。

A. 0.5 ~ 1.5　　B. 1.0 ~ 2.5　　C. 1.5 ~ 3.0　　D. 1.5 ~ 3.5

237. 润滑齿轮箱用油，宜选用（　　）。

A. 太古油　　B. 煤油　　C. 柴油　　D. 机油

238. 美孚 SHC220 该系列产品性能优于（　　）的能力。

A. 太古油　　B. 矿物油　　C. 煤油　　D. 柴油

239. 美孚 SHC220 在负荷极重的齿轮和受高剪切作用力的轴承里，仍能承受机械剪切力的作用，而（　　）则几乎没有降低。

A. 标号　　B. 黏度　　C. 品质　　D. 剪切力

240. SS_{4B} 型电力机车轮对电机组装中，为使大、小齿轮充分润滑，齿轮箱中的油量（　　）。

A. 越多越好　　B. 越少越好

C. 适当最好　　D. 禁止更换

241. SS_{4B}型电力机车齿轮箱内加量使油位应能浸至大齿轮轮齿的（　　）的高度处。

A. 1/3　　B. 1/4　　C. 1/7　　D. 1/5

242. 电力机车齿轮箱内油过多齿轮转动时产生（　　），不利于齿轮箱密封，出现渗漏现象。

A. 漂浮油膜　　B. 高压油雾

C. 低温　　D. 油脂变化

243. 电力机车齿轮箱内油过多时产生的阻力很大，阻碍（　　）。

A. 齿轮传动　　B. 大齿润滑

C. 小齿润滑　　D. 大小齿啮合

244. 齿轮箱油位应在油标尺（　　）（或油位处于观油镜油标上的标记圆环内）。

A. 上刻度线以下　　B. 下刻度线以下

C. 上下刻度线之间　　D. 下刻度线以上

245. 齿轮箱设置呼吸孔是为使齿轮副在工作时箱体内部压力和外部大气压力相平衡而设计（　　）。

A. 在下箱合口　　B. 在上箱手把上

C. 在下箱观油镜处　　D. 在上箱合口处

246. 齿轮箱呼吸孔处手把气管可以用来（　　）。

A. 吊装齿轮箱体　　B. 观察齿轮箱油位

C. 检查大齿情况　　D. 检查小齿情况

247. 齿轮箱的安装可以通过调整与电机、齿轮箱安装座之间的垫片来调整齿轮箱油封间隙应为（　　）。

A. 0.5 ~ 1.0 mm　　B. 0.5 ~ 1.2 mm

C. 1.0 ~ 1.1 mm　　D. 0.8 ~ 1.0 mm

248. 齿轮箱与轮箍内侧面距离上下间隙偏差（　　）。

A. ≤1 mm　　B. ≤2 mm　　C. ≤5 mm　　D. ≤3 mm

249. 齿轮箱外侧面与轮毂内侧面距离（　　）。

A. ≥15 mm　　B. ≤12 m　　C. ≥10 mm　　D. ≤10 mm

250. SS_{4B}型电力机车齿轮箱领圈槽深原型为（　　）。

A. 10.6 mm　　B. 11.1 mm　　C. 11.5 mm　　D. 11.3 mm

251. SS_{4B}型电力机车齿轮箱领圈槽深中修要求为（　　）。

A. ≥4 mm　　B. ≥5 mm　　C. ≥6 mm　　D. ≥7 mm

252. 电力机车齿轮传动都是（　　）传动。

A. 加速齿轮　　B. 减速齿轮

C. 变位齿轮　　D. 扇形齿轮

253. 直齿圆柱齿轮的正确啮合条件是：两齿轮的（　　）是正确的。

A. 齿数相等，模数不等

B. 齿形角相等，模数相等

C. 齿数不等，模数不等

D. 齿数、模数、齿形角都不等

254. 斜齿圆柱齿轮的模数和压力角为标准值的是（　　）。

A. 端面模数和端面压力角

B. 法面模数和法面压力角

C. 端面模数和法面压力角

D. 端面压力角和法面模数

255. 齿轮啮合的压力角指作用力方向与运动方向所夹的（　　）。

A. 锐角　B. 钝角　C. 直角　D. 平角

256. 一般齿轮分度圆上的压力角为（　　）。

A. 14°　B. 10°　C. 20°　D. 15°

257. 标准直齿圆柱齿轮，齿顶圆直径为 90 mm，齿数为 28，该齿轮的模数为（　　）。

A. 1 mm　B. 2 mm　C. 3 mm　D. 1.5 mm

258. 电力机车齿轮传动比的数值应尽可能是（　　）。

A. 无限不循环小数　B. 有限循环小数

C. 有限不循环小数　D. 无限循环小数

259. 一般电力机车齿轮传动比小于（　　）。

A. 5　B. 4　C. 3　D. 2

260. 大小齿采用变位齿轮主要是为了改变齿轮的齿根、齿顶啮合角等几何尺寸，从而改变接触强度、（　　）等，这样的措施能使大、小齿轮的寿命比较接近。

A. 冲击强度　B. 断裂强度

C. 弯曲强度　D. 抗拉强度

261. 机车全部的静载荷均通过（　　）传递给钢轨。

A. 轴箱　B. 转向架　C. 轮对　D. 构架

262. 通过（　　）的黏着产生牵引力和制动力也是轮对的作用之一。

A. 轮对与轴箱　B. 轮对与钢轨

C. 轮对与电机　D. 轮对与构架

263. 轮对行经钢轨接头、道岔等线路不平顺时，轮对直接承受（　　）垂向和侧向的冲击。

A. 全部　B. 绝大部分　C. 小部分　D. 定量

264. SS_{4B} 型电力机车轮对的结构是由车轴、两个车轮和（　　）传动大齿轮组成。

A. 1 个　B. 0.5 个　C. 0.8 个　D. 0.9 个

265. SS_{4B} 型电力机车轮箍与轮心之间采用（　　）配合。

A. 过盈　B. 间隙　C. 过渡　D. 机械

266. SS_{4B} 型电力机车轮心上和车轴压装的部分称为（　　）。

A. 轮心　B. 轮辐　C. 轮辋　D. 轮毂

267. 机车套装轮对轮心上和轮箍套装的部分称为（　　）。

A. 轮心　B. 轮辐　C. 轮辋　D. 轮毂

268. 机车轮对轮毂和轮辋之间的部分称为（　　）（或辐板、辐条）。

A. 轮心　B. 轮辐　C. 轮辋　D. 轮毂

269. 大齿轮由齿圈和（　　）组成。

A. 齿轮心　B. 齿条　C. 轮辐　D. 轮辋

270. SS_{4B} 型机车轮心上设有（　　）。

A. 轮箍　　B. 注油孔　　C. 防尘座　　D. 大齿轮

271. 电力机车齿轮传动装置的作用是（　　）。

A. 增大转速，降低转矩　　B. 增大转速，增大转矩

C. 降低转速，降低转矩　　D. 降低转速，增大转矩

272. 电力机车轮对轮与轴的装配应采用的装配方法是（　　）。

A. 分组装配法　　B. 完全互换法

C. 修配法　　D. 调整法

273. 电力机车车轴是（　　）。

A. 锻钢件　　B. 铸钢件　　C. 铸铁件　　D. 合金件

274. 电力机车车轴分为轴领、轴颈、防尘座、轮座、（　　）和中间轴身。

A. 抱轴颈　　B. 抱轴承

C. 轴承外套　　D. 轴承内圈

275. SS_{4B}型电力机车轮对的轴颈、抱轴颈拉伤深度（　　）时禁用。

A. ≥1 mm　　B. ≥0.8 mm　　C. ≥0.7 mm　　D. ≥0.5 mm

276. SS_{4B}型机车标准车轴直径为 160（+0.027，+0.052）mm，每次降级为（　　），最小轴直径为 158.5（+0.027，+0.052）mm。

A. 0.3 mm　　B. 0.2 mm　　C. 0.5 mm　　D. 0.1 mm

277. 机车车轴的圆弧部分表面经过（　　）处理。

A. 退火　　B. 淬火　　C. 上钼　　D. 滚压强化

278. 当机车发挥牵引力运行时，各轴重要发生变化，有的轴重将增加，有的轴重将减小，这就称为在（　　）的轴重转移，或叫牵引力作用下的再分配。

A. 制动作用下　　B. 冲击作用下

C. 牵引力作用下　　D. 侧向力作用下

279. 轴重转移时机车总的（　　）仍保持常数，是既不会增加，也不会减少的。

A. 重量　　B. 黏着重量

C. 承受重量　　D. 受力情况

280. 电力机车弛缓线的宽度为 25 mm 长度为（　　）。

A. 50 mm　　B. 40 mm　　C. 30 mm　　D. 20 mm

281. 套装轮对用黄色油漆在轮箍轮心结合处画条径向宽线的目的，是为了检查轮箍是否发生（　　）。

A. 擦伤　　B. 断裂　　C. 弛缓　　D. 崩箍

282. 机车动轮发生弛缓时禁止（　　）。

A. 重联列车　　B. 检修列车

C. 清洗列车　　D. 牵引列车

283. 轮箍弛缓线宽 25 mm，长 50 mm，每隔（　　）涂一条。

A. 45° B. 90° C. 120° D. 100°

284.（ ）是为了防止套装轮箍发生弛缓时外窜，引发列车脱线或颠覆等事故的发生而加装的一种安全措施。

A. 轮辋 B. 轮箍扣环 C. 轮毂 D. 弛缓线

285. 牵引电动机半悬挂的优点：（ ），工作可靠，成本低廉，维修方便。

A. 结构简单 B. 传动平稳可靠

C. 体积小 D. 易安装

286. 牵引电动机半悬挂的缺点：簧下（ ），轮轨的动载荷大；来自线路的冲击使牵引电动机垂向加速度大，造成电机部件和绝缘过早的损坏，使牵引电机故障率较高，而且机车速度增高时，更为明显。

A. 质量大 B. 质量不稳定

C. 质量小 D. 质量适中

287.（ ）是承载和传力的基体。

A. 车体底架 B. 支撑装置

C. 轮对 D. 转向架

288. 电力机车以各种工况运行时，构架承载来自（ ）及其上部设备的重量的垂直载荷和机车震动引起的垂直附加动载荷。

A. 车体 B. 轴箱悬挂装置

C. 牵引电机装置 D. 转向架

289. 机车牵引或制动时产生的牵引力或制动力，机车通过曲线时的（ ）和离心力等，因此构架必须具有足够的强度和刚度。

A. 水平横向力 B. 纵向牵引力

C. 垂直载荷 D. 运行工况

290. SS_{4B}型电力机车为了缓和轨道对机车的冲击和振动，改善部件的工作可靠性和乘务员的舒适度，在构架和轮对轴箱之间设置了弹簧和液压减振器系统，通过它把构架上的垂直负荷均匀地分配给各个轮对，使每根轴的轴重为（ ）。

A. 21.4 t B. 14 t C. 23 t D. 22 t

291. SS_{4B}型电力机车牵引力由轴箱装置经轴箱拉杆传至构架，再通过（ ）装置传到车体，最后经车钩牵引列车运行。

A. 一系弹簧悬挂装置 B. 牵引装置

C. 车体支撑装置 D. 摩擦减振器

292. SS_{4B}型电力机车轴箱采用独立悬挂、（ ）结构。

A. 弹性拉杆 B. 单侧弹性定位拉杆式

C. 定位拉杆式 D. 双弹性定位拉杆式

293. SS_{4B}型电力机车采用（ ）轴箱定位方式。

A. 拉杆式 B. 悬挂式 C. 推挽式 D. 独立式

294. 轴箱拉杆一高一低，其目的是：拉杆长度不变时，允许轴箱（　　），否则轴箱垂向位移将受到极大限制。

A. 上下跳动　　B. 左右摆动

C. 单相运动　　D. 前后伸缩

295. 电力机车的轴箱拉杆主要起传递（　　）的作用。

A. 水平横向力　　B. 垂向力

C. 制动力　　D. 纵向力

296. SS_{4B} 型电力机车轴箱拉杆的中心距为（　　）。

A. 256 mm　　B. 260 mm　　C. 160 mm　　D. 200 mm

297. 轴箱拉杆压装球铰前，应在球铰上涂抹（　　）。

A. 蓖麻油　　B. 滚动轴承脂

C. 机油　　D. 柴油

298. 电力机车轴箱内零件按工艺要求应采用的装配方法是（　　）。

A. 分组装配法　　B. 完全互换法

C. 修配法　　D. 调整法

299. SS_{4B} 型电力机车轴承内圈尺寸：（　　）。

A. 160（+0，－0.025）mm　　B. 159（+0.027，+0.052）mm

C. 159（+0.027，+0.052）mm　　D. 159（+0，－0.025）mm

300. SS_{4B} 型电力机车轴箱轴承内圈与轴的配合是（　　）配合。

A. 过盈　　B. 间隙　　C. 过度　　D. 过盈或间隙

301. SS_{4B} 型电力机车车轴与轴承内套的过盈量要求是（　　）。

A. 0.027 ~ 0.077 mm　　B. 0.01 ~ 0.06 mm

C. 0.010 ~ 0.030 mm　　D. 0.017 ~ 0.05 mm

302. SS_{4B} 电力机车轴箱轴承组装间隙中修要求为（　　）mm。

A. 0.005 ~ 0.007　　B. 0.007 ~ 0.030

C. 0.006 ~ 0.009　　D. 0.005 ~ 0.008

303. SS_{4B} 型电力机车轴箱轴圈加热温度为（　　）。

A. 200 °C 以下　　B. 180 °C 以上

C. 160 °C 以下　　D. 150 °C 以上

304. SS_{4B} 型电力机车轴箱内轴承内圈热套时，温度不得超过（　　）。

A. 130 °C　　B. 150 °C　　C. 120 °C　　D. 100 °C

305. SS_{4B} 型电力机车同一轴箱内外两轴承的径向间隙差不大于（　　）。

A. 0.001 mm　　B. 0.03 mm　　C. 0.02 mm　　D. 0.01 mm

306. SS_{4B} 型电力机车轴箱轴承填油量为轴承室总容量的 1\2 ~ 1\3 的滚动轴承脂，约（　　）g。

A. 60～80　B. 800～1 000　C. 100～120　D. 40～60

307. SS_{4B} 型电力机车轴箱内带油槽的是（　　）。

A. 外侧调整环　B. 内侧调整环
C. 中间隔环　D. 挡油环

308. SS_{4B} 型电力机轴箱轴承内侧调整环（　　）。

A. 厚　B. 薄　C. 大　D. 小

309. SS_{4B} 型电力机轴箱轴承外侧调整环（　　）。

A. 厚　B. 薄　C. 大　D. 小

310. SS_{4B} 型机车轴箱单边横动量为（　　）。

A. 0.25 mm　B. 0.75 mm　C. 0.05 mm　D. 0.035 mm

311. JK430 装置检测轴箱轴承振动报警时，轴位号的基本原则是齿端为（　　）位。

A. 1　B. 0.2　C. 0.3　D. 0.6

312. JK431 装置检测轴箱轴承振动报警时，轴位号的基本原则是非齿端为（　　）位。

A. 1　B. 3　C. 6　D. 5

313. 拉杆式轴箱定位有一定横向刚度，有利于改善运行中的（　　）运动，减少摇晃和轮缘磨耗。

A. 点头　B. 蛇行　C. 滑行　D. 侧滚

314. 拉杆式轴箱定位（　　），不需要润滑，减少了维修保养工作量。

A. 装有耐磨件　B. 没有磨耗件
C. 刚性球胶连接　D. 不影响弹簧减振作用

315. 采用拉杆式轴箱定位使轴箱与构架（　　），缓和了冲击，提高了运行的平稳性。

A. 弹性连接　B. 刚性连接
C. 具有活连接　D. 不具有活连接

316. 采用拉杆式轴箱定位（　　）一系列弹簧的减振作用，但在设计时应考虑弹簧减振的刚度因素。

A. 不影响　B. 阻碍　C. 提高　D. 转移

317. 电力机车轴箱拉杆方轴与轴箱体及构架拉杆座连接在斜度为（　　）的斜面上。

A. 1:10　B. 1:5　C. 1:2　D. 1:8

318. 电力机车轴箱拉杆方轴与轴箱体装配的配合斜面部分用（　　）mm 塞尺检查，不允许贯通。

A. 0.05　B. 0.03　C. 0.02　D. 0.1

319. SS_{4B} 型电力机车轴箱拉杆组装后方轴与座两侧面接触面积（　　）。

A. ≥40%　B. ≥70%　C. ≥60%　D. ≥50%

320. SS_{4B} 型电力机车轴箱拉杆与拉杆座槽底部组装间隙要求为（　　）mm。

A. 3～7　B. 2～7　C. 3～8　D. 2～7

321. SS_{4B} 电力机车中修轴箱拉杆方轴与座槽底部间隙应（　　）。

A. ≥0.3 mm　　B. ≥2 mm　　C. ≥0.5 mm　　D. ≥1 mm

322. SS_{4B} 型电力机车轴箱拉杆两芯轴棒轴向相互平行，其对地水平扭转角应（　　）。

A. ≤15°　　B. ≤2°　　C. ≥5°　　D. ≤10°

323. 轴箱定位优点：结构简单，独立性强、维修方便、能克服上下压盖歪斜、无磨耗和调（　　）容易等。

A. 一系弹簧　　B. 二系橡胶堆

C. 制动闸瓦间隙　　D. 轴箱单边横动量

324. 二系悬挂，又称次悬挂，设置在（　　）之间。

A. 转向架构架与轴箱　　B. 车体侧构与转向架

C. 车体底架与转向架　　D. 车体底架与构架牵引梁

325. SS_{4B} 型电力机车二系悬挂装置由（　　）、横向油压减振器和侧向摩擦减振器组成。

A. 垂向油压减振器　　B. 橡胶堆

C. 轴箱圆簧　　D. 二系钢弹簧

326. 属于 SS_{4B} 型电力机车二系悬挂的是（　　）。

A. 摩擦减振器　　B. 螺旋钢弹簧

C. 垂向油压减振器　　D. 轴箱圆簧

327. SS_{4B} 型电力机车二系车体支承的橡胶堆在工作负荷下，整台机车高度差（　　）。

A. ≤2 mm　　B. ≤1 mm　　C. ≤0.5 mm　　D. ≤0.8 mm

328. SS_{4B} 型电力机车橡胶堆垂直负荷在 60 kN 时的挠度为（　　）mm。

A. 1 ~ 2　　B. 2 ~ 7　　C. 6 ~ 9　　D. 5 ~ 8

329. SS_{4B} 型机车二系橡胶堆自由高原型 258 ~ 264 mm，中修限度应不小于（　　）mm。

A. 250　　B. 251　　C. 254　　D. 253

330. SS_{4B} 型机车二系悬挂装置的静挠度为（　　）。

A. 4 mm　　B. 6 mm　　C. 3 mm　　D. 5 mm

331. SS_{4B} 型电力机车摩擦减振器的摩擦力为（　　）。

A. 4 890 N ± 10%　　B. 3 890 N ± 10%

C. 2 890 N ± 10%　　D. 1 890 N ± 10%

332. SS_{4B} 型电力机车横向油压减振器阻尼系数为（　　）。

A. 900 N・s/mm　　B. 800 N・s/cm

C. 700 N・s/mm　　D. 1 000 N・s/cm

333. 二系悬挂装置是在（　　）之间设置弹性连接装置，也叫车体支撑装置。

A. 转向架构架与轴箱　　B. 转向架与车体侧构

C. 车体与转向架　　D. 车体与构架牵引梁

334. 二系悬挂装置可以把车体重量均匀地分配到（　　）上。

A. 转向架构架　　B. 车体底架
C. 转向架轮对　　D. 钢轨

335. 两系悬挂装置，可以（　　）整个机车弹簧装置的合成刚度减少机车对线路的作用。

A. 完善　　B. 改变　　C. 增大　　D. 减小

336. 牵引装置是将机车的牵引力，由转向架构架传递至车体（　　）的装置，它的结构形式直接影响机车牵引力的充分发挥。

A. 轴箱拉杆　　B. 底架
C. 车钩　　D. 牵引座

337. 牵引装置的主要作用是传递机车的（　　）。

A. 横向力　　B. 牵引力
C. 制动力　　D. 牵引力和制动力

338. SS_{4B}电力机车制动器闸瓦更换时闸瓦（　　）。

A. 允许单独更换一块　　B. 同侧的厚薄不能一致
C. 必须同时更换　　D. 闸瓦较薄的朝向外侧

339. SS_{4B}电力机车制动器更换闸瓦时闸瓦较（　　）安装方向为轮缘侧。

A. 薄　　B. 厚　　C. 平滑　　D. 粗糙

340. SS_{4B}型电力机车制动器闸瓦厚度应（　　）。

A. ≥14 mm　　B. ≥15 mm　　C. ≥13 mm　　D. ≥12 mm

341. 单元制动器 178×2.85 型调节闸瓦间隙时需手动转动（　　）。

A. 手轮　　B. 脱钩装置　　C. 棘钩　　D. 调整螺杆

342. 单元制动器 178×2.85 型棘轮齿数为（　　）。

A. 20 个　　B. 25 个　　C. 30 个　　D. 28 个

343. 单元制动器 178×2.85 型的棘钩每挂一个棘轮齿为（　　）。

A. 0.05 mm　　B. 0.04 mm　　C. 0.03 mm　　D. 0.2 mm

344. 单元制动器 178×2.85 型的传动螺杆螺距为（　　）。

A. 4 mm　　B. 5 mm　　C. 3 mm　　D. 2 mm

345. 单元制动器 178×2.85 型制动缸直径（　　）mm。

A. 128　　B. 168　　C. 178　　D. 155

346. 单元制动器 178×2.85 型制动缸缓解弹簧反力为（　　）。

A. 200 N　　B. 347 N　　C. 288 N　　D. 300 N

347. 单元制动器 178×2.85 型制动倍率为（　　）。

A. 2.85　　B. 2.3　　C. 2.5　　D. 2.1

348. 单元制动器 178×2.85 型制动器效率（　　）。

A. 0.6　　B. 0.44　　C. 0.76　　D. 0.85

349. 单元制动器 178×2.85 型制动装置在缓解状况时，闸瓦与车轮踏面的间隙为（　　）mm。

A. 2～7　　B. 3～8　　C. 2～8　　D. 6～9

350. 单元制动器 178×2.85 型制动缸充气压力 450 kPa 时闸瓦压力为（　　）。

A. 10 kN　　B. 25 kN　　C. 25.56 kN　　D. 18 kN

351. 单元制动器 178×2.85 型圆锥塔簧自由高应（　　）。

A. ≥100 mm　　B. ≥127 mm　　C. ≥115 mm　　D. ≥120 mm

352. SS_{4B}电力机车制动缸活塞行程超过（　　）mm 时将失去制动作用。

A. 10　　B. 15　　C. 9　　D. 12

353. JDYZ-4 型制动器调整闸瓦与踏面间隙时，应拉出锁紧机构拉环旋转（　　）。

A. 30°　　B. 45°　　C. 90°　　D. 80°

354. 车体是用来安装各种电器设备和（　　）的场所。

A. 制动设备　　B. 监控设备

C. 机械设备　　D. 照明设备

355. 车体为机车乘务人员和（　　）提供良好的工作和维修场所。

A. 地勤人员　　B. 监控人员

C. 检修人员　　D. 信号人员

356. 车体通过牵引杆装置和支撑装置与转向架连接，通过车体传递（　　）和传递牵引力和制动力。

A. 纵向动态冲击载荷　　B. 垂直载荷

C. 横向动态冲击载荷　　D. 蛇形载荷

357. 车钩缓冲装置的作用是完成连挂列车，传递牵引力、制动力，（　　）挂车时和运行中产生的纵向冲击振动的作用。

A. 吸收　　B. 传递　　C. 转化　　D. 储存

358.（　　）是用来减小列车在运行中由于机车牵引力的变化或起动、制动及调车挂钩时机车车辆相互碰撞而引起的冲击和振动，从而减少机车、车辆的破损，货物的损伤，提高列车运行的平稳性。

A. 缓冲器　　B. 车钩　　C. 尾框　　D. 牵引杆

359. SS_{4B}电力机车缓冲器、从板及尾框组装后，中心偏差是（　　）。

A. ≤2 mm　　B. ≤5 mm　　C. ≤4 mm　　D. ≤3 mm

360. 电力机车车钩前从板与从板座、缓冲器与后座不许有（　　）以上的贯通间隙。

A. 0.3 mm　　B. 0.5 mm　　C. 0.2 mm　　D. 0.4 mm

361. 在车钩的钩尾上开有钩尾销孔的主要目的是（　　）。

A. 连接车钩尾框　　B. 防止钩裂

C. 固定钢丝　　D. 传递牵引力

362. 车钩缓冲装置的（ ）将车钩和钩尾框连成一体。

A. 钩身 B. 钩尾 C. 钩尾销 D. 缓冲器

363. 十三号车钩为防止锁闭位时车钩自行松脱在（ ）内设置一次防跳凸台

A. 钩锁铁下部 B. 钩推铁下部

C. 下锁销孔 D. 钩舌尾部

364. 车钩闭锁位时锁铁以自重落下，下锁销沿钩锁铁腿部的下锁销轴孔下滑，使下锁销的防跳台处于下锁销孔中防跳台下方，起到（ ）的作用。

A. 防跳 B. 转动 C. 锁闭 D. 摩擦

365. 十三号下作用式车钩一次防跳台在下锁销孔处，尺寸为（ ）mm。

A. 13×14×15 B. 16×18×20

C. 15×16×17 D. 14×16×18

366. 十三号下作用式车钩闭锁位时二次防跳尖端卡在下锁销孔的前沿二次防跳台下，再次起到限制（ ）的跳动。

A. 钩锁铁 B. 钩舌推铁

C. 钩舌销 D. 防跳装置

367. 十三号下作用式车钩二次防跳在（ ）上，成尖端型。

A. 下锁销体 B. 钩腔内

C. 下锁销孔 D. 钩舌尾部

368. 十三号车钩钩舌销孔的直径原型为（ ）mm。

A. 42.2 + 1 B. 41 C. 40 D. 41.3

369. 十三号车钩钩舌销孔的直径中修要求为（ ）。

A. ≤43 mm B. ≤44 mm C. ≤46 mm D. ≤45 mm

370. 十三号车钩钩舌销孔的直径禁用限度为（ ）。

A. ≥45 mm B. ≥46 mm C. ≥48 mm D. ≥50 mm

371. 十三号车钩钩舌销与销孔的间隙（以短轴计算）中修时（ ）。

A. ≤2 mm B. ≤3 mm C. ≤1 mm D. ≤1.5 mm

372. 十三号车钩钩舌销与销孔的间隙（以短轴计算）禁用（ ）。

A. ≥2 mm B. ≥3 mm C. ≥4 mm D. ≥5 mm

373. 每个修程都要对车钩钩舌，钩舌销及钩耳进行（ ）。

A. 超声波探伤 B. 电磁探伤

C. 荧光探伤 D. X 光射线探伤

374. 小中修时拆下车钩，对钩体、钩尾扁销、钩舌，钩舌销，及（ ）进行电磁探伤。

A. 吊杆 B. 钩推铁

C. 钩锁铁 D. 下锁销铁

375. 车钩解体前进行“三态”试验及全面检查，测量（ ），确定检修重点并记录。

A. 车钩高度　　B. 钩舌厚度
C. 钩舌销直径　　D. 钩舌与钩耳上下面的间隙

376. 车钩解体前登记车钩（　　）。
A. 型号　　B. 位置　　C. 高度　　D. 编号

377. 十三号车钩锁闭后钩舌尾部与锁铁垂直的接触高度中修要求（　　）。
A. ≥39 mm　　B. ≥40 mm　　C. ≥38 mm　　D. ≥37 mm

378. 十三号车钩钩舌尾部与锁铁的间隙：原型≤6.5 mm，中修（　　）mm。
A. ≤7　　B. ≤6.6　　C. ≤6.7　　D. ≤6.8

379. 十三号车钩锁闭后钩锁铁往上的活动量中修要求（　　）mm。
A. 2～21　　B. 3～21　　C. 4～21　　D. 5～22

380. 十三号车钩钩舌销与销套孔的间隙：中修≤3 mm，禁用（　　）。
A. ≥4 mm　　B. ≥5 mm　　C. ≥3 mm　　D. ≥2 mm

381. 十三号车钩钩舌与钩耳上下面的间隙之和：原型 3～6 mm，中修≤8 mm，禁用（　　）。
A. ≥10 mm　　B. ≥11 mm　　C. ≥12 mm　　D. ≥9 mm

382. 车钩钩尾扁销尺寸（宽×厚），中修（　　），禁用≤95×35 mm。
A. ≥92×33 mm　　B. ≥93×34 mm
C. ≥96×36 mm　　D. ≥95×35 mm

383. 车钩钩尾扁销与销孔的间隙：中修要求前后之和（　　）mm，两侧之和≤8 mm。
A. ≤10　　B. ≤12　　C. ≤15　　D. ≤20

384. 车钩钩尾扁销孔中修要求（　　）mm。
A. ≤115×44　　B. ≥115×43
C. ≤115×49　　D. ≥115×45

385. 车钩尾部与从板的间隙：中修要求 0.5～4 mm，（　　）禁用。
A. ≥5 mm　　B. ≥6 mm　　C. ≥7 mm　　D. ≥8 mm

386. 车钩钩舌与钩耳上下面间隙：原形 3～6 mm，中修（　　），禁用≥12 mm）。
A. ≤7 mm　　B. ≤8 mm　　C. ≤5 mm　　D. ≤6 mm

387. 齿轮油加油量使油位能浸至大齿轮轮齿（　　）的高度处最合适。
A. 1/6　　B. 1/3　　C. 1/4　　D. 1/5

388. SS_{4B} 型电力机车齿轮箱内加油过多则会（　　）。
A. 阻碍齿轮传动　　B. 增加传动系数
C. 改变传动比　　D. 提高转矩

389. SS_{4B} 型电力机车齿轮箱加油过多则齿轮箱内散热（　　）。
A. 快　　B. 没影响　　C. 慢　　D. 都不对

390. SS_{4B}型电力机车齿轮箱加油过多转动产生高压油雾，(　　)齿轮箱密封，出现渗漏现象。

A. 便于　　B. 不利于　　C. 加固　　D. 破坏

391. 齿轮箱安装可以通过调整垫片来调整齿轮箱油封间隙应为(　　)。

A. 0.5 ~ 1.0 mm　　B. 0.5 ~ 1.2 mm

C. 1.0 ~ 1.1 mm　　D. 0.8 ~ 1.0 mm

392. SS_{4B}型电力机车齿轮箱底部距轨面最低位置(　　)。

A. ≥80 mm　　B. ≤80 mm　　C. ≥110 mm　　D. ≤100 mm

393. SS_{4B}型电力机车齿轮箱外侧面与轮箍内侧面距离(　　)。

A. ≥15 mm　　B. ≤14 mm　　C. ≥13 mm　　D. ≤12 mm

394. SS_{4B}型电力机车齿轮箱合箱前应(　　)，确认箱内干净，无异物。

A. 有存油时捞箱检查　　B. 螺栓准备齐全

C. 齿轮箱油位　　D. 回油通道检查

395. 齿轮箱合箱前要确认齿轮箱上下箱的(　　)，密封胶固化适宜，合口面密封胶达到要求，毛胶条嵌装牢固，在毛胶条处涂抹适量的润滑脂。

A. 紧固螺栓　　B. 箱号正确

C. 油位　　D. 距轨面最低点的距离

396. 下列不属于齿轮箱漏油的原因是(　　)。

A. 结构设计、制造的原因

B. 齿轮箱合口密封材料的原因

C. 内、外领口外圆度超差形成抱轴不严

D. 齿轮制造厂家的资质原因

397. 下列不属于齿轮箱漏油的原因是(　　)。

A. 箱内外领口材料磨损严重

B. 齿轮箱内油过多，造成高压油泄露

C. 内、外领口外圆度超差形成抱轴不严

D. 齿轮箱装配顺序的原因

398. 单侧齿轮传动的优点是牵引电动机的(　　)，结构简单，制造成本低。

A. 轴向尺寸可以加大　　B. 径向活动量可以加大

C. 轴向尺寸可以减小　　D. 径向活动量可以减小

399. 直齿轮在啮合传动时，其啮合力作用在齿轮的切向，(　　)。

A. 不存在轴向的分力　　B. 存在轴向的分力

C. 不存在圆周力　　D. 存在圆周力

400. 单侧齿轮传动的缺点的是传动时轮对受偏于一侧的驱动力(　　)。

A. 左右轮的受力相同　　B. 左右轮的受力不相同

C. 左侧轮的受力强　　D. 右侧轮受力强

401. 为提高机车车轴的抗疲劳强度锻造车轴钢坯时应进行（　　）处理，待应力消除后再进行机加工。

A. 激光合金化　　B. 渗碳
C. 喷丸　　D. 时效

402. 为提高机车车轴的抗疲劳强度加工成形的车轴表面（　　）。

A. 应有高的表面光洁度　　B. 应进行渗碳处理
C. 应进行喷丸处理　　D. 应进行镀膜处理

403. 为提高机车车轴的抗疲劳强度车轴不同直径的过渡部分要有（　　）的过渡圆弧，以减少应力集中。

A. 尽可能小　　B. 尽可能大
C. 稍大　　D. 稍小

404. 为提高机车车轴的抗疲劳强度车轴（　　）热处理后，需进行试样检查。

A. 正火　　B. 回火　　C. 淬火　　D. 退火

405. 为提高机车车轴的抗疲劳强度对车轴进行（　　），使表层金属材料更加致密，提高抗疲劳能力。

A. 强化滚压处理　　B. 应进行渗碳处理
C. 应进行喷丸处理　　D. 应进行镀膜处理

406. 磨耗型轮箍踏面有（　　）和1:10两段斜面。

A. 1:15　　B. 1:20　　C. 1:12　　D. 1:13

407. 机车动轮踏面（　　）一段的踏面是与轨面经常接触的部分。

A. 1:10　　B. 1:20　　C. 1:15　　D. 1:3

408. 机车在直线上运行时，踏面的锥度有使轮对自动滑向轨道中心的倾向，（　　）钢轨内侧与轮缘的磨耗。

A. 减少　　B. 增加　　C. 加速　　D. 减缓

409. 车轮踏面有锥度通过曲线时，轮对因（　　）的作用往往贴靠外轨，外轮滚动圆的直径必然大于内轮滚动圆的直径，这样就减少乃至避免了滑行。

A. 切向力　　B. 牵引力　　C. 离心力　　D. 轴向力

410. 车轮踏面上（　　）段面一般只有在曲线半径很小时才与轨面接触。

A. 1:10　　B. 1:8　　C. 1:5　　D. 1:3

411.《铁路技术管理规程》中规定电力机车轮箍踏面擦伤深度应（　　）。

A. ≤0.02 mm　　B. ≤0.7 mm　　C. ≤0.5 mm　　D. ≤0.2 mm

412. 轮对踏面有缺陷时应控在深度≤1 mm，长度（　　）的范围内，否则镟修处理。

A. ≤35 mm　　B. ≤40 mm　　C. ≤20 mm　　D. ≤30 mm

413. 电力机车新的轮箍轮缘内侧有 $R=$（　　）的倒角，以便引导车轮顺利通过护轮轨。

A. 10 mm　　B. 12 mm　　C. 15 mm　　D. 16 mm

414. 轮箍与钢轨内侧面接触凸缘部分称为（　　）。

A. 轮缘　　B. 轮毂　　C. 轮缘角　　D. 轮辋

415. 电力机车车轮轮缘起着（　　）。

A. 导向作用　　B. 防止脱轨的作用

C. 导向和防止脱轨　　D. 缓解轮轨间的作用力

416. 电力机车新的轮箍轮缘高度为（　　）。

A. 15 mm　　B. 20 mm　　C. 25 mm　　D. 28 mm

417. SS_{4B} 型电力机车轮缘垂直磨耗高度的禁用限度为（　　）。

A. ≥16 mm　　B. ≥17 mm　　C. ≥18 mm　　D. ≥15 mm

418. SS_{4B} 型电力机车在轮箍镟修后轮缘的外侧面上由轮缘顶部量起在 10～18 mm 范围内允许留有深度不超过（　　）、宽度不超过 5 mm 的黑皮。

A. 1 mm　　B. 2 mm　　C. 1.5 mm　　D. 0.5 mm

419. 轮对的轮缘内侧设置倒角的目的是（　　）。

A. 导车　　B. 增加强度

C. 减少磨损　　D. 配重

420. SS_{4B} 电力机车对轮径差中修要求同一轴机车轮径差（　　）mm。

A. ≤0.2 mm　　B. ≤1 mm　　C. ≤0.8 mm　　D. ≤0.5 mm

421. SS_{4B} 电力机车对轮径差中修要求同一转向架机车轮径差（　　），≥8 mm 禁用。

A. ≤2 mm　　B. ≤1 mm　　C. ≤0.5 mm　　D. ≤0.8 mm

422. SS_{4B} 电力机车对轮径差中修要求同节机车轮径差（　　），≥12 mm 禁用。

A. ≤2 mm　　B. ≤1 mm　　C. ≤0.5 mm　　D. ≤3 mm

423. SS_{4B} 电力机车对轮径差中修要求同一台机车轮径差（　　），≥20 mm 禁用。

A. ≤2 mm　　B. ≤1 mm　　C. ≤8 mm　　D. ≤3 mm

424. 轮箍厚度时将轮箍检查尺基准柱，扣在（　　），使尺身与轮箍内侧面接触均匀。

A. 轮箍内侧　　B. 轮箍外侧

C. 轮缘内侧　　D. 轮缘外侧

425. SS_{4B} 型电力机车测量轮箍要求每个轮箍测量（　　），每点测量 3 次，然后计算出平均值，并做好记录。

A. 1 点　　B. 2 点　　C. 3 点　　D. 半点

426. SS_{4B} 型电力机车轮箍厚度测量尺寸要求原型 90 mm，技规规定（　　）。

A. ≥30 mm　　B. ≥25 mm　　C. ≥40 mm　　D. ≥35 mm

427. 电力机车轮轨间黏着系数与（　　）有关。

A. 材质　　B. 接触表面间状态

C. 机车运行速度　　D. 以上都对

428. 电力机车轮轨间黏着系数与（　　）有关。

A. 轮轴重　　B. 接触表面间状态
C. 材质　　D. 以上都对

429. 改善电力机车轮轨不良黏着的具体措施正确的是（　　）。
A. 在轮轨间撒入有一定要求的砂子
B. 在钢轨表面使用化学除垢剂
C. 利用电弧或等离子喷焰烧掉附着在钢轨上的油垢
D. 以上都对

430. 油压减振器减振性能与振动强弱的关系为（　　）。
A. 振动强，减振强　　B. 振动强，减振弱
C. 振动弱，减振强　　D. 振动弱，减振弱

431. 检查抱轴瓦安装键露出抱轴孔面高度（即伸入瓦体高度）为（　　）。
A. 2 ~ 3 mm　　B. 3 ~ 4 mm　　C. 4 ~ 5 mm　　D. 5 ~ 6 mm

432. 油压减振器是利用（　　）形成阻尼，吸收振动冲击能量。
A. 油缸　　B. 活塞的运动
C. 节流孔　　D. 油液的黏滞性

433. 下列不属于称重调簧的目的：（　　）。
A. 充分利用黏着力　　B. 轮轴重分配均匀
C. 防止脱轨　　D. 发挥最大牵引力

434. 下列不属于称重调簧的目的：（　　）。
A. 通过铁路限界　　B. 调整构架前后左右尺寸
C. 使机车运行平稳安全　　D. 消除不良运动

435. 下列不属于电力机车的振动的危害性：（　　）。
A. 破坏了机车运行平衡性
B. 使机车零部件受到破坏
C. 使乘务人员工作条件恶化
D. 转向架结构遭到破坏

436. 下列不属于电力机车的振动的危害性有（　　）。
A. 加速钢轨的磨损、折损、接头的松动
B. 高速下受到的作用力可能引起轨道位移，使机车有脱轨和倾覆的危险
C. 转向架结构遭到破坏
D. 振动会引起轮对的瞬间减载，破坏黏着而发生空转

437. 单元制动器 178 mm × 2.85 型二次小修开缸盖检查的内容有（　　）。
A. 鞲鞴状态良好　　B. 皮碗无老化、变形
C. 制动缸壁应无锈蚀、拉伤　　D. 以上都对

438. 单元制动器 178 mm × 2.85 型二次小修开缸盖检查的内容有（　　）。
A. 检查塔簧入槽，无折损

B. 在缸壁、皮碗涂抹适量 89D 润滑脂
C. 制动缸壁应无锈蚀、拉伤
D. 以上都对

439. 下列对机车上下联动门锁描述错误的是（ ）。
A. 采用的联动结构
B. 安装在机车的入口门处
C. 锁芯安装在上锁内
D. 锁芯安装在下锁内

440. 下列对连挂风挡装置描述错误的是（ ）
A. 用于连接两节机车通道的密封
B. 使机车在运行中避免刚性冲击和摩擦
C. 连挂风挡可传递牵引力和制动力
D. 通过最小半径曲线时，连挂风挡可自然压缩和伸张

441. 对机车的蛇行运动分类情况不包括（ ）。
A. 车体蛇行
B. 牵引装置蛇行
C. 转向架蛇行
D. 轮对蛇行

442. 电力机车转向架应满足的性能要求描述错误的是（ ）。
A. 安全度大
B. 运行平稳性好
C. 曲线通过性能好
D. 重量要求轻

443. 电力机车转向架应满足的性能要求描述错误的是（ ）。
A. 黏着重量利用系数大
B. 结构简单
C. 维修量小
D. 制造成本高

444. 磨耗型踏面的优点描述错误的是（ ）。
A. 减少了踏面磨耗
B. 延长了镟轮里程，减少了旋轮时的车削量
C. 增加了轮缘厚度
D. 同样的接触应力下允许更大的轴重

445. 磨耗型踏面的缺点描述正确的是（ ）。
A. 踏面等效率较大，对机车运行稳定性不利
B. 延长了镟轮里程，减少了镟轮时的车削量
C. 减小了曲线运行时的轮缘磨耗
D. 同样的接触应力下允许更大的轴重

446. 机车转向架通过曲线的最大偏移位置是（ ）。
A. 低速位置
B. 中速位置
C. 高速位置
D. 极速位置

447. 机车转向架通过曲线的自由位置是（ ）。
A. 低速位置
B. 中速位置
C. 高速位置
D. 极速位置

448. 机车转向架通过曲线的最大外移位置是（　　）。

A. 低速位置　　B. 中速位置

C. 高速位置　　D. 极速位置

449. 机车轮箍弛缓的原因与（　　）无关。

A. 制动装置未缓解或制动缸不缓解

B. 持续空转、滑行，造成轮箍发热

C. 总风缸压力值

D. 轮箍过薄、材质不良而失去收缩力

450. 机车轮箍弛缓的原因与（　　）无关。

A. 严重擦伤或剥离

B. 总风缸压力值

C. 嵌入量过小或装配工艺不当

D. 轮箍过薄、材质不良而失去收缩力

451. 判断轮箍是否弛缓的方法不包括（　　）。

A. 轮箍弛缓线发生相对位移

B. 轮箍与轮辋之间沿圆周出现透油、透锈

C. 用锤击打轮箍听到混浊的声音时，要立即做进一步检查

D. 轮箍扣环发生位移

452. 轮箍扣环槽的尺寸为（　　）。

A. 6 mm × 6 mm　　B. 8 mm × 8 mm

C. 10 mm × 10 mm　　D. 9 mm × 9 mm

453. 轮箍扣环的截面尺寸为（　　）。

A. 6 mm × 10 mm　　B. 8 mm × 14 mm

C. 10 mm × 16 mm　　D. 10 mm × 13 mm

454. 为保证轮箍套装的过盈量设计加装轮箍扣环后把轮箍套装过盈量下线在原有的基础上提高（　　）。

A. 0.05 ~ 0.10 mm　　B. 0.05 ~ 0.08 mm

C. 0.05 ~ 0.07 mm　　D. 0.05 ~ 0.09 mm

455. 机车的电制动力大于轮轨间的黏着力时，将会产生（　　）。

A. 滑行　　B. 空转　　C. 不影响　　D. 以上都不对

456. 机车电制动工况下滑行时轮轨间黏着状态被破坏，使列车制动力（　　）。

A. 下降　　B. 升高　　C. 不变　　D. 逐渐减小

457. 电力机车车轴的受力情况描述错误的是（　　）。

A. 垂直载荷而引起的弯矩

B. 牵引工况下的所有力

C. 齿轮传动时引起的扭矩

D. 车轮发生滑行时引起的扭矩

458. 高速电力机车采用整体辗钢车轮的原因错误的是（　　）。

A. 消除了离心力对轮箍结合强度的破坏

B. 消除了轮箍温升过高

C. 空心轴传动的电机全悬挂机车，轮箍轮芯的配合强度更有保证

D. 总的经济指标整体碾钢车轮更合算

459. 引起轴箱发热的原因描述错误的是（　　）。

A. 滚动轴承型号，内外位置配置不对

B. 加入润滑油量过多或过少

C. 轴箱内清洁度过高

D. 轴箱内零件有缺陷

460. 轴箱轴承内、外采用不同型号的原因描述错误的是（　　）。

A. 曲线通过时的横动量不同

B. 过曲线时不给轮对以侧向力

C. 避免轨道宽窄、弯曲等因素的影响，有利于机车通过曲线

D. 便于更换与保养

461. SS_{4B}型电力机车同一轴箱内两轴承允许的间隙差是（　　）。

A. ≤0.02 mm　　B. ≤0.03 mm　　C. ≥0.01 mm　　D. ≥0.003 mm

462. 拉杆式轴箱定位有一定横向刚度有利于改善运行中的（　　）运动，减少摇晃和轮缘磨耗。

A. 点头　　B. 蛇行　　C. 滑行　　D. 侧滚

463. 拉杆式轴箱定位（　　），不需要润滑，减少了维修保养工作量。

A. 装有耐磨件　　B. 没有金属磨耗件

C. 橡胶连接　　D. 影响轴箱弹簧减振作用

464. 轴箱与构架之间属于（　　），缓和了冲击，提高了运行的平稳性。

A. 弹性连接　　B. 刚性连接

C. 具有活连接　　D. 不具有活连接

465. SS_{4B}电力机车采用拉杆式轴箱定位（　　）一系弹簧的减振作用，但在设计时应考虑弹簧减振的刚度因素。

A. 不影响　　B. 阻碍　　C. 提高　　D. 转移

466. SS_{4B}型电力机车轴箱圆簧的作用描述错误的是（　　）。

A. 利用受附加载荷时产生的弹性变形

B. 增加轮轨间的冲击载荷

C. 将振动冲击能量转化为变形的位能

D. 冲击能量转化为热量而散发掉

467. 油压减振器减振性能与振动强弱的关系为（　　）。

A. 振动强，减振强　　B. 振动强，减振弱

C. 振动弱，减振强　　D. 振动弱，减振弱

468. 油压减振器的减振性能与（　　）因素无关。

A. 油压减振器内节流孔大小

B. 机车的运行时间

C. 油压减振器内的活塞面积

D. 油压减振器的油液黏度

469. 基础制动器不缓解的原因不包括（　　）。

A. 风管、气动阀不排风

B. 各风缸压力不够

C. 处于停车制动位，鞲鞴与制动缸摩擦面卡滞

D. 缓解弹簧力太小

470. 制动器不缓解解决办法不包括（　　）。

A. 检查风管、气动阀情况

B. 更换不良制动缸皮碗

C. 解除停车制动

D. 更换单独制动器

471. SS_{4B} 电力机车制动器在组装至转向架前检查制动缸充气使鞲鞴行程（　　）时，棘钩是否拨动棘轮。

A. ＞20 mm　　B. ＞28 mm　　C. ＜22 mm　　D. ＜20 mm

472. 不属于制动器在组装至转向架前检查项的是（　　）。

A. 活动摩擦面处注润滑脂，且作用良好

B. 动作时各部件必须平稳无卡滞，缓解后鞲鞴必须贴靠缸底

C. 闸瓦与踏面间隙达到 6～9 mm

D. 必须做制动缸泄漏试验

473. 制动器在组装至转向架前检查必须做制动缸泄漏试验，当充气压力为 600 kPa 时不准有泄漏现象发生，下降至 400 kPa 时，在 3 min 内泄漏（　　）。

A. ≤10 kPa　　B. ≤3 kPa　　C. ≤5 kPa　　D. ≤8 kPa

474. S_{4G} 机车 1 组圆簧有（　　）个簧组成。

A. 1　　B. 2　　C. 3　　D. 以上都不对

475. 固定摩擦片的螺丝是（　　）沉头螺丝。

A. $\Phi 5\times15$　　B. $\Phi 5\times16$　　C. $\Phi 5\times18$　　D. $\Phi 5\times20$

476. 摩擦减震器安装螺丝孔（$\Phi 20$）滑扣需要用（　　）丝锥进行攻丝。

A. $\Phi 18$　　B. $\Phi 16$　　C. $\Phi 20$　　D. $\Phi 12$

477. 电机吊杆销油嘴安装螺丝孔（$\Phi 10$）滑扣需要用（　　）丝锥进行攻丝。

A. $\Phi 8$　　B. $\Phi 5$　　C. $\Phi 10$　　D. $\Phi 6$

478. SS_4机车有（　　）个轴箱拉杆。

A. 28　　B. 30　　C. 26　　D. 32

479. SS_4机车有（　　）组轴箱圆簧。

A. 32　　B. 22　　C. 30　　D. 28

480. 电力机车轴箱拉杆方轴与轴箱体及构架拉杆座联接在斜度为（　　）的斜面上。

A. 1:10　　B. 1:9　　C. 1:8　　D. 1:6

481. 螺纹按用途可分为（　　）和传动螺纹。

A. 固定螺纹　　B. 套螺纹

C. 连接螺纹　　D. 攻螺纹

482. 用丝锥在孔中切削出内螺纹称为（　　）。

A. 固定螺纹　　B. 套螺纹

C. 连接螺纹　　D. 攻螺纹

483. 用板牙在轴上切削出外螺纹称为（　　）。

A. 固定螺纹　　B. 套螺纹

C. 连接螺纹　　D. 攻螺纹

484. 韶山 4 型电力机车有（　　）个横向油压减振器。

A. 4　　B. 8　　C. 6　　D. 2

485. 韶山 4 型电力机车有（　　）个垂向油压减振器。

A. 16　　B. 14　　C. 15　　D. 12

486. 韶山 4 型电力机车采用（　　）下作用式自动车钩。

A. 11 号　　B. 12 号　　C. 13 号　　D. 10 号

487. 韶山 4 型电力机车心轴中间为球形体，两端成扁平．并有两个直径（　　）的孔，以便组装摩擦减振器用。

A. 18 mm　　B. 20 mm　　C. 22 mm　　D. 21 mm

488. 韶山 4 型电力机车每台转向架斜对称布置了（　　）个减振器。

A. 1　　B. 2　　C. 无　　D. 以上都不对

489. 韶山 4 型电力机车每台转向架设置了（　　）个砂箱装置。

A. 4　　B. 2　　C. 3　　D. 1

490. 韶山 4 型电力机车每个转向架有（　　）个轴箱接地装置。

A. 2　　B. 1　　C. 无　　D. 以上都不对

491. 接触网发生接地短路时，人要远离地点（　　）m 开外。

A. 10　　B. 15　　C. 20　　D. 18

492. 棘齿高度原型为（　　）。

A. 3.0 mm　　B. 3.5 mm　　C. 3.8 mm　　D. 4.0 mm

493. 车钩扁销止挡螺栓直径小于ϕ（　　）mm 或螺纹不良时更换。

A. 15　　B. 18　　C. 16　　D. 14

494. SS_{4B} 机车轮辋外径为（　　）mm。

A. 1 050 ± 1　　B. 1 053 ± 1　　C. 1 035 ± 1　　D. 1 070 ± 1

495. 抱轴箱轴向横动量原型为（　　）mm。

A. 0.05 ~ 0.25　　B. 0.05 ~ 0.20　　C. 0.05 ~ 0.18　　D. 0.05 ~ 0.15

496. 检查手制动拉杆、销轴、拉簧状态，销套间隙（　　）时更新销或套。

A. 大于 0.5 mm　　B. 大于 2 mm

C. 大于 1.5 mm　　D. 大于 1.8 mm

497. 构架与轴箱中环处垂直距离，中修限度要求为（　　）mm。

A. 30 ~ 55　　B. 30 ~ 65　　C. 30 ~ 75　　D. 10 ~ 75

498. 垂减、横减阻尼系数不符合（　　）或示功图畸变时返修。

A. 500 ~ 800 N · s/cm　　B. 700 ~ 1 000 N · s/cm

C. 600 ~ 1 200 N · s/cm　　D. 900 ~ 1 200 N · s/cm

499. 外观检查摩减圆簧不许有断裂，其自由高应（　　）（中修限度）。

A. 不小于 95 mm　　B. 不小于 58 mm

C. 不小于 54 mm　　D. 不小于 46 mm

500. JDYZ-4 型制动器中修限度调整弹簧（　　）mm。

A. 28　　B. 31　　C. 25　　D. 20

二、判断题

1. 测量工作是在一定条件下进行的，外界环境、观测者的技术水平和仪器本身构造的不完善等原因，都可能导致测量误差的产生。（　　）

2. JPXZ-3 型盘形制动器没有停放制动功能。（　　）

3. 在更换新锯条后，新锯条容易在旧锯缝中造成夹锯而折断。（　　）

4. 制动盘磨耗限度为每侧不超过 10 mm。（　　）

5. 在锯削时突然加大压力，被工件棱边钩住锯齿面而崩裂。（　　）

6. 在起锯角太大或采用近起锯时用力过大，易使锯条崩裂。（　　）

7. 在锯条安装得过松或歪斜，扭曲会使锯缝歪斜。（　　）

8. 在锯削过程中压力过大，使锯条左右摆动，会使锯缝歪斜。（　　）

9. 钻头磨钝可继续钻孔只是速度慢些对钻头没有影响。（　　）

10. 切削速度太高、切削液选用不当或切削液供给不足，会使钻头损坏。（　　）

11. 螺纹直径 6 mm、螺距 1 mm，攻螺纹前钻底孔的钻头直径应选择 4.9 mm。（　　）

12. 套螺纹时板牙端面与圆杆轴线应保持 30° 角。（　　）

13. 在防止切屑过长，套螺纹过程中板牙经常倒转 1/4 ~ 1/2 圈。（　　）

14. 在正确选用安置基准时，以保证划线时安置平稳、安全可靠。(　　)

15. 正确选择尺寸基准是为了减少和避免坯件报废。(　　)

16. 在选择磨料的粗细时按粒度分为磨粒和微粉。(　　)

17. 神华号机车当网压高于 35.5 kV，断开主断路器。(　　)

18. SS_{4G} 机车停车制动时为手制动。(　　)

19. 在神华号八轴电力机车最大速度为 120 km/h。(　　)

20. 单元制动器的蓄能弹簧力为 8 500 N。(　　)

21. 在 SS_{4B} 型电力机车闸瓦的间隙要求为 6 ~ 9 mm。(　　)

22. 神华号机车制动时的方式为基础制动。(　　)

23. 可以气割的金属应符合的条件是金属氧化物的熔点应高于金属熔点。(　　)

24. 所有的金属都能气割。(　　)

25. 神华号机车轴列式为 B_0-B_0。(　　)

26. 铸铁的熔点高于其氧化物的熔点所以可以用气割。(　　)

27. 在钢构件在未受荷载前，由于施焊电弧高温引起的变形为焊接变形。(　　)

28. 焊接变形时结构安装精度结构的承载能力没有影响。(　　)

29. 在通过消除焊缝及其热影响区残余应力时，解决应力集中的问题，可以达到防止焊接变形的目的。(　　)

30. 淬火消除焊接残余应力的常用方法。(　　)

31. SS_{4G} 机车的额定功率为 1 260 kW。(　　)

32. 当焊接 14 mm 厚的钢板时若采用手工电弧焊则可用 I 型坡口。(　　)

33. 直径小的容器要设计为双面坡口。(　　)

34. SS_{4B} 型机车电传动方式采用直-交传动。(　　)

35. SS_{4B} 型机车传动方式采用单边斜齿传动。(　　)

36. 神华号机车的轴距 2 800 mm。(　　)

37. 神华号八轴机车排障器的高度为（90 ± 10）mm。(　　)

38. 神华号机车牵引时牵引点距轨面的高度为 12 mm。(　　)

39. 工艺规程是一种技术法律。(　　)

40. SS_4 型机车撒砂软管距轨面的高度为 15 mm。(　　)

41. 在产品精度的检验时，包括几何精度检验和工作精度检验等。(　　)

42. SS_4 型机车撒砂软管与轮踏面间距为 8 mm。(　　)

43. 在同样大的轴径，滚动轴承的宽度比滑动轴承小，可使机器的轴向结构紧凑。(　　)

44. 与滑动轴承比较滚动轴承的径向尺寸较大。减振能力强，高速时寿命高，声响较小。(　　)

45. 装配滚动轴承时可通过敲击保持架和滚动体便于轴承装入。(　　)

46. 可用明火对滚动轴承进行加热。(　　)

47. SS_{4B} 机车齿轮箱密封采用迷宫密封。(　　)

48. 神华号八轴机车基础制动制动倍率为 4.5。(　　)

49. 在神华号八轴电力机车整体起吊装置属于附属装置。(　　)

50. 在通常齿顶或齿根部位的小面积胶合，可自行恢复正常。(　　)

51. 双侧齿轮传动一般用直齿轮传动而不用斜齿轮传动。(　　)

52. 双侧齿轮传动比单侧齿轮传动，更能传递转矩。(　　)

53. 保证齿轮连续传动的条件是重合度 <1。(　　)

54. 一对斜齿轮啮合时分度圆上的螺旋角应大小相等方向相同。(　　)

55. 神华号电力机车抱轴箱采用的是整体式抱轴箱。(　　)

56. 由一系列相互啮合齿轮组成的传动系统，称为轮系。(　　)

57. 神华号八轴机车齿轮箱润滑时油只润滑齿轮不润滑驱动端滚动轴承。(　　)

58. 神华号机车抱轴箱采用的是滑动滚动轴承。(　　)

59. 链传动是由一个链轮和一条环形的链条组成。(　　)

60. 在液压系统中，能够满足执行元件按严格顺序依次动作的基本回路叫顺序动作回路。(　　)

61. 采用行程阀的顺序动作回路，具有顺序动作可靠，但想改变动作顺序较困难。(　　)

62. SS_4 型机车防落装置安全板与电机间隙都不小于 10 mm。(　　)

63. 电气行程开关控制的顺序动作回路顺序动作可靠，所以在液压系统中应用很广。(　　)

64. 当液压系统卸荷时液压泵输出的功率最大。(　　)

65. 节流调速回路能量损失小。系统不易发热，效率较高，在功率较大的液压传动系统中得到广泛应用。(　　)

66. 容积调速回路能量损失大效率低容易引起油液发热工作稳定性较差。(　　)

67. 采用剖视后机件上原来一些看不见的内部形状和结构变为可见并用虚线表示。(　　)

68. 表面粗糙度越小时，则表面越光滑。(　　)

69. 神华号八轴电力机车扫石器距轨面高度为 30 ~ 35 mm。(　　)

70. SS_4 型机车排障器距轨面高度不低于 70 mm。(　　)

71. 神华号机车排石器距轨面高度为 55 mm。(　　)

72. 神华号机车轴箱定位采用双侧轴箱拉杆。(　　)

73. 神华号机车限制转向架与车体摇头运动的是垂向止挡。(　　)

74. 神华号机车横向止挡限制转向架与车体的垂向。(　　)

75. 一般情况下优先使用的配合基准制为基轴制。(　　)

76. 神华号八轴机车构架上由 1 个侧梁、2 个牵引梁组成。(　　)

77. 神华号机车齿轮箱底面距轨面高度为 150 mm。(　　)

78. SS_4 型电力机车齿轮箱材质为合金钢。(　　)

79. 电力机车齿轮箱箱体均为 45 钢焊接结构。(　　)

80. 加入齿轮油使油位能浸至大齿轮轮齿的 2/3 的高度处最合适。(　　)

81. 在齿轮箱与轮箍内侧面，上下距离偏差≤20 mm。(　　)

82. 在合箱前应捞箱检查，确认箱内干净，无异物。(　　)

83. 在 SS_4 型机车抱轴箱轴承油脂是滚动轴承脂。(　　)

84. 在电力机车齿轮箱中的润滑油，油温越高，越易造成泄漏。(　　)

85. 在齿轮箱中漏油原因是齿轮箱合口密封材料，密封胶不合要求，密封不严。(　　)

86. 套装小齿时同一台车电机尽量应用不同厂家生产的小齿轮。(　　)

87. 电机小齿轮套装时宜采用冷压装。(　　)

88. 小齿轮与电机轴套装后测量侧隙值为 1.0 ~ 1.9 mm。(　　)

89. 在小齿轮与电机轴套装后测量齿轮端面至电机轴端面的距离，比套装前的距离少 1.8 ~ 2.2 mm 较适宜。(　　)

90. 在齿轮钢中常用的材料有渗碳钢和调质钢。(　　)

91. 神华号八轴电力机车抱轴箱润滑油型号 SHC80W-160。(　　)

92. 在电力机车中车轴的折损，一般是由疲劳裂纹引起的。(　　)

93. 在对车轴表面进行滚压强化处理后，可以使表层金属材料更加密致，提高抗疲劳能力等。(　　)

94. 机车动轮踏面 1:20 一段的踏面只有在曲线半径很小时才与轨面接触。(　　)

95. 车轮踏面上 1:10 的一段的踏面是与轨面经常接触的部分。(　　)

96.《铁路技术管理规程》中规定电力机车轮箍踏面擦伤深度应不大于 7 mm。(　　)

97. 在踏面有缺陷时应控制在深度不大于 1 mm，长度不大于 40 mm 的范围内，否则镟修处理。(　　)

98. 轮箍与钢轨内侧面接触凸缘部分称为轮毂。(　　)

99. 在电力机车中，轮缘起着导向和防止脱轨的重要作用。（　　）

100. SS_{4B}电力机车对轮径差中修要求同一台机车轮径差≥15 mm禁用。（　　）

101. 在测量轮箍时，要求采用三点测量法。（　　）

102. 轮箍踏面磨耗深度≥4 mm禁用。（　　）

103. 在转速公式中 $n=60f/P$（n=转速，f=电源频率，P=磁极对数）。（　　）

104. 在扭矩公式中 $T=9\ 550P/n$（T是扭矩，单位N·m；P是输出功率，单位kW）。（　　）

105. 电力机车轮轨间的黏着力随牵引力的增大而增大。（　　）

106. 在电力机车轮轨间接触面间材质弹性越好时，黏着系数也越大。（　　）

107. 在电力机车轮轨间，黏着系数与接触表面间状态有关。（　　）

108. 电力机车轮轴重大时黏着系数变小。（　　）

109. 神华号机车变形单元下支撑板上的变形检测板与托架组成的间隔距离，距离达到3mm必须更换。（　　）

110. 在牵引电机的驱动力，超过了轮轨间的黏着力将产生空转。（　　）

111. 在改善电力机车轮轨不良黏着时有效措施是，改变轮轨间的接触情况。（　　）

112. 选择滚动轴承润滑油时工作温度低油的黏度也高。（　　）

113. 选择滚动轴承润滑油时工作负荷大油的黏度要低。（　　）

114. 在润滑油的牌号数值越大，黏度越高。（　　）

115. 在机车中拉杆式轴箱定位，最早由中国设计制造出来。（　　）

116. 在轴箱定位时应保证轴箱能够相对于转向架构架在机车运行中作垂向跳动，以保证弹簧装置能够充分发挥其缓和冲击的作用。（　　）

117. SS_4改型电力机车抱轴瓦间隙超过0.6 mm时应该重新挂合金或换瓦。（　　）

118. 抱轴瓦全部需要铲出椭圆形状。（　　）

119. 抱轴刮瓦量过多轴与瓦间形成不了油隙使各部位形成干摩擦。（　　）

120. 神华号机车一系弹簧静扰度99 mm。（　　）

121. 在抱轴瓦变形，刮瓦不合格时，将引起抱轴瓦发热。（　　）

122. 神华号八轴机车中二系弹簧静扰度38 mm。（　　）

123. 在抱轴箱缺油，毛线质量有问题时将引起抱轴瓦发热。（　　）

124. 在轮对尺寸表面不合要求时能够引起抱轴瓦发热。（　　）

125. 神华号机车中一系垂向止挡不大于10 mm。（　　）

126. 在电力机车抱轴瓦刮瓦的目的是使轮对轴与轴瓦间形成油隙，减小轴瓦间的摩擦。（　　）

127. 轴瓦内表面浇铸一层巴氏合金的目的是润滑配合轴。（　　）

128. 用钢做成的轴瓦基体与巴氏合金的结合力最好。(　　)

129. 电力机车弹簧支承装置主要承受来自机车运行产生的纵向力。(　　)

130. SS_4型机车垂向止挡 22 mm。(　　)

131. 在当机车过曲线时，弹簧支撑装置可在车体与转向架之间产生相对位移，使机车顺利通过曲线。(　　)

132. 在油压减振器内油的黏度越大，阻力越大；油的黏度越小，阻力越小。(　　)

133. 油压减振器振动越强即活塞速度越大阻力也越小。(　　)

134. 在油压减振器内节流孔的大小，直接影响减振性能。(　　)

135. 在油压减振器内的活塞，把油缸分为上下两个腔。(　　)

136. 在油压减振器内部活塞运动时，上下两腔的油通过活塞节流孔进行流动，来均衡油压。(　　)

137. 在电力机车油压减振器振动强烈时，减振能力相应增强：当振动减弱时，减振能力相应减弱。(　　)

138. 电力机车在运行中油压减振在保修期内。不需试验、检查、整修。(　　)

139. 在称重调簧时可以在线路界线内，调整构架前后左右尺寸，减弱不良运动。(　　)

140. 在振动破坏了机车运行的平衡性，严重地影响了远行品质。(　　)

141. 神华号机车刚性摇头止挡与车体接触面横向间距 20 mm。(　　)

142. 振动会使机车，零部件得到保护。(　　)

143. 制动缸缸壁轻微拉伤可用砂纸出上下打磨处理。(　　)

144. 在当列车（机车）在运行中施行制动时，从制动开始到全列车闸瓦突然同时以最大压力压紧车轮的假定瞬间，这段时间称为制动空走时间。(　　)

145. 在电阻制动时是利用电机产生的反转矩，使机车减速的一种电制动形式。(　　)

146. H300 型制动盘的耐磨性能差，表面有良好的再现性。(　　)

147. 在机车上重联门是两节机车，往返的通道门。(　　)

148. 重联门上安装自动锁闭器是提高乘务人员通过重联门的警惕性。(　　)

149. 在检查重联门密封胶条安装及密封良好，门框有开焊时可以进行补焊。(　　)

150. 整体承载车体主要在客货车辆中电力机车中不用。(　　)

151. 机车上下联动门锁锁芯安装在上锁内。(　　)

152. 在机车中运用上下联动门锁，使司乘人员无须再爬上机车才能开锁。(　　)

153. 在连挂风挡的装置，是用于连接两节机车通道的密封。(　　)

154. 在 SS_{4B} 型电力机车中采用橡胶风挡，可使机车在运行中避免刚性冲击和摩擦。(　　)

155. 在机车的噪音主要来源于，机车运动零部件所产生的振动。(　　)

156. 当机车常速运行时此时的噪音主要来运行中鸣笛。(　　)

157. 在当列车在隧道中运行时，由于受到隧道的反射音引起的各频带声压级均有所提高。(　　)

158. 在机车上由于顶盖结构设计不合理，制造工艺达不到要求；密封材料、密封胶都不能使顶盖与车体密封，造成漏雨。(　　)

159. 在机车上由于侧墙过滤器不清洗，保养不当，使外界空气回流受阻，造成室内、外空气压力差，将雨水吸进室内造成漏雨。(　　)

160. SS_{4B} 型电力机车机车司机室前窗采用一块电热玻璃。(　　)

161. 在当机车在冬季运行时，前窗玻璃通电后加热，将霜雪融化，便于瞭望。(　　)

162. MT-2 型缓冲器的额定行程为≤80 mm。(　　)

163. 在缓冲器变形量达到行程时的作用外力称最大作用力。(　　)

164. MT-2 型缓冲器的额定行程为≤2 270 kN。(　　)

165. MT-2 型缓冲器是弹性胶泥缓冲器。(　　)

166. MT-2 型缓冲器加载和卸载时作用力都较为平稳。(　　)

167. SS_{4B} 型机车采用 C 级钢车钩。(　　)

168. 在缓冲器拆卸后，测量从板座磨耗量≥7 mm。(　　)

169. QKX100 胶泥缓冲器的压缩高度应≥560 mm。(　　)

170. 在缓冲器安装到位后紧固螺栓时需要对角紧固，避免受力不均。(　　)

171. SS_{4B} 型电力机车采用的是并励直流牵引电机电动机。(　　)

172. 在振动时可能引起轮对的瞬间减载，破坏黏着而发生空转，影响机车黏着牵引力的发挥。(　　)

173. 机车重力的传递途径是指力从机车上部重量传递到车钩的过程。(　　)

174. 在钢轨对机车的垂向冲击作用力方向，传递顺序与重力相反。(　　)

175. 在机车牵引力的传递途径是指力从轮轨接触点产生的牵引力传递到车钩的过程。(　　)

176. 机车牵引力的传递途径是指力从轮轨接触点产生的牵引力传递到机车上部的过程。(　　)

177. 在机车横向力的传递途径是指力从轮缘到机车上部的传递过程（以轮轨侧压力为例）。(　　)

178. 在横向力的传递时如车体所受到的离心力、风力等横向力将按上部相反的传力顺序，由机车上部传向钢轨。(　　)

179. SS_{4B}型转向架传递牵引力的方式为平行牵引杆牵引方式。(　　)

180. 在SS_{4B}型转向架轴箱轴承上，采用能承受轴向和径向作用力的滚柱轴承。(　　)

181. 所有的运输设备都会产生蛇行运动。(　　)

182. 在蛇行运动时，是由于车轮踏面具有一定的锥度以及轮缘与钢轨间存在间隙而形成的。(　　)

183. 在车体蛇行时车体剧烈侧摆并伴有摇头、侧滚，通常是在速度不很高时出现。(　　)

184. 转向架蛇行通常发生于较低速度运行时。(　　)

185. 轮对蛇行是轮对的侧摆与摇头发生在低速运行时。(　　)

186. 在转向架的性能条件要求是安全度大，在最高的运行速度下，要尽量减小垂向动作用力以及曲线通过时的脱轨系数。(　　)

187. 电力机车运行时是一个较为简单的振动系统。(　　)

188. 在转向架需要中要有较好的曲线通过性能。(　　)

189. 转向架要满足运行条件时不需要考虑造价问题。(　　)

190. 在斜齿轮在啮合传动时，啮合力是垂直于齿斜方向的，不仅有切向分力，而且有轴向分力。(　　)

191. 在神华号八轴交流机车上采用 13 号下作用车钩。(　　)

192. 神华号机车上缓冲器型号为 MT-2 型。(　　)

193. 齿轮传动只能用于实现较小的传动比。(　　)

194. 齿轮传动的传动效率要低于带传动。(　　)

195. 齿轮的主要失效形式是轮齿的电蚀。(　　)

196. SS_4型机车轴箱轴承的径向游隙原型为 0.5 ~ 0.6 mm。(　　)

197. 我国近来常采用热套装工艺组装轮心和车轴。(　　)

198. 在神华号八轴交流机车上二系悬挂装置包括高扰钢弹簧、二系垂减和端部水平减震器。(　　)

199. 电力机车轮芯与车轴注油压装的油压各车型是相同的。(　　)

200. 在轮心上和车轴压装的部分是轮毂。(　　)

201. SS_{4B}型电力机车轮对组装时采用注油压装注油油压应在 147 ~ 196 MPa。(　　)

202. 在当轮对压装后不是注油油压超过规定范围而导致退轮的，则注油退轮后，车轮或车轴经过处理后允许原车轴重新组装。(　　)

203. 在轮对压装传动绘制的压装吨位曲线要求平稳上升，不能有过大的不稳定的起落变化。(　　)

204. 在锻造车轴钢坯时应进行时效处理，待应力消除后再进行机加工。(　　)

205. 在对车轴进行强化滚压处理后使表层金属材料更加致密，可以提高抗疲劳能力。(　　)

206. 神华号机车一系悬挂装置有橡胶堆和摩擦减振器。(　　)

207. 电磁加热也可加热金属以外的物体。(　　)

208. 电力机车新的轮箍轮缘内侧有 $R = 32$ mm 的倒角。(　　)

209. 在轮对的轮缘内侧设置倒角的目的是减少轮轨磨损。(　　)

210. 在日本和法国，采用斜度为 1:30 的锥形踏面来提高高速列车的蛇行稳定性。(　　)

211. SS_{4B} 型电力机车轮对踏面以 1:20 和 1:40 两段斜面制成圆锥形。(　　)

212. 在锥形踏面比例斜度的增大可以提高机车的蛇行临界速度。(　　)

213. SS_{4B} 型电力机车磨耗型踏面为 JN2 型。(　　)

214. 在单侧直齿轮传动时只存在切向分力，而无轴向分力。(　　)

215. 在双侧斜齿齿轮传动时转矩更加均匀。(　　)

216. 手制动故障能引起动轮擦伤但不会引起动轮迟缓。(　　)

217. 在检查轮箍弛缓时查看箍弛缓线是否发生相对位移。(　　)

218. 检查轮箍弛缓时用锤击法检查轮箍听到混浊的声音时则可能是动轮发生了弛缓。(　　)

219. 车轴工作时条件十分恶劣，不仅受弯，而且受扭，不仅有交变载荷，而且常常有突变载荷。(　　)

220. 套装车轮后更适合高速运行的机车。(　　)

221. 随着高磨闸瓦在高速车上的使用和推广，闸瓦传热散热不良将引起制动时轮箍温升过高，为了防止松箍事故，改用整体车轮。(　　)

222. 轮踏面和轮缘的磨耗，主要与轴重有关与轴距无关。(　　)

223. 组装抱轴瓦时抱轴瓦端面与轮心衬面间隙≥1.5 mm。(　　)

224. 在抱轴瓦铲出椭圆形状后，瓦量合箱前测量间隙为 0.1 ~ 0.15 mm。(　　)

225. 在 SS_4 改抱轴瓦油膜的均匀程度，取决于刮瓦的质量。(　　)

226. 在油膜的形成中，先在轴颈侧下方和轴瓦的间隙中形成油楔。(　　)

227. 神华号机车通过的最小曲线半径 250 m 速度不大于 25 km/h。(　　)

228. 在安装横向油压减振器注意方向、有鼓包的一面朝上。(　　)

229. 在滚道径向圆对于内外座圈的径向跳动，可影响轴承的精度。(　　)

230. 滚道的形状误差不会影响轴承的精度。(　　)

231. 在机车中常用的滚动轴承是标准零件，采用滚动轴承后，机器的设计、制造和维修时间可缩短。(　　)

232. 在使用的滚动轴承可同时承受径向力和轴向力，简化了轴承的结构。(　　)

233. 用振动位移值来评定机械振动水平时与机械的旋转速度无关。(　　)

234. SS_{4B} 型电力机车牵引电机采用用空心轴全悬挂。(　　)

235. 在牵引电机悬挂运转过程中，相对构架可以自由摆动的原因是半悬挂其中有一面为关节轴承。(　　)

236. 轴承的选择改变不了机车曲线通过时对轮对产生的侧向力。(　　)

237. 在机车中一系圆弹簧的作用中是把位能转化成热能散发掉。(　　)

238. 电力机车减振弹簧表面喷丸强化处理目的是为了提高刚度。　(　　)

239. 在设计电力机车轴箱弹簧时主要依据是最大载荷、最大变形以及结构要求。(　　)

240. 油压减振器是将电力机车振动冲击能量转变成机械能。(　　)

241. 电力机车油压减振器内活塞运行速度与阻力关系为速度大阻力小。(　　)

242. 侧向摩擦减振器的作用是衰减车体的上下振动。(　　)

243. 在摩擦减振器中的弹簧是产生摩擦力的来源。(　　)

244. 在弹性件中弹簧是产生摩擦力的来源调整弹簧垫片可以调整摩擦力。(　　)

245. 在机车通过曲线时，利用橡胶堆的横向剪切刚度起复原作用。(　　)

246. 机车处于停车制动位不会影响制动器的动作。(　　)

247. 单元制动器闸瓦、折叠销上安装的开口销主要是防止折叠销脱落。(　　)

248. 在制动缸内活塞与制动缸的摩擦面锈蚀或磨损，会造成制动器不制动不缓解。(　　)

249. 电力机车制动器的制动缸充气制动排气缓解。(　　)

250. 在电力机车制动器的制动缸排气制动，充气缓解。(　　)

251. 盘型制动结构紧凑制动效率达到 50%～60%。(　　)

252. 在盘型制动应用中能适应速度的提高，减轻车轮踏面的磨耗。(　　)

253. 手制动制动时同时带动其他轮对制动装置也同时制动。(　　)

254. 在 SS_{4B} 型电力机车中当手制动手轮作用力为 500 N 时，机车手制动率为 27%。(　　)

255. 电力机车在运行中手制动装置能起到很好的辅助制动作用。　(　　)

256. 在电力机车手制动装置装配链条时，要求下垂度要适当，过紧过松都会对手制动装置造成不良影响。(　　)

257. 在 SS_{4B} 型电力机车车体上采用张拉蒙皮新工艺，使车体的表面不平度大大降低，改善了机车的外观质量。(　　)

258. SS_{4B} 型电力机车工作电压额定值为 19 kV。(　　)

259. SS_{4B} 型电力机车工作电压最大值为 27.5 kV。(　　)

260. SS_{4B} 型电力机车持续牵引力为 600 kN（半磨耗轮对）。(　　)

261. 在 SS_{4B} 型电力机车电制动方式为加馈电阻制动。(　　)

262. SS_4 改型电力机车启动牵引力为 300 kN。(　　)

263. SS_4 改型电力机车传动方式为单侧刚性直齿轮传动。(　　)

264. SS_4 改型电力机车传动比为 79:17 = 4.35。(　　)

265. SS_4 改型电力机车抱轴承为滚动轴承。(　　)

266. 车体支撑装置作用是传递机车的牵引力和制动力。(　　)

267. 在车体支撑装置作用时当机车过曲线时，可在车体与转向架之间产生相对位移，使机车顺利通过曲线，使车体和转向架位置复位到平衡位置，并传递各种附加力。(　　)

268. 电力机车上需要强迫冷风的设备有。司机室空调机，牵引电动机；整流硅风机组 ；平波电抗器等。(　　)

269. 在 SS_{4B} 机车中轴列式为 $2(B_0\text{-}B_0)$。(　　)

270. SS_{4B} 机车轴列式 $2(B_0\text{-}B_0)$ 中“2”表示每台机车有 2 个受电弓。(　　)

271. 在转向架要在钢轨的引导下，实现机车在直线和曲线上的运行并保证机车曲线运行的安全和顺利。(　　)

272. 新车落车后构架侧梁上平面至轨面高度为（1 900 ± 10）mm。(　　)

273. 新车落车后构架侧梁上平面至轨面同一端左右至轨面高度之差≤1 mm。(　　)

274. 机车称重后每根轴重不应该超过机车实际平均轴重的 ± 4%。(　　)

275. 拆卸机车零件时应按照与装配相同的程序进行。(　　)

276. 在拆卸旋转部件时，应注意尽量不破坏原来的平衡条件，不得在拆卸时发生碰撞。(　　)

277. 在轮对电机组装完毕后应在专用试验台上做空转试验，试验时间正反转各 45 min。(　　)

278. 电力机车轮对电机空转试验时检查轴箱和电机抱轴箱的温升允许不大于 50 °C。(　　)

279. 在齿轮箱的作用是为了对齿轮进行润滑以及防止尘土、砂石等污物对齿轮的侵袭。(　　)

280. 在齿轮箱组成中是由上箱和下箱组成。(　　)

281. 挑选齿轮箱毛毡条时尽量挑选粗些的。(　　)

282. 在装配胶条前，把胶条的中间部分进行浸油处理，两端不得沾油。(　　)

283. 在 SS_{4B} 型机车齿轮箱中，润滑齿轮箱使用的是美孚 SHC220 循环机油。(　　)

284. 轮对电机组装中为使大小齿轮充分润滑齿轮箱中的油越多越好。(　　)

285. 齿轮箱内油过多产生足够的润滑有助于齿轮传动。(　　)

286. 在齿轮箱设置呼吸孔的作用是为使齿轮付在工作时箱体内部压力和外部大气压力相平衡而设计在手把上。(　　)

287. 在呼吸孔处手把气管，可以用来吊装齿轮箱体。(　　)

288. 齿轮箱与轮箍内侧面上下距离偏差≤2 mm 根据各连接处的间隙进行加垫处理。(　　)

289. 在 SS_{4B} 型电力机车齿轮箱设计时领圈槽深原型为 11.5 mm。(　　)

290. 电力机车电机轴端的小齿轮是采用热套压装方法退卸的。(　　)

291. 电力机车齿轮传动都是加速齿轮传动。(　　)

291. 在直齿圆柱齿轮中的正确啮合条件是两齿轮的齿形角相等，模数也相等。(　　)

292. 电力机车齿轮传动比的数值应尽可能是循环小数。(　　)

293. 一般电力机车齿轮传动比 > 5。(　　)

294. 大小齿采用变位齿轮的目的主要是降低转速增大转矩。(　　)

295. 电力机车齿轮发蓝的原因通常是由于加热温度太低。(　　)

296. 在电力机车中轮对的作用是把机车全部的静载荷均通过轮对传递给钢轨。(　　)

297. 在轮对行经钢轨接头，道岔等线路不平顺时，轮对直接承受全部垂向和侧向的冲击。(　　)

298. 在轮对组成中一般由车轴，两个车轮和一个传动大齿轮组成，车轮又由轮箍和轮心组装而成。(　　)

299. 轮对各部件之间组装的采用的是间隙配合。(　　)

300. 电力机车轮对轮与轴的装配应采用的装配方法是完全互换装配法。(　　)

301. 车轴的是铸钢件。(　　)

303. 在车轴组成中由轴领，轴颈，防尘座，轮座，抱轴颈和中间轴身组成。(　　)

304. 车轴的圆弧部分表面经过喷丸处理。(　　)

305. 在当机车发挥牵引力运行时，各轴重要发生变化，有的轴重将增加，有的轴重将减小，这就称为在牵引力作用下的轴重转移，或叫牵引力作用下的再分配。(　　)

306. 轴重转移会改变机车总的黏着重量系数。(　　)

307. 电力机车迟缓线的宽度为 15 mm 长度为 70 mm。(　　)

308. 在用黄色油漆在轮箍轮心结合处画条径向宽线的目的，是为了检查轮箍是否发生迟缓。(　　)

309. 在轮对加装轮箍扣环是为了防止套装轮箍发生迟缓时外窜，引发列车脱线或颠覆等事故的发生而给机车动轮加装的一种安全措施。(　　)

310. 在油箱内的润滑油靠毛细管作用被毛线吸上去，润滑轴颈表面。(　　)

311. 在锥形轴承内圈，前挡环，后挡环需加热套装在车轴轴颈上，加热温度≤150 °C。(　　)

312. 在电力机车中所谓牵引电动机的半悬挂，就是牵引电动机的一端支在转向架构架上，另一端用抱轴承支在车轴上。(　　)

313. 在牵引电动机半悬挂时，基本全部质量都在车轴上，属于簧下质量。(　　)

314. 牵引电动机半悬挂的优点是簧下质量大轮轨的动载荷大。(　　)

315. SS_{4B} 型电力机车转向架构架总重是 3 500 kg。(　　)

316. 车体与转向架限位装置纵向间隙为 34 mm。(　　)

317. 在车体与转向架设置限位装置，横向间隙为（20 ± 5）mm（单边）。(　　)

318. 在车体与转向架设置限位装置，垂向间隙为 40 mm。(　　)

319. 在轴箱悬挂装置的作用是为了把构架上的垂直负荷均匀地分配给各个轮对，缓和轨道对机车的冲击和振动，改善部件的工作可靠性和乘务员的舒适度。(　　)

320. 在 SS_{4B} 型电力机车中牵引力由轴箱经轴箱拉杆传至构架，再通过一系弹簧悬挂装置装置传到车体，最后经车钩牵引列车运行。(　　)

321. SS_{4B} 型电力机车每一台转向架有 8 个轴箱悬挂装置。(　　)

322. 在 SS_{4B} 型电力机车上轴箱采用独立悬挂，弹性定位拉杆式结构。(　　)

323. 在轴箱拉杆设置中一高一低，其目的是：拉杆长度不变时，允许轴箱上下跳动，否则轴箱垂向位移将受到极大限制。(　　)

324. 电力机车的轴箱拉杆主要起传递横向力的作用。(　　)

325. 电力机车轴箱内零件按工艺要求应采用的装配方法是分组法。(　　)

326. 轴箱轴承内套与轴的配合是过渡配合。(　　)

327. 机车车轴轴颈尺寸可降 4 级每级 1 mm。(　　)

328. 轴箱内带油槽的是调整环。(　　)

329. 轴箱轴承内侧调整环比外侧调整环厚。(　　)

330. 轴箱在后盖与挡圈之间装有一个橡胶密封环。(　　)

331. 在轴箱中定位决定了轴箱与轮对的位置，起到了固定轴距和限制轮对活动范围的作用。(　　)

332. 在拉杆式轴箱定位设有磨耗件，不需要润滑，减少了维修保养工作量。(　　)

333. 电力机车轴箱拉杆方轴与轴箱体及构架拉杆座联接在斜度为 1:20 的斜面上。(　　)

334. 组装后检查轴箱拉杆与拉杆座槽底部间隙为 2 ~ 6 mm。(　　)

335. 在轴箱悬挂的优点是结构简单，独立性强、维修方便、能克服上下压盖歪斜、无磨耗和调一系弹簧容易等优点。(　　)

336. SS_{4B}型机车轴箱单边横动量为 3 mm。(　　)

337. 在轴箱组装后须检查，其轴箱在轴颈上的轴向窜动量。(　　)

338. 在节流孔的露出部分称为初始节流孔，减振器的阻尼主要决定于初始节流孔的大小。(　　)

339. 在机车中二系悬挂又称次悬挂，设置在车体底架与转向架之间。(　　)

340. SS_{4B}型电力机车二系悬挂装置由圆簧垂向油压减振器和侧向摩擦减振器组成。(　　)

341. 在SS_{4B}型机车中二系橡胶堆自由高原型 258 ~ 264 mm，中修限度应不小于 254 mm (　　)

342. SS_{4B}型机车二系悬挂装置的静挠度为 12 mm。(　　)

343. 在机车中一系悬挂又称主悬挂，设置在机车转向架构架与轴箱之间。(　　)

344. SS_{4B}型机车悬挂装置一系硬二系软。(　　)

345. 在油压减振器运行中的作用利用油的黏滞性形成阻尼，吸收振动冲击能力，达到平稳运行的目的。(　　)

346. 在机车二系设置橡胶堆的优点是具有良好的减振性能，吸收高频振动的能力强，灵敏性高，重量轻，形体小，不会突然折损，运行中无须经常检查。(　　)

347. 在机车中牵引装置是将机车的轮周牵引力，由转向架构架与车体构架的连接传递给底架的装置，它的结构形式直接影响机车轮周牵引力的充分发挥。(　　)

348. 牵引装置的主要作用是传递机车的牵引力制动力及横向力。(　　)

349. 牵引装置力的传递。构架牵引梁、牵引杆、三脚架、三角撑杆座和三角撑杆、牵引插头、压盖、牵引橡胶垫、牵引座、车体。(　　)

350. 在 SS_{4B}型电力机车中每个动轮有一组制动器安装在两轮之间，每个制动器都带有独立的制动缸、闸瓦间隙调整器、传动杠杆、闸瓦等，形成一个独立作用单元，即单元制动器。(　　)

351. 在制动单元各部件均安装在制动器箱体内外时，在其内安装制动杠杆和闸瓦间隙自动调整器，其外安装制动制动缸、闸瓦、闸瓦托和闸瓦托吊杆。(　　)

352. 每个制动器重 70 kg。(　　)

353. 在制动器的主要结构中是由制动箱体、杠杆、螺销、棘钩、球轴承、活塞、活塞杆、制动缸、皮碗、涨圈、圆锥弹簧、下螺销、闸瓦、调整螺杆、手轮、棘轮、传动螺杆、传动螺母、手柄、推拉杆等组成。(　　)

354. 在单元制动器中设置杠杆，是为增大制动倍率而设置的。(　　)

355. 在单元制动器制动机构中各销磨耗量≤1.0 mm，禁用≥1.5 mm。(　　)

356. 更换闸瓦时检查状态逐一更换。(　　)

357. 更换闸瓦时闸瓦较厚的一侧朝里即与制动器进气口同侧。(　　)

358. 制动器上设有手轮和脱钩装置当需要减少闸瓦间隙时只要逆时针旋转固定在转动螺母末端的手轮。(　　)

359. 在机车车辆制动缸使用 89D 润滑脂具有良好的剪切安定性，抗水性、防锈性、低温性能。(　　)

360. 在手制动检查时，各转轴无裂损、变形、链轮、链条、丝杠和螺母无磨损并润滑良好，转动制动手轮时动作灵活，无卡滞现象。(　　)

361. 测量 SS_{4B} 型电力机车扫石器角钢底边距轨面高度为 50 ~ 60 mm。(　　)

362. 在电力机车中设置轮喷的作用是润滑轮轨，阻止轮轨磨损与锈蚀。(　　)

363. SS_{4B} 型电力机车轮轨润滑装置的喷嘴与轮缘之间的距离均为 150 mm。(　　)

364. 在轮轨润滑装置的组成部分是由油箱、分配阀、喷嘴、连接管。(　　)

365. 轮轨润滑装置组装在第一位三位轮对上。(　　)

366. 在 SS_{4B} 型电力机车上车体主要由车体，由底架、侧墙、车顶、顶盖、司机室、台架和排障器等部分组成。(　　)

367. 车体是用来安装各种监控设备和机械设备的场所。(　　)

368. 在机车中车体是为机车乘务和检修人员，提供良好的工作和维修场所。(　　)

369. 在合理的流线型车体结构中可以减少机车运行阻力，节省机车的功率消耗。(　　)

370. 机车在高速行驶时高速气流引起的空气动力性噪声表现显著大约和机车运行速度的 12 次方成反比。(　　)

371.《铁路机车司机室噪音允许值》标准规定最高运行速度≤300km/h 的电力机车噪声强制允许值为≤78 dB（A）。(　　)

372. 在《铁路机车司机室噪音允许值》中标准规定最高运行速度，在 160 km/h 与 300 km/h 的电力机车噪声建议允许值为≤75 dB（A）。(　　)

373. 百叶窗安装时过滤网清洁度直接影响百叶窗的防雨程度。(　　)

374. 在为防止百叶窗漏雨，可以将棕垫改为通风、防雨的材料。(　　)

375. 牵引缓冲装置的主要作用是为了吸收振动冲击能量。(　　)

376. 13 号车钩只在下锁销孔内设置一层防跳装置。(　　)

377. 车钩二次防跳台在下锁销孔处尺寸为 16 mm × 18 mm × 20 mm。(　　)

378. 在 SS_{4B} 型电力机车上，十三号车钩钩舌销与销孔的间隙（以短轴计算）禁用≥5 mm。(　　)

379. 在辅修时对车钩钩舌，钩舌销及钩耳进行磁粉探伤。(　　)

380. 小修和中修时拆下车钩部件进行超声波探伤。(　　)

381. 在车钩解体前进行“三态”试验及全面检查，确定检修重点并记录。(　　)

382. 在车钩解体前测量车钩高度，登记车钩编号。(　　)

383. 在对拆下的部件清洁检查时，对钩体、钩舌、钩舌销、钩尾扁销及吊杆进行探伤检查，是否良好，对不良部件进行修理或更换。(　　)

384. 缓冲器安装在，车体底架牵引梁上前后从板座间的套口中，尺寸为 680 mm。(　　)

385. 在 QKX100 弹性胶泥缓冲器中的自由高为 571～574 mm，安装前预压缩尺寸为 553～555 mm。(　　)

386. 在检查扁销时穿销螺栓不得弯曲变形，无裂纹，直径 < 18 mm 或螺纹不良时更新。(　　)

387. 在检查尾框扁销孔时下方的穿销螺栓止挡，两销孔周围不平整时应修整，有裂纹时焊修，销孔直径 > 26 mm 时更新。(　　)

388. 弹性胶泥缓冲器动态最大阻抗力≤2 000 kN。(　　)

389. 在缓冲器内弹性胶泥的特点是具有高弹性、压缩性和良好的流动性。(　　)

390. 转向架中心距为 8 200 mm。(　　)

391. 前后车钩中心距为 16 416 mm。(　　)

392. 在 SS_{4B} 型电力机车机车车体底架长度，为 15 200 mm。(　　)

393. 在 SS_{4B} 型电力机车新轮情况下，传动齿轮箱地面距轨面高度不小于 110 mm。(　　)

394. SS_{4B} 型电力机车车体与转向架的连接装置的类型为中心销连接。(　　)

395. 在连接件中橡胶堆，摩擦减振器，横向油压减震器和牵引装置都属于车体与转向架连接装置。(　　)

396. 轮对电机组装电机悬挂装置和主变压器都属于转向架主要十大组成部件。(　　)

397. 在附属装置中轮对电机组装，构架都属于转向架主要十大组成部件。(　　)

398. SS_{4B} 型电力机车单轴轴重 24 t。(　　)

399. SS_{4B} 型电力机车转向架最高速度 120 km/h。(　　)

400. SS_{4B} 型电力机车转向架的牵引方式推挽式高位牵引。(　　)

401. SS_{4B} 型电力机车牵引点距轨面高度为 120 mm。(　　)

402. SS_{4B} 型电力机车转向架总重 24 t。(　　)

403. 在 SS_{4B} 型电力机车转向架油压减振器的阻尼 1 000 N · s/cm。(　　)

404. SS_{4B} 型电力机车单个砂箱容积 0.4 m^3。(　　)

405. 在机车在静止状态下每根轮对压在钢轨上的重量，称为轴重。(　　)

406. 机车每个轮对所发挥的功率称为单轴功率。(　　)

407. 在转向架在结构上所允许的机车最大运行速度，称为机车的结构速度。(　　)

408. 在电力机车运行过程中的不良运动，有点头、倾斜、侧滚、摇摆、伸缩、蛇形六种不良运动形式。(　　)

409. 在 SS_{4B} 型电力机车电机小齿轮使用的材质是 20CrMnMoA。(　　)

410. 在 SS_{4B} 型电力机车电机小齿轮的齿数为 17。(　　)

411. 在抱轴箱组装由抱轴箱体、齿轮箱座、前挡环、轴承座、调整垫、后油封、后挡环及锥形轴承等部件组成。(　　)

412. 在电力机车滚动轴承结构是由轴承内圈、轴承外圈、滚动体、保持架组成。(　　)

413. 在 GB272-88 规定是轴承代号是用字母加数字表示，整个轴承代号由 3 个部分组成——前置代号、基本轴承代号、后置代号。(　　)

414. SS_{4B} 型电力机车的电机悬挂方式为滚动抱轴式全悬挂。(　　)

415. 在 SS_{4B} 型电力机车上电机悬挂装置主要由，防落板、销、吊杆、垫板、吊座、橡皮垫、螺母等零件组成。(　　)

416. 在 SS_{4B} 型电力机车悬挂装置的防落板端部与电机外壳水平间距≥10 mm。(　　)

417. SS_{4B} 型电力机车悬挂装置的防落板上平面与电机吊耳下平面垂直间距≤20 mm。(　　)

418. 在 SS_{4B} 型电力机车悬挂装置的防落板与电机吊耳纵向搭接量≥20 mm。(　　)

419. SS_{4B} 型电力机车构架由两根侧梁（分左右）一根前端梁一根后端梁和各种附加支座等组成。(　　)

420. 在 SS_{4B} 型电力机车中轴箱接地装置的作用，是改变机车的导电性防止滚动轴承电蚀。(　　)

421. 在 SS_{4B} 型电力机车上接地碳刷原型直径 50 mm、长度 64 mm。(　　)

422. 在轴箱拉杆组成是由，连杆体、长拉杆、短拉杆、橡胶圈、端盖、橡胶端垫组成。(　　)

423. SS_{4B} 型电力机车轴箱拉杆的中心距 280 mm。(　　)

424. 轴箱拉杆方轴与轴箱体及构架拉杆座相连接时对 1:20 斜面配合部分用 0.1 mm 塞尺检查不允许贯通。(　　)

425. 在一般称弹簧悬挂装置以上质量，为簧上质量。(　　)

426. 在构架与轴箱吊耳处垂直距离原形 43 mm，中修 30 ~ 75 mm。(　　)

427. 构架与轴箱吊耳处垂直距离同轴不大于 20 mm 同一转向架同一侧不大于 40 mm。(　　)

428. 转向架构架和轮对轴箱之间设置的弹簧悬挂系统叫二系悬挂装置。(　　)

429. 在 SS_{4B} 型电力机车二系悬挂装置是由横向油压减振器，侧向摩擦减振器和橡胶堆组成。(　　)

430. 在 SS_{4B} 型电力机车轴箱悬挂垂向刚度 1 070 N/mm。(　　)

431. SS_{4B} 型电力机车使用垂向油压减震器为 ADP 型减振器。(　　)

432. SS_{4B} 型电力机车走行部的一系圆簧的材料是 20CrMnMoA。(　　)

433. SS_{4B} 型电力机车一系弹簧静挠度为 7 mm。(　　)

434. 侧向摩擦减震器主要由两个弹性球铰杆两个弹簧五块摩擦片和一个定位板组成。(　　)

435. 摩擦减振器阻力的大小可以用调整摩擦片的厚度来调整压力。(　　)

436. 在摩擦减震器中摩擦片需要具备的特点是，耐磨、耐热、强度高与钢摩擦系数大。(　　)

437. SS_{4B} 型电力机车摩擦减振器的摩擦片厚度≤3.5 mm 时禁用。(　　)

438. 在 SS_{4B} 型电力机车上摩擦减振器的摩擦片厚度圆形为 5 mm。(　　)

439. SS_{4B} 型电力机车摩擦减震器的摩擦力为 $5\ 890 \times (1 \pm 10\%)$ N。(　　)

440. 车体底架与转向架构架之间纵向安装油压减振器，能有效地抑制转向架的蛇行运动。(　　)

441. 影响机车车辆上装用减振器的类型和数量的因素是机车的运行速度和机车重量。(　　)

442. 在 SS_{4B} 机车上，橡胶堆是由两块端板、7 块隔板和橡胶硫化成整体。(　　)

443. 橡胶堆中的钢板具有增加橡胶堆的刚度和调整橡胶堆高度的作用。(　　)

444. 在二系车体支承的橡胶堆工作负荷下，整台机车高度差≤1 mm 用加垫配平。(　　)

445. 在 SS_{4B} 型电力机车上二系橡胶堆自由高为原型 260 mm。(　　)

446. SS_{4B} 型电力机车悬挂装置橡胶堆自由高低于 245 mm 时禁用。(　　)

447. SS_{4B} 型电力机车的牵引装置是靠牵引梁和拐臂式牵引方式牵引。(　　)

448. 在牵引座中主要由牵引座、牵引橡胶垫、压盖和牵引插头组成。(　　)

449. SS_{4B} 型电力机车牵引叉头为铸铁件。(　　)

450. 在牵引座组装时发现前后压盖间隙不均匀时可在间隙过小的一侧压盖内加垫调整。(　　)

451. 在牵引座组装时，牵引叉头应端正，不允许歪斜。(　　)

452. 电力牵引销套使用的合金销套是在 55 优质碳素钢基础上快速溶镍基自溶性合金材料制造而成。(　　)

453. 牵引杆体与端头材料均为 45 钢。(　　)

454. 基础制动装置是由制动缸、杠杆传动系统、闸瓦间隙自动调节器和闸瓦等组成。(　　)

455. SS_{4B} 型电力机车制动器闸瓦材料是高摩橡胶。(　　)

456. SS_{4B} 型电力机车每一台转向架有 8 个独立单元制动器。(　　)

457. 制动原力通过基础制动装置的传递并增大后传给闸瓦，其增大的倍数称为制动倍率。(　　)

458. 制动倍率的计算公式是制动倍率 = 制动压力 × 制动原力。(　　)

459. SS_{4B} 型电力机车制动器主要由箱体闸瓦间隙自动调整器和闸瓦组成。(　　)

460. 闸瓦间隙调整器作用中，直接作用是调整制动缸活塞行程。(　　)

461. SS_{4B} 型电力机车检查制动器时棘轮机构调整闸瓦间隙的作用应可靠即闸瓦平均间隙超过 10 mm 时应开始工作。(　　)

462. 178 × 2.85 型单元制动器制动缸直径是 2.85 mm。(　　)

463. 178 × 2.85 型单元制动器，制动器效率是 85%。(　　)

464. 178 × 2.85 型单元制动器闸瓦与踏面间隙是 8 ~ 10 mm。(　　)

465. 手制动是当机车长时间停放在轨道上时，防止溜车事故发生的一种机械制动。(　　)

466. 当手制动手轮作用力为 500 N 时，机车手制动率为 23%。(　　)

467. 在 SS_{4B} 型电力机车上砂箱一般安装在构架的端梁上。(　　)

468. 正常情况下机车砂箱砂量应该保持在 3/4 以上。(　　)

469. 在限位装置当转向架与车体之间发生意外时，车体与转向架相互不脱离，起到安全保护作用。(　　)

470. SS_{4B} 型电力机车扫石器角钢底边距轨面高度为 60 ~ 70 mm。(　　)

471. 转向架拆解时每个转向架需要打放 2 个放止轮器。(　　)

472. 构架是电力机车车体的基础。(　　)

473. 电力机车的牵引缓冲装置包括车钩及缓冲器。(　　)

474. SS_{4B} 型电力机车砂管底面距轨面原型高度为 30 ~ 50 mm。(　　)

475. 在 SS_{4B} 型电力机上砂管端面与车轮踏面距离为 15 ~ 30 mm。(　　)

476. SS_{4B} 型电力机车车钩中心线距轨面高度原型为（860 ± 10）mm。(　　)

477. SS_{4B} 型电力机车整辆机车前后车钩中心距为 16 416 mm。(　　)

478. SS_{4B} 型电力机车车体宽度是 2 900 mm。(　　)

479. SS_{4B} 型电力机车上排障器最低点距轨面高度原型为（110 ± 10）mm。(　　)

480. 在安装百叶窗与过滤网的棕垫时，棕垫与棕垫间尽量少留间隙或搭接装，再者将棕垫改为通风、防雨的材料，以防止百叶窗漏雨。(　　)

481. 在 SS_{4B} 型电力机车车体底架组焊后，两枕梁上内侧旁承中心对角线允差不大于 10 mm。(　　)

482. 在电力机车车钩作用中主要具有自动连挂性能。(　　)

483. 电力机车车钩只有闭锁开锁二态作用。(　　)

484. SS_{4B} 型电力机车使用的是 13 号上作用式车钩。(　　)

485. 在十三号下作用式自动车钩中钩体是由铸铁构成的。(　　)

486. 中修要求车钩中心线距轨面高度为 840 ~ 890 mm。(　　)

487. 车钩的开锁位是挂接车钩的准备位置。(　　)

488. 车钩全开状态时车钩开度应为 220 ~ 235 mm。(　　)

489. 锁铁在落下状态时挡住钩舌的尾部，使钩舌不能转动，保证闭锁状态。(　　)

490. 当钩锁被提起时，钩锁铁推动钩舌推铁的一端，使它绕轴转动一定角度，其另一端则拨动钩舌尾部，使钩舌张开成为全开状态。(　　)

491. 电力机车车钩的易耗部位是钩体。(　　)

492. 车钩中钩舌与钩头接触受力的部分，也易磨耗。(　　)

493. SS_{4B} 型电力机车车钩复原装置采用弹簧式复原。(　　)

494. 电力机车的车钩允许有适当的偏倚量，有利于机车在曲线上运行，而且便于在弯道上挂车。(　　)

495. 车钩能左右移动时规定其左右移动量为 74 ~ 200 mm。(　　)

496. 电力机车上车钩钩舌厚度，中修≥68 mm。(　　)

497. 电力机车牵引缓冲装置安装在转向架构架的牵引梁上。(　　)

498. 在缓冲器安装要求中，车体底架牵引梁上前后从板座间的套口中，尺寸为 625 mm。(　　)

499. 齿轮箱拆解时上箱吊起 20 cm 高度时，平推出齿轮箱，不具备平推条件时，必须使用点动手势指挥天车起吊。(　　)

500. 受电弓升起后禁止用任何方法进入机械间。(　　)

三、多选题

1. 关于螺纹，表述 (　　) 是正确的。
   A. 螺纹大径是公称直径
   B. 螺距和导程不是一个概念
   C. 螺纹有左旋和右旋
   D. 螺纹有粗牙和细牙之分
   E. 常用的螺纹是单线.左旋

2. 属于高强度螺栓的性能等级有 (　　)。
   A. 5.6　　B. 6.8　　C. 8.8

D. 9.8　　E. 10.9

3. 属于普通螺栓的性能等级有（　　）。

A. 8.8　　B. 9.8　　C. 4.8

D. 5.6　　E. 6.8

4. 引起弹簧垫圈叉口拉长又称涨圈的原因有：（　　）。

A. 切口过大　　B. 切口毛刺大

C. 装配表面不平　　D. 形状不良

E. 硬度低

5. 平垫圈的，作用有（　　）。

A. 减少摩擦　　B. 防止漏泄

C. 隔离　　D. 分散压力

E. 锁紧螺母

6. 下列属于电力机车重力的传递途径所经过的部件有:（　　）。

A. 车体　　B. 二系支承装置

C. 转向架构架　　D. 一系弹簧装置

E. 轮对

7. 下列属于电力机车牵引力的传递途径所经过的部件有（　　）。

A. 轮对　　B. 轴箱拉杆

C. 转向架构架　　D. 车钩

E. 司机室

8. 下列属于电力机车横向力的传递途径所经过的部件有（　　）。

A. 二系支承装置　　B. 轮对

C. 轴箱拉杆　　D. 转向架构架

E. 牵引电机啮合处

9. SS_{4B} 型转向架的特点描述正确的有:（　　）。

A. 一系采用轴箱螺旋钢弹簧弹性定位拉杆的独立悬挂结构

B. 二系采用全旁承橡胶堆简单悬挂结构

C. 中央推挽式斜拉杆低位牵引方式

D. 采用能承受轴向和径向作用力的滚柱轴承

E. 牵引电机悬挂采用滚动轴承抱轴式悬挂方式

10. 下列对蛇行运动描述正确的是（　　）。

A. 蛇行运动是由于司机的误操作造成的

B. 蛇行运动是由于踏面与钢轨之间黏着不良

C. 蛇行运动是由于踏面上具有一定的锥度

D. 蛇行运动运动是由于轮缘与钢轨间存在间隙

E. 铁路机车车辆特有的运动

11. 下列对机车的蛇行运动分类情况包括（　　）。

A. 支承装置蛇行运动

B. 牵引装置蛇行

C. 转向架蛇行

D. 轮对蛇行

E. 车体蛇行

12. 电力机车转向架应满足的性能要求描述正确的是:（　　）。

A. 安全度大

B. 运行平稳性好

C. 曲线通过性能好

D. 黏着重量利用系数大

E. 轮轴重分配均匀

13. 齿轮传动的特点，描述正确的有（　　）。

A. 结构紧凑，可实现较大传动比

B. 传动效率高

C. 传递的功率和速度范围大

D. 传动时受力均衡

E. 传递的功率和速度范围小

14. 齿轮的失效形式有:（　　）。

A. 轮齿的点蚀

B. 齿面磨损

C. 轮齿折断

D. 塑性变形

E. 齿面胶合

15. 车轴注油压装的优点，描述正确的有（　　）。

A. 可降低退出吨位

B. 可降低压入吨位

C. 能够保证产品质量

D. 可以避免配合表面被拉伤

E. 保证压装过盈量

16. 轮心与车轴的组装中注油压时的注意事项有:（　　）。

A. 注油压装的油压各车型是不同的

B. SS_{4B}型电力机车轮对注油油压应在 98 ~ 147 MPa

C. 注油压装过程中允许注油油压在规定的范围内波动

D. 车轮或车轴经过处理后允许原车轴重新组装

E. 反压检验应在压装 4 h 后进行

17. 影响滚动轴承精度的，主要有（　　）。

A. 滚道径向圆对于内外座圈的径向跳动

B. 滚道的形状误差

C. 轴承间隙

D. 滚动体的形状与尺寸误差

E. 轴承的型号

18. 滑动轴承的特点，正确的有（　　）。

A. 可剖分

B. 径向尺寸大，使机器的轴向结构不紧凑

C. 运转平稳

D. 有色金属抗冲击负荷的能力强

E. 易于维护和启动

19. 滚动轴承的特点正确的有：(　　)。
A. 摩擦系数小，功率损耗小，机械效率高，易于维护和启动
B. 设计、制造和维修时间可缩短
C. 滚动轴承抗冲击负荷的能力差，运转不平稳，有轻微振动
D. 机器的轴向结构紧凑
E. 可同时承受径向力和轴向力，简化了轴承的结构

20. 电力机车轴箱发热的原因有：(　　)。
A. 滚动轴承型号，内外位置配置不对
B. 轴箱内清洁度不合要求
C. 轴箱内零件有缺陷
D. 缺少润滑油
E. 轴箱内部零件如挡圈等位置.方向装错

21. 机车影响横向油压减振器，减振性能的因素有（　　）。
A. 减振器内节流孔大小
B. 减振器内油液黏度
C. 活塞运行速度
D. 减振器内活塞面积
E. 油压减振器的型号

22. 下列对于称重调簧目的，描述正确的有（　　）。
A. 使轮轴重分配均匀，发挥最大牵引力
B. 便于通过铁路限界
C. 调整构架前后左右尺寸
D. 锁紧螺母使机车运行平稳安全
E. 防止脱轨

23. 下列对橡胶堆的优点描述正确的有：(　　)。
A. 具有良好的减振性能
B. 吸收高频振动的能力强
C. 灵敏性高
D. 重量轻形体小
E. 不会突然折损

24. 低位斜拉杆牵引装置的优点有：(　　)。
A. 动力学性能好　　B. 稳定性高
C. 黏着利用率高　　D. 实现低位牵引
E. 可以减少轴重转移

25. 制动器不缓解的原因有：(　　)。
A. 风管、气动阀不排风　　B. 处于停车制动位

C. 活塞与制动缸摩擦面卡滞　　D. 缓解弹簧力太小

E. 皮碗直径太大

26. 制动器在组装至转向架前的检查，包括（　　）。

A. 缸充气是活塞行程大于 28 mm 时，棘钩是否拨动棘轮

B. 动作时各部件必须平稳无卡滞，缓解后活塞必须贴靠缸底

C. 各活动摩擦面处注润滑脂，且作用良好

D. 做制动缸泄漏试验

E. 测量闸瓦与轮对踏面的间隙

27. 制动器不缓解的解决办法有：（　　）。

A. 检查风管、气动阀

B. 解除停车制动

C. 检查活塞与制动缸的摩擦面是否锈蚀或磨损

D. 更换不良缓解弹簧

E. 更换不良制动缸皮碗

28. 盘型制动器的特点有：（　　）。

A. 结构紧凑，止动效率高

B. 能充分利用制动黏着系数

C. 能适应速度的提高，减轻车轮踏面的磨耗

D. 耐磨性能好

E. 检修工作量小

29. 车体必须满足的性能要求包括:（　　）。

A. 车体必须有足够的强度和刚度

B. 重量前后左右对称分布

C. 适当减轻车体自垂

D. 保证设备安装与检修的方便

E. 外形尺寸在国家规定的机车车辆限界尺寸内

30. 车体内设备布置的原则包括:（　　）。

A. 必须保证合理的重量分配

B. 保证乘务人员工作的最大方便

C. 尽量考虑到各种设备装拆的方便

D. 尽量缩短电机.电器连接导线的长度

E. 尽量缩短冷却空气通道和压缩空气管路的长度

31. 大型工件划线在选定第一划线位置时，应根据哪几项原则（　　）。

A. 尽量选定划线面积最大的位置

B. 尽量选择精度要求较高的面和主要加工面

C. 尽量选用工件上的主要中心线、加工线这一位置

D. 尽量选用平面需要划线较多的位置

E. 尽量选用较为平整的面为第一划线位置

32. 钻孔时，孔壁粗糙的原因有（　　）。

A. 钻头不锋利

B. 进给量大

C. 冷却润滑液选用不当或供应不足

D. 钻头过短，排屑槽堵塞，切屑与孔壁摩擦加剧而伤孔壁

E. 钻头后角大

33. 造成鏨削表面不达要求的原因有：（　　）。

A. 锤击的力度不均匀，鏨削基本手法不熟悉

B. 鏨子刃口爆裂或刃口不够锋利

C. 鏨子未放正、未握稳

D. 鏨子的鏨顶部不正确，受力方向改变

E. 鏨削时鏨子的工作后角过大或过小

34. 对于调整铰刀的叙述，正确的是（　　）。

A. 刀片两端用螺母固定

B. 愈往柄端调整，尺寸愈大

C. 调整尺寸时，刀片同时移动

D. 使用同一支铰刀，欲铰削差异微小的孔径时，宜选用调整铰刀

E. 每一刀片可单独调整

35. 确定零件使用期限的，方法有（　　）。

A. 运行实验法

B. 计算分析法

C. 调查统计法

D. 实验室研究法

E. 时间鉴定法

36. 设备磨损零件是否修换应考虑：（　　）。

A. 设备精度的影响

B. 完成预定使用功能的影响

C. 设备性能的影响

D. 设备生产效率的影响

E. 零件强度的影响

37. 齿轮传动机构装配应达到哪些技术要求：（　　）。

A. 齿轮孔与轴配合要适当，不得有偏心和歪斜现象

B. 保证齿轮有准确的安装中心距

C. 保证齿面的接触要求

D. 滑动齿轮不应有卡住和阻滞现象，并应保证准确定位

E. 适当的齿倾斜

38. 进入液压系统油液中的污物（如灰、砂、土等）的来源有（　　）。

A. 油液储存不当，在加入系统前就不洁或已变质

B. 内部清洗不彻底

C. 加油容器或用具不洁

D. 制造时因热弯油管而在管内产生锈皮
E. 工作时超过了额定工作能力

39. 防止液压系统油温过高的有：(　　)。
A. 保持油箱中的正确油位，形成足够的循环冷却条件
B. 保持液压设备的清洁，形成良好的散热条件
C. 在保证系统正常工作的条件下，尽量调低油泵的压力
D. 正确选择油液，黏度不易过高，并注意保持油液干净
E. 适当采用冷却装置

40. 电力机车轮对压装后应进行的检验有（　　）。
A. 轮对扣环圆度检验
B. 轮对空转试验
C. 注油油压检验
D. 压装压力曲线检验
E. 电阻检验

41. 对齿轮箱加油量，描述正确的有（　　）。
A. 油位能浸至大齿轮轮齿的 1/3 的高度处最合适
B. 过多则产生的阻力很大，会阻碍齿轮传动
C. 加油过多则齿轮箱内散热慢
D. 加油过多转动产生高压油雾，不利于齿轮箱密封，出现渗漏现象
E. 加油量过多影响齿轮箱油性能

42. 下列齿轮箱合箱后的技术要求，描述正确的有（　　）。
A. 齿轮箱油封间隙应为 0.5 ~ 1.2 mm
B. 齿轮箱与轮箍内侧面上下距离偏差≤5 mm
C. 齿轮箱外侧面与轮箍内侧面距离≥15 mm
D. 齿轮箱距轨面最低位置≥110 mm
E. 齿轮箱毛粘条凸出量为 1.5 ~ 3.5 mm

43. 下列属于齿轮箱合箱前的检查范围的有：(　　)。
A. 合箱前确认箱内无异物
B. 确认上下齿轮箱箱号一致
C. 密封胶固化适宜
D. 毛胶条嵌装牢固
E. 在毛胶条处涂抹适量的三号锂基脂

44. 电力机车齿轮箱漏油的原因有：(　　)。
A. 结构设计.制造不合理，造成合口面不能密封
B. 齿轮箱合口密封材料.密封胶不合要求，密封不严
C. 内、外领口外圆度超差形成抱轴不严，使有领圈边也出现间隙
D. 齿轮箱内，外领口处材料磨损，造成密封不严
E. 齿轮箱内油位高，运行中油压大，造成高压油泄露

45. ZD114 型牵引电机小齿轮与电机轴套装前的检查有（　　）。

A. 同一台车电机尽量选用同厂家生产的小齿轮
B. 用锥度量规检查接触面积应≥75%
C. 用锥度量规检查接触面积应≥85%
D. 同一台车电机可以选择不同厂家生产的小齿轮
E. 电机小齿轮与电机轴套装后测量侧隙值为 1.36 ~ 0.9 mm

46. 电机小齿轮套装后的技术要求有（　　）。
A. 用锥度量规检查接触面积应≥75%
B. 同一台车电机尽量应用同厂家生产的小齿轮
C. 小齿轮与电机轴套装后测量侧隙值为 1.36 ~ 0.9 mm
D. 小齿轮与电机轴套装后测量径向间隙≤2.5 mm
E. 测量齿轮端面至电机轴端面的距离（24 ~ 27.2）mm

47. 齿轮钢常用的材料有（　　）。
A. 渗碳钢
B. 滚动轴承钢
C. 冷冲压用钢
D. 调质钢
E. 弹簧钢

48. 渗碳钢的热处理方法为（　　）。
A. 表面淬火
B. 高温回火
C. 低温回火
D. 渗碳
E. 淬火

49. 调质钢的热处理方法为（　　）。
A. 低温回火
B. 渗碳
C. 淬火
D. 表面淬火
E. 高温回火

50. 单侧齿轮传动的优点有（　　）。
A. 只有齿轮的切向力
B. 不存在轴向的分力
C. 轴向尺寸可以加大
D. 结构也较简单
E. 制造成本低

51. 对于注油压装工艺描述正确的有：（　　）。
A. 注油压装过程中允许注油压装在规定范围内波动
B. 注油压装是将车轴压入或退出的组装工艺
C. 注油压装油压应在 98 ~ 147 MPa 之间
D. 注油压装终止压入力不得超过 196 kN
E. 车轮与车轴经处理后允许原车轮原车轴重新组装

52. 减少机车车轴的疲劳破坏所采取的措施有：（　　）。
A. 锻造车轴钢坯时应进行时效处理，待应力消除后再进行机加工
B. 加工成形的车轴表面应有高的表面光洁度
C. 不同直径的过渡部分要有尽可能大的过渡圆弧，减少应力集中

D. 车轴正火热处理后，需进行试样检查

E. 车轴进行强化滚压处理，使表层金属材料更加致密

53. 标准 TB449—2003 规定踏面为（　　）两段斜面。

A. 1:10　　B. 1:20　　C. 1:30

D. 1:40　　E. 1:50

54. 下列对电力机车车轮踏面要求描述正确的有（　　）。

A. 车轮箍踏面擦伤深度应≤7 mm

B. 有剥离.擦伤.孔眼等缺陷长度≤30 mm

C. 车轮箍踏面擦伤深度应≤0.7 mm

D. 剥离、擦伤、孔眼等缺陷深度≤1 mm

E. 有剥离、擦伤、孔眼等缺陷长度≤40 mm

55. SS_{4B}电力机车对轮径差的，要求有（　　）。

A. 中修要求同一轴机车轮径差≤1 mm

B. 同一转向架机车轮径差≤2 mm，≤8 mm 禁用

C. 中修要求同节机车轮径差≤3 mm，≤12 mm 禁用

D. 中修要求同一台机车轮径差≤8 mm，≤20 mm 禁用

E. 中修要求同节机车轮径差≤8 mm，≤20 mm 禁用

56. 下列对 SS_{4B} 型电力机车轮箍厚度的要求描述正确的有（　　）。

A. 朔黄规定≥50 mm　　B. 技规规定≥50 mm

C. 原型 90 mm　　D. 朔黄规定≥45 mm

E. 技规规定≥40 mm

57. 下列影响电力机车，轮轨间黏着系数的主要因素有（　　）。

A. 材质　　B. 接触表面间状态

C. 机车运行速度　　D. 轮轴重

E. 司机操作方法

58. 改善电力机车轮轨不良黏着，可采取的措施有（　　）。

A. 在轮轨间撒入有一定要求的砂子

B. 在钢轨表面使用化学除垢剂

C. 利用电弧或等离子喷焰，将附着在钢轨上的油垢烧掉

D. 利用机械的方法

E. 利用人力进行清洁

59. 选择滚动轴承润滑油时，描述正确的有（　　）。

A. 工作温度低，油的黏度也低

B. 摩擦面之间的间隙小，油的黏度要低

C. 运动速度高，油的黏度要低

D. 工作负荷大，油的黏度要高

E. 司机操作稳，油的黏度要高低

60. 电力机车对轴箱定位的要求描述争取的有（　　）。
A. 能够相对于转向架构架在机车运行中做少量纵向运动
B. 应当能够相对于转向架构架做大量的横动
C. 在机车纵向要求有较大的刚度，保证牵引力、制动力的传递
D. 应当能够相对于转向架构架作小量的横动
E. 能够相对于转向架构架在机车运行中作垂向跳动

61. 下列对轮对抱轴瓦需要刮瓦部分描述正确的有（　　）。
A. 两端刮出椭圆形
B. 抱轴瓦铲出喇叭形状
C. 两端刮成喇叭形
D. 抱轴瓦端面与轮心衬面间隙 > 0.6 mm，须光一端瓦边
E. 抱轴瓦铲出椭圆形状

62. 下列 SS_4 改抱轴瓦发热的原因描述正确的有：（　　）。
A. 抱轴瓦变形，刮瓦不合格
B. 抱轴箱变形
C. 抱轴箱缺油，毛线质量有问题
D. 轮对尺寸，表面不合要求
E. 抱轴瓦处清洁度不合要

63. 机车影响横向油压减振器的，减振性能的因素有（　　）。
A. 减振器内节流孔大小
B. 减振器内油液黏度
C. 活塞运行速度
D. 减振器内活塞面积
E. 油压减振器的型号

64. 下列属于侧向摩擦减振器的，检查范围的有（　　）。
A. 弹性球铰　　B. 摩擦片
C. 压力弹簧　　D. 定位板
E. 安装座

65. 下列对于称重调簧目的，描述正确的有（　　）。
A. 使轮轴重分配均匀，发挥最大牵引力
B. 便于通过铁路限界
C. 调整构架前后左右尺寸
D. 使机车运行平稳安全
E. 防止脱轨

66. 电力机车的振动的危害性有：（　　）。
A. 破坏了机车运行的平衡性，严重地影响了远行品质
B. 使乘务人员工作条件恶化，存在运行安全隐患

C. 机车零部件受到破坏，增加了维修保养费用
D. 受到动力作用加速钢轨的磨损.折损.接头的松动
E. 引起轮对的瞬间减载，影响机车黏着牵引力的发挥

67. 单元制动器 178 mm × 2.85 型二次小修开缸盖，检查的内容有（　　）。
A. 皮碗无老化、变形　　B. 塔簧入槽，无折损
C. 缸壁应无锈蚀、拉伤　　D. 更换活塞皮碗处和缸壁的油脂
E. 检查制动力性能

68. 下列对列车制动空走时间，描述正确的是（　　）。
A. 制动空走时间与机车牵引的辆数有关
B. 从制动开始到闸瓦以最大压力压紧车轮的瞬间为制动空走时间
C. 制动空走时间与制动初期列车处于的线路纵断面等情况有关
D. 制动空走时间制动管减压量有关
E. 制动空走时间与机车牵引力有关

69. 电力机车电阻制动的制动描述正确的是:（　　）。
A. 电阻制动是利用的直流电机可逆的工作原理
B. 制动系统独立性强
C. 电阻制动是利用电机的反转矩使机车减速的一种电制动形式
D. 电阻制动损失电能
E. 制动力与速度成正比

70. 下列对于 H300 型制动盘特点描述正确的有：（　　）。
A. 热稳定性好　　B. 分解温度高　　C. 压缩弹性低
D. 高摩擦系数高　　E. 噪音小，温度分配均匀

71. 承载式车体的主要构成包括（　　）。
A. 机械间　　B. 司机室　　C. 底架
D. 侧墙　　E. 车顶

72. 下列对机车上下联动门锁，描述正确的是（　　）。
A. 采用的联动结构
B. 安装在机车的入口门处
C. 锁芯安装在下锁内
D. 锁芯开启后，可通过任一执手开门
E. 锁芯安装在上锁内

73. 下列对于 SS_{4B} 型机车连挂风挡装置的作用，描述正确的有（　　）。
A. SS_{4B} 型电力机车采用橡胶风挡
B. 用于连接两节机车通道的密封
C. 使机车在运行中避免刚性冲击和摩擦
D. 通过最小半径曲线时，连挂风挡可自然压缩和伸张
E. 用于传递牵引力和制动力

74. 电力机车顶盖漏雨的原因描述正确的有：（　　）。

A. 顶盖结构设计不合理

B. 制造工艺达不到要求

C. 密封材料、密封胶都不能使顶盖与车体密封

D. 压缩机工作时将室内空气抽出，外界空气通过侧墙回流到室内

E. 侧墙过滤器不清洗，使空气回流受阻，造成室内外空气压力差

75. SS_{4B} 型电力机车，机车司机室前窗描述正确的是（　　）。

A. 冬季电热玻璃加热融化霜雪，便于瞭望

B. 采用的两块大面积的玻璃

C. 前窗玻璃带电热功能

D. 安装方法为嵌入安装，橡胶密封条密封

E. 雨水天气时开启电热玻璃，蒸发雨水

76. MT-2 型缓冲器的性能参数描述正确的有（　　）。

A. MT-2 型缓冲器箱体高度≥482 mm

B. MT-2 型缓冲器的额定容量为≤2 000 kN

C. MT-2 型缓冲器的额定行程为≤82.5 mm

D. MT-2 型缓冲器的额定容量为≤2 270 kN

E. 消耗部分能量与容量（即总能量）之比，称为能量吸收率

77. 测量误差主要分为（　　）。

A. 示值误差　　B. 环境误差

C. 系统误差　　D. 随机误差

E. 粗大误差

78. 误差产生的原因，可归结为（　　）几方面。

A. 测量装置误差　　B. 环境误差

C. 测量方法误差　　D. 人员误差

E. 磁场误差

79. 选择测量器具时，应考虑（　　）满足被测量工件的要求。

A. 测量范围　　B. 示值范围

C. 测量力　　D. 刻度值

E. 测量环境

80. 锯条折断的，原因有（　　）。

A. 锯条安装得过松或过紧

B. 锯缝歪斜后强行纠正

C. 工件装夹不牢固，工件松动或抖动

D. 运行速度过快，压力太大或突然用力

E. 锯削的材料偏硬

81. 锯条崩裂的，原因有（　　）。

A. 起锯角太大
B. 锯削时突然加大压力，被工件棱边钩住锯齿面而崩裂
C. 锯削薄板料和薄壁管子时锯条选择不当
D. 锯削时突然遇到硬块杂质
E. 锯削速度快，使锯条过度发热

82. 锯缝歪斜的原因有：(　　)。
A. 工件装夹时锯缝不垂直于水平面，发生偏斜
B. 锯条安装得过松或歪斜、扭曲
C. 锯削过程中压力过大，使锯条左右摆动
D. 锯削过程中未握正锯弓
E. 用力过大使锯条背离锯缝中心平面

83. 钻头损坏的，原因有(　　)。
A. 钻头磨钝，但仍继续钻孔
B. 进给量过大
C. 钻深孔时未及时退屑
D. 没有按照工件材料来刃磨钻头的切削角度
E. 切削液供给量过大

84. 套螺纹时产生螺纹乱牙的，原因有(　　)。
A. 矫正板牙歪斜时造成乱牙
B. 切屑堵塞而未及时清除
C. 对低碳钢等材料，未加切削液
D. 圆杆直径太大
E. 圆杆直径过小

85. 大型工件划线应注意的有：(　　)。
A. 选择尺寸基准
B. 合理选择第一划线位置
C. 正确借料
D. 合理选择支撑点
E. 正确选用工件安置基准

86. 研磨时，应注意的问题有(　　)。
A. 选择合适的研具、研磨剂及研磨的方法
B. 研磨中，必须注意清洁工作
C. 研磨的速度不能太快
D. 研磨压力了不能太大
E. 添加研磨剂的量要多些

87. 可以进行气割的金属有(　　)。
A. 普通碳钢　　B. 低合金钢　　C. 铸铁

D. 铜　　　　E. 铝

88. 不可以进行气割的金属有（　　）。
A. 普通碳钢　　　　B. 低合金钢　　　　C. 铸铁
D. 铜　　　　E. 铝

89. 下列不属于铸铁不可气割的，原因有（　　）。
A. 能同氧发生剧烈的氧化反应，并能放出足够的热量
B. 金属的导热率不能太高
C. 生产的氧化物应易于流动
D. 金属的熔点应低于燃烧生产氧化物的熔点
E. 金属的燃烧点应低于熔点

90. 焊接过程中，控制变形的措施有（　　）。
A. 采用反变形
B. 采用小锤锤击中间焊道
C. 采用合理的焊接顺序
D. 利用工卡具刚性固定
E. 增大焊缝

91. 焊接残余应力，对焊件的（　　）有影响。
A. 强度　　　　B. 刚度　　　　C. 加工精度
D. 耐腐蚀性　　　　E. 重量

92. 焊接坡口的，作用是（　　）。
A. 保证根部焊透
B. 便于操作和清理焊渣
C. 获得较好的焊缝成型
D. 调节基本金属与填充金属的比例
E. 美观

93. 编制工艺规程时应注意的问题是（　　）。
A. 节约成本最重要，不用考虑技术的先进性
B. 技术越先进越好，成本不重要
C. 技术上的先进性
D. 经济上的合理性
E. 良好的工作条件

94. 装配精度，包括（　　）。
A. 配合精度　　　　B. 接触精度
C. 相对运动精度　　　　D. 相互位置精度
E. 加工精度

95. 在轴上零件的定位中（　　）是轴向定位。

A. 键连接　　B. 销连接
C. 过盈配合　　D. 轴肩定位
E. 轴端挡圈

96. 在轴上零件的定位中（　　）不是轴向定位。
A. 轴肩定位　　B. 轴端挡圈
C. 过盈配合　　D. 键连接
E. 销连接

97. 滚动轴承的，加热方法有（　　）。
A. 感应加热器加热　　B. 油浴加热
C. 电加热盘加热　　D. 加热箱加热
E. 明火加热

98. 采用感应加热器，对滚动轴承进行加热的特点有（　　）。
A. 滚动轴承能保持清洁　　B. 对滚动轴承无须预加热
C. 加热迅速，效率高　　D. 工作安全，保护环境
E. 温度不宜得到控制

99. 齿轮失效的形式有：（　　）。
A. 轮齿的点蚀　　B. 齿面磨损
C. 齿面胶合　　D. 轮齿折断
E. 塑性变形

100. 卸载回路的作用是（　　）。
A. 控制传动时间　　B. 增大回路压力　　C. 节省动力消耗
D. 减少系统发热　　E. 延长液压泵的寿命

电力机车钳工（机械一组）应知应会练习题参考答案

一、单选题

1. D	2. C	3. C	4. A	5. A	6. D	7. A	8. A	9. A	10. D
11. B	12. A	13. A	14. B	15. A	16. C	17. C	18. C	19. A	20. C
21. B	22. D	23. B	24. C	25. C	26. C	27. C	28. A	29. D	30. D
31. B	32. B	33. D	34. C	35. A	36. B	37. B	38. A	39. A	40. D
41. B	42. D	43. C	44. B	45. A	46. C	47. D	48. A	49. A	50. A
51. C	52. D	53. B	54. B	55. A	56. C	57. A	58. B	59. B	60. C
61. D	62. A	63. B	64. A	65. D	66. A	67. C	68. B	69. B	70. C
71. A	72. D	73. C	74. A	75. B	76. C	77. D	78. C	79. B	80. A
81. B	82. D	83. D	84. A	85. D	86. B	87. A	88. B	89. B	90. A

91. A 92. C 93. C 94. C 95. A 96. D 97. A 98. A 99. B 100. A
101. B 102. D 103. A 104. C 105. B 106. B 107. D 108. B 109. B 110. C
111. C 112. B 113. C 114. A 115. C 116. D 117. A 118. C 119. A 120. C
121. B 122. C 123. C 124. B 125. C 126. B 127. B 128. C 129. B 130. D
131. B 132. B 133. C 134. A 135. B 136. B 137. C 138. A 139. B 140. A
141. B 142. B 143. D 144. C 145. B 146. A 147. B 148. C 149. D 150. C
151. A 152. B 153. A 154. C 155. A 156. C 157. B 158. C 159. C 160. A
161. B 162. B 163. A 164. B 165. C 166. A 167. D 168. C 169. B 170. A
171. B 172. D 173. D 174. B 175. C 176. B 177. D 178. A 179. A 180. B
181. A 182. B 183. C 184. C 185. B 186. D 187. D 188. A 189. C 190. B
191. B 192. A 193. B 194. B 195. C 196. C 197. B 198. D 199. D 200. A
201. B 202. C 203. D 204. C 205. B 206. A 207. A 208. B 209. C 210. D
211. B 212. A 213. A 214. B 215. C 216. A 217. C 218. B 219. C 220. D
221. A 222. C 223. A 224. B 225. D 226. B 227. A 228. A 229. A 230. A
231. A 232. B 233. A 234. C 235. A 236. D 237. D 238. B 239. B 240. C
241. A 242. B 243. A 244. C 245. B 246. A 247. B 248. C 249. A 250. C
251. D 252. B 253. B 254. B 255. A 256. C 257. C 258. A 259. A 260. C
261. C 262. B 263. A 264. A 265. A 266. D 267. C 268. B 269. A 270. B
271. D 272. A 273. A 274. A 275. A 276. C 277. D 278. C 279. B 280. A
281. C 282. D 283. C 284. B 285. A 286. A 287. D 288. A 289. A 290. C
291. B 292. D 293. A 294. A 295. D 296. B 297. A 298. B 299. A 300. A
301. A 302. B 303. A 304. B 305. B 306. B 307. C 308. B 309. A 310. B
311. A 312. C 313. B 314. B 315. A 316. A 317. A 318. D 319. B 320. C
321. B 322. A 323. A 324. C 325. B 326. A 327. A 328. C 329. C 330. B
331. A 332. D 333. C 334. A 335. D 336. B 337. D 338. C 339. A 340. B
341. A 342. C 343. D 344. B 345. C 346. B 347. A 348. D 349. D 350. C
351. B 352. B 353. C 354. C 355. C 356. B 357. A 358. A 359. B 360. B
361. A 362. C 363. C 364. A 365. B 366. A 367. A 368. A 369. C 370. D
371. B 372. D 373. B 374. A 375. A 376. D 377. B 378. A 379. D 380. B
381. C 382. C 383. D 384. C 385. D 386. B 387. B 388. A 389. C 390. B
391. B 392. C 393. A 394. A 395. B 396. D 397. D 398. A 399. A 400. B
401. D 402. A 403. B 404. A 405. A 406. B 407. B 408. A 409. C 410. A
411. B 412. B 413. D 414. A 415. C 416. D 417. C 418. B 419. C 420. B
421. A 422. D 423. C 424. A 425. C 426. C 427. D 428. D 429. D 430. A
431. D 432. D 433. C 434. D 435. D 436. C 437. D 438. D 439. C 440. C
441. B 442. D 443. D 444. C 445. A 446. A 447. B 448. C 449. C 450. B

451. D　452. C　453. C　454. A　455. A　456. A　457. C　458. C　459. C　460. D

461. B　462. B　463. B　464. A　465. A　466. B　467. A　468. B　469. B　470. D

471. B　472. C　473. A　474. C　475. D　476. C　477. C　478. D　479. A　480. A

481. C　482. D　483. B　484. B　485. A　486. C　487. C　488. B　489. A　490. A

491. C　492. D　493. B　494. D　495. A　496. B　497. C　498. D　499. A　500. B

二、判断题

1. √　2. ×　3. √　4. ×　5. √　6. √　7. √　8. √　9. ×　10. √

11. ×　12. ×　13. √　14. √　15. ×　16. √　17. ×　18. ×　19. √　20. ×

21. √　22. ×　23. ×　24. ×　25. ×　26. ×　27. √　28. ×　29. √　30. ×

31. ×　32. ×　33. ×　34. ×　35. ×　36. √　37. ×　38. √　39. ×　40. ×

41. √　42. ×　43. √　44. ×　45. ×　46. ×　47. ×　48. √　49. √　50. √

51. ×　52. √　53. ×　54. ×　55. ×　56. √　57. √　58. ×　59. ×　60. √

61. √　62. ×　63. √　64. ×　65. ×　66. ×　67. ×　68. √　69. √　70. ×

71. √　72. ×　73. ×　74. ×　75. ×　76. √　77. ×　78. ×　79. ×　80. ×

81. √　82. √　83. √　84. √　85. √　86. ×　87. ×　88. ×　89. √　90. √

91. √　92. √　93. √　94. ×　95. ×　96. ×　97. √　98. ×　99. √　100. ×

101. √　102. ×　103. √　104. √　105. ×　106. √　107. √　108. ×　109. ×　110. √

111. √　112. ×　113. ×　114. √　115. √　116. √　117. ×　118. ×　119. ×　120. ×

121. √　122. √　123. √　124. √　125. ×　126. √　127. ×　128. ×　129. ×　130. ×

131. √　132. √　133. ×　134. √　135. √　136. √　137. √　138. ×　139. √　140. √

141. ×　142. ×　143. ×　144. √　145. √　146. ×　147. √　148. ×　149. √　150. ×

151. ×　152. √　153. √　154. √　155. √　156. ×　157. √　158. √　159. √　160. ×

161. √　162. ×　163. √　164. ×　165. ×　166. ×　167. ×　168. √　169. ×　170. √

171. ×　172. √　173. ×　174. √　175. √　176. ×　177. √　178. √　179. ×　180. √

181. ×　182. √　183. √　184. ×　185. ×　186. √　187. ×　188. √　189. ×　190. √

191. √　192. ×　193. ×　194. ×　195. ×　196. ×　197. ×　198. √　199. ×　200. √

201. ×　202. √　203. √　204. √　205. √　206. ×　207. ×　208. ×　209. √　210. √

211. ×　212. √　213. ×　214. √　215. √　216. ×　217. √　218. ×　219. √　220. √

221. √　222. √　223. ×　224. √　225. √　226. √　227. ×　228. √　229. √　230. ×

231. √　232. √　233. ×　234. ×　235. √　236. ×　237. √　238. ×　239. √　240. ×

241. ×　242. ×　243. √　244. √　245. √　246. ×　247. √　248. √　249. ×　250. √

251. ×　251. √　253. ×　254. √　255. ×　256. √　257. √　258. ×　259. ×　260. ×

261. √　262. ×　263. ×　264. ×　265. ×　266. ×　267. √　268. ×　269. √　270. ×

271. √　272. ×　273. ×　274. ×　275. ×　276. √　277. √　278. ×　279. √　280. √

281. × 282. √ 283. √ 284. × 285. × 286. √ 287. √ 288. × 289. √ 290. ×
291. × 292. √ 293. × 294. × 295. × 296. × 297. √ 298. √ 299. √ 300. ×
301. × 302. × 303. √ 304. × 305. √ 306. × 307. × 308. √ 309. √ 310. √
311. √ 312. √ 313. √ 314. × 315. × 316. × 317. √ 318. √ 319. √ 320. √
321. × 322. √、 323. √ 324. × 325. × 326. × 327. × 328. × 329. × 330. ×
331. √ 332. √ 333. × 334. × 335. √ 336. × 337. √ 338. √ 339. √ 340. ×
341. √ 342. × 343. √ 344. × 345. √ 346. √ 347. √ 348. × 349. × 350. √
351. √ 352. × 353. √ 354. √ 355. √ 356. × 357. × 358. × 359. √ 360. √
361. × 362. √ 363. × 364. √ 365. × 366. √ 367. × 368. √ 369. √ 370. ×
371. × 372. √ 373. × 374. √ 375. × 376. × 377. × 378. √ 379. √ 380. ×
381. √ 382. √ 383. √ 384. × 385. √ 386. √ 387. √ 388. × 389. √ 390. ×
391. × 392. √ 393. √ 394. × 395. √ 396. × 397. √ 398. × 399. × 400. ×
401. × 402. × 403. √ 404. × 405. √ 406. × 407. √ 408. √ 409. √ 410. √
411. √ 412. √ 413. √ 414. × 415. √ 416. √ 417. × 418. √ 419. × 420. √
421. √ 422. √ 423. × 424. × 425. √ 426. √ 427. × 428. × 429. √ 430. √
431. × 432. × 433. × 434. × 435. × 436. √ 437. × 438. √ 439. × 440. ×
441. × 442. √ 443. × 444. √ 445. √ 446. × 447. × 448. √ 449. × 450. √
451. √ 452. √ 453. × 454. √ 455. × 456. × 457. √ 458. × 459. × 460. √
461. × 462. × 463. √ 464. × 465. √ 466. √ 467. √ 468. × 469. √ 470. ×
471. × 472. × 473. √ 474. × 475. √ 476. × 477. × 478. × 479. √ 480. √
481. √ 482. √ 483. × 484. × 485. √ 486. √ 487. × 488. × 489. √ 490. √
491. × 492. √ 493. × 494. √ 495. √ 496. √ 497. × 498. √ 499. × 500. ×

三、多选题

1. ABCD 2. CDE 3. CDE 4. ABCDE 5. ABCD
6. ABCDE 7. ABCD 8. ABCD 9. ABCDE 10. CDE
11. CDE 12. ABCDE 13. ABCD 14. ABCDE 15. ABCD
16. ABCDE 17. ABCD 18. ABCD 19. ABCDE 20. ABCDE
21. ABCD 22. ABCD 23. ABCDE 24. ABCDE 25. ABCDE
26. ABCD 27. ABCDE 28. ABCDE 29. ABCDE 30. ABCDE
31. ABCD 32. ABCD 33. ABCDE 34. ABCD 35. ABCD
36. ABCDE 37. ABCDE 38. ABCD 39. ABCDE 40. CDE
41. ABCD 42. ABCD 43. ABCDE 44. ABCDE 45. AB
46. CDE 47. AD 48. CDE 49. CDE 50. CDE

51. ABCDE	52. ABCDE	53. AB	54. CDE	55. ABCD
56. CDE	57. ABCD	58. ABCD	59. ABCD	60. CDE
61. CDE	62. ABCDE	63. ABCD	64. ABCD	65. ABCD
66. ABCDE	67. ABCD	68. ABCD	69. ABCDE	70. ABCDE
71. CDE	72. ABCD	73. ABCD	74. ABCDE	75. ABCD
76. CDE	77. CDE	78. ABCD	79. ABCD	80. ABCD
81. ABCD	82. ABCDE	83. ABCD	84. ABCD	85. ABCDE
86. ABCD	87. AB	88. CDE	89. ABCD	90. ABCD
91. ABCD	92. ABCD	93. CDE	94. ABCD	95. DE
96. CDE	97. ABCD	98. ABCD	99. ABCDE	100. CDE

第三节 电力机车钳工（机械二组）应知应会练习题

一、单选题

1. 铁路运输服务的最终目的就是使（ ）满意。
A. 单位领导 B. 有关职工
C. 当地群众 D. 旅客货主

2. 铁路职工职业道德教育的重要内容有（ ）。
A. 安全正点、尊老爱幼、优质服务
B. 安全正点、尊客爱货、清正廉洁
C. 安全正点、办事公道、优质服务
D. 安全正点、尊客爱货、优质服务

3. 铁路职工“想旅客、货主之所想，急旅客、货主之所急”，促进了社会（ ）建设。
A. 物质文明 B. 企业文化
C. 道德规范 D. 道德风尚

4. 热情周到，指的是铁路运输服务的（ ）及所要达到的效果。
A. 关心程度 B. 运输过程
C. 礼貌待客 D. 优质程度

5. 尊重旅客货主主要表现在对旅客货主人格的尊重，对旅客货主乘车运货过程中（ ）的满足。
A. 部分要求 B. 个人需求
C. 所有要求 D. 正当要求

6. 一个铁路职工为了承担起自己的（ ），必须进行经常性的职业道德修养。
A. 岗位责任 B. 行为责任
C. 历史责任 D. 职业责任

7. 铁路职工职业道德的基本原则是（　　）。

A. 优质服务　　B. 安全正点
C. 尊客爱货　　D. 人民铁路为人民

8. 铁路行业是服务性行业，能否做到（　　）是衡量铁路职业道德的一个重要标准。

A. 注重质量　　B. 热情周到
C. 诚实守信　　D. 尊客爱货

9. 尊客爱货，热情周到是（　　）宗旨的体现。

A. 铁路工作　　B. 为人民服务
C. 集体主义　　D. 人民铁路为人民

10. “四按、三化”记名检修中，（　　）不属于“四按”的内容。

A. 按范围
B. 按“机车-28”
C. 按工艺
D. 按规程

11. “四按、三化”记名检修中，（　　）不属于“三化”的内容。

A. 程序化　　B. 机械化　　C. 文明化　　D. 信息化

12.《内燃、电力机车检修工作要求及检查办法》简称（　　）。

A. “250”文件　　B. “110”文件
C. “230”文件　　D. “220”文件

13. “220”文件是内燃、电力机车（　　）的评比办法。

A. 质量管理　　B. 检修方法
C. 机车质量　　D. 检修工作

14. 依据《内燃、电力机车检修工作要求及检查办法》进行对规检查的核心内容是（　　）。

A. 基础管理
B. 设备管理
C. 机车检修质量
D. “四按、三化”记名检修

15. 接受《内燃 电力机车检修工作要求及检查办法》文件对规检查的机务段，不因检修工作责任造成机车大破事故时（　　）。

A. 按失格处理
B. 本次对规成绩降级排名
C. 超过及格成绩时按及格记
D. 影响本次对规检查成绩

16.《内燃、电力机车检修工作要求及检查办法》进行对规检查时，不对（　　）进行评定。

A. 管理基础　　B. 配件材料管理
C. 检修指标　　D. 设备管理

17. 铁路事故责任一般事故分为（　　）类。
A. 1　　B. 2　　C. 3　　D. 4

18. 落轮作业时造成 2 人死亡 1 人重伤，列为（　　）事故。
A. 重大　　B. 较大
C. 一般　　D. 一般 a 类

19. 机车大破 1 台，未构成较大事故时应列为（　　）事故。
A. 一般 d 类　　B. 一般 c 类
C. 一般 b 类　　D. 一般 a 类

20. 机车交车试验时造成大部件报废，直接经济损失 150 万元，应列为（　　）事故。
A. 重大　　B. 较大
C. 一般 a 类　　D. 一般 b 类

21. 机车检修作业过程中造成 1 人死亡 1 人重伤，应列为（　　）事故。
A. 较大　　B. 一般 d 类
C. 一般 c 类　　D. 一般 b 类

22. 机车小、辅修计划兑现率至少要高于（　　）。
A. 95%　　B. 90%　　C. 85%　　D. 80%

23. 机车中修范围由（　　）制订。
A. 铁路总公司　　B. 机车工厂
C. 机务段　　D. 铁路局

24. 机车小、辅修范围内的主要工作的具体项目由（　　）在小、辅修范围中确定。
A. 铁路总公司　　B. 铁路局
C. 检修车间　　D. 机务段

25. 段修机车车上作业项目，零、小部件的检修工艺由（　　）制订。
A. 铁路总公司　　B. 铁路局
C. 机车工厂　　D. 机务段

26. 机车中修台账保存期限为（　　）。
A. 永久　　B. 20 年　　C. 10 年　　D. 5 年

27. 机车小、辅修台账保存期限为（　　）。
A. 永久　　B. 10 年　　C. 5 年　　D. 3 年

28. 机车运用、检修指标台账的保存期限为（　　）。
A. 20 年　　B. 10 年　　C. 5 年　　D. 永久

29. 机车临修登记簿的保存期限为（　　）。
A. 永久　　B. 10 年　　C. 5 年　　D. 3 年

30. 机车中修、小、辅修工作记录薄的保存期限为（　　）。

A. 永久　　B. 5 年　　C. 3 年　　D. 2 年

31.《神华铁路运输管理规程》规定辅修、小修范围由（　　）负责编制并确定。

A. 铁路公司　　B. 机车工厂

C. 铁路总公司　　D. 机务段

32.《神华铁路运输管理规程》规定中修范围由（　　）组织编制，报集团公司运输管理部备案。

A. 铁路总公司　　B. 机车工厂

C. 机务段　　D. 铁路公司

33.《神华铁路运输管理规程》规定（　　）范围应由编制单位根据执行中出现的机车设备故障、临修、碎修、超范围修和加装改造等情况定期组织修订。

A. 小辅修　　B. 中修　　C. 厂修　　D. 段修

34.（　　）范围内的主要工作及超范围必须记名。

A. 辅修　　B. 小修　　C. 中修　　D. 小辅修及中修

35.《神华铁路运输管理规程》规定（　　）检修要结合检修或实验记录认真记名。

A. 各种工具　　B. 各种设备

C. 各种设施　　D. 各种配件

36.（　　）安排出工前应结合工作内容、工作特点、工作重点，对可能预控失效的危险源进行明示，并提出针对性措施。

A. 车间主任　　B. 学习委员

C. 作业组长　　D. 安全员

37. 作业组（　　）对未整改危险源安全措施复查一次。

A. 每季　　B. 每月　　C. 每周　　D. 每天

38. 危险源指可能导致伤害或疾病、（　　）工作环境破坏或这些情况组合的根源或状态。

A. 事故发生　　B. 人员死亡

C. 财产损失　　D. 自然环境破坏

39. 危险源辨识指认识（　　）的存在并确定其特性的过程。

A. 隐患　　B. 风险

C. 危险源　　D. 危险运行值

40. 风险指某一特定危险情况发生的可能性和（　　）的组合。

A. 危险运行值　　B. 爆发周期

C. 后果　　D. 特性

41. 风险评估指（　　）以及确定风险是否可容许的全过程。

A. 危险源辨识　　B. 风险辨识

C. 评估风险大小　　D. 测量风险存在的状态

42. 风险预控指在危险源辨识和风险评估的基础上，预先采取措施（　　）风险的过程。
A. 警示和减弱　　B. 联锁和警示
C. 消除或控制　　D. 减弱和隔离

43. 危险源监测指通过（　　）手段检查、测量危险源存在的状态及其变化的过程。
A. 危险源辨识　　B. 风险评估
C. 管理与技术　　D. 危险源辨识和风险评估

44. 风险预警指通过一定的方式，对（　　）的风险进行信息警示。
A. 中度　　B. 极度　　C. 存在　　D. 高度

45. 不安全行为指可能（　　）或导致事故发生的行为。
A. 违章指挥　　B. 存在风险
C. 产生风险　　D. 违章操作

46. 风险管理对象指可能产生或存在风险的（　　）。
A. 手段　　B. 准则　　C. 主体　　D. 方法

47. 风险管理标准指针对管理对象所制定的以消除或控制风险的（　　）。
A. 主体　　B. 手段　　C. 准则　　D. 方法

48. 风险管理措施是指（　　）的具体方法、手段。
A. 控制风险　　B. 针对风险管理对象
C. 达到风险管理标准　　D. 消除危险源

49. 持续改进是指（　　），根据本质安全管理方针，完善安全风险预控管理的过程。
A. 为保证安全生产
B. 为消除和控制危险发生
C. 为改进生产安全总体绩效
D. 为了达到预期安全目标

50. 风险预控管理体系的管理基础是（　　）。
A. 管理员工不安全行为
B. 风险预控
C. 危险源辨识
D. 切断事故发生的因果

51. 风险预控管理体系的管理重点是（　　）。
A. 危险源辨识
B. 风险预控
C. 管理员工不安全行为
D. 切断事故发生的因果

52. 铁路生产安全风险的分类不包括（　　）。
A. 行为类　　B. 设备类　　C. 意识类　　D. 环境类

53. 危险源辨识主要采用的方法是（　　）。

A. 调查法　　B. 安全检查表辨识法
C. 工作任务分析法　　D. 经验法

54. 风险评估主要是（　　）对危险源进行风险评估。
A. 调查法　　B. 工作任务分析法
C. 风险矩阵法　　D. 安全检查表辨识法

55. 环境类和设备类风险评估的准确性可采用（　　）和失效模式与影响分析评价法进行验证。
A. 工作任务分析法　　B. 风险矩阵法
C. 作业条件危险性评价法　　D. 安全检查表辨识法

56. 危险源根据危险程度可分为（　　）级。
A. 3　　B. 4　　C. 5　　D. 6

57. 极度风险危险源整改时期限不得超过（　　）天。
A. 2　　B. 1　　C. 0.5　　D. 5

58. 高度风险危险源整改时期限不得超过（　　）天。
A. 3　　B. 2　　C. 1　　D. 0.5

59. 中度风险危险源整改时期限不得超过（　　）天
A. 5　　B. 3　　C. 2　　D. 1

60. 低度风险危险源整改时期限不得超过（　　）天
A. 1　　B. 2　　C. 3　　D. 5

61. 对危险源及其风险的控制遵循的原则不包括（　　）。
A. 消除　　B. 预防　　C. 引导　　D. 个体防护

62.（　　）类危险源按各专业或单位检测周期进行监测，对人的不安全行为实行实时监测。
A. 管理类　　B. 行为类　　C. 设备类　　D. 行政类

63. 同一危险源在同一单位，一个月失控（　　），风险等级升一级。
A. 五次　　B. 四次　　C. 三次　　D. 二次

64. 危险源超周期整改，风险等级升（　　）。
A. 三级　　B. 二级　　C. 一级　　D. 四级

65. 超过（　　）时，由安监部门调查处理。
A. 低度风险危险源　　B. 中度风险危险源
C. 极度风险危险源　　D. 高度风险危险源

66. 0.02 mm 游标卡尺的尺身与游标每格长度相差（　　）。
A. 0.05 mm　　B. 0.02 mm　　C. 0.98 mm　　D. 0.10 mm

67. 精度为 0.02 mm 的游标卡尺，游标刻线间距为（　　）mm。
A. 0.9　　B. 0.98　　C. 0.95　　D. 1

68. 精度为 0.05 mm 的游标卡尺，游标刻线间距为（　　）mm。
A. 0.9　B. 0.95　C. 0.98　D. 1

69. 用控制螺栓长度法预紧时，按预紧力要求拧紧后的螺栓长度（　　）螺栓原始长度。
A. 等于　B. 大于　C. 小于　D. 大于或小于

70. 拧紧长方形布置的成组螺母或螺钉时，应从（　　）扩展。
A. 左端开始向右端　B. 中间开始向两边对称
C. 右端开始向左端　D. 两边开始向中间

71. 紧固联结通常用（　　）螺纹。
A. 梯形　B. 三角形　C. 矩形　D. 锯齿型

72. 精度为 0.02 mm 游标卡尺的游标上第 50 格刻线与尺身上（　　）刻线对齐。
A. 51 mm　B. 49 mm　C. 39 mm　D. 29 mm

73. 游标卡尺测量外径时，应先将两量爪张开（　　）被测尺寸。
A. 略小于　B. 略大于　C. 等于　D. 都可以

74. 清除切屑时，应用（　　）清除。
A. 手拂　B. 刷子　C. 嘴吹　D. 铲刀

75. 工件应该夹在台虎钳钳口的（　　）。
A. 上部　B. 中部　C. 下部　D. 都可以

76. 下列不属于钳工基本操作技能的是（　　）。
A. 划线　B. 安装插座　C. 锉削　D. 电钻钻孔

77. 下列不属于钳工基本操作技能的是（　　）。
A. 锯削　B. 测量电压　C. 矫正　D. 铆接

78. 下列不属于钳工常用设备的是（　　）。
A. 台虎钳　B. 剥线钳　C. 砂轮机　D. 钻床

79. 使用钻床钻较薄的工作物时须垫（　　）。
A. 铁板　B. 木板　C. 铜板　D. 铝板

80. 钻过于微小的工作物应使用（　　）加工。
A. 立式钻床　B. 台式钻床
C. 摇臂钻床　D. 都可以

81. 应使砂轮磨出的火星喷向（　　）。
A. 上方　B. 下方　C. 左方　D. 右方

82.（　　）不适于修整砂轮。
A. 金刚石砂轮修整器　B. 废砂轮
C. 星形钢片修整器　D. 碳化硼棒

83. 砂轮机的搁架与砂轮间的距离，一般应保持在（　　）mm。
A. 1　B. 3　C. 5　D. 8

84. 磨削碳钢、合金钢、可锻铸铁、硬青铜应选用（　　）砂轮。

A. 碳化物　　B. 氧化物

C. 绿碳化硅　　D. 高硬磨料

85. 磨削硬质合金、不锈钢、高合金钢等难加工材料应选用（　　）砂轮。

A. 氧化物　　B. 高硬磨料

C. 绿碳化硅　　D. 碳化物

86. 磨削铸铁、黄铜、铝及非金属应选用（　　）砂轮。

A. 氧化物　　B. 碳化物

C. 绿碳化硅　　D. 高硬磨料

87. 长期搁置不用和检修电动工具后必须测量电动工具的（　　）。

A. 电压　　B. 绝缘电阻　　C. 电流　　D. 功率

88. 使用角磨机磨削作业时，应使砂轮与工作面保持（　　）的倾斜位置。

A. 0° ~ 15°　　B. 15° ~ 30°　　C. 30° ~ 45°　　D. 45° ~ 60°

89. 使用角磨机作业时间过长，机具温升超过（　　）时，应停机，自然冷却后再行作业。

A. 50 °C　　B. 60 °C　　C. 70 °C　　D. 80 °C

90. 使用角磨机切割及打磨作业时，周围（　　）内不能有人员及易爆物品。

A. 半米　　B. 一米　　C. 二米　　D. 三米

91. 操作手电钻向前钻孔时，双脚站立最适当姿势为（　　）。

A. 双脚并拢　　B. 前弓后箭步

C. 双脚和肩同宽平行　　D. 双脚比肩稍宽平行站立

92. 使用手电钻工作时，不应（　　）。

A. 注意垂直度　　B. 一手抓工件一手握电钻

C. 夹紧钻头　　D. 注意钻削状况

93. 操作手电钻钻孔即将贯穿时，所施的压力应（　　）。

A. 加大　　B. 减小　　C. 一样　　D. 不加压

94. 夹紧钻头于手提电钻，宜采用（　　）。

A. 活动扳手　　B. 钻头夹头扳手

C. 錾子与手锤　　D. 梅花扳手

95. 锤子的质量增加 1 倍，能量增加（　　）倍。

A. 0.5　　B. 1　　C. 3　　D. 4

96. 锤子的速度增加 1 倍，能量增加（　　）倍。

A. 1　　B. 4　　C. 3　　D. 2

97. 钢质手锤规格的表示方法是根据（　　）。

A. 锤头尺寸　　B. 锤头重量

C. 柄长　　D. 柄的材质

98. 装配或安装机件时，应避免使用的手锤是（　　）。
A. 铜　B. 刚　C. 橡胶　D. 塑料锤

99. 风动工具必须保证有正常的工作压力，一般的工作压力为（　　）MPa。
A. 0.2 ~ 0.4　B. 0.4 ~ 0.6　C. 0.6 ~ 0.8　D. 0.8 ~ 1.0

100. 600 mm 以上的管钳若需要用加力管时，其管长只能为钳柄长度的（　　）倍。
A. 1　B. 0.5　C. 1.5　D. 2

101. 管钳钳口应卡在距管体连接螺纹末端（　　）cm 处。
A. 0 ~ 10　B. 10 ~ 20　C. 20 ~ 30　D. 30 ~ 40

102. 规格在（　　）mm 以下的管钳，严禁使用加力管。
A. 300　B. 600　C. 450　D. 200

103. 欲快速拆卸六角螺帽，使用（　　）较快。
A. 活扳手　B. 棘轮
C. 开口扳手　D. 梅花扳手

104. 扭力扳手使用后应将示值调节到（　　）。
A. 最大值　B. 最小值　C. 中间值　D. 都可以

105. 选择扭力扳手的条件是工作值在被选扭力扳手限值（　　）之间。
A. 20% ~ 50%　B. 20% ~ 80%
C. 50% ~ 80%　D. 30% ~ 80%

106. 用测力扳手拧工件目的是为了（　　）。
A. 防松　B. 控制拧紧力矩
C. 保证正确连接　D. 提高装配效率

107. 用千斤顶支承工件时其支承点应尽量选择在（　　）。
A. 斜面　B. 平面　C. 凸面　D. 凹面

108. 标准螺丝刀的长度规格指的是（　　）。
A. 总长度　B. 刀体的长度
C. 木柄的长度　D. 刀口的长度

109. 带电操作时，手与钢丝钳的金属部分要保持（　　）cm 以上的距离。
A. 1　B. 2　C. 3　D. 4

110. 将部件、组件、零件联接组合成为整台机器的操作过程，成为（　　）。
A. 组件装配　B. 总装配
C. 部件装配　D. 简单装配

111. 在装配前，须认真做好装配零件的清理和（　　）工作。
A. 修理　B. 清洗　C. 调整　D. 去毛倒刺

112. 粗牙普通螺纹大径为 20，螺距为 2.5，中径和顶径公差带代号均为 5 g，其螺纹标记为（　　）。

A. M20X2.5-5 g　　B. M20-5 g
C. M20X2.5-6 g　　D. M20-6 g

113. 非标准螺纹是指（　　）不符合标准的螺纹。
A. 大径　　B. 牙型　　C. 螺距　　D. 直径

114. 决定螺纹旋合性的主要参数是（　　）。
A. 大径　　B. 中径　　C. 螺距　　D. 牙型

115. 弹簧垫圈上开出斜口目的是为了（　　）。
A. 增大预紧力　　B. 产生弹力
C. 防止螺母回转　　D. 增大摩擦力

116. 不属于平垫圈作用的是（　　）。
A. 减少摩擦　　B. 锁紧螺母
C. 隔离　　D. 防止漏泄

117. 主要起增加支承面，遮盖较大孔眼作用的垫圈是（　　）。
A. 弹簧垫圈　　B. 圆垫圈
C. 橡胶垫圈　　D. 止动垫圈

118. 螺纹连接属于（　　）。
A. 可拆的活动连接　　B. 可拆的固定连接
C. 不可拆的固定连接　　D. 不可拆的活动连接

119. 同一条螺旋线上对应两点间的轴向距离称为（　　）。
A. 螺距　　B. 导程　　C. 线数　　D. 大径

120. 当螺杆的螺距为 3 mm，螺杆的线数为 3，螺杆旋转一周时，螺母相应移动（　　）。
A. 3 mm　　B. 9 mm　　C. 6 mm　　D. 12 mm

121. 划线在选择尺寸基准时，应使划线的尺寸基准与图样上的（　　）一致。
A. 测量基准　　B. 设计基准
C. 工艺基准　　D. 测量基准

122. 划线时，用来确定工件各部位尺寸、几何形状及相对位置的线，称为（　　）线。
A. 原始　　B. 基准　　C. 零位　　D. 标准

123. 畸形工件需要多次划线时，为保证加工质量必须做到（　　）。
A. 安装方法一致　　B. 划线基准统一
C. 划线方法一致　　D. 借料方法相同

124. 畸形工件的划线基准可以借助于以下哪个基准作为参考基准（　　）。
A. 原始基准　　B. 辅助基准
C. 最大的面　　D. 最小的面

125. 划线时，使工件上的有关面处于合理位置，应利用划线工具进行（　　）。
A. 支承　　B. 找正　　C. 吊线　　D. 借料

126. 工件划线时画好基准线和位置线后应先划（　　）。

A. 垂直线　B. 水平线　C. 圆弧线　D. 斜线

127. 可调式锯弓由后段和前段组成弓架，前段可在后段中伸缩，前段中有（　　）半圆缺口。

A. 2 个　B. 3 个　C. 4 个　D. 5 个

128. 锯割时，工件伸出部分尽量要短，而且要尽量夹在虎钳的（　　）。

A. 中间　B. 左侧　C. 中间偏右　D. 右侧

129. 工件不应伸出钳口过长，一般应保持锯缝距离钳口（　　）左右，防止在锯削过程中产生振动。

A. 5 mm　B. 20 mm　C. 50 mm　D. 100 mm

130. 锯削时，起锯角要小，一般不超过（　　）。

A. 19°　B. 15°　C. 13°　D. 11°

131. 一般情况下，锯条至少有（　　）齿同时工作比较合理。

A. 1 个　B. 3 个　C. 5 个　D. 7 个

132. 为使锯条得到充分的利用，又延长锯条的寿命，一般操作时的往返长度不小于锯条全长的（　　）。

A. 1/2　B. 2/3　C. 3/4　D. 4/5

133. 锯割工件时，锯入工件（　　），锯缝的两边对锯条的摩擦阻力就越大。

A. 越宽　B. 越深　C. 越窄　D. 越浅

134. 标准麻花钻主切削刃上各点处的后角大小不相等，越接近中心越大，其值约为（　　）。

A. 16° ~ 20°　B. 20° ~ 26°　C. 30° ~ 36°　D. 36° ~ 40°

135. 麻花钻顶角越小，则刀尖角增大，有利于（　　）。

A. 切削液的进入　B. 散热和提高钻头的寿命

C. 排屑　D. 散热

136. 加工 M16 内螺纹应选钻头直径为（　　）mm。

A. 13　B. 14　C. 15　D. 16

137. 加工 M16X1 内螺纹应选钻头直径为（　　）mm。

A. 13　B. 15　C. 14　D. 16

138. 材料在外力作用下，抵抗产生塑性变形和断裂的能力称为（　　）。

A. 弹性　B. 强度　C. 塑性　D. 硬度

139. 材料在外力作用下发生变形，当外力解除后，变形消失恢复原来形状的性能称为（　　）。

A. 强度　B. 弹性　C. 塑性　D. 硬度

140. 材料抵抗冲击力的作用而不致破裂的性能称为（　　）。

A. 疲劳强度　　B. 冲击韧性
C. 蠕变强度　　D. 抗拉强度

141. 材料经受多次交变载荷的作用而不致破坏的性能称为（　　）。
A. 冲击韧性　　B. 疲劳强度
C. 蠕变强度　　D. 抗拉强度

142. 一般情况下碳的质量分数为 0.25% ~ 0.55% 的属于（　　）。
A. 低碳　　B. 中碳　　C. 中高碳　　D. 高碳

143. 一般情况下碳的质量分数为 0.95% ~ 1.15% 的属于（　　）。
A. 低碳　　B. 高碳　　C. 中高碳　　D. 中碳

144. 高级优质碳素钢含（　　）较低。
A. 碳　　B. 硫、磷　　C. 镁　　D. 硅、锰

145. 45 钢属于（　　）。
A. 低碳钢　　B. 中碳钢　　C. 合金钢　　D. 高碳钢

146.（　　）主要用于制造工具、量具和模具。
A. 碳素结构钢　　B. 碳素工具钢
C. 铸铁　　D. 铝合金

147. 45 钢表示平均碳含量为（　　）的优质碳素结构钢。
A. 0.45　　B. 0.045　　C. 0.004 5　　D. 0.000 45

148. 材料在外力作用下发生变形，当外力解除后，仍然保留变形而不断裂的性能称为（　　）。
A. 强度　　B. 塑性　　C. 弹性　　D. 硬度

149. 材料抵抗硬物压入的能力称为（　　）。
A. 强度　　B. 硬度　　C. 塑性　　D. 弹性

150. 金属加工行业应用最多的硬度试验法是（　　）。
A. HRA　　B. HRC　　C. HRB　　D. HRF

151. 碳素工具钢热处理后的硬度可达（　　）。
A. 61 ~ 64HRC　　B. 60 ~ 64HRC
C. 62 ~ 64HRC　　D. 63 ~ 67HRC

152. 普通、优质和高级碳素钢是按（　　）区别的。
A. 机械性能的高低　　B. 磷、硫含量的多少
C. 硅、锰含量的多少　　D. 碳含量的多少

153. 淬火会使钢料（　　）。
A. 变硬且延性增加　　B. 变硬且强度增加
C. 变韧且强度增加　　D. 变软且延性增加

154. 决定钢材淬硬层深度和硬度分布的特性叫（　　）。

A. 淬硬性　　B. 淬透性　　C. 回火　　D. 淬变形

155. 钢在理想条件下进行淬火硬化能达到的最高硬度的能力称（　　）。

A. 回火　　B. 淬硬性　　C. 淬透性　　D. 淬变形

156. 钢的淬硬性主要取决于马氏体中的（　　）含量。

A. 锰　　B. 碳　　C. 硫　　D. 磷

157.（　　）不属于工业上常用的退火工艺。

A. 完全退火　　B. 变温退火

C. 球化退火　　D. 去应力退火

158. 去除应力退火，一般是加热到（　　），经保温一段时间后，随炉冷却至 300 °C 以下出炉。

A. 400 ~ 500 °C　　B. 600 ~ 650 °C

C. 500 ~ 650 °C　　D. 800 ~ 900 °C

159. 将烧红至约 800 °C 的中碳钢料随即在密闭炉中缓慢冷却，这种处理方法称（　　）。

A. 淬火　　B. 退火　　C. 回火　　D. 正常化

160. 退火主要目的是为了降低钢的硬度，提高（　　）和韧性。

A. 强度　　B. 塑性　　C. 疲劳强度　　D. 蠕变

161. 钢料退火的目的是（　　）。

A. 变硬　　B. 变软　　C. 变形　　D. 变色

162. 若想消除钢料中的应力，最好的办法就是（　　）。

A. 淬火　　B. 退火　　C. 回火　　D. 正火

163. 在正常配置的 3 个基本视图中，机件上对应部分的主、左视图（　　）。

A. 长对正　　B. 高平齐　　C. 宽相等　　D. 宽不等

164. 主视图是工件正前方看到的视图，可表示工件的尺寸是（　　）。

A. 长与宽　　B. 长与高　　C. 长、宽与高　　D. 宽与高

165. 三视图的投影规律，长对正指的是（　　）两个视图。

A. 主、左　　B. 主、俯　　C. 主、右　　D. 俯、左

166. 三视图的投影规律，高平齐指的是（　　）两个视图。

A. 主、右　　B. 主、左　　C. 主、俯　　D. 俯、左

167. 三视图的投影规律，宽相等指的是（　　）两个视图。

A. 主、左　　B. 俯、左　　C. 主、俯　　D. 主、右

168. 视图中能反映出物体的前、后、上、下位置关系的是（　　）。

A. 主视图　　B. 左视图　　C. 俯视图　　D. 斜视图

169. 视图中能反映出物体的前、后、左、右位置关系的是（　　）。

A. 主视图　　B. 俯视图　　C. 左视图　　D. 斜视图

170. 视图中能反映出物体的左、右、上、下位置关系的是（　　）。
A. 俯视图　　B. 主视图　　C. 左视图　　D. 斜视图

171. 可以气割的金属应符合的条件是金属氧化物的熔点应（　　）金属熔点。
A. 高于　　B. 低于　　C. 等于　　D. 都可以

172. 可以进行气割的金属是（　　）。
A. 纯铁　　B. 都可以　　C. 中碳钢　　D. 低碳钢

173. 不能进行气割的金属是（　　）。
A. 纯铁　　B. 铝和铜　　C. 中碳钢　　D. 低碳钢

174. 铸铁不能进行气割的原因是（　　）。
A. 导热性太好
B. 铸铁熔点低于铸铁氧化物熔点
C. 铸铁不能与氧气发生剧烈反应
D. 铸铁氧化物的流动性差

175. 装配时，使用可换垫片、衬套和镶条等，以消除零件间的累积误差或配合间隙的方法是（　　）。
A. 修配法　　B. 调整法　　C. 选配法　　D. 互换法

176. 分组选配法是将一批零件逐一测量后，按（　　）的大小分组。
A. 测量尺寸　　B. 实际尺寸
C. 基本尺寸　　D. 极限尺寸

177. 装配精度完全依赖于零件加工精度的装配方法是（　　）。
A. 调整法　　B. 完全互换法
C. 选配法　　D. 修配法

178. 修配法一般适用于（　　）。
A. 成批生产　　B. 单件生产
C. 小量生产　　D. 大量生产

179. 铁路轨道两条钢轨之间的距离（　　）mm。
A. 1 435　　B. 1 353　　C. 1 250　　D. 1 535

180. SS_{4B} 型电力机车的轴列式是（　　）。
A. $2(B_0\text{-}B_0)$　　B. $B_0\text{-}B_0$　　C. $C_0\text{-}C_0$　　D. $2(C_0\text{-}C_0)$

181. SS_{4B} 型电力机车机车落弓状态最高处距轨面高度是（　　）mm。
A. 4 775　　B. 4 665　　C. 4 705　　D. 4 605

182. SS_{4B} 型电力机车单节机车转向架中心距是（　　）mm。
A. 8 200　　B. 8 300　　C. 8 400　　D. 8 100

183. SS_{4B} 型电力机车单节机车全轴距是（　　）mm。
A. 11 100　　B. 11 000　　C. 12 100　　D. 11 200

184. SS_{4B} 型电力机车转向架轴距是（　　）mm。

A. 2 900　　B. 2 850　　C. 2 800　　D. 2 950

185. SS_{4B} 型电力机车新轮情况下传动齿轮箱地面距轨面高度不小于（　　）mm。

A. 110　　B. 120　　C. 130　　D. 140

186. SS_{4B} 型电力机车新轮车轮直径（　　）mm。

A. 1 250 mm ± 1 mm　　B. 1 300 mm ± 1 mm

C. 1 350 mm ± 1 mm　　D. 1 400 mm ± 1 mm

187. SS_{4B} 型电力机车轮轨内侧距（　　）mm。

A. 1 353 mm ± 3 mm　　B. 1 352 mm ± 3 mm

C. 1 351 mm ± 3 mm　　D. 1 350 mm ± 3 mm

188. 不属于 SS_{4B} 型电力机车车体与转向架机械连接部件的是（　　）。

A. 牵引电机大线　　B. 横向油压减振器

C. 侧向摩擦减振器　　D. 牵引杆

189. 不属于 SS_{4B} 型电力机车车体与转向架管路连接部件的是（　　）。

A. 平均管　　B. 闸缸管

C. 撒砂管　　D. 轮喷总风管

190. 属于 SS_{4B} 型电力机车车体与转向架电机连接部件的是（　　）。

A. 电机大线　　B. 轴温传感器

C. 电机吊杆　　D. 电机接电盒盖板

191. 属于 SS_{4B} 型电力机车车体与转向架电器连接部件的是（　　）。

A. 速度传感器　　B. 轮喷总风管速

C. 电机大线　　D. 电机碳刷

192. SS_{4B} 型电力机车转向架由（　　）大部分组成。

A. 10　　B. 9　　C. 8　　D. 7

193. 不属于 SS_{4B} 型电力机车转向架主要十大组成部件是（　　）。

A. 主变压器　　B. 构架

C. 一系弹簧支撑装置　　D. 电机悬挂装置

194. 不属于 SS_{4B} 型电力机车转向架主要十大组成部件是（　　）。

A. 主变压器　　B. 轮对电机组装

C. 二系弹簧支撑装置　　D. 附属装置

195. 不属于 SS_{4B} 型电力机车转向架主要十大组成部件是（　　）。

A. 牵引通风机　　B. 基础制动装置

C. 牵引装置　　D. 砂箱装置

196. SS_{4B} 型电力机车转向架单轴轴重是（　　）t。

A. 23　　B. 24　　C. 24.5　　D. 25

197. SS_{4B} 型电力机车转向架通过的最小曲线半径是（ ）。
A. 125 m（$v < 5$ km/h） B. 125 m（$v > 5$ km/h）
C. 125 m（$v < 10$ km/h） D. 125 m（$v > 10$ km/h）

198. SS_{4B} 型电力机车转向架轮对左右轴箱中心线间距是（ ）mm。
A. 2 110 B. 2 200 C. 2 210 D. 2 100

199. SS_{4B} 型电力机车转向架最高速度是（ ）。
A. 100 km/h B. 110 km/h C. 120 km/h D. 130 km/h

200. SS_{4B} 型电力机车转向架的牵引方式是（ ）。
A. 中央推挽式斜拉杆方式 B. 拐臂式牵引
C. 推挽式高位牵引 D. 高位斜拉杆式牵引

201. SS_{4B} 型电力机车牵引点距轨面高度为（ ）。
A. 12 mm B. 120 mm C. 240 mm D. 24 mm

202. SS_{4B} 型电力机车轮对单侧自由横动量为（ ）。
A. 0.75 mm B. 1.6 mm C. 0.8 mm D. 1.5 mm

203. SS_{4B} 型电力机车新车转向架侧梁顶面至轨面高度为（ ）mm。
A. 1 180 B. 1 250 C. 1 100 D. 1 200

204. SS_{4B} 型电力机车转向架总重是（ ）t。
A. 21.4 B. 22 C. 23 D. 24

205. SS_{4B} 型电力机车牵引电机悬挂方式为（ ）。
A. 滚动抱轴式半悬挂 B. 全悬挂
C. 架悬式悬挂 D. 轴悬式悬挂

206. SS_{4B} 型电力机车牵引电机的传动方式为（ ）。
A. 单侧刚性直齿 B. 双侧刚性直齿
C. 单侧斜齿 D. 双侧斜齿

207. SS_{4B} 型电力机车传动装置的传动比为（ ）。
A. 74:17 = 4.35 B. 76:17 = 4.47 C. 88:19 = 4.63 D. 88:17 = 5.17

208. SS_{4B} 型电力机车转向架一系弹簧静挠度为（ ）。
A. 139 B. 140 C. 141 D. 142

209. SS_{4B} 型电力机车转向架二系支撑静挠度为（ ）。
A. 6 B. 7 C. 8 D. 9

210. SS_{4B} 型电力机车转向架油压减振器的阻尼数为（ ）。
A. 1 000 N · s/cm B. 900 N · s/cm C. 800 Ns/cm D. 700 N · s/cm

211. SS_{4B} 型电力机车转向架相对车体横动量为（ ）。
A. 20 mm B. 22 mm C. 25 mm D. 28 mm

212. SS_{4B} 型电力机车基础制动方式为（ ）。

A. 独立单元制动器制动　B. 轮盘制动
C. 电阻制动　D. 电磁制动

213. SS_{4B}型电力机车机车制动率是（　　）。
A. 0.31　B. 0.28　C. 0.44　D. 0.38

214. SS_{4B}型电力机车手制动率是（　　）。
A. 0.2　B. 0.19　C. 0.18　D. 0.17

215. SS_{4B}型电力机车单个砂箱容积是（　　）m^3。
A. 0.1　B. 0.2　C. 0.3　D. 0.4

216. 机车在静止状态下（　　）压在钢轨上的重量，称为轴重。
A. 每根轮对　B. 每个转向架　C. 整台机车　D. 每一车轮

217. 机车（　　）所发挥的功率，称为单轴功率。
A. 每根轮轴　B. 每个电机　C. 每个轮对　D. 每个转向架

218. 转向架在结构上所允许的机车（　　），称为机车的结构速度。
A. 最大运行速度　B. 运行速度　C. 功率　D. 最大功率

219. 电力机车运行过程中的不良运动有（　　）种形式。
A. 6　B. 5　C. 4　D. 3

220. 不属于电力机车运行过程中的不良运动是（　　）。
A. 牵引　B. 蛇形　C. 摇摆　D. 点头

221. 不属于电力机车运行过程中的不良运动是（　　）。
A. 制动　B. 侧滚　C. 伸缩　D. 倾斜

222. 转向架要在（　　）的引导下，实现机车在直线和曲线上的运行，并保证机车曲线运行的安全和顺利。
A. 钢轨　B. 受电弓　C. 乘务人员　D. 机车信号

223. 转向架要缓和线路不平顺对机车的冲击，保证机车运行的平衡性，（　　）运行中的作用力及其危害。
A. 减少　B. 增加　C. 改变　D. 避免

224. 机车称重后每根轴重不应该超过机车实际平均轴重的（　　）。
A. ±2%　B. ±3%　C. ±4%　D. ±5%

225. 机车称重后每一轮对的每一个轴重与实际平均轴重之差，不超过该轴两轮平均轮重的（　　）。
A. ±4%　B. ±3%　C. ±2%　D. ±1%

226. 拆卸机车零件时，应按照（　　）的程序进行。
A. 与装配相反　B. 由内至外　C. 与装配相同　D. 由外至内

227. 用锤子或冲棒冲击零件时，应垫好软衬垫，或用软材料（如紫铜）以防止损坏（　　）。
A. 零件构造　B. 零件表面　C. 零件质地　D. 零件性能

228. 拆卸旋转部件时，应注意尽量不破坏原来的（　　），不得在拆卸时发生碰撞。

A. 零件构造　B. 平衡条件　C. 零件精度　D. 零件表面

229. 拆卸容易产生位移而又（　　）或有方向性的配件时，应预先做好标记，以免在修复后装配时因辨认而浪费时间。

A. 定位装置　B. 无定位装置　C. 标准件装置　D. 非标装置

230. 机车齿轮箱的作用是为了对（　　）进行润滑以及防止尘土、沙石等污物对齿轮的侵袭。

A. 大齿轮　B. 小齿轮　C. 抱轴　D. 牵引电机

231. SS_{4G}型电力机车齿轮箱体为（　　）焊接结构。

A. 低碳钢　B. 高碳钢　C. 45号钢　D. 铸钢

232. SS_{4B}型电力机车齿轮箱处除了合口处的螺栓连接外，整个箱体还通过（　　）螺栓固定在电机端部外壳上，使两者固定连接不产生相对位移。

A. 六根　B. 七根　C. 八根　D. 十根

233. SS_4型电力机车齿轮箱由上箱和（　　）组成。

A. 下箱　B. 端盖　C. 底盖　D. 侧板

234. SS_{4B}型电力机车齿轮箱使用的毛毡条的厚度要求（　　）。

A. 5.5～6 mm　B. 6～7 mm　C. 7～8 mm　D. 6.5～7 mm

235. 机车齿轮箱在装配毛毡条前，把胶条的中间部分进行浸油处理，（　　）不得沾油。

A. 两端　B. 胶面上　C. 毛毡处　D. 突出部分

236. 机车齿轮箱毛毡装配后凸出量为（　　）mm。

A. 1.5～3.5　B. 1.5～3.0　C. 1.0～2.5　D. 0.5～1.5

237. 润滑齿轮用油，宜选用（　　）。

A. 太古油　B. 机油　C. 柴油　D. 煤油

238. 美孚SHC220该系列产品性能优于（　　）的能力。

A. 太古油　B. 矿物油　C. 煤油　D. 柴油

239. 美孚SHC220在负荷极重的齿轮和受高剪切作用力的轴承里，仍能承受机械剪切力的作用，而（　　）则几乎没有降低。

A. 标号　B. 黏度　C. 品质　D. 剪切力

240. SS_{4B}型电力机车轮对电机组装中，为使大、小齿轮充分润滑，齿轮箱中的油量（　　）。

A. 适当最好　B. 越少越好　C. 越多越好　D. 禁止更换

241. SS_{4B}型电力机车齿轮箱内加量使油位应能浸至大齿轮轮齿的（　　）的高度处。

A. 1/3　B. 1/4　C. 1/2　D. 1/5

242. 电力机车齿轮箱内油过多齿轮转动时产生（　　），不利于齿轮箱密封，出现渗漏现象。

A. 高压油雾　B. 漂浮油膜　C. 低温　D. 油脂变化

243. 电力机车齿轮箱内油过多时产生的阻力很大，阻碍（　　）。

A. 齿轮传动　B. 大齿润滑　C. 小齿润滑　D. 大小齿啮合

244. 机车齿轮箱油位应在油标尺（　　）（或油位处于观油镜油标上的标记圆环内）。

A. 上下刻度线之间　B. 下刻度线以下

C. 上刻度线以下　D. 下刻度线以上

245. 机车齿轮箱设置呼吸孔是为使齿轮副在工作时箱体内部压力和外部大气压力相平衡而设计（　　）。

A. 在上箱手把上　B. 在下箱合口

C. 在下箱观油镜处　D. 在上箱合口处

246. 机车齿轮箱呼吸孔处手把气管可以用来（　　）。

A. 吊装齿轮箱体　B. 观察齿轮箱油位

C. 检查大齿情况　D. 检查小齿情况

247. 机车齿轮箱的安装可以通过调整与电机、齿轮箱安装座之间的垫片来调整齿轮箱油封间隙应为（　　）。

A. 0.5 ~ 1.2 mm　B. 0.5 ~ 1.0 mm　C. 1.0 ~ 1.2 mm　D. 1.0 ~ 1.5 mm

248. 机车齿轮箱与轮箍内侧面距离上下间隙偏差（　　）。

A. ≤5 mm　B. ≤10 mm　C. ≤15 mm　D. ≤20 mm

249. 机车齿轮箱外侧面与轮毂内侧面距离（　　）。

A. ≥15 mm　B. ≤15 mm　C. ≥10 mm　D. ≤10 mm

250. SS_{4B} 型电力机车齿轮箱领圈槽深原型为（　　）。

A. 11.5 mm　B. 11.1 mm　C. 11 mm　D. 10 mm

251. SS_{4B} 型电力机车齿轮箱领圈槽深中修要求为（　　）。

A. ≥7 mm　B. ≥6 mm　C. ≥5 mm　D. ≥4 mm

252. 电力机车齿轮传动都是（　　）传动。

A. 减速齿轮　B. 加速齿轮　C. 变位齿轮　D. 扇形齿轮

253. 齿轮的正确啮合条件是：两齿轮的（　　）是正确的。

A. 齿数相等，模数不等　B. 齿形角相等，模数相等

C. 齿数不等，模数不等　D. 齿数、模数、齿形角都不等

254. 齿轮的模数和压力角为标准值的是（　　）。

A. 端面模数和端面压力角　B. 法面模数和法面压力角

C. 端面模数和法面压力角　D. 端面压力角和法面模数

255. 齿轮啮合的压力角指作用力方向与运动方向所夹的（　　）。

A. 钝角　B. 锐角　C. 直角　D. 平角

256. 一般齿轮分度圆上的压力角为（　　）。

A. 45° B. 20° C. 30° D. 15°

257. 标准直齿圆柱齿轮，齿顶圆直径为 90 mm，齿数为 28，该齿轮的模数为（　　）。

A. 1 mm B. 3 mm C. 5 mm D. 6 mm

258. 电力机车齿轮传动比的数值应尽可能是（　　）。

A. 无限不循环小数 B. 有限循环小数

C. 有限不循环小数 D. 无限循环小数

259. 一般电力机车齿轮传动比小于（　　）。

A. 5 B. 4 C. 3 D. 6

260. 机车大小齿采用变位齿轮主要是为了改变齿轮的齿根、齿顶啮合角等几何尺寸，从而改变接触强度、（　　）等，这样的措施能使大、小齿轮的寿命比较接近。

A. 弯曲强度 B. 冲击强度 C. 断裂强度 D. 抗拉强度

261. 机车全部的静载荷均通过（　　）传递给钢轨。

A. 轮对 B. 转向架 C. 轴箱 D. 构架

262. 机车通（　　）的黏着产生牵引力和制动力也是轮对的作用之一。

A. 轮对与钢轨 B. 轮对与轴箱 C. 轮对与电机 D. 轮对与构架

263. 机车轮对行经钢轨接头、道岔等线路不平顺时，轮对直接承受（　　）垂向和侧向的冲击。

A. 全部 B. 绝大部分 C. 小部分 D. 定量

264. SS_{4B}型电力机车轮对的结构是由车轴、两个车轮和（　　）个传动大齿轮组成。

A. 1 B. 2 C. 3 D. 4

265. SS_{4B}型电力机车轮箍与轮心之间采用（　　）配合。

A. 过盈 B. 间隙 C. 过渡 D. 机械

266. SS_{4B}型电力机车轮心上和车轴压装的部分称为（　　）。

A. 轮毂 B. 轮辐 C. 轮辋 D. 轮心

267. 机车套装轮对轮心上和轮箍套装的部分称为（　　）。

A. 轮辋 B. 轮辐 C. 轮心 D. 轮毂

268. 机车轮对轮毂和轮辋之间的部分称为（　　）（或辐板、辐条）。

A. 轮辐 B. 轮心 C. 轮辋 D. 轮毂

269. 机车大齿轮由齿圈和（　　）组成。

A. 齿轮心 B. 齿条 C. 轮辐 D. 轮辋

270. SS_{4B}型机车轮心上设有（　　）。

A. 注油孔 B. 轮箍 C. 防尘座 D. 大齿轮

271. 电力机车齿轮传动装置的作用是（　　）。

A. 降低转速，增大转矩 B. 增大转速，增大转矩

C. 降低转速，降低转矩 D. 增大转速，降低转矩

272. 电力机车轮对轮与轴的装配应采用的装配方法是（　　）。
A. 分组装配法　B. 完全互换法　C. 修配法　D. 调整法

273. 电力机车车轴是（　　）。
A. 锻钢件　B. 铸钢件　C. 铸铁件　D. 合金件

274. 电力机车车轴分为轴领、轴颈、防尘座、轮座、（　　）和中间轴身。
A. 抱轴颈　B. 抱轴承　C. 轴承外套　D. 轴承内圈

275. SS_{4B}型电力机车轮对的轴颈、抱轴颈拉伤深度（　　）时禁用。
A. ≥1 mm　B. ≥2 mm　C. ≥3 mm　D. ≥4 mm

276. SS_{4B}型机车标准车轴直径为 160（ +0.027， +0.052）mm，每次降级为（　　），最小轴直径为 158.5（ +0.027， +0.052）mm。
A. 0.5 mm　B. 1.0 mm　C. 1.5 mm　D. 0.3 mm

277. 机车车轴的圆弧部分表面经过（　　）处理。
A. 滚压强化　B. 淬火　C. 上钼　D. 退火

278. 当机车发挥牵引力运行时，各轴重要发生变化，有的轴重将增加，有的轴重将减小，这就称为在（　　）的轴重转移，或叫牵引力作用下的再分配。
A. 牵引力作用下　B. 冲击作用下　C. 制动作用下　D. 侧向力作用下

279. 轴重转移时机车总的（　　）仍保持常数，是既不会增加，也不会减少的。
A. 黏着重量　B. 重量　C. 承受重量　D. 受力情况

280. 电力机车弛缓线的宽度为 25 mm 长度为（　　）。
A. 50 mm　B. 40 mm　C. 30 mm　D. 20 mm

281. 机车套装轮对用黄色油漆在轮箍轮心结合处画条径向宽线的目的，是为了检查轮箍是否发生（　　）。
A. 弛缓　B. 断裂　C. 擦伤　D. 崩箍

282. 机车动轮发生弛缓时禁止（　　）。
A. 牵引列车　B. 检修列车　C. 清洗列车　D. 重联列车

283. 轮箍弛缓线宽 25 mm，长 50 mm，每隔（　　）涂一条。
A. 120°　B. 90°　C. 45°　D. 180

284.（　　）是为了防止套装轮箍发生弛缓时外窜，引发列车脱线或颠覆等事故的发生而加装的一种安全措施。
A. 轮箍扣环　B. 轮辋　C. 轮毂　D. 弛缓线

285. 牵引电动机半悬挂的优点：（　　），工作可靠，成本低廉，维修方便。
A. 结构简单　B. 传动平稳可靠　C. 体积小　D. 易安装

286. 牵引电动机半悬挂的缺点：簧下（　　），轮轨的动载荷大；来自线路的冲击使牵引电动机垂向加速度大，造成电机部件和绝缘过早的损坏，使牵引电机故障率较高，而且机车速度增高时，更为明显。

A. 质量大　　B. 质量不稳定　　C. 质量小　　D. 质量适中

287.（　　）是承载和传力的基体。

A. 转向架　　B. 支撑装置　　C. 轮对　　D. 车体底架

288. 电力机车以各种工况运行时，构架承载来自（　　）及其上部设备的重量的垂直载荷和机车震动引起的垂直附加动载荷。

A. 车体　　B. 轴箱悬挂装置

C. 牵引电机装置　　D. 转向架

289. 机车牵引或制动时产生的牵引力或制动力，机车通过曲线时的（　　）和离心力等，因此构架必须具有足够的强度和刚度。

A. 水平横向力　　B. 纵向牵引力　　C. 垂直载荷　　D. 运行工况

290. SS_{4B} 型电力机车为了缓和轨道对机车的冲击和振动，改善部件的工作可靠性和乘务员的舒适度，在构架和轮对轴箱之间设置了弹簧和液压减振器系统，通过它把构架上的垂直负荷均匀地分配给各个轮对，使每根轴的轴重为（　　）。

A. 23 t　　B. 24 t　　C. 21.4 t　　D. 30 t

291. SS_{4B} 型电力机车牵引力由轴箱装置经轴箱拉杆传至构架，再通过（　　）装置传到车体，最后经车钩牵引列车运行。

A. 二系悬挂装置　　B. 牵引装置

C. 一系弹簧悬挂装置　　D. 摩擦减振器

292. SS_{4B} 型电力机车轴箱采用独立悬挂、（　　）结构。

A. 双弹性定位拉杆式　　B. 单侧弹性定位拉杆式

C. 定位拉杆式　　D. 弹性拉杆

293. SS_{4B} 型电力机车采用（　　）轴箱定位方式。

A. 拉杆式　　B. 悬挂式　　C. 推挽式　　D. 独立式

294. 机车轴箱拉杆一高一低，其目的是：拉杆长度不变时，允许轴箱（　　），否则轴箱垂向位移将受到极大限制。

A. 上下跳动　　B. 左右摆动　　C. 单相运动　　D. 前后伸缩

295. 电力机车的轴箱拉杆主要起传递（　　）的作用。

A. 纵向力　　B. 垂向力　　C. 制动力　　D. 水平横向力

296. SS_{4B} 型电力机车轴箱拉杆的中心距（　　）。

A. 260 mm　　B. 256 mm　　C. 160 mm　　D. 200 mm

297. 机车轴箱拉杆压装球铰前，应在球铰上涂抹（　　）。

A. 蓖麻油　　B. 滚动轴承脂　　C. 机油　　D. 柴油

298. 电力机车轴箱内零件按工艺要求应采用的装配方法是（　　）。

A. 完全互换法　　B. 分组装配法　　C. 修配法　　D. 调整法

299. SS_{4B} 型电力机车轴承内圈尺寸：（　　）。

A. 160（+0，-0.025）mm　　B. 160（+0.027，+0.052）mm
C. 159（+0.027，+0.052）mm　　D. 159（+0，-0.025）mm

300. SS_{4B}型电力机车轴箱轴承内圈与轴的配合是（　　）配合。
A. 过盈　B. 间隙　C. 过度　D. 过盈或间隙

301. SS_{4B}型电力机车车轴与轴承内套的过盈量要求是（　　）。
A. 0.025 ~ 0.077 mm　　B. 0.13 ~ 0.30 mm
C. 0.027 ~ 0.030 mm　　D. 0.037 ~ 0.13 mm

302. SS_{4B}电力机车轴箱轴承组装间隙中修要求为（　　）mm。
A. 0.070 ~ 0.300　B. 0.170 ~ 0.300　C. 0.025 ~ 0.077　D. 0.027 ~ 0.52

303. SS_{4B}型电力机车轴箱轴圈加热温度为（　　）。
A. 200 °C 以下　B. 300 °C 以上　C. 400 °C 以下　D. 500 °C 以上

304. SS_{4B}型电力机车轴箱内轴承内圈热套时，温度不得超过（　　）。
A. 150 °C　B. 130 °C　C. 120 °C　D. 100 °C

305. SS_{4G}型电力机车同一轴箱内外两轴承的径向间隙差不大于（　　）。
A. 0.03 mm　B. 0.04 mm　C. 0.02 mm　D. 0.01 mm

306. SS_{4B} 型电力机车轴箱轴承填油量为轴承室总容量的 1\2 ~ 1\3 的滚动轴承脂，约（　　）g。
A. 800 ~ 1 000　B. 60 ~ 80　C. 100 ~ 120　D. 40 ~ 60

307. SS_{4B}型电力机车轴箱内带油槽的是（　　）。
A. 中间隔环　B. 内侧调整环　C. 外侧调整环　D. 挡油环

308. SS_{4B}型电力机轴箱轴承内侧调整环（　　）。
A. 薄　B. 厚　C. 大　D. 小

309. SS_{4B}型电力机轴箱轴承外侧调整环（　　）。
A. 厚　B. 薄　C. 大　D. 小

310. SS_{4B}型机车轴箱单边横动量为（　　）。
A. 0.75 mm　B. 0.25 mm　C. 1.5 mm　D. 4 mm

311. 机车 JK430 装置检测轴箱轴承振动报警时，轴位号的基本原则是齿端为（　　）位。
A. 1　B. 2　C. 5　D. 6

312. 机车 JK431 装置检测轴箱轴承振动报警时，轴位号的基本原则是非齿端为（　　）位。
A. 6　B. 5　C. 3　D. 1

313. 机车拉杆式轴箱定位有一定的横向刚度，这样有利于改善运行中的（　　）运动，减少摇晃和轮缘磨耗。
A. 蛇形　B. 点头　C. 滑行　D. 侧滚

314. 机车拉杆式轴箱定位（　　），不需要润滑，减少了维修保养工作量。

A. 装有耐磨件　　B. 没有磨耗件
C. 刚性球胶连接　　D. 不影响弹簧减振作用

315. 机车采用拉杆式轴箱定位使轴箱与构架（　　），缓和了冲击，提高了运行的平稳性。

A. 弹性连接　　B. 刚性连接　　C. 具有活连接　　D. 不具有活连接

316. 机车采用拉杆式轴箱定位（　　）一系列弹簧的减振作用，但在设计时应考虑弹簧减振的刚度因素。

A. 不影响　　B. 阻碍　　C. 提高　　D. 转移

317. 电力机车轴箱拉杆方轴与轴箱体及构架拉杆座联接在斜度为（　　）的斜面上。

A. 1:10　　B. 1:15　　C. 1:20　　D. 1:18

318. 电力机车轴箱拉杆方轴与轴箱体装配的配合斜面部分用（　　）mm 塞尺检查，不允许贯通。

A. 0.1　　B. 0.2　　C. 0.3　　D. 0.5

319. SS_{4B} 型电力机车轴箱拉杆组装后方轴与座两侧面接触面积（　　）。
A. ≥70%　　B. ≥80%　　C. ≥60%　　D. ≥50%

320. SS_{4B} 型电力机车轴箱拉杆与拉杆座槽底部组装间隙要求为（　　）mm。
A. 3 ~ 8　　B. 2 ~ 8　　C. 3 ~ 7　　D. 2 ~ 7

321. SS_{4B} 电力机车中修轴箱拉杆方轴与座槽底部间隙应（　　）。
A. ≥2 mm　　B. ≥3 mm　　C. ≥4 mm　　D. ≥5 mm

322. SS_{4B} 型电力机车轴箱拉杆两芯轴棒轴向相互平行，其对地水平扭转角应（　　）。
A. ≤15°　　B. ≤25°　　C. ≥35°　　D. ≤5°

323. 机车轴箱定位优点：结构简单，独立性强、维修方便、能克服上下压盖歪斜、无磨耗和调（　　）容易等优点。

A. 一系弹簧　　B. 二系橡胶堆
C. 制动闸瓦间隙　　D. 轴箱单边横动量

324. 机车二系悬挂又称次悬挂，设置在（　　）之间。
A. 车体底架与转向架　　B. 车体侧构与转向架
C. 转向架构架与轴箱　　D. 车体底架与构架牵引梁

325. SS_{4B} 型电力机车二系悬挂装置由（　　）、横向油压减振器和侧向摩擦减振器组成。
A. 橡胶堆　　B. 垂向油压减振器
C. 轴箱圆簧　　D. 二系钢弹簧

326. 属于 SS_{4B} 型电力机车二系悬挂的是（　　）。
A. 摩擦减振器　　B. 螺旋钢弹簧
C. 垂向油压减振器　　D. 轴箱圆簧

327. SS_{4B} 型电力机车二系车体支承的橡胶堆在工作负荷下，整台机车高度差（　　）。

A. ≤2 mm　B. ≤1 mm　C. ≤3 mm　D. ≤5 mm

328. SS_{4B}型电力机车橡胶堆垂直负荷在60 kN时的挠度为（　　）mm。

A. 6～9　B. 10～17　C. 8～12　D. 15～20

329. SS_{4B}型机车二系橡胶堆自由高原型258～264 mm，中修限度应不小于（　　）mm。

A. 254　B. 256　C. 250　D. 255

330. SS_{4B}型机车二系悬挂装置的静挠度为（　　）。

A. 6 mm　B. 7 mm　C. 8 mm　D. 10 mm

331. SS_{4B}型电力机车摩擦减振器的摩擦力为（　　）。

A. 4 890×(1±10%) N　B. 3 890×(1±10%) N

C. 2 890×(1±10%) N　D. 5 890×(1±10%) N

332. SS_{4B}型电力机车横向油压减振器阻尼系数为（　　）。

A. 1 000 N·s/mm　B. 1 800 N·s/cm

C. 1 700 N·s/mm　D. 1 500 N·s/cm

333. 机车二系悬挂装置是在（　　）之间设置弹性连接装置，也叫车体支撑装置。

A. 车体与转向架　B. 转向架与车体侧构

C. 转向架构架与轴箱　D. 车体与构架牵引梁

334. 机车二系悬挂装置可以把车体重量均匀地分配到（　　）上

A. 转向架构架　B. 车体底架

C. 转向架轮对　D. 钢轨

335. 机车二系悬挂装置，可以（　　）整个机车弹簧装置的合成刚度减少机车对线路的作用。

A. 减小　B. 改变　C. 增大　D. 完善

336. 牵引装置是将机车的牵引力，由转向架构架传递至车体（　　）的装置，它的结构形式直接影响机车牵引力的充分发挥。

A. 底架　B. 轴箱拉杆　C. 车钩　D. 牵引座

337. 牵引装置的主要作用是传递机车的（　　）。

A. 牵引力和制动力　B. 牵引力

C. 制动力　D. 横向力

338. SS_{4B}电力机车制动器闸瓦更换时上下闸瓦（　　）。

A. 必须同时更换　B. 同侧的厚薄不能一致

C. 允许单独更换一块　D. 闸瓦较薄的朝向外侧

339. SS_{4B}电力机车制动器更换闸瓦时闸瓦较（　　）安装方向为轮缘侧。

A. 薄　B. 厚　C. 平滑　D. 粗糙

340. SS_{4B}型电力机车制动器闸瓦厚度应（　　）。

A. ≥15 mm　B. ≥16 mm　C. ≥17 mm　D. ≥18 mm

341. 机车 178×2.85 型单元制动器调节闸瓦间隙时需手动转动（　　）。
A. 手轮　B. 脱钩装置　C. 棘钩　D. 调整螺杆

342. 机车 178×2.85 型单元制动器棘轮齿数为（　　）。
A. 30 个　B. 25 个　C. 20 个　D. 35 个

343. 机车 178×2.85 型单元制动器的棘钩每挂一个棘轮齿为（　　）。
A. 0.2 mm　B. 0.3 mm　C. 0.4 mm　D. 0.5 mm

344. 机车 178×2.85 型单元制动器的传动螺杆螺距为（　　）。
A. 5 mm　B. 6 mm　C. 7 mm　D. 8 mm

345. 机车 178×2.85 型单元制动器制动缸直径（　　）mm。
A. 178　B. 205　C. 179　D. 2.85

346. 机车 178×2.85 型单元制动器制动缸缓解弹簧反力为（　　）。
A. 347N　B. 400N　C. 588N　D. 600N

347. 机车 178×2.85 型单元制动器制动倍率为（　　）。
A. 2.85　B. 3.3　C. 3.5　D. 4.1

348. 机车 178×2.85 型单元制动器制动器效率（　　）。
A. 0.85　B. 0.44　C. 0.76　D. 0.6

349. 机车 178×2.85 型单元制动器制动装置在缓解状况时，闸瓦与车轮踏面的间隙为（　　）mm。
A. 6～9　B. 3～9　C. 2～8　D. 3～8

350. 机车 178×2.85 型单元制动制动缸充气压力 450 kPa 时闸瓦压力为（　　）。
A. 25.56 kN　B. 25 kN　C. 30 kN　D. 28 kN

351. 机车 178×2.85 型单元制动器圆锥塔簧自由高应（　　）。
A. ≥127 mm　B. ≥150 mm　C. ≥155 mm　D. ≥120 mm

352. SS_{4B} 电力机车制动缸活塞行程超过（　　）mm 时将失去制动作用。
A. 15　B. 10　C. 9　D. 20

353. 机车 JDYZ-4 型制动器调整闸瓦与踏面间隙时，应拉出锁紧机构拉环旋转（　　）。
A. 90°　B. 45°　C. 30°　D. 180°

354. 车体是用来安装各种电器设备和（　　）的场所。
A. 机械设备　B. 监控设备　C. 制动设备　D. 照明设备

355. 车体为机车乘务人员和（　　）提供良好的工作和维修场所。
A. 检修人员　B. 监控人员　C. 地勤人员　D. 信号人员

356. 车体通过牵引杆装置和支撑装置与转向架连接，通过车体传递（　　）和传递牵引力和制动力。
A. 垂直载荷　B. 纵向动态冲击载荷

C. 横向动态冲击载荷　　D. 蛇行载荷

357. 车钩缓冲装置的作用是完成连挂列车，传递牵引力、制动力，（　　）挂车时和运行中产生的纵向冲击振动的作用。

A. 吸收　　B. 传递　　C. 转化　　D. 储存

358.（　　）是用来减小列车在运行中由于机车牵引力的变化或起动、制动及调车挂钩时机车车辆相互碰撞而引起的冲击和振动，从而减少机车、车辆的破损，货物的损伤，提高列车运行的平稳性。

A. 缓冲器　　B. 车钩　　C. 尾框　　D. 牵引杆

359. SS_{4B}电力机车缓冲器、从板及尾框组装后，中心偏差是（　　）。

A. ≤5 mm　　B. ≤6 mm　　C. ≤4 mm　　D. ≤3 mm

360. 电力机车车钩前从板与从板座、缓冲器与后座不许有（　　）以上的贯通间隙。

A. 0.5 mm　　B. 0.3 mm　　C. 0.8 mm　　D. 1 mm

361. 在车钩的钩尾上开有钩尾销孔的主要目的是（　　）。

A. 连接车钩尾框　　B. 防止钩裂　　C. 固定钢丝　　D. 传递牵引力

362. 车钩缓冲装置的（　　）将车钩和钩尾框连成一体。

A. 钩尾销　　B. 钩尾　　C. 钩身　　D. 缓冲器

363. 十三号车钩为防止锁闭位时车钩自行松脱在（　　）内设置一次防跳凸台

A. 下锁销孔　　B. 钩推铁下部　　C. 钩锁铁下部　　D. 钩舌尾部

364. 车钩闭锁位时锁铁以自重落下，下锁销沿钩锁铁腿部的下锁销轴孔下滑，使下锁销的防跳台处于下锁销孔中防跳台下方，起到（　　）的作用。

A. 防跳　　B. 转动　　C. 锁闭　　D. 摩擦

365. 十三号下作用式车钩一次防跳台在下锁销孔处，尺寸为（　　）mm。

A. 16×18×20　　B. 18×19×20　　C. 18×20×22　　D. 14×16×18

366. 十三号下作用式车钩闭锁位时二次防跳尖端卡在下锁销孔的前沿二次防跳台下，再次起到限制（　　）的跳动。

A. 钩锁铁　　B. 钩舌推铁　　C. 钩舌销　　D. 防跳装置

367. 十三号下作用式车钩二次防跳在（　　）上，成尖端型。

A. 下锁销体　　B. 钩腔内　　C. 下锁销孔　　D. 钩舌尾部

368. 十三号车钩钩舌销孔的直径原型为（　　）mm。

A. 42.2　　B. 43　　C. 46　　D. 48.2

369. 十三号车钩钩舌销孔的直径中修要求为（　　）。

A. ≤46 mm　　B. ≤44 mm　　C. ≤43 mm　　D. ≤48 mm

370. 十三号车钩钩舌销孔的直径禁用限度为（　　）。

A. ≥50 mm　　B. ≥46 mm　　C. ≥48 mm　　D. ≥45 mm

371. 十三号车钩钩舌销与销孔的间隙（以短轴计算）中修时（　　）。

A. ≤3 mm　B. ≤2 mm　C. ≤4 mm　D. ≤5 mm

372. 十三号车钩钩舌销与销孔的间隙（以短轴计算）禁用（　　）。
A. ≥5 mm　B. ≥4 mm　C. ≥3 mm　D. ≥2 mm

373. 每个修程都要对车钩钩舌，钩舌销及钩耳进行（　　）。
A. 电磁探伤　B. 超声波探伤　C. 荧光探伤　D. X 光射线探伤

374. 小中修时拆下车钩，对钩体、钩尾扁销、钩舌，钩舌销，及（　　）进行电磁探伤。
A. 吊杆　B. 钩推铁　C. 钩锁铁　D. 下锁销铁

375. 车钩解体前进行“三态”试验及全面检查，测量（　　），确定检修重点并记录。
A. 车钩高度　B. 钩舌厚度
C. 钩舌销直径　D. 钩舌与钩耳上下面的间隙

376. 车钩解体前登记车钩（　　）。
A. 编号　B. 位置　C. 高度　D. 型号

377. 十三号车钩锁闭后钩舌尾部与锁铁垂直的接触高度中修要求（　　）。
A. ≥40 mm　B. ≥41 mm　C. ≥42 mm　D. ≥43 mm

378. 十三号车钩钩舌尾部与锁铁的间隙：原型≤6.5 mm，中修（　　）。
A. ≤7　B. ≤7.5　C. ≤8　D. ≤8.5

379. 十三号车钩锁闭后钩锁铁往上的活动量中修要求（　　）mm。
A. 5 ~ 22　B. 6 ~ 22　C. 7 ~ 22　D. 8 ~ 22

380. 十三号车钩钩舌销与销套孔的间隙：中修≤3 mm，禁用（　　）。
A. ≥5 mm　B. ≥4 mm　C. ≥6 mm　D. ≥7 mm

381. 十三号车钩钩舌与钩耳上下面的间隙之和：原型 3 ~ 6 mm，中修≤8 mm，禁用（　　）。
A. ≥12 mm　B. ≥11 mm　C. ≥10 mm　D. ≥9 mm

382. 车钩钩尾扁销尺寸（宽 × 厚），中修（　　），禁用≤95 × 35 mm。
A. ≥96 × 36 mm　B. ≥97 × 37 mm　C. ≥96 × 38 mm　D. ≥95 × 36 mm

383. 车钩钩尾扁销与销孔的间隙：中修要求前后之和（　　）mm，两侧之和≤8 mm。
A. ≤20　B. ≤12　C. ≤15　D. ≤10

384. 车钩钩尾扁销孔中修要求（　　）mm。
A. ≤115 × 49　B. ≥115 × 50　C. ≤115 × 50　D. ≥115 × 49

385. 车钩尾部与从板的间隙：中修要求 0.5 ~ 4 mm，（　　）禁用。
A. ≥8 mm　B. ≥7 mm　C. ≥6 mm　D. ≥5 mm

386. 车钩钩舌与钩耳上下面间隙（原形 3 ~ 6 mm，中修（　　），禁用≥12 mm）。
A. ≤8 mm　B. ≤7 mm　C. ≤9 mm　D. ≤10 mm

387. 机车齿轮油加油量使油位能浸至大齿轮轮齿的（　　）的高度处最合适。
A. 1/3　B. 1/2　C. 1/4　D. 1/5

388. SS_{4B}型电力机车齿轮箱内加油过多则会（　　）。
A. 阻碍齿轮传动　　B. 增加传动系数
C. 改变传动比　　D. 提高转矩

389. SS_{4B}型电力机车齿轮箱加油过多则齿轮箱内散热（　　）。
A. 慢　　B. 没影响　　C. 快　　D. 都不对

390. SS_{4B}型电力机车齿轮箱加油过多转动产生高压油雾，（　　）齿轮箱密封，出现渗漏现象。
A. 不利于　　B. 便于　　C. 加固　　D. 破坏

391. 齿轮箱安装可以通过调整垫片来调整齿轮箱油封间隙应为（　　）。
A. 0.5 ~ 1.2 mm　　B. 0.5 ~ 1.0 mm　　C. 1.0 ~ 1.2 mm　　D. 1.0 ~ 1.5 mm

392. SS_{4B}型电力机车齿轮箱底部距轨面最低位置（　　）。
A. ≥110 mm　　B. ≤80 mm　　C. ≥80 mm　　D. ≤110 mm

393. SS_{4B}型电力机车齿轮箱外侧面与轮箍内侧面距离（　　）。
A. ≥15 mm　　B. ≤15 mm　　C. ≥10 mm　　D. ≤10 mm

394. SS_{4B}型电力机车齿轮箱合箱前应（　　），确认箱内干净，无异物。
A. 有存油时捞箱检查　　B. 螺栓准备齐全
C. 齿轮箱油位　　D. 回油通道检查

395. 齿轮箱合箱前要确认齿轮箱上下箱的（　　），密封胶固化适宜，合口面密封胶达到要求，毛胶条嵌装牢固，在毛胶条处涂抹适量的润滑脂。
A. 箱号一致　　B. 紧固螺栓
C. 油位　　D. 距轨面最低点的距离

396. 下列不属于齿轮箱漏油的原因是（　　）。
A. 齿轮制造厂家的资质原因
B. 齿轮箱合口密封材料的原因
C. 内、外领口外圆度超差形成抱轴不严
D. 结构设计、制造的原因

397. 下列不属于齿轮箱漏油的原因是（　　）。
A. 齿轮箱装配顺序的原因
B. 齿轮箱内油过多，造成高压油泄露
C. 内、外领口外圆度超差形成抱轴不严
D. 箱内外领口材料磨损严重

398. 单侧齿轮传动的优点是牵引电动机的（　　），结构简单，制造成本低。
A. 轴向尺寸可以加大　　B. 径向活动量可以加大
C. 轴向尺寸可以减小　　D. 径向活动量可以减小

399. 机车直齿轮在啮合传动时，其啮合力作用在齿轮的切向，（　　）。
A. 存在轴向的分力　　B. 不存在轴向的分力

C. 不存在圆周力　　D. 存在圆周力

400. 机车单侧齿轮传动的缺点的是传动时轮对受偏于一侧的驱动力（　　）。

A. 左右轮的受力不相同　　B. 左右轮的受力相同
C. 左侧轮的受力强　　D. 右侧轮受力强

401. 为提高机车车轴的抗疲劳强度锻造车轴钢坯时应进行（　　）处理，待应力消除后再进行机加工。

A. 时效　　B. 渗碳　　C. 喷丸　　D. 激光合金化

402. 为提高机车车轴的抗疲劳强度加工成形的车轴表面（　　）。

A. 应有高的表面光洁度　　B. 应进行渗碳处理
C. 应进行喷丸处理　　D. 应进行镀膜处理

403. 为提高机车车轴的抗疲劳强度车轴不同直径的过渡部分要有（　　）的过渡圆弧，以减少应力集中。

A. 尽可能大　　B. 尽可能小　　C. 稍大　　D. 稍小

404. 为提高机车车轴的抗疲劳强度车轴（　　）热处理后，需进行试样检查。

A. 正火　　B. 回火　　C. 淬火　　D. 退火

405. 为提高机车车轴的抗疲劳强度对车轴进行（　　），使表层金属材料更加致密，提高抗疲劳能力。

A. 强化滚压处理　　B. 应进行渗碳处理
C. 应进行喷丸处理　　D. 应进行镀膜处理

406. 磨耗型轮箍踏面有（　　）和 1:10 两段斜面。

A. 1:20　　B. 1:15　　C. 1:25　　D. 1:30

407. 机车动轮踏面（　　）一段的踏面是与轨面经常接触的部分。

A. 1:20　　B. 1:10　　C. 1:25　　D. 1:30

408. 机车在直线上运行时，踏面的锥度有使轮对自动滑向轨道中心的倾向，（　　）钢轨内侧与轮缘的磨耗。

A. 减少　　B. 增加　　C. 加速　　D. 减缓

409. 车轮踏面有锥度通过曲线时，轮对因（　　）的作用往往贴靠外轨，外轮滚动圆的直径必然大于内轮滚动圆的直径，这样就减少乃至避免了滑行。

A. 离心力　　B. 牵引力　　C. 切向力　　D. 轴向力

410. 车轮踏面上（　　）段面一般只有在曲线半径很小时才与轨面接触。

A. 1:10　　B. 1:20　　C. 1:25　　D. 1:30

411.《铁路技术管理规程》中规定电力机车轮箍踏面擦伤深度应（　　）。

A. ≤0.7 mm　　B. ≤1 mm　　C. ≤0.5 mm　　D. ≤0.2 mm

412. 轮对踏面有缺陷时应控在深度≤1 mm，长度（　　）的范围内，否则镟修处理。

A. ≤40 mm　　B. ≤35 mm　　C. ≤20 mm　　D. ≤30 mm

413. 电力机车新的轮箍轮缘内侧有 R=（　　）的倒角，以便引导车轮顺利通过护轮轨。

A. 16 mm　B. 12 mm　C. 15 mm　D. 10 mm

414. 轮箍与钢轨内侧面接触凸缘部分称为（　　）。

A. 轮缘　B. 轮毂　C. 轮缘角　D. 轮辋

415. 电力机车车轮轮缘起着（　　）。

A. 导向和防止脱轨　B. 防止脱轨的作用

C. 导向作用　D. 缓解轮轨间的作用力

416. 电力机车新的轮箍轮缘高度为（　　）。

A. 28 mm　B. 20 mm　C. 25 mm　D. 15 mm

417. SS_{4B} 型电力机车轮缘垂直磨耗高度的禁用限度为（　　）。

A. ≥18 mm　B. ≥20 mm　C. ≥25 mm　D. ≥15 mm

418. SS_{4B} 型电力机车在轮箍镟修后轮缘的外侧面上由轮缘顶部量起在 10 ~ 18 mm 范围内允许留有深度不超过（　　）、宽度不超过 5 mm 的黑皮。

A. 2 mm　B. 3 mm　C. 4 mm　D. 5 mm

419. 轮对的轮缘内侧设置倒角的目的是（　　）。

A. 减少磨损　B. 增加强度　C. 导车　D. 配重

420. SS_{4B} 电力机车对轮径差中修要求同一轴机车轮径差（　　）mm。

A. ≤1　B. ≤2　C. ≤3　D. ≤8

421. SS_{4B} 电力机车对轮径差中修要求同一转向架机车轮径差（　　），≥8 mm 禁用。

A. ≤2 mm　B. ≤1 mm　C. ≤8 mm　D. ≤3 mm

422. SS_{4B} 电力机车对轮径差中修要求同节机车轮径差（　　），≥12 mm 禁用。

A. ≤3 mm　B. ≤1 mm　C. ≤8 mm　D. ≤2 mm

423. SS_{4B} 电力机车对轮径差中修要求同一台机车轮径差（　　），≥20 mm 禁用。

A. ≤8 mm　B. ≤1 mm　C. ≤2 mm　D. ≤3 mm

424. 测量轮箍厚度时将轮箍检查尺基准柱，扣在（　　），使尺身与轮箍内侧面接触均匀。

A. 轮箍内侧　B. 轮箍外侧　C. 轮缘内侧　D. 轮缘外侧

425. SS_{4B} 型电力机车测量轮箍要求每个轮箍测量（　　），每点测量 3 次，然后计算出平均值，并做好记录。

A. 3 点　B. 2 点　C. 1 点　D. 4 点

426. SS_{4B} 型电力机车轮箍厚度测量尺寸要求原型 90 mm，技规规定（　　）。

A. ≥40 mm　B. ≥45 mm　C. ≥50 mm　D. ≥35 mm

427. 电力机车轮轨间黏着系数与（　　）无关。

A. 机车运行速度　B. 接触表面间状态

C. 材质　D. 以上都对

428. 电力机车轮轨间黏着系数与（　　）有关。
A. 以下都对
B. 接触表面间状态
C. 材质
D. 轮轴重

429. 改善电力机车轮轨不良黏着的具体措施正确的是（　　）。
A. 以下全部
B. 在钢轨表面使用化学除垢剂
C. 利用电弧或等离子喷焰烧掉附着在钢轨上的油垢
D. 在轮轨间撒入有一定要求的砂子

430. 垂向油压减振器减振性能与振动强弱的关系为（　　）。
A. 振动强，减振强
B. 振动强，减振弱
C. 振动弱，减振强
D. 振动强弱不影响减振性能

431. 油压减振器的减振性能与（　　）因素无关。
A. 机车的运行时间
B. 油压减振器内节流孔大小
C. 油压减振器内的活塞面积
D. 油压减振器的油液黏度

432. 油压减振器是利用（　　）形成阻尼，吸收振动冲击能量。
A. 油液的黏滞性
B. 活塞的运动
C. 节流孔
D. 油缸

433. 下列不属于称重调簧的目的（　　）。
A. 防止脱轨
B. 轮轴重分配均匀
C. 充分利用黏着力
D. 发挥最大牵引力

434. 下列不属于称重调簧的目的（　　）。
A. 消除不良运动
B. 调整构架前后左右尺寸
C. 使机车运行平稳安全
D. 通过铁路限界

435. 下列不属于电力机车振动危害性的是（　　）。
A. 转向架结构遭到破坏
B. 使机车零部件受到破坏
C. 使乘务人员工作条件恶化
D. 破坏了机车运行平衡性

436. 下列不属于电力机车的振动的危害性有（　　）。
A. 转向架结构遭到破坏
B. 高速下受到的作用力可能引起轨道位移，使机车有脱轨和倾覆的危险
C. 加速钢轨的磨损、折损、接头的松动
D. 振动会引起轮对的瞬间减载，破坏黏着而发生空转

437. 178 mm × 2.85 型单元制动器二次小修开缸盖检查的内容有（　　）。
A. 以下都对
B. 皮碗无老化、变形
C. 制动缸壁应无锈蚀、拉伤
D. 鞲鞴状态良好

438. 178 mm × 2.86 型单元制动器二次小修开缸盖检查的内容包括（　　）。
A. 以下都对
B. 在缸壁、皮碗涂抹适量 89D 润滑脂

C. 制动缸壁应无锈蚀、拉伤　　D. 检查塔簧入槽，无折损

439. 下列对机车上下联动门锁描述错误的是（　　）。
A. 锁芯安装在上锁内　　B. 安装在机车的入口门处
C. 采用的联动结构　　D. 锁芯安装在下锁内

440. 下列对连挂风挡装置描述错误的是（　　）
A. 连挂风挡可传递牵引力和制动力
B. 使机车在运行中避免刚性冲击和摩擦
C. 用于连接两节机车通道的密封
D. 通过最小半径曲线时，连挂风挡可自然压缩和伸张

441. 对机车的蛇行运动分类情况不包括（　　）。
A. 牵引装置蛇行　　B. 车体蛇行　　C. 转向架蛇行　　D. 轮对蛇行

442. 电力机车转向架应满足的性能要求描述错误的是（　　）。
A. 重量要求轻　　B. 运行平稳性好　　C. 曲线通过性能好 D. 安全度大

443. 电力机车转向架应满足的性能要求描述错误的是（　　）。
A. 制造成本高　　B. 结构简单
C. 维修量小　　D. 黏着重量利用系数大

444. 磨耗型踏面的优点描述错误的是（　　）。
A. 增加了轮缘厚度
B. 延长了镟轮里程，减少了旋轮时的车削量
C. 减少了踏面磨耗
D. 同样的接触应力下允许更大的轴重

445. 磨耗型踏面的缺点描述正确的是（　　）。
A. 踏面等效率较大，对机车运行稳定性不利
B. 延长了镟轮里程，减少了镟轮时的车削量
C. 减小了曲线运行时的轮缘磨耗
D. 同样的接触应力下允许更大的轴重

446. 机车转向架通过曲线的最大偏移位置是（　　）。
A. 低速位置　　B. 中速位置　　C. 高速位置　　D. 极速位置

447. 机车转向架通过曲线的自由位置是（　　）。
A. 中速位置　　B. 中高速位置　　C. 高速位置　　D. 极速位置

448. 机车转向架通过曲线的最大外移位置是（　　）。
A. 高速位置　　B. 中速位置　　C. 低速位置　　D. 极速位置

449. 机车轮箍弛缓的原因与（　　）无关。
A. 总风缸压力值
B. 持续空转、滑行，造成轮箍发热
C. 制动装置未缓解或制动缸不缓解

D. 轮箍过薄、材质不良而失去收缩力

450. 机车轮箍弛缓的原因与（　　）无关。

A. 弓网状态不良　　B. 严重擦伤或剥离

C. 嵌入量过小或装配工艺不当　　D. 轮箍过薄、材质不良而失去收缩力

451. 检查判断机车轮箍是否弛缓的方法不包括（　　）。

A. 轮箍扣环发生位移

B. 轮箍与轮辋之间沿圆周出现透油、透锈

C. 用锤击打轮箍听到混浊的声音时，要立即做进一步检查

D. 轮箍弛缓线发生相对位移

452. 机车轮箍扣环槽的尺寸为（　　）。

A. 10 mm × 10 mm　　B. 8 mm × 8 mm

C. 6 mm × 6 mm　　D. 12 mm × 12 mm

453. 机车轮箍扣环的截面尺寸为（　　）。

A. 10 mm × 16 mm　　B. 8 mm × 14 mm

C. 6 mm × 10 mm　　D. 12 mm × 16 mm

454. 为保证机车轮箍套装的过盈量设计加装轮箍扣环后把轮箍套装过盈量下线在原有的基础上提高（　　）。

A. 0.05 ~ 0.10 mm　　B. 0.5 ~ 0.8 mm

C. 0.1 ~ 0.5 mm　　D. 0.2 ~ 0.8 mm

455. 机车的电制动力大于轮轨间的黏着力时，将会产生（　　）。

A. 滑行　　B. 空转　　C. 不影响　　D. 以上都不对

456. 机车电制动工况下滑行时轮轨间黏着状态被破坏，使列车制动力（　　）。

A. 下降　　B. 升高　　C. 不变　　D. 逐渐减小

457. 电力机车车轴的受力情况描述错误的是（　　）。

A. 齿轮传动时引起的扭矩　　B. 牵引工况下的所有力

C. 垂直载荷而引起的弯矩　　D. 车轮发生滑行时引起的扭矩

458. 高速电力机车采用整体辗钢车轮的原因错误的是（　　）。

A. 空心轴传动的电机全悬挂机车，轮箍轮芯的配合强度更有保证

B. 消除了轮箍温升过高

C. 消除了离心力对轮箍结合强度的破坏

D. 总的经济指标整体碾钢车轮更合算

459. 下面关于引起机车轴箱发热的原因描述错误的是（　　）。

A. 轴箱内零件进行互换

B. 加入润滑油量过多或过少

C. 滚动轴承型号，内外位置配置不对

D. 轴箱内零件有缺陷

460. 机车轴箱轴承内、外采用不同型号的原因描述错误的是（　　）。

A. 便于更换与保养

B. 过曲线时不给轮对以侧向力

C. 避免轨道宽窄、弯曲等因素的影响，有利于机车通过曲线

D. 曲线通过时的横动量不同

461. SS_{4B} 型电力机车同一轴箱内两轴承允许的间隙差是（　　）。

A. ≤0.03 mm　　B. ≤0.3 mm　　C. ≥0.03 mm　　D. ≥0.3 mm

462. 机车拉杆式轴箱定位有一定横向刚度有利于改善运行中的（　　）运动，减少摇晃和轮缘磨耗。

A. 蛇行　　B. 点头　　C. 滑行　　D. 侧滚

463. 机车拉杆式轴箱定位（　　），不需要润滑，减少了维修保养工作量。

A. 没有耐磨件　　B. 装有金属磨耗件

C. 橡胶连接　　D. 影响轴箱弹簧减振作用

464. 轴箱与构架之间属于（　　），缓和了冲击，提高了运行的平稳性。

A. 弹性连接　　B. 刚性连接　　C. 具有活连接　　D. 不具有活连接

465. SS_{4B} 电力机车采用拉杆式轴箱定位（　　）一系弹簧的减振作用，但在设计时应考虑弹簧减振的刚度因素。

A. 不影响　　B. 阻碍　　C. 提高　　D. 转移

466. SS_{4B} 型电力机车轴箱圆簧的作用描述错误的是（　　）。

A. 增加轮轨间的冲击载荷

B. 利用受附加载荷时产生的弹性变形

C. 将振动冲击能量转化为变形的位能

D. 冲击能量转化为热量而散发掉

467. 横向油压减振器减振性能与振动强弱的关系为（　　）。

A. 振动强，减振强　　B. 振动强，减振弱

C. 振动弱，减振强　　D. 振动强弱与减振性能无关

468. 油压减振器的减振性能与（　　）因素无关。

A. 机车的运行时间　　B. 油压减振器内节流孔大小

C. 油压减振器内的活塞面积　　D. 油压减振器的油液黏度

469. 基础制动器不缓解的原因不包括（　　）。

A. 各风缸压力不够

B. 风管、气动阀不排风

C. 处于停车制动位，鞲鞴与制动缸摩擦面卡滞

D. 缓解弹簧力太小

470. 制动器不缓解解决办法不包括（　　）。

A. 更换单独制动器　　B. 更换不良制动缸皮碗

C. 解除停车制动　　D. 检查风管、气动阀情况

471. 神华号八轴交流机车单元制动器由单元制动缸和（　　）组成。

A. 制动盘　　B. 夹钳机构　　C. 闸片　　D. 轮对

472. 机车（　　）的功能是保证机车能顺利通过曲线和侧线。

A. 转向架　　B. 一系悬挂装置

C. 牵引杆　　D. 车体

473. 神华号八轴交流机车 25T 轴重时的最大牵引力是（　　）kN。

A. 750　　B. 760　　C. 770　　D. 780

474. 神华号八轴交流机车每台车有（　　）条轴有停放制动设施。

A. 2　　B. 4　　C. 6　　D. 8

475. 神华号八轴交流机车基础制动采用（　　）方法。

A. 盘型制动　　B. 踏面制动　　C. 停放制动　　D. 手制动

476. 神华号八轴交流机车牵引电机的额定功率（　　）。

A. 1 200 kW　　B. 1 224 kW　　C. 1 264 kW　　D. 1 300 kW

477. 神华号八轴交流机车采用什么供电方式（　　）。

A. 交-直-交　　B. 交-直-直　　C. 直-直-交　　D. 交-交

478. 神华号八轴交流机车转向架构架是一个简单、封闭的（　　）形框架，有两根侧梁，通过一根中间横梁和前后端梁连接在一起。

A. 目　　B. 日　　C. H　　D. 口

479. 神华号八轴交流机车速度超过（　　）时，牵引停止。

A. 110 km/h　　B. 120 km/h　　C. 125 km/h　　D. 130 km/h

480. 神华号八轴交流机车闸片的间隙双边为（　　）mm。

A. 2 ~ 3　　B. 3 ~ 4　　C. 5 ~ 6　　D. 6 ~ 7

481. 神华号八轴交流机车调整闸片间隙时，旋转制动器螺盖，顺时针旋转会使闸片间隙（　　）。

A. 变小　　B. 变大　　C. 不变　　D. 都不对

482. 神华号八轴交流机车每个砂箱的容积为（　　）L。

A. 90　　B. 100　　C. 120　　D. 150

483. 神华号八轴交流机车一节车有（　　）牵引通风机。

A. 2　　B. 4　　C. 6　　D. 8

484. 神华号八轴交流机车轴列式（　　）。

A. $2(C_0\text{-}C_0)$　　B. $2(B_0\text{-}B_0)$　　C. $C_0\text{-}C_0\text{-}C_0$　　D. $B_0\text{-}B_0$

485. 神华号八轴交流机车撒砂软管距轨面高度（　　）。

A. 20 ± 2 mm　　B. 25 ± 2 mm　　C. 30 ± 2 mm　　D. 35 ± 2 mm

486. 神华号八轴交流机车撒砂软管与轮对踏面间距（　　）。
A. 8 ± 4 mm　　B. 10 ± 2 mm　　C. 8 ± 2 mm　　D. 10 ± 4 mm

487. 神华号八轴交流机车制动盘厚度原型（　　）。
A. 24 mm　　B. 23 mm　　C. 25 mm　　D. 26 mm

488. 神华号八轴交流机车制动盘厚度禁用限度（　　）。
A. 20 mm　　B. 19 mm　　C. 18 mm　　D. 17 mm

489. 神华号八轴交流机车闸瓦厚度原型（　　）。
A. 23 mm　　B. 24 mm　　C. 25 mm　　D. 26 mm

490. 神华号八轴交流机车闸瓦限度（　　）。
A. ≤5 mm　　B. ≤6 mm　　C. ≤7 mm　　D. ≤8 mm

491. 神华号八轴交流机车轴箱组装后横动量单边（　　）。
A. 0.2 ~ 0.5 mm　　B. 0.3 ~ 0.5 mm　　C. 0.2 ~ 0.6 mm　　D. 0.3 ~ 0.6 mm

492. 神华号八轴交流机车二系簧称重调簧数据加垫厚度不得超过（　　）。
A. 36 mm　　B. 37 mm　　C. 38 mm　　D. 39 mm

493. 神华号八轴交流机车一系弹簧静扰度（　　）。
A. 37 mm　　B. 38 mm　　C. 39 mm　　D. 40 mm

494. 神华号八轴交流机车二系弹簧静扰度（　　）。
A. 101 mm　　B. 102 mm　　C. 103 mm　　D. 104 mm

495. 神华号八轴交流机车排障器高度要求不低于（　　）。
A. 100 mm　　B. 110 mm　　C. 120 mm　　D. 130 mm

496. 神华号八轴交流机车扫石器高度要求不低于（　　）。
A. 25 mm　　B. 30 mm　　C. 35 mm　　D. 40 mm

497. 神华号八轴交流机车齿轮传动方式（　　）。
A. 双边斜齿　　B. 单边直齿　　C. 单边斜齿　　D. 双边直齿

498. 神华号八轴交流机车齿轮传动比（　　）。
A. 106\17 = 6.235　　B. 4.35　　C. 5.235　　D. 3.25

499. 神华号八轴交流机车齿轮箱材质（　　）。
A. 铝合金　　B. 铸铁　　C. 合金钢　　D. 碳素钢

500. 神华号八轴交流机车需要人为调整闸片间隙时，旋转制动器螺盖，逆时针旋转会使闸片间隙（　　）。
A. 变小　　B. 变大　　C. 不变　　D. 都不是

1. 测量工作是在一定条件下进行的，外界环境、观测者的技术水平和仪器本身构造的不完善等原因，都可能导致测量误差的产生。（　　）

2. JPXZ-2 型盘形制动器没有停放制动功能。(　　)

3. 更换新锯条后，新锯条容易在旧锯缝中造成夹锯而折断。(　　)

4. 制动盘磨耗限度为每侧不超过 8 mm。(　　)

5. 锯削时突然加大压力，锯条会被工件棱边钩住锯齿面而崩裂。(　　)

6. 起锯角太大或采用近起锯时用力过大，易使锯条崩裂。(　　)

7. 锯条安装得过松或歪斜，扭曲会使锯缝歪斜。(　　)

8. 锯削过程中压力过大，使锯条左右摆动，会使锯缝歪斜。(　　)

9. 钻头磨钝可继续钻孔只是速度慢些对钻头没有影响。(　　)

10. 切削速度太高，切削液选用不当或切削液供给不足，会使钻头损坏。(　　)

11. 螺纹直径 6 mm 螺距 1 mm 攻螺纹前钻底孔的钻头直径应选择 4.9 mm。(　　)

12. 套螺纹时板牙端面与圆杆轴线应保持 30° 角。(　　)

13. 为防止切屑过长，套螺纹过程中板牙经常倒转 1/4 ~ 1/2 圈。(　　)

14. 正确选用安置基准，以保证划线时安置平稳、安全可靠。(　　)

15. 正确选择尺寸基准是为了减少和避免坯件报废。(　　)

16. 磨料的粗细，按粒度分为磨粒和微粉。(　　)

17. 神华号八轴交流机车当网压高于 31.5 kV 并持续 20 s，断开主断路器。(　　)

18. 神华号八轴交流机车停车制动为弹簧蓄能制动。(　　)

19. 神华号八轴交流机车最大速度为 100 km/h。(　　)

20. 盘形制动器的蓄能弹簧力为 7 500 ~ 11 000 N。(　　)

21. 神华号八轴交流机车神八机车闸片的间隙双边为 2 ~ 3 mm。(　　)

22. 神华号八轴交流机车制动方式为轮盘制动。(　　)

23. 可以气割的金属应符合的条件是金属氧化物的熔点应高于金属熔点。(　　)

24. 所有的金属都能气割。(　　)

25. 神华号八轴交流机车轴列式为 $2(B_0\text{-}B_0)$。(　　)

26. 铸铁的熔点低于其氧化物的熔点所以可以用气割。(　　)

27. 钢构件在未受荷载前，由于施焊电弧高温引起的变形为焊接变形。(　　)

28. 焊接变形对结构安装精度结构的承载能力没有影响。(　　)

29. 通过消除焊缝及其热影响区残余应力，解决应力集中的问题，可以达到防止焊接变形的目的。(　　)

30. 淬火是消除焊接残余应力的常用方法。(　　)

31. 神华号八轴交流机车的额定功率为 1 260 kW。(　　)

32. 当焊接 14 mm 厚的钢板时若采用手工电弧焊则可用 I 型坡口。(　　)

33. 直径小的容器要设计为双面坡口。(　　)

34. 神华号八轴交流机车电传达方式采用（直-交-直）传动。(　　)

35. 神华号八轴交流机车的传动方式采用单边斜齿传动。(　　)

36. 神华号八轴交流机车轴距 2 900 mm。(　　)

37. 神华号八轴交流机车排障器高度（110 ± 10）mm。(　　)

38. 神华号八轴交流机车牵引点距轨面高度为 240 mm。(　　)

39. 工艺规程是一种技术法规，又称工艺守则。(　　)

40. 神华号八轴交流机车撒砂软管距轨面高度（20 ± 2）mm。(　　)

41. 产品精度的检验，包括几何精度检验和工作精度检验等。(　　)

42. 神华号八轴交流机车撒砂软管与轮对踏面间距为（10 ± 2）mm。(　　)

43. 对于同样大的轴径，滚动轴承的宽度比滑动轴承小，可使机器的轴向结构紧凑。(　　)

44. 与滑动轴承比较滚动轴承的径向尺寸较大。减振能力强，高速时寿命高，声响较小。(　　)

45. 装配滚动轴承时可通过敲击保持架和滚动体便于轴承装入。(　　)

46. 可用明火对滚动轴承进行加热。(　　)

47. 神华号八轴交流机车齿轮箱密封采用迷宫密封。(　　)

48. 神华号八轴交流机车基础制动制动倍率为 2.41。(　　)

49. 神华号八轴交流机车整体起吊装置不属于附属装置。(　　)

50. 通常在齿顶或齿根部位的小面积胶合，可自行恢复正常。(　　)

51. 双侧齿轮传动一般用直齿轮传动而不用斜齿轮传动。(　　)

52. 双侧齿轮传动与单侧齿轮传动相比，更能传递转矩。(　　)

53. 保证齿轮连续传动的条件是重合度 < 1。(　　)

54. 一对斜齿轮啮合时分度圆上的螺旋角应大小相等方向相同。(　　)

55. 神华号八轴交流机车抱轴箱采用的不是整体式抱轴箱。(　　)

56. 由一系列相互啮合齿轮组成的传动系统，称为轮系。(　　)

57. 神华号八轴交流机车齿轮箱润滑油既润滑齿轮也润滑驱动端滚动轴承。(　　)

58. 神华号八轴交流机车抱轴箱采用的是陶瓷绝缘滚动轴承。(　　)

59. 链传动是由一个链轮和一条环形的链条组成。(　　)

60. 在液压系统中，能够满足执行元件按严格顺序依次动作的基本回路叫顺序动作回路。(　　)

61. 采用行程阀的顺序动作回路，具有顺序动作可靠，但想改变动作顺序较困难。(　　)

62. 神华号八轴交流机车电机防落装置安全托铁与电机连接上下面间隙都不小于 0.5 mm。(　　)

63. 电气行程开关控制的顺序动作回路顺序动作可靠，所以在液压系统中应用很广。(　　)

64. 当液压系统卸荷时液压泵输出的功率最大。(　　)

65. 节流调速回路能量损失小。系统不易发热，效率较高，在功率较大的液压传动系统中得到广泛应用。(　　)

66. 容积调速回路能量损失大效率低容易引起油液发热工作稳定性较差。(　　)

67. 采用剖视后机件上原来一些看不见的内部形状和结构变为可见并用虚线表示。(　　)

68. 表面粗糙度越小，则表面越光滑。(　　)

69. 神华号八轴交流机车扫石器距轨面高度 20 ~ 25 mm。(　　)

70. 神华号八轴交流机车排障器距轨面高度（110 ± 10）mm。(　　)

71. 神华号八轴交流机车排石器距轨面高度 80 mm。(　　)

72. 神华号八轴交流机车轴箱定位采用单侧轴箱拉杆。(　　)

73. 神华号八轴交流机车限制转向架与车体摇头运动的是摇头止挡。(　　)

74. 神华号八轴交流机车垂向止挡、横向止挡限制转向架与车体的垂向、横向运动。(　　)

75. 一般情况下优先使用的配合基准制为基轴制。(　　)

76. 神华号八轴交流机车构架由两个侧梁、牵引梁、前后端梁组成。(　　)

77. 神华号八轴交流机车齿轮箱底面距轨面高度 110 mm。(　　)

78. 神华号八轴交流机车齿轮箱材质为合金钢。(　　)

79. 电力机车齿轮箱箱体均为 45 号钢焊接结构。(　　)

80. 加入齿轮油使油位能浸至大齿轮轮齿的 2/3 的高度处最合适。(　　)

81. 齿轮箱与轮箍内侧面，上下距离偏差≤20 mm。(　　)

82. 合箱前应捞箱检查，确认箱内干净，无异物。(　　)

83. 神华号八轴交流机车抱轴箱轴承油脂型号 SHC220。(　　)

84. 电力机车齿轮箱中的润滑油，油温越高，越易造成泄漏。(　　)

85. 齿轮箱漏油原因是齿轮箱合口密封材料，密封胶不合要求，密封不严。(　　)

86. 套装小齿时同一台车电机尽量应用不同厂家生产的小齿轮。(　　)

87. 电机小齿轮套装时宜采用冷压装。(　　)

88. 小齿轮与电机轴套装后测量侧隙值为 1.0 ~ 1.9 mm。(　　)

89. 小齿轮与电机轴套装后测量齿轮端面至电机轴端面的距离，比套装前的距离少（1.8 ~ 2.2）mm 较适宜。(　　)

90. 齿轮钢常用的材料，有渗碳钢和调质钢。(　　)

91. 神华号八轴交流机车齿轮箱润滑油型号 SHC80W-160。(　　)

92. 电力机车车轴的折损，一般是由疲劳裂纹引起的。(　　)

93. 对车轴表面进行滚压强化处理，可以使表层金属材料更加密致，提高抗疲劳能力等。(　　)

94. 机车动轮踏面 1:20 一段的踏面只有在曲线半径很小时才与轨面接触。(　　)

95. 车轮踏面上 1：10 的一段的踏面是与轨面经常接触的部分。(　　)

96.《铁路技术管理规程》中规定电力机车轮箍踏面擦伤深度应不大 7 mm。(　　)

97. 踏面有缺陷时应控制在深度不大于 1 mm，长度不大于 40 mm 的范围内，否则镟修处理。(　　)

98. 轮箍与钢轨内侧面接触凸缘部分称为轮毂。(　　)

99. 电力机车轮缘，起着导向和防止脱轨的重要作用。(　　)

100. SS_{4B} 电力机车对轮径差中修要求同一台机车轮径差禁用≥15 mm。(　　)

101. 测量轮箍，要求采用三点测量法。(　　)

102. 轮箍踏面磨耗深度≥4 mm 禁用。(　　)

103. 转速公式是 $n = 60f/P$（n = 转速，f = 电源频率，P = 磁极对数）。(　　)

104. 扭矩公式是 $T = 9\,550P/n$（T 是扭矩，单位 N · m；P 是输出功率，单位 kW）。(　　)

105. 电力机车轮轨间的黏着力随牵引力的增大而增大。(　　)

106. 电力机车轮轨间接触面间材质弹性越好时，黏着系数也越大。(　　)

107. 电力机车轮轨间，黏着系数与接触表面状态有关。(　　)

108. 电力机车轮轴重大时黏着系数变小。(　　)

109. 神华号八轴交流机车变形单元下支撑板上的变形检测板与托架组成的间隔距离，距离达到 5 mm 必须更换。(　　)

110. 倘若牵引电机的驱动力，超过了轮轨间的黏着力将产生空转。(　　)

111. 改善电力机车轮轨不良黏着的有效措施是，改变轮轨间的接触情况。(　　)

112. 选择滚动轴承润滑油时工作温度低油的黏度也高。(　　)

113. 选择滚动轴承润滑油时工作负荷大油的黏度要低。(　　)

114. 润滑油的牌号数值越大，黏度越高。(　　)

115. 拉杆式轴箱定位，最早由中国设计制造出来。(　　)

116. 轴箱定位应保证轴箱能够相对于转向架构架在机车运行中作垂向跳动，以保证弹簧装置能够充分发挥其缓和冲击的作用。（ ）

117. SS_4 改型电力机车抱轴瓦间隙超过 0.6 mm 时应该重新挂合金或换瓦。（ ）

118. 抱轴瓦全部需要铲出椭圆形状。（ ）

119. 抱轴刮瓦量过多轴与瓦间形成不了油隙使各部位形成干摩擦。（ ）

120. 神华号八轴交流机车二系弹簧静扰度 106 mm。（ ）

121. 抱轴瓦变形，刮瓦不合格，将引起抱轴瓦发热。（ ）

122. 神华号八轴交流机车一系弹簧静扰度 38 mm。（ ）

123. 抱轴箱缺油，毛线质量有问题将引起抱轴瓦发热。（ ）

124. 轮对尺寸，表面不合要求能够引起抱轴瓦发热。（ ）

125. 神华号八轴交流机车一系垂向止挡 25 ~ 28 mm。（ ）

126. 电力机车抱轴瓦刮瓦的目的是使轮对轴与轴瓦间形成油隙，减小轴瓦间的摩擦。（ ）

127. 在轴瓦内表面浇铸一层巴氏合金的目的是润滑配合轴。（ ）

128. 用钢做成的轴瓦基体与巴氏合金的结合力最好。（ ）

129. 电力机车弹簧支承装置主要承受来自机车运行产生的纵向力。（ ）

130. 神华号八轴交流机车一系横向止挡 12 mm。（ ）

131. 当机车过曲线时，弹簧支撑装置可在车体与转向架之间产生相对位移，使机车顺利通过曲线。（ ）

132. 油压减振器内油的黏度越大，阻力越大；油的黏度越小，阻力越小。（ ）

133. 油压减振器振动越强即活塞速度越大阻力也越小。（ ）

134. 油压减振器内节流孔大小，直接影响减振性能。（ ）

135. 油压减振器内的活塞，把油缸分为上下两个腔。（ ）

136. 油压减振器内部活塞运动时，上下两腔的油通过活塞节流孔进行流动，来均衡油压。（ ）

137. 电力机车油压减振器当振动强烈时，减振能力相应增强；当振动减弱时，减振能力相应减弱。（ ）

138. 电力机车在运行中油压减振在保修期内不需试验、检查、整修。（ ）

139. 称重调簧可以在线路界线内，调整构架前后左右尺寸，减弱不良运动。（ ）

140. 振动破坏了机车运行的平衡性，严重地影响了运行品质。（ ）

141. 神华号八轴交流机车刚性摇头止挡与车体接触面横向间距 120 mm。（ ）

142. 振动会使机车，零部件受到破坏。（ ）

143. 制动缸缸壁轻微拉伤可用砂纸出上下打磨处理。(　　)

144. 当列车在运行中施行制动时，从制动开始到全列车闸瓦突然同时以最大压力压紧车轮的假定瞬间，这段时间称为制动空走时间。(　　)

145. 电阻制动是利用电机产生的反转矩，使机车减速的一种电制动形式。(　　)

146. H300 型制动盘的耐磨性能好，表面有良好的再现性。(　　)

147. 重联门是两节机车往返的通道门，应畅通无障碍物。(　　)

148. 重联门上安装自动锁闭器是提高乘务人员通过重联门的警惕性。(　　)

149. 检查重联门密封胶条安装及密封良好，门框有开焊时可以进行补焊。(　　)

150. 整体承载车体主要在客货车辆中电力机车中不用。(　　)

151. 机车上下联动门锁锁芯安装在上锁内。(　　)

152. 上下联动门锁，使司乘人员无须再爬上机车才能开锁。(　　)

153. 连挂风挡装置，用于连接两节机车通道的密封。(　　)

154. SS_{4B} 型电力机车采用橡胶风挡，可使机车在运行中避免刚性冲击和摩擦。(　　)

155. 机车的噪音全部来源于机车运动零部件所产生的振动。(　　)

156. 当机车常速运行时此时的噪音主要来自运行中鸣笛。(　　)

157. 当列车在隧道中运行时，由于受到隧道的反射音引起的各频带声压级均有所提高。(　　)

158. 机车由于顶盖结构设计不合理，制造工艺达不到要求；密封材料、密封胶都不能使顶盖与车体密封，造成漏雨。(　　)

159. 机车由于侧墙过滤器不清洗，保养不当，使外界空气回流受阻，造成室内、外空气压力差，将雨水吸进室内造成漏雨。(　　)

160. SS_{4B} 型电力机车机车司机室前窗采用一块电热玻璃。(　　)

161. 当机车在冬季运行时，前窗玻璃通电后加热，将霜雪融化，便于瞭望。(　　)

162. MT-2 型缓冲器的额定行程为≤80 mm。(　　)

163. 缓冲器变形量，达到行程时的作用外力称最大作用力。(　　)

164. MT-2 型缓冲器的额定行程为≤2 270 kN。(　　)

165. MT-2 型缓冲器是弹性胶泥缓冲器。(　　)

166. MT-2 型缓冲器加载和卸载时作用力都较为平稳。(　　)

167. 神华号八轴交流机车采用 E 级钢车钩。(　　)

168. 缓冲器拆卸后，测量从板座磨耗量≥7 mm。(　　)

169. QKX100 胶泥缓冲器的压缩高度应≥560 mm。(　　)

170. 缓冲器安装到位后紧固螺栓时需要对角紧固，避免受力不均。(　　)

171. SS_{4B} 型电力机车采用的是并励直流牵引电机电动机。(　　)

172. 振动可能引起轮对的瞬间减载，破坏黏着而发生空转，影响机车黏着牵引力的发挥。(　　)

173. 机车重力的传递途径是指力从机车上部重量传递到车钩的过程。(　　)

174. 钢轨对机车的垂向冲击作用力，传递顺序与重力相反。(　　)

175. 机车牵引力的传递途径，是指力从轮轨接触点产生的牵引力传递到车钩的过程。(　　)

176. 机车牵引力的传递途径是指力从轮轨接触点产生的牵引力传递到机车上部的过程。(　　)

177. 机车横向力的传递途径，是指力从轮缘到机车上部的传递过程。(　　)

178. 横向力的传递，如车体所受到的离心力、风力等横向力将按上部相反的传力顺序，由机车上部传向钢轨。(　　)

179. SS_{4B} 型转向架传递牵引力的方式为平行牵引杆牵引方式。(　　)

180. SS_{4B} 型转向架轴箱轴承，采用能承受轴向和径向作用力的滚柱轴承。(　　)

181. 所有的运输设备都会产生蛇行运动。(　　)

182. 蛇行运动，是由于车轮踏面具有一定的锥度以及轮缘与钢轨间存在间隙而形成的。(　　)

183. 车体蛇行，是车体剧烈侧摆并伴有摇头、侧滚，通常是在速度不很高时出现。(　　)

184. 转向架蛇行通常发生于较低速度运行时。(　　)

185. 轮对蛇行是轮对的侧摆与摇头发生在低速运行时。(　　)

186. 转向架的性能条件要求安全度大，在最高的运行速度下，要尽量减小垂向动作用力以及曲线通过时的脱轨系数。(　　)

187. 电力机车运行时是一个较为简单的振动系统。(　　)

188. 转向架需要有较好的曲线通过性能，以增强曲线通过能力。(　　)

189. 转向架要满足运行条件时不需要考虑造价问题。(　　)

190. 斜齿轮在啮合传动时，啮合力是垂直于齿斜方向的，不仅有切向分力，而且有轴向分力。(　　)

191. 神华号八轴交流机车采用 13B 型钩尾框。(　　)

192. 神华号八轴交流机车缓冲器型号为 QKX100。(　　)

193. 齿轮传动只能用于实现较小的传动比。(　　)

194. 齿轮传动的传动效率要低于带传动。(　　)

195. 齿轮的主要失效形式是轮齿的电蚀。(　　)

196. 神华号八轴交流机车轴箱轴承的径向游隙 0.2 ~ 0.6 mm。(　　)

197. 我国近来常采用热套装工艺组装轮心和车轴。(　　)

198. 神华号八轴交流机车一系悬挂装置包括钢弹簧、垂向减震器、轴箱拉杆。(　　)

199. 电力机车轮芯与车轴注油压装的油压各车型是相同的。(　　)

200. 轮心上和车轴压装的部分称为轮毂。(　　)

201. SS_{4B} 型电力机车轮对组装时采用注油压装注油油压应在 147 ~ 196 MPa。(　　)

202. 当轮对压装后不是注油油压超过规定范围而导致退轮的，则注油退轮后，车轮或车轴经过处理后允许原车轴重新组装。(　　)

203. 轮对压装传动绘制的压装吨位曲线，要求平稳上升，不能有过大的不稳定的起落变化。(　　)

204. 锻造车轴钢坯时应进行时效处理，待应力消除后再进行机加工。(　　)

205. 对车轴进行强化滚压处理，使表层金属材料更加致密，可以提高抗疲劳能力。(　　)

206. 神华号八轴交流机车一系悬挂装置只有高挠钢弹簧和垂向减震器。(　　)

207. 电磁加热也可加热金属以外的物体。(　　)

208. 电力机车新的轮箍轮缘内侧有 $R = 32$ mm 的倒角。(　　)

209. 轮对的轮缘内侧，设置倒角的目的是减少轮轨磨损。(　　)

210. 日本和英国采用斜度为 1:30 的锥形踏面来提高高速列车的蛇行稳定性。(　　)

211. SS_{4B} 型电力机车轮对踏面以 1:20 和 1:40 两段斜面制成圆锥形。(　　)

212. 锥形踏面比例斜度的增大，可以提高机车的蛇形临界速度。(　　)

213. SS_{4B} 型电力机车磨耗型踏面为 JN2 型。(　　)

214. 单侧直齿轮传动只存在切向分力，而无轴向分力。(　　)

215. 双侧斜齿齿轮传动，转矩更加均匀。(　　)

216. 手制动故障能引起动轮擦伤但不会引起动轮迟缓。(　　)

217. 检查轮箍弛缓时，查看箍弛缓线是否发生相对位移。(　　)

218. 检查轮箍弛缓时用锤击法检查轮箍听到混浊的声音时则可能是动轮发生了弛缓。(　　)

219. 车轴的工作条件十分恶劣，不仅受弯，而且受扭，不仅有交变载荷，而且常常有突变载荷。(　　)

220. 套装车轮不适合高速运行的机车。(　　)

221. 随着塑料闸瓦，高磨闸瓦在高速车上的使用和推广，闸瓦传热散热不良将引起制动时轮箍温升过高，为了防止松箍事故，改用整体车轮。(　　)

222. 轮踏面和轮缘的磨耗，主要与轴重有关与轴距无关。(　　)

223. 组装抱轴瓦时抱轴瓦端面与轮心衬面间隙≥1.5 mm。(　　)

224. 抱轴瓦铲出椭圆形状后，瓦量合箱前测量间隙为 0.1 ~ 0.15 mm。(　　)

225. SS_4 改抱轴瓦油膜的均匀程度，取决于刮瓦的质量。(　　)

226. 油膜的形成中，先在轴颈侧下方和轴瓦的间隙中形成油楔。(　　)

227. 神华号八轴交流机车通过的最小曲线半径 125 m 速度大于 5 km/h。(　　)

228. 神华号八轴交流机车最高运行速度 120 km/h。(　　)

229. 滚道径向圆对于内外座圈的径向跳动，可影响轴承的精度。(　　)

230. 滚道的形状误差不会影响轴承的精度。(　　)

231. 常用的滚动轴承是标准零件，采用滚动轴承后，机器的设计、制造和维修时间可缩短。(　　)

232. 滚动轴承可同时承受径向力和轴向力，简化了轴承的结构。(　　)

233. 用振动位移值来评定机械振动水平时与机械的旋转速度无关。(　　)

234. SS_{4B} 型电力机车牵引电机采用用空心轴全悬挂。(　　)

235. 牵引电机悬挂在运转过程中，相对构架可以自由摆动的原因是半悬挂其中有一面为关节轴承。(　　)

236. 轴承的选择改变不了机车曲线通过时对轮对产生的侧向力。(　　)

237. 一系圆弹簧的作用，是把位能转化成热能散发掉。(　　)

238. 电力机车减振弹簧表面喷丸强化处理目的是为了提高刚度。　(　　)

239. 设计电力机车轴箱弹簧，主要依据是最大载荷、最大变形以及结构要求。(　　)

240. 油压减振器是将电力机车振动冲击能量转变成机械能。(　　)

241. 电力机车油压减振器内活塞运行速度与阻力关系为速度大阻力小。(　　)

242. 侧向摩擦减振器的作用是衰减车体的上下振动。(　　)

243. 摩擦减振器的弹簧，是产生摩擦力的来源。(　　)

244. 弹簧是产生摩擦力的来源，调整弹簧垫片可以调整摩擦力。(　　)

245. 机车通过曲线时，利用橡胶堆的横向剪切刚度起复原作用。(　　)

246. 机车处于停车制动位不会影响制动器的动作。(　　)

247. 施加的停放制动，可以机械缓解。(　　)

248. 制动缸内活塞与制动缸的摩擦面否锈蚀或磨损，会造成制动器不制动不缓解。(　　)

249. 电力机车制动器的制动缸充气制动排气缓解。(　　)

250. 电力机车制动器的制动缸排气制动，充气缓解。(　　)

251. 盘型制动结构紧凑制动效率达到 50%～60%。(　　)

252. 盘型制动能适应速度的提高，减轻车轮踏面的磨耗。(　　)

253. 手制动制动时同时带动其他轮对制动装置也同时制动。(　　)

254. SS_{4B} 型电力机车当手制动手轮作用力为 500 N 时，机车手制动率为 27%。(　　)

255. 电力机车在运行中手制动装置能起到很好的辅助制动作用。(　　)

256. 电力机车手制动装置装配链条时，要求下垂度要适当，过紧过松都会对手制动装置造成不良影响。(　　)

257. SS_{4B} 型电力机车车体采用张拉蒙皮新工艺，使车体的表面不平度大大降低，改善了机车的外观质量。(　　)

258. SS_{4B} 型电力机车工作电压额定值为 19 kV。(　　)

259. SS_{4B} 型电力机车工作电压最大值为 27.5 kV。(　　)

260. SS_{4B} 型电力机车持续牵引力为 600 kN（半磨耗轮对）。(　　)

261. SS_{4B} 型电力机车电制动方式为，加馈电阻制动。(　　)

262. SS_4 改型电力机车启动牵引力为 300 kN。(　　)

263. SS_4 改型电力机车传动方式为单侧刚性直齿轮传动。(　　)

264. SS_4 改型电力机车传动比为 79:17 = 4.35。(　　)

265. SS_4 改型电力机车抱轴承为滚动轴承。(　　)

266. 车体支撑装置作用是传递机车的牵引力和制动力。(　　)

267. 车体支撑装置作用时当机车过曲线时，可在车体与转向架之间产生相对位移，使机车顺利通过曲线，使车体和转向架位置复位到平衡位置，并传递各种附加力。(　　)

268. 电力机车上需要强迫冷风的设备有司机室空调机、牵引电动机、整流硅风机组、平波电抗器等。(　　)

269. SS_{4B} 机车轴列式为 $2(B_0\text{-}B_0)$，也可以为 $2B_0\text{-}2B_0$。(　　)

270. SS_{4B} 机车轴列式 $2(B_0\text{-}B_0)$中“2”表示每台机车有 2 个受电弓。(　　)

271. 转向架要在钢轨的引导下，实现机车在直线和曲线上的运行，并保证机车曲线运行的安全和顺利。(　　)

272. 新车落车后构架侧梁上平面至轨面高度为（1 900 ± 10）mm。(　　)

273. 新车落车后构架侧梁上平面至轨面同一端左右至轨面高度之差≤1 mm。(　　)

274. 机车称重后每根轴重不应该超过机车实际平均轴重的 ± 4%。(　　)

275. 拆卸机车零件时应按照与装配相同的程序进行。(　　)

276. 拆卸旋转部件时，应注意尽量不破坏原来的平衡条件，不得在拆卸时发生碰撞。(　　)

277. 轮对电机组装完毕后应在专用试验台上做空转试验，试验时间正反转各 45 min。（　　）

278. 电力机车轮对电机空转试验时检查轴箱和电机抱轴箱的温升允许不大于 50 °C。（　　）

279. 齿轮箱的作用是为了对齿轮进行润滑以及防止尘土、砂石等污物对齿轮的侵袭。（　　）

280. 齿轮箱主要是由上箱和下箱组成的，并要求编号一致。（　　）

281. 挑选齿轮箱毛毡条时尽量挑选粗些的。（　　）

282. 在装配胶条前，把胶条的中间部分进行浸油处理，两端不得沾油。（　　）

283. SS_{4B} 型机车齿轮箱，润滑齿轮箱使用的是美孚 SHC220 循环机油。（　　）

284. 轮对电机组装中为使大小齿轮充分润滑齿轮箱中的油越多越好。（　　）

285. 齿轮箱内油过多产生足够的润滑有助于齿轮传动。（　　）

286. 齿轮箱设置呼吸孔的作用，是为使齿轮付在工作时箱体内部压力和外部大气压力相平衡而设计在手把上。（　　）

287. 呼吸孔处手把气管，可以用来吊装齿轮箱体。（　　）

288. 齿轮箱与轮箍内侧面上下距离偏差≤2 mm 根据各连接处的间隙进行加垫处理。（　　）

289. SS_{4B} 型电力机车齿轮箱，领圈槽深原型为 11.5 mm。（　　）

290. 电力机车电机轴端的小齿轮是采用热套压装方法退卸的。（　　）

291. 电力机车齿轮传动都是加速齿轮传动。（　　）

292. 直齿圆柱齿轮的正确啮合条件是两齿轮的齿形角相等，模数也相等。（　　）

293. 电力机车齿轮传动比的数值应尽可能是循环小数。（　　）

294. 一般电力机车齿轮传动比 > 5。（　　）

295. 大小齿采用变位齿轮的目的主要是降低转速增大转矩。（　　）

296. 电力机车齿轮发蓝的原因通常是由于加热温度太低。（　　）

297. 轮对的作用是，把机车全部的静载荷均通过轮对传递给钢轨。（　　）

298. 轮对行经钢轨接头，道岔等线路不平顺时，轮对直接承受全部垂向和侧向的冲击。（　　）

299. 轮对一般由车轴，两个车轮和一个传动大齿轮组成，车轮又由轮箍和轮心组装而成。（　　）

300. 轮对各部件之间组装的采用的是间隙配合。（　　）

301. 电力机车轮对轮与轴的装配应采用的装配方法是完全互换装配法。（　　）

302. 车轴的是铸钢件。(　　)

303. 车轴由轴领，轴颈，防尘座，轮座，抱轴颈和中间轴身组成。(　　)

304. 车轴的圆弧部分表面经过喷丸处理。(　　)

305. 当机车发挥牵引力运行时，各轴重要发生变化，有的轴重将增加，有的轴重将减小，这就称为在牵引力作用下的轴重转移，或叫牵引力作用下的再分配。(　　)

306. 轴重转移会改变机车总的黏着重量系数。(　　)

307. 电力机车迟缓线的宽度为 15 mm 长度为 70 mm。(　　)

308. 用黄色油漆在轮箍轮心结合处画条径向宽线的目的，是为了检查轮箍是否发生迟缓。(　　)

309. 轮箍扣环是为了防止套装轮箍发生迟缓时外窜，引发列车脱线或颠覆等事故的发生而给机车动轮加装的一种安全措施。(　　)

310. 油箱内的润滑油靠毛细管作用被毛线吸上去，润滑轴颈表面。(　　)

311. 锥形轴承内圈，前挡环，后挡环需加热套装在车轴轴颈上，加热温度≤150 °C。(　　)

312. 所谓牵引电动机的半悬挂，就是牵引电动机的一端支在转向架构架上，另一端用抱轴承支在车轴上。(　　)

313. 牵引电动机半悬挂时，基本全部重量都在车轴上，属于簧下质量。(　　)

314. 牵引电动机半悬挂的优点是簧下质量大轮轨的动载荷大。(　　)

315. SS_{4B} 型电力机车转向架构架总重是 3 500 kg。(　　)

316. 车体与转向架限位装置纵向间隙为 34 mm。(　　)

317. 车体与转向架限位装置，横向间隙为（20 ± 5）mm（单边）。(　　)

318. 车体与转向架限位装置，垂向间隙为 40 mm。(　　)

319. 轴向悬挂装置的作用是为了把构架上的垂直负荷均匀地分配给各个轮对，缓和轨道对机车的冲击和振动，改善部件的工作可靠性和乘务员的舒适度。(　　)

320. SS_{4B} 型电力机车牵引力由轴箱拉杆传至构架，再通过一系弹簧悬挂装置传到车体，最后经车钩牵引列车运行。(　　)

321. SS_{4B} 型电力机车每一台转向架有 8 个轴箱悬挂装置。(　　)

322. SS_{4B} 型电力机车轴箱采用独立悬挂，弹性定位拉杆式结构。(　　)

323. 轴箱拉杆一高一低，其目的是：拉杆长度不变时，允许轴箱上下跳动，否则轴箱垂向位移将受到极大限制。(　　)

324. 电力机车的轴箱拉杆主要起传递横向力的作用。(　　)

325. 电力机车轴箱内零件按工艺要求应采用的装配方法是分组法。(　　)

326. 轴箱轴承内套与轴的配合是过渡配合。(　　)

327. 机车车轴轴颈尺寸可降4级每级1 mm。(　　)

328. 轴箱内带油槽的是调整环。(　　)

329. 轴箱轴承内侧调整环比外侧调整环厚。(　　)

330. 轴箱在后盖与挡圈之间装有一个橡胶密封环。(　　)

331. 轴箱定位决定了轴箱与轮对的位置，起到了固定轴距和限制轮对活动范围的作用。(　　)

332. 拉杆式轴箱定位设有磨耗件，不需要润滑，减少了维修保养工作量。(　　)

333. 电力机车轴箱拉杆方轴与轴箱体及构架拉杆座联接在斜度为1:20的斜面上。(　　)

334. 组装后检查轴箱拉杆与拉杆座槽底部间隙为2～6 mm。(　　)

335. 轴箱悬挂的优点是结构简单，独立性强、维修方便、能克服上下压盖歪斜、无磨耗和调一系弹簧容易等优点。(　　)

336. SS_{4B}型机车轴箱单边横动量为3 mm。(　　)

337. 轴箱组装后须检查，其轴箱在轴颈上的轴向窜动量。(　　)

338. 节流孔的露出部分称为初始节流孔，减振器的阻尼主要决定于初始节流孔的大小。(　　)

339. 二系悬挂，又称次悬挂，设置在车体底架与转向架之间。(　　)

340. SS_{4B}型电力机车二系悬挂装置由圆簧垂向油压减振器和侧向摩擦减振器组成。(　　)

341. SS_{4B}型机车二系橡胶堆自由高原型258～264 mm，中修限度应不小于254 mm (　　)

342. SS_{4B}型机车二系悬挂装置的静挠度为12 mm。(　　)

343. 一系悬挂，又称主悬挂，设置在机车转向架构架与轴箱之间。(　　)

344. SS_{4B}型机车悬挂装置一系硬二系软。(　　)

345. 油压减振器利用油的黏滞性形成阻尼，吸收振动冲击能力，达到平稳运行的目的。(　　)

346. 橡胶堆的优点是具有良好的减振性能，吸收高频振动的能力强，灵敏性高，重量轻，形体小，不会突然折损，运行中无须经常检查。(　　)

347. 牵引装置是将机车的轮周牵引力，由转向架构架与车体构架的连接传递给底架的装置，它的结构形式直接影响机车轮周牵引力的充分发挥。(　　)

348. 牵引装置的主要作用是传递机车的牵引力制动力及横向力。(　　)

349. 牵引装置力的传递顺序为：构架牵引梁—牵引杆—三脚架—三角撑杆座和三角撑杆—牵引插头—压盖—牵引橡胶垫—牵引座—车体。(　　)

350. SS_{4B}型电力机车每个动轮有一组制动器安装在两轮之间，每个制动器都带有独立的制动缸、闸瓦间隙调整器、传动杠杆、闸瓦等，形成一个独立作用单元，即单元制动器。(　　)

351. 制动单元各部件均安装在制动器箱体内外，在其内安装制动杠杆和闸瓦间隙自动调整器，其外安装制动制动缸、闸瓦、闸瓦托和闸瓦托吊杆。(　　)

352. 每个制动器重 70 kg。(　　)

353. 制动器的主要结构，由制动箱体、杠杆、螺销、棘钩、球轴承、活塞、活塞杆、制动缸、皮碗、涨圈、圆锥弹簧、下螺销、闸瓦、调整螺杆、手轮、棘轮、传动螺杆、传动螺母、手柄、推拉杆等组成。(　　)

354. 单元制动器的杠杆，是为增大制动倍率而设置的。(　　)

355. 单元制动器制动机构各销磨耗量≯1.0 mm，禁用≥1.5 mm。(　　)

356. 更换闸瓦时检查状态逐一更换。(　　)

357. 更换闸瓦时闸瓦较厚的一侧朝里即与制动器进气口同侧。(　　)

358. 制动器上设有手轮和脱钩装置当需要减少闸瓦间隙时只要逆时针旋转固定在转动螺母末端的手轮。(　　)

359. 机车车辆制动缸 89D 润滑脂具有良好的剪切安定性，抗水性、防锈性、低温性能。(　　)

360. 手制动检查时，各转轴无裂损、变形、链轮、链条、丝杠和螺母无磨损并润滑良好，转动制动手轮时动作灵活，无卡滞现象。(　　)

361. 测量 SS_{4B}型电力机车扫石器角钢底边距轨面高度为 50 ~ 60 mm。(　　)

362. 电力机车设置轮喷的作用是润滑轮轨，阻止轮轨磨损与锈蚀。(　　)

363. SS_{4B}型电力机车轮轨润滑装置的喷嘴与轮缘之间的距离均为 150 mm。(　　)

364. 轮轨润滑装置组成包括：油箱、分配阀、喷嘴、连接管。(　　)

365. 轮轨润滑装置组装在第一位三位轮对上。(　　)

366. SS_{4B}型电力机车车体主要由车体，由底架、侧墙、车顶、顶盖、司机室、台架和排障器等部分组成。(　　)

367. 车体是用来安装各种监控设备和机械设备的场所。(　　)

368. 车体为机车乘务和检修人员，提供良好的工作和维修场所。(　　)

369. 合理的流线型车体结构减少机车运行阻力，节省机车的功率消耗。(　　)

370. 机车在高速行驶时高速气流引起的空气动力性噪声表现显著大约和机车运行速度的 12 次方成反比。(　　)

371.《铁路机车司机室噪音允许值》标准规定最高运行速度≤300 km/h 的电力机车噪声强制允许值为≤78 dB（A）。(　　)

372.《铁路机车司机室噪音允许值》标准规定最高运行速度，在160 km/h与300 km/h的电力机车噪声建议允许值为≤75 dB（A）。（　　）

373. 百叶窗安装时过滤网清洁度直接影响百叶窗的防雨程度。（　　）

374. 为防止百叶窗漏雨，可以将棕垫改为通风、防雨的材料。（　　）

375. 牵引缓冲装置的主要作用是为了吸收振动冲击能量。（　　）

376. 13号车钩只在下锁销孔内设置一层防跳装置。（　　）

377. 车钩二次防跳台在下锁销孔处尺寸为16 mm×18 mm×20 mm。（　　）

378. SS_{4B}型电力机车，十三号车钩钩舌销与销孔的间隙（以短轴计算）≥5 mm禁用。（　　）

379. 辅修时对车钩钩舌，钩舌销及钩耳进行磁粉探伤。（　　）

380. 小修和中修时拆下车钩部件进行超声波探伤。（　　）

381. 车钩解体前进行“三态”试验及全面检查，确定检修重点并记录。（　　）

382. 车钩解体前测量车钩高度，登记车钩编号。（　　）

383. 对拆下的部件清洁检查，对钩体、钩舌、钩舌销、钩尾扁销及吊杆进行探伤检查，是否良好，对不良部件进行修理或更换。（　　）

384. 缓冲器安装在车体底架牵引梁上前后从板座间的套口中尺寸为680 mm。（　　）

385. QKX100弹性胶泥缓冲器的自由高为（571～574）mm，安装前预压缩尺寸为553～555 mm。（　　）

386. 检查扁销穿销螺栓不得弯曲变形，无裂纹，直径＜18 mm或螺纹不良时更新。（　　）

387. 检查尾框扁销孔下方的穿销螺栓止挡，两销孔周围不平整时应修整，有裂纹时焊修，销孔直径＞26 mm时更新。（　　）

388. 弹性胶泥缓冲器动态最大阻抗力≤2 000 kN。（　　）

389. 弹性胶泥的特点，具有高弹性、压缩性和良好的流动性。（　　）

390. 转向架中心距为8 200 mm。（　　）

391. 前后车钩中心距为16 416 mm。（　　）

392. 车体底架长度，为15 200 mm。（　　）

393. SS_{4B}型电力机车新轮情况下，传动齿轮箱地面距轨面高度不小于110 mm。（　　）

394. SS_{4B}型电力机车车体与转向架的连接装置的类型为中心销连接。（　　）

395. 橡胶堆，摩擦减振器，横向油压减震器和牵引装置都属于车体与转向架连接装置。（　　）

396. 轮对电机组装电机悬挂装置和主变压器都属于转向架主要十大组成部件。（　　）

397. 附属装置，轮对电机组装，构架都属于转向架主要十大组成部件。（　　）

398. SS_{4B} 型电力机车单轴轴重 24 t。(　　)

399. SS_{4B} 型电力机车转向架最高速度 120 km/h。(　　)

400. SS_{4B} 型电力机车转向架的牵引方式推挽式高位牵引。(　　)

401. SS_{4B} 型电力机车牵引点距轨面高度为 120 mm。(　　)

402. SS_{4B} 型电力机车转向架总重 24 t。(　　)

403. SS_{4B} 型电力机车，转向架油压减振器的阻尼数 1 000 N · s/cm。(　　)

404. SS_{4B} 型电力机车单个砂箱容积是 0.4 m^3。(　　)

405. 机车在静止状态下每根轮对压在钢轨上的重量，称为轴重。(　　)

406. 机车每个轮对所发挥的功率称为单轴功率。(　　)

407. 转向架在结构上所允许的机车最大运行速度，称为机车的结构速度。(　　)

408. 电力机车运行过程中的不良运动，有点头、倾斜、侧滚、摇摆、伸缩、蛇行 6 种不良运动形式。(　　)

409. SS_{4B} 型电力机车，电机小齿轮使用的材质是 20CrMnMoA。(　　)

410. SS_{4B} 型电力机车，电机小齿轮的齿数为 17。(　　)

411. 抱轴箱组装由，抱轴箱体、齿轮箱座、前挡环、轴承座、调整垫、后油封、后挡环及锥形轴承等部件组成。(　　)

412. 电力机车滚动轴承结构由，轴承内圈、轴承外圈、滚动体、保持架组成。(　　)

413. GB272-88 规定轴承代号是用字母加数字表示，整个轴承代号由 3 个部分组成——前置代号、基本轴承代号、后置代号。(　　)

414. SS_{4B} 型电力机车的电机悬挂方式为滚动抱轴式全悬挂。(　　)

415. SS_{4B} 型电力机车电机悬挂装置主要由，防落板、销、吊杆、垫板、吊座、橡皮垫、螺母等零件组成。(　　)

416. SS_{4B} 型电力机车，悬挂装置的防落板端部与电机外壳水平间距 $\not<$ 10 mm。(　　)

417. SS_{4B} 型电力机车悬挂装置的防落板上平面与电机吊耳下平面垂直间距 $\not>$ 20 mm。(　　)

418. SS_{4B} 型电力机车，悬挂装置的防落板与电机吊耳纵向搭接量 $\not<$ 20 mm。(　　)

419. SS_{4B} 型电力机车构架由两根侧梁（分左右）一根前端梁一根后端梁和各种附加支座等组成。(　　)

420. 轴箱接地装置的作用，是改变机车的导电性防止滚动轴承电蚀。(　　)

421. SS_{4B} 型电力机车，接地碳刷原型直径 50 mm、长度 64 mm。(　　)

422. 轴箱拉杆由，连杆体、长拉杆、短拉杆、橡胶圈、端盖、橡胶端垫组成。(　　)

423. SS_{4B} 型电力机车轴箱拉杆的中心距 280 mm。(　　)

424. 轴箱拉杆方轴与轴箱体及构架拉杆座相连接时对 1:20 斜面配合部分用 0.1 mm 塞尺检查不允许贯通。（　　）

425. 一般称弹簧悬挂装置以上重量，为簧上重量。（　　）

426. 构架与轴箱吊耳处垂直距离原形 43 mm，中修 30 ~ 75 mm。（　　）

427. 构架与轴箱吊耳处垂直距离同轴不大于 20 mm 同一转向架同一侧不大于 40 mm。（　　）

428. 转向架构架和轮对轴箱之间设置的弹簧悬挂系统叫二系悬挂装置。（　　）

429. 二系悬挂装置由横向油压减振器，侧向摩擦减振器和橡胶堆组成。（　　）

430. SS_{4B} 型电力机车，轴箱悬挂垂向刚度 1 070 N/mm。（　　）

431. SS_{4B} 型电力机车使用垂向油压减震器为 ADP 型减振器。（　　）

432. SS_{4B} 型电力机车走行部的一系圆簧的材料是 20CrMnMoA。（　　）

433. SS_{4B} 型电力机车一系弹簧静挠度为 7 mm。（　　）

434. 侧向摩擦减震器主要由两个弹性球铰杆两个弹簧五块摩擦片和一个定位板组成。（　　）

435. 摩擦减振器阻力的大小可以用调整摩擦片的厚度来调整压力。（　　）

436. 摩擦片需要具备的特点是，耐磨、耐热、强度高与钢摩擦系数大。（　　）

437. SS_{4B} 型电力机车摩擦减振器的摩擦片厚度≤3.5 mm 时禁用。（　　）

438. SS_{4B} 型电力机车，摩擦减振器的摩擦片厚度圆形为 5 mm。（　　）

439. SS_{4B} 型电力机车摩擦减震器的摩擦力为 5 890 N ± 10%。（　　）

440. 在车体底架与转向架构架之间纵向安装油压减振器能有效地抑制转向架的蛇行运动。（　　）

441. 影响机车车辆上装用减振器的类型和数量的因素是机车的运行速度和机车重量。（　　）

442. 橡胶堆是由，两块端板、七块隔板和橡胶硫化成整体。（　　）

443. 橡胶堆中的钢板具有增加橡胶堆的刚度和调整橡胶堆高度的作用。（　　）

444. 二系车体支承的橡胶堆在工作负荷下，整台机车高度差≯1 mm 用加垫配平。（　　）

445. SS_{4B} 型电力机车，二系橡胶堆自由高为原型 260 mm。（　　）

446. SS_{4B} 型电力机车悬挂装置橡胶堆自由高低于 245 mm 时禁用。（　　）

447. SS_{4B} 型电力机车的牵引装置是靠牵引梁和拐臂式牵引方式牵引。（　　）

448. 牵引座主要由，牵引座、牵引橡胶垫、压盖和牵引插头组成。（　　）

449. SS_{4B} 型电力机车牵引叉头为铸铁件。（　　）

450. 牵引座组装时发现前后压盖间隙不均匀时可在间隙过小的一侧压盖内加垫调整。(　　)

451. 牵引座组装时，牵引叉头应端正，不允许歪斜。(　　)

452. 电力牵引销套使用合金销套，是在 55 号优质碳素钢基础上快速溶镍基自溶性合金材料制造而成。(　　)

453. 牵引杆体与端头材料均为 45 钢。(　　)

454. 基础制动装置是由，制动缸、杠杆传动系统、闸瓦间隙自动调节器和闸瓦等组成。(　　)

455. SS_{4B} 型电力机车制动器闸瓦材料是高摩橡胶。(　　)

456. SS_{4B} 型电力机车每一台转向架有 8 个独立单元制动器。(　　)

457. 制动原力通过基础制动装置的传递并增大后传给闸瓦，其增大的倍数称为制动倍率。(　　)

458. 制动倍率的计算公式是制动倍率 = 制动压力 × 制动原力。(　　)

459. SS_{4B} 型电力机车制动器主要由箱体闸瓦间隙自动调整器和闸瓦组成。(　　)

460. 闸瓦间隙调整器的直接作用是，调整制动缸活塞行程。(　　)

461. SS_{4B} 型电力机车检查制动器时棘轮机构调整闸瓦间隙的作用应可靠即闸瓦平均间隙超过 10 mm 时应开始工作。(　　)

462. 178 × 2.85 型单元制动器制动缸直径 2.85 mm。(　　)

463. 178 × 2.85 型单元制动器，制动器效率 85%。(　　)

464. 178 × 2.85 型单元制动器闸瓦与踏面间隙 8 ~ 10 mm。(　　)

465. 手制动作用是当机车长时间停放在轨道上时，防止溜车事故的发生一种机械制动。(　　)

466. 当手制动手轮作用力为 500 N 时，机车手制动率为 23%。(　　)

467. 砂箱一般安装在，构架的端梁上。(　　)

468. 正常情况下机车砂箱砂量应该保持在 3/4 以上。(　　)

469. 限位装置当转向架与车体之间发生意外时，车体与转向架相互不脱离，起到安全保护作用。(　　)

470. SS_{4B} 型电力机车扫石器角钢底边距轨面高度为 60 ~ 70 mm。(　　)

471. 转向架拆解时每个转向架需要打放 2 个止轮器。(　　)

472. 构架是电力机车车体的基础。(　　)

473. 电力机车牵引缓冲装置，包括车钩及缓冲器。(　　)

474. SS_{4B} 型电力机车砂管底面距轨面原型高度 30 ~ 50 mm。(　　)

475. SS_{4B} 型电力机车，砂管端面与车轮踏面距离为 15 ~ 30 mm。(　　)

476. SS_{4B} 型电力机车车钩中心线距轨面高度原型为（860 ± 10）mm。(　　)

477. 排障器的作用是排除线路上的小石子用的保证机车安全。(　　)

478. 牵引座主要由，牵引座、牵引橡胶垫、压盖和牵引插头组成。(　　)

479. SS_{4B} 型电力机车，排障器最低点距轨面高度原型为（110 ± 10）mm。(　　)

480. 安装百叶窗与过滤网的棕垫时，棕垫与棕垫间尽量少留间隙或搭接装，再者将棕垫改为通风、防雨的材料，以防止百叶窗漏雨。(　　)

481. SS_{4B} 型电力机车车体底架组焊后，两枕梁上内侧旁承中心对角线允差不大于 10 mm。(　　)

482. 电力机车车钩，具有自动连挂性能。(　　)

483. 电力机车车钩只有闭锁开锁二态作用。(　　)

484. SS_{4B} 型电力机车使用的是 13 号上作用式车钩。(　　)

485. 十三号下作式自动车钩钩体，是由铸铁构成。(　　)

486. 中修要求车钩中心线距轨面高度，为 840 ~ 890 mm。(　　)

487. 车钩的开锁位是挂接车钩的准备位置。(　　)

488. 车钩全开状态时车钩开度应为 220 ~ 235 mm。(　　)

489. 锁铁在落下状态时挡住钩舌的尾部，使钩舌不能转动，保证闭锁状态。(　　)

490. 当钩锁被提起时，钩锁铁推动钩舌推铁的一端，使它绕轴转动一定角度，其另一端则拨动钩舌尾部，使钩舌张开成为全开状态。(　　)

491. 电力机车车钩易耗部位是钩体。(　　)

492. 钩舌与钩头接触受力的部分，也易磨耗。(　　)

493. SS_{4B} 型电力机车车钩复原装置采用弹簧式复原。(　　)

494. 电力机车的车钩，允许有适当的偏倚量，有利于机车在曲线上运行，而且便于在弯道上挂车。(　　)

495. 车钩能左右移动，其左右移动量为 74 ~ 200 mm。(　　)

496. 电力机车车钩钩舌厚度，中修 $\not<$ 68 mm。(　　)

497. 电力机车牵引缓冲装置安装在转向架构架的牵引梁上。(　　)

498. 缓冲器安装在，车体底架牵引梁上前后从板座间的套口中，尺寸为 625 mm。(　　)

499. 齿轮箱拆解时上箱吊起 20 cm 高度时。平推出齿轮箱，不具备平推条件时，必须使用点动手势指挥天车起吊。(　　)

500. 受电弓升起后禁止用任何方法进入机械间。(　　)

三、多选题

1. 关于螺纹，表述（　　）是正确的。
   A. 螺纹大径是公称直径　B. 螺距和导程不是一个概念
   C. 螺纹有左旋和右旋　D. 螺纹有粗牙和细牙之分
   E. 常用的螺纹是单线、左旋

2. 属于高强度螺栓的性能等级有（　　）。
   A. 5.6　B. 6.8　C. 8.8
   D. 9.8　E. 10.9

3. 属于普通螺栓的性能等级有（　　）。
   A. 8.8　B. 9.8　C. 4.8
   D. 5.6　E. 6.8

4. 引起弹簧垫圈叉口拉长又称涨圈的原因有：（　　）。
   A. 切口过大　B. 切口毛刺大　C. 装配表面不平
   D. 形状不良　E. 硬度低

5. 平垫圈的作用有（　　）。
   A. 减少摩擦　B. 防止漏泄　C. 隔离
   D. 分散压力　E. 锁紧螺母

6. 下列属于电力机车重力的传递途径所经过的部件有：（　　）。
   A. 车体　B. 二系支承装置　C. 转向架构架
   D. 一系弹簧装置　E. 轮对

7. 下列属于电力机车牵引力的传递途径所经过的部件有（　　）。
   A. 轮对　B. 轴箱拉杆　C. 转向架构架
   D. 车钩　E. 司机室

8. 下列属于电力机车横向力的传递途径所经过的部件有（　　）。
   A. 二系支承装置　B. 轮对　C. 轴箱拉杆
   D. 转向架构架　E. 牵引电机啮合处

9. SS_{4B} 型转向架的特点描述正确的有：（　　）。
   A. 一系采用轴箱螺旋钢弹簧弹性定位拉杆的独立悬挂结构
   B. 二系采用全旁承橡胶堆简单悬挂结构
   C. 中央推挽式斜拉杆低位牵引方式
   D. 采用能承受轴向和径向作用力的滚柱轴承
   E. 牵引电机悬挂采用滚动轴承抱轴式悬挂方式

10. 下列对蛇行运动描述正确的是（　　）。
    A. 蛇行运动是由于司机的误操作造成的
    B. 蛇行运动是由于踏面与钢轨之间黏着不良
    C. 蛇行运动是由于踏面上具有一定的锥度

D. 蛇行运动运动是由于轮缘与钢轨间存在间隙
E. 铁路机车车辆特有的运动

11. 下列对机车的蛇行运动分类情况包括（　　）。
A. 支承装置蛇行运动　　B. 牵引装置蛇行
C. 转向架蛇行　　D. 轮对蛇行
E. 车体蛇行

12. 电力机车转向架应满足的性能要求描述正确的是:（　　）。
A. 安全度大　　B. 运行平稳性好
C. 曲线通过性能好　　D. 黏着重量利用系数大
E. 轮轴重分配均匀

13. 齿轮传动的特点，描述正确的有（　　）。
A. 结构紧凑，可实现较大传动比　　B. 传动效率高
C. 传递的功率和速度范围大　　D. 传动时受力均衡
E. 传递的功率和速度范围小

14. 齿轮的失效形式有:（　　）。
A. 轮齿的点蚀　　B. 齿面磨损　　C. 轮齿折断
D. 塑性变形　　E. 齿面胶合

15. 车轴注油压装的优点，以下描述正确的有（　　）。
A. 可降低退出吨位　　B. 可降低压入吨位
C. 能够保证产品质量　　D. 可以避免配合表面被拉伤
E. 保证压装过盈量

16. 轮心与车轴的组装中注油压时的注意事项有:（　　）。
A. 注油压装的油压各车型是不同的
B. SS_{4B} 型电力机车轮对注油油压应在 98 ~ 147 MPa
C. 注油压装过程中允许注油油压在规定的范围内波动
D. 车轮或车轴经过处理后允许原车轴重新组装
E. 反压检验应在压装 4 h 后进行

17. 影响滚动轴承精度的，主要有（　　）。
A. 滚道径向圆对于内外座圈的径向跳动
B. 滚道的形状误差
C. 轴承间隙
D. 滚动体的形状与尺寸误差
E. 轴承的型号

18. 滑动轴承的特点，正确的有（　　）。
A. 可剖分
B. 径向尺寸大，使机器的轴向结构不紧凑

C. 运转平稳
D. 有色金属抗冲击负荷的能力强
E. 易于维护和启动

19. 滚动轴承的特点正确的有：(　　)。
A. 摩擦系数小，功率损耗小，机械效率高，易于维护和启动
B. 设计、制造和维修时间可缩短
C. 滚动轴承抗冲击负荷的能力差，运转不平稳，有轻微振动
D. 机器的轴向结构紧凑
E. 可同时承受径向力和轴向力，简化了轴承的结构

20. 电力机车轴箱发热的原因有：(　　)。
A. 滚动轴承型号，内外位置配置不对
B. 轴箱内清洁度不合要求
C. 轴箱内零件有缺陷
D. 缺少润滑油
E. 轴箱内部零件如挡圈等位置、方向装错

21. 机车影响横向油压减振器，减振性能的因素有(　　)。
A. 减振器内节流孔大小
B. 减振器内油液黏度
C. 活塞运行速度
D. 减振器内活塞面积
E. 油压减振器的型号

22. 下列对于称重调簧目的，描述正确的有(　　)。
A. 使轮轴重分配均匀，发挥最大牵引力
B. 便于通过铁路限界
C. 调整构架前后左右尺寸
D. 锁紧螺母使机车运行平稳安全
E. 防止脱轨

23. 下列对橡胶堆的优点描述正确的有：(　　)。
A. 具有良好的减振性能
B. 吸收高频振动的能力强
C. 灵敏性高
D. 重量轻形体小
E. 不会突然折损

24. 低位斜拉杆牵引装置的优点有：(　　)。
A. 动力学性能好　　B. 稳定性高　　C. 黏着利用率高
D. 实现低位牵引　　E. 可以减少轴重转移

25. 制动器不缓解的原因有：(　　)。

A. 风管、气动阀不排风　　B. 处于停车制动位
C. 活塞与制动缸摩擦面卡滞　　D. 缓解弹簧力太小
E. 皮碗直径太大

26. 制动器在组装至转向架前的检查，包括（　　）。
A. 缸充气是活塞行程大于 28 mm 时，棘钩是否拨动棘轮
B. 动作时各部件必须平稳无卡滞，缓解后活塞必须贴靠缸底
C. 各活动摩擦面处注润滑脂，且作用良好
D. 做制动缸泄漏试验
E. 测量闸瓦与轮对踏面的间隙

27. 制动器不缓解的解决办法有：（　　）。
A. 检查风管、气动阀
B. 解除停车制动
C. 检查活塞与制动缸的摩擦面是否锈蚀或磨损
D. 更换不良缓解弹簧
E. 更换不良制动缸皮碗

28. 盘型制动器的特点有：（　　）。
A. 结构紧凑，止动效率高
B. 能充分利用制动黏着系数
C. 能适应速度的提高，减轻车轮踏面的磨耗
D. 耐磨性能好
E. 检修工作量小

29. 车体必须满足的性能要求包括:（　　）。
A. 车体必须有足够的强度和刚度
B. 重量前后左右对称分布
C. 适当减轻车体自垂
D. 保证设备安装与检修的方便
E. 外形尺寸在国家规定的机车车辆限界尺寸内

30. 车体内设备布置的原则包括:（　　）。
A. 必须保证合理的重量分配
B. 保证乘务人员工作的最大方便
C. 尽量考虑到各种设备装拆的方便
D. 尽量缩短电机、电器连接导线的长度
E. 尽量缩短冷却空气通道和压缩空气管路的长度

31. 大型工件划线在选定第一划线位置时，应根据哪几项原则（　　）。
A. 尽量选定划线面积最大的位置
B. 尽量选择精度要求较高的面和主要加工面
C. 尽量选用工件上的主要中心线、加工线这一位置

D. 尽量选用平面需要划线较多的位置

E. 尽量选用较为平整的面为第一划线位置

32. 钻孔时，孔壁粗糙的原因有（　　）。

A. 钻头不锋利

B. 进给量大

C. 冷却润滑液选用不当或供应不足

D. 钻头过短，排屑槽堵塞，切屑与孔壁摩擦加剧而伤孔壁

E. 钻头后角大

33. 造成錾削表面不达要求的原因有：（　　）。

A. 锤击的力度不均匀，錾削基本手法不熟悉

B. 錾子刃口爆裂或刃口不够锋利

C. 錾子未放正、未握稳

D. 錾子的錾顶部不正确，受力方向改变

E. 錾削时錾子的工作后角过大或过小

34. 对于调整铰刀的叙述，正确的是（　　）。

A. 刀片两端用螺母固定

B. 愈往柄端调整，尺寸愈大

C. 调整尺寸时，刀片同时移动

D. 使用同一支铰刀，欲铰削差异微小的孔径时，宜选用调整铰刀

E. 每一刀片可单独调整

35. 经常用来确定零件使用期限的方法主要有（　　）。

A. 运行实验法　　B. 计算分析法　　C. 调查统计法

D. 实验室研究法　　E. 时间鉴定法

36. 设备磨损零件是否修换应考虑:（　　）。

A. 设备精度的影响　　B. 完成预定使用功能的影响

C. 设备性能的影响　　D. 设备生产效率的影响

E. 零件强度的影响

37. 齿轮传动机构装配应达到哪些技术要求:（　　）。

A. 齿轮孔与轴配合要适当，不得有偏心和歪斜现象

B. 保证齿轮有准确的安装中心距

C. 保证齿面的接触要求

D. 滑动齿轮不应有卡住和阻滞现象，并应保证准确定位

E. 适当的齿倾斜

38. 进入液压系统油液中的污物，如灰、砂、土等的来源有（　　）。

A. 油液储存不当，在加入系统前就不洁或已变质

B. 内部清洗不彻底

C. 加油容器或用具不洁

D. 制造时因热弯油管而在管内产生锈皮
E. 工作时超过了额定工作能力

39. 防止液压系统油温过高的有：（　　）。
A. 保持油箱中的正确油位，形成足够的循环冷却条件
B. 保持液压设备的清洁，形成良好的散热条件
C. 在保证系统正常工作的条件下，尽量调低油泵的压力
D. 正确选择油液，黏度不易过高，并注意保持油液干净
E. 适当采用冷却装置

40. 电力机车轮对压装后应进行的检验有（　　）。
A. 轮对扣环圆度检验
B. 轮对空转试验
C. 注油油压检验
D. 压装压力曲线检验
E. 电阻检验

41. 对齿轮箱加油量，描述正确的有（　　）。
A. 油位能浸至大齿轮轮齿的 1/3 的高度处最合适
B. 过多则产生的阻力很大，会阻碍齿轮传动
C. 加油过多则齿轮箱内散热慢
D. 加油过多转动产生高压油雾，不利于齿轮箱密封，出现渗漏现象
E. 加油量过多影响齿轮箱油性能

42. 下列齿轮箱合箱后的技术要求，描述正确的有（　　）。
A. 齿轮箱油封间隙应为 0.5 ~ 1.2 mm
B. 齿轮箱与轮箍内侧面上下距离偏差≤5 mm
C. 齿轮箱外侧面与轮箍内侧面距离≥15 mm
D. 齿轮箱距轨面最低位置≥110 mm
E. 齿轮箱毛粘条凸出量为 1.5 ~ 3.5 mm

43. 下列属于齿轮箱合箱前的检查范围的有：（　　）。
A. 合箱前确认箱内无异物
B. 确认上下齿轮箱箱号一致
C. 密封胶固化适宜
D. 毛胶条嵌装牢固
E. 在毛胶条处涂抹适量的三号锂基脂

44. 电力机车齿轮箱漏油的原因有：（　　）。
A. 结构设计、制造不合理，造成合口面不能密封
B. 齿轮箱合口密封材料、密封胶不合要求，密封不严
C. 内、外领口外圆度超差形成抱轴不严，使有领圈边也出现间隙
D. 齿轮箱内，外领口处材料磨损，造成密封不严
E. 齿轮箱内油位高，运行中油压大，造成高压油泄露

45. ZD114 型牵引电机小齿轮与电机轴套装前的检查有（　　）。
A. 同一台车电机尽量选用同厂家生产的小齿轮
B. 用锥度量规检查接触面积应≥75%

C. 用锥度量规检查接触面积应≥85%
D. 同一台车电机可以选择不同厂家生产的小齿轮
E. 电机小齿轮与电机轴套装后测量侧隙值为 1.36 ~ 0.9 mm

46. 电机小齿轮套装后的技术要求有（　　）。
A. 用锥度量规检查接触面积应≥75%
B. 同一台车电机尽量应用同厂家生产的小齿轮
C. 小齿轮与电机轴套装后测量侧隙值为 1.36 ~ 0.9 mm
D. 小齿轮与电机轴套装后测量径向间隙≤2.5 mm
E. 测量齿轮端面至电机轴端面的距离（24 ~ 27.2）mm

47. 齿轮钢常用的材料有（　　）。
A. 渗碳钢　　B. 滚动轴承钢　　C. 冷冲压用钢
D. 调质钢　　E. 弹簧钢

48. 渗碳钢的热处理方法为（　　）。
A. 表面淬火　　B. 高温回火　　C. 低温回火
D. 渗碳　　E. 淬火

49. 调质钢的热处理方法为（　　）。
A. 低温回火　　B. 渗碳　　C. 淬火
D. 表面淬火　　E. 高温回火

50. 单侧齿轮传动的优点有（　　）。
A. 只有齿轮的切向力
B. 不存在轴向的分力
C. 轴向尺寸可以加大
D. 结构也较简单
E. 制造成本低

51. 对于注油压装工艺描述正确的有：（　　）。
A. 注油压装过程中允许注油压装在规定范围内波动
B. 注油压装是将车轴压入或退出的组装工艺
C. 注油压装油压应在 98 ~ 147 MPa 之间
D. 注油压装终止压入力不得超过 196 kN
E. 车轮与车轴经处理后允许原车轮原车轴重新组装

52. 减少机车车轴的疲劳破坏所采取的措施有：（　　）。
A. 锻造车轴钢坯时应进行时效处理，待应力消除后再进行机加工
B. 加工成形的车轴表面应有高的表面光洁度
C. 不同直径的过渡部分要有尽可能大的过渡圆弧，减少应力集中
D. 车轴正火热处理后，需进行试样检查
E. 车轴进行强化滚压处理，使表层金属材料更加致密

53. 标准 TB449—2003 规定踏面为（　　）两段斜面。

A. 1:10　　B. 1:20　　C. 1:30

D. 1:40　　E. 1:50

54. 下列对电力机车车轮踏面要求描述正确的有（　　）。

A. 车轮箍踏面擦伤深度应≤7 mm

B. 有剥离、擦伤、孔眼等缺陷长度≤30 mm

C. 车轮箍踏面擦伤深度应≤0.7 mm

D. 剥离、擦伤、孔眼等缺陷深度≤1 mm

E. 有剥离、擦伤、孔眼等缺陷长度≤40 mm

55. SS_{4B}电力机车对轮径差的要求说法正确的有（　　）。

A. 中修要求同一轴机车轮径差≤1 mm

B. 同一转向架机车轮径差≤2 mm，≤8 mm 禁用

C. 中修要求同节机车轮径差≤3 mm，≤12 mm 禁用

D. 中修要求同一台机车轮径差≤8 mm，≤20 mm 禁用

E. 中修要求同节机车轮径差≤8 mm，≤20 mm 禁用

56. 下列选项中对 SS_{4B} 型电力机车轮箍厚度的要求描述正确的有（　　）。

A. 朔黄规定≥50 mm　　B. 技规规定≥50 mm

C. 原型 90 mm　　D. 朔黄规定≥45 mm

E. 技规规定≥40 mm

57. 下列选项中影响电力机车轮轨间黏着系数的主要因素有（　　）。

A. 材质　　B. 接触表面间状态

C. 机车运行速度　　D. 轮轴重

E. 司机操作方法

58. 改善电力机车轮轨不良黏着，可采取的措施有（　　）。

A. 在轮轨间撒入有一定要求的砂子

B. 在钢轨表面使用化学除垢剂

C. 利用电弧或等离子喷焰，将附着在钢轨上的油垢烧掉

D. 利用机械的方法

E. 利用人力进行清洁

59. 选择滚动轴承润滑油时，描述正确的有（　　）。

A. 工作温度低，油的黏度也低

B. 摩擦面之间的间隙小，油的黏度要低

C. 运动速度高，油的黏度要低

D. 工作负荷大，油的黏度要高

E. 司机操作稳，油的黏度要高

60. 电力机车对轴箱定位的要求描述争取的有（　　）。

A. 能够相对于转向架构架在机车运行中做少量纵向运动

B. 应当能够相对于转向架构架做大量的横动
C. 在机车纵向要求有较大的刚度，保证牵引力、制动力的传递
D. 应当能够相对于转向架构架作小量的横动
E. 能够相对于转向架构架在机车运行中作垂向跳动

61. 下列对轮对抱轴瓦需要刮瓦部分描述正确的有（　　）。
A. 两端刮出椭圆形
B. 抱轴瓦铲出喇叭形状
C. 两端刮成喇叭形
D. 抱轴瓦端面与轮心衬面间隙 > 0.6 mm，须光一端瓦边
E. 抱轴瓦铲出椭圆形状

62. 下列 SS_4 改抱轴瓦发热的原因描述正确的有：（　　）。
A. 抱轴瓦变形，刮瓦不合格
B. 抱轴箱变形
C. 抱轴箱缺油，毛线质量有问题
D. 轮对尺寸，表面不合要求
E. 抱轴瓦处清洁度不合要

63. 机车影响横向油压减振器的减振性能，以下因素有（　　）。
A. 减振器内节流孔大小
B. 减振器内油液黏度
C. 活塞运行速度
D. 减振器内活塞面积
E. 油压减振器的型号

64. 下列选项中属于侧向摩擦减振器检查范围的有（　　）。
A. 弹性球铰　　B. 摩擦片　　C. 压力弹簧
D. 定位板　　E. 安装座

65. 下列对于称重调簧目的，描述正确的有（　　）。
A. 使轮轴重分配均匀，发挥最大牵引力
B. 便于通过铁路限界
C. 调整构架前后左右尺寸
D. 使机车运行平稳安全
E. 防止脱轨

66. 电力机车的振动的危害性有：（　　）。
A. 破坏了机车运行的平衡性，严重地影响了远行品质
B. 使乘务人员工作条件恶化，存在运行安全隐患
C. 机车零部件受到破坏，增加了维修保养费用
D. 受到动力作用加速钢轨的磨损、折损、接头的松动
E. 引起轮对的瞬间减载，影响机车黏着牵引力的发挥

67. 178 mm × 2.85 型单元制动器二次小修开缸盖，检查的内容有（　　）。
A. 皮碗无老化、变形
B. 塔簧入槽，无折损
C. 缸壁应无锈蚀、拉伤
D. 更换活塞皮碗处和缸壁的油脂
E. 检查制动力性能

68. 下列对列车制动空走时间，描述正确的是（　　）。
A. 制动空走时间与机车牵引的辆数有关
B. 从制动开始到闸瓦以最大压力压紧车轮的瞬间为制动空走时间
C. 制动空走时间与制动初期列车处于的线路纵断面等情况有关
D. 制动空走时间制动管减压量有关
E. 制动空走时间与机车牵引力有关

69. 电力机车电阻制动的制动描述正确的是:（　　）。
A. 电阻制动是利用的直流电机可逆的工作原理
B. 制动系统独立性强
C. 电阻制动是利用电机的反转矩使机车减速的一种电制动形式
D. 电阻制动损失电能
E. 制动力与速度成正比

70. 下列对于 H300 型制动盘特点描述正确的有：（　　）。
A. 热稳定性好
B. 分解温度高
C. 压缩弹性低
D. 高摩擦系数高
E. 噪音小，温度分配均匀

71. 承载式车体的主要构成包括（　　）。
A. 机械间
B. 司机室
C. 底架
D. 侧墙
E. 车顶

72. 下列对机车上下联动门锁，描述正确的是（　　）。
A. 采用的联动结构
B. 安装在机车的入口门处
C. 锁芯安装在下锁内
D. 锁芯开启后，可通过任一执手开门
E. 锁芯安装在上锁内

73. 下列对于 SS_{4B} 型机车连挂风挡装置的作用，描述正确的有（　　）。
A. SS_{4B} 型电力机车采用橡胶风挡
B. 用于连接两节机车通道的密封
C. 使机车在运行中避免刚性冲击和摩擦
D. 通过最小半径曲线时，连挂风挡可自然压缩和伸张
E. 用于传递牵引力和制动力

74. 电力机车顶盖漏雨的原因描述正确的有：（　　）。
A. 顶盖结构设计不合理

B. 制造工艺达不到要求

C. 密封材料、密封胶都不能使顶盖与车体密封

D. 压缩机工作时将室内空气抽出，外界空气通过侧墙回流到室内

E. 侧墙过滤器不清洗，使空气回流受阻，造成室内外空气压力差

75. SS_{4B}型电力机车，机车司机室前窗描述正确的是（　　）。

A. 冬季电热玻璃加热融化霜雪，便于瞭望

B. 采用的两块大面积的玻璃

C. 前窗玻璃带电热功能

D. 安装方法为嵌入安装，橡胶密封条密封

E. 雨水天气时开启电热玻璃，蒸发雨水

76. MT-2 型缓冲器的性能参数描述正确的有（　　）。

A. MT-2 型缓冲器箱体高度≥482 mm

B. MT-2 型缓冲器的额定容量为≤2 000 kN

C. MT-2 型缓冲器的额定行程为≤82.5 mm

D. MT-2 型缓冲器的额定容量为≤2 270 kN

E. 消耗部分能量与容量（即总能量）之比，称为能量吸收率

77. 测量误差主要分为（　　）。

A. 示值误差　　B. 环境误差　　C. 系统误差

D. 随机误差　　E. 粗大误差

78. 误差产生的原因，可归结为（　　）几方面。

A. 测量装置误差　　B. 环境误差　　C. 测量方法误差

D. 人员误差　　E. 磁场误差

79. 选择测量器具时，应考虑（　　）满足被测量工件的要求。

A. 测量范围　　B. 示值范围　　C. 测量力

D. 刻度值　　E. 测量环境

80. 以下选项中锯条折断的原因有（　　）。

A. 锯条安装得过松或过紧

B. 锯缝歪斜后强行纠正

C. 工件装夹不牢固，工件松动或抖动

D. 运行速度过快、压力太大或突然用力

E. 锯削的材料偏硬

81. 以下选项中锯条崩裂的原因有（　　）。

A. 起锯角太大

B. 锯削时突然加大压力，被工件棱边钩住锯齿面而崩裂

C. 锯削薄板料和薄壁管子时锯条选择不当

D. 锯削时突然遇到硬块杂质

E. 锯削速度快，使锯条过度发热

82. 锯缝歪斜的原因有：(　　)。

A. 工件装夹时锯缝不垂直于水平面，发生偏斜

B. 锯条安装得过松或歪斜、扭曲

C. 锯削过程中压力过大，使锯条左右摆动

D. 锯削过程中未握正锯弓

E. 用力过大使锯条背离锯缝中心平面

83. 以下选项中钻头损坏的原因有(　　)。

A. 钻头磨钝，但仍继续钻孔

B. 进给量过大

C. 钻深孔时未及时退屑

D. 没有按照工件材料来刃磨钻头的切削角度

E. 切削液供给量过大

84. 以下选项中套螺纹时产生螺纹乱牙的原因有(　　)。

A. 矫正板牙歪斜时造成乱牙　　B. 切屑堵塞而未及时清除

C. 对低碳钢等材料，未加切削液　　D. 圆杆直径太大

E. 圆杆直径过小

85. 大型工件划线应注意的有：(　　)。

A. 选择尺寸基准　　B. 合理选择第一划线位置

C. 正确借料　　D. 合理选择支撑点

E. 正确选用工件安置基准

86. 研磨时，应注意的问题有(　　)。

A. 选择合适的研具、研磨剂及研磨的方法

B. 研磨中，必须注意清洁工作

C. 研磨的速度不能太快

D. 研磨压力了不能太大

E. 添加研磨剂的量要多些

87. 可以进行气割的金属有(　　)。

A. 普通碳钢　　B. 低合金钢　　C. 铸铁

D. 铜　　E. 铝

88. 不可以进行气割的金属有(　　)。

A. 普通碳钢　　B. 低合金钢　　C. 铸铁

D. 铜　　E. 铝

89. 下列选项中不是铸铁不能气割的原因有(　　)。

A. 能同氧发生剧烈的氧化反应，并能放出足够的热量

B. 金属的导热率不能太高

C. 生产的氧化物应易于流动

D. 金属的熔点应低于燃烧生产氧化物的熔点

E. 金属的燃烧点应低于熔点

90. 焊接过程中，控制变形的措施有（　　）。

A. 采用反变形
B. 采用小锤锤击中间焊道
C. 采用合理的焊接顺序
D. 利用工卡具刚性固定
E. 增大焊缝

91. 焊接残余应力，对焊件的（　　）有影响。

A. 强度　B. 刚度　C. 加工精度
D. 耐腐蚀性　E. 重量

92. 下列选项中焊接坡口的作用有（　　）。

A. 保证根部焊透　B. 便于操作和清理焊渣
C. 获得较好的焊缝成型　D. 调节基本金属与填充金属的比例
E. 美观

93. 编制工艺规程时应注意的问题是（　　）。

A. 节约成本最重要，不用考虑技术的先进性
B. 技术越先进越好，成本不重要
C. 技术上的先进性
D. 经济上的合理性
E. 良好的工作条件

94. 装配精度，包括（　　）。

A. 配合精度　B. 接触精度　C. 相对运动精度
D. 相互位置精度　E. 加工精度

95. 在轴上零件的定位中（　　）是轴向定位。

A. 键连接　B. 销连接　C. 过盈配合
D. 轴肩定位　E. 轴端挡圈

96. 在轴上零件的定位中（　　）不是轴向定位。

A. 轴肩定位　B. 轴端挡圈　C. 过盈配合
D. 键连接　E. 销连接

97. 下列选项中滚动轴承常用的加热方法有（　　）。

A. 感应加热器加热　B. 油浴加热
C. 电加热盘加热　D. 加热箱加热
E. 明火加热

98. 采用感应加热器，对滚动轴承进行加热的特点有（　　）。

A. 滚动轴承能保持清洁　B. 对滚动轴承无须预加热
C. 加热迅速，效率高　D. 工作安全，保护环境

E. 温度不宜得到控制

99. 齿轮失效的形式有：（　　）。
A. 轮齿的点蚀　　B. 齿面磨损　　C. 齿面胶合
D. 轮齿折断　　E. 塑性变形

100. 卸载回路的作用是（　　）。
A. 控制传动时间　　B. 增大回路压力　　C. 节省动力消耗
D. 减少系统发热　　E. 延长液压泵的寿命

电力机车钳工（机械二组）应知应会练习题参考答案

一、单选题

1. D	2. D	3. D	4. D	5. D	6. D	7. D	8. D	9. D	10. D
11. D	12. D	13. D	14. D	15. D	16. D	17. D	18. D	19. D	20. D
21. D	22. D	23. D	24. D	25. D	26. D	27. D	28. D	29. D	30. D
31. D	32. D	33. D	34. D	35. D	36. C	37. C	38. C	39. C	40. C
41. C	42. C	43. C	44. C	45. C	46. C	47. C	48. C	49. C	50. C
51. C	52. C	53. C	54. C	55. C	56. C	57. C	58. C	59. C	60. C
61. C	62. C	63. C	64. C	65. C	66. B	67. B	68. B	69. B	70. B
71. B	72. B	73. B	74. B	75. B	76. B	77. B	78. B	79. B	80. B
81. B	82. B	83. B	84. B	85. B	86. B	87. B	88. B	89. B	90. B
91. B	92. B	93. B	94. B	95. B	96. B	97. B	98. B	99. B	100. B
101. B	102. B	103. B	104. B	105. B	106. B	107. B	108. B	109. B	110. B
111. B	112. B	113. B	114. B	115. C	116. B	117. B	118. B	119. B	120. B
121. B	122. B	123. B	124. B	125. B	126. B	127. B	128. B	129. B	130. B
131. B	132. B	133. B	134. B	135. B	136. B	137. B	138. B	139. B	140. B
141. B	142. B	143. B	144. B	145. B	146. B	147. B	148. B	149. B	150. B
151. B	152. B	153. B	154. B	155. B	156. B	157. B	158. B	159. B	160. B
161. B	162. B	163. B	164. B	165. B	166. B	167. B	168. B	169. B	170. B
171. B	172. B	173. B	174. B	175. B	176. B	177. B	178. B	179. A	180. A
181. A	182. A	183. A	184. A	185. A	186. A	187. A	188. A	189. A	190. C
191. A	192. A	193. A	194. A	195. A	196. A	197. A	198. A	199. A	200. A
201. A	202. A	203. A	204. A	205. A	206. A	207. A	208. A	209. A	210. A
211. A	212. A	213. A	214. A	215. A	216. A	217. A	218. A	219. A	220. A
221. A	222. A	223. A	224. A	225. A	226. A	227. B	228. B	229. B	230. A
231. A	232. A	233. A	234. A	235. A	236. A	237. B	238. B	239. B	240. A

241. A　242. A　243. A　244. A　245. A　246. A　247. A　248. A　249. A　250. A
251. A　252. A　253. B　254. B　255. B　256. B　257. B　258. A　259. A　260. A
261. A　262. A　263. A　264. A　265. A　266. A　267. A　268. A　269. A　270. A
271. A　272. A　273. A　274. A　275. A　276. A　277. A　278. A　279. A　280. A
281. A　282. A　283. A　284. A　285. A　286. A　287. A　288. A　289. A　290. A
291. A　292. A　293. A　294. A　295. A　296. A　297. A　298. A　299. A　300. A
301. A　302. A　303. A　304. A　305. A　306. A　307. A　308. A　309. A　310. A
311. A　312. A　313. A　314. A　315. A　316. A　317. A　318. A　319. A　320. A
321. A　322. A　323. A　324. A　325. A　326. A　327. A　328. A　329. B　330. A
331. A　332. A　333. A　334. A　335. A　336. A　337. A　338. A　339. A　340. A
341. A　342. A　343. A　344. A　345. A　346. A　347. A　348. A　349. A　350. A
351. A　352. A　353. A　354. A　355. A　356. A　357. A　358. A　359. A　360. A
361. A　362. A　363. A　364. A　365. A　366. A　367. A　368. A　369. A　370. A
371. A　372. A　373. A　374. A　375. A　376. A　377. A　378. A　379. A　380. A
381. A　382. A　383. A　384. A　385. A　386. A　387. A　388. A　389. A　390. A
391. A　392. A　393. A　394. A　395. A　396. A　397. A　398. A　399. A　400. A
401. A　402. A　403. A　404. A　405. A　406. A　407. A　408. A　409. A　410. A
411. A　412. A　413. A　414. A　415. A　416. A　417. A　418. A　419. A　420. A
421. A　422. A　423. A　424. A　425. A　426. A　427. A　428. A　429. A　430. D
431. A　432. A　433. A　434. A　435. A　436. A　437. A　438. A　439. A　440. A
441. A　442. A　443. A　444. A　445. A　446. A　447. A　448. A　449. A　450. A
451. A　452. A　453. A　454. A　455. A　456. A　457. A　458. A　459. A　460. A
461. A　462. A　463. A　464. A　465. A　466. A　467. D　468. A　469. A　470. A
471. B　472. A　473. B　474. D　475. A　476. A　477. A　478. C　479. B　480. B
481. B　482. B　483. B　484. B　485. B　486. C　487. A　488. B　489. B　490. A
491. A　492. C　493. B　494. C　495. B　496. B　497. C　498. A　499. A　500. A

二、判断题

1. √　2. ×　3. √　4. ×　5. √　6. √　7. √　8. √　9. ×　10. √
11. ×　12. ×　13. √　14. √　15. ×　16. √　17. ×　18. √　19. ×　20. ×
21. ×　22. √　23. ×　24. ×　25. √　26. ×　27. √　28. ×　29. √　30. ×
31. ×　32. ×　33. ×　34. ×　35. √　36. ×　37. ×　38. √　39. √　40. ×
41. √　42. ×　43. √　44. ×　45. ×　46. ×　47. √　48. √　49. ×　50. √
51. ×　52. √　53. ×　54. ×　55. ×　56. √　57. √　58. √　59. ×　60. √
61. √　62. ×　63. √　64. ×　65. ×　66. ×　67. ×　68. √　69. ×　70. ×

71. √ 72. √ 73. √ 74. √ 75. × 76. √ 77. × 78. × 79. × 80. ×
81. √ 82. √ 83. √ 84. √ 85. √ 86. × 87. × 88. × 89. √ 90. √
91. × 92. √ 93. √ 94. × 95. × 96. × 97. √ 98. × 99. √ 100. ×
101. √ 102. × 103. √ 104. √ 105. × 106. √ 107. √ 108. × 109. √ 110. √
111. √ 112. × 113. × 114. √ 115. √ 116. √ 117. × 118. × 119. × 120. ×
121. √ 122. √ 123. √ 124. √ 125. √ 126. √ 127. × 128. × 129. × 130. ×
131. √ 132. √ 133. × 134. √ 135. √ 136. √ 137. √ 138. × 139. √ 140. √
141. √ 142. √ 143. × 144. √ 145. √ 146. √ 147. √ 148. × 149. √ 150. ×
151. × 152. √ 153. √ 154. √ 155. × 156. × 157. √ 158. √ 159. √ 160. ×
161. √ 162. × 163. √ 164. × 165. × 166. × 167. √ 168. √ 169. × 170. √
171. × 172. √ 173. × 174. √ 175. √ 176. × 177. √ 178. √ 179. × 180. √
181. × 182. √ 183. √ 184. × 185. × 186. √ 187. × 188. √ 189. × 190. √
191. √ 192. √ 193. × 194. × 195. × 196. × 197. × 198. √ 199. × 200. √
201. × 202. √ 203. √ 204. √ 205. √ 206. × 207. × 208. × 209. √ 210. ×
211. × 212. √ 213. × 214. √ 215. √ 216. × 217. √ 218. × 219. √ 220. ×
221. √ 222. √ 223. × 224. √ 225. √ 226. √ 227. × 228. √ 229. √ 230. ×
231. √ 232. √ 233. × 234. × 235. √ 236. × 237. √ 238. × 239. √ 240. ×
241. × 242. × 243. √ 244. √ 245. √ 246. × 247. √ 248. √ 249. × 250. √
251. × 252. √ 253. × 254. √ 255. × 256. √ 257. √ 258. × 259. × 260. ×
261. √ 262. × 263. × 264. × 265. × 266. × 267. √ 268. × 269. √ 270. ×
271. √ 272. × 273. × 274. × 275. × 276. √ 277. √ 278. × 279. √ 280. √
281. × 282. √ 283. √ 284. × 285. × 286. √ 287. √ 288. × 289. √ 290. ×
291. × 292. √ 293. × 294. × 295. × 296. × 297. √ 298. √ 299. √ 300. ×
301. × 302. × 303. √ 304. × 305. √ 306. × 307. × 308. √ 309. √ 310. √
311. √ 312. √ 313. √ 314. × 315. × 316. × 317. √ 318. √ 319. √ 320. √
321. × 322. √ 323. √ 324. × 325. × 326. × 327. × 328. × 329. × 330. ×
331. √ 332. √ 333. × 334. × 335. √ 336. × 337. √ 338. √ 339. √ 340. ×
341. √ 342. × 343. √ 344. × 345. √ 346. √ 347. √ 348. × 349. × 350. √
351. √ 352. × 353. √ 354. √ 355. √ 356. × 357. × 358. × 359. √ 360. √
361. × 362. √ 363. × 364. √ 365. × 366. √ 367. × 368. √ 369. √ 370. ×
371. × 372. √ 373. × 374. √ 375. × 376. × 377. × 378. √ 379. √ 380. ×
381. √ 382. √ 383. √ 384. × 385. √ 386. √ 387. √ 388. × 389. √ 390. ×
391. × 392. √ 393. √ 394. × 395. √ 396. × 397. √ 398. × 399. × 400. ×
401. × 402. × 403. √ 404. × 405. √ 406. × 407. √ 408. √ 409. √ 410. √
411. √ 412. √ 413. √ 414. × 415. √ 416. √ 417. × 418. √ 419. × 420. √
421. √ 422. √ 423. × 424. × 425. √ 426. √ 427. × 428. × 429. √ 430. √

431. ×	432. ×	433. ×	434. ×	435. ×	436. √	437. ×	438. √	439. ×	440. ×
441. ×	442. √	443. ×	444. √	445. √	446. ×	447. ×	448. √	449. ×	450. ×
451. √	452. √	453. ×	454. √	455. ×	456. ×	457. √	458. ×	459. ×	460. √
461. ×	462. ×	463. √	464. ×	465. √	466. √	467. √	468. ×	469. √	470. ×
471. ×	472. ×	473. √	474. ×	475. √	476. ×	477. ×	478. √	479. √	480. √
481. √	482. √	483. ×	484. ×	485. √	486. √	487. ×	488. ×	489. √	490. √
491. ×	492. √	493. ×	494. √	495. √	496. √	497. ×	498. √	499. ×	500. ×

三、多选题

1. ABCD	2. CDE	3. CDE	4. ABCDE	5. ABCD
6. ABCDE	7. ABCD	8. ABCD	9. ABCDE	10. CDE
11. CDE	12. ABCDE	13. ABCD	14. ABCDE	15. ABCD
16. ABCDE	17. ABCD	18. ABCD	19. ABCDE	20. ABCDE
21. ABCD	22. ABCD	23. ABCDE	24. ABCDE	25. ABCDE
26. ABCD	27. ABCDE	28. ABCDE	29. ABCDE	30. ABCDE
31. ABCD	32. ABCD	33. ABCDE	34. ABCD	35. ABCD
36. ABCDE	37. ABCDE	38. ABCD	39. ABCDE	40. CDE
41. ABCD	42. ABCD	43. ABCDE	44. ABCDE	45. AB
46. CDE	47. AD	48. CDE	49. CDE	50. CDE
51. ABCDE	52. ABCDE	53. AB	54. CDE	55. ABCD
56. CDE	57. ABCD	58. ABCD	59. ABCD	60. CDE
61. CDE	62. ABCDE	63. ABCD	64. ABCD	65. ABCD
66. ABCDE	67. ABCD	68. ABCD	69. ABCDE	70. ABCDE
71. CDE	72. ABCD	73. ABCD	74. ABCDE	75. ABCD
76. CDE	77. CDE	78. ABCD	79. ABCD	80. ABCD
81. ABCD	82. ABCDE	83. ABCD	84. ABCD	85. ABCDE
86. ABCD	87. AB	88. CDE	89. ABCD	90. ABCD
91. ABCD	92. ABCD	93. CDE	94. ABCD	95. DE
96. CDE	97. ABCD	98. ABCD	99. ABCDE	100. CDE

第四节　电力机车钳工（机械三组）应知应会练习题

一、单选题

1. 紧固连接通常用（　　）螺纹。
   A. 三角形　　B. 梯形　　C. 矩形　　D. 锯齿形

2. 韶山 4 型电力机车每个垂向减振器的阻尼系数为（　　）。
A. 900 N · s/cm　B. 1 000 N · s/cm　C. 850 N · s/cm　D. 950 N · s/cm

3. 韶山 4 型电力机车同一轴箱两轴承间隙差为（　　）。
A. ≤0.005 mm　B. ≤0.03 mm　C. ≤0.02 mm　D. ≤0.01 mm

4. 韶山 4 型电力机车轴箱拉杆中心距中修标准为（　　）。
A.（250 ± 2）mm　B.（260 ± 2）mm　C.（240 ± 2）mm　D.（230 ± 2）mm

5. 韶山 4 型电力机车同一转向架一系圆簧组装压缩高之差，中修要求为（　　）。
A. ≤0.5 mm　B. ≤1 mm　C. ≤1.5 mm　D. ≤2 mm

6. 电力机车车钩尾部与从板间隙过小时，应在（　　）加垫进行调整。
A. 扁销处　B. 簧箱处　C. 从板座处　D. 钩尾部

7. 韶山 4 型电力机车钩尾框厚度中修时的要求标准是（　　）。
A. ≥19 mm　B. ≥20 mm　C. ≥21 mm　D. ≥22 mm

8. 电力机车从板座磨耗量为（　　）。
A. ≤7 mm　B. ≤6 mm　C. ≤5 mm　D. ≤4 mm

9. 电力机车在运行中，对油压减振器的检修规定（　　）。
A. 每隔半年卸下来在试验台上进行测试试验检查.整修
B. 每隔 1 年卸下来在试验台上进行测试试验检查.整修
C. 在保修期内，不需试验.检查.整修
D. 不需要试验.检查.整修，损坏后直接更换

10. 韶山 4 型电力机车摩擦减振器的摩擦片厚度（　　）时禁用。
A. ≤1.0 mm　B. ≤1.5 mm　C. ≤2.0 mm　D. ≤2.5 mm

11. 韶山 4 型电力机车油压减振器试验合格后应平放（　　），各部不得泄漏。
A. 24 h　B. 20 h　C. 12 h　D. 8 h

12. 韶山 4 型电力机车牵引装置各销与套间隙中修要求为（　　）。
A. ≤0.8 mm　B. ≤0.6 mm　C. ≤1 mm　D. ≤0.5 mm

13. 韶山 4 型电力机车齿轮箱领圈槽深中修要求为（　　）。
A. ≥4 mm　B. ≥5 mm　C. ≥6 mm　D. ≥7 mm

14. 电力机车迟缓线的宽度为 25 mm，长度为（　　）。
A. 45 mm　B. 50 mm　C. 48 mm　D. 35 mm

15. 中修时电力机车轮对齿轮崩角沿齿高方向的限度是（　　）。
A. ≤25%　B. ≤20%　C. ≤15%　D. ≤10%

16. 韶山 4 型电力机车车钩锁闭后钩舌尾部与锁铁垂直面的接触高是（　　）。
A. ≥35 mm　B. ≥40 mm　C. ≥30 mm　D. ≥20 mm

17. 用 30 mm 的套筒拆卸螺杆，螺杆直径为（　　）mm。
A. 15　B. 16　C. 20　D. 18

18. 用 55 mm 的套筒拆卸螺杆，螺杆直径为（　　）mm。
A. 22　B. 28　C. 36　D. 20
19. 机车二次小修时，检查制动缸缸壁拉伤超过（　　）更换缸体。
A. 0.5 mm　B. 0.7 mm　C. 0.6 mm　D. 0.4 mm
20. 大锤作业时，挥锤前须注意周围情况，避免（　　）对人。
A. 左面　B. 右面　C. 后面　D. 正面
21. JK430 装置检测轴箱轴承振动报警时，轴位号的基本原则是齿端为（　　）位。
A. 1　B. 2　C. 5　D. 6
22. JK430 装置检测轴箱轴承振动报警时，轴位号的基本原则是非齿端为（　　）位。
A. 1　B. 2　C. 5　D. 6
23. 车钩能左右移动，其左右移动量为（　　）。
A. 74 ~ 200 mm　B. 64 ~ 100 mm　C. 54 ~ 80 mm　D. 47 ~ 76 mm
24. 开口销的功用为（　　）。
A. 代替定位销　B. 固定两块机件
C. 代替螺栓锁紧　D. 防止螺帽或螺钉松脱
25. 0.02 mm 游标卡尺的游标每格长度是（　　）。
A. 0.02 mm　B. 0.05 mm　C. 0.98 mm　D. 0.10 mm
26. 0.02 mm 游标卡尺的尺身每格长度是（　　）。
A. 0.02 mm　B. 0.05 mm　C. 0.98 mm　D. 1 mm
27. 0 ~ 25 mm 的千分尺，当微分筒每转一格时，测微螺杆就移进（　　）。
A. 0.01 mm　B. 0.002 mm　C. 0.003 mm　D. 0.004 mm
28. 电力机车砂管距离动轮踏面高度为（　　）。
A. 10 ~ 25 mm　B. 15 ~ 30 mm　C. 10 ~ 28 mm　D. 10 ~ 15 mm
29. 韶山 4 改型电力机车排石器距轨面高度（　　）。
A. 10 ~ 15 mm　B. 15 ~ 30 mm　C. 70 ~ 80 mm　D. 35 ~ 70 mm
30. 电力机车牵引电机吊杆销直径禁用限度为（　　）。
A. 57 mm　B. 47 mm　C. 37 mm　D. 56 mm
31. 电力机车中修时轮箍厚度应（　　）。
A. 大于 40 mm　B. 不小于 50 mm
C. 大于 60 mm　D. 不小于 55 mm
32. 电力机车轮对轴箱发热可能由（　　）原因引起。
A. 滚动轴承型号，内外位置装配不对
B. 抱轴箱缺油，毛线质量有问题
C. 以上两种原因
D. 齿轮箱缺油

33. 弹簧垫圈上开出斜口目的是为了（　　）。
A. 增大预紧力　　B. 产生弹力
C. 防止螺母回转　　D. 增大摩擦力

34. 178 × 2.85 型单元制动器棘轮齿数为（　　）。
A. 20 个　　B. 25 个　　C. 30 个　　D. 22 个

35. 178 × 2.85 型单元制动器，为防止棘钩齿尖与棘轮齿面脱离，用（　　）压紧棘钩。
A. 板簧　　B. 条簧　　C. 圆簧　　D. 弹簧

36. 车钩在锁闭状态时，钩舌与钩耳上下面间隙中修限度不大于（　　）。
A. 8 mm　　B. 5 mm　　C. 4 mm　　D. 3 mm

37. 轴箱接地碳刷中修限度不小于（　　）。
A. 34 mm　　B. 48 mm　　C. 58 mm　　D. 52 mm

38. 轴箱接地碳刷禁用限度小于或等于（　　）。
A. 42 mm　　B. 32 mm　　C. 50 mm　　D. 52 mm

39. 车轴探伤时，裂纹深度大于或等于（　　）mm，必须换轮处理。
A. 3　　B. 2　　C. 1　　D. 0.7

40. 车钩扁销孔的中修限度（　　）mm。
A. 不大于 96 × 36　　B. 不大于 100 × 40
C. 不大于 110 × 44　　D. 不大于 115 × 49

41. 车钩扁销长度中修限度（　　）mm。
A. 不小于 96 × 36　　B. 不小于 86 × 36
C. 不小于 76 × 44　　D. 不小于 66 × 49

42. 钩舌销与销孔间隙中修限度为（　　）mm。
A. 不大于 2　　B. 不大于 3　　C. 不大于 0.2　　D. 不大于 2.5

43. 架车前必须进行（　　）试验和停车试验，确保抬镐性能良好。
A. 控制　　B. 空载　　C. 抬车　　D. 都不对

44. 确认车体与抬镐位置正确，抬镐支撑到位，（　　）锁闭良好。
A. 架车机　　B. 操作按钮　　C. 定位销　　D. 都不对

45. 压装时，两人配合做好呼唤应答，压力机活塞对准轴箱拉杆芯轴（　　）。
A. 上面　　B. 下面　　C. 中心　　D. 侧面

46. 对镐后，架车机操作人员需对（　　）显示屏数据清零。
A. 架车机　　B. 操作按钮　　C. 配电柜　　D. 都不对

47. 架落车前必须（　　）或高呼“**号机车架车”提醒作业人员进入工作状态。
A. 检查　　B. 直接　　C. 响铃　　D. 都不对

48. 架车机操作人员和（　　）人员在作业时应注意力集中，禁止打闹，聊天。
A. 拆解　　B. 抬镐盯控　　C. 组装　　D. 天车吊运

49. 架落车时，架车机操作人员不得离开（　　）。

A. 配电柜　B. 抬镐　C. 架车机　D. 都不对

50. 抬镐盯控人员密切注视抬镐的运行状态，发现异音.异样或其他一切不正常现象，立即高呼停车，并按动抬镐上的（　　）按钮。

A. 上升　B. 下降　C. 紧急停车　D. 停止

51. 架落车过程中一度停车后（如包修组拆装风筒.大线，制动拆接风管作业等），架车机操作人员必须再次确认（　　）及车体周围情况无误后方可架落车。

A. 抬镐　B. 车上车下　C. 架车机　D. 操作台

52. 转向架推出后按规定放置（　　）。

A. 螺栓　B. 止轮器　C. 枕木　D. 都不对

53. 检修轴箱拉杆翻动时，（　　），手要抓稳。

A. 单手翻动　B. 双手翻动　C. 两人配合　D. 一人翻动

54. 轴箱拉杆另一个方向翻转压装时压力机头将至被压工件时，要（　　）操作，对准拉杆中心，以免弹出伤人及压坏配件。

A. 快速　B. 减速　C. 点动　D. 停止

55. 被吊圆簧运行方向（　　）m 内不得站人。

A. 2　B. 3　C. 2.5　D. 1

56. 起吊、下落及动车时，必须点动启动，待吊件运行平稳后方可长时间按压操作按钮进行匀速吊运，严禁（　　）、快速启动及急停情况发生。

A. 大起大落　B. 慢慢起落　C. 快速移动　D. 快速吊运

57. 圆簧在吊运过程中发生大范围摆动，要通过（　　）小范围动作天车来进行稳钩，严禁推拉配件进行稳钩。

A. 上下左右　B. 前后左右　C. 上下起落　D. 左右起落

58. 搬运圆簧上压力机工作台时，双脚要站稳，手要抓稳抓牢，同时（　　）配合要做好呼唤应答。

A. 两人　B. 三人　C. 一人　D. 五人

59. 压装圆簧时，两人配合做好呼唤应答，压力机头将至被压圆簧时，要（　　）操作，对准圆簧中心，以免弹出伤人及压坏配件。

A. 快速　B. 点动　C. 停止　D. 匀速

60. 吊运制动器时要注意与（　　）指挥配合，穿螺栓时注意夹手。

A. 电焊工　B. 机车钳工　C. 天车工　D. 都不对

61. 检修过程中注意（　　）上的配件及工具放稳，以防掉落砸伤脚。

A. 升降小车　B. 地沟　C. 天车　D. 检修平台

62. 制动器检修完毕，质检员或（　　）须进行性能试验检查。

A. 工长　B. 检修人员　C. 任何人　D. 探伤工

63. 对转向架构架进行探伤，各部不得有（　　），否则焊修打磨处理。
A. 裂纹　　B. 损伤　　C. 变形　　D. 弯曲

64. 对电机吊杆进行探伤，各部不得有（　　），否则更换。
A. 漆皮　　B. 裂纹　　C. 变形　　D. 油泥

65. 检查橡胶堆无（　　），高度超限时更新。
A. 变形、老化、龟裂　　B. 变形、老化
C. 老化、龟裂　　D. 变形、龟裂

66. 检查砂箱各部无（　　），砂箱盖转动灵活，弹簧作用良好，转动杆开口销无缺损，否则更新，砂箱盖簧卡子无裂损，否则更新，手把状态良好。
A. 裂损.变形　　B. 弯曲.变形　　C. 变形.龟裂　　D. 变形.老化

67. 检查接地编织线，不许有（　　）现象，断股超过规定时更新。
A. 裂损　　B. 断裂　　C. 断股　　D. 以上都是

68. 制动缸组装前制动缸内壁及皮碗上均涂以（　　）。
A. 机车滚动轴承脂　　B. OKS250 胶
C. 锂基脂　　D. 89D 润滑脂

69. 178×2.85 制动器杠杆组装时两杠杆放入箱体内，注意左.右方向，将组装好的（　　）涂以润滑脂。
A. 滑套摩擦面　　B. 滑套前后面　　C. 滑套上下面　　D. 以上都不是

70. 制动器杠杆组装时，注意下部螺销中间应有（　　）隔套。
A. 1 个　　B. 2 个　　C. 0 个　　D. 以上都不对

71. 178×2.85 制动器装好棘钩.条簧，使（　　）压住棘钩。
A. 条簧　　B. 叠簧　　C. 圆簧　　D. 以上都不是

72. 178×2.85 制动器手轮安装好后并穿（　　）。
A. 开口销　　B. 折叠销　　C. 防缓铁丝　　D. 以上都不是

73.（　　）扭簧卡组装在闸瓦托杆上，然后将闸瓦托杆.扭簧用螺销连接在固定支座上，组装扭簧卡时应使螺旋扭转弹簧插入部分相对转动灵活，使闸瓦托杆在尺寸处于自由状态。
A. JDYZ-4 制动器　　B. 178×2.85 制动器
C. 盘形制动器　　D. 以上都不是

74. 检修完毕的制动器作（　　），接好风管的压缩空气，检查制动器作用良好。
A. 密封试验　　B. 制动试验　　C. 通风实验　　D. 泄漏试验

75. 制动器实验过程中注意自动调节器作用良好，无异音，试验中闸瓦托外移后，重量的中心点也外移，注意制动器从（　　）伤人。
A. 平台上滑落　　B. 平台上滚落　　C. 平台上掉落　　D. 以上都不是

76. 制动器试验：（　　）、不得卡滞，缓解应到位。
A. 制动平稳　　B. 制动、缓解平稳

C. 缓解平稳　　D. 以上都不是

77. 检查制动缸内壁不得有锈蚀和磨痕，否则应用（　　）纸沿周向打磨光滑。

A. 细砂纸　　B. 00#砂纸　　C. 04#砂纸　　D. 05#砂纸

78. 用游标卡尺测量制动器各销直径磨耗大于（　　）时及各销套间隙大于（　　）时，均须更新销、套。

A. 0.5 mm、1.5 mm　　B. 0.4 mm、1.0 mm

C. 0.3 mm、0.8 mm　　D. 0.4 mm、0.6 mm

79. 检查制动器箱体不得有（　　），焊缝开裂或箱体局部开裂时焊修，变形较大或裂损严重时更新。

A. 裂纹、损伤及变形　　B. 裂纹

C. 损伤　　D. 变形

80. 检查轴箱拉杆端盖.止块不得有（　　）。

A. 变形　　B. 变形、裂纹　　C. 裂纹　　D. 弯曲

81. 检查轴箱拉杆连杆体无变形，孔内无明显（　　），探伤无（　　）。

A. 缺陷　　B. 变形　　C. 缺陷、裂纹　　D. 裂纹

82. 芯轴压装时芯轴放在连杆体孔上，再用专用压具放在芯轴另一端，缓慢地将芯轴压至（　　）。

A. 芯轴椭圆处　　B. 芯轴圆弧处　　C. 芯轴上端面　　D. 芯轴下端面

83. 拉杆芯轴压入完毕后装上（　　）。

A. 橡胶垫　　B. 端盖　　C. 橡胶垫和端盖　　D. 以上都不是

84. 拉杆芯轴装上橡胶垫和端盖后再用专用压具放在端盖上，启动压力机往下，使橡胶垫压缩，然后用（　　）卡住。

A. 止块　　B. 卡簧　　C. 止块、卡簧　　D. 穿销

85. 摩擦减振器中修时必须更新有：（　　）。

A. 摩擦片　　B. 摩擦片、弹性球铰

C. 弹性球铰　　D. 弹簧

86. 更换摩擦减振器球铰时摩擦减振器孔内涂抹（　　）。

A. 锂基脂　　B. 蓖麻油　　C. 89D　　D. 滚动轴承脂

87. 摩擦减振器弹簧原形高度：（　　）。

A. 90 mm　　B. 95 mm　　C. 100 mm　　D. 98 mm

88. 摩擦减振器弹簧中修限度：（　　）。

A. ≥85 mm　　B. ≥95 mm　　C. ≥75 mm　　D. ≥80 mm

89. 中修时测量摩擦减振器三角芯杆单面磨耗不大于（　　），否则更换。

A. 1 mm　　B. 0.8 mm　　C. 0.6 mm　　D. 0.4 mm

90. 每个摩擦减振器装有（　　）片摩擦片。

A. 1　　B. 2　　C. 3　　D. 都不是

91. 摩擦减振器是安装在车体与（　　）之间。

A. 轴箱　　B. 构架　　C. 轴箱和构架　　D. 牵引梁

92. 中修时检查二系橡胶堆，表面有（　　）、钢板有较大变形时更新。

A. 老化.龟裂、橡胶与钢板间开裂　　B. 老化

C. 龟裂　　D. 橡胶与钢板间开裂

93. 中修时测量橡胶堆自由高不小于（　　）mm。

A. 248　　B. 252　　C. 253　　D. 254

94. 整节车橡胶堆自由高之差不大于（　　）mm。

A. 1　　B. 1.8　　C. 1.5　　D. 2

95. 中修时橡胶堆禁用限度是（　　）。

A. ≤252　　B. ≤248　　C. ≤247　　D. ≤245

96. 中修时单个橡胶堆自由高符合工艺要求，选配时橡胶堆自由高之差大于 2 mm 时，加（　　）调整。

A. 调整垫片　　B. 更换新橡胶堆

C. 不需要加片调整　　D. 以上都不是

97. 橡胶堆是安装在构架侧梁与（　　）之间。

A. 轴箱　　B. 车体　　C. 前端梁　　D. 端梁

98. 中修时测量摩擦减振器三角芯杆单面磨耗大于（　　）mm 禁用。

A. ≥1.5　　B. ≥1.0　　C. ≥0.5　　D. ≥0.8

99. 台镐盯控人员精力集中，每人一镐，站立在有（　　）的一侧；架落车过程中不得离开镐位或做其他事情。

A. 支凳　　B. 台镐转动手轮　　C. 控制按钮　　D. 台镐后面

100. 摩擦减振器组装时需要（　　）人配合作业。

A. 1　　B. 2　　C. 3　　D. 4

101. SS_{4B} 机车采用（　　）传动。

A. 双侧斜齿　　B. 单侧直齿　　C. 双侧直齿　　D. 单侧斜齿

102. SS_{4B} 机车原形轴径（　　）mm。

A. 159　　B. 159.5　　C. 160　　D. 158

103. SS_{4B} 机车轴径过盈量（　　）mm。

A. 0.027　　B. 0.077　　C. 0.030　　D. 0.027 ~ 0.077

104. 轮对组成由：（　　）。

A. 车轴　　B. 车轮　　C. 大齿　　D. 以上都是

105. 中修时需对轮对（　　）电磁探伤。

A. 轮芯　　B. 大齿　　C. 车轴　　D. 以上都是

106. 中修时需对轮对（ ）超声波探伤。
A. 轮箍 B. 车轴 C. 车轴.轮箍 D. 以上都是

107. 中修时轮探伤检查.镟修完毕需要进行刷漆，轮箍外侧刷白漆、轮芯刷（ ）。
A. 白漆 B. 黄漆 C. 红漆 D. 以上都是

108. 中修时轮探伤检查.镟修完毕需要进行刷漆、打防缓线，防缓线宽 25 mm、长（ ）mm。
A. 50 B. 48 C. 46 D. 40

109. 车轴每降一级是（ ）mm。
A. 0.2 B. 0.3 C. 0.4 D. 0.5

110. 车轴轴径 159.5 mm 是降（ ）。
A. 1 级 B. 2 级 C. 3 级 D. 4 级

111. 检修摩擦减振器需主要的设备有（ ）。
A. 压力机 B. 油减试验台 C. 圆簧试验台 D. 堆落机

112. SS_{4B} 抱轴非齿轮侧加注润滑脂（ ）g。
A. 400 ~ 600 B. 350 ~ 550 C. 300 ~ 500 D. 380 ~ 550

113. 轴箱拉杆分上拉杆和（ ）。
A. 中拉杆 B. 下拉杆 C. 对称拉杆 D. 不对称拉杆

114. SS_{4B} 抱轴齿轮侧加注润滑脂（ ）g。
A. 200 ~ 400 B. 400 ~ 600 C. 600 ~ 800 D. 450 ~ 750

115. 轴箱拉杆是安装在轴箱与构架之间，起到固定轮对（ ）作用。
A. 连接 B. 固定 C. 紧固 D. 定位

116. 轴箱拉杆组成是由：拉杆体、（ ）组成。
A. 长芯轴
B. 短芯轴
C. 压盖
D. 长芯轴、短芯轴、金属橡胶垫、压盖、止块

117. SS_{4B} 型电力机车轮对轮箍镶装过盈量为（ ）。
A. 1.4 ~ 1.8 mm B. 1.0 ~ 1.6 mm C. 0.8 ~ 1.4 mm D. 0.4 ~ 1.2 mm

118. SS_{4B} 型机车齿轮与轮芯的配合不许有（ ）及位移。
A. 过盈配合 B. 弛缓 C. 迟缓线 D. 都不对

119. 中修时，用塞尺及（ ）测量大齿轮的法面固定弦齿厚及齿形偏差，超限者更新。
A. 游标卡尺 B. 齿形样板 C. 外径千分尺 D. 钢板尺

120. 摩擦减振器的摩擦片固定螺丝需要紧固胶是（ ）。
A. 乐泰 243 B. 乐泰 272 C. 502 胶 D. OKS250 胶

121. 用电磁探伤器探伤轮箍内圆表面及内、外侧面，圆周裂纹外侧面不大于 7 mm、内侧面（　　）时，允许用角磨机打磨消除，或用半圆铲消除。

A. 不大于 0.5 mm　　B. 不大于 1 mm
C. 不大于 2 mm　　D. 不大于 3 mm

122. 检查轮箍内圆（　　）不得有裂纹、黑皮和夹渣。

A. 前面　　B. 后面　　C. 表面　　D. 侧面

123. 检查轮箍内、外侧面无（　　）裂纹。

A. 垂向　　B. 径向　　C. 松动　　D. 横向

124. 装箍时环境温度不得低于（　　）。

A. 5 °C　　B. 4 °C　　C. 3 °C　　D. 0 °C

125. 轮箍套装好后，应（　　）。

A. 自然冷却　　B. 快速冷却　　C. 水冷却　　D. 不用冷却

126. 轮箍冷却后，用（　　）检查紧固状态。

A. 手钳　　B. 手锤　　C. 大锤　　D. 检点锤

127. 更换轴箱轴承时，应先确认是否是降级的（　　），合理选择轴承。

A. 滚动体　　B. 轴　　C. 轴箱　　D. 齿轮

128. SS_{4B} 型机车标准车轴直径为 160（+0.027，+0.052）mm，没次降级为（　　），最小轴直径为 158.5（+0.027，+0.052）mm。

A. 0.3 mm　　B. 0.5 mm　　C. 0.2 mm　　D. 0.1 mm

129. SS_{4B} 型机车轴箱轴承内套内径为（　　），随轴降级。

A. 160（0-0.010）mm　　B. 160（0-0.020）mm
C. 160（0-0.015）mm　　D. 160（0-0.025）mm

130. SS_{4B} 型机车轴箱轴承内套与轴的过盈量为（　　）mm。

A. 0.020 ~ 0.077　　B. 0.015 ~ 0.077
C. 0.027 ~ 0.077　　D. 0.010 ~ 0.077

131. 轴箱轴承内套与轴套装时，内套加热温度为（　　）°C。

A. 80 ~ 90　　B. 100 ~ 110　　C. 120 ~ 130　　D. 110 ~ 120

132. 轴箱轴承与轴套装后，应自然冷却，用塞尺测量轴承的径向间隙为（　　）。

A. 0.13 ~ 0.30 mm　　B. 0.11 ~ 0.30 mm
C. 0.12 ~ 0.50 mm　　D. 0.10 ~ 0.30 mm

133. 同一轴箱内外两轴承的径向间隙差不大于（　　）。

A. 0.02 mm　　B. 0.005 mm　　C. 0.03 mm　　D. 0.01 mm

134. SS_{4B} 型机车中修时，检查电机吊杆销直径应不小于 58.5 mm，禁用限度为（　　）。

A. 50 mm　　B. 53 mm　　C. 57 mm　　D. 56 mm

135. SS_{4B} 型机车中修时，检查电机吊杆销与套的间隙（　　）（中修限度，禁用 3 mm）。

A. 不大于 1.5 mm　　B. 不大于 2 mm
C. 不大于 1.0 mm　　D. 不大于 1.8 mm

136. SS_{4B} 型机车轴箱圆簧自由高原型（401 ± 6）mm，中修限度应（　　）。
A. 不小于 285 mm　　B. 不小于 345 mm
C. 不小于 389 mm　　D. 不小于 385 mm

137. SS_{4G} 型机车轴箱圆簧自由高原型 391 mm，中修限度应（　　）。
A. 不小于 285 mm　　B. 不小于 385 mm
C. 不小于 289 mm　　D. 不小于 384 mm

138. 轴箱圆簧组装压缩高（包括压盖.垫）原型 295_{-3}^{+6} mm，中修限度应（　　）。
A. 不小于 185 mm　　B. 不小于 280 mm
C. 不小于 285 mm　　D. 不小于 284 mm

139. 同一转向架一系圆簧组装压缩高之差（　　）。
A. 不大于 2 mm　　B. 不大于 1.5 mm
C. 不大于 1 mm　　D. 不大于 1.8 mm

140. SS_{4B} 型机车二系橡胶堆自由高原型 260 mm，中修限度应不小于（　　）。
A. 251 mm　　B. 254 mm　　C. 253 mm　　D. 252 mm

141. SS_{4B} 型机车整节车二系橡胶堆压缩高之差（　　）。
A. 不大于 0.5 mm　　B. 不大于 1 mm
C. 不大于 2 mm　　D. 不大于 1.8 mm

142. JDYZ-4 型制动器每次（　　）打开过滤堵，排除箱体内的积水、污垢。
A. 段修　　B. 辅修　　C. 小修　　D. 大修

143. 轴箱内接地铜轴直径不小于（　　），端面磨耗深度不大于 0.02 mm。
A. 10 mm　　B. 48 mm　　C. 30 mm　　D. 20 mm

144. SS_4 型电力机车每节有两台基本相同的转向架，仅牵引装置的牵引杆安装彼此相反，其作用是（　　）。
A. 安装　　B. 拆卸
C. 利于减小车体的侧滚力　　D. 检修

145. SS_4 及 SS_{4B} 机车的固定轴距为（　　）。
A. 1 800 mm　　B. 2 800 mm　　C. 2 900 m　　D. 2 700 mm

146. 电力机车的轮对滚动圆直径为（　　）。
A. 1 150 mm　　B. 1 200 mm　　C. 1 250 mm　　D. 1 220 mm

147. SS_4 及 SS_{4B} 机车的同一轮对两滚动圆直径之差不大于（　　）。
A. 0.8 mm　　B. 0.6 mm　　C. 1 mm　　D. 0.5 mm

148. SS_4 及 SS_{4B} 同一转向架的所有轮对两滚动圆直径之差不大于（　　）。
A. 1.5 mm　　B. 2 mm　　C. 1 mm　　D. 0.5 mm

149. SS_{4B} 机车的轴箱横动量（两边之和）（　　）。

A. 1.5 ~ 4.5 mm　B. 1.0 ~ 4.0 mm　C. 1.3 ~ 4.3 mm　D. 1.2 ~ 4.3 mm

150. 轮对电机组装完毕后，在专用试验台上做空转试验，轴箱体外表面中部测量其温度（　　），抱轴箱端部测量温升不超过 40 °C，齿轮箱不得漏油。

A. 不超过 30 °C　B. 不超过 40 °C　C. 不超过 25 °C　D. 不超过 20 °C

151. SS_{4B} 型电力机车走行部的制动缸泄露试验时，充气压力 400 kPa 在（　　）min 内，泄露应不大于 10 kPa。

A. 3　B. 2　C. 1　D. 以上都不对

152. 电力机车抱轴瓦刮瓦的目的是使轮对轴与轴瓦间形成（　　）.油隙，减小轴瓦间的摩擦。

A. 配合　B. 间隙　C. 油膜　D. 过盈

153. 电力机车走行部分主动齿轮的齿侧隙为（　　）。

A. 0.67 ~ 0.9 mm　B. 0.5 ~ 0.90 mm

C. 0.6 ~ 0.90 mm　D. 0.5 ~ 0.85 mm

154. 电力机车的轴箱拉杆主要起（　　）作用。

A. 传递纵向力　B. 传递径向力　C. 传递垂向力　D. 传递轴向力

155. 轴箱拉杆芯轴使用（　　）方法装入的。

A. 注油压装　B. 压力机压入　C. 锤击压入　D. 冷却齿轮

156. SS_{4B} 电机吊杆销安装时涂抹（　　）。

A. OKS250　B. 锂基脂　C. 89D　D. 都不对

157. 紧固连接螺栓防松，形式有开口销、弹簧垫圈、双螺母防松、（　　）防松。

A. 止动垫圈　B. 防松胶　C. 502　D. 都不对

158. 一对斜齿轮啮合时，分度圆上的螺旋角应大小相等，方向（　　）。

A. 相同　B. 相反　C. 不一定　D. 都不对

159. 电焊分为电阻焊、（　　）两种。

A. 电磁焊　B. 电弧焊　C. 气焊　D. 氧化焊

160. SS_{4B} 型电力机车走行部的一系圆簧的材料是（　　）。

A. 合金　B. 普通钢　C. 60SiMn　D. 高速钢

161. SS_{4B} 机车手制动轮作用力为 500 N 时，机车手制动率为（　　）。

A. 10%　B. 15%　C. 23%　D. 20%

162. 千分尺是应用螺旋副传动原理，将回转运动变为（　　）运动的一种量具，主要用来测量各种外尺寸。

A. 左右　B. 上下　C. 直线　D. 前后

163. 分辨左右侧抱轴瓦时，以轮对大齿轮为准，正看大齿轮成正八字形，左侧为左瓦，右侧为右瓦，注意（　　）朝下。

A. 左瓦　B. 右瓦　C. 回油孔　D. 齿轮

164. 抱轴箱合箱前用塞尺测量抱轴瓦间隙，间隙保证为（　　）。

A. 0.1 ~ 0.25 mm　B. 0.15 ~ 0.25 mm
C. 0.12 ~ 0.20 mm　D. 0.13 ~ 0.20 mm

165. 同轴左右轴瓦与轴径径向间隙差不大于（　　）。

A. 0.2 mm　B. 0.04 mm　C. 0.03 mm　D. 0.02 mm

166. 抱轴瓦刮瓦后，用（　　）均匀涂抹于抱轴径上，转动抱轴瓦，检查抱轴瓦接触面积及研点情况，修刮各研点。

A. 磁粉　B. 红丹粉　C. 机油　D. 3#锂基脂

167. 抱轴箱合箱后检查抱轴瓦和抱轴间隙为（　　）。

A. 0.20 ~ 0.6 mm　B. 0.15 ~ 0.25 mm
C. 0.15 ~ 0.60 mm　D. 0.18 ~ 0.60 mm

168. 检查抱轴瓦无明显变形（　　）。

A. 油槽　B. 和水　C. 磕碰伤　D. 和机油

169. 检查抱轴瓦合金层无裂纹破损，结合（　　）。

A. 上贴下不贴　B. 密贴　C. 下贴上不贴　D. 不贴靠

170. 查抱轴瓦合金（　　）光滑，无拉伤剥离（剥离总面积≤5 cm^2，拉伤≥1 mm；宽60 mm）。

A. 背面　B. 表面　C. 右面面　D. 左面

171. SS_{4G} 机车抱轴颈直径原型 205（－0.09）mm，中修要求（　　），≤198 mm 禁用。

A. 不小于 170 mm　B. 不小于 180 mm
C. 不小于 200 mm　D. 不小于 199 mm

172. 检查抱轴与轴瓦接触面积应不小于（　　）。

A. 15%　B. 20%　C. 75%　D. 70%

173. 检查抱轴瓦安装键与槽侧面间隙不大于（　　）。

A. 0.1 mm　B. 0.2 mm　C. 0.08 mm　D. 0.15 mm

174. 检查抱轴瓦安装键露出抱轴孔面高度（即伸入瓦体高度）为（　　）。

A. 2 ~ 6 mm　B. 3 ~ 6 mm　C. 4 ~ 6 mm　D. 5 ~ 6 mm

175. 检查抱轴瓦的径向间隙为 0.2 ~ 0.6 mm，同一轴抱轴瓦的径向间隙差不大于(　　)。

A. 0.1 mm　B. 0.2 mm　C. 0.15 mm　D. 0.18 mm

176. 抱轴瓦拉伤深度不大于（　　）且宽度不大于 60 mm，剥离总面积不大于 5 cm^2，否则进行更新。

A. 1 mm　B. 0.5 mm　C. 0.6 mm　D. 0.8 mm

177. 刮修抱轴瓦油槽时，将各加工菱角刮修圆滑，在轴瓦内表面刮出（　　）交叉油槽，深度 0.05 ~ 0.1 mm。

A. 10×15 mm　　B. 15×15 mm　　C. 12×15 mm　　D. 13×15 mm

178. 抱轴瓦刮瓦时，在轴瓦两端刮成（　　）。
A. 正方形　　B. 长方形　　C. 喇叭形　　D. 三角形

179. 如果抱轴瓦端面与轮心衬面间隙小于（　　），还须光一端瓦边。
A. 0.1 mm　　B. 0.4 mm　　C. 0.5 mm　　D. 0.6 mm

180. 抱轴瓦刮瓦时，抱轴瓦应铲出（　　）形状。
A. 椭圆　　B. 正方形　　C. 长方形　　D. 三角形

181. 油压减振器试验合格后，平放（　　）小时，检查不许有泄漏。
A. 24　　B. 12　　C. 8　　D. 20

182. 检查构架铭牌，有（　　）或编号不清时应恢复或更新。
A. 出厂日期　　B. 缺损、松动　　C. 水　　D. 掉漆

183. 检查轴箱圆簧自由高符合技术要求，各簧偏斜量不大于（　　）。
A. 12 mm　　B. 10 mm　　C. 8 mm　　D. 6 mm

184. 同一转向架圆簧组装压缩高之差不大于 2 mm 选配成组，否则应（　　）。
A. 加垫调整　　B. 更换　　C. 报废　　D. 都不对

185. 滚动轴承的结构，一般由外圈、内圈、（　　）和保持架组成。
A. 滚珠　　B. 滚针　　C. 滚动体　　D. 滚柱

186. SS_{4B} 型电力机车牵引力由轴箱经轴箱拉杆传至构架，再通过（　　）传到车体，最后经车钩牵引列车运行。
A. 三角板　　B. 三角撑杆　　C. 牵引座　　D. 牵引装置

187.（　　）承担机车重量.产生、传递机车牵引力和制动力。
A. 转向架　　B. 侧梁　　C. 端梁　　D. 牵引梁

188. 轮心上和车轴压装的部分是（　　）。
A. 轮齿　　B. 轮毂　　C. 扣环　　D. 轮箍

189. SS_4 型电力机车抱轴瓦合金剥离总面积（　　）时禁用。
A. 大于或等于 5 cm^2　　B. 大于或等于 4 cm^2
C. 大于或等于 3 cm^2　　D. 大于或等于 2 cm^2

190. SS_{4B} 牵引销安装时涂抹（　　）。
A. OKS250　　B. 锂基脂　　C. 89D　　D. 都不对

191. 锯割工件时，锯入工件（　　），锯缝的两边对锯条的摩擦阻力就越大。
A. 越浅　　B. 越深　　C. 越长　　D. 越短

192. 电力机车齿轮传动比的数值应尽可能是（　　）。
A. 小数　　B. 整数
C. 无限不循环小数　　D. 分数

193. SS_4型电力机车单机在长大坡道上防止溜车，实行制动时主要以（　　）制动形式最有效。

A. 基础制动　B. 蓄能制动　C. 手制动装置　D. 电制动

194. 电力机车构架的主要承载梁是（　　）。

A. 牵引梁　B. 侧梁　C. 端梁　D. 都不对

195. 机车在曲线上运行时，外轮沿外轨与内轮沿内轨走行的距离比较（　　）。

A. 内大于外　B. 外大于内　C. 一样　D. 都不对

196. 机车运行的过程中的不良的运动：点头、倾斜、侧滚、摇摆、伸缩、（　　）。

A. 蛇行　B. 上下　C. 前后　D. 左右

197. 在圆簧的选配中，SS_4型机车转向架 1.4 位置配（　　）簧。

A. 高　B. 小　C. 低　D. 大

198. SS_4型机车转向架的圆簧选配中，2.3 位置配（　　）簧。

A. 搞　B. 低　C. 小　D. 大

199. SS_{4B}型机车转向架与车体设有横向、纵向和（　　）限位装置。

A. 径向　B. 轴向　C. 垂向　D. 都不对

200. SS_{4B}型机车转向架与车体（　　）是弹性限位，垂向是刚性限位。

A. 横向和轴向　B. 横向和纵向　C. 横向和径向　D. 横向和垂向

201. 牵引座及（　　）不得有开焊、变形，局部缺损时允许焊修。

A. 牵引杆　B. 牵引销　C. 三角撑杆座　D. 都不对

202. 中修时，对三角撑杆检查，不允许有变形，对（　　）进行除漆探伤，不允许有裂纹。

A. 叉部　B. 上部　C. 下部　D. 中间

203. 压装圆簧时，检查圆簧上下压盖是否偏斜，各簧应（　　）。

A. 润滑　B. 入槽到位　C. 清洗　D. 高出压盖

204. 螺纹起联接、传动、（　　）、测量等作用。

A. 防松　B. 紧固防松　C. 润滑　D. 都不对

205. 摩擦片需要具备的特点：耐磨、（　　）、强度高、与钢摩擦系数大。

A. 耐油　B. 耐水　C. 耐热　D. 耐火

206. 使用千分尺测量工件时，禁止（　　）。

A. 测量一次　B. 戴手套

C. 变换方位测量　D. 常温测量

207. 油压减振器是将电力机车振动冲击能量转变成（　　）。

A. 热能　B. 机械能　C. 高能　D. 动力

208. 钻头修磨时，为了减少棱边和钻孔之孔壁间的摩擦，可以将棱边的宽度磨成（　　）mm。

A. 0.01 ~ 0.02　　B. 0.01 ~ 0.2　　C. 0.1 ~ 0.2　　D. 0.02 ~ 0.1

209. 探伤检查钩尾框，各处有横裂纹，框角处裂纹，后部圆弧处裂纹及销孔向前发展的裂纹（　　）。

A. 允许焊修　　B. 不得焊修　　C. 打磨消除　　D. 都不对

210. SS_{4B} 型电力机车车钩钩体防跳凸台尺寸是（　　）。

A. 16 mm × 18 mm × 20 mm　　B. 15 mm × 18 mm × 20 mm

C. 14 mm × 18 mm × 20 mm　　D. 13 mm × 18 mm × 20 mm

211. 起锯时，一般采用倾斜角度约（　　）比较恰当。

A. 6°　　B. 8°　　C. 10°　　D. 15°

212. 钻削直径超过（　　）以上的孔，一般可分两次钻削。

A. 5 mm　　B. 10 mm　　C. 13 mm　　D. 30 mm

213. 刮削时，常用的显示剂的种类有蓝油和（　　）。

A. 红丹粉　　B. 墨　　C. 机油　　D. 蓖麻油

214. 弹簧垫圈上开出斜口目的是为了（　　）。

A. 防止螺母回转　　B. 防止崩裂　　C. 增加强度　　D. 减少应力

215. SS_{4B} 型电力机车车钩钩尾扁销孔，中修限度不大于（　　）。

A. 96 mm × 36 mm　　B. 115 mm × 49 mm

C. 96 mm × 49 mm　　D. 115 mm × 36 mm

216. 螺纹防松目的就是防止（　　）减小和螺母回转。

A. 摩擦力矩　　B. 弹垫　　C. 平垫　　D. 都不对

217. 安装接地碳刷时，碳刷应动作灵活，（　　）。

A. 无松动　　B. 锈蚀　　C. 无卡滞　　D. 都不对

218. 挑选齿轮箱毛胶条时，胶面应无（　　）且平整，尺寸符合要求。

A. 无油污　　B. 气泡、破损　　C. 气泡　　D. 破损

219. 检查尾框上扁销止挡螺栓孔，不得裂损，螺栓孔直径（　　）时，应更新尾框。

A. 大于 20 mm　　B. 大于 26 mm　　C. 大于 24 mm　　D. 大于 22 mm

220. 调整闸瓦托上的六角螺栓，使闸瓦圆弧与（　　）上下间隙均匀。

A. 闸瓦托　　B. 杠杆　　C. 车轮踏面　　D. 车轮侧面

221. 车钩一次防跳台在（　　）处，尺寸为 16 mm × 18 mm × 20 mm。

A. 钩头　　B. 钩腔　　C. 钩尾　　D. 下锁销孔

222. 装好后的闸瓦不得松动，并且闸瓦与（　　）的圆弧接触面应均匀接触。

A. 车轮踏面　　B. 车轮侧面　　C. 杠杆　　D. 闸瓦托

223. 扁铲的热处理包括淬火和回火两个过程，其目的是为了保证扁铲的刃口部分具有较高的硬度和一定的（　　）。

A. 塑性 B. 强度 C. 疲劳强度 D. 韧性

224. 缓冲器安装在，车体底架牵引梁上前后从板座间的套口中，尺寸为（ ）。

A. 554 mm B. 572 mm C. 625 mm D. 564 mm

225. QKX100 弹性胶泥缓冲器的自由高为 572 mm，安装前预压缩尺寸为（ ）。

A. 550 ± 1 mm B. 552 ± 1 mm C. 554 ± 1 mm D. 551 ± 1 mm

226. 外径千分尺固定套筒上 25 mm 长有 50 个小格，即一格等于（ ），正好等于螺杆测轴的螺距。

A. 0.2 mm B. 0.3 mm C. 0.4 mm D. 0.5 mm

227. 使用外径千分尺测量时，不要很快旋转微分筒，以防（ ）的测量面与被测件发生猛撞，损坏千分尺。

A. 活动测轴 B. 隔热板 C. 棘轮 D. 固定测轴

228. SS_{4B} 型机车现用缓冲器有两种：MT-2 型缓冲器为（ ）类型的缓冲器和 QKX100 弹性胶泥缓冲器。

A. 全钢干摩擦 B. 铸钢 C. 弹簧 D. 橡胶

229. MT-2 型缓冲器自由高限度要求（ ）。

A. 不小于 554 mm B. 不小于 572 mm
C. 不小于 556 mm D. 不小于 562 mm

230. 外径千分尺活动套筒沿圆周等分成 50 个小格，活动套筒转一周等于固定套筒的一格，即活动套筒每小格为（ ）。

A. 0.2 mm B. 0.1 mm C. 0.02 mm D. 0.01 mm

231. 电力机车的振动使乘务人员工作条件恶化，很快感觉（ ），成为运行安全的潜在威胁。

A. 舒适 B. 兴奋 C. 不高兴 D. 疲劳

232. 缓冲器装车时，应保持缓冲器上部外露部分摩擦部件（ ）。

A. 潮湿 B. 润滑 C. 无油污 D. 都不对

233. 缓冲器装车时不要用油污和（ ）触摸缓冲器外露部件。

A. 潮湿手套 B. 棉丝 C. 手 D. 都不对

234. 刮花的目的一是为了美观，二是为了使滑动件之间造成良好的（ ）条件。

A. 间隙 B. 润滑 C. 过度配合 D. 过盈配合

235. 孔与轴的过盈装配，一般采用冷却轴、（ ）、对孔加压力等。

A. 加热孔 B. 锤击法 C. 液压套合 D. 都不对

236. 电力机车在低速运行过程中，实行制动时主要以（ ）装置制动形式效。

A. 手制动 B. 蓄能制动 C. 基础制动 D. 电阻制动

237. 当齿轮的接触斑点位置正确，而接触面积太小时，是由于（ ）误差太大所致。

A. 齿圈 B. 齿形 C. 齿顶 D. 齿根

238. 178×2.85 单元制动器旋转手轮一周，调整间隙为（　　）。

A. 6～9 mm　　B. 3～8 mm　　C. 5～8 mm　　D. 2～4 mm

239. 单元制动器检修作业时，需在皮碗外侧.活塞外缘.制动缸内壁涂上适量的（　　）润滑脂。

A. 3#锂基脂　　B. 滚动轴承脂　　C. 凡士林　　D. 89D

240. SS_{4B} 型电力机车采用 178×2.85 单缸制动器，其中 178 表示（　　），2.85 表示制动倍率。

A. 缸盖型号　　B. 毫米　　C. 制动缸外径　　D. 制动缸内径

241. 闸瓦与闸瓦托接触不良时应修磨（　　）。

A. 闸瓦托　　B. 闸瓦　　C. 闸瓦签　　D. 杠杆

242. JDYZ-4 型制动器（　　）时开缸检查单缸制动器并给油。

A. 小修　　B. 二次小修　　C. 段修　　D. 辅修

243. 电力机车称重的调簧目的是使轮轴重分配均匀，充分利用轮轨间的黏着力，发挥最大（　　）。

A. 牵引力　　B. 制动力　　C. 纵向力　　D. 横向力

244. 中修时摩擦减震器组装完毕后测量两球铰的中心距为（　　）。

A. 580 mm　　B. 600 mm　　C. 640 mm　　D. 620 mm

245. 架落车作业时，必须坚持（　　）呼唤应答。

A. 二人互控　　B. 五人互控　　C. 三人互控　　D. 四人互控

246. 齿侧间隙过大，则会造成齿轮换向（　　）大，容易产生冲击和振动。

A. 时间　　B. 空程　　C. 行程　　D. 间隙

247. 润滑油的主要质量指标有黏度和（　　）。

A. 亮度　　B. 颜色　　C. 闪点　　D. 以上都不是

248. 轴在机械中起支承旋转零件，传递（　　）等作用。

A. 横向力　　B. 纵向力　　C. 轴向力　　D. 运动和动力

249. SS_{4B} 型机车转向架基础制动装置为（　　）。

A. JDYZ-4 型制动器　　B. 178×2.85 型制动器

C. 蓄能制动器　　D. 独立单元制动器

250. 麻花钻的顶角是（　　）在其通过钻头轴线的平行平面的投影之间的夹角。

A. 前刀面　　B. 后刀面　　C. 夹角　　D. 两主切削刃

251. 千分尺测量完毕拧紧固定螺栓后方可离开被测工件，并且（　　），取平均值，防止数据不准确。

A. 测两次　　B. 测三次　　C. 多测几面　　D. 轻轻取下

252. 游标卡尺使用前，应检查两量爪合笼后零刻线是否（　　）。

A. 左右分离　　B. 上下分离　　C. 对齐　　D. 清晰

253.（　　）是锁钩.开钩的控制部分，并且是车钩受拉压载荷的部分。

A. 钩舌尾部　B. 钩耳　C. 钩尾　D. 钩舌销

254. 开口销与（　　）配件合用，用于销定其他零件。

A. 防缓螺母　B. 固定螺栓　C. 戴孔螺栓　D. 槽形螺母

255. 178×2.85 型单元制动器圆锥塔簧自由高应（　　）。

A. 不小于 127 mm　B. 不小于 120 mm

C. 不小于 110 mm　D. 不小于 117 mm

256. 单元制动器制动机构各销磨耗量不大于（　　），禁用大于或等于 1.5 mm。

A. 0.5 mm　B. 0.3 mm　C. 0.2 mm　D. 0.1 mm

257. 单元制动器制动机构各销与套间隙不大于（　　），禁用大于或等于 2.5 mm。

A. 1 mm　B. 1.5 mm　C. 1.2 mm　D. 0.5 mm

258. 刮花的目的主要是美观和积存（　　）。

A. 润滑油　B. 铁削　C. 灰尘　D. 滚珠

259. 过盈连接的装配方法有压入配合法、热胀配合法、冷缩配合法、（　　）。

A. 锤击法　B. 液压套合法　C. 互换法　D. 调整法

260. 测量钩舌销孔的磨耗时，由凸台顶部向内深入 30 mm 处用内卡钳进行测量，销孔直径不得大于（　　）。

A. 46 mm　B. 44 mm　C. 40 mm　D. 38 mm

261. 钩舌销与销孔的间隙（以短轴计）（　　）。

A. 不大于 1 mm　B. 不大于 2 mm

C. 不大于 3 mm　D. 不大于 2.5 mm

262. 锁闭状态下，车钩的开度为（　　）。

A. 110～127 mm　B. 110～126 mm

C. 110～125 mm　D. 110～124 mm

263. 钩舌水平中心线沿钩头左右两侧喷涂 5 mm 宽（　　）漆线的车钩中心线。

A. 白色　B. 黄色　C. 黑色　D. 绿色

264. 将提钩杆（　　）提起，钩舌完全伸开，即为全开状态良好。

A. 轻轻　B. 用力　C. 快速　D. 慢慢

265. 架车机操作人员在架落车过程中，不得离开控制台（　　）。

A. 停车按钮　B. 显示屏　C. 按键　D. 电源开关

266. 架车机操作人员听到停车呼喊应立即停车，按钮失灵，立即（　　）。

A. 离开　B. 切断电源　C. 坚守岗位　D. 查找原因

267. 探伤检查缓冲器箱体、楔块、弹簧等部件，无裂纹，各（　　）无非正常磨耗。

A. 动板　B. 摩擦面　C. 中心铁　D. 箱体

268. 当车体落到一定高度，应停车，确认（　　）位置正确，确保橡胶堆.中心支撑手制动等部件可靠入位。

A. 磨减　　B. 橡胶堆
C. 转向架与车体　　D. 横减

269. 缓冲器安装后，不宜再在缓冲器外露的（　　）周围部位喷涂油漆，如确需喷漆，在外露的摩擦面周围采取防护措施。

A. 侧面　　B. 中间　　C. 摩擦面　　D. 后面

270. 架车机操作人员确认各台镐完全回收到位，关闭控制台（　　）。

A. 开关　　B. 显示屏　　C. 电源　　D. 得不得

271. 我国铁路规定轮对的内侧距为（　　）mm。

A. 1 235　　B. 1 110　　C. 1 353　　D. 1 285

272. 安装接地碳刷时，应注意碳刷刷辫不得扭劲，刷辫长出部分要压入碳刷两侧，刷辫固定端安装端正，不得与（　　）接触。

A. 轴箱　　B. 碳刷　　C. 中盖　　D. 外盖

273. 摩擦片厚度原型 5 mm，中修限度（　　），小于 2.5 mm 禁用。

A. 不小于 4 mm　　B. 不小于 3.5 mm
C. 不小于 3 mm　　D. 不小于 2 mm

274. 车钩二次防跳在（　　）上，成尖端型。

A. 下锁销体　　B. 下锁销钩　　C. 下锁销　　D. 钩体

275. 密封件装配前要认真检查密封件的（　　）和表面粗糙度，唇部不允许有轴向伤痕。

A. 厚度　　B. 尺寸　　C. 长度　　D. 宽度

276.（　　）是仿照样件，直接从中量取尺寸进行划线的方法。

A. 粗划线　　B. 仿划线　　C. 细划线　　D. 精划线

277. 电力机车的传动装置就是实现由电机到轮轴进行功率和（　　）传递的装置。

A. 速度　　B. 转矩　　C. 重力　　D. 动力

278. 滚动轴承最主要的失效形式是（　　）。

A. 裂纹　　B. 掉快　　C. 锈蚀　　D. 疲劳点蚀和磨损

279. 齿轮蹦角沿齿高方向中修：（　　）；禁用：大于或等于 40%。

A. 不大于 10%　　B. 不大于 20%
C. 不大于 25%　　D. 不大于 15%

280. 轮箍宽度原形 140 mm，中修限度应（　　）。

A. 不小于 127 mm　　B. 不小于 130 mm
C. 不小于 133 m　　D. 不小于 136 mm

281. S_{4B} 机车抱轴箱抱轴箱轴向横动量中修限度为（　　）mm。

A. ≤0.63　　B. ≤0.5　　C. ≤0.2　　D. ≤0.25

282. 一套等径丝锥中，每支丝锥的大径、中径、小径都相等，只是切削部分的切削(　　)不相等。

A. 长度　　B. 夹角　　C. 尖角　　D. 宽度

283. 单侧齿面点蚀包络面积（%）中修限度：(　　)；禁用限度：大于或等于 30%。

A. 不大于 5%　　B. 不大于 10%　　C. 不大于 15%　　D. 不大于 20%

284. 单侧齿面点蚀深度中修限度：(　　)；禁用限度：大于或等于 0.5 mm。

A. 不大于 0.2 mm　　B. 不大于 0.3 mm

C. 不大于 0.25 mm　　D. 不大于 0.28 mm

285. 单侧齿面剥离（处）中修限度：(　　)；禁用限度：大于或等于 3 mm。

A. 不大于 0.5 mm　　B. 不大于 1 mm

C. 不大于 0.6 mm　　D. 不大于 0.8 mm

286. 单侧齿面剥离深度中修限度：(　　)，禁用限度：大于或等于 1 mm。

A. 不大于 0.1 mm　　B. 不大于 0.3 mm

C. 不大于 0.5 mm　　D. 不大于 0.6 mm

287. 齿轮齿形偏差中修限度：(　　)；禁用限度：大于或等于 0.35 mm。

A. 不大于 0.1 mm　　B. 不大于 0.2 mm

C. 不大于 0.3 mm　　D. 不大于 0.05 mm

288. 油压减振器利用（　　）的黏滞性形成阻尼，吸收振动冲击能量。

A. 滑动　　B. 流动　　C. 油液　　D. 速度

289. 电力机车与列车的连挂装置是（　　）。

A. 牵引缓冲装置　　B. 车钩

C. 风管　　D. 无线重联

290. 橡胶堆是由多层橡胶和多层钢板黏结流化而成的，其中钢板有增加橡胶堆的刚度和(　　)的作用。

A. 硬度　　B. 强度　　C. 散热　　D. 韧性

291. 更换闸瓦时，(　　）闸瓦必须同时更换。

A. 1 块　　B. 3 块　　C. 2 块　　D. 4 块

292. 更换闸瓦时，闸瓦较薄的一侧朝里，即与制动器（　　）同侧。

A. 拉环　　B. 进风口　　C. 铭牌　　D. 缸体

293. 齿轮箱内加入齿轮油，使油位能浸至大齿轮（　　）的 1/3 的高度处合适。

A. 油尺　　B. 螺栓　　C. 轮心　　D. 轮齿

294. 齿轮箱内加油过多，则产生的（　　）很大，阻碍齿轮传动。

A. 阻力　　B. 油雾　　C. 气压　　D. 空气

295. 齿轮箱内加油过多，则轮对转动时产生（　　），不利于齿轮箱密封，出现渗漏现象。

A. 阻力　B. 高压油雾　C. 气压　D. 空气

296. 齿轮箱油位应在上下刻度（　　）。

A. 中间　B. 上刻度　C. 下刻度　D. 超过上刻度

297. 齿轮箱领圈槽深（　　）（原型 11.5 mm）。

A. 不小于 6 mm　B. 不小于 7 mm

C. 不小于 4 mm　D. 不小于 5 mm

298. 电力机车上的减振器可分为两大类：一类是（　　），另一类是油压减振器。

A. 垂减　B. 横减　C. 摩擦减振器　D. 轴箱圆簧

299. 电力机车车钩易耗部位是（　　）。

A. 钩体　B. 钩舌销　C. 钩头　D. 钩舌

300. 电力机车的牵引力大于运行阻力时，机车进行（　　）速度运行。

A. 加　B. 减　C. 匀　D. 慢

301. 电力机车的牵引力小于运行阻力时，机车进行（　　）速度运行。

A. 加　B. 减　C. 匀　D. 慢

302. 电力机车运行中空转打滑的瞬间，轮周牵引力急剧（　　）。

A. 上升　B. 下降　C. 增加　D. 都不对

303. 螺纹联接是一种可拆卸的固定联接，分为（　　）螺纹联接和特殊螺纹联接。

A. 普通　B. 花　C. 梯形　D. 三角形

304. SS_{4B} 型电力机车有（　　）个基本上相同的轮对电机装置。

A. 2　B. 4　C. 6　D. 8

305. SS_{4B} 型电力机车有（　　）个横向油压减震器。

A. 2　B. 4　C. 6　D. 8

306. 摩擦减振器阻力的大小可用弹簧调整片调整（　　）改变。

A. 厚度　B. 压力　C. 方向　D. 大小

307. 车钩全开状态下开度为（　　）。

A. 220 ~ 230 mm　B. 220 ~ 240 mm

C. 110 ~ 127 mm　D. 220 ~ 245 mm

308. 轴箱拉杆两芯轴水平中心距为（　　）mm。

A. 240　B. 260　C. 250　D. 230

309. 178 × 2.85 单缸制动器旋转手轮一周，调整间隙约为（　　）。

A. 1 mm　B. 3 mm　C. 5 mm　D. 6 mm

310. 三视图分为（　　）、俯视图、左视图。

A. 右视图　B. 主视图　C. 前视图　D. 后视图

311. 棘钩的钩尖高度原型 11 mm，中修时限度为（　　）。

A. 10 mm　B. 5 mm　C. 8 mm　D. 6 mm

312. 当车体落到位后，台镐盯控人员退回镐臂，并插入（　　）。

A. 螺栓　B. 定位销　C. 手钳　D. 铁棒

313. 178×2.85 制动器主要是由缸体、闸瓦、手轮、（　　）以及各销组成。

A. 闸瓦托、传动螺杆

B. 间隙调整器、杠杆

C. 制动缸盖、活塞

D. 闸瓦托、传动螺杆、间隙调整器、杠杆、制动缸盖、活塞、2 个侧门和小盖

314. 闸瓦上下偏磨是通过板簧上的（　　）进行调整。

A. 螺母　B. 弹簧　C. 螺丝　D. 以上都不是

315. 中修机车落车时闸瓦上下偏磨，板簧上的螺丝调整到头时，上下闸间隙瓦仍然不均匀，主要原因有（　　）。

A. 调整螺丝短　B. 板簧弹性不够

C. 闸瓦厚度不均匀　D. 调整螺丝短、板簧弹性不够

316. 178×2.85 制动器棘钩不钩棘齿轮主要原因有（　　）。

A. 棘钩和棘齿磨耗超限

B. 条簧压力不够

C. 推拉杆内的档棘钩条与棘齿间隙过大

D. 以上都是

317. SS_{4B}大齿轮有（　　）齿。

A. 74　B. 64　C. 54　D. 44

318. SS_{4B}轮对传动比是（　　）。

A. 74/17　B. 64/17　C. 54/17　D. 44/17

319. 178×2.85 制动器的制动倍率（　　）。

A. 2.65　B. 2.75　C. 2.85　D. 1.85

320. JDYZ-4 制动器的制动倍率（　　）。

A. 1　B. 2　C. 3　D. 4

321. 178×2.85 制动器的一齿调整量（30 齿）是（　　）mm。

A. 0.1　B. 0.2　C. 0.08　D. 0.09

322. 齿轮箱领圈上嵌装毛毡条，并用铁钉固定，毛毡条凸出量应为（　　）mm。

A. 1.0 ~ 2.0　B. 0.5 ~ 1.5　C. 1.5 ~ 3.5　D. 1.0 ~ 2.5

323. 安装油位观察镜的齿轮箱，检修时检查油位不得低于最大标识圈的（　　）。

A. 下沿　B. 上沿　C. 小标识圈　D. 以上都是

324. 安装油位观察镜的齿轮箱，检修时检查油位不得高于最大标识圈的（　　）。

A. 下沿　B. 上沿　C. 小标识圈　D. 以上都是

325. 安装油位观察镜的齿轮箱，补油后油位应在（　　）范围内。

A. 下沿　　B. 上沿　　C. 小标识圈　　D. 以上都是

326. 安装油位观察镜的齿轮箱，油位（　　）最大标识圈的（　　）时要及时补油，补油后油位应在小标识圈范围内。

A. 低于、下沿　　B. 高于、下沿　　C. 低于、上沿　　D. 高于、上沿

327. 齿轮箱安装时，齿轮箱外侧与轮箍内侧面距离不小于（　　）mm。

A. 14　　B. 15　　C. 13　　D. 12

328. 齿轮箱安装时，齿轮箱与轮箍内侧面上.下距离偏差不大于（　　）mm。

A. 3　　B. 4　　C. 5　　D. 2

329. 齿轮箱安装时，齿轮箱与轮箍内侧面上.下距离超限时，在侧面连接螺栓处加(　　)进行调整。

A. 垫圈　　B. 螺母　　C. 螺丝　　D. 弹垫

330. SS_{4G}一系圆簧自由高（　　）mm。

A. 381　　B. 391　　C. 371　　D. 361

331. SS_{4B}一系圆簧自由高（　　）mm。

A. 401 ± 6　　B. 301 ± 6　　C. 302 ± 6　　D. 303 ± 6

332. SS_{4B}一系圆簧中修限度（　　）mm。

A. ≥379　　B. ≥389　　C. ≥369　　D. ≥359

333. SS_{4G}一系圆簧中修限度（　　）mm。

A. ≥365　　B. ≥375　　C. ≥385　　D. ≥355

334. 圆簧试验台检测标准为（不包括压盖）SS_{4G}机车的圆簧压力值是（　　）。

A. 41.15 kN　　B. 40.15 kN　　C. 39.15 kN　　D. 38.15 kN

335. 圆簧试验台检测标准为（不包括压盖）SS_{4B}机车的圆簧压力值是（　　）。

A. 41.64 kN　　B. 42.64 kN　　C. 40.64 kN　　D. 39.64 kN

336. 圆簧试验台检测标准为（不包括压盖）SS_{4G} 机车的圆簧压力值为 41.15 kN 时弹簧高度（　　）。

A. 225 ~ 255 mm　　B. 256 ~ 265 mm

C. 217 ~ 255 mm　　D. 208 ~ 255 mm

337. 圆簧试验台检测标准为（不包括压盖）SS_{4B} 机车的圆簧压力值为 42.64 kN 时弹簧高度（　　）。

A. 245 ~ 247 mm　　B. 246 ~ 247 mm

C. 247 ~ 257 mm　　D. 230 ~ 247 mm

338. 电力机车牵引缓冲装置包括车钩及（　　）。

A. 缓冲器　　B. 牵引杆　　C. 三角板　　D. 三脚撑杆

339. 电力机车上的减振器可分为两大类：一类是摩擦减振器，另一类是（　　）。

A. 弹簧减振器　　B. 油压减振器　　C. 气压减振器　　D. 橡胶减振器

340. 韶山 4 型电力机车车钩复原装置是采用（　　）复原装置。

A. 吊杆　　B. 弹簧　　C. 橡胶　　D. 以上都不是

341. 韶山 4 型电力机车牵引缓冲装置是采用（　　）作用式提杆装置。

A. 单侧上　　B. 单侧下　　C. 双侧下　　D. 双侧上

342. 轴列式 B_0-B_0 表示该机车有 2 台（　　）轴转向架。

A. 1　　B. 2　　C. 0　　D. 以上都不对

343. 外径千分尺固定套筒上 25 毫米长有 50 个小格，即一格等于（　　），正好等于螺杆测轴的螺距。

A. 0.2 mm　　B. 0.3 mm　　C. 0.4 mm　　D. 0.5 mm

344. 千分尺读法是：固定套筒整数值+活动套筒格数×（　　）= 工件尺寸。

A. 0.01 mm　　B. 0.002 mm　　C. 0.003 mm　　D. 0.004 mm

345. 力机车在构造上包括电气部分、（　　）和空气管路系统三大部分。

A. 电器部分　　B. 机械部分　　C. 制动部分　　D. 以上都是

346. 电力机车走行部分各种设备的安装基础是（　　）。

A. 构架　　B. 牵引梁　　C. 前端梁　　D. 侧梁

347. 产生转矩，驱动轮对，使电力机车产生牵引力的是（　　）。

A. 压缩机　　B. 牵引电机　　C. 牵引风机　　D. 制动风机

348. 韶山 4 型电力机车闸瓦平均间隙（　　）时开始动作。

A. 大于 6 mm　　B. 大于 5 mm

C. 大于 4 mm　　D. 大于 3 mm

349. 安装轴箱弹簧时，高度大的弹簧一般装在（　　）。

A. 中间轮对轴箱上　　B. 转向架两端轮对轴箱上

C. 不一定　　D. 机车中间轮对轴箱上

350. 韶山 4 型电力机车基础制动装置中的棘钩应位于棘轮宽度方向的（　　）位置。

A. 上方　　B. 中间　　C. 下方　　D. 端部

351. 电力机车减振弹簧的刚度与（　　）无关。

A. 弹簧的材料　　B. 簧条的直径

C. 有效圈数　　D. 弹簧平均直径

352. SS_{4B} 机车配置制动器有（　　）个。

A. 15　　B. 16　　C. 14　　D. 13

353. SS_4 型机车整车牵引销有（　　）个。

A. 18　　B. 28　　C. 20　　D. 10

354. SS_4 型机车整车牵引 3 号销有（　　）个。

A. 9　　B. 10　　C. 11　　D. 12

355. SS_4 型机车整车牵引 2 号销有（　　）个。

A. 8　　B. 7　　C. 6　　D. 5

356. SS_4型机车整车牵引 1 号销有（　　）个。

A. 5　　B. 6　　C. 7　　D. 8

357. SS_4型机车整车牵引销套有（　　）个。

A. 46　　B. 56　　C. 46　　D. 36

358. 中修时 3 号牵引销需要配（　　）个套。

A. 10　　B. 8　　C. 16　　D. 6

359. 中修时 1 号牵引销需要配（　　）个套。

A. 12　　B. 16　　C. 14　　D. 10

360. 架车前机械组对车体与构架连接的拆除有（　　）。

A. 接地线、横减、摩减

B. 横减、摩减

C. 牵引杆、连接销

D. 接地线、横减、摩减、牵引杆连接销

361. 机车小、辅修计划兑现率至少要高于（　　）。

A. 65%　　B. 70%　　C. 75%　　D. 80%

362. 机车中修台账保存期限为（　　）。

A. 1 年　　B. 2 年　　C. 5 年　　D. 3 年

363. 机车小、辅修台账保存期限为（　　）。

A. 半年　　B. 1 年　　C. 3 年　　D. 2 年

364. 机车运用、检修指标台账的保存期限为（　　）。

A. 永久　　B. 10 年　　C. 5 年　　D. 3 年

365. 机车临修登记簿的保存期限为（　　）。

A. 半年　　B. 1 年　　C. 2 年　　D. 3 年

366. 机车中修、小、辅修工作记录簿的保存期限为（　　）

A. 半年　　B. 1 年　　C. 1.5 年　　D. 2 年

367. 当停放制动已施加，机车需要移动而总风无风或风压不足时，这种情况下需要对停放制动施加（　　），方式。

A. 手动缓解　　B. 电动缓解　　C. 风动缓解　　D. 其他缓解

368. 作业组（　　）对未整改危险源安全措施复查一次。

A. 每天　　B. 每周　　C. 每 2 天　　D. 每 3 天

369. 危险源根据危险程度可分为（　　）级。

A. 2　　B. 3　　C. 5　　D. 4

370. 极度风险危险源整改时期限不得超过（　　）天。

A. 0.5　　B. 0.4　　C. 0.3　　D. 0.2

371. 高度风险危险源整改时期限不得超过（　　）天。

A. 0.5　　B. 1　　C. 0.4　　D. 0.3

372. SS_{4B} 型电力机车齿轮箱处除了合口处的螺栓连接外，整个箱体还通过（　　）螺栓固定在电机端部外壳上，使两者固定连接不产生相对位移。

A. 4 根　　B. 6 根　　C. 5 根　　D. 3 根

373. 中度风险危险源整改时期限不得超过（　　）天

A. 0.5　　B. 2　　C. 1　　D. 1.5

374. 低度风险危险源整改时期限不得超过（　　）天。

A. 1　　B. 2　　C. 3　　D. 0.5

375. 同一危险源在同一单位，一个月失控（　　），风险等级升一级。

A. 2 次　　B. 3 次　　C. 1 次　　D. 半次

376. 危险源超周期整改，风险等级升（　　）

A. 1 级　　B. 0.2 级　　C. 0.3 级　　D. 0.5 级

377. 使用角磨机切割及打磨作业时，周围（　　）内不能有人员及易爆物品。

A. 一 m　　B. 0.5 m　　C. 0.3 m　　D. 0.8 m

378. 使用角磨机作业时间过长，机具温升超过（　　）时，应停机，自然冷却后再行作业。

A. 50 °C　　B. 60 °C　　C. 40 °C　　D. 30 °C

379. 锤子的质量增加 1 倍，能量增加（　　）倍。

A. 1　　B. 0.5　　C. 0.7　　D. 0.9

380. 锤子的速度增加 1 倍，能量增加（　　）倍。。

A. 1　　B. 2　　C. 3　　D. 4

381. 风动工具必须保证有正常的工作压力，一般的工作压力为（　　）MPa。

A. 0.2 ~ 0.4　　B. 0.4 ~ 0.6　　C. 0.3 ~ 0.5　　D. 0.2 ~ 0.5

382. 规格在（　　）mm 以下的管钳，严禁使用加力管。

A. 300　　B. 350　　C. 450　　D. 600

383. 选择扭力扳手的条件是工作值在被选扭力扳手限值（　　）之间。

A. 20% ~ 50%　　B. 20% ~ 80%　　C. 50% ~ 70%　　D. 30% ~ 60%

384. 粗牙普通螺纹大径为 20，螺距为 2.5，中径和顶径公差带代号均为 5g，其螺纹标记为（　　）。

A. M20-4g　　B. M20-5g　　C. M20-3g　　D. M20-2g

385. 可调式锯弓由后段和前段组成弓架，前段可在后段中伸缩，前段中有（　　）半圆缺口。

A. 2 个　　B. 3 个　　C. 1 个　　D. 1.5 个

386. 工件不应伸出钳口过长，一般应保持锯缝距离钳口（　　）左右，防止在锯削过程中产生振动。

A. 5 mm　　B. 20 mm　　C. 10 mm　　D. 15 mm

387. 锯削时，起锯角要小，一般不超过（　　）。

A. 9°　　B. 11°　　C. 13°　　D. 15°

388. 一般情况下，锯条至少有（　　）齿同时工作比较合理。

A. 1 个　　B. 3 个　　C. 2 个　　D. 2.5 个

389. 加工 M16 内螺纹应选钻头直径为（　　）mm。

A. 13　　B. 14　　C. 12　　D. 11

390. 加工 M16X1 内螺纹应选钻头直径为（　　）mm。

A. 13　　B. 14　　C. 15　　D. 12

391. 碳素工具钢热处理后的硬度可达（　　）。

A. 60 ~ 64HRC　　B. 60 ~ 61HRC　　C. 61 ~ 62HRC　　D. 61 ~ 63HRC

392. 去除应力退火，一般是加热到（　　），经保温一段时间后，随炉冷却至 300℃以下出炉。

A. 400 ~ 500 °C　　B. 500 ~ 550 °C　　C. 600 ~ 650 °C　　D. 400 ~ 550 °C

393. SS_{4B} 型电力机车单节机车转向架中心距（　　）mm。

A. 8 000　　B. 8 200　　C. 8 050　　D. 8 100

394. SS_{4B} 型电力机车单节机车全轴距（　　）mm。

A. 10 100　　B. 11 000　　C. 11 100　　D. 10 200

395. SS_{4B} 型电力机车转向架轴距（　　）mm。

A. 2 800　　B. 2 850　　C. 2 900　　D. 2 750

396. SS_{4B} 型电力机车新轮情况下传动齿轮箱底面距轨面高度不小于（　　）mm。

A. 100　　B. 110　　C. 105　　D. 109

397. SS_{4B} 型电力机车新轮车轮直径（　　）mm。

A. 1 150 ± 1　　B. 1 200 ± 1　　C. 1 230 ± 1　　D. 1 250 ± 1

398. SS_{4B} 型电力机车轮轨内侧距（　　）mm。

A. 1 350 ± 3　　B. 1 351 ± 3　　C. 1 352 ± 3　　D. 1 353 ± 3

399. SS_{4B} 型电力机车转向架由（　　）大部分组成。

A. 10　　B. 9　　C. 8　　D. 7

400. SS_{4B} 型电力机车转向架通过的最小曲线半径（　　）。

A. 115 m（$v > 5$ km/h）　　B. 125 m（$v < 5$ km/h）

C. 120 m（$v < 10$ km/h）　　D. 123 m（$v > 10$ km/h）

401. SS_{4B} 型电力机车转向架最高速度（　　）。

A. 70 km/h　　B. 80 km/h　　C. 90 km/h　　D. 100 km/h

402. SS_{4B}型电力机车轮对单侧自由横动量为（　　）。

A. 0.2 mm　　B. 0.6 mm　　C. 0.75 mm　　D. 0.5 mm

403. SS_{4B}型电力机车新车转向架侧梁顶面至轨面高度为（　　）mm。

A. 1 100　　B. 1 150　　C. 1 120　　D. 1 180

404. SS_{4B}型电力机车转向架相对车体横动量（　　）

A. 15 mm　　B. 20 mm　　C. 17 mm　　D. 18 mm

405. SS_{4B}型电力机车单个砂箱容积为（　　）m^3。

A. 0.02　　B. 0.08　　C. 0.1　　D. 0.04

406. 电力机车运行过程中的不良运动有（　　）种形式。

A. 4　　B. 5　　C. 6　　D. 3

407. SS_{4B}型电力机车齿轮箱使用的毛毡条的厚度要求（　　）。

A. 3.5 ~ 4 mm　　B. 4.5 ~ 5 mm　　C. 5.5 ~ 6 mm　　D. 5.5 ~ 3 mm

408. 齿轮箱的安装可以通过调整与电机、齿轮箱安装座之间的垫片来调整齿轮箱油封间隙应为（　　）

A. 0.5 ~ 1.0 mm　　B. 0.5 ~ 1.2 mm　　C. 1.0 ~ 1.1 mm　　D. 0.8 ~ 1.0 mm

409. SS_{4B}型电力机车轮对的结构是由车轴、两个车轮和（　　）传动大齿轮组成。

A. 1 个　　B. 0.5 个　　C. 0.8 个　　D. 0.9 个

410. 轮箍弛缓线宽 25 mm，长 50 mm，每隔（　　）涂一条。

A. 45°　　B. 90°　　C. 120°　　D. 100°

411. SS_{4B}型电力机车轴承内圈尺寸：（　　）。

A. 160（+0，-0.025）mm　　B. 159（+0.027，+0.052）mm

C. 159（+0.027，+0.052）mm　　D. 159（+0，-0.025）mm

412. 附属装置主要包括转向架空气管路、排石器、脚蹬、（　　）及各止挡等。

A. 分体起吊　　B. 整体起吊　　C. 其他起吊　　D. 挂钩起吊

413. SS_{4B}型电力机车轴箱拉杆两芯轴棒轴向相互平行，其对地水平扭转角应（　　）。

A. ≤15°　　B. ≤2°　　C. ≥5°　　D. ≤10°

414. SS_{4B}型电力机车橡胶堆垂直负荷在 60 kN 时的挠度为（　　）mm。

A. 1 ~ 2　　B. 2 ~ 7　　C. 6 ~ 9　　D. 5 ~ 8

415. SS_{4B}型电力机车摩擦减振器的摩擦力为（　　）N。

A. 4 890 × (1 ± 10%)　　B. 3 890 × (1 ± 10%)

C. 2 890 × (1 ± 10%)　　D. 1 890 × (1 ± 10%)

416. SS_{4B}型运用电力机车制动器闸瓦厚度应（　　）。

A. ≥14 mm　　B. ≥15 mm　　C. ≥13 mm　　D. ≥12 mm

417. 单元制动器 178 × 2.85 型的传动螺杆螺距为（　　）。

A. 4 mm　　B. 5 mm　　C. 3 mm　　D. 2 mm

418. 单元制动器 178×2.85 型制动缸缓解弹簧反力为（　　）。

A. 200 N　　B. 347 N　　C. 288 N　　D. 300 N

419. 单元制动器 178×2.85 型制动器效率为（　　）。

A. 0.6　　B. 0.44　　C. 0.76　　D. 0.85

420. 单元制动器 178×2.85 型制动缸充气压力 450 kPa 时闸瓦压力为（　　）。

A. 10 kN　　B. 25 kN　　C. 25.56 kN　　D. 18 kN

421. 机车（　　）的功能是保证机车能顺利通过曲线和侧线。

A. 转向架　　B. 一系悬挂装置

C. 牵引杆　　D. 牵引座

422. 每台车有（　　）条轴有停放制动设施。

A. 5　　B. 6　　C. 7　　D. 8

423. SS_{4B} 电力机车制动缸活塞行程超过（　　）mm 时将失去制动作用。

A. 10　　B. 15　　C. 9　　D. 12

424. JDYZ-4 型制动器调整闸瓦与踏面间隙时，应拉出锁紧机构拉环旋转（　　）。

A. 30°　　B. 45°　　C. 90°　　D. 80°

425. 神华号八轴交流机车转向架构架是一个简单、封闭的“（　　）”形框架，有两根侧梁，通过一根中间横梁和前后端梁连接在一起。

A. 目　　B. 日　　C. H　　D. 口

426. 神华号八轴交流机车闸片的间隙双边为（　　）。

A. 2～3 mm　　B. 3～4 mm　　C. 1～2 mm　　D. 以上都不对

427. 神华号八轴交流机车每个砂箱的容积为（　　）L。

A. 90　　B. 100　　C. 80　　D. 70

428. 神华号八轴交流机车每个架子有（　　）个二系钢圆簧。

A. 4　　B. 5　　C. 6　　D. 3

429. S_{4B} 机车 1 组圆簧有（　　）个簧组成。

A. 1　　B. 2

C. 1 个和 2 个都有可能　　D. 以上都不对

430. S_{4G} 机车 1 组圆簧有（　　）个簧组成。

A. 1　　B. 2　　C. 3　　D. 以上都不对

431. 轴箱拉杆芯轴分（　　）。

A. 粗拉杆芯轴和细拉杆芯轴　　B. 短拉杆芯轴和长拉杆芯轴

C. 圆拉杆芯轴很方拉杆芯轴　　D. 粗短拉杆芯轴和细长拉杆芯轴

432. 电力机车齿轮发蓝的原因通常是由于（　　）。

A. 加热温度太低　　B. 加热温度太高

C. 齿轮表面有油膜　　D. 不确定

433. 韶山 4 型电力机车摩擦减振器的摩擦片厚度（ ）时禁用。
A. ≤2.5 mm B. ≤2.0 mm C. ≤1.5 mm D. ≤0.5 mm

434. 固定摩擦片的螺丝是（ ）沉头螺丝。
A. $\Phi 5\times 15$ B. $\Phi 5\times 16$ C. $\Phi 5\times 18$ D. $\Phi 5\times 20$

435. 摩擦减振器安装螺丝孔（$\Phi 20$）滑扣需要用（ ）丝锥进行攻丝。
A. $\Phi 18$ B. $\Phi 16$ C. $\Phi 20$ D. $\Phi 12$

436. 电机吊杆销油嘴安装螺丝孔（$\Phi 10$）滑扣需要用（ ）细丝锥进行攻丝。
A. $\Phi 8$ B. $\Phi 5$ C. $\Phi 10$ D. $\Phi 6$

437. SS_4 机车有（ ）个轴箱拉杆。
A. 28 B. 30 C. 26 D. 32

438. SS_4 机车有（ ）组轴箱圆簧。
A. 32 B. 22 C. 30 D. 28

439. 检查构架铭牌，有（ ）不清时应恢复或更新。
A. 缺损 B. 松动
C. 松动或编号 D. 缺损、松动或编号

440. 制动器安装面与座应密贴，手制动杠杆与制动器调节手轮之间在自由状态下应有（ ）。
A. 间隙 B. 连接 C. 隔环 D. 以上都不对

441. 油压减振器是将电力机车振动冲击能量转变成（ ）。
A. 机械能 B. 化学能 C. 热能 D. 流体能

442. 韶山 4 型电力机车主电路的基本形式是（ ）传动系统。
A. 交-交 B. 交-直 C. 交-直-交 D. 直-直

443. 电力机车车钩主要具有（ ）。
A. 具有自动连挂性能
B. 具有闭锁、开锁、全开三态作用
C. 具有自动连挂性能；具有闭锁、开锁、全开三态作用

444. SS_{4B} 抱轴箱采用（ ）抱轴。
A. 轴承滚动 B. 轴瓦滑动 C. 摩擦 D. 转动

445. 轮毂踏面有（ ）两段斜面
A. 1:20 B. 1:10 两 C. 1:20 和 1:10 D. 以上都不对

446. 电力机车轴箱拉杆方轴与轴箱体及构架拉杆座联接在斜度为（ ）的斜面上。
A. 1:10 B. 1:9 C. 1:8 D. 1:6

447. 螺纹防松目的就是防止摩擦力矩（ ）和螺母回转。
A. 增大 B. 减小 C. 增加 D. 以上都不对

448. 神华号八轴交流机车牵引装置的质量（　　）。
A. 1 105 kg　B. 1 165 kg　C. 1 175 kg　D. 1 185 kg

449. 神华号八轴交流机车转向架质量约为（　　）。
A. 20 160 kg　B. 18 600 kg　C. 19 600 kg　D. 20 140 kg

450. 神华号八轴交流机车（25T 轴重）时的最大牵引力是（　　）kN。
A. 750　B. 760　C. 740　D. 730

451. 韶山 4 型电力机车轴箱内轴承内圈热套时，温度不得超过（　　）。
A. 150 °C　B. 145 °C　C. 140 °C　D. 130 °C

452. 韶山 4 型电力机车轴箱轴圈热套时，其温度不得超过（　　）。
A. 180 °C　B. 190 °C　C. 200 °C　D. 170 °C

453. 转向架的主要功用是承担机车重量，产生并传递牵引力和（　　），实现机车在线路上的行驶。
A. 牵引力　B. 制动力　C. 机车阻力力　D. 列车动阻力

454. 螺纹按用途可分为（　　）和传动螺纹。
A. 固定螺纹　B. 套螺纹　C. 连接螺纹　D. 攻螺纹

455. 用丝锥在孔中切削出内螺纹称为（　　）。
A. 固定螺纹　B. 套螺纹　C. 连接螺纹　D. 攻螺纹

456. 用板牙在轴上切削出外螺纹称为（　　）。
A. 固定螺纹　B. 套螺纹　C. 连接螺纹　D. 攻螺纹

457. 铆接时，选择铆钉直径的大小应与联接工件的（　　）有关。
A. 最小厚度　B. 最大厚度　C. 薄　D. 厚

458. 滚动轴承的结构，一般由（　　）和保持架组成。
A. 外圈　B. 内圈　C. 滚动体　D. 以上都是

459. 滚动轴承按滚动体种类分为（　　）轴承、球轴承和滚针轴承。
A. 滑动轴承　B. 圆柱滚子　C. 滚珠轴承　D. 滚珠轴承

460. 腐蚀通常分为化学（　　）两种类型。
A. 腐蚀　B. 电化学腐蚀
C. 氧化　D. 腐蚀.电化学腐蚀

461. 螺纹的牙型分（　　）等。
A. 三角形、梯形、锯齿型　B. 三角形、梯形
C. 梯形、锯齿型　D. 三角形、锯齿型

462. 韶山 4 型电力机车有（　　）横向油压减振器。
A. 4　B. 8　C. 6　D. 2

463. 韶山 4 型电力机车有（　　）垂向油压减振器。
A. 16　B. 14　C. 15　D. 12

464. 韶山 4 型电力机车采用（　　）下作用式自动车钩。

A. 11 号　B. 12 号　C. 13 号　D. 10 号

465. 韶山 4 型电力机车橡胶堆弹簧是由两块端板、（　　）隔板和橡胶硫化成整体。

A. 6 块　B. 7 块　C. 5 块　D. 4 块

466. 韶山 4 型电力机车心轴中间为球形体，两端成扁平. 并有两个直径（　　）的孔. 以便组装摩擦减振器用。

A. 18 mm　B. 20 mm　C. 22 mm　D. 21 mm

467. 韶山 4 型电力机车每台转向架斜对称布置了（　　）减振器。

A. 1　B. 2　C. 无　D. 以上都不对

468. 韶山 4 型电力机车旁承采用（　　）构成。

A. 弹性旁承　B. 橡胶堆　C. 板簧　D. 圆弹簧

469. 韶山 4 型电力机车每台转向架设置了（　　）砂箱装置。

A. 4　B. 2　C. 3　D. 1

470. 韶山 4 改型电力机车构架成（　　）形结构。

A. 目　B. 口　C. H　D. 日

471. 韶山 4 型电力机车每个转向架有（　　）轴箱接地装置。

A. 2　B. 1　C. 无　D. 以上都不对

472. 开口扳手大小之标称尺寸，通常以（　　）。

A. 厚薄表示　B. 重量　C. 长短　D. 口径

473. 轮对各部件之间都采用（　　）配合。

A. 间隙　B. 过盈　C. 过渡　D. 过盈或间隙

474. 电流的常用单位是（　　）。

A. W（瓦）　B. J（焦）　C. V（伏）　D. A（安）

475. 机车轮对探伤作业时，应设专人防护，与牵车作业者呼唤应答清楚，动车时以（　　）为宜。

A. 点动　B. 手动　C. 快速　D. 慢速

476. 探伤轮对配件时，必须打好（　　），如需转动轮对时，要与相关班组作业人员做好呼唤应答。

A. 木头　B. 止轮器　C. 螺母　D. 螺栓

477. 当钢丝绳弹性下降时，绳径（　　），节距伸长，用起来明显地觉得不易弯曲时予以报废。

A. 缩小　B. 增加　C. 变粗　D. 都不对

478. 吊环及专用吊索具实行（　　）制度，由工具管理员负责落实。

A. 使用时探　B. 月探　C. 季探　D. 年探

479. 使用电动工具前首先要检查（　　）和接地装置是否良好。

A. 开关　B. 绝缘　C. 摩擦片　D. 钻头

480. 接触网发生接地短路时，人要远离地点（　）m 开外。

A. 10　B. 15　C. 20　D. 18

481. 用过的废油.污油等要及时倒入废油桶，禁止倒入（　）或其他地方。

A. 油库　B. 油壶　C. 地沟、水池　D. 都不对

482. 严禁使用（　）或歪斜及带有油垢的物品做垫，以防崩出伤人。

A. 模具　B. 管子　C. 铁块　D. 木头

483. 库内任何人一旦发现火情火灾时，都应当立即（　），首先向中心负责人（或值班干部）、分公司安监室（或值班室）立即报告火情火灾发生情况。

A. 报警　B. 离开　C. 出库　D. 回家

484. 领用（　）物资时，实行交旧领新。

A. 高速钢　B. 黑色金属　C. 铸铁　D. 有色金属

485. 主要设备操作人员必须通过培训，经考试合格后发给操作证，（　）禁止使用设备。

A. 无操作证者　B. 班组长　C. 任何人　D. 职工

486. 棘齿高度原型为（　）。

A. 3.0 mm　B. 3.5 mm　C. 3.8 mm　D. 4.0 mm

487. 车钩扁销止挡螺栓直径小于ϕ（　）mm 或螺纹不良时更换。

A. 15　B. 18　C. 16　D. 14

488. SS_{4B}机车轮辋外径为（　）mm。

A. 1 050 ± 1　B. 1 053 ± 1　C. 1 035 ± 1　D. 1 070 ± 1

489. 检查轮箍扣环不得松动出槽，扣环如有裂损、开焊（　）。

A. 可焊修　B. 报废　C. 不可焊修　D. 都不对

490. 用（　）探伤对轮芯进行除漆探伤检查。

A. 渗透　B. 电磁　C. 超声波　D. X 射线

491. 抱轴箱轴向横动量原型为（　）mm。

A. 0.05 ~ 0.25　B. 0.05 ~ 0.20　C. 0.05 ~ 0.18　D. 0.05 ~ 0.15

492. 更换轴箱轴承必须（　）更换，不得混装。

A. 滚动体　B. 轴承外圈　C. 成套　D. 轴承内圈

493. 检查手制动拉杆、销轴、拉簧状态，销套间隙（　）时更新销或套。

A. 大于 0.5 mm　B. 大于 2 mm

C. 大于 1.5 mm　D. 大于 1.8 mm

494. 构架与轴箱中环处垂直距离，中修限度要求为（　）。

A. 30 ~ 55　B. 30 ~ 65　C. 30 ~ 75　D. 10 ~ 75

495. 垂减、横减阻尼系数不符合（　　）或示功图畸变时返修。

A. 500 ~ 800 N · s/cm　　B. 700 ~ 1 000 N · s/cm

C. 600 ~ 1 200 N · s/cm　　D. 900 ~ 1 200 N · s/cm

496. 外观检查摩减圆簧不许有断裂，其自由高应（　　）（中修限度）。

A. 不小于 95 mm　　B. 不小于 58 mm

C. 不小于 54 mm　　D. 不小于 46 mm

497. 检查制动缸内壁不得有锈蚀和磨痕，否则应用 0# 砂纸沿（　　）打磨光滑，拉伤者更新。

A. 横向　　B. 垂向　　C. 圆周　　D. 纵向

498. JDYZ-4 型制动器调整弹簧（mm）（　　）（中修限度）。

A. 28　　B. 31　　C. 25　　D. 20

499. 闸瓦间隙调整器的作用须可靠，即闸瓦与踏面平均间隙（　　）时开始动作。

A. 大于 5 mm　　B. 大于 6 mm　　C. 大于 4 mm　　D. 大于 3 mm

500. 探伤检查钩体上的横向裂纹、耳销孔处超过断面的（　　）的裂纹、销孔向尾部发展的裂纹禁止焊修并应报废。

A. 15%　　B. 25%　　C. 30%　　D. 40%

二、判断题

1. 牵引装置中修时需要测量牵引装置各销、套配合间隙，各销、套及关节轴承涂润滑脂。（　　）

2. 牵引装置只需要清洁检查，不需要电磁探伤。（　　）

3. 牵引装置中修时检查球轴承、销套、螺母和螺栓状态。（　　）

4. 用电磁探伤器对车轴进行探伤，并予以记录，有横向裂纹者更新，轴身部分深度不大于 3 mm 的轴向裂纹允许镟修或铲沟消除。（　　）

5. 超声波探伤检查齿轮和车轴以及轮箍。（　　）

6. 检查轮箍扣环不得松动出槽，扣环如有裂损，开焊不可焊修。（　　）

7. 中修时从动齿轮外观检查齿轮是否有断裂、剥离、崩角及点蚀。断裂者更新，剥离、崩角、点蚀超限者更新。（　　）

8. 大齿中修时用塞尺、齿形样板测量大齿轮的法面固定弦齿厚及齿形偏差，超限者更新。（　　）

9. 中修时轮对轮芯内外侧面涂红漆，轮箍外侧面涂白漆。弛缓线宽 25 mm、长 50 mm，每隔 120° 涂一条，轮箍内、外侧各三条，沿轮箍内、外侧面均匀分布，颜色为黄色油漆。（　　）

10. 轴身允许有不大于 4 mm 的缺陷存在（　　）。

11. 中修时牵引销检查、测量各销子磨耗量不大于 0.5 mm。（　　）

12. 牵引销与衬套间隙不大于 1.50 mm。（　　）

13. 中修机车的牵引销、电机悬挂销进行电磁探伤检查不许有裂纹。（　　）

14. 检查牵引座及三角撑杆座不得有开焊变形，局部缺损时不允许开坡口焊修。（　　）

15. 三角撑杆外观检查允许有变形。对叉部进行除漆探伤，允许有裂纹存在。（　　）

16. 中修时三脚架外观检查不许有变形。对各连接销孔周围、焊接处进行探伤检查不许有裂纹。（　　）

17. 中修牵引销装配时，应在圆销上、衬套内、各关节轴承及叉头摩擦面处涂润滑脂。（　　）

18. 中修检修测量橡胶堆数据在 254 ~ 258 mm 范围内。（　　）

19. 摩擦减震器主要是缓解垂向作用力。（　　）

20. 轴箱圆簧主要是缓解横向作用力。（　　）

21. 单元制动器闸瓦折叠销上安装的开口销任意安装。（　　）

22. 中修机车单元制动器检修完毕后，闸瓦折叠销上安装的开口销主要是防止折叠销脱落。（　　）

23. 中修时油压减震器检修完毕平放 24 小时无漏油现象。（　　）

24. 中修检修时橡胶堆测量数据≤252 mm 时，橡胶堆更新。（　　）

25. 中修时测量轴箱轴承组装间隙（mm）为 0.13 ~ 0.30 范围内。（　　）

26. 轴箱轴承是滚珠轴承。（　　）

27. 中修组装轴箱轴承时注意有字的一面朝外。（　　）

28. 中修时测量同一轴箱两轴承间隙差（mm）≯0.03。（　　）

29. 中修时测量轴箱拉杆中心距（mm）260 ± 2。（　　）

30. SS_{4B}/SS_{4G} 机车一系由一系轴箱圆簧和摩擦减震器组成。（　　）

31. 轮对包括轮子，车轴，从动齿轮，小齿。（　　）

32. 中修时测量车轴、套的配合过盈量在工艺范围内（　　）

33. 中修的测量牵引销、套的配合间隙在工艺范围内。（　　）

34. 中修时测量吊杆销、套的间隙，限度不大于 2 mm（　　）

35. 检查吊杆销与套的间隙大于等于 3 mm 时，可以继续使用。（　　）

36. 中修时测量吊杆销直径不小于 58.5 mm。（　　）

37. 中修时测量吊杆销直径≤57 mm 禁用。（　　）

38. SS_{4B}/SS_{4G} 机车轴距是 2 800 mm。（　　）

39. 交流机车轴距是 2 700 mm。（　　）

40. SS_{4B}机车与SS_{4G}机车采用整体轮。(　　)

41. 中修时测量原型轴直径 160 +（0.027 ~ 0.052）mm 在工艺范围内。(　　)

42. 中修时测量轴直径每降 1 级为 0.5 mm。(　　)

43. 轴直径为 159 mm，是降 1 级。(　　)

44. 轴圈比轴径大。(　　)

45. 基础制动使用的润滑油是机车滚动轴承脂。(　　)

46. 中修时 178 × 2.85 型制动器的制动缸圆锥弹簧更新。(　　)

47. 178 × 2.85 型制动器的制动机构各销磨耗量（mm）限度≤1。(　　)

48. 中修时 178 × 2.85 型制动器的制动机构各销磨耗量（mm）禁用限度≥1.5。(　　)

49. 中修时测量 178 × 2.85 型制动器的制动机构各销、套间隙（mm）中修限度≤1.5。(　　)

50. 中修时测量 178 × 2.85 型制动器的制动机构各销、套间隙（mm），禁用限度≥2.5。(　　)

51. 中修时 178 × 2.85 型制动器的单缸制动闸瓦间隙（mm）为 6 ~ 9。(　　)

52. 中修时检查 178 × 2.85 型制动器的单缸制动闸瓦间隙一次调整量（30 齿）0.2 mm。(　　)

53. 中修机车落车完毕后，178 × 2.85 型制动器间隙需要调整，调整推压、拉连杆使棘钩脱钩。(　　)

54. 178 × 2.85 型制动器的制动缸不分左右。(　　)

55. 闸瓦安装时圆弧面朝外。(　　)

56. 闸瓦折叠销安装时折叠方朝内。(　　)

57. 制动缸内径（mm）为 179，锈蚀严重更新。(　　)

58. JDYZ-4 型的制动器调整闸瓦间隙（mm）为 8 ~ 10。(　　)

59. 178 × 2.85 型制动器和 JDYZ-4 型制动器的是相同倍率。(　　)

60. JDYZ-4 型制动器的制动缸盖分左右。(　　)

61. 制动缸内壁锈蚀打磨时可以纵向（竖）打磨。(　　)

62. JDYZ-4A 型制动器与手制动杆相连接。(　　)

63. 机车单元制动器是充风缓解，排风制动。(　　)

64. 178 × 2.85 型制动器人工调整间隙时右旋为调大闸瓦间隙，不需脱钩。(　　)

65. SS_4电力机车的基础制动装置均采用独立箱式盘式制动器。(　　)

66. 中修时SS_4电力机车的基础制动装置安装有 178 × 2.85、JDYZ-4 两种类型制动器。(　　)

67. 中修时 178×2.85 制动器闸瓦间隙过大，通过手轮调节闸瓦间隙达到 6～9 mm 范围。（ ）

68. 制动器检修完毕安后不需要把闸瓦托收回。（ ）

69. 中修机车落车完毕后需要调整闸瓦间隙。（ ）

70. 中修架落车过程中盯镐人员精力集中，密切注意各镐升降运行状况。（ ）

71. 架落车时中心管理人员未在现场也可以架落车。（ ）

72. 吊装锁具是每个月探伤一次。（ ）

73. 中修配件吊装，使用吊装锁具前必须检查良好。（ ）

74. 进中修机车时安装圆簧卡子的危险源“拆卸圆簧时未确认穿销及簧卡状态”控制措施是：（1）装卡后作业组长确认簧卡穿销状态；（2）拆卸前作业人员确认簧卡穿销状态。（ ）

75. 进中修机车时安装圆簧卡子的危险源“拆卸圆簧时未确认穿销、簧卡状态”控制标准：圆簧穿销入位，螺杆突出螺母端面 2～3 mm。（ ）

76. 危险源“轴箱圆簧压装测试过程中产生偏斜”控制措施是：（1）持证操作设备；（2）圆簧对准测试中心。（ ）

77. 中修时使用电动工具打磨裂纹配件的危险源“使用手持电动工具防护措施不足”控制措施是：通电前确认开关状态，使用时戴好防护服、护目镜及防护手套。（ ）

78. 危险源“轨道平车使用防护措施不足”控制措施是：（1）平车推动速度不大于 0.5 m/s，前方安排专人监护；（2）平车停止后吊卸配件。（ ）

79. 中修轮对探伤滚动时的危险源“滚动轮对时速度失控”控制措施是：（1）监控前方无障碍；（2）确定滚动范围、终端设置止挡；（3）脚部远离轮对。（ ）

80. 中修配件检修的危险源“检修配件倾倒掉落”控制措施是：配件放置时支撑可靠、检修配件不得超出工作台边缘。（ ）

81. 中修配件探伤的危险源“探伤作业错探、漏探”控制措施是：（1）按证件资质要求作业；（2）执行监探作业。（ ）

82. 危险源“交验机车走行部关键部位状态不良”控制措施是：（1）制动钳工试验制动器动作正常；（2）机车钳工检查紧固件连接可靠。（ ）

83. 危险源“交验机车走行部关键部位状态不良”是属于行为类危险源。（ ）

84. SS_{4B} 电力机车对轮径差要求同一台机车轮径差禁用≥15 mm。（ ）

85. 轮箍与钢轨内侧面接触凸缘部分称为轮毂。（ ）

86. 轮箍踏面磨耗深度≥4 mm 禁用。（ ）

87. 危险源“机车走行部故障抢修防护措施不到位”是属于设备类危险源。（ ）

88. 电力机车轮轨间的黏着力随牵引力的增大而增大。（ ）

89. 电力机车轮轴重大时黏着系数变小。（ ）

90. 危险源“天车吊挂物件不牢”是低度危险源。（ ）

91. 选择滚动轴承润滑油时工作温度低油的黏度也高。（ ）

92. 危险源“吊挂物件时扶持位置不正确”控制标准：起吊，下落物件时确保配件安全（ ）

93. 在润滑油的牌号数值越大，黏度越低。（ ）

94. 危险源“使用断股破损吊索具”控制措施：（1）使用前检查吊索具状态良好；（2）每月对吊索具状态检查一次；（3）每季度对吊索具进行探伤检查。（ ）

95. 中修时倒入油压减振器内储油缸油的黏度越大、阻力越大；反之油的黏度越小、阻力越小。（ ）

96. 中修时调节油压减振器内节流孔的大、小，直接影响减振性能。（ ）

97. 危险源“架落车过程中车体倾斜”是属于行为类危险源。（ ）

98. 钻头磨钝可继续钻孔只是速度慢些对钻头没有影响。（ ）

99. 套螺纹时板牙端面与圆杆轴线应保持 30° 角。（ ）

100. 正确选择尺寸基准是为了减少和避免坯件报废。（ ）

101. 中修 SS_{4G} 型机车与 SS_{4B} 型机车的橡胶堆互相通用。（ ）

102. 中修 SS_{4G} 型机车与 SS_{4B} 型机车的牵引杆互相通用。（ ）

103. SS_{4G} 型机车和 SS_{4B} 型机车的三脚撑杆互相通用。（ ）

104. 中修 SS_{4G} 型机车与 SS_{4B} 型机车的三脚架互相通用。（ ）

105. 中修 SS_{4G} 型机车与 SS_{4B} 型机车的油压减振器是互相通用。（ ）

106. 中修 SS_{4G} 型机车与 SS_{4B} 型机车的摩擦减震器互相通用。（ ）

107. SS_{4G} 型机车和 SS_{4B} 型机车的轴向拉杆不能互相通用。（ ）

108. SS_{4G} 型机车和 SS_{4B} 型机车的轴箱圆簧互相通用。（ ）

109. 振动会使机车，零部件得到保护。（ ）

110. SS_4 型机车和神八型机车的轴距是 2 900 mm。（ ）

111. SS_4 型机车和神八型机车的构架都采用日子型结构。（ ）

112. SS_4 型机车和神八型机车都采用交-直传动。（ ）

113. SS_4 型机车和神八型机车都采用直流电机。（ ）

114. SS_4 型机车和神八型机车都采用箱体轮。（ ）

115. SS_4 型机车和神八型机车都采用铝合金齿轮箱。（ ）

116. 中修时油压减振在保修期内。不需要试验。（ ）

117. SS_{4G} 型机车和 SS_{4B} 型机车的齿轮箱是互相通用。(　　)

118. SS_{4G} 型机车和 SS_{4B} 型机车的牵引电机是互相通用。(　　)

119. SS_{4G} 型机车和 SS_{4B} 型机车都采用滚动轴承抱轴式。(　　)

120. SS_{4G} 型机车和 SS_{4B} 型机车的齿轮箱油是同种型号。(　　)

121. SS_4 型机车和神八型机车的牵引杆是互相通用。(　　)

122. SS_{4B} 型机车和神八型机车的齿轮箱油是同种型号。(　　)

123. 178×2.85 制动器和 JDYZ-4 制动器的间隙调整器互相通用。(　　)

124. 当机车常速运行时此时的噪音主要来运行中鸣笛。(　　)

125. SS_{4B} 型电力机车机车司机室前窗采用一块电热玻璃。(　　)

126. 列车的基础制动器充风制动，排风缓解。(　　)

127. 178×2.85 制动器和 JDYZ-4 制动器的制动缸盖互相通用。(　　)

128. SS_{4G} 型机车和 SS_{4B} 型机车的制动缸缓解弹簧都采用塔簧。(　　)

129. 中修 SS_{4G} 型机车、SS_{4B} 型机车的牵引销是互相通用。(　　)

130. 中修 SS_{4G} 型机车、SS_{4B} 型机车的牵引销都有 28 个。(　　)

131. SS_{4G} 型机车和 SS_{4B} 型机车的电机吊杆座（电机吊杆悬挂座）是互相通用。(　　)

132. 中修 SS_{4G} 型机车、SS_{4B} 型机车同一类型基础制动器的配件是互相通用。(　　)

133. MT-2 型缓冲器是弹性胶泥缓冲器。(　　)

134. QKX100 胶泥缓冲器的压缩高度应≮560。(　　)

135. SS_{4B} 型电力机车采用的是并励直流牵引电机电动机。(　　)

136. 机车重力的传递途径是指力从机车上部重量传递到车钩的过程。(　　)

137. 机车牵引力的传递途径是指力从轮轨接触点产生的牵引力传递到机车上部的过程。(　　)

138. SS_{4B} 型机车的轴列式 B_0-B_0。(　　)

139. 电力机车空气管路系统的风源是由牵引风机产生的。(　　)

140. 韶山 $_{4B}$ 型电力机车传动比是 77/17。(　　)

141. SS_{4B} 型机车和神八型机车都采用直齿轮传动。(　　)

142. SS_{4B} 型转向架传递牵引力的方式为平行牵引杆牵引方式。(　　)

143. SS_{4G} 型机车和 SS_{4B} 型机车都采用双侧斜齿轮传动。(　　)

144. SS_{4G} 型机车和神八型机车都采用双侧斜齿轮传动。(　　)

145. 所有的运输设备都会产生蛇行运动。(　　)

146. 神八型机车换牵引电机时不用起构架。(　　)

147. SS_4 型机车和神八型机车的轴箱是互相通用。(　　)

148. SS_4 型机车和神八型机车的轴箱轴承都是采用圆柱滚子轴承。(　　)

149. 转向架蛇行通常发生于较低速度运行时。(　　)

150. SS_{4G} 型机车的牵引电机功率比 SS_{4B} 型机车的牵引电机功率小。(　　)

151. 轮对蛇行是轮对的侧摆与摇头发生在低速运行时。(　　)

152. 电力机车运行时是一个较为简单的振动系统。(　　)

153. 检修制动器时所需要的量具只需要游标卡尺。(　　)

154. 中修时检修牵引销需、电机吊杆销要的量具有游标卡尺。(　　)

155. 中修时检修圆簧需要的量具有卷尺。(　　)

156. 压装芯轴拉杆时涂抹的是机油。(　　)

157. 中修时压装摩擦减震器球铰时涂抹的是蓖麻油。(　　)

158. 圆簧压装时无证也可以操作设备。(　　)

159. 中修圆簧检修时精力要集中，SS_{4B} 圆簧试验压缩压力值 42.64 kN，1 N≈0.1 kg，42.64 kN 相当于 4.3 t 重物压在圆簧上，如果圆簧弹出破坏力相当大。(　　)

160. 中修检修时 SS_{4G} 型机车、SS_{4B} 型机车的电机吊杆是互相通用。(　　)

161. 轮对各部件之间都采用间隙配合。(　　)

162. 砂箱一般安装在构架的牵引梁上。(　　)

163. 螺纹连接属于不可拆的固定连接。(　　)

164. 电力机车的构架向轮对传递垂向力，纵向力与横向力的主要构件是牵引梁。(　　)

165. 孔的尺寸减去轴的尺寸所得代数差为正时的配合为过盈配合。(　　)

166. 中修时韶山型电力机车摩擦减振器的弹簧自由高需要测量，高度原型为 100 mm。(　　)

167. 轴箱装设在车辆两端的轴身上。(　　)

168. 轴箱与转向架的固定形式称为轴箱定位。(　　)

169. 电力机车构架的主要承载梁是牵引梁。(　　)

170. 螺栓与槽型螺母配合用于锁定其他零件。(　　)

171. 转向架蛇行运动时构架与车体产生相对位移，使组装在这两者之间的摩擦减震器相对滑动，产生阻尼、达到阻止伸缩运动的目的。(　　)

172. 电力机车牵引缓冲装置安装在车体底架的侧梁上。(　　)

173. 油压减振器是利用油液的黏稠性形成阻尼吸收振动冲击能量(　　)

174. 车钩闭锁状态开度应为 90 ~ 127 mm。(　　)

175. 韶山 4 型电力机车排障器最低点至轨面高度应调整在 110 mm。(　　)
176. 韶山 4 改型型电力机车每个转向架有 2 个轴箱装置。(　　)
177. 操作手提电钻钻孔即将贯穿时，所施的压力应增大。(　　)
178. 转向架要满足运行条件时不需要考虑造价问题。(　　)
179. 使用手提电钻工作时应一手抓工件一手握电钻。(　　)
180. 高速旋转机构中，轴承间隙过大则不可能引起振动。(　　)
181. SS_{4G} 型机车和 SS_{4B} 型机车的基础制动器是不互相通用。(　　)
182. 车间内的各种起重机、电瓶车、平板车属于起重运输设备。(　　)
183. 美观是定位销的功用。(　　)
184. 联接轮对与构架的活动关节不是轴箱。(　　)
185. 开口销的功用为防止螺帽与螺钉紧固。(　　)
186. 机车检修中不属于段修修程的是辅修。(　　)
187. 机车检修中属于段修修程的是厂修。(　　)
188. 可以从车顶上，转向架上向下抛掷工具和其他物品。(　　)
189. 齿轮传动只能用于实现较小的传动比。(　　)
190. 横向油压减振器主要减弱机车的点头运动。(　　)
191. 轴重超差应在二系橡胶堆上加减调整垫片无效。(　　)
192. 齿轮传动的传动效率要低于带传动。(　　)
193. 齿轮的主要失效形式是轮齿的点蚀。(　　)
194. 中修配件尺寸测量过程中，无论测量值如何准确、必然存在测量误差。(　　)
195. 电力机车轮芯与车轴注油压装的油压各车型是相同的。(　　)
196. 过盈连接件的拆装都是用压力拆卸法拆卸。(　　)
197. 国家标准规定了基孔制和基轴制，一般情况下，应优先采用基轴制。(　　)
198. 等径丝锥比不等径丝锥切削量分配合理。(　　)
199. 拧紧长方形布置的成组螺钉，螺母时，应从一端开始，按顺序进行。(　　)
200. 电磁加热也可加热金属以外的物体。(　　)
201. 电力机车新的轮箍轮缘内侧有 $R = 32$ mm 的倒角。(　　)
202. 中修吊装及吊运配件时配件下方禁止站人。(　　)
203. SS_{4B} 型电力机车磨耗型踏面为 JN2 型。(　　)
204. 起重用的吊具只要达到它的强度计算值即可使用。(　　)
205. 手制动故障能引起动轮擦伤但不会引起动轮迟缓。(　　)

206. 单侧齿轮传动比双侧齿轮传动更能传递转矩 。(　　)

207. 单侧齿轮传动一般用斜齿轮传动而不用直齿轮传动。(　　)

208. 摩擦减振器的阻尼是机械摩擦力与摩擦件的相对速度有关。(　　)

209. 摩擦减振器的阻尼与电力机车的运行速度有关。(　　)

210. 组装抱轴瓦时抱轴瓦端面与轮心衬面间隙≥1.5 mm。(　　)

211. 滚道的形状误差不会影响轴承的精度。(　　)

212. 中修试验油压减振器的减振性能与减振器内节流孔大、小有关。(　　)

213. 中修试验油压减振器的减振性能与减振器内活塞面积大、小有关。(　　)

214. 中修试验油压减振器的减振性能与减振器内油液黏度无关。(　　)

215. 电力机车发生轴重转移与牵引力无关。(　　)

216. 钳工不是机械加工行业中的一个工种(　　)

217. 中修时制动器检修完毕试验的，制动缸排气缓解、充气制动。(　　)

218. 韶山型电力机车所有转向架的结构完全相同。(　　)

219. 辐条式轮心质量大，铸造时内应力小运用中易发生辐条断裂。(　　)

220. 辐板式轮心，具有重量轻强度好等优点。(　　)

221. S_{4B} 型电力机车牵引电机采用用空心轴全悬挂。(　　)

222. 轮箍套装过紧不会引起轮箍崩裂。(　　)

223. 轴承的选择改变不了机车曲线通过时对轮对产生的侧向力。(　　)

224. 轮箍与钢轨内侧面接触凹缘部分称为轮缘。(　　)

225. 踏面起着导向，防止脱轨的重要作用。(　　)

226. 轮箍踏面成锥形是机车直线通过的需要。(　　)

227. 轮箍轮缘具有锥度后，轮对在直线上运动时会形成轮对摇摆运动。(　　)

228. 侧向摩擦减振器的作用是衰减车体的上下振动。(　　)

229. 机车处于停车制动位不会影响制动器的动作。(　　)

230. 电力机车在运行中手制动装置能起到很好的辅助制动作用。(　　)

231. 中修时更换新的螺栓根据工件的厚度选择螺栓长度，螺栓紧固后至少漏出 2、3 丝扣。(　　)

232. 大部分橡胶件不具有减振的作用。(　　)

233. 中修时更换所有直径 20 mm 弹垫，紧固后弹垫开口不大于 2 mm。(　　)

234. 中修时组装轴箱润滑油脂不足、过多是引起轴箱发热的一个原因。(　　)

235. 油压减振器实质上不是一个密封的充满油液的油缸。(　　)

236. 油压减振器的节流孔孔径愈小，阻力愈小。(　　)

237. 油压减振器的油液的黏度愈大阻力愈小。(　　)

238. 油压减振器当振动强烈时减振性能相应减弱，当振动微弱时减振性能增强。(　　)

239. 韶山 4 改型电力机车每个弹簧组有内、中、外 3 个弹簧。(　　)

240. 动轮踏面两段斜面的作用之一是：踏面有锥度，使之与轨面接触面减少增加了摩擦阻力。(　　)

241. 一系轴箱圆簧是由 1 个压盖和 2 圆簧组成。(　　)

242. 对于个别过硬或过软的弹簧，损坏的弹簧，不一定进行更换。(　　)

243. 单侧齿轮传动的优点是牵引电动机的轴向尺寸可以加大，结构也较简单，制造成本高。(　　)

244. 单侧齿轮传动左右轮子的受力相同。(　　)

245. 双侧齿轮传动一般用直齿轮，不用斜齿轮。(　　)

246. 电力机车上齿轮传动都是加速齿轮传动。(　　)

247. 加速齿轮传动即可保持牵引电动机在高效率的转速范围内工作又可以加大轮对的转矩。(　　)

248. 齿轮传动由主动齿轮与机架组成。(　　)

249. 车钩缓冲器在运行中，机车的横向力都是经过缓冲器来传递的以改善运行品质。(　　)

250. 中修机车对上下齿轮箱合口涂抹 587 胶，是防止齿轮箱漏油，以及防止尘土、沙石等污物对齿轮油的侵蚀。(　　)

251. 电机悬挂装置只承受电机静载荷。(　　)

252. 转向架的主要功用是承担机车重量，产生并传递牵引力和横向，实现机车在线路上的行驶。(　　)

253. 车体支承装置是转向架与车体之间的连接部分，又是二者相对位移的活动关节，主要传递横向载荷。(　　)

254. 牵引缓冲装置安设于车体前后两端，用来实现机车与车列的连接，传递垂向力，缓和纵向冲动。(　　)

255. 车轮由轮箍和轮心组装而成，它们之间采用间隙配合，用压装方式紧套在一起。(　　)

256. 转向架的功用之一是尽可能缓和线路不平顺对机车的冲击，保证机车运行平稳、减少动作用力及其危害。(　　)

257. 弹簧悬挂装置的作用之一是：把机车的重量弹性地通过轴箱、轮对传到钢轨上去，并把这些重量均匀地分配到各轮对上，使机车轴重发生显著变化。(　　)

258. 韶山 4 改电力机车在转向架构架与车体底架之间，装设有侧向摩擦限制器，其作用是衰减车体的垂向振动。(　　)

259. 机车通过曲线时是利用橡胶堆的扭转力矩起复原作用。(　　)

260. 韶山 4 改型电力机车牵引电机的抱轴承采用滚动轴承。(　　)

261. 转向架的功用之一是承担机车上部重量，包括车体及各种电气、机械设备重量，并把这些重量传向钢轨即传递纵向力。(　　)

262. 转向架的功用之一是在钢轨的引导下，实现机车在线路上的行驶，并保持直线运行的安全，承受各种横向力。(　　)

263. 中修时弹簧调整高度的有效方法是在弹簧下面加减垫块。(　　)

264. 韶山 4B 机车与韶山 4 改型机车均采用双边刚性直轮传动。(　　)

265. 设备在正常使用过程中，不会有设备的隐患，更不会形成严重事故。(　　)

266. 造成工件严重变形或夹坏的原因是夹紧力过小，夹紧位置不适当。(　　)

267. 电力机车机械部分包括车体，转向架，平波电抗器。(　　)

268. 排障器位于牵引梁左侧，用于排除线路上的障碍物 (　　)

269. 齿轮箱领圈槽深的原形为 10 mm (　　)。

270. 电力机车砂管与踏面距离为 5 ~ 6 mm (　　)。

271. 中修转向架解体时安装在构架上的轴箱拉杆、轴箱圆簧必须拆解。(　　)

272. 中修时需要对制动器、摩擦减振器进行解体检修。(　　)

273. 侧向摩擦减振器的作用是衰减车体的上下振动。(　　)

274. 发生动轮弛缓时可以牵引列车。(　　)

275. 可以在活动钳身的光滑表面上进行敲击作业。(　　)

276. 台虎钳夹持工件时，可套上长管子扳紧手柄，以增加夹紧力。(　　)

277. 轴列式字母表示法中的 B 即 1。(　　)

278. 车体的功能中不能传递垂向力。(　　)

279. 车体不需要有足够的强度和刚度。(　　)

280. 机车在运动过程中每根轴压在钢轨上的重量称为轴重。(　　)

281. 中修时加入齿轮润滑油使油位能浸至大齿轮、轮齿的 1/3 处的高度合适。(　　)

282. 附加摩擦力防松装置：锁紧螺母（单螺母）防松，弹簧垫圈防松。(　　)

283. 械方法防松装置：开口销与带槽螺母防松，串联螺母防松。(　　)

284. 连续施行空气制动时，轮箍发热不会产生松缓。(　　)

285. 良好的弹簧装置，能使机车运行平稳，振动加大。(　　)

286. 机车部件的日常检修不需要严格执行检修作业流程。(　　)

287. “四按三化”中的“标准化”是指在检修工作中，人与人之间要文明用语。(　　)

288. 机车“一保”系指段修机车在第一次小修前，不发生机破，临修。(　　)

289. 机车中修、小修、辅修范围内的主要工作和超修活件必须执行记名检修。(　　)

290. SS_4型机车定期检修的修程为大修、中修、小修和辅修。(　　)

291. 机车定期检修称为超修。(　　)

292. 小、辅修时机车报活用“机统一6”；机车临修报活用“机统一6”。(　　)

293. 机车轮对内侧距离为1 430 mm。(　　)

294. 中修机车按工艺检修是落实“四按、三化”记名检修工作中的重中之重。(　　)

295. 机车检修周期应根据机车间隔时间确定。(　　)

296. “四按三化”记名检修中，信息化属于“三化”的内容。(　　)

297. “四按三化”记名检修中，按制度属于“四按”的内容。(　　)

298. 中修机车“一保”系指中修机车在第一次辅修前，不发生机破、临修。(　　)

299. 机车小修一般应在大厂进行修理。(　　)

300. 测量车钩的开度时从最大处测量：满开位为220 ~ 235 mm。(　　)

301. 神八车轴是空心轴。(　　)

302. 检查电力机车轮对踏面以1:15和1:10两段斜面制成圆锥形。(　　)

303. 交流机车减振措施有橡胶减振、弹簧减振、油减减振。(　　)

304. 卡规按规定定期检查鉴定。(　　)

305. 千分尺可用测量运动中的工件，可用来测量毛坯。(　　)

306. 预紧力过小：在振动过程中会振松、掉落、起不到紧固作用。(　　)

307. 预紧力过大：螺栓存在过大应力，振动过程中会出现断裂或疲劳破坏、影响使用寿命。(　　)

308. 轴箱轴承组装前测量间隙为0.1 mm，也可以组装轴承。(　　)

309. 中修时更换轮箍在轮芯、轮箍间放置扣环是防止轮箍弛缓时外窜，确保机车安全。(　　)

310. 韶山4改型机车是韶山4型发展到韶山$_{4B}$型的过渡产品以便满足我国客运铁路运输发展的需要。(　　)

311. SS_4型机车与神八机车采用吊杆式弹簧复原装置。(　　)

312. 齿轮箱内油过多产生足够的润滑有助于齿轮传动。(　　)

313. 砂箱装置由砂箱和砂箱盖以及支架组成。(　　)

314. 中修时检查砂箱是否有裂纹、变形，裂纹时进行焊修，变形不严重的可以整修，严重的换新。(　　)

315. 齿轮箱上的排气孔,是为了防止齿轮在高速运转时,齿轮箱内的压力升高而设置的。(　　)

316. SS_4型机车电机悬挂方式为架悬式全悬挂。(　　)

317. SS_4型电力机车装有 4 套手制动装置。(　　)

318. 电力机车车体与转向架之间安装橡胶堆是为了增强机车的振动。(　　)

319. 电力机车轴箱上安装接地装置最主要的目的是防止人在机车上触电。(　　)

320. 电力机车上的牵引装置，既传递牵引力、又传递横向力。(　　)

321. 中修时，轴箱轴承组装间隙小是引起轴箱发热的因素之一。(　　)

322. 工件钻孔时，为了安全着想，最好是戴手套操作。(　　)

323. 油的黏度越大，其润滑作用越好。(　　)

324. 机车中修时，悬挂端的吊杆、销子应进行电磁探伤检查不得有裂纹。(　　)

325. 中修组装架子时，测量两轴箱中心距离来固定轴距。(　　)

326. 锉刀的材料一般为合金工具钢。(　　)

327. 丝锥、板牙通常用碳素工具钢来制造。(　　)

328. 机车在静止状态下每根轮轴压在钢轨上的质量称为轴重。(　　)

329. 钻深孔的关键问题是解决加热和排屑。(　　)

330. 齿轮箱与轮箍内侧面上下距离偏差$\ngtr$2 mm 根据各连接处的间隙进行加垫处理。(　　)

331. 中修时油压减振器组装螺盖涂抹 272 乐泰胶。(　　)

332. 通常把低于 24 V 电压叫安全电压。(　　)

333. 中修时组装闸瓦、闸瓦签、闸瓦签折叠销，注意不要装反方向、且应与轮缘踏面相吻合。(　　)

334. 交流机车每台车有 4 条轴有停放制动设施。(　　)

335. 电力机车电机轴端的小齿轮是采用热套压装方法退卸的。(　　)

336. 电力机车齿轮传动都是加速齿轮传动。(　　)

337. 电力机车齿轮传动比的数值应尽可能是循环小数。(　　)

338. 一般电力机车齿轮传动比 > 5。(　　)

339. 大小齿采用变位齿轮的目的主要是降低转速增大转矩。(　　)

340. 电力机车齿轮发蓝的原因通常是由于加热温度太低。(　　)

341. 交流机车齿轮箱材质合金钢。(　　)

342. 轮对各部件之间组装的采用的是间隙配合。(　　)

343. 车轴是铸钢件。(　　)

344. 电力机车轮对轮与轴的装配应采用的装配方法是完全互换装配法。(　　)

345. 车轴的圆弧部分表面经过喷丸处理。(　　)

346. 轴重转移会改变机车总的黏着重量系数。(　　)

347. 电力机车迟缓线的宽度为 15 mm 长度为 70 mm。(　　)

348. 牵引电动机半悬挂的优点是簧下质量大轮轨的动载荷大。(　　)

349. SS_{4B} 型电力机车转向架构架总重是 3 500 kg。(　　)

350. 车体与转向架限位装置纵向间隙为 34 mm。(　　)

351. SS_{4B} 型电力机车每一台转向架有 8 个轴箱悬挂装置。(　　)

352. 电力机车的轴箱拉杆主要起传递横向力的作用。(　　)

353. 电力机车轴箱内零件按工艺要求应采用的装配方法是分组法。(　　)

354. 交流机车扫石器距轨面高度 20 ~ 25 mm。(　　)

355. 一般情况下优先使用的配合基准制为基轴制。(　　)

356. 交流机车排障器高度要求不低于 100 mm。(　　)

357. 交流机车扫石器高度要求为 15 ~ 35 mm。(　　)

358. 交流机车排石器高度要求为 70 ~ 80 mm。(　　)

359. 交流机车轨距 1 335 mm。(　　)

360. 交流机车新轮滚动圆直径 1 150 mm。(　　)

361. 电力机车齿轮箱箱体均为 45 钢焊接结构。(　　)

362. 交流机车撒砂软管距轨面高度（20 ± 2）mm。(　　)

363. 加入齿轮油使油位能浸至大齿轮轮齿的 2/3 的高度处最合适。(　　)

364. 交流机车电机吊杆连接六角螺栓 M30 × 2 × 200 安装扭矩为（1 270 ± 10）N · m。(　　)

365. 交流机车牵引装置牵引球铰压盖安装内六角螺钉 M24 × 130 安装扭矩为 400 N · m。(　　)

366. 交流机车抱轴箱与电机连接螺栓安装扭矩为 1 800 N · m。(　　)

367. 交流机车轴箱拉杆安装扭矩为 700 N · m。(　　)

368. 交流机车牵引座与车体连接螺栓安装扭矩为 2 050 N · m。(　　)

369. 交流机车排石器支架与构架连接螺栓安装扭矩为 100 N · m。(　　)

370. 交流机车一系垂向减震器安装螺栓扭矩为 200 N · m。(　　)

371. 中修时转向架组装，要求齿轮箱、轮箍内侧面，上下距离偏差≤5 mm。(　　)

372. 中修时转向架组装齿轮箱合箱前应捞箱检查，确认箱内干净，无异物。(　　)

373.《铁路技术管理规程》中规定电力机车轮箍踏面擦伤深度应不大 7 mm。(　　)

374. JPXZ-1 型盘型制动器没有手拉环。(　　)

375. JPXZ-2 型盘型制动器带有手拉环。(　　)

376. 交流机车有电制动、自动制动、单独制动、后备制动、停放制动。(　　)

377. 油位检查必须在机车停放在平直道 2 小时后进行，油位需接近油标上刻度线，不得低于下刻度线（或油位处于油标上的标记圆环内。(　　)

378. 整体起吊装置组成：2 个圆形缓冲垫，1 个均衡梁，2 个挡板组成。(　　)

379. 交流机车一系悬挂装置由：钢圆簧，轴箱拉杆等组成。(　　)

380. 交流机车二系悬挂装置由：二系垂向油压减振器，端部水平减振器等组成。(　　)

381.《铁路技术管理规程》中规定电力机车轮箍踏面擦伤深度应不大 7 mm。(　　)

382. 电机悬挂装置起着悬挂电机保证电机与电机吊杆的相对运动，防止电机意外掉落的作用。(　　)

383. 轮箍踏面磨耗深度≥4 mm 禁用。(　　)

384. 电力机车轮轨间的黏着力随牵引力的增大而增大。(　　)

385. 电力机车轮轴重大时黏着系数变小。(　　)

386. 选择滚动轴承润滑油时工作温度低油的黏度也高。(　　)

387. 选择滚动轴承润滑油时工作负荷大油的黏度要低。(　　)

388. SS_4 改型电力机车抱轴瓦间隙超过 0.6 mm 时应该重新挂合金或换瓦。(　　)

389. 抱轴瓦全部需要铲出椭圆形状。(　　)

390. 抱轴刮瓦量过多轴与瓦间形成不了油隙使各部位形成干摩擦。(　　)

391. 交流机车轮对驱动装置由轮对，轴箱，齿轮箱，抱轴悬挂装置等主要零部件组成。(　　)

392. 在轴瓦内表面浇铸一层巴氏合金的目的是润滑配合轴。(　　)

393. 交流机车起吊装置起吊时，车体将构架升起，通过二系横向减振器将轮对提升。(　　)

394. 用钢做成的轴瓦基体与巴氏合金的结合力最好。(　　)

395. 制动缸缸壁轻微拉伤可用砂纸出上下打磨处理。(　　)

396. 重联门上安装自动锁闭器是提高乘务人员通过重联门的警惕性。(　　)

397. 机车上下联动门锁锁芯安装在上锁内。(　　)

398. SS_{4B} 型电力机车机车司机室前窗采用一块电热玻璃。(　　)

399. MT-2 型缓冲器的额定行程为≤80 mm。（ ）

400. MT-2 型缓冲器的额定行程为≤2 270 kN。（ ）

401. JPXZ-2 型盘形制动器没有停放制动功能。（ ）

402. JPXZ-1 型盘形制动器有停放制动功能。（ ）

403. 制动盘磨耗限度为每侧不超过 8 mm。（ ）

404. MT-2 型缓冲器加载和卸载时作用力都较为平稳。（ ）

405. 交流机车最大速度为 100 km/h。（ ）

406. 盘形制动器的蓄能弹簧力为 7 500 ~ 10 000 N。（ ）

407. SS_{4B} 型电力机车采用的是并励直流牵引电机电动机。（ ）

408. 机车重力的传递途径是指力从机车上部重量传递到车钩的过程。（ ）

409. 机车牵引力的传递途径是指力从轮轨接触点产生的牵引力传递到机车上部的过程。（ ）

410. S_{4B} 型转向架传递牵引力的方式为平行牵引杆牵引方式。（ ）

411. 转向架蛇行通常发生于较低速度运行时。（ ）

412. 轮对蛇行是轮对的侧摆与摇头发生在低速运行时。（ ）

413. 齿轮传动只能用于实现较小的传动比。（ ）

414. 齿轮传动的传动效率要低于带传动。（ ）

415. 齿轮的主要失效形式是轮齿的电蚀。（ ）

416. 我国近来常采用热套装工艺组装轮心和车轴。（ ）

417. 电力机车轮芯与车轴注油压装的油压各车型是相同的。（ ）

418. 组装抱轴瓦时抱轴瓦端面与轮心衬面间隙≥1.5 mm。（ ）

419. 滚道的形状误差不会影响轴承的精度。（ ）

420. 用振动位移值来评定机械振动水平时与机械的旋转速度无关。（ ）

421. 轴承的选择改变不了机车曲线通过时对轮对产生的侧向力。（ ）

422. 电力机车减振弹簧表面喷丸强化处理目的是为了提高刚度。（ ）

423. 侧向摩擦减振器的作用是衰减车体的上下振动。（ ）

424. SS_{4B} 型电力机车车体宽度 2 900 mm。（ ）

425. 车钩的开锁位是挂接车钩的准备位置。（ ）

426. 锉刀按规格可分为尺寸规格和晶粒规格。（ ）

427. 韶山 4 型电力机车轴箱检修时接地线的截面积缺损为≤20%。（ ）

428. 电力机车在构造上包括电气部分，车体部分和空气管路系统三大部分。（ ）

429. 电力机车车钩只有闭锁开锁二态作用。(　　)

430. SS_{4B}/SS_{4G} 型机车小修：10 × (1 ± 10%) 万 km。(　　)

431. $SS_{4B.}$ SS_{4G} 型机车中修：55 × (1 ± 10%) 万 km。(　　)

432. SS_{4B}/SS_{4G} 型机车小修停时 40 h。(　　)

433. SS_{4B}/SS_{4G} 型机车辅修停时 12 h。(　　)

434. SS_{4B} 型电力机车使用的是 13 号上作用式车钩。(　　)

435. 修程划分执行 1 个辅修做一个小修。(　　)

436. 4 个小修做一个中修。(　　)

437. 1 个辅修做一个小修。(　　)

438. 新造（大修、中修）→辅修（1F）→小修（1X）→辅修（2F）→小修（2X）→辅修（3F）→……→中修……→大修。(　　)

439. SS_4 改型电力机车传动比为 79:17 = 4.35。(　　)

440. 新造机车解备范围按照小修范围进行。(　　)

441. 轴箱单小时开盖检查轴箱内部状态，补轴承脂。(　　)

442. 轴箱 2 小修程时开盖检查轴箱内部状态，补轴承脂。(　　)

443. 单小修程车轴，轮箍超探。(　　)

444. 交流机车 C1 修程车轴与轮箍超探。(　　)

445. 辅修程抱轴箱补油。(　　)

446. 单小修程基础制动器 178 × 2.85 型：开缸检查单缸制动器并给油。(　　)

447. 2 小修程基础制动器 178 × 2.85 型：开缸检查单缸制动器以及给油。(　　)

448. 单小修程基础制动器 JDYZ-4 型单缸制动器清洗过滤堵，缸体排污，补油。(　　)

449. 2 小修程基础制动器 JDYZ-4 型单缸制动器要清洗过滤堵、缸体排污、补油。(　　)

450. SS_4 型机车单节有 4 套扫石器装置。(　　)

451. SS_{4G} 型机车、SS_{4B} 型机每台车有 4 套扫石器装置。(　　)

452. SS_{4G} 型机车和 SS_{4B} 型机车的砂管是不分左右。(　　)

453. SS_{4G} 型机车、SS_{4B} 型机车砂管检修完毕后可以是互相通用。(　　)

454. SS_{4G} 型机车和 SS_{4B} 型机车的砂管支架是不分左右。(　　)

455. SS_4 型机车排石器安装时不分左右。(　　)

456. 178 × 2.85 制动器的一次调整量（30 齿）是 0.4 mm。(　　)

457. 齿轮箱领圈上嵌装毛毡条，并用铁钉固定毛毡条凸出量应为 1.5 ~ 3.5 mm。(　　)

458. 开口扳手大小之标称尺寸，通常以长短。(　　)

459. 韶山 4 型电力机车每个转向架有 8 个轴箱接地装置。（　　）

460. SS_{4G} 型机车、SS_{4B} 型机车每节车对称布置了 4 个摩擦减振器。（　　）

461. SS_{4G} 型机车、SS_{4B} 型机车每节车对称布置了 4 个横向减振器。（　　）

462. 摩擦减震器两球铰中心距 600 mm。（　　）

463. 更新闸瓦时 2 块闸瓦必须同时更新且为同一厂家。（　　）

464. 中修机车更新闸瓦时，闸瓦较薄的一侧朝里即与制动器进风口同侧（　　）

465. SS_{4B} 大齿轮有 77 齿。（　　）

466. SS_{4B} 小齿轮有 19 齿（　　）

467. 安装油位观察镜的齿轮箱检修时检查油位不得低于最大标识圈的上沿。（　　）

468. 安装油位观察镜的齿轮箱，补油后油位应在大标识圈范围内。（　　）

469. 齿轮箱安装时，齿轮箱外侧与轮箍内侧面距离不小于 10 mm。（　　）

470. 进中修机车的齿轮箱检修完毕，安装时齿轮箱与轮箍内侧面上下距离偏差不大于 5 mm。（　　）

471. 圆簧试验台检测标准为（不包括压盖）SS_{4G} 机车的圆簧压力值是 42.64 kN。（　　）

472. 中修时 SS_{4B} 机车的圆簧压力试验，压力值为 42.64 kN。（　　）

473. 电力机车牵引缓冲装置包括车钩、缓冲器。（　　）

474. 电力机车上的减振器可分为两大类：一类是摩擦减振器，另一类是弹簧减震器。（　　）

475. 韶山 4 型电力机车车钩复原装置是采用弹簧复原装置。（　　）

476. 韶山 4 型电力机车的车钩采用双侧上作用式提杆装置。（　　）

477. 游标卡尺的精度是 0.01 mm。（　　）

478. 千分尺的精度是 0.02 mm。（　　）

479. 电力机车减振弹簧的刚度与有效圈数有关。（　　）

480. 中修时 S_{4B} 机车抱轴箱注油量非齿轮侧为 400 g、齿轮侧为 600 g。（　　）

481. 车钩全开状态时车钩开度应为 220 ~ 235 mm。（　　）

482. 车体是用来安装各种监控设备和机械设备的场所。（　　）

483. 润滑油的主要质量指标有黏度和重量。（　　）

484. 轴在机械中起支承旋转零件，传递运动、动力等作用。（　　）

485. 齿侧间隙过小，则会造成齿轮换向空程大，容易产生冲击和振动。（　　）

486. 单元制动器检修作业时，需在皮碗外侧，活塞外缘，制动缸内壁涂上适量的滚动轴承润滑脂。（　　）

487. 电力机车在低速运行过程中，实行制动时主要以手制动装置制动形式有效。(　　)

488. 使用千分尺测量工件时可以戴手套(　　)

489. 油压减振器是将电力机车振动冲击能量转变成机械能。(　　)

490. 中修探伤检查钩尾框，各处有横裂纹、框角处裂纹、后部圆弧处裂纹、销孔向前发展的裂纹不得焊修。(　　)

491. 摩擦片需要具备的特点：耐磨，耐油，强度高，与钢摩擦系数大。(　　)

492. 中修检修压装圆簧时，检查圆簧上、下压盖是否偏斜，各簧应入槽到位。(　　)

493. SS_4型电力机车单机在长大坡道上防止溜车实行制动时主要以基础动装置制动形式最有效。(　　)

494. 油压减振器试验合格后，平放 48 小时，检查不许有泄漏。(　　)

495. 构架两侧都安装有名牌。(　　)

496. 中修时横向油压减振器检修完毕，安装横向油压减振器注意方向有鼓包的一面朝上。(　　)

497. 中修时垂油压减振器检修完毕后安装垂向油压减振器时注意名牌朝外。(　　)

498. 安装油减托板时不用区分左右。(　　)

499. 中修转向架组装，轴箱盖安装带有速度传感器孔的轴箱盖注意安装成“菱形”。(　　)

500. 中修时组装摩擦片与三角杆摩擦接触面有缝隙时用压力机压三角杆导槽来调整。(　　)

三、多选题

1. 韶山 4 型电力机车不符合每个垂向减振器的阻尼系数为(　　)。
   A. 900 N · s/cm　　B. 1 000 N · s/cm
   C. 850 N · s/cm　　D. 950 N · s/cm

2. 韶山 4 型电力机车钩尾框厚度中修时的不符合要求标准是(　　)。
   A. ≥19 mm　　B. ≥20 mm　　C. ≥21 mm　　D. ≥22 mm

3. 电力机车在运行中，哪项不符合对油压减振器的检修规定(　　)。
   A. 每隔半年卸下来在试验台上进行测试试验检查、整修
   B. 每隔 1 年卸下来在试验台上进行测试试验检查、整修
   C. 在保修期内，不需试验、检查、整修
   D. 不需要试验、检查、整修，损坏后直接更换

4. 韶山 4 型电力机车油压减振器试验合格后应(　　)，各部不得泄漏。
   A. 24 h　　B. 平放　　C. 12 h　　D. 倒放

5. 用 30 mm 的套筒拆卸螺杆，下面不符合的螺杆直径为(　　) mm。

A. 15　　B. 16　　C. 20　　D. 18

6. 用 55 mm 的套筒拆卸螺杆，下面不符合的螺杆直径为（　　）mm。

A. 22　　B. 28　　C. 36　　D. 20

7. 机车二次小修时，检查制动缸缸壁拉伤数据，以下（　　）哪个需要更换缸体。

A. 0.5 mm　　B. 0.8 mm　　C. 0.9 mm　　D. 0.4 mm

8. 大锤作业时，挥锤前须（　　）。

A. 避免左面对人　　B. 注意周围情况

C. 避免正面对人　　D. 戴手套

9. 不符合开口销的功用为（　　）。

A. 代替定位销　　B. 固定两块机件

C. 代替螺栓锁紧　　D. 防止螺帽或螺钉松脱

10. 电力机车轮对轴箱发热可能由（　　）原因引起。

A. 滚动轴承型号，内外位置装配不对

B. 轴箱缺油

C. 齿轮箱漏油

D. 齿轮箱缺油

11. 车钩扁销长度哪个不符合中修限度（　　）mm。

A. 不小于 96*36　　B. 不小于 86*36

C. 不小于 76*44　　D. 不小于 66*49

12. 架车前必须进行（　　）实验，确保抬镐性能良好。

A. 控制　　B. 空载　　C. 停车　　D. 都不对

13. 架落车前必须（　　）提醒作业人员进入工作状态。

A. 检查　　B. 高声呼唤　　C. 响铃　　D. 都不对

14. 抬镐盯控人员密切注视抬镐的运行状态，发现（　　）时需停止。

A. 异音　　B. 异响　　C. 异样　　D. 都不对

15. 检修轴箱拉杆翻动时，（　　）。

A. 单手翻动　　B. 手要抓稳　　C. 两人配合　　D. 一人翻动

16. 搬运圆簧上压力机工作台时，双脚要站稳，手要抓稳抓牢，同时（　　）。

A. 两人配合　　B. 呼唤应答　　C. 一人作业　　D. 五人配合

17. 检查橡胶堆（　　），时更新。

A. 变形　　B. 老化　　C. 龟裂　　D. 高度超限

18. 检查砂箱各部无（　　），砂箱盖转动灵活，弹簧作用良好，转动杆开口销无缺损，否则更新，砂箱盖簧卡子无裂损，否则更新，手把状态良好。

A. 裂损　　B. 变形　　C. 龟裂　　D. 老化

19. 下面哪些油脂不能用于涂抹制动器配件的是（　　）。

A. 机车滚动轴承脂　　B. OKS250 胶
C. 锂基脂　　D. 89D 润滑脂

20. 制动器试验：(　　)、不得卡滞，缓解应到位。
A. 制动平稳　　B. 缓解平稳　　C. 手制动平稳　　D. 以上都不是

21. 检查轴箱拉杆端盖、止块不得有(　　)。
A. 变形　　B. 老化　　C. 裂纹　　D. 龟裂

22. 检查轴箱拉杆连杆体无变形，孔内无明显(　　)。
A. 缺陷　　B. 变形　　C. 老化　　D. 龟裂

23. 摩擦减振器中修时必须更新有：(　　)。
A. 摩擦片　　B. 弹性球铰　　C. 弹簧　　D. 以上都不是

24. 中修时检查二系橡胶堆，表面有(　　)、钢板有较大变形时更新。
A. 都不对　　B. 老化
C. 龟裂　　D. 橡胶与钢板间开裂

25. 中修时测量橡胶堆自由高以下需更新的有(　　) mm。
A. 248　　B. 252　　C. 253　　D. 254

26. SS_{4B} 机车采用(　　)传动。
A. 双侧　　B. 单侧　　C. 直齿　　D. 斜齿

27. 轮对组成由：(　　)。
A. 车轴　　B. 车轮　　C. 大齿　　D. 电机

28. 中修时需对轮对(　　)电磁探伤。
A. 轮芯　　B. 大齿　　C. 车轴　　D. 以上都不用

29. 中修时需对轮对(　　)超声波探伤。
A. 轮箍　　B. 车轴　　C. 大齿　　D. 以上都是

30. SS_{4G} 机车采用(　　)传动。
A. 双侧　　B. 单侧　　C. 直齿　　D. 斜齿

31. 轴箱拉杆分(　　)。
A. 中拉杆　　B. 下拉杆　　C. 上拉杆　　D. 不对称拉杆

32. 轴箱拉杆组成是由：拉杆体、(　　)等组成。
A. 长芯轴　　B. 短芯轴　　C. 压盖　　D. 以上都不是

33. 装箍时环境温度不符合的为(　　)。
A. 5 °C　　B. 4 °C　　C. 3 °C　　D. 0 °C

34. 电焊分为(　　)两种。
A. 电阻焊　　B. 电弧焊　　C. 气焊　　D. 氧化焊

35. SS_{4B} 型电力机车不属于走行部的一系圆簧的材料是(　　)。

A. 合金　B. 普通钢　C. 60SiMn　D. 高速钢

36. 检查构架铭牌，有（　　）或编号不清时应恢复或更新。

A. 松动　B. 缺损　C. 水　D. 掉漆

37. 滚动轴承一般由外圈、（　　）和保持架组成。

A. 内圈　B. 滚针　C. 滚动体　D. 滚柱

38. 机车运行的过程中的不良的运动：倾斜、侧滚、摇摆、伸缩、（　　）。

A. 蛇形　B. 点头　C. 前后　D. 左右

39. SS_4 型机车转向架的圆簧选配中，（　　）位配低簧。

A. 1　B. 2　C. 3　D. 4

40. SS_{4B} 型机车转向架与车体设有（　　）限位装置。

A. 横向　B. 纵向　C. 垂向　D. 都不对

41. SS_{4B} 型机车转向架与车体（　　）是弹性限位，垂向是刚性限位。

A. 横向　B. 纵向　C. 径向　D. 垂向

42. 螺纹起传动、（　　）、测量等作用。

A. 联接　B. 紧固防松　C. 润滑　D. 都不对

43. 摩擦片需要具备的特点：（　　）、强度高、与钢摩擦系数大。

A. 耐磨　B. 耐水　C. 耐热　D. 耐火

44. 刮削时，常用的显示剂的种类有和（　　）。

A. 红丹粉　B. 蓝油　C. 机油　D. 蓖麻油

45. 安装接地碳刷时，碳刷应（　　）。

A. 动作灵活　B. 锈蚀　C. 无卡滞　D. 都不对

46. 挑选齿轮箱毛胶条时，胶面应无（　　）且平整，尺寸符合要求。

A. 无油污　B. 都可以　C. 气泡　D. 破损

47. 孔与轴的过盈装配，一般采用（　　）.对孔加压力等。

A. 加热孔　B. 锤击法　C. 冷却轴　D. 都不对

48. 润滑油的主要质量指标有（　　）。

A. 亮度　B. 颜色　C. 闪点　D. 黏度

49. 轴在机械中起支承旋转零件，传递（　　）等作用。

A. 横向力　B. 纵向力　C. 动力　D. 运动

50. 三视图分为（　　）。

A. 俯视图　B. 主视图　C. 左视图　D. 后视图

51. 下面电压那些属于安全电压（　　）。

A. 12 V　B. 8 V　C. 10 V　D. 220 V

52. 神华号八轴交流机车的传动方式采用（　　）传动。

A. 单边　B. 斜齿　C. 多边　D. 直齿

53. 当停放制动已施加，机车需要移动而总风无风或风压不足时，这种情况下需要对停放制动施加（　　）方式，不正确的是（　　）。

A. 手动缓解　B. 电动缓解　C. 风动缓解　D. 其他缓解

54. 神华号八轴交流机车一系悬挂装置由（　　）组成。

A. 横向减震器　B. 轴箱拉杆

C. 垂向油压减振器　D. 钢圆簧

55. 神华号八轴交流机车不属于二系悬挂装置的有（　　）。

A. 高挠钢圆簧　B. 一系垂向油压减振器

C. 端部水平减振器　D. 一系轴箱圆簧

56. 不属于神华号八轴交流机车基础制动方式为（　　）。

A. 轮辐制动　B. 轮盘制动　C. 单侧制动　D. 其他制动

57. 不属于神华号八轴交流机车齿轮箱体采用材料的是（　　）。

A. 塑料　B. 铝合金　C. 钢　D. 铜

58. 附属装置主要包括转向架空气管路、排石器、（　　）及各止挡等。

A. 分体起吊　B. 整体起吊　C. 脚蹬　D. 挂钩起吊

59. 神华号八轴交流机车垂向止挡、横向止挡限制转向架与车体的（　　）运动。

A. 垂向　B. 横向　C. 侧向　D. 以上都不是

60. 神华号八轴交流机车抱轴箱采用的圆锥滚动轴承具有（　　）性能。

A. 橡胶　B. 陶瓷　C. 绝缘　D. 以上都是

61. 神华号八轴交流机车单元制动器由（　　）组成。

A. 单元制动缸　B. 夹钳机构　C. 闸片　D. 制动盘.闸片

62. 轴箱拉杆芯轴分（　　）。

A. 粗拉杆芯轴　B. 短拉杆芯轴　C. 圆拉杆芯轴　D. 长拉杆芯轴

63. 检查构架铭牌，有（　　）不清时应恢复或更新。

A. 缺损　B. 松动　C. 编号　D. 潮湿

64. 螺纹防松目的就是防止（　　）。

A. 摩擦力距增大　B. 摩擦力距减小

C. 螺母回转　D. 以上都不对

65. 转向架的主要功用是承担机车重量，产生并传递（　　），实现机车在线路上的行驶。

A. 牵引力　B. 制动力　C. 机车阻力力　D. 列车动阻力

66. 螺纹按用途可分为（　　）螺纹。

A. 传动螺纹　B. 套螺纹　C. 连接螺纹　D. 攻螺纹

67. 滚动轴承一般由（　　）和保持架组成。

A. 外圈　B. 内圈　C. 滚动体　D. 以上都不是

68. 螺纹的牙型分（　　）等。
A. 三角形　　B. 梯形　　C. 锯齿型　　D. 正方形

69. 电力机车在运行中，哪项不符合对油压减振器的检修规定（　　）。
A. 每隔半年卸下来在试验台上进行测试试验检查、整修
B. 每隔 1 年卸下来在试验台上进行测试试验检查、整修
C. 在保修期内，不需试验、检查、整修
D. 不需要试验、检查、整修，损坏后直接更换

70. SS_{4B}电力机车齿轮传动比，下面哪些是错误的（　　）。
A. 74∶14　　B. 74∶15　　C. 74∶16　　D. 74∶17

71. 电力机车一对啮合的大小齿轮，下列（　　）是正确的。
A. 模数不等　　B. 齿形角不等　　C. 齿形角相等　　D. 模数相等

72. 手制动拉杆位于拉杆拉环中间位置（　　），下面那些是错误的。
A. 上升位　　B. 制动位　　C. 缓解位　　D. 平行位

73. 撒砂装置的作用是，避免轮轨间的滑动摩擦而造成轮轨磨耗，是增大（　　）的过程，下面那些是错误的。
A. 牵引力　　B. 制动力　　C. 纵向力　　D. 横向力

74. 车钩三态是指（　　）。
A. 开锁　　B. 闭锁　　C. 全开　　D. 动态

75. 防松方式中，属于机械放松方式的是（　　）。
A. 止动垫圈　　B. 弹簧垫圈
C. 涂螺纹放松胶　　D. 锁紧螺母

76. 大齿轮由（　　）组成。
A. 齿圈　　B. 轮辐　　C. 齿条　　D. 轮辋

77. 齿轮箱由（　　）组成。
A. 下箱　　B. 端盖　　C. 侧板　　D. 上箱

78. SS_{4B}型机车牵引缓冲装置由（　　）等组成。
A. 车钩　　B. 缓冲器　　C. 钩尾框　　D. 排障器

79. 直齿圆柱齿轮正确啮合的条件是（　　）。
A. 模数相等　　B. 分度圆上压力角相等
C. 齿数不等　　D. 模数不等

80.（　　）不属于靠摩擦力防松。
A. 弹簧垫圈　　B. 防缓垫圈　　C. 开口销　　D. 涂螺纹放松胶

81. 常用的手动起重设备有（　　）等。
A. 千斤顶　　B. 手扳葫芦　　C. 桥式起重机　　D. 手拉葫芦

82. SS_{4B}型电力机车轴箱轴承均采用能承受（　　）的圆柱滚子轴承。

A. 轴向　B. 径向　C. 横向　D. 垂向

83. 轴箱轴承（　　）的配合是过盈配合。

A. 内套　B. 保持架　C. 轴　D. 滚动体

84. 橡胶堆中修限度以及禁用限度要求是（　　）。

A. 254 ~ 258 mm　B. ≤252 mm　C. 270 mm　D. 252 ± 4 mm

85. SS_4型机车对排障器、排石器、扫石器技术要求（　　）。

A. 排障器高度要求为（110 ± 10）mm

B. 排石器高度要求不低于 70 ~ 80 mm

C. 扫石器高度要求为 15 ~ 30 mm

D. 砂管距轨面高度为 15 ~ 30 mm

86. 轴箱发热的原因有（　　）。

A. 轴箱内清洁度不合要求　B. 轴箱内零件有缺陷

C. 轴箱缺少润滑油　D. 抱轴箱刮瓦不合格

87. 电力机车车钩主要具有（　　）。

A. 具有自动连挂性能

B. 具有闭锁、开锁、全开三态作用

C. 具有自动调节平衡功能

D. 以上都对

88. SS_4型电力机车油减有（　　）。

A. 垂向油压减振器　B. 端部油压减振器

C. 横向油压减振器　D. 中部油压减振器

89. SS_4型机车牵引装置使用的牵引销型号有（　　）。

A. 1 号销　B. 2 号销　C. 3 号销　D. 4 号销

90. SS_{4G}型和SS_{4B}型机车从动齿轮分别采用（　　）传动。

A. 双边斜齿　B. 双边直齿　C. 单边直齿　D. 单边斜齿

91. 神华号八轴交流机车二系悬挂装置由（　　）组成。

A. 高挠钢圆簧　B. 垂向油压减振器

C. 端部水平减振器　D. 以上都不是

92. 目前电力机车配件用到的无损检测有（　　）。

A. 磁粉探伤检测　B. 超声波探伤检测

C. 渗透检测　D. 以上不都对

93. 神华号八轴和十二轴交流机车轴列式（　　）。

A. $1(B_0\text{-}B_0)$　B. $2(B_0\text{-}B_0)$　C. $3(B_0\text{-}B_0)$　D. $4(B_0\text{-}B_0)$

94. 轴箱拉杆主要由（　　）组成。

A. 拉杆体　B. 长、短拉杆芯轴

C. 端盖　　D. 金属橡胶件

95. 电力机车一系轴箱圆簧检修时主要测量的数值有（　　）。
A. 圆簧自由高　　B. 圆簧压缩高　　C. 圆簧圈数　　D. 圆簧直径

96. 韶山 4 型电力机车使用的基础制动装置型号有（　　）。
A. 178×2.85 型　　B. JDYZ 型　　C. JSP 型　　D. JPXZ 型

97. 车轮结构分为（　　）两种车轮。
A. 多体　　B. 整体轮　　C. 分体轮　　D. 以上都不对

98. 车轴分为（　　）两种车轴。
A. 实心轴　　B. 空心轴　　C. 短轴　　D. 长轴

99. 神华号八轴交流机车基础制动器分（　　）两种类型。
A. 178×2.85 型　　B. JPXZ-1 型盘型制动器
C. JDYZ 型　　D. JPXZ-2 型盘型制动器

100. 神华号八轴交流机车对排障器、排石器、扫石器技术要求（　　）。
A. 排障器高度要求为 110～120 mm
B. 排石器高度要求不低于 80 mm
C. 扫石器高度要求为 30～35 mm
D. 砂管距轨面高度为 15～30 mm

电力机车钳工（机械三组）应知应会练习题参考答案

一、单选题

1. A	2. B	3. B	4. B	5. D	6. C	7. D	8. A	9. A	10. D
11. A	12. C	13. D	14. B	15. A	16. B	17. C	18. C	19. B	20. D
21. A	22. D	23. A	24. B	25. C	26. D	27. A	28. B	29. C	30. A
31. C	32. A	33. C	34. C	35. B	36. A	37. C	38. D	39. A	40. D
41. A	42. B	43. B	44. C	45. C	46. C	47. C	48. B	49. A	50. C
51. B	52. B	53. C	54. C	55. B	56. A	57. B	58. A	59. B	60. C
61. D	62. A	63. A	64. B	65. A	66. A	67. C	68. D	69. A	70. B
71. A	72. A	73. B	74. C	75. C	76. B	77. B	78. A	79. A	80. B
81. C	82. B	83. C	84. A	85. B	86. B	87. C	88. B	89. A	90. C
91. B	92. A	93. D	94. D	95. A	96. A	97. B	98. A	99. C	100. B
101. B	102. C	103. D	104. D	105. D	106. C	107. C	108. A	109. D	110. A
111. A	112. A	113. B	114. C	115. D	116. D	117. A	118. B	119. B	120. B
121. D	122. C	123. D	124. A	125. A	126. D	127. B	128. B	129. D	130. C
131. C	132. A	133. C	134. C	135. B	136. C	137. B	138. C	139. A	140. B

141. C 142. C 143. B 144. C 145. C 146. C 147. C 148. B 149. A 150. B
151. A 152. C 153. A 154. A 155. B 156. A 157. A 158. B 159. B 160. C
161. C 162. C 163. C 164. B 165. A 166. B 167. A 168. C 169. B 170. B
171. C 172. C 173. B 174. D 175. B 176. A 177. B 178. C 179. D 180. A
181. A 182. B 183. A 184. A 185. C 186. D 187. A 188. B 189. A 190. A
191. B 192. C 193. C 194. B 195. B 196. A 197. A 198. B 199. C 200. B
201. C 202. A 203. B 204. B 205. C 206. B 207. A 208. C 209. B 210. A
211. D 212. D 213. A 214. A 215. B 216. A 217. C 218. B 219. B 220. C
221. D 222. D 223. D 224. C 225. C 226. D 227. A 228. A 229. B 230. D
231. D 232. C 233. A 234. B 235. A 236. C 237. B 238. A 239. D 240. D
241. A 242. B 243. A 244. C 245. B 246. B 247. C 248. D 249. D 250. D
251. C 252. C 253. A 254. D 255. A 256. A 257. B 258. A 259. B 260. A
261. C 262. A 263. A 264. B 265. A 266. B 267. B 268. C 269. C 270. C
271. C 272. B 273. A 274. A 275. B 276. B 277. B 278. D 279. C 280. D
281. A 282. A 283. D 284. B 285. B 286. D 287. C 288. C 289. A 290. C
291. C 292. B 293. D 294. A 295. B 296. A 297. B 298. C 299. D 300. A
301. B 302. B 303. A 304. D 305. D 306. B 307. D 308. B 309. D 310. B
311. A 312. B 313. D 314. C 315. D 316. D 317. A 318. A 319. C 320. D
321. B 322. C 323. A 324. B 325. C 326. A 327. B 328. C 329. A 330. B
331. A 332. B 333. C 334. A 335. B 336. B 337. C 338. A 339. B 340. A
341. B 342. B 343. D 344. A 345. B 346. A 347. B 348. A 349. B 350. B
351. C 352. B 353. B 354. D 355. A 356. D 357. B 358. C 359. B 360. D
361. D 362. C 363. C 364. A 365. D 366. D 367. A 368. B 369. C 370. A
371. B 372. B 373. B 374. C 375. B 376. A 377. A 378. B 379. A 380. D
381. B 382. D 383. B 384. B 385. B 386. B 387. D 388. B 389. B 390. C
391. A 392. C 393. B 394. C 395. C 396. B 397. D 398. D 399. A 400. B
401. D 402. C 403. D 404. B 405. C 406. C 407. C 408. B 409. A 410. C
411. A 412. B 413. A 414. C 415. A 416. B 417. B 418. B 410. D 420. C
421. A 422. D 423. B 424. C 425. C 426. B 427. B 428. C 429. B 430. C
431. B 432. B 433. A 434. D 435. C 436. C 437. D 438. A 439. D 440. A
441. C 442. B 443. C 444. A 445. C 446. A 447. B 448. D 449. A 450. B
451. A 452. C 453. B 454. C 455. D 456. B 457. A 458. D 459. B 460. D
461. A 462. B 463. A 464. C 465. B 466. C 467. B 468. B 469. A 470. D

471. A　472. D　473. B　474. D　475. A　476. B　477. A　478. C　479. B　480. C
481. C　482. B　483. A　484. D　485. A　486. D　487. B　488. D　489. A　490. B
491. A　492. C　493. B　494. C　495. D　496. A　497. C　498. B　499. B　500. D

二、判断题

1. √　2. ×　3. √　4. ×　5. ×　6. ×　7. √　8. √　9. √　10. ×
11. √　12. ×　13. √　14. ×　15. ×　16. √　17. √　18. √　19. ×　20. ×
21. ×　22. √　23. √　24. √　25. √　26. ×　27. √　28. √　29. √　30. ×
31. ×　32. √　33. √　34. √　35. ×　36. √　37. √　38. ×　39. ×　40. ×
41. √　42. √　43. ×　44. ×　45. ×　46. √　47. ×　48. √　49. √　50. √
51. √　52. √　53. √　54. ×　55. ×　56. ×　57. ×　58. ×　59. ×　60. ×
61. ×　62. ×　63. ×　64. ×　65. ×　66. √　67. √　68. ×　69. √　70. √
71. ×　72. ×　73. √　74. √　75. √　76. ×　77. √　78. ×　79. √　80. √
81. √　82. ×　83. ×　84. ×　85. ×　86. ×　87. ×　88. ×　89. ×　90. ×
91. ×　92. ×　93. ×　94. ×　95. √　96. √　97. ×　98. ×　99. ×　100. ×
101. √　102. √　103. ×　104. √　105. √　106. √　107. ×　108. ×　109. ×　110. ×
111. ×　112. ×　113. ×　114. ×　115. ×　116. ×　117. ×　118. ×　119. ×　120. ×
121. ×　122. ×　123. ×　124. ×　125. ×　126. ×　127. ×　128. ×　129. √　130. √
131. ×　132. √　133. ×　134. ×　135. ×　136. ×　137. ×　138. ×　139. ×　140. ×
141. ×　142. ×　143. ×　144. ×　145. ×　146. ×　147. ×　148. ×　149. ×　150. ×
151. ×　152. ×　153. ×　154. √　155. √　156. ×　157. √　158. ×　159. √　160. √
161. ×　162. ×　163. ×　164. ×　165. ×　166. √　167. ×　168. ×　169. ×　170. ×
171. ×　172. ×　173. ×　174. ×　175. ×　176. ×　177. ×　178. ×　179. ×　180. ×
181. ×　182. √　183. ×　184. ×　185. ×　186. ×　187. ×　188. ×　189. ×　190. ×
191. ×　192. ×　193. ×　194. √　195. ×　196. ×　197. ×　198. ×　199. ×　200. ×
201. ×　202. √　203. ×　204. ×　205. ×　206. ×　207. ×　208. ×　209. ×　210. ×
211. ×　212. √　213. √　214. ×　215. ×　216. ×　217. √　218. ×　219. ×　220. ×
221. ×　222. ×　223. ×　224. ×　225. ×　226. ×　227. ×　228. ×　229. ×　230. ×
231. √　232. ×　233. √　234. √　235. ×　236. ×　237. ×　238. ×　239. √　240. ×
241. ×　242. ×　243. ×　244. ×　245. ×　246. ×　247. ×　248. ×　249. ×　250. √
251. ×　252. ×　253. ×　254. ×　255. ×　256. √　257. ×　258. ×　259. ×　260. ×
261. ×　262. ×　263. √　264. ×　265. ×　266. ×　267. ×　268. ×　269. ×　270. ×
271. √　272. √　273. ×　274. ×　275. ×　276. ×　277. ×　278. ×　279. ×　280. ×
281. √　282. ×　283. ×　284. ×　285. ×　286. ×　287. ×　288. ×　289. √　290. √
291. ×　292. ×　293. ×　294. √　295. ×　296. ×　297. ×　298. √　299. ×　300. ×

301. × 302. × 303. √ 304. × 305. × 306. √ 307. √ 308. × 309. √ 310. ×
311. × 312. × 313. × 314. √ 315. √ 316. × 317. × 318. × 319. × 320. ×
321. √ 322. × 323. × 324. √ 325. √ 326. × 327. × 328. × 329. × 330. ×
331. √ 332. √ 333. √ 334. × 335. × 336. × 337. × 338. × 339. × 340. ×
341. × 342. × 343. × 344. × 345. × 346. × 347. × 348. × 349. × 350. ×
351. × 352. × 353. × 354. × 355. × 356. × 357. × 358. × 359. × 360. ×
361. × 362. × 363. × 364. × 365. × 366. × 367. × 368. × 369. × 370. ×
371. √ 372. √ 373. × 374. √ 375. √ 376. √ 377. × 378. × 379. × 380. ×
381. × 382. × 383. × 384. × 385. × 386. × 387. × 388. × 389. × 390. ×
391. × 392. × 393. × 394. × 395. × 396. × 397. × 398. × 399. × 400. ×
401. × 402. × 403. × 404. × 405. × 406. × 407. × 408. × 409. × 410. ×
411. × 412. × 413. × 414. × 415. × 416. × 417. × 418. × 419. × 420. ×
421. × 422. × 423. × 424. × 425. × 426. × 427. × 428. √ 429. × 430. ×
431. √ 432. × 433. × 434. × 435. × 436. √ 437. × 438. √ 439. × 440. ×
441. × 442. √ 443. × 444. × 445. × 446. × 447. √ 448. × 449. √ 450. ×
451. √ 452. × 453. √ 454. × 455. × 456. × 457. √ 458. × 459. × 460. √
461. √ 462. × 463. √ 464. √ 465. × 466. × 467. × 468. × 469. × 470. √
471. × 472. √ 473. √ 474. × 475. × 476. × 477. × 478. × 479. × 480. √
481. × 482. × 483. × 484. √ 485. × 486. × 487. × 488. × 489. × 490. √
491. × 492. √ 493. × 494. × 495. × 496. √ 497. √ 498. × 499. √ 500. √

三、多选题

1. ACD 2. ABC 3. BCD 4. AB 5. ABD
6. ABD 7. BC 8. BC 9. ACD 10. AB
11. BCD 12. BC 13. ABC 14. ABC 15. BC
16. AB 17. ABCD 18. AB 19. ABC 20. AB
21. AC 22. AB 23. AB 24. BCD 25. ABC
26. BC 27. ABC 28. ABC 29. AB 30. AD
31. BC 32. ABC 33. BCD 34. AB 35. ABD
36. AB 37. AC 38. AB 39. BC 40. ABC
41. AB 42. AB 43. AC 44. AB 45. AC
46. CD 47. AC 48. CD 49. CD 50. ABC
51. ABC 52. AB 53. BCD 54. BCD 55. BD
56. ACD 57. ACD 58. BC 59. AB 60. BC
61. AB 62. BD 63. ABC 64. BC 65. AB

66. AC　67. ABC　68. ABC　69. BCD　70. ABCD
71. CD　72. ABD　73. BCD　74. ABC　75. ABD
76. AC　77. AD　78. ABC　79. AB　80. CD
81. ABD　82. AB　83. AC　84. AB　85. ABC
86. ABC　87. AB　88. AC　89. ABC　90. AC
91. ABC　92. ABC　93. BC　94. ABCD　95. AB
96. AB　97. BC　98. AB　99. BD　100. ABC

第五节　电力机车钳工公共应知应会练习题

一、单选题

1. 神华号八轴交流机车轮周功率持续制为（　　）。
A. 9 600 kW　B. 8 600 kW　C. 9 060 kW　D. 9 600 km

2. 神华号八轴交流机车电传达方式采用（　　）传动。
A. 交-直-交　B. 交-交-直　C. 交-直-直　D. 直-交-直

3. 神华号八轴交流机车的电制动方式为（　　）。
A. 再生制动　B. 100 kPa　C. 140 kPa　D. 220 kPa

4. 神华号八轴交流机车的传动方式采用（　　）传动。
A. 双边直齿　B. 双边斜齿　C. 单边斜齿　D. 单边直齿

5. 神华号八轴交流机车轴列式（　　）。
A. B_0-B_0　B. 2(B_0-B_0)　C. C_0-C_0　D. 2(C_0-C_0)

6. 神华号八轴交流机车轴距（　　）。
A. 2 700 mm　B. 2 800 mm　C. 2 750 mm　D. 2 650 mm

7. 神华号八轴交流机车牵引点距轨面高度（　　）。
A. 220 mm　B. 240 mm　C. 200 mm　D. 230 mm

8. 神华号八轴交流机车制动盘磨耗不大于（　　）。
A. 3 mm　B. 4 mm　C. 5 mm　D. 2 mm

9. 神华号八轴交流机车一系钢弹簧自由高（　　）。
A. 227.3 ± 4 mm　B. 226.3 ± 5 mm　C. 226.3 ± 4 mm　D. 225.3 ± 5 mm

10. 神华号八轴交流机车一系钢弹簧工作高（　　）。
A. 189 ± 2 mm　B. 188 ± 4 mm　C. 188 ± 2 mm　D. 187 ± 4 mm

11. 神华号八轴交流机车二系钢弹簧自由高（　　）。
A. 508.1 ± 4 mm　B. 508.1 ± 2 mm　C. 507.1 ± 4 mm　D. 507.1 ± 2 mm

12. 神华号八轴交流机车二系钢弹簧工作高（　　）。

A. 405 ± 4 mm　B. 404 ± 2 mm　C. 405 ± 2 mm　D. 404 ± 4 mm

13. 神华号八轴交流机车一系弹簧静扰度（　　）。

A. 35 mm　B. 36 mm　C. 38 mm　D. 37 mm

14. 神华号八轴交流机车二系弹簧静扰度（　　）。

A. 101 mm　B. 102 mm　C. 103 mm　D. 100 mm

15. 神华号八轴交流机车抱轴箱与电机连接螺栓安装扭矩为（　　）。

A. 2 000 N·m　B. 2 030 N·m　C. 2 050 N·m　D. 2 020 N·m

16. 神华号八轴交流机车轴箱拉杆安装扭矩为（　　）。

A. 730 N·m　B. 720 N·m　C. 710 N·m　D. 700 N·m

17. 神华号八轴交流机车牵引座与车体连接螺栓安装扭矩为（　　）。

A. 2 250 N·m　B. 2 300 N·m　C. 2 350 N·m　D. 2 200 N·m

18. 神华号八轴交流机车牵引装置牵引球铰压盖安装内六角螺钉 M24 × 130 安装扭矩为（　　）。

A. 440 N·m　B. 450 N·m　C. 460 N·m　D. 420 N·m

19. 华号八轴交流机车护轮管与构架连接螺栓安装扭矩为（　　）。

A. 160 N·m　B. 170 N·m　C. 165 N·m　D. 155 N·m

20. 神华号八轴交流机车一系垂向减振器安装螺栓扭矩为（　　）。

A. 150 N·m　B. 200 N·m　C. 250 N·m　D. 220 N·m

21. 神华号八轴交流机车二系垂向减振器安装螺栓扭矩为（　　）。

A. 150 N·m　B. 170 N·m　C. 160 N·m　D. 140 N·m

22. 神华号八轴交流机车二系横向水平减振器安装螺栓扭矩为（　　）。

A. 360 N·m　B. 370 N·m　C. 380 N·m　D. 390 N·m

23. 神华号八轴交流机车前因装置辅助吊挂拉杆安装螺栓扭矩为（　　）。

A. 360 N·m　B. 370 N·m　C. 380 N·m　D. 350 N·m

24. 神华号八轴交流机车整体起吊均衡梁压盖固定扭矩为（　　）。

A. 175 N·m　B. 185 N·m　C. 195 N·m　D. 165 N·m

25. 神华号八轴交流机车整体起吊均衡梁安装扭矩为（　　）。

A. 360 N·m　B. 390 N·m　C. 420 N·m　D. 440 N·m

26. 神华号八轴交流机车整体起吊车体上销固定扭矩为（　　）。

A. 69 N·m　B. 79 N·m　C. 65 N·m　D. 76 N·m

27. 神华号八轴交流机车扫石器铝板支架连接螺栓扭矩为（　　）。

A. 120 N·m　B. 160 N·m　C. 170 N·m　D. 150 N·m

28. 神华号八轴交流机车排石器橡胶板安装扭矩为（　　）。

A. 15 N·m　B. 20 N·m　C. 18 N·m　D. 19 N·m

29. 神华号八轴交流机车车轮防护板安装扭矩为（　　）。

A. 30 N·m　　B. 35 N·m　　C. 20 N·m　　D. 15 N·m

30. 神华号八轴交流机车轮盘制动器闸片厚度原型（　　）。

A. 23 mm　　B. 24 mm　　C. 22 mm　　D. 21 mm

31. 神华号八轴交流机车制动盘厚度原型（　　）。

A. 22 mm　　B. 23 mm　　C. 24 mm　　D. 21 mm

32. 神华号八轴交流机车砂箱安装螺栓扭矩为（　　）。

A. 540 N·m　　B. 600 N·m　　C. 640 N·m　　D. 620 N·m

33. 神华号八轴交流机车制动器与构架安装螺栓扭矩为（　　）。

A. 260 N·m　　B. 280 N·m　　C. 270 N·m　　D. 250 N·m

34. 神华号八轴交流机车制动器闸瓦托与构架吊挂安装螺栓扭矩为（　　）。

A. 60 N·m　　B. 100 N·m　　C. 90 N·m　　D. 80 N·m

35. 神华号八轴交流机车牵引电动机为交流异步电动机，额定功率为（　　）。

A. 1 200 kW　　B. 1 124 kW　　C. 1 164 kW　　D. 1 146 kW

36. 神华号八轴交流机车基础制动制动倍率为（　　）。

A. 2.41　　B. 2.40　　C. 2.39　　D. 2.38

37. 神华号八轴交流机车抱轴箱采用的圆锥滚动轴承具有（　　）。

A. 陶瓷绝缘性能　　B. 不绝缘

C. 绝缘性能差　　D. 橡胶绝缘性能

38. 神华号八轴交流机车轴箱采用的是（　　）。

A. 整体式圆锥滚动轴承　　B. 整体式圆柱滚动轴承

C. 分离式圆锥滚动轴承　　D. 分离式圆柱滚动轴承

39. 神华号八轴交流机车齿轮箱采用的密封结构为（　　）。

A. 迷宫密封　　B. 梯形密封

C. 三角形甩油环曲折密封　　D. 间隙密封

40. 神华号八轴交流机车单元制动器由单元制动缸和（　　）组成。

A. 制动盘　　B. 夹钳机构　　C. 吊挂装置　　D. 闸片

41. 机车（　　）的功能是保证机车能顺利通过曲线和侧线。

A. 转向架　　B. 一系悬挂装置

C. 二系悬挂装置　　D. 牵引杆

42. 神华号八轴交流机车（25T 轴重）时的最大牵引力是（　　）kN。

A. 750　　B. 760　　C. 740　　D. 730

43. 神华号八轴交流机车基础制动采用（　　）方法。

A. 盘型制动　　B. 自动制动　　C. 踏面制动　　D. 停放制动

44. 神华号八轴交流机车转向架构架是一个简单.封闭的“（　　）”形框架，有两根侧梁，通过一根中间横梁和前后端梁连接在一起。

A. 目　　B. 日　　C. H

45. 神华号八轴交流机车闸片的间隙双边为（　　）。

A. 2 ~ 5 mm　　B. 2 ~ 3 mm　　C. 3 ~ 4 mm　　D. 2 ~ 4 mm

46. 需要人为调整闸片间隙时，旋转制动器螺盖，顺时针旋转会使闸片间隙（　　）。

A. 不变　　B. 变小　　C. 变大

47. 神华号八轴交流机车每个砂箱的容积为（　　）L。

A. 90　　B. 100　　C. 80　　D. 85

48. 神华号八轴交流机车撒砂软管距轨面高度为（　　）。

A. 22 ± 2 mm　　B. 25 ± 2 mm　　C. 23 ± 2 mm　　D. 24 ± 2 mm

49. 神华号八轴交流机车撒砂软管与轮对踏面间距为（　　）。

A. 8 ± 2 mm　　B. 7 ± 2 mm　　C. 7 ± 4 mm　　D. 6 ± 4 mm

50. 神华号八轴交流机车制动盘厚度禁用限度（　　）。

A. ⩾17 mm　　B. ⩾18 mm　　C. ⩾19 mm　　D. ⩾16 mm

51. 神华号八轴交流机车闸瓦限度（　　）。

A. ⩽4 mm　　B. ⩽5 mm　　C. ⩽3 mm　　D. ⩽2 mm

52. 神华号八轴交流机车轴箱组装后横动量（单边）（　　）。

A. 0.1 ~ 0.2 mm　　B. 0.2 ~ 0.5 mm　　C. 0.2 ~ 0.3 mm　　D. 0.2 ~ 0.4 mm

53. 神华号八轴交流机车二系簧称重调簧数据加垫厚度不得超过（　　）。

A. 35 mm　　B. 36 mm　　C. 37 mm　　D. 38 mm

54. 神华号八轴交流机车排障器高度要求不低于（　　）。

A. 90 mm　　B. 100 mm　　C. 110 mm　　D. 105 mm

55. 神华号八轴交流机车扫石器高度要求不低于（　　）。

A. 25 mm　　B. 30 mm　　C. 28 mm　　D. 20 mm

56. 神华号八轴交流机车齿轮传动比（　　）。

A. (106\17) = 6.235　　B. 4.35　　C. 5.235　　D. 6.135

57. 神华号八轴交流机车齿轮箱材质是（　　）。

A. 铸铁　　B. 铝合金　　C. 合金钢　　D. 合金工具钢

58. 神华号八轴交流机车制动盘组装完毕后两个制动盘摩擦面呈平行状态，其端面轴向跳动量不大于（　　）。

A. 0.3 mm　　B. 0.4 mm　　C. 0.5 mm　　D. 0.2 mm

59. 神华号八轴交流机车制动盘尺寸为（　　）。

A. 640 mm × 1 090 mm　　B. 740 mm × 1 090 mm

C. 640 mm × 1 080 mm　　D. 740 mm × 1 080 mm

60. 神华号八轴交流机车垂向止挡限制转向架与车体的（　　）运动。

A. 横向　　B. 纵向　　C. 垂向　　D. 蛇行

61. 附属装置主要包括转向架空气管路、排石器、脚蹬、（　　）及各止挡等。

A. 整体起吊　　B. 制动器　　C. 排障器　　D. 齿轮箱

62. 神华号八轴交流机车（　　）限制转向架与车体的摇头运动。

A. 摇头止挡　　B. 垂向止挡　　C. 点头止挡　　D. 垂向刚性止挡

63. 神华号八轴交流机车电机吊杆连接六角螺栓 M30×2×200 安装扭矩为（　　）。

A. 1 350±10 N·m　　B. 1 360±10 N·m

C. 1 370±10 N·m　　D. 1 340±10 N·m

64. 神华号八轴交流机车牵引装置牵引球铰压盖安装内六角螺钉 M24×130 安装扭矩为（　　）。

A. 360 N·m　　B. 420 N·m　　C. 460 N·m　　D. 440 N·m

65. 神华号八轴交流机车牵引橡胶关节刚度为（　　）。

A. 100 kN/mm　　B. 90 kN/mm　　C. 80 kN/mm　　D. 70 kN/mm

66. 神华号八轴交流机车连杆橡胶关节刚度为（　　）。

A. 30 kN/mm　　B. 32 kN/mm　　C. 34 kN/mm　　D. 36 kN/mm

67. 神华号八轴交流机车牵引装置的质量为（　　）。

A. 1 185 kg　　B. 1 175 kg　　C. 1 165 kg　　D. 1 155 kg

68. 神华号八轴交流机车转向架质量约为（　　）。

A. 20 100 kg　　B. 20 160 kg　　C. 20 140 kg　　D. 20 150 kg

69. 神华号八轴交流机车垂向刚性止挡垂向间隙为（　　）。

A. 30 mm　　B. 29 mm　　C. 28 mm　　D. 27 mm

70. 神华号八轴交流机车横向弹性止挡横向间隙为（　　）。

A. 25 mm　　B. 30 mm　　C. 35 mm　　D. 33 mm

71. 神华号八轴交流机车一系横向止挡间隙为（　　）。

A. 5 mm　　B. 10 mm　　C. 8 mm　　D. 6 mm

72. 神华号八轴交流机车一系垂向止挡间隙为（　　）。

A. 25～28 mm　　B. 24～28 mm　　C. 23～28 mm　　D. 22～28 mm

73. 神华号八轴交流机车停放制动手动缓解时，拉住缓解手柄，保持（　　）防止缓解不到位。

A. 3S　　B. 4S　　C. 5S　　D. 2S

74. 神华号八轴交流机车调整闸片间隙时，旋转制动器螺盖，逆时针旋转会使闸片间隙（　　）。

A. 变小　　B. 变大　　C. 不变

75. 神华号八轴交流机车新轮滚动圆直径为（　　）。

A. 1 150 mm　B. 1 205 mm　C. 1 250 mm　D. 1 225 mm

76. 神华号八轴交流机车轨距为（　　）。

A. 1 415 mm　B. 1 425 mm　C. 1 435 mm　D. 1 430 mm

77. 神华号八轴交流机车排石器高度要求不低于（　　）。

A. 65 mm　B. 70 mm　C. 75 mm　D. 80 mm

78. 神华号八轴交流机车牵引销油脂的型号为（　　）。

A. Kluberlub BE71-501　B. Kluberlub BE70-501

C. Kluberlub BE69-501　D. Kluberlub BE68-501

79. 神华号八轴交流机车抱轴箱润滑脂型号（　　）。

A. SHC200　B. SHC210　C. SHC220　D. SHC215

80. 神华号八轴交流机车齿轮箱润滑油型号是（　　）。

A. SHC80W-110　B. SHC80W-120　C. SHC80W-140　D. SHC80W-130

81. 神华号八轴交流机车采用的基础制动装置为（　　）。

A. 178 × 2.85 制动器　B. 盘形制动器

C. JDYZ-3 制动器　D. JDYZ-4 制动器

82. 神华号八轴交流机车基础制动方式为（　　）。

A. 踏面制动　B. 轮盘制动　C. 电制动　D. 自动制动

83. 神华号八轴交流机车轴箱定位采用（　　）方式。

A. 单侧轴箱上下拉杆定位　B. 双侧轴箱上下拉杆定位

C. 单侧轴箱拉杆定位　D. 双侧轴箱拉杆定位

84. 神华号八轴交流机车齿轮传动比为（　　）。

A. 74/17　B. 84/17　C. 96/17　D. 106/17

85. 神华号八轴交流机车轴重为（　　）。

A. 23t　B. 24t　C. 25t　D. 22t

86. 停车制动保护机车防止意外溜放，停车制动作为一种（　　）制动来实现。

A. 自动蓄能　B. 弹簧蓄能　C. 电动蓄能　D. 压缩空气蓄能

87. 牵引力和制动力经过（　　）从轴箱传递到转向架构架。

A. 轴箱拉杆　B. 牵引梁　C. 侧梁　D. 轴

88. 神华号八轴交流机车车体侧下设有（　　）架车支承座和供检修用的 4 个支承点。

A. 4 个　B. 2 个　C. 3 个　D. 1 个

89. 当停放制动已施加，机车需要移动而总风无风或风压不足时，这种情况下需要对停放制动施加（　　）方式。

A. 自动缓解　B. 手动缓解　C. 电动缓解　D. 机动缓解

90. 神华号八轴交流机车车钩中心线距轨面高度（新轮）为（　　）。

A. 880 ± 10 mm　B. 880 ± 8 mm　C. 880 ± 6 mm　D. 880 ± 4 mm

91. 神华号八轴交流机车车轮直径全磨耗为（　　）。
A. 1 050 mm　B. 1 100 mm　C. 1 125 mm　D. 1 150 mm

92. 神华号八轴交流机车的电制动方式为（　　）。
A. 再生制动　B. 机械制动　C. 蓄能制动　D. 停放制动

93. 神华号八轴交流机车一节车有（　　）牵引通风机。
A. 2　B. 4　C. 3　D. 1

94. 神华号八轴交流机车每台车有（　　）条轴有停放制动设施。
A. 2　B. 4　C. 6　D. 8

95. 神华号八轴交流机车牵引装置盖板中间内 M38 六角螺旋塞安装扭矩为（　　）。
A. 100 N·m　B. 150 N·m　C. 250 N·m　D. 230 N·m

96. 神华号八轴交流机车牵引装置盖板中间内 M12 六角螺旋塞安装扭矩为（　　）。
A. 80 N·m　B. 70 N·m　C. 75 N·m　D. 60 N·m

97. 制动盘连接螺栓紧固力矩为（　　）。
A. 60 N·m　B. 90 N·m　C. 70 N·m　D. 80 N·m

98. 神华号八轴交流机车脚蹬安装扭矩为（　　）。
A. 69 N·m　B. 79 N·m　C. 65 N·m　D. 60 N·m

99. 神华号八轴交流机车轴箱端盖安装螺栓扭矩为（　　）。
A. 40 ± 10 N·m　B. 50 ± 10 N·m　C. 70 ± 10 N·m　D. 60 ± 102N·m

100. 神华号八轴交流机车轴箱压盖组装扭矩为（　　）。
A. 300 ± 10 N·m　B. 320 ± 10 N·m
C. 340 ± 10 N·m　D. 360 ± 10 N·m

二、判断题

1. 神华号 JPXZ-2 型盘形制动器没有停放制动功能。（　　）
2. 神华号制动盘磨耗限度为每侧不超过 8 mm。（　　）
3. 神华号交流机车当网压高于 31.5 kV 并持续 20 s，断开主断路器。（　　）
4. 神华号八轴交流机车停车制动为弹簧蓄能制动。（　　）
5. 神华号交流机车最大速度为 100 km/h。（　　）
6. 神华号盘形制动器的蓄能弹簧力为 7 500 ~ 11 000 N。（　　）
7. 神华号交流机车神八机车闸片的间隙双边为 2 ~ 3 mm。（　　）
8. 神华号八轴交流机车制动方式为轮盘制动。（　　）
9. 神华号八轴交流机车轴列式为 $2(B_0\text{-}B_0)$。（　　）
10. 神华号交流机车的额定功率 1 260 kW。（　　）

11. 神华号交流机车电传达方式采用（直-交-直）传动。(　　)

12. 神华号八轴交流机车的传动方式采用单边斜齿传动。(　　)

13. 神华号交流机车轴距 2 900 mm。(　　)

14. 神华号交流机车排障器高度为（110 ± 10）mm。(　　)

15. 神华号八轴交流机车牵引点距轨面高度为 240 mm。(　　)

16. 神华号交流机车撒砂软管距轨面高度为（20 ± 2）mm。(　　)

17. 神华号交流机车撒砂软管与轮对踏面间距为（10 ± 2）mm。(　　)

18. 神华号八轴交流机车齿轮箱密封采用迷宫密封。(　　)

19. 神华号八轴交流机车基础制动制动倍率为 2.41。(　　)

20. 神华号交流机车整体起吊装置不属于附属装置。(　　)

21. 神华号交流机车抱轴箱采用的不是整体式抱轴箱。(　　)

22. 神华号八轴交流机车齿轮箱润滑油既润滑齿轮也润滑驱动端滚动轴承。(　　)

23. 神华号八轴交流机车抱轴箱采用的是陶瓷绝缘滚动轴承。(　　)

24. 神华号交流机车电机防落装置安全托铁与电机连接上下面间隙都不小于 0.5 mm。(　　)

25. 神华号交流机车扫石器距轨面高度 20 ~ 25 mm。(　　)

26. 神华号交流机车排障器距轨面高度为（110 ± 10）mm。(　　)

27. 神华号八轴交流机车排石器距轨面高度 80 mm。(　　)

28. 神华号八轴交流机车轴箱定位采用单侧轴箱拉杆。(　　)

29. 神华号八轴交流机车限制转向架与车体摇头运动的是摇头止挡。(　　)

30. 神华号八轴交流机车垂向止挡.横向止挡限制转向架与车体的垂向、横向运动。(　　)

31. 神华号八轴交流机车构架由两个侧梁、牵引梁、前后端梁组成。(　　)

32. 神华号交流机车齿轮箱底面距轨面高度 110 mm。(　　)

33. 神华号交流机车齿轮箱材质为合金钢。(　　)

34. 神华号八轴交流机车抱轴箱轴承油脂型号 SHC220。(　　)

35. 神华号交流机车齿轮箱润滑油型号 SHC80W-160。(　　)

36 神华号八轴交流机车变形单元下支撑板上的变形检测板与托架组成的间隔距离，距离达到 5 mm 必须更换。(　　)

37. 神华号交流机车二系弹簧静扰度 106 mm。(　　)

38. 神华号八轴交流机车一系弹簧静扰度 38 mm。(　　)

39. 神华号八轴交流机车一系垂向止挡 25 ~ 28 mm。(　　)

40. 神华号交流机车一系横向止挡 12 mm。(　　)

41. 神华号八轴交流机车刚性摇头止挡与车体接触面横向间距 120 mm。(　　)

42. 神华号八轴交流机车采用 E 级钢车钩。(　　)

43. 神华号八轴交流机车采用 13B 型钩尾框。(　　)

44. 神华号八轴交流机车缓冲器型号为 QKX100。(　　)

45. 神华号交流机车轴箱轴承的径向游隙 0.2 ~ 0.6 mm。(　　)

46. 神华号八轴交流机车一系悬挂装置包括钢弹簧、垂向减振器、轴箱拉杆。(　　)

47. 神华号交流机车一系悬挂装置包括高挠钢弹簧、垂向减振器。(　　)

48. 神华号交流机车通过的最小曲线半径 125 m 速度大于 5 km/h。(　　)

49. 神华号八轴交流机车最高运行速度 120 km/h。(　　)

50. 神华号八轴交流机车施加的停放制动可以机械缓解。(　　)

三、多选题

1. 神华号八轴交流机车转向架主要由（　　）、转向架空气管路、轮缘润滑装置及附属装置等组成。

A. 构架　　B. 轮对驱动装置

C. 牵引装置　　D. 基础制动装置

E. 电机悬挂装置　　F. 一二系弹簧悬挂装置

2. 神华号八轴交流机车一系悬挂装置由：(　　) 等组成。(　　)

A. 钢圆簧　　B. 高挠钢圆簧

C. 轴箱拉杆　　D. 二系垂向油压减振器

E. 一系垂向油压减振器　　F. 端部水平减振器

3. 神华号八轴交流机车二系悬挂装置由：(　　) 等组成。

A. 钢圆簧　　B. 高挠钢圆簧

C. 轴箱拉杆　　D. 二系垂向油压减振器

E. 一系垂向油压减振器　　F. 端部水平减振器

4. 神华号八轴交流机车电机悬挂装置由（　　）以及电机悬挂螺栓等零部件组成。

A. 吊杆　　B. 橡胶关节

C. 电机防落挡块　　D. 销

E. 拉杆　　F. 键块

5. 神华号八轴交流机车电机悬挂装置起着（　　）、保证电机与构架的（　　）、防止电机（　　）的作用。

A. 抱轴半悬挂　　B. 全悬挂

C. 悬挂电机　　D. 相对运动
E. 意外掉落　　F. 断裂

6. 神华号八轴交流机车一系弹簧能缓和机车的（　　）和（　　）。
A. 垂向力　　B. 横向力
C. 跳动　　D. 振动
E. 冲击　　F. 纵向力

7. 神华号八轴交流机车一系垂向减振器的作用是吸收（　　）并（　　）避免机车共振。
A. 垂向力　　B. 横向力
C. 跳动　　D. 振动能量
E. 衰减振动　　F. 纵向力

8. 神华号八轴交流机车轴箱拉杆用来连接轮对与（　　），传递机车轮对产生的（　　）与（　　）。
A. 车体　　B. 轮对
C. 转向架构架　　D. 轴箱
E. 牵引力　　F. 制动力

9. 神华号八轴交流机车二系弹簧横向布置在构架（　　）上，（　　）可减小弹簧最大变形量，（　　）弹簧受力状态。
A. 牵引梁　　B. 侧梁
C. 横向布置　　D. 纵向布置
E. 改善　　F. 缓解

10. 神华号八轴交流机车二系横向减震器布置在构架（　　），可以降低轮轴（　　）。
A. 端梁　　B. 侧梁
C. 牵引梁　　D. 垂向力
E. 纵向力　　F. 横向力

11. 神华号八轴交流机车二系垂向减震器左右对称布置在（　　）之间，连接（　　）和（　　）。
A. 端梁　　B. 侧梁
C. 轮对　　D. 牵引梁
E. 转向架　　F. 车体

12. 神华号八轴交流机车础制动装置为（　　）方式，制动机构采用（　　）和（　　）。
A. 轮盘制动　　B. 踏面制动
C. 单元制动缸　　D. 基础制动缸
E. 固定夹钳机构　　F. 浮动夹钳机构

13. 神华号八轴交流机车每轮对有（　　）轮盘制动装置，其中一个带有（　　），以实现（　　）。
A. 两套　　B. 四套
C. 蓄能制动装置　　D. 后备制动

E. 电制动　　F. 停放制动

14. 神华号八轴交流机车附属装置主要包括（　　）整体起吊装置及各止挡等。

A. 转向架空气管路　　B. 排石器

C. 脚蹬　　D. 防护板

E. 纵向止挡　　F. 横向止挡

15. 神华号八轴交流机车防护板装置主要是用来挡住因车轮高速旋转所带来的（　　）、（　　）的飞溅，对车体底架风道口起（　　）作用。

A. 雨水　　B. 石块

C. 灰尘　　D. 防护

E. 过滤　　F. 清洁保护

16. 神华号八轴交流机车（　　）、横向止挡限制转向架与车体的垂向、（　　）。

A. 垂向止挡　　B. 横向运动

C. 相对运动　　D. 摇头止挡

E. 纵向止挡　　F. 纵向运动

17. 神华号八轴交流机车轮对驱动装置由（　　）等主要零部件组成。

A. 轮对　　B. 轴箱

C. 牵引电机　　D. 齿轮箱

E. 抱轴悬挂装置　　F. 大齿轮

18. 神华号八轴交流机车整体起吊装置是机车的自带部件之一，通过（　　）将车体和（　　）连接。不影响车体与转向架之间的（　　）。

A. 侧梁　　B. 构架

C. 钢丝绳结构　　D. 横向运动

E. 转向架　　F. 相对运动

19. 神华号八轴交流机车抱轴箱轴承采用（　　），具有（　　）性能。

A. 圆柱滚动轴承　　B. 圆锥滚动轴承

C. 陶瓷绝缘　　D. 安全

E. 可靠　　F. 稳定

20. 神华号八轴交流机车抱轴箱轴承。能够防止轴承产生（　　）。确保轴承（　　）运用。

A. 电腐蚀　　B. 锈蚀

C. 使用周期　　D. 安全

E. 可靠　　F. 稳定

21. 神华号八轴交流机车齿轮箱采用了迷宫式密封结构，车轮侧（　　）与（　　）做成一体，电机侧迷宫密封采用（　　），其结构既保证（　　），又保证润滑油不进入抱轴箱。

A. 迷宫密封　　B. 抱轴箱

C. 箱体　　D. 齿轮箱密封

E. 铝合金　　F. 球墨铸铁

22. 神华号八轴交流机车齿轮箱体两侧的迷宫密封均设置了（　　）。实现了润滑油的（　　）和（　　）的润滑。

A. 合理的回油孔　　B. 抱轴箱
C. 合理回流　　D. 小齿轮
E. 电机传动端轴承　　F. 大齿轮

23. 神华号八轴交流机车变形单元的主要功能是在机车车辆（　　）或（　　），产生动作以（　　），达到对机车车辆实施（　　）的目的。

A. 释放大量能量　　B. 超速冲击
C. 事故状态下　　D. 吸收大量能量
E. 行车保护　　F. 意外保护

24. 神华号八轴交流机车变形单元具有（　　）安装拆卸方便等特点。

A. 容量大　　B. 阻抗小
C. 结构简单　　D. 结构复杂
E. 性能稳定　　F. 容量小

25. 神华号八轴交流机车弹性胶泥缓冲器是利用其核心部件（　　）在受到冲击时胶泥之间的（　　）消耗外界（　　）。

A. 胶泥芯子　　B. 弹簧
C. 弹性胶泥芯子　　D. 伸缩运动
E. 相互摩擦运动　　F. 冲击能量

26. 神华号八轴交流机车排障器高度要求为（　　），排石器高度要求不低于（　　）扫石器高度要求为 （　　）。

A. 0 ~ 120 mm　　B. 60 mm
C. 25 ~ 35 mm　　D. 110 ~ 120 mm
E. 80 mm　　F. 30 ~ 35 mm

27. 神华号八轴交流机车轴箱组装是机车(　　)最重要的部分之一，安装在机车(　　)两端（　　）上。

A. 转向架　　B. 构架
C. 侧梁　　D. 车轴
E. 轴　　F. 轴颈

28. 神华号八轴交流机车将全部（　　）包括铅垂方向的（　　）传给车轴，并将来自轮对的（　　）.（　　）和冲击作用传到构架上去。

A. 簧上载荷　　B. 静载荷
C. 动载荷　　D. 牵引力
E. 冲击力　　F. 制动力

29. 神华号八轴交流机车轴箱组装还传递（　　）与（　　）间的（　　）作用力。同时，通过轴承能将机车车轮的滚动转化为车体的（　　）。

A. 轮对　　B. 平动

C. 构架　　D. 横向和垂向

E. 横向和纵向　　F. 垂向和纵向

30. 神华号八轴交流机车构架为（　　）结构，由（　　）后端梁组成，结构基本上是对称的。

A. H 型　　B. 两个侧梁

C. 牵引梁　　D. 后端梁

E. 前端梁　　F. 日型

31. 神华号八轴交流机车构架的功能（　　）。

A. 支撑车体　　B. 安装部件和功能组件的基础

C. 支撑驱动装置　　D. 支撑制动功能组件

E. 支撑旋转零件　　F. 传递牵引力.制动力和车体重量

32. 神华号八轴交流机车整体起吊装置由（　　）组成。

A. 2 个钢丝绳　　B. 1 个钢丝绳

C. 2 个圆形缓冲垫　　D. 1 个圆形缓冲垫

E. 1 个均衡梁　　F. 2 个挡板

33. 神华号八轴交流机车转向架功能：（　　）。

A. 支承车体重量　　B. 实现机车的导向

C. 吸收和缓解来自轨道的振动　　D. 适应机车的曲线通过

E. 传递牵引力　　F. 传递制动力

34. 神华号八轴交流机车牵引装置连接（　　）与（　　），采用（　　）牵引方式。

A. 车体　　B. 转向架

C. 推挽式低位　　D. 构架

E. 牵引梁　　F. 推挽式高位

35. 神华号八轴交流机车牵引装置安装端装有（　　），能适应（　　）和（　　）间的（　　）。

A. 橡胶关节　　B. 转向架

C. 相对运动　　D. 车体

E. 回转运动　　F. 旋转运动

36. 神华号八轴交流机车轴箱定位采用（　　）。特点是（　　），并且一系纵向刚度大，横向刚度小，有利于机车（　　），保持驱动系统稳定，提高黏着利用率及改善曲线通过性能。

A. 双侧轴箱拉杆　　B. 单侧轴箱拉杆

C. 结构简单　　D. 垂向稳定性

E. 横向稳定性　　F. 纵向稳定性

37. 神华号八轴交流机车轴箱拉杆两端采用(　　)，橡胶关节径向(　　)，回转(　　)。

A. 球形橡胶关节　　B. 柱形橡胶关节

C. 刚度大　　D. 韧性大

E. 韧性小　　F. 刚度小

38. 神华号八轴交流机车轴箱纵向具有较大的（　　），并可使轴箱相对（　　）能自由的沉浮及绕本身轴线回转。

A. 轮对　　B. 车轴

C. 定位稳定性　　D. 定位刚度

E. 转向架　　F. 构架

39. 神华号八轴交流机车油位检查必须在机车停放在（　　）1 小时后进行，油位需接近油标（　　）、不得低于（　　）（或油位处于油标上的标记圆环内）。

A. 轨道　　B. 平直道

C. 上刻度线　　D. 下刻度线

E. 弯道　　F. 上坡道

40. 神华号八轴交流机车停放制动机械缓解时关闭位于制动柜的“（　　）”截止阀 177。用手拉（　　）来缓解直到不再有停车制动施加。

A. 停放制动　　B. 停车制动

C. 缓解手柄　　D. 缓解拉环

E. 单独制动　　F. 手制动

41. 神华号八轴交流机车制动系统有（　　）。

A. 手制动　　B. 电制动

C. 自动制动　　D. 单独制动

E. 后备制动　　F. 停放制动

42. 神华号八轴交流机车基础制动装置主要包括（　　）。

A. JPXZ-1 型盘型制动器　　B. JPXZ-2 型盘型制动器

C. JPXZ-3 型盘型制动器　　D. 铸铁制动盘

E. 闸片　　F. 制动指示器

43. 神华号八轴交流机车施加停放制动时（　　）内压缩空气被排出时，蓄能活塞向下移动，通过双头丝杆带动（　　）运动，楔块将制动力通过套筒传递到（　　）及闸片，起到蓄能制动作用。

A. 蓄能缸　　B. 制动缸

C. 活塞组成　　D. 楔块

E. 夹钳机构　　F. 锥形螺母

44. 神华号八轴交流机车缓解停放制动时将（　　）内充入压缩空气，（　　）返回运动，（　　）解除，机车缓解。

A. 蓄能缸　　B. 制动缸

C. 活塞组成　　D. 主压缩弹簧压力

E. 楔块　　F. 制动力

45. 神华号八轴交流机车缓解时，制动缸（　　）排出，（　　）及调整丝杆在（　　）

恢复力的作用下返回到缓解位置，闸片与制动盘脱离，机车缓解。

A. 压缩空气　　B. 锥形螺母
C. 活塞组成　　D. 主压缩弹簧
E. 套筒　　F. 夹钳机构

46. 神华号八轴交流机车制动时（　　）进入制动缸推动（　　），将制动力通过套筒和锥形螺母传递给调整丝杆，再通过丝杆的运动将制动力传递到（　　）及闸片，使闸片抱紧制动盘，实现机车的制动。

A. 压缩空气　　B. 锥形螺母
C. 活塞组成　　D. 主压缩弹簧
E. 套筒　　F. 夹钳机构

47. 神华号八轴交流机车抱轴箱轴承采用（　　），可以延长轴承（　　）提高轮对驱动系统的（　　）。

A. 圆柱滚动轴承　　B. 圆锥滚动轴承
C. 使用周期　　D. 安全性
E. 可靠性　　F. 稳定性

48. 神华号八轴交流机车转向架保证机车的（　　）.（　　），保证机车的（　　），实现机车的其他功能。

A. 安全性　　B. 平稳性
C. 可靠性　　D. 舒适性
E. 稳定性　　F. 密封性

49. 神华号八轴交流机车制动盘组装完毕后两个制动盘（　　）呈平行状态，其端面（　　）跳动量不大于（　　）。

A. 摩擦面　　B. 接触面
C. 轴向　　D. 径向
E. 0.5 mm　　F. 0.4 mm

50. 华号八轴交流机车电传达方式采用（　　）传动，轮周功率持续制为（　　）。（CE）

A. 交-直-直　　B. 交-直
C. 交-直-交　　D. 8 600 kW
E. 9 600 kW　　F. 9 400 kW

电力机车钳工公共应知应会练习题参考答案

一、单选题

1. A　2. A　3. A　4. C　5. B　6. B　7. B　8. C　9. A　10. A
11. A　12. A　13. C　14. C　15. C　16. A　17. C　18. C　19. B　20. C
21. B　22. D　23. C　24. C　25. D　26. B　27. C　28. B　29. B　30. B

31. C	32. C	33. B	34. B	35. A	36. A	37. A	38. A	39. A	40. B
41. A	42. B	43. A	44. C	45. C	46. C	47. B	48. B	49. A	50. C
51. B	52. B	53. D	54. C	55. B	56. A	57. B	58. C	59. B	60. C
61. A	62. A	63. C	64. C	65. A	66. D	67. A	68. B	69. A	70. C
71. B	72. A	73. C	74. A	75. C	76. C	77. D	78. A	79. C	80. C
81. B	82. B	83. C	84. D	85. C	86. B	87. A	88. A	89. B	90. A
91. D	92. A	93. B	94. D	95. C	96. A	97. B	98. B	99. C	100. D

二、判断题

1. ×	2. ×	3. ×	4. √	5. ×	6. ×	7. ×	8. √	9. √	10. ×
11. ×	12. √	13. ×	14. ×	15. √	16. ×	17. ×	18. √	19. √	20. ×
21. ×	22. √	23. √	24. ×	25. ×	26. ×	27. √	28. √	29. √	30. √
31. √	32. ×	33. ×	34. √	35. ×	36. √	37. ×	38. √	39. √	40. ×
41. √	42. √	43. √	44. √	45. ×	46. √	47. ×	48. ×	49. √	50. √

三、多选题

1. ABCDEF	2. ACE	3. BDF	4. ABCD	5. CDE
6. DE	7. DE	8. CEF	9. ACE	10. AF
11. CEF	12. ACF	13. ACF	14. ABCD	15. ACF
16. AB	17. ABCDE	18. CEF	19. BC	20. AD
21. ACDF	22. ACE	23. BCDF	24. ACE	25. CEF
26. DEF	27. ADF	28. ACDF	29. ABCE	30. ABCDE
31. ABCDF	32. ACEF	33. ABCDEF	34. ABC	35. ABCD
36. BCE	37. ACF	38. DF	39. BCD	40. BD
41. BCDEF	42. ABDEF	43. ADE	44. AEF	45. ACD
46. ACF	47. BCE	48. ABD	49. ACE	50. CE

朔黄铁路机辆分公司“四大体系”教育培训系列教材

JICHE JIANXIU TIXI

机车检修体系

PEIXUN JIAOCHENG

培训教程

（第2版）（下册）

主编　张朝辉

西南交通大学出版社
·成　都·

目录 CONTENTS

第五章　辅助工种应知应会练习题

第一节　镟轮工（机床组）应知应会练习题

一、单选题

1. 机车轮箍内侧距离原形为（　　）mm。

A. $1\ 353^{+1.5}_{-1.0}$　　B. $1\ 353^{+1.0}_{-1.5}$　　C. $1\ 353^{+1.5}_{-1.5}$　　D. $1\ 353^{+3.0}_{-1.5}$

2. 机车轮箍内侧距离中修限度为（　　）mm。

A. $1\ 353^{+1.5}_{-1.0}$　　B. $1\ 353^{+1.0}_{-1.0}$　　C. $1\ 353^{+1.5}_{-1.0}$　　D. $1\ 353^{+3.0}_{-3.0}$

3. 机车轮箍厚度原形为（　　）mm。

A. 81　　B. 82　　C. 90　　D. 80

4. 机车轮箍厚度中修限度为（　　）mm。

A. ≥60 mm Ⅰ、Ⅱ级线路，≥75 mm Ⅲ级线路

B. ≥50 mm Ⅰ、Ⅱ级线路，≥75 mm Ⅲ级线路

C. ≥54 mm Ⅰ、Ⅱ级线路，≥75 mm Ⅲ级线路

D. ≥55 mm Ⅰ、Ⅱ级线路，≥75 mm Ⅲ级线路

5. 机车轮箍厚度禁用限度为（　　）mm。

A. ≤40　　B. ≤51　　C. ≤53　　D. ≤55

6. 机车轮箍宽度原形为（　　）mm。

A. 140　　B. 152　　C. 155　　D. 157

7. 机车轮箍宽度中修限度为（　　）mm。

A. ≮145　　B. ≮136　　C. ≮147　　D. ≮148

8. 机车轮箍各处厚度差中修限度为（　　）mm。

A. ≯0.5　　B. ≯1.0　　C. ≯0.6　　D. ≯0.8

9. 机车轮箍各处厚度差禁用限度为（　　）mm。

A. ≥3　　B. ≥2.0　　C. ≥2.5　　D. ≥2.8

10. 机车轮缘厚度原形为（　　）mm。

A. $34^{+0}_{-0.5}$　　B. $34^{+0.5}_{-0}$　　C. $34^{+1.0}_{-0}$　　D. $34^{+1.5}_{-0}$

11. 机车轮缘厚度中修限度为（　　）mm。

A. $34^{+1.0}_{-0}$　　B. $34^{+0.5}_{-0.}$　　C. $34^{+0}_{-0.5}$　　D. $34^{+1.5}_{-0}$

12. 机车轮缘厚度禁用限度为（　　）mm。

A. ≤23　　B. ≤15　　C. ≤18　　D. ≤13

13. 机车轮缘高度原形为（　　）mm。

A. $28^{+1.0}_{-0.5}$　　B. $28^{+0.5}_{-0.5}$　　C. $28^{+0}_{-0.5}$　　D. $28^{+0}_{-1.0}$

14. 机车轮缘高度中修限度为（　　）mm。

A. $28^{+1.0}_{-0.5}$　　B. $28^{+0.5}_{-0.5}$　　C. $28^{+0}_{-1.0}$　　D. $28^{+0}_{-0.5}$

15. 机车轮对踏面偏差原形为（　　）mm。

A. ≤1.2　　B. ≤1.3　　C. ≤1.4　　D. ≤0.5

16. 机车轮对踏面偏差中修限度为（　　）mm。

A. ≤1.2　　B. ≤1.3　　C. ≤0.5　　D. ≤1.4

17. 轮箍踏面：擦伤深度禁用限度为（　　）mm。

A. ≥1.5　　B. ≥1.6　　C. ≥0.7　　D. ≥1.8

18. 轮箍踏面：磨耗深度禁用限度为（　　）mm。

A. ≥15　　B. ≥16　　C. ≥7　　D. ≥18

19. 轮箍踏面：缺陷（孔眼、剥离等）禁用限度为（　　）mm。

A. ≥1.0；长 35　　B. ≥1.0；长 40　　C. ≥0.5；长 30　　D. ≥0.5；长 35

20. 轮缘垂直磨耗高度禁用限度为（　　）mm。

A. ≥25　　B. ≥26　　C. ≥27　　D. ≥18

21. 轮箍铲沟允许深度外侧面禁用限度为（　　）mm。

A. ≥7　　B. ≥16　　C. ≥15　　D. ≥14

22. 轮箍铲沟允许深度内侧面禁用限度为（　　）mm。

A. ≥1.5　　B. ≥2.5　　C. ≥3　　D. ≥4.5

23. 机车轮对轮径差同轴原形为（　　）mm。

A. ≤0.3　　B. ≤0.4　　C. ≤0.5　　D. ≤1

24. 机车轮对轮径差同一节车原形为（　　）mm。

A. ≤0.5　　B. ≤1.6　　C. ≤2　　D. ≤1.5

25. 机车轮对轮径差同轴中修限度为（　　）mm。

A. ≤0.3　　B. ≤0.4　　C. ≤0.5　　D. ≤1

26. 机车轮对轮径差同一转向架中修限度为（　　）mm。

A. ≤0.5　　B. ≤1.6　　C. ≤2　　D. ≤1.5

27. 机车轮对轮径差同一节车中修限度为（　　）mm。

A. ≤3　　B. ≤2.5　　C. ≤1.5　　D. ≤0.5

28. 机车轮对轮径差同一台车中修限度为（　　）mm。

A. ≤6.5　　B. ≤7.5　　C. ≤8　　D. ≤9.5

29. 机车轮对轮径差同一转向架禁用限度为（　　）mm。

A. ≥6.5　　B. ≥7.5　　C. ≥8　　D. ≥9.5

30. 机车轮对轮径差同一节车禁用限度为（　　）mm。

A. ≥6　　B. ≥8　　C. ≥9　　D. ≥12

31. 机车轮对轮径差同一台车禁用限度为（　　）mm。

A. ≥20　　B. ≥15　　C. ≥10　　D. ≥16

32. 机车轮辋外径原形为（　　）mm。

A. $1\,070^{+1}_{-0}$　　B. $1\,070^{+1}_{-1}$　　C. $1\,070^{+1.5}_{-0}$　　D. $1\,070^{+0.5}_{-0}$

33. 机车轮辋外径中修限度为（　　）mm。

A. ≥1 064.5　　B. ≥1 065　　C. ≥1 066.5　　D. ≥1 067.5

34. 机车轮辋圆柱度原形为（　　）mm。

A. ≤0.2　　B. ≤0.35　　C. ≤0.15　　D. ≤0.45

35. 机车轮辋圆柱度中修限度为（　　）mm。

A. ≤0.15　　B. ≤0.2　　C. ≤0.35　　D. ≤0.45

36. 机车轮辋圆度原形为（　　）mm。

A. ≤0.15　　B. ≤0.25　　C. ≤0.3　　D. ≤0.45

37. 机车轮辋圆度中修限度为（　　）mm。

A. ≤0.25　　B. ≤0.35　　C. ≤0.45　　D. ≤0.5

38. 两轮箍内侧面与轴断面距离偏差为（　　）mm。

A. ≤1.5　　B. ≤2.5　　C. ≤3　　D. ≤4.5

39. 换向器表面的切削（　　）是为了除去粗糙膜并同时消除表面不平。

A. 光刀　　B. 精车　　C. 粗车　　D. 车削

40. 换向器表面碳刷接触面磨出凹槽达（　　）时必须用车削方法重新加工。

A. 0.1 mm　　B. 0.15 mm　　C. 0.2 mm　　D. 0.3 mm

41. 换向器出现（　　）、直径不均匀、凹凸等现象必须用车削方法重新加工。

A. 偏心　　B. 不平　　C. 振动　　D. 磨损

42. 换向器出现偏心、（　　）、凹凸等现象，必须用车削方法重新加工。

A. 直径不符合　　B. 直径不均匀　　C. 直径偏小　　D. 直径偏大

43. 换向器表面严重（　　）或由于火花等原因致使换向器表面粗糙必须用车削方法重新加工。

A. 发黑　　B. 变黑　　C. 发灰　　D. 变灰

44. 换向器表面的切削光刀，是为了除去粗糙膜，并同时消除表面（　　）。

A. 凹凸　　B. 粗糙度　　C. 不平　　D. 波纹

45. ZD114 型牵引电机换向器表面车削标准偏心校正限度（　　）。

A. ≤0.1 mm　　B. ≤0.25 mm　　C. ≤0.35 mm　　D. ≤0.45 mm

46. ZD114 型牵引电机换向器表面车削标准偏心车削后标准（　　）。

A. ≤0.03 mm　　B. ≤0.12 mm　　C. ≤0.11 mm　　D. ≤0.14 mm

47. ZD114 型牵引电机换向器表面车削标准直径不均匀校正限度（　　）。

A. ≤0.05 mm　　B. ≤0.13 mm　　C. ≤0.12 mm　　D. ≤0.17 mm

48. ZD114 型牵引电机换向器表面车削标准直径不均匀车削后标准（　　）。

A. ≤0.005 mm　　B. ≤0.013 mm　　C. ≤0.017 mm　　D. ≤0.019 mm

49. ZD114 型牵引电机换向器表面车削标准相邻换相片凹凸量校正限度（　　）。

A. ≤0.005 mm　　B. ≤0.013 mm　　C. ≤0.017 mm　　D. ≤0.019 mm

50. ZD114 型牵引电机换向器表面车削标准相邻换相片凹凸量车削后标准（　　）。

A. 0 mm　　B. 1.5 mm　　C. 2.5 mm　　D. 3.5 mm

51. 将电枢安装在专用光刀机床上，校正电枢两端轴承档跳动量不大于（　　）mm。

A. 0.11　　B. 0.12　　C. 0.03　　D. 0.14

52. 在车床上对换向器表面进行光刀时，工件旋转速度为（　　）。

A. 20 ~ 150 r/min　　B. 10 ~ 100 r/min

C. 15 ~ 100 r/min　　D. 30 ~ 100 r/min

53. 在车床上对换向器表面进行光刀时，切削进刀量为（　　）。

A. 0.08 ~ 0.1 mm/r　　B. 0.05 ~ 0.2 mm/r

C. 0.06 ~ 0.2 mm/r　　D. 0.07 ~ 0.2 mm/r

54. 在车床上对换向器表面进行光刀时，加工后换向器表面粗糙度（　　）。

A. ≤0.8 μm　　B. ≤0.75 μm　　C. ≤0.65 μm　　D. ≤0.55 μm

55. 换向器表面切削完成后，用压缩空气将表面（　　）。

A. 清洁　　B. 吹净　　C. 吹干　　D. 吹干净

56. 换向器表面光刀后，换相片之间的槽和换向片的倒角会变小，因此光刀后必须进行（　　）。

A. 下刻　　B. 倒角　　C. 下刻和倒角　　D. 精车

57. 下刻必须严格按要求执行下刻（　　）。

A. 1.1 ~ 2.5 mm　　B. 1.2 ~ 2 mm　　C. 1.3 ~ 2.5 mm　　D. 1.4 ~ 2.5 mm

58. 倒角必须严格按要求执行，倒角（　　）。

A. 0.3 × 45°　　B. 0.4 × 50°　　C. 0.5 × 501°　　D. 0.6 × 50°

59. 下刻和倒角必须严格按要求执行，防止下刻（　　）等现象。

A. 过小　　B. 过大　　C. 愈小　　D. 愈大

60. 下刻和倒角必须严格按要求执行，防止下刻过大等现象，否则将引起换向不良或（　　）。

A. 碳刷裂纹　　B. 磨耗

C. 碳刷裂纹和异常磨耗　　D. 裂纹

61. ZD114 型牵引电机换向器直径原形不小于（　　）mm。

A. 500^{+1}_{-0}　　B. 500 + 1　　C. 500 − 1　　D. 500 + 2

62. ZD114 型牵引电机换向器直径限度不小于（　　）mm。

A. 484　　B. 495　　C. 496　　D. 497

63. ZD114 型牵引电机换向器表面磨耗凹槽深度原形不大于（　　）mm。

A. 0　　B. 0.1　　C. 0.2　　D. 0.3

64. ZD114 型牵引电机换向器表面磨耗凹槽深度限度不大于（　　）mm。

A. 0.15　　B. 0.1　　C. 0.2　　D. 0.3

65. ZD114 型牵引电机换向器退刀槽深度原形（　　）mm。

A. $4^{+0.3}_{-0.3}$　　B. $4^{+0.3}_{-0.4}$　　C. $4^{+0.4}_{-0.3}$　　D. $4^{+0.4}_{-0.4}$

66. ZD114 型牵引电机换向器退刀槽深度限度（　　）mm。

A. $4^{+0.5}_{-0.5}$　　B. $4^{+0.3}_{-0.4}$　　C. $4^{+0.4}_{-0.3}$　　D. $4^{+0.4}_{-0.4}$

67. ZD114 型牵引电机换向器退刀槽宽度原形不小于（　　）mm。

A. $10^{+0.5}_{-0.5}$　　B. $10^{+0.3}_{-0.3}$　　C. $10^{+0.3}_{-0.4}$　　D. $10^{+0.4}_{-0.4}$

68. ZD114 型牵引电机换向器退刀槽宽度限度不小于（　　）mm。

A. $12^{+0.5}_{-0.5}$　　B. $12^{+0.3}_{-0.3}$　　C. $12^{+0.3}_{-0.4}$　　D. $12^{+0.4}_{-0.4}$

69. ZD114 型牵引电机换向器椭圆度原形小于（　　）mm。

A. 0.1　　B. 0.2　　C. 0.3　　D. 0.4

70. ZD114 型牵引电机换向器椭圆度限度小于（　　）mm。

A. 0.1　　B. 0.2　　C. 0.3　　D. 0.4

71. ZD114 型牵引电机换向器直径不等分度原形小于（　　）mm。

A. 0.05　　B. 0.06　　C. 0.07　　D. 0.08

72. ZD114 型牵引电机换向器直径不等分度限度小于（　　）mm。

A. 0.05　　B. 0.06　　C. 0.07　　D. 0.08

73. ZD114 型牵引电机换向器相邻换相片凹凸量原形小于（　　）mm。

A. 0.005　　B. 0.006　　C. 0.007　　D. 0.008

74. ZD114 型牵引电机换向器相邻换相片凹凸量限度小于（　　）mm。

A. 0.005　　B. 0.006　　C. 0.007　　D. 0.008

75. ZD114 型牵引电机换向器表面粗糙度原形 R_a（　　）。

A. 0.8 μm　　B. 0.7 μm　　C. 0.6 μm　　D. 0.9 μm

76. ZD114 型牵引电机换向器表面粗糙度限度 R_a（　　）。

A. 1.6 μm　　B. 1.4 μm　　C. 1.5 μm　　D. 1.3 μm

77. ZD114 型牵引电机换向器表面跳动量原形不大于（　　）mm。

A. 0.04　　B. 0.03　　C. 0.05　　D. 0.06

78. ZD114 型牵引电机换向器表面跳动量限度不大于（　　）mm。

A. 0.06　　B. 0.04　　C. 0.05　　D. 0.03

79. ZD105 型牵引电机换向器直径原形（　　）。

A. 540^{+1}_{-1} mm　　B. 540^{+0}_{-1} mm　　C. 540^{+1}_{-0} mm　　D. $540^{+1}_{-1.5}$ mm

80. ZD105 型牵引电机换向器直径中修限度（　　）。

A. ≥521 mm　　B. ≥523 mm　　C. ≥522 mm　　D. ≥524 mm

81. ZD105 型牵引电机换向器直径禁用限度（　　）。

A. ≤518 mm　　B. ≤519 mm　　C. ≤520 mm　　D. ≤517 mm

82. ZD105 型牵引电机换向器表面磨耗量原形（　　）。

A. 0.02 mm　　B. 0.01 mm　　C. 0 mm　　D. 0.03 mm

83. ZD105 型牵引电机换向器表面磨耗量中修限度（　　）。

A. ≤0.05 mm　　B. ≤0.1 mm　　C. ≤0.15 mm　　D. ≤0.2 mm

84. ZD105 型牵引电机换向器退刀槽深度原形（　　）mm。

A. $4^{+0.12}_{-0.12}$　　B. $4^{+0.12}_{-0.1}$　　C. $4^{+0.12}_{-0}$　　D. $4^{+0.1}_{-0.1}$

85. ZD105 型牵引电机换向器退刀槽深度中修限度（　　）mm。

A. $4^{+0.12}_{-0.12}$　　B. $4^{+0.12}_{-0.1}$　　C. $4^{+0.12}_{-0}$　　D. $4^{+0.1}_{-0.1}$

86. ZD105 型牵引电机换向器退刀槽宽度原形（　　）mm。

A. $9^{+0.5}_{-0}$　　B. $9^{+0}_{-0.5}$　　C. $9^{+0.5}_{-0.5}$　　D. 9^{+1}_{-1}

87. ZD105 型牵引电机换向器退刀槽宽度中修限度（　　）mm。

A. $9^{+0.5}_{-0}$　　B. $9^{+0}_{-0.5}$　　C. $9^{+0.5}_{-0.5}$　　D. 9^{+1}_{-1}

88. ZD105 型牵引电机换向器云母槽深度原形（　　）mm。

A. $1^{+0.2}_{-0.2}$　　B. $1.5^{+0.2}_{-0}$　　C. $1.5^{+0.2}_{-0.2}$　　D. $1.5^{+0}_{-0.2}$

89. ZD105 型牵引电机换向器云母槽深度中修限度（　　）mm。

A. 1.5 ~ 1.7　　B. 1.5 ~ 1.8　　C. 1.5 ~ 2　　D. 1.5 ~ 1.9

90. ZD105 型牵引电机换向器云母槽倒角原形（　　）。

A. 0.3 × 45°　　B. 0.4 × 45°

C. (0.3 – 0.4) × 45°　　D. 0.5 × 45°

91. ZD105 型牵引电机换向器云母槽倒角中修限度（　　）。

A. 0.3 × 45°　　B. 0.4 × 45°

C. (0.3 – 0.4) × 45°　　D. 0.5 × 45°

92. ZD105 型牵引电机换向器凸片高度原形（　　）。

A. 0.02 mm　　B. 0.01 mm　　C. 0 mm　　D. 0.03 mm

93. ZD105 型牵引电机换向器凸片高度中修限度（　　）。

A. ≤0.02 mm　　B. ≤0.01 mm　　C. 0 mm　　D. ≤0.03 mm

94. ZD105 型牵引电机换向器表面跳动量原形（　　）。

A. ≤0.01 mm　　B. ≤0.02 mm　　C. ≤0.04 mm　　D. ≤0.03 mm

95. ZD105 型牵引电机换向器表面跳动量中修限度（　　）。

A. ≤0.01 mm　　B. ≤0.03 mm　　C. ≤0.05 mm　　D. ≤0.07 mm

96. 外观检查轮箍无（　　）等缺陷。

A. 弛缓　　B. 擦伤、碰伤　　C. 剥离　　D. 以上都对

97. 将更换轮箍的轮对吊放在轮箍加热器上，加热至退出轮箍，加热温度不得超过（　　）。

A. 345 °C　　B. 350 °C　　C. 355 °C　　D. 365 °C

98. 待轮辋完全冷却后用轮辋外径尺测量轮辋。其外径、圆柱度及圆度符合校验要求，且锥度不大于（　　）。

A. 0.3 mm　　B. 0.45 mm　　C. 0.55 mm　　D. 0.65 mm

99. 待轮辋完全冷却后用轮辋外径尺测量轮辋。其（　　）符合校验要求，且锥度不大于 0.3 mm。

A. 外径　　B. 圆柱度　　C. 圆度　　D. 以上都对

100. 轮辋镶装过盈量为（　　）。

A. 1.1 ~ 2.0 mm　　B. 1.2 ~ 2.0 mm　　C. 1.3 ~ 2.0 mm　　D. 1.4 ~ 1.8 mm

101. 在立式车床上镟削毛坯箍的内侧面并加工内径面尺寸及轮箍挡宽不小于（　　）mm。

A. 9　　B. 10　　C. 8　　D. 7

102. 在立式车床上镟削毛坯箍的内侧面并加工内径面尺寸及圆度与圆柱度不大于于（　　）mm。

A. 0.1　　B. 0.2　　C. 0.3　　D. 0.25

103. 用电磁探伤器探伤轮箍（　　）。

A. 内圆表面　　B. 内侧面　　C. 外侧面　　D. 以上都对

104. 用电磁探伤器探伤轮箍，内圆表面不得有（　　）。

A. 裂纹　　B. 黑皮　　C. 夹渣　　D. 以上都对

105. 用电磁探伤器探伤轮箍内外侧面无（　　）。

A. 横向裂纹　　B. 纵向裂纹　　C. 裂纹　　D. 夹渣

106. 装好的轮箍应自然冷却，不许进行（　　）。

A. 降温处理　　B. 强迫冷却　　C. 降温　　D. 冷却

107. 装箍时环境温度不得低于（　　）。

A. 5 °C　　B. 6.5 °C　　C. 7.5 °C　　D. 8.5 °C

108. 轮箍冷却后，用检点锤检查紧固状态，同时检查轮箍档间隙，不得大于（　　）mm 的贯通间隙。

A. 0.45　　B. 0.5　　C. 0.65　　D. 0.75

109. 轮对镟修完毕后用（　　）测量各部尺寸。

A. 踏面外形样板　　B. 轮箍厚度尺

C. 轮缘厚度尺、轮径尺　　D. 以上都对

110. 轮对镟修完毕后用踏面外形样板、轮箍厚度尺、轮缘厚度尺、轮径尺测量各部尺寸符合（　　）。

A. 技术要求　　B. 工艺要求　　C. 技术参数　　D. 工艺参数

111. 外观检查轮缘及踏面不得有裂纹、缺陷（　　）。

A. 孔眼及剥离　　B. 孔眼　　C. 铲沟　　D. 剥离

112. 在轮缘的外侧面上由轮缘顶部量起（　　）mm 范围内，允许留不超过 5 mm 宽、2 mm 深黑皮。

A. 10 ~ 18　　B. 11 ~ 20　　C. 12 ~ 20　　D. 13 ~ 20

113. 在轮缘的外侧面上由轮缘顶部量起 10-18mm 范围内，允许留不超过（　　）黑皮。

A. 4 mm 宽、3 mm 深　　B. 5 mm 宽、2 mm 深

C. 5 mm 宽、3 mm 深　　D. 6 mm 宽、3 mm 深

114. 在轮箍内侧面上允许留有两处总长不超过（　　）mm，每处长度不超过 200 mm、深度不超过 1 mm 的黑皮。

A. 380　　B. 390　　C. 400　　D. 370

115. 在轮箍内侧面上允许留有两处总长不超过 400 mm，每处（　　）的黑皮。

A. 长度不超过 200 mm、深度不超过 1 mm

B. 长度不超过 200 mm、深度不超过 2 mm

C. 长度不超过 201 mm、深度不超过 2 mm

D. 长度不超过 202 mm、深度不超过 2 mm

116. 机车轮对镟修完毕后用（　　）检查轮箍宽度。

A. 游标卡尺　　B. 卡尺　　C. 轮箍尺　　D. 轮缘尺

117. 机车轮对镟修完毕后用游标卡尺检查（　　）。

A. 轮箍宽度　　B. 轮箍厚度　　C. 轮缘厚度　　D. 轮缘高度

118. 机车监控中心根据（　　）及时修改监控装置轮径数据确保机车运行安全。

A. 机车镟轮记录　　B. 机车交车单　　C. 镟轮记录　　D. 轮对镟修单

119. 如机车（　　）轮径发生变更，机车检修中心需及时抄送机车监控中心签字验收。

A. A1、A1　　B. B2、B1　　C. A2、B2　　D. A1、B1

120. 架落车作业：左右摩擦轮必须保持在同一水平高度，高度差不大于（　　）mm。

A. 1.5　　B. 2.5　　C. 3　　D. 4.5

121. 根据轮对检查及测量结果，确定加工顺序，本着（　　）的原则进行。

A. 先小后大　　B. 先故后优

C. 先小后大、先故后优　　D. 按顺序进行

122. 不落轮镟床作业时在手动和自动对刀时必须确认 R 参数 R15 和 R16 必须为(　　)。

A. 0　　B. 1.5　　C. 2.5　　D. 3.5

123. 不落轮镟床作业时在手动和自动对刀时必须确认 R 参数（　　）必须为 0。

A. R14　　B. R15　　C. R16　　D. R15、R16

124. 立式车床作业时工件必须找正，找正偏差不大于（　　）mm。

A. 1.5　　B. 2　　C. 3.5　　D. 4.5

125. 机床接通电源后，检查各部运转（　　）min 正常后，方可工作。

A. 8.5　　B. 9.5　　C. 10　　D. 11.5

126. 将轮对吊至托架上，电动托架上升将轮对上升至轮对中心线低于机床顶尖中线线（　　）mm 为宜。

A. 1 ~ 2.5　　B. 1 ~ 3　　C. 1 ~ 4.5　　D. 1 ~ 5.5

127. 车轮车床作业时，测量轮对尺寸，选择相应加工程序，将加工后轮对直径值和宽度值输入到 R 参数中的（　　）中。

A. R1　　B. R2　　C. R3　　D. R1 和 R2

128. 车轮车床手动对刀后记下此时 Z 轴坐标值并将其输入到（　　）中。

A. R0　　B. R1　　C. R2　　D. R3

129. 在更换刀具时、测量时（　　）、停电或转动部分发生故障时，必须确认退刀停车后方可进行以免发生人身伤害事故。

A. 操作者离开机床时　　B. 进行修理时

C. 检查工作物时　　D. 以上都对

130. 清理铁屑时一定要等设备完全停止时方可进行，并注意（　　）先清理干净。

A. 四周　　B. 脚下　　C. 机床周围　　D. 刀架

131. 工作结束后，做到工完料净，机床达到干净（　　）。

A. 整洁　　B. 润滑　　C. 安全　　D. 以上都对

132. 下刻机作业前，按要求对机床进行润滑保养，机床运转（　　）分钟确认无误后方可作业。

A. 1 ~ 6　　B. 2 ~ 6　　C. 3 ~ 5　　D. 4 ~ 6

133. 电枢装夹过程中，电枢必须边夹紧边找正，必须用百分表对电枢进行找正，误差不大于（　　）mm。

A. 0.12　　B. 0.13　　C. 0.14　　D. 0.05

134. 下刻机每次下刀前必须确认 Y 轴下刀深度设定为（　　）。

A. 0　　B. 1.5　　C. 2.5　　D. 3.5

135. 普通车床进刀前，（　　）等各部位的定位螺丝都要拧紧。

A. 跟刀架　　B. 刀架顶尖　　C. 中心架　　D. 以上都对

136. 机床发生异常时，如（　　）臭味等，应立即停车，请有关人员检查处理。

A. 异响　　B. 冒烟　　C. 震动　　D. 以上都对

137. 遇到下列情况应停车退刀：（　　）进行修理、调整、更换刀具、齿轮和装卸工作物时、扫除金属屑时、停电或转动部分发生故障时。

A. 操作者离开机床时　　B. 修理时

C. 调整时　　D. 更换刀具时

138. 普通车床在高速旋转时，严禁用倒车挡刹车，更不得用手制止卡盘旋转停车时应（　　）。

A. 先停车　　B. 先退刀

C. 先退刀、后停车　　D. 后停车

139. 机床作业下班时对未加工完的（　　）型工件应加好支撑，以免引起工件和主轴变形。

A. 重　　B. 长　　C. 大　　D. 以上都对

140. 普通车床作业结束后，将（　　）分别堆放整齐。

A. 毛坯　　B. 半成品　　C. 成品　　D. 以上都对

141. 普通车床转动时需要抛光时必须用（　　）垫纱布。

A. 木棒　　B. 手　　C. 铁棒　　D. 铁块

142. 开动砂轮时必须（　　）秒钟转速稳定后方可磨削。

A. 40　　B. 40 ~ 60　　C. 50　　D. 60

143. 退下轮箍的轮辋要等其自然冷却（　　）小时以上，到环境温度方可进行测量，不得强迫冷却。

A. 5.5　　B. 6.5　　C. 7.5　　D. 8

144. 轮辋外径与轮箍内径测量时必须遵守（　　）三级测量原则，经三级测量无异议后才能确定数据。

A. 技术部　　B. 中心工程师　　C. 班组　　D. 以上 3 种

145. CK8013A 不落轮镟轮牵车作业牵车速度不得大于（　　）km/h。

A. 3　　B. 4.5　　C. 5.5　　D. 6.5

146. 不落轮镟轮作业前应测量轮对数据，包括轮箍厚度、（　　）、踏面磨耗。

A. 轮缘高度　　B. 轮缘厚度　　C. 轮箍宽度　　D. 内侧距

147. CK8013A 不落轮架车时摩擦轮架上升时压力应调整为（　　）吨。

A. 21　　B. 22　　C. 18　　D. 25

148. CK8013A 不落轮架车时轴箱上升时压力应调整为（　　）吨。

A. 16　　B. 7　　C. 8　　D. 9

149. CK8013A 不落轮架车时活动导轨后退时压力应调整为（　　）吨。

A. 12　　B. 9　　C. 8　　D. 7

150. CK8013A 不落轮镟轮时内侧面手动对刀倍率应调整为（　　）。

A. 0　　B. 10　　C. 100　　D. 1 000

151. CK8013A 不落轮镟轮时踏面手动对刀倍率应调整为（　　）。

A. 1　　B. 10　　C. 100　　D. 1 000

152. K8013A 不落轮镟返回参考点时，应按（　　）。

A. ＋X、－Z　　B. ＋X、＋Z　　C. －X、＋Z　　D. －X、－Z

153. 机车轮对加工完毕后应对排障器进行测量，使排障器高度达到（　　）mm。

A. 60～110　　B. 70～110　　C. 80～110　　D. 80～120

154. SS_{4B}. SS_{4G} 机车不落轮镟轮后记录应填写（　　）。

A. 机辆机车检修-65 机车镟轮记录、机辆机车检修-67 交车单

B. 机辆机车检修-66 机车镟轮记录、机辆机车检修-67 交车单

C. 机辆机车检修-65 机车镟轮记录

D. 机辆机车检修-66 机车镟轮记录

155. 神华号、和谐号机车镟轮后需交车记录应填写（　　）。

A. 机辆机车检修-66 机车镟轮记录、机辆机车检修-67 交车单

B. 机辆机车检修-65 机车镟轮记录、机辆机车检修-67 交车单

C. 机辆机车检修-65 机车镟轮记录

D. 机辆机车检修-66 机车镟轮记录

156. 车轮车床加工程序选择 30 mm 轮缘厚度的应选（　　）。

A. JM30　　B. JM32　　C. JM33　　D. JM34

157. 车轮车床加工程序选择 32 mm 轮缘厚度的应选（　　）。

A. JM30　　B. JM32　　C. JM33　　D. JM34

158. 车轮车床加工程序选择 33 mm 轮缘厚度的应选（　　）。

A. JM30　　B. JM32　　C. JM33　　D. JM34

159. 车轮车床加工程序选择 34 mm 轮缘厚度的应选（　　）。

A. JM30　　B. JM32　　C. JM33　　D. JM34

160. 车轮车床加工程序选择挑卡簧的程序应选（　　）。

A. JM30　　B. JM32　　C. TKH　　D. JM33

161. 车轮车床加工程序选择内侧距加工的程序应选（　　）。

A. JM30　　B. JM32　　C. JM33　　D. NCJ

162. 车轮车床加工程序选择轮辋加工的程序应选（　　）。

A. JM30　　B. ZX　　C. JM32　　D. JM33

163. 车轮车床 R 参数中 R0 为（　　）。

A. Z 轴对刀后坐标　　B. Z 轴坐标

C. X 轴对刀后坐标　　D. X 轴坐标

164. 车轮车床 R 参数中，R1 为（　　）。

A. 加工前的轮对直径　　B. 加工到的目标直径

C. 轮箍厚度　　D. 轮缘厚度

165. 如遇紧急情况，先将托架升起，关闭液压泵，切断机床电源间隔（　　）分钟后重新启动机床。

A. 2.5　　B. 3.5　　C. 4.5　　D. 5.0

166. 中修机车镟轮后记录应填写（　　）。

A. 机辆机车检修-63 配件检修记录　　B. 机辆机车检修-64 配件检修记录

C. 机辆机车检修-65 机车镟轮记录　　D. 机辆机车检修-66 机车镟轮记录

167. 中修机车换箍后记录应填写（　　）。

A. 机辆机车检修-64 配件检修记录　　B. 机辆机车检修-63 配件检修记录

C. 机辆机车检修-65 机车镟轮记录　　D. 机辆机车检修-66 机车镟轮记录

168. SS_{4B}. SS_{4G} 机车不落轮镟轮后记录应填写（　　）。

A. 机辆机车检修-65 配件检修记录　　B. 机辆机车检修-64 配件检修记录

C. 机辆机车检修-63 机车镟轮记录　　D. 机辆机车检修-66 机车镟轮记录

169. 神华号、和谐号机车镟轮后记录应填写（　　）。

A. 机辆机车检修-66 配件检修记录　　B. 机辆机车检修-64 配件检修记录

C. 机辆机车检修-65 机车镟轮记录　　D. 机辆机车检修-63 机车镟轮记录

170. 加工后的毛坯箍圆度与圆柱度不大于（　　）mm。

A. 0.25　　B. 0.30　　C. 0.40　　D. 0.50

171. 轮箍装箍时将轮箍吊入轮箍加热器中进行加热，加热不均匀性不大于（　　）。

A. 10 °C　　B. 15 °C　　C. 20 °C　　D. 30 °C

172. 轮箍装箍时将轮箍吊入轮箍加热器中进行加热，加热不均匀性不大于 15 °C 且温度不得超过（　　）。

A. 100 °C　　B. 200 °C　　C. 350 °C　　D. 300 °C

173. 轮箍装箍时将轮箍吊入轮箍加热器中进行加热，加热不均匀性不大于 15 °C 且温度不得超过 350 °C，加热至（　　）时，停止加热。

A. 200 ~ 250 °C　　B. 220 ~ 250 °C

C. 240 ~ 250 °C　　D. 250 ~ 300 °C

174. 为防止切削时在轮箍内侧留下毛边，影响退箍速度，可在车削到卡簧时多切削（　　）mm。

A. 1　　B. 2　　C. 2 ~ 3　　D. 3

175. 加热过程中根据轮箍内径尺寸调节内径千分尺，使内径千分尺设定的尺寸大于轮箍内径（　　）mm。

A. 1.5　　B. 2.5　　C. 3.0　　D. 4.5

176. 检查公铁两用车电量表电量指示（　　）。

A. 尽量保持满电　　B. 尽量满电

C. 必须保持满电　　D. 必须满电

177. 检查公铁两用车电量表电量指示尽量保持满电，只有（　　）格并闪动时需充电。

A. 1　　B. 2　　C. 3　　D. 4

178. 公铁两用车调整车钩使其中心线与所牵车车钩的（　　）。

A. 同一水平线上　　B. 略低　　C. 略高

179. 公铁两用车电量低于（　　）时，牵引车会自动关闭。

A. 15%　　B. 25%　　C. 30%　　D. 35%

180. 公铁两用车电量指示灯两个红灯亮起代表电量（　　）。

A. 15%　　B. 25%　　C. 30%　　D. 35%

181. 公铁两用车电瓶电量为（　　）时为其充电。

A. 10% ~ 20%　　B. 10% ~ 30%　　C. 30% ~ 40%　　D. 10% ~ 50%

182. 公铁两用车电瓶电量在低于（　　）时积蓄使用会损伤电池，影响使用寿命。

A. 15%　　B. 25%　　C. 30%　　D. 35%

183. 公铁两用车充电（　　）小时左右，当代表 100% 的灯亮起时，充电完成。

A. 10　　B. 11　　C. 12　　D. 8

184. 公铁两用车充电 8 小时左右，当代表（　　）的灯亮起时，充电完成。

A. 70%　　B. 80%　　C. 90%　　D. 100%

185. 公铁两用车每次充电（　　）次给电瓶加一次蒸馏水。

A. 1　　B. 3　　C. 5　　D. 5 ~ 10

186. 公铁两用车牵引机车行驶时，应以低于（　　），的速度缓慢进行。

A. 1 km/h　　B. 2 km/h　　C. 3 km/h　　D. 4 km/h

187. 公铁两用车牵引机车行驶时，最多牵引（　　）台机车。

A. 1　　B. 2　　C. 3　　D. 4

188. 公铁两用车牵引机车行驶时，最多牵引 2 台机车，禁止（　　）以上连挂作业。

A. 1 台　　B. 2 台　　C. 3 台　　D. 3 台或 3 台以上

189. 公铁两用车电池在充电结束后须静置约（　　）分钟。

A. 15　　B. 25　　C. 30　　D. 35

190. 机车车轮踏面擦伤及局部凹陷深度不大于（　　）。

A. 0.5 mm　　B. 1 mm　　C. 2 mm　　D. 3 mm

191. 弹性切断刀的优点是（　　）。

A. 避免扎刀　　B. 可以防振

C. 可以提高生产率　　D. 提高精度

192. 液压传动时利用液体作为工作介质来传递（　　）。

A. 压力　　B. 动力　　C. 动能　　D. 动作

193. 液压油的黏度受温度的影响（　　）。

A. 较大　　B. 无影响　　C. 较小　　D. 不一定

194. 机床照明灯应选（　　）V 电压供电。

A. 220　　B. 110　　C. 36　　D. 120

195. 刀具（　　）的优劣，主要取决于刀具切削部分的材料，合理的几何形状以及刀具寿命。

A. 加工性能　　B. 工艺性能　　C. 切削性能　　D. 物理性能

196.（　　）热处理方式，目的是改善切削性能，消除内应力。

A. 调质　　B. 回火　　C. 退火与正火　　D. 退火

197. 钢材经（　　）后，由于硬度和轻度成倍增加，因此造成切削力很大切削温度高。

A. 正火　B. 回火　C. 淬火　D. 退火

198. 轴类零件最常用的毛坯是（　　）。

A. 棒料和锻件　B. 焊接件　C. 铸铁铸钢件　D. 型钢

199. 机械加工的基本时间，是指（　　）。

A. 劳动时间　B. 机动时间　C. 操作时间　D. 准备时间

200. 正确选择（　　），对保证加工精度提高生产率降低刀具的损耗合理使用机床起着很大的作用。

A. 刀具几何角度　B. 切削用量　C. 工艺装备　D. 加工方法

201. 轴在两顶尖间装夹，限制了 5 个自由度，属于（　　）定位。

A. 完全　B. 部分　C. 重复　D. 过定位

202. 车削加工应尽可能（　　）。

A. 已加工表面　B. 过度表面　C. 未加工表面　D. 基准面

203. 数控机床是通过计算机发出各种指令来控制机床的伺服系统和其他执行元件使机床（　　）加工出所需要的工件。

A. 自动　B. 半自动　C. 手动配合　D. 联动

204. 切削用量对切削温度影响最大的是（　　）。

A. 切削速度　B. 进给量　C. 背吃刀量　D. 吃刀深度

205. 根据不同的加工条件，正确选择刀具材料和几何参数以及切削用量，是提高（　　）的重要途径 m。

A. 加工质量　B. 减轻劳动强度

C. 生产效率　D. 加工时间

206. 深孔，加工（　　）的好坏，是深孔钻削中的关键问题。

A. 深孔加工　B. 切削液　C. 排屑　D. 切削速度

207. 车削薄壁零件的关键是（　　）问题。

A. 变形　B. 强度　C. 刚度　D. 塑性

208. 滚花时压力太大，容易造成（　　）。

A. 乱扣　B. 乱纹　C. 疲劳　D. 变形

209. 薄壁工件不能用（　　）夹紧的方法。

A. 径向　B. 轴向　C. 轴向和径向　D. 随意

210. 加工螺纹时螺距不正确的原因，由于（　　）不对。

A. 装刀位置　B. 手柄位置　C. 刀具角度　D. 挂轮

211. 与卧式车床相比，立式车床的主要特点是主轴轴线（　　）于工作台。

A. 水平　B. 垂直　C. 倾斜　D. 随意调整

212. 在三爪自定心卡盘上车削偏心工件时，应在一个卡爪上垫一块厚度为（　　）偏心距的垫片。

A. 1 倍　B. 1.5 倍　C. 2 倍　D. 3 倍

213. 精密丝杠，不仅要准确地传递运动，而且还要传送一定的（　　）。

A. 力　B. 力矩　C. 转矩　D. 转动惯量

214.（　　）是引起丝杠产生变形的主要因素。

A. 内应力　　B. 材料塑性　　C. 自重　　D. 切削力

215.（　　）将直接影响到机床的加工精度、生产率和加工的可能性。

A. 工艺装备　　B. 工艺过程　　C. 机床设备　　D. 工艺规程

216. 有能力完成一定范围内的若干种，加工操作的数控机床设备称为（　　）。

A. 数控中心　　B. 加工中心　　C. 操作中心　　D. 联合中心

217. 精车内外圆时，主轴的轴向窜动，影响加工表面的（　　）。

A. 同轴度　　B. 直线度　　C. 表面粗糙度　　D. 平行度

218. 机床丝杠的轴向窜动会导致车削螺纹时（　　）的精度超差。

A. 螺距　　B. 导程　　C. 牙型　　D. 全长

219. 在车床上加工螺纹时，主轴径向跳动对工件螺纹产生（　　）误差。

A. 内螺纹　　B. 单个螺距　　C. 螺距累积　　D. 导程

220. 尾座套筒轴线对床鞍移动在垂直平面的平行度误差只允许向（　　）偏。

A. 上　　B. 下　　C. 前　　D. 后

221. 车削橡胶材料，要掌握进刀尺寸只能一次车成如余量小则橡胶弹性大会产生（　　）现象。

A. 扎刀　　B. 让刀　　C. 变形　　D. 烧伤

222. 主轴的轴向窜动太大时工件外圆表面上会有（　　）波纹。

A. 混乱的振纹　　B. 有规律的　　C. 螺旋状　　D. 环纹

223. 粗加工切削时，应选用（　　）为主的乳化液。

A. 润滑　　B. 冷却　　C. 切削液　　D. 煤油

224. 加工铝合金材料一定要考虑（　　）传给工件使之胀大的影响，否则会导致工件报废。

A. 切削力　　B. 切削热　　C. 切削变形　　D. 切削应力

225. 如要求在转动过程中两传动轴能随时结合或脱开，应采用（　　）。

A. 联轴器　　B. 离合器　　C. 制动器　　D. 联轴节

226. 金属材料中，含碳量为（　　）的钢属于中碳钢。

A. 0、25%　　B. 0、25%～0、6%

C. 0、6%　　D. 2% 以上

227. 动载荷在运动中其数值和，方向（　　）。

A. 暂时变化　　B. 随时变化　　C. 保持不变　　D. 不一定变化

228. 在优质碳素钢中，其硫、磷含量均不大于（　　）。

A. 0.1%　　B. 0.2%　　C. 0.04%　　D. 0.5%

229. 钢材的（　　）断裂，是指配件在长期交变载荷作用下，所引起的折损。

A. 脆性　　B. 刚性　　C. 疲劳　　D. 横切

230. 在液压系统中，将机械能转变为液压能的液压元件是（　　）。

A. 液压缸　　B. 液压泵　　C. 溢流阀　　D. 滤油器

231. 机车轮对轮径差同一台车禁用限度为（　　）mm。

A. ≥20　　B. ≥25　　C. ≥15　　D. ≥35

232. 机车轮辋外径原形为（　　）mm。

A. 1 070　　B. $1\ 070_{-1}^{+1}$　　C. 1 070 + 1.5　　D. 1 070 + 0.5

233. 机车轮辋外径中修限度为（　　）mm。

A. ≥1 060　　B. ≥1 065　　C. ≥1 070　　D. ≥1 050

234. 机车轮辋圆柱度原形为（　　）mm。

A. ≤0.2　　B. ≤0.25　　C. ≤0.35　　D. ≤0.45

235. 在间隙配合中孔的（　　）极限尺寸减去轴的最小极限尺寸所得代数差称为最大间隙。

A. 最大　　B. 最小　　C. 最窄　　D. 最宽

236. 质量保证体系必须有（　　）。

A. 质量方针　　B. 质量目标　　C. 质量计划　　D. 以上都对

237. 机车轮辋圆度中修限度为（　　）mm。

A. ≤0.25　　B. ≤0.35　　C. ≤0.45　　D. ≤0.5

238. 两轮箍内侧面与轴断面距离偏差为（　　）mm。

A. ≤1.5　　B. ≤2.5　　C. ≤3　　D. ≤3.5

239. 机械图样的标准图纸幅面有（　　）种。

A. 10　　B. 6　　C. 11　　D. 12

240. 换向器表面碳刷接触面磨出凹槽达（　　）时必须用车削方法重新加工。

A. 0.10 mm　　B. 0.15 mm　　C. 0.20 mm　　D. 0.30 mm

241. 换向器出现（　　）、直径不均匀、凹凸等现象必须用车削方法重新加工。

A. 偏心　　B. 不平　　C. 振动　　D. 磨损

242. 换向器出现偏心、（　　）、凹凸等现象，必须用车削方法重新加工。

A. 直径不符合　　B. 直径不均匀　　C. 直径偏小　　D. 直径偏大

243. 换向器表面严重（　　）或由于火花等原因致使换向器表面粗糙必须用车削方法重新加工。

A. 发黑　　B. 变黑　　C. 发灰　　D. 变灰

244. 换向器表面的切削光刀，是为了除去粗糙膜，并同时消除表面（　　）。

A. 凹凸　　B. 粗糙度　　C. 不平　　D. 波纹

245. 在机械图纸中，（　　）是用来表达单个零件在加工完毕后的形状、大小和应达到的技术图样，它是制造，检验零件用的生产图纸。

A. 机械图　　B. 投影图　　C. 加工图　　D. 零件图

246. 机械零件在配合时允许的间隙或过盈的变动量称为（　　）。

A. 配合工差　　B. 过盈公差　　C. 公差　　D. 间隙公差

247. 基准制的选用通常依标准件而定，例如规定与滚动轴承内圈配合的轴采用（　　）。

A. 基轴制　　B. 基孔制　　C. 混合制　　D. 基轴制或基孔制

248. 零件实际尺寸允许变动的范围叫（　　）。

A. 公差　　B. 配合　　C. 间隙　　D. 误差

249. 我国标准公差等级分为（　　）级。

A. 12　　B. 15　　C. 18　　D. 20

250. 配合分为间隙配合、（　　）、过盈配合三大类。
A. 过渡配合　B. 动配合　C. 静配合　D. 误差配合
251. 由前向后投影，所得的视图叫（　　）。
A. 俯视图　B. 主视图　C. 左视图　D. 右视图
252. 粗车圆球进刀的位置应（　　）。
A. 一次比一次远离圆球中心线　B. 一次比一次靠近圆球中心线
C. 在离中心线 2 mm 处　D. 在离球边缘 2 mm 处
253. 粗车圆球时要将球面的形状车正确中滑溜板的进给速度必须（　　）。
A. 由慢逐步加快　B. 由快逐步变慢
C. 慢速　D. 快速
254. 车削球形手柄时为了使柄部与球面连接处轮廓清晰可用（　　）车削。
A. 切断刀　B. 圆形成形刀　C. 45° 车刀　D. 偏刀
255. 经过精车以后的工件表面，如果还不够光洁可以用砂布进行（　　）。
A. 研磨　B. 抛光　C. 修光　D. 砂光
256. 用平锉刀修整成形面时，工件余量一般为（　　）。
A. 0.1 mm　B. 0.05 mm　C. 0.02 mm　D. 0.02 mm
257. 精修工件时可以用油光锉进行，其锉削余量一般为（　　）。
A. 0.1 mm　B. 0.05 mm　C. 0.5 mm　D. 0.2 mm
258. 为了确保安全在车床上锉削成形面时应（　　）握锉刀柄。
A. 左手　B. 右手　C. 双手　D. 随便
259. 在车床上锉削时，推挫速度要（　　）。
A. 快　B. 缓慢且均匀　C. 慢　D. 无所谓
260. 常用的抛光砂布中，（　　）是细砂布。
A. 00 号　B. 0 号　C. 1 号　D. 2 号
261. 使用砂布抛光工件时（　　）。
A. 移动速度要均匀，转速应高些　B. 移动速度要均匀，转速应低些
C. 移动速度要慢，转速应高些　D. 移动速度要慢，转速要慢些
262. 球面形状一般用（　　）检验。
A. 样板　B. 外径千分尺　C. 游标卡尺　D. 卡钳
263. 装夹成形车刀时，其主切削刃应（　　）。
A. 低于工件中心　B. 与工件中心等高
C. 高于工件中心　D. 不确定
264. 普通螺纹牙顶应是（　　）。
A. 削平的　B. 尖形　C. 圆弧形　D. 尖或平的
265. 在机械加工中通常采用（　　）的方法来加工螺纹。
A. 车削螺纹　B. 滚压螺纹　C. 搓螺纹　D. 套或攻丝
266. 用板牙套螺纹时，应选择（　　）的切削速度。
A. 较高　B. 较低　C. 中等　D. 中等或较高
267. 车床上的传动丝杠是（　　）螺纹。

A. 梯形　　B. 三角　　C. 矩形　　D. 锯齿

268.（　　）车出的螺纹，能获得较小的表面粗糙度值。

A. 直进法　　B. 左右切削法

C. 斜进法切削　　D. 直进法或斜进法

269. 加工立体交错孔零件，位置误差超过图样规定，（　　）是其原因之一。

A. 工艺系统刚性不足造成振动　　B. 切削用量选用不当

C. 工艺安装基面有毛刺　　D. 右切削热影响

270. 工作结束后，做到工完料净，机床达到干净（　　）。

A. 整洁　　B. 润滑　　C. 安全　　D. 以上都对

271. 下刻机作业前，按要求对机床进行润滑保养，机床运转（　　）分钟确认无误后方可作业。

A. 1～6　　B. 2～6　　C. 3～5　　D. 4～6

272. 电枢装夹过程中，电枢必须边夹紧边找正，必须用百分表对电枢进行找正，误差不大于（　　）mm。

A. 0.2　　B. 0.3　　C. 0.4　　D. 0.05

273. 下刻机每次下刀前必须确认 Y 轴下刀深度设定为（　　）。

A. 0　　B. 0.5　　C. 1.5　　D. 2.5

274. 如要求在转动过程中两传动轴能随时结合或脱开，应采用（　　）。

A. 联轴器　　B. 离合器　　C. 制动器　　D. 联轴节

275. 机床发生异常时，如（　　）臭味等，应立即停车，请有关人员检查处理。

A. 异响　　B. 冒烟　　C. 震动　　D. 以上都对

276. 遇到下列情况应停车退刀：（　　）进行修理、调整、更换刀具、齿轮和装卸工作物时、扫除金属屑时、停电或转动部分发生故障时。

A. 操作者离开机床时　　B. 修理时

C. 调整时　　D. 更换刀具时

277. 普通车床在高速旋转时，严禁用倒车挡刹车更不得用手制止卡盘旋转，停车时应（　　）。

A. 先停车　　B. 先退刀

C. 先退刀、后停车　　D. 后停车

278. 机床作业下班时对未加工完的（　　）型工件应加好支撑，以免引起工件和主轴变形。

A. 重　　B. 长　　C. 大　　D. 以上都对

279. 普通车床作业结束后，将（　　）分别堆放整齐。

A. 毛坯　　B. 半成品　　C. 成品　　D. 以上都对

280. 普通车床转动时需要抛光时必须用（　　）垫纱布。

A. 木棒　　B. 手　　C. 铁棒　　D. 铁块

281. 普通车床进刀前，（　　）等各部位的定位螺丝都要拧紧。

A. 跟刀架　　B. 刀架顶尖　　C. 中心架　　D. 以上都对

282. 机车轮辋外径中修限度为（　　）mm。
A. ≥1 060　　B. ≥1 065　　C. ≥1 070　　D. ≥1 080

283. 铁路职工在执行职务时，必须佩带易于识别的（　　）。
A. 工作证　　B. 证章　　C. 证明　　D. 手续

284. 锯条安装的（　　）应适当用完后应将锯条放松并妥善保管。
A. 松紧度　　B. 方式　　C. 方法　　D. 位置

285. 破坏事故系指为达到一定目的而（　　）制造的事故。
A. 蓄意　　B. 故意　　C. 无意　　D. 人力不可抗拒

286. 安全防护装置是指在生产设备上，起保障人员和（　　）的所有附属装置。
A. 人身　　B. 设备安全　　C. 设备　　D. 安全

287. 牵车出入库后，止轮器的打放位置，应在机车出库方向节（　　）反置各一只。
A. 左侧第一轮　　B. 左侧第二轮
C. 左侧第一、二轮　　D. 右侧第一、二轮

288. 电枢在执行装夹时应（　　），找正误差不大于 0.05 mm。注意卡盘与夹紧工具的位置，防止挤手。
A. 夹紧　　B. 找正
C. 边夹紧边找正　　D. 必须夹紧找正

289. 电枢检修人员必须佩戴防护用品：眼镜，手套，口罩，防止铜屑进入（　　）。
A. 眼睛　　B. 粉尘　　C. 吸入粉尘　　D. 眼睛或吸入粉尘

290. 一级保养以操作工人为主，（　　）进行配合。
A. 维修电工　　B. 维修人员
C. 维修钳工　　D. 维修电工及维修钳工

291. 电枢转动前必须确认无阻碍，卡碰现象，（　　）不能接触电枢。
A. 手　　B. 衣服　　C. 身体　　D. 工作物

292. 电枢下刻倒角时手不准在（　　）范围内停留以免造成人身伤害。
A. 刀架运动　　B. 换向器　　C. 运动　　D. 刀架

293. 作业完毕后，做到工完料净场地干净，关闭电源，保持机床（　　）。
A. 干净　　B. 整洁　　C. 润滑　　D. 安全状态

294. 车轮车床安全作业时，天车吊指挥手势要标准，经常与司机交流沟通，以免在吊运过程中发生碰伤设备和（　　）。
A. 刀架　　B. 床头箱　　C. 顶尖　　D. 人身伤害事故

295. 车轮车床作业时两名操作人员密切配合，一人指挥一人操作，确认轮对放在安全位置后方可取下吊具，严禁（　　）作业。
A. 单人　　B. 单人架车　　C. 单人落车　　D. 单人架落车

296. 车轮车床作业时两人必须确认（　　），符合技术要求。
A. 尺寸　　B. 轮对尺寸　　C. 轮对状态　　D. 状态

297. 车轮车床作业人员钩拉铁屑时，如铁屑绞住铁钩应立即松手禁止（　　），防止身体卷入机床内发生人身伤害事故。

A. 戴手套 B. 用手拽铁屑 C. 强拉硬拽 D. 用脚踢

298. 在清扫铁屑时，注意脚下铁屑，不准（ ）铁屑，防止人身伤害事故。

A. 戴手套清理 B. 用手拽铁屑 C. 强拉硬拽 D. 用脚踢

299. 机床作业完毕后做到工完料净（ ），关闭电源，保持机床安全状态。

A. 工具归位 B. 量具归位 C. 场地干净 D. 配件归位

300. 在立式车床上镟削毛坯箍的内侧面并加工内径面尺寸及轮箍挡宽不小于（ ）mm，圆度与锥度均不大于 0.25 mm。

A. 10 B. 9 C. 8 D. 7

301. 刷弛缓线要求：其中轮芯内外侧面涂红漆，轮箍外侧面涂白漆。弛缓线宽 25 mm，长 50 mm，每隔（ ）涂一条，轮箍内、外侧各三条，沿轮箍内、外侧面均匀分布，颜色为黄色油漆。

A. 95° B. 105° C. 115° D. 120°

302. 轮对吊装时，吊具要放置（ ），运行平稳，并符合有关安全操作规程。

A. 平稳 B. 均匀 C. 牢固 D. 牢靠

303. 在车轮车床上吊装和卸下轮对时，注意不得碰伤（ ）。

A. 顶尖 B. 中心孔 C. 刀架 D. 车轴

304. 在轮箍加热器上装退轮箍时，要及时观察，轮对翻转时应注意（ ），人身安全。

A. 设备 B. 钢丝绳 C. 车轴 D. 轴端磕碰

305. 电枢加工前要求电枢轴侧端（ ）。

A. 无油污 B. 清理干净 C. 无划痕 D. 整洁

306. 电枢作业时要求刀具必须（ ）。

A. 锋利 B. 符合要求 C. 角度正确 D. 耐用

307. 电枢下刻注意下刻机分度（ ），随时手动调整刀具与云母槽的相对位置。

A. 产生误差 B. 积累误差 C. 积累 D. 误差

308. 库内给电作业时，必须做到（ ）处理故障以防造成触电人身伤亡事故。

A. 停电 B. 断电 C. 带点 D. 无所谓

309. 将电枢吊置车床上，吊置时不能碰伤电枢与（ ）。

A. 设备 B. 换向器 C. 刀架 D. 刀具

310. 用千分表在电枢轴承内圆滚道上或轴颈处测量电枢偏摆值不大于（ ）mm。

A. 0.1 B. 0.02 C. 0.3 D. 0.4

311. “双增双节”即（ ）。

A. 增收节支、增产节约 B. 增产节约

C. 增收节支 D. 增加节支、增加节约

312. 车削后换向器两端面退刀槽均（ ）。

A. 倒角 B. 光整 C. 车削 D. 光刀

313. 大机库数控不落轮镟床如出现传屑机电机过载时，排除故障后按电器柜中的（ ）排除报警。

A. 复位 B. 复位开关 C. 复位按钮 D. 开关

314. 下刻机倒角时产生的毛刺用（ ）刮光。

A. 锯片刀　B. 纱布　C. 钢丝刷　D. 刀片

315. 下刻倒角时沟内残留的云母粉必须（　　）。

A. 清理干净　B. 清理　C. 吹扫　D. 擦拭

316. 下刻完毕后应认真如实（　　）。

A. 填写记录　B. 记录　C. 填写　D. 检查

317. 车床作业人员，必须戴好（　　），遵守操作规程。

A. 防护用品　B. 手套　C. 防护眼镜　D. 防护帽

318. 设备运行记录要求，本记录供设备操作者使用，操作者应按栏目要求（　　）。

A. 记录　B. 填写　C. 认真填写　D. 填写记录

319. 设备运行记录操作者每天按点检内容认真进行，并填写“（　　）”，点检时技术状况标志：良好“√”；不良“×”；待修“”；修理“”。

A. 记录　B. 填写记录　C. 点检记录　D. 运行时间

320.“运转、交接记录”，要认真填写实际（　　）。

A. 交接记录　B. 运转时间　C. 点检记录　D. 作业时间

321.“保养记录”记载（　　）内容。

A. 对策性保养　B. 保养　C. 对策性　D. 运行

322. 蜗杆涡轮分米制和（　　）两种。

A. 英制　B. 法制　C. 俄制　D. 美制

323. 多线螺纹常用在（　　）的机构中。

A. 快速移动　B. 定位　C. 快速定位　D. 移动

324. 用百分表检查偏心轴时，应防止偏心外圆，突出（　　）百分表。

A. 接触　B. 碰到　C. 碰撞　D. 顶住

325. 零件的外圆和外圆之间的轴向平行而不重合的现象称为“（　　）”。

A. 偏心　B. 同轴　C. 同心　D. 重合

326. 大机库数控不落轮刀架、摩擦轮架、轴向轮、外轴承固定装置工作（　　）小时应进行注油保养。

A. 350　B. 450　C. 500　D. 550

327. 细长轴通常用（　　）或两顶尖装夹的方法来加工。

A. 一顶一夹　B. 卡盘装夹　C. 单顶尖装夹　D. 无所谓

328. 削细长轴时，一定要考虑到，（　　）对工件的影响。

A. 变形　B. 受力不均　C. 热变形　D. 切削速度

329. 薄壁工件受切削力的作用，容易产生（　　），影响工件的加工精度。

A. 振动　B. 变形　C. 振动和变形　D. 乱纹

330. 车削薄壁工件时，一般尽量不用径向夹紧方法最好应用（　　）方法。

A. 轴向　B. 轴向夹紧　C. 一顶一夹　D. 两顶尖装夹

331. 四爪单动卡盘可以装夹三爪自定心卡盘无法装夹的（　　）工件。

A. 外形复杂　B. 复杂　C. 薄壁类　D. 复杂形状

332. 按照划线车削工件是为了保证后道工序能（　　）加工。

A. 正常进行　B. 进行　C. 正常　D. 顺利

333. 主轴的旋转精度、刚度、抗振性等影响工件的加工精度和（　　）。
A. 表面粗糙度　B. 切削速度　C. 切削深度　D. 光洁度

334. CA6140 型车床主轴前支承，承受切削过程中，产生的背向力和（　　）的进给力。
A. 正方向　B. 反方向　C. 正反方向　D. 主方向

335. 制动器的作用是在车床停机过程中，克服主轴箱内各转动件的（　　）使主轴迅速停止转动。
A. 旋转　B. 旋转惯性　C. 惯性　D. 啮合

336. 自动车床有单轴的，也有（　　）的。
A. 双轴　B. 多轴　C. 四轴　D. 三轴

337. 数控车床是用电子计算机（　　）控制的车床。
A. 数字化信号　B. 信号　C. 操作程序　D. 数字化

338. 数控机床有快进，快退，（　　） 等功能。
A. 快速移动　B. 定位　C. 快速定位　D. 移动

339. 机床的精度包括几何精度和（　　）。
A. 工作精度　B. 装夹精度　C. 定位精度　D. 作业精度

340. 用两顶尖装夹工件时尾座套筒轴线与主轴轴线不重合时会产生工件外圆的（　　）误差。
A. 圆柱度　B. 同轴度　C. 表面粗糙度　D. 圆度

341. 车床丝杠的轴向游隙过大会使精车的螺纹在牙形表面上出现（　　）。
A. 波纹　B. 乱扣　C. 乱纹　D. 粗糙度增大

342. 车床光杠是用来（　　）的。
A. 车削外圆表面　B. 车削螺纹　C. 纵向运动　D. 横向运动

343. 车床工作中主轴要变速时，必须先（　　），变换进给箱手柄位置要在低速时进行。
A. 断电　B. 停电　C. 停车　D. 无所谓

344. 为了延长车床的使用寿命，必须对车床上所有摩擦部位，定期进行（　　）。
A. 擦拭　B. 涂油　C. 润滑　D. 无所谓

345. 车床主轴向内注入的新油油面不得高于油标（　　）。
A. 中心线　B. 三分之一　C. 四分之一　D. 随便

346. 装夹较重较大工件时，必须在机床导轨面上垫上（　　）防止工件突然坠下砸伤导轨。
A. 铁块　B. 木块　C. 布块　D. 无所谓

347. 选用切削液时，促加工应选用，以冷却为主的（　　）。
A. 润滑液　B. 冷却液　C. 乳化液　D. 冷却润滑液

348. 大机库数控不落轮镟床镟轮作业时，如果出现转向架偏移现象时造成刀架超程报警时可以通过修改（　　）的方法排除报警。
A. 参数　B. 轮箍宽度值　C. 加工程序　D. 加工参数

349. 高速钢车刀的韧性虽然比硬质合金好，但不能用于（　　）切削。
A. 低速　B. 高速　C. 正常速度　D. 中低速

350. 用特定单位表示长度值的数字称为（　　）。

A. 尺寸　　B. 长度　　C. 米　　D. 毫米

351. 90° 车刀（偏刀），主要用来车削工件的（　　），端面和台阶。

A. 内圆　　B. 台阶　　C. 外圆　　D. 端面

352. 切削用量包括背吃刀量、（　　）和工件转速。

A. 进给量　　B. 切削长度　　C. 切削温度　　D. 主轴转速

353. 在车削的工件为软材料时车刀可选择较大的（　　）。

A. 前角　　B. 后角　　C. 前角和后角　　D. 无所谓

354. 粗车刀的主偏角愈（　　）愈好。

A. 小　　B. 大　　C. 宽　　D. 无所谓

355. 精车刀的（　　），应取小些。

A. 前角　　B. 后角　　C. 前角和后角　　D. 无所谓

356. 车削较长的轴，由于工件（　　）不好，车出的工件会产生圆柱度误差。

A. 装夹　　B. 固定　　C. 刚性　　D. 硬度

357. 轴类工件各回转表面的形状精度和位置精度，全靠（　　）的定位精度保证。

A. 两顶尖　　B. 中心孔　　C. 一顶一夹　　D. 直接装夹

358. U2000-400 数控不落轮镟床镟轮作业时，如果出现转向架偏移现象时造成刀架超程报警时可以通过修改（　　）的方法排除报警。

A. 参数　　B. 轮箍宽度值　　C. 加工程序　　D. 加工参数

359. 大机库数控不落轮镟床加工前测量时，默认宽度值为（　　）mm，如实际轮宽与默认数值差距太大，应用游标卡尺测量出轮箍宽度值，将对应的轮箍宽度值输入到“轮箍宽度”一栏并按 OK 键按钮，保存要加工的尺寸。

A. 140　　B. 144　　C. 130　　D. 120

360. 架车作业时，必须确认转向架与车体（　　），已完全拆除后方可架车。

A. 部件　　B. 连接部分　　C. 连接部件　　D. 连接

361. 安全心理学是以减少（　　）为目的，研究人的心理活动规律的科学。

A. 伤害　　B. 生产事故　　C. 违章　　D. 事故

362. 生产必须安全，安全促进生产当安全与生产发生矛盾时（　　）。

A. 安全服从生产　　B. 生产服从安全

C. 继续生产　　D. 无所谓

363. 企业安全生产责任制度要根据“（　　）”的原则来制定。

A. 安全生产、人人有责　　B. 安全第一

C. 安全生产　　D. 人人有责

364. 有关部门和技术人员，对本部门所管理的机械动力设备的（　　）负全部责任。

A. 状态　　B. 安全状态　　C. 故障　　D. 使用寿命

365. 使用设备时要严格执行（　　）严禁超压、超负荷等违章作业。

A. 操作规程　　B. 四按三化　　C. 交接班　　D. 作业流程

366. 一级保养以操作工人为主，（　　）进行配合。

A. 维修电工　　B. 维修人员

C. 维修钳工　　D. 维修电工及维修钳工

367. 零件实际尺寸允许变动的范围叫（　　）。

A. 公差　　B. 配合　　C. 间隙　　D. 误差

368. 我国标准公差等级分为（　　）级。

A. 12　　B. 15　　C. 18　　D. 20

369. 大机库数控不落轮镟床如出现传屑机电机过载时，排除故障后按电器柜中的(　　)排除报警。

A. 复位　　B. 复位开关　　C. 复位按钮　　D. 开关

370. 粗车圆球进刀的位置应（　　）。

A. 一次比一次远离圆球中心线　　B. 一次比一次靠近圆球中心线

C. 在离中心线 2 mm 处　　D. 在离球边缘 2 mm 处

371. 机械零件在配合时允许的间隙或过盈的变动量称为（　　）。

A. 配合工差　　B. 过盈公差　　C. 公差　　D. 间隙公差

372. 如要求在转动过程中，两传动轴能随时结合或脱开应采用（　　）。

A. 联轴器　　B. 离合器　　C. 制动器　　D. 联轴节

373. 我国标准公差等级分为（　　）级。

A. 12　　B. 15　　C. 18　　D. 20

374.（　　）是用安全色、边框和以图像为主要特征的图形符号或文字构成的标志用以表达特定的安全信息。

A. 安全标志　　B. 标志　　C. 安全指示　　D. 安全标语

375. 事故直接责任者是其行为与事故发生有（　　）的人。

A. 直接关系　　B. 环境因素　　C. 人为　　D. 间接关系

376. 在库内和段内靠近灰坑、检查地沟以及水井、水沟、水池附近通行时，应防止滑落摔伤。如若跨过灰坑或检查地沟时，必须从前后绕行严禁从灰坑或检查地沟上（　　）。

A. 跨越　　B. 跳跃　　C. 跳越　　D. 穿行

377. 夜间作业应携带照明工具，内燃机车、电力机车、内燃机械等不得使用（　　）作照明使用。

A. 火把　　B. 火把、明火　　C. 明火　　D. 手电

378. 在装载高度超过（　　）m 的货物上，通过道口时严禁坐人；待车辆通过道口后，再行上车乘坐。

A. 0.5　　B. 1.5　　C. 2.5　　D. 2

379. 对初到电气化铁路区段工作的有关工种必须经过有关（　　）后方准单独作业。

A. 安全考试合格后　　B. 理论考试

C. 安全考试　　D. 理论考试合格后

380. 进入各种容器内（如锅炉、水柜、金属槽、坑道、水井等）工作时，进口处应设“(　　)”的警示牌，同时设专人监护。

A. 安全标识　　B. 里面有人工作　　C. 严禁烟火　　D. 指示标识

381. 使用工具、材料及拆下的零件应放置于安全地点禁止（　　）。

A. 抛掷　　B. 乱扔　　C. 乱放　　D. 乱扔乱放

382. 电动机械及其附属装置或电线路发生故障时应立即停止工作通知电工处理严禁（　　）。

A. 擅自动用　　B. 动用　　C. 操纵　　D. 擅自操纵

383. 检修库内各种实验设备和作用设备严禁无操作证者（　　）。

A. 动用和操纵　　B. 动用　　C. 操纵　　D. 擅自动用

384. 天车吊运作业时必须按中心规定的（　　）指挥天车。

A. 动作手势　　B. 动作　　C. 手势　　D. 指挥手势

385. 在车顶作业时禁止用（　　）紧、拧任何螺母。

A. 活扳手　　B. 呆扳手　　C. 棘轮　　D. 梅花扳手

386. 大机库数控不落轮镟床加工完毕后，显示屏会显示“（　　）”此时需按显示屏所提示的“OK”键结束自动加工。

A. 加工结束　　B. 自动加工结束

C. 加工过程结束　　D. 加工完毕

387. 促进公司“三基建设”中的重点是加强基础建设，加强（　　）建设。

A. 基本功　　B. 基层　　C. 基础　　D. 无所谓

388. 对确定的防火工作重点单位，库区要加强巡守工作，应有明显的“（　　）”的警示标志。

A. 安全标识　　B. 里面有人工作

C. 严禁烟火　　D. 指示标识

389. 建设“本质安全型企业”的奋斗目标是消灭（　　）事故。

A. 一切责任　　B. 违章　　C. 一切　　D. 责任

390. 晚上和节假日禁止闲杂人员进入库内，发现（　　）人人有权查问，并及时报告。

A. 可疑的人　　B. 可疑的事

C. 可疑的人和事　　D. 问题

391. 严禁从车顶向下或从车下向车顶上（　　）工具、吊具或其他任何物件。

A. 抛掷　　B. 乱扔　　C. 乱放　　D. 乱扔乱放

392. 党和国家的安全生产原则是（　　）。

A. 管生产的必须管安全　　B. 人人有责

C. 安全生产　　D. 安全生产、人人有责

393. 突发事件应对工作实行（　　）、预防与应急相结合的原则。

A. 预防为主　　B. 应急演练　　C. 安全为主　　D. 生产为主

394. 如果是遇湿易燃物品，发生火灾，禁止用（　　）灭火。

A. 水　　B. 泡沫灭火器

C. 水、泡沫灭火器　　D. 干粉灭火器

395. 发生火灾时，如各种逃生的路线被切断适当的做法应当是居室内关闭门窗同时可向室外发出（　　）。

A. 信号　　B. 求救信号　　C. 警示　　D. 喊叫

396. 大机库数控不落轮镟床，在清洁保养和更换刀头时，要防止（　　）掉入碎屑机中，造成碎屑机损坏。

A. 棉丝　　B. 刀头　　C. 工具　　D. 棉丝或刀头

397. 发现人员触电时，应立即（　　）使之尽快脱离电源。

A. 断电　　B. 用绝缘物体拨开电源或触电者

C. 拨开电源　　D. 拨开触电者

398. 当有人被烧伤时正确的急救方法应该是以最快的速度用（　　）烧伤部位。

A. 冷水冲洗　　B. 热水冲洗　　C. 凉水　　D. 热水

399. 对电击所至的心搏骤停病人实施胸外心脏挤压法应该每分钟挤压（　　）次。

A. 60 ~ 80　　B. 50　　C. 60　　D. 80

400. 机动车在高速公路上发生故障时，应当在故障车来车方向（　　）米以外设置警告标志。

A. 10　　B. 30　　C. 50　　D. 150

401. 大机库数控不落轮镟床在镟轮作业完毕时清理铁屑时要将（　　）、刀架两侧、直径测量轮后面铁屑清理干净以免下次作业时造成挤伤刀架或造成各部动作不到位的故障。

A. 刀头两侧　　B. 刀架两侧　　C. 直接测量轮　　D. 刀架下方

402. 公司安全两个安全理念是（　　）。

A. 安全在自己、安全为自己、违章就是事故、细节决定安全

B. 违章就是事故、细节决定安全

C. 安全在自己、安全为自己

D. 安全在自己、安全为自己、违章就是事故

403. 为加强班组，指导组建设，推行（　　）“四个一”活动。

A. 每月一题、每询一查、每月一考、每季一评

B. 每日一题、每月一查、每月一考、每季一评

C. 每日一题、每询一查、每月一考、每季一评

D. 每日一题、每询一查、每月一考、每年一评

404. 可供某些具有人体可能偶然触及的带电体十倍额定值选用安全电压额定值为（　　）。

A. 24　　B. 12　　C. 6　　D. 以上都对

405. 安全检查是依据党和国家有关安全生产方针、政策、法规、标准意见企业的规章制度通过查领导、查思想、查制度、查管理和（　　）对企业安全生产状况做出正确评价督促企业及被检查单位做好安全工作。

A. 查隐患　　B. 查思想　　C. 查管理　　D. 查制度

406. 工作时间内禁止（　　）、睡觉、洗澡、看闲书、玩扑克等妨碍工作的事情。

A. 干私活　　B. 睡觉　　C. 洗澡　　D. 看闲书

407. 锯割时的速度应掌握在（　　）次/分。

A. 40 ~ 60　　B. 40　　C. 50　　D. 60

408. 检修库八项安全作业是高压试验、架落车作业、天车吊运、牵车作业，机车库内给电，车上电气焊（　　）、转向架作业。

A. 机车库内给电　　B. 车上电气焊

C. 镟轮作业　　D. 转向架作业

409.（　　）是企业规章制度的重要组成部分，是企业的安全生产法规，是统一全体职工的，从事安全生产的行为准则。

A. 企业安全生产制度　　B. 企业规章制度
C. 安全生产规章制度　　D. 企业安全生产规章制度

410. 虎钳安设高度应为虎钳口上面与钳工肘部为（　　）。

A. 同一水平　　B. 略低　　C. 略高　　D. 无所谓

411. 工具使用要符合其功能特点禁止任何（　　）以小带大或移为他用等违章使用工具现象的发生。

A. 以大带小　　B. 以小带大　　C. 违章行为　　D. 移为他用

412. 车顶进行吊装物件作业或走动时一定要踩稳、慢走不得手持（　　）。

A. 过重的物件　　B. 物件　　C. 棒料　　D. 工具

413. 车顶作业严禁从（　　）处通过。

A. 主断路器隔离开关　　B. 隔离开关
C. 主断路器　　D. 无所谓

414. 牵车作业人员不得少于（　　）。

A. 三人　　B. 两人　　C. 一人　　D. 四人

415. 机车抬落车作业时，必须有中心管理人员、工长和有关操作证人员在场，（　　）才能进行作业。

A. 专人盯镐　　B. 一人盯镐　　C. 一人一镐　　D. 多人一镐

416. 不安全行为，系指能造成事故的（　　）。

A. 责任事故　　B. 人为错误　　C. 蓄意制造　　D. 环境因素

417.（　　）是指因有关人员的过失而造成的事故。

A. 责任事故　　B. 非责任事故　　C. 不安全行为　　D. 人为错误

418. 天车吊运电枢作业时，指挥手势标准与司机密切配合，以免发生碰撞设备或损伤电枢，避免（　　）的发生。

A. 人身事故　　B. 伤害事故　　C. 设备故障　　D. 人身伤害事故

419. 2017 年检修中心共辨识出（　　）个风险，其中极度风险 0 个，高度风险 3 个，中度风险 31 个，低度风险 32 个；其中行为类 61 个，设备类 4 个，环境类 1 个。

A. 60　　B. 66　　C. 50　　D. 70

420. 水平仪是利用水准泡转动角度相同（　　）的原理制成的。

A. 曲率半径放大　　B. 曲率半径缩小　　C. 半径放大　　D. 半径缩小

421. 大机库数控不落轮镟床在加工过程中电脑控制面板上（　　）、自动方式进给使能、主轴、传屑机、蓝键持续加载指示灯必须亮。

A. MMC　　B. 自动方式　　C. 进给使能　　D. 主轴

422. 表面粗糙度是指零件加工表面，所具有的较小间距，微小峰谷的微观几何形状（　　）。

A. 误差　　B. 形状误差　　C. 不平度　　D. 粗糙度

423. 残留面积高度是与进给量、刀具的主、副偏角以及（　　）有关。

A. 刀尖圆弧半径　　B. 刀尖圆弧　　C. 主偏角　　D. 后角

424. 加工不锈钢材料由于切削力大（ ）断屑困难严重粘刀易生刀瘤等因素影响加工表面质量。

A. 温度高　B. 切削困难　C. 粘刀　D. 刀瘤

425. 2017 年检修中心共辨识出 66 个风险，其中极度风险（ ）个，高度风险 3 个，中度风险 31 个，低度风险 32 个；其中行为类 61 个，设备类 4 个，环境类 1 个。

A. 0　B. 1　C. 2　D. 3

426. 材料切削加工性是通过采用材料的（ ）、抗拉强度、伸长率、冲击值、热导率等进行综合评定的。

A. 硬度　B. 热导率　C. 伸长率　D. 冲击值

427. 偏心距较大时可采用（ ）检测。

A. 间接法　B. 直接法

C. 间接法及直接法　D. 直接测量

428. 主要设备操作人员，必须认真填写运行记录，轮班使用的设备必须认真执行（ ）。

A. 检修制度　B. 检修规程　C. 交接班制度　D. 作业流程

429. 车床上加工端面螺纹可采用车床原有的（ ）机构直接传动刀架进行切削。

A. 横向进给　B. 纵向进给　C. 水平移动　D. 水平进给

430. 当工件被加工表面的轴线与主要定位基准面成一定的角度时可选用（ ）的角铁来装夹工件。

A. 相应角度　B. 角度相同　C. 同样角度　D. 对应角度

431. 螺纹的滚压加工是使工件的表层金属产生（ ）而形成螺纹。

A. 塑性变形　B. 弹性变形　C. 变形　D. 乱纹

432. 对于空心轴的圆柱孔采用（ ）以提高定心精度。

A. 工艺堵　B. 螺丝　C. 铁块　D. 堵头

433. 2017 年检修中心共辨识出 66 个风险，其中极度风险 0 个，高度风险（ ）个，中度风险 31 个，低度风险 32 个；其中行为类 61 个，设备类 4 个，环境类 1 个。

A. 10　B. 11　C. 12　D. 3

434. 检修作业须严谨，严禁作业过程中，嬉戏打闹，（ ）。

A. 勾肩搭背　B. 串岗　C. 聊天　D. 串岗聊天

435. 深孔加工中排屑困难加剧了刀具的磨损甚至会（ ）刀具造成质量事故。

A. 折断　B. 损坏　C. 拧断　D. 毁坏

436. 车削多拐曲轴的主轴颈时为提高曲轴的刚性可搭一个（ ）。

A. 中心架　B. 铁板　C. 钢块　D. 铁架

437. 受机床转矩和切削力的影响曲轴切削加工时会发生弯扭组合（ ）。

A. 变形　B. 弯曲　C. 曲线　D. 受力不均

438. 设备使用人要按照（ ） 范围的要求使用设备。

A. 三好四会　B. 四会　C. 三好　D. 工艺

439. 加工橡胶材料为保证车削顺利车刀应尽可能选用很大的（ ）和后角。

A. 前角　B. 副偏角　C. 主偏角　D. 刃倾角

440. 车床工作精度车槽切断试验的目的，是考核车床主轴系统及刀架系统的（ ）性能。

A. 加工　B. 抗振　C. 工艺　D. 振动

441. 作业过程中注意节约材料适量取用杜绝（　　）。

A. 浪费形为　B. 浪费　C. 乱扔　D. 乱放

442. 2017年检修中心共辨识出66个风险，其中极度风险0个，高度风险3个，中度风险（　　）个，低度风险32个；其中行为类61个，设备类4个，环境类1个。

A. 28　B. 29　C. 27　D. 31

443. 检修作业过程中保持场地干净整洁工具摆放整齐及时清理产生的（　　）、垃圾。

A. 废料　B. 废品　C. 铜屑　D. 铁屑

444. 测量检验两顶尖安装加工的偏心轴，百分表读数的最大值，最小值之差即为（　　）。

A. 偏差　B. 公差　C. 偏心距　D. 偏心

445. 安排加工顺序的原则就是先用粗基准加工精基准再用（　　）来加工其他表面。

A. 精基准　B. 粗基准　C. 外圆　D. 基准面

446. 工序集中就是将许多加工内容，集中在少数工序内完成，使每一工序的（　　）比较多。

A. 加工方法　B. 加工程序　C. 加工内容　D. 加工方式

447. 最终热处理一段用来提高材料的强度和（　　）。

A. 硬度　B. 弹性　C. 塑性　D. 柔韧性

448. 车削加工热处理工序安排的目的，在于改变材料的性能和消除（　　）。

A. 应力　B. 内应力　C. 外应力　D. 自由度

449. 工装设备，必须在明显处挂置（　　）。

A. 操作规程　B. 安全操作规程　C. 工艺流程　D. 工艺范围

450. 工件的公差必须大于工件在夹具中定位后加工产生的（　　）之和。

A. 误差　B. 公差　C. 公差带　D. 无所谓

451. 工件定位，并不是任何情况下，都要限制（　　）。

A. 三个自由度　B. 五个自由度　C. 六个自由度　D. 四个自由度

452. 根据某一工件某一工序的加工要求而设计制造的夹具称为（　　）。

A. 专用夹具　B. 夹具　C. 特制夹具　D. 一般夹具

453. 夹具夹紧力的确定应包括夹紧力的大小、方向和（　　）三个要素。

A. 作用点　B. 大小　C. 方向　D. 自由度

454. 2017年检修中心共辨识出66个风险，其中极度风险0个，高度风险3个，中度风险31个，低度风险（　　）个；其中行为类61个，设备类4个，环境类1个。

A. 27　B. 28　C. 32　D. 29

455. 辅助支承的作用，是防止夹紧力破坏工件的正确定位，减少工件的（　　）。

A. 受力　B. 变形　C. 受力变形　D. 摩擦

456. 为保证工件达到图样所规定的精度和技术要求，夹具的定位基准与工件上的设计基准，测量基准应尽可能（　　）。

A. 平行　B. 垂直　C. 重合　D. 同心

457. 为防止工件变形，夹紧力要与支承件对应，不能在工件（　　）处夹紧。

A. 上方　B. 下方　C. 悬空　D. 中心

458. 夹紧力的作用点应跟支承件相对否则工件容易（ ）和不稳固。

A. 变形 B. 振动 C. 乱纹 D. 乱扣

459. 车床导轨的平行度检验是将水平仪横向放置在（ ），纵向等距离移动滑板进行的。

A. 操作台上 B. 滑板上 C. 刀架上 D. 导轨上

460. 机床误差主要由回转误差、（ ）、内传动链误差及主轴、导轨等位置误差所组成。

A. 导轨导向误差 B. 导轨误差

C. 工艺误差 D. 机床床身

461. 工艺规程指定得是否合理，直接影响工件的质量、（ ）和经济效益。

A. 生产率 B. 劳动生产率 C. 加工性 D. 劳动率

462. 时间定额是考核生产能力和制定生产计划、（ ）的重要依据。

A. 核算成本 B. 成本 C. 核算 D. 考核

463. 车削时基本时间决定于所选的（ ）、加工余量和行程长度。

A. 切削用量 B. 流程 C. 余量 D. 工艺

464. 提高劳动生产率的途径之一是选用高效率的机床和工艺装备并采用先进合理的（ ）。

A. 加工方法 B. 流程 C. 切削量 D. 余量

465. 提高生产率的目的就是减低成本提高（ ）。

A. 经济效益 B. 生产率 C. 劳动率 D. 效益

466. 2017 年检修中心共辨识出 66 个风险，其中极度风险 0 个，高度风险 3 个，中度风险 31 个，低度风险 32 个；其中行为类（ ）个，设备类 4 个，环境类 1 个。

A. 60 B. 61 C. 70 D. 80

467. 合理地配置（ ）是企业正确组织，保证均衡，与协调生产的关键。

A. 人员 B. 设备 C. 劳动力 D. 生产人员

468. 数控加工可保证工件尺寸的（ ），提高产品的质量。

A. 稳定性 B. 同一性 C. 统一性 D. 大小

469. 立式车床的立刀架和侧刀架都可以作垂直进给和（ ）运动。

A. 水平进给 B. 进给 C. 水平 D. 垂直

470. 立式车床立刀架的滑座可以倾斜一个角度进行（ ）工件加工。

A. 锥形 B. 圆形 C. 方形 D. 长形

471. 在立式车床的立刀架上装上磨头可以磨削大型、（ ）工件。

A. 淬硬 B. 小型 C. 硬质 D. 淬火

472. 在立式车床上找正工件时，若工件内外圆存在椭圆，应按最大最小直径取（ ），决定工件的圆心。

A. 一点 B. 两点 C. 三点 D. 四点

473. 在立式车床装夹工件，通常以（ ）来定位。

A. 内圆 B. 端面和内外圆

C. 端面 D. 外圆

474. 安全生产是 ：指企事业单位在劳动生产过程中的（ ）、设备和产品安全以及交通运输安全等。

A. 人身安全　B. 设备安全　C. 产品安全　D. 交通运输安全

475. 每年汛期从（　　）结束。

A. 6月15日开始至9月15日　B. 6月15日至9月15日

C. 5月15日开始至9月15日　D. 5月15日至9月15日

476. 党和国家的安全生产方针是（　　）。原则是管生产必须管安全。

A. 安全第一、预防为主　B. 人人有责

C. 预防为主　D. 安全第一

477. 2017年检修中心共辨识出66个风险，其中极度风险0个，高度风险3个，中度风险31个，低度风险32个；其中行为类61个，设备类（　　）个，环境类1个。

A. 10　B. 4　C. 11　D. 12

478. 为保障职工在生产过程中的安全与健康，在法律上、技术上、设备上，（　　）和教育上采取的一套综合措施，叫作劳动保护。

A. 法律上　B. 技术上　C. 设备上　D. 组织制度上

479. 安全生产装置是指配置在生产设备上保障（　　）安全的所有附属装置。

A. 人员和设备　B. 人员　C. 设备　D. 设施

480. 跨越线路，不得足踏（　　）部分。

A. 道岔尖部　B. 道岔尖部和转动

C. 转动部分　D. 钢轨面

481. 处理职工伤亡事故“三不放过”是：事故原因分析不清不放过；（　　）；没有制定出防范措施不放过。

A. 事故的责任者和群众没有受到教育不放过

B. 事故的责任者没有受到教育不放过

C. 事故的群众没有受到教育不放过

D. 事故的责任者和群众没有受到考核不放过

482. 作业完后应做到工完料净严禁（　　）卫生责任区应经常保持清洁并（由本人及时填写机车检修记录）。

A. 乱扔乱放　B. 乱扔　C. 乱放　D. 清理不彻底

483. 使用完的工装、设备要及时清洁归位，放置整齐，并按要求进行一定的（　　）。

A. 润滑　B. 保养　C. 维护和保养　D. 维护

484. 常用灭火器有泡沫、酸碱、清水、（　　）、1211等6种类型。

A. 干粉、二氧化碳　B. 水

C. 干粉　D. 二氧化碳

485. 对新工人，改职及调入的工人要进行（　　），岗位三级安全教育。

A. 工厂　B. 公司

C. 厂、车间班组　D. 车间

486. 横越线路时要执行（　　）制度。

A. 一站、二看、三通过　B. 二看

C. 三通过　D. 一站

487. 工作中必须严格遵守中心的各项规章制度，杜绝任何（　　）的发生。

A. 浪费　　B. 违章行为　　C. 违纪　　D. 事故

488. 操作者必须按要求持有（　　），严禁无证操作，禁止他人动用工装设备。

A. 合格证　　B. 设备操作证

C. 设备操作合格证　　D. 有效证件

489. 安全检查是依据党和国家有关安全（　　）、政策、法规、标准，意见企业的规章制度，通过查领导、查思想、查制度、查管理和查隐患，对企业安全生产 状况做出正确评价督促企业及被检查单位做好安全工作。

A. 安全　　B. 方针　　C. 安全方针　　D. 安全政策

490. 在设有接触网的线路上如需作业时须在指定的线路上将接触网（　　）、接地后方准作业。

A. 停电　　B. 断电　　C. 接地　　D. 无所谓

491. 按照国家安全生产管理体制的规定，企业负责国家监督行政管理和群众监督，均为（　　）。

A. 安全　　B. 管理　　C. 安全管理　　D. 制度

492. 在工作时间人员进入检修库内必须戴好（　　）并随时注意上下左右的设施和作业状况做好自我防护。

A. 安全帽　　B. 防护用品　　C. 防护眼镜　　D. 眼镜

493. 在临时工作地点，铲剁硬质金属物及易碎金属有危害他人安全时应设置（　　）。

A. 防护　　B. 临时防护围屏

C. 围屏　　D. 防护围屏

494. 拆装或松紧较大螺母或固死的工作物时，必须脚下站稳，同时考虑（　　），避免用力过猛扳手脱落。

A. 工件牢固　　B. 紧固程度

C. 工作物状态　　D. 工作物紧固强度

495. 虎钳夹持精加工部件时应使用（　　）衬垫。

A. 铝质和铜质　　B. 铜质　　C. 铝质　　D. 纸片

496. 用锉刀锉下的铁屑，不得用（　　），防止扎手伤眼。

A. 手拂　　B. 嘴吹　　C. 手拂和嘴吹　　D. 手拿

497. 机车检修作业时，禁止摸黑修理，错修、漏修、（　　）、违章修。

A. 违章作业　　B. 摸黑修　　C. 简化修　　D. 违章修

498. 朔黄铁路安全管理工作遵循分层管理、（　　）的原则。

A. 逐级负责　　B. 逐层负责　　C. 分级负责　　D. 分层负责

499. 建设“本质安全型企业”的奋斗目标是消灭（　　）事故。

A. 一切责任　　B. 违章事故

C. 一切违章事故　　D. 责任事故

500. 2017 年检修中心共辨识出 66 个风险，其中极度风险 0 个，高度风险 3 个，中度风险 31 个，低度风险 32 个；其中行为类 61 个，设备类 4 个，环境类（　　）个。

A. 1　　B. 2　　C. 4　　D. 6

501. 同一危险源在同一单位一个月失控三次风险等级提升（　　）。

A. 一级　　B. 二级　　C. 三级　　D. 四级

502. 弹子油杯润滑，（　　）至少加油一次。

A. 每周　　B. 每班次　　C. 每天　　D. 每三天

503. 车床交换齿轮箱的中间齿轮等部位，一般用（　　）润滑。

A. 浇油　　B. 油脂杯　　C. 油绳　　D. 弹子油杯

504. 油脂杯润滑（　　）加油一次。

A. 每周　　B. 每班次　　C. 每天　　D. 每小时

505. 长丝杠和光杠的转速较高，润滑条件较差，必须（　　）加油。

A. 每周　　B. 每天　　C. 每班次　　D. 每小时

506. 车床齿轮箱换油期一般为（　　）一次。

A. 每三月　　B. 每月　　C. 每周　　D. 每半年

507. 车细长轴时，跟刀架的卡爪脚与工件接触的压力太小或根本就没有接触到，这时车出的工件会出现（　　）。

A. 竹节形　　B. 麻花形　　C. 频率振动　　D. 弯曲变形

508. 危险源超周期整改风险等级提升（　　）。

A. 一级　　B. 二级　　C. 三级　　D. 四级

509. 某主轴用低碳合金钢（20Gr）渗碳淬硬，对工件不需要淬硬的部分，表面必须留（　　）的去碳层。

A. 1.5 ~ 2.5 mm　　B. 2 ~ 2.5 mm　　C. 2.5 ~ 3 mm　　D. 3 ~ 3.5 mm

510. 机床照明灯的电压为（　　）。

A. 36 V　　B. 42 V　　C. 45 V　　D. 220 V

511. 切削液中的乳化液主要起（　　）作用。

A. 冷却　　B. 润滑　　C. 减少摩擦　　D. 清洗

512. 零件的最大极限尺寸与最小极限尺寸之差称为（　　）。

A. 公差　　B. 配合　　C. 上偏差　　D. 下偏差

513. 变换（　　）外的手柄，可以使光杠得到各种不同的转速。

A. 主轴箱　　B. 进给箱　　C. 交换齿轮箱　　D. 溜板箱

514. 主轴的旋转运动通过交换齿轮箱、进给箱、丝杠或光杠溜板箱的传动，使刀架作（　　）进给运动。

A. 曲线　　B. 直线　　C. 圆弧　　D. 直线或曲线

515.（　　）的作用是把主轴旋转运动传送给进给箱。

A. 交换齿轮箱　　B. 溜板箱　　C. 主轴箱　　D. 进给箱

516. 为了去除由于塑性变形、焊接等原因造成的以及铸件内存的残余应力而进行的热处理称为（　　）。

A. 去应力退火　　B. 球化退火　　C. 完全退火　　D. 正火

517. 精车或车削薄壁有机玻璃时，与一般钢材料比，切削速度可选得（　　）。

A. 相同　　B. 略高　　C. 略低　　D. 高低均可

518. 采用 90° 车刀粗车细长轴时，安装车刀时刀尖应（　　）工件轴线，以增加切削的平稳性。

A. 对准　　B. 严格对准　　C. 略高于　　D. 略低于

519. 车床的丝杠是用（　　）润滑的。

A. 浇油　　B. 溅油　　C. 油绳　　D. 油脂杯

520. 车床外露的滑动表面一般采用（　　）润滑。

A. 浇油　　B. 溅油　　C. 油绳　　D. 油脂杯

521. 进给箱内的齿轮和轴承，除了用齿轮溅油法进行润滑外，还可用（　　）润滑。

A. 浇油　　B. 弹子油杯　　C. 油绳　　D. 油脂杯

522. 细长轴工件的圆度、圆柱度可用（　　）直接检测。

A. 圆度仪　　B. 千分表　　C. 千分尺　　D. 轮廓仪

523. 卧式车床型号中的主参数代号是用（　　）折算值表示的。

A. 床身上最大工件回转直径　　B. 刀架上最大回转直径

C. 中心距　　D. 中心高

524. 各种简单机构中，可以出现两个死点位置的平面连杆机构是（　　）。

A. 以曲柄为主动件的曲柄摇杆机构

B. 双曲柄机构

C. 两摇杆不等长的双摇杆机构

D. 以曲柄为主动件的曲柄滑块机构

525. C6140A 车床表示床身上最大工件回转直径为（　　）的卧式车床。

A. 400 mm　　B. 220 mm　　C. 260 mm　　D. 280 mm

526. 车床分类为 10 个组，其中第（　　）组代表落地及卧式车床组。

A. 3　　B. 6　　C. 7　　D. 9

527. 精密主轴位置精度的测量，一般以（　　）为测量基面。

A. 支承轴颈　　B. 两端内圆锥面

C. 轴端外圆锥面　　D. 花键

528. 为了保证主轴外圆的磨削精度热处理后，必须安排（　　）工序。

A. 重钻中心孔　　B. 研磨中心孔　　C. 热校直　　D. 冷校直

529. 零件在机械加工时选择定位基准应尽量与其（　　）一致。

A. 设计基准　　B. 测量基准　　C. 工艺基准　　D. 装配基准

530. 车削薄壁零件需要解决的首要问题是减少零件的变形，特别是（　　）所造成的变形。

A. 切削垫　　B. 夹紧力和切削力

C. 切削力　　D. 振动

531. 测量薄壁工件时，容易引起测量变形的主要原因是（　　）选择不当。

A. 量具　　B. 测量压力　　C. 测量基准　　D. 测量方向

532. 机床切削脆性金属时，切削层弹性变形后产生（　　）切屑。

A. 条状　　B. 崩碎　　C. 节状　　D. 粒状

533. 如要求在转动过程中，两传动轴能随时结合或脱开，应采用（　　）。

A. 联轴器　B. 制动器　C. 离合器　D. 联轴节

534. 金属材料中，含碳量为（　　）的钢属于中碳钢。

A. 0.25%　B. 0.25% ~ 0.6%　C. 0.6%　D. 2% 以上

535. 动载荷在运动中其数值和方向（　　）。

A. 随时变化　B. 暂时变化　C. 保持不变　D. 不一定变化

536. 在优质碳素钢中，其硫、磷含量均不大于（　　）。

A. 0.1%　B. 0.04%　C. 0.2%　D. 0.3%

537. 钢材的（　　）断裂，是指配件在长期交变载荷作用下所引起的折损。

A. 脆性　B. 疲劳　C. 刚性　D. 横切

538. 在液压系统中，将机械能转变为液压能的液压元件是（　　）。

A. 液压缸　B. 液压泵　C. 溢流阀　D. 滤油器

539. 零件实际尺寸和相应的基本尺寸（　　）。

A. 不完全相同　B. 基本相同　C. 完全相同　D. 不完全相关

540. 在间隙配合中，孔的（　　）极限尺寸减去轴的最小极限尺寸所得代数差，称为最大间隙。

A. 最窄　B. 最小　C. 最大　D. 最宽

541. 质量保证体系必须有（　　）。

A. 质量方针　B. 质量目标　C. 质量计划　D. 以上三者

542. 机械图样的标准图纸幅面有（　　）种。

A. 6　B. 7　C. 8　D. 9

543. 在机械图纸中，（　　）是用来表达单个零件在加工完毕后的形状、大小和应达到的技术图样，它是制造、检验零件用的生产图纸。

A. 机械图　B. 投影图　C. 零件图　D. 加工图

544. 机械零件在配合时允许的间隙或过盈的变动量称为（　　）。

A. 配合公差　B. 过盈公差　C. 公差　D. 间隙公差

545. 基准制的选用通常依标准件而定，例如规定与滚动轴承内圈配合的轴采用（　　）。

A. 基轴制　B. 基孔制　C. 混合制　D. 基轴制或基孔制

546. 单一实际要素的形状所允许的变动全量称为（　　）。

A. 形状公差　B. 位置公差　C. 跳动公差　D. 定向公差

547. 零件实际尺寸允许变动的范围叫（　　）。

A. 公差　B. 配合　C. 间隙　D. 误差

548. 我国标准公差等级分为（　　）级。

A. 20　B. 15　C. 18　D. 10

549. 配合分为间隙配合、（　　）、过盈配合三大类。

A. 过渡配合　B. 动配合　C. 静配合　D. 误差配合

550. 由前向后投影所得的视图叫（　　）。

A. 主视图　B. 俯视图　C. 左视图　D. 右视图

551. 45 钢是属于（　　）。

A. 中碳钢　B. 低碳钢　C. 高碳钢　D. 合金钢

552. 带传动的传动比（ ）。

A. 不恒定 B. 恒定 C. 太大 D. 太小

553. 在液压系统中起安全保障作用的阀是（ ）。

A. 溢流阀 B. 节流阀 C. 顺序阀 D. 单向阀

554. 常用錾子的材料一般都是（ ）。

A. 碳素工具钢 B. 高速钢 C. 硬质合金 D. 合金钢

555. 一渐开线直齿圆柱齿轮的模数为 2 mm，齿数为 25，其分度圆的直径应为（ ）。

A. 25 mm B. 35 mm C. 50 mm D. 55 mm

556. 刨刀在刨削平面时，工件上形成（ ）个表面。

A. 2 B. 3 C. 4 D. 6

557. 刨削平面时，第一次粗刨后约留整个加工余量的（ ）作为半精刨余量。

A. 2/4 B. 1/3 C. 2/4 D. 3/4

558. 使用车床精车车削时应采用（ ）。

A. 高速、小的切削深度 B. 高速、大的切削深度

C. 中速、大的切削深度 D. 中速、小的切削深度

559. 车削重型轴类工件，应当选择（ ）mm 的中心孔。

A. 65 B. 90 C. 95 D. 75

560. 轴类工件的尺寸精度都是以（ ）定位车削的。

A. 中心孔 B. 外圆 C. 内孔 D. 端面

561. 钻中心孔时，如果（ ）就不易使中心钻折断。

A. 工件端面不平 B. 主轴转速较高

C. 进给量较大 D. 进给量较小

562. 精度要求较高工序较多的轴类零件，中心孔应选用（ ）型。

A. A B. B C. C D. B 或 C

563. 车外圆时，切削速度计算式中的直径 D 是指（ ）直径。

A. 加工表面 B. 待加工表面 C. 已加工表面 D. 毛坯面

564. 车削薄壁零件的关键是解决（ ）问题。

A. 变形 B. 刀具 C. 夹紧 D. 车削

565. 精车台阶孔，刀具应采用（ ）刃倾角，卷屑槽深度前后要一致。

A. 正的 B. 零度的 C. 负的 D. 以上都可以

566. 测量精密多台阶孔的径向圆跳动时，可把工件放在 V 形架上，进行轴向定位，以（ ）为基准来检验。

A. 端面 B. 内孔 C. v 形架 D. 外圆

567. 用中心架支承工件车内孔时，如出现内孔倒锥现象，则是由于中心架偏向（ ）所造成的。

A. 尾座 B. 操作者对方 C. 操作者一方 D. 床头

568. 精镗交错孔时，镗刀刀尖应（ ）工件中心。

A. 对准 B. 略高于 C. 严格对准 D. 略低于

569. 为了使切断时排屑顺利，切断刀卷屑槽的长度必须（ ）切入深度。

A. 等于　B. 大于　C. 小于　D. 大于或等于

570. 切断实心工件时，切断刀主切削刃必须装得（　　）工件轴线。

A. 高于　B. 等高于　C. 低于　D. 等高或低于

571. 切断刀的前角取决于（　　）。

A. 工件材料　B. 工件直径　C. 刀宽　D. 刀高

572. 切断时避免扎刀可采用（　　）切断刀。

A. 小前角　B. 大前角　C. 小后角　D. 大后角

573. 硬质合金切断刀在主切削刃两边倒角的主要目的是（　　）。

A. 排屑顺利　B. 增加刀头强度

C. 使工件侧面粗糙度值小　D. 保证切断尺寸

574. 通常把带（　　）的零件作为套类零件。

A. 圆柱孔　B. 孔　C. 圆锥孔　D. 台阶孔

575. 用软卡爪装夹工件时，软卡爪没有夹好，可能会出现（　　）。

A. 内孔有锥度　B. 内孔表面粗糙度值大

C. 垂直度同轴度超差　D. 垂直度超差

576. 车削同轴度要求较高的套类工件时，可采用（　　）。

A. 台阶式心轴　B. 小锥度心轴　C. 胀力心轴　D. 直心轴

577. 小锥度心轴的锥度一般为（　　）。

A. 1:1 000 ~ 1:5000　B. 1:4 ~ 1:5

C. 1:20　D. 1:16

578. 较大直径的麻花钻的柄部材料为（　　）。

A. 优质碳素钢　B. 低碳钢　C. 高碳钢　D. 结构钢

579. 直柄麻花钻的直径一般小于（　　）。

A. 14 mm　B. 15 mm　C. 16 mm　D. 17 mm

580. 用高速钢钻头钻铸铁时，切削速度比钻中碳钢（　　）。

A. 稍高些　B. 稍低些　C. 相等　D. 低很多

581. 麻花钻的顶角增大时，前角（　　）。

A. 减小　B. 增大　C. 不变　D. 不确定

582. 麻花钻横刃太长，钻削时会使（　　）增大。

A. 切削力　B. 轴向力　C. 径向力　D. 主切削力

583. 麻花钻的横刃斜角一般为（　　）。

A. 40°　B. 55°　C. 60°　D. 70°

584. 钻孔的公差等级一般可达（　　）级。

A. IT7 ~ IT9　B. IT11 ~ IT12　C. IT4 ~ IT5　D. IT15 以上

585.（　　）是常用的孔加工方法之一，可以作粗加工，也可以作精加工。

A. 钻孔　B. 扩孔　C. 车孔　D. 铰孔

586. 为了保证孔的尺寸精度，铰刀尺寸最好选择在被加工孔公差带（　　）左右。

A. 上面 1/4　B. 中间 1/3　C. 下面 1/4　D. 1/4

587. 手用铰刀与机用铰刀相比，其铰削质量（　　）。
A. 差　B. 好　C. 很差　D. 一样

588. 车孔后的表面粗糙度可达（　　）。
A. 1.6 ~ 3.2 μm　B. 0.8 ~ 2 μm　C. 0.8 ~ 6 μm　D. 0.8 μm 以上

589. 车孔的公差等级可达（　　）。
A. IT14 ~ IT15　B. IT11 ~ IT12　C. IT'7 ~ IT8　D. IT8 ~ IT10

590. 在车床上钻孔时，钻出的孔径偏大的主要原因是钻头的（　　）。
A. 后角太大　B. 两主切削刃长度不等
C. 横刃太长　D. 机床精度较差

591. 普通麻花钻的横刃斜角由（　　）的大小决定。
A. 后角　B. 前角　C. 顶角　D. 刃倾角

592. 用百分表检验工件端面对轴线的垂直度时，若端面圆跳动量为零，则垂直度(　　)。
A. 为零　B. 不为零　C. 不一定为零　D. 不能确定

593. 高速钢铰刀的铰孔余量一般是（　　）。
A. 0.2 ~ 0.4 mm　B. 0.08 ~ 0.12 mm
C. 0.1 ~ 0.2 mm　D. 0.1 ~ 0.5 mm

594. 硬质合金铰刀的铰孔余量一般是（　　）。
A. 0.2 ~ 0.3 mm　B. 0.08 ~ 0.3 mm
C. 0.15 ~ 0.2 mm　D. 0.15 ~ 0.3 mm

595. 米制圆锥的号码越大，其锥度（　　）。
A. 越大　B. 不变　C. 越小　D. 不确定

596. 对于同一圆锥体来说，锥度总是（　　）。
A. 等于斜度　B. 等于斜度的两倍
C. 等于斜度的一半　D. 大于斜度

597. 圆锥面的基本尺寸是指（　　）。
A. 母线长度　B. 大端直径　C. 小端直径　D. 中间直径

598. 公制工具圆锥的锥度为（　　）。
A. 1:20　B. 1:16　C. 1:15　D. 1:14

599. 用转动小滑板法车削圆锥面时，车床小滑板应转过的角度为（　　）。
A. 圆锥角 1:20　B. 圆锥半角（$\alpha/2$）
C. 1:20　D. 1:50

600. 一个工件上有多个圆锥面时最好是采用（　　）法车削。
A. 转动小滑板　B. 偏移尾座　C. 靠模　D. 宽刃刀切削

二、判断题

1. 机车轮辋圆度原形为≤0.3 mm。（　　）
2. 机车轮辋圆度中修限度为≤0.5 mm。（　　）

3. 两轮箍内侧面与轴断面距离偏差为≤3 mm。（ ）

4. 换向器表面的切削光刀是为了除去粗糙膜并同时消除表面不平。（ ）

5. 换向器表面碳刷接触面磨出凹槽达 0.10 mm 时，必须用车削方法重新加工。（ ）

6. 换向器出现振动、直径不均匀、凹凸等现象，必须用车削方法重新加工。（ ）

7. 换向器出现偏心、直径不均匀、凹凸等现象必须用车削方法重新加工。（ ）

8. 换向器表面严重发黑或由于火花等原因致使换向器表面粗糙必须用车削方法重新加工。（ ）

9. 换向器表面的切削光刀是为了除去粗糙膜，并同时消除表面波纹。（ ）

10. ZD114 型牵引电机换向器表面车削标准偏心校正限度≤0.1 mm。（ ）

11. ZD114 型牵引电机换向器表面车削标准偏心车削后标准≤0.03 mm。（ ）

12. ZD114 型牵引电机换向器表面车削标准直径不均匀校正限度≤0.05 mm。（ ）

13. ZD114 型牵引电机换向器表面车削标准直径不均匀车削后标准≤0.005 mm。（ ）

14. ZD114 型牵引电机换向器表面车削标准相邻换相片凹凸量校正限度≤0.005 mm。（ ）

15. ZD114 型牵引电机换向器表面车削标准相邻换相片凹凸量车削后标准 0 mm。（ ）

16. 将电枢安装在专用光刀机床上校正电枢两端轴承档跳动量不大于 0.03 mm。（ ）

17. 在车床上对换向器表面进行光刀时工件旋转速度为 20 ~ 150 r/min。（ ）

18. 在车床上对换向器表面进行光刀时切削进刀量为 0.08 ~ 0.1 mm/转。（ ）

19. 在车床上对换向器表面进行光刀时加工后换向器表面粗糙度≤0.8 μm。（ ）

20. 换向器表面切削完成后用压缩空气将表面吹净。（ ）

21. 换向器表面光刀后，换相片之间的槽和换向片的倒角会变小，因此光刀后必须进行精车。（ ）

22. 下刻必须严格按要求执行下刻 1.2 ~ 2 mm。（ ）

23. 倒角必须严格按要求执行倒角 0.3 × 45°。（ ）

24. 下刻和倒角必须严格按要求执行防止下刻过大等现象。（ ）

25. 下刻和倒角必须严格按要求执行，防止下刻过大等现象，否则将引起换向不良或磨耗。（ ）

26. ZD114 型牵引电机换向器直径原形不小于 500^{+5}_{-0} mm。（ ）

27. ZD114 型牵引电机换向器，直径限度不小于 485 mm。（ ）

28. ZD114 型牵引电机换向器，表面磨耗凹槽深度原形不大于 0.1 mm。（ ）

29. ZD114 型牵引电机换向器表面磨耗凹槽深度限度不大于 0.15 mm。（ ）

30. ZD114 型牵引电机换向器退刀槽深度原形 $4^{+0.3}_{-0.3}$ mm。（ ）

31. ZD114 型牵引电机换向器退刀槽深度限度 $4^{+0.5}_{-0.5}$ mm。（ ）

32. ZD114 型牵引电机换向器退刀槽宽度原形不小 $10^{+0.5}_{-0.5}$ mm。（ ）

33. ZD114 型牵引电机换向器退刀槽宽度限度不小 $12^{+0.5}_{-0.5}$ mm。（ ）

34. ZD114 型牵引电机换向器椭圆度原形小于 0.1 mm。（ ）

35. ZD114 型牵引电机换向器椭圆度限度小于 0.1 mm。（ ）

36. ZD114 型牵引电机换向器直径不等分度原形小于 0.05 mm。（ ）

37. ZD114 型牵引电机换向器直径不等分度限度小于 0.05 mm。(　　)

38. ZD114 型牵引电机换向器相邻换相片凹凸量原形小于 0.005 mm。(　　)

39. ZD114 型牵引电机换向器相邻换相片凹凸量限度小于 0.005 mm。(　　)

40. ZD114 型牵引电机换向器表面粗糙度原形 Ra0.8 μm。(　　)

41. ZD114 型牵引电机换向器表面粗糙度限度 Ra1.6 μm。(　　)

42. ZD114 型牵引电机换向器，表面跳动量原形不大于 0.05 mm。(　　)

43. ZD114 型牵引电机换向器，表面跳动量限度不大于 0.05 mm。(　　)

44. ZD105 型牵引电机换向器直径原形 540_{-0}^{+1} mm。(　　)

45. ZD105 型牵引电机换向器直径中修限度≥522 mm。(　　)

46. ZD105 型牵引电机换向器直径禁用限度≤520 mm。(　　)

47. ZD105 型牵引电机换向器表面磨耗量原形 0 mm。(　　)

48. ZD105 型牵引电机换向器表面磨耗量中修限度≤0.15 mm。(　　)

49. ZD105 型牵引电机换向器退刀槽深度原形 $4_{-0}^{+0.12}$ mm。(　　)

50. ZD105 型牵引电机换向器退刀槽深度中修限度 $4_{-0}^{+0.12}$ mm。(　　)

51. ZD105 型牵引电机换向器退刀槽宽度原形 $9_{-0.5}^{+0.5}$ mm。(　　)

52. ZD105 型牵引电机换向器退刀槽宽度中修限度 $9_{-0.5}^{+0.5}$ mm。(　　)

53. ZD105 型牵引电机换向器云母槽深度原形 $1.5_{-0.2}^{+0.2}$ mm。(　　)

54. ZD105 型牵引电机换向器云母槽深度中修限度 1.5 ~ 2 mm。(　　)

55. ZD105 型牵引电机换向器云母槽倒角原形 (0.3 ~ 0.4) × 45°。(　　)

56. ZD105 型牵引电机换向器，云母槽倒角中修限度 0.5 × 45°。(　　)

57. ZD105 型牵引电机换向器，凸片高度原形 0.01 mm。(　　)

58. ZD105 型牵引电机换向器，凸片高度中修限度≤0.01 mm。(　　)

59. ZD105 型牵引电机换向器表面跳动量原形≤0.04 mm。(　　)

60. ZD105 型牵引电机换向器表面跳动量中修限度≤0.05 mm。(　　)

61. 外观检查，轮箍无弛缓等缺陷。(　　)

62. 将更换轮箍的轮对吊放在轮箍加热器上，加热至退出轮箍，加热温度不得超过 360 °C。(　　)

63. 待轮辋完全冷却后用轮辋外径尺测量轮辋，其外径、圆柱度及圆度符合校验要求，且锥度不大于 0.6 mm。(　　)

64. 待轮辋完全冷却后用轮辋外径尺测量轮辋，其外径符合校验要求，且锥度不大于 0.3 mm。(　　)

65. 轮辋镶装过盈量为 1.4 ~ 1.8 mm。(　　)

66. 在立式车床上镟削毛坯箍的内侧面并加工内径面尺寸及轮箍挡宽不小于 mm。(　　)

67. 在立式车床上镟削毛坯箍的内侧面并加工内径面尺寸及圆度与圆柱度不大于 10 mm。(　　)

68. 用电磁探伤器，探伤轮箍内圆表面。(　　)

69. 用电磁探伤器探伤轮箍，内圆表面不得有裂纹。(　　)

70. 用电磁探伤器探伤轮箍，内外侧面无夹渣。(　　)

71. 装好的轮箍应自然冷却，不许进行降温处理。(　　)

72. 装箍时环境温度不得低于 5 °C。(　　)

73. 轮箍冷却后用检点锤检查紧固状态同时检查轮箍档间隙不得大于 0.5mm 的贯通间隙。(　　)

74. 轮对镟修完毕后，用踏面外形样板测量各部尺寸。(　　)

75. 轮对镟修完毕后用踏面外形样板、轮箍厚度尺、轮缘厚度尺、轮径尺测量各部尺寸符合技术要求。(　　)

76. 外观检查轮缘及踏面不得有裂纹、缺陷孔眼及剥离。(　　)

77. 在轮缘的外侧面上由轮缘顶部量起 10 ~ 18 mm 范围内允许留不超过 5 mm、宽 2 mm 深黑皮。(　　)

78. 在轮缘的外侧面上由轮缘顶部量起 10 ~ 18 mm 范围内，允许留不超过 5 mm、宽 5 mm 深黑皮。(　　)

79. 在轮箍内侧面上允许留有两处总长不超过 410 mm，每处长度不超过 200 mm、深度不超过 1 mm 的黑皮。(　　)

80. 在轮箍内侧面上允许留有两处总长不超过 400 mm 每处长度不超过 200 mm、深度不超过 1 mm 的黑皮。(　　)

81. 机车轮对镟修完毕后，用轮缘尺检查轮箍宽度。(　　)

82. 机车轮对镟修完毕后用游标卡尺检查轮箍宽度。(　　)

83. 机车监控中心根据机车镟轮记录及时修改监控装置轮径数据确保机车运行安全。(　　)

84. 如机车 A2、B2 轮径发生变更机车检修中心需及时抄送机车监控中心签字验收。(　　)

85. 架落车作业：左右摩擦轮必须保持在同一水平高度，高度差不大于 3 mm。(　　)

86. 根据轮对检查及测量结果确定加工顺序本着先小后大、先故后优的原则进行。(　　)

87. 不落轮镟床作业时在手动和自动对刀时，必须确认 R 参数 R15 和 R16 必须为 1。(　　)

88. 不落轮镟床作业时在手动和自动对刀时必须确认 R 参数 R15、R16 必须为 0。(　　)

89. 立式车床作业时工件必须找正、找正偏差不大于 2 mm。(　　)

90. 机床接通电源后检查各部运转 10 min 正常后方可工作。(　　)

91. 将轮对吊至托架上电动托架上升将轮对上升至轮对中心线低于机床顶尖中线线 1 ~ 3 mm 为宜。(　　)

92. 车轮车床作业时测量轮对尺寸，选择相应加工程序，将加工后轮对直径值和宽度值输入到 R 参数中的 R1 中。(　　)

93. 车轮车床手动对刀后，记下此时 Z 轴坐标值，并将其输入到 R1 中。(　　)

94. 在更换刀具时、测量时、操作者离开机床时、进行修理时 、检查工作物时、停电或转动部分发生故障时必须确认退刀停车后方可进行以免发生人身伤害事故。(　　)

95. 清理铁屑时一定要等设备完全停止时方可进行并注意脚下先清理干净。(　　)

96. 工作结束后，做到工完料净，机床达到干净整洁。(　　)

97. 下刻机作业前按要求对机床进行润滑保养机床运转 3 ~ 5 min 确认无误后方可作业。(　　)

98. 电枢装夹过程中电枢必须边夹紧边找正必须用百分表对电枢进行找正误差不大于 0.05 mm。(　　)

99. 下刻机每次下刀前必须确认 Y 轴下刀深度设定为 0。(　　)

100. 普通车床进刀前跟刀架等各部位的定位螺丝都要拧紧。(　　)

101. 机床发生异常时如异响冒烟震动臭味等应立即停车请有关人员检查处理。(　　)

102. 遇到下列情况应停车退刀：操作者离开机床时、进行修理、调整、更换刀具、齿轮和装卸工作物时、扫除金属屑时、停电或转动部分发生故障时。(　　)

103. 普通车床在高速旋转时严禁用倒车挡刹车，更不得用手制止卡盘旋转，停车时应先退刀、后停车。(　　)

104. 机床作业下班时对未加工完的重、长、大型工件应加好支撑以免引起工件和主轴变形。(　　)

105. 普通车床作业结束后，将半成品分别堆放整齐。(　　)

106. 机车轮箍内侧距离，原形为 $1\,353^{+3.0}_{-3.0}$ mm。(　　)

107. 机车轮箍内侧距离中修限度为 $1\,353^{+3.0}_{-3.0}$ mm。(　　)

108. 机车轮箍厚度，原形为 80 mm。(　　)

109. 机车轮箍厚度中修限度为≥60 mm Ⅰ、Ⅱ级线路，≥75 mmⅢ级线路。(　　)

110. 机车轮箍厚度，禁用限度为≤45 mm。(　　)

111. 机车轮箍宽度原形为 140 mm。(　　)

112. 机车轮箍宽度，中修限度为 138 mm。(　　)

113. 机车轮箍各处厚度差中修限度为≤1.0 mm。(　　)

114. 机车轮箍各处厚度差禁用限度为≥0.5 mm。(　　)

115. 机车轮缘厚度，原形为 $34^{+1.0}_{-1.0}$ mm。(　　)

116. 机车轮缘厚度中修限度为 $34^{+0}_{-0.5}$ mm。(　　)

117. 机车轮缘厚度禁用限度为≤23 mm。(　　)

118. 机车轮缘高度原形为 $28^{+0}_{-1.0}$ mm。(　　)

119. 机车轮缘高度，中修限度为 $28^{+1.0}_{-1.0}$ mm。(　　)

120. 机车轮对踏面偏差原形为≤0.5 mm。(　　)

121. 机车轮对踏面偏差中修限度为≤0.5 mm。(　　)

122. 轮箍踏面：擦伤深度禁用限度为≥0.7 mm。(　　)

123. 轮箍踏面：磨耗深度禁用限度为≥7 mm。(　　)

124. 轮箍踏面：缺陷（孔眼、剥离等）禁用限度为≥1.0；长 40 mm。(　　)

125. 轮缘垂直磨耗高度禁用限度为≥18 mm。(　　)

126. 轮箍铲沟允许深度外侧面禁用限度为≥7 mm。(　　)

127. 轮箍铲沟允许深度内侧面禁用限度为≥3 mm。(　　)

128. 机车轮对轮径差同轴原形为≤1 mm。(　　)

129. 机车轮对轮径差同一节车原形为≤2 mm。(　　)

130. 机车轮对轮径差同轴中修限度为≤1 mm。(　　)

131. 机车轮对轮径差同一转向架中修限度为≤2 mm。(　　)

132. 机车轮对轮径差同一节车中修限度为≤3 mm。(　　)

133. 机车轮对轮径差同一台车中修限度为≤8 mm。(　　)

134. 机车轮对轮径差，同一转向架禁用限度为≥9 mm。(　　)

135. 机车轮对轮径差同一节车禁用限度为≥12 mm。(　　)

136. 机车轮对轮径差同一台车禁用限度为≥20 mm。(　　)

137. 机车轮辋外径，原形为 1 070 mm。(　　)

138. 机车轮辋外径中修限度为≥1 065 mm。(　　)

139. 机车轮辋圆柱度原形为≤0.2 mm。(　　)

140. 机车轮辋圆柱度中修限度为≤0.2 mm。(　　)

141. 对选择切削用量对保证加工精度提高生产率降低刀具的损耗合理使用机床起着很大的作用。(　　)

142. 轴在两顶尖间装夹，限制了五个自由度，属于完全定位。(　　)

143. 车削加工，应尽可能基准面。(　　)

144. 数控机床是通过计算机发出各种指令来控制机床的伺服系统和其他执行元件使机床自动加工出所需要的工件。(　　)

145. 切削用量对切削温度影响最大的是切削速度。(　　)

146. 根据不同的加工条件对选择刀具材料和几何参数以及切削用量是提高生产效率的重要途径。(　　)

147. 深孔加工排屑的好坏是深孔钻削中的关键问题。(　　)

148. 车削薄壁零件的关键是变形问题。(　　)

149. 滚花时压力太大容易造成乱纹。(　　)

150. 薄壁工件不能用径向夹紧的方法。(　　)

151. 加工螺纹时螺距不对的原因是手柄位置不对。(　　)

152. 与卧式车床相比立式车床的主要特点是主轴轴线垂直于工作台。(　　)

153. 在三爪自定心卡盘上车削偏心工件时应在一个卡爪上垫一块厚度为 1.5 倍偏心距的垫片。(　　)

154. 精密丝杠不仅要准确地传递运动而且还要传送一定的转矩。(　　)

155. 内应力是引起丝杠产生变形的主要因素。(　　)

156. 工艺规程将直接影响到机床的加工精度，生产率和加工的可能性。(　　)

157. 有能力完成一定范围内的，若干种加工操作的数控机床设备称为数控中心。(　　)

158. 精车内外圆时主轴的轴向窜动影响加工表面的表面粗糙度。(　　)

159. 机床丝杠的轴向窜动，会导致车削螺纹时全长的精度超差。(　　)

160. 在车床上加工螺纹时主轴径向跳动对工件螺纹产生单个螺距误差。(　　)

161. 尾座套筒轴线对床鞍移动在垂直平面的平行度误差只允许向上偏。(　　)

162. 车削橡胶材料，要掌握进刀尺寸，只能一次车成，如余量小，则橡胶弹性大会产生烧伤现象。(　　)

163. 主轴的轴向窜动太大时，工件外圆表面上会有环纹波纹。(　　)

164. 粗加工切削时，应选用煤油为主的乳化液。(　　)

165. 加工铝合金材料一定要考虑切削热传给工件使之胀大的影响否则会导致工件报废。(　　)

166. 如要求在转动过程中两传动轴能随时结合或脱开应采用离合器。(　　)

167. 金属材料中，含碳量为 2% 以上的钢属于中碳钢。(　　)

168. 动载荷在运动中，其数值和方向保持不变。(　　)

169. 在优质碳素钢中其硫、磷含量均不大于 0.04%。(　　)

170. 钢材的疲劳断裂是指配件在长期交变载荷作用下所引起的折损。(　　)

171. 在液压系统中将机械能转变为液压能的液压元件是液压泵。(　　)

172. 机车轮对轮径差同一台车禁用限度为≥20 mm。(　　)

173. 机车轮辋外径原形为 $1\,070_{-1}^{+1}$ mm。(　　)

174. 机车轮辋外径中修限度为≥1 065 mm。(　　)

175. 机车轮辋圆柱度原形为≤0.2 mm。(　　)

176. 在间隙配合中，孔的最小极限尺寸减去轴的最小极限尺寸所得代数差，称为最大间隙。(　　)

177. 质量保证体系，必须有质量计划。(　　)

178. 机车轮辋圆度中修限度为≤0.5 mm。(　　)

179. 两轮箍内侧面与轴断面距离偏差为≤3 mm。(　　)

180. 机械图样，标准图纸幅面有 1 种。(　　)

181. 换向器表面碳刷接触面磨出凹槽达 0.15 mm 时必须用车削方法重新加工。(　　)

182. 换向器出现不平、直径不均匀、凹凸等现象，必须用车削方法重新加工。(　　)

183. 换向器出现偏心、直径不均匀、凹凸等现象必须用车削方法重新加工。(　　)

184. 换向器表面严重发黑或由于火花等原因致使换向器表面粗糙必须用车削方法重新加工。(　　)

185. 换向器表面的切削光刀是为了除去粗糙膜并同时消除表面不平。(　　)

186. 在机械图纸中零件图是用来表达单个零件在加工完毕后的形状、大小和应达到的技术图样它是制造、检验零件用的生产图纸。(　　)

187. 机械零件在配合时，允许的间隙或过盈的变动量称为公差 。(　　)

188. 基准制的选用通常依标准件而定例如规定与滚动轴承内圈配合的轴采用基孔制。(　　)

189. 零件实际尺寸允许变动的范围叫公差。(　　)

190. 我国标准公差等级分为 20 级。(　　)

191. 配合分为间隙配合、过度配合、过盈配合三大类。(　　)

192. 由前向后投影，所得的视图叫右视图。(　　)

193. 普通车床转动时，需要抛光时必须用手垫纱布。(　　)

194. 开动砂轮时必须 40 ~ 60 s 转速稳定后方可磨削。(　　)

195. 退下轮箍的轮辋要等其自然冷却 8 小时以上到环境温度方可进行测量不得强迫冷却。(　　)

196. 轮辋外径与轮箍内径测量时必须遵守班组三级测量原则，经三级测量无异议后才能确定数据。(　　)

197. CK8013A 不落轮镟轮牵车作业牵车速度，不得大于 6 km/h。(　　)

198. 不落轮镟轮作业前，应测量轮对数据包括轮箍厚度、内侧距、踏面磨耗。(　　)

199. CK8013A 不落轮架车时摩擦轮架上升时压力应调整为 18 t。(　　)

200. CK8013A 不落轮架车时轴箱上升时压力应调整为 16 t。(　　)

201. CK8013A 不落轮架车时活动导轨后退时压力应调整为 12 t。(　　)

202. CK8013A 不落轮镟轮时，内侧面手动对刀倍率应调整为 1 000。(　　)

203. CK8013A 不落轮镟轮时，踏面手动对刀倍率应调整为 1 000。(　　)

204. CK8013A 不落轮镟，返回参考点时应按 + X、 − Z。(　　)

205. 机车轮对加工完毕后应对排障器进行测量使排障器高度达到 80 ~ 120 mm。(　　)

206. $SS_{4B.}$ SS_{4G} 机车不落轮镟轮后记录应填写机辆机车检修-65 机车镟轮记录、机辆机车检修-67 交车单。(　　)

207. 神华号、和谐号机车镟轮后需交车记录应填写机辆机车检修-66 机车镟轮记录、机辆机车检修-67 交车单。(　　)

208. 车轮车床加工程序选择，30 mm 轮缘厚度的应选 JM34。(　　)

209. 车轮车床加工程序选择 32 mm 轮缘厚度的应选 JM32。(　　)

210. 车轮车床加工程序选择，33 mm 轮缘厚度的应选 JM30。(　　)

211. 车轮车床加工程序选择 34 mm 轮缘厚度的应选 JM34。(　　)

212. 车轮车床加工程序选择，挑卡簧的程序应选 NCJ。(　　)

213. 车轮车床加工程序选择内侧距加工的程序应选 NCJ。(　　)

214. 车轮车床加工程序选择，轮辋加工的程序应选 JM30。(　　)

215. 车轮车床 R 参数中，R0 为 X 轴坐标。(　　)

216. 车轮车床 R 参数中 R1 为加工到的目标直径。(　　)

217. 如遇紧急情况先将托架升起、关闭液压泵、切断机床电源间隔 5 min 后重新启动机床。(　　)

218. 中修机车镟轮后记录应填写机辆机车检修-63 配件检修记录。　(　　)

219. 中修机车换箍后记录应填写机辆机车检修-64 配件检修记录。(　　)

220. $SS_{4B.}$ SS_{4G} 机车不落轮镟轮后，记录应填写机辆机车检修-63 配件检修记录。(　　)

221. 神华号、和谐号机车镟轮后，记录应填写机辆机车检修-63 配件检修记录。(　　)

222. 加工后的毛坯箍圆度与圆柱度不大于 0.25 mm。(　　)

223. 轮箍装箍时将轮箍吊入轮箍加热器中进行加热加热不均匀性不大于 15 °C。(　　)

224. 轮箍装箍时将轮箍吊入轮箍加热器中进行加热加热不均匀性不大于 15 °C 且温度不得超过 350 °C。(　　)

225. 轮箍装箍时将轮箍吊入轮箍加热器中进行加热加热不均匀性不大于 15 °C 且温度不得超过 350 °C 加热至 250 ~ 300 °C 时停止加热。(　　)

226. 为防止切削时在轮箍内侧留下毛边，影响退箍速度，可在车削到卡簧时多切削 10 mm。(　　)

227. 加热过程中根据轮箍内径尺寸调节内径千分尺，使内径千分尺设定的尺寸大于轮箍内径 1 mm。(　　)

228. 检查公铁两用车，电量表电量指示必须满电。(　　)

229. 检查公铁两用车电量表电量指示尽量保持满电只有 2 格并闪动时需充电。(　　)

230. 公铁两用车调整车钩使其中心线与所牵车车钩的同一水平线上。(　　)

231. 公铁两用车电量低于 40% 时，牵引车会自动关闭。(　　)

232. 公铁两用车电量指示灯两个红灯亮起代表电量 30%。(　　)

233. 公铁两用车电瓶电量为 30%～40% 时为其充电。(　　)

234. 公铁两用车电瓶电量，在低于 40% 时积蓄使用会损伤电池，影响使用寿命。(　　)

235. 公铁两用车充电 8 小时左右，当代表 100% 的灯亮起时充电完成。(　　)

236. 公铁两用车充电 8 小时左右，当代表 100% 的灯亮起时充电完成。(　　)

237. 公铁两用车，每次充电 1 次给电瓶加一次蒸馏水。(　　)

238. 公铁两用车牵引机车行驶时应以低于 3 km/h 的速度缓慢进行。(　　)

239. 公铁两用车牵引机车行驶时最多牵引 2 台机车。(　　)

240. 公铁两用车牵引机车行驶时最多牵引 2 台机车禁止 3 台或 3 台以上连挂作业。(　　)

241. 公铁两用车电池在充电结束后须静置约 30 min。(　　)

242. 机车车轮，踏面擦伤及局部凹陷深度不大于 2 mm。(　　)

243. 弹性切断刀的优点是避免扎刀。(　　)

244. 液压传动时利用液体作为工作介质来传递压力。(　　)

245. 液压油的黏度受温度的影响较大。(　　)

246. 机床照明灯应选 36 V 电压供电。(　　)

247. 刀具切削性能的优劣主要取决于刀具切削部分的材料、合理的几何形状以及刀具寿命。(　　)

248. 退火与正火热处理方式目的是改善切削性能消除内应力。(　　)

249. 钢材经淬火后由于硬度和轻度成倍增加因此造成切削力很大切削温度高。(　　)

250. 轴类零件最常用的毛坯是棒料和锻件。(　　)

251. 机械加工的基本时间是指机动时间。(　　)

252. 换箍作业所需设备立式车床、中频感应加热器。(　　)

253. 机床误差主要由回转误差、导轨导向误差、内传动链误差及主轴、导轨等位置误差锁组成。(　　)

254. 工艺规程指定得是否合理直接影响工件的质量、劳动生产率和经济效益。(　　)

255. 时间定额是考核生产能力和制定生产计划、核算成本的重要依据。(　　)

256. 车削时，基本时间决定于所选的流程、加工余量和行程长度。(　　)

257. 提高劳动生产率的途径之一是选用高效率的机床和工艺装备，并采用先进合理的流程。(　　)

258. 提高生产率的目的就是减低成本，提高效益。(　　)

259. 2017 年检修中心共辨识出 62 个风险，其中极度风险 0 个，高度风险 3 个，中度风险 31 个，低度风险 32 个；其中行为类 60 个，设备类 4 个，环境类 1 个。(　　)

260. 合理地配置劳动力是企业对组织和保证均衡与协调生产的关键。(　　)

261. 数控加工可保证工件尺寸的同一性提高产品的质量。(　　)

262. 立式车床的立刀架和侧刀架，都可以作垂直进给和水平运动。(　　)

263. 立式车床立刀架的滑座可以倾斜一个角度，进行圆形工件加工。(　　)

264. 在立式车床的立刀架上装上磨头，可以磨削大型、小型工件。(　　)

265. 在立式车床上找正工件时若工件内外圆存在椭圆应按最大最小直径取四点决定工件的圆心。(　　)

266. 在立式车床装夹工件通常以端面和内外圆来定位。(　　)

267. 安全生产是 ：指企事业单位在劳动生产过程中的身体安全、设备和产品安全，以及交通运输安全等。(　　)

268. 每年汛期，从 5 月 15 开始至 9 月 15 日结束。(　　)

269. 党和国家的安全生产方针是安全第一，原则是管生产必须管安全。(　　)

270. 2017 年检修中心共辨识出 66 个风险，其中极度风险 0 个，高度风险 3 个，中度风险 31 个，低度风险 32 个；其中行为类 61 个，设备类 3 个，环境类 1 个。(　　)

271. 为保障职工在生产过程中的安全与健康，在法律上、技术上、设备上、组织制度上和教育上采取的一套综合措施，叫作劳动保护。(　　)

272. 安全生产装置是指配置在生产设备上保障人员和设备安全的所有附属装置。(　　)

273. 跨越线路不得足踏道岔尖部和转动部分。(　　)

274. 处理职工伤亡事故“三不放过”是：事故原因分析不清不放过；事故的责任者和群众没有受到教育不放过；没有制定出防范措施不放过。(　　)

275. 作业完后应做到工完料净，严禁乱扔，卫生责任区应经常保持清洁，并（由本人及时填写机车检修记录）。(　　)

276. 使用完的工装、设备要及时清洁归位，放置整齐，并按要求进行一定的维护。(　　)

277. 常用灭火器有泡沫、酸碱、清水、干粉、二氧化碳、1211 等六种类型。(　　)

278. 对新工人，改职及调入的工人要进行公司、岗位三级安全教育。(　　)

279. 横越线路时，要执行一站、二看制度。(　　)

280. 工作中必须严格遵守中心的各项规章制度，杜绝任何浪费的发生。(　　)

281. 操作者必须按要求持有设备合格证，严禁无证操作，禁止他人动用工装设备。(　　)

282. 安全检查是依据党和国家有关安全方针、政策、法规、标准、意见企业的规章制度、通过查领导、查思想、查制度、查管理和查隐患、对企业安全生产 状况做出对评价、督促企业及被检查单位做好安全工作。(　　)

283. 在设有接触网的线路上如需作业时须在指定的线路上将接触网停电、接地后方准作业。(　　)

284. 按照国家安全生产管理体制的规定、企业负责、国家监督、行政管理和群众监督均为安全管理。(　　)

285. 在工作时间人员进入检修库内必须戴好安全帽、并随时注意上下左右的设施和作业状况 做好自我防护。(　　)

286. 在临时工作地点铲剁硬质金属物及易碎金属有危害他人安全时应设置临时防护围屏。(　　)

287. 拆装或松紧较大螺母或固死的工作物时，必须脚下站稳，同时考虑工作物状态，避免用力过猛，扳手脱落。(　　)

288. 虎钳夹持精加工部件时应使用铝质和铜质衬垫。(　　)

289. 用锉刀锉下的铁屑不得用手拂和嘴吹防止扎手伤眼。(　　)

290. 机车检修作业时禁止摸黑修理、错修、漏修、简化修、违章修。(　　)

291. 朔黄铁路安全管理工作遵循分层管理、逐级负责的原则。(　　)

292. 建设“本质安全型企业”的奋斗目标是，消灭违章事故。(　　)

293. 2017 年检修中心共辨识出 66 个风险，其中极度风险 0 个，高度风险 3 个，中度风险 31 个，低度风险 32 个；其中行为类 61 个，设备类 4 个，环境类 4 个。(　　)

294. 机动车在高速公路上发生故障时应当在故障车来车方向 150 米以外设置警告标志。(　　)

295. 大机库数控不落轮镟床在镟轮作业完毕时，清理铁屑时要将刀架下方、刀架两侧、直径测量轮后面铁屑清理干净，以免下次作业时造成挤伤刀架，或造成各部动作不到位的故障。(　　)

296. 公司安全两个安全理念是安全在自己、安全为自己、违章就是事故、细节决定安全。(　　)

297. 为加强班组、指导组建设，推行每日一题、每月一查、每月一考、每季一评“四个一”活动。(　　)

298. 可供某些具有人体可能偶然触及的带电体十倍额定值，选用安全电压额定值为 24。(　　)

299. 安全检查是依据党和国家有关安全生产方针、政策、法规、标准、意见企业的规章制度、通过查领导、查思想、查制度、查管理和查隐患、对企业安全生产状况做出对评价督促企业及被检查单位做好安全工作。(　　)

300. 工作时间内禁止干私活、睡觉、洗澡、看闲书、玩扑克等妨碍工作的事情。(　　)

301. 锯割时的速度应掌握在 40 ~ 60 次/分。(　　)

302. 检修库八项安全作业是高压试验，架落车作业，天车吊运，牵车作业，机车库内给电，车上电气焊，换箍作业，转向架作业。(　　)

303. 规章制度是企业规章制度的重要组成部分，是企业的安全生产法规，是统一全体职工的从事安全生产的行为准则。(　　)

304. 虎钳安设高度，应为虎钳口上面与钳工肘部为略低。(　　)

305. 工具使用要符合其功能特点，禁止任何违章行为，以小带大或移为他用等违章使用工具现象的发生。(　　)

306. 车顶进行吊装物件作业或走动时，一定要踩稳、慢走，不得手持工具。(　　)

307. 车顶作业严禁从主断路器隔离开关处通过。(　　)

308. 牵车作业，人员不得少于一人。(　　)

309. 机车抬落车作业时必须有中心管理人员、工长和有关操作证人员在场一人一镐才能进行作业。(　　)

310. 不安全行为系指能造成事故的人为错。(　　)

311. 责任事故是指因有关人员的过失而造成的事故。(　　)

312. 天车吊运电枢作业时，指挥手势标准与司机密切配合，以免发生碰撞设备或损伤电枢，避免设备故障的发生。(　　)

313. 2017 年检修中心共辨识出 66 个风险，其中极度风险 0 个，高度风险 3 个，中度风险 31 个，低度风险 32 个；其中行为类 61 个，设备类 4 个，环境类 1 个。(　　)

314. 水平仪是利用水准泡转动角度相同，半径放大的原理制成的。(　　)

315. 大机库数控不落轮镟床在加工过程中，电脑控制面板上启动按钮、自动方式，进给使能、主轴、传屑机、蓝键，持续加载指示灯必须亮。(　　)

316. 表面粗糙度是指零件加工表面所具有的较小间距和微小峰谷的微观几何形状不平度。(　　)

317. 残留面积高度是与进给量、刀具的主、副偏角以及刀尖圆弧半径有关。(　　)

318. 加工不锈钢材料由于切削力大、温度高、断屑困难、严重粘刀、易生刀瘤等因素影响加工表面质量。(　　)

319. 2017 年检修中心共辨识出 66 个风险，其中极度风险 1 个，高度风险 3 个，中度风险 31 个，低度风险 32 个；其中行为类 61 个，设备类 4 个，环境类 1 个。(　　)

320. 材料切削加工性，是通过采用材料的黏度、抗拉强度、伸长率、冲击值、热导率等进行综合评定的。(　　)

321. 偏心距较大时，可采用直接法检测。(　　)

322. 主要设备操作人员必须认真填写运行记录、轮班使用的设备必须认真执行交接班制度。(　　)

323. 车床上加工端面螺纹，可采用车床原有的水平移动机构直接传动刀架进行切削。(　　)

324. 当工件被加工表面的轴线与主要定位基准面成一定的角度时可选用相应角度的角铁来装夹工件。(　　)

325. 螺纹的滚压加工是使工件的表层金属产生塑性变形而形成螺纹。(　　)

326. 对于空心轴的圆柱孔，采用螺丝以提高定心精度。(　　)

327. 2017 年检修中心共辨识出 66 个风险，其中极度风险 0 个，高度风险 1 个，中度风险 31 个，低度风险 32 个；其中行为类 61 个，设备类 4 个，环境类 1 个。(　　)

328. 检修作业须严谨，严禁作业过程中嬉戏打闹，勾肩搭背。(　　)

329. 深孔加工中排屑困难加剧了刀具的磨损甚至会折断刀具、造成质量事故。(　　)

330. 车削多拐曲轴的主轴颈时，为提高曲轴的刚性，可搭一个钢板。(　　)

331. 受机床转矩和切削力的影响，曲轴切削加工时会发生弯扭组合弯曲。(　　)

332. 设备使用人要按照三好四会 范围的要求使用设备。(　　)

333. 加工橡胶材料，为保证车削顺利，车刀应尽可能选用很大的主偏角和后角。(　　)

334. 车床工作精度车槽切断试验的目的是，考核车床主轴系统及刀架系统的工艺性能。(　　)

335. 作业过程中注意节约材料适量取用杜绝浪费行为。(　　)

336. 2017年检修中心共辨识出66个风险，其中极度风险0个，高度风险3个，中度风险30个，低度风险32个；其中行为类61个，设备类4个，环境类1个。(　　)

337. 检修作业过程中，保持场地干净整洁，工具摆放整齐，及时清理产生的废品、垃圾。(　　)

338. 测量检验两顶尖安装加工的偏心轴百分表读数的最大值和最小值之差即为偏心距。(　　)

339. 安排加工顺序的原则就是先用粗基准加工精基准、再用精基准来加工其他表面。(　　)

340. 工序集中就是将许多加工内容集中在少数工序内完成使每一工序的加工内容比较多。(　　)

341. 最终热处理一段用来提高材料的强度和硬度。(　　)

342. 车削加工热处理工序安排的目的，在于改变材料的性能和消除应力。(　　)

343. 工装设备，必须在明显处挂置操作规程。(　　)

344. 工件的公差必须大于工件在夹具中定位后加工产生的误差之和。(　　)

345. 工件定位并不是任何情况下都要限制6个自由度。(　　)

346. 根据某一工件某一工序的加工要求而设计制造的夹具称为专用夹具。(　　)

347. 夹具夹紧力的确定应包括夹紧力的大小、方向和作用点3个要素。(　　)

348. 2017年检修中心共辨识出66个风险，其中极度风险0个，高度风险3个，中度风险31个，低度风险31个；其中行为类61个，设备类4个，环境类1个。(　　)

349. 辅助支承的作用是防止夹紧力破坏工件的正确定位和减少工件的受力变形。(　　)

350. 为保证工件达到图样所规定的精度和技术要求夹具的定位基准与工件上的设计基准、测量基准应尽可能成和。(　　)

351. 为防止工件变形夹紧力要与支承件对应不能在工件悬空处夹紧。(　　)

352. 夹紧力的作用点应跟支承件相对否则工件容易变形和不稳固。(　　)

353. 车床导轨的平行度检验是将水平仪横向放置在滑板上纵向等距离移动滑板进行的。(　　)

354. 安全心理学是以减少事故为目的，研究人的心理活动规律的科学。(　　)

355. 生产必须安全，安全促进生产，当安全与生产发生矛盾时，安全服从生产。(　　)

356. 企业安全生产责任制度要根据“安全生产、人人有责”的原则来制定。(　　)

357. 有关部门和技术人员，对本部门所管理的机械动力设备的状态负全部责任。(　　)

358. 使用设备时要严格执行四按三化，严禁超压、超负荷等违章作业。(　　)

359. 一级保养以操作工人为主，维修电工进行配合。(　　)

360. 零件实际尺寸允许变动的范围叫公差。(　　)

361. 我国标准公差等级分为20级。(　　)

362. 大机库数控不落轮镟床如出现传屑机电机过载时，排除故障后，按电器柜中的按钮排除报警。(　　)

363. 粗车圆球进刀的位置应一次比一次远离圆球中心线。(　　)

364. 机械零件在配合时，允许的间隙或过盈的变动量称为过盈。(　　)

365. 如要求在转动过程中，两传动轴能随时结合或脱开，应采用联轴器。(　　)

366. 我国标准公差等级分为 20 级。(　　)

367. 安全指示是用安全色、边框和以图像为主要特征的图形符号或文字构成的标志，用以表达特定的安全信息。(　　)

368. 事故直接责任者是其行为与事故发生有直接关系 的人。(　　)

369. 在库内和段内靠近灰坑、检查地沟以及水井、水沟、水池附近通行时，应防止滑落摔伤。如若跨过灰坑或检查地沟时，必须从前后绕行，严禁从灰坑或检查地沟上穿行。(　　)

370. 夜间作业应携带照明工具，内燃机车、电力机车、内燃机械等不得使用火把作照明使用。(　　)

371. 在装载高度超过 1.5M 的货物上，通过道口时严禁坐人；待车辆通过道口后，再行上车乘坐。(　　)

372. 对初到电气化铁路区段工作的有关工种必须经过有关安全考试合格后方准单独作业。(　　)

373. 进入各种容器内（如锅炉、水柜、金属槽、坑道、水井等）工作时，进口处应设“严禁烟火”的警示牌，同时设专人监护。(　　)

374. 使用工具、材料及拆下的零件应放置于安全地点禁止抛掷。(　　)

375. 电动机械及其附属装置或电线路发生故障时，应立即停止工作，通知电工处理，严禁动用。(　　)

376. 检修库内各种实验设备和作业设备，严禁无操作证者操纵。(　　)

377. 天车吊运作业时必须按中心规定的动作手势指挥天车。(　　)

378. 在车顶作业时禁止用手紧，拧任何螺母。(　　)

379. 大机库数控不落轮镟床加工完毕后，显示屏会显示“加工完毕 ”，此时需按显示屏所提示的“OK”键结束自动加工。(　　)

380. 促进公司“三基建设”中的重点是，加强基础建设和加强基本功建设。(　　)

381. 对确定的防火工作重点单位和库区要加强巡守工作，应有明显的“安全标识”的警示标志。(　　)

382. 建设“本质安全型企业”的奋斗目标是消灭一切责任事故。(　　)

383. 晚上和节假日禁止闲杂人员进入库内发现可疑的人，人人有权查问，并及时报告。(　　)

384. 严禁从车顶向下或从车下向车顶上抛掷工具、吊具或其他任何物件。(　　)

385. 党和国家的安全生产原则是管生产的必须管安全。(　　)

386. 突发事件应对工作实行预防为主、预防与应急相结合的原则。(　　)

387. 如果是遇湿易燃物品发生火灾，禁止用水灭火。(　　)

388. 发生火灾时，如各种逃生的路线被切断，适当的做法应当是 居室内，关闭门窗，同时可向室外发出信号。(　　)

389. 大机库数控不落轮镟床在清洁保养和更换刀头时，要防止工具掉入碎屑机中，造成碎屑机损坏。(　　)

390. 发现人员触电时，应立即断电，使之尽快脱离电源。(　　)

391. 当有人被烧伤时，对的急救方法应该是，以最快的速度用热水冲洗烧伤部位。(　　)

392. 对电击所至的心搏骤停病人实施胸外心脏挤压法，应该每分钟挤压 60 次。(　　)
393. 为了确保安全，在车床上锉削成形面时应双手握锉刀柄。(　　)
394. 在车床上锉削时推挫速度要缓慢且均匀。(　　)
395. 常用的抛光砂布中 00 号是细砂布。(　　)
396. 使用砂布抛光工件时动速度要均匀、转速应高些。(　　)
397. 球面形状，一般用外径千分尺检验。(　　)
398. 装夹成形车刀时，其主切削刃应低于工件中心。(　　)
399. 普通螺纹牙顶应是削平的。(　　)
400. 在机械加工中通常采用车削螺纹的方法来加工螺纹。(　　)
401. 用板牙套螺纹时应选择较低的切削速度。(　　)
402. 车床上的传动丝杠，是锯齿螺纹。(　　)
403. 左右切削法车出的螺纹能获得较小的表面粗糙度值。(　　)
404. 加工立体交错孔零件，位置误差超过图样规定，切削用量选用不当是其原因之一。(　　)
405. 工作结束后，做到工完料净，机床达到干净整洁。(　　)
406. 下刻机作业前，按要求对机床进行润滑保养，机床运转 1 分钟确认无误后方可作业。(　　)
407. 电枢装夹过程中电枢必须边夹紧边找正必须用百分表对电枢进行找正误差不大于 0.05 mm。(　　)
408. 下刻机每次下刀前必须确认 Y 轴下刀深度设定为 0。(　　)
409. 如要求在转动过程中，两传动轴能随时结合或脱开，应采用制动器。(　　)
410. 机床发生异常时，如异响、臭味等，应立即停车，请有关人员检查处理。(　　)
411. 遇到下列情况应停车退刀：操作者离开机床时、进行修理、调整、更换刀具、齿轮和装卸工作物时、扫除金属屑时、停电或转动部分发生故障时。(　　)
412. 普通车床在高速旋转时，严禁用倒车挡刹车，更不得用手制止卡盘旋转，停车时应先停车。(　　)
413. 机床作业下班时对未加工完的重型工件应加好支撑，以免引起工件和主轴变形。(　　)
414. 普通车床作业结束后，将毛坯分别堆放整齐。(　　)
415. 普通车床转动时，需要抛光时必须用手垫纱布。(　　)
416. 普通车床进刀前，刀架顶尖等各部位的定位螺丝都要拧紧。(　　)
417. 机车轮辋外径中修限度为≥1 065 mm。(　　)
418. 铁路职工在执行职务时必须佩带易于识别的证章。(　　)
419. 锯条安装的方式应适当，用完后应将锯条放松并妥善保管。(　　)
420. 破坏事故系指为达到一定目的而蓄意制造的事故。(　　)
421. 安全防护装置是指在生产设备上，起保障人员和财产安全的所有附属装置。(　　)
422. 牵车出入库后止轮器的打放位置应在机车出库方向节左侧第一、二轮反置各一只。(　　)

423. 电枢在执行装夹时应找正，找正误差不大于 0.05 mm。注意卡盘与夹紧工具的位置，防止挤手。(　　)

424. 电枢检修人员必须佩戴防护用品：眼镜、手套、口罩防止铜屑进入眼睛。(　　)

425. 一级保养以操作工人为主维修人员进行配合。(　　)

426. 电枢转动前必须确认无阻碍，卡碰现象，手不能接触电枢。(　　)

427. 电枢下刻倒角时手不准在刀架范围内停留，以免造成人身伤害。(　　)

428. 作业完毕后，做到工完料净场地干净，关闭电源，保持机床干净。(　　)

429. 车轮车床安全作业时天车吊指挥手势要标准，经常与司机交流沟通，以免在吊运过程中发生碰伤设备和刀架。(　　)

430. 车轮车床作业时两名操作人员密切配合，一人指挥，一人操作，确认轮对放在安全位置后方可取下吊具，严禁单人作业。(　　)

431. 车轮车床作业时两人必须确认尺寸，符合技术要求。(　　)

432. 车轮车床作业人员钩拉铁屑时，如铁屑绞住铁钩应立即松手，禁止戴手套，防止身体卷入机床内发生人身伤害事故。(　　)

433. 在清扫铁屑时注意脚下铁屑不准脚踢铁屑防止人身伤害事故。(　　)

434. 机床作业完毕后，做到工完料净工具归位，关闭电源，保持机床安全状态。(　　)

435. 在立式车床上镟削毛坯箍的内侧面并加工内径面尺寸及轮箍挡宽不小于 10 mm 圆度与锥度均不大于 0.25 mm。(　　)

436. 配合分为间隙配合、过渡配合、过盈配合三大类。(　　)

437. 由前向后投影，所得的视图叫俯视图。(　　)

438. 粗车圆球，进刀的位置应在离中心线 2 mm 处。(　　)

439. 粗车圆球时要将球面的形状车对中滑溜板的进给速度必须由慢逐步加快。(　　)

440. 我国标准公差等级，分为 15 级。(　　)

441. 刷弛缓线要求：其中轮芯内外侧面涂红漆，轮箍外侧面涂白漆。弛缓线宽 25 mm，长 50 mm，每隔 100° 涂一条，轮箍内、外侧各三条，沿轮箍内、外侧面均匀分布，颜色为黄色油漆。(　　)

442. 轮对吊装时，吊具要放置平稳 ，运行平稳，并符合有关安全操作规程。(　　)

443. 在车轮车床上吊装和卸下轮对时，注意不得碰伤。(　　)

444. 在轮箍加热器上装退轮箍时，要及时观察，轮对翻转时应注意设备和人身安全。(　　)

445. 电枢加工前要求电枢轴侧端无油污。(　　)

446. 电枢作业时要求刀具必须锋利。(　　)

447. 电枢下刻注意下刻机分度积累误差随时手动调整刀具与云母槽的相对位置。(　　)

448. 库内给电作业时必须做到断电处理故障以防造成触电人身伤亡事故。(　　)

449. 将电枢吊置车床上吊置时不能碰伤电枢与换向器。(　　)

450. 用千分表在电枢轴承内圆滚道上或轴颈处测量电枢偏摆值不大于 0.02 mm。(　　)

451. “双增双节”即增收节支、增产节约。(　　)

452. 车削后换向器两端面退刀槽均倒角。(　　)

453. 大机库数控不落轮镟床如出现传屑机电机过载时，排除故障后，按电器柜中的复位排除报警。(　　)

454. 下刻机倒角时产生的毛刺用锯片刀刮光。(　　)

455. 下刻倒角时沟内残留的云母粉必须清理干净。(　　)

456. 下刻完毕后应认真如实填写记录。(　　)

457. 车床作业人员必须戴好手套，遵守操作规程。(　　)

458. 设备运行记录要求，本记录供设备操作者使用。操作者应按栏目要求记录。(　　)

459. 设备运行记录操作者每天按点检内容认真进行，并填写“记录”，点检时技术状况标志：良好“√”；不良“×”；待修“”；修理“”。(　　)

460.“运转、交接记录”要认真填写实际运转时间。(　　)

461.“保养记录”记载对策性保养内容。(　　)

462. 蜗杆涡轮分米制和英制两种。(　　)

463. 多线螺纹常用在快速移动的机构中。(　　)

464. 用百分表检查偏心轴时，应防止偏心外圆突出接触百分表。(　　)

465. 零件的外圆和外圆之间的轴向平行而不重合的现象称为“偏心”。(　　)

466. 大机库数控不落轮刀架、摩擦轮架、轴向轮、外轴承固定装置工作 500 h 应进行注油保养。(　　)

467. 细长轴通常用一顶一夹或两顶尖装夹的方法来加工。(　　)

468. 削细长轴时，一定要考虑到受力不均对工件的影响。(　　)

469. 薄壁工件受切削力的作用，容易产生振动，影响工件的加工精度。(　　)

470. 车削薄壁工件时，一般尽量不用径向夹紧方法，最好应用轴向方法。(　　)

471. 四爪单动卡盘，可以装夹三爪自定心卡盘无法装夹的外形复杂工件。(　　)

472. 按照划线车削工件是为了保证后道工序能正常加工。(　　)

473. 主轴的旋转精度、刚度、抗振性等影响工件的加工精度和表面粗糙度。(　　)

474. CA6140 型车床主轴前支承承受切削过程中产生的背向力和正反方向的进给力。(　　)

475. 制动器的作用是在车床停机过程中，克服主轴箱内各转动件的惯性，使主轴迅速停止转动。(　　)

476. 自动车床有单轴的，也有双轴的。(　　)

477. 数控车床是用电子计算机数字化信号控制的车床。(　　)

478. 数控机床有快进，快退和定位 等功能。(　　)

479. 机床的精度包括几何精度和工作精度。(　　)

480. 用两顶尖装夹工件时，尾座套筒轴线与主轴轴线不重合时，会产生工件外圆的表面粗糙度误差。(　　)

481. 车床丝杠的轴向游隙过大，会使精车的螺纹在牙形表面上出现乱纹。(　　)

482. 车床光杠是用来车削外圆表面的。(　　)

483. 车床工作中主轴要变速时，必须先断电，变换进给箱手柄位置要在低速时进行。(　　)

484. 为了延长车床的使用寿命，必须对车床上所有摩擦部位定期进行涂油。(　　)

485. 车床主轴向内注入的新油油面不得高于油标中心线。(　　)

486. 装夹较重较大工件时，必须在机床导轨面上垫上铁块，防止工件突然坠下砸伤导轨。(　　)

487. 选用切削液时，促加工应选用以冷却为主的冷却液。(　　)

488. 大机库数控不落轮镟床镟轮作业时，如果出现转向架偏移现象时造成刀架超程报警时，可以通过修改程序的方法排除报警。(　　)

489. 高速钢车刀的韧性虽然比硬质合金好，但不能用于低速切削。(　　)

490. 用特定单位表示长度值的数字称为尺寸。(　　)

491. 90° 车刀（偏刀），主要用来车削工件的台阶、端面和台阶。(　　)

492. 切削用量包括背吃刀量、进给量和工件转速。(　　)

493. 在车削的工件为软材料时，车刀可选择较大的后角。(　　)

494. 粗车刀的主偏角愈小愈好。(　　)

495. 精车刀的后角应取小些。(　　)

496. 车削较长的轴，由于工件装夹不好，车出的工件会产生圆柱度误差。(　　)

497. 轴类工件各回转表面的形状精度和位置精度，全靠两顶尖的定位精度保证。(　　)

498. U2000-400 数控不落轮镟床镟轮作业时，如果出现转向架偏移现象时造成刀架超程报警时，可以通过修改参数的方法排除报警。(　　)

499. 大机库数控不落轮镟床加工前测量时，默认宽度值为 143 mm，如实际轮宽与默认数值差距太大，应用游标卡尺测量出轮箍宽度值。(　　)

500. 架车作业时必须确认转向架与车体连接部件已完全拆除后方可架车。(　　)

501. 减小表面粗糙度最有效的措施是减少副偏角其次是增大修光刀刃圆弧半径和减小走刀量。(　　)

502. 切削用量中对切削热量影响最大的是切削速度，其次是走刀量，最后是加工深度。(　　)

503. 前角增大，切削变形增大，切削力降低，切削温度下降，但不宜过大。(　　)

504. 麻花钻刃磨时，一般只刃磨主后刀面，但同时要保证其他角度正确。(　　)

505. 切削用量参数包括切削深度、走刀量和切削速度。(　　)

506. 对车刀切削部分材料的要求是具有好的硬度、耐磨性、强度和韧性。(　　)

507. 车床主轴的旋转精度包括径向跳动和轴向窜动两个方面。(　　)

508. 跟刀架的主要作用是防止工件产生弯曲变形。(　　)

509. 跟刀架主要承受径向切削力。(　　)

510. 在切削加工中，刀具和工件必须做相对运动，这个运动称为加工运动。(　　)

511. 在切削过程中对刀具磨损影响最大的切削要素是切削速度。(　　)

512. 淬火后进行高温回火称为调质处理。(　　)

513. 切削用量中对刀具寿命影响最大的是切削速度，其次是走刀量和吃刀深度。(　　)

514. 切削中，前角大的车刀，吃刀小，所以切削力就小。(　　)

515. 车刀断屑槽的宽度和深度主要取决于走刀量和吃刀深度。(　　)

516. 英制螺纹的牙型角为 55°。(　　)

517. 英制螺纹的公称直径为内螺纹大径。(　　)

518. 切削用量中对断屑影响最大的是走刀量 ，其次是吃刀深度，影响最小的是切削深度。(　　)

519. 工件的定位是靠工件上某些表面和夹具中的定位元件相接触来实现的。(　　)

520. 选择粗基准时，应该保证所有的加工表面都有足够的余量。(　　)

521. 选择粗基准时应该保证零件上加工表面和不加工表面之间具有一定的位置精度。(　　)

522. 当零件主视图确定后，左视图应配置在主视图左方。(　　)

523. 了解零件内部结构形状可假想用切面将零件剖切开，以表达内部结构。(　　)

524. 三视图之间的投影规律可概括为：主、俯视图长对齐；主、左视图高平齐；俯、左视图宽相等。(　　)

525. 用来制造检验零件用的生产图纸称为机械图。(　　)

526. 常用的千分尺有内径千分尺、深度千分尺、螺纹千分尺等。(　　)

527. 千分尺的测量精度一般为 0.03 mm，千分尺在测量前必须校正零位。(　　)

528. 车床床身导轨的直线误差和导轨之间的平行度误差，都会造成车刀刀尖的切削轨迹不是一条直线，从而造成被加工零件外圆表面母线的圆柱度误差。(　　)

529. 使用内径百分表测量孔径属于比较测量法。(　　)

530. 允许零件尺寸变化的两个界限值叫极限尺寸。(　　)

531. 表面粗糙度代号表示用加工的方法获得表面粗糙度值 R_a，不得大于 3.5 μm。(　　)

532. 当零件主视图确定后，俯视图配置在主视图上方。(　　)

533. 生铁和钢的主要区别在于含碳量不同。(　　)

534. CA6140 卧式车床的纵向快移速度为 4 m/min。(　　)

535. 金属材料的力学性能是指金属材料在外力作用下所表现的抵抗变形能力。(　　)

536. 测量硬度的方法有布氏和洛氏两种。(　　)

537. 根据工艺的不同钢的热处理方法可分为退火、正火、淬火、回火及表面处理等 5 种。(　　)

538. 螺旋传动装置是由内螺纹或外螺纹组成的螺旋副用于传递运动和动力。(　　)

539. 金属材料的力学性能包括强度、弹性与塑性、硬度、韧性及强度等几方面。(　　)

540. 刃磨高速钢车刀应用白刚玉砂轮。(　　)

541. 刃磨硬质合金车刀应采用绿碳化硅砂轮。(　　)

542. 铸铁件因其耐磨性、减振性比钢件好且价廉，常用来制作机床的床身与溜板箱。(　　)

543. 熔断器应串接在主电路和控制电路中起到短路及过载保护的作用。(　　)

544. 我国规定安全电压为不超过 36 V。(　　)

545. 机床型号应该反映出机床的类别、主要技术参数、使用与结构特性和主要规格。(　　)

546. 刀具前角增大，切削温度升高，前角过大，切削温度不会成比例变化。(　　)

547. 硬质合金按化学成分不同分为 3 类，即钨钴类（L）、钨铁钴类（P）、钨钛钽钴类（M）。（　　）

548. 刀具角度中对切削温度影响显著的是前角。（　　）

549. 刀具的磨损形式有后刀面的磨损、前刀面的磨损、前后刀面的同时磨损。（　　）

550. 粗车时切削用量的选择原则是：首先应选用较大的切削深度；然后再选择较大的进给量；最后根据刀具耐用度选择合理的切削速度。（　　）

三、多选题

1. 外观检查轮箍无（　　）等缺陷。

A. 弛缓　　B. 擦伤　　C. 剥离　　D. 碰伤

2. 待轮辋完全冷却后用轮辋外径尺测量轮辋。其（　　）符合校验要求，且锥度不大于 0.3 mm。

A. 外径　　B. 圆柱度　　C. 圆度　　D. 端面及内外圆

3. 用电磁探伤器探伤轮箍（　　）。

A. 端面及外圆表面　　B. 内侧面

C. 外侧面　　D. 内圆表面

4. 用电磁探伤器探伤轮箍，内圆表面不得有（　　）。

A. 裂纹　　B. 黑皮　　C. 夹渣　　D. 铲沟及拉伤

5. 轮对镟修完毕后用（　　）测量各部尺寸。

A. 踏面外形样板　　B. 轮箍厚度尺　　C. 轮缘厚度尺　　D. 轮径尺

6. 换向器出现（　　）必须用车削方法重新加工。

A. 偏心　　B. 直径不均匀

C. 凹凸等现象　　D. 凹槽达 0.05 mm 时

7. 轮对镟修完毕后用外观检查轮缘及踏面不得有（　　）。

A. 裂纹　　B. 缺陷　　C. 孔眼　　D. 剥离

8. 机床组的作业范围有（　　）。

A. 镟轮作业　　B. 换箍作业　　C. 机加工作业　　D. 电枢下刻作业

9. 班组建立质量管理台账，内容包括（　　）。

A. 班组作业质量检查记录　　B. 质量问题分析报告

C. 班组质量工作分析总结　　D. 班组作业卡控表及作业记录

10.《机车镟轮记录》一式 5 份分送（　　）留存作业班组留存一份。

A. 技术部　　B. 机车监控中心

C. 机车检修中心调度室　　D. 行修组（神华号机车镟修时留存）

11. 如机车（　　）轮径发生变更，机车检修中心需及时抄送机车监控中心签字验收。

A. A1　　B. A2　　C. B2　　D. B1

12. 四个一的内容（　　）。

A. 每日一题　　B. 每月一考　　C. 每旬一查　　D. 每季一评

13. 车床作业时穿戴好防护用品，衣着整齐，要求（　　）。

A. 领口紧　　B. 袖口紧　　C. 下摆紧　　D. 裤腿紧

14. 车床作业时穿戴好防护用品，身体不允许赤露，不能穿（　　）等。应穿防扎鞋。

A. 拖鞋　　B. 凉鞋　　C. 防护鞋　　D. 劳保皮鞋

15. 作业后作业人员应对现场作业场地进行检查确认无火险关闭机床及各附属设备电源（　　）等。

A. 空调　　B. 暖风机　　C. 风扇　　D. 照明设备

16. 不落轮镟床作业时在手动和自动对刀时必须确认 R 参数（　　）必须为 0。

A. R1　　B. R15　　C. R16　　D. R6

17. 轮对加工后必须认真检查每条轮对状况并进行测量如（　　）以及其他缺陷。

A. 黑皮　　B. 剥离纹　　C. 擦伤　　D. 尺寸偏差大

18. 轮对加工完毕后对（　　）现象必须重新对刀再次加工予以消除。

A. 黑皮及偏差较小　　B. 尺寸偏差大

C. 擦伤　　D. 剥离

19. 在切削前确认输入的 R 参数及加工程序是否正确，平时严禁修改（　　）。

A. R 参数　　B. 机床数据　　C. 数控程序　　D. 电子元件

20. 镟轮作业时禁止（　　）。

A. 单人作业　　B. 作业中离岗　　C. 聊天　　D. 接打电话

21. 在更换刀具时、（　　）、停电或转动部分发生故障时必须确认退刀停车后方可进行以免发生人身伤害事故。

A. 测量时　　B. 操作者离开机床时

C. 进行修理　　D. 检查工作物时

22. 工作结束后做到工完料净，机床达到（　　）。

A. 干净　　B. 整洁　　C. 润滑　　D. 安全

23. 机床在（　　）检查工作物时必须确认刀架复位车床停止后方可进行以免发生人身伤害事故。

A. 更换刀具时　　B. 手动调整红外探头时

C. 测量时　　D. 进行修理时

24. 普通车床进刀前，（　　）等各部位的定位螺丝都要拧紧。

A. 刀架及支架　　B. 刀架顶尖　　C. 中心架　　D. 跟刀架

25. 机床发生异常时，如（　　）等，应立即停车，请有关人员检查处理。

A. 异响　　B. 冒烟　　C. 震动　　D. 臭味

26. 遇到下列情况应停车退刀：（　　）停电或转动部分发生故障时。

A. 操作者离开机床时

B. 进行修理、调整、更换刀具、齿轮和装卸工作物时

C. 检查测量工作物时

D. 扫除金属屑时

27. 普通车床在高速旋转时，停车时应（　　）。

A. 先停车　　B. 先退刀

C. 用倒车挡刹车　　D. 后停车

28. 机床作业下班时对未加工完的（　　）型工件应加好支撑，以免引起工件和主轴变形。

A. 重　　B. 长　　C. 大　　D. 塑

29. 普通车床作业结束后，将（　　）分别堆放整齐。

A. 毛坯　　B. 半成品　　C. 成品　　D. 废料及垃圾

30. 轮辋外径与轮箍内径测量时必须遵守（　　）三级测量原则，经三级测量无异议后才能确定数据。

A. 技术部　　B. 中心工程师

C. 班组　　D. 作业人员及专业人员

31. CK8013A 不落轮镟轮作业时所需量具（　　）。

A. 第四种车轮检查器　　B. 踏面样板

C. 轮箍测厚尺　　D. 轮径测量尺

32. CK8013A 不落轮镟轮作业时所需工具内六角扳手、硬质合金刀具（　　）。

A. 牵车棒（或公铁两用车）　　B. 泥铲

C. 油壶　　D. 手电筒

33. 不落轮镟轮作业前应测量轮对数据包括（　　）。

A. 轮箍厚度　　B. 轮缘厚度　　C. 踏面磨耗　　D. 内侧距

34. U2000-400 数控不落轮镟轮作业时所需量具（　　）。

A. 第四种车轮检查器　　B. 踏面样板

C. 轮箍测厚尺　　D. 轮径测量尺

35. U2000-400 数控不落轮镟轮作业时所需工具内六角扳手、硬质合金刀具（　　）、毛刷。

A. 牵车棒（或公铁两用车）　　B. 泥铲

C. 油壶　　D. 手电筒

36. U2000-400 数控不落轮镟轮加工前测量依次测量轮对内距（　　）、径向跳动、轮缘高度、轮缘厚度。

A. 轨距　　B. 轮径　　C. 轮径差　　D. 轴箱窜动

37. 数控车轮车床所需工具（　　）轮对专用挂钩。

A. 内六角扳手　　B. 硬质合金刀具

C. 活扳手（300 mm）　　D. 内侧距加工刀具

38. 数控车轮车床所需量具第四种车轮检查器、（　　）。

A. 踏面样板　　B. 轮箍测厚尺　　C. 轮径测量仪　　D. 内侧距尺

39. 车轮车床镟轮加工程序选择有（　　）。

A. JM30　　B. JM32　　C. JM33　　D. JM34

40. 车轮车床作业时应注意（　　）的正确使用及维护。

A. 工　　B. 卡　　C. 量具　　D. 设备

41. 换箍作业所需设备（　　）。

A. 立式车床　　B. 中频感应加热器

C. 车轮车床　　D. 不落轮镟床

42. 换箍作业所需工具 300 mm 活扳手、手持电动切割机（　　）克丝钳、大锤、撬棍、立式卡盘专用拆装扳手、钢丝绳。

A. 专用卡簧钳及卡簧夹　　B. 专用卡簧夹

C. 轮对专用挂钩　　D. 轮箍专用吊爪

43. 换箍作业所属量具 200 mm 深度尺（　　）、内径千分尺、第四种车轮检查器。

A. 100 mm 游标卡尺　　B. 150 mm 游标卡尺

C. 轮径测量尺　　D. 内侧距尺

44. 为加强班组、指导组建设，推行（　　）“四个一”活动。

A. 每日一题　　B. 每询一查　　C. 每月一考　　D. 每季一评

45. 可供某些具有人体可能偶然触及的带电体十倍额定值选用安全电压额定值为（　　）。

A. 24　　B. 12　　C. 6　　D. 32

46. 工作时间内禁止（　　）玩扑克等妨碍工作的事情。

A. 干私活　　B. 睡觉　　C. 洗澡　　D. 看闲书

47. 大机库数控不落轮镟床在镟轮作业完毕时，清理铁屑时要将（　　）铁屑清理干净，以免下次作业时造成挤伤刀架，或造成各部动作不到位的故障。

A. 刀头两侧　　B. 刀架两侧

C. 直径测量轮后面　　D. 刀架上方及下方

48. 公司安全两个安全理念是（　　）。

A. 安全在自己　　B. 安全为自己

C. 违章就是事故　　D. 细节决定安全

49. 安全检查是依据党和国家有关安全生产方针、政策、法规、标准，意见企业的规章制度，通过查领导（　　），对企业安全生产 状况做出正确评价，督促企业及被检查单位做好安全工作。

A. 查隐患　　B. 查思想　　C. 查管理　　D. 查制度

50. 在库内和段内靠近（　　）、水池附近通行时，应防止滑落摔伤。如若跨过灰坑或检查地沟时，必须从前后绕行，严禁从灰坑或检查地沟上跳越。

A. 灰坑　　B. 检查地沟　　C. 水井　　D. 水沟

51. 检修库八项安全作业是高压试验、架落车作业、天车吊运、牵车作业、（　　）。

A. 机车库内给电　　B. 车上电气焊

C. 镟轮作业　　D. 转向架作业

52. 工具使用要符合其功能特点，禁止任何（　　）等违章使用工具现象的发生。

A. 以大带小　　B. 以小带大　　C. 违章行为　　D. 移为他用

53. 机车抬落车作业时，必须有（　　）在场，才能进行作业。

A. 中心管理人员　　B. 工长

C. 有关操作人员　　D. 随便

54. 大机库数控不落轮镟床在加工过程中，电脑控制面板上（　　）、传屑机、蓝键，持续加载指示灯必须亮。

A. MMC　　B. 自动方式　　C. 进给使能　　D. 主轴

55. 残留面积高度是与（　　）有关。

A. 进给量　　B. 刀具主偏角　　C. 刀具副偏角　　D. 刀尖圆弧半径

56. 材料切削加工性是通过采用材料的（　　）、抗拉强度等进行综合评定的。

A. 硬度　　B. 热导率　　C. 伸长率　　D. 冲击值

57. 夹具夹紧力的确定应包括夹紧力的（　　）3 个要素。

A. 方向　　B. 大小　　C. 作用点　　D. 自由度

58. 机床误差主要由回转误差、（　　）、内传动链误差及主轴、导轨等位置误差锁组成。

A. 导轨导向误差　　B. 回转误差

C. 内传动链误差　　D. 主轴、导轨等位置误差

59. 工艺规程指定得是否合理，直接影响（　　）。

A. 工件的质量　　B. 劳动生产率　　C. 经济效益　　D. 生产率

60. 时间定额是考核（　　）的重要依据。

A. 生产计划　　B. 核算成本　　C. 生产能力　　D. 计划

61. 车削时，基本时间决定于所选的（　　）。

A. 切削用量　　B. 加工余量　　C. 工艺及要求　　D. 行程长度

62. 在立式车床装夹工件，通常以（　　）来定位。

A. 内圆　　B. 外圆　　C. 端面　　D. 锥面

63. 安全生产是：指企事业单位在劳动生产过程中的（　　）等。

A. 人身安全　　B. 设备安全　　C. 产品安全　　D. 交通运输安全

64. 为保障职工在生产过程中的安全与健康。在（　　）和教育上采取的一套综合措施，叫作劳动保护。

A. 法律上　　B. 技术上　　C. 设备上　　D. 组织制度上

65. 处理职工伤亡事故“三不放过”是：（　　）。

A. 事故的责任者和群众没有受到教育不放过

B. 事故原因分析不清不放过

C. 没有制定出防范措施不放过

D. 事故的责任者和群众没有受到考核不放过

66. 常用灭火器有泡沫、（　　）、1211 等六种类型。

A. 酸碱　　B. 清水　　C. 干粉　　D. 二氧化碳

67. 安全检查是依据党和国家有关安全（　　），意见企业的规章制度，通过查领导、查思想、查制度、查管理和查隐患，对企业安全生产 状况做出正确评价，督促企业及被检查单位做好安全工作。

A. 安全方针　　B. 政策　　C. 法规　　D. 标准

68. 按照国家安全生产管理体制的规定，（　　），均为安全管理。

A. 企业负责　　B. 国家监督　　C. 行政管理　　D. 群众监督

69. 机车检修作业时，禁止（　　）、违章修。

A. 摸黑修理　　B. 错修　　C. 漏修　　D. 简化修

70. 五型企业”的内容是（　　）、和和谐发展型。

A. 本质安全型　　B. 质量效益型　　C. 资源节约型　　D. 科技创新型

71. 由自然因素造成的人力不可抗拒的事故，或在（　　）活动中因科学技术限制无法预测而发生的事故叫非责任事故。

A. 技术改造　B. 发明创造　C. 科学实验　D. 人为错误

72. 车顶作业人员要穿戴好防护用品，工具齐全；上下车顶要站稳抓牢，不得穿（　　）等不便捷的鞋上车顶。

A. 塑料底鞋　B. 高跟鞋　C. 劳保鞋　D. 拖鞋

73. 数控加工编程的主要内容有（　　）、程序输入数控系统、程序校验及首件试切等。

A. 分析零件图　B. 确定工艺过程及工艺路线

C. 计算刀具轨迹的坐标值　D. 编写加工程序

74. 切削过程中产生切削热的主要原因有（　　）。

A. 金属材料的弹性变形和塑性变形　B. 金属材料的变质

C. 切屑与刀具前面的相互摩擦　D. 工件和刀具后面的相互摩擦

75. 立式车床的主要部件有底座、工作台、横梁、（　　）及五星型刀架等。

A. 立柱　B. 横刀架　C. 立刀架　D. 侧刀架

76. 切削液的主要作用（　　）。

A. 降低切削温度　B. 减少摩擦

C. 冲去切屑的清洗作用　D. 防止硬化

77. JM123 型第四种车轮检查器可以测量踏面圆周磨耗、（　　）、轮箍厚度、踏面擦伤深度及长度、车轮轮缘垂直磨耗。

A. 轮缘厚度　B. 避开距　C. 轮缘高度　D. 轮箍宽度

78. 立式车床的特点（　　）。

A. 工作台处于水平平面内

B. 工件和工作台的重力均匀作用在工作台导轨和推力轴承上

C. 横向移动

D. 纵向移动

79. 设备日常保养应做到经常对设备进行日常保养，使设备经常保持（　　）。

A. 整齐　B. 清洁　C. 润滑　D. 安全

80. 数控机床对进给的要求是（　　）、低速大转矩、可逆运行。

A. 精度高　B. 响应速度快　C. 调速范围宽　D. 高速大转矩

81. 三基建设是指（　　）。

A. 基层建设　B. 基本建设　C. 基础建设　D. 基本功建设

82. 数控机床主轴变速方式有（　　）。

A. 无级变速　B. 分段变速

C. 分段无级变速　D. 内置电动机主轴变速

83. 设备使用人要对设备进行日常保养，使设备经常保持（　　）。

A. 整齐　B. 清洁　C. 润滑　D. 安全

84. 数控机床导轨的特点（　　）低速运行平稳、工艺性好。

A. 导向精度高　B. 耐磨性好　C. 寿命长　D. 足够的强度

85. 数控机床导轨类型有（　　）。

A. 滑动导轨　　B. 滚动导轨　　C. 静压导轨　　D. 滚柱导轨

86. 铁路机务四按三化：四按内容（　　）。

A. 按机统-28　　B. 机车状态

C. 按规定的技术要求　　D. 按工艺

87. 影响刀具寿命的因素有（　　）。

A. 工件材料　　B. 刀具材料

C. 刀具的几何参数　　D. 切削用量

88. 影响加工质量的因素有（　　）和结构的工艺性方面找原因；当这些因素都被排除后；再从车床精度方面查找原因。

A. 工件材料　　B. 工件装夹　　C. 刀具　　D. 加工方法

89. 与普通机床相比，数控机床的主要优点是（　　）、改善劳动条件、自动化程度高。

A. 适应性强　　B. 加工的产品精度高

C. 生产率高　　D. 劳动率高

90. 数控机床的机械结构系统组成包括（　　）、床身、辅助装置等部分组成。

A. 主传动机构　　B. 进给传动机构

C. 刀架　　D. 刀具

91. 进给伺服系统的传动元件在调整时均需预紧，其主要目的是（　　）。

A. 消除传动间隙　　B. 增加工艺性

C. 提高精度　　D. 提高传动刚度

92. 吊环及专用吊具实行季探制度，由工具管理员负责落实。对出现（　　）的吊环或吊具，予以报废。

A. 变形　　B. 丝扣失效　　C. 使用周期长　　D. 探伤有裂纹

93. 铁路机务四按三化：三化内容（　　）。

A. 标准化　　B. 程序化　　C. 文明化　　D. 机械化

94. 在机车进行镟轮作业前应对机车进行（　　）、测量全车轮对数据，包括轮箍厚度、踏面磨耗及轮缘厚度。

A. 查看机车方向

B. 检查机车排障器高度，防止排障器碰撞机床轴箱支撑平台，造成事故

C. 检查机车各轮对状态，观察有无擦伤或剥离

D. 检查库门状态

95. 直流机车测量砂管距轨面高度，砂管距踏面距离为（　　）。

A. 30 ~ 50 mm　　B. 15 ~ 30 mm　　C. 50 mm　　D. 30 mm

96. 直流机车测量排石器距轨面高度、扫石器距轨面高度、扫石器距钢轨内侧距（　　）。

A. 150 mm　　B. 80 mm　　C. 25 mm　　D. 35 mm

97. 交流机车扫石器安装板下端面距轨面高度、橡胶板下端距轨面高度（　　）。

A. 80 mm　　B. 30 ~ 35 mm　　C. 20 mm　　D. 30 mm

98. 交流机车砂管软管距轨面高度、与轮对踏面间距（　　）。

A. 25^{+2}_{-2} mm　　B. 8^{+2}_{-2} mm　　C. 25 mm　　D. 8 mm

99. 换箍时退下轮箍的轮辋内外侧面检查是否有（　　）等缺陷。

A. 裂纹　　B. 铲沟　　C. 砂眼　　D. 拉伤

100. 换箍时退下轮箍的轮辋镶装面检查是否有（　　）等缺陷。

A. 裂纹　　B. 铲沟　　C. 砂眼　　D. 拉伤

101. 对危险源及其风险的控制遵循（　　）、联锁、警示的原则。

A. 消除　　B. 预防　　C. 减弱　　D. 隔离

102. 集团铁路企业风险预控管理体系由组织管理、（　　）5 部分组成。

A. 风险管理　　B. 运行管理　　C. 检查与评价　　D. 持续改进

103. 机床加工工作结束后，做到工完料净，机床达到（　　）。

A. 干净　　B. 整洁　　C. 润滑　　D. 安全

104. 危险源监控形式分为（　　）等。

A. 人工自查　　B. 自动监测　　C. 员工举报　　D. 人工检查

105. 朔黄铁路公司风险评估划分了 5 个等级，分别是（　　）轻度风险。

A. 极度风险　　B. 高度风险　　C. 中度风险　　D. 低度风险

106. 危险源辨识方法还有（　　）等方法。

A. 安全检查表　　B. 事件树分析

C. 询问、交谈　　D. 现场观察

107. 按照工作任务分析法进行危险源辨识，首先以清单的形式列出各专业及公众所有的工作任务及每项工作任务的具体工序，辨识出现有工作条件下，所有工作任务中存在或潜在的（　　）4 类危险源。

A. 人　　B. 机　　C. 环　　D. 管

108. 朔黄铁路公司风险评估主要用风险矩阵法对危险源进行风险评估，必要时采用（　　）对环境和设备类风险评估准确性进行验证。

A. 作业条件危险性评价法（LEC）

B. 失效模式与影响分析评价法（FMEA）

C. 工作任务分析法

D. 事件树分析法

109. 神华集团在安全管理方面的途径为“五个一”，即（　　）培育一种文化。

A. 树立一个理念　　B. 构建一套体系

C. 探索一条途径　　D. 打造一支队伍

110. 危险源是指可能造成（　　）的根源和状态。

A. 人员伤害或疾病　　B. 财产损失

C. 环境破坏　　D. 人员重伤

111. 风险预控就是根据危险源辨识和风险评估的结果，通过制定相应的（　　），控制或消除可能存在的危险源，预防风险出现的过程。

A. 管理标准　　B. 管理措施　　C. 措施　　D. 标准

112. 风险分析为（　　）提供了一个基础。

A. 风险评价　　B. 风险处理　　C. 风险承受　　D. 评估

113. 风险分析的信息可以包括（　　）和概率。

A. 历史数据　　B. 理论分析
C. 基于可靠信息的见解　　D. 利益相关者

114. 风险识别要素可以包括（　　）和概率。
A. 来源　　B. 危险源　　C. 事件　　D. 后果

115. 风险管理措施是指达到风险管理标准的（　　）。
A. 具体方法　　B. 手段　　C. 方法　　D. 措施

116. 危险源监测是通过（　　）。
A. 管理与技术手段检查　　B. 测量危险源存在的状态
C. 变化的过程　　D. 方式方法

117. 风险管理通常包括（　　）。
A. 风险评估　　B. 风险处理　　C. 风险承受　　D. 风险沟通

118. 资源是指实施风险预控管理体系所需的人员、（　　）、技术和信息等。
A. 资金　　B. 基础设施　　C. 环境　　D. 时间

119. 四不放过内容是指（　　）、事故制定的切实可行的整改措施未落实不放过。
A. 事故原因未查清不放过
B. 责任人员未受到处理不放过
C. 事故责任人和周围群众没有受到教育不放过
D. 事故责任人没有受到教育不放过

120. 承包商是指为企业单位提供（　　）等的法人单位或组织。
A. 工程施工　　B. 设备维修　　C. 技术改造　　D. 技术服务

121. 伤害是指（　　）的伤害。
A. 对物质的损伤　　B. 对人体健康
C. 财产　　D. 环境

122. 事件是指（　　）的情况。
A. 发生或可能发生与工作健康损害
B. 人身伤害（无论严重程序）
C. 死亡
D. 重伤

123. 生产安全事故是生产经营单位在生产经营活动中，突然发生的（　　），导致原生产经营活动暂时中止或永远终止的意外事件。
A. 伤害人身和健康　　B. 损坏设备设施
C. 造成经济损失　　D. 影响生产经营

124. 变更管理是指对（　　）、设施等永久性或暂时性的变化进行有计划的控制，以避免或减轻对安全生产的影响。
A. 人员　　B. 管理　　C. 工艺　　D. 技术

125. 机辆分公司为加强、指导班组建设，推行（　　）“四个一”活动。
A. 每日一题　　B. 每询一查　　C. 每月一考　　D. 每季一评

126. 某些具有人体可能偶然触及的带电设备的安全电压额定值为（　　）。
A. 24　　B. 12　　C. 6　　D. 32

127. 机床作业时间内禁止（　　）玩扑克等妨碍工作的事情。

A. 干私活　　B. 睡觉　　C. 洗澡　　D. 看闲书

128. 大机库数控不落轮镟床在镟轮作业完毕时，清理铁屑时要将（　　）铁屑清理干净，以免下次作业时造成挤伤刀架，或造成各部动作不到位的故障。

A. 刀头两侧　　B. 刀架两侧

C. 直径测量轮后面　　D. 刀架上方及下方

129. 公司安全两个安全理念是（　　）。

A. 安全在自己　　B. 安全为自己

C. 违章就是事故　　D. 细节决定安全

130. 安全检查是依据党和国家有关安全生产方针、政策、法规、标准，企业的规章制度，通过查领导（　　），对企业安全生产状况做出正确评价，督促企业及被检查单位做好安全工作。

A. 查隐患　　B. 查思想　　C. 查管理　　D. 查制度

131. 在库内和段内靠近（　　）、水池附近通行时，应防止滑落摔伤。如若跨过灰坑或检查地沟时，必须从前后绕行，严禁从灰坑或检查地沟上跳越。

A. 灰坑　　B. 检查地沟　　C. 水井　　D. 水沟

132. 检修库八项安全作业是高压试验、架落车作业、天车吊运、牵车作业、（　　）。

A. 机车库内给电　　B. 车上电气焊

C. 镟轮作业　　D. 转向架作业

133. 使用工具要符合其功能特点，禁止任何（　　）等违章使用工具现象的发生。

A. 以大带小　　B. 以小带大　　C. 违章行为　　D. 移为他用

134. 机车抬落车作业时，必须有（　　）在场，才能进行作业。

A. 中心管理人员　　B. 工长

C. 有关操作人员　　D. 随便

135. 大机库 U2000-400 数控不落轮镟床在加工过程中，电脑控制面板上（　　）、传屑机、蓝键，持续加载指示灯必须亮。

A. MMC　　B. 自动方式　　C. 进给使能　　D. 主轴

136. 加工零件残留面积高度是与（　　）有关。

A. 进给量　　B. 刀具主偏角　　C. 刀具副偏角　　D. 刀尖圆弧半径

137. 加工材料切削加工性是通过采用材料的（　　）、抗拉强度等进行综合评定的。

A. 硬度　　B. 热导率　　C. 伸长率　　D. 冲击值

138. 机床夹具夹紧力的确定应包括夹紧力的（　　）3 个要素。

A. 方向　　B. 大小　　C. 作用点　　D. 自由度

139. 机床的误差主要由回转误差、（　　）、内传动链误差及主轴、导轨等位置误差所组成。

A. 导轨导向误差　　B. 回转误差

C. 内传动链误差　　D. 主轴、导轨等位置误差

140. 工艺规程制订得是否合理直接影响（　　）。

A. 工件的质量　　B. 劳动生产率　　C. 经济效益　　D. 生产率

141. 时间定额是考核（　　）的重要依据。

A. 生产计划　　B. 核算成本　　C. 生产能力　　D. 计划

142. 机床车削时，基本时间决定于所选的（　　）。

A. 切削用量　　B. 加工余量　　C. 工艺及要求　　D. 行程长度

143. 四大体系 11431 安全发展战略内容是:（　　）、一个梦想朔黄重载梦。

A. 一条主线风险预控

B. 一个载体标准化

C. 四个抓手机务运用、机车检修、设备维护、综合保障

D. 三个目标安全机辆、科技机辆、和谐机辆

144. 安全生产是指企事业单位在劳动生产过程中的（　　）等。

A. 人身安全　　B. 设备安全　　C. 产品安全　　D. 交通运输安全

145. 为保障职工在生产过程中的安全与健康，在（　　）和教育上采取的一套综合措施，叫作劳动保护。

A. 法律上　　B. 技术上　　C. 设备上　　D. 组织制度上

146. 机车检修中心理念是（　　）。

A. 精细管理　　B. 精品检修　　C. 精准服务　　D. 精准管理

147. 常用灭火器有泡沫、（　　）、1211 等 6 种类型。

A. 酸碱　　B. 清水　　C. 干粉　　D. 二氧化碳

148. 安全检查是依据党和国家有关安全（　　），以及企业的规章制度，通过查领导、查思想、查制度、查管理和查隐患，对企业安全生产状况做出正确评价，督促企业及被检查单位做好安全工作。

A. 安全方针　　B. 政策　　C. 法规　　D. 标准

149. 按照国家安全生产管理体制的规定，（　　）均为安全管理。

A. 企业负责　　B. 国家监督　　C. 行政管理　　D. 群众监督

150. 按隐患发现单位对隐患划分为（　　）4 个等级，分别命名为：A、B. C、D。

A. 公司　　B. 分公司　　C. 工队　　D. 作业组

镟轮工（机床组）应知应会练习题参考答案

一、单选题

1. A	2. D	3. C	4. A	5. A	6. A	7. B	8. B	9. A	10. D
11. D	12. A	13. D	14. C	15. D	16. C	17. C	18. C	19. B	20. D
21. A	22. C	23. D	24. C	25. D	26. C	27. A	28. C	29. C	30. D
31. A	32. B	33. B	34. A	35. B	36. C	37. D	38. C	39. A	40. B
41. A	42. B	43. A	44. C	45. A	46. A	47. A	48. A	49. A	50. A
51. C	52. A	53. A	54. A	55. B	56. C	57. B	58. A	59. B	60. C
61. A	62. A	63. A	64. A	65. A	66. A	67. A	68. A	69. A	70. A

71. A　72. A　73. A　74. A　75. A　76. A　77. A　78. A　79. C　80. C
81. C　82. C　83. C　84. C　85. C　86. C　87. C　88. C　89. C　90. C
91. C　92. C　93. C　94. C　95. C　96. D　97. B　98. A　99. D　100. D
101. B　102. D　103. D　104. D　105. A　106. B　107. A　108. B　109. D　110. A
111. A　112. A　113. B　114. C　115. A　116. A　117. A　118. A　119. C　120. C
121. C　122. A　123. D　124. B　125. C　126. B　127. D　128. A　129. D　130. B
131. D　132. C　133. D　134. A　135. D　136. D　137. A　138. C　139. D　140. D
141. A　142. B　143. D　144. D　145. A　146. B　147. C　148. A　149. A　150. C
151. C　152. B　153. D　154. A　155. A　156. A　157. B　158. C　159. D　160. C
161. D　162. B　163. A　164. B　165. D　166. A　167. A　168. A　169. A　170. A
171. B　172. C　173. D　174. C　175. C　176. A　177. B　178. A　179. C　180. C
181. C　182. C　183. D　184. D　185. D　186. C　187. B　188. D　189. C　190. A
191. A　192. A　193. A　194. C　195. C　196. C　197. C　198. A　199. B　200. B
201. B　202. A　203. A　204. A　205. C　206. C　207. A　208. B　209. A　210. B
211. B　212. B　213. C　214. A　215. A　216. B　217. C　218. A　219. B　220. A
221. B　222. A　223. B　224. B　225. B　226. B　227. B　228. C　229. C　230. B
231. A　232. B　233. B　234. A　235. A　236. D　237. D　238. C　239. B　240. B
241. A　242. B　243. A　244. C　245. D　246. A　247. B　248. A　249. D　250. A
251. B　252. A　253. A　254. A　255. B　256. A　257. B　258. A　259. B　260. A
261. A　262. A　263. B　264. A　265. A　266. B　267. A　268. B　269. C　270. D
271. C　272. D　273. A　274. B　275. D　276. A　277. C　278. D　279. D　280. A
281. D　282. B　283. B　284. A　285. A　286. B　287. C　288. C　289. D　290. B
291. C　292. A　293. D　294. D　295. D　296. B　297. C　298. D　299. C　300. A
301. D　302. D　303. B　304. D　305. A　306. A　307. B　308. B　309. B　310. B
311. A　312. A　313. B　314. A　315. A　316. A　317. C　318. C　319. C　320. B
321. A　322. A　323. A　324. C　325. A　326. C　327. A　328. C　329. C　330. B
331. A　332. A　333. A　334. C　335. B　336. B　337. A　338. C　339. A　340. A
341. A　342. A　343. C　344. C　345. A　346. B　347. C　348. B　349. B　350. A
351. C　352. A　353. A　354. A　355. B　356. C　357. B　358. B　359. B　360. C
361. B　362. B　363. A　364. B　365. A　366. B　367. A　368. D　369. B　370. A
371. A　372. B　373. D　374. A　375. A　376. C　377. B　378. D　379. A　380. B
381. A　382. A　383. A　384. A　385. A　386. B　387. B　388. C　389. A　390. C
391. A　392. A　393. A　394. C　395. B　396. D　397. B　398. A　399. A　400. D
401. A　402. A　403. C　404. D　405. A　406. A　407. A　408. C　409. D　410. A
411. A　412. A　413. A　414. A　415. C　416. B　417. A　418. D　419. B　420. A
421. A　422. C　423. A　424. A　425. A　426. A　427. A　428. C　429. A　430. A

431. A　432. A　433. D　434. D　435. A　436. A　437. A　438. A　439. A　440. B
441. A　442. D　443. A　444. C　445. A　446. C　447. A　448. B　449. B　450. A
451. C　452. A　453. A　454. C　455. C　456. C　457. C　458. A　459. B　460. A
461. B　462. A　463. A　464. A　465. A　466. B　467. C　468. B　469. A　470. A
471. A　472. D　473. B　474. A　475. A　476. A　477. B　478. D　479. A　480. B
481. A　482. A　483. C　484. A　485. C　486. A　487. B　488. C　489. C　490. A
491. C　492. A　493. B　494. D　495. A　496. C　497. C　498. A　499. A　500. A
501. A　502. B　503. B　504. A　505. C　506. A　507. C　508. A　509. C　510. A
511. A　512. A　513. B　514. B　515. A　516. A　517. C　518. C　519. A　520. A
521. C　522. A　523. A　524. B　525. A　526. B　527. B　528. B　529. A　530. B
531. B　532. B　533. C　534. B　535. A　536. B　537. B　538. B　539. A　540. C
541. D　542. A　543. C　544. A　545. B　546. A　547. A　548. A　549. A　550. A
551. A　552. A　553. A　554. A　555. C　556. B　557. B　558. A　559. B　560. A
561. B　562. B　563. B　564. A　565. D　566. D　567. C　568. B　569. B　570. B
571. A　572. A　573. A　574. A　575. C　576. B　577. A　578. A　579. A　580. B
581. B　582. B　583. B　584. B　585. C　586. B　587. B　588. A　589. C　590. B
591. A　592. C　593. B　594. C　595. B　596. B　597. A　598. A　599. B　600. A

二、判断题

1. √　2. √　3. √　4. √　5. ×　6. ×　7. √　8. √　9. ×　10. √
11. √　12. √　13. √　14. √　15. √　16. √　17. √　18. √　19. √　20. √
21. ×　22. √　23. √　24. √　25. ×　26. √　27. ×　28. ×　29. √　30. √
31. √　32. √　33. √　34. √　35. √　36. √　37. √　38. √　39. √　40. √
41. √　42. ×　43. ×　44. √　45. √　46. √　47. √　48. √　49. √　50. √
51. √　52. √　53. √　54. √　55. √　56. ×　57. ×　58. ×　59. √　60. √
61. ×　62. ×　63. ×　64. ×　65. √　66. √　67. √　68. ×　69. ×　70. ×
71. ×　72. √　73. √　74. ×　75. √　76. √　77. √　78. ×　79. ×　80. √
81. ×　82. √　83. √　84. √　85. √　86. √　87. ×　88. √　89. √　90. √
91. √　92. ×　93. ×　94. √　95. √　96. ×　97. √　98. √　99. √　100. √
101. √　102. √　103. √　104. √　105. ×　106. ×　107. √　108. ×　109. √　110. ×
111. √　112. ×　113. √　114. ×　115. ×　116. √　117. √　118. √　119. ×　120. √
121. √　122. √　123. √　124. √　125. √　126. √　127. √　128. √　129. √　130. √
131. √　132. √　133. √　134. ×　135. √　136. √　137. ×　138. √　139. √　140. √
141. √　142. ×　143. ×　144. √　145. √　146. √　147. √　148. √　149. √　150. √
151. √　152. √　153. √　154. √　155. √　156. ×　157. ×　158. √　159. ×　160. √

161. √ 162. × 163. × 164. × 165. √ 166. √ 167. × 168. × 169. √ 170. √
171. √ 172. √ 173. √ 174. √ 175. √ 176. × 177. × 178. √ 179. √ 180. ×
181. √ 182. × 183. √ 184. √ 185. √ 186. √ 187. × 188. √ 189. √ 190. √
191. √ 192. × 193. × 194. √ 195. √ 196. × 197. × 198. × 199. √ 200. √
201. √ 202. × 203. × 204. × 205. √ 206. √ 207. √ 208. × 209. √ 210. ×
211. √ 212. × 213. √ 214. × 215. × 216. √ 217. √ 218. √ 219. √ 220. ×
221. × 222. √ 223. √ 224. √ 225. √ 226. × 227. × 228. × 229. √ 230. √
231. × 232. √ 233. √ 234. × 235. √ 236. √ 237. × 238. √ 239. √ 240. √
241. √ 242. × 243. √ 244. √ 245. √ 246. √ 247. √ 248. √ 249. √ 250. √
251. √ 252. √ 253. √ 254. √ 255. √ 256. × 257. × 258. × 259. × 260. √
261. √ 262. × 263. × 264. × 265. √ 266. √ 267. × 268. × 269. × 270. ×
271. × 272. √ 273. √ 274. √ 275. × 276. × 277. √ 278. × 279. × 280. ×
281. × 282. √ 283. √ 284. √ 285. √ 286. √ 287. × 288. √ 289. √ 290. √
291. √ 292. × 293. × 294. √ 295. × 296. √ 297. × 298. × 299. √ 300. √
301. √ 302. × 303. × 304. × 305. × 306. × 307. √ 308. × 309. √ 310. √
311. √ 312. × 313. × 314. × 315. × 316. √ 317. √ 318. √ 319. × 320. ×
321. × 322. √ 323. × 324. √ 325. √ 326. × 327. × 328. × 329. √ 330. ×
331. × 332. √ 333. × 334. × 335. √ 336. × 337. × 338. √ 339. √ 340. √
341. √ 342. × 343. × 344. √ 345. √ 346. √ 347. √ 348. × 349. √ 350. √
351. √ 352. √ 353. √ 354. × 355. × 356. √ 357. × 358. × 359. × 360. √
361. √ 362. × 363. √ 364. × 365. × 366. √ 367. × 368. √ 369. × 370. ×
371. × 372. √ 373. × 374. √ 375. × 376. × 377. √ 378. × 379. × 380. ×
381. × 382. √ 383. × 384. √ 385. √ 386. √ 387. × 388. × 389. × 390. ×
391. × 392. × 393. × 394. √ 395. √ 396. √ 397. × 398. × 399. √ 400. √
401. √ 402. × 403. √ 404. × 405. × 406. × 407. √ 408. √ 409. × 410. ×
411. √ 412. × 413. × 414. × 415. × 416. × 417. √ 418. √ 419. × 420. √
421. × 422. √ 423. × 424. √ 425. √ 426. × 427. × 428. × 429. × 430. ×
431. × 432. × 433. √ 434. × 435. √ 436. √ 437. × 438. × 439. √ 440. ×
441. × 442. × 443. × 444. × 445. √ 446. √ 447. √ 448. √ 449. √ 450. √
451. √ 452. √ 453. × 454. √ 455. √ 456. √ 457. × 458. × 459. × 460. √
461. √ 462. √ 463. √ 464. × 465. √ 466. √ 467. √ 468. × 469. × 470. ×
471. × 472. √ 473. √ 474. √ 475. × 476. × 477. √ 478. × 479. √ 480. ×
481. × 482. √ 483. × 484. × 485. √ 486. × 487. × 488. × 489. × 490. √
491. × 492. √ 493. × 494. √ 495. √ 496. × 497. × 498. × 499. × 500. √
501. √ 502. × 503. × 504. × 505. √ 506. √ 507. √ 508. √ 509. √ 510. ×
511. √ 512. √ 513. √ 514. × 515. √ 516. √ 517. √ 518. × 519. √ 520. ×

521. √ 522. × 523. × 524. √ 525. √ 526. √ 527. × 528. × 529. √ 530. √
531. × 532. × 533. √ 534. √ 535. √ 536. √ 537. √ 538. √ 539. √ 540. √
541. √ 542. × 543. √ 544. √ 545. √ 546. × 547. √ 548. √ 549. √ 550. √

三、多选题

1. ABCD	2. ABC	3. BCD	4. ABC	5. ABCD
6. ABC	7. ABCD	8. ABCD	9. ABC	10. ABCD
11. BC	12. ABCD	13. ABC	14. AB	15. ABCD
16. BC	17. ABCD	18. BCD	19. ABC	20. AB
21. ABCD	22. ABCD	23. ABCD	24. BCD	25. ABCD
26. ABCD	27. BD	28. ABC	29. ABC	30. ABC
31. ABCD	32. ABCD	33. ABC	34. ABC	35. ABCD
36. ABCD	37. ABCD	38. ABCD	39. ABCD	40. ABCD
41. ABC	42. BCD	43. BCD	44. ABCD	45. ABC
46. ABCD	47. ABC	48. ABCD	49. ABCD	50. ABCD
51. ABCD	52. ABD	53. ABC	54. ABCD	55. ABCD
56. ABCD	57. ABC	58. AB	59. ABC	60. ABC
61. ABD	62. ABC	63. ABCD	64. ABCD	65. ABC
66. ABCD	67. ABCD	68. ABCD	69. ABCD	70. ABCD
71. ABC	72. ABD	73. ABCD	74. ACD	75. ACD
76. ABC	77. ABCD	78. AB	79. ABCD	80. ABC
81. ACD	82. ACD	83. ABCD	84. ABCD	85. ABC
86. ABCD	87. ABCD	88. ABCD	89. ABC	90. ABC
91. AD	92. ABD	93. BCD	94. ABC	95. AB
96. BCD	97. AB	98. AB	99. ABCD	100. ACD
101. ABCD	102. ABCD	103. ABCD	104. ABC	105. ABCD
106. ABCD	107. ABCD	108. AB	109. ABCD	110. ABC
111. AB	112. ABC	113. ABCD	114. ABCD	115. AB
116. ABC	117. ABCD	118. ABCD	119. ABC	120. ABCD
121. ABCD	122. ABC	123. ABC	124. BCD	125. ABCD
126. ABC	127. ABCD	128. ABC	129. ABCD	130. ABCD
131. ABCD	132. ABCD	133. ABD	134. ABC	135. ABCD
136. ABCD	137. ABCD	138. ABC	139. AB	140. ABC
141. ABC	142. ABD	143. ABCD	144. ABCD	145. ABCD
146. ABC	147. ABCD	148. ABCD	149. ABCD	150. ABCD

第二节　电焊工（综合组）应知应会练习题

一、单选题

1. 在安全生产工作中，必须坚持“(　　)”的方针。

A. 安全生产重于泰山　　B. 以人为本，安全第一

C. 管生产必须管安全　　D. 安全第一，预防为主，综合治理

2. 下列不属于从业人员安全生产法定的权利的是（　　）。

A. 批评权　　B. 拒绝违章作业权

C. 建议权　　D. 调整岗位权

3. 从业人员对本单位安全生产工作中存在的问题有权提出（　　）。

A. 报告和检举　　B. 揭发和取证

C. 检举和揭发　　D. 检举和控告

4. 根据《安全生产法》的规定，从业人员发现一般事故隐患或者潜在危险因素的，应当立即（　　）。

A. 撤离现场　　B. 停止作业

C. 向有关部门报告　　D. 向本单位负责人报告

5.《安全生产法》规定：用人单位必须为劳动者提供符合国家规定的劳动安全卫生条件和必要的劳动防护用，对从事有职业危害作业的劳动者应当（　　）。

A. 给予劳动津贴　　B. 定期休假

C. 安排合理的休息时间　　D. 定期进行健康检查

6. 用人单位对从事接触职业病危害作业的劳动者，应当提供（　　）。

A. 岗位津贴　　B. 物质奖励　　C. 表扬　　D. 防护用品

7.《职业病防治法》规定：用人单位应采取措施保障劳动者获得职业卫生保护，必须依法参加（　　）。

A. 养老保险　　B. 医疗保险　　C. 失业保险　　D. 工伤社会保险

8. 特种作业应具备以下特点：一是独立性；二是（　　）；三是特殊性。

A. 未知性　　B. 危险性　　C. 重要性　　D. 突发性

9. 焊缝按结合形式分对接焊缝、(　　)、端接焊缝、塞焊缝、槽焊缝 5 种。

A. I 性焊缝　　B. 角焊缝　　C. 封底焊缝　　D. 对角焊缝

10. 坡口形式的选择主要取决于板材（　　）、焊接方法和工艺过程及经济合理性。

A. 厚度　　B. 高度　　C. 质量　　D. 力学性能

11. 坡口的加工（　　），如平整度、直线度、尺寸精度等都影响焊缝的质量。

A. 方法　　B. 质量　　C. 工时　　D. 时间

12. 金属材料在静载荷作用下抵抗变形和破坏的能力叫（　　）。

A. 弹性　　B. 硬度　　C. 塑性　　D. 强度

13. 国产焊机空载电压一般在（　　）V。

A. 16 ~ 25　　B. 24 ~ 36　　C. 50 ~ 90　　D. 90 ~ 110

14. 按我国颁布的《低压电路接地保护导则》中规定：正常情况下，人体工频安全电压上限值为（　　）V。

A. 50　　B. 36　　C. 25　　D. 2.5

15. 人体浸于水中的安全电压为（　　）V。

A. 2.5　　B. 50　　C. 36　　D. 25

16. 人体显著淋湿状态下的安全电压为（　　）V。

A. 25　　B. 50　　C. 36　　D. 2.5

17. 在一般情况下人体的电阻值约为（　　）V。

A. 1 700　　B. 80　　C. 800　　D. 1 000

18. 一般成年男性的平均感知工频电流为（　　）mA（毫安）。

A. 1　　B. 10　　C. 100　　D. 50

19. 一般成年男性的摆脱工频电流为（　　）mA（毫安）。

A. 10　　B. 1　　C. 100　　D. 50

20. 一般成年男性的致命工频电流为（　　）mA（毫安）。

A. 50　　B. 100　　C. 10　　D. 1

21. 在一般情况下人体所能承受而无致命危险的最大工频电流为（　　）mA（毫安）。

A. 30　　B. 10　　C. 100　　D. 50

22. 焊机各个带电部分之间，及其外壳对地之间必须符合绝缘标准的要求，其电阻值均不小于（　　）MΩ。

A. 1　　B. 5　　C. 10　　D. 100

23. 焊机的接地电阻可用打入地里深度不小于 1 m，电阻不大于（　　）Ω 的铜棒或铜管做接地极。

A. 4　　B. 1　　C. 10　　D. 20

24. 焊接变压器的二次线圈与焊件相连的一端必须接零（或接地），与焊钳相连的一端（　　）接零（或接地）。

A. 应该　　B. 必须　　C. 不能　　D. 可能

25. 几台设备的接零线（或接地线），应采用（　　）。

A. 串联　　B. 串并混联　　C. 任意连接　　D. 并联电流

26. 通过人体最危险的途径是（　　）的电流路径。

A. 从脚到脚　　B. 从左手到右手

C. 从左手到前胸　　D. 从右手到胸

27. 焊工的绝缘手套不得短于（　　）mm。

A. 300　　B. 200　　C. 100　　D. 400

28. 乙炔瓶内丙酮流出燃烧，不可用（　　）灭火器扑灭。

A. 干粉　　B. 二氧化碳　　C. 四氯化碳　　D. 泡沫

29. 电焊机着火首先应（　　）。

A. 用湿衣湿布灭火　　B. 用泡沫灭火器灭火

C. 用水灭后　　D. 拉闸断电

30. 一般检修动火，动火时间一次不得超过（　　）天。

A. 1　　B. 2　　C. 3　　D. 4

31. 二氧化碳灭火器的喷射距离约（　　）m，因而要接近火源，并要站在上风处。

A. 2　　B. 3　　C. 4　　D. 1

32. 焊接黑色金属材料时，烟尘的主要成分是铁、硅（　　）

A. 铝　　B. 锌　　C. 钼　　D. 锰

33. 焊接其他不同材料时，烟尘中尚有铝、氧化锌、钼等，其中主要有毒物是（　　）。

A. 铝　　B. 锌　　C. 钼　　D. 锰

34. 一般气焊和气割过程中产生的有毒气体主要是（　　）。

A. 臭氧和一氧化碳　　B. 氟化氢和二氧化碳

C. 氮氧化物和氟化氢　　D. 一氧化碳和氮氧化物

35. 一般情况下产生臭氧浓度较低的焊接方法是（　　）。

A. 等离子焊　　B. 二氧化碳气体保护焊

C. 氩弧焊　　D. 手工弧焊

36. 一般情况下产生一氧化碳气体最多的焊接方法是（　　）。

A. 手工弧焊　　B. 等离子焊　　C. 氩弧焊　　D. 二氧化碳

37. 气体保护焊一氧化碳是一种窒息性气体，严重的能使人中毒（　　）而死亡。

A. 恶心　　B. 胸痛　　C. 头疼　　D. 窒息

38. 二氧化碳气体保护焊的弧光辐射强度是手工电弧焊的（　　）倍。

A. 2 ~ 3　　B. 3 ~ 4　　C. 4 ~ 5　　D. 5 ~ 6

39. 焊接电弧的可见光的光度，比肉眼正常承受的光度要大到（　　）倍以上。

A. 数十　　B. 数百　　C. 数千　　D. 一万

40.（　　）是消除焊接粉尘和有毒气体、改善劳动条件的有力措施。

A. 绝缘鞋　　B. 隔离室　　C. 通风　　D. 护目镜

41. 电焊工应使用符合劳动保护要求的面罩。面罩上的电焊护目镜片，应根据（　　）来选择适合作业条件的镜片。

A. 焊接电流的强度　　B. 焊接电压的高低

C. 空载电压的大小　　D. 现场光线的明暗

42. 为了保护焊接工地其他人员的眼睛，一般在小件焊接的固定场所和有条件的焊接工地都要设立不透光的防护屏，屏底距地面应留有不大于（　　）mm 的间隙。

A. 300　　B. 200　　C. 100　　D. 400

43. 在容器及管道内需进行气焊或气割时，焊、割炬的点火与熄火应在容器（　　）进行。

A. 内部　　B. 外部　　C. 里面　　D. 内外两可

44. 在焊补的全过程中，容器及管道必须连续保持稳定（　　），这是带压不置换动火安全的关键。

A. 正压　　B. 负压　　C. 等压　　D. 零压

45. 高处作业存在的主要危险是（　　）。

A. 高压　　B. 爆炸　　C. 触电　　D. 坠落

46. 高处作业危险作业，分为四级:一级为距基准面高度（　　）m。

A. 2 ~ 5　　B. 5 ~ 15　　C. 15 ~ 30　　D. 30 以上

47. 高处作业危险作业，分为四级:二级为距基准面高度（　　）m。

A. 5 ~ 15　　B. 15 ~ 30　　C. 30 以上　　D. 2 ~ 5

48. 高处作业为危险作业，分为四级：三级为距基准面高度（　　）m。

A. 15 ~ 30　　B. 30 以上　　C. 5 ~ 15　　D. 2 ~ 5

49. 高处作业为危险作业，分为四级：四级为距基准面高度（　　）m。

A. 30 以上　　B. 15 ~ 30　　C. 5 ~ 15　　D. 2 ~ 5

50. 电焊机及其他焊割设备与高处焊割作业点的下部地面保持（　　）m 以上的距离，并应设监护人。

A. 10　　B. 20　　C. 30　　D. 5

51. 登高的梯子应符合安全要求，梯脚需防滑，上下端放置应牢靠，与地面夹角不应大于（　　）。

A. 60°　　B. 45°　　C. 30°　　D. 15°

52. 高处焊割作业（　　）使用盛过易燃易爆物质的容器作为登高的垫脚物。

A. 无要求　　B. 禁止　　C. 应该　　D. 可以

53. 高处焊接与切割作业时，脚手板单人行道宽度不得小于（　　）m。

A. 0.6　　B. 0.8　　C. 0.4　　D. 1

54. 恶劣天气，如（　　）级以上大风、下雨、下雪或雾天，不得登高焊接作业。

A. 6　　B. 5　　C. 4　　D. 3

55. 气焊和气割的主要危险时（　　）。

A. 高空坠落　　B. 弧光辐射　　C. 触电　　D. 火灾和爆炸

56. 与乙炔接触的设备，其含铜量不得大于（　　）%。

A. 70　　B. 80　　C. 60　　D. 40

57. 乙炔在氧气中的爆炸极限为（　　）%。

A. 2.8 ~ 93　　B. 30 ~ 69　　C. 50 ~ 95　　D. 2 ~ 98

58. 乙炔在空气中的爆炸极限为（　　）%。

A. 2.2 ~ 81　　B. 2.8 ~ 93　　C. 30 ~ 69　　D. 50 ~ 95

59. 在大气压力下，乙炔与纯氧的混合气达到爆炸极限范围内，在温度升高到（　　）时，就会发生爆炸。

A. 305 °C　　B. 300 °C　　C. 380 °C　　D. 280 °C

60. 乙炔燃烧失火时，绝对禁止使用（　　）灭火器灭火。

A. 泡沫　　B. 水　　C. 四氯化碳　　D. 二氧化碳

61. 在气焊或气割工作现场，氧气距离乙炔瓶的距离应大于（　　）m。

A. 5　　B. 10　　C. 15　　D. 20

62. 回火发生器的作用是（　　）。

A. 防止焊接或切割时焊、割炬发生回火

B. 除掉乙炔水分、杂质

C. 在发生火焰进入乙炔发生器时，将大量气体和热量释放出去

D. 焊、割炬发生回火时，防止火焰进入乙炔发生器引起爆炸

63. 乙炔发生器、溶解乙炔气瓶等距焊接明火、火花点及高压线等的水平距离不应小于（　　）m。

A. 10　　B. 20　　C. 15　　D. 5

64. 氧气瓶的年检期限是（　　）年。

A. 3　　B. 2　　C. 1　　D. 5

65. 氧气瓶瓶体为（　　）。

A. 白色　　B. 黑色　　C. 银灰色　　D. 天蓝色

66. 乙炔瓶瓶体为（　　）。

A. 黑色　　B. 天蓝色　　C. 银灰色　　D. 白色

67. 氢气瓶瓶体为（　　）。

A. 白色　　B. 天蓝色　　C. 银灰色　　D. 深绿色

68. 液化石油气气瓶瓶体为（　　）。

A. 白色　　B. 深绿色　　C. 天蓝色　　D. 银灰色

69. 氧气瓶内气体不得用尽，必须留有（　　）MPa 余压。

A. 0.1　　B. 0.05　　C. 0.06　　D. 0.07

70. 乙炔瓶内气体不得用尽，必须留有（　　）MPa 余压。

A. 0.05 ~ 0.1　　B. 0.02 ~ 0.06　　C. 0.07 ~ 0.2　　D. 0.1 ~ 0.3

71. 对乙炔瓶使用方法不正确的是（　　）。

A. 距明火距离 10 m 以外

B. 防止暴晒

C. 瓶阀冻结时用热水或水蒸气解冻

D. 放倒使用

72. 使用焊炬焊接过程中发生回火应采取的措施是（　　）。

A. 立即关闭焊炬氧气阀门，然后再关闭乙炔阀门

B. 立即折叠乙炔胶管

C. 立即折叠氧气胶管

D. 立即关闭焊炬乙炔阀门，然后再关闭氧气阀门

73.（　　）让粘有油脂的手套，棉纱和工具等同氧气瓶、瓶阀及管路接触。

A. 可以　　B. 晚上用　　C. 严禁　　D. 白天

74. 用氧气、乙炔气和液化石油气的专用减压器（　　）互换使用和替用。

A. 可以　　B. 应该　　C. 禁止　　D. 无要求

75. 在 GB/T 2550—2007 中规定，氧气胶管为蓝色，工作压力为 2 MPa，爆破压力为（　　）MPa。

A. 6　　B. 3　　C. 10　　D. 0.5

76. 一套回火防止器可以配用（　　）焊炬和割炬。

A. 四把　　B. 三把　　C. 两把　　D. 一把

77. 在 GB/T2550—2007 中规定，乙炔胶管为红色，工作压力为 0.3 MPa，爆破压力为（　　）MPa。

A. 0.9　　B. 0.3　　C. 0.2　　D. 0.1

78. 乙炔的使用压力不得超过（　　）MPa。

A. 0.15　　B. 0.18　　C. 0.20　　D. 0.1

79. 乙炔胶管的额定工作压力为（　　）MPa。

A. 0.3　　B. 0.5　　C. 0.6　　D. 0.8

80. 液化石油气瓶内剩余残液（　　）随便倾倒。

A. 可以　　B. 禁止

C. 领导同意可以　　D. 随地

81. 对氧气瓶的使用方法不正确的是（　　）。

A. 距离乙炔发生器、明火或热源应在 10 m 以外

B. 操作者应站在瓶阀气体喷出方向的侧面并缓慢开启

C. 禁止使用氧气对局部焊接部位通风

D. 用氧气代替压缩空气吹净乙炔管道或用作试压及气动工具气源

82. 开启氧气瓶阀时，操作者应站在瓶阀气体喷出方向的（　　）

A. 正面　　B. 后面　　C. 任何位置　　D. 侧面

83. 橡皮管的长度一般不应小于（　　）m，若操作地点离气源较远时，可根据实际情况将两副橡皮管用管接头连接起来使用，但必须用卡箍或细铁丝绑扎牢固。

A. 10　　B. 1　　C. 2　　D. 3

84. 下列气体不属于易燃易爆的是（　　）。

A. 乙炔　　B. 氢气　　C. 液化石油气　　D. 氧气

85. 人体所能够承受的安全电压为（　　）V。

A. 30 ~ 45　　B. 50 ~ 90　　C. 200 ~ 220　　D. 360 ~ 380

86. 焊条电弧焊焊机的空载电压一般为（　　）V。

A. 50 ~ 90　　B. 30 ~ 45　　C. 200 ~ 220　　D. 360 ~ 380

87. 焊接时的弧光辐射会引起操作者（　　）。

A. 触电和烫伤　　B. 中毒和窒息

C. 不孕不育　　D. 眼睛和皮肤的疾病

88. 焊机的一次电源线，长度一般不宜超过（　　）m。

A. 2 ~ 3　　B. 5 ~ 10　　C. 10 ~ 20　　D. 1 ~ 2

89. 焊接现场有腐蚀性、导电性气体或粉尘时，必须对电焊机进行（　　）。

A. 用挡板遮挡　　B. 无要求

C. 背对操作现场　　D. 隔离防护

90. 采用连接片改变焊接电流的焊机，调节连接片改变焊接电流时应（　　）。

A. 请电工操作　　B. 可以带电调节

C. 无要求　　D. 先切断电源再调节

91. 每（　　）应进行一次电焊机维修保养。

A. 三年　　B. 两年　　C. 一年　　D. 半年

92. 焊接电缆要绝缘良好，绝缘电阻不得小于（　　）MΩ。

A. 1　　B. 2　　C. 3　　D. 4

93. 焊接电缆长度一般不宜超过（　　）m。

A. 20 ~ 30 B. 10 ~ 20 C. 2 ~ 3 D. 1 ~ 2

94. 当工作需要焊接电缆必须有连接接头时，应使用接头连接器牢固连接，且不要超过（　　）个。

A. 2 B. 3 C. 4 D. 1

95. 连接焊机与焊钳必须使用软电缆线，长度一般不宜超过 20 ~ 30 m，截面积的大小应根据（　　）来选取。

A. 焊接电压 B. 焊接电流 C. 焊接速度 D. 工件厚度

96. 焊接作业是，焊接作业点火源与可燃、易燃物料距离不应小于（　　）m。

A. 10 B. 20 C. 5 D. 1

97. 乙炔发生器的压力表应定期（　　）。

A. 吹洗 B. 更换 C. 修理 D. 校验

98. 我国均采用瓶装二氧化碳用于焊接，在室温时充装压力为 15 MPa，容积一般为（　　）L。

A. 40 B. 30 C. 20 D. 10

99. 二氧化碳气体保护焊时，电弧温度约为（　　）°C，电弧光辐射比手工电弧焊强，因此应加强防护。

A. 6 000 ~ 10 000 B. 3 000 ~ 3 300

C. 5 000 ~ 6 000 D. 10 000 ~ 14 000

100. 二氧化碳气体保护焊接的特点是（　　），尤其是粗丝焊接时，操作者应有完善的防护用具，防止人体灼伤。

A. 温度高 B. 烟尘大 C. 弧光强 D. 飞溅大

101. 忠于职守，热爱本职是社会主义国家对每个从业人员的（　　）。

A. 最高要求 B. 局部要求 C. 全面要求 D. 基本要求

102. 产业工人的职业道德要求是（　　）。

A. 治病救人 B. 为人师表

C. 廉洁奉公 D. 精工细作，文明生产

103. 掌握必要的职业技能是（　　）。

A. 每个劳动者立足社会的前提

B. 每个劳动者对社会应尽的道德义务

C. 竞争上岗的唯一条件

D. 为人民服务的先决条件

104. 职业道德是促使人们遵守职业纪律的思想基础和（　　）。

A. 工作基础 B. 源泉 C. 结果 D. 动力

105. 职业纪律是职业活动得以正常进行的基本保证，它体现国家利益、集体利益和（　　）的一致性。

A. 班组利益 B. 整体利益 C. 企业利益 D. 个人利益

106. 职业道德是促使人们遵守职业纪律的（　　）。

A. 工作基础 B. 工作动力 C. 理论前提 D. 思想基础

107. 职业纪律具有一定的强制性。它用制度（　　），规章的形式强迫人们必须这样做，不许那样做。

A. 法律　　B. 法规　　C. 守则　　D. 共同利益

108. 在履行岗位职责时，（　　）。

A. 靠强制性

B. 靠自觉性

C. 当与个人利益发生冲突时可以不履行

D. 强制性与自觉性

109. 相结合树立质量意识是一个职业劳动者恪守（　　）的要求。

A. 社会主义　　B. 职业道德　　C. 道德品质　　D. 思想节操

110. 一般焊接装配图除了包括以焊接有关的内容外，还需要有其他加工所需的（　　）。

A. 有关内容　　B. 部分内容　　C. 一些内容　　D. 全部内容

111. 手工电弧焊焊接方法的数字代号用（　　）表示。

A. 111　　B. 11　　C. 121　　D. 131

112. 下列牌号中属于优质碳素结构钢是用（　　）表示。

A. O8F　　B. T8A　　C. QZ35　　D. ZG200-400

113. 广泛应用于制造铁路车辆的不锈钢是（　　）。

A. 铁氏体不锈钢　　B. 马氏体不锈钢

C. 奥氏体-铁素体不锈钢　　D. 奥氏体

114. 不锈钢铸铁是含碳量大于（　　）的含碳合金。

A. 2.11%　　B. 4.0%　　C. 1.5%　　D. 1.0%

115. 有色金属中（　　）称轻有色金属。

A. 铜　　B. 铅　　C. 镍　　D. 铝

116. 铝合金是通过纯铝加入适量的锰、镁、铜、硅和锌等合金元素，可得到具有较高（　　）的铝合金。

A. 强度　　B. 耐腐蚀性　　C. 韧性　　D. 塑形

117. 负载是将电能转换为（　　）的电器。

A. 热能　　B. 光能　　C. 其他形式能　　D. 风能电能

118. 电动势的大小表示（　　）做功本领的大小。

A. 电场力　　B. 电源力

C. 电场力或电源力　　D. 电磁力

119. 当负载短路时电源内压降（　　）。

A. 为零　　B. 等于外电压　　C. 等于端电压　　D. 等于

120. 电源电动势交流电的周期越长，说明交流电变化的（　　）。

A. 越快　　B. 快　　C. 慢　　D. 越慢

121. 用电流表测得的交流电流的数值是交流电的（　　）值。

A. 最大　　B. 有效　　C. 瞬间　　D. 平均

122. 电压表使用时应与待测电路（　　）。

A. 混联　　B. 串联　　C. 串联和并联　　D. 并联

123. 铁元素符号用（　　）表示。

A. Fe　　B. Cr　　C. Al　　D. Cu

124. 铝的熔点为（　　）℃。

A. 658　　B. 1 083　　C. 1 535　　D. 1 800

125. 我国规定安全电压为（　　）V。

A. 36　　B. 48　　C. 60　　D. 12

126. 有人触电时应（　　）。

A. 立即找医生　　B. 用手将触电者拉起

C. 奋不顾身先救人　　D. 首先切断电源

127. 为防止触电，应该（　　）更换焊条。

A. 空手　　B. 戴着皮手套

C. 可戴可不戴手套　　D. 时而戴时而不戴手套

128. 为了防止触电，焊接时应该（　　）。

A. 焊件接地　　B. 焊机机壳不需接地

C. 焊机机壳和焊件都不需接地　　D. 焊机机壳接地

129. 如果触电时有 0.1 A 的电流通过人体（　　）s，就会使人致命。

A. 1　　B. 5　　C. 10　　D. 20

130. 在（　　）m 以上的高度进行焊接，叫高空焊接。

A. 2　　B. 3　　C. 5　　D. 10

131. 登高焊割作业的危险区指作业点下方周围（　　）m。

A. 10　　B. 15　　C. 20　　D. 25

132. 紫外线过度照射眼睛易引起（　　）炎。

A. 角膜　　B. 电光性眼　　C. 结膜　　D. 青光

133. 焊接时，由于锰及化合物进入焊工体内，易引起（　　）。

A. 焊工尘肺　　B. 铅中毒

C. 焊工“金属热”　　D. 锰中毒

134. 焊接烟尘的主要来源是液态金属（　　）。

A. 过热　　B. 冷凝　　C. 氧化　　D. 蒸发

135. 从对电弧光的成分分析看，电焊工用的护目玻璃颜色应取七种光的中间色，即（　　）色为最合适。

A. 橙　　B. 蓝　　C. 绿　　D. 黄

136. 在潮湿环境进行电焊时，安全电压规定为（　　）V。

A. 12　　B. 36　　C. 2　　D. 3

137. 易爆物品应距焊接工作场所（　　）m 以上。

A. 10　　B. 12　　C. 15　　D. 3

138. 酸性焊条与碱性焊条相比，焊接时对锈、水、油污等产生气孔的敏感性（　　）。

A. 大　　B. 相同　　C. 差不多　　D. 小

139. E5015 焊条属（　　）焊条。

A. 特种　　B. 碱性　　C. 酸性　　D. 堆焊

140. 碱性焊条焊缝收尾一般用（　　）收尾法。

A. 划圈　B. 反复断弧　C. 回焊　D. 划圈或回焊

141. E5016 焊条药皮属于碱性低氢钾型，其电源种类的极性为（　　）反接。

A. 交流电源　B. 交流和直流　C. 直流　D. 直流正接

142. 要求塑性好、冲击性高的焊缝，应选用（　　）焊条。

A. 酸性　B. 碱性　C. 不锈钢　D. 铸铁

143. 对于承受静载荷或一般载荷的工件，通常选用（　　）与母材相等的焊条。

A. 塑性　B. 韧性　C. 抗拉强度　D. 硬度

144. 在特殊环境下工作的结构，应选用能保证熔敷金属的（　　）与母材相近或相近似的焊条。

A. 抗拉强度　B. 冲击韧性　C. 化学成分　D. 机械性能

145. 为了保证焊工的健康，在允许的情况下尽量选用（　　）焊条。

A. 特种　B. 酸性　C. 碱性低氢钾　D. 碱性低氢钠

146. 二氧化碳气体保护焊焊接方法的数字代号用（　　）表示。

A. 135　B. 13　C. 14　D. 131

147. 常用的接头形式是（　　）。

A. 焊接接头　B. 搭接接头　C. T 形接头　D. 对接接头

148.（　　）是在焊接接头中产生气孔和冷裂纹的主要因素之一。

A. 氧　B. 氮　C. 氢　D. 氩

149. 除对接接头外，常用的接头形式是（　　）。

A. 搭接接头　B. 端接接头　C. 十字接头　D. T 形接头

150. V 形坡口的特点是加工容易，但焊后焊件易产生（　　）变形。

A. 弯曲　B. 角　C. 扭曲　D. 横向缩短

151. U 形坡口加工较困难，一般应用于（　　）焊接结构。

A. 不重要的　B. 较重要的

C. 重要的或不重要的　D. 一般

152. U 形坡口的坡口面角度 V 形坡口（　　）。

A. 大　B. 小　C. 相等　D. 大一些

153. 焊接接头根部预留间隙的作用是在于（　　）。

A. 防止烧穿　B. 提高效率　C. 减少应力　D. 保证焊透

154. U 形坡口底部的半径叫根部半径，根部半径的作用是（　　）的。

A. 减小应力集中　B. 促使根部焊透

C. 提高焊接效率　D. 防止产生根部裂纹

155. 焊件的坡口钝边如太大，在焊接时容易产生（　　）。

A. 焊瘤　B. 夹渣　C. 咬边　D. 未焊透

156. 焊机标牌上的负载持续率表明（　　）。

A. 与焊工无关　B. 告诉电工安装用的

C. 焊机的极性　D. 告诉焊工应注意电流与时间的关系

157. 焊机焊接前的输出端电压称为（　　）电压。

A. 空载 B. 工作 C. 焊接 D. 电源

158. 焊机空载电压一般为 60～90 V，属于（ ）电压。

A. 安全 B. 危险 C. 不安全 D. 正常

159. 焊接电源输出电压与输出电流之间的关系称为（ ）特性。

A. 电弧静 B. 电源外 C. 电源动 D. 电源调节

160. 手弧焊机具有徒降的外特性时，在电弧长度发生变化时，焊条（ ）的熔化。

A. 可以均匀 B. 不能均匀 C. 时而均匀 D. 时而不均匀

161. 手弧焊对电源的基本要求是具有（ ）外特性。

A. 徒降 B. 缓降 C. 平特性 D. 上升特性

162. 焊机的动特性是由（ ）所决定的。

A. 焊接电源的压力 B. 焊接电源的电流

C. 焊机本身的结构 D. 电源极性

163. 焊接电缆的常用长度不超过（ ）m。

A. 20 B. 30 C. 40 D. 5

164. 输出电压随输出电流的增大而下降的外特性是（ ）。

A. 上升外特性 B. 水平外特性 C. 缓升外特性 D. 下降外特性

165. 在使用直流电源焊接时，（ ）选择极性。

A. 可考虑可不考虑 B. 不需考虑

C. 必须考虑 D. 考虑板厚

166.（ ）就是焊条接电源的正极，焊件接电源的负极。

A. 直流搭接 B. 直流正接 C. 直流反接 D. 交流焊接

167. 地线不够长时，（ ）利用轨道、管道等搭接。

A. 严禁 B. 可以 C. 无所谓 D. 可以也不可以

168. 焊机的接线和安装应由（ ）负责进行。

A. 焊工本人 B. 电工 C. 车间领导 D. 工班长

169. 焊机的电源线应长度不超过（ ）m。

A. 2 B. 5 C. 10 D. 15

170.（ ）是手弧焊最重要的工艺参数，是焊工在操作过程中唯一需要调节的参数。

A. 焊条类型 B. 电弧电压 C. 焊接电流 D. 焊条直径

171. 焊接过程中，电流过大时，熔深大，焊缝余高（ ）。

A. 高 B. 或高或低 C. 平 D. 低

172. 在电极材料、气体介质和弧长一定的情况下，电弧稳定燃烧时，焊接电流与电弧电压变化的关系称为（ ）。

A. 电源外特性 B. 电源动特性

C. 电源调节特性 D. 电弧静特性

173. 焊接电弧的温度是（ ）温度。

A. 阴极斑点 B. 阳极斑点 C. 弧柱表面 D. 弧柱

174. 中心电弧区域温度分布是不均匀的，（ ）区的温度最高。

A. 阴极 B. 阳极 C. 弧柱 D. 阴极斑点

175. 构成电弧的三个区域它们各自所放出的能量及温度的分布是（　　）。
A. 相同的　　B. 有时相同
C. 有时相同有时不同　　D. 不相同的

176.（　　）区对焊条与母材的加热和熔化起主要作用。
A. 阴极　　B. 弧柱　　C. 阴极和阳极　　D. 阳极

177. 直流反接时，加热工件的热量主要是（　　）。
A. 电弧热　　B. 阳极斑点热
C. 化学反应热　　D. 弧柱表面热

178. 直流正接时，加热工件的热量主要是（　　）。
A. 阴极斑点热　　B. 弧柱中心热
C. 弧柱表面热　　D. 阳极斑点热

179. 焊条的运条方向有（　　）个基本方向。
A. 一　　B. 二　　C. 三　　D. 四

180.（　　）运条法，一般用于不开坡口的对接焊或坡口根部第一层焊缝和多层、多道焊。
A. 三角　　B. 圆圈形　　C. 直线　　D. 八字形

181.（　　）形运条法，一般适用于焊接较宽的对接焊缝，当焊接厚板而坡口两侧需要充分加热时，大多采用这种运条法，以保证熔合良好。
A. 锯齿　　B. 月牙　　C. 八字形　　D. 圆圈

182. 焊接电弧过长，空气中的有害气体侵入，使焊缝产生（　　）。
A. 咬边　　B. 夹渣　　C. 未焊缝　　D. 气孔

183. 生产中减少电弧磁偏吹的方法是（　　）。
A. 采用直流电源　　B. 增加电流强度
C. 改变运条方法　　D. 调整焊条角度

184. 采用直流电源进行弧焊时，磁偏吹的强烈程度随着（　　）的增加而显著增加。
A. 电流强度　　B. 焊条直径　　C. 电弧电压　　D. 焊件厚度

185. 手弧焊时磁偏吹最弱的焊机是（　　）。
A. 弧焊发电机　　B. 硅弧焊整流器
C. 晶体管式弧焊整流器　　D. 弧焊变压器

186. 焊缝表面与母材的交界处叫（　　）。
A. 熔合区　　B. 热影响区　　C. 焊缝　　D. 焊趾

187. 熔焊时，焊缝的成型系数指单道焊缝时（　　）之比。
A. 焊缝宽度与焊缝计算厚度　　B. 焊缝宽度与溶度
C. 焊缝宽度与焊缝余高　　D. 熔深与余高

188.（　　）焊可以选用较大直径焊条和较大焊接电流，应用广泛。
A. 横　　B. 立　　C. 平　　D. 仰

189. 如果焊接工艺参数选择和操作不当，平焊打底时容易造成（　　）
A. 根部裂纹及气孔　　B. 根部裂纹及未焊透
C. 根部焊瘤及咬边　　D. 根部焊瘤或未焊透及夹渣

190. T 形接头手工电弧平角焊时，（　　）最容易产生咬边。

A. 厚板　　B. 立板　　C. 薄板　　D. 平板

191. 容易获得良好的焊缝成形的焊接位置是（　　）。

A. 仰焊位置　　B. 横焊位置　　C. 立焊位置　　D. 平焊位置

192. I 形坡口对接立焊时，一般采用（　　）法施焊。

A. 退焊　　B. 从下向上焊　　C. 对称焊　　D. 从上向下焊

193.（　　）时，焊缝表面很容易产生焊瘤。

A. 船形位置焊　　B. 立焊　　C. 平焊　　D. 横焊

194. T 形接头立焊容易产生的缺陷是（　　）、咬边。

A. 裂纹、夹渣　　B. 角顶未焊透

C. 咬边、裂纹　　D. 气孔、未熔合

195.（　　）必须采用短弧焊接，并选用较小直径的焊条和较小的焊接规范。

A. 平焊、立焊、仰焊　　B. 平焊、立焊、横焊、仰焊

C. 立焊、横焊　　D. 横焊、平焊、仰焊

196. 手工电弧焊在焊接同样厚度的 T 形接头时，焊条直径应比对接接头用的直径（　　）。

A. 小些　　B. 随意　　C. 一样大　　D. 大些

197. T 形接头平焊容易产生的缺陷是（　　）。

A. 裂纹　　B. 咬边　　C. 未熔合　　D. 气孔

198. T 形接头平焊操作时的焊接电流应比平对接焊时（　　），以保证焊脚顶部有足够的熔深。

A. 小一些　　B. 大一些　　C. 一样大　　D. 都可以

199. 薄板焊接时的主要产生的缺陷是（　　）。

A. 气孔　　B. 夹渣　　C. 焊瘤　　D. 焊穿

200. 薄板焊接或点焊宜采用（　　）焊条，焊件不易烧穿且易引弧。

A. E4313　　B. E4323　　C. E4320　　D. E4315

201. 气焊时要求氧气纯度不低于（　　）%。

A. 98.5　　B. 99.2　　C. 97.5　　D. 98

202. 气割工艺参数的选择主要取决于工件的（　　）。

A. 材质　　B. 表面状况　　C. 气割精度　　D. 厚度

203. 在直线气割 4 mm 以下钢板时，割嘴与割件间的倾斜角度应为（　　）。

A. 后倾 25° ~ 45°　　B. 前倾 20° ~ 30°

C. 90°　　D. 后倾 15° ~ 5°

204. 气割质量就是指气割的（　　）。

A. 尺寸大小　　B. 后拖量

C. 切断面的质量　　D. 精度碳钢

205. 气焊时，主要根据（　　）来选择火焰性质。

A. 钢材厚度　　B. 结构刚性

C. 钢的含碳量　　D. 钢的塑性

206. 气焊时，焊丝和焊剂的选择主要根据（　　）来确定。

A. 焊件的化学成分　　B. 板厚
C. 焊缝的空间位置　　D. 焊件的表面状况

207. 乙炔瓶的瓶阀冻结时，严禁用火烤，必要时可用（　　）℃以下的温水解冻。
A. 10　　B. 25　　C. 60　　D. 80

208. 储存乙炔瓶时，储存间与明火或散发火花地点的距离，不得小于（　　）m。
A. 15　　B. 10　　C. 8　　D. 5

209. 焊接接头冷却到较低温度时产生的焊接裂纹叫（　　）。
A. 热裂纹　　B. 延迟裂纹　　C. 再热裂纹　　D. 冷裂纹

210. 熔池中的低熔点共晶是形成（　　）的主要原因之一。
A. 热裂纹　　B. 冷裂纹　　C. 未熔合　　D. 未焊透

211. 氧气在气焊和气割中是（　　）。
A. 可燃　　B. 易燃　　C. 杂质　　D. 助燃

212.（　　）不能用于气焊和气割的可燃气体。
A. 氢气　　B. 丙烷气　　C. 氩气　　D. 天然气

213. 氧乙炔火焰的温度为（　　）°C。
A. 3 000 ~ 3 300　　B. 4 000 ~ 5 000　　C. 2 500 ~ 3 000　　D. 1 500 ~ 2 000

214. 氧丙烷火焰的温度为（　　）°C。
A. 2 000 ~ 2 700　　B. 1 500 ~ 2 000　　C. 3 000 ~ 3 300　　D. 3 500 ~ 4 000

215. 氧气胶管外表为（　　）色。
A. 灰　　B. 白　　C. 红　　D. 黑

216. 乙炔胶管外表为（　　）色。
A. 灰　　B. 白　　C. 红　　D. 黑

217. 氧气瓶一般应（　　）放置，并必须安放稳固。
A. 水平　　B. 倾斜　　C. 直立　　D. 倒立

218. 下列金属能采用气割的条件中（　　）是错误的。
A. 金属材料在氧气中的燃点应高于熔点
B. 金属的导热性能不能太好
C. 金属的氧化物熔点应低于金属熔点
D. 金属燃烧应是放热反应

219.（　　）坡口不能采用气割来完成。
A. V 形　　B. Y 形　　C. U 形　　D. X 形

220. 当发现有人触电时，首先应（　　）。
A. 用手将触电者拉起　　B. 呼叫并等待医护人员
C. 立即进行人工呼吸抢救　　D. 立即切断电源

221. 焊接时照明灯的安全电压为（　　）V。
A. 36　　B. 60　　C. 110　　D. 6.3

222. 焊接时，易燃、易爆物品应离焊接工作点（　　）m 以外。
A. 5　　B. 3　　C. 1　　D. 8

223. 电气设备着火时，不易采用（　　）进行灭火。

A. 水　　B. 干粉灭火器

C. 二氧化碳灭火器　　D. 四氯化碳灭火器

224. 职业道德是人们在一定的职业活动中所遵守的（　　）的总和。

A. 行为要求　　B. 行为规范　　C. 道德责任　　D. 道德义务

225. 电、气焊工职业道德的行为规范要求是精做细焊（　　）。

A. 焊缝表面美观　　B. 焊缝强度高

C. 焊缝表面无缺陷　　D. 缝美质优

226. 下列不符合职业道德要求的是（　　）

A. 检查上道工序、干好本道工序、服务下道工序

B. 主协配合，师徒同心

C. 严格执行工艺要求

D. 粗制滥造，野蛮操作

227. 职业纪律具有一定的（　　）。

A. 要求性　　B. 自觉性　　C. 被迫性　　D. 强制性

228. 焊缝标注时，在焊缝基本符号上边标注：（　　），根部间隙 b 等。

A. 坡口深度 H　　B. 坡口角度 a

C. 坡口根部半径 R　　D. 焊缝间距 e

229. 退火是为了消除钢中的残余（　　），以防止变形和开裂。

A. 应力　　B. 杂质　　C. 内应力　　D. 物质

230. 金属材料抵抗其他更硬物体压入其表面的能力叫（　　）。

A. 强度　　B. 刚度　　C. 韧性　　D. 硬度

231. 普通、优质和高级优质钢是按钢的（　　）进行划分的。

A. 力学性能的高低　　B. S、P 含量的多少

C. Mn、Si 含量的多少　　D. 碳的多少

232. 夏天工作时，出汗多，更应注意做好防护，（　　）。

A. 防止烫伤　　B. 防止打眼睛　　C. 防止中毒　　D. 防止触电

233. 人体只触及一根火线（相线），这是（　　）。

A. 双线触电　　B. 跨步触电　　C. 不是触电　　D. 单线触电

234. 保护接地防触电措施适用于（　　）电源。

A. 一般交流　　B. 直流

C. 三相四线制交流　　D. 三相三线制交流

235. 钢材在（　　）状态下进行矫正，称冷矫正。

A. 18 °C　　B. 0 °C　　C. 冷却　　D. 常温

236. 电焊工绝缘手套不得短于（　　）mm。

A. 300　　B. 250　　C. 200　　D. 150

237. 登高梯子必须符合安全要求，放置要稳妥，防止滑倒或倾斜，梯子和地面夹角宜在（　　）为好。

A. 70°　　B. 60°　　C. 50°　　D. 40°

238. 登高梯子为人字梯时，两梯夹角宜为（　　）左右，并用限挂铁钩挂牢。

A. 45°　　B. 55°　　C. 35°　　D. 60°

239. 电焊机与电网连接的电缆线越短越好，一般不超过（　　）mm。

A. 2～3　　B. 3～4　　C. 4～5　　D. 5

240. 焊接场地（　　）m 以内不准有易燃物品。

A. 5　　B. 3　　C. 2　　D. 15

241. 焊接人员发现直接危及人身安全的紧急情况时，有权（　　）或者在采取可能的应急措施后撤离作业场所。

A. 修改作业　　B. 放弃作业　　C. 停止作业　　D. 报告作业

242. 酸性焊条选用（　　）电源好。

A. 直流正接　　B. 交流　　C. 脉冲　　D. 直流反接

243. 碱性低氢钠型焊条选用（　　）电源好。

A. 直流正接　　B. 交流　　C. 脉冲　　D. 直流反接

244. 手工电弧焊时对焊接区域所采取的保护方法是（　　）。

A. 渣保护　　B. 气-渣联合保护

C. 气保护　　D. 混合气体保护

245. 二氧化碳气体保护焊时对焊接区域采用的保护方法是（　　）。

A. 渣保护　　B. 还原性气体保护

C. 渣气联合保护　　D. 氧化性气体保护

246. 构件焊后两端绕中性轴相反方向扭转角度叫（　　）。

A. 弯曲变形　　B. 角变形　　C. 波浪变形　　D. 扭曲变形

247. 弯曲变形的大小以（　　）进行度量。

A. 弯曲角度　　B. 挠度　　C. 弯曲跨度　　D. 纵向收缩量

248. 横向收缩变形在焊缝的厚度方向上分布不均匀是引起（　　）的原因。

A. 波浪变形　　B. 扭曲变形　　C. 角变形　　D. 错边变形

249. 焊缝角变形沿长度上的分布不均匀和焊件的纵向有错边，则往往会产生（　　）。

A. 角变形　　B. 错边变形　　C. 波浪变形　　D. 扭曲变形

250. 薄板对接焊缝产生的应力是（　　）。

A. 线应力　　B. 平面应力　　C. 体积应力　　D. 单向应力

251. 焊件表面堆焊时产生的应力是（　　）。

A. 单向应力　　B. 线应力　　C. 体积应力　　D. 平面应力

252. 平面应力通常发生在（　　）焊接结构中。

A. 薄板　　B. 中厚板　　C. 厚板　　D. 复杂

253. 用不同的焊接方向和顺序，可使局部焊接变形适当减少或相互抵消，跳焊法适用于（　　）焊。

A. 全位置　　B. 平、横、仰　　C. 立、平　　D. 侧位

254. 用锤击焊缝法来减少焊接变形和应力时，对底层和表面焊道一般（　　），以免金属表面冷作硬化。

A. 用锤轻击　B. 用锤重击　C. 不锤击　D. 可轻可重

255. 为减少焊接残余应力，应尽量（　）。
A. 有时用工夹具，有时不用工夹具
B. 采用工夹具组装
C. 用与不用都一样
D. 避免

256. 用工夹具组装为减少焊接应力应先焊（　）焊缝。
A. 平　B. 立　C. 仰　D. 船形

257. 为减少焊接应力应先焊收缩量（　）的焊缝。
A. 最小　B. 最大　C. 中等　D. 最小或中等

258. 焊前预热的目的是为了降低焊缝和热影响区的（　）。
A. 强度　B. 硬度　C. 塑性　D. 冷却速度

259. 板件预热温度测定一般在相当于板厚（　）倍的地方进行。
A. 3　B. 5　C. 7　D. 10

260. 倾角（　）可使焊缝表面成形得到改善。
A. 小于 6°～8° 的下坡焊　B. 小于 6°～8° 的上坡焊
C. 大于 6°～8° 的下坡焊　D. 大于 6°～8° 的上坡焊

261. 点焊时，焊件与焊件之间的接触电阻（　）。
A. 不要过大　B. 越小越好　C. 正常为好　D. 越大越好

262. 电焊不同厚度钢板的主要困难是（　）。
A. 分流太大　B. 产生缩孔　C. 容易错位　D. 熔核偏移

263. 焊接熔池金属由液态转变为固态的过程，称为焊接熔池的（　）。
A. 一次结晶或二次结晶　B. 二次结晶
C. 三次结晶　D. 一次结晶

264. 低碳钢焊接时，熔池从液相到固相的转变称为（　）。
A. 一次转变　B. 一次结晶或二次结晶
C. 二次结晶　D. 一次结晶

265. 焊缝中的偏析、夹渣、气孔等是在焊接熔池（　）过程中产生的。
A. 一次结晶　B. 二次结晶
C. 三次结晶　D. 一次结晶或二次结晶

266. 改善焊缝的一次结晶组织的方法是采用（　）。
A. 锤击焊缝　B. 焊后热处理
C. 多层焊接　D. 对熔池进行变质处理

267. 低碳钢一次结晶的组织为（　）。
A. 铁素体　B. 莱氏体　C. 珠光体　D. 奥氏体

268. 二次结晶的组织和性能与（　）有关。
A. 冷却速度　B. 冷却方式　C. 冷却介质　D. 结晶方式

269. 不易淬火钢的（　）区为热影响区中的薄弱区域。
A. 正火　B. 过热　C. 部分相变　D. 再结晶

270.（　　）区是不易淬火钢热影响区中综合性能最好的区域。

A. 过热　　B. 部分相变　　C. 正火　　D. 再结晶

271. 易淬火钢热影响区的组织分布与（　　）有关。

A. 化学成分　　B. 冷却速度　　C. 焊接方法　　D. 母材

272. 焊前热处理状态（　　）的焊缝，极易形成热裂纹。

A. 窄而浅　　B. 宽而浅　　C. 窄而深　　D. 宽而深

273. 采用（　　）方法焊接直、长焊缝的焊接变形最小。

A. 直通焊　　B. 从中段向两端焊

C. 从中段向两端逐步退焊　　D. 从一端向另一端逐步退焊

274. 线状加热多用于（　　）结构的矫正，有时也用于厚板变形矫正。

A. 变形量较小　　B. 变形量较大　　C. 薄板　　D. 刚性

275. 所有的变形位置（　　）正确的矫正位置。

A. 都是　　B. 都不是　　C. 不一定是　　D. 可能是

276. 相对弯曲半径和相对壁厚值越小，那么变形就（　　）。

A. 越大或越小　　B. 越小　　C. 不变　　D. 越大

277. 用火焰矫正薄板的局部凸、凹变形宜采用（　　）加热方式。

A. 线状　　B. 点状　　C. 三角形　　D. 带状

278. 对钢结构施加矫正手段的位置，称为（　　）。

A. 变形区　　B. 应力区　　C. 矫正点　　D. 矫正部位

279. 当两板自由对接，焊缝不长，横向没有约束时，焊缝横向收缩变形量比纵向收缩变形量（　　）。

A. 稍小　　B. 小得多　　C. 稍大　　D. 大得多

280. 焊缝的纵向收缩量随焊缝长度增加而（　　）。

A. 减少很多　　B. 减小

C. 不增加也不减少　　D. 增加

281. 酸性焊条的熔渣由于（　　），所以不能用在药皮中加入大量铁合金的方法，使焊缝金属合金化。

A. 还原性强　　B. 氧化性强

C. 脱硫、磷效果差　　D. 黏度太小

282. 焊接变形种类虽多，但基本上都是由（　　）引起的。

A. 焊缝的纵向收缩和横向收缩　　B. 弯曲变形

C. 扭曲变形　　D. 角变形

283.（　　）将使焊接接头中产生较大的焊接应力。

A. 逐步跳焊法　　B. 自重法　　C. 刚性固定　　D. 对称焊

284. 需要进行消除焊后残余应力的焊件，焊后应进行（　　）。

A. 后热　　B. 正火加回火　　C. 正火　　D. 高温回火

285. 氧气瓶与乙炔发生器、明火、可燃气瓶或热源的距离应（　　）m。

A. 大于 10　　B. 大于 5　　C. 大于 1　　D. 大于 2

286. 气焊高碳素钢，应采用（　　）火焰进行焊接。

A. 碳化焰　B. 中性焰　C. 轻微碳化焰　D. 氧化焰

287. 气焊纯铜，应采用（　　）火焰进行焊接。

A. 碳化焰　B. 中性焰　C. 轻微碳化焰　D. 氧化焰

288. 气焊焊接黄铜时由于（　　）的蒸发，会使人感到头昏。

A. 水　B. 锰　C. 锌　D. CO

289.（　　）是社会主义职业道德的基础和核心。

A. 为人民服务　B. 爱社会主义　C. 爱岗敬业　D. 爱国家

290. 从业者的职业态度是既（　　），也为别人。

A. 为国家　B. 为人民　C. 为自己　D. 为家人

291. 任何违反职业纪律的行为都是（　　）。

A. 保护行业行为　B. 违法行为

C. 侵害他人行为　D. 不道德的行为

292. 职业纪律是用制度（　　），规章的形式强迫人们必须这样做，不许那样做。

A. 法律　B. 法规　C. 守则　D. 责任

293. 职业纪律与职业活动的法律、法规是职业活动能够正常进行的（　　）。

A. 主要原因　B. 相对结果　C. 必然结果　D. 基本保证

294.（　　）是职业道德最基本的要求，也是职业道德的具体表现。

A. 规章制度　B. 行为法规　C. 职业纪律　D. 行为规范

295. 职业守则要求从业人员要（　　），主协配合。

A. 共同努力　B. 团队协作　C. 任劳任怨　D. 不计报酬

296. 保守企业秘密就是保护职工的切身（　　）。

A. 利润　B. 效益　C. 收入　D. 利益

297. GB 324—1988《焊缝符号表示法》中规定：焊缝符号中的指引线一般有带箭头的指引线和（　　）基准线两部分组成。

A. 一条　B. 二条　C. 三条　D. 四条

298. GB 324—1988《焊缝符号表示法》中规定：如果焊缝在接头的箭头侧，则将基本符号标在基准线的（　　）侧。

A. 虚线　B. 实线　C. 尾部　D. 上部

299. 淬火的目的是为了获得马氏体，提高钢的强度和（　　）。

A. 塑性　B. 疲劳强度　C. 韧度　D. 硬度

300. 低温回火得到的组织是（　　）。

A. 奥氏体　B. 回火托氏体　C. 回火索氏体　D. 回火马氏体

301. 中温回火得到的组织是（　　）。

A. 回火马氏体　B. 奥氏体　C. 回火索氏体　D. 回火托氏体

302. 高温回火得到的组织是（　　）。

A. 回火马氏体　B. 回火托氏体　C. 奥氏体　D. 回火索氏体

303. 将工件淬火后马上进行（　　）的复合热处理工艺称为调质。

A. 低温回火　B. 中温回火　C. 高温回火　D. 退火

304. 调质处理的目的是细化组织，获得良好的综合（　　）性能。

A. 力学　　B. 物理　　C. 化学　　D. 工艺

305. 焊接件消除内应力可采用（　　）。

A. 完全退火　　B. 球化退火　　C. 淬火　　D. 去应力退火

306. 常用退火方法有安全退火、（　　）、去内应力退火。

A. 球化退火　　B. 一般退火　　C. 高温退火　　D. 低温退火

307. 感应加热表面淬火的特点是（　　）、淬火质量好、淬硬层深度易于控制。

A. 加热速度快　　B. 加热速度慢　　C. 加热时间长　　D. 加热速度

308. 一般金属的主要化学性能有（　　）、抗氧化性等。

A. 耐腐蚀性　　B. 耐酸性　　C. 耐碱性　　D. 耐磨性

309. 电流产生的磁场方向用（　　）判断。

A. 右手定则　　B. 左手定则　　C. 安培定则　　D. 楞次定律

310. 判断载流导体在磁场中所受电磁力方向用（　　）。

A. 楞次定律　　B. 安培定则　　C. 右手定则　　D. 左手定则

311. 电流通过一段导体时所产生的热量与电流强度的平方成正比；与导体的（　　）成正比；与通过电流的时间成正比。

A. 电压　　B. 电动势　　C. 电阻　　D. 电流

312. 平面划线一般要选择（　　）个基准。

A. 一　　B. 二　　C. 三　　D. 四

313. 基本锉削方法有（　　）、交叉挫、推挫三种。

A. 顺向挫　　B. 逆向挫　　C. 横向挫　　D. 纵向挫

314. 焊接工作场地局部通风的风速不应大于（　　）m/s，否则将破坏电弧稳定燃烧和电弧区域气体保护效果。

A. 0.15　　B. 0.3　　C. 0.2　　D. 0.5

315. 焊接层数越多，熔合比越小；坡口角度越大，熔合比（　　）。

A. 越大　　B. 正常　　C. 适中　　D. 越小

316. 焊缝纵向收缩量随焊缝长度的增加而（　　）。

A. 不增加也不减小　　B. 减小

C. 成比例减小　　D. 增加

317. 多层焊比单层焊的焊缝纵向收缩量（　　）。

A. 大得多　　B. 大　　C. 同样　　D. 小

318. 不锈钢的焊缝纵向收缩量（　　）低碳钢的焊缝纵向收缩量。

A. 小于　　B. 大于　　C. 等于　　D. 小于或等于

319. 分段焊法的焊缝纵向收缩量比直通焊（　　）。

A. 相同　　B. 大　　C. 大得多　　D. 小

320. 堆焊的横向收缩量随线能量的增大而增大，随板厚的增加而（　　）。

A. 不增加也不减小　　B. 增加

C. 减小或增加　　D. 减小

321. 为保证并联的各焊机不过载，最好在个焊机输出端分别接入（　　）表加以监视。

A. 电压　　B. 电流　　C. 压力　　D. 电压或电流

322. 不论交流电焊机的型号，容量是否相同，只要（　　）相同均可并联使用。
A. 额定电流　　B. 额定电压　　C. 空载电压　　D. 额定输入容量

323. 对于空载电压不同的焊机，并联后空载时，焊机之间会出现（　　）。
A. 均衡或不均衡　　B. 均衡环流
C. 均衡磁场　　D. 不均衡环流

324. 直流弧焊机并联运用时，并联的焊机（　　），具有相似外特性曲线的焊机。
A. 应是不同一型号　　B. 应是同一型号
C. 只要是直流　　D. 无所谓

325. 直流弧焊机并联运用（　　）起动。
A. 必须同时　　B. 必须分别
C. 可同时或分别　　D. 只要是直接焊接即可

326. 焊接性试验用得最多的是（　　）。
A. 力学性能试验　　B. 无损检验
C. 宏观金相试验　　D. 焊接裂纹试验

327. 焊接接头热影响区的最高硬度可用来判断钢材的（　　）。
A. 应变时效　　B. 耐蚀性　　C. 抗气孔性　　D. 焊接性

328. 焊接结构中最理想的接头形式是（　　）。
A. T 形接头　　B. 搭接接头　　C. 角接接头　　D. 对接接头

329. 应力集中最小的接头形式是（　　）。
A. 角接接头　　B. T 形接头　　C. 搭接接头　　D. 对接接头

330. 疲劳强度最高的接头形式是（　　）。
A. 对接接头　　B. T 形接头　　C. 搭接接头　　D. 角接接头

331. 承受动载荷的对接接头，焊缝的余高应（　　）。
A. 越大越好　　B. 没有要求
C. 0 ~ 3 mm　　D. 趋向于零

332. 对接接头进行强度计算时，（　　）焊缝的余高。
A. 应该考虑　　B. 载荷大时要考虑
C. 不需考虑　　D. 精确计算

333. 时要考虑钢材的碳含量越大，则其（　　）敏感性也越大。
A. 热裂　　B. 冷裂　　C. 抗气孔　　D. 层状撕裂

334. 接头热影响区的最高硬度值可以用来间接判断材料（　　）。
A. 强度　　B. 塑性　　C. 韧性　　D. 焊接性

335. 承受动载荷的角焊缝，其截面形状以（　　）承载能力最低。
A. 凹形　　B. 凸形　　C. 等腰平形　　D. 不等腰平形

336. 仰焊缝焊接时，必须保持（　　）的电弧长度，使电弧吹力加强，使熔滴顺利过渡到熔池中去。
A. 最短　　B. 较长　　C. 较短或较长　　D. 一般长短

337. 对焊接结构的基本要求中，最主要的是（　　）条件。
A. 强度　　B. 刚度　　C. 挠度　　D. 塑性

338. 压力容器的致密性检验，应选择（　　）。
A. 磁粉探伤检验　　B. 煤油试验
C. X 射线检验　　D. 水压试验

339. 焊接结构的整体性给（　　）的扩展创造了十分有利的条件。
A. 裂纹　　B. 气孔　　C. 未焊透　　D. 未熔合

340. 焊接结构的失效大部分是由（　　）引起的。
A. 气孔　　B. 裂纹　　C. 夹渣　　D. 咬边

341. 焊接接头脆性断裂的特征是破坏应力（　　）设计的许用应力。
A. 远远大于　　B. 接近于　　C. 大于　　D. 远远小于

342. 当焊接结构承受（　　）时，容易产生脆性断裂。
A. 单向拉应力　　B. 双向拉应力
C. 三向拉应力　　D. 压应力

343. 焊接结构上的缺口处往往会形成局部（　　），导致脆性断裂。
A. 单向拉应力　　B. 双向拉应力
C. 三向拉应力　　D. 压应力

344. 焊接结构的应变时效会导致（　　）下降。
A. 抗拉强度　　B. 冲击韧度　　C. 屈服点　　D. 硬度

345. 焊接容器上两条相邻焊缝应保持最小距离，其目的是防止焊缝间（　　）相叠加，产生脆断。
A. 残余拉应力　　B. 残余压应力
C. 焊接缺陷　　D. 焊接残余变形

346. 对于要求抗脆性断裂的材料，通常用值作为材料（　　）的验收指标。
A. 抗拉强度　　B. 屈服点　　C. 硬度　　D. 冲击韧度

347. 焊接结构承受（　　）时，容易产生疲劳断裂。
A. 较大的拉应力　　B. 较大的压应力
C. 较大的弯曲应力　　D. 交变应力

348. 据统计，焊接结构的失效大多是由与引起的（　　）断裂。
A. 疲劳　　B. 脆性　　C. 延性　　D. 腐蚀

349. 焊接结构的疲劳极限（　　）材料的强度极限。
A. 大大高于　　B. 高于　　C. 接近　　D. 低于

350. 各种金属材料中，以（　　）抗腐蚀疲劳的性能最好。
A. 低碳素钢　　B. 低合金结构钢
C. 不锈钢　　D. 耐热钢

351. 焊接接头的应力集中将显著降低接头的（　　）。
A. 抗拉强度　　B. 冲击韧度　　C. 抗弯强度　　D. 疲劳强度

352. 当乙炔与（　　）长期接触后会产生一种爆炸性的化合物。
A. 铅　　B. 锌　　C. 铁　　D. 铜或银

353. 乙炔气是一种（　　）。
A. 元素　　B. 有色气体　　C. 助燃气体　　D. 无色气体

354. 工业上常采用（　　）来制取大量氧气。

A. 电解水法　　B. 液化空气分离法

C. 压缩空气法　　D. 加热分解法

355. 低压乙炔发生器的乙炔压力为（　　）以下。

A. 0.045 MPa　　B. 0.15 MPa　　C. 1.5 MPa　　D. 1.5 MPa

356. 中压乙炔发生器的乙炔压力为（　　）MPa。

A. 0.045 ~ 0.15　　B. 0.15 ~ 1.5　　C. 0.15 ~ 1　　D. 1.5 ~ 2

357. 乙炔发生器的发气室温度达到（　　）时应立即停止使用。

A. 90 °C　　B. 100 °C　　C. 60 °C　　D. 40 °C

358. 乙炔发生器内输出的乙炔气体温度不得高出周围温度（　　）℃。

A. 10　　B. 5 ~ 10　　C. 5　　D. 15 ~ 20

359. 电石和水接触能迅速生成（　　）。

A. 乙炔和氧气　　B. 乙炔和碳酸钙

C. 乙炔和氢气　　D. 乙炔和氢氧化钙

360. 一般结构的乙炔发生器，严禁使用粒度小于（　　）mm 的电石粉。

A. 2　　B. 10　　C. 20　　D. 5

361. 储存电石的库房必须建筑在距离明火（　　）m 以外不受潮湿，不易浸水的地方。

A. 10　　B. 20　　C. 5　　D. 1

362. 氧气瓶阀拧不开时应用（　　）。

A. 榔头轻轻地敲松　　B. 螺纹处滴加润滑油

C. 火焰烘烤　　D. 加长柄扳手

363. 气割时金属的燃烧是一个（　　）过程。

A. 吸热　　B. 放热

C. 不吸热也不放热　　D. 物理变化

364. 在水泥地板上切割时，应（　　）以免水泥伤人。

A. 提高工件高度　　B. 浇湿水泥地面

C. 用垫板遮住水泥地面　　D. 减少火焰速率

365. 按氧和乙炔的混合比不同，氧炔焰可分为（　　）。

A. 焰心、内焰、外焰　　B. 焰心、中性焰、外焰

C. 焰心、碳化焰、外焰　　D. 碳化焰、中性焰、氧化焰

366. 氧气瓶冻结时，严禁用（　　）加热解冻。

A. 火焰　　B. 蒸汽

C. 热水　　D. 40 °C 以下热水

367. 气焊时，（　　）易发生回火。

A. 氧气压力过高　　B. 乙炔皮管堵塞

C. 乙炔压力过高　　D. 氧气皮管堵塞

368. 气焊时（　　）会引起回火。

A. 氧气不纯　　B. 乙炔压力过低

C. 氧气压力过高　　D. 乙炔不纯

369. 气焊和气割所用焊炬及割炬的材料为（　　）。
A. 纯铜　B. 含铜量不低于 70% 的铜合金
C. 铜合金　D. 含铜量不高于 70% 的铜合金

370. 氧气瓶中的氧气不能全部用完，最后要留（　　）MPa 的氧气。
A. 0.1 ~ 0.2　B. 0.2　C. 0.5　D. 0.3 ~ 0.6

371. 乙炔瓶的瓶体温度不得超过（　　）°C。
A. 40　B. 50　C. 60　D. 25

372. 焊接薄钢板宜采用卷边接头一般是指（　　）mm 以下厚度。
A. 2　B. 1.5　C. 1　D. 1.5 ~ 2

373. 焊丝直径应选择适当，过细则会造成（　　）。
A. 焊件过热　B. 烧穿　C. 夹渣　D. 熔合不良

374. 焊剂的作用是（　　）。
A. 向熔池中加合金元素　B. 保护熔池
C. 增加母材润滑性　D. 防止氧化和消除氧化物

375. 气焊气割时，发生变形的原因是（　　）。
A. 工艺不当　B. 火焰能量高　C. 焊法不当　D. 焊件

376. 不均匀受热和冷却施工现场风太大时，应采取防风措施或停止焊接，否则易产生（　　）。
A. 裂纹　B. 夹渣　C. 焊瘤　D. 气孔

377. 空气潮湿或雨天，容易使焊缝产生（　　）。
A. 夹渣　B. 咬边　C. 裂纹　D. 气孔

378. 氧气瓶和氧气减压器外表应涂成（　　）色。
A. 白色　B. 天蓝　C. 银灰　D. 绿

379. 最容易发生冻结的是（　　）减压器。
A. 双级　B. 单级　C. 正作用式　D. 反作用式

380. 开坡口是为了防止焊接时出现（　　）。
A. 烧穿　B. 成型美观　C. 咬边　D. 未焊透

381. 焊缝余高太高，容易引起（　　）。
A. 强度太高　B. 气孔　C. 夹渣　D. 应力集中

382. 现行的中压乙炔发生器工作压力极限，规定不得超过（　　）MPa 表压。
A. 0.15　B. 0.25　C. 0.5　D. 10

383. 乙炔发生器使用前的准备工作是先向发生器结构内灌注清水，直至水从（　　）流出为止。
A. 溢流阀　B. 安全阀　C. 水位阀　D. 调压阀

384.（　　）和乙炔长时间接触后，其表面生成的化合物受到冲击时就会发生爆炸。
A. 铸铁、马口铁　B. 铝、铝合金
C. 铜、银　D. 铅、锌

385. 在瓶阀上安装减压器时，和阀门连接的螺母，至少要拧上（　　）牙以上，以防开气时脱落。

A. 3　　B. 2　　C. 1　　D. 4

386. 气焊时，气焰焰心的尖端要距离熔池表面（　　）mm 时，自始至终尽量保持熔池大小，形状不变。

A. 5 ~ 6　　B. 1 ~ 3　　C. 1 ~ 4　　D. 3 ~ 5

387. 焊接过程中，若发现熔池突然变大，且有流动金属时，即表明焊件已（　　）。

A. 有裂纹　　B. 被烧穿　　C. 有夹渣　　D. 有气孔

388. 气焊管子时，一般均用（　　）接头。

A. 对接　　B. 角接　　C. 卷边　　D. 搭接

389. 在立焊位置气焊时，应采用比平焊小（　　）% 左右的火焰能率来进行焊接。

A. 15　　B. 20　　C. 25　　D. 10

390. 焊缝外形尺寸不符合要求，最大的危害是影响焊件的（　　）。

A. 成形　　B. 致密性　　C. 安全使用　　D. 外形质量

391. 焊接时接头根部未安全熔透的现象称为（　　）。

A. 未熔合　　B. 内凹　　C. 裂纹　　D. 未焊透

392. 在重要的焊接结构中，特别是不允许有（　　）气孔存在。

A. 椭圆形　　B. 表面圆形　　C. 圆形　　D. 链状和蜂窝状

393. 被割金属材料的燃点（　　）熔点，是保证切割过程顺利进行的基本条件。

A. 高于　　B. 低于　　C. 高于或低于　　D. 等于

394. G01-30 型割炬是常用的一种（　　）割炬。

A. 射吸式　　B. 重型　　C. 等压式　　D. 以上都不对

395. GD1-100 型割炬是（　　）割炬。

A. 等压式　　B. 射吸式　　C. 重型　　D. 以上都不对

396. 使用等压式割炬时，应保证乙炔有一定的（　　）。

A. 流量　　B. 纯度　　C. 工作压力　　D. 射吸能力

397. 割嘴斜角的大小，主要根据（　　）来定。

A. 割件的材料　　B. 割件的厚度　　C. 割嘴的形状　　D. 割嘴的材料

398. 铁标规定重要部位的焊缝咬边深度不应超过（　　）mm。

A. 1.0　　B. 1.2　　C. 0.8　　D. 0.5

399. 工件和焊丝上的油、锈、水等易引起焊缝产生（　　）。

A. 咬边　　B. 未熔合　　C. 气孔　　D. 焊瘤

400. 高速切割切口表面的粗糙度与（　　）有关。

A. 材料　　B. 气割速度　　C. 气体消耗量　　D. 割炬

401. 氧气瓶内高压氧气的压力最高可达到（　　）MPa。

A. 1.0　　B. 0.1　　C. 10　　D. 15

402. 氧气瓶内的气体不能完全用完，应留有（　　）MPa 的表压余气。

A. 10 ~ 20　　B. 1.0 ~ 2.0　　C. 0.1 ~ 0.2　　D. 2 ~ 10

403. 气焊纯铜时，最常用的接头为（　　）。

A. 对接接头　　B. 搭接接头　　C. 卷边接头　　D. 角接接头

404. 在标准状态下，乙炔的密度为（　　）kg/m^3。

A. 1.43　　B. 1.29　　C. 1.825　　D. 1.179

405. 在标准状态下，氧气的密度为（　　）kg/m³。

A. 1.179　　B. 1.29　　C. 1.43　　D. 1.825

406. 40 L 的氧气瓶在 15MP 的压力下可存储（　　）m³ 的氧气。

A. 8　　B. 7　　C. 6　　D. 5

407. BX3-300 型焊机是（　　）整流器。

A. 旋转直流弧焊机　　B. 弧焊

C. 交流弧焊机　　D. 逆变焊机

408. 一般情况下，焊缝及其附近受到的是（　　）应力。

A. 压　　B. 扭曲　　C. 残余　　D. 拉

409. 一般情况下，距焊缝较远处区域受（　　）应力。

A. 压　　B. 扭曲　　C. 残余　　D. 拉

410. 由于焊接时温度分布不均匀而引起的应力叫（　　）。

A. 组织应力　　B. 残余应力　　C. 凝缩应力　　D. 热应力

411. 薄板对接气焊时产生的变形主要是（　　）。

A. 角变形　　B. 弯曲变形　　C. 扭曲变形　　D. 波浪变形

412. 波浪变形常产生于焊接（　　）构件。

A. 厚板　　B. 薄板　　C. 角钢　　D. 槽钢

413. 波浪变形是由于受（　　）应力作用而引起。

A. 压　　B. 扭曲　　C. 膨胀　　D. 拉焊

414. 缝横向不均匀收缩会引起（　　）。

A. 扭曲变形　　B. 凹凸变形　　C. 波浪变形　　D. 角变形

415. 气焊时，焊接区的气体主要来自（　　）。

A. 工件表面的油污　　B. 焊丝表面的铁锈

C. 焊粉中的水分　　D. 气体火焰

416. 焊件上某点的温度随（　　）变化的过程称为焊接的热循环。

A. 材料　　B. 形状　　C. 速度　　D. 时间

417. 气焊大厚度工件时，切割速度要慢，割嘴要做（　　）摆动。

A. 直线往复式　　B. 横向锯齿式　　C. 横向月牙式　　D. 横向往复式

418. 焊接地线不够长时，（　　）利用轨道、管道等搭接。

A. 严禁　　B. 可以　　C. 无所谓　　D. 可以也不可以

419.（　　）就是焊条接电源的正极，焊件接电源的负极。

A. 直流搭接　　B. 直流正接　　C. 直流反接　　D. 交流

420.（　　）是手弧焊最重要的工艺参数，是焊工在操作过程中唯一需要调节的参数。

A. 焊条类型　　B. 电弧电压　　C. 焊接电源　　D. 焊条直径

421.（　　）灭火器适用于扑救石油及其产品，可燃气体和电器设备的初期火灾。

A. 泡沫　　B. 酸碱　　C. 干粉　　D. 清水

422. 机车检修中心严格执行“（　　）、三化”记名检修制度。

A. 一按　　B. 二按　　C. 四按　　D. 三按

423. 熔接工应熟悉所操作设备的构造性能，严格遵守有关安全法规，防止触电、火灾、（　　）等事故。

A. 伤害　　B. 爆炸　　C. 伤亡　　D. 电伤

424. 熔接工作业完毕后必须按规定将氧气瓶、乙炔瓶（　　）于安全位置。

A. 停放　　B. 存放　　C. 放置　　D. 摆放

425. 遵守文明生产的要求，保持（　　）卫生整洁。

A. 场地　　B. 场所　　C. 职场　　D. 机车上

426. 禁止（　　）人员上岗作业。

A. 无证　　B. 外来　　C. 有证　　D. 其他

427. 车上电气焊必须至少（　　）专门防护。

A. 一人　　B. 二人　　C. 三人　　D. 无所谓

428. 车上电气焊必须对易燃品进行（　　）或隔离。

A. 清理　　B. 清除　　C. 隔离　　D. 拿开

429. 车上电气焊必须预备良好的（　　）。

A. 铁锹　　B. 沙箱　　C. 水箱　　D. 灭火器

430. 作业完毕后必须全面检查作业现场，消灭火种，并且进行不少于（　　）分钟的监控。

A. 20　　B. 15　　C. 10　　D. 5

431. 车上电气焊禁止（　　）作业。

A. 双人　　B. 多人　　C. 单人　　D. 无所谓

432. 严禁从车顶往下或从地面（　　）抛扔东西。

A. 往左　　B. 往上　　C. 往前　　D. 往后

433. 工作时必须按规定穿戴好（　　）防护用品，着装整洁。

A. 保护　　B. 劳保　　C. 面罩　　D. 棉衣

434. 工作时不得赤足裸背，不得穿高跟鞋、塑料底鞋、（　　）上岗作业。

A. 凉鞋　　B. 钉子鞋　　C. 布鞋　　D. 拖鞋

435. 库内的消防设施必须随时保持状态良好，不得损坏和（　　）动用消防器材。

A. 随意　　B. 无故　　C. 随时　　D. 随便

436. 在工作时间，人员进入检修库内必须戴好（　　）。

A. 帽子　　B. 防护镜　　C. 面罩　　D. 安全帽

437. 作业完毕必须做到关闭所有设备、设施的（　　）

A. 灯光　　B. 电源　　C. 闸刀　　D. 开关

438. 作业完毕后把所有物件归回到指定位置，并摆放（　　）。

A. 干净　　B. 方正　　C. 标准　　D. 整齐

439. 将工作场地（　　）清理，做到工完料净，场地干净。

A. 打扫　　B. 清洁　　C. 彻底　　D. 干净

440. 严禁进入挂有“（　　）”标志的禁区。

A. 有电　　B. 危险　　C. 有电危险　　D. 给电

441. 接触网发生接地短路时，人要远离地点（　　）米开外。

A. 20　　B. 25　　C. 10　　D. 15

442. 为防止跨步电压伤人，若在（　　）米以内时，要双脚跳离短路场地。

A. 20　　B. 15　　C. 10　　D. 5

443. 当发生触电事故时，应立即断开（　　）闸刀。

A. 电源　　B. 开关　　C. 灯光　　D. 设备

444. 使用酒精、汽油等易燃品作业时，严禁有人（　　），严禁进行焊接作业。

A. 作业　　B. 吸烟　　C. 放油　　D. 来往

445. 电气焊作业必须有专人在场监控，不得盲干，以免（　　）事故。

A. 产生　　B. 发生　　C. 发现　　D. 出现

446. 岗前不得饮酒，作业中要精神集中，不得做与本职工作（　　）的事。

A. 关联　　B. 无关　　C. 相关　　D. 有关

447. 在使用电焊机前，首先要确认设备状态良好，在焊线、（　　）等器具没有布置到现场前，禁止开启电焊机。

A. 焊炬　　B. 焊把　　C. 焊钳　　D. 焊机

448. 氧气、乙炔气瓶应（　　）存放。

A. 统一　　B. 打开　　C. 分开　　D. 无所谓

449. 作业时，禁止把焊接用的带电电线与（　　）放在一起。

A. 气焊管　　B. 胶管　　C. 气管　　D. 水管

450. 氧气瓶、乙炔气瓶在干燥剂空气流通地点，不得靠近火焰或受阳光暴晒的地方，与明火距离不少于（　　）米。

A. 10　　B. 15　　C. 18　　D. 20

451. 乙炔瓶和氧气瓶要按规定保持间隔，并且不得（　　）电焊机。

A. 接近　　B. 远离　　C. 靠近　　D. 接触

452. 氧气瓶、乙炔气瓶在冬季与暖气片的距离不得少于（　　）米。

A. 1　　B. 2　　C. 3　　D. 4

453. 氧气瓶、乙炔气瓶禁止靠近易燃品及带电电线，不得与（　　）接触。

A. 布块　　B. 油脂　　C. 沙土　　D. 杂物

454. 作业完毕收工后，应按规定存放好焊接用具，及时（　　）电焊机开关及电源总闸。

A. 开启　　B. 关闭　　C. 打开　　D. 开放

455. 电焊作业时禁止单人作业，禁止（　　）作业。

A. 多人　　B. 无防护　　C. 带电　　D. 冒险

456. 焊接场地应安装能（　　）排出毒性气体的通风设备。

A. 按时　　B. 随时　　C. 按情况　　D. 按烟尘

457. 焊接室室内温度应（　　）焊修机件所需要的温度。

A. 符合　　B. 适合　　C. 合适　　D. 包括

458. 焊接室内地面应经常（　　）干燥整洁，严禁放置易燃物品。

A. 保护　　B. 保持　　C. 随意　　D. 应该

459. 电焊工在室外焊接时，须先检查周围情况，至少应与易燃品存放处所距离（　　）m 以上。

A. 10　　B. 5　　C. 8　　D. 15

460.（　　）雨、雪天气在室外未设遮盖的处所实行露天焊接。

A. 不论　B. 只要　C. 禁止　D. 可以

461. 电焊工应按规定穿专用防护服装、佩戴（　　）及面罩。

A. 眼镜　B. 褐色眼镜　C. 护目镜　D. 黑色眼镜

462. 实行气焊时，禁止（　　）火焰或吸烟走向乙炔发生器附近。

A. 携带　B. 靠近　C. 手持　D. 离开

463. 燃点火口时，不得以手持引火物点火，燃点时应先开（　　）阀然后放出瓦斯点着。

A. 乙炔　B. 电源　C. 氧气　D. 压力

464. 熄火时，先关瓦斯口再关（　　）阀停止工作时，必须关闭瓦斯和氧气的总开关。

A. 乙炔　B. 电源　C. 氧气　D. 压力

465. 在任何情况下，不得用（　　）拆卸燃烧的火口，亦不得带火检修火口。

A. 布　B. 手套　C. 手　D. 工具

466. 气焊工在工作时，应备有盛装清洁（　　）的容器，以备冷却火口。

A. 热水　B. 灭火器　C. 水　D. 冷水

467. 减压阀与焊接咀或切割咀连接时，须用（　　）m 以上的胶管。

A. 12　B. 15　C. 18　D. 20

468. 减压阀与焊接咀或切割咀连接时，两端必须用（　　）卡紧，不准用绳子或铁丝代替。

A. 绳索　B. 铜丝　C. 卡子　D. 铁丝

469. 焊接器上各软管，应正确与严密地连接在乙炔（　　）和减压器上。

A. 压力器　B. 减压阀　C. 发生器　D. 减压器

470. 禁止（　　）带有伤痕或缠以绝缘带及其他材料的软管。

A. 携带　B. 使用　C. 绑扎　D. 挪用

471. 氧气管与乙炔管（　　）互换使用，亦不准靠近火焰。

A. 可以　B. 不可以

C. 也可以也不可以　D. 不准

472. 向乙炔发生器内给水时，应保证其给水量在发生乙炔气体时的温度不超过（　　）℃。

A. 50　B. 60　C. 70　D. 80

473. 乙炔发生器应具有有效水空间，溶解 1 kg 电石应注水（　　）kg 以上。

A. 10　B. 15　C. 18　D. 20

474. 乙炔发生器离明火或工作地点不得少于（　　）m。

A. 10　B. 15　C. 18　D. 20

475. 检查乙炔发生器泄漏时，应以石灰溶液或肥皂水涂抹检查；严禁用（　　）检查。

A. 水　B. 火　C. 肥皂水　D. 泡沫

476. 乙炔发生器应实行定期检查，每使用（　　）h 应大修一次。

A. 2 000　B. 2 800　C. 3 500　D. 3 000

477. 乙炔发生器缺少安全装置或安全装置（　　），会发生爆炸。

A. 丢失　B. 失效　C. 失灵　D. 不存在

478. 不准使用没有减压器的气瓶，减压器的压力表应（　　）按标准压计核验一次。

A. 每日　　B. 每周　　C. 每月　　D. 每季

479. 氧气瓶应垂直放在架子上，并应围栏，距明火及焊枪喷火处（　　）m 以外。

A. 10　　B. 15　　C. 20　　D. 5

480. 气瓶放气时，应（　　）开启阀门，吹除污物，以防止灰尘和水分带入减压器。

A. 慢慢　　B. 快速　　C. 缓慢　　D. 时快时慢

481. 减压器必须有两个压力计，一为高压，一为（　　）。

A. 中压　　B. 减压　　C. 或高或低　　D. 低压

482. 氧气瓶不得与易燃气体混在一起，并不准放在露天使用，应放在棚中用挡板加以防护，气瓶温度不超过（　　）°C。

A. 35　　B. 40　　C. 45　　D. 50

483. 氧气瓶压力不准全部用尽，应最少剩余（　　）kPa。

A. 100 ~ 200　　B. 150 ~ 200　　C. 200 ~ 210　　D. 110 ~ 220

484. 用完的空瓶应单独存放，并标明“(　　)”字样。

A. 无　　B. 重　　C. 空　　D. 有

485. 焊割作业周围（　　）m 以内不得有易燃易爆物品。

A. 10　　B. 5　　C. 15　　D. 20

486. 焊接容器时，对于无毒和非易燃气体的容器在（　　）条件下进行。

A. 有压力　　B. 无气味　　C. 无压力　　D. 压力

487. 焊接容器时，对于易燃有毒气体的容器必须进行（　　），容器内的残油、残渣、残液要全部清除、煮洗干净后进行。

A. 清除　　B. 清理　　C. 洗刷　　D. 煮洗

488. 在电焊打火前，应向周围人员发生警告后再施焊，清除焊割熔渣时，要防止（　　）伤人。

A. 烫伤　　B. 打火　　C. 飞溅　　D. 加热

489. 焊割工作完毕后，应及时切断电、风管路，（　　）把焊钳、导线、焊枪、割枪及管套放在钢轨后潮湿的地面上。

A. 可以　　B. 不可以　　C. 可能　　D. 禁止

490. 使用氧气瓶、乙炔瓶时，应注意氧气瓶与乙炔瓶距离应在（　　）m 以上。

A. 5　　B. 8　　C. 10　　D. 15

491. 使用氧气瓶、乙炔瓶时，氧气瓶与乙炔瓶距离明火应在（　　）m 以上。

A. 10　　B. 15　　C. 5　　D. 15

492. 露天工作场所遇有（　　）以上大风，禁止高空作业。

A. 五级　　B. 六级　　C. 七级　　D. 八级

493. 从停留车辆的端部通过时，要留有安全距离，徒手通过时不少于（　　）m。

A. 3　　B. 5　　C. 6　　D. 4

494. 从停留车辆的端部通过时，要留有安全距离，搬运材料、工具时不少于（　　）m，要迅速通过，不得在轨道中停留。

A. 5　　B. 6　　C. 7　　D. 4

495. 易燃品要放在固定地点，由（　　）妥善保管。

A. 班组长　　B. 电焊工　　C. 专人　　D. 其他人

496. 专用油箱、油桶应放在指定的安全地点，加强防护，周围不得有（　　）作业。

A. 检修　　B. 施工　　C. 明火　　D. 停放

497.（　　）在内部有压力的容器或盛有危险性液体、气体及爆炸物的容器上实施焊接。

A. 同意　　B. 可以　　C. 禁止　　D. 不可以

498. 禁止靠近易燃品及带电的电线，不得与（　　）接触。

A. 空气　　B. 水　　C. 油脂　　D. 工具

499. 衣服在（　　）情况下，禁止焊修作业。

A. 干燥　　B. 风干　　C. 清爽　　D. 潮湿

500. 作业完毕收工后，应按规定存放好（　　）和焊接用具，及时关闭电焊机开关及电源总闸。

A. 工具　　B. 用具　　C. 气瓶　　D. 用车

501. 危险源“库内作业跳跃地沟”的预控措施是：越过地沟时从渡板上通过，无渡板时应（　　）

A. 跳过　　B. 翻过　　C. 蹦过　　D. 绕行

502. 危险源“天车吊运作业时臆测行车”的控制标准是：指挥（　　）不明不动车。

A. 信号　　B. 指挥　　C. 行车　　D. 标准

503.“气、焊割作业时发生气体泄漏”的控制标准是：气表、（　　）、气管及气瓶无泄漏。

A. 气表　　B. 气管　　C. 气瓶　　D. 焊枪

504.“厂内机动车性能不良或操作不当”的控制标准是：按计划检修确保性能良好，周围的（　　）不明不动车。

A. 性能　　B. 状况　　C. 良好　　D. 动车

505.“公铁两用车未按规定使用”的控制标准是：机车（　　）牵引。

A. 平稳　　B. 规定　　C. 使用　　D. 标准

506.“电气焊作业防护措施不足”的控制标准是：电气焊现场无（　　）的物品。

A. 作业　　B. 措施　　C. 易燃易爆　　D. 标准

507.“电气焊作业防护措施不足”的风险等级为（　　）的。

A. 高度　　B. 中度　　C. 低度　　D. 轻度

508. 在安全生产工作中，必须坚持“(　　)”方针。

A. 生产重于泰山

B. 以人为本

C. 管生产

D. 安全第一，预防为主，综合治理

509. 下列不属于从业人员安全生产法定的权利的是（　　）。

A. 调整岗位权　　B. 拒绝违章作业权

C. 建议权　　D. 批评权

510. 从业人员对本单位安全生产工作中存在的问题有权提出的（　　）和控告。

A. 报告　　B. 检举　　C. 揭发　　D. 取证

511. 根据《安全生产法》的规定，从业人员发现一般事故隐患或者潜在危险因素的，应当立即（　　）。

A. 现场　　B. 作业

C. 向部门报告　　D. 向本单位负责人报告

512.《安全生产法》规定：用人单位必须为劳动者提供符合国家规定的劳动安全卫生条件和必要的劳动防护用，对从事有职业危害作业的劳动者应当的（　　）检查。

A. 符合国家规定　　B. 定期进行健康

C. 安排时间　　D. 定期

513. 用人单位对从事接触职业病危害作业的劳动者，应当提供（　　）。

A. 防护用品　　B. 物质奖励

C. 表扬　　D. 岗位

514.《职业病防治法》规定：用人单位应采取措施保障劳动者获得职业卫生保护，必须依法参加（　　）的。

A. 养老　　B. 医疗

C. 工伤社会保险　　D. 失业

515. 特种作业应具备以下特点：一是独立性；二是的（　　）；三是特殊性。

A. 特点性　　B. 危险性　　C. 独立性　　D. 特殊性

516. 按我国颁布的《低压电路接地保护导则》中规定：正常情况下，人体工频安全电压上限值为（　　）V。

A. 50　　B. 86　　C. 75　　D. 250

517. 人体浸于水中的安全电压为（　　）V。

A. 2.5　　B. 50　　C. 36　　D. 25

518. 人体显著淋湿状态下的安全电压为（　　）V。

A. 25　　B. 50　　C. 36　　D. 250

519. 在一般情况下人体的电阻值约为（　　）V。

A. 1 700　　B. 8 000　　C. 6 000　　D. 5 000

520. 一般成年男性的平均感知工频电流为（　　）mA（毫安）。

A. 1　　B. 10　　C. 100　　D. 50

521. 一般成年男性的摆脱工频电流为（　　）mA（毫安）。

A. 10　　B. 15　　C. 100　　D. 50

522. 一般成年男性的致命工频电流为（　　）mA（毫安）。

A. 50　　B. 100　　C. 105　　D. 150

523. 在一般情况下人体所能承受而无致命危险的最大工频电流为（　　）mA（毫安）。

A. 30　　B. 40　　C. 100　　D. 50

524. 电流通过人体最危险的途径是（　　）的电流路径。

A. 从脚　　B. 从左手

C. 从左手到前胸　　D. 从右手

525. 高处作业存在的主要危险是的（　　）。

A. 高压　　B. 爆炸　　C. 触电　　D. 坠落

526. 高处作业危险作业，分为四级:一级为距基准面高度（　　）m。

A. 2~5　　B. 5~15　　C. 15~30　　D. 30以上

527. 高处作业危险作业，分为四级:二级为距基准面高度（　　）m。

A. 5~15　　B. 15~30　　C. 30以上　　D. 20~50

528. 高处作业为危险作业，分为四级：三级为距基准面高度（　　）m。

A. 15~30　　B. 30以上　　C. 50~150　　D. 20~50

529. 高处作业为危险作业，分为四级：四级为距基准面高度（　　）m。

A. 30以上　　B. 40以上　　C. 50以上　　D. 60以上

530. 忠于职守，热爱本职是社会主义国家对每个从业人员的（　　）要求。

A. 最高　　B. 基本　　C. 全面　　D. 局部

531. 产业工人的职业道德要求是（　　）。

A. 精工细作，文明生产　　B. 为人师表

C. 廉洁奉公　　D. 治病救人

532. 掌握必要的职业技能是（　　）的。

A. 立足社会的前提　　B. 社会应尽的道德义务

C. 为人民服务的先决条件　　D. 唯一条件

533. 职业道德是促使人们遵守职业纪律的思想基础和的（　　）。

A. 工作　　B. 源泉　　C. 思想　　D. 动力

534. 职业纪律是职业活动得以正常进行的基本保证，它体现国家利益、集体利益和（　　）的一致性。

A. 国家　　B. 集体　　C. 企业利益　　D. 整体

535. “公铁两用车未按规定使用”的风险等级为（　　）的。

A. 轻度　　B. 低度　　C. 中度　　D. 高度

536. 职业纪律具有一定的强制性。它用制度（　　）的，规章的形式强迫人们必须这样做，不许那样做。

A. 强制　　B. 强迫　　C. 守则　　D. 共同利益

537. 在履行岗位职责时，（　　）。

A. 靠强制性　　B. 靠自觉性

C. 可以不履行　　D. 强制性与自觉性相结合

538. 树立质量意识是一个职业劳动者恪守的（　　）要求。

A. 主义　　B. 职业道德　　C. 品质　　D. 思想

539. 我国规定安全电压为（　　）V。

A. 36　　B. 48　　C. 60　　D. 42

540. 有人触电时的（　　）。

A. 找医生　　B. 用手将触电者拉起

C. 奋不顾身　　D. 首先切断电源

541. 如果触电时有0.1 A的电流通过人体（　　）s，就会使人致命。

A. 1　　B. 5　　C. 10　　D. 20

542. 紫外线过度照射眼睛易引起（　　）炎。

A. 角膜　B. 电光性眼　C. 紫外线　D. 青光

543. 职业道德是人们在一定的职业活动中所遵守的（　　）总和。

A. 行为　B. 行为规范　C. 责任　D. 义务

544. 下列不符合职业道德要求的是（　　）的。

A. 检查上道工序、干好本道工序、服务下道工序

B. 主协配合，师徒同心

C. 粗制滥造，野蛮操作

D. 严格执行工艺要求

545. “厂内机动车性能不良或操作不当”的风险等级为（　　）的。

A. 轻度　B. 低度　C. 中度　D. 高度

546. 夏天工作时，出汗多，更应注意做好防护的（　　）。

A. 防止烫伤　B. 防止打眼睛

C. 防止中毒　D. 防止触电

547. 人体只触及一根火线（相线），这是的（　　）。

A. 双线　B. 跨步　C. 不是　D. 单线触电

548. 保护接地防触电措施适用于（　　）电源。

A. 一般　B. 直流　C. 交流　D. 三相三线制交流

549. 登高梯子必须符合安全要求，放置要稳妥，防止滑倒或倾斜，梯子和地面夹角宜在（　　）为好。

A. 70°　B. 80°　C. 90°　D. 75°

550. 登高梯子为人字梯时，两梯夹角宜为（　　）左右，并用限挂铁钩挂牢。

A. 45°　B. 55°　C. 65°　D. 60°

551.（　　）是社会主义职业道德的基础和核心。

A. 爱岗敬业　B. 服务　C. 社会主义　D. 国家

552. 从业者的职业态度是既（　　），也为别人。

A. 为国家　B. 为人民　C. 为自己　D. 为家人

553. 任何违反职业纪律的行为都是（　　）行为。

A. 不道德的　B. 违法行为

C. 侵害他人行为　D. 保护行业行为

554. 职业纪律是用制度（　　）的，规章的形式强迫人们必须这样做，不许那样做。

A. 强制　B. 强迫　C. 守则　D. 共同利益

555. 职业纪律与职业活动的法律、法规是职业活动能够正常进行的（　　）。

A. 主要　B. 基本保证　C. 必然　D. 相对

556.（　　）是职业道德最基本的要求，也是职业道德的具体表现。

A. 规章　B. 行为　C. 职业纪律　D. 规范

557. 职业守则要求从业人员要（　　），主协配合。

A. 守则　B. 团队协作　C. 任劳　D. 任怨

558. 保守企业秘密就是保护职工的切身（　　）。

A. 利益　B. 效益　C. 收入　D. 利润

559. 机车检修中心严格执行“(　　)、三化”记名检修制度。
A. 一按　B. 二按　C. 四按　D. 三按
560. 遵守文明生产的要求，保持（　　）的卫生整洁。
A. 文明　B. 生产　C. 职场　D. 机车上
561. 禁止（　　）人员上岗作业。
A. 无证　B. 外来　C. 有证　D. 其他
562. 工作时必须按规定穿戴好的（　　）防护用品，着装整洁。
A. 防护　B. 劳保　C. 面罩　D. 棉衣
563. 工作时不得赤足裸背，不得穿高跟鞋、塑料底鞋、(　　）上岗作业。
A. 凉鞋　B. 钉子鞋　C. 塑料底鞋　D. 高跟鞋
564. 库内的消防设施必须随时保持状态良好，不得损坏和（　　）动用消防器材。
A. 损坏　B. 无故　C. 库内　D. 动用
565. 在工作时间，人员进入检修库内必须戴好（　　）。
A. 帽子　B. 防护镜　C. 安全帽　D. 面罩
566. 作业完毕必须做到关闭所有设备、设施的（　　）。
A. 设施　B. 设备　C. 开关　D. 完毕
567. “氧气、乙炔气瓶使用存放距离不足”的风险等级为（　　）。
A. 高度　B. 中度　C. 低度　D. 轻度
568. 将工作场地（　　）的清理，做到工完料净，场地干净。
A. 料净　B. 清洁　C. 彻底　D. 干净
569. 严禁进入挂有“(　　)”的标志的禁区。
A. 有电　B. 危险　C. 有电危险　D. 给电
570. 接触网发生接地短路时，人要远离地点（　　）m 开外。
A. 20　B. 25　C. 30　D. 35
571. 为防止跨步电压伤人，若在（　　）m 以内时，要双脚跳离短路场地。
A. 20　B. 25　C. 30　D. 35
572. 当发生触电事故时，应立即断开（　　）闸刀。
A. 电源　B. 闸刀　C. 灯光　D. 设备
573. 岗前不得饮酒，作业中要精神集中，不得做与本职工作（　　）的事。
A. 关联　B. 无关　C. 相关　D. 有关
574. 特种作业人员是指（　　）特种作业的人员。
A. 直接从事　B. 间接　C. 管理　D. 作业
575. 库内不准骑自行车、摩托车、三轮车等代步交通工具行走，(　　）跳越地沟。
A. 绕行　B. 禁止　C. 不准　D. 不许
576. 库内不准停放自行车和其他妨碍（　　）作业通行的车辆。
A. 库内　B. 库外　C. 机车　D. 叉车
577. 三级安全教育是指新进入企业的人员，通过入厂教育、车间教育和(　　）的教育。
A. 机台　B. 岗位　C. 班组　D. 排放
578. 安全电压额定值的等级为 42、36、24、(　　）和 6 V。

A. 12　B. 24　C. 36　D. 42

579. 工作时间内要坚守岗位，严禁（　　）、扎堆聊天。

A. 溜岗串哨　B. 说话　C. 织毛衣　D. 打电话

580. 工作时间内严禁大声吵闹喧哗，严禁的（　　）、下棋、织毛衣等做与本职无关的事。

A. 下棋　B. 打牌　C. 聊天　D. 打电话

581. 作业完毕后将工作场地彻底清理，做到（　　），场地干净。

A. 清理　B. 彻底　C. 工完料净

582. 操作者必须按要求持有的（　　）合格证，严禁无证操作，禁止他人动用工装设备。

A. 乘车证　B. 设备操作　C. 工作证

583. 设备发生故障时，立即停机，保护好现场，及时通知设备工程师和（　　）进行故障确认，并做好处理记录。

A. 值班　B. 调度　C. 维修工长　D. 设备

584. 严格执行（　　），严禁超压、超负荷等违章作业。

A. 超压　B. 超负荷　C. 违章作业　D. 操作规程

585. 操作者应熟悉设备（　　）、性能、使用原理。

A. 构造　B. 性能　C. 熟悉　D. 原理

586. 所有设备都要进行润滑五定：定点、定时、定质、定量、（　　）。

A. 定点　B. 定质　C. 定量　D. 定人

587. 使用设备必须执行两定即：（　　）、定设备。

A. 定点　B. 定质　C. 定量　D. 定人

588. 使用设备必须执行三包即：包使用、包养修、（　　）。

A. 包使用　B. 包管理　C. 包养护　D. 包保管

589. 设备使用人要按照三好即：管理好，（　　）养修好的范围要求使用设备。

A. 保管好　B. 管理好　C. 养修好　D. 使用好

590. 设备使用人要按照四会即：（　　）、会养修、会检查、会排除故障。

A. 会保管　B. 会管理　C. 会养护　D. 会使用

591. 上岗前穿好工作服，戴好工作帽，要求整齐清洁，班前严禁（　　）。

A. 溜岗串哨　B. 打电话　C. 聊天　D. 饮酒

592. 常用的灭火器有泡沫、酸碱、清水、（　　）、二氧化碳、1211 等 6 种类型。

A. 泡沫　B. 酸碱　C. 清水　D. 干粉

593. 劳动保护就是对劳动者在生产中的（　　）与健康所实行的保护措施。

A. 保障　B. 安全　C. 保护　D. 违章

594. 电气事故包括：（　　）、设备烧毁、电气引起火灾、爆炸以及电击引起的人身事故。

A. 人身触电　B. 火灾　C. 触电　D. 伤害

595. 职业危害分为（　　）、接触毒物危害、物理因素危害、缺氧危害等。

A. 粉末　B. 粉尘危害　C. 空气　D. 机械

596. 劳动保护基本任务是预防生产过程发生的人身设备事故，形成良好的劳动环境和工作（　　）而采取的一系列措施和活动。

A. 设备　B. 秩序　C. 活动　D. 环境

597. 为了防止工伤、火灾、爆炸等事故的发生，创造（ ）安全劳动条件而采取各种技术措施。

A. 条件 B. 良好 C. 劳动 D. 采取

598. 事故的四不放过是：事故原因分析不清不放过；事故责任者和群众没有受到教育不放过；没有（ ）措施不放过；事故责任者没有受到处罚不放过。

A. 防范 B. 防卫 C. 防止 D. 预防

599. 新进入企业工作的员工或其他人员，必须接受（ ）安全教育，本企业内部员工在调动、转岗、复工或变换工种，必须接受安全教育。

A. 三级 B. 四级 C. 五级 D. 六级

600. 用人单位应依法建立和完善（ ）制度，保障劳动者享有劳动权利和履行劳动义务。

A. 规章 B. 规范 C. 规则 D. 规程

二、判断题

1. 特种作业人员必须取得特种作业资格，即拿到特种作业资格证书才能上岗。（ ）

2.《职业病防治法》规定：劳动者享有了解工作场所产生或者产生职业病危害因素、危害后果和应当采取职业病防护措施权利。（ ）

3. 特种作业是指容易发生人员伤亡事故，对操作者本人、他人及周围设施安全可能造成重大危害作业。（ ）

4. 疲劳强度是表示在冲击载荷作用下而不致引起断裂的最大应力。（ ）

5. 受冲击载荷作用的工件，考虑机械性能的指标主要是疲劳强度。（ ）

6. 物质从液体状态转变为固体状态过程称为结晶。（ ）

7. 电焊机不带电的金属外壳，无须采用保护接零或保护接地的防护措施。（ ）

8. 由于电弧温度极高，可使其周围金属熔化、蒸发并飞溅到皮肤表层而使皮肤表层而使皮肤金属化。（ ）

9. 杜绝无证人员进行焊接切割作业。（ ）

10. 焊接切割设备的安装、检查和修理应由持证电工来完成，焊工也可自行检查和修理焊接切割设备。（ ）

11. 人触电以后，如果未见明显致命外伤，就不能轻率地认定触电者已经死亡，而应该看作是“假死”，施行急救。（ ）

12. 触电急救第一步是使触电者迅速脱离电源，第二步是现场救护。（ ）

13. 当判定触电者呼吸和心跳停止时，应立即按心脏复苏法就地抢救。（ ）

14. 触电者如牙关紧闭，可改行口对鼻人工呼吸。吹气时要将触电者嘴唇紧闭，防止漏气。（ ）

15. 胸外按压是借助人力使触电者恢复呼吸的急救方法。（ ）

16. 在医务人员未前来接替抢救前，现场人员不得放弃对触电者现场抢救。（ ）

17. 压迫止血法是最迅速临时止血法，即用手指、手掌或止血橡皮带在出血处供血端将血管压瘪在骨骼上而止血。（ ）

18. 危险化学品是指具有毒害、腐蚀、易燃、易爆、助燃特质，对人体、设施、环境具有危险化学品。(　　)

19. 要确保使用者在使用化学品和采取预防措施方面接受有效培训。(　　)

20. 构成燃烧 3 个要素都存在着极限值，未达到一定浓度、数量、或温度、热量不够，燃烧也不会发生。(　　)

21. 凡能与氧和其他氧化剂发生剧烈氧化反应物质，都称为可燃物质。(　　)

22. 凡能引起可燃物质燃烧热能，都叫着火源。(　　)

23. 可燃物、助燃物和着火源构成燃烧 3 个要素。(　　)

24. 对于已进行着燃烧，若消除其中任何一个要素，燃烧便会终止，这就是灭火基本理论。(　　)

25. 物质的自燃点越低，发生火灾的危险越小。(　　)

26. 爆炸是物质在瞬间以机械形式释放出大量气体和能量现象。(　　)

27. 发生化学性爆炸物质，按其特性可分为两类：一类是炸（火）药；另一类是可燃物质与空气形成爆炸性混合物。(　　)

28. 在低于下限和高于上限浓度时，是不会发生爆炸。(　　)

29. 乙炔气瓶口着火时，设法立即关闭瓶阀，停止气体流出，火即熄灭。(　　)

30. 尘肺是指由于长期吸入超过规定浓度粉尘，引起肺组织弥漫性纤维化变化地病症。(　　)

31. 氟化氢主要产生于手工的电弧焊使用酸性焊条时。(　　)

32. 紫外线对眼睛短时照射就会引起急性角膜结膜炎，层为电光性眼炎。(　　)

33. 一般个人防护措施除穿戴工作服、鞋、帽、手套、眼镜、口罩、面罩等防护用品外，必要时可采用送风盔式面罩及防护口罩。(　　)

34. 发生急性中毒事故，发现者应立即发出报警信号，并通知有关指挥负责人，并及时与医疗卫生机构（救护站）取得联系。(　　)

35. 在进行化工及燃料容器和管道焊割作业时，必须采取切实可靠防爆、防火和防毒等技术措施。(　　)

36. 化工及燃料容器和管道焊割作业时，置换和清洁必须注意不能留死角。(　　)

37. 登高焊割作业应避开高压线、裸导线及低压电源线，不可避开时，上述线路必须停电，并在电闸上挂上“有人工作，严禁合闸”警告牌。(　　)

38. 水下切割属于冷切割的方法。(　　)

39. 使用割炬切割发生回火时，应立即关闭切割氧调节阀，然后关闭乙炔调节阀及预热氧调节阀。(　　)

40. 氧气、乙炔管道，均应涂上相应气瓶漆色、规定颜色和标明名称，便于识别。(　　)

41. 电渣焊焊接的烟尘及有害气体小，可以不采用通风保护。(　　)

42. 焊接室内部的空气和潮气，不会影响真空度和缩短抽气时间。(　　)

43. 焊接过程中不允许用肉眼直接观察熔池，必要时应配防护眼镜或在现场设置护目玻璃。(　　)

44. 劳动者在劳动过程中必须严格遵守安全操作规程。(　　)

45. 化学性爆炸三个基本要素是：化学反应高速度，同时产生大量气体和热量。(　　)

46. 可燃液体表面或容器内蒸汽与空气混合而形成混合可燃气体或可燃液体，遇明火会发生一闪即灭瞬间火苗或闪光，这种现象叫闪燃（　　）

47. 引起闪燃时最低温度叫作闪点。(　　)

48. 着火是可燃物质与火源接触能燃烧，并且在火源移去后仍能保持继续燃烧现象。(　　)

49. 可燃性物质发生着火最低温度，称为着火点或燃点。(　　)

50. 乙炔气着火可用二氧化碳、干粉灭火器扑灭。(　　)

51. 一般可燃物着火，可用酸碱灭火器或清水灭火。(　　)

52. 氧气瓶阀门着火，只要操作者将阀门关闭，断绝氧气，火会自行熄灭。(　　)

53. 安全生产包括两个方面内容：一是要预防工伤事故发生；二是要预防职业病危害。(　　)

54. 进入设备容器内实施焊接作业时，作业人员佩戴规定防护用具是保护自身免遭危害最后一道防线。(　　)

55. 凡利用电弧或火焰进行焊接或切割作业，均为动火，或称动火作业。(　　)

56. 防溺水是水下湿法焊接的最主要安全问题。(　　)

57. 可以补焊未开孔洞的密封容器。(　　)

58. 除了在供气总管处安装回火防止器外，还应在割炬柄与供气管之间安装防爆阀。(　　)

59. 水下焊接时，电流一旦接通，切记背向工件的接地点，把自己置于工作点与接地点之间。(　　)

60. 水下焊接时，焊工切忌把电极尖端指向自己潜水盔，任何时候都要注意不可使身体或工具任何部分成为电路。(　　)

61. 乙炔只是易燃易爆的气体，并不具有毒性。(　　)

62. 气瓶、容器、管道、仪表等连接部位应采用涂抹肥皂水的方法检漏，也可使用明火检漏。(　　)

63. 乙炔导管必须从回火防止器出口接出，禁止直接与乙炔发生器出口连接。(　　)

64. 禁止乙炔发生器在超过乙炔最高工作压力或超负荷以及供水不足情况下使用。(　　)

65. 乙炔气瓶搬运、装卸、使用时都应竖立放稳，严禁在地面上卧放并直接使用。(　　)

66. 要使用已卧放乙炔气瓶，必须先直立后，静止 20 分钟再连接乙炔减压器进行使用。(　　)

67. 容器和管道内的焊接，当操作人员在更换焊条时，由于电焊机空载电压一般为 50～90 V，四周都是金属导体，所以触电危险性更小（　　）

68. 焊接时禁止将过热焊钳浸在水中冷却后立即继续使用。(　　)

69. 焊接场所应有通风除尘设施，防止焊接烟尘和有害气体对焊工造成伤害。(　　)

70. 电弧切割在垂直的位置切割时，应由下向上切削。(　　)

71. 有焊接电源供给，具有一定电压两电极间或电极与母材间，在气体介质中产生强烈而持久放电现象，叫作焊接电弧。(　　)

72. 职业道德不仅是从业人员在职业活动中行为要求，而且是本行业对社会所承担道德责任和义务。(　　)

73. 电弧是一种气体燃烧的现象。(　　)

74. 在空气中产生的电弧要有 3 个必要条件：既气体电离、电极熔化及电子发射。(　　)

75. 高频高压引弧法，由于采用较高的电压，因此比较危险。(　　)

76. 直流电弧由阴极区、阳极区和弧柱区这 3 个不同性质区域组成。(　　)

77. 直流电弧的弧柱区最宽，阳极区和阴极区很窄，只有 0.1 ~ 0.2 mm 宽。(　　)

78. 一个弧长对应一条电弧静特性曲线。(　　)

79. 所有焊接方法的静特性曲线，其形状都是一样的。(　　)

80. 一种焊接方法具有无数条静特性曲线。(　　)

81. 弧长变化时，焊接的电流和电弧的电压都要发生变化。(　　)

82. 弧长变化时，焊接电弧静特性曲线的基本形状不变，只是曲线左右移动。(　　)

83. 直流电源比交流电源稳弧性好。(　　)

84. 交流弧焊电源的频率是市电频率（50 Hz）。(　　)

85. 当焊条药皮中含有较多易电离元素时，电弧燃烧较稳定。(　　)

86. 焊接 V 形坡口平板对接焊缝时，发现电弧始终偏向一边，这可能因为平板带有磁性产生偏磁吹现象。(　　)

87. 焊机空载时，由于输出端没有电流的，所以不消耗电能。(　　)

88. 空载电压是焊机本身所具有的一个电特性，所以和焊接电弧的稳定燃烧没有什么关系。(　　)

89. 焊机空载电压越高，越容易引弧。(　　)

90. 焊机空载的电压值为 85 ~ 115 V，表示焊机运转正常。(　　)

91. 焊机输出端不能短路，否则电源的熔丝将被熔断。(　　)

92. 弧焊时，电弧静特性曲线与电源外特性曲线交点就是电弧燃烧工作点。(　　)

93. 焊条电弧焊常配用陡降特性电源是因为弧长变化时，焊接电流变化较大，电弧的自身调节作用强。(　　)

94. 弧焊变压器全部都是降压变压器。(　　)

95. 选择弧焊电源时，主要考虑 3 个方面，既电源输出特性、电源经济性、电源适应性。(　　)

96. 焊条的规格都以焊条药皮的直径来表示。(　　)

97. 锰是一种很好合金剂，焊条或焊丝中含锰量增加，其强度和韧度增加。(　　)

98. 酸性焊条和碱性焊条是按照焊条熔渣成分来区分。(　　)

99. 酸性焊条中含有的氟化物比碱性焊条多。(　　)

100. 碱性焊条只能采用直流的电源焊接，酸性焊条不可采用直流电源焊接。(　　)

101. 碱性焊条的工艺性能差，引弧困难，电弧稳定性差，且飞溅大，故只能用于一般结构的焊接。(　　)

102. 碳素钢焊条型号 E4303 中的前两位数字“43”表示熔敷金属抗拉强度的最大值为 430 MPa。(　　)

103. 碳素钢的焊条 E5024 适用于全位置焊。(　　)

104. 在低温条件下工作焊件，应选择低温钢焊条进行焊接。(　　)
105. 焊剂的作用主要是为了获得光滑美观的焊缝表面成形。(　　)
106. 埋弧焊常用焊剂是熔炼焊剂。(　　)
107. 焊接低温韧度较高的结构可以采用高硅高锰焊剂配合低碳素钢焊丝。(　　)
108. 碱性焊条使用前需经烘干方可使用，酸性的焊条不必烘干。(　　)
109. 焊丝按其结构可分为实芯焊丝和药芯焊丝。(　　)
110. 药芯焊丝不需要外加气体或焊剂的保护即可进行焊接。(　　)
111. 为了改善熔敷金属的力学性能，常常在焊丝表面镀有一层铜。(　　)
112. 焊条药皮占整个焊条的重量比称为焊条药皮的重量系数。(　　)
113. 在选择焊条时，必须保证焊条熔敷金属的强度大大超过母材金属的强度。(　　)
114. 异种钢焊接，如低碳素钢与低合金钢、不同强度等级低合金钢焊接，一般选用与较低强度等级钢材相匹配焊条。(　　)
115. ER50-4 是一种不锈钢焊条的型号。(　　)
116. 二氧化碳药芯焊丝焊接时比二氧化碳实芯焊丝飞溅小得多。(　　)
117. 二氧化碳气体的钢瓶外表涂成白色。(　　)
118. 用于焊接用的二氧化碳气体要求其体积分数不小于 99.9%。(　　)
119. 二氧化碳气体中水分是影响二氧化碳气体保护焊焊接质量重要因素。(　　)
120. 从业者的职业态度就是为了自己。(　　)
121. 道德是靠舆论和内心信念来发挥和维持社会作用。(　　)
122. 任何违反职业纪律行为都是不道德行为。(　　)
123. 开坡口作用是保证焊缝根部焊透。(　　)
124. 焊接时开坡口、留钝边的目的是为了使接头焊缝根部焊透。(　　)
125. 焊缝金属是由填充金属构成的。(　　)
126. 焊缝的余高越高，连接强度越高，因此余高越高越好。(　　)
127. 焊缝形式、尺寸和焊接方法只能通过焊缝的符号来标注。(　　)
128. 焊接电流越大，熔深越大，因此焊缝成形系数越小。(　　)
129. 电弧电压主要影响焊缝的熔深。(　　)
130. 焊缝余高太高，易在焊趾处产生应力集中，所以余高不能太高，但不能低于母材金属。(　　)
131. 焊接速度主要影响焊缝的容宽。(　　)
132. 对接焊缝中的焊缝厚度就是熔深。(　　)
133. 咬边是产生在焊件母材与焊缝连接处沟槽或凹陷。(　　)
134. 焊缝符号是表示焊缝表面形状的符号。(　　)
135. 各种焊接位查中，仰焊最难拿握，平焊最好操作。(　　)
136. 由焊接电流与焊条直径关系可知：焊条直径越大，要求焊接电流也越大。(　　)
137. 焊接电流的选择只与焊条直径有关。(　　)
138. 增大电弧电压可显著提高焊接的生产率。(　　)
139. 不增加焊接电流，也可以使焊接热输入增大。(　　)
140. 焊接平焊缝用焊接电流应比焊接立焊缝用焊接电流大。(　　)

141. 厚度较大焊件应选用直径较粗焊条。（　　）

142. 焊条电弧焊的电弧电压主要由焊条直径来决定。（　　）

143. 用焊条电弧焊进行多层焊时，第一层焊道应选用直径较粗的焊条，以后各层应根据焊件厚度，选用直径较小的焊条。（　　）

144. 当填充金属材料一定时，熔深的大小决定了焊缝的化学成分。（　　）

145. 焊条电弧焊采用多层多道焊时，有利于提高焊缝金属塑性和韧性。（　　）

146. 两块工件装配成 V 形坡口的对接接头，其装配间隙两端尺寸都一样。（　　）

147. 装配 T 形接头时应在腹板与平板之间预留间隙，以增加熔深。（　　）

148. 焊接完毕收弧时应将熔池填满后再灭弧。（　　）

149. 焊前对施焊部位进行除污、除锈等是为了防止产生夹渣、气孔等焊接缺陷。（　　）

150. 在进行立焊、仰焊时应选择小焊接电流。（　　）

151. 焊接时为维持一定的弧长，焊接速度应等于焊条熔化速度。（　　）

152. 焊接热输入随焊接速度的增大而增大。（　　）

153. 采用低氢型焊条焊接时，焊条接直流电源的负极。（　　）

154. 在同样板厚情况下，焊接角焊缝电流比平焊时稍大。（　　）

155. 焊接时应尽量采用长弧焊接，因为长弧焊时电弧的范围大，保护效果好。（　　）

156. 药皮脱落焊条不能用于重要焊件焊接。（　　）

157. 焊条与焊件粘在一起是经常遇到的，出现这种情况时，应立即将焊钳从焊条上取下，并马上用手将焊条扳下。（　　）

158. 薄板的焊接时宜采用圆圈形运条法。（　　）

159. 焊条电弧焊横焊时，采用多层多道焊能比较容易地防止液态金属下坠。（　　）

160. 气孔是在焊接过程中，熔池中气泡在凝固中未能逸出而残留下来所形成空穴。（　　）

161. 冷裂纹又称延迟裂纹。（　　）

162. 热裂纹主要是由氢引起的。（　　）

163. 二氧化碳气体保护焊形成氢气孔可能性较小。（　　）

164. 二氧化碳气体保护焊的电源均为直流，具有陡降外特性。（　　）

165. 推丝式的送丝机构适用于长距离输送焊丝。（　　）

166. 二氧化碳气体保护焊送丝方式有 3 种：推丝式、拉丝式、推拉丝式。（　　）

167. 二氧化碳电弧加热集中，焊件受热面积小，可减少焊接应力和变形，所以在焊接大型钢结构架时采用二氧化碳气体保护焊比焊条电弧焊容易控制变形。（　　）

168. 拉丝式送丝系统送丝机构装在焊枪上。（　　）

169. 二氧化碳气路内预热器的作用是加热和吸收二氧化碳气体中的水分。（　　）

170. 二氧化碳气体保护焊一般采用的是直流正接。（　　）

171. 细丝二氧化碳气体保护焊时，熔滴应采用短路过渡；粗丝二氧化碳气体保护焊时，熔滴应采用颗粒状过渡。（　　）

172. 二氧化碳气体在高温下会发生分解，所以二氧化碳气体保护焊时，焊缝具有较高的力学性能。（　　）

173. 细丝二氧化碳气体保护焊使用的焊丝直径小于等于 2.0 mm。（　　）

174. 飞溅是二氧化碳气体保护焊常见现象。(　　)

175. 氧化性气体由于本身的氧化性较强，所以不适宜作为保护气体。(　　)

176. 气体保护焊不能采用混合的气体进行保护。(　　)

177. 二氧化碳气体保护焊焊接回路中串接电感作用是减小焊接飞溅。(　　)

178. 二氧化碳气体保护焊是焊接铝及铝合金较完善的焊接方法。(　　)

179. 二氧化碳气体保护焊与焊条的电弧焊相比，缺点之一是焊接接头抗冷裂性较差。(　　)

180. 当氧气与乙炔混合比为 1.1～1.2 时，乙炔燃烧的火焰是氧化焰。(　　)

181. 氧化焰可达到火焰温度最高。(　　)

182. 焊割用氧气胶管外表为黑色，乙炔胶管外表为红色，且氧气胶管管壁比乙炔胶管厚。(　　)

183. 气焊和气割用同一种工具，只是气割的氧气流量比气焊时大得多。(　　)

184. 乙炔是一种具有爆炸性危险气体，使用时要严格按规程操作。(　　)

185. 减压器作用是将高压气体减压到所需工作压力，并稳定气体工作压力，使气体工作压力不随气瓶内气体压力下降而下降。(　　)

186. 不锈钢可以采用的气割下料。(　　)

187. 任何的金属都可以气割。(　　)

188. 乙炔瓶内乙炔是溶解在丙酮内，丙酮可重复使用。(　　)

189. 割嘴离工件的距离应根据混合气体流量来决定。(　　)

190. 气割过程中，倘若发生爆鸣和回火现象，应立即关闭氧阀，然后关闭乙炔阀门。(　　)

191. 金属气割是金属熔化的过程。(　　)

192. 焊接电弧辐射不仅会危害焊工眼睛，还会危害焊工皮肤。(　　)

193. 使用碱性焊条焊接时的烟尘较少。(　　)

194. 焊工面罩的护目玻璃可以用有机玻璃代替。(　　)

195. 当发现有人触电时，应立即用手将触电者从带电的设备上拉离。(　　)

196. 焊工操作时，不准穿有铁掌皮鞋或布鞋。(　　)

197. 夏天工作时，出汗多，更应注意做好防护，防止触电。(　　)

198. 在狭窄空间内焊接时，应采取局部通风换气排尘装置。(　　)

199. 更换焊条时，可以不戴手套的，直接用手操作。(　　)

200. 丙烷使用时比乙炔安全。(　　)

201. 电位大小是相对，它是随着参考点变化而变化。(　　)

202. 电工中零电位参考点可任意选择。(　　)

203. 回路可由一条或多条支路组成。(　　)

204. 支路电流与回路电流的大小相等，但方向并不一定一致。(　　)

205. 电源的电动势大于其端电压。(　　)

206. 电阻并联后总电阻值总是小于任何一个分电阻值。(　　)

207. 磁场强度与该点的磁感应强度大小相等，方向相反。(　　)

208. 材料的磁导率越小，其磁阻也越小。(　　)

209. 气体电离必要条件是有电场或磁能作用。(　　)
210. 两电极间的电压越高，电场作用越大，电离作用越弱。(　　)
211. 焊丝伸出的长度越长，则电阻热越小。(　　)
212. 任何焊接位置，电磁压缩力作用方向都是使熔滴向熔池过渡。(　　)
213. 电弧气体吹力总有利于熔滴金属过渡。(　　)
214. 酸性的熔渣往往没有碱性的熔渣脱氧效果好。(　　)
215. 气孔、夹杂、偏析等缺陷大多是在焊缝金属的第二次结晶时产生的。(　　)
216. 焊条（焊丝）的直径越粗，所产生的电阻热就越大。(　　)
217. 采用小电流焊接同时，降低电弧电压，熔滴会出现短路过渡形式。(　　)
218. 除气体保护焊外，焊接区内气体主要来自焊接材料。(　　)
219. 焊接区中氮绝大部分都来自空气。(　　)
220. 烘干焊条和焊剂是减少焊缝金属含氢量重要措施之一。(　　)
221. 二氧化碳气体保护焊的抗裂纹能力较差。(　　)
222. 二氧化碳气体保护焊采用的正接法可以减少飞溅。(　　)
223. 二氧化碳气体保护焊时，焊接速度对焊缝的成形没有什么影响。(　　)
224. 由于气体保护焊时没有熔渣，所以焊接的质量要比焊条电弧焊和埋弧焊差一些。(　　)
225. 气体保护焊很适宜于全位置焊接。(　　)
226. 二氧化碳气体保护焊生产率高的原因是可以采用较粗的焊丝，因而相应使用了较大焊接电流之故。(　　)
227. 纯铜焊接时应采用较小的焊接电流和保持较低的层间温度。(　　)
228. 焊条电弧焊是焊接纯铜的一种既简单、又灵活的焊接方法，应当推广使用。(　　)
229. 纯铜焊条的电弧焊时，电源应该采用直流正接。(　　)
230. 为了防止焊接时热量散失，纯铜焊前应进行预热。(　　)
231. 二氧化碳气体保护焊由于氧化性太强，所以不能用来焊接钛和钛合金。(　　)
232. 焊缝的纵向收缩下会引起弯曲变形。(　　)
233. 焊接残余变形在焊接时时必然产生的，是无法避免的。(　　)
234. 焊缝不对称时，应该先焊焊缝少一侧，以减少弯曲变形量。(　　)
235. 消除波浪变形最好的方法是将焊件焊前预先进行反变形。(　　)
236. 采用刚性的固定法后，焊件就不会产生残余变形了。(　　)
237. 散热法主要用来减少小零件焊接残余变形。(　　)
238. 分段退焊法虽然可以减少焊接残余变形，但同时会增加焊残余应力。(　　)
239. 火焰加热矫正法只能用来矫正薄板的焊接残余变形。(　　)
240. 火焰加热温度越高，则矫正变形的效果越大，所以利用火焰加热矫正法时，加热的温度越高越好。(　　)
241. 水火矫正法适用于淬硬倾向较大的钢材，因为这时可以提高矫正的效率。(　　)
242. 生产中，应尽量采用先装后焊接方法来增加结构刚度，以控制变形。(　　)
243. 焊件中的残余应力焊后必须进行清除，否则将对整个焊接结构产生严重影响。(　　)

244. 机械的矫正法只适用于低碳素钢结构。(　　)

245. 三角形加热法常用于厚度较大、刚度较大构件扭曲变形的矫正。(　　)

246. 整体高温回火是消除残余应力较好方法。(　　)

247. 焊件焊后进行整体的高温回火，既可以消除应力，又可以消除变形。(　　)

248. 结构刚度增大时，焊接残余应力也随之加大。(　　)

249. 采用对称焊接的方法可以减少焊接的波浪变形。(　　)

250. 为了减少焊接残余变形，焊接平面交叉焊缝时，应当先焊横向焊缝。(　　)

251. 通常利用测定断弧长度来评定焊条电弧稳定性。(　　)

252. 焊接接头拉伸试验的目的是测定焊缝的抗拉强度。(　　)

253. 厚度较大焊件，进行弯曲试验时最好选择侧弯。(　　)

254. 不论是双面焊，还是单面焊，只要是同一种材料，其弯曲试验的弯曲角度都是一样的。(　　)

255. 焊接结构由于刚度大，所以不容易产生脆性的断裂。(　　)

256. 焊接结构焊前的冷加工对结构产生脆性断裂不会带来任何影响。(　　)

257. 焊接结构在长期高温应力作用下，也容易产生脆性断裂。(　　)

258. 材料热应变脆化是引起焊接结构脆性断裂原因之一。(　　)

259. 减少焊接热输入，能防止结构产生脆性断裂。(　　)

260. 如果焊接缺陷产生在结构的应力集中区，则其对脆断的影响是不大的。(　　)

261. 焊接的缺陷中除裂纹外，其他缺陷对脆性断裂没有什么影响。(　　)

262. 材料在其脆性转变的温度以上工作时，焊接残余应力对其脆性断裂有较大影响。(　　)

263. 如果焊接残余应力为拉伸应力，和工作应力叠加时，容易引起结构产生脆性断裂。(　　)

264. 为防止脆性断裂，焊接结构使用材料应具有较好韧性。(　　)

265. 采用比实际强度更高的材料是防止焊接结构产生脆性断裂的重要措施。(　　)

266. 搭接接头由于应力集中系数比较大，所以产生脆性断裂倾向也较大。(　　)

267. 疲劳断裂和脆性断裂在本质上是一样的。(　　)

268. 疲劳强度和温度的关系很大，当焊接结构在低温工作时，很容易产生疲劳断裂。(　　)

269. 焊缝表面经机械加工后能提高其疲劳强度。(　　)

270. 对接接头焊缝的余高值越大，其疲劳强度越高。(　　)

271. T 形接头疲劳强度根本措施是开坡口焊接和加工焊缝过渡区，使之圆滑过渡。(　　)

272. 搭接接头由于连接处的钢板厚度增加，所以其疲劳强度是比较高的。(　　)

273. T 形接头疲劳强度要比对接接头低得多。(　　)

274. 焊接材料消耗定额目前大多由经验估算而不是通过计算获得。(　　)

275. 焊接劳动工时定额中作业时间由基本时间和辅助时间两部分所组成。(　　)

276. 职业道德是人们在一定职业活动中所遵守行为规范总和。(　　)

277. 电、气焊工职业道德行为规范要求是精作细焊、缝美质优。(　　)

278. 产业工人职业道德要求是：精工细做、文明生产。(　　)

279. 社会主义职业道德的基本原则是为人民服务。(　　)

280. 职业道德中要求从业人员工作应该主协配合，师徒同心。(　　)

281. 职业纪律是在特定职业活动范围内，从事某种职业人们必须共同遵守行为准则。(　　)

282. 职业纪律主要是指劳动的纪律。(　　)

283. 职业道德是促使人们遵守职业纪律思想基础。(　　)

284. “钻研业务，提高技能”，这是企业员工应树立勤业意识。(　　)

285. 在履行岗位职责时，应采取自觉性的原则。(　　)

286. 今天的好产品，在生产力提高后，也一定是好产品。(　　)

287. 质量与信誉不可分割。(　　)

288. 每个职工都有保守企业秘密义务和责任。(　　)

289. 对焊接性能较差金属，焊接前、焊接后都应采用适当措施，改善焊缝组织。(　　)

290. 淬火的目的是为了获得奥氏体，提高钢的强度和硬度。(　　)

291. 感应加热表面淬火的特点是加热速度快、淬火质量好、淬硬层深度很难控制。(　　)

292. 正火和退火两者的目的基本相同，但退火钢的组织更细，强度和硬度更高。(　　)

293. 铝比铜的导电性好。(　　)

294. 碳是钢材中最重要一种元素。(　　)

295. 钢品质是由钢中含有害杂质硫和磷多少来区分。(　　)

296. 按化学成分，钢可分为碳素钢和合金钢。(　　)

297. 人的电阻很大，一般不会触电致死。(　　)

298. 触电 12 min 后开始救治者，救活可能性就很小，故对触电者要及时进行抢救。(　　)

299. 遇到有人触电时，切不可用手去拉触电者，应迅速切断电源。(　　)

300. 乙炔是一种无色碳氢化合物气体，其密度比氧小。(　　)

301. 液化石油气与空气或氧气混合后不能形成爆炸性的气体，因此使用液化石油气没有危险性。(　　)

302. 含碳量小于 0.25% 称低碳钢。(　　)

303. 氧气是可燃气体，它容易引起强烈的燃烧和爆炸。(　　)

304. 在通常情况下氧气为气态，当温度降至 – 183 °C 时变为液态，当温度再将降至 – 218 °C 时，又变为固态。(　　)

305. 乙炔发生器必须经常更换清水。(　　)

306. 乙炔发生器按工作的压力可分为高压乙炔发生器，中压乙炔发生器和低压乙炔发生器三类。(　　)

307. 凡高空焊接者，必须使用标准防火安全带，其长度不得超过两米。(　　)

308. 可燃物在混合物中能够发生爆炸的最低浓度称为爆炸极限。(　　)

309. 登高作业时，不能使用高频振荡焊接设备。(　　)

310. 氧气瓶阀、氧气减压器、焊炬、割炬、氧气皮管等应严禁沾染上易燃物质和油脂。(　　)

311. 冬季要防止氧气的瓶阀冻结，如果已经冻结，只能用明火加热。(　　)

312. 乙炔皮管和氧气皮管是可以互相代用的。(　　)

313. 焊接施工现场的风速大于 2 m/s 不能施焊。(　　)

314. 焊炬点火时应先打开氧气阀门，然后开乙炔阀门，灭火时先关乙炔阀门，然后再关氧气阀门。(　　)

315. 气焊设备包括乙炔瓶、乙炔发生器或乙炔瓶、丙烷气瓶、回火防止器和减压器等。(　　)

316. 溶剂是根据母材金属在焊接过程中所产生氧化物种类来选用。(　　)

317. 当金属在焊接时所生成氧化物绝大多数呈碱性时，应使用酸性溶剂；反之，应使用碱性溶剂。(　　)

318. 气焊溶剂按其所起作用不同，可分为化学反应溶剂和物理溶剂两大类。(　　)

319. 因为液化石油气对普通胶管和衬垫有腐蚀作用，所以必须采用耐油性强橡胶做胶管和衬垫。(　　)

320. 氧气瓶是一种储存和运输氧气用的高压容器，其外表涂成黑色，并用草稿漆写明“氧气”字样，以区别其他气瓶。(　　)

321. 焊条是由焊芯和药皮两部分组成。(　　)

322. 氧气瓶在运输时，必须戴上瓶帽，不能和装有可燃气体气瓶、油料及其他可燃物同车运输。(　　)

323. 在乙炔发生器上设置压力表作用时，用于指示发生器内部乙炔压力值。(　　)

324. 乙炔发生器不需装回火的保险器、泄压装置和安全阀。(　　)

325. 目前国产的焊炬均为等压式，它不但适用于低压乙炔，也适用于中压乙炔。(　　)

326. 射吸式焊炬燃烧气体原理是靠氧气在喷射管里喷射、吸引乙炔气而得到。(　　)

327. 焊炬在使用过程中，如果发现焊炬没有射吸能力，这主要是由于射吸管孔处存在杂质或焊嘴被堵塞而造成。(　　)

328. 由于乙炔瓶内装有浸满丙酮的多孔填料，所以乙炔才能储存于瓶内。(　　)

329. 无论焊接哪种金属，焊接的火焰选中性最为合适。(　　)

330. 焊嘴倾角大，散失热量少，焊件得到热量多，升温快。(　　)

331. 气焊时的起焊点都应选择在定位点上。(　　)

332. 根据氧气和乙炔比值，燃烧火焰按性质可分为中性焰、碳化焰和氧化焰三种形式。(　　)

333. 一般低碳钢材料在焊接时不需要采用附加工艺措施，就能获得无缺陷和良好性能焊接接头。(　　)

334. 预热是焊接中碳钢主要工艺措施。(　　)

335. 气焊中碳钢的火焰能率要比低碳钢的大，施焊时应考虑采用左焊法。(　　)

336. 气焊时应掌握火焰喷射方向，使焊缝两边金属温度始终保持平衡。(　　)

337. 焊缝倾角就是焊缝轴线与水平面之间夹角。(　　)

338. 气焊重要焊件时，在其接头处必须重叠 8 ~ 10 mm，这样才能得到满意焊接接头。(　　)

339. 当焊接处加热到红色时，就能加入焊丝，形成的熔池。(　　)

340. 气割时，若金属的燃烧是吸热反应，下层金属得不到预热，气割过程仍能进行。(　　)

341. 气割厚 4 mm 以下的钢板时，割嘴应后倾 20° ~ 30°。(　　)

342. 气割时发生回火现象，一般是由于割嘴过热和氧化铁熔渣飞溅堵住割嘴所致。(　　)

343. 金属气割过程中预热、燃烧和吹渣过程。(　　)

344. 气割过程中，割嘴离开割件表面的距离一般为 3 ~ 5 mm。(　　)

345. 随着钢中含碳量的增加，熔点降低，燃点升高，则使气割容易进行。(　　)

346. 切割速度与焊件厚度和所使用割嘴的形状无关。(　　)

347. 切割速度正确与否，主要根据后拖量来判断。(　　)

348. 割嘴与割件间倾角，对切割速度和后拖量有着直接影响。(　　)

349. 气割大厚度钢板时，由于割件上下受热不一致，下层金属燃烧比上层金属慢，这样就使切口易形成较大后拖量，甚至割不穿。(　　)

350. 气割大厚钢板时，为确保氧气充足供应，通常可采用氧气汇流排供气。(　　)

351. 咬边不仅削弱了焊接接头强度，而且会引起应力集中，故焊接构件承载后有可能在咬边处产生裂纹。(　　)

352. 焊缝中的氧化铁和硫化铁夹渣使焊缝金属产生冷脆性。(　　)

353. 烧穿主要是由于接头处间隙过大，钝边太薄，火焰能率太大，所焊速度过慢而产生。(　　)

354. 焊缝的宽深比越小，越不容易产生裂纹。(　　)

355. 常见气焊焊缝中缺陷，按其在焊缝中位置不同，可分为外部缺陷和内部缺陷两大类。(　　)

356. 焊接检验一般包括焊前检验、焊接过程中检验和成品检验。(　　)

357. 气焊或气割点火时，应用火柴或专用打火枪，禁用烟蒂点火。(　　)

358. 气焊工、气割工必须穿戴规定工作服、手套和护目镜。(　　)

359. 新气管使用前，应先用压缩空气将管内杂质灰尘吹尽，以免阻塞焊嘴或割嘴，影响气体流通。(　　)

360. 气焊、气割用气瓶，可分为氧气瓶、液化石油气瓶和溶解乙炔气瓶 3 种。(　　)

361. 搬运氧气瓶时，应避免碰撞和剧烈振动，并将瓶帽旋紧。(　　)

362. 存放、运输和使用氧气瓶时，应防止阳光直接曝晒以及其他高温热源辐射加热，以免引起气体膨胀爆炸。(　　)

363. 氧气瓶阀冻结时，可用热水或蒸汽解冻，严禁用火焰加热。(　　)

364. 溶解乙炔瓶只能直立，不能卧放，这主要是为了防止丙酮流出。(　　)

365. 在气焊过程中，若发生回火，必须立即关闭乙炔调节阀，然后再关闭氧气调节阀。(　　)

366. 气焊、气割时主要劳动保护措施是通风措施和个人保护措施。(　　)

367. 通风可以分为全面通风和局部通风两种。(　　)

368. 对钢材进行矫正方法有手工矫正法、机械矫正法和火焰矫正法等。(　　)

369. 火焰矫正方法通常有点加热、线状加热和三角形加热 3 种。(　　)

370. 焊条药皮由各种矿物、铁合金、有机物、水玻璃等原料组成。(　　)

371. 气焊护目镜作用是保护焊工眼睛不受火焰亮光刺激，以便清楚地观察熔池和进行操作。(　　)

372. 回火就是在气焊或气割过程中，由于某些原因，使气体火焰进入喷嘴内逆向燃烧现象。(　　)

373. 焊接接头就是用焊接方法连接接头。(　　)

374. 焊接接头可分为焊缝、熔合区和热影响区 3 个部分。(　　)

375. 焊嘴摆动有 3 个方向，即是沿焊接方向做前进运动；在垂直于焊缝轴线方向做上下运动；在焊缝宽度方向做横向摆动。(　　)

376. 气焊火焰的温度比电弧温度低得多，对铸件的加热和冷却都比较缓慢，这就有可能产生白口和裂纹等缺陷。(　　)

377. 焊接时，熔池中气泡在凝固时未能逸出而残留下来所形成空穴称为气孔。(　　)

378. 咬边就是由于填充金属不足，在焊缝表面形成的连续或断续的沟槽。(　　)

379. 夹渣是焊后残留在焊缝中焊渣。(　　)

380. 焊瘤是焊接过程中熔化金属流淌到焊缝之外未熔化母材金属上所形成金属瘤。(　　)

381. 烧穿是焊接过程中熔化金属自坡口背面流出，形成穿孔缺陷。(　　)

382. 铜、铝为有色金属，具有较高的导热性，所以能用普通氧气切割的方法进行切割。(　　)

383. 割炬按可燃气体和氧气混合方式不同，可分为射吸式和等压式两种。(　　)

384. 气割后拖量就是在氧气切割过程中，在同一条切口上沿切割方向两点间最大距离。(　　)

385. 被切割金属材料的燃点高于熔点是保证切割过程顺利进行的最基本条件。(　　)

386. 变形量主要是由引起变形应力大小决定。(　　)

387. 在焊缝尺寸相同情况下，多层焊比单层焊收缩量要小。(　　)

388. 氧化铝比铝轻，不易形成夹渣的。(　　)

389. 物体受外力越大，则所引起应力和变形越大。(　　)

390. 紫铜焊接接头性能低于母材。(　　)

391. 还原反应是指熔池金属氧化物被脱氧过程。(　　)

392. 金属材料变形可分为弹性变形和塑性变形两种。(　　)

393. 铅不适于横焊、立焊和仰焊，只适于平焊。(　　)

394. 焊接接头的刚度越大，焊接残余应力越小。(　　)

395. 为了防止氧有害作用，应选用合适溶剂和焊丝。(　　)

396. 焊接残余变形主要有纵向和横向缩短变形、角变形、弯曲变形、波浪变形以及扭曲变形等。(　　)

397. 角焊缝比对接焊缝的横向收缩量大。(　　)

398. 若焊件上既有对接的焊缝又有角接的焊缝时，应先焊角焊缝。(　　)

399. 焊缝的纵向收缩和横向收缩不受结构的拘束作用只与焊接内应力有关。(　　)

400. 焊缝的纵向收缩一般随着焊缝长度的增加而减少。(　　)

401. 焊缝的纵向收缩易引起角变形。(　　)

402. 矫正变形实质是以一种新变形去抵抗原来变形。(　　)

403. 矫正变形较大的型钢时，可将其加热到 300 °C 左右。(　　)

404. 火焰矫正效果，主要取决于火焰加热位置和加热温度，而与焊件加热后冷却速度关系不大。(　　)

405. 用加热矫正变形的钢板，采用冷水或压缩空气及冷加热区将有助于变形的矫正。(　　)

406. 气体火焰矫正是利用金属的局部受热后的膨胀所引起的新变形，来抵消原来的变形。(　　)

407. 全面质量管理中的三检制即抽检、全检和免检。(　　)

408. 全面质量管理基本工作方法是 PDCA 循环。(　　)

409. 产品技术标准，标志着产品质量特性应达到要求。(　　)

410. 焊接工艺规程是生产过程中最主要和最根本指导性技术文件，是焊工工作依据。(　　)

411. 金属塑性是指金属在破坏断裂前吸收能量的大小。(　　)

412. 持久强度是指钢在高温和应力长期作用下抵抗破坏的能力。(　　)

413. 机械性能是钢材在一定温度条件和外力作用下抵抗变形和断裂能力。(　　)

414. 熔点是金属从液态变为固态时温度。(　　)

415. 在普低钢中，耐热钢，低温钢及耐蚀钢又称专业用钢。(　　)

416. 凡含碳量小于 0.65% 的碳钢都叫低碳钢。(　　)

417. 气体火焰切割金属时，切割的速度越快，变形量越大。(　　)

418. 焊缝的一次结晶就是焊缝的结晶过程。(　　)

419. 氧气瓶内保留一定压力是为了防止空气进入瓶内，使充氧后纯度降低。(　　)

420. 金属抵抗另一种更硬物体压入自己体内叫作硬度。(　　)

421. 物体在一定的压力下容纳电压的能力叫电容量。(　　)

422. 使用瓶装二氧化碳气体，必须在通过减压器才能进行干燥。(　　)

423. 在应力作用下经常会产生裂纹，这种裂纹一般是在 400 °C 以下才可产生，但不属于热裂纹，故称为热力裂纹。(　　)

424. 物体受到外力或内力作用后，物体的本身形状和尺寸，这种变形称为塑性变形。(　　)

425. 偏析不仅使焊缝金属化学成分不均匀，同时也是产生裂纹、夹渣、气孔等焊接缺陷主要原因之一。(　　)

426. 焊接热循环是指焊件上各点在某一时刻的温度。(　　)

427. 当外力去除后，物体能恢复到原来的形状和尺寸，这种变形称为塑性变形。(　　)

428. 焊接应力与变形产生的根本原因是由于焊接时对焊件不均匀加热和冷却的结果。(　　)

429. 气割时的焰心可触及割件表面。(　　)

430. 气割时氧气的压力与切割的厚度无关。(　　)

431. 根据割件厚度，选择割炬和割嘴型号。(　　)

432. 气割面质量，可根据切割面平面度、割纹深度及缺口最小间距进行分等。(　　)

433. 不锈钢和铸铁均可采用一般的气割方法进行切割。(　　)

434. 割嘴结构与切割氧孔道内腔几何形状似决定高速气割关键。(　　)

435. 切割常用方法有剪切、气割和等离子弧切割等。(　　)

436. 预热可以减慢焊缝及热影响区冷却速度，有利于避免产生淬硬组织。(　　)

437. 特种作业就是对操作者本人以及对他人和周围设施安全有重大危害因素作业。(　　)

438. 氧气减压器的调节螺丝处，为防止生锈，应常涂仪表油。(　　)

439. 氧-乙炔火焰金属粉末喷涂最适合紫铜的喷涂。(　　)

440. 氧-乙炔火焰金属粉末的喷涂工艺的主要缺点是设备复杂。(　　)

441. 表现淬火的目的是为了提高构件的表面强度。(　　)

442. 气割速度正确与否，主要由切口的光滑程度来决定。(　　)

443. 氧气瓶使用到最后时，不能全部用完，而应留 0.1 ~ 0.2 MPa 压力在内。(　　)

444. 波浪变形最容易产生于厚板的焊接。(　　)

445. 气割时，割嘴后倾角应随钢板厚度的增加而增加。(　　)

446. 焊接对称焊缝时，可以不考虑焊接的顺序和方向。(　　)

447. 焊缝中含氢量越高，塑性下降越严重。(　　)

448. 乙炔的分解和燃烧后不能产生氢。(　　)

449. 乙炔在氧气中燃烧过程是一个先吸热，后放热过程。(　　)

450. 气焊时氧气侵入焊接区，完全是气体的火焰保护不好。(　　)

451. 乙炔存在于毛细管中时，爆炸危险性大大地减小。(　　)

452. 焊接、气割的操作不属于特殊工种。(　　)

453. 特种作业人员不必培训就可以上岗独立的操作。(　　)

454. 在常温下进行的成形加工称为冷加工。(　　)

455. 高空作业时，焊、割工必须使用标准安全带，并将其紧固系牢。(　　)

456. 佩戴和使用相应防护用具是防止自身免遭危害重要措施。(　　)

457. 安全技术就是为了防止工伤、火灾、爆炸等事故发生，并创造良好安全劳动条件而采取各种技术措施。(　　)

458. 严禁将漏气焊炬带入容器内，以免混合气体遇火爆炸。(　　)

459. 焊接接头从凝固开始进入冷却收缩时期，形成拉伸应力应变，并随温度的降低而降低。(　　)

460. 为了有效地减小焊接应力，应尽可能采用较大的火焰能率，以减小工件的受热温度和受热范围。(　　)

461. 气焊工工时定额是以一米焊缝所消耗的原材料来计算的。(　　)

462. 气焊焊缝金属表面变黑并起氧化皮是一种过热缺陷。(　　)

463. 氧气切割主要用于金属穿孔。(　　)

464. 纯铜气焊时要选择较大的火焰能率，但不需要预热。(　　)

465. 高速气割的气割速度可比普通气割提高 20% ~ 30%，但切口表面粗糙。(　　)

466. 对于固溶强化的焊缝金属，不应采用多层多道焊缝。(　　)

467. 材料冲击值越高，其焊接性越好。(　　)

468. 熔合区是焊接接头中焊缝向热影响区过渡区域。(　　)

469. 金属焊接性，既与金属材料本身材质有关，也与焊接工艺条件有联系。(　　)

470. 板厚增大时，冷却速度加快，高温停留时间减小。(　　)

471. 可以使用带有伤痕或缠以绝缘带及其他材料的软管 (　　)

472. 氧气管与乙炔管可以互换的使用，亦不准靠近火焰。(　　)

473. 向乙炔发生器内给水时，应保证其给水量在发生乙炔气体时温度不超过 50 °C。(　　)

474. 乙炔发生器应具有有效水空间，溶解 1 kg 电石应注水 10 kg 以上。(　　)

475. 乙炔发生器离明火或工作地点不得少于 10 m。(　　)

476. 检查乙炔发生器泄漏时，应以石灰溶液或肥皂水涂抹检查；严禁用明火检查。(　　)

477. 乙炔发生器应实行定期检查，每使用 2 000 h 应大修一次。(　　)

478. 乙炔发生器缺少安全装置或安全装置失灵，会发生爆炸。(　　)

479. 不准使用没有减压器的气瓶，减压器的压力表应每周按标准压计核验一次。(　　)

480. 氧气瓶应垂直放在架子上，并应围栏，距明火及焊枪喷火处 10 m 以外。(　　)

481. 气瓶放气时，应快速的开启阀门，吹除污物，以防止灰尘和水分带入减压器。(　　)

482. 减压器必须有两个压力计，一为高压，一为低压。(　　)

483. 氧气瓶不得与易燃气体混在一起，并不准放在露天使用，应放在棚中用挡板加以防护，气瓶温度不超过 35 °C。(　　)

484. 氧气瓶压力不准全部用尽，应最少剩余 100 ~ 200 kPa。(　　)

485. 用完空瓶应单独存放，并标明“空”字样。(　　)

486. 焊割作业周围 10 m 以内不得有易燃易爆物品。(　　)

487. 焊接容器时，对于无毒和非易燃气体的容器在压力条件下进行。(　　)

488. 焊接容器时，对于易燃有毒气体容器必须进行洗刷，容器内残油、残渣、残液要全部清除、煮洗干净后进行。(　　)

489. 在电焊打火前，应向周围人员发生警告后再施焊，清除焊割熔渣时，要防止飞溅伤人。(　　)

490. 焊割工作完毕后，应及时切断电、风管路，可以把焊钳、导线、焊枪、割枪及管套放在钢轨后潮湿的地面上。(　　)

491. 使用氧气瓶、乙炔瓶时，应注意氧气瓶与乙炔瓶距离应在 5 m 以上。(　　)

492. 使用氧气瓶、乙炔瓶时，氧气瓶与乙炔瓶距离明火应在 10 m 以上。(　　)

493. 露天工作场所遇有六级以上大风，禁止高空作业。(　　)

494. 从停留车辆端部通过时，要留有安全距离，徒手通过时不少于 3 m。(　　)

495. 从停留车辆端部通过时，要留有安全距离，搬运材料、工具时不少于 5 m，要迅速通过不得在轨道中停留。(　　)

496. 易燃品要放在固定地点，由专人妥善保管。(　　)

497. 专用油箱、油桶应放在指定安全地点，加强防护，周围不得有明火作业。(　　)

498. 可以在内部有压力的容器或盛有危险性液体、气体及爆炸物的容器上实施焊接。(　　)

499. 禁止靠近易燃品及带电电线，不得与油脂接触。(　　)

500. 衣服在干燥的情况下，禁止焊修作业。(　　)

501. 特种作业人员不必培训就可以上岗独立操作。(　　)

502. 特种作业人员必须取得特种作业资格，即拿到特种作业资格证书才能上岗。(　　)

503.《职业病防治法》规定：劳动者享有了解工作场所产生或者产生的职业病危害因素、危害后果和应当采取职业病防护措施的权利。(　　)

504. 特种作业是指容易发生人员伤亡事故，对操作者本人、他人及周围设施安全可能造成重大危害作业。(　　)

505. 疲劳强度是表示在冲击载荷的作用下而不致引起断裂的最大应力。(　　)

506. 受冲击载荷作用的工件，考虑机械性能的指标主要是疲劳强度。(　　)

507. 人触电以后，如果未见明显致命外伤，就不能轻率地认定触电者已经死亡，而应该看作是“假死”，应积极施救。(　　)

508. 触电急救第一步是使触电者迅速脱离电源，第二步是现场救护。(　　)

509. 当判定触电者呼吸和心跳停止时，应立即按心脏复苏法就地抢救。(　　)

510. 触电者如牙关紧闭，可改行口对鼻人工呼吸，吹气时要将触电者嘴唇紧闭，防止漏气。(　　)

511. 胸外按压是借助人力使触电者恢复呼吸的急救方法。(　　)

512. 在医务人员未前来接替抢救前，现场人员不得放弃对触电者的现场抢救。(　　)

513. 压迫止血法是最迅速的临时止血法，即用手指、手掌或止血橡皮带在出血处供血端将血管压瘪在骨骼上面。(　　)

514. 触电 12 min 后开始救治者，救活的可能性就很小，故对触电者要及时进行抢救。(　　)

515. 遇到有人触电时，切不可用手去拉触电者，应迅速切断电源。(　　)

516. 构成燃烧的 3 个要素都存在着极限值，未达到一定浓度、数量，或温度、热量不够，燃烧也不会发生。(　　)

517. 紫外线对眼睛短时照射就会引起急性角膜结膜炎，称为电光性眼炎。(　　)

518. 一般个人防护措施除穿戴工作服、鞋、帽、手套、眼镜、口罩、面罩等防护用品外，必要时可采用送风盔式面罩及防护口罩。(　　)

519. 发生急性中毒事故，发现者应立即发出报警信号，并通知有关指挥负责人，并及时与医疗卫生机构（救护）取得联系。(　　)

520. 劳动者在劳动过程中必须严格遵守安全操作规程。(　　)

521. 安全生产包括两个方面内容：一是要预防工伤事故发生；二是要预防职业病危害。(　　)

522. 从业者的职业态度就是为了自己。(　　)

523. 道德是靠舆论和内心信念来发挥和维持社会作用。(　　)

524. 任何违反职业纪律的行为都是不道德的行为。(　　)

525. 当发现有人触电时，应立即用手将触电者从带电的设备上拉离。(　　)

526. 职业道德是人们在一定职业活动中所遵守的行为规范的总和。(　　)

527. 电、气焊工职业道德行为规范要求是精作细焊、缝美质优。(　　)

528. 产业工人职业道德要求是：精工细做、文明生产。（　　）
529. 社会主义职业道德的基本原则是为人民服务。（　　）
530. 职业道德中要求从业人员的工作应该主协配合，师徒同心。（　　）
531. 职业纪律是在特定职业活动范围内，从事某种职业的人们必须共同遵守的行为准则。（　　）
532. 职业纪律主要是指劳动纪律。（　　）
533. 职业道德是促使人们遵守职业纪律的思想基础。（　　）
534. “钻研业务，提高技能”，这是企业员工应树立的勤业意识。（　　）
535. 在履行岗位职责时，应采取自觉性的原则。（　　）
536. 今天的好产品，在生产力提高后，也一定是好产品。（　　）
537. 质量与信誉不可分割。（　　）
538. 每个职工都有保守企业秘密的义务和责任。（　　）
539. 人的电阻很大，一般不会触电致死。（　　）
540. 严禁进入挂有“有电危险”标志禁区。（　　）
541. 作业完毕后将工作场地彻底清理，做到工完料净，场地干净。（　　）
542. 作业完毕后自行离开工作场地无须清洁场地。（　　）
543. 工作时间内要坚守岗位，严禁溜岗串哨、扎堆聊天。（　　）
544. 操作者必须按要求持有设备操作合格证，严禁无证操作，禁止他人动用工装设备。（　　）
545. 操作者无证操作，可以动用工装设备。（　　）
546. 上岗前穿好工作服，戴好工作帽，要求整齐清洁，班前严禁饮酒。（　　）
547. 严格执行操作规程，严禁超压、超负荷等违章作业。（　　）
548. 对新工人，改职及调入工人要进行厂、车间、班组（岗位）三级安全教育。（　　）
549. 在高空作业中，严禁开玩笑或打闹等与作业无关现象出现。（　　）
550. 在高空作业中，可以开玩笑或打闹等。（　　）

三、多选题

1. 在安全生产工作中，必须坚持“（　　）”的方针。
A. 调整岗位权　　B. 预防为主　　C. 综合治理　　D. 安全第一
2. 下列属于从业人员安全生产法定的权利的是（　　）。
A. 预防为主　　B. 拒绝违章作业权
C. 建议权　　D. 批评权
3. 电流对人体的危害主要有哪几种形式为（　　）。
A. 电击　　B. 电伤
C. 电磁场生理伤　　D. 电弧烧伤
4. 电击是由于电流通过人体内而造成的内部器官在生理上的反应和病变，如（　　）等现象。
A. 刺痛、灼热感　　B. 痉挛、麻痹、昏迷

C. 心室颤动或停跳　　D. 呼吸困难或停止

5. 电伤是电流对人体造成的外伤，为（　　）。

A. 电灼伤　　B. 电烙印　　C. 皮肤金属化　　D. 停跳

6. 焊接时发生直接电击事故的原因为（　　）。

A. 手或身体某部位接触到电焊条或焊钳的带电部位

B. 手或身体某部位碰到电焊设备的接线柱或极板

C. 在登高焊接时触及或靠近高压电网路

D. 皮肤金属化

7. 焊接时发生间接触电事故的原因是（　　）等。

A. 电焊设备漏电，人体触及而触电

B. 接错线而使电焊设备不该带电处带电

C. 触及绝缘损坏的电缆、破损的开关等

D. 由于利用厂房的金属结构或其他金属物搭接作为焊接回路二而发生触电

8. 为防范触电，在金属容器内或狭小工作场地焊接金属结构时，必须采用专门防护措施，为（　　），以保障焊工身体与带电体绝缘。

A. 采用绝缘橡胶衬垫　　B. 穿绝缘鞋

C. 戴绝缘手套　　D. 打开开关

9. 触电急救脱离低压电源的方法是（　　）等。

A. 拉、切　　B. 挑　　C. 拽　　D. 垫

10. 脱离高压电源的方法为（　　）。

A. 立即电话通知有关供电部门拉闸停电

B. 拉开高压断路器或拉开高压跌落保险以切断电源

C. 人为造成线路短路迫使电源开关跳闸

D. 争分夺秒

11. 触电者脱离电源后，应立即就地进行抢救，“立即”、“就地”的意思就是（　　）等。

A. 争分夺秒、不可贻误

B. 通知医务人员，但不是消极等待医生的到来

C. 应在现场施行正确的救护

D. 做好将触电者送往医院的准备工作

12. 任何在事故现场的人员，一旦发现有人触电，都有责任及时和不间断地进行抢救，就是（　　）等。

A. 医生到来之前不等待

B. 送往医院的途中也不可中止

C. 耐心坚持抢救，应持续 6 小时以上

D. 直到救活或医生做出临床死亡认定为止

13. 危险化学品包括（　　）等类。

A. 爆炸品、压缩气体和液化气体

B. 易燃液体、易燃固体

C. 自燃物品和遇湿易燃物品、氧化剂和有机过氧化物

D. 放射性物品、有毒品和腐蚀品

14. 危险化学品使用废弃物处置应在做到（　　）等。

A. 所有废弃物应装在特别设计的有标签的容器内

B. 废弃物应收集集中后由专人进行专门处理

C. 处理有害废物的人员应遵守相应的安全管理规定

D. 处理有害废物的人员应采取必要的安全防护措施

15. 凡是使用和接触有毒有害物品的人员，必须使用能对（　　）等起到防护作用的个体防护用品，尽可能避免没必要的接触这些物品。

A. 皮肤　　B. 眼睛　　C. 呼吸道　　D. 消化道

16. 着火源主要是（　　）等。

A. 明火、电火花、电气火

B. 摩擦、冲击产生的火花

C. 静电荷产生的火花、雷电产生的火花

D. 化学反应热

17. 构成燃烧的要素为（　　）。

A. 可燃物　　B. 助燃物　　C. 着火源　　D. 煤

18. 火灾时的烟雾实际上就是不安全燃烧时的产物，燃烧产物（　　）等。

A. 一般有窒息性和一定毒性　　B. 使人烫伤或造成新的火源

C. 影响视线妨碍消防人员行　　D. 甚至能与空气形成爆炸混合物

19. 下列能发生自燃的物质有（　　）等。

A. 烟煤　　B. 褐煤　　C. 泥煤　　D. 硫化铁

20. 可燃气体（如乙炔）由于（　　）等，浓度能够达到爆炸极限而引起爆炸。

A. 容易扩散流窜而又无形迹可察觉

B. 在容器设备内部

C. 在室内通风不良的条件下

D. 容易与空气混合

21. 焊接切割作业中发生火灾和爆炸事故的原因有（　　）等。

A. 焊接切割作业时火星等引燃易燃易爆物品或气体

B. 在高空焊接切割作业时火星等掉落引燃易燃易爆物品

C. 气焊气割时未按要求操作或未检查出设备安全隐患

D. 气瓶管道等的制定安装有缺陷未被发现及整改

E. 在焊补燃料容器或管道时置换不彻底

22. 在焊接切割作业中如果发生火灾、爆炸事故时，应做到的为（　　）。

A. 判明火灾、爆炸的部位

B. 判明引起火灾和爆炸的物质特性

C. 迅速拨打火警电话119报警

D. 迅速洒水

23. 在消防队员未到达前，现场人员应根据起火或爆炸物质特点，采取有效的方法控制事故的蔓延，为（　　）。

A. 切断电源
B. 撤离事故现场氧气瓶、乙炔瓶等受热易爆设备
C. 正确使用灭火器材灭火
D. 迅速洒水

24. 当气体导管漏气着火时，首先应将焊割炬的火焰熄灭，并（　　）。
A. 立即关闭阀门切断可燃气体源
B. 用灭火器、湿布、石棉布等扑灭燃烧气体火焰
C. 迅速洒水
D. 切断电源

25. 金属材料在焊接过程中的有害因素可分为（　　）等类。
A. 金属烟尘、有毒气体　　B. 高频电磁场
C. 射线、电弧辐射　　D. 噪声

26. 焊工长时间吸进过多的烟尘，将引起（　　）等危险。
A. 头痛、恶心
B. 金属热
C. 锰中毒
D. 气管炎、肺炎、甚至有形成焊工尘肺

27. 焊接弧光辐射主要包括为（　　）。
A. 可见光线　　B. 红外线　　C. 紫外线　　D. 太阳光

28. 焊接电弧产生的强烈紫外线对人体健康有一定的危害，可引起皮炎，皮肤上出现（　　）等有烧灼、发痒的感觉。
A. 红斑　　B. 小水泡　　C. 渗出液　　D. 浮肿

29. 当人的肉眼受到强烈的焊接电弧可见光线的照射时，通常叫电焊“晃眼”，会出现（　　）等。
A. 眼睛有疼痛感
B. 一时看不清东西
C. 眼睛干涩
D. 短时间内失去劳动能力但不久即可恢复

30. 对电弧辐射的防护必须（　　）等。
A. 穿好工作服　　B. 戴好工作帽　　C. 戴好手套
D. 戴好鞋盖　　E. 戴好面罩

31. 焊补前应打开容器的（　　）等，并应保持良好的通风，严禁焊补未开孔洞的密封容器。
A. 入孔　　B. 手孔　　C. 清洁孔　　D. 料孔

32. 高处焊接与切割作业时，脚手板（　　）等。
A. 单人行道宽度不得小于 0.6 m，双人不得小于 1.2 m
B. 上下坡度不得大于 1:3，板面要钉防滑条并装扶手
C. 板材强度足够，不能有机械损伤和腐蚀
D. 安全网时要张挺，要层层翻高，不得留缺口

33. 可燃物质在混合物中发生爆炸的最低浓度和最高浓度称作（　　）。
A. 爆炸　　B. 极限　　C. 爆炸下限　　D. 爆炸上限
34. 气瓶运输、装卸时的安全要求是（　　）等。
A. 气瓶必须佩戴好瓶帽，并要拧紧
B. 要轻装轻卸，避免剧烈震动
C. 禁止用起重机直接吊运钢瓶
D. 气瓶装在车上，应妥善固定，夏季应避免曝晒
35. 焊工在使用焊炬、割炬前应为（　　）。
A. 检查焊炬、割炬的射吸能力
B. 检查气路是否通畅
C. 检查气路、调节阀处和焊嘴处的气密性
D. 检查电源开关
36. 每班工作前都应先检查回火防止器，保持（　　）。
A. 电源通畅
B. 密封性良好和逆止阀动作灵活可靠
C. 工作压力
D. 避免暴晒
37. 焊条电弧焊时，焊条、焊件和药皮在电弧高温作用下会产生的为（　　）。
A. 大量烟尘　　B. 强烈弧光辐射
C. 有毒气体　　D. 工作压力
38. 焊条电弧焊操作过程中可能引起爆炸和火灾事故的原因是由于保持（　　）。
A. 爆炸上限
B. 焊接飞溅物引燃可燃易爆物品
C. 燃料容器管道补焊时防爆措施不当
D. 爆炸下限
39. 在使用电焊机时，应（　　）等。
A. 防止电焊机受到碰撞或剧烈震动
B. 室外使用时必须有防雨雪的设施
C. 外露的带电线柱必须设有防护罩
D. 禁止多台焊机共用一个电源开关
40. 在使用焊接设备时（　　）等。
A. 禁止用连接厂房金属构架、管道等作为焊接电源回路
B. 禁止焊接电缆与油脂等易燃物料接触
C. 不允许用扁铁搭接等办法来代替焊接的电缆
D. 焊接电缆线严禁搭在气瓶、乙炔发生器等容器上
41. 电焊机必须装有独立的专用电源开关，要求是：（　　）等。
A. 当电焊机超负荷时，应能自动切断电源
B. 应装在电焊机附近人手便于操作的地方
C. 周围应留有安全通道

D. 禁止多台焊机共用一个电源开关

42. 对电弧焊机的安全使用和维护的要求是（　　）等。

A. 电焊机必须经常保持清洁

B. 经常检查和保持电缆与电焊机的接线柱接触良好，保持螺帽紧固

C. 禁止在焊机上放置任何物件和工具

D. 工作完毕或临时离开工作场地时，必须及时切断焊机电源

43. 各种电焊机必须按规定接地，要求（　　）等。

A. 焊机的接地装置必须经常保持连接良好

B. 电焊机组或集装箱式电焊设备都应安装接地装置

C. 专用的焊接工作台架应与接地装置连接

D. 禁用氧气管道和乙炔管道等易燃易爆气体管道作为接地装置的自然接地极

44. 焊接作业人员应按要求选用（　　）。

A. 有毒气体　　B. 防毒气体

C. 遮光镜片和面罩　　D. 个人防护用品

45. 电弧光中对人体有害的光线有（　　）。

A. 强烈可见光　　B. 太阳光

C. 红外线　　D. 紫外线

46. 高处作业危险作业，距基准面高度分别为（　　）等。

A. 2～5 m　　B. 5～15 m　　C. 15～30 m　　D. 30 m 以上

47. 特种作业应具备的特点为（　　）。

A. 独立性　　B. 危险性　　C. 特殊性　　D. 工作压力

48. 为防范触电，焊接切割时要求操作者（　　）等。

A. 更换焊条或焊丝时必须带好焊工手套

B. 空载电压和焊接电压较高、潮湿环境时，应使用绝缘橡胶衬垫确保绝缘

C. 身体出汗后衣服潮湿时，不得靠在焊件、工作台上

D. 推拉闸刀开关时，必须戴绝缘手套同时头部需偏斜

49. 触电者“假死”即所谓电休克，可能有的 3 种临床症状是（　　）。

A. 电休克

B. 心跳停止，但尚能呼吸

C. 呼吸停止，但心跳尚存（脉搏很弱）

D. 呼吸和心跳均已停止

50. 所谓心脏复苏法就是支持生命的基本措施为（　　）。

A. 通畅气道　　B. 口对口（鼻）人工呼吸

C. 胸外按压（人工循环）　　D. 休克

51. 恶劣天气，如六级以上（　　）等，不得登高焊接作业。

A. 大风　　B. 下雨　　C. 下雪　　D. 雾天

52. 在生产、贮存和使用可燃液体工程中要严防（　　）等，室内应加强通风换气。

A. 跑　　B. 冒　　C. 滴　　D. 漏

53. 焊接切割作业时为（　　）。

A. 将作业环境 10 m 范围内所有易燃易爆物品清理干净
B. 应注意地沟、下水道内有无可燃液体和可燃气体
C. 是否有可能泄漏到地沟和下水道内可燃易爆物质
D. 不用将易燃易爆物品清理

54. 电焊机着火首先应拉闸断电，然后再灭火，在未断电前只能用为（　　）灭火器灭火。

A. 1211　　B. 二氧化碳　　C. 干粉　　D. 食用油

55. 未经（　　）等，动火执行人应拒绝动火。

A. 申请动火　　B. 没有动火证
C. 超越动火范围　　D. 超过规定的动火时间

56. 燃烧反应在浓度、压力、组成和着火源等方面都存在极限值，如果（　　）等，那么，即使具备了 3 个条件，燃烧也不会发生。

A. 可燃物未达到一定浓度
B. 助燃物数量不足
C. 着火源不具备足够的温度或热量
D. 环境气体中氧气含量未达到足够浓度

57. 锰中毒早期症状是（　　）等。

A. 乏力　　B. 头痛、头晕、失眠
C. 记忆力减退　　D. 植物神经功能紊乱

58. 局部排气是目前采用的通风措施中为（　　）的有效措施。

A. 使用效果良好　　B. 方便灵活
C. 设备费用较少　　D. 记忆力减退

59. 焊割作业的防护措施有（　　）等。

A. 通风防护措施、个人防护措施
B. 对电焊弧光的保护、对电弧灼伤的防护
C. 对高温强辐射的防护、对有害气体的防护
D. 对机械性外伤的防护

60. 焊割作业个人防护包括的内容有（　　）等。

A. 对烟尘和有毒气体的防护　　B. 对电弧辐射的防护
C. 对高频电磁场及射线的防护　　D. 对噪声的防护

61. 当在容器内焊接，特别为（　　）时，除加强通风外，还应戴好通风帽。

A. 采用氩弧焊　　B. 采用二氧化碳气体保护焊
C. 焊接有色金属　　D. 动火时间

62. 可燃物质在混合物中发生爆炸的最低浓度和最高浓度称作（　　）。

A. 爆炸　　B. 极限　　C. 爆炸下限　　D. 爆炸上限

63. 乙炔发生器必须装设符合要求的安全装置（　　）等。

A. 回火防止器　　B. 安全阀
C. 压力表　　D. 水位计

64. 水封式回火防止器使用的安全要求是（　　）等。

A. 器内水量不得少于水位计标定的要求

B. 回火防止器使用时应垂直挂放

C. 发生冻结现象，只能用热水或蒸汽解冻，严禁用明火或红铁烘烤

D. 每个回火防止器只能供一把焊炬或割炬单独使用

65. 每班工作前都要检查回火防止器，保持（　　）。

A. 湿度大

B. 密封性良好和逆止阀动作灵活可靠

C. 工作压力

D. 气压低

66. 特殊环境条件下，如（　　）等，应使用适合特殊环境条件性能的电焊机或采取的防护措施。

A. 在气温过低或过高

B. 湿度过大

C. 气压过低

D. 在腐蚀性或爆炸性等特殊环境中作业

67. 电弧切割时操作者应采取的防护措施有（　　）等。

A. 碳弧的弧光较强，操作者应戴深色的护目镜

B. 烟尘大，操作者应佩戴送风式面罩

C. 电弧切割时噪声较大，操作者应戴耳塞

D. 产生大量高温液态金属及氧化物从电弧下被吹出，操作者应防止烫伤

68. 电、气焊工的职业道德的行为规范的要求是（　　）。

A. 精作细焊　　B. 缝美质优　　C. 劳动　　D. 财经

69. 职业纪律主要的方面为（　　）。

A. 劳动纪律　　B. 财经纪律　　C. 群众纪律　　D. 最大值

70. 文明生产是指在遵章守纪的基础上去创造（　　）等而有序的生产环境。

A. 整洁　　B. 安全　　C. 舒适　　D. 优美

71. 根据含碳量不同碳素钢分为（　　）。

A. 低碳钢　　B. 中碳钢　　C. 高碳钢　　D. 安全值

72. 正弦交流电的要素为（　　）。

A. 最大值　　B. 角频率　　C. 初相角　　D. 整洁度

73. 焊工操作时为（　　）要保持干燥。

A. 工作服　　B. 手套　　C. 绝缘鞋　　D. 碳素钢

74. 平面划线的基本操作方法有：（　　）等。

A. 平行划线法　　B. 垂直划线法

C. 圆弧划线法　　D. 平行线与圆弧相切的划法

75. 电弧光中对人体有害的光线为（　　）。

A. 紫外线　　B. 红外线

C. 强烈的可见光　　D. 手套

76. 焊接工作场所必须备有防火设备，为（　　）。

A. 灭火器　B. 砂箱　C. 水桶　D. 整洁

77. 焊条药皮中常见的稳弧剂有（　　）。
A. 钾　B. 钠及其化合物
C. 水　D. 油

78. 焊条按药皮熔化后的熔渣特性可分（　　）。
A. 酸性焊条　B. 碱性焊条　C. 碳焊条　D. 铝焊条

79. V 形坡口的形式有：（　　）等。
A. V 形坡口　B. 钝边 V 形坡口
C. 单边 V 形坡口　D. 钝边单边 V 形坡口

80. 坡口形式的选择主要取决为（　　）。
A. 焊件的厚度　B. 焊接方法
C. 工艺流程　D. 安全帽

81. 手工电弧焊电源为（　　）。
A. 弧焊发电机　B. 弧焊变压器
C. 弧焊整流器　D. 电源开关

82. 对电焊钳的要求是（　　）等。
A. 导电性能好　B. 不易发热、重量轻
C. 夹持焊条要牢　D. 更换焊条方便

83. 对焊接电缆的要求为（　　）。
A. 要有足够的导电截面积　B. 柔软性好
C. 绝缘性好　D. 更换重量

84. 按照焊接过程中金属所处的状态不同，可以把焊接方法分为（　　）类。
A. 熔焊　B. 压焊　C. 钎焊　D. 焊接

85. 手弧焊时的焊接工艺参数是指（　　）等。
A. 电源种类和极性　B. 焊条直径、焊接电流
C. 电弧电压　D. 焊接速度和层数

86. 手工电弧焊选择焊接电源需考虑的因素很多，但主要为（　　）。
A. 焊接直径　B. 焊接位置　C. 焊道层次　D. 电弧焊

87. 焊接电弧的构造可划分为（　　）几个区域。
A. 阴极区　B. 阳极区　C. 弧柱　D. 焊接电弧

88. 引弧常用的方法是（　　）。
A. 划擦引弧　B. 碰击引弧　C. 引弧　D. 阳极

89. 电弧引燃的条件是（　　）。
A. 阴极电子发射　B. 气体电离
C. 电子　D. 气体

90. 常用手工电弧焊收尾方法为（　　）。
A. 划圈法收弧　B. 反复断弧法收弧
C. 回焊法收弧　D. 手工电弧焊

91. 薄板焊接时主要困难为（　　）。

A. 烧穿　　B. 变形较大
C. 焊缝成形不良　　D. 薄板焊接

92. 焊接时对焊缝质量影响最大的气体为（　　）。
A. 氢　　B. 氧　　C. 氮　　D. 水

93. 焊接裂缝可分（　　）等。
A. 热裂纹　　B. 冷裂纹　　C. 再热裂纹　　D. 层状撕裂

94. 焊接缺陷按照它的性质分为（　　）类。
A. 焊缝尺寸不符合要求　　B. 组织构造上的缺陷
C. 性能上的缺陷　　D. 缺陷

95. 钢的热处理方法可分（　　）等。
A. 退火　　B. 正火
C. 淬火　　D. 回火及表面热处理

96. 金属材料的工艺性能指金属材料对不同加工工艺方法的适应能力，它包括（　　）等。
A. 铸造性能　　B. 锻压性能
C. 焊接性能　　D. 切削加工性能

97. 焊接装配中涉及为（　　）焊接工艺。
A. 典型工件制造的工艺守则　　B. 焊接方法的工艺守则
C. 施焊的工艺评定编号　　D. 原则

98. 钢材的性能包括（　　）等。
A. 物理性能　　B. 化学性能　　C. 工艺性能　　D. 机械性能

99. 金属材料的工艺性能包括（　　） 等。
A. 铸造性　　B. 可锻性　　C. 切削性　　D. 可焊性

100. 气焊设备包括（　　）等。
A. 氧气瓶　　B. 乙炔发生器
C. 乙炔瓶　　D. 回火防止器和减压器

101. “天车吊运作业时臆测行车”的预控措施为（　　）。
A. 按照专人指挥手势动车
B. 狭小受限空间作业执行点动操作
C. 吊件起升高度不小于两米
D. 控制器归零

102. “气（焊）割作业时发生气体泄漏”的预控措施（　　）。
A. 点火前，检查各部密封状态良好
B. 禁止跳跃地沟
C. 作业时，气管远离动火点
D. 业完，关闭电源

103. “气（焊）割作业时发生气体泄漏”的控制标准（　　）的等无泄漏。
A. 气表　　B. 焊枪　　C. 气管　　D. 气瓶

104. “氧气、乙炔气瓶使用存放距离不足”的预控措施（　　）。
A. 设置氧气、乙炔瓶固定存放地点

B. 使用时保持规定距离
C. 设施氧气、乙炔瓶的摆放地点
D. 使用完毕后关闭电源

105. “氧气、乙炔气瓶使用存放距离不足”的控制标准（　　）等。
A. 工作时两瓶距离保持 5 m 以上
B. 气瓶距动火点距离保持 10 m 以上
C. 存放时两瓶距离保持 10 m 以上
D. 冬季距离暖气片距离要在 1 m 以上

106. “场内机动车性能不良或操作不当”的预控措施（　　）等。
A. 动车前，检查刹车系统、方向机状态良好
B. 库内行驶速度不超过 3 km/h
C. 库外行驶速度不超过 5 km/h
D. 禁止臆测行车

107. “电气焊作业防护措施不足”的预控措施（　　）等。
A. 勘查现场，清理、隔离易燃易爆物品
B. 作业时专人监护
C. 现场配备良好灭火器
D. 作业完毕，现场监控不少于 20 min，确认无异常

108. “公铁两用车未按规定使用”的预控措施为（　　）。
A. 驾驶员必须取得相应的驾驶资格证书
B. 操作前确认关键部件状态良好
C. 操作时严格按照操作步骤和流程作业，并做好互控
D. 做到未按规定使用

109. 危险源监控形式分为（　　）。
A. 人工自查　　B. 自动监测　　C. 员工举报　　D. 监测

110. 对危险源及其风险的控制遵循（　　）、联锁、警示的原则。
A. 消除　　B. 预防　　C. 减弱　　D. 隔离

111. 风险评估方法采用（　　），风险等级科学，风险评估准确。
A. 矩阵评估法
B. 作业条件危险性评价法
C. 失效模式与影响分析评价法
D. 风险等级科学

112. 隐患危害程度有（　　）。
A. 重大隐患　　B. 一般隐患
C. 中度　　D. 轻度

113. 文明生产是指在遵章守纪的基础上去创造（　　）而有序的生产环境。
A. 整洁　　B. 安全　　C. 舒适　　D. 优美

114. 特种作业应具备的特点为（　　）。
A. 独立性　　B. 危险性　　C. 特殊性　　D. 突发

115. 力的要素是（　　）。

A. 力的大小　　B. 重量
C. 力的方向　　D. 力的作用点

116. 使用设备必须执行两定的原则即：（　　）。

A. 定设备　B. 定质量　C. 定标准　D. 定人

117. 使用设备必须执行三包的原则是（　　）。

A. 包保管　B. 包管理　C. 包养修　D. 包使用

118. 设备使用人要按照三好的原则即：（　　）的要求使用设备。

A. 保管好　B. 管理好　C. 养修好　D. 使用好

119. 设备使用人要按照四会的原则即：（　　）等。

A. 会检查　B. 会养修　C. 会排除故障　D. 会使用

120. 属于常用的灭火器有（　　）等。

A. 泡沫　B. 酸碱　C. 清水　D. 干粉

121. 属于触电情况的分（　　）。

A. 接地系统　B. 两相触电　C. 单相触电　D. 跨步电压

122. 触电安全电压额定值的等级是（　　）V。

A. 42　B. 36　C. 24　D. 12

123. 工作时间内要坚守岗位，严禁（　　）。

A. 溜岗串哨　B. 工作　C. 扎堆聊天　D. 上岗作业

124. 完毕后将工作场地彻底清理，做到（　　）。

A. 彻底　B. 清理　C. 工完料净　D. 场地干净

125. 在安全生产工作中，必须贯彻"（　　）"的方针。

A. 重于泰山　B. 预防为主　C. 综合治理　D. 安全第一

126. 下列属于从业人员安全生产法定权利的是（　　）。

A. 调整　　B. 拒绝违章作业权
C. 建议权　　D. 批评权

127. 电流对人体危害的主要形式有（　　）。

A. 电击　B. 电伤　C. 辐射　D. 电磁场

128. 生理伤害电击是由于电流通过人体内而造成的内部器官在生理上的反应和病变，如（　　）等现象。

A. 刺痛、灼热感　　B. 痉挛、麻痹、昏迷
C. 心室颤动或停跳　　D. 呼吸困难或停止

129. 电伤是电流对人体造成的外伤，为（　　）。

A. 电灼伤　　B. 电烙印
C. 皮肤金属化　　D. 溃烂

130. 触电急救脱离低压电源的方法是（　　）等。

A. 拉、切　B. 挑　C. 拽　D. 垫

131. 脱离高压电源的方法为（　　）。

A. 立即电话通知有关供电部门拉闸停电

B. 拉开高压断路器或拉开高压跌落保险以切断电源

C. 人为造成线路短路迫使电源开关跳闸

D. 用干燥的木棒、竹竿

132. 触电者脱离电源后，应立即就地进行抢救，“立即”“就地”的意思就是（　　）等。

A. 争分夺秒、不可贻误

B. 通知医务人员，但不是消极等待医生的到来

C. 应在现场施行正确的救护

D. 做好将触电者送往医院的准备工作

133. 任何在事故现场的人员，一旦发现有人触电，都有责任及时和不间断地进行抢救，（　　）等。

A. 医生到来之前不等待

B. 送往医院的途中也不可中止

C. 耐心坚持抢救，应持续 6 h 以上

D. 直到救活或医生作出临床死亡认定为止

134. 危险化学品包括（　　）等类。

A. 爆炸品、压缩气体和液化气体

B. 易燃液体、易燃固体

C. 自燃物品和遇湿易燃物品、氧化剂和有机过氧化物

D. 放射性物品、有毒品和腐蚀品危险化学品

135. 使用废弃物处置应做到（　　）等。

A. 所有废弃物应装在特别设计的有标签的容器内

B. 废弃物应收集集中后由专人进行专门处理

C. 处理有害废物的人员应遵守相应的安全管理规定

D. 处理有害废物的人员应采取必要的安全防护措施

136. 凡是使用和接触有毒有害物品的人员，必须使用能对（　　）等起到防护作用的个体防护用品，尽可能避免没必要地接触这些物品。

A. 皮肤　　B. 眼睛　　C. 呼吸道　　D. 消化道

137. 着火源主要有（　　）等。

A. 明火、电火花、电气火

B. 摩擦、冲击产生的火花

C. 静电荷产生的火花、雷电产生的火花

D. 化学反应热

138. 构成燃烧的要素为（　　）。

A. 可燃物　　B. 助燃物　　C. 着火源　　D. 空气

139. 火灾时的烟雾实际上就是不安全燃烧时的产物，燃烧产物（　　）等。

A. 一般有窒息性和一定毒性　　B. 使人烫伤或造成新的火源

C. 影响视线妨碍消防人员行动　　D. 甚至能与空气形成爆炸混合物

140. 下列能发生自燃的物质是（　　）等。

A. 烟煤　　B. 褐煤　　C. 泥煤　　D. 硫化铁

141. 在消防队员未到达前，现场人员应根据起火或爆炸物质特点，采取有效的方法控制事故的蔓延，(　　)。

A. 切断电源

B. 撤离事故现场氧气瓶、乙炔瓶等受热易爆设备

C. 正确使用灭火器材灭火

D. 迅速逃离

142. 高处作业、危险作业，距基准面高度分别为(　　)。

A. 2～5 m　　B. 5～15 m　　C. 15～30 m　　D. 30 m 以上

143. 特种作业应具备以下特点：(　　)。

A. 独立性　　B. 危险性　　C. 特殊性　　D. 突发

144. 触电者“假死”即所谓电休克，可能有的临床症状为(　　)。

A. 翻白眼

B. 心跳停止，但尚能呼吸

C. 呼吸停止，但心跳尚存（脉搏很弱）

D. 呼吸和心跳均已停止

145. 所谓心脏复苏法就是支持生命的基本措施，即为(　　)。

A. 通畅气道

B. 口对口（鼻）人工呼吸

C. 胸外按压（人工循环）

D. 面部喷水

146. 恶劣天气，如六级以上(　　)等不得登高焊接作业。

A. 大风　　B. 下雨　　C. 下雪　　D. 雾天

147. 职业纪律主要的方面为(　　)。

A. 劳动纪律　　B. 财经纪律　　C. 群众纪律　　D. 法律法规

148. 文明生产是指在遵章守纪的基础上去创造(　　)而有序的生产环境。

A. 整洁　　B. 安全　　C. 舒适　　D. 优美

49. 对新工人，改职及调入的工人要进行的是(　　)安全教育。

A. 车间　　B. 工人

C. 班组（岗位）　　D. 厂

150. 职业危害包括(　　)等。

A. 接触毒物危害　　B. 粉尘危害

C. 物理因素危害　　D. 缺氧危害

电焊工（综合组）应知应会练习题参考答案

一、单选题

1. D　2. D　3. D　4. D　5. D　6. D　7. D　8. B　9. B　10. A

11. B　12. D　13. A　14. A　15. A　16. A　17. A　18. A　19. A　20. A
21. A　22. A　23. A　24. B　25. D　26. C　27. A　28. C　29. D　30. A
31. A　32. D　33. D　34. D　35. D　36. D　37. D　38. A　39. D　40. C
41. A　42. A　43. B　44. A　45. D　46. A　47. A　48. A　49. A　50. A
51. A　52. B　53. A　54. A　55. D　56. A　57. A　58. A　59. A　60. C
61. A　62. D　63. A　64. A　65. D　66. D　67. D　68. D　69. A　70. A
71. D　72. D　73. C　74. C　75. A　76. D　77. A　78. A　79. A　80. B
81. D　82. D　83. A　84. D　85. A　86. A　87. D　88. A　89. D　90. D
91. D　92. A　93. A　94. A　95. B　96. A　97. D　98. A　99. A　100. D
101. D　102. D　103. D　104. D　105. C　106. D　107. C　108. D　109. B　110. D
111. A　112. A　113. D　114. A　115. D　116. A　117. C　118. B　119. D　120. D
121. B　122. D　123. A　124. A　125. A　126. D　127. B　128. D　129. A　130. A
131. A　132. A　133. D　134. D　135. C　136. A　137. A　138. D　139. B　140. C
141. B　142. B　143. C　144. D　145. B　146. A　147. D　148. C　149. D　150. B
151. B　152. B　153. D　154. B　155. D　156. D　157. A　158. C　159. B　160. A
161. A　162. C　163. A　164. D　165. C　166. C　167. A　168. B　169. A　170. C
171. D　172. D　173. D　174. C　175. D　176. C　177. D　178. D　179. C　180. C
181. C　182. D　183. D　184. A　185. D　186. D　187. A　188. C　189. D　190. B
191. D　192. B　193. C　194. B　195. C　196. D　197. B　198. B　199. D　200. A
201. A　202. D　203. A　204. D　205. C　206. A　207. A　208. A　209. D　210. A
211. D　212. C　213. A　214. A　215. D　216. C　217. C　218. A　219. C　220. D
221. A　222. A　223. A　224. B　225. D　226. D　227. D　228. D　229. C　230. D
231. B　232. D　233. D　234. D　235. D　236. A　237. A　238. A　239. A　240. A
241. C　242. B　243. D　244. D　245. D　246. D　247. B　248. C　249. D　250. D
251. D　252. B　253. B　254. C　255. D　256. B　257. B　258. D　259. A　260. A
261. D　262. D　263. D　264. D　265. A　266. D　267. D　268. A　269. B　270. C
271. D　272. C　273. C　274. B　275. C　276. D　277. B　278. D　279. D　280. D
281. B　282. A　283. C　284. D　285. A　286. C　287. B　288. C　289. C　290. C
291. D　292. C　293. D　294. C　295. B　296. D　297. B　298. B　299. D　300. D
301. D　302. D　303. C　304. A　305. D　306. A　307. A　308. A　309. A　310. D
311. C　312. B　313. A　314. A　315. D　316. D　317. D　318. B　319. D　320. D
321. B　322. C　323. D　324. B　325. B　326. D　327. D　328. D　329. D　330. D
331. D　332. C　333. B　334. D　335. B　336. A　337. A　338. D　339. A　340. B
341. D　342. C　343. C　344. D　345. A　346. D　347. D　348. A　349. D　350. D
351. D　352. D　353. D　354. B　355. A　356. A　357. A　358. A　359. D　360. A
361. A　362. D　363. B　364. C　365. D　366. A　367. B　368. B　369. D　370. A

371. A　372. A　373. D　374. D　375. D　376. D　377. D　378. B　379. B　380. D
381. D　382. A　383. C　384. C　385. A　386. A　387. D　388. B　389. A　390. D
391. D　392. B　393. D　394. B　395. B　396. D　397. C　398. A　399. D　400. A
401. A　402. A　403. D　404. A　405. A　406. A　407. B　408. D　409. A　410. D
411. D　412. B　413. A　414. D　415. D　416. D　417. C　418. A　419. C　420. C
421. C　422. C　423. B　424. C　425. C　426. A　427. A　428. A　429. D　430. A
431. C　432. B　433. B　434. B　435. B　436. D　437. D　438. D　439. C　440. C
441. A　442. A　443. A　444. B　445. B　446. B　447. B　448. C　449. A　450. A
451. C　452. A　453. B　454. B　455. B　456. B　457. B　458. B　459. A　460. C
461. C　462. A　463. C　464. C　465. C　466. D　467. A　468. D　469. C　470. B
471. D　472. A　473. A　474. A　475. B　476. A　477. C　478. A　479. A　480. C
481. D　482. A　483. A　484. C　485. A　486. C　487. C　488. C　489. D　490. A
491. A　492. B　493. A　494. A　495. C　496. C　497. C　498. C　499. D　500. C
501. D　502. A　503. D　504. B　505. A　506. C　507. C　508. D　509. A　510. B
511. D　512. B　513. A　514. C　515. B　516. A　517. A　518. A　519. A　520. A
521. A　522. A　523. A　524. C　525. D　526. A　527. A　528. A　529. A　530. B
531. A　532. C　533. D　534. C　535. C　536. C　537. D　538. B　539. A　540. D
541. A　542. A　543. B　544. C　545. C　546. D　547. D　548. D　549. A　550. A
551. A　552. C　553. A　554. C　555. B　556. C　557. B　558. A　559. C　560. C
561. A　562. B　563. B　564. B　565. C　566. C　567. C　568. C　569. C　570. A
571. A　572. A　573. B　574. A　575. B　576. A　577. C　578. A　579. A　580. B
581. C　582. B　583. C　584. D　585. A　586. D　587. D　588. D　589. D　590. D
591. D　592. D　593. B　594. A　595. B　596. B　597. B　598. A　599. A　600. A

二、判断题

1. √　2. √　3. √　4. ×　5. ×　6. √　7. ×　8. √　9. √　10. ×
11. √　12. √　13. √　14. √　15. ×　16. √　17. √　18. √　19. √　20. √
21. √　22. √　23. √　24. √　25. ×　26. √　27. √　28. √　29. √　30. √
31. ×　32. √　33. √　34. √　35. √　36. √　37. √　38. ×　39. √　40. √
41. ×　42. ×　43. √　44. √　45. √　46. √　47. √　48. √　49. √　50. √
51. √　52. √　53. √　54. √　55. √　56. ×　57. ×　58. √　59. ×　60. √
61. ×　62. ×　63. √　64. √　65. √　66. √　67. ×　68. √　69. √　70. ×
71. √　72. √　73. ×　74. ×　75. ×　76. √　77. ×　78. √　79. ×　80. √
81. ×　82. ×　83. √　84. ×　85. √　86. √　87. ×　88. ×　89. √　90. ×
91. ×　92. √　93. ×　94. √　95. √　96. ×　97. √　98. √　99. ×　100. ×

101. × 102. × 103. × 104. √ 105. × 106. √ 107. × 108. × 109. √ 110. ×
111. × 112. × 113. × 114. √ 115. × 116. √ 117. × 118. × 119. √ 120. ×
121. √ 122. √ 123. √ 124. × 125. × 126. × 127. × 128. √ 129. × 130. √
131. × 132. × 133. √ 134. × 135. √ 136. √ 137. × 138. × 139. √ 140. √
141. √ 142. × 143. × 144. × 145. √ 146. × 147. √ 148. √ 149. √ 150. √
151. × 152. × 153. × 154. √ 155. × 156. √ 157. × 158. × 159. √ 160. √
161. √ 162. × 163. √ 164. × 165. × 166. √ 167. √ 168. √ 169. × 170. ×
171. √ 172. × 173. × 174. √ 175. × 176. × 177. √ 178. × 179. × 180. ×
181. √ 182. √ 183. × 184. √ 185. √ 186. × 187. × 188. √ 189. × 190. √
191. × 192. √ 193. × 194. × 195. × 196. √ 197. √ 198. √ 199. × 200. √
201. √ 202. √ 203. √ 204. × 205. × 206. √ 207. × 208. × 209. √ 210. ×
211. × 212. √ 213. √ 214. × 215. × 216. × 217. √ 218. √ 219. √ 220. √
221. × 222. × 223. × 224. × 225. √ 226. × 227. × 228. × 229. × 230. √
231. √ 232. × 233. × 234. √ 235. × 236. × 237. √ 238. √ 239. × 240. ×
241. × 242. √ 243. × 244. × 245. × 246. √ 247. × 248. √ 249. × 250. √
251. √ 252. × 253. √ 254. × 255. × 256. × 257. √ 258. √ 259. √ 260. ×
261. × 262. × 263. √ 264. √ 265. × 266. √ 267. × 268. × 269. √ 270. ×
271. √ 272. × 273. √ 274. √ 275. √ 276. √ 277. √ 278. √ 279. × 280. √
281. √ 282. × 283. √ 284. √ 285. × 286. × 287. √ 288. √ 289. √ 290. ×
291. × 292. × 293. × 294. √ 295. √ 296. √ 297. × 298. √ 299. √ 300. √
301. × 302. √ 303. × 304. √ 305. √ 306. × 307. √ 308. × 309. √ 310. √
311. × 312. × 313. × 314. √ 315. √ 316. √ 317. √ 318. √ 319. √ 320. ×
321. √ 322. √ 323. √ 324. × 325. × 326. √ 327. √ 328. × 329. × 330. √
331. × 332. √ 333. √ 334. √ 335. × 336. √ 337. √ 338. √ 339. × 340. ×
341. × 342. √ 343. √ 344. × 345. × 346. × 347. √ 348. √ 349. √ 350. √
351. √ 352. × 353. √ 354. × 355. √ 356. √ 357. √ 358. √ 359. √ 360. √
361. √ 362. √ 363. √ 364. √ 365. √ 366. √ 367. √ 368. √ 369. √ 370. √
371. √ 372. √ 373. √ 374. √ 375. √ 376. × 377. √ 378. × 379. √ 380. √
381. √ 382. × 383. √ 384. √ 385. × 386. √ 387. √ 388. × 389. √ 390. √
391. √ 392. √ 393. √ 394. × 395. √ 396. √ 397. × 398. × 399. × 400. ×
401. × 402. √ 403. × 404. √ 405. × 406. × 407. × 408. √ 409. √ 410. √
411. × 412. √ 413. √ 414. √ 415. √ 416. × 417. × 418. × 419. √ 420. √
421. × 422. √ 423. √ 424. × 425. √ 426. × 427. × 428. × 429. × 430. ×
431. √ 432. √ 433. × 434. √ 435. √ 436. √ 437. √ 438. × 439. × 440. ×
441. × 442. × 443. √ 444. × 445. × 446. × 447. √ 448. × 449. √ 450. ×
451. √ 452. × 453. × 454. × 455. √ 456. √ 457. √ 458. √ 459. × 460. ×

461. × 462. √ 463. √ 464. × 465. × 466. × 467. √ 468. √ 469. √ 470. √
471. × 472. × 473. √ 474. √ 475. √ 476. √ 477. √ 478. √ 479. × 480. √
481. × 482. √ 483. √ 484. √ 485. √ 486. √ 487. × 488. √ 489. √ 490. ×
491. √ 492. √ 493. √ 494. √ 495. √ 496. √ 497. √ 498. × 499. √ 500. ×
501. × 502. √ 503. √ 504. √ 505. × 506. × 507. √ 508. √ 509. √ 510. √
511. × 512. √ 513. √ 514. √ 515. √ 516. √ 517. √ 518. √ 519. √ 520. √
521. √ 522. × 523. √ 524. √ 525. × 526. √ 527. √ 528. √ 529. × 530. √
531. √ 532. × 533. √ 534. √ 535. × 536. × 537. √ 538. √ 539. × 540. √
541. √ 542. × 543. √ 544. √ 545. × 546. √ 547. √ 548. √ 549. √ 550. ×

三、多选题

1. BCD　2. BCD　3. ABC　4. ABCD　5. ABC
6. ABC　7. ABCD　8. ABC　9. ABCD　10. ABC
11. ABCD　12. ABCD　13. ABCD　14. ABCD　15. ABCD
16. ABCD　17. ABC　18. ABCD　19. ABCD　20. ABCD
21. ABCDE　22. ABC　23. ABC　24. AB　25. ABCD
26. ABCD　27. ABC　28. ABCD　29. ABCD　30. ABCDE
31. ABCD　32. ABCD　33. CD　34. ABCD　35. ABC
36. BC　37. ABC　38. BC　39. ABCD　40. ABCD
41. ABCD　42. ABCD　43. ABCD　44. CD　45. ACD
46. ABCD　47. ABC　48. ABCD　49. BCD　50. ABC
51. ABCD　52. ABCD　53. ABC　54. ABC　55. ABCD
56. ABCD　57. ABCD　58. ABC　59. ABCD　60. ABCD
61. ABC　62. CD　63. ABCD　64. ABCD　65. BC
66. ABCD　67. ABCD　68. AB　69. ABC　70. ABCD
71. ABC　72. ABC　73. ABC　74. ABCD　75. ABC
76. ABC　77. AB　78. AB　79. ABCD　80. ABC
81. ABC　82. ABCD　83. ABC　84. ABC　85. ABCD
86. ABC　87. ABC　88. AB　89. AB　90. ABC
91. ABC　92. ABC　93. ABCD　94. ABC　95. ABCD
96. ABCD　97. ABC　98. ABCD　99. ABCD　100. ABCD
101. ABC　102. AC　103. ABCD　104. AB　105. ABCD
106. ABCD　107. ABCD　108. ABC　109. ABC　110. ABCD
111. ABC　112. AB　113. ABCD　114. ABC　115. ACD
116. AD　117. ACD　118. BCD　119. ABCD　120. ABCD

121. BCD　122. ABCD　123. AC　124. CD　125. BCD
126. BCD　127. ABD　128. ABCD　129. ABC　130. ABCD
131. ABC　132. ABCD　133. ABCD　134. ABCD　135. ABCD
136. ABCD　137. ABCD　138. ABC　139. ABCD　140. ABCD
141. ABC　142. ABCD　143. ABC　144. BCD　145. ABC
146. ABCD　147. ABC　148. ABCD　149. ACD　150. ABCD

第三节　天车工（综合组）应知应会练习题

一、单选题

1. 钢丝绳要定期涂保护油，对长期工作的钢丝绳，至少每隔（　　）涂一次保护油。
A. 9 个月　B. 8 个月　C. 6 个月　D. 7 个月
2. 钢丝绳中钢丝捻的方向和绳股捻的方向相反，称为（　　）。
A. 交互捻　B. 同交捻　C. 右交互捻　D. 左交互捻
3. 在使用两个以上吊环起吊物件时，钢丝绳之间的夹角不宜过大，一般应在（　　）以内。
A. 60°　B. 65°　C. 70°　D. 75°
4. 吊运物体时，为防止提升、运输中发生翻转、摆动、倾斜，应使吊点与被吊物体（　　）在同一垂直线上。
A. 提升　B. 重心　C. 运输　D. 垂直
5. 定滑轮在使用中是固定的，它能（　　）用力方向，但不能省力。
A. 改变　B. 用力　C. 省力　D. 固定
6. 用双钩吊设备时，则两钩至（　　）距离与其承受的重量成反比。
A. 重心　B. 距离　C. 承受　D. 重量
7. 专用手势信号是指具体特殊的起升、变幅、回转机构的起重机（　　）作用的指挥手势。
A. 单独　B. 独立　C. 特殊　D. 自用
8. 当两台或两台以上起重机同时在距离较近的工作区域内工作时，指挥人员使用音响信号的音调有（　　）区别，并配合手势或旗语指挥。
A. 明显　B. 明确　C. 清晰　D. 显著
9. 特种作业人员是指（　　）特种作业的人员。
A. 直接从事　B. 间接　C. 直接管理　D. 间接管理
10. 桥式起重机按所用动力可分为手动和（　　）两类。
A. 电动　B. 手动　C. 动力　D. 桥式
11. 桥式起重机按桥架主梁的结构分为单梁和（　　）两类。
A. 手动　B. 电动　C. 双梁　D. 单梁
12. 桥式起重机按用途分为（　　）、冶金用桥式起重机和缆索起重机。

A. 用途　　B. 冶金　　C. 缆索　　D. 通用桥式起重机

13. 手拉葫芦和电动葫芦属于（　　）。

A. 轻小型起重设备　　B. 桥架类型起重机

C. 臂架类型起重机　　D. 电梯及其他升降机

14. 司机室属于桥式起重机（　　）。

A. 金属结构部分　　B. 机械部分

C. 电器设备　　D. 运行机构

15. 大车桥架属于桥式起重机（　　）。

A. 金属结构部分　　B. 机械部分

C. 电器设备　　D. 运行机构

16. 小车架属于桥式起重机（　　）。

A. 金属结构部分　　B. 机械部分

C. 电器设备　　D. 运行机构

17. 大车运行机构属于（　　）。

A. 金属结构部分　　B. 机械部分

C. 电器设备　　D. 运行机构

18. 小车运行机构属于（　　）。

A. 金属结构部分　　B. 机械部分

C. 电器设备　　D. 运行机构

19. 起升机构的所有机械传动装置属于（　　）。

A. 金属结构部分　　B. 机械部分

C. 电器设备　　D. 运行机构

20. 大、小车的继电器属于（　　）。

A. 金属结构部分　　B. 机械部分

C. 电器设备　　D. 运行机构

21. 保护盘属于（　　）。

A. 金属结构部分　　B. 机械部分

C. 电器设备　　D. 运行机构

22. 控制器属于（　　）。

A. 金属结构部分　　B. 机械部分

C. 电器设备　　D. 运行机构

23. 电阻器属于（　　）。

A. 金属结构部分　　B. 机械部分

C. 电器设备　　D. 运行机构

24. 电动机属于（　　）。

A. 金属结构部分　　B. 机械部分

C. 电器设备　　D. 运行机构

25. 照明装置属于（　　）。

A. 金属结构部分　　B. 机械部分

C. 电器设备　　D. 运行机构

26. 电器线路及其电器安全保护装置等属于（　　）。

A. 金属结构部分　　B. 机械部分

C. 电器设备　　D. 运行机构

27. 一般桥式起重机起升速度为（　　）m/min。

A. 15～19　　B. 10～12　　C. 8～12　　D. 12～16

28. 滑轮槽的壁厚磨损超过原壁厚（　　），滑轮应报废。

A. 10%　　B. 20%　　C. 30%　　D. 40%

29. 滑轮槽槽底径向磨损超过钢丝绳直径（　　），滑轮应报废。

A. 40%　　B. 45%　　C. 30%　　D. 25%

30. 在吊具处于最低位置时，卷筒两端要留有（　　）以上钢丝绳余量。

A. 5 圈　　B. 2 圈　　C. 3 圈　　D. 4 圈

31. 在起重作业中了解物体的重心很重要，当用绳索吊一物体时，应把绳索拴在与重心成（　　）部位。

A. 重心　　B. 绳索　　C. 直线　　D. 重要

32. 双梁桥式起重机的桥架是由主梁、端梁、栏杆、走台、小车（　　）和司机室构成。

A. 车架　　B. 轨道　　C. 安全挡板　　D. 护栏

33. 单主梁桁架起重机（梁式起重机）由主梁、垂直桁架（　　）桁架、端梁构成。

A. 垂直　　B. 水平　　C. 桁架　　D. 端梁

34. 起重机所吊重物接近或达到额定载荷时，吊运前应检查（　　）并用小高度，短距离进行试吊。

A. 制动器　　B. 控制器　　C. 吊钩　　D. 滑轮组

35. 起重机所吊重物不得长时间在空中（　　），作业人员不得离开岗位。

A. 停止　　B. 停留　　C. 旋转　　D. 摆动

36. 起重机司机接班时，应对控制器（　　）、钢丝绳和安全装置进行检查。

A. 滑轮　　B. 吊钩　　C. 卷筒　　D. 吊索

37. 钢丝绳直径减少（　　）时，即应报废。

A. 10%　　B. 9%　　C. 7%　　D. 8%

38. “吊钩微微下降”的信号用“手臂伸向侧前下方，与身体夹角约为（　　），手心朝下．以腕部为轴，重复向下摆动手掌”的手势表示。

A. 50°　　B. 40°　　C. 30°　　D. 45°

39. 每次作业的第一钩或起吊重量达到（　　）的额定起重量时，必须试验制动性能。

A. 110°　　B. 100°　　C. 80°　　D. 90°

40. “释放”的信号用“两小臂分别置于侧前方，手心（　　），两臂分别向两侧摆动”的手势来表示。

A. 朝外　　B. 向内　　C. 摆动　　D. 向下

41. “微微转臂”的手势是“一只小臂向前平伸，手心自然朝向（　　），另一只手的拇指指向前只手的手心，余指握拢做转动”。

A. 内侧　　B. 朝外　　C. 向下　　D. 相对

42.“预备”的手势信号是：手臂伸直置于头上方，五指自然伸开，手心（ ）保持不动。

A. 朝前 B. 内侧 C. 外侧 D. 向下

43.“要主钩”的手势信号是：单手自然握拳，置于（ ）轻触头顶。

A. 头上 B. 外侧 C. 下方

44.“要副钩”的手势信号是：一只手握拳，小臂向上不动，另一只手伸出，（ ）轻触前只手的肘关节。

A. 手心 B. 肘关节 C. 握拳 D. 轻触

45.“吊钩上升”的手势信号是：小臂向（ ）伸直，五指自然伸开，高于肩部，以腕部为轴转动。

A. 侧上方 B. 侧前 C. 侧后 D. 侧下

46.“吊钩下降”的手势信号是：手臂伸向侧前下方，与身体夹角约为（ ），五指自然伸开，以腕部为轴转动。

A. 50° B. 40° C. 30° D. 45°

47.“吊钩水平移动”的手势信号是：小臂向侧上方伸直，五指并拢手心（ ），朝负载应运行的方向，向下挥动到与肩相平的位置。

A. 朝外 B. 朝内 C. 朝上 D. 朝下

48.“吊钩微微上升”的手势信号是：小臂伸向侧前上方，手心朝上高于肩部，以（ ）部为轴，重复向上摆动手掌。

A. 腕 B. 手 C. 臂 D. 肩

49.“吊钩微微下降”的手势信号用“手臂伸向侧前下方，与身体夹角约为（ ），手心朝下．以腕部为轴，重复向下摆动手掌”。

A. 30° B. 35° C. 40° D. 45°

50.“微动范围”的手势信号：双小臂曲起，伸向一侧，五指伸直，手心（ ），其间距与负载所要移动的距离接近。

A. 相对 B. 微动 C. 范围 D. 手心

51.“指示降落方位”的手势信号：五指伸直，指出（ ）应降落的位置。

A. 负载 B. 指示 C. 降落 D. 方位

52.“停止”的手势信号：小臂水平置于胸前，五指伸开，手心（ ），水平挥向一侧。

A. 朝下 B. 停止 C. 五指 D. 伸开

53. 起重机械的起重量是指（ ）。

A. 额定起重量 B. 起重机械

C. 工作中经常起吊的重量 D. 设计起重能力

54. 起重量包括（ ）重量。

A. 吊钩 B. 动滑轮组 C. 钢丝绳 D. 抓斗

55. 工作类型是依据（ ）进行分类。

A. 载荷率 B. 工作忙闲程度

C. 工作类型 D. 载荷率和工作忙闲程度

56. 不属于起升机构的部件是（ ）。

A. 主令控制器　　B. 吊钩组
C. 钢丝绳　　D. 卷筒

57. 制动器的安装必须正确，制动器与制动轮的轴线位移度不超过（　　）mm。
A. 6　　B. 5　　C. 3　　D. 4

58. 起重机作业人数不得少于（　　）人（包括司机）。
A. 7　　B. 4　　C. 5　　D. 6

59. 起重机负荷超过（　　）额定能力时，禁止同时进行两种及两种及两种以上的操作动作。
A. 100%　　B. 70%　　C. 80%　　D. 90%

60. 制动器各传动环节应注意（　　）加润滑油或润滑脂一次，以保证转动灵活。
A. 每时　　B. 每周　　C. 随时　　D. 每天

61. 正常工作的起重机，车轮轮缘与轨道侧面应保持一定的间隙。由于某些原因，车轮产生横向滑动，使车轮轮缘与轨道侧面相挤，造成轮缘与轨道的迅速磨损，这种现象称为（　　）。
A. 轮缘　　B. 轨道　　C. 现象　　D. 啃道

62. 固定钢丝绳的压板，每（　　）要检查一次，如有松动，应及时旋紧。
A. 天　　B. 年　　C. 月　　D. 周

63. 关于吊钩表面的说法不正确的是（　　）。
A. 表面要求光洁　　B. 没有尖角毛刺
C. 不允许存在锻造缺陷　　D. 可以进行补焊

64. 锻造吊钩投入使用后，每（　　）年进行一次探伤检查。
A. 半　　B. 一　　C. 二　　D. 三

65.（　　）的灭火器适用于扑救石油及其产品，可燃气体和电器设备的初起火灾。
A. 泡沫　　B. 酸碱　　C. 干粉　　D. 清水

66. 天车司机严格遵守各项规章制度，消灭（　　），杜绝事故发生，确保安全生产。
A. 违章违纪　　B. 规章制度
C. 制度　　D. 安全生产

67. 天车司机在操作前检查天车性能状态，天车各部位（　　）必须良好。
A. 部位　　B. 良好　　C. 状态　　D. 操作

68. 天车司机必须经（　　）培训合格后持证上岗，无证严禁操作。
A. 天车　　B. 司机　　C. 特殊工种　　D. 工种

69. 天车司机认真执行天车安全操作规程，严格执行（　　）规定。
A. 五不吊　　B. 六不吊　　C. 十不吊　　D. 七不吊

70. 起吊物件时必须有（　　）指挥。
A. 专人　　B. 人　　C. 司索工　　D. 起重工

71. 天车吊运必须确认吊装物件符合（　　）。
A. 要求　　B. 确认　　C. 吊装　　D. 物件

72. 遵守文明生产的要求，保持（　　）卫生整洁。
A. 场地　　B. 场所　　C. 职场　　D. 机车上

73. 认真执行电瓶车、叉车的使用、（　　）、维护保养制度，保证设备质量良好。
A. 操作　B. 维护　C. 使用　D. 保养
74. 天车吊运必须确认吊挂（　　）符合要求。
A. 方向　B. 方式　C. 形式　D. 要求
75. 天车吊运必须确认钢丝绳（　　）符合要求。
A. 吊运　B. 负荷　C. 承重　D. 要求
76. 吊运长大部件时必须有（　　）。
A. 钢丝绳　B. 牵引绳　C. 部件　D. 绳索
77. 天车动车前必须（　　）、响铃。
A. 试车　B. 响铃　C. 动车　D. 天车
78. 天车吊运禁止超负荷使用（　　）。
A. 吊具　B. 吊运　C. 禁止　D. 符合
79. 禁止（　　）人员操纵天车。
A. 无证　B. 禁止　C. 人员　D. 操纵
80. 禁止使用（　　）超限的钢丝绳和未经探伤的吊环。
A. 断股　B. 超限　C. 探伤　D. 吊环
81. 天车吊运必须（　　）指挥，手势正确。
A. 指挥　B. 专人　C. 手势　D. 正确
82. 特种作业人员是指（　　）特种作业的人员。
A. 直接从事　B. 间接从事　C. 直接管理　D. 间接管理
83. 桥式起重机按所有动力可分为手动和（　　）两类。
A. 电动　B. 动力　C. 手动　D. 桥式
84. 库内天车吊运作业时，吊运物体（　　）不得站人。
A. 下方　B. 吊运　C. 作业　D. 物体
85. 严禁从车顶往下或从地面（　　）抛扔东西。
A. 往上　B. 地面　C. 抛扔　D. 东西
86. 工作时必须按规定穿戴好（　　）防护用品，着装整洁。
A. 防护　B. 劳保　C. 用品　D. 棉衣
87. 工作时不得赤足裸背，不得穿高跟鞋、塑料底鞋（　　）上岗作业。
A. 塑料底鞋　B. 钉子鞋　C. 高跟鞋　D. 赤足
88. 库内不准骑自行车、摩托车、三轮车等代步交通工具行走，（　　）跳越地沟。
A. 禁止　B. 跳跃　C. 行走　D. 库内
89. 库内不准停放自行车和其他妨碍（　　）作业通行的车辆。
A. 库内　B. 库外　C. 机车　D. 叉车
90. 库内的消防设施必须随时保持状态良好，不得损坏和（　　）动用消防器材。
A. 无故　B. 损坏　C. 动用　D. 消防
91. 在工作时间，人员进入检修库内必须戴好（　　）。
A. 安全帽　B. 护目镜　C. 面罩　D. 劳保
92. 作业完毕必须做到关闭所使用设施、设备的各种（　　）。

A. 开关　B. 设备　C. 设施　D. 关闭

93. 作业完毕后把所有物件归回到指定位置，并摆放（　　）。

A. 整齐　B. 指定　C. 位置　D. 摆放

94. 将工作场地（　　）清理，做到工完料净，场地干净。

A. 工作　B. 场地　C. 彻底　D. 清理

95. 严禁进入挂有“（　　）”标志的禁区。

A. 有电　B. 危险　C. 给电　D. 有电危险

96. 接触网发生接地短路时，人要远离地点（　　）m 开外。

A. 30　B. 35　C. 25　D. 20

97. 为防止跨步电压伤人，若在（　　）以内时，要双脚跳离短路场地。

A. 20 m　B. 30 m　C. 35 m　D. 45 m

98. 当发生触电事故时，应立即断开（　　）闸刀，条件不具备时，要站在干燥的木板上用有绝缘的棒或杆拨开触电者身上的电线、电器用具等。

A. 电源　B. 断开　C. 闸刀　D. 灯光

99. 三级安全教育是指新进入企业的人员，通过入厂教育、车间教育和（　　）教育。

A. 机台　B. 岗位　C. 班组　D. 排放

100. 钢丝绳有锈蚀或磨损时，予以（　　）。

A. 报废　B. 继续　C. 使用　D. 磨损

101. 钢丝绳中任（　　）折断或失去承载作用时予以报废。

A. 一股　B. 二股　C. 三股　D. 四股

102. 当钢丝绳的纤维损坏或（　　）断裂而造成绳径的显著减少时予以报废。

A. 钢芯　B. 断裂　C. 纤维　D. 损坏

103. 当钢丝绳弹性下降时，绳径缩小，节距伸长，用起来明显的觉得不宜（　　）时予以报废。

A. 报废　B. 弯曲　C. 绳径　D. 缩小

104. 岗前不得饮酒，作业中要精神集中，不得做与本职工作（　　）的事严格执行天车司机安全作业细则。

A. 有关　B. 关联　C. 无关　D. 相关

105. 衣服穿着要合体，不得穿高跟鞋、凉鞋或塑料底鞋，以免（　　）扶梯时发生危险。

A. 上　B. 上下　C. 下　D. 走

106. 按规定做好班前检查及试车，工作完毕，所有操纵手柄应置于（　　），关闭总电源开关。

A. 电源　B. 开关　C. 零位　D. 关闭

107. 清扫天车时，要站稳抓牢，检修天车时，严禁从天车（　　）抛扔任何物件。

A. 抛扔　B. 上向下　C. 严禁　D. 禁止

108. 动车前要认真检查各部状态、试验确认（　　）作用，并按规定发出动车信号方可进行工作。

A. 状态　B. 制动器　C. 确认　D. 防撞

109. 操作中必须按标准化作业，不得移动太快或（　　）过猛。

A. 升降　　B. 移动　　C. 过猛　　D. 太快

110. 天车司机在严格遵守各项规章制度的前提下，操作中要做到（　　）、平稳、精准、合理。

A. 安全　　B. 平稳　　C. 精准　　D. 合理

111. “起重机前进手势信号”为双手臂先（　　）平伸，然后小臂曲起，五指并拢，手心对着自己，做前后运动。

A. 向前　　B. 平伸　　C. 曲起　　D. 手臂

112. 起重机械的起重量是指（　　）。

A. 额定起重量　　B. 起重机械

C. 工作中经常起吊的重量　　D. 设计起重能力

113. 起重量包括（　　）重量。

A. 吊钩　　B. 动滑轮组　　C. 钢丝绳　　D. 抓斗

114. 不属于起升机构的部件是（　　）。

A. 主令控制器　　B. 钢丝绳　　C. 吊钩组　　D. 卷筒

115. 固定钢丝绳的压板，每（　　）要检查一次，如有松动，应及时拧紧。

A. 个　　B. 压板　　C. 月　　D. 固定

116. 关于吊钩表面的说法不正确的是（　　）。

A. 可以进行补焊　　B. 没有尖角毛刺

C. 表面要求光洁　　D. 不允许存在锻造缺陷

117. 吊钩是起重机上应用最广泛的取物装置。吊钩按形式分为单钩和（　　）两种。

A. 锻造单钩　　B. 锻造吊钩

C. 叠片式吊钩　　D. 双钩

118. 在起重作业中，钢丝绳与垂直线的夹角一般不应大于（　　）。

A. 45°　　B. 50°　　C. 55°　　D. 60°

119. 起重机上通常采用（　　）芯钢丝绳。

A. 天然　　B. 合成纤维　　C. 纤维　　D. 金属丝

120. 在起重吊装中，钢丝绳捆绑点的选择主要依据是物体（　　）。

A. 重量　　B. 重心　　C. 外形尺寸　　D. 中心

121. 当钢丝绳的外部腐蚀出现何种现象时应报废（　　）。

A. 表面有显著的变形、锈蚀、损伤

B. 表面干燥

C. 出现小于钢丝总数 10% 的断丝

D. 钢丝绳直径减小量小于 7%

122. 吊钩开口度超过原尺寸的（　　）予以报废。

A. 40%　　B. 45%　　C. 50%　　D. 55%

123. 大车车轮多采用圆柱形（　　）轮缘车轮。

A. 圆柱　　B. 轮缘　　C. 双　　D. 车轮

124. 起重机车轮上轮缘的作用是（　　）。

A. 导向与防出轨　　B. 均匀轮压

C. 降低轮压　　D. 轮缘

125. 起重机车轮直径大小主要根据（　　）来确定。

A. 吊物载荷量　　B. 轮压　　C. 速度　　D. 重物

126. 起重机的工作幅度为（　　）。

A. 吊钩中心的垂线与后支腿中心线之间的距离

B. 吊钩中心的垂线与后桥中心线之间的距离

C. 吊钩中心的垂线与回转中心线之间的水平距离

127. 起重机的核心机构是（　　）。

A. 起升机构　　B. 机构　　C. 控制

128. 起重机的起升高度是指（　　）。

A. 吊钩升至最高位置，吊钩钩口中心距起重机支撑地面的距离

B. 钩下平面距起重支撑地面的距离

C. 臂端部起重机支撑地面的距离

129. 起重机的起升和变幅机构必须装设的制动器（　　）。

A. 闸瓦式　　B. 常闭式　　C. 块式

130. 起重机上使用较多（　　）联轴器。

A. 万向　　B. 齿轮　　C. 十字

131. 起重机在额定负荷下运行时，当制动器发生制动作用后，在惯性的作用下，还会继续运动一段距离，这段距离叫：（　　）。

A. 制动行程　　B. 安全行程　　C. 工作行程

132. 起重机制动器的制动带磨损超过原厚度的（　　）时，应更换。

A. 60%　　B. 50%　　C. 55%　　D. 70%

133. 起重机运行轨道终点设置的终点档架，习惯上称（　　）。

A. 锚定　　B. 止挡　　C. 档架

134. 上升极限位置限制器的作用是（　　）。

A. 防止起重吊钩过卷扬

B. 防止作业人员歪拉斜吊

C. 防止重物过载

135. 行走在轨道上的起重机车轮，都应装（　　）。

A. 车轮　　B. 扫轨板　　C. 车轮涂油器

136. 运行极限位置限制器由安全尺与（　　）所组成。

A. 紧急　　B. 行程开关　　C. 闸刀

137. 运行极限位置限制器由（　　）与行程开关所组成。

A. 限制器　　B. 安全尺　　C. 锚定

138. 在紧急情况下，能切断起重机总控制电源的装置是（　　）。

A. 紧急开关　　B. 电源　　C. 装置

139. 只有在车轮两侧有水平导向滚轮时采用（　　）车轮。

A. 单轮　　B. 双轮　　C. 无轮缘

140. 制动块摩擦衬垫磨损量达原衬垫厚度的（　　）%，应报废。

A. 50　　B. 55　　C. 60　　D. 65

141. 制动轮（　　）有油污时，摩擦系数减小导致制动力矩下降。

A. 转轴　　B. 表面　　C. 制动轮

142. 制动器（　　）磨损严重，制动时铆钉与制动轮接触，不仅降低制动力矩而且划伤制动轮表面，应及时更换。

A. 制动器　　B. 磨损　　C. 瓦衬

143. 制动器（　　）疲劳、材料老化或产生裂纹、无弹力，将导致制动力矩减小。

A. 制动器　　B. 弹簧　　C. 材料

144.（　　）是起重机的核心机构。

A. 起升机构　　B. 运行机构　　C. 司机室　　D. 操纵台

145. “两小臂水平置于胸前，五指自然伸开，手心朝下，同时水平挥向两侧。”这种手势信号表示（　　）。

A. 紧急停止　　B. 吊钩下降　　C. 吊钩上升　　D. 工作结束

146. “手臂伸直置于头上方，五指自然伸开，手心朝前保持不动。”这种手势信号表示（　　）。

A. 预备　　B. 吊钩　　C. 紧急　　D. 工作

147. “单手自然握拳，置于头上，轻触头顶。”这种手势信号表示（　　）。

A. 要主钩　　B. 上升　　C. 停止　　D. 结束

148. “一只手握拳，小臂向上不动，另一只手伸出，手心轻触前只手的肘关节。”这种手势信号表示（　　）。

A. 要副钩　　B. 要钩　　C. 上升　　D. 结束

149. “小臂向侧上方伸直，五指自然伸开，高于肩部，以腕部为轴转动。”这种手势信号表示（　　）。

A. 吊钩上升　　B. 要钩　　C. 停止　　D. 结束

150. “手臂伸向侧前下方，与身体夹角约为 30°，五指自然伸开，以腕部为轴转动。”这种手势信号表示（　　）。

A. 吊钩下降　　B. 上升　　C. 停止　　D. 工作

151. “小臂向侧上方伸直，五指并拢手心朝外，朝负载应运行的方向，向下挥动到与肩相平的位置。”这种手势信号表示（　　）。

A. 吊钩水平移动　　B. 下降

C. 上升　　D. 结束

152. “小臂伸向侧前上方，手心朝上高于肩部，以腕部为轴，重复向上摆动手掌。”这种手势信号表示（　　）。

A. 吊钩微微上升　　B. 下降

C. 上方　　D. 高于

153. “手臂伸向侧前下方，与身体夹角约为 30° ，手心朝下. 以腕部为轴，重复向下摆动手掌”这种手势信号表示（　　）。

A. 吊钩微微下降　　B. 吊钩

C. 水平　　D. 上升

154. “小臂向侧上方伸直，五指并拢手心朝外，朝负载应运行的方向，重复做缓慢的水平运动”这种手势信号表示（　　）。

A. 吊钩水平微微移动　　B. 吊钩
C. 水平　　D. 上升

155. “双小臂曲起，伸向一侧，五指伸直，手心相对，其间距与负载所要移动的距离接近。”这种手势信号表示（　　）。

A. 微动范围　　B. 吊钩　　C. 水平　　D. 上升

156. “五指伸直，指出负载应降落的位置。”这种手势信号表示（　　）。

A. 指示降落方向　　B. 停止
C. 下降　　D. 上升

157.“小臂水平置于胸前，五指伸开，手心朝下，水平挥向一侧”这种手势信号表示(　　)。

A. 停止　　B. 结束　　C. 指示　　D. 方向

158. 指挥人员不能同时看清司机和负载时，必须增设（　　）。

A. 无线电联系通讯
B. 中间指挥人员以便逐级传递信号
C. 旗语指挥
D. 登高设备

159. 电气方面造成起升机构制动器突然失灵，应立即（　　）。

A. 拉下紧急开关　　B. 电源开关
C. 紧急信号

160. 兜翻操作中，当物件在重力倾翻力矩作用下自行翻转时，应将手柄扳至（　　）。

A. 下降第一档　　B. 上升　　C. 零位

161. 吊起的重物落地时，起重机应采用（　　）。

A. 快速落地　　B. 慢速落地　　C. 急速落地

162. 吊起吊物的高度，一般应高出最高障碍物（　　）m 为宜。

A. 0.5　　B. 1　　C. 1.5　　D. 2

163. 减速器油量要（　　）。

A. 适中　　B. 少量　　C. 充足

164. 起重机（　　），吊钩不准吊挂吊具、吊物等。

A. 工作　　B. 工作完毕后　　C. 过程中

165. 起重机操作安全的关键是：（　　）。

A. 起升机构的操作规范　　B. 起重机
C. 操作

166. 起重机吊运中起升高度的控制有时还需要根据（　　）。

A. 高度限位　　B. 司机的目测能力
C. 起升速度

167. 起重机工作完毕后，所有（　　）应回零位。

A. 控制手柄　　B. 起升　　C. 大车　　D. 小车

168. 起重机照明的安全电压必须在（　　）V 以下。

A. 36 B. 42 C. 110 D. 220

169. 司机动车前必须（ ）。

A. 动车 B. 鸣铃 C. 检修

170. 司机动车前起吊前必须（ ）。

A. 鸣铃 B. 检修 C. 起吊

171. 稳钩操作时，吊钩摆幅小，跟车距离应（ ）。

A. 摆幅 B. 小 C. 不确定

172. 稳钩操作时，跟车速度（ ）。

A. 不宜太慢 B. 太快 C. 较难

173. 吊钩不在物品的（ ）上方，不准起吊。

A. 表面 B. 重心 C. 中心

174. 第一次吊物时，应将重物吊离地面（ ）m，然后下降以检查起升制动器工作的可靠性。

A. 2.0 B. 1.5 C. 1 D. 0.5

175. 司机和有关人员进行检查保养时，应切断（ ），挂上警示标牌。

A. 高压电源 B. 照明电源 C. 控制电源

176. 桥式起重机大车一般为（ ）车轮。

A. 单轮 B. 双轮缘 C. 多轮 D. 无轮

177. 桥式起重机跨度是指（ ）。

A. 大车轨道中心线之间的距离 B. 中心线之间的距离

C. 外侧之间的距离 D. 内侧之间的距离

178. 桥式起重机随着使用年限的增加，主梁的上拱度（ ）。

A. 逐渐减小 B. 不变 C. 逐渐

179. 起重机小车在轨距较小时，采用（ ）车轮。

A. 单轮缘 B. 无轮 C. 多轮 D. 双轮

180. 起重机重要受力构件为（ ）。

A. 主梁 B. 栏杆 C. 司机室 D. 滑线防护架

181. 起重机工作完毕后，应将吊钩升至接近（ ）位置的高度。

A. 工作 B. 极限 C. 上极限 D. 司机

182. 起重机工作完毕后，应将起重机小车停放在主梁远离大车（ ）。

A. 滑触线的一端 B. 端部

C. 跨中 D. 司机室

183. 限制大、小车或起升机构在所规定的行程范围内工作是一种：（ ）。

A. 行程保护 B. 过电流 C. 零压

184. 作业人员按规定着装并佩戴（ ）用品。

A. 帽 B. 防护 C. 安全防护 D. 着装

185. 天车作业中要认真确认指挥手势，听从（ ），严格执行十不吊规定，对任何人发出的停车信号必须立即执行，不得违反。

A. 专人指挥 B. 确认 C. 认真 D. 命令

186. 高处作业人员及调车人员在作业中一定要系（　　）。
A. 安全带　　B. 尼龙绳　　C. 安全绳
187. 安全电压额定值的等级为 42、36、24、（　　）和 6 V。
A. 42　　B. 36　　C. 24　　D. 12
188. 工作时间内要坚守岗位，严禁（　　）、扎堆聊天。
A. 溜岗串哨　　B. 干活　　C. 扎堆　　D. 聊天
189. 工作时间内严禁大声吵闹喧哗，严禁（　　）、下棋、织毛衣等做与本职无关的事。
A. 干活　　B. 打牌　　C. 下棋　　D. 织毛衣
190. 作业完毕后将工作场地彻底清理，做到（　　），场地干净。
A. 场地　　B. 干净　　C. 工完料净
191. 天车工必须（　　），无证不得上岗作业。
A. 无证　　B. 操作证　　C. 培训　　D. 持证上岗
192. 吊运大型工件必须有（　　）。
A. 牵引绳　　B. 指挥　　C. 操作证
193. 操作者必须按要求持有（　　）合格证，严禁无证操作，禁止他人动用工装设备。
A. 操作证　　B. 设备操作　　C. 工作证
194. 设备发生故障时，立即停机，保护好现场，及时通知设备工程师和（　　）进行故障确认，并做好处理记录。
A. 值班　　B. 调度　　C. 维修工长　　D. 设备
195. 严格执行（　　），严禁超压、超负荷等违章作业。
A. 超压　　B. 超负荷　　C. 违章　　D. 操作规程
196. 操作者应熟悉设备（　　）、性能、使用原理。
A. 构造　　B. 性能　　C. 设备　　D. 原理
197. 所有设备都要进行润滑五定：定点、定时、定质、定量、（　　）。
A. 定人　　B. 定质　　C. 定量　　D. 定点
198. 使用设备必须执行两定即：（　　）、定设备。
A. 定人　　B. 定质　　C. 定量　　D. 定点
199. 使用设备必须执行三包即：包使用、包养修、（　　）。
A. 包保管　　B. 包管理　　C. 包养护　　D. 包使用
200. 设备使用人要按照三好即：管理好、（　　）、养修好的范围要求使用设备。
A. 保管好　　B. 管理好　　C. 养修好　　D. 使用好
201. 设备使用人要按照四会即：（　　）、会养修、会检查、会排除故障。
A. 会保管　　B. 会管理　　C. 会养护　　D. 会使用
202. 上岗前穿好工作服，戴好工作帽，要求整齐清洁。班前严禁（　　）。
A. 饮酒　　B. 串哨　　C. 聊天　　D. 打电话
203. 作业中要认真确认指挥手势，听从专业人员指挥，严格执行“（　　）”的规定，对任何人发出的停车信号必须立即执行。
A. 操作　　B. 不准吊　　C. 十不吊　　D. 制度
204. 操作中不得移动太快或升降过猛，不得同时开动（　　）以上的机构同时运转。

A. 一个　　B. 两个　　C. 三个　　D. 四个

205. 常用的灭火器有泡沫、酸碱、清水、(　　)、二氧化碳、1211 等 6 种类型。

A. 泡沫　　B. 酸碱　　C. 清水　　D. 干粉

206. 在水平方向吊运荷载时，应把载荷吊起来比地面所能碰到的东西高出（　　）m。

A. 0.5　　B. 1　　C. 2　　D. 1.5

207. 司机必须服从指挥人员指挥，当指挥（　　）不明时，司机应发出“重复”信号询问，明确指挥意图后，方可开车。

A. 意图　　B. 信号　　C. 方向

208. 当指挥人员发出信号（　　）标准的规定时，司机有权拒绝执行。

A. 明确　　B. 规定　　C. 标准　　D. 违反

209. 我国规定安全电压为 36V 和（　　）V。

A. 42　　B. 36　　C. 24　　D. 12

210. 翻转物体时，应指挥起重机，使吊钩顺翻转方向移动，避免物体（　　）后碰撞冲击。

A. 倾倒　　B. 翻滚　　C. 翻转　　D. 碰撞

211. 劳动保护就是对劳动者在生产中（　　）与健康所实行的保护措施。

A. 健康　　B. 安全　　C. 保护　　D. 措施

212. 桥式起重机制动器按工作状态不同分为常闭式和（　　）两种。

A. 制动　　B. 闭合　　C. 常开式　　D. 电磁铁

213. 电气事故包括：(　　)、设备烧毁、电气引起火灾、爆炸以及电击引起的人身事故。

A. 人身触电　　B. 火灾　　C. 设备烧毁　　D. 爆炸

214. 作业结束后，将吊钩升到接近上限位的位置，吊具不准吊物件，将小车停到主梁的一端，所有控制器手柄回零位，断开（　　）及总电源开关。

A. 电源　　B. 紧急开关　　C. 总开关　　D. 闭合

215. 在开动大车或小车过程中，时刻注意吊物上、下极限位置，上不能碰（　　），下不能碰撞地面设备，都用留有一定的余度。

A. 下极限　　B. 上极限　　C. 限位器　　D. 开关

216. 大车运行机构的传动形式分为分别驱动形式和（　　）两大类。

A. 驱动　　B. 集中　　C. 分别驱动　　D. 集中驱动形式

217. 吊钩必须安装有防绳扣脱钩（　　）。

A. 脱钩　　B. 闭锁装置　　C. 防脱　　D. 扣环

218. 操作大车、小车控制器时，应逐挡递增或（　　），禁止将机构突然从正转扳到反转。

A. 递增　　B. 递减　　C. 逐挡　　D. 增加

219. 桥式起重机安全防护装置有各种类型的限位器、(　　)、防碰撞装置、超载限制器和力矩限制器等等。

A. 胶皮　　B. 装置　　C. 缓冲器　　D. 限位器

220. 大车运行机构的传动形式分为（　　）和集中驱动形式两大类。

A. 驱动　　B. 集中　　C. 形式　　D. 分别驱动形式

221. 对新工人，改职及调入的工人要进行厂、(　　)、班组（岗位）三级安全教育。

A. 车间　　B. 中心　　C. 班组　　D. 厂级

222. 职业危害分为（　　）、接触毒物危害、物理因素危害、缺氧危害等。

A. 粉末　　B. 粉尘危害　　C. 空气　　D. 机械

223. 桥式起重机由（　　）、大车走行机构、小车走行机构组成。

A. 金属　　B. 制动　　C. 起升机构　　D. 行走

224. 桥式起重机由金属结构、（　　）、电气部分等三部分组成。

A. 液压　　B. 制动　　C. 起升　　D. 机械部分

225. 起重机的工作类型也叫工作制度，是表明机械（或机构）工作（　　）程度的重要参数。

A. 繁重　　B. 匆忙　　C. 任务　　D. 明确

226. 滑轮组有单联滑轮组和（　　）联滑轮组。

A. 双　　B. 单　　C. 联　　D. 三

227. 钢丝绳的破断拉力与钢丝绳的直径、结构及钢丝（　　）有关。

A. 拉力　　B. 结构　　C. 强度　　D. 高度

228. 吊钩与吊环在起重机械和起重作业中作取物装置，可用来（　　）重物，使用很方便的。

A. 机械　　B. 起重　　C. 吊钩　　D. 悬挂

229. 起重机按所用动力分，可分为手动和（　　）两类。

A. 电动　　B. 手动　　C. 动力　　D. 液压

230. 起重机按桥架主梁的结构分，可分为单梁和（　　）两类。

A. 双梁　　B. 单梁　　C. 主梁　　D. 端梁

231. 起重机根据梁的结构分为（　　）的、四桁架结构和腹板梁结构。

A. 桁架　　B. 梁形　　C. 箱形结构　　D. 主梁

232. 起重机按用途分为（　　）起重机、冶金用桥式起重机和缆索起重机。

A. 双梁　　B. 单梁　　C. 主梁　　D. 通用桥式

233. 起重机的操纵正向集中操纵和（　　）方向发展。

A. 自动操纵　　B. 电动　　C. 手动　　D. 液压

234. 起重量又叫额定起重量，是指起重机实际允许（　　）。

A. 最小　　B. 最大起重量　　C. 或大或小　　D. 最重

235. 习惯上说的“20 t 天车”指的是该天车的最大起重量是（　　）吨力。

A. 35　　B. 30　　C. 20　　D. 25

236. 双钩桥式起重机起重量的表示方法是：分子表示（　　）额定起重量，分母表示副钩的额定起重量。

A. 吊钩　　B. 小钩　　C. 副钩　　D. 主钩

237. “5 + 5 t”表示一台小车上有两个额定起重量为（　　）的起升结构。

A. 5 t　　B. 10 t　　C. 15 t　　D. 20 t

238. 起重机大车运行轨道中心线间的距离称为（　　）。

A. 跨度　　B. 中心　　C. 距离　　D. 轨道

239. 地平线下的下放距离称为（　　）。

A. 下放深度　B. 高度　C. 长度　D. 宽度

240. 总的起升高度（　）地平线上起升高度和下放深度之和。

A. 上升　B. 下放　C. 和　D. 等于

241. 在电动机额定转速下起重机动作的速度叫（　）。

A. 工作速度　B. 效率　C. 工作　D. 工作率

242. 工作速度包括（　）、大车运行速度和小车运行速度。

A. 升降　B. 起升速度　C. 上升　D. 下降

243. 滑车的有用功与所作功之比叫滑车（　）。

A. 有用功　B. 效率　C. 所作功　D. 滑车

244. 滑车组的重要特性是（　），即速度比或工作线。

A. 速度　B. 工作　C. 特性　D. 倍率

245. 卷扬机的电器控制装置要放在（　）人员的身边。

A. 操作　B. 电器　C. 装置　D. 人员

246. 吊具或抓取装置的上极限位置与下极限位置之间的距离称为（　）。

A. 起升高度　B. 高度　C. 速度　D. 起升速度

247. 起升高度不仅与轨道距离地面（　）有关，而且还与地平线下的地坑有关。

A. 地平线　B. 高度　C. 速度　D. 起升

248. 在钢丝绳的直径相同的情况下，钢丝较粗，比较耐磨，但较硬、不易弯曲的是（　）。

A. 6 股 19 丝　B. 6 股 27 丝

C. 6 股 37 丝　D. 6 股 61 丝

249. 吊钩、吊环一般都是采用 20 号优质碳素钢制作，因为这种材料的（　）较好。

A. 吊钩　B. 韧性　C. 吊环　D. 材料

250. 劳动保护基本任务是预防生产过程发生的人身设备事故，形成良好的劳动环境和工作的（　）而采取的一系列措施和活动。

A. 措施　B. 秩序　C. 活动　D. 环境

251. 为了防止工伤、火灾、爆炸等事故的发生，创造（　）的安全劳动条件而采取各种技术措施。

A. 优良　B. 优越　C. 良好　D. 优秀

252. 事故的四不放过是：事故原因分析不清不放过；事故责任者和群众没有受到教育不放过；没有（　）措施不放过；事故责任者没有受到处理不放过。

A. 防范　B. 防卫　C. 防止　D. 预防

253. 遇有（　）必上大风及雷雨天气应停止露天起重作业。

A. 十级　B. 九级　C. 七级　D. 六级

254. 新进入企业工作的员工或其他人员，必须接受（　）安全教育，本企业内部员工在调动、转岗、复工或变换工种，必须接受安全教育。

A. 三级　B. 四级　C. 五级　D. 六级

255. 用人单位应依法建立和完善（　）制度，保障劳动者享有劳动权利和履行劳动义务。

A. 规章　B. 制度　C. 完善　D. 权利

256. 在钢丝绳标记法中，（　　）表示左同向捻制钢丝绳。

A. SS　　B. ZZ　　C. SZ　　D. AS

257. 钢丝绳芯中润滑油的作用是减小每小股绳及钢丝之间的摩擦和（　　）。

A. 防腐蚀　　B. 摩擦　　C. 润滑　　D. 擦洗

258. 同向捻制的钢丝绳表面平滑，（　　）小，但有很大绕性，有易自行传动和松散的缺点。

A. 磨损　　B. 表面　　C. 绕性　　D. 平滑

259. 吊钩是用整块的钢材锻造，材料常用 20 号优质碳素钢，锻后再进行退火处理，以清除其残存的内应力，增加其韧性，要求硬度达到（　　）HBS。

A. 90 ~ 155　　B. 90 ~ 150　　C. 90 ~ 145　　D. 90 ~ 135

260. 通过一个吊挂方式系数时，对吊索的极限工作载荷进行（　　）来达到安全使用的目的。

A. 方式　　B. 安全　　C. 使用　　D. 修正

261. 钢丝绳吊索两端插接连接索之间最小净长度，不得小于该吊索钢丝绳公称直径（　　）倍。

A. 60　　B. 70　　C. 40　　D. 50

262. 平衡梁能减小设备或物体在起吊时所承受（　　），使设备和构件不会出现变形。

A. 外力　　B. 内力　　C. 应力　　D. 压力

263. 滑车组是按滑车数目和起重的大小从 1 ~ 6 不等，四轮以上的滑车可达（　　）t 的起重量

A. 30 ~ 75　　B. 30 ~ 70　　C. 30 ~ 60　　D. 30 ~ 50

264. 对于有起吊环的物件，其耳环位置及耳环的（　　）是经过计算确定的。

A. 长度　　B. 强度　　C. 任性　　D. 位置

265. 在吊运长形刚性的物体时，由于物体变形小或允许变形小，采用多吊点时，必须使各吊索受力，尽可能避免发生物体和（　　）损坏。

A. 吊点　　B. 物体　　C. 吊索　　D. 位置

266. 兜法吊装是用两根吊索，吊索之间的夹角不应太大，太大容易滑动，夹角太小则容易倾翻，一般两吊索之间的夹角采用（　　）为宜。

A. 75°　　B. 70°　　C. 65°　　D. 60°

267. 物体兜翻时根据需要加护绳，护绳的长度应略长于物体不稳定（　　）时的长度。

A. 状态　　B. 稳定　　C. 长度　　D. 根据

268. 翻转绑扎时，应根据物体（　　）位置，形状特点选择吊点，使物体在空中能顺利安全翻转。

A. 中心　　B. 重心　　C. 吊点　　D. 吊装

269. 钢丝绳是安放在半圆槽中，当滑轮（　　）不大时，可做成实体铸造。

A. 安放　　B. 尺寸　　C. 铸造　　D. 组织

270. 滑轮绳槽尺寸能保证钢丝绳顺利的绕过，并且使钢丝绳与槽底接触（　　）尽可能的大。

A. 接触　　B. 面积　　C. 槽底　　D. 保证

271. 当检查滑轮时，如滑轮经重新车锻后，仍能保持原有的（　　）以上方可使用。

A. 80%　　B. 85%　　C. 90%　　D. 95%

272. 滑轮的直径不得小于钢丝绳直径的（　　）倍。

A. 16　　B. 17　　C. 18　　D. 19

273. 使用的钢丝绳必须符合规定，钢丝绳与滑轮槽的偏角不得超过（　　）。

A. 4°　　B. 5°　　C. 6°　　D. 7°

274. 触电有 3 种情况：单相触电、两相触电和（　　）。

A. 单向触电　　B. 两相触电　　C. 触电　　D. 跨步电压触电

275. 轻小型起重设备主要是为物品单纯的升降作业服务的起重工具，一般只有（　　）起升机构。

A. 一个　　B. 两个　　C. 三个　　D. 四个

276. 铸造起重机和锻造起重机属于（　　）起重机。

A. 冶金用　　B. 龙门起重机

C. 通用桥式起重机　　D. 梁式起重机

277. 电磁起重机和吊钩起重机属于（　　）起重机。

A. 通用桥式　　B. 冶金用起重机

C. 龙门起重机　　D. 梁式起重机

278.（　　）起重机在桥式起重机中占的数量最大，用途最广。

A. 通用桥式　　B. 冶金用起重机

C. 梁式起重机　　D. 缆索起重机

279.（　　）起重机在桥式起重机中占的数量最大，用途最广。

A. 通用桥式　　B. 冶金用起重机

C. 梁式起重机　　D. 缆索起重机

280. 大起重量起重机起升速度为（　　）m/min。

A. 1～4　　B. 4～8　　C. 8～12　　D. 12～16

281. 小车运行电动机在额定转速下驱使小车运行的速度一般为（　　）m/min。

A. 30～60　　B. 30～50　　C. 50～70　　D. 70～90

282. 大车运行电动机在额定转速下驱使大车运行的速度一般为（　　）m/min。

A. 90～1 200　　B. 100～110　　C. 80～120　　D. 120～160

283. 对滑轮的加工要求在半径相等的剖面上，绳槽的壁厚差不大于（　　）。

A. 5 mm　　B. 2 mm　　C. 3 mm　　D. 4 mm

284. 起重、司索人员应经专业培训，经考试合格，持有（　　）方可上岗作业。

A. 操作证　　B. 工作证　　C. 一卡通

285. 起重作业必须明确作业内容及安全技术要求，重大的起重吊运项目，应编制作业方案和起重吊运工艺。参加起重作业的人员应严格执行起重作业方案和吊运工艺所规定的各项（　　）要求。

A. 工艺　　B. 安全技术　　C. 规定　　D. 方案

286. 钢丝绳直径越细，则钢丝绳（　　）就越好，但钢丝绳易磨损。

A. 直径　　B. 挠性　　C. 越好　　D. 越坏

287. 钢丝绳不能使其锐角曲折、被压、砸而成扁平，注意检查钢丝绳是否顺直，若出现（　　）现象应立即纠正。

A. 纠正　　B. 曲折　　C. 被压　　D. 扭结

288. 钢丝绳用完后，应用钢丝刷把绳上的泥土（　　）脏物清除干净。

A. 铁锈　　B. 泥土　　C. 脏物　　D. 清除

289. 在起重吊装作业中通常用的钢丝绳夹扣有（　　）、压板式和拳握式 3 种。

A. 夹扣　　B. 骑马式　　C. 压板式　　D. 拳握式

290. 吊钩分单钩和双钩两种，一般用于起重吊装、桥式起重机、（　　）起重机等机械上。

A. 桥式　　B. 吊装　　C. 塔式

291. 单轮滑车用以起重和（　　）绳索方向，多轮带车用于滑车组。

A. 起重　　B. 绳索　　C. 改变

292. 在吊运各种物体时，为避免物体的倾斜、翻倒、变形损坏，应根据物体的形状特点、重心位置，选择吊点，在吊运过程中有足够（　　）性。

A. 倾斜　　B. 稳定　　C. 翻到　　D. 变形

293. 指挥指挥人员应站在使司机能看清指挥信号的安全位置上，当跟随负载运行指挥时，应随时指挥负载避开人员和（　　）物。

A. 障碍　　B. 人员　　C. 司机　　D. 物体

294. 同时用两台起重机吊运同一负载时，指挥人员应双手分别指挥各台起重机，以确保（　　）吊运。

A. 吊运　　B. 双手　　C. 同步

295. 司机必须服从指挥人员的指挥，当指挥（　　）不明时，司机应发出重复信号询问，明确指挥意图后，方可开车。

A. 询问　　B. 人员　　C. 指挥　　D. 信号

296. 当指挥人员发出信号（　　）标准的规定时，司机有权拒绝执行。

A. 违反　　B. 不标准　　C. 有权　　D. 拒绝

297. 起重时要试吊，等滑轮（　　）后，再检查各种情况，如状态良好，才能继续起吊作业。

A. 检查　　B. 受力　　C. 状态

298. 滑轮槽径向磨损量达到（　　）的 2.5% 时，需要更换。

A. 直径　　B. 绳芯　　C. 绳径　　D. 半径

299. 起重机械分为轻小型起重设备、（　　）起重机、臂架类型起重机和电梯及其他升降机。

A. 臂架类型起重机　　B. 轻小型起重机

C. 电梯　　D. 桥式类型

300. 起重机除具有起升重物的起升机构外，还有（　　）机构。

A. 平稳　　B. 匀速　　C. 水平运动

301. 齿轮传动是由齿轮副组成的传递运动和（　　）装置。

A. 装置　　B. 传递运动　　C. 动力

302. 钢丝绳有右交左捻、左交互捻、(　　)、左同向捻等四种捻制方法。

A. 右同向捻　　B. 左交互捻　　C. 右交左捻　　D. 左同向捻

303. 设备挂绳的基本要求是一般机械设备用单钩起吊，(　　) 必须通过设备的重心。

A. 设备　　B. 起升机构　　C. 运行机构　　D. 吊钩

304. 设备在吊运过程中始终要保持 (　　)，不得产生歪斜，绳索不允许在吊钩上滑动。

A. 平稳　　B. 歪斜　　C. 过程　　D. 滑动

305. 通用手势信号是指各种类型的起重机在起重吊运中普遍用 (　　)。

A. 信号　　B. 指挥手势　　C. 旗语

306. 使用一根吊索的优点是便于 (　　) 吊索位置，使吊钩与设备重心重合。

A. 优点　　B. 位置　　C. 调节　　D. 重合

307. 指挥人员使用手势信号均以本人 (　　)、手指或手臂表示吊钩、臂杆和机械位移的运动方向。

A. 手指　　B. 吊钩　　C. 手臂　　D. 手心

308. 指挥人员用“起重吊运指挥语言”指挥时，应讲 (　　)。

A. 普通话　　B. 方言　　C. 英文

309. 物体翻转常见的方法有 (　　) 法，将吊点选择在物体重心之下，或将吊点选择在物体重心一侧。

A. 物体　　B. 兜翻　　C. 中心

310. 滑轮在轴上可以自由传动，在滑轮外缘上制有环形半圆形槽，作为钢丝绳的(　　)。

A. 半圆　　B. 导向槽　　C. 环形

311. 滑轮的轮槽表面应 (　　)，不得有裂痕、凸凹等缺陷，以免钢丝绳和滑轮互相损伤。

A. 裂纹　　B. 裂痕　　C. 凹凸　　D. 光滑

312. 任何物体都具有保持原有运动状态的性质，这种性质就叫作 (　　)。

A. 惯性　　B. 性质　　C. 运动

313. 起重机的主要技术参数有：起重量、(　　)、跨度、工作幅度、工作速度、工作类型。

A. 起升高度　　B. 工作幅度　　C. 工作速度　　D. 工作质量

314. 起重机的主要技术参数有：起重量、起升高度、(　　)、工作幅度、工作速度、工作类型。

A. 跨度　　B. 工作类型　　C. 工作速度　　D. 工作幅度

315. 起重机的主要技术参数有：起重量、起升高度、跨度、工作幅度、工作速度、(　　)。

A. 工作类型　　B. 工作速度　　C. 跨度　　D. 工作幅度

316. 起重机的主要技术参数有：起重量、起升高度、跨度、工作幅度、(　　)、工作类型。

A. 工作速度　　B. 工作类型　　C. 跨度　　D. 工作幅度

317. 桥式起重机由 (　　)、大车走行机构、小车走行机构组成。

A. 运行机构　　B. 走行机构　　C. 电器机构　　D. 起升机构

318. 桥式起重机由起升机构、大车 (　　)、小车走行机构组成。

A. 起重机 B. 走行机构 C. 电气部分 D. 起升机构

319. 桥式起重机由起升机构、大车走行机构、（ ）组成。

A. 小车走行机构 B. 大车

C. 机构 D. 起升机构

320. 工作类型也叫（ ），是表明机械（或机构）工作繁重程度的重要参数。

A. 工作制度 B. 类型 C. 级别 D. 性质

321. 确定物体重心位置一般有 3 种方法：（ ）、悬挂法、称重法。

A. 计算法 B. 称重法 C. 中心 D. 悬挂法

322. 确定物体重心位置一般有 3 种方法：计算法、（ ）、称重法。

A. 悬挂法 B. 称重法 C. 中心 D. 计算法

323. 确定物体重心位置一般有 3 种方法：计算法、悬挂法、（ ）。

A. 称重法 B. 悬挂法 C. 中心 D. 计算法

324. 主梁下挠的修复方法：火焰矫正修理法、预应力修复法、（ ）加下盖板法。

A. 火焰 B. 预应力 C. 下挠 D. 主梁

325. 起重机将货物吊起一定（ ）。在下降过程中进行制动性能试验的动作。

A. 跨度 B. 硬度 C. 高度 D. 强度

326. 使用后的钢丝绳应盘绕好，放在干燥通风的地方，并定期检查和（ ）。

A. 保养 B. 检查 C. 盘绕 D. 干燥

327. 在国家标准 GB5028—1985 中统一规定的起重吊运指挥信号中包括有（ ）、语言信号和音响信号 3 种。

A. 手势信号 B. 标准 C. 语言信号 D. 音响信号

328. 在高空作业中，严禁开玩笑或打闹等与作业无关的（ ）出现。

A. 无关 B. 现象 C. 打闹 D. 出现

329. 吊物悬空时，禁止在吊物或吊臂下停留或通过。任何人不得随同吊物或（ ）机械升降。

A. 中心 B. 吊臂 C. 重量 D. 起重

330. 钢丝绳个别部位有明显（ ），只可用于次要场合。

A. 锈蚀 B. 场 C. 部位

331. 钢丝绳耐疲劳，耐磨损，使用（ ）较长，但成本较低，因此被广泛使用。

A. 疲劳 B. 寿命 C. 成本

332. 钢丝绳绳芯的材料有天然纤维芯、（ ）纤维芯和钢丝芯等。

A. 合理 B. 天然 C. 合成 D. 钢丝

333. 在起重作业中，常用的钢丝绳按其股数可分为单股和（ ）两种。

A. 单股 B. 股数 C. 股道 D. 多股

334. 在起重作业中，钢丝绳（ ）等于钢丝绳的破断拉力除以安全系数。

A. 安全 B. 许用拉力 C. 破断 D. 系数

335. 当钢丝绳的纤维芯或钢丝断裂而造成绳径显著（ ）时，钢丝绳应报废。

A. 明显 B. 减小 C. 显著 D. 报废

336. 桥式起重机经常超载或超工作级别下使用，是（ ）产生下挠的主要原因。

A. 超载　B. 工作级别　C. 主梁　D. 下挠

337.（　）的作用是把电动机的高转速降低到各机构所需的工作转速。

A. 机构　B. 车轮　C. 减速器　D. 电动机

338. 起重机运行中，禁止任何人（　）在起重机上小车上和起重机轨道上。

A. 停留　B. 禁止　C. 严禁　D. 保存

339. 起重机运行中，要防止吊钩或其他（　）产生较大的摆动。

A. 摆动　B. 吊具　C. 天车　D. 产生

340. 在开动天车前必须鸣铃，操作中吊钩或重物接近人时，亦必须给以（　）铃声或报警。

A. 连续　B. 简短　C. 断续　D. 持续

341. 在使用两台起重机互相配合作业时，两台超重机的吊钩（　）都应基本保持垂直状态。

A. 配合　B. 垂直　C. 吊钩　D. 滑车组

342. 要求操作人员要做到会操作、会检查、会保养、会（　）故障。

A. 排除　B. 操作　C. 保养　D. 检查

343. 钢丝绳的股数及（　）用阿拉伯数字表示。

A. 股数　B. 钢丝数　C. 表示　D. 数字

344. 起重机的大车轮距 B 与（　）L 有一定的比例关系，以保证桥架的刚度和正常运行。

A. 跨度　B. 轮距　C. 刚度　D. 比例

345. 桥架的外形尺寸决定于起重量、跨度、（　）和桥架的结构形式。

A. 起重量　B. 跨度　C. 桥架　D. 起升高度

346. 端梁与主梁的连接一般为（　）。

A. 焊接　B. 端梁　C. 主梁　D. 连接

347. 标准规定主梁上拱度的值为跨度的（　）。

A. 1/1 500　B. 1/1 000　C. 1/2 000　D. 1/2 500

348. 起重机在吊起和卸去负荷前后，主梁挠度的变化值称为（　）。

A. 弹性变形　B. 暂时　C. 挠度　D. 变化

349. 标准规定，起重机吊起额定负荷时，主梁产生的最大弹性变形不允许超过（　）。

A. $L/850$　B. $L/800$　C. $L/750$　D. $L/700$

350. 起重机使用一段时间后，由于超负荷，内应力变化以及热影响等原因，都可造成主梁（　）。

A. 影响　B. 永久变形　C. 负荷　D. 原因

351. 永久变形有两种情况：一种是上拱度较原始上拱度减少，但仍保持一定的上拱度，另一种情况是出现低于（　）下挠。

A. 上拱　B. 保持　C. 水平线　D. 下挠

352. 主梁的永久变形，特别是低于水平线以下的永久变形，对起重机的运行非常不利，甚至导致严重事故，必须（　）。

A. 极力避免　B. 尽力　C. 永久　D. 变形

353. 主梁下挠修复方法是（　　）修理法，预应力修复法和主梁加下盖板法。
A. 矫正　B. 气焊　C. 电焊　D. 火焰矫正

354. 主梁下挠变形达到一个极限时，将严重影响起重机的性能，以至不能使用，而必须进行修理，这个下挠变形的极限值称为（　　）。
A. 应修界限　B. 极限　C. 限制　D. 修理

355. 单梁起重机一般使用（　　）作为电动葫芦的轨道。
A. 轨道　B. 工字钢　C. 钢材　D. 葫芦

356. 桥式起重机小车部分包括小车架小车（　　）机构和起升机构。
A. 部分　B. 小车　C. 运行　D. 起升

357. 小车的起升机构由（　　）装置、钢丝绳卷挠系统以及取物装置组成。
A. 起升　B. 装置　C. 取物　D. 传动

358. 起重量超过 10 t 的起重机，起升机构一般有两套，主起升机构和（　　）机构。
A. 副起升　B. 起升　C. 机构　D. 主起升

359. 滑轮槽的壁厚磨损超过原壁厚的（　　）应报废。
A. 15%　B. 10%　C. 20%　D. 30%

360. 滑轮槽槽底径向磨损超过钢丝绳直径（　　）应报废。
A. 30%　B. 35%　C. 25%　D. 40%

361. 轮缘缺损应（　　）。
A. 报废　B. 轮缘　C. 车轮　D. 缺损

362. 钢丝绳与卷筒的连接一般用压板和螺栓固定在卷筒的两端，在吊具处于最低位置时，卷筒两端要留有（　　）以上钢丝绳余量。
A. 两圈　B. 三圈　C. 四圈　D. 五圈

363. 造成小车“三条腿”的特征是在轨道全长上始终有一车轮（　　）。
A. 悬空　B. 轨道　C. 驱动　D. 车轮

364. 在小车驱动电机后，小车车轮在轨道上做原地空转的现象叫（　　）。
A. 小车打滑　B. 大滑　C. 驱动　D. 轨道

365. 为了避免小车打滑，必须保证驱动轮轮周上的驱动力（　　）车轮与轨道间的黏着力。
A. 避免　B. 轮周　C. 车轮　D. 小于

366. 如果小车打滑只发生在某一车轮上，小车车体发生偏斜的现象叫（　　）.
A. 小车走斜　B. 打滑　C. 啃道　D. 现象

367. 桥式起重机的大车运行机构是整台起重机的（　　）机构。
A. 运行　B. 移动　C. 机构　D. 整台

368. 运行机构的驱动方式分为集中驱动和（　　）两种。
A. 方式　B. 驱动　C. 分别驱动　D. 运行

369. 两台电动机通过传动轴带动两边的车轮，称为（　　）。
A. 集中驱动　B. 驱动　C. 传动　D. 带动

370. 由两台电动机，分别通过联轴器、减速器而驱动大车车轮的方式叫（　　）。
A. 分别驱动　B. 联轴　C. 减速　D. 驱动

371. 由于某些原因，车轮产生横向滑动，使车轮轮缘与轨道侧面相挤，造成轮缘与轨道迅速磨损，这种现象就称为（　　）。

A. 啃道　　B. 滑动　　C. 相挤　　D. 侧面

372. 起重机用的车轮按其轮缘分类，可以分为单轮缘，双轮缘和（　　）3 种。

A. 单轮缘　　B. 双轮缘　　C. 无轮缘　　D. 多轮缘

373. 轮缘的作用是（　　）和防止脱轨。

A. 防止脱轨　　B. 轮缘　　C. 作用　　D. 导向

374. 起重机的轨道末端应设有坚固（　　），并牢靠地固定在承轨梁上，以防起重机脱轨。

A. 轨道　　B. 安全挡　　C. 末端　　D. 脱轨

375. 制动器习惯上叫作“闸”，用来使起重机实现准确可靠（　　），并能阻止悬挂物品下落。

A. 阻止　　B. 停车　　C. 准确　　D. 可靠

376. 制动器按构造不同分为（　　）、带式和盘式 3 类。

A. 块式　　B. 带式　　C. 盘式　　D. 液压

377. 制动器按动力不同分为脚闸、（　　）和液压闸 3 类。

A. 盘闸　　B. 液压闸　　C. 脚闸　　D. 电闸

378. 制动器按工作状态不同分为常闭式和（　　）两种。

A. 常开式　　B. 常闭式　　C. 闭合式

379. 起重机所用的钢丝绳直径多大于（　　）mm。

A. 1　　B. 0.5　　C. 1.5　　D. 2

380. 钢丝绳的芯子有（　　），石棉纤维及金属芯 3 种。

A. 有机芯　　B. 石棉芯　　C. 纤维芯　　D. 金属芯

381. 钢丝绳按捻挠方法可分为顺绕、逆绕和（　　）3 种。

A. 单绕　　B. 双绕　　C. 逆绕　　D. 混合绕

382. 钢丝绳与卷筒，滑轮间的磨损叫（　　）。

A. 正常磨损　　B. 非正常　　C. 正常　　D. 损耗

383. 常用吊物的捆绑方法有（　　），套拴法和八字拴法。

A. 手法　　B. 兜拴法　　C. 绑扎法　　D. 十字栓法

384. 钢丝绳挠性好，便于绕缠，在（　　）运行时运转平稳，噪声小，使用灵活。

A. 高速　　B. 运行　　C. 噪声　　D. 运转

385. 钢丝绳的损坏往往是由于各种（　　）综合积累的结果造成的，应由相当称职的技术人员判定是否报废。

A. 因素　　B. 结果　　C. 称职　　D. 判定

386. 绳径局部减小（　　）常与绳芯的折断有关，绳径局部减小严重的钢丝绳应报废。

A. 状态　　B. 绳芯　　C. 绳径　　D. 局部

387. 磨损使钢丝绳截面积减小，因而强度降低，当外层钢丝绳磨损达到其直径（　　）时，应报废。

A. 55%　　B. 50%　　C. 40%　　D. 60%

388. 钢丝绳绳扣编结部分的有效长度不少于钢丝绳直径（　　）倍。

A. 25　　B. 30　　C. 20　　D. 35

389.（　　）移动是靠大、小车运行机构来完成的。

A. 小车　　B. 大车　　C. 吊钩　　D. 运行

390. 在移动过程中，保证吊物不游摆，做到起车稳、（　　）、停车稳而准确是对运行机构操作的基本原理。

A. 运行稳　　B. 停车稳　　C. 起车稳　　D. 上升稳

391. 在移动过程中，保证吊物不游摆，做到起车稳、运行稳、（　　）而准确是对运行机构操作的基本原理。

A. 起车稳　　B. 运行稳　　C. 下降稳　　D. 停车稳

392. 在移动过程中，保证吊物不游摆，做到（　　）、运行稳、停车稳而准确是对运行机构操作的基本原理。

A. 起车稳　　B. 运行稳　　C. 停车稳　　D. 下降稳

393. 钢丝绳尾端穿入卷筒内部特制的槽内后，用螺栓和（　　）压紧。

A. 弹垫　　B. 螺丝　　C. 压板　　D. 螺栓

394. 起重机外拉斜拽时会产生比垂直拉力大得多（　　），影响起重机的正常使用。

A. 起升机构　　B. 斜拉力　　C. 起重机　　D. 吊钩

395. 禁止用起重机进行具有强烈抖动（　　）力的工作。

A. 强烈　　B. 禁止　　C. 严禁　　D. 负荷

396. 制动器失灵时司机切不可惊慌失措，必须保持镇静、（　　）清楚。

A. 头脑　　B. 身体　　C. 失灵　　D. 镇静

397. 电气部分包括（　　）和电气线路。

A. 金属结构　　B. 电气设备　　C. 电气线路　　D. 电气部分

398. 金属结构部分包括桥架、（　　）等。

A. 控制器　　B. 司机　　C. 驾驶室　　D. 桥架

399. 天车的主要参数有起重量、跨度、起升高度、各机构（　　）、轮压及各机构的工作级别。

A. 工作跨度　　B. 工作速度　　C. 轮压　　D. 高度

400. 天车的主要参数有起重量、跨度、起升高度、各机构的工作速度、（　　）及各机构的工作级别。

A. 轮压　　B. 起重量　　C. 跨度　　D. 起升高度

401. 在每次（　　）之前，天车司机应发出响铃信号。

A. 机车　　B. 合闸　　C. 高度　　D. 每次

402. 在（　　）另一台起重机时，天车司机应发出响铃信号。

A. 动车　　B. 库内　　C. 接近　　D. 机车

403. 在（　　）载荷时，天车司机应发出响铃信号。

A. 载荷　　B. 司机　　C. 天车　　D. 升降

404. 吊运载荷（　　）时，天车司机应发出响铃信号。

A. 发出　　B. 临时　　C. 移动　　D. 安全

405. 吊运载荷的（　　）地面人员时，天车司机应发出响铃信号。

A. 发出　B. 接近　C. 吊运　D. 设备

406. 吊有载荷设备发生（　　）时，天车司机应发出响铃信号。

A. 载荷　B. 设备　C. 故障　D. 天车

407. 天车司机在工作中要确认吊装（　　）符合要求。

A. 配件　B. 电源柜　C. 高压柜　D. 物件

408. 天车吊运禁止使用断股超限的（　　）和未经探伤的吊环。

A. 超限　B. 断股　C. 钢丝绳　D. 吊环

409. 起重司机在严格遵守各项规章制度的前提下，在操作中应做到稳、准、快、（　　）、合理。

A. 安全　B. 稳妥　C. 快速　D. 准确

410. 天车司机在工作中要确认钢丝绳符合（　　）。

A. 要求　B. 方式　C. 方法　D. 技术水平

411. 天车吊运必须确认吊装物件符合要求，吊挂（　　）符合要求。

A. 方式　B. 办法　C. 要求　D. 手段

412. 天车吊运必须确认钢丝绳（　　）符合要求。

A. 符合　B. 要求　C. 吊运　D. 负荷

413. 天车吊运必须确认（　　）指挥，手势正确。

A. 单人　B. 机车电工　C. 制动钳工　D. 无所谓

414. 天车吊运（　　）部件时必须有牵引绳。

A. 物体　B. 部件　C. 长大　D. 机车

415. 天车吊运（　　）前必须试车、响铃。

A. 吊运　B. 动车　C. 试车　D. 响铃

416. 天车司机必须严格执行“（　　）”原则。

A. 五不吊　B. 七不吊　C. 九不吊　D. 十不吊

417. 天车在吊运时（　　）超负荷使用吊具。

A. 相同　B. 禁止　C. 可以　D. 不可以

418. 天车吊运禁止（　　）人员操纵天车。

A. 无证　B. 有关　C. 相关　D. 有证

419. 起重司机在严格遵守各项规章制度的前提下，在（　　）应做到稳、准、快、安全、合理。

A. 工作中　B. 规章　C. 制度　D. 前提

420. 天车吊运禁止使用断股超限的钢丝绳和未经（　　）的吊环。

A. 超限　B. 断股　C. 探伤　D. 使用

421. 天车吊运禁止使用断股超限的钢丝绳和未经探伤的（　　）。

A. 天车　B. 吊环　C. 钢丝绳　D. 探伤

422. 天车吊运禁止使用（　　）超限的钢丝绳和未经探伤的吊环。

A. 钢丝绳　B. 开裂　C. 断股　D. 钢芯

423. 超重或埋藏在（　　）物体不吊。

A. 地上　　B. 面上　　C. 地下　　D. 表面

424. 非指挥人员指挥或（　　）不明确不吊。

A. 手法　　B. 方法　　C. 信号　　D. 办法

425. 在吊运作业中，（　　）不明不吊。

A. 重量　　B. 复杂　　C. 简化　　D. 重复

426. 在吊运时，（　　）挂索捆绑不牢不吊。

A. 复杂　　B. 重物　　C. 简化　　D. 重复

427. 在吊运（　　）以上的长大物体无牵引绳不吊。

A. 6 m　　B. 7 m　　C. 8 m　　D. 9 m

428. 在吊运之前未（　　）不吊。

A. 有人　　B. 试吊　　C. 勾连　　D. 浮摆

429. 物体上有人、有浮摆或（　　）其他物体不吊。

A. 浮摆　　B. 有人　　C. 勾连　　D. 物体

430. 吊索夹角过大不吊，不宜超过（　　）。

A. 90°　　B. 100°　　C. 110°　　D. 120°

431. 在吊运物件时，吊钩没（　　）货物重心不吊。

A. 没有　　B. 对准　　C. 调运　　D. 中心

432. 在吊运作业中，金属（　　）棱角物体无衬垫不吊。

A. 锐角　　B. 钝角　　C. 尖锐　　D. 平角

433. 在吊运作业中，金属尖锐（　　）物体无衬垫不吊。

A. 锐角　　B. 钝角　　C. 平角　　D. 棱角

434. 在吊运物件时，吊钩没对准货物（　　）不吊。

A. 对准　　B. 重心　　C. 左边　　D. 右边

435. 造成起重机小车轮啃道的原因有车轮跨距、对角线（　　）和两车轮直线性不好。

A. 轮距　　B. 直线　　C. 等于　　D. 不等

436. 检查起重机大车轮啃道的方法有大车轮（　　）、跨度、轮距的检查。

A. 跨度　　B. 对角线　　C. 长度　　D. 啃道

437. 起重司机在严格遵守各项（　　）前提下，在操作中应做到稳、准、快、安全、合理。

A. 操作　　B. 合理　　C. 安全　　D. 规章制度

438. 天吊操作人员必须经过严格的培训，考试合格后，持国家相关部门颁发（　　）操作证方可作业。

A. 作业　　B. 特种作业　　C. 特别　　D. 资格

439. 物体上有（　　）、有浮摆或勾连其他物体不吊。

A. 人　　B. 物　　C. 零件　　D. 螺丝

440. 吊索夹角（　　）不吊，不宜超过 90°。

A. 夹角　　B. 过大　　C. 小　　D. 时大时小

441. 起重司机在严格遵守各项规章制度的前提下，在操作中应做到（　　）、准、快、安全、合理。

A. 准　　B. 快　　C. 稳　　D. 急速

442. 制动器按构造不同分为（　　）、带式、盘式。

A. 块式　　B. 饼式　　C. 变式　　D. 点式

443. 制动器按动力不同分为脚闸、（　　）、液压闸。

A. 电闸　　B. 脚闸　　C. 水闸　　D. 液压闸

444. 制动器按（　　）状态不同分为常闭式和常开式。

A. 状态　　B. 工作　　C. 制动　　D. 停止

445. 造成起重机小车轮啃道的原因有车轮的（　　）倾斜。

A. 垂直　　B. 水平　　C. 倒置　　D. 平行

446. 造成起重机小车轮啃道的原因有车轮的不（　　）度。

A. 垂直　　B. 倒置　　C. 水平　　D. 平行

447. 起重司机在严格遵守各项规章制度的前提下，在操作中应做到稳、准、快、安全、（　　）。

A. 合理　　B. 平安　　C. 合适　　D. 快速

448. 造成起重机小车轮啃道的原因有车轮（　　）、对角线不等和两车轮直线性不好。

A. 轮长　　B. 长度　　C. 跨距　　D. 宽度

449. 造成起重机小车轮啃道的原因有车轮跨距、（　　）不等和两车轮直线性不好。

A. 直线性　　B. 水平线　　C. 对角线　　D. 平行线

450. 造成起重机小车轮啃道的原因有车轮跨距、对角线不等和两车轮（　　）性不好。

A. 曲线　　B. 对角线　　C. 垂直度　　D. 直线

451. 检查起重机大车轮啃道的方法有（　　）检查。

A. 当天　　B. 现场　　C. 领导　　D. 相同

452. 检查起重机大车轮啃道的方法有车轮不（　　）检查。

A. 垂直度　　B. 对角线　　C. 水平线　　D. 平行线

453. 检查起重机大车轮啃道的方法有车轮水平倾斜和（　　）检查。

A. 同位性　　B. 相同　　C. 同样　　D. 同时

454. 天车吊物运行时响铃警示（　　）人员，仍未躲避时，司机应停止运行天车并以语言告知。

A. 指挥　　B. 下方　　C. 司机　　D. 运行

455. 按照规定（　　）操作天车，凡是不按照规定指挥手势指挥、多人指挥天车，司机必须停止操作。

A. 指挥手势　　B. 操作　　C. 多人　　D. 单人

456. 检查起重机大车轮啃道的方法有大车轮对角线、跨度、（　　）检查。

A. 跨距　　B. 距离　　C. 轮距　　D. 长度

457. 天车操作人员必须严格遵守天车吊运“六必须、（　　）”和“十不吊”的规定。

A. 三禁止　　B. 四禁止　　C. 五禁止　　D. 二禁止

458. 作业结束后，将吊钩升到接近（　　）的位置，吊具不准吊物件，将小车停到主梁的一端，所有控制器手柄回零位，断开紧急开关及总电源开关。

A. 制动器　　B. 吊钩　　C. 上限位　　D. 吊具

459. 天吊操作人员必须经过严格的培训，（　　）合格后，持国家相关部门颁发的特种作业操作证方可作业。

A. 评选　　B. 体检　　C. 考试　　D. 复杂

460. 天吊操作人员必须经过（　　）培训，考试合格后，持国家相关部门颁发的特种作业操作证方可作业。

A. 简单　　B. 复杂　　C. 严格　　D. 考试

461. 工作中，女职工必须把头发（　　）以免遮挡视线。

A. 扎起来　　B. 剪短　　C. 绑住　　D. 带好

462. 检查起重机大车轮啃道的方法有大车轮对角线、（　　）、轮距的检查。

A. 跨度　　B. 对角线　　C. 轮距　　D. 轮长

463. 天车吊物运行时响铃警示下方人员，仍未（　　）时，司机应停止运行天车并以语言告知。

A. 停止　　B. 运行　　C. 躲避　　D. 告知

464. 工作中，不准携带（　　）、书报和各种资料上车。

A. 书　　B. 报　　C. 资料　　D. 手机

465. 天车吊物运行时响铃警示下方人员，仍未躲避时，司机应（　　）运行天车并以语言告知。

A. 继续　　B. 注意　　C. 停止　　D. 防止

466. 天车吊物运行时响铃警示下方人员，仍未躲避时，司机应停止运行天车并以（　　）告知。

A. 语言　　B. 吊钩　　C. 运行　　D. 天车

467. 吊运重、（　　）部件或因库内视线受到影响时必须有专人指挥引导天车运行。

A. 轻　　B. 重　　C. 大　　D. 少

468. 吊运重、大部件或因库内视线受到影响时必须有（　　）指挥引导天车运行。

A. 牵引　　B. 引导　　C. 专人　　D. 指挥

469. 吊运重、大部件或因库内视线受到影响时必须有专人指挥引导天车（　　）。

A. 运行　　B. 引导　　C. 指挥　　D. 专人

470. 按照（　　）指挥手势操作天车，凡是不按照规定指挥手势指挥、多人指挥天车，司机必须停止操作。

A. 规定　　B. 多人　　C. 司机　　D. 指挥

471. 作业前，检查滑触线、各电器、钢丝绳和（　　）等附件是否完好无损，油不足应加油。

A. 挂钩　　B. 滑触线　　C. 钢丝绳　　D. 附件

472 按照规定指挥手势操作天车，凡是不按照规定指挥手势指挥、（　　）指挥天车，司机必须停止操作。

A. 指挥　　B. 手势　　C. 多人　　D. 司机

473. 按照规定指挥手势操作天车，凡是不按照规定指挥手势指挥、多人指挥天车，司机（　　）停止操作。

A. 停止　　B. 必须　　C. 操作　　D. 严禁

474. 天车操作人员必须严格遵守天车吊运“(　　)、三禁止”和“十不吊”的规定。

A. 六必须　　B. 七必须　　C. 无必须　　D. 五必须

475. 闭合总电源开关，在执行起重吊运之前，将(　　)车及无载吊钩进行几次空运转，仔细检查刹车及终点限位开关的动作的正确性、可靠性。

A. 大　　B. 小　　C. 大、小　　D. 时大时小

476. 天车操作人员必须严格遵守天车吊运“六必须、三禁止”和“(　　)”规定。

A. 五不吊　　B. 六不吊　　C. 八不吊　　D. 十不吊

477. 操作者应(　　)清扫天车，并做好日常保养工作。

A. 定期　　B. 保养　　C. 清洁　　D. 清扫

478. 作业人员按(　　)着装并佩戴安全防护用品。

A. 安全　　B. 规定　　C. 佩戴　　D. 防护

479. 每日参加班组点名会，听取工班长安排(　　)工作任务。

A. 当日　　B. 当周　　C. 当月　　D. 当季

480. 作业前，确认总电源开关在断开位，控制器手柄均在(　　)。

A. 一挡　　B. 零位　　C. 挡位　　D. 最高挡

481. 作业前，检查起重机各机构(　　)部分、旋转部分。

A. 旋转　　B. 活动　　C. 机构　　D. 装置

482. 作业前，检查所有机构的轴承及(　　)装置是否牢固完好。

A. 装置　　B. 机构　　C. 轴承　　D. 润滑

483. 作业前，检查滑触线、各电器、(　　)和挂钩等附件是否完好无损，油不足应加油。

A. 钢丝绳　　B. 滑触线　　C. 挂钩　　D. 电器部分

484. 闭合总电源开关，在执行起重吊运之前，将大、小车及无载吊钩进行(　　)空运转，仔细检查刹车及终点限位开关的动作的正确性、可靠性。

A. 一次　　B. 二次　　C. 三次　　D. 几次

485. 闭合总电源开关，在执行起重吊运(　　)，将大、小车及无载吊钩进行几次空运转，仔细检查刹车及终点限位开关的动作的正确性、可靠性。

A. 开关　　B. 之前　　C. 电源　　D. 闸刀

486. 作业人员当日首次起吊载荷时，应先将载荷升起不高于 0.5 m，然后放回，确认(　　)性能良好。

A. 液压　　B. 制动　　C. 升降　　D. 运行

487. 天吊操作人员必须经过严格的培训，考试合格后，持有(　　)相关部门颁发的特种作业操作证方可作业。

A. 中心　　B. 国家　　C. 公司　　D. 规定

488. 闭合总电源开关，在执行起重吊运之前，将大、小车及无载吊钩进行几次空运转，仔细检查刹车及(　　)限位开关的动作的正确性、可靠性。

A. 终点　　B. 运行　　C. 起点　　D. 升降

489. 作业结束后，将吊钩升到接近上限位的位置，吊具不准吊物件，将小车停到主梁的一端，所有控制器手柄回(　　)，断开紧急开关及总电源开关。

A. 零位　　B. 挡位　　C. 最高挡　　D. 最低挡

490. 作业人员当日（　　）起吊载荷时，应先将载荷升起不高于 0.5 m，然后放回，确认制动性能良好。

A. 单次　　B. 首次　　C. 每次　　D. 多次

491. 作业人员当日首次起吊载荷时，应先将载荷升起不高于（　　）m，然后放回，确认制动性能良好。

A. 0.5　　B. 0.6　　C. 0.7　　D. 1

492. 天车司机在工作中要确认吊挂（　　）符合要求。

A. 方式　　B. 办法　　C. 要求　　D. 手法

493. 作业人员当日首次起吊载荷时，应先将载荷升起不（　　）0.5 m，然后放回，确认制动性能良好。

A. 升高　　B. 降落　　C. 升起　　D. 高于

494. 水平方向吊运载荷时，载荷起吊高度比地面障碍物高出（　　）m。

A. 0.5　　B. 0.6　　C. 0.7　　D. 1

495.（　　）方向吊运载荷时，载荷起吊高度比地面障碍物高出 0.5 m。

A. 水平　　B. 左右　　C. 上下　　D. 前后

496. 水平方向吊运载荷时，载荷起吊高度比地面（　　）高出 0.5 m。

A. 配件　　B. 设备　　C. 障碍物　　D. 柜子

497. 作业结束后，将吊钩升到接近上限位的位置，吊具（　　）吊物件，将小车停到主梁的一端，所有控制器手柄回零位，断开紧急开关及总电源开关。

A. 可以　　B. 不可以　　C. 不准　　D. 同时

498. 天车司机在工作中要确认指挥（　　）符合要求。

A. 人员　　B. 手势　　C. 方法　　D. 信号

499. 作业结束后，将吊钩升到接近上限位的位置，吊具不准吊物件，将小车停到主梁的（　　），所有控制器手柄回零位，断开紧急开关及总电源开关。

A. 顶端　　B. 一端　　C. 中间　　D. 末端

500. 闭合总电源开关，在执行起重吊运之前，将大、小车及无载吊钩进行几次空运转，仔细检查刹车及终点限位开关的动作的（　　）、可靠性。

A. 有效性　　B. 正确性　　C. 可行性　　D. 运行性

501. 危险源“库内作业跳跃地沟”的预控措施是：越过地沟时从渡板上通过，无渡板时应（　　）

A. 跳过　　B. 翻过　　C. 蹦过　　D. 绕行

502. 危险源“天车吊运作业时臆测行车”的控制标准是：指挥（　　）不明不动车。

A. 信号　　B. 指挥　　C. 行车　　D. 标准

503. “气、焊割作业时发生气体泄漏”的控制标准是：气表、（　　）、气管及气瓶无泄漏。

A. 气表　　B. 气管　　C. 气瓶　　D. 焊枪

504. “厂内机动车性能不良或操作不当”的控制标准是：按计划检修确保性能良好，周围的（　　）不明不动车。

A. 性能　B. 状况　C. 良好　D. 动车

505. “公铁两用车未按规定使用”的控制标准是：机车（　　）牵引。

A. 平稳　B. 规定　C. 使用　D. 标准

506. “电气焊作业防护措施不足”的控制标准是：电气焊现场无（　　）的物品。

A. 作业　B. 措施　C. 易燃易爆　D. 标准

507. “电气焊作业防护措施不足”的风险等级为（　　）的。

A. 高度　B. 中度　C. 低度　D. 轻度

508. 在安全生产工作中，必须坚持“(　　)”方针。

A. 生产重于泰山

B. 以人为本

C. 管生产

D. 安全第一，预防为主，综合治理

509. 下列不属于从业人员安全生产法定的权利的是（　　）。

A. 调整岗位权　B. 拒绝违章作业权

C. 建议权　D. 批评权

510. 从业人员对本单位安全生产工作中存在的问题有权提出的（　　）和控告。

A. 报告　B. 检举　C. 揭发　D. 取证

511. 根据《安全生产法》的规定，从业人员发现一般事故隐患或者潜在危险因素的，应当立即（　　）。

A. 现场　B. 作业

C. 向部门报告　D. 向本单位负责人报告

512.《安全生产法》规定：用人单位必须为劳动者提供符合国家规定的劳动安全卫生条件和必要的劳动防护用，对从事有职业危害作业的劳动者应当的（　　）检查。

A. 符合国家规定　B. 定期进行健康

C. 安排时间　D. 定期

513. 用人单位对从事接触职业病危害作业的劳动者，应当提供（　　）。

A. 防护用品　B. 物质奖励　C. 表扬　D. 岗位

514.《职业病防治法》规定：用人单位应采取措施保障劳动者获得职业卫生保护，必须依法参加（　　）的。

A. 养老　B. 医疗

C. 工伤社会保险　D. 失业

515. 特种作业应具备以下特点：一是独立性；二是的（　　）；三是特殊性。

A. 特点性　B. 危险性　C. 独立性　D. 特殊性

516. 按我国颁布的《低压电路接地保护导则》中规定：正常情况下，人体工频安全电压上限值为（　　）V。

A. 50　B. 86　C. 75　D. 250

517. 人体浸于水中的安全电压为（　　）V。

A. 2.5　B. 50　C. 36　D. 25

518. 人体显著淋湿状态下的安全电压为（　　）V。

A. 25　　B. 50　　C. 36　　D. 250

519. 在一般情况下人体的电阻值约为（　　）V。

A. 1 700　　B. 8 000　　C. 6 000　　D. 5 000

520. 一般成年男性的平均感知工频电流为（　　）mA（毫安）。

A. 1　　B. 10　　C. 100　　D. 50

521. 一般成年男性的摆脱工频电流为（　　）mA（毫安）。

A. 10　　B. 15　　C. 100　　D. 50

522. 一般成年男性的致命工频电流为（　　）mA（毫安）。

A. 50　　B. 100　　C. 105　　D. 150

523. 在一般情况下人体所能承受而无致命危险的最大工频电流为（　　）mA（毫安）。

A. 30　　B. 40　　C. 100　　D. 50

524. 电流通过人体最危险的途径是（　　）的电流路径。

A. 从脚　　B. 从左手

C. 从左手到前胸　　D. 从右手

525. 高处作业存在的主要危险是的（　　）。

A. 高压　　B. 爆炸　　C. 触电　　D. 坠落

526. 高处作业危险作业，分为四级:一级为距基准面高度（　　）m。

A. 2 ~ 5　　B. 5 ~ 15　　C. 15 ~ 30　　D. 30 以上

527. 高处作业危险作业，分为四级:二级为距基准面高度（　　）m。

A. 5 ~ 15　　B. 15 ~ 30　　C. 30 以上　　D. 20 ~ 50

528. 高处作业为危险作业，分为四级：三级为距基准面高度（　　）m。

A. 15 ~ 30　　B. 30 以上　　C. 50 ~ 150　　D. 20 ~ 50

529. 高处作业为危险作业，分为四级：四级为距基准面高度（　　）m。

A. 30 以上　　B. 40 以上　　C. 50 以上　　D. 60 以上

530. 忠于职守，热爱本职是社会主义国家对每个从业人员的（　　）要求。

A. 最高　　B. 基本　　C. 全面　　D. 局部

531. 产业工人的职业道德要求是（　　）。

A. 精工细作，文明生产　　B. 为人师表

C. 廉洁奉公　　D. 治病救人

532. 掌握必要的职业技能是（　　）的。

A. 立足社会的前提　　B. 社会应尽的道德义务

C. 为人民服务的先决条件　　D. 唯一条件

533. 职业道德是促使人们遵守职业纪律的思想基础和的（　　）。

A. 工作　　B. 源泉　　C. 思想　　D. 动力

534. 职业纪律是职业活动得以正常进行的基本保证，它体现国家利益、集体利益和（　　）的一致性。

A. 国家　　B. 集体　　C. 企业利益　　D. 整体

535. “公铁两用车未按规定使用”的风险等级为（　　）的。

A. 轻度　B. 低度　C. 中度　D. 高度

536. 职业纪律具有一定的强制性。它用制度（　　）的，规章的形式强迫人们必须这样做，不许那样做。

A. 强制　B. 强迫　C. 守则　D. 共同利益

537. 在履行岗位职责时，（　　）。

A. 靠强制性　B. 靠自觉性

C. 可以不履行　D. 强制性与自觉性相结合

538. 树立质量意识是一个职业劳动者恪守的（　　）要求。

A. 主义　B. 职业道德　C. 品质　D. 思想

539. 我国规定安全电压为（　　）V。

A. 36　B. 48　C. 60　D. 42

540. 有人触电时的（　　）。

A. 找医生　B. 用手将触电者拉起

C. 奋不顾身　D. 首先切断电源

541. 如果触电时有 0.1 A 的电流通过人体（　　）s，就会使人致命。

A. 1　B. 5　C. 10　D. 20

542. 紫外线过度照射眼睛易引起（　　）炎。

A. 角膜　B. 电光性眼　C. 紫外线　D. 青光

543. 职业道德是人们在一定的职业活动中所遵守的（　　）总和。

A. 行为　B. 行为规范　C. 责任　D. 义务

544. 下列不符合职业道德要求的是（　　）的。

A. 检查上道工序、干好本道工序、服务下道工序

B. 主协配合，师徒同心

C. 粗制滥造，野蛮操作

D. 严格执行工艺要求

545. “厂内机动车性能不良或操作不当”的风险等级为（　　）的。

A. 轻度　B. 低度　C. 中度　D. 高度

546. 夏天工作时，出汗多，更应注意做好防护的（　　）。

A. 防止烫伤　B. 防止打眼睛

C. 防止中毒　D. 防止触电

547. 人体只触及一根火线（相线），这是的（　　）。

A. 双线　B. 跨步　C. 不是　D. 单线触电

548. 保护接地防触电措施适用于（　　）电源。

A. 一般　B. 直流　C. 交流　D. 三相三线制交流

549. 登高梯子必须符合安全要求，放置要稳妥，防止滑倒或倾斜，梯子和地面夹角宜在（　　）为好。

A. 70°　B. 80°　C. 90°　D. 75°

550. 登高梯子为人字梯时，两梯夹角宜为（　　）左右，并用限挂铁钩挂牢。

A. 45°　B. 55°　C. 65°　D. 60°

551.（　　）是社会主义职业道德的基础和核心。
A. 爱岗敬业　B. 服务　C. 社会主义　D. 国家

552. 从业者的职业态度是既（　　），也为别人。
A. 为国家　B. 为人民　C. 为自己　D. 为家人

553. 任何违反职业纪律的行为都是（　　）行为。
A. 不道德的　B. 违法行为
C. 侵害他人行为　D. 保护行业行为

554. 职业纪律是用制度（　　）的，规章的形式强迫人们必须这样做，不许那样做。
A. 强制　B. 强迫　C. 守则　D. 共同利益

555. 职业纪律与职业活动的法律、法规是职业活动能够正常进行的（　　）。
A. 主要　B. 基本保证　C. 必然　D. 相对

556.（　　）是职业道德最基本的要求，也是职业道德的具体表现。
A. 规章　B. 行为　C. 职业纪律　D. 规范

557. 职业守则要求从业人员要（　　），主协配合。
A. 守则　B. 团队协作　C. 任劳　D. 任怨

558. 保守企业秘密就是保护职工的切身（　　）。
A. 利益　B. 效益　C. 收入　D. 利润

559. 机车检修中心严格执行"（　　）、三化"记名检修制度。
A. 一按　B. 二按　C. 四按　D. 三按

560. 遵守文明生产的要求，保持（　　）的卫生整洁。
A. 文明　B. 生产　C. 职场　D. 机车上

561. 禁止（　　）人员上岗作业。
A. 无证　B. 外来　C. 有证　D. 其他

562. 工作时必须按规定穿戴好的（　　）防护用品，着装整洁。
A. 防护　B. 劳保　C. 面罩　D. 棉衣

563. 工作时不得赤足裸背，不得穿高跟鞋、塑料底鞋、（　　）上岗作业。
A. 凉鞋　B. 钉子鞋　C. 塑料底鞋　D. 高跟鞋

564. 库内的消防设施必须随时保持状态良好，不得损坏和（　　）动用消防器材。
A. 损坏　B. 无故　C. 库内　D. 动用

565. 在工作时间，人员进入检修库内必须戴好（　　）。
A. 帽子　B. 防护镜　C. 安全帽　D. 面罩

566. 作业完毕必须做到关闭所有设备、设施的（　　）。
A. 设施　B. 设备　C. 开关　D. 完毕

567."氧气、乙炔气瓶使用存放距离不足"的风险等级为（　　）的。
A. 高度　B. 中度　C. 低度　D. 轻度

568. 将工作场地（　　）的清理，做到工完料净，场地干净。
A. 料净　B. 清洁　C. 彻底　D. 干净

569. 严禁进入挂有"（　　）"的标志的禁区。
A. 有电　B. 危险　C. 有电危险　D. 给电

570. 接触网发生接地短路时，人要远离地点（　　）m 开外。

A. 20　　B. 25　　C. 30　　D. 35

571. 为防止跨步电压伤人，若在（　　）m 以内时，要双脚跳离短路场地。

A. 20　　B. 25　　C. 30　　D. 35

572. 当发生触电事故时，应立即断开（　　）闸刀。

A. 电源　　B. 闸刀　　C. 灯光　　D. 设备

573. 岗前不得饮酒，作业中要精神集中，不得做与本职工作（　　）的事。

A. 关联　　B. 无关　　C. 相关　　D. 有关

574. 特种作业人员是指（　　）特种作业的人员。

A. 直接从事　　B. 间接　　C. 管理　　D. 作业

575. 库内不准骑自行车、摩托车、三轮车等代步交通工具行走，（　　）跳越地沟。

A. 绕行　　B. 禁止　　C. 不准　　D. 不许

576. 库内不准停放自行车和其他妨碍（　　）作业通行的车辆。

A. 库内　　B. 库外　　C. 机车　　D. 叉车

577. 三级安全教育是指新进入企业的人员，通过入厂教育、车间教育和（　　）的教育。

A. 机台　　B. 岗位　　C. 班组　　D. 排放

578. 安全电压额定值的等级为 42、36、24、（　　）和 6 V。

A. 12　　B. 24　　C. 36　　D. 42

579. 工作时间内要坚守岗位，严禁（　　）、扎堆聊天。

A. 溜岗串哨　　B. 说话　　C. 织毛衣　　D. 打电话

580. 工作时间内严禁大声吵闹喧哗，严禁的（　　）、下棋、织毛衣等做与本职无关的事。

A. 下棋　　B. 打牌　　C. 聊天　　D. 打电话

581. 作业完毕后将工作场地彻底清理，做到（　　），场地干净。

A. 清理　　B. 彻底　　C. 工完料净

582. 操作者必须按要求持有的（　　）合格证，严禁无证操作，禁止他人动用工装设备。

A. 乘车证　　B. 设备操作　　C. 工作证

583. 设备发生故障时，立即停机，保护好现场，及时通知设备工程师和（　　）进行故障确认，并做好处理记录。

A. 值班　　B. 调度　　C. 维修工长　　D. 设备

584. 严格执行（　　），严禁超压、超负荷等违章作业。

A. 超压　　B. 超负荷　　C. 违章作业　　D. 操作规程

585. 操作者应熟悉设备（　　）、性能、使用原理。

A. 构造　　B. 性能　　C. 熟悉　　D. 原理

586. 所有设备都要进行润滑五定：定点、定时、定质、定量、（　　）。

A. 定点　　B. 定质　　C. 定量　　D. 定人

587. 使用设备必须执行两定即：（　　）、定设备。

A. 定点　　B. 定质　　C. 定量　　D. 定人

588. 使用设备必须执行三包即：包使用、包养修、（　　）。

A. 包使用　　B. 包管理　　C. 包养护　　D. 包保管

589. 设备使用人要按照三好即：管理好，（　　）养修好的范围要求使用设备。

A. 保管好　　B. 管理好　　C. 养修好　　D. 使用好

590. 设备使用人要按照四会即：（　　）、会养修、会检查、会排除故障。

A. 会保管　　B. 会管理　　C. 会养护　　D. 会使用

591. 上岗前穿好工作服，戴好工作帽，要求整齐清洁，班前严禁（　　）。

A. 溜岗串哨　　B. 打电话　　C. 聊天　　D. 饮酒

592. 常用的灭火器有泡沫、酸碱、清水、（　　）、二氧化碳、1211 等 6 种类型。

A. 泡沫　　B. 酸碱　　C. 清水　　D. 干粉

593. 劳动保护就是对劳动者在生产中的（　　）与健康所实行的保护措施。

A. 保障　　B. 安全　　C. 保护　　D. 违章

594. 电气事故包括：（　　）、设备烧毁、电气引起火灾、爆炸以及电击引起的人身事故。

A. 人身触电　　B. 火灾　　C. 触电　　D. 伤害

595. 职业危害分为（　　）、接触毒物危害、物理因素危害、缺氧危害等。

A. 粉末　　B. 粉尘危害　　C. 空气　　D. 机械

596. 劳动保护基本任务是预防生产过程发生的人身设备事故，形成良好的劳动环境和工作（　　）而采取的一系列措施和活动。

A. 设备　　B. 秩序　　C. 活动　　D. 环境

597. 为了防止工伤、火灾、爆炸等事故的发生，创造（　　）安全劳动条件而采取各种技术措施。

A. 条件　　B. 良好　　C. 劳动　　D. 采取

598. 事故的四不放过是：事故原因分析不清不放过；事故责任者和群众没有受到教育不放过；没有（　　）措施不放过；事故责任者没有受到处罚不放过。

A. 防范　　B. 防卫　　C. 防止　　D. 预防

599. 新进入企业工作的员工或其他人员，必须接受（　　）安全教育，本企业内部员工在调动、转岗、复工或变换工种，必须接受安全教育。

A. 三级　　B. 四级　　C. 五级　　D. 六级

600. 用人单位应依法建立和完善（　　）制度，保障劳动者享有劳动权利和履行劳动义务。

A. 规章　　B. 规范　　C. 规则　　D. 规程

二、判断题

1. 特种设备作业人员应当持证，按章操作，发现隐患及时处理或者报告。（　　）

2. 特种设备作业人员应当持证，按章操作，发现隐患时可以暂缓处理或者报告。（　　）

3. 持证作业人员违章操作或者管理造成特种设备事故的应当注销《特种设备作业人员证》。（　　）

4. 持证作业人员违章操作或者管理造成特种设备事故不应当注销《特种设备作业人员证》。(　　)

5.《特种设备作业人员证》持证人员应当在复审期满 3 个月前，向发证部门提出复审申请。(　　)

6.《特种设备作业人员证》持证人员应当在复审期满 6 个月前，向发证部门提出复审申请。(　　)

7. 从业人员对本单位安全生产工作中存在的问题，有权提出批评、检查、控告，拒绝违章指挥和强令冒险作业。(　　)

8. 从业人员在作业过程中，可根据实际情况来决定是否要穿工作服或使用劳动保护用品。(　　)

9. 从业人员在作业过程中，应当遵守本单位的安全生产规章制度和操作规程。(　　)

10. 发生事故隐患或不安全因素未立即报告造成特种设备事故的，3 年内不得再次申请《特种设备作业人员证》。(　　)

11. 符合条件的申请人员应当向所在单位提交相关证明材料，由本单位组织考试即可取得《特种设备作业人员证》。(　　)

12. 在操作中，天车工只听专职指挥员的指令进行工作，但对任何人发出的停车信号必须立即执行，不得违反。(　　)

13. 在吊活过程中，物体的重心是会发生变化的。(　　)

14. 桥式起重机由大车、小车两部分组成。(　　)

15. 天车制动器每 2 ~ 3 天应检查并调整一次。(　　)

16. 天车工下车时是可以用限位器断电的。(　　)

17. 吊钩必须安装有防绳扣脱钩的安全闭锁装置。(　　)

18. 当钢丝绳由于磨损导致直径减少 15% 时就应该报废。(　　)

19. 吊钩一般有两处断截面。(　　)

20. 天车常用的电机是三相异步直流电机。(　　)

21. 天车吊钩使用锻件的原因是成本低。(　　)

22. 橡胶缓冲器主要起阻挡作用。(　　)

23. 突遇停电时，开关手柄应放置在“零位”，起吊件未放下或索具未脱钩，不准离开驾驶室。(　　)

24. 载荷达到额定起重量的 90% 时，天车的超载限制器应能发出提示性报警信号。(　　)

25. 上升极限位置限制器主要有重锤式、螺杆式和凸轮式 3 种。(　　)

26. 吊钩表面出现细微裂纹后，经补焊裂纹、强度检验后是可以继续使用的。(　　)

27. 液压传动系统包括动力部分、控制部分、执行部分和辅助部分。(　　)

28. 吊钩吊物时下面不得站人。(　　)

29. 天车在行走时可以不打铃。(　　)

30. 开天车时可以打手机。(　　)

31. 天车工可以在驾驶室睡觉。(　　)

32. 天车上起升机构的制动器，通常安装在减速器输出轴上。(　　)

33. 起重机的起升机构由驱动装置、传动装置和取物缠绕装置组成。(　　)

34. 起重机的运行机构分为轨行式运行机构和无轨行式运行机构。(　　)

35. 起重机的运行机构分为集中驱动和分别驱动两种形式，这两种形式在任何跨度的起重机上都有普遍应用。(　　)

36. 起重机的电源引入方式分为3类：硬滑线供电、软电缆供电和滑环集电器。(　　)

37. 吊钩扭转变形超过10%时应报废。(　　)

38. 照明信号回路的电源由起重机主断路器的出线端分接，以确保停机检修防触电的安全需要。(　　)

39. 物体在吊运前之所以要摆正放平，是因为物体重心的位置是随摆放位置而变化。(　　)

40. 限位器是用来限制各机构运转时通过范围的一种安全防护装置。一类是保护起升机构安全运转的上升极限位置限制器和下降极限位置限制器，另一类是限制运行机构的运行极限位置限制器。(　　)

41. 下降极限位置限位器是用来限制取物装置下降至最低位置时自动切断电源，使起升机构下降运转停止，此时应保证钢丝绳在卷筒上包含压板处的缠绕余量不少于2圈。(　　)

42. 上升极限位置限制器主要有重锤式和螺旋式两种。重锤式起升高度限制器自动断电后，如要下降，控制手柄必须回零重新启动才可。(　　)

43. 上升极限位置限制器主要有重锤式和螺旋式两种。重锤式起升 高度限制器自动断电后，如要下降，控制手柄必须回零重新启动才可。(　　)

44. 运行极限位置限制器由限位开关和安全尺式撞块组成。(　　)

45. 液压缓冲器最大的优点是没有反弹作用，故工作平稳可靠。(　　)

46. 桥式起重机的机械传动机构由起升机构、小车运行机构和大车运行机构3部分组成。(　　)

47. 桥式起重机工作完毕后，小车应置于起重机跨中，以方便司机观察和第二天的起重作业。(　　)

48. 起升机构采用的制动器有常开式和常闭式两种形式。(　　)

49. 每根轨道末端承轨梁上应安装止挡体（俗称车挡），通常安装或焊在轨道上。(　　)

50. 桥式起重机各机构应采用起重专用电动机，应用最广泛的是绕线式异步电动机。(　　)

51. 在开动任何机构控制器时，不允许猛烈迅速扳转其手柄，应逐步推挡。(　　)

52. 制动轮有裂纹破坏时修复后是可以再使用的。(　　)

53. 吊钩有裂纹时必须补焊后才能使用。(　　)

54. 吊钩危险断面或吊钩颈部产生塑性变形时应报废。(　　)

55. 车轮踏面磨损量达原尺寸的15%时应报废。(　　)

56. 在操作中，司机只听专职指挥员的指令进行工作，对其他任何人发出的任何信号都是不能理会的。(　　)

57. 跨区域从业的特种设备作业人员，可以向从业所在地的发证部门申请复审。(　　)

58. 起重机属于特种设备。(　　)

59. 特种设备作业人员必须服从管理，是无权拒绝强令冒险作业的。(　　)

60. 起重机的起重量是根据设备的外形尺寸来选择的。(　　)

61. 在起重作业中，用一根钢丝绳为起吊绳起吊长型物件时，只要钢丝绳强度足够是可以吊运的。(　　)

62. 不准在高处抛掷材料、工具等。(　　)

63. 当架空输电线断落到地面时，不准进入半径为 10 m 范围的危险区域。(　　)

64. 当起重电气设备发生火灾时，应立即切断电源，并迅速用水灭火。(　　)

65. 电器设备失火时应立即用泡沫灭火器扑救。(　　)

66. 吊运各种设备、构件时，一般都要采用原设计的吊耳。(　　)

67. 对触电者进行人工呼吸，在送往医院途中也应坚持进行。(　　)

68. 发生触电事故后，应使触电者立即脱离电源。(　　)

69. 降低设备的重心可以增加支撑物体的平稳程度。(　　)

70. 使用安全电压后是不会发生触电事故的。(　　)

71. 同一物体不论位置如何摆放，其稳定程度是一样的。(　　)

72. 物体的重量等于物体的体积乘以物体的密度。(　　)

73. 严禁用潮湿的手去触及电气装置，但可以用潮湿的抹布擦拭电气装置和使用电器器具。(　　)

74. 在邻近带电部分进行起重作业时，必须保持可靠的安全距离。(　　)

75. 重心和中心是一个概念。(　　)

76. 吊钩按制造方法分有锻造钩、铸造钩和板钩 3 种。(　　)

77. 吊钩表面出现裂纹，可用焊补方法修复再进行使用。(　　)

78. 吊钩不得采用焊补的办法消除其缺陷后再进行使用。(　　)

79. 吊钩不能采用铸造。(　　)

80. 吊钩出现缺陷后，可以进行焊补。(　　)

81. 吊钩的表面小裂纹经焊补后，只要额定起重量不超过原值，是可以继续使用的。(　　)

82. 吊钩的使用是根据起重机械形式来选用的。(　　)

83. 吊钩的危险断面或颈部产生塑性变形时应报废。(　　)

84. 吊钩的危险断面是日常检查和安全检验时的重要部位。(　　)

85. 吊钩根据形状不同，可分为单钩和双钩两种。(　　)

86. 吊钩钩口部位和弯曲部位发生永久变形时，修复后是可以使用的。(　　)

87. 吊钩是起重机安全作业的三大重要构件之一。(　　)

88. 吊钩是取物装置中使用得最为广泛的一种。它具有制造简单和适用性强的特点。(　　)

89. 吊钩只要强度有保证，是无须经过检验和签发合格证的。(　　)

90. 吊物用的钢丝绳，张开角度越大，钢丝绳的承载能力就越大。(　　)

91. 吊运灼热金属或危险品的钢丝绳，断丝报废数应取正常使用时的一半。(　　)

92. 对既断丝又磨损的钢丝绳，只需要考虑其中一个因素即可。(　　)

93. 钢丝绳安全系数越大越合理。(　　)

94. 钢丝绳打死结必须报废更新。(　　)

95. 钢丝绳的安全系数与使用场所是无关的。(　　)

96. 钢丝绳的断丝报废标准是指整根钢丝绳上的断丝数达到规定值。(　　)

97. 钢丝绳的末端应牢固地固定在卷筒上，除保证工作安全可靠外，还要便于检查和更换钢丝绳。(　　)

98. 钢丝绳的破断拉力是钢丝绳整根被拉断时的拉力。(　　)

99. 钢丝绳的直径是以它的内圆表示的。(　　)

100. 钢丝绳广泛用于起重机机械的起升机构、变幅机构，也可以用于回转机构。(　　)

101. 钢丝绳具有强度高、挠性好、自重轻、运行平稳、极少突然断裂等优点。(　　)

102. 钢丝绳润滑时应特别注意不要漏过不易看到和不易接近的部位，比如平衡滑轮处。(　　)

103. 钢丝绳是起重机重要的易损件。(　　)

104. 钢丝绳严重的腐蚀还会引起钢丝绳弹性的降低。(　　)

105. 钢丝绳在绕过卷筒或滑轮时主要受拉伸、弯曲、挤压、摩擦力。(　　)

106. 更换吊钩时，如难以采购到锻钩，是可以使用铸造吊钩代替的。(　　)

107. 起重机吊钩每年检验一次，并进行清洗润滑。(　　)

108. 为防止吊钩意外脱钩，吊钩宜设有防脱钩安全装置。(　　)

109. 为了安全起见，钢丝绳必须在卷筒上至少保留两圈以上。(　　)

110. 相同直径的钢丝绳，其许用拉力是一样的。(　　)

111. 在吊有载荷时，突然制动对钢丝绳来说有可能经受不住过大的短暂而急剧的冲击负荷而导致破断。(　　)

112. 不装上升极限位置限制器的危害是卷筒可能过卷扬机拉断钢丝绳，吊钩下坠能造成人身伤亡。(　　)

113. 采用无轮缘的车轮，在其两侧是不应装水平轮的。(　　)

114. 常闭式制动器在不通电时制动器是闭合的。(　　)

115. 超负荷限制器是在起重机超负荷时起保护作用的。(　　)

116. 从工作安全出发，起重机的各工作机构都应采用常开式制动器。(　　)

117. 高度限制器可以限制吊钩与卷筒之间的最小距离。(　　)

118. 规范要求，上升极限位置限制器必须保证当吊具起升到极限位置时，能自动切断起升的动力源。(　　)

119. 缓冲器是减速装置，用以保证起重机能较平稳地停车而不致产生猛烈的冲击。(　　)

120. 起重机的核心机构是起重机的操作机构。(　　)

121. 起重机额定起重量仅指起重机正常作业时允许起吊的最大重量。(　　)

122. 起重机额定起重量越大，工作级别就越高。(　　)

123. 起重机卷筒上出现裂纹是可以继续使用的。(　　)

124. 起重机起升机构的制动器必须能可靠地制动住1.1倍的载荷。(　　)

125. 起重机司机与取物装置铅垂中心线之间的距离叫幅度。(　　)

126. 起重机械中的钢丝绳应视为一种不易损件。(　　)
127. 起重机要经常检查紧急停止开关的停机效果。(　　)
128. 起重机制动器的摩擦片与制动轮的接触面积不应小于 70%。(　　)
129. 压板螺栓应有防松装置。(　　)
130. 一般来说，工作级别不同，安全系数就不同，报废标准也不同。(　　)
131. 制动轮摩擦面应接触均匀，不得有影响制动性能的缺陷和油污。(　　)
132. 制动轮温度过高，制动瓦块冒烟主要是由于安装调整不当而引起的。(　　)
133. 制动轮温度检查时，可通过手摸，观看有无烧焦来做出判断。(　　)
134. 制动器刹车不灵，应清除摩擦衬带油污及调整制动间隙，更换弹簧。(　　)
135. 制动行程距离太大时，会使吊物吊不准，有可能发生事故。(　　)
136. 额定起重量是指起重机能吊起物体重量的大小。(　　)
137. 紧急开关的作用是在紧急情况下能迅速切断电源。(　　)
138. 起升高度是指起重机吊具最高和最低工作位置之间的垂直距离。(　　)
139. 起重机的额定起重量在任何一类型起重机中是一个不变的定值。(　　)
140. 起重机工作级别是按额定起重量和载荷状态划分的。(　　)
141. 起重机械的参数，是起重机械工作性能的指标，也是设计的依据。(　　)
142. 指挥信号有手势信号、旗语信号和音响信号 3 种。(　　)
143. 当指挥人员不能同时看清司机和负载时，必须增设中间指挥人员以便逐级传递信号。(　　)
144. 当指挥人员所发信号违反标准规定时，司机是无权拒绝执行的。(　　)
145. 对“紧急停止”信号，不论任何人发出，都应立即执行。(　　)
146. 各种类型的起重机作业中普遍使用的指挥手势，称为通用手势信号。(　　)
147. 起重操作应按指挥信号进行，对紧急停车信号，不论任何人发出，都应立即执行。(　　)
148. 起重机“前进”或“后退”，“前进”指起重机离开指挥人员；“后退”指起重机向指挥人员开来。(　　)
149. 起重机司机应当熟悉起重指挥信号，并与指挥人员密切配合。(　　)
150. 司机必须服从指挥，只能在得到现场指挥的指挥信号后，方能开车。(　　)
151. 司机应了解和掌握各种起重机指挥信号的含义。(　　)
152. 司机在工作中只服从专门指挥人员发出的指挥信号，对其他人发出的紧急停车信号，是可以拒绝服从的。(　　)
153. 在吊运过程中，司机只服从指挥人员发出的“紧急停止”信号。(　　)
154. 指挥信号不明确，起重机司机可以不起吊。(　　)
155. 当指挥人员不能同时看清司机和负载时，应站在负载一侧并增设中间指挥人员传递信号。(　　)
156. 当指挥人员所发信号违反有关标准的规定时，司机有权拒绝执行。(　　)
157. 司机必须听从指挥人员指挥，当指挥信号不明确时，司机应发出“重复”信号询问，明确意图后，方可开车。(　　)
158. 指挥人员是不负责吊具、索具的正确选择和使用的。(　　)

159. 指挥人员不负责载荷重量计算。(　　)

160. 指挥人员对起重机械要求微微移动时，可根据需要，重复给出信号。(　　)

161. 指挥人员发出的指挥信号必须清晰、准确。(　　)

162. 指挥人员负责对可能出现的事故采取必要的防范措施。(　　)

163. 指挥人员应根据标准的信号要求与起重机司机进行联系。(　　)

164. 指挥人员用“起重吊运指挥语言”指挥时，应讲普通话。(　　)

165. 指挥人员在发出吊钩或负载下降信号时，应有保护负载降落地点的人身、设备安全的措施。(　　)

166. 指挥人员站在高处指挥时，应严格遵守高处作业安全要求。(　　)

167. 被带翻的物件自行倾倒时，要逆势开动起升机构提钩，并控制其下降速度，落钩时要使吊钩保持垂直。(　　)

168. 不得利用起升限位器做起升停车使用。(　　)

169. 操作中不允许把各限位开关当作停止按钮来切断电源。(　　)

170. 带翻操作的斜拉是正常的操作，只要斜拉的角度不太大是允许的。(　　)

171. 当吊物放置地面后，要马上落绳脱钩。(　　)

172. 当吊物需要通过地面人员所站位置的上空时，应发出信号后，才能通过的。(　　)

173. 兜翻操作是适用于一些怕碰撞的物件的。(　　)

174. 工作完毕后，所有控制器手柄应回零位。(　　)

175. 检查起升机构高度限制器好坏时，必须在空载情况下进行。(　　)

176. 检查起重机车轮时，发现车轮有裂纹应更换新轮。(　　)

177. 交接班时，接班的司机应将值班中出现的问题详细介绍给接班司机，是不需要共同检查起重机的。(　　)

178. 可以在有载荷的情况下调整起升机的制动器。(　　)

179. 起升操作时，为达到额定速度，扳挡手柄应快速扳到高速挡。(　　)

180. 起升高度较高的起重机，应有防止钢丝绳和吊具旋转的装置或措施。(　　)

181. 起升机构的吊钩上滑轮直径比卷筒直径小，所以钢丝绳在滑轮处的损坏就小。(　　)

182. 起升机构的卷筒直径越小对钢丝绳的损坏就越大。(　　)

183. 起升机构是可以用高度限制器停机的。(　　)

184. 起升机构应采用常闭式制动器。(　　)

185. 起升机构制动器是采用常开式的。(　　)

186. 起重机工作时，物件捆缚不牢，不得起吊。(　　)

187. 起重机检修电器设备时，只有电工才允许带电作业。(　　)

188. 起重机无人指挥作业、夜间照明不足时，司机是可根据情况处理的。(　　)

189. 起重作业中，如电源中断，应将所有手柄拨到零挡。(　　)

190. 司机可依靠限位开关来控制机构的停机。(　　)

191. 稳钩操作时，跟车速度不宜太慢。(　　)

192. 停车稳钩时，当吊物向前摆动时，应立即以低速挡瞬间跟车 1 ~ 2 次。(　　)

193. 稳钩操作是在吊钩游摆到幅度最大而尚未回摇摆的瞬间，也就是游摆方向的力达到最大值时，把车跟向吊钩摇摆的方向。(　　)

194. 下降操作时，应将手柄扳到第一挡，先以最慢的速度下降。(　　)

195. 斜吊斜拉重物会增大工作负荷，重物发生摆动，对钢丝绳和滑轮有不良影响，也容易酿成事故。(　　)

196. 闭合主电源前，应使所有的控制器手柄置于零位。(　　)

197. 吊物在吊运中接近地面人员时应发出警告信号。(　　)

198. 兜翻操作时必须将钢丝绳挂在物件侧面的中部。(　　)

199. 对起重机做全面检查，在确认不影响工作的情况下，方可推合保护柜总刀闸。(　　)

200. 起重机吊运货物应使吊物沿吊运安全通道移动。(　　)

201. 起重机吊运货物在人头上方通过或停留时应发出警告信号。(　　)

202. 起重机各机构的使用寿命，在很大程度上取决于经常而且正确的润滑。(　　)

203. 起重机开车前，无人接近起重机时，不需要鸣铃或报警。(　　)

204. 起重机起吊重物时，一定要进行试吊，试吊高度不应大于 1.5 m。(　　)

205. 起重机启动前应发出警告信号。(　　)

206. 起重机司机工作结束后，将所有手柄置于零位，即可离开起重机。(　　)

207. 起重机司机在操作过程中，除了要加强自我保护外，更应该想到国家财产和他人的生命安全。(　　)

208. 起重机可以使用限位器作为断电停车的手段。(　　)

209. 起重机在吊运过程中设备发生故障时应发出警告信号。(　　)

210. 起重机作业前，必须认真穿戴好个人防护用品。(　　)

211. 上升极限位置限位器失效时，司机可以靠经验准确操作。(　　)

212. 司机操作中发现故障，只要小心操作，交班时交清是可以的。(　　)

213. 司机每天工作前，应进行负荷试吊，检验起升制动器的可靠性。(　　)

214. 司机要严格遵守交接班制度，做好交接班工作。(　　)

215. 歪拉斜吊不仅容易造成超负荷吊运，而且使物件在起吊后摆动不稳，容易造成钢丝绳脱出卷筒槽。(　　)

216. 为了工作方便，吊具重载时是可以载人的。(　　)

217. 维护保养工作是机修人员的事，与起重机司机是无关的。(　　)

218. 一般情况下，可以用两台或两台以上的起重机同时起吊一个重物。(　　)

219. 应该在有载荷的情况下调整起重机起升、变幅机构的制动器。(　　)

220. 在操作时，遇到突发事故，司机一定要保持头脑清醒、镇静操作，切不可惊慌失措。(　　)

221. 在打反车时，电动机将产生强烈的机械冲击，甚至发生损坏事故，所以在一般情况下不允许。(　　)

222. 在紧急情况时，司机应立即打反车制动。(　　)

223. 在通道上吊重物运行时，重物应高出地面最高设备的 0.5 m。(　　)

224. 正常操作中，严禁反接制动。(　　)

225. 只要有指挥人员，方可吊拔埋在地下或冻结在地面、设备上的物件。(　　)

226. 工作完毕后应将吊钩升至接近上极限位置的高度，不准吊挂吊具、吊物等。（　　）
227. 工作完毕后应将起重小车停放跨中部位。（　　）
228. 桥式起重机大车啃道能导致起重机脱轨。（　　）
229. 车轮发生打滑现象是由于车轮直径磨损严重造成。（　　）
230. 车轮轮缘磨损或崩裂将会造成起重机出轨的危险。（　　）
231. 车轮直径偏差过大将产生“啃轨”故障。（　　）
232. 大车车架对角线误差超差时，将产生“啃轨”故障。（　　）
233. 轨道上有油或冰霜时，车轮将会发生打滑现象。（　　）
234. 如果小车产生“三条腿”故障必然产生“啃轨”故障。（　　）
235. 小车产生“三条腿”故障与小车轨道变形无关。（　　）
236. 小车车架变形，小车将产生“三条腿”故障。（　　）
237. 起重作业人员应熟知使用起重指挥信号，多人作业要有专人指挥，统一信号，严格按指挥命令和信号工作。（　　）
238. 工作前必须戴好安全帽，穿好劳动保护服装，不准穿高跟鞋、拖鞋、硬底鞋。高空作业系好安全带。（　　）
239. 坚持“三不放过”。即质量事故原因找不出来不放过，当事人和群众没有受到教育不放过，没有防范措施不放过。（　　）
240. 起重吊装中严禁急速改变升降速度，以免产生冲击载荷，而破坏钢丝绳的使用性能。（　　）
241. 起重机前进或后退，前进是指起重机向指挥人员开来；后退是指起重机离开指挥人员。（　　）
242. 负载降落前，指挥人员必须确认降落区域安全时，方可发出降落信号。（　　）
243. 司机在开车前必须鸣铃示警，必要时，在吊运中也要鸣铃，通知负载威胁的地面人员撤离。（　　）
244. 在操作中起重机能看清指挥人员的工作位置，一般不使用指挥语言。（　　）
245. 起重量又叫额定起重量，是指起重机实际允许的最大起重量。（　　）
246. 起重机的工作类型和起重量是两个完全相同的概念。（　　）
247. 起重机的起重量大，不一定是重级，起重量小，也不一定是轻级。（　　）
248. 滑轮槽的壁厚磨损超过原壁厚的 5% 滑轮应报废。（　　）
249. 滑轮槽槽底径向磨损超过钢丝绳直径的 15% 滑轮应报废。（　　）
250. 轮缘缺损的滑轮应报废。（　　）
251. 桥式起重机的起升结构中，普遍采用的是单联滑轮组。（　　）
252. 4 个车轮的滚动面不在同一平面上是造成小车“三条腿”的主要原因。（　　）
253. 两条轨道的不直度超过允差是造成小车“三条腿”的主要原因。（　　）
254. 为了避免小车打滑，必须保证驱动轮轮轴上的驱动力大于车轮与轨道间的黏着力。（　　）
255. 小车打滑和运行中走斜会使小车运行不稳，影响安全作业，所以，发现小车打滑和运行走斜都必须及时检修。（　　）

256. 小车运行机构的减速器位于小车中间，这种传动方式的优点是减速器两侧传动轴受力均匀。(　　)

257. 小车运行机构的减速器位于小车中间，这种传动方式的缺点是安装检修不方便。(　　)

258. 大车运行机构的驱动方式分为集中驱动和分别驱动两种。(　　)

259. 起重机用的车轮按其轮缘分类可分为单轮缘和双轮缘两种。(　　)

260. 轮缘的作用是导向和防止脱轨。(　　)

261. 车轮按其踏面形状分为圆柱形、鼓形和圆锥形 3 种。(　　)

262. 桥式起重机的小车车轮大多采用双轮缘圆柱形车轮，轮缘装于轨道外侧。(　　)

263. 把小车轮缘装于轨道外侧，能防止小车脱轨，有利于小车的稳定运行。(　　)

264. 事故的“四不放过”是：事故原因分析不清不放过；事故责任者和群众没有受到教育不放过；没有防范措施不放过；事故责任者没有受到处罚不放过。(　　)

265. 安全技术措施包括：防止工伤、火灾、爆炸等事故的发生，创造良好的安全劳动条件。(　　)

266. 为了吸取事故教训，预防重复事故发生，对所发生的事故必须进行认真分析，以便找出发生事故的原因，查明责任，并及时采取改进措施。(　　)

267. 钢丝绳个别部位有轻微锈蚀，仍可以在较重要场合使用。(　　)

268. 钢丝绳应尽量避免打结，必须打结时，只能在钢丝绳端部打结，不得在钢丝绳中段打结，以免钢丝绳中段损坏而影响整条钢丝绳的作用。(　　)

269. 起重机吊运货物禁止从人头上越过，禁止在吊运的货物下站人。(　　)

270. 工作场地昏暗，无法看清场地、指挥信号和被吊物等情况，天车工有权拒绝操作。(　　)

271. 操作人员在使用本机械时要懂原理、懂性能、懂构造、懂用途。(　　)

272. 从事特种作业的劳动者必须经过专门培训并取得特种作业资格。(　　)

273. 劳动者在劳动过程中必须严格遵守安全操作规程。(　　)

274. 桥式起重机是由金属结构、机械部分和电气设备三大部分组成。(　　)

275. 金属结构是起重机的承载构件，作业中它只承担小车和吊装物件的重量。(　　)

276. 起重工在吊装各种货件之前，首先应该知道被吊装货件的重心。(　　)

277. 起重机的稳定性一般分为非工作状态的自身稳定性和工作状态下的有载稳定性。(　　)

278. 钢丝绳加油的方法是：先把吊钩落至距地面最低位置，将油涂一层在卷筒上，然后升上吊钩至最高位置，再在卷筒上的钢丝绳表面涂一层油。(　　)

279. 钢丝绳与卷筒、滑轮间的磨损叫正常磨损。(　　)

280. 当发现钢丝绳有整股折断时，也应立即报废。(　　)

281. 闭合总电源开关，在执行起重吊运之前，将大、小车及无载吊钩进行几次空运转，仔细检查刹车及终点限位开关动作的正确性、可靠性。(　　)

282. 闭合总电源开关，在执行起重吊运之前，无须进行试验、检查刹车及终点限位开关动作的正确性、可靠性。(　　)

283. 作业结束后，将吊钩升到接近上限位的位置，吊具不准吊物件，将小车停到主梁的一端，所有控制器手柄回零位，断开紧急开关及总电源开关。(　　)

284. 作业结束后，将吊钩升到接近上限位的位置，吊具不准吊物件，闭合总电源开关。(　　)

285. 天车司机在工作中要确认指挥手势符合要求。(　　)

286. 水平方向吊运载荷时，载荷起吊高度比地面障碍物高出 0.5 m。(　　)

287. 水平方向吊运载荷时，高于地面障碍物即可。(　　)

288. 作业人员当日首次起吊载荷时，应先将载荷升起不高于 0.5 m，然后放回，确认制动性能良好。(　　)

289. 天吊操作人员必须经过严格的培训，考试合格后，持国家相关部门颁发的特种作业操作证方可作业。(　　)

290. 作业前，检查滑触线、各电器、钢丝绳和挂钩等附件是否完好无损，油不足应加油。(　　)

291. 作业前，检查所有机构的轴承及润滑装置是否牢固完好。(　　)

292. 作业前，检查起重机各机构的活动部分、旋转部分。(　　)

293. 作业前，无须确认总电源开关在断开位，控制器手柄均在零位。(　　)

294. 作业前，确认总电源开关在断开位，控制器手柄均在零位。(　　)

295. 参加班组点名会，听取工班长安排当日工作任务。(　　)

296. 作业人员可以不按规定着装并佩戴安全防护用品。(　　)

297. 作业人员按规定着装并佩戴安全防护用品。(　　)

298. 操作者应定期清扫天车，并做好日常保养工作。(　　)

299. 定期操作者不应清扫天车和日常保养工作。(　　)

300. 天车操作人员必须严格遵守天车吊运“六必须、三禁止”和“十不吊”的规定。(　　)

301. 天车操作人员吊运可按照工作经验执行规定。(　　)

302. 按照规定指挥手势操作天车，凡是不按照规定指挥手势指挥、多人指挥天车，司机必须停止操作。(　　)

303. 按照规定指挥手势操作天车，不按照规定指挥手势指挥、多人指挥天车，司机可以任意操作。(　　)

304. 吊运重、大部件或因库内视线受到影响时必须有专人指挥引导天车运行。(　　)

305. 吊运重、大部件或因库内视线受到影响时司机可根据经验运行。(　　)

306. 天车吊物运行时响铃警示下方人员，仍未躲避时，司机应停止运行天车并以语言告知。(　　)

307. 天车吊物运行时响铃警示下方人员，仍未躲避时，司机可继续运行天车。(　　)

308. 工作中，不准携带手机、书报和各种资料上车。(　　)

309. 工作中，可以携带手机、书报和各种资料上车。(　　)

310. 检查起重机大车轮啃道的方法有大车轮对角线、跨度、轮距的检查。(　　)

311. 工作中，女职工必须把头发扎起来以免遮挡视线。(　　)

312. 造成起重机小车轮啃道的原因有车轮的水平倾斜。(　　)

313. 车轮的水平倾斜不是造成起重机小车轮啃道的原因。(　　)
314. 制动器按工作状态不同分为常闭式和常开式。(　　)
315. 制动器按工作状态不同分为块式、带式、盘式。(　　)
316. 制动器按动力不同分为脚闸、电闸、液压闸。(　　)
317. 起重司机在严格遵守各项规章制度的前提下，在操作中应做到稳、准、快、安全、合理。(　　)
318. 吊索夹角过大不吊，不宜超过 90°。(　　)
319. 吊索夹角过大不吊，不宜超过 30°。(　　)
320. 物体上有人、有浮摆或勾连其他物体不吊。(　　)
321. 物体上有人、有浮摆或勾连其他物体可根据指挥手势起吊。(　　)
322. 检查起重机大车轮啃道的方法有大车轮对角线、跨度、轮距的检查。(　　)
323. 造成起重机小车轮啃道的原因有车轮跨距、对角线不等和两车轮直线性不好。(　　)
324. 车轮跨距、对角线不等和两车轮直线性不好是造成起小车打滑的原因。(　　)
325. 在吊运物件时，吊钩没对准货物重心不吊。(　　)
326. 在吊运物件时，吊钩没对准货物中心不吊。(　　)
327. 在吊运作业中，金属尖锐棱角物体无衬垫不吊。(　　)
328. 在吊运之前未试吊不吊。(　　)
329. 吊运之前无须试吊重物。(　　)
330. 吊运 6 m 以上的长大物体无牵引绳不吊。(　　)
331. 吊运 6 m 以上的长大物体不需要使用牵引绳。(　　)
332. 吊运时，简化挂索捆绑不牢不吊。(　　)
333. 在吊运作业中，重量不明不吊。(　　)
334. 非指挥人员指挥或信号不明确不吊。(　　)
335. 超重或埋藏在地下的物体不吊。(　　)
336. 天车吊运禁止使用断股超限的钢丝绳和未经探伤的吊环。(　　)
337. 天车吊运可使用断股超限的钢丝绳和未经探伤的吊环。(　　)
338. 天车在吊运时禁止超负荷使用吊具。(　　)
339. 天车在吊运时可超负荷使用吊具。(　　)
340. 天车司机必须严格执行“十不吊”的原则。(　　)
341. 天车吊运动车前必须试车、响铃。(　　)
342. 天车吊运必须确认钢丝绳负荷符合要求。(　　)
343. 天车吊运必须确认负荷符合要求。(　　)
344. 天车吊运必须确认吊装物件符合要求，吊挂方式符合要求。(　　)
345. 吊有载荷设备发生故障时，天车司机应发出响铃信号。(　　)
346. 吊有载荷设备发生故障时，天车司机无须发出响铃信号。(　　)
347. 吊运载荷接近地面人员时，天车司机应发出响铃信号。(　　)
348. 吊运载荷移动时，天车司机应发出响铃信号。(　　)

349. 在升降载荷时，天车司机应发出响铃信号。(　　)
350. 在升降载荷时，天车司机不应发出响铃信号。(　　)
351. 在接近另一台起重机时，天车司机应发出响铃信号。(　　)
352. 在每次合闸之前，天车司机应发出响铃信号。(　　)
353. 在每次合闸之前，天车司机不应发出响铃信号。(　　)
354. 天车的主要参数有起重量、跨度、起升高度、各机构的工作速度、轮压及各机构的工作级别。(　　)
355. 金属结构部分包括桥架、司机室等。(　　)
356. 电气部分包括桥架、司机室等。(　　)
357. 电气部分包括电气设备和电气线路。(　　)
358. 机械部分包括电气设备和电气线路。(　　)
359. 制动器失灵时司机切不可惊慌失措，必须保持镇静、头脑清楚。(　　)
360. 禁止用起重机进行具有强烈抖动负荷力的工作。(　　)
361. 用起重机进行具有强烈抖动负荷力的工作。(　　)
362. 起重机外拉斜拽时会产生比垂直拉力大得多的斜拉力，影响起重机的正常使用。(　　)
363. 钢丝绳尾端穿入卷筒内部特制的槽内后，用螺栓和压板压紧。(　　)
364. 在移动过程中，保证吊物不游摆，做到起车稳、运行稳、停车稳而准确是对运行机构操作的基本原理。(　　)
365. 吊钩的移动是靠大、小车运行机构来完成的。(　　)
366. 大车的移动是靠大、小车运行机构来完成的。(　　)
367. 钢丝绳与卷筒、滑轮间的磨损叫正常磨损。(　　)
368. 钢丝绳与卷筒、滑轮间的磨损叫非正常磨损。(　　)
369. 常用吊物的捆绑方法有兜拴法、套拴法和八字拴法。(　　)
370. 制动器习惯上叫作“闸”，用来使起重机实现准确可靠地停车，并能阻止悬挂物品下落。(　　)
371. 轮缘的作用是导向和防止脱轨。(　　)
372. 轮缘的作用只能是防止脱轨。(　　)
373. 起重机用的车轮按其轮缘分类，可以分为单轮缘，双轮缘和无轮缘 3 种。(　　)
374. 由于某些原因，车轮产生横向滑动，使车轮轮缘与轨道侧面相挤，造成轮缘与轨道迅速磨损，这种现象就称为啃道。(　　)
375. 打滑由于某些原因，车轮产生横向滑动，使车轮轮缘与轨道侧面相挤，造成轮缘与轨道迅速磨损。(　　)
376. 桥式起重机的大车运行机构是整台起重机的移动机构。(　　)
377. 如果小车打滑只发生在某一车轮上，小车车体发生偏斜的现象叫小车走斜。(　　)
378. 如果小车打滑只发生在某一车轮上，小车车体发生偏斜的现象。(　　)
379. 为了避免小车打滑，必须保证驱动轮轮周上的驱动力 X 小于车轮与轨道间的黏着力。(　　)

380. 在小车驱动电机后，小车车轮在轨道上做原地空转的现象叫小车打滑。(　　)

381. 啃道是在小车驱动电机后，小车车轮在轨道上做原地空转的现象。(　　)

382. 造成小车“三条腿”的特征是在轨道全长上始终有一车轮悬空。(　　)

383. 钢丝绳与卷筒的连接一般用压板和螺栓固定在卷筒的两端，在吊具处于最低位置时，卷筒两端要留有两圈以上的钢丝绳余量。(　　)

384. 钢丝绳与卷筒的连接一般用压板和螺栓固定在卷筒的两端，在吊具处于最低位置时，卷筒两端要留有一定的钢丝绳余量。(　　)

385. 轮缘缺损应报废。(　　)

386. 轮缘缺损焊补后可继续使用。(　　)

387. 滑轮槽槽底径向磨损超过钢丝绳直径的 25% 应报废。(　　)

388. 滑轮槽槽底径向磨损超过钢丝绳直径的 80% 报废。(　　)

389. 滑轮槽的壁厚磨损超过原壁厚的 10% 应报废。(　　)

390. 起重量超过 10 t 的起重机，起升机构一般有两套，主起升机构和副起升机构。(　　)

391. 小车的起升机构由传动装置、钢丝绳卷挠系统以及取物装置组成。(　　)

392. 起重机由传动装置、钢丝绳卷挠系统以及取物装置组成。(　　)

393. 桥式起重机小车部分包括小车架小车运行机构和起升机构。(　　)

394. 起升机构是由小车部分，包括小车架、小车运行机构和起升机构组成的。(　　)

395. 主梁下挠变形达到一个极限时，将严重影响起重机的性能，以至不能使用，而必须进行修理，这个下挠变形的极限值称为应修界限。(　　)

396. 主梁下挠修复方法是火焰矫正修理法，预应力修复法和主梁加下盖板法。(　　)

397. 主梁的永久变形，特别是低于水平线以下的永久变形，对起重机的运行非常不利，甚至导致严重事故，必须极力避免。(　　)

398. 重端梁与主梁的连接一般为焊接。(　　)

399. 桥架的外形尺寸决定于起重量、跨度、起升高度和桥架的结构形式。(　　)

400. 要求操作人员要做到会操作、会检查、会保养，不需要排除故障。(　　)

401. 在开动天车前必须鸣铃，操作中吊钩或重物接近人时，亦必须给以断续铃声或报警。(　　)

402. 在开动天车前不须鸣铃，操作中吊钩或重物接近人时，不需铃声或报警。(　　)

403. 起重机运行中，要防止吊钩或其他吊具产生较大的摆动。(　　)

404. 起重机运行中，不用考虑吊钩或其他吊具产生较大的摆动。(　　)

405. 起重机运行中，禁止任何人停留在起重机上小车上和起重机轨道上。(　　)

406. 减速器的作用是把电动机的高转速降低到各机构所需的工作转速。(　　)

407. 吊物悬空时，禁止在吊物或吊臂下停留或通过。任何人不得随同吊物或起重机械升降。(　　)

408. 吊物悬空时，可在吊物或吊臂下停留或通过。(　　)

409. 在高空作业中，严禁开玩笑或打闹等与作业无关的现象出现。(　　)

410. 在高空作业中，开玩笑或打闹等。(　　)

411. 使用后的钢丝绳应盘绕好，放在干燥通风的地方，并定期检查和保养。(　　)

412. 起重机将货物吊起一定高度。在下降过程中进行制动性能试验的动作。(　　)
413. 工作类型也叫工作制度，是表明机械（或机构）工作繁重程度的重要参数。(　　)
414. 桥式起重机由起升机构、大车走行机构、小车走行机构组成。(　　)
415. 桥式起重机的金属结构由起升机构、大车走行机构、小车走行机构组成。(　　)
416. 指挥人员用“起重吊运指挥语言”指挥时，应讲普通话。(　　)
417. 指挥人员用“起重吊运指挥语言”指挥时，可以使用方言。(　　)
418. 设备在吊运过程中始终要保持平稳，不得产生歪斜，绳索不允许在吊钩上滑动。(　　)
419. 设备在吊运过程中产生歪斜，绳索允许在吊钩上滑动。(　　)
420. 齿轮传动是由齿轮副组成的传递运动和动力装置。(　　)
421. 起重机除具有起升重物的起升机构外，还有水平运动的机构。(　　)
422. 起重时要试吊，等滑轮受力后，再检查各种情况，如状态良好，才能继续起吊作业。(　　)
423. 当指挥人员发出信号违反标准的规定时，司机有权拒绝执行。(　　)
424. 当指挥人员发出信号违反标准的规定时，司机无权拒绝执行。(　　)
425. 司机必须服从指挥人员的指挥，当指挥信号不明时，司机应发出重复信号询问，明确指挥意图后，方可开车。(　　)
426. 司机必须服从指挥人员的指挥，当指挥信号不明时，司机应按指挥手势动车。(　　)
427. 指挥指挥人员应站在使司机能看清指挥信号的安全位置上，当跟随负载运行指挥时，应随时指挥负载避开人员和障碍物。(　　)
428. 起重、司索人员应经专业培训，经考试合格，持有操作证方可上岗作业。(　　)
429. 起重、司索人员应经专业培训，经考试合格，无操作证可上岗作业。(　　)
430. 用人单位应依法建立和完善规章制度，保障劳动者享有劳动权利和履行劳动义务。(　　)
431. 新进入企业工作的员工或其他人员，必须接受三级安全教育，本企业内部员工在调动、转岗、复工或变换工种，必须接受安全教育。(　　)
432. 起升高度不仅与轨道距离地面的高度有关，而且还与地平线下的地坑有关。(　　)
433. 起升高度与轨道距离地面的高度无关，与地平线下的地坑有关。(　　)
434. 吊具或抓取装置的上极限位置与下极限位置之间的距离称为起升高度。(　　)
435. 卷扬机的电器控制装置要放在操作人员的身边。(　　)
436. 工作速度包括起升速度、大车运行速度和小车运行速度。(　　)
437. 在电动机额定转速下起重机动作的速度叫工作速度。(　　)
438. 总的起升高度等于地平线上起升高度和下放深度之和。(　　)
439. 起重机大车运行轨道中心线间的距离称为跨度。(　　)
440. 起重机按所用动力分，可分为手动和电动两类。(　　)
441. 滑轮有单联滑轮组和多联滑轮组。(　　)
442. 桥式起重机由金属结构、机械部分、电气部分。(　　)
443. 对新工人，改职及调入的工人要进行厂、车间、班组（岗位）三级安全教育。(　　)

444. 吊钩必须安装有防绳扣脱钩的闭锁装置。(　　)

445. 吊钩的闭锁装置失效可继续使用。(　　)

446. 在开动大车或小车过程中，时刻注意吊物上、下极限位置，上不能碰限位器，下不能碰撞地面设备，都用留有一定的余度。(　　)

447. 在开动大车或小车过程中，吊物上、下极限位置，上能碰限位器，下能碰撞地面设备。(　　)

448. 作业结束后，将吊钩升到接近上限位的位置，吊具不准吊物件，将小车停到主梁的一端，所有控制器手柄回零位，断开紧急开关及总电源开关。(　　)

449. 作业结束后，将吊钩升到接近上限位的位置，吊具不准吊物件，将小车停到跨中，所有控制器手柄回零位，断开紧急开关及总电源开关。(　　)

450. 电气事故包括：人身触电、设备烧毁、电气引起火灾、爆炸以及电击引起的人身事故。(　　)

451. 操作中不得移动太快或升降过猛，不得同时开动 3 个以上的机构同时运转。(　　)

452. 操作中移动太快或升降过猛，同时开动 3 个以上的机构同时运转。(　　)

453. 上岗前穿好工作服，戴好工作帽，要求整齐清洁。班前严禁饮酒。(　　)

454. 严格执行操作规程，严禁超压、超负荷等违章作业。(　　)

455. 可以超压、超负荷使用吊具。(　　)

456. 设备发生故障时，立即停机，保护好现场，及时通知设备工程师和维修工长进行故障确认，并做好处理记录。(　　)

457. 操作者必须按要求持有设备操作合格证，严禁无证操作，禁止他人动用工装设备。(　　)

458. 操作者无证操作，可以动用工装设备。(　　)

459. 吊运大型工件必须有牵引绳。(　　)

460. 无牵引绳也可吊运大型工件。(　　)

461. 作业完毕后将工作场地彻底清理，做到工完料净，场地干净。(　　)

462. 作业完毕后自行离开工作场地无须清洁场地。(　　)

463. 工作时间内要坚守岗位，严禁溜岗串哨、扎堆聊天。(　　)

464. 工作时间内可以溜岗串哨、扎堆聊天。(　　)

465. 高处作业人员及调车人员在作业中一定要系安全带。(　　)

466. 高处作业人员及调车人员在作业中不用系安全带。(　　)

467. 起重机工作完毕后，应将吊钩升至接近上极限位置的高度。(　　)

468. 起重机工作完毕后，应将吊钩升至上极限位置的高度。(　　)

469. 桥式起重机跨度是指大车轨道中心线之间的距离 。(　　)

470. 司机和有关人员进行检查保养时，应切断控制电源，挂上警示标牌。(　　)

471. 第一次吊物时，应将重物吊离地面 0.5 米，然后下降以检查起升制动器工作的可靠性。(　　)

472. 第一次吊物时，不用检查起升制动器的工作性能。(　　)

473. 吊钩不在物品中心上方，不准起吊。(　　)

474. 稳钩操作时，跟车速度不宜太慢。(　　)

475. 稳钩操作时，吊钩摆幅小，跟车距离应小。(　　)

476. 司机动车前起吊前必须鸣铃 (　　)

477. 起重机工作完毕后，所有控制手柄应回零位。(　　)

478. 起重机工作完毕后，所有控制手柄可以不回零位。(　　)

479. 起重机吊运中起升高度的控制有时还需要根据司机的目测能力。(　　)

480. 起重机工作完毕后，吊钩吊挂吊具、吊物等。(　　)

481. 减速器油量要适中。(　　)

482. 吊起的重物落地时，起重机应采用慢速落地。(　　)

483. 吊起的重物落地时，起重机应采用急速落地。(　　)

484. 电气方面造成起升机构制动器突然失灵，应立即拉下紧急开关。(　　)

485. “五指伸直，指出负载应降落的位置。”这种手势信号表示指示降落方向。(　　)

486. 停止的手势信号是“五指伸直，指出负载应降落的位置。”(　　)

487. “单手自然握拳，置于头上，轻触头顶。”这种手势信号表示要主钩。(　　)

488. 要副钩的指挥手势是“单手自然握拳，置于头上，轻触头顶。”(　　)

489. “手臂伸直置于头上方，五指自然伸开，手心朝前保持不动。”这种手势信号表示预备。(　　)

490. 结束指挥手势是“手臂伸直置于头上方，五指自然伸开，手心朝前保持不动”。(　　)

491. “两小臂水平置于胸前，五指自然伸开，手心朝下，同时水平挥向两侧。”这种手势信号表示紧急停止。(　　)

492. 工作结束指挥手势是“两小臂水平置于胸前，五指自然伸开，手心朝下，同时水平挥向两侧。”(　　)

493. 起升机构是起重机的核心机构。(　　)

494. 在紧急情况下，能切断起重机总控制电源的装置是紧急开关。(　　)

495. 钢丝绳有锈蚀或磨损时，予以报废。(　　)

496. 严禁进入挂有“有电危险”标志的禁区。(　　)

497. 可以进入挂有“有电危险”标志的禁区。(　　)

498. 作业完毕必须做到关闭所使用设施、设备的各种开关。(　　)

499. 天车吊运必须专人指挥，手势正确。(　　)

500. 司机室属于桥式起重机的金属结构部分。(　　)

501. 特种作业人员不必培训就可以上岗独立操作。(　　)

502. 特种作业人员必须取得特种作业资格，即拿到特种作业资格证书才能上岗。(　　)

503.《职业病防治法》规定：劳动者享有了解工作场所产生或者产生的职业病危害因素、危害后果和应当采取职业病防护措施的权利。(　　)

504. 特种作业是指容易发生人员伤亡事故，对操作者本人、他人及周围设施安全可能造成重大危害作业。(　　)

505. 疲劳强度是表示在冲击载荷的作用下而不致引起断裂的最大应力。(　　)

506. 受冲击载荷作用的工件，考虑机械性能的指标主要是疲劳强度。(　　)

507. 人触电以后，如果未见明显致命外伤，就不能轻率地认定触电者已经死亡，而应该看作是“假死”，应积极施救。(　　)

508. 触电急救第一步是使触电者迅速脱离电源，第二步是现场救护。(　　)

509. 当判定触电者呼吸和心跳停止时，应立即按心脏复苏法就地抢救。(　　)

510. 触电者如牙关紧闭，可改行口对鼻人工呼吸，吹气时要将触电者嘴唇紧闭，防止漏气。(　　)

511. 胸外按压是借助人力使触电者恢复呼吸的急救方法。(　　)

512. 在医务人员未前来接替抢救前，现场人员不得放弃对触电者的现场抢救。(　　)

513. 压迫止血法是最迅速的临时止血法，即用手指、手掌或止血橡皮带在出血处供血端将血管压瘪在骨骼上面。(　　)

514. 触电 12 min 后开始救治者，救活的可能性就很小，故对触电者要及时进行抢救。(　　)

515. 遇到有人触电时，切不可用手去拉触电者，应迅速切断电源。(　　)

516. 构成燃烧的三个要素都存在着极限值，未达到一定浓度、数量，或温度、热量不够，燃烧也不会发生。(　　)

517. 紫外线对眼睛短时照射就会引起急性角膜结膜炎，称为电光性眼炎。(　　)

518. 一般个人防护措施除穿戴工作服、鞋、帽、手套、眼镜、口罩、面罩等防护用品外，必要时可采用送风盔式面罩及防护口罩。(　　)

519. 发生急性中毒事故，发现者应立即发出报警信号，并通知有关指挥负责人，并及时与医疗卫生机构（救护）取得联系。(　　)

520. 劳动者在劳动过程中必须严格遵守安全操作规程。(　　)

521. 安全生产包括两个方面内容：一是要预防工伤事故发生；二是要预防职业病危害。(　　)

522. 从业者的职业态度就是为了自己。(　　)

523. 道德是靠舆论和内心信念来发挥和维持社会作用。(　　)

524. 任何违反职业纪律的行为都是不道德的行为。(　　)

525. 当发现有人触电时，应立即用手将触电者从带电的设备上拉离。(　　)

526. 职业道德是人们在一定职业活动中所遵守的行为规范的总和。(　　)

527. 电、气焊工职业道德行为规范要求是精作细焊、缝美质优。(　　)

528. 产业工人职业道德要求是：精工细做、文明生产。(　　)

529. 社会主义职业道德的基本原则是为人民服务。(　　)

530. 职业道德中要求从业人员的工作应该主协配合，师徒同心。(　　)

531. 职业纪律是在特定职业活动范围内，从事某种职业的人们必须共同遵守的行为准则。(　　)

532. 职业纪律主要是指劳动纪律。(　　)

533. 职业道德是促使人们遵守职业纪律的思想基础。(　　)

534. “钻研业务，提高技能”，这是企业员工应树立的勤业意识。(　　)

535. 在履行岗位职责时，应采取自觉性的原则。(　　)

536. 今天的好产品，在生产力提高后，也一定是好产品。(　　)
537. 质量与信誉不可分割。(　　)
538. 每个职工都有保守企业秘密的义务和责任。(　　)
539. 人的电阻很大，一般不会触电致死。(　　)
540. 严禁进入挂有“有电危险”标志禁区。(　　)
541. 作业完毕后将工作场地彻底清理，做到工完料净，场地干净。(　　)
542. 作业完毕后自行离开工作场地无须清洁场地。(　　)
543. 工作时间内要坚守岗位，严禁溜岗串哨、扎堆聊天。(　　)
544. 操作者必须按要求持有设备操作合格证，严禁无证操作，禁止他人动用工装设备。(　　)
545. 操作者无证操作，可以动用工装设备。(　　)
546. 上岗前穿好工作服，戴好工作帽，要求整齐清洁，班前严禁饮酒。(　　)
547. 严格执行操作规程，严禁超压、超负荷等违章作业。(　　)
548. 对新工人，改职及调入工人要进行厂、车间、班组（岗位）三级安全教育。(　　)
549. 在高空作业中，严禁开玩笑或打闹等与作业无关现象出现。(　　)
550. 在高空作业中，可以开玩笑或打闹等。(　　)

三、多选题

1. 桥式起重机按所用动力可分为（　　）两类。
A. 电动桥式起重机　　B. 主钩
C. 手动桥式起重机　　D. 通用桥式起重机
2. 桥式起重机按桥架主梁的结构由（　　）。
A. 长短　　B. 单梁桥式起重机
C. 双梁桥式起重机　　D. 高矮桥式起重机
3. 桥式起重机按用途有（　　）。
A. 冶金用桥式起重机　　B. 缆索起重机
C. 双梁　　D. 通用桥式起重机
4. 双梁桥式起重机的桥架是由（　　）构成的。
A. 主梁、端梁　　B. 栏杆、走台　　C. 小车轨道　　D. 司机室
5. 单主梁桁架起重机（梁式起重机）是由（　　）构成的。
A. 主梁　　B. 垂直桁架　　C. 水平桁架　　D. 端梁
6. 天车司机应遵守（　　）的要求。
A. 确认吊装物件符合要求　　B. 确认吊挂方式符合要求
C. 确认指挥手势符合要求　　D. 确认钢丝绳符合要求
7. 天车司机在严格遵守各项规章制度的前提下，操作中要做到（　　）。
A. 安全　　B. 平稳　　C. 精准　　D. 合理
8. 起重机车轮上轮缘的作用是（　　）。
A. 主梁　　B. 副钩　　C. 防出轨　　D. 导向

9. 运行极限位置限制器由（　　）所组成。

A. 主钩　B. 限位开关　C. 副钩　D. 安全尺

10. 安全电压额定值的等级是（　　）。

A. 42　B. 36　C. 24　D. 12

11. 工作时间内要坚守岗位，严禁（　　）。

A. 溜岗串哨　B. 工作　C. 扎堆聊天　D. 学习

12. 作业完毕后将工作场地彻底清理，做到（　　）。

A. 溜岗串哨　B. 扎堆聊天　C. 工完料净　D. 场地干净

13. 操作者应熟悉设备的（　　）。

A. 构造　B. 性能　C. 购买价格　D. 原理

14. 属于所有设备润滑的内容是（　　）。

A. 定点　B. 定时　C. 定质　D. 定量

15. 使用设备必须执行（　　）的原则。

A. 定设备　B. 使用　C. 做法　D. 定人

16. 使用设备必须执行的原则是（　　）。

A. 包保管　B. 选择　C. 包养修　D. 包使用

17. 设备使用人要按照（　　）的要求使用设备。

A. 选择　B. 管理好　C. 养修好　D. 使用好

18. 设备使用人要（　　）。

A. 会检查　B. 会养修　C. 会排除故障　D. 会使用

19. 属于常用的灭火器是（　　）。

A. 泡沫　B. 酸碱　C. 清水　D. 干粉

20. 桥式起重机制动器按工作状态不同分为（　　）。

A. 伸缩　B. 常闭式　C. 常开式　D. 电磁

21. 电气事故包括：（　　）以及电击引起的人身事故。

A. 人身触电　B. 设备烧毁

C. 电气引起火灾　D. 爆炸

22. 大车运行机构的传动形式分为（　　）。

A. 长短　B. 方向

C. 分别驱动形式　D. 集中驱动形式

23. 桥式起重机安全防护装置有各种类型的限位器，包括（　　）。

A. 超载限制器　B. 防碰撞装置

C. 缓冲器　D. 力矩限制器

24. 对新工人，改职及调入的工人要进行（　　）安全教育。

A. 车间　B. 集团　C. 班组（岗位）　D. 厂

25. 职业危害包括（　　）。

A. 接触毒物危害　B. 粉尘危害

C. 物理因素危害　D. 缺氧危害

26. 桥式起重机由（　　）机构组成。

A. 大车走行　　B. 小车走行　　C. 起升　　D. 水平

27. 桥式起重机由（　　）构成。

A. 金属结构　　B. 电气部分　　C. 手柄　　D. 机械部分

28. 滑轮组由：（　　）滑轮组构成。

A. 五联　　B. 双联　　C. 六联　　D. 单联

29. 起重机根据梁的结构分为（　　）。

A. 吊钩　　B. 腹板梁结构　　C. 箱形结构　　D. 四桁架结构

30. 起重机按用途分（　　）。

A. 主梁　　B. 缆索起重机

C. 冶金用桥式起重机　　D. 通用桥式起重机

31. 起重机的操纵向（　　）方向发展。

A. 自动操纵　　B. 正向集中操纵

C. 手动　　D. 电动

32. 属于触电情况的分为（　　）。

A. 点地　　B. 两相触电　　C. 单相触电　　D. 跨步电压

33. 属于起重机的主要技术参数的是（　　）。

A. 起重量　　B. 跨度　　C. 工作速度　　D. 工作类型

34. 确定物体重心位置的方法有（　　）。

A. 悬挂法　　B. 称重法　　C. 随便　　D. 计算法

35. 主梁下挠的修复方法分为（　　）。

A. 桥架　　B. 火焰矫正修理法

C. 预应力修复法　　D. 主梁加下盖板法

36. 钢丝绳绳芯的材料为（　　）等。

A. 天然纤维芯　　B. 合成纤维芯

C. 钢丝芯　　D. 棉花

37. 在起重作业中，常用的钢丝绳按其股数可分为（　　）。

A. 单股　　B. 一股　　C. 二股　　D. 多股

38. 要求操作人员要做到（　　）。

A. 会操作　　B. 会检查　　C. 会保养　　D. 会排除故障

39. 起重机用的车轮按其轮缘分类，可以分为（　　）。

A. 单轮缘　　B. 双轮缘　　C. 无轮缘　　D. 车轮

40. 轮缘的作用是（　　）。

A. 防止脱轨　　B. 压板　　C. 钢丝绳　　D. 导向制动器

41. 制动器按构造不同分为（　　）。

A. 块式　　B. 带式　　C. 盘式　　D. 制动轮

42. 制动器按动力不同分为（　　）。

A. 脚闸　　B. 液压闸　　C. 电闸　　D. 自动

43. 齿轮传动是由齿轮副组成的（　　）的装置。

A. 传递运动　　B. 传递动力　　C. 状态　　D. 方向

44. 吊点位置的选择必须遵循的原则是（　　）。
A. 采用原设计吊耳　　B. 吊点
C. 重心在两吊点之间　　D. 重心

45. 金属材料常见的基本变形有（　　）。
A. 拉伸　　B. 弯曲　　C. 压缩　　D. 剪切

46. 力的要素是（　　）。
A. 力的大小　　B. 重量　　C. 力的方向　　D. 力的作用点

47. 吊钩产生抖动的原因为（　　）。
A. 吊绳长短不一　　B. 吊物重心偏高
C. 操作时吊钩未对正吊物重心　　D. 平稳

48. 起重机械通常分为（　　）类型。
A. 轻小型起重设备机　　B. 升降机
C. 起重机　　D. 臂架

49. 起重机按构造可分为（　　）。
A. 桥架类型起重机　　B. 吊钩
C. 钢丝绳　　D. 臂架类型起重机

50. 天车司机在（　　）的情况下应发出响铃信号。
A. 每次合闸之前　　B. 升降载荷时
C. 吊运载荷移动时　　D. 吊运载荷接近地面人员时

51. 吊钩的危险断面有（　　）。
A. 吊钩颈部
B. 吊钩底部与中心线重合的断面部
C. 吊钩
D. 吊钩中部与中心线垂直的断面部

52. 滑轮在（　　）的情况下应报废。
A. 滑轮槽的壁厚磨损量超过原壁厚的 10%
B. 滑轮槽槽底径向磨损超过钢丝绳直径的 25%
C. 轮缘缺损
D. 轮缘磨损

53. 符合钢丝绳报废标准的是（　　）。
A. 整股断裂　　B. 未露绳芯
C. 绳径减少达 7%　　D. 打死结

54. 钢丝绳的连接方法有（　　）。
A. 卡子　　B. 编结　　C. 键楔　　D. 锥套

55. 钢丝绳具有的优点有（　　）。
A. 强度高、能承受冲击载荷　　B. 挠性较好，使用灵活
C. 细　　D. 成本较低

56. 钢丝绳进行安全检查的内容有（　　）。
A. 钢丝绳磨损和腐蚀情况

B. 钢丝绳断丝及变形报废情况
C. 使用强度
D. 钢丝绳的固定端和连接处

57. 钢丝绳磨损过快的原因分为（　　）。
A. 正常使用　　B. 有脏物，缺润滑
C. 滑轮与卷筒直径过小　　D. 绳槽尺寸与绳径不相匹配

58. 钢丝绳损伤及破坏的主要原因是（　　）。
A. 截面积减少　　B. 质量发生变化
C. 变形　　D. 突然损坏

59. 根据钢丝绳捻绕的方向分为（　　）。
A. 顺绕　　B. 交叉　　C. 混绕　　D. 交绕

60. 根据适用的场合不同，钢丝绳绳芯可分为（　　）。
A. 细线　　B. 纤维芯　　C. 金属芯　　D. 棉花

61. 对制动器的要求是（　　）。
A. 安全、可靠、有足够的制动力矩
B. 越大越好
C. 上闸平稳，松闸迅速
D. 有足够的强度和刚度

62. 符合制动器报废标准的是（　　）。
A. 出现明显裂纹
B. 制动带或制动瓦块摩擦片厚度磨损达原厚度的 50%
C. 完好无损

63. 起重机上采用的是（　　）缓冲器。
A. 橡胶　　B. 聚氨酯　　C. 弹簧　　D. 液压

64. 起重机上卷筒表面通常切出螺旋槽是为了（　　）。
A. 增加钢丝绳的接触面积
B. 卷筒重量
C. 保证钢丝绳排列整齐
D. 防止相邻钢丝绳互相摩擦

65. 起重机上的车轮支撑装置大体由（　　）构成。
A. 长　　B. 短　　C. 定轴式　　D. 转轴式

66. 起重机械分类中归于臂架型起重机的是（　　）。
A. 塔式起重机　　B. 门式
C. 桅杆起重机　　D. 流动式起重机

67. 下述取物装置和吊具的自重应包括在额定起重量中的有（　　）。
A. 夹钳　　B. 抓斗
C. 吊钩钢丝绳　　D. 吸盘

68. 行程开关的检查方法和步骤分为（　　）。
A. 停电时进行

B. 在吊机有电时进行检查

C. 在吊机空载时进行检查

D. 在吊机开启限位开关，然后开机检查

69. 行程限位器的组成包括（ ）。

A. 安全尺 B. 主钩 C. 齿轮 D. 限位开关

70. 制动轮发热，摩擦片很快磨损并烧焦的原因是（ ）。

A. 制动轮工作表面粗糙

B. 闸瓦与制动轮间隙不均匀或间隙过小

C. 摩擦片

D. 主弹簧

71. 制动器打不开的原因有（ ）。

A. 正常 B. 电磁线圈烧坏

C. 活动关节卡住 D. 油夜使用不当

72. 制动器的作用有（ ）。

A. 使机构减速，并停止运动

B. 阻止已停的机构在外力的作用下发生运动

C. 改变方向

D. 控制运动速度

73. 制动器刹不住的原因有（ ）。

A. 闸瓦过度磨损

B. 杠杆的铰链关节被卡住

C. 制动轮上有油污

D. 锁紧螺母松动

74. 制动器失效的主要原因有（ ）。

A. 过小 B. 制动带磨损

C. 制动弹簧失效 D. 制动带上有油

75. 制动器调整的主要内容是（ ）。

A. 调整工作行程 B. 强度

C. 调整制动力矩 D. 调整间隙

76. 起重机械的基本参数除额定起重量外，还包括（ ）。

A. 起升高度 B. 跨度、轨距

C. 工作速度 D. 幅度

77. 起重机“前进”或“后退”，下列说法正确的是（ ）。

A.“前进”指起重机向指挥人员开来 B.“后退”

C.“前进” D.“后退”指起重机离开指挥人员

78. 起重机司机使用的“音响信号”为（ ）。

A. 明白 B. 重复 C. 注意 D. 音乐

79. 下列属于通用手势信号的有：（ ）。

A. 吊钩上升 B. 工作结束 C. 吹哨 D. 要主钩

80. 下列属于专用手势信号的有：（　　）。

A. 吹哨　B. 上升　C. 踩铃　D. 翻转

81. 符合“十不吊”要求的有（　　）。

A. 超重或埋藏在地下的物体不吊

B. 非指挥人员指挥或信号不明确不吊

C. 重量不明不吊

D. 简化挂索捆绑不牢不吊

82. 操作人员在操作前必须对（　　）的以及构件重量和分布情况进行全面了解。

A. 现场工作环境　B. 行驶道路

C. 架空电线　D. 建筑物

83. 常见物体翻身种类有（　　）。

A. 兜翻　B. 带翻　C. 游翻　D. 空中翻

84. 翻身物体前应先了解被翻物体的（　　）。

A. 重量　B. 形状　C. 结构特点　D. 性质

85. 交接班时，接班的司机应进行空载运行检查，特别是（　　）等是否安全可靠。

A. 凸轮　B. 限位开关　C. 紧急开关　D. 行程开关

86. 两台起重机起吊一个物体时，司机应（　　）。

A. 臆测行车　B. 不看手势

C. 听从专人指挥　D. 按照指挥手势进行

87. 起升机构安全检查时应检查（　　）。

A. 指挥

B. 高度限制器

C. 超负荷保护器

D. 滑轮、钢丝绳、卷筒损坏情况

88. 起升机构操作可分为（　　）。

A. 轻载起升　B. 中载起升　C. 重载起升　D. 超载

88. 职业纪律主要的方面为（　　）。

A. 劳动纪律　B. 财经纪律　C. 群众纪律　D. 法规

90. 文明生产是指在遵章守纪的基础上去创造（　　）的而有序的生产环境。

A. 整洁　B. 安全　C. 舒适　D. 优美

91. 特种作业应具备的特点为（　　）。

A. 独立性　B. 危险性　C. 特殊性　D. 突发

92. 高处作业危险作业，分为四级，距基准面高度分别为（　　）m。

A. 2 ~ 5　B. 5 ~ 15　C. 15 ~ 30　D. 30 以上

93. 在安全生产工作中，必须坚持分“（　　）”方针。

A. 幸福员工　B. 预防为主　C. 综合治理　D. 安全第一

94. 下列属于从业人员安全生产法定的权利是（　　）。

A. 调整　B. 拒绝违章作业权

C. 建议权　D. 批评权

95. 电流对人体危害主要的形式有（　　）。

A. 电击　　B. 电伤　　C. 割伤　　D. 电磁场生理伤害

96. 电击是由于电流通过人体内而造成的内部器官在生理上的反应和病变，如（　　）的等现象。

A. 刺痛、灼热感　　B. 痉挛、麻痹、昏迷

C. 心室颤动或停跳　　D. 呼吸困难或停止

97. 电伤是电流对人体造成的外伤，为（　　）等。

A. 电灼伤　　B. 电烙印　　C. 皮肤金属化　　D. 感冒

98. 着火源主要（　　）的。

A. 明火、电火花、电气火

B. 摩擦、冲击产生的火花

C. 静电荷产生的火花、雷电产生的火花

D. 化学反应热

99. 构成燃烧的要素为（　　）。

A. 可燃物　　B. 助燃物　　C. 着火源　　D. 水

100. 火灾时的烟雾实际上就是不安全燃烧时的产物，燃烧产物（　　）的。

A. 一般有窒息性和一定毒性

B. 使人烫伤或造成新的火源

C. 影响视线妨碍消防人员行动

D. 甚至能与空气形成爆炸混合物

101. “天车吊运作业时臆测行车”的预控措施为（　　）。

A. 按照专人指挥手势动车

B. 狭小受限空间作业执行点动操作

C. 吊件起升高度不小于 2 m

D. 控制器归零

102. “气（焊）割作业时发生气体泄漏”的预控措施（　　）。

A. 点火前，检查各部密封状态良好

B. 禁止跳跃地沟

C. 作业时，气管远离动火点

D. 业完，关闭电源

103. “气（焊）割作业时发生气体泄漏”的控制标准（　　）的等无泄漏。

A. 气表　　B. 焊枪　　C. 气管　　D. 气瓶

104. “氧气、乙炔气瓶使用存放距离不足”的预控措施（　　）。

A. 设置氧气、乙炔瓶固定存放地点

B. 使用时保持规定距离

C. 设施氧气、乙炔瓶的摆放地点

D. 使用完毕后关闭电源

105. “氧气、乙炔气瓶使用存放距离不足”的控制标准（　　）等。

A. 工作时两瓶距离保持 5 m 以上

B. 气瓶距动火点距离保持 10 m 以上

C. 存放时两瓶距离保持 10 m 以上

D. 冬季距离暖气片距离要在 1 m 以上

106. “场内机动车性能不良或操作不当”的预控措施（　　）等。

A. 动车前，检查刹车系统、方向机状态良好

B. 库内行驶速度不超过 3 km/h

C. 库外行驶速度不超过 5 km/h

D. 禁止臆测行车

107. “电气焊作业防护措施不足”的预控措施（　　）等。

A. 勘查现场，清理、隔离易燃易爆物品

B. 作业时专人监护

C. 现场配备良好灭火器

D. 作业完毕，现场监控不少于 20 min，确认无异常

108. “公铁两用车未按规定使用”的预控措施为（　　）。

A. 驾驶员必须取得相应的驾驶资格证书

B. 操作前确认关键部件状态良好

C. 操作时严格按照操作步骤和流程作业，并做好互控

D. 做到未按规定使用

109. 危险源监控形式分为（　　）。

A. 人工自查　　B. 自动监测　　C. 员工举报　　D. 监测

110. 对危险源及其风险的控制遵循（　　）、联锁、警示的原则。

A. 消除　　B. 预防　　C. 减弱　　D. 隔离

111. 风险评估方法采用（　　），风险等级科学，风险评估准确。

A. 矩阵评估法

B. 作业条件危险性评价法

C. 失效模式与影响分析评价法

D. 风险等级科学

112. 隐患危害程度有（　　）。

A. 重大隐患　　B. 一般隐患　　C. 中度　　D. 轻度

113. 文明生产是指在遵章守纪的基础上去创造（　　）而有序的生产环境。

A. 整洁　　B. 安全　　C. 舒适　　D. 优美

114. 特种作业应具备的特点为（　　）。

A. 独立性　　B. 危险性　　C. 特殊性　　D. 突发

115. 力的要素是（　　）。

A. 力的大小　　B. 重量

C. 力的方向　　D. 力的作用点

116. 使用设备必须执行两定的原则即：（　　）。

A. 定设备　　B. 质量　　C. 标准　　D. 定人

117. 使用设备必须执行三包的原则是（　　）。

A. 包保管　　B. 管理　　C. 包养修　　D. 包使用

118. 设备使用人要按照三好的原则即：(　　) 范围要求使用设备。

A. 保管　　B. 管理好　　C. 养修好　　D. 使用好

119. 设备使用人要按照四会的原则即：(　　) 等。

A. 会检查　　B. 会养修　　C. 会排除故障　　D. 会使用

120. 属于常用灭火器的有 (　　) 等。

A. 泡沫　　B. 酸碱　　C. 清水　　D. 干粉

121. 属于触电情况的分 (　　)。

A. 接地系统　　B. 两相触电　　C. 单相触电　　D. 跨步电压

122. 触电安全电压额定值的等级是 (　　) V。

A. 42　　B. 36　　C. 24　　D. 12

123. 工作时间内要坚守岗位，严禁 (　　)。

A. 溜岗串哨　　B. 工作　　C. 扎堆聊天　　D. 上岗作业

124. 完毕后将工作场地彻底清理，做到 (　　)。

A. 彻底　　B. 清理　　C. 工完料净　　D. 场地干净

125. 在安全生产工作中，必须贯彻 "(　　)" 的方针。

A. 重于泰山　　B. 预防为主　　C. 综合治理　　D. 安全第一

126. 属于从业人员安全生产法定权利的是 (　　)。

A. 调整　　B. 拒绝违章作业权

C. 建议权　　D. 批评权

127. 电流对人体危害的主要形式有 (　　)。

A. 电击　　B. 电伤　　C. 辐射　　D. 电磁场

128. 生理伤害电击是由于电流通过人体内而造成的内部器官在生理上的反应和病变，如 (　　) 等现象。

A. 刺痛、灼热感　　B. 痉挛、麻痹、昏迷

C. 心室颤动或停跳　　D. 呼吸困难或停止

129. 电伤是电流对人体造成的外伤，为 (　　)。

A. 电灼伤　　B. 电烙印　　C. 皮肤金属化　　D. 溃烂

130. 触电急救脱离低压电源的方法是 (　　) 等。

A. 拉、切　　B. 挑　　C. 拽　　D. 垫

131. 脱离高压电源的方法为 (　　)。

A. 立即电话通知有关供电部门拉闸停电

B. 拉开高压断路器或拉开高压跌落保险以切断电源

C. 人为造成线路短路迫使电源开关跳闸

D. 用干燥的木棒、竹竿

132. 触电者脱离电源后，应立即就地进行抢救，"立即""就地" 的意思就是 (　　) 等。

A. 争分夺秒、不可贻误

B. 通知医务人员，但不是消极等待医生的到来

C. 应在现场施行正确的救护

D. 做好将触电者送往医院的准备工作

133. 任何在事故现场的人员，一旦发现有人触电，都有责任及时和不间断地进行抢救，（　　）等。

A. 医生到来之前不等待

B. 送往医院的途中也不可中止

C. 耐心坚持抢救，应持续 6 h 以上

D. 直到救活或医生做出临床死亡认定为止

134. 危险化学品包括（　　）的等类。

A. 爆炸品、压缩气体和液化气体

B. 易燃液体、易燃固体

C. 自燃物品和遇湿易燃物品、氧化剂和有机过氧化物

D. 放射性物品、有毒品和腐蚀品危险化学品

135. 使用废弃物处置应做到（　　）等。

A. 所有废弃物应装在特别设计的有标签的容器内

B. 废弃物应收集集中后由专人进行专门处理

C. 处理有害废物的人员应遵守相应的安全管理规定

D. 处理有害废物的人员应采取必要的安全防护措施

136. 凡是使用和接触有毒有害物品的人员，必须使用能对（　　）等起到防护作用的个体防护用品，尽可能避免没必要地接触这些物品。

A. 皮肤　　B. 眼睛　　C. 呼吸道　　D. 消化道

137. 着火源主要有（　　）等。

A. 明火、电火花、电气火

B. 摩擦、冲击产生的火花

C. 静电荷产生的火花、雷电产生的火花

D. 化学反应热

138. 构成燃烧的要素为（　　）。

A. 可燃物　　B. 助燃物　　C. 着火源　　D. 空气

139. 火灾时的烟雾实际上就是不安全燃烧时的产物，燃烧产物（　　）等。

A. 一般有窒息性和一定毒性

B. 使人烫伤或造成新的火源

C. 影响视线妨碍消防人员行动

D. 甚至能与空气形成爆炸混合物

140. 下列能发生自燃的物质是（　　）等。

A. 烟煤　　B. 褐煤　　C. 泥煤　　D. 硫化铁

141. 在消防队员未到达前，现场人员应根据起火或爆炸物质特点，采取有效的方法控制事故的蔓延，（　　）。

A. 切断电源

B. 撤离事故现场氧气瓶、乙炔瓶等受热易爆设备

C. 正确使用灭火器材灭火

D. 迅速逃离

142. 高处作业、危险作业，距基准面高度分别为（　　）。

A. 2 ~ 5 m　　B. 5 ~ 15 m　　C. 15 ~ 30 m　　D. 30 m 以上

143. 特种作业应具备以下特点：（　　）。

A. 独立性　　B. 危险性　　C. 特殊性　　D. 突发

144. 触电者“假死”即所谓电休克，可能有的临床症状分为（　　）。

A. 翻白眼

B. 心跳停止，但尚能呼吸

C. 呼吸停止，但心跳尚存（脉搏很弱）

D. 呼吸和心跳均已停止

145. 所谓心脏复苏法就是支持生命的基本措施，即为（　　）。

A. 通畅气道

B. 口对口（鼻）人工呼吸

C. 胸外按压（人工循环）

D. 面部喷水

146. 恶劣天气，如六级以上（　　）等不得登高焊接作业。

A. 大风　　B. 下雨　　C. 下雪　　D. 雾天

147. 职业纪律主要的方面为（　　）。

A. 劳动纪律　　B. 财经纪律　　C. 群众纪律　　D. 法律法规

148. 文明生产是指在遵章守纪的基础上去创造（　　）而有序的生产环境。

A. 整洁　　B. 安全　　C. 舒适　　D. 优美

149. 对新工人，改职及调入的工人要进行的是（　　）安全教育。

A. 车间　　B. 工人

C. 班组（岗位）　　D. 厂

150. 职业危害包括（　　）等。

A. 接触毒物危害　　B. 粉尘危害

C. 物理因素危害　　D. 缺氧危害

天车工（综合组）应知应会练习题参考答案

一、单选题

1. C	2. A	3. A	4. B	5. A	6. A	7. A	8. A	9. A	10. A
11. C	12. D	13. A	14. A	15. A	16. A	17. B	18. B	19. B	20. C
21. C	22. C	23. C	24. C	25. C	26. C	27. C	28. A	29. D	30. B
31. C	32. B	33. B	34. A	35. B	36. B	37. C	38. C	39. C	40. A
41. A	42. A	43. A	44. A	45. A	46. C	47. A	48. A	49. A	50. A
51. A	52. A	53. A	54. D	55. D	56. A	57. C	58. B	59. B	60. B

61. D	62. C	63. D	64. A	65. C	66. A	67. C	68. C	69. C	70. A
71. A	72. C	73. A	74. B	75. B	76. B	77. A	78. A	79. A	80. A
81. B	82. A	83. A	84. A	85. A	86. B	87. B	88. A	89. A	90. A
91. A	92. A	93. A	94. C	95. D	96. D	97. A	98. A	99. C	100. A
101. A	102. A	103. B	104. C	105. B	106. C	107. B	108. B	109. A	110. A
111. A	112. A	113. D	114. A	115. C	116. A	117. D	118. A	119. B	120. B
121. A	122. A	123. C	124. A	125. B	126. A	127. A	128. A	129. B	130. B
131. A	132. B	133. B	134. A	135. B	136. B	137. B	138. A	139. C	140. A
141. B	142. C	143. B	144. A	145. A	146. A	147. A	148. A	149. A	150. A
151. A	152. A	153. A	154. A	155. A	156. A	157. A	158. B	159. A	160. A
161. B	162. A	163. A	164. B	165. A	166. B	167. A	168. A	169. B	170. A
171. B	172. A	173. B	174. D	175. C	176. B	177. A	178. A	179. A	180. A
181. C	182. A	183. A	184. C	185. A	186. A	187. D	188. A	189. B	190. C
191. D	192. A	193. B	194. C	195. D	196. A	197. A	198. A	199. A	200. D
201. D	202. A	203. C	204. C	205. D	206. A	207. B	208. D	209. D	210. A
211. B	212. C	213. A	214. B	215. C	216. D	217. B	218. B	219. C	220. D
221. A	222. B	223. C	224. D	225. A	226. A	227. C	228. D	229. A	230. A
231. C	232. D	233. A	234. B	235. C	236. D	237. A	238. A	239. A	240. D
241. A	242. B	243. B	244. D	245. A	246. A	247. B	248. A	249. B	250. B
251. C	252. A	253. D	254. A	255. A	256. A	257. A	258. A	259. D	260. D
261. C	262. B	263. D	264. B	265. C	266. D	267. A	268. B	269. B	270. B
271. A	272. A	273. A	274. D	275. A	276. A	277. A	278. A	279. A	280. A
281. B	282. C	283. B	284. A	285. B	286. B	287. D	288. A	289. B	290. C
291. C	292. B	293. A	294. C	295. D	296. A	297. B	298. C	299. D	300. C
301. C	302. A	303. D	304. A	305. B	306. C	307. D	308. A	309. B	310. B
311. D	312. A	313. A	314. A	315. A	316. A	317. D	318. B	319. A	320. A
321. A	322. A	323. A	324. D	325. C	326. A	327. A	328. B	329. D	330. A
331. B	332. C	333. D	334. B	335. B	336. C	337. C	338. A	339. B	340. C
341. D	342. A	343. B	344. A	345. D	346. A	347. B	348. A	349. D	350. B
351. C	352. A	353. D	354. A	355. B	356. C	357. D	358. A	359. B	360. C
361. A	362. A	363. A	364. A	365. D	366. A	367. B	368. C	369. A	370. A
371. A	372. C	373. D	374. B	375. B	376. A	377. D	378. A	379. B	380. A
381. D	382. A	383. B	384. A	385. A	386. A	387. C	388. C	389. C	390. A
391. D	392. A	393. C	394. B	395. D	396. A	397. B	398. C	399. B	400. A
401. B	402. C	403. D	404. C	405. B	406. C	407. D	408. C	409. A	410. A
411. A	412. D	413. A	414. C	415. B	416. D	417. B	418. A	419. A	420. C

421. B　422. C　423. C　424. C　425. A　426. C　427. A　428. B　429. C　430. A
431. B　432. C　433. D　434. B　435. D　436. B　437. D　438. B　439. A　440. B
441. C　442. A　443. A　444. B　445. B　446. A　447. A　448. C　449. C　450. D
451. B　452. A　453. A　454. B　455. A　456. C　457. A　458. C　459. C　460. C
461. A　462. A　463. C　464. D　465. C　466. A　467. C　468. C　469. A　470. A
471. A　472. C　473. B　474. A　475. C　476. D　477. A　478. B　479. A　480. B
481. B　482. D　483. A　484. D　485. B　486. B　487. B　488. A　489. A　490. B
491. A　492. A　493. D　494. A　495. A　496. C　497. C　498. B　499. B　500. B
501. D　502. A　503. D　504. B　505. A　506. C　507. C　508. D　509. A　510. B
511. D　512. B　513. A　514. C　515. B　516. A　517. A　518. A　519. A　520. A
521. A　522. A　523. A　524. C　525. D　526. A　527. A　528. A　529. A　530. B
531. A　532. C　533. D　534. C　535. C　536. C　537. D　538. B　539. A　540. D
541. A　542. A　543. B　544. C　545. C　546. D　547. D　548. D　549. A　550. A
551. A　552. C　553. A　554. C　555. B　556. C　557. B　558. A　559. C　560. C
561. A　562. B　563. B　564. B　565. C　566. C　567. C　568. C　569. C　570. A
571. A　572. A　573. B　574. A　575. B　576. A　577. C　578. A　579. A　580. B
581. C　582. B　583. C　584. D　585. A　586. D　587. D　588. D　589. D　590. D
591. D　592. D　593. B　594. A　595. B　596. B　597. B　598. A　599. A　600. A

二、判断题

1. √　2. ×　3. √　4. ×　5. √　6. ×　7. √　8. ×　9. √　10. √
11. ×　12. √　13. ×　14. √　15. √　16. ×　17. √　18. ×　19. ×　20. ×
21. ×　22. √　23. √　24. √　25. ×　26. ×　27. √　28. √　29. ×　30. ×
31. ×　32. ×　33. ×　34. √　35. ×　36. √　37. √　38. ×　39. ×　40. √
41. ×　42. √　43. √　44. √　45. √　46. √　47. ×　48. ×　49. ×　50. √
51. √　52. ×　53. ×　54. √　55. √　56. ×　57. √　58. √　59. ×　60. ×
61. ×　62. √　63. √　64. ×　65. ×　66. √　67. √　68. √　69. √　70. ×
71. ×　72. ×　73. ×　74. √　75. ×　76. ×　77. ×　78. √　79. √　80. ×
81. ×　82. ×　83. √　84. √　85. √　86. ×　87. √　88. √　89. ×　90. ×
91. √　92. ×　93. ×　94. √　95. ×　96. ×　97. √　98. √　99. ×　100. ×
101. √　102. √　103. √　104. √　105. √　106. ×　107. ×　108. √　109. √　110. ×
111. √　112. √　113. ×　114. √　115. √　116. ×　117. √　118. √　119. ×　120. ×
121. ×　122. ×　123. ×　124. ×　125. ×　126. ×　127. √　128. √　129. √　130. √
131. √　132. √　133. ×　134. √　135. √　136. ×　137. √　138. ×　139. ×　140. ×
141. √　142. √　143. √　144. ×　145. √　146. √　147. √　148. ×　149. √　150. √

151. √ 152. × 153. × 154. √ 155. × 156. √ 157. √ 158. × 159. × 160. √

161. √ 162. √ 163. √ 164. √ 165. √ 166. √ 167. × 168. √ 169. √ 170. √

171. × 172. × 173. × 174. √ 175. √ 176. √ 177. × 178. × 179. × 180. √

181. × 182. √ 183. × 184. √ 185. × 186. √ 187. × 188. × 189. √ 190. ×

191. √ 192. √ 193. √ 194. × 195. √ 196. √ 197. √ 198. × 199. √ 200. √

201. √ 202. √ 203. × 204. × 205. √ 206. × 207. √ 208. × 209. √ 210. √

211. × 212. × 213. √ 214. √ 215. √ 216. × 217. × 218. √ 219. × 220. √

221. √ 222. × 223. √ 224. √ 225. × 226. √ 227. × 228. √ 229. √ 230. √

231. √ 232. √ 233. √ 234. √ 235. × 236. √ 237. √ 238. √ 239. √ 240. √

241. √ 242. √ 243. √ 244. √ 245. √ 246. × 247. √ 248. × 249. × 250. √

251. × 252. √ 253. √ 254. × 255. √ 256. √ 257. √ 258. √ 259. × 260. √

261. × 262. × 263. × 264. √ 265. √ 266. √ 267. √ 268. √ 269. √ 270. √

271. √ 272. √ 273. √ 274. √ 275. × 276. √ 277. √ 278. √ 279. √ 280. √

281. √ 282. × 283. √ 284. × 285. √ 286. √ 287. × 288. √ 289. √ 290. √

291. √ 292. √ 293. × 294. √ 295. √ 296. × 297. √ 298. √ 299. × 300. √

301. × 302. √ 303. × 304. √ 305. × 306. √ 307. × 308. √ 309. × 310. √

311. √ 312. √ 313. × 314. √ 315. × 316. √ 317. √ 318. √ 319. × 320. √

321. × 322. √ 323. √ 324. × 325. √ 326. × 327. √ 328. √ 329. × 330. √

331. × 332. √ 333. √ 334. √ 335. √ 336. √ 337. × 338. √ 339. × 340. √

341. √ 342. √ 343. × 344. √ 345. √ 346. × 347. √ 348. √ 349. √ 350. ×

351. √ 352. √ 353. × 354. √ 355. √ 356. × 357. √ 358. × 359. √ 360. √

361. × 362. √ 363. √ 364. √ 365. √ 366. × 367. √ 368. × 369. √ 370. √

371. √ 372. × 373. √ 374. √ 375. × 376. √ 377. √ 378. × 379. √ 380. √

381. × 382. √ 383. √ 384. × 385. √ 386. × 387. √ 388. × 389. √ 390. √

391. √ 392. × 393. √ 394. × 395. √ 396. √ 397. √ 398. √ 399. √ 400. ×

401. √ 402. × 403. √ 404. × 405. √ 406. √ 407. √ 408. × 409. √ 410. ×

411. √ 412. √ 413. √ 414. √ 415. × 416. √ 417. × 418. √ 419. × 420. √

421. √ 422. √ 423. √ 424. × 425. √ 426. × 427. √ 428. √ 429. × 430. √

431. √ 432. √ 433. × 434. √ 435. √ 436. √ 437. √ 438. √ 439. √ 440. √

441. × 442. √ 443. √ 444. √ 445. × 446. √ 447. × 448. √ 449. × 450. √

451. √ 452. × 453. √ 454. √ 455. × 456. √ 457. √ 458. × 459. √ 460. ×

461. √ 462. × 463. √ 464. × 465. √ 466. × 467. √ 468. × 469. √ 470. √

471. √ 472. × 473. × 474. √ 475. √ 476. √ 477. √ 478. × 479. √ 480. ×

481. √ 482. √ 483. × 484. √ 485. √ 486. × 487. √ 488. × 489. √ 490. ×

491. √ 492. × 493. √ 494. √ 495. √ 496. √ 497. × 498. √ 499. √ 500. √

501. × 502. √ 503. √ 504. √ 505. × 506. × 507. √ 508. √ 509. √ 510. √

511. × 512. √ 513. √ 514. √ 515. √ 516. √ 517. √ 518. √ 519. √ 520. √
521. √ 522. × 523. √ 524. √ 525. × 526. √ 527. √ 528. √ 529. × 530. √
531. √ 532. × 533. √ 534. √ 535. × 536. × 537. √ 538. √ 539. × 540. √
541. √ 542. × 543. √ 544. √ 545. × 546. √ 547. √ 548. √ 549. √ 550. ×

三、多选题

1. AC 2. BC 3. ABD 4. ABCD 5. ABCD
6. ABCD 7. ABCD 8. CD 9. BD 10. ABCD
11. AC 12. CD 13. ABD 14. ABCD 15. AD
16. ACD 17. BCD 18. ABCD 19. ABCD 20. BC
21. ABCD 22. CD 23. ABCD 24. ACD 25. ABCD
26. ABC 27. ABD 28. BD 29. BCD 30. BCD
31. AB 32. BCD 33. ABCD 34. ABD 35. BCD
36. ABC 37. AD 38. ABCD 39. ABC 40. AD
41. ABC 42. ABC 43. AB 44. AC 45. ABCD
46. ACD 47. ABC 48. ABC 49. AD 50. ABCD
51. ABD 52. ABCD 53. ACD 54. ABCD 55. ABD
56. ABD 57. BCD 58. ABCD 59. ACD 60. BC
61. ACD 62. AB 63. ABCD 64. ACD 65. CD
66. ACD 67. ABD 68. BCD 69. AD 70. AB
71. BCD 72. ABD 73. ABCD 74. BCD 75. ACD
76. ABCD 77. AD 78. ABC 79. ABD 80. BD
81. ABCD 82. ABCD 83. ABCD 84. ABCD 85. BCD
86. CD 87. BCD 88. ABC 89. ABC 90. ABCD
91. ABC 92. ABCD 93. BCD 94. BCD 95. ABD
96. ABCD 97. ABC 98. ABCD 99. ABC 100. ABCD
101. ABC 102. AC 103. ABCD 104. AB 105. ABCD
106. ABCD 107. ABCD 108. ABC 109. ABC 110. ABCD
111. ABC 112. AB 113. ABCD 114. ABC 115. ACD
116. AD 117. ACD 118. BCD 119. ABCD 120. ABCD
121. BCD 122. ABCD 123. AC 124. CD 125. BCD
126. BCD 127. ABD 128. ABCD 129. ABC 130. ABCD

131. ABC	132. ABCD	133. ABCD	134. ABCD	135. ABCD
136. ABCD	137. ABCD	138. ABC	139. ABCD	140. ABCD
141. ABC	142. ABCD	143. ABC	144. BCD	145. ABC
146. ABCD	147. ABC	148. ABCD	149. ACD	150. ABCD

第四节　设备电工（维修组）应知应会练习题

一、单选题

1. 在三相对称交流电源星形连接中，线电压超前于所对应的相电压（　　）V。

A. 30　　B. 40　　C. 50　　D. 60

2. 旋转磁场的旋转方向决定于通入定子绕组织中的三相交流电源的相序，只要任意调换电动机（　　）所接交流电源的相序，旋转磁场即反转。

A. 两相绕组　　B. 电源　　C. 电压　　D. 正线

3. 为了检查可以短时停电，在触及电容器前必须（　　）。

A. 检查　　B. 充分放电

C. 充电　　D. 接地线

4. 用喷雾水枪可带电灭火，但为安全起见，灭火人员要戴绝缘手套，穿绝缘靴还要求水枪头（　　）。

A. 放电　　B. 接线　　C. 接地　　D. 随意连接

5. 对电机各绕组的绝缘检查，如测出绝缘电阻为零，在发现无明显烧毁的现象时，则可进行烘干处理，这时（　　）通电运行

A. 可以　　B. 短时间　　C. 不允许　　D. 长期

6. 照明系统中的每一单相回路上，灯具与插座的数量不宜超过（　　）个。

A. 10　　B. 25　　C. 30　　D. 40

7. “禁止攀登，高压危险！”的标志牌应制作为（　　）。

A. 红字　　B. 白底红边黑字

C. 黑字　　D. 黄字

8. 利用（　　）来降低加在定子三相绕组上的电压的启动叫自耦降压启动。

A. 电桥　　B. 电阻

C. 自耦变压器　　D. 变电所

9. 异步电动机在启动瞬间，转子绕组中感应的电流很大，使定子流过的启动电流叶很大，约为额定电流的（　　）倍。

A. 4 ~ 7　　B. 8 ~ 10　　C. 10 ~ 15　　D. 15 ~ 20

10. 胶壳刀开关在接线时，电源线接在（　　）。

A. 外壳　　B. 下端　　C. 上端　　D. 地线

11. 在易燃易爆场所使用的照明灯具应采用（　　）灯具。

A. 低压型　　B. 防爆型　　C. 高压型　　D. 高亮型

12.（　　）是登杆作业时必备的保护用具，无论用登高板或脚扣都要用其配合使用。

A. 工具包　　B. 安全带　　C. 安全帽　　D. 防滑手套

13. 在对 380 V 电机各绕组的绝缘检查中，发现绝缘电阻（　　），则可初步判定为电动机受潮所致，应对电机进行烘干处理。

A. 大于 0.5 MΩ　　B. 小于 1 MΩ　　C. 大于 1 MΩ　　D. 小于 0.5 MΩ

14. 电烙铁用于（　　）导线接头等。

A. 铜焊　　B. 铝焊　　C. 锡焊　　D. 点焊

15. 在选择漏电保护装置的灵敏度时，要避免由于正常（　　）引起的不必要的动作而影响正常供电。

A. 启动电流　　B. 瞬时电流　　C. 泄漏电流　　D. 过载电流

16. 导线接头电阻要足够小，与同长度同截面导线的电阻比不大于（　　）。

A. 1　　B. 2　　C. 3　　D. 4

17. 交流接触器的机械寿命是指在不带负载的操作次数，一般达（　　）。

A. 100 ~ 300　　B. 300 ~ 500　　C. 600 ~ 1 000　　D. 1 000 ~ 1 200

18. 并联电力电容器的作用是（　　）。

A. 提高功率因数　　B. 提高电流因数

C. 提高电压因数　　D. 提高稳定因数

19. 电动势的方向是（　　）。

A. 从负极指向负极　　B. 从负极指向正极

C. 从正极指向正极　　D. 从正极指向负极

20. 当电气火灾发生时，应首先切断电源再灭火，但当电源无法切断时，只能带电灭火，500 V 低压配电柜灭火可选用的灭火器是（　　）。

A. 干粉灭火器　　B. 1211

C. 二氧化碳灭火器　　D. 水

21. 万能转换开关的基本结构内有（　　）。

A. 联锁系统　　B. 触点系统　　C. 转向系统　　D. 通断系统

22. 在采用多级熔断器保护中，后级的熔体额定电流比前级大，目的是防止熔断器越级熔断而（　　）。

A. 同时烧损　　B. 影响设备

C. 扩大停电范围　　D. 不起作用

23. 电动机在额定工作状态下运行时，定子电路所加的（　　）叫额定电压。

A. 线电压　　B. 线电流　　C. 相电压　　D. 相电流

24. 当电气设备发生接地故障，接地电流通过接地体向大地流散，若人在接地短路点周围行走，其俩脚间的电位差引起的触电叫（　　）触电。

A. 接地　　B. 跨步电压　　C. 高压　　D. 低压

25. 断路器的选用，应先确定断路器的（　　），然后才进行具体的参数的确定。

A. 电流　　B. 型号　　C. 类型　　D. 电流

26. 电动机在额定工作状态下运行时，（　　）的机械功率叫额定功率。

A. 最大输出　　B. 电流　　C. 允许输出　　D. 电压

27. 保险绳的使用应（　　）。

A. 随处可挂　　B. 低挂高用　　C. 高挂低用　　D. 以上都是

28. 继电器是一种根据外界输入信号来控制电路（　　）或“断开”的一种自动电器。

A. 打开　　B. 接通　　C. 短路　　D. 关闭

29. 低压断路器也称为（　　）。

A. 开关　　B. 闸刀开关

C. 自动空气开关　　D. 继电器

30. 熔断器在电动机的电路中起（　　）保护作用。

A. 分断　　B. 断开　　C. 短路　　D. 开路

31. 三相四线制的零线的截面积一般（　　）相线截面积。

A. 小于　　B. 等于　　C. 大于　　D. 约等于

32. 静电现象时十分普遍的电现象，（　　）是它的最大危害。

A. 短路　　B. 灼伤　　C. 易引发火灾　　D. 电流

33. 一般情况下，低压电器的静触头应接（　　）。

A. 负载　　B. 电源　　C. 电器　　D. 电阻

34. 是指电力系统由于运行和安全的需要，常常中性点接地。

A. 工作接地　　B. 放大特性　　C. 正向导通　　D. 单向导电

35. 在电容器的窜连回路中，总（　　）等于各个电容器电容量之和。

A. 电流　　B. 电压　　C. 电阻　　D. 电抗

36. 单臂电桥一般适合的测量电阻范围是（　　）Ω。

A. 1 ~ 1 000　　B. 1 ~ 10 000

C. 1 ~ 100 000　　D. 1 ~ 1 000 000

37. 某点的磁感应强度为：该点上（　　）以单位速度与磁场做垂直方向运动时，所承受的磁场力。

A. 更换面膜　　B. 更换电子盘

C. 单位正电荷　　D. 更换逆变器

38.（　　）的作用是：在交变电流过零时，维持动静铁心之间具有一定的吸力，以清除动、静铁心之间的振动。

A. 交流接触器短路环　　B. 交流接触器

C. 铁心　　D. 线圈

39.（　　）转速慢的可能原因有：转子绕组短路；转子绕组断路；定子绕组接地或短路。

A. 单相电钻　　B. 换向器　　C. 计算　　D. 直流接触器

40. 电流方向与磁场方向（　　）时磁场对电流的磁场力最大。

A. 平行　　B. 垂直　　C. 相交　　D. 并列

41. 磁通经过的闭合路径叫（　　）。

A. 磁路　　B. 磁通　　C. 磁导率　　D. 磁体

42.（　　）主要质量参数是电阻标称阻值，允许误差和额定功率。

A. 电动机　　B. 电阻器　　C. 电容器　　D. 电抗

43. 示波器将电信号转换成（　　）。

A. 光信号　　B. 指示信号　　C. 照明信号　　D. 电波信号

44. 电容器的并联回路中，等效电容器（　　）电容器电容量之和

A. 小于　　B. 大于　　C. 等于　　D. 相加

45. 普通功率表在接线时，（　　）和电流线圈的关系是具体情况而定。

A. 电流线圈　　B. 电子线圈　　C. 电压线圈　　D. 通信线圈

46. 数个电阻元件的首尾端分别连在一起叫作（　　）。

A. 串联电路　　B. 混联电路　　C. 并联电路　　D. 磁路

47. 几个电阻并联时，电路的总电流（　　）各电阻支路之和。

A. 大于　　B. 小于　　C. 等于　　D. 相加

48. （　　）专供剪断较粗的金属丝线材及电线电缆。

A. 断线钳　　B. 尖嘴钳　　C. 剥线钳　　D. 电工刀

49. 工作接地是指电力系统由于运行和安全的需要，常常（　　）接地，这种接地方式称为工作接地。

A. 中性点　　B. 节点　　C. 结点　　D. 接点

50. 在电容器的（　　）回路中，总电压等于各个电容器电容量之和。

A. 并联　　B. 混联　　C. 串联　　D. 闭合

51. 单臂电桥一般适合的测量电阻范围是（　　）。

A. 10 ~ 1 000 kΩ　　B. 1 ~ 1 000 kΩ

C. 100 ~ 1 000 kΩ　　D. 1 000 ~ 1 000 kΩ

52. 某点的磁感应强度为：该点上单位正电荷以单位速度与磁场做（　　）方向运动时，所承受的磁场力。

A. 平行　　B. 垂直　　C. 相交　　D. 并列

53. （　　）短路环的作用是：在交变电流过零时，维持动静铁心之间具有一定的吸力，以清除动、静铁心之间的振动。

A. 直流接触器

B. 交流继电器

C. 交流接触器

D. 直流继电器

54. 运行中的用电设备或电动机，由于某种原因引起瞬间断电，当排除故障，恢复供电以后，使用电设备和电动机不能自行启动，用以保护设备和人身安全，这种保护措施叫(　　)。

A. 欠压保护　　B. 联锁保护　　C. 失压保护　　D. 安全保护

55. 由于某种原因电源电压降到额定电压的 85% 及以下时，保证电源不被接通的措施叫作（　　）。

A. 欠压保护　　B. 联锁保护　　C. 失压保护　　D. 安全保护

56. 单相电钻转速慢的可能原因有：转子绕组短路；转子绕组断路；定子绕组接地或（　　）。

A. 短路　　B. 断路　　C. 开路　　D. 通路

57. 电流方向与磁场方向锤子时磁场对电流的磁场力（　　）。

A. 最小　　B. 最大　　C. 相等　　D. 之和

58. 交流接触器的机械寿命是指在不带负载的操作次数，一般达（　　）万次。

A. 100 ~ 300　　B. 300 ~ 500　　C. 600 ~ 1 000　　D. 1 000 ~ 1 200

59. 电阻器主要质量参数是电阻标称阻值，允许误差和（　　）。

A. 额定电压　　B. 额定功率　　C. 额定电流　　D. 最大误差

60.（　　）将电信号转换成光信号。

A. 二极管　　B. 稳压器　　C. 示波器　　D. 交流稳压器

61. 电容器的（　　）回路中，等效电容器等于电容器电容量之和。

A. 串联　　B. 混联　　C. 闭合　　D. 并联

62.（　　）在接线时，电压线圈和电流线圈的关系是具体情况而定。

A. 普通功率表　　B. 电压表　　C. 电流表　　D. 磁路表

63. 三相笼型异步电动机空载运行正常，负载启动困难，转速低，原因是（　　）。

A. 转子断条　　B. 转子短路　　C. 转子断路　　D. 电解电容

64. 提升速度在吊起重物的过程中，速度（　　），则此电动机应选用绕线转子三相异步电动机。

A. 不变　　B. 亦改变　　C. 间断改变　　D. 瞬变

65. 提升速度在吊起重物的过程中，速度亦改变，则此电动机应选用（　　）。

A. 绕线转子三相异步电动机　　B. 绕线转子三相同步电动机

C. 绕线三相异步电动机　　D. 以上答案都不对

66. 橡胶绝缘电缆弯转时，弯曲半径为电缆外径（　　）倍。

A. 15　　B. 20　　C. 25　　D. 30

67. 对于一段材料和粗细都均匀的导体来说，在一定温度下他的电阻与其长度成（　　）。

A. 量比　　B. 不变　　C. 正比　　D. 反比

68. 把导体周围产生的磁场与导体中流过的电流之比叫作（　　）。

A. 电压　　B. 电磁　　C. 电流　　D. 电感

69. 比尔霍夫第一定律的内容是流入节点的电流只和恒等于流出节点的（　　）。

A. 电流之和　　B. 电压之和　　C. 电磁之和　　D. 电感之和

70. 基尔霍夫第二定律的内容是在任意闭合回路中，沿一定方向绕行一周，电动势的代数和（　　）电阻上电压降的代数和。

A. 大于　　B. 小于　　C. 恒等于　　D. 不等于

71. 为电路提供一定（　　）的电源用电压源来表征。

A. 电压　　B. 电磁　　C. 电流　　D. 电感

72. 电气图包括：系统图和框图、电路图、功能表图、逻辑图、位置图和（　　）

A. 部件图　　B. 接线图与接线表

C. 元件图　　D. 装配图

73. 配线过程中，当需要把铜导线和铝导线压接在一起时，必须采用（　　）连接管。

A. 铜铝　　B. 铜铜　　C. 铝铝　　D. 铝铜

74. 常用导线可分为绝缘导线、裸导线两种，绝缘导线包括橡皮绝缘导线、塑料绝缘导线和（　　）。

A. 护套线　　B. 电缆线　　C. 电磁线　　D. 避雷线

75. 算电路的两条基本定律是欧姆定律和（　　）定律。

A. 戈尔巴乔夫　　B. 梅德韦杰夫

C. 基尔霍夫　　D. 勃列日涅夫

76. 选择功率表时，应考虑表的电压限量、电流限量和（　　）限量。

A. 量程　　B. 负载　　C. 电压　　D. 电流

77. 某三相异步电动机的额定电压为 380 V，其交流耐压试验电压为（　　）V。

A. 380　　B. 500　　C. 1 000　　D. 2 000

78. 任何一个电路都可以看成是由电源、负载、控制装置、连接导线（　　）部分组成。

A. 四个　　B. 三个　　C. 两个　　D. 一个

79. 电压的正方向，即在电场力的作用下，正电荷移到所指的（　　）。

A. 方向　　B. 地方　　C. 前方　　D. 后方

80. 电功率是单位时间内（　　）所做的功。

A. 电压　　B. 电流　　C. 电磁　　D. 电感

81. 电阻的并联电路中，径流各（　　）的电压即消耗的功率与其阻值成反比。

A. 电压　　B. 电流　　C. 电阻　　D. 电容

82. 在电路中人选一点做（　　），令其电位为零，在电路中某点与参考点间的电压叫该点的电位。

A. 交合点　　B. 参考点　　C. 沸点　　D. 熔点

83. 外电路的电阻等于电源的内（　　）时，电源的输出功率最大。

A. 电压　　B. 电流　　C. 电阻　　D. 电容

84. 几个电阻并联时每个电阻两端所承受的电压相等。电流的大小不随（　　）的变化而变化则叫直流电流。

A. 时间　　B. 空间　　C. 外力　　D. 磁场力

85. 欧姆定律主要说明了电路中电压、电流和电阻三者之间的（　　）。

A. 大小　　B. 关系　　C. 因果　　D. 规律

86. 接线表应与（　　）相配合。

A. 电路图　　B. 逻辑图　　C. 功能图　　D. 接线图

87.（　　）将单位正电荷从电源的伏击移到正极所做的功称为电源电动势。

A. 内力　　B. 外力　　C. 原力　　D. 火力

88. 用万用表判断晶体二极管极性的原理：依据二极管正向电阻小，反向电阻（　　）的特点，就可用万用表来判断极性。

A. 大　　B. 小　　C. 相等　　D. 不确定

89. 电流的（　　）通常以每秒钟内通过导体横截面的电荷量来计算。

A. 长短　　B. 大小　　C. 粗细　　D. 高矮

90. 常用的灭火器有（　　）灭火器，手提 1211 灭火器，手提二氧化碳灭火器，手提式泡沫灭火器。

A. 化学　　B. 物理　　C. 干粉　　D. 湿粉

91. 新装和大修后的低压线路和设备的绝缘（　　）不应小于 0.5MΩ。

A. 电阻　　B. 电压　　C. 电流　　D. 电源

92. 电路的作用是能够实现（　　）的传输与变换，能够实现信号的传递与处理。

A. 电能　　B. 电压　　C. 电流　　D. 电阻

93. 热继电器主要用于（　　）过载、断相、电流不平衡运行的保护。

A. 电动机　　B. 永动机　　C. 打桩机　　D. 提升机

94. 数个（　　）的首尾端分别连在一起叫作并联电路。

A. 电压元件　　B. 电流元件　　C. 电阻元件　　D. 电瓶元件

95. 交流电流表指示的是电流的（　　）。

A. 有效值　　B. 无效值　　C. 平均值　　D. 瞬时值

96. 三相异步电动机的额定电压为（　　）V，其交流耐压试验电压为 500 V。

A. 20　　B. 30　　C. 380　　D. 80

97. 线圈产生感生电动势的大小与通过线圈的磁通量的（　　）成正比。

A. 增长率　　B. 变化率　　C. 成功率　　D. 成长率

98. 移动式电焊机一次线长度不得超过 2 米；移动式电焊机二次线长度不得超过（　　）米。

A. 5　　B. 10　　C. 20　　D. 30

99. BVR 表示绝缘电线的正确名称是（　　）聚氯乙烯绝缘软线。

A. 铝芯　　B. 铜芯　　C. 金芯　　D. 银芯

100. 电压互感器实质是一台（　　）。

A. 电焊变压器　　B. 自耦变压器

C. 降压变压器　　D. 升压变压器

101. 小型干式变压器一般采用（　　）铁心。

A. 芯式　　B. 壳式　　C. 立式　　D. 混合

102.（　　）的说法是错误的。

A. 变压器是一种静止的电气设备　　B. 变压器用来变换电压

C. 变压器可以变换阻抗　　D. 电压器可以改变频率

103. 机座中心高为 160 mm 的三相鼠笼式异步电动机所用轴承型号是 6309，其内径是（　　）mm。

A. 9　　B. 45　　C. 90　　D. 180

104. 卧式小型异步电动机应选用轴承的类型名称是（　　）。

A. 深沟球轴承　　B. 推力滚子轴承

C. 四点接触球轴承　　D. 滚针轴承

105. Y 系列电动机 B 级绝缘，可选作电机槽绝缘及衬垫绝缘的材料为（　　）。

A. 青壳纸聚酯薄膜复合箔

B. 青壳纸家黄蜡布

C. 6020 聚酯薄膜

D. 型号为 6630 聚酯薄膜聚酯纤维纸复合材料（代号为 DMD）

106. 型号为 1811 的绝缘材料是（　　）。

A. 有溶剂浸渍漆　　B. 电缆胶

C. 硅钢片漆　D. 漆包线漆

107. 电流表要与被测电路（　　）。

A. 断开　B. 并联　C. 单联　D. 混联

108. 兆欧表的额定转速为（　　）r/min。

A. 80　B. 100　C. 120　D. 150

109. 俗称的“摇表”实际上就是（　　）

A. 欧姆表　B. 兆欧表　C. 相位表　D. 频率表

110. 电磁系测量机构的主要结构是（　　）。

A. 固定的线圈，可动的磁铁　B. 固定的线圈，可动的铁片

C. 可动的磁铁，固定的铁片　D. 可动的线圈，固定的线圈

111. 在正弦交流电路中电压表的读数是 100 V，该电压的最大值是（　　）。

A. 100 V　B. 50　C. 100　D. 150 V

112. 交流电流表，测量的是（　　）。

A. 瞬时值　B. 有效值　C. 平均值　D. 最大值

113. 正弦交流电 $i=10\sin\omega t$ 安的瞬时值不可能等于（　　）A。

A. 10　B. 0　C. 1　D. 15

114. 两个电阻，若 $R_1:R_2=2:3$，将它们并联接入电路，则它们两端的电压和通过的电流强度之比分别（　　）。

A. 2:23:2　B. 3:22:3　C. 1:13:2　D. 2:31:1

115. 桥式起重机凸轮控制器手柄在第（　　）挡时转矩最大。

A. 1　B. 2　C. 5　D. 3

116. 电力电缆停电时间超过试验周期时，必须做（　　）试验。

A. 交流耐压　B. 直流耐压　C. 接地电阻　D. 标准预防性

117.（　　）不是电磁离合器的主要作用。

A. 启动　B. 制动　C. 调速　D. 换向

118. 单臂电桥一般适合的测量电阻范围是（　　）Ω。

A. 1 ~ 1 000　B. 1 ~ 10 000　C. 1 ~ 100 000　D. 1 ~ 1 000 000

119. 电路的作用是能够实现电能的传输与变换，能够实现信号的（　　）与处理。

A. 传输　B. 传递　C. 变换　D. 交换

120. 电流的单位是（　　）。

A. 安培　B. 度　C. 伏　D. 欧姆

121. 三相异步电动机的额定电压为 380 V，其交流耐压试验电压为（　　）V。

A. 380　B. 220　C. 500　D. 1 500

122.（　　）式万用表的显示部分通常采用液晶显示器

A. 指针　B. 数字　C. 钳　D. 以上都对

123. 选择（　　）截面积必须符合发热条件、电压损失、经济电流密度和机械强度。

A. 电线　B. 导线　C. 铜线　D. 铝线

124.（　　）起的作用是：① 降低人体的接触电压；② 迅速切断故障设备；③ 降低电气设备和电力线路的设计绝缘水平。

A. 工作接地　　B. 保护接地　　C. 欠压保护　　D. 联锁保护

125. 选择（　　）时，应考虑表的电压限量、电流限量和负载限量。

A. 电压表　　B. 功率表　　C. 电流表　　D. 电表

126. 常见（　　）原因是：选用不当，触头容量太小；负载电流过大，操作频率过高；触头弹簧损坏，初压力减小。

A. 铁心粘连　　B. 触头熔焊　　C. 铁心熔焊　　D. 以上都对

127. 单相电钻转速慢的可能原因有：（　　）。

A. 转子绕组短路　　B. 转子绕组断路

C. 定子绕组接地或短路　　D. 以上都对

128. 三相异步电动机修复后其主要实验项目：（　　）

A. 绕组冷态直流电阻的测定　　B. 绝缘性能试验

C. 空载试验　　D. 以上都对

129. 户外照明灯具高度一般不应低于（　　）m。

A. 1.5　　B. 2.5　　C. 3.5　　D. 5

130. 室内吊灯及日光灯的内部连接导线其截面面积应不小于（　　）mm^2。

A. 1　　B. 1.5　　C. 0.75　　D. 1.5

131. 简述起重机的电力驱动：起重机的电力驱动有主钩、副钩、大车和小车 4 个部分，均由起重机专用的（　　）来拖动。

A. YZR 系列电动机　　B. YZH 系列电动机

C. YZX 系列电动机　　D. YZZ 系列电动机

132. 绑扎用的绑扎线应选用与导线相同金属的单股线，其直径不应小于（　　）mm。

A. 5　　B. 10　　C. 2　　D. 15

133.（　　）的三要素是：最大值、周期和初相角。

A. 正弦交流电　　B. 正弦直流电

C. 余弦交流电　　D. 余弦直流电

134.（　　）表示绝缘电线的正确名称是铜芯聚氯乙烯绝缘软线。

A. CVR　　B. BVR　　C. RVV　　D. RCVB

135. 中大型电机空载电流占额定电流的（　　）。

A. 10%～15%　　B. 15%～20%

C. 20%～35%　　D. 30%～50%

136. 小型电机空载电流占额定电流的（　　）。

A. 10%～15%　　B. 35%～50%

C. 20%～35%　　D. 15%～20%

137. 正弦交流电在随时间变化过程中，任一瞬时的数值称为瞬时值，最大的瞬时值称为（　　）。

A. 周期　　B. 峰值　　C. 最大值　　D. 初相角

138. 正弦交流电的三要素是：（　　）、周期和初相角。

A. 最大值　　B. 峰值　　C. 瞬时值　　D. 以上都不对

139. 电路故障类型有：（1）断路故障；（2）短路和短接故障；（　　）。

A. 接地故障　　B. 连接故障　　C. 极性故障　　D. 以上都对

140. 电动机选择的基本原则有:(　　)。
A. 选择新产品、新型号
B. 根据实际需要选择
C. 考虑电动机的全寿命周期费用选择
D. 以上都对

141. 每年汛期从 6 月 15 日开始至(　　)结束。
A. 8 月 15 日　　B. 7 月 20 日　　C. 9 月 15 日　　D. 9 月 20 日

142. 我国电力系统的额定频率为(　　)Hz。
A. 20　　B. 40　　C. 50　　D. 60

143. 生产必须安全,安全促进生产,当安全与生产发生矛盾时,(　　)服从安全。
A. 设备　　B. 生产　　C. 技术　　D. 都可以

144. 上岗前穿好工作服,戴好工作帽,要求整齐清洁。班前严禁(　　)。
A. 聊天　　B. 串岗　　C. 饮酒　　D. 活动

145. 安全风险分设备类、违章类和(　　)类。
A. 管理　　B. 技术　　C. 环境　　D. 行为

146. 任何一个电路都可以看成是由(　　)、负载、控制装置连接导线四个部分组成。
A. 电源　　B. 导线　　C. 开关　　D. 按钮

147. 电路的作用是能够实现(　　)能的传输与变换,能够实现信号的传递与处理。
A. 机械　　B. 动力　　C. 电　　D. 光

148. 电流的大小不随时间的变化而变化则叫(　　)电流。
A. 交流　　B. 直流　　C. 大功率　　D. 小功率

149. 外力将单位正电荷从电源的伏击移到正极所做的(　　)称为电源电动势。
A. 功　　B. 表　　C. 力　　D. 电动势

150. 设备修理按(　　)可分为小修,中修和大修。
A. 修理方法　　B. 修理工作量大小
C. 修理精度　　D. 修理质量

151. 电池电压不足,对直流电桥(　　)。
A. 影响灵敏度　　B. 没有任何影响
C. 影响是不能测量最大电阻　　D. 影响是不能测量最小电阻

152. 数字式万用表显示部分通常采用(　　)。
A. 发光显示管　　B. 荧光显示
C. 液晶显示器　　D. 光敏二极管

153. 常用是直流电桥是(　　)。
A. 单臂电桥　　B. 双臂电桥
C. 单臂和双臂电桥　　D. 单双臂电桥

154. 正常情况下,变压器油应是透明略带(　　)。
A. 黄色　　B. 红色　　C. 紫色　　D. 白色

155. 低压断路器中的电磁脱扣器承担(　　)保护作用。

A. 过载　　B. 过流　　C. 失电压　　D. 欠电压

156. 直流电动机火花等级分 5 级，其中（　　）级火花最大。

A. 3　　B. 2　　C. 1　　D. 3/2

157. 在整流式直流弧焊机上安装的风开关，目的是在于（　　）。

A. 限制输出电流　　B. 冷却硅整流元件

C. 失压保护　　D. 过压保护

158. 电容的单位是（　　）。

A. 法　　B. 安　　C. 欧　　D. 伏

159. 电力变压器耐压实验时间为（　　）。

A. 2 min　　B. 5 min　　C. 1 min　　D. 10 min

160. 变压器运行中有异响可能原因是（　　）

A. 负载太小　　B. 油箱油太满

C. 电压过高　　D. 瓦斯继电器动作

161. HK 系列开启式负荷开关必须（　　）安装。

A. 朝上　　B. 水平　　C. 垂直　　D. 朝下

162. HK 系列开启式负荷开关接通状态时手柄应该（　　）。

A. 朝下　　B. 水平　　C. 朝上　　D. 朝前

163. 三相绕线转子异步电动机的整个启动过程中，频敏变阻器的等效阻抗变化趋势是（　　）。

A. 由小变大　　B. 由大变小　　C. 恒定不变　　D. 忽大忽小

164. 灯具安装应牢固，灯具重量超过（　　）kg 时，必须固定在预埋的吊钩或螺钉上。

A. 3　　B. 2　　C. 4　　D. 5

165. 各种悬吊灯具离地面的距离不应小于（　　）m。

A. 1.4　　B. 2　　C. 2.5　　D. 2.2

166. 管子的弯曲半径应小于管子直径的（　　）。

A. 3 倍　　B. 6 倍　　C. 5 倍　　D. 2 倍

167. 绑扎导线时，平行的两根导线，应敷设在两绝缘子的（　　）。

A. 内侧　　B. 外侧或同一侧

C. 任意侧　　D. 下侧

168. 凡接到任何违反电气安全工作规程制度的命令时应（　　）。

A. 考虑执行　　B. 部分执行　　C. 拒绝执行　　D. 立即执行

169. 在通孔将钻穿时，应（　　）进给量。

A. 增大　　B. 不改变　　C. 减小　　D. 停转

170. 栅片一般由铁磁性物质制成，它能将电弧（　　）栅片之间，并迫使电弧聚向栅片中心被栅片冷却，使电弧熄灭。

A. 吸入　　B. 离开　　C. 拉长　　D. 隔断

171. 栅片灭弧适用于（　　）。

A. 交流电器　　B. 直流电器

C. 直流电器和交流电器　　D. 交直流电器

172. 某三相异步电动机的额定电压为 380 V，其交流耐压试验电压为（　　）。

A. 380 V　　B. 500 V　　C. 1 000 V　　D. 1 760 V

173. 下述电源的频率，对人体更加危险的是（　　）。

A. 40 ~ 60 Hz　　B. 10 ~ 20 Hz

C. 100 Hz ~ 1 kHz　　D. 1 ~ 10 Hz

174. 指针式万用表实质上是一个（　　）。

A. 磁电式仪表　　B. 带整流器的磁电式仪表

C. 电动式仪表　　D. 电磁式仪表

175. 指针式万用表性能的优劣，主要看（　　）。

A. 功能多少　　B. 量程大小

C. 灵敏度高低　　D. 结构是否复杂

176. 人体只触及一根火线（相线），这是（　　）。

A. 双线触电　　B. 不是触电　　C. 跨步触电　　D. 单线触电

177. 3 个频率相同、最大值相等、相位相差（　　）的正弦电流、电压或电动势叫三相交流电。

A. 120 °C　　B. 90 °C　　C. 180 °C　　D. 60 °C

178. 电压表的内阻（　　）。

A. 越小越好　　B. 越大越好　　C. 适中为好　　D. 大小一样

179. 电池电压不足对直流电桥（　　）。

A. 没有任何影响　　B. 影响灵敏度

C. 影响是不能测量最大电阻　　D. 影响是不能测量最小电阻

180. 数字式万用表的显示部分通常采用（　　）。

A. 液晶显示器　　B. 发光显示管　　C. 荧光显示　　D. 光敏二极管

181. 旋转式直流弧焊机电刷机构必须（　　）检查一次。

A. 一周　　B. 一年　　C. 三年　　D. 五年

182. 直流电机旋转时，电枢绕组元件从一个支路经过电刷换到另一个之路元件中的电流方向改变（　　）次。

A. 111　　B. 256　　C. 1　　D. 369

183. 若发现变压器油温比平常同负载及散热条件下高（　　）以上时，应考虑变压器的内部发生故障。

A. 80 °C　　B. 85 °C　　C. 95 °C　　D. 20 °C

184. 在欧姆定律中电阻不变当电压增大时，电流将会（　　）。

A. 减小　　B. 不变　　C. 相同　　D. 忽大忽小

185. 三相异步电动机定子有（　　）绕组。

A. 3　　B. 5　　C. 7　　D. 9

186. 交流电机在空载运行时，功率因数很（　　）。

A. 低　　B. 不变　　C. 相同　　D. 超高

187. 接触器触头熔焊会出现（　　）。

A. 铁心不释放　　B. 铁心不吸合

C. 线圈烧坏　　D. 线圈短路

188. 配线过程中，当需要把铜导线和铝导线压接在一起时，必须采用（　　）。

A. 铜连接管　　B. 铝连接管

C. 铜铝连接管　　D. 铁器皿

189. 机床的低压照明灯电压不应超过（　　）。

A. 6 V　　B. 3 V　　C. 36 V　　D. 380 V

190. 划分高低压交流电时，是以对地电压大于或小于（　　）数值为界。

A. 1 500 V　　B. 500 V　　C. 2 500 V　　D. 1 000 V

191. 星—角降压启动时电动机（　　）。

A. 先角接在星接　　B. 先星接在角接

C. 一直角接　　D. 一直星接

192. 在通常条件下，对人体而言，安全电压值一般为（　　）。

A. 小于 36 V　　B. 小于 6 V

C. 小于 220 V　　D. 小于 1 000 V

193. 在通常条件下，对人体而言，安全电流值一般为（　　）。

A. 小于 10 mA　　B. 小于 200 mA

C. 小于 310 mA　　D. 小于 680 mA

194. 触电伤害的程度与触点电流的路径有关，对人最危险的触点电流路径是（　　）。

A. 流过手指　　B. 流过心脏　　C. 流过下肢　　D. 流过脚心

195. 熔丝熔断后，更换新熔丝时，应注意（　　）。

A. 加大熔丝的规格　　B. 减小熔丝的规格

C. 更换同规格的新熔丝　　D. 保证使用，大小均可

196. 焊锡材料一般采用（　　）。

A. 铁　　B. 低熔点合金　　C. 铜　　D. 铝

197. 在砖墙上冲打导线孔时用（　　）。

A. 手提式电钻　　B. 手枪式电钻

C. 冲击钻　　D. 射钉枪

198. 三相异步电动机为了使三相绕组产生对称的旋转磁场，各相对应边之间应保持（　　）电角度。

A. 120°　　B. 80°　　C. 100°　　D. 150°

199. 三相电源中 L1、L2、L3 或 U、V、W 规定的颜色依次为（　　）。

A. 红、黄、绿　　B. 黄、绿、红

C. 红、绿、黄　　D. 红、黄、蓝

200. 标记为 PE 的导线名称为（　　）。

A. 相线　　B. 保护接地线　　C. 零线　　D. 火线

201.（　　）是造成电气火灾事故的主要原因。

A. 电气设备发热　　B. 电弧

C. 电接触　　D. 放电

202. 电动机连续空载启动不宜超过（　　）次。

A. 5　　B. 35　　C. 40　　D. 43

203. 使用万用表时，要将黑表笔接到标有（　　）号的插孔内。

A. +　　B. −　　C. *　　D. 5 A

204. 使用万用表时，要将红表笔接到标有（　　）号的插孔内。

A. −　　B. *　　C. +　　D. 5A

205. 示波器将电信号转换成（　　）。

A. 光信号　　B. 机械信号　　C. 声信号　　D. 电信号

206. 我国规定的标准环境温度为（　　）°C。

A. 40　　B. 20　　C. 38　　D. 80

207. 变压器的空载电流一般不大于原边电额定电流的（　　）。

A. 70%　　B. 10%　　C. 80%　　D. 90%

208. 手电钻使用时，保证电气安全极为重要，在使用（　　）电钻时，应采取相应的安全措施。

A. 220 V　　B. 24 V　　C. 36 V　　D. 12 V

209. 电压的方向是电场力移动（　　）的方向。

A. 空穴　　B. 负电荷　　C. 正电荷　　D. 电子

210. 直流电机的换向电流愈大，换向火花（　　）。

A. 愈强　　B. 不变　　C. 愈弱　　D. 忽强忽弱

211. 温度升高时，电容漏电阻会（　　）。

A. 下降　　B. 增加　　C. 变化不大　　D. 不变大

212. 下面属于铁磁性物质的是（　　）。

A. 铁　　B. 铜　　C. 钻　　D. 铝

213. 功率因数低时会（　　）电源设备利用率。

A. 不变　　B. 降低

C. 增加　　D. 有时降低有时增加

214. 下列属于低压保护电器的是（　　）。

A. 开关电器　　B. 熔断器　　C. 电磁铁　　D. 接触器

215. 三相负载三角形连接时，每相负载上相电压就是电源相应（　　）。

A. 端电　　B. 线电压　　C. 总电压　　D. 分电压

216. RM 系列熔断器属于（　　）熔断器。

A. 盒式　　B. 插式　　C. 螺旋式　　D. 管式

217. 电容对交流电阻碍作用叫作（　　）。

A. 感抗　　B. 光抗　　C. 容抗　　D. 阻抗

218. 属于无机绝缘材料的是（　　）。

A. 石棉　　B. 树脂　　C. 水　　D. 橡胶

219. 当用电器额定电流高于单个电池最大允许电流时，必须采用（　　）电池组供电。

A. 并联　　B. 混联　　C. 任意联　　D. 分联

220. 基尔霍夫电流定律应用于（　　）。

A. 全电路　　B. 电子元件　　C. 节点　　D. 开关

221.（　　）在电场作用下做有规则定向移动就形成了电流。

A. 电荷　　B. 分子　　C. 原子　　D. 中子

222. 容抗与电源频率（　　）。

A. 很大　　B. 没关系　　C. 很小　　D. 不成线性比例

223. 交流电的有效值是根据电流的（　　）来定义的。

A. 光效应　　B. 电子效应　　C. 热效应　　D. 原子效应

224. 电流产生的伤害，根据其性质可分为电击和（　　）两种。

A. 击穿　　B. 电伤　　C. 电感应　　D. 电打

225. 电磁力的大小与截留导体所在位置的磁感应强度（　　）。

A. 不成比例　　B. 没关系　　C. 成正比　　D. 不确定

226. 在直流电路中，某点的电位等于该点与（　　）之间的电压。

A. 参考点　　B. 原点　　C. 节点　　D. 回点

227. 当空气中的相对湿度较大时，会使绝缘电阻（　　）。

A. 不变　　B. 下降　　C. 不确定　　D. 没关系

228. 在电气制图中，信号线和连接线上箭头必须是（　　）。

A. 空心线　　B. 粗虚线　　C. 粗实线　　D. 细虚线

229. 电气设备分断电路时，只要电源电压达到（　　）V 时，就有可能出现电弧。

A. 110　　B. 220　　C. 10　　D. 380

230. 电容的单位是（　　）。

A. 法　　B. 度　　C. 安　　D. 伏

231. 感抗的单位是（　　）。

A. 度　　B. 欧　　C. 安　　D. 伏

232. 电压的单位是（　　）。

A. 安　　B. 法　　C. 伏　　D. 度

233. 要想测量高频的脉冲信号，应选用（　　）。

A. 同步示波器　　B. 简易示波器

C. SB-10 型通用示波器　　D. 数字万用表

234. 为了保证晶闸管能准确及时可靠被触发，要求触发脉冲前提要（　　）。

A. 小　　B. 平　　C. 陡　　D. 大

235. 晶闸管触发导通后，其控制极对主电路（　　）

A. 仍有控制作用　　B. 失去控制作用

C. 有时仍有控制作用　　D. 控制更强

236. 设备修理按（　　）可分为小修，中修和大修。

A. 修理工作量大小　　B. 修理方法

C. 修理质量　　D. 修理精度

237. 电能表测电能时电压线圈应与被测电路（　　）。

A. 混联　　B. 并联　　C. 没关系　　D. 串并联

238. 室内布线分为照明布线和（　　）布线。

A. 动力　　B. 主　　C. 辅　　D. 全

239. 兆欧表摇测时，一般由慢渐快，最后保持在（　　）r/min 左右。

A. 20　　B. 40　　C. 120　　D. 60

240. 电流互感器严禁副边（　　）路。

A. 开　　B. 闭　　C. 混合　　D. 交叉

241. 空气断路器具有（　　）、欠压、过载保护作用。

A. 短路　　B. 闭路　　C. 过流　　D. 过热

242. 热继电器主要用于电动机的过载、（　　）、电流不平衡运行的保护。

A. 过流　　B. 断相　　C. 过热　　D. 欠压

243. 下列工具中（　　）手柄处是不绝缘的。

A. 电工刀　　B. 斜口钳　　C. 剥线钳　　D. 断线钳

244. 电力变压器多属（　　）变压器。

A. 强迫水冷式　　B. 油浸自冷式

C. 风冷式　　D. 控制变压器

245. 异步电动机过载时，造成电动机（　　）增加并发热。

A. 铝耗　　B. 铁耗　　C. 铜耗　　D. 转速

246. 接触器触头重新更换后应调整（　　）。

A. 开距　　B. 压力

C. 压力、开距、超程　　D. 超程

247. 造成交流接触器线圈过热而烧毁的原因是（　　）

A. 电压过高　　B. 电压过低

C. 线圈短路　　D. 以上原因都有可能

248. 桥式起重机中的电动机过载保护通常采用（　　）。

A. 热继电器　　B. 熔断器

C. 过流继电器　　D. 接触器

249. 当电源电压由于某种原因降低到额定电压的（　　）及以下时，保证电源不被接通的措施叫作欠压保护。

A. 10%　　B. 85%　　C. 15%　　D. 20%

250. 电机直接启动时，其启动电流为额定电流的（　　）。

A. 6 ~ 8 倍　　B. 1.5 倍　　C. 1 倍　　D. 2 倍

251. 卤钨灯工作时需（　　）安装，否则将严重影响灯管寿命

A. 垂直向上　　B. 垂直向下　　C. 水平　　D. 倾斜

252. 高压汞灯要（　　）安装，否则容易自灭。

A. 倾斜　　B. 水平　　C. 垂直　　D. 随意

253. 为降低变压器铁心中的（　　）叠片间要互相绝缘。

A. 涡流损耗　　B. 有功损耗　　C. 无功损耗　　D. 短路损耗

254. 对于中小型电力变压器，投入运行后每隔（　　）要大修一次。

A. 5 ~ 10 年　　B. 1 年　　C. 2 年　　D. 3 年

255. 山片灭弧效果在交流时要比直流时（　　）。

A. 一样　　B. 没关系　　C. 强　　D. 更弱

256. 交流电的特点是（　　）。

A. 大小随时间变化

B. 大小、方向都随时间变化

C. 方向随时间变化

D. 大小、方向都不随时间变化

257. 延边三角形减压启动的电动机绕组有 9 个抽头，启动时抽头 4 与抽头（　　）连接。

A. 1　　B. 2　　C. 3　　D. 8

258. 利用示波器测量电压时，常用方法是（　　）。

A. 标尺法　　B. 比较法　　C. 替换法　　D. 时标法

259. 不带反馈的共发射机晶体管放大器，在输出电压不实正时，其输出的交流信号的幅度最大为（　　）。

A. 0.6 ~ 0.7 V　　B. 几μV　　C. 几 mV　　D. 1 V 左右

260. 电缆引出地面时，露出地面上（　　）m 长的一段应穿钢管保护。

A. 0.5　　B. 2　　C. 5　　D. 6

261. 设备修理的方法有（　　）修理法，定期修理法和检查后修理法。

A. 大修　　B. 标准　　C. 小修　　D. 中修

262. 为保障职工在生产过程中的安全与健康。在（　　）、技术上、设备上、组织制度上和教育上采取的一套综合措施，叫作劳动保护。

A. 机械上　　B. 法律上　　C. 电力上　　D. 润滑上

263. 安全生产装置是指配置在生产设备上，保障（　　）安全的所有附属装置。

A. 人员　　B. 设备　　C. 人员和设备　　D. 技术

264. 在本质半导体中掺入某种特定的杂质称为（　　）半导体。

A. 杂质　　B. 本质　　C. 原　　D. 机械

265. 用窜并联组成的电路常叫作（　　）电路。

A. 并联　　B. 混联　　C. 串联　　D. 串并联

266. 数个电阻元件的首尾端分别连在一起叫作（　　）联电路。

A. 串　　B. 并　　C. 混　　D. 串并

267. 欧姆定律主要说明了电路中电压，电流和（　　）三者之间的关系。

A. 电流　　B. 电阻　　C. 电压　　D. 导体

268. 与介质的磁导率无关的物理量是（　　）。

A. 磁感应强度　　B. 磁通　　C. 磁场强度　　D. 磁阻

269.（　　）型电缆宜直埋在土壤中。

A. VV29　　B. VV　　C. XV　　D. XQ

270. 电路的作用是能够实现（　　）能的传输与变换，能够实现信号的传递与处理。

A. 机械　　B. 动力　　C. 电　　D. 光

271. 单臂电桥一般适合的测量电阻范围是（　　）Ω。

A. 1 ~ 1 000　　B. 1 ~ 10 000

C. 1 ~ 100 000　　D. 1 ~ 1 000 000

272. 电流互感器额定电流，应在运行电流的（　　）范围内。

A. 0%～100%　　B. 50%～150%
C. 150%～200%　　D. 20%～120%

273. 数个电阻元件的首尾端分别连在一起叫作（　　）联电路。
A. 并联　　B. 串联　　C. 混联　　D. 双联

274. 为电路提供一定（　　）的电源用电流源来表征。
A. 电压　　B. 电阻　　C. 电流　　D. 电感

275. 在通常条件下，对人体而言，安全电压值一般为（　　）V。
A. 380　　B. 220　　C. 110　　D. 36

276. 管子的弯曲半径应小于管子直径的（　　）倍。
A. 3.5　　B. 5　　C. 8.5　　D. 9.5

277. 空气断路器具有（　　）、欠压、过载保护作用。
A. 闭路　　B. 短路　　C. 过流　　D. 过热

278. 属于无机绝缘材料的是（　　）。
A. 石棉　　B. 水　　C. 树脂　　D. 橡胶

279. 串联电路中各电阻两端电压的关系是（　　）。
A. 各电阻两端电压相等　　B. 阻值越小两端电压越高
C. 阻值越大两端电压越高　　D. 都不正确

280.《安全生产法》立法的目的是为了加强安全生产工作，防止和减少（　　），保障人民群众生命和财产安全，促进经济发展。
A. 生产安全事故　　B. 火灾事故
C. 重大、特大事故　　D. 交通事故

281. 暗装的开关及插座应有（　　）。
A. 明显标志　　B. 盖板　　C. 警示标志　　D. 接地线

282. 在狭窄场所如锅炉、金属容器、管道内作业时应使用（　　）工具。
A. 一类　　B. 二类　　C. 三类　　D. 四类

283. 运行中的线路的绝缘电阻每伏工作电压为（　　）欧。
A. 500　　B. 200　　C. 1 000　　D. 1 200

284. 使用竹梯时，梯子与地面的夹角以（　　）°为宜。
A. 40　　B. 60　　C. 70　　D. 80

285. 行程开关的组成包括有（　　）。
A. 线圈部分　　B. 反力系统　　C. 保护部分　　D. 触点

286. 熔断器的保护特性又称为（　　）。
A. 灭弧特性　　B. 电阻　　C. 安秒特性　　D. 时间性

287. 下面（　　）属于顺磁性材料。
A. 水　　B. 铜　　C. 空气　　D. 铝

288. 国家规定了（　　）个作业类别为特种作业。
A. 5　　B. 6　　C. 11　　D. 20

289. 在电路中，开关应控制（　　）。
A. 零线　　B. 相线　　C. 地线　　D. 都可以

290. 墙边开关安装时距离地面的高度为（　　）m。

A. 2　　B. 1.3　　C. 1　　D. 1.5

291. 生产经营单位的主要负责人在本单位发生重大生产安全事故后逃匿的，由（　　）处 15 日以下拘留。

A. 安全生产监督管理部门　　B. 本单位

C. 检察机关　　D. 公安机关

292. 绝缘靴的试验周期是（　　）。

A. 三个月一次　　B. 每年一次

C. 六个月一次　　D. 两年一次

293. 在值班期间需要移开或越过遮栏时（　　）。

A. 必须有领导在场　　B. 必须先停电

C. 必须有监护人在场　　D. 都在场

294. 值班人员巡视高压设备（　　）。

A. 一般由二人进行　　B. 值班员可以干其他工作

C. 若发现问题可以随时处理　　D. 不用佩戴防护

295. 直流母线的正极相色漆规定为（　　）。

A. 蓝色　　B. 白色　　C. 赭色　　D. 紫色

296. 接地中线相色漆规定涂为（　　）。

A. 黑色　　B. 白色　　C. 赭色　　D. 紫色

297. 电流互感器的外皮最高允许温度为（　　）。

A. 20 °C　　B. 30 °C　　C. 40 °C　　D. 75 °C

298. 高空作业传递工具、器材应采用（　　）方法。

A. 抛扔　　B. 下地拿　　C. 绳传递　　D. 都可以

299. 用万用表测电阻时，（　　）情况下换挡后需要重新校准调零。

A. 由高挡位到低挡位　　B. 由低挡位到高挡位

C. 在使用前将所有挡位检验后　　D. 任何情况下都需要

300. 在交流耐压试验中，被试品满足要求的指标是（　　）。

A. 试验电压符合标准

B. 耐压时间符合标准

C. 试验接线符合标准

D. 试验电压标准和耐压时间符合标准

301. 交流耐压试验规定试验电压一般不大于出厂试验电压值的（　　）。

A. 70%　　B. 75%　　C. 80%　　D. 85%

302. 电流互感器是用来将（　　）。

A. 大电流转换成小电流　　B. 高电压转换成低电压

C. 高阻抗转换成低阻抗　　D. 电流相位改变

303. 某互感器型号为 JDG-0.5，其中 0.5 代表（　　）。

A. 额定电压为 500 V　　B. 额定电压为 50 V

C. 准确等级为 0.5 级　　D. 额定电流为 50 A

304. 变压器的同心式绕组为了便于绕组与铁心绝缘要把（　　）。
A. 高压绕组放置里面
B. 低压绕组放置里面
C. 将高压低压交替放置
D. 上层防止高压绕组下层放置低压绕组

305. 起重机常采用（　　）电动机才能满足性能的要求。
A. 三相鼠笼异步　　B. 绕线式转子异步
C. 单相电容异步　　D. 并励式直流

306. 直流电动机主磁极的作用是（　　）。
A. 产生主磁场　　B. 产生电枢电流
C. 改变换向性能　　D. 产生换向磁场

307. 交流三相异步电动机的额定电流表示（　　）。
A. 在额定工作时，电源输入电机绕组的线电流
B. 在额定工作时，电源输入电机绕组的相电流
C. 电机输出的线电流
D. 电机输出的相电流

308. 直流电动机铭牌上标注的升温是指（　　）。
A. 电动机允许发热的限度　　B. 电动机发热的温度
C. 电动机使用时的环境温度　　D. 电动机铁心允许上升温度

309. 低压电器，因其用于电路电压为（　　），故称为低压电器。
A. 交流 50 Hz 或 60 Hz，额定电压 1 200 V 及以下，直流额定电压 1 500 V 及以下
B. 交直流电压 1200V 及以上
C. 交直流电压 500V 以下
D. 交直流电压 3000V 及以下

310. 在电源中，电动势的方向与电压的方向是（　　）。
A. 相同的　　B. 相反的　　C. 成 90° 角　　D. 任意

311. 一般的金属材料，温度升高后，导体的电阻（　　）。
A. 增加　　B. 减小　　C. 不变　　D. 不定

312. 两个 10 uF 的电容并联后总电容量为（　　）uF。
A. 10　　B. 5　　C. 20　　D. 8

313. 把额定电压为 24 V 的机床照明灯泡接到 24.V 的直流电源上，（　　）。
A. 会烧毁灯泡　　B. 亮度降低　　C. 亮度正常　　D. 灯泡不亮

314. 要测量电气设备的绝缘电阻，应选用（　　）。
A. 电桥　　B. 兆欧表（摇表）
C. 万用表　　D. 互感器

315. 我国电网交流电的频率是（　　）Hz。
A. 60　　B. 50　　C. 80　　D. 100

316. 正弦交流电的三要素是（　　）。
A. 最大值、频率、初相角　　B. 平均值、频率、初相角

C. 频率、周期、最大值　　D. 最大值、有效值、角频率

317. 变压器可以用来改变（　　）。

A. 直流电压和电流　　B. 交流电压和电流

C. 频率　　D. 功率

318. 调换电动机任意两相绕组所接的电源接线，电动机会（　　）。

A. 停止转动　　B. 转向不变

C. 反转　　D. 先反转再正转

319. 容量在（　　）kW 以下的电动机可以直接启动。

A. 10　　B. 7.5　　C. 15　　D. 75

320. 为了降低生产成本，常用铝线代替铜线，已知铝的电阻率远大于铜的电阻率，对于相同直径和长度的铜线和铝线，它们阻值间的关系为（　　）。

A. $R_{铜} = R_{铝}$　　B. $R_{铜} > R_{铝}$

C. $R_{铜} > R_{铝}$　　D. 与工作电压无关

321. 电路中有正常的工作电流，则电路的状态为（　　）。

A. 短路　　B. 开路　　C. 通路　　D. 任意状态

322. 在砖混结构的墙面或地面等处钻孔且孔径较小时，应选用（　　）。

A. 电钻　　B. 冲击钻　　C. 电锤　　D. 台式床钻

323. 一个 12 V、6 W 的灯泡，接在 6 V 的电路中，灯泡中的电流为（　　）。

A. 2 A　　B. 1 A　　C. 0.5 A　　D. 0.25 A

324. 发生电气火灾时应首先考虑（　　）。

A. 切断电源　　B. 用水灭火

C. 用灭火器灭火　　D. 迅速离开现场

325. 一般热继电器的热元件按电动机的额定电流 I_n 来选择热元件电流等级，其整定值为（　　）I_n。

A. 0.3 ~ 0.5　　B. 0.95 ~ 1.05　　C. 1.2 ~ 1.3　　D. 1.3 ~ 1.4

326. 荧光灯在并联电容器后，其消耗的功率将（　　）。

A. 曾大　　B. 减小

C. 不变　　D. 与并联电容器容量有关

327. 室内灯具距地高度一般不低于（　　）m。

A. 2　　B. 2.5　　C. 3　　D. 1

328. 在电路中低压断路器的热脱扣器的作用是（　　）。

A. 短路保护　　B. 过载保护　　C. 漏电保护　　D. 缺相保护

329. 我国常用导线标称截面 25 mm^2 与 50 mm^2 的中间还有一级导线的截面是（　　）mm^2。

A. 30　　B. 35　　C. 40　　D. 45

330. 我国常用导线标称截面 50 mm^2 与 90 mm^2 的中间还有一级导线的截面是（　　）mm^2。

A. 30　　B. 70　　C. 40　　D. 45

331. 当电源电压降低时，三相异步电动机的起动转矩将（　　）。

A. 提高　B. 不变　C. 降低　D. 缺相保护

332. 一般异步电动机的额定效率为（　　）。

A. 70% ~ 85%　B. 75% ~ 98%　C. 95% 以上　D. 100%

333. 指针式万用表适用的正弦频率范围一般为（　　）。

A. 最高挡　B. 最低挡　C. 任意挡　D. 电阻挡

334. 在使用绝缘电阻表时摇动手柄要均匀，其转速一般保持在（　　）r/min 左右。

A. 10　B. 60　C. 120　D. 240

335. 在潮湿的工程点，只允许使用（　　）进行照明。

A. 220 V 灯具　B. 36 V 的手提灯

C. 12 V 的手提灯　D. 煤油灯

336. 我国的安全工作电压规定一般规定为（　　）。

A. 12 V　B. 24 V　C. 36 V　D. 50 V

337. 人体的触电方式中，以（　　）最为危险。

A. 单相触电　B. 两相触电

C. 跨步电压触电　D. 电打

338. 熔断器主要用于电气设备的（　　）保护。

A. 短路　B. 过载　C. 缺相　D. 电压不平衡

339. 单相插座的接线，应该是（　　）。

A. 面对插座右相左零　B. 面对插座右零左相

C. 背对插座右相左零　D. 随意接线

340. 接地中接地线色漆规定为（　　）。

A. 黑　B. 紫　C. 白　D. 绿

341. 为降低变压器铁心中的（　　）叠片间要互相绝缘。

A. 无功损耗　B. 空载损耗　C. 涡流损耗　D. 短路损耗

342. 对于中小型电力变压器，投入运行后每隔（　　）要大修一次。

A. 1 年　B. 2 ~ 4 年　C. 5 ~ 10 年　D. 15 年

343. Y 接法的三相异步电动机，在空载运行时，若定子一相绕组突然断路，则电机（　　）。

A. 必然会停止转动　B、有可能连续运行

C. 肯定会继续运行　D. 立即停止

344. 线圈产生感生电动势的大小正比通过线圈的（　　）。

A. 磁通量的变化量　B. 磁通量的变化率

C. 磁通量的大小　D. 电感的多少

345. 某正弦交流电压的初相角 $\psi = -\pi/6$，在 $t = 0$ 时其瞬时值将（　　）。

A. 大于零　B. 小于零　C. 等于零　D. 11B

346. 由 RLC 并联电路中，为电源电压大小不变而频率从其谐波频率逐渐减小到零时，电路中的电流值将（　　）。

A. 从某一最大值渐变到零

B. 由某一最小值渐变到无穷大

C. 保持某一定值不变

D. 没有变化

347. 电压表的内阻（　　）。

A. 越小越好　　B. 越大越好　　C. 适中为好　　D. 外观良好

348. 普通功率表在接线时，电压线圈和电流线圈的关系是（　　）。

A. 电压线圈必须接在电流线圈的前面

B. 电压线圈必须接在电流线圈的后面

C. 视具体情况而定

D. 看电路图

349. 测量 1 Ω 以下的电阻应选用（　　）。

A. 直流单臂电桥　　B. 直流双臂电桥

C. 万用表的欧姆挡　　D. 兆欧表

350. 天车在行走中他的制动器是（　　）。

A. 电动机制动　　B. 接触器制动

C. 电磁制动　　D. 抱闸制动

351. 电气图包括：电路图、功能表图和（　　）等。

A. 系统图和框图　　B. 部件图

C. 元件图　　D. 装配图

352. 电路图是根据（　　）来详细表达其内容的。

A. 逻辑图　　B. 位置图　　C. 功能表图　　D. 系统图和框图

353. 电气图形符号的形式有（　　）种。

A. 1　　B. 2　　C. 3　　D. 4B

354. 电力拖动电气原理图的识读步骤的第一步是（　　）。

A. 看用电器　　B. 看电源

C. 看电气控制元件　　D. 看辅助电器

355. 若将一段电阻为 R 的导线均匀拉长至原来的两倍，则其电阻值为（　　）。

A. 2R　　B. R/2　　C. 4R　　D. R/4

356. 电流的方向就是（　　）。

A. 负电荷定向移动的方向　　B. 电子定向移动的方向

C. 正电荷定向移动的方向　　D. 正电荷定向移动的相反方向

357. 一直流电通过一段粗细不均匀的导体时，导体各横截面上的电流强度（　　）。

A. 与各截面面积成正比　　B. 与各截面面积成反比

C. 与各截面面积无关　　D. 随截面面积变化面变化

358. 关于电位的概念，（　　）的说法是正确的。

A. 电位就是电压　　B. 电位是绝对值

C. 电位是相对值　　D. 参考点的电位不一定等于零

359. 职业道德是促使人们遵守职业纪律的（　　）。

A. 思想基础　　B. 工作基础　　C. 工作动力　　D. 理论前提

360. 在履行岗位的职责时，(　　)。
　A. 靠强制性
　B. 靠自觉性
　C. 当与个人利益发生冲突时可以不履行
　D. 应强制性与自觉性相结合
361. 下列叙述哪个正确，(　　)。
　A. 职业虽不同，但职业道德的要求是一致的
　B. 公约和守则是职业道德的具体体现
　C. 职业道德不具有连续性
　D. 道德是个性，职业道德是共性
362. 下列叙述不正确的是(　　)。
　A. 德行的崇高，往往以牺牲德行主题现实为代价
　B. 国无德不兴，人无德不立
　C. 从业者的职业态度是既为自己，也为别人
　D. 社会主义职业道德的灵魂是诚实守信
363. 产业工人的职业道德的要求是(　　)。
　A. 精工细作，文明生产　　B. 为人师表
　C. 廉洁奉公　　D. 治病救人
364. 下列对质量评述，正确的是(　　)。
　A. 在国内市场质量是最好的，在国际市场上也一定是最好的
　B. 今天的好产品，在生产力提高后，也一定是好产品
　C. 工艺要求越高，产品质量越好
　D. 要质量必然失去数量
365. 掌握必要的职业技能是，(　　)。
　A. 每个劳动者立足神会的前提
　B. 每个劳动者对社会应尽的道德义务
　C. 为人民服务的先决条件
　D. 竞争上岗的唯一条件
366. 分工与协作的关系是(　　)。
　A. 分工是相对的，协作是绝对的
　B. 作是对立的
　C. 二者是没有关系
　D. 绝对的，协作是相对的
367. 下列哪个提法不正确，(　　)。
　A. 职业道德＋一技之长＝经济效益
　B. 一技之长＝经济效益
　C. 有一技之长也要向他人学习
　D. 一技之长靠刻苦精神得来
368. 下列不符合职业道德要求的是，(　　)。

A. 检查上道工序，做好本道工序，服务下道工序
B. 主协配合，师徒同心
C. 粗制滥造，野蛮操作
D. 严格执行工艺要求

369. 延边三角形减压启动的电流比三相异步电动机星接时的电流（　　）。
A. 大　　B. 小
C. 不一定　　D. 是抽头情况才能比较

370. 延边三角形电动机减压启动的电动机绕组有 9 个抽头，启动时抽头 4 与抽头（　　）连接。
A. 1　　B. 5　　C. 8　　D. 7

371. 修理变压器时，若保持额定电压不变，而一次绕组匝数比原来少了一些，则变压器空载电流比原来（　　）。
A. 减小一些　　B. 增大一些　　C. 不变　　D. 可大可小

372. 延边三角形减压启动的电动机绕组有 9 个抽头启动结束后时抽头 4 与抽头（　　）连接。
A. 2　　B. 3　　C. 8　　D. 7

373. 小型变压器一般采用（　　）绕线模上绕制而成然后套入铁心。
A. 圆铜线　　B. 长方形铜线
C. 塑料绝缘导线　　D. 圆铝线

374. 三相异步电动机能耗制动时定子绕组在切断三相交流电源后，通入（　　）。
A. 交流电　　B. 直流电
C. 先直流电后交流电　　D. 线交流电后直流电

375. 三相异步电动机能耗制动时定子绕组在切断三相交流电源后通入直流电产生（　　）。
A. 静止磁场　　B. 交变磁场　　C. 旋转磁场　　D. 脉动磁场

376. 三相异步电动机能耗制动时通入的直流电越大（　　）。
A. 直流磁场越强制动转矩越大
B. 直流磁场越弱制动转矩越小
C. 直流磁场越弱制动转矩越大
D. 直流磁场越弱制动转矩越小

377. X62W 型铣床主轴停车时，没有制动可能原因是（　　）。
A. 速度继电器的常开触头闭合
B. 速度继电器的常开触头没有闭合
C. 主轴启动接触器断电
D. 主轴制动接触器得电闭合

378. 为了适应在不同用电地区能调整输出电压，电力变压器在其三相高压末端额定匝数和它（　　）位置出引出 3 个端头，分别接到分接开关上。
A. ± 1%　　B. ± 5%　　C. ± 20%　　D. ± 30%

379. X62W 型铣床工作台不能快速进给的可能原因是（　　）。

A. 快速接触器得电吸合　　B. 牵引电磁铁得电吸合
C. 牵引电磁铁机械卡住　　D. 速度继电器常开触头闭合

380. 正常情况下，变压器油应是透明略带（　　）。
A. 红色　　B. 黄色　　C. 紫色　　D. 白色

381. 68 镗床主轴点动时主轴电机（　　）运转。
A. △接窜电阻　　B. Y 接窜电阻
C. △接不窜电阻　　D. Y 接不窜电阻

382. 低压断路器中的电磁脱扣器承担（　　）保护作用。
A. 过流　　B. 过载　　C. 失电压　　D. 欠电压

383. T68 镗床主轴电动机没有制动，可能原因是（　　）。
A. 制动电阻短路　　B. 制动电阻断路
C. 三相电源保险断　　D. 制动接触器接通

384. 直流电动机的火花等级分 5 级其中（　　）级火花最大。
A. 2　　B. 3　　C. 1　　D. 3/2

385. 直径较大的高低压动力电缆一般选用（　　）电缆桥铺设。
A. 槽式　　B. 梯级式　　C. 柱盘式　　D. 任意

386. 一般镗床主轴电动机没有制动，最可能原因是（　　）。
A. 制动电阻短路　　B. 制动电阻断路
C. 三相电源保险断　　D. 制动接触器接通

387. 小型变压器通常采用（　　）绕线模上绕制而成然后套入铁心。
A. 圆铜线　　B. 长方形铜线
C. 塑料绝缘导线　　D. 圆铝线

388. 在整流式直流弧焊机上安装的风开关，目是在于（　　）。
A. 限制输出电流　　B. 失压保护
C. 冷却硅整流元件　　D. 过压保护

389. 单项异步电动机电源电压正常停电后不能启动的可能原因是（　　）。
A. 启动绕组或工作绕组开路　　B. 定转子相差
C. 电容器短路　　D. 以上都有可能

390. 电磁调速异步电动机电枢和磁极之间的（　　）。
A. 没有机械关系　　B. 没有电磁关系
C. 有机械联系　　D. 没任何联系

391. 电磁调速异步电动机电磁转差离合器不转的可能原因是（　　）。
A. 励磁绕组短路或断路　　B. 机械故障
C. 无给定电压　　D. 以上都有可能

392. 电力变压器耐压实验时间为（　　）。
A. 1 min　　B. 2 min　　C. 5 min　　D. 10 min

393. 电磁调速异步电动机转速不平稳的可能原因是（　　）。
A. 电源电压不稳　　B. 稳压管损坏
C. 励磁绕组断路　　D. 以上都有可能

394. 杯行转子异步测速发电机的性能精度比笼行测速发电机（　　）。

A. 高　　B. 低　　C. 相同　　D. 都不高

395. 单项窜励电动机，不可能在（　　）上使用。

A. 工频交流电源　　B. 直流电源

C. 100 Hz 交流电源　　D. 交流或直流电源

396. 电流互感器的额定电流，应在运行电流（　　）范围内。

A. 0% ~ 100%　　B. 20% ~ 120%

C. 50% ~ 150%　　D. 150% ~ 200%

397. 单项的电钻转速慢的可能原因（　　）。

A. 转子绕组短路　　B. 转子绕组断路

C. 定子绕组接地或短路　　D. 以上都有可能

398. 电力变压器应定期进行外部检查，有人值班至少每（　　）检查一次。

A. 2 h　　B. 1 班　　C. 1 天　　D. 1 星期

399. 单项电钻换向器与电刷间火花大的可能原因是（　　）。

A. 开关损坏　　B. 电源断线

C. 电源线接反　　D. 定转子绕组短路或短路

400. BX1BX2 系列交流弧焊机，其焊接变压器上电抗绕组的主要作用（　　）。

A. 调节焊接电流　　B. 降低输出电压

C. 限制短路电流　　D. 限制断路电流

401. 变压器运行中有异响的可能原因是（　　）。

A. 电压过高　　B. 负载太小

C. 油箱油太满　　D. 瓦斯继电器动作

402. 桥式起重机的过载保护，主要是通过（　　）来实现的。

A. 熔断器　　B. 热继电器

C. 过流继电器　　D. 紧急开关

403. 选用电压互感器二次侧熔断丝额定值时，额定电流应大于最大负载电流，但不应超过（　　）。

A. 1.2 倍　　B. 1.5 倍　　C. 2 倍　　D. 3 倍

404. 在潮湿多尘有腐蚀性气场所低压电缆维护期应短一些，每（　　）个月一次。

A. 3　　B. 6　　C. 9　　D. 12

405. 下列（　　）型电缆宜直埋在土壤中。

A. VV29　　B. VV　　C. XV　　D. XQ

406. 适用于大型电动机定子绕组是（　　）。

A. 双层波绕式绕组　　B. 双层叠绕式绕组

C. 单层同心式绕组　　D. 单层交叉使绕组

407. 3AX81 三极管制作材料类型（　　）。

A. 锗 PNP 型　　B. 硅 PNP 型　　C. 硅 NPN 型　　D. 锗 NPN 型

408. 给 10 kV 级电力变压器做耐压实验时，实验电压应（　　）。

A. 20 kV　　B. 30 kV　　C. 50 kV　　D. 60 kV

409. 3DG6 三极管的制作，材料类型是（　　）。

A. 锗 PNP 型　B. 硅 PNP 型　C. 硅 NPN 型　D. 锗 NPN 型

410. 若发现变压器油温比平常同负载及散热条件下高（　　）应考虑变压器的内部发生故障。

A. 3 °C　B. 50 °C　C. 10 °C　D. 55 °C

411. 运行中电压 6 ~ 10 kV 配电变压器变压器油样试验周期（　　）。

A. 1 年　B. 3 年　C. 5 年　D. 15 年

412. 利用示波器测量一般有两种方法一种为直接测量法，另一种为（　　）。

A. 替换法　B. 时标法

C. 李沙育图形法　D. 比较法

413. 于装有换向极的直流电动机，为了改善换向应将电刷（　　）。

A. 放置在几何中心线上　B. 顺转向移动一角度

C. 逆转向移到一角度　D. 放置在物理中心线上

414. 一台并励直流电动机在带恒定负载转矩稳定运行时若因励磁回路接触不良而增大励磁回路的电阻，那么电枢电流将会（　　）。

A. 减小　B. 增大　C. 不变　D. 忽大忽小

415. 改变非磁性垫片厚度可调整电磁式继电器（　　）。

A. 释放电压　B. 吸合电压

C. 以上都有可能　D. 以上都不可能

416. 一台他励直流电动机拖动一台他励直流发电机，当其他条件不变，只减小发电机负载电阻时电动机电枢电流和负载转矩都将（　　）。

A. 降低　B. 升高　C. 保持不变　D. 忽大忽小

417. 三相绕线转子异步电动机的调速控制采用（　　）的方法。

A. 改变电源频率

B. 改变定子绕组磁极对数

C. 转子回路串联频敏变阻器

D. 转子回路串联可调电阻

418. 他励直流电动机使用时应（　　）。

A. 先接通励磁电压，后接通电枢电压

B. 先接通电枢电压后接通励磁电压

C. 只接通励磁电压

D. 只接通电枢电压

419. 交磁电机扩大机中补偿绕阻并联电阻出现短路故障，会导致加负载后电压（　　）。

A. 下降　B. 上升　C. 保持不变　D. 消失

420. 直流电机的换向器表面，片间绝缘凹进深度为（　　）。

A. 0.1 ~ 0.5 mm　B. 0.5 ~ 1 mm

C. 1 ~ 1.5 mm　D. 2 ~ 2.5 mm

421. 在交流耐压试验中，被试品满足要求的指标是（　　）。

A. 试验电压符合标准

B. 耐压时间符合标准

C. 试验接线符合标准

D. 试验电压标准和耐压时间符合标准

422. 交流耐压试验规定试验电压一般不大于出厂试验电压值的（ ）。

A. 70% B. 75% C. 80% D. 85%

423. 电工上岗时只允许穿（ ）。

A. 凉鞋 B. 拖鞋 C. 高跟鞋 D. 工作鞋

424. 电工工作场地必须清洁、整齐，物品摆放（ ）。

A. 随意 B. 无序 C. 有序 D. 按要求

425. 平锉、方锉、圆锉、半圆锉和三角锉属于（ ）类锉刀。

A. 特种锉 B. 什锦锉 C. 普通锉 D. 整形锉

426. 内燃机是将热能转变成（ ）的一种热力发动机。

A. 机械能 B. 动能 C. 运动 D. 势能

427. 液压系统中的控制部分是指（ ）。

A. 液压泵 B. 液压缸

C. 各种控制阀 D. 输油管、油箱

428. 用于最后修光工件表面的用（ ）。

A. 油光锉 B. 粗锉刀 C. 细锉刀 D. 什锦锉

429. 使用电钻时应穿（ ）。

A. 布鞋 B. 胶鞋 C. 皮鞋 D. 凉鞋

430. 立式钻床的主要部件包括主轴变速箱、进给变速箱、主轴和（ ）。

A. 进给手柄 B. 操纵结构 C. 齿条 D. 钢球接合子

431. 设备修理，拆卸时一般应（ ）。

A. 先内后外 B. 先上后下

C. 先外部、上部 D. 先内、下

432. 刀具材料的硬度越高，耐磨性（ ）。

A. 越差 B. 越好 C. 不变 D. 消失

433. 台虎钳的规格是以钳口的（ ）表示的。

A. 长度 B. 宽度 C. 高度 D. 夹持尺寸

434. 标准麻花钻主要用于（ ）。

A. 扩孔 B. 钻孔 C. 铰孔 D. 锪孔

435. 乙类功率放大器存在的一个主要问题是（ ）。

A. 截止失真 B. 饱和失真 C. 交越失真 D. 零点漂移

436. 磁感应强度与（ ）成反比。

A. 磁导率 B. 匝数 C. 电流 D. 长度

437. 逻辑表达式 A + AB 等于（ ）。

A. A B. 2A C. B D. 2B

438. 触发器上的状态翻转只能发生在 CP 信号的（ ）。

A. 上升沿 B. 中部 C. 任意时刻 D. 不确定

439. 非线性电阻元件的分析方法是（　　）。

A. 叠加原理　　B. 小信号分析法

C. 欧姆定律　　D. 全欧姆定律

440. 一个互易二端口网络有（　　）个参数是独立的。

A. 1　　B. 2　　C. 3　　D. 4

441. 产生电弧的游离方式有（　　）种。

A. 1　　B. 2　　C. 3　　D. 6

442. 隔离开关（　　）接通或断开短路电流。

A. 不能用来　　B. 可以用来

C. 根据情况而定　　D. 无所谓

443. 交流伺服电动机定子上装有（　　）个绕组。

A. 2　　B. 4　　C. 6　　D. 8

444. 根据励磁方式不同，直流电动机可分为（　　）种。

A. 3　　B. 4　　C. 5　　D. 6

445. 当磁极对数 $P=4$ 时，旋转磁场的转数为（　　）r/min。

A. 750　　B. 2 000　　C. 2 500　　D. 3 000

446. 带传动机构装配后要求两带轮中间平面垂直（　　）。

A. 重合　　B. 平行　　C. 相交　　D. 垂直

447. 固定式联轴器安装时，对两轴地同轴度要求（　　）。

A. 一般　　B. 低　　C. 较低　　D. 较高

448. CMOS 集成电路的输入端不允许悬空（　　）。

A. 应接地　　B. 允许悬空　　C. 必须悬空　　D. 不允许悬空

449. 晶闸管门极触发电压一般为（　　）。

A. 1 ~ 5 V　　B. 6 ~ 8 V　　C. 5 ~ 10 V　　D. 10 ~ 20 V

450. 电磁调速异步电动机只能低速运行的可能原因是（　　）。

A. 晶闸管全部损坏　　B. 稳压管

C. 无触发脉冲　　D. 放大环节故障

451. 有极性电解电容器不能用在（　　）回路中。

A. 交流　　B. 涡流　　C. 脉动　　D. 恒稳直流

452. 对于电加热设备来说（　　）。

A. 交、直流电源可以混用　　B. 只能用交流电源

C. 只能用直流电源　　D. 无规定

453. 吊装变压器时，吊点应选在（　　）吊环上。

A. 与铁心固定　　B. 外壳上

C. 任意　　D. 与油枕固定

454. 3AX81 三极管制作材料类型是（　　）。

A. 锗 PNP 型　　B. 硅 PNP 型　　C. 硅 NPN 型　　D. 锗 NPN 型

455. 旋转式直流弧焊机内三相电机如有一相断开电机启动后则（　　）。

A. 转速很低　　B. 转速很高　　C. 没有转速　　D. 忽高忽低

456. 在一个互易二端口网络有（　　）个参数是独立的。

A. 10　B. 2　C. 30　D. 40

457. 摇表兆欧表的 E 端接（　　）。

A. 地　B. 短路　C. 相线　D. 正极

458. 电力电缆的终端头金属外壳（　　）。

A. 必须接地

B. 在配电盘装置一端须接地

C. 在杆上须接地

D. 都可以

459. 对于交流接触器的线圈，当电源电压在额定值的 40% ~ 85%时（　　）。

A. 能可靠吸合　B. 能可靠释放

C. 不能保证动作　D. 不确定

460. 铁壳开关铁盖上有机械联锁装置，能保证（　　）。

A. 合闸时打不开盖，开盖时合不上闸

B. 分闸时打不开盖，开盖时不能分闸

C. 合闸时打不开盖，开盖时能够合闸

D. 没特性规定

461. 工作在（　　）的高度且有可能垂直坠落的即为高处作业。

A. 2 m 及以上　B. 3 m 及以上

C. 4 m 及以上　D. 5 m 及以上

462. 空气相对湿度经常超过 75% 的场所属于（　　）场所。

A. 无较大危险　B. 危险

C. 特别危险　D. 一般

463. 终端拉线用于（　　）。

A. 转角杆　B. 直线杆　C. 细锉刀　D. 终端和分支杆

464. 配电盘二次线路的绝缘电阻不应低于（　　）MΩ。

A. 1　B. 2　C. 3　D. 4

465. 电工作业人员需持证上岗（　　）复审一次。

A. 一年　B. 二年　C. 三年　D. 不需复审

466. 室外跌落式熔断器与地面的垂直夹角应保证（　　）。

A. 15 ~ 30 度　B. 360 度　C. 90 度　D. 无要求

467. 漏电保护器又称漏电开关，是用于在电路或电器绝缘受损发生对地短路时防止人身触电和电气火灾的（　　）。

A. 保护电器　B. 继电器　C. 主令电器　D. 低压配电器

468. 施工现场自备电源通常是（　　）。

A. 南孚电池　B. 发电机　C. 铅蓄电池　D. 充电宝

469. 交流接触器铁心上安装短路环的目的是（　　）。

A. 减少涡流损失

B. 增大主磁通

C. 减少铁心吸合时产生的振动和噪声
D. 提高功率因数

470. 用插头直接带负载，电感性不应大于（　　）。
A. 500 W　B. 1 000 W　C. 2 000 W　D. 3 000 W

471. 交流电焊机振动及响声过大可能原因是（　　）。
A. 绕组短路　B. 一次绕组断路
C. 二次绕组断路　D. 三次绕组断路

472. 当直流电机的换向极磁场弱时，电机处于（　　）。
A. 直线换向　B. 超越换向
C. 延迟　D. 立即换向

473. 晶闸管触发导通后，其控制极对主电路（　　）。
A. 没有控制　B. 失去控制作用
C. 有控制　D. 控制更强

474. 数字万用表的基本量程，精度为（　　）。
A. 不准　B. 一般　C. 最高　D. 一样

475. 热继电器从热态通过 1.2 倍电流的动作时间是（　　）。
A. 1　B. 3　C. 5　D. 20

476. 5 ~ 10 kV 油浸纸绝缘铅包电缆在垂直敷设时，其最高点与最低点间的最大允许高度差为（　　）m。
A. 3　B. 5　C. 8　D. 40

477. 他励直流电动机负载转矩一定时，若在电枢回路中窜入一定电阻，则其转速将（　　）。
A. 上升　B. 下降　C. 不变　D. 忽高

478. 直流电机的换向器表面，片间绝缘凹进深度为（　　）。
A. 10 ~ 15 mm　B. 15 ~ 20 mm
C. 1 ~ 1.5 mm　D. 25 ~ 35 mm

479. 运行中电压 6 ~ 10 kV 配电变压器，变压器油样试验周期为（　　）。
A. 1.5 年　B. 3 年　C. 2.5 年　D. 4.5 年

480. 如果变压器油温比平常同负载及散热条件下高（　　）以上时，应考虑变压器的内部发生故障。
A. 20 °C　B. 5 °C　C. 6 °C　D. 7 °C

481. 单项电动机中，转速高的是（　　）。
A. 罩极式　B. 电容式　C. 穿励式　D. 电阻启动型

482. 一桥式整流装置的输入电压为 220 V，则作为整流管之一的晶闸管耐压为（　　）。
A. 大于 311 V　B. 110 V　C. 220 V　D. 380 V

483. 在测量直流电量时，无须区分表笔极性的仪表是（　　）。
A. 电压表　B. 电磁系　C. 电流表　D. 万用表

484. 智能化是数字式万用表，一般都具有的功能是（　　）。
A. 启动　B. 关闭　C. 故障自查　D. 定时

485. 普通功率表在接线时，电压线圈和电流线圈的关系是（　　）。
A. 电压线圈在电流线圈前面
B. 电压线圈在电流线圈后面
C. 是具体情况而定
D. 电压线圈在电流线圈前面

486. 晶闸管交流调压电路输出电压与电流波形都是非正弦，导通角（　　）。
A. 越小　　B. 等于 90°　　C. 等于 150°　　D. 等于 180°

487. 近几年来机床电器逐步推广采用的无触电位置开关，80% 以上采用的是（　　）型。
A. 光电　　B. 电容　　C. 电阻　　D. 电磁感应

488. 输入阻抗高，输出阻抗低放大器有（　　）。
A. 提高功率　　B. 提高电流
C. 共基极放大器　　D. 提高稳定

489. 3DG6 三极管的制作，材料类型是（　　）。
A. 碳　　B. 硅 NPN 型　　C. 铜　　D. 锡

490. 在一般示波器上都有扫描微调，主要用来（　　）。
A. 测幅度　　B. 测距离　　C. 扫描周期　　D. 测频率

491. 交流电焊机不能起弧的原因是（　　）。
A. 电源短路　　B. 焊机轻载　　C. 电源开路　　D. 电源断路

492. 示波器构成的三个基本部分，除了电子轮，偏转系统还有（　　）。
A. 电阻　　B. 电流　　C. 荧光屏　　D. 电压

493. 不能用自耦变压器降压启动方法进行启动的是（　　）。
A. 三相同步电动机　　B. 星接的电机
C. 角接的电机　　D. 三角形电机

494. 硅钢板的主要性能是（　　）。
A. 电机扩大机　　B. 伺服电动机
C. 测速发电机　　D. 以上都是

495. 熔断器的特点是（　　）。
A. 过电压高　　B. 过电流高
C. 动作速度慢　　D. 过电阻高

496. 万用表可以测量（　　）。
A. 电压　　B. 电流　　C. 电阻　　D. 以上都对

497. 交流接触器采用（　　）装置。
A. 栅片灭弧　　B. 双断口触点灭弧
C. 磁吹灭弧　　D. 均可

498. 电缆敷设距离长线路通常采用（　　）敷设。
A. 直接埋地　　B. 架空悬吊　　C. 电缆沟　　D. 电缆槽

499. 晶闸管能准确及时可靠被触发，要求触发脉冲前提要（　　）。
A. 滑　　B. 平　　C. 陡　　D. 直

500. 直流电动机经过一段时间运行之后在换向器表面上形成一层氧化膜其电阻较大对

换向（　　）。

A. 没关系　B. 没影响　C. 有利　D. 都不对

501. 电工作业人员必须年满（　　）岁。

A. 15　B. 16　C. 17　D. 18

502. 装设接地线的顺序为（　　）。

A. 先导体端后接地端　B. 先接地端后导体端

C. 可以同时进行　D. 装设顺序和安全无关

503. 一般居民住宅、办公场所，若以防止触电为主要目的时，应选用漏电动作电流为（　　）mA 的漏电保护开关。

A. 6　B. 15　C. 30　D. 50

504. 电气工作人员连续中断电气工作（　　）以上者，必须重新学习有关规程，经考试合格后方能恢复工作。

A. 三个月　B. 半年　C. 一年　D. 两年

505. 我国标准规定工频安全电压有效值的限值为（　　）V。

A. 220　B. 50　C. 36　D. 6

506. 关于电气装置，下列（　　）项工作不属于电工作业。

A. 试验　B. 购买　C. 运行　D. 安装

507. 电工作业人员必须典备（　　）以上的文化程度。

A. 小学　B. 大专　C. 初中　D. 高中

508. 电阻、电感、电容串联电路中，电源电压与电流的相位关系是（　　）。

A. 电压超前电流　B. 电压滞后电流

C. 不确定　D. 同相

509. 额定电压（　　）V 以上的电气装置都属于高压装置。

A. 36　B. 220　C. 380　D. 1 000

510. 电能的单位是（　　）。

A. A　B. V · A　C. W　D. kW · h

511. R，X_l，X_c 串联电路中，已知电源电压有效值 $U = 220$ V 和 $R = X_l = X_c = 440\ \Omega$，则电路中的电流为（　　）A。

A. 0　B. 0.25　C. 0.5　D. 1

512. 某直流电路电流为 1.5 A，电阻为 4 Ω，则电路电压为（　　）V。

A. 3　B. 6　C. 9　D. 12

513. 电压的单位是（　　）。

A. A　B. V　C. W　C. B

514. 并联电路的总电容与各分电容的关系是（　　）。

A. 总电容大予分电容　B. 总电容等于分电容

C. 总电容小于分电容　D. 无关

515. 1 kΩ 与 2 kΩ 的电阻串联后接到 6 V 的电压上，流过电的电流为（　　）。

A. 0.25 A　B. 0.125 A

C. 0.083 333 333 A　D. 2 mA

516. 电压 220 V，额定功率 100 W 白炽灯泡的电阻为（　　）Ω。

A. 2.2　　B. 220　　C. 100　　D. 484

517. 电源输出功率的大小等于（　　）。

A. UI　　B. UIt　　C. I^2Rt　　D. I^5Rt

518. 应当按工作电流的（　　）倍左右选取电流表的量程。

A. 1　　B. 1.5　　C. 2　　D. 2.5

519. 用指针式万用表欧姆挡测试电容，如果电容是良好的，则当两支表笔连接电容时，其指针将（　　）。

A. 停留刻度尺左端

B. 迅速摆动到刻度尺右端

C. 迅速向右摆动，接着缓慢摆动回来

D. 缓慢向右摆动，接着迅速摆动回来

520. 为了爱护兆欧表，应慎做兆欧表的短路试验。兆欧表短路试验的目的是（　　）。

A. 检查兆欧表机械部分有无故障估计兆欧表的零值误差

B. 检查兆欧表指示绝缘电阻值是否为零，判断兆欧表是否可用

C. 检测兆欧表的输出电压

D. 检查兆欧表的输出电流

521. 测量绝缘电阻使用（　　）表。

A. 万用表　　B. 兆欧表

C. 地电阻测量仪　　D. 电流表

522. 交流电压表扩大量程，可使用（　　）。

A. 电流互感器　　B. 互感器

C. 并接电容　　D. 电压互感器

523. 延边三角形减压启动的电动机绕组有 9 个抽头，启动时抽头 4 与抽头（　　）连接。

A. 1　　B. 2　　C. 3　　D. 8

524. 利用示波器测量电压时，常用方法是（　　）。

A. 标尺法　　B. 比较法　　C. 替换法　　D. 时标法

525. 不带反馈的共发射机晶体管放大器，在输出电压不实正时，其输出的交流信号的幅度最大为（　　）。

A. 0.6 ~ 0.7 V　　B. 几μV　　C. 几 mV　　D. 1 V 左右

526. 电缆引出地面时，露出地面上（　　）m 长的一段应穿钢管保护。

A. 0.5　　B. 2　　C. 5　　D. 6

527. 设备修理的方法有（　　）修理法，定期修理法和检查后修理法。

A. 大修　　B. 标准　　C. 小修　　D. 中修

528. 为保障职工在生产过程中的安全与健康。在（　　）、技术上、设备上、组织制度上和教育上采取的一套综合措施，叫作劳动保护。

A. 机械上　　B. 法律上　　C. 电力上　　D. 润滑上

529. 安全生产装置是指配置在生产设备上，保障（　　）安全的所有附属装置。

A. 人员　　B. 设备　　C. 人员和设备　　D. 技术

530. 在本质半导体中参入某种特定的杂质称为（　　）半导体。

A. 杂质　B. 本质　C. 原　D. 机械

531. 用串并联组成的电路常叫作（　　）电路。

A. 并联　B. 混联　C. 串联　D. 串并联

532. 数个电阻元件的首尾端分别连在一起叫作（　　）联电路。

A. 串　B. 并　C. 混　D. 串并

533. 欧姆定律主要说明了电路中电压，电流和（　　）三者之间的关系。

A. 电流　B. 电阻　C. 电压　D. 导体

534. 电力变压器耐压实验时间为（　　）min。

A. 1　B. 12　C. 15　D. 18

535. 与介质的磁导率无关的物理量是（　　）。

A. 磁感应强度　B. 磁通

C. 磁场强度　D. 磁阻

536. （　　）型电缆宜直埋在土壤中。

A. VV29　B. VV　C. XV　D. XQ

537. 常用导线可分为绝缘导线、裸导线两种，绝缘导线包括橡皮绝缘导线、塑料绝缘导线和（　　）。

A. 护套线　B. 电缆线　C. 电磁线　D. 避雷线

538. 算电路的两条基本定律是欧姆定律和（　　）定律。

A. 戈尔巴乔夫　B. 梅德韦杰夫　C. 基尔霍夫　D. 勃列日涅夫

539. 选择功率表时，应考虑表的电压限量、电流限量和（　　）限量。

A. 量程　B. 负载　C. 电压　D. 电流

540. 某三相异步电动机的额定电压为 380V，其交流耐压试验电压为（　　）V。

A. 380　B. 500　C. 1 000　D. 2 000

541. 任何一个电路都可以看成是由电源、负载、控制装置、连接导线（　　）部分组成。

A. 四个　B. 三个　C. 两个　D. 一个

542. 电压的正方向，即在电场力的作用下，正电荷移到所指的（　　）。

A. 方向　B. 地方　C. 前方　D. 后方

543. 电功率是单位时间内（　　）所做的功。

A. 电压　B. 电流　C. 电磁　D. 电感

544. 电阻的并联电路中，径流各（　　）的电压即消耗的功率与其阻值成反比。

A. 电压　B. 电流　C. 电阻　D. 电容

545. 在电路中人选一点做（　　），令其电位为零，在电路中某点与参考点间的电压叫该点的电位。

A. 交合点　B. 参考点　C. 沸点　D. 熔点

546. 外电路的电阻等于电源的内（　　）时，电源的输出功率最大。

A. 电压　B. 电流　C. 电阻　D. 电容

547. 几个电阻并联时每个电阻两端所承受的电压相等。电流的大小不随（　　）的变化而变化则叫直流电流。

A. 时间　B. 空间　C. 外力　D. 磁场力

548. 欧姆定律主要说明了电路中电压、电流和电阻三者之间的（　）。

A. 大小　B. 关系　C. 因果　D. 规律

549. 将单位正电荷从电源的负极移到正极所做的功称为（　）电源电动势。

A. 备机　B. 主机　C. 单机　D. 故障

550.（　）将单位正电荷从电源的负极移到正极所做的功称为电源电动势。

A. 内力　B. 外力　C. 原力　D. 火力

551. 用万用表判断晶体二极管极性的原理：依据二极管正向电阻小，反向电阻（　）的特点，就可用万用表来判断极性。

A. 大　B. 小　C. 相等　D. 不确定

552. 电流的（　）通常以每秒钟内通过导体横截面的电荷量来计算。

A. 长短　B. 大小　C. 粗细　D. 高矮

553. 常用的灭火器有（　）灭火器，手提1211灭火器，手提二氧化碳灭火器，手提式泡沫灭火器。

A. 化学　B. 物理　C. 干粉　D. 湿粉

554. 电路的作用是能够实现（　）能的传输与变换，能够实现信号的传递与处理。

A. 机械　B. 动力　C. 电　D. 光

555. 电路的作用是能够实现（　）的传输与变换，能够实现信号的传递与处理。

A. 电能　B. 电压　C. 电流　D. 电阻

556. 热继电器主要用于（　）过载、断相、电流不平衡运行的保护。

A. 电动机　B. 永动机　C. 打桩机　D. 提升机

557. 数个（　）的首尾端分别连在一起叫作并联电路。

A. 电压元件　B. 电流元件　C. 电阻元件　D. 电瓶元件

558. 交流电流表指示的是电流的（　）。

A. 有效值　B. 无效值　C. 平均值　D. 瞬时值

559. 三相异步电动机的额定电压为380 V，其交流耐压试验电压为（　）V。

A. 220　B. 380　C. 500　D. 1 500

560. 线圈产生感生电动势的大小与通过线圈的磁通量的（　）成正比。

A. 增长率　B. 变化率　C. 成功率　D. 成长率

561. 标记为PE的导线名称为（　）。

A. 相线　B. 保护接地线　C. 零线　D. 火线

562. 电气设备（　）是造成电气火灾事故的主要原因。

A. 电气设备发热　B. 电弧　C. 电接触　D. 放电

563. 电动机连续空载启动不宜超过（　）次。

A. 5　B. 35　C. 40　D. 43

564. 使用万用表时，要将黑表笔接到标有（　）号的插孔内。

A. +　B. –　C. *　D. 5 A

565. 使用万用表时，要将红表笔接到标有（　）号的插孔内。

A. –　B. *　C. +　D. 5 A

566. 我国电力系统的额定频率为（　　）Hz。

A. 80　　B. 50　　C. 100　　D. 120

567. 示波器将电信号转换成（　　）。

A. 光信号　　B. 机械信号　　C. 声信号　　D. 电信号

568. 我国规定的标准环境温度为（　　）摄氏度。

A. 40　　B. 20　　C. 38　　D. 80

569. 变压器的空载电流一般不大于原边额定电流的（　　）。

A. 70%　　B. 10%　　C. 80%　　D. 90%

570. 手电钻使用时，保证电气安全极为重要，在使用（　　）电钻时，应采取相应的安全措施。

A. 220 V　　B. 24 V　　C. 36 V　　D. 12 V

571. 电压的方向是电场力移动（　　）的方向。

A. 空穴　　B. 负电荷　　C. 正电荷　　D. 电子

572. 直流电机的换向电流越大，换向火花（　　）。

A. 越强　　B. 不变　　C. 越弱　　D. 忽强忽弱

573. 温度升高时，电容漏电阻会（　　）。

A. 下降　　B. 增加　　C. 变化不大　　D. 不变大

574. 下面属于铁磁性物质的是（　　）。

A. 铁　　B. 铜　　C. 钴　　D. 铝

575. 功率因数低时会（　　）电源设备利用率。

A. 不变　　B. 降低

C. 增加　　D. 有时降低有时增加

576. 下列属于低压保护电器的是（　　）。

A. 开关电器　　B. 熔断器　　C. 电磁铁　　D. 接触器

577. 三相负载三角形连接时，每相负载上相电压就是电源相应（　　）。

A. 端电　　B. 线电压　　C. 总电压　　D. 分电压

578. RM 系列熔断器属于（　　）熔断器。

A. 盒式　　B. 插式　　C. 螺旋式　　D. 管式

579. 电容对交流电的阻碍作用叫作（　　）。

A. 感抗　　B. 光抗　　C. 容抗　　D. 阻抗

580. 属于无机绝缘材料的是（　　）。

A. 石棉　　B. 树脂　　C. 水　　D. 橡胶

581. 当用电器额定电流高于单个电池最大允许电流时，必须采用（　　）电池组供电。

A. 并联　　B. 混联　　C. 任意联　　D. 分联

582. 基尔霍夫电流定律应用于（　　）。

A. 全电路　　B. 电子元件　　C. 节点　　D. 开关

583.（　　）在电场作用下做有规则定向移动就形成了电流。

A. 电荷　　B. 分子　　C. 原子　　D. 中子

584. 容抗与电源频率（　　）。

A. 很大　B. 没关系　C. 很小　D. 不成线性比例

585. 交流电的有效值是根据电流的（　）来定义的。

A. 光效应　B. 电子效应　C. 热效应　D. 原子效应

586. 电流产生的伤害，根据其性质可分为电击和（　）两种。

A. 击穿　B. 电伤　C. 电感应　D. 电打

587. 电磁力的大小与截留导体所在位置的磁感应强度（　）。

A. 不成比例　B. 没关系　C. 成正比　D. 不确定

588. 在直流电路中，某点的电位等于该点与（　）之间的电压。

A. 参考点　B. 原点　C. 节点　D. 回点

589. 当空气中的相对湿度较大时，会使绝缘电阻（　）。

A. 不变　B. 下降　C. 不确定　D. 没关系

590. 在电气制图中，信号线和连接线上箭头必须是（　）。

A. 空心线　B. 粗虚线　C. 粗实线　D. 细虚线

591. 兆欧表的 E 端接（　）。

A. 地　B. 线路　C. 相线　D. 正极

592. 就对被测电路的影响而言，电流表的内阻（　）。

A. 越大越好　B. 越小越好　C. 适中为好　D. 大小均可

593. 就对被测电路的影响而言，电压表的内阻（　）。

A. 越大越好　B. 越小越好　C. 适中为好　D. 大小均可

594. 测量低压电力电缆的绝缘电阻所采用兆欧表的额定电压为（　）V。

A. 2 500　B. 1 000　C. 500　D. 250

595. 兆欧表的手摇发电机输出的电压是（　）。

A. 交流电压　B. 直流电　C. 高频电压　D. 脉冲电压丝

596. 下列最危险的电流途径是（　）。

A. 右手至脚　B. 左手至右手　C. 左手至胸部　D. 左手至脚

597. 摆脱电流是人能自主摆脱带电体的最大电流，成年男性一般为（　）。

A. 16 mA　B. 10 mA　C. 30 mA　D. 10 A

598. 数十毫安的电流通过人体短时间使人致命最危险的原因是（　）。

A. 呼吸中止　B. 昏迷

C. 引起心脏纤维性颤动　D. 电弧烧伤

599. 其他条件相同，人离接地点越近时可能承受的（　）。

A. 跨步电压和接触电压都越大

B. 跨步电压越大、接触电压不变

C. 跨步电压不变、接触电压越大

D. 跨步电压越大、接触电压越小

600. 对于电击而言，工频电流与高频电流比较，其危险性是（　）。

A. 高频危险性略大　B. 高频危险性大得多

C. 二者危险性一样大　D. 工频危险性较大

二、判断题

1. 变压器的变比为 2:1，如果在初级上接上 10 V 直流电源，则变压器的副边 上电压为 5 V。(　　)

2. 公式 $R=U/I$，说明电阻的大小与电压成正比关系。(　　)

3. 在同一供电系统中，三相负载接成 Y 形和接成△形所吸收的功率是相等的。(　　)

4. 使用万用表测量电阻时每换一次欧姆挡都要把指针调零一次。(　　)

5. 在交流电机的三相相同绕组中，通以三相相等电流， 可以形成圆形旋转磁场。(　　)

6. 为了提高三相异步电动机的起动转矩，可使电源电压高于额定电压，从而获得较好的起动性能。(　　)

7. 电动机绕组末端 x、y、z 连成一点；始端 A、B、C 引出这种连接称星形连接。(　　)

8. 接触器的银和合金触点在分断电弧时生成黑色的氧化膜电阻，会造成触点接触不良，因此必须锉掉。(　　)

9. 正常情况下变压器油应是透明略带黄色。(　　)

10. HK 系列开启式负荷开关，必须水平安装。(　　)

11. HK 系列开启式负荷开关接通状态时手柄应该朝上。(　　)

12. 上班时穿好工作服及绝缘胶鞋，佩戴好电工必备的劳动保护用品。(　　)

13. 电源电压的变化对白炽灯的发光效率影响很大当电压升高 10% 时其发光效率提高 17%。(　　)

14. 灯具安装应牢固灯具重量超过 3 kg 时必须固定在预埋的吊钩或螺钉上。(　　)

15. 各种悬吊灯具离地面的距离不应小于 2.5 m。(　　)

16. 管子的弯曲半径应小于管子直径的 5 倍。(　　)

17. 在日光灯的电源上有时并接一个电容器其作用是改善功率因数。(　　)

18. 绑扎导线时平行的两根导线应敷设在两绝缘子的外侧或同一侧。(　　)

19. 凡接到任何违反电气安全工作规程制度的命令时，应考虑执行。(　　)

20. 在通孔将钻穿时，应不改变进给量。(　　)

21. 变压器的结构有心式和壳式两类，其中心式变压器的特点是铁心包着绕组。(　　)

22. Y 接法的三相异步电动机在空载运行时若定子一相绕组突然断路则电机有可能继续运行。(　　)

23. 分相式单相异步电动机在轻载运行时若两绕组之一断开则电动机有可能继续转动。(　　)

24. 栅片一般由铁磁性物质制成它能将电弧吸入栅片之间并迫使电弧聚向栅片中心被栅片冷却使电弧熄灭。(　　)

25. 栅片灭弧适用于交流电器。(　　)

26. 容量较小的交流接触器采用双断口触点灭弧装置。(　　)

27. 热继电器，从热态开始通过 1.2 倍整定电流的动作时间是 1.2min 以内。(　　)

28. 热继电器从冷态开始，通过 6 倍整定电流的动作时间是 5 s 以上。(　　)

29. 三相异步电动机的额定电压为 380 V 交流耐压试验电压为 500 V。(　　)

30. 单向变压器在进行短路试验时应将高压侧接入电源低压侧短路。(　　)

31. 一个 220 V、40 W 电烙铁的电阻值约为 2 Ω。(　　)

32. 在一组结构完全相同直径长度匝数等的线圈中电感量最大的是坡莫合金心线圈。(　　)

33. 电源的频率对人体更加危险的是 40 ~ 60 Hz。(　　)

34. 电工作业实行二人工作制一人操作一人监护。(　　)

35. 指针式万用表性能的优劣，主要看功能多少。(　　)

36. 人体只触及一根火线（相线），这是跨步触电。(　　)

37. 实验表明成年男子的平均摆脱电流约为 16 mA。(　　)

38. 有一电源电压为 24 V，现在只有额定电压 12 V 的信号灯，要使用这些信号灯时，应该直接接到电源上，即可使用。(　　)

39. 交流电角频率的单位是弧度/秒。(　　)

40. 电路中熔断器熔体熔断的原因是，电路未加自动空气开关。(　　)

41. RS0 熔断器的特点是动作速度慢。(　　)

42. 电气原理图中表示出元件的尺寸、位置。(　　)

43. 安装图表示电路原理，及元件的控制关系。(　　)

44. 接线图中同一元件的线圈触点以同一文字符号标注。(　　)

45. 电路图就是电气原理图。(　　)

46. 应安装短路环的电磁铁是单相交流电磁铁。(　　)

47. 荧光灯开启时灯光闪烁或光在管内滚动而不能点燃其产生原因不可能是镇流器线圈断路。(　　)

48. 不准带电作业断电检修时。要挂“有人工作，不准合闸” 警 示牌防止他人误操作造成伤害。(　　)

49. 要想使正常导通的晶闸管关断只要使通过晶闸管的电流小于维持电流即可。(　　)

50. 通态平均电压值是衡量晶闸管质量好坏的标准之一，其值为 0 最好。(　　)

51. 示波器中扫描发生器中产生的是锯齿波信号。(　　)

52. 知三相交流电源的线电压为 380 V，若三相电动机每相绕组的额定电压是 220 V 则应结成△或 Y 形。(　　)

53. 在测量直流电量时，需区分表笔极性是仪表是万用表。(　　)

54. 设备修理按修理精度，可分为小修中修和大修。(　　)

55. 数字式万用表的显示部分，通常采用发光显示管。(　　)

56. 智能化是数字式万用表一般都具有的功能是故障自查。(　　)

57. 示波器构成的三个基本部分除了电子轮偏转系统还有荧光屏。(　　)

58. 直流电机电枢绕组经过拆卸修理后，重新包扎的绝缘应选用比原来高一个等级的绝缘材料。(　　)

59. 交流电焊机不能起弧的原因是电源电压高。(　　)

60. 在一般示波器上都有扫描微调主要用来扫描周期。(　　)

61. 交流电焊机熔断器经常熔断的可能是：电源线断。(　　)

62. 若发现变压器油温比平常同负载及散热条件下高 80℃以上时，应考虑变压器的内部发生故障。(　　)

63. 在欧姆定律中其电阻不变当电压增大时，电流将会忽大忽小。(　　)
64. 继电器改变非磁性垫片厚度可调整电磁式继电器释放电压。(　　)
65. 交流电焊机震动过大可能原因是绕组短路。(　　)
66. 常用的脉冲信号波形有钜波和锯齿波。(　　)
67. 带传动机构装配后要求两带轮中间平面垂直（　　）
68. 液压传动系统中，用单向阀来改变活塞运动速度。(　　)
69. 用压铅丝法检查齿轮侧隙时，所用铅丝直径不得超过齿轮侧隙最大间隙的 4 倍。(　　)
70. 錾削时錾子后角一般为 3°～5°。(　　)
71. 锉刀的主要工作面是指锉齿部位。(　　)
72. 电动工具使用时保证电气安全极为重要在使用 220 V 时应采取相应的安全措施。(　　)
73. 研磨修整零件时当被研零件地材质较软时，一般应选用软砂条进行。(　　)
74. 在中等中心距时三角带的张紧程度一般可在带的中间用大拇指能按下 15 mm 为宜。(　　)
75. 铰孔工作完毕后，退出铰刀时应该反转。(　　)
76. Z3040 摇臂钻床，立柱和主轴箱松开或夹紧顺序是不同时。(　　)
77. 能用来作记忆元件铁磁材料是：硬磁。(　　)
78. 巨磁的特点是在很小的外磁作业下就能磁化，一经磁化便能达到导通。(　　)
79. 直流电动机的换向电流愈大换向火花不变。(　　)
80. 在集成电路中 CMOS 集成电路的输入端不允许悬空。(　)。(　　)
81. 温度升高时，电容漏电阻会不变大。(　　)
82. 钴是铁磁性物质。(　　)
83. 电线接头处或拆下的线头必须用胶布包好防止触电或造成短路。(　　)
84. RM 系列的熔断器属于管式熔断器。(　　)
85. 电容器对交流电阻碍作用叫作容抗　。(　　)
86. 石棉是无机绝缘材料。(　　)
87. 基尔霍夫第一定律定律，应用于回路。(　　)
88. 分子在电场作用下做有规则定向移动，就形成了电流。(　　)
89. 容抗与电源频率没关系（　　）
90. 电流对人体产生的伤害，根据其性质可分为电击和电打两种。(　　)
91. 一般情况下同步电机的启动方法有两种一种是同步启动另一种是异步启动。(　　)
92. 中频炉和高频炉利用频率原理对金属加热、熔化。(　　)
93. 线路过流保护的动作时间是按阶梯型原则来整定的。(　　)
94. 在大接地电流系统中当线路发生单相接地时，零序保护动作于会不跳闸。(　　)
95. 瓦斯继电器的老式结构为浮筒式，主要有开口杯式和闭口杯式。(　　)
96. 重瓦斯动作将使断路器跳闸并发信号。(　　)
97. 轻瓦斯动作只给跳闸及灯光信号。(　　)
98. 当高压电动机发生单相接地其电容电流大于 5 A 时，应装设接零保护。(　　)

99. 自动重合闸装置是将保护装置动作跳闸后的断路器重新投入的装置。（　　）

100. 在三相对称交流电源星形连接中，线电压超前于所对应的相电压 40。（　　）

101. 为了检查可以短时停电在触及电容器前必须充分放电。（　　）

102. 一般照明系统中，的每一单相回路上灯具与插座的数量不宜超过 20 个（　　）

103. “禁止攀登，高压危险！”的标志牌，应制作为白底黑字（　　）

104. 胶壳刀开关在安装接线时，电源线接在下端。（　　）

105. 并联电力电容器的作用是：提高用电电流。（　　）

106. 电动势的方向是从负极指向正极。（　　）

107. 电机在额定工作状态下运行定子电路所加的线电压叫额定电压。（　　）

108. 断路器的选用应先确定断路器的类型然后才进行具体的参数的确定。（　　）

109. 保险绳的使用应是：低挂低用。（　　）

110. 熔断器，在电动机的电路中起过载保护作用。（　　）

111. 静电现象时十分普遍的电现象易引发火灾是它的最大危害。（　　）

112. 一般情况下，低压电器的静触头应接电源。（　　）

113. 电力系统由于运行和安全的需要常常中性点接地称为工作接地。（　　）

114. 在电容器的串联回路中，总电流等于各个电容器电容量之和。（　　）

115. 杆上作业时必须系好腰绳（安全带）保护。（　　）

116. 电阻器质量参数是电阻标称阻值允许误差和额定功率。（　　）

117. 电流方向与磁场方向垂直时时磁场对电流的磁场力最大。（　　）

118. 示波器，将电信号转换成指示信号。（　　）

119. 交流电焊机熔断器经常熔断的可能原因是：电源线断。（　　）

120. 若发现变压器油温比平常同负载及散热条件下高 50 °C 以上时，应考虑变压器的内部发生故障。（　　）

121. 在欧姆定律中电阻不变当电压增大时，电流将会忽大忽小。（　　）

122. 继电器改变非磁性垫片厚度可调整电磁式继电器释放电压。（　　）

123. 交流电焊机震动及响声过大可能原因是绕组短路。（　　）

124. 常用的脉冲信号波形有矩形波、三角波和锯齿波。（　　）

125. 带传动机构装配后要求：两带轮中间平面垂直。（　　）

126. 液压传动中，用单向阀来改变活塞运动速度。（　　）

127. 用铅丝法检查齿轮侧隙时，所用铅丝直径不宜超过齿轮侧隙最大间隙的 4 倍。（　　）

128. 錾削时錾子后角一般为 3° ~ 5°。（　　）

129. 锉刀的主要工作面是指锉齿的中部表面。（　　）

130. 手电钻使用时保证电气安全极为重要在使用 220 V 电钻时应采取相应的安全措施。（　　）

131. 研磨修整零件过程中，当被研零件地材质较软时，一般应选用软砂条进行。（　　）

132. 在中等中心距时，三角带的张紧程度一般可在带的中间，用大拇指能按下 15 mm 为宜。（　　）

133. 铰孔完毕，退出铰刀时应该反转。（　　）

134. Z3040 摇臂钻床立柱和主轴箱松开或夹紧顺序是同时。(　　)
135. 能用来作记忆元件铁磁材料是：软磁。(　　)
136. 巨磁材料的特点是在很小的外磁作业下就能磁化，一经磁化便能达到导通。(　　)
137. 直流电机的换向电流愈大换向火花不变。(　　)
138. CMOS 集成电路的输入端不允许悬空。(　　)
139. 温度升高时，电容漏电阻会不变大。(　　)
140. 属于铁磁性物质的是铝。(　　)
141. 凡容易被人碰到的电气设备周围应设安全罩、围栏并挂警示牌“有电止步危险”。(　　)
142. 在变电所配电室变压器室门上有高压带电设备的地方应挂上“高压。危险！”的警示牌。(　　)
143. 电容对交流电阻碍作用叫作容抗。(　　)
144. 属于无机绝缘材料的是石棉。(　　)
145. 基尔霍夫电流定律，应用于回路。(　　)
146. 分子在电场作用下，做有规则定向移动就形成了电流。(　　)
147. 电容容抗与电源频率没关系。(　　)
148. 电流产生的伤害，根据其性质可分为电击和电打两种。(　　)
149. 同步电动机的启动方法有两种一种是同步启动另一种是异步启动。　(　　)
150. 中频炉和高频炉利用频率原理对金属加热，熔化。(　　)
151. 线路过流保护的动作时间是按阶梯型原则来整定的。(　　)
152. 在大接地电流系统中，当线路发生单相接地时，零序保护动作于不跳闸。(　　)
153. 瓦斯继电器的老式结构为浮筒式，主要有开口杯式。(　　)
154. 断线钳专供剪断较粗的金属丝线材及电线电缆。(　　)
155. 异步电动机过载时，造成电动机转速增加并发热。(　　)
156. 电力变压器的冷却方式多属油浸自冷式变压器。(　　)
157. 制动不是电磁离合器的主要作用。(　　)
158. 三相异步电动机定子有 3 绕组。(　　)
159. 桥式起重机凸轮控制器手柄在第 1 档时转矩最小。(　　)
160. VV29 型电缆宜直埋在土壤中。(　　)
161. 与介质的磁导率无关的物理量是磁通。(　　)
162. 在本质半导体中掺入某种特定的杂质称为杂质半导体。(　　)
163. 用串并联组成的电路常叫作混连电路。(　　)
164. 将几个电阻元件的首尾端分别连在一起叫作并联电路。(　　)
165. 欧姆定律说明了电路中电压、电流、电阻三者之间的关系。(　　)
166. 电力变压器　，耐压实验时间为 50 min。(　　)
167. 为保障职工在生产过程中的安全与健康。在设备上、技术上、设备上、组织制度上和教育上采取的一套综合措施，叫作劳动保护。(　　)
168. 安全生产装置是指配置在生产设备上，保障人身安全的所有附属装置。(　　)
169. 延边三角形减压启动的电动机绕组有 9 个抽头，启动时抽头 4 与 3 抽头连接。(　　)

170. 利用示波器测量电压时常用方法是标尺法。(　　)

171. 不带反馈的共发射机晶体管放大器，在输出电压不实正时，其输出的交流信号的幅度最大为 1 V。(　　)

172. 电缆引出地面时，露出地面上 5 m 长的一段应穿钢管保护。(　　)

173. 设备修理的方法有大修修理法，定期修理法和检查后修理法。(　　)

174. 接触器的短路线圈的作用是：在交变电流过零时，维持动静铁心之间具有一定的吸力，以清除动、静铁心之间的振动。(　　)

175. 电钻转速慢的可能原因有：转子绕组短路，转子绕组断路，定子绕组接地或短路。(　　)

176. 电器栅片灭弧效果在交流时要比直流时强。(　　)

177. 在通常条件下，对人体而言，安全电压不会造成伤害。(　　)

178. 交流电的特点是大小方向都随时间变化。(　　)

179. 一般情况下低压电器的动触头应接负载。(　　)

180. 电力系统由于运行和安全的需要，常常中性点接地称为工作接零。(　　)

181. 在电容器的窜连回路中，总电抗等于各个电容器电容量之和。(　　)

182. 直流单臂电桥一般适合的测量电阻范围是 1 Ω ~ 1 000 kΩ。(　　)

183. 一点的磁感应强度为：该点上电压以单位速度与磁场做垂直方向运动时，所承受的磁场力。(　　)

184. 焊接电路板时，焊锡材料一般采用低熔点合金。(　　)

185. 三相异步电动机定子有 3 个绕组。(　　)

186. RM 系列熔断器按类型属于管式熔断器。(　　)

187. 电气设备分断电路时，只要电源电压达到 380 V 时，就有可能出现电弧。(　　)

188. 电场力移动正电荷的方向是电压的方向。(　　)

189. 接触器触头重新更换后应调整压力行程。(　　)

190. 电流互感器严禁副边开路。(　　)

191. 在三相对称交流电源星形连接中，线电压超前于所对应的相电压 120°。(　　)

192. 旋转磁场的旋转方向决定于通入定子绕组织中的三相交流电源的相序，只要任意调换电动机所接交流电源的相序，旋转磁场既反转。(　　)

193. 为了检查可以短时停电在触及电容器前必须放电。(　　)

194. 用喷雾水枪可带电灭火，但为安全起见，灭火人员要戴绝缘手套，穿绝缘靴还要求水枪头接地。(　　)

195. 对电机各绕组的绝缘检查，如测出绝缘电阻为零，在发现无明显烧毁的现象时，则可进行烘干处理，这时继续通电运行。(　　)

196. 照明系统中的每一单相回路上，灯具与插座的数量不宜超过 20 个。(　　)

197. 禁止攀登高压危险的标志牌应制作为白底红边黑字。(　　)

198. 通过自耦变压器来降低加在定子三相绕组上的电压的启动方式叫自耦降压启动。(　　)

199. 异步电动机在启动瞬间，转子绕组中感应的电流很大，使定子流过的启动电流叶很大，约为额定电流的 10 倍。(　　)

200. 胶壳刀开关在接线时，电源线接在下端。(　　)

201. 在易燃易爆场所使用的照明灯具应采用便携防爆灯具。(　　)

202. 安全帽是登杆作业时必备的保护用具，无论用登高板或脚扣都要用其配合使用。(　　)

203. 在对 380 V 电机各绕组的绝缘检查中，发现绝缘电阻 > 1.5 兆欧，则可初步判定为电动机受潮所致，应对电机进行烘干处理。(　　)

204. 电烙铁用于锡焊导线接头等。(　　)

205. 在选择漏电保护装置的灵敏度时，要避免由于正常启动电流引起的不必要的动作而影响正常供电。(　　)

206. 导线接头电阻要足够小与同长度同截面导线的电阻比不大于 1。(　　)

207. 交流接触器的机械寿命是指在不带负载的操作次数一般达万次。(　　)

208. 临时用电线路及设备的绝缘必须良好。如临时插座、风扇、电焊机等不用时马上拆除。(　　)

209. 电动势的方向是从负极向正极。(　　)

210. 电气火灾发生时，应首先切断电源再灭火，但当电源无法切断时，只能带电灭火，500 V 低压配电柜灭火可选用的灭火器是水。(　　)

211. 万能转换开关的基本结构内有转动机构和触点系统。(　　)

212. 多级熔断器保护中，后级的熔体额定电流比前级大，目的是防止熔断器越级熔断而不起作用。(　　)

213. 在额定工作状态下电动机运行时允许输出的机械功率叫额定功率。(　　)

214. 当电气设备发生接地故障，接地电流通过接地体向大地流散，若人在接地短路点周围行走，其俩脚间的电位差引起的触电叫直接触电。(　　)

215. 断路器的选用，应先确定断路器的外形，然后才进行具体的参数的确定。(　　)

216. 电动机在额定工作状态下运行时允许输出的机械功率叫额定功率。(　　)

217. 保险绳的使用应高挂低佣。(　　)

218. 继电器，是一种根据外界输入信号来控制电路关闭或“断开”的一种自动电器。(　　)

219. 断路器也叫自动空气开关。(　　)

220. 熔断器在电动机的电路中，起短路保护作用。(　　)

221. 电力系统中三相四线制的零线的截面积一般小于相线截面积。(　　)

222. 静电现象时十分普遍的电现象，灼伤是它的最大危害。(　　)

223. 一般情况下低压电器的静触头应接电源，动触头接负载。(　　)

224. 工作接零是指电力系统由于运行和安全的需要，常常中性点接地。(　　)

225. 在电容器的窜连回路中总电压等于各个电容器电容量之和。(　　)

226. 双臂电桥一般适合的测量电阻范围是 1 Ω ~ 1 000 kΩ。(　　)

227. 某点的磁感应强度为：该点上电流以单位速度与磁场做垂直方向运动时，所承受的磁场力。(　　)

228. 继电器的作用是：在交变电流过零时，维持动静铁心之间具有一定的吸力，以清除动、静铁心之间的振动。(　　)

229. 电动机运行时，转速慢的可能原因有：转子绕组短路；转子绕组断路；定子绕组接地或短路。(　　)

230. 如果电流方向与磁场方向垂直时则磁场对电流的磁场力最大。(　　)

231. 在磁场中磁通经过的闭合路径叫磁路。(　　)

232. 电阻器主要质量参数是电阻标称阻值允许误差和额定功率。(　　)

233. 示波器是将电信号转换成光信号的一种测试仪器。(　　)

234. 电容器的并联回路中，等效电容量等于各电容器电容量之和。(　　)

235. 普通功率表在接线时，电压线圈和电流线圈的关系是具体情况而定。(　　)

236. 数个电阻元件的首尾端分别连在一起叫串联。(　　)

237. 几个电阻并联时 ，电路的总和等于电流各电阻支路之和。(　　)

238. 一般情况下低压电器的静触头应接电源。(　　)

239. 工作接地是指电力系统由于运行和安全的需要，常常接地，这种接地方式称为工作接地。(　　)

240. 电容器的并联回路中总电流等于各个电容器电容量之和。(　　)

241. 严禁手持高于人体安全电压的照明设备。(　　)

242. 某点的磁感应强度为：该点上单位正电荷以单位速度与磁场做水平方向运动时，所承受的磁场力。(　　)

243. 短路环的作用是：在交变电流过零时，维持动静铁心之间具有一定的吸力，以清除动、静铁心之间的振动。(　　)

244. 运行中的用电设备或电动机，由于某种原因引起瞬间断电，当排除故障，恢复供电以后，使用电设备和电动机不能自行启动，用以保护设备和人身安全，这种保护措施叫工作接地。(　　)

245. 由于某种原因电源电压降到额定电压的 85% 及以下保证电源不被接通的措施叫作欠压保护。(　　)

246. 单相电钻转速慢的可能原因有：转子绕组短路；转子绕组断路；定子绕组接地或接地(　　)

247. 电流方向与磁场方向垂直时磁场对电流的磁场力最大。(　　)

248. 磁通经过的闭合的路径叫磁路。(　　)

249. 电阻器主要质量参数是电阻标称阻值允许误差和额定电压。(　　)

250. 严禁带电移动高于人体安全电压的设备。(　　)

251. 电容器的串联回路中，等效电容器等于电容器电容量之和。(　　)

252. 普通功率表在接线时电压线圈和电流线圈的关系是具体情况而定。(　　)

253. 三相笼型异步电动机空载运行正常，负载启动困难，转速低，原因是电压低。(　　)

254. 天车在吊起重物的过程中，速度亦改变，则此电动机应选用伺服电机。(　　)

255. 提升速度在吊起重物的过程中，速度亦改变，则此电动机应选用伺服电机。(　　)

256. 橡胶绝缘电缆弯转时弯曲半径为电缆外径 15 倍。(　　)

257. 对于一段材料和粗细都均匀的导体来说在一定温度下他的电阻与其长度成正比。(　　)

258. 把导体周围产生的磁场与导体中流过的电流之比叫作电感。(　　)

259. 比尔霍夫第一定律的内容是流入节点的电流只和恒等于流出节点的电流之和。(　　)

260. 基尔霍夫第二定律的内容是在任意闭合回路中，沿一定方向绕行一周，电动势的代数和等于电阻上电压降的代数和。(　　)

261. 为电路提供一定电流的电源用电流源来表征。(　　)

262. 为电路提供一定电压的电源用电压源来表征。(　　)

263. 配线过程中，当需要把铜导线和铝导线压接在一起时，必须采用铜管连接管。(　　)

264. 常用导线可分为绝缘导线、裸导线两种，绝缘导线包括橡皮绝缘导线、塑料绝缘导线和护套线。(　　)

265. 计算电路的两条基本定律是欧姆定律和基尔霍夫定律。(　　)

266. 选择功率表时，应考虑表的电压限量、电流限量和量程限量。(　　)

267. 某三相异步电动机的额定电压为 380 V 其交流耐压试验电压为 500 V。(　　)

268. 任何一个电路都可以看成是由电源、负载、控制装置、连接导线电气设备部分组成。(　　)

269. 电子的正方向，即在电场力的作用下，正电荷移到所指的地方。(　　)

270. 必须在易燃易爆气体或液体扩散区施焊时。应经有关部门检查许可后方可施焊。(　　)

271. 电阻的串联电路中，径流各电容的电压即消耗的功率与其阻值成反比。(　　)

272. 电路中任选一点做参考点，令其电位为零，在电路中某点与参考点间的电压叫该点的电位。(　　)

273. 外电路的电阻等于电源的内电容时，电源的输出功率最大。(　　)

274. 几个电阻并联时每个电阻两端所承受的电压相等，电流的大小不随空间的变化而变化则叫直流电流。(　　)

275. 欧姆定律主要说明了电路中电压电流和电阻三者之间的因果。(　　)

276. 提升速度在吊起重物的过程中，速度亦改变，则此电动机应选用伺服电机。(　　)

277. 操作人员思想要集中线路在未经验明。确实无电应一律视为有电不准用手接触不可绝对相信绝缘体。(　　)

278. 用万用表判断晶体三极管极性的原理：依据二极管正向电阻小，反向电阻不一定的特点，就可用万用表来判断极性。(　　)

279. 电压的大小，通常以每秒钟内通过导体横截面的电荷量来计算。(　　)

280. 常用的灭火器有水压灭火器，手提 1211 灭火器，手提二氧化碳灭火器，手提式泡沫灭火器。(　　)

281. 新装和大修后的低压线路和设备的绝缘电阻不应小于 1.5 MΩ。(　　)

282. 电路的作用是能够实现电能的传输与变换和信号的传递与处理。(　　)

283. 热继电器主要用于打桩机的过载、断相、电流不平衡运行的保护。(　　)

284. 数个电阻元件的首尾端分别连在一起叫作并联电路。(　　)

285. 交流电流表指示的是电流的有效值。(　　)

286. 三相异步电动机的额定电压为 500 V，其交流耐压试验电压为 500 V。(　　)

287. 线圈产生感生电动势的大小与通过线圈的磁通量的变化率成正比。(　　)

288. 新装和大修后的低压线路和设备的绝缘电阻不应小于 0.5 MΩ。（　　）

289. 移动式电焊机一次线长度不得超过 2 m；移动式电焊机二次线长度不得超过 200 m。（　　）

290. BVL 表示绝缘电线的正确名称是铝芯聚氯乙烯绝缘软线。（　　）

291. 在易燃易爆场所使用的照明灯具应采用防爆灯具。（　　）

292. 劳保鞋是登杆作业时必备的保护用具，无论用登高板或脚扣都要用其配合使用。（　　）

293. 在对 380 V 电机各绕组的绝缘检查中，发现绝缘电阻过大，则可初步判定为电动机受潮所致，应对电机进行烘干处理。（　　）

294. 工作结束后，应切断焊机电源，并检查操作地点确认无起火危险后，方可离开。（　　）

295. 在选择漏电保护装置的灵敏度时，要避免由于正常漏电引起的不必要的动作而影响正常供电。（　　）

296. 导线接头电阻要足够小，与同长度同截面导线的电阻比不大于 1 000。（　　）

297. 交流接触器的机械寿命是指在不带负载的操作次数，一般达一万次。（　　）

298. 并联电力电容器的作用是提高功率因数。（　　）

299. 电动势的方向是从负极指向正极　。（　　）

300. 当电气火灾发生时，应首先切断电源再灭火，但当电源无法切断时，只能带电灭火，500 V 低压配电柜灭火可选用的灭火器是水。（　　）

301. 万能转换开关的基本结构内有触点系统。（　　）

302. 在采用多级熔断器保护中，后级的熔体额定电流比前级大，目的是防止熔断器越级熔断而不起作用。（　　）

303. 电动机在额定工作状态下运行时，定子电路所加的相电压叫额定电压。（　　）

304. 当电气设备发生接地故障，接地电流通过接地体向大地流散，若人在接地短路点周围行走，其俩脚间的电位差引起的触电叫电弧触电。（　　）

305. 断路器的选用，应先确定断路器的价格，然后才进行具体的参数的确定。（　　）

306. 电动机在额定工作状态下运行时允许输出的机械功率叫额定功率。（　　）

307. 保险绳的使用应高挂低用。（　　）

308. 继电器是一种根据外界输入信号来控制电路接通或断开的一种自动电器。（　　）

309. 低压断路器也称为自动空气开关。（　　）

310. 熔断器在电动机的电路中起短路保护作用。（　　）

311. 三相四线制供电系统中的零线的截面积一般小于相线截面积。（　　）

312. 静电现象时十分普遍的电现象，电伤是它的最大危害。（　　）

313. 所有电气设备不论高低压在检修检查或搬移时。必须首先切断电源严禁带电作业。（　　）

314. 工作接地是指电力系统由于运行和安全的需要常常中性点接地。（　　）

315. 在电容器的窜连回路中，总电容等于各个电容器电容量之和。（　　）

316. 单臂电桥一般适合的测量电阻范围是 1 Ω ~ 1 000 kΩ。（　　）

317. 某点的磁感应强度为：该点上电压以单位速度与磁场做垂直方向运动时，所承受的磁场力。(　　)

318. 接触器的作用是：在交变电流过零时，维持动静铁心之间具有一定的吸力，以清除动、静铁心之间的振动。(　　)

319. 电动机转速慢的可能原因有：转子绕组短路；转子绕组断路；定子绕组接地或短路。(　　)

320. 电流方向与磁场方向垂直时磁场对电流的磁场力最大。(　　)

321. 磁通经过的闭合路径叫磁通。(　　)

322. 电阻器主要质量参数是电阻标称阻值，允许误差和额定功率。(　　)

323. 对电气设备操作时必须按电气设备操作规则执行。(　　)

324. 电容器的并联回路中， 等效电容器不等于电容器电容量之和 (　　)

325. 普通功率表在接线时，通信线圈和电流线圈的关系是具体情况而定。(　　)

326. 几个电阻元件首尾端分别连在一起叫作并联电路。(　　)

327. 几个电阻并联时 ，电路的总电流不等于各电阻支路之和。(　　)

328. 一般情况下，低压电器的静触头应接负载。(　　)

329. 工作接地是指电力系统由于运行和安全的需要，常常重复接地，这种接地方式称为工作接地。(　　)

330. 在电容器的串联回路中总电压等于各个电容器电容量之和。(　　)

331. 基尔霍夫第二定律的内容是在任意闭合回路中，沿一定方向绕行一周，电动势的代数和不等于电阻上电压降的代数和。(　　)

332. 检查和检修各种大型固定设备的电气系统时必须按检查和检修大型固定设备的电气系统规则执行。(　　)

333. 检查和处理各种电气设备故障时操作必须按配电安全操作规程中“事故停电”的规定执行。(　　)

334. 配线过程中，当需要把铜导线和铝导线压接在一起时，必须采用连接管。(　　)

335. 常用导线可分为绝缘导线、裸导线两种，绝缘导线包括橡皮绝缘导线、塑料绝缘导线和无线电。(　　)

336. 计算电路的基本定律是欧姆定律和基尔霍夫定律。(　　)

337. 选择功率表时，应考虑表的电压限量、电流限量和量程限量。(　　)

338. 某三相异步电动机的额定电压为 380 V，其交流耐压试验电压为 5 000 V。(　　)

339. 任何一个电路都可以看成是由电源，负载、控制装置、连接导线电气设备部分组成。(　　)

340. 电压的正方向，即在电场力的作用下，正电荷移到所指的地方。(　　)

341. 电气设备的金属外壳均应可靠接地。(　　)

342. 电阻的并联电路中，径流各电容的电压即消耗的功率与其阻值成反比。(　　)

343. 在电路中任选一点做参考点，令其电位为零，在电路中某点与参考点间的电压叫该点的电位。(　　)

344. 外电路的电阻等于电源的内电阻时，电源的输出功率最大。(　　)

345. 电流的大小随时间的变化而变化则叫交流电流。(　　)

346. 欧姆定律主要说明了电路中电压电流和电阻三者之间的关系。(　　)

347. 电机运行时禁止用布塑料纸等柔软物品遮盖电机。(　　)

348. 在任何情况下都不允许用手直接接触带电部分。验电必须使用符合电压等级的验电笔。(　　)

349. 用万用表判断晶体二极管极性的原理：依据二极管正向电阻小，反向电阻不一定的特点，就可用万用表来判断极性。(　　)

350. 电流的大小通常以每秒钟内通过导体横截面的电荷量来计算。(　　)

351. 电功率是单位时间内电流所做的功。(　　)

352. 电阻的并联电路中，径流各电压的电压即消耗的功率与其阻值成反比。(　　)

353. 在电路中任选一点做参考点，令其电位为零，在电路中某点与参考点间的电压叫该点的电位。(　　)

354. 外电路的电阻等于电源的内电压时，电源的输出功率最大。(　　)

355. 几个电阻并联时每个电阻两端所承受的电压相等。电流的大小不随外力的变化而变化则叫直流电流。(　　)

356. 常用的灭火器有化学灭火器，手提 1211 灭火器，手提二氧化碳灭火器，手提式泡沫灭火器。(　　)

357. 电路的作用是能够实现电能的传输与变换，能够实现信号的传输与处理。(　　)

358. 电流的单位是安培。(　　)

359. 热继电器主要用于提升机的过载，断相，电流不平衡运行的保护。(　　)

360. 进行高压操作时，必须戴绝缘手套，穿绝缘鞋等绝缘工具。(　　)

361. 电流表所指示的是电流的有效值。(　　)

362. 三相异步电机的额定电压为 380 V，交流耐压试验电压为 1 500 V。(　　)

363. 线圈产生感生电动势的大小与通过线圈的磁通量的变化率成正比。(　　)

364. 新装和大修后的低压线路和设备的绝缘电阻不应小于 0.5 MΩ。(　　)

365. 移动式电焊机一次线长度不得超过 2 米；移动式电焊机二次线长度不得超过 15 米。(　　)

366. BVR 表示绝缘电线的正确名称是铜芯聚氯乙烯绝缘软线。(　　)

367. 数字式万用表他的显示屏部分通常采用液晶显示器。(　　)

368. 选择导线截面积必须符合发热条件电压损失经济电流密度和机械强度。(　　)

369. 欠压保护起的作用是：① 降低人体的接触电压；② 迅速切断故障设备；③ 降低电气设备和电力线路的设计绝缘水平。(　　)

370. 选择电表时，应考虑表的电压限量、电流限量和负载限量。(　　)

371. 在三相对称交流电源星形连接中，线电压超前于所对应的相电压 60°。(　　)

372. 旋转磁场的旋转方向决定于通入定子绕组织中的三相交流电源的相序，只要任意调换电动机正线所接交流电源的相序，旋转磁场既反转。(　　)

373. 为了检查可以短时停电，在触及电容器前必须检查。(　　)

374. 用喷雾水枪可带电灭火，但为安全起见，灭火人员要戴绝缘手套，穿绝缘靴还要求水枪头随意连接。(　　)

375. 对电机各绕组的绝缘检查，如测出绝缘电阻为零，在发现无明显烧毁的现象时，则可进行烘干处理，这时可以通电运行。(　　)

376. 照明系统中的每一单相回路上，灯具与插座的数量不宜超过 10 个。(　　)

377. “禁止攀登，高压危险！”的标志牌应制作为红字。(　　)

378. 利用自耦变压器来降低加在定子三相绕组上的电压的启动叫自耦降压启动。(　　)

379. 异步电动机在启动瞬间，转子绕组中感应的电流很大，使定子流过的启动电流叶很大，约为额定电流的 10 ~ 15 倍。(　　)

380. 胶壳刀开关在接线时，电源线接在外壳。(　　)

381. 常见铁心粘连原因是：选用不当，触头容量太小；负载电流过大，操作频率过高；触头弹簧损坏，初压力减小。(　　)

382. 单相电钻转速慢的可能原因是转子绕组短路。(　　)

383. 三相异步电动机修复后其主要实验项目：空载实验，绝缘性能实验，接地实验。(　　)

384. 户外照明灯具高度一般不应低于 3.5 m。(　　)

385. 室内吊灯及日光灯的内部连接导线其截面面积应不小于 0.75 mm^2。(　　)

386. 简述起重机的电力驱动：起重机的电力驱动有主钩、副钩、大车和小车 4 个部分，均由起重机专用的 YZH 系列电动机来拖动。(　　)

387. 绑扎用的绑扎线应选用与导线相同金属的单股线，其直径不应小于 5 mm。(　　)

388. 正弦直流电的三要素是：最大值、周期和初相角。(　　)

389. BRV 表示绝缘电线的正确名称是铜芯聚氯乙烯绝缘软线。(　　)

390. 中大型电机空载电流占额定电流的 20% ~ 35%. (　　)

391. 小型电机空载电流占额定电流的 35% ~ 50%。(　　)

392. 正弦交流电在随时间变化过程中，任一瞬时的数值称为瞬时值，最大的瞬时值称为有效值。(　　)

393. 正弦交流电的三要素是：有效值、周期和初相角。(　　)

394. 电路故障类型有：(1) 断路故障；(2) 短路和短接故障，机械故障。(　　)

395. 电动机选择的基本原则有：选择新产品老型号，根据实际需要选择。(　　)

396. 每年汛期从 6 月 15 日开始至 9 月 15 日结束。(　　)

397. 使用摇表测量绝缘电阻时必须停电。(　　)

398. 生产必须安全，安全促进生产，当安全与生产发生矛盾时，安全服从生产。(　　)

399. 上岗前穿好工作服，戴好工作帽，要求整齐清洁。班前严禁睡觉。(　　)

400. 安全风险分设备类、违章类和管理类。(　　)

401. 任何一个电路都可以看成是由开关负载控制装置连接导线四个部分组成。(　　)

402. 电路的作用是能够实现光能的传输与变换，能够实现信号的传递与处理。(　　)

403. 电流的大小不随时间的变化而变化则叫直流电流。(　　)

404. 外力将单位正电荷从电源的伏击移到正极所做的功称为电源电动势。(　　)

405. 设备修理按修理范围可分为小修，　中修和大修。(　　)

406. 电池电压不足，对直流电桥没有影响。(　　)

407. 指针式万用表显示部分，通常采用液晶显示器。(　　)

408. 常用是直流电桥是单臂电桥。(　　)

409. 正常情况下，变压器油应是透明略带白色。(　　)

410. 低压断路器中的电磁脱扣器承担过流保护作用。(　　)

411. 直流电动机火花等级分 5 级，其中 2 级火花最大。(　　)

412. 在整流式直流弧焊机上安装的风开关，目的是在于过压保护。(　　)

413. 电容的单位是法。(　　)

414. 电力变压器耐压实验时间为 1 min。(　　)

415. 变压器运行中有异响可能原因是电压过高。(　　)

416. HK 系列开启式负荷开关必须垂直安装。(　　)

417. 所有绝缘检查工具应妥善保管严禁它用并定期检查校验。(　　)

418. 三相绕线转子异步电动机的整个启动过程中，频敏变阻器的等效阻抗变化趋势是由小变大。(　　)

419. 灯具安装应牢固，灯具质量超过 1 kg 时，必须固定在预埋的吊钩或螺钉上。(　　)

420. 各种悬吊灯具离地面的距离不应小于 2.5 m。(　　)

421. 管子的弯曲半径应小于管子直径的 6 倍。(　　)

422. 绑扎导线时，平行的两根导线，应敷设在两绝缘子的任意侧。(　　)

423. 凡接到任何违反电气安全工作规程制度的命令时应可以执行。(　　)

424. 在通孔将钻穿时，应加大进给量。(　　)

425. 栅片一般由铁磁性物质制成，它能将电弧拉长栅片之间，并迫使电弧聚向栅片中心被栅片冷却，使电弧熄灭。(　　)

426. 栅片灭弧适用于交流电器。(　　)

427. 某三相异步电动机的额定电压为 380 V，其交流耐压试验电压为 1 500 V。(　　)

428. 下述电源的频率，对人体更加危险的是 10 ~ 20 Hz。(　　)

429. 指针式万用表实质上是一个带整流器的磁电式仪表。(　　)

430. 指针式万用表性能的优劣，主要看功能多少。(　　)

431. 人体只触及一根火线（相线），这是跨步触电。(　　)

432. 3 个频率相同、最大值相等、相位相差 90° 的正弦电流、电压或电动势叫三相交流电。(　　)

433. 电压表的内阻越小越好。(　　)

434. 电池电压不足对直流电桥影响灵敏度。(　　)

435. 数字式万用表的显示部分通常采用液晶显示器。(　　)

436. 旋转式直流弧焊机电刷机构必须一周检查一次。(　　)

437. 直流电机旋转时，电枢绕组元件从一个支路经过电刷换到另一个之路元件中的电流方向改变 5 次。(　　)

438. 若发现变压器油温比平常同负载及散热条件下高 55 °C 以上时，应考虑变压器的内部发生故障。(　　)

439. 在欧姆定律中电阻不变当电压增大时，电流将会不变。(　　)

440. 桥式起重机凸轮控制器手柄在第 5 档时转矩最大。(　　)

441. 三相异步电动机定子有 3 个绕组。(　　)

442. 交流电机在空载运行时，功率因数很高。(　　)
443. 接触器触头熔焊会出现铁心不释放。(　　)
444. 配线过程中，当需要把铜导线和铝导线压接在一起时，必须采用铜连接管。(　　)
445. 机床的低压照明灯电压不应超过 36 V。(　　)
446. 划分高低压交流电时，是以对地电压大于或小于 220 V 数值为界。(　　)
447. 星—角降压启动时电动机先星接再角接。(　　)
448. 在通常条件下，对人体而言，安全电压值一般为 24 V。(　　)
449. 在通常条件下，对人体而言，安全电流值一般为小于 50 mA。(　　)
450. 触电伤害的程度与触点电流的路径有关，对人最危险的触点电流路径是流过手指。(　　)
451. 熔丝熔断后，更换新熔丝时，应注意大小均可。(　　)
452. 焊锡材料一般采用低熔点合金。(　　)
453. 在砖墙上冲打导线孔时用冲击钻。(　　)
454. 三相异步电动机为了使三相绕组产生对称的旋转磁场，各相对应边之间应保持 80°电角度。(　　)
455. 三相电源中 L1，L2，L3 或 U，V，W 规定的颜色依次为红、绿、蓝。(　　)
456. 标记为 PE 的导线名称为保护接地线。(　　)
457. 电弧是造成电气火灾事故的主要原因。(　　)
458. 电动机连续空载启动不宜超过 5 次。(　　)
459. 使用万用表时，要将黑表笔接到标有+号的插孔内。(　　)
460. 使用万用表时，要将红表笔接到标有—号的插孔内。(　　)
461. 我国电力系统的额定频率为 50 Hz。(　　)
462. 示波器将电信号转换成光信号。(　　)
463. 我国规定的标准环境温度为 40 °C。(　　)
464. 变压器的空载电流一般不大于原边电额定电流的 80%。(　　)
465. 手电钻使用时，保证电气安全极为重要，在使用 36V 电钻时，应采取相应的安全措施。(　　)
466. 电压的方向是电场力移动正电荷的方向。(　　)
467. 直流电机的换向电流愈大换向火花越强。(　　)
468. 温度升高时，电容漏电阻会增加。(　　)
469. 下面属于铁磁性物质的是钴。(　　)
470. 功率因数低时会降低电源设备利用率。(　　)
471. 判断电压表的好坏内阻越小越好。(　　)
472. 三相负载三角形连接时，每相负载上相电压就是电源相应总电压。(　　)
473. RM 系列熔断器属于管式熔断器。(　　)
474. 电容对交流电阻碍作用叫作容抗。(　　)
475. 电压的单位是伏特。(　　)
476. 当用电器额定电流高于单个电池最大允许电流时，必须采用混联电池组供电。(　　)

477. 基尔霍夫电流定律应用于节点。(　　)

478. 电荷在电场作用下做有规则定向移动就形成了电流。(　　)

479. 容抗与电源频率没关系。(　　)

480. 交流电的有效值是根据电流的热效应来定义的。(　　)

481. 晶闸管触发导通后，其控制极对主电路控制更强 (　　)

482. 设备修理按修理方法可分为小修，　中修和大修。(　　)

483. 电能表测电能时电压线圈应与被测电路并联。(　　)

484. 室内布线分为照明布线和动力布线。(　　)

485. 兆欧表摇测时，一般由慢渐快，最后保持在 80 r/min 左右。(　　)

486. 电流互感器不准副边开路。(　　)

487. 空气断路器具有断相 ，欠压，过载保护作用。(　　)

488. 热继电器主要用于电动机的过载，短路，电流不平衡运行的保护。(　　)

489. 电源的频率，对人体更加危险的是 50 ~ 80 Hz。(　　)

490. 电力变压器多属油浸自冷式变压器。(　　)

491. 造成交流接触器线圈过热而烧毁的原因是电压过高。(　　)

492. 桥式起重机中的电动机过载保护通常采用过流继电器。(　　)

493. 当电源电压由于某种原因降低到额定电压的 20% 及以下时，保证电源不被接通的措施叫作欠压保护。(　　)

494. 电机直接启动时，其启动电流为额定电流的 1 倍。(　　)

495. 卤钨灯工作时需垂直安装，否则将严重影响灯管寿命。(　　)

496. 高压汞灯要水平安装，否则容易自灭。(　　)

497. 划分高低压交流电时，是以对地电压大于或小于 1 000 V 数值为界。(　　)

498. 为降低变压器铁心中的涡流损耗叠片间要互相绝缘。(　　)

499. 对于中小型电力变压器，投入运行后每隔两年要大修一次。(　　)

500. 不准利用另一回路中的中性点作外壳的保护接地。(　　)

501. 发现有人触电时，应当先打 120 请医生，等医生到达后立即开始人工急救。(　　)

502. 特种作业人员进行作业前禁止喝含有酒精的饮料。(　　)

503. 金属屏护装置必须有良好的接地。(　　)

504. 电工作业人员包括从事电气装置运行、检修和试验工作的人员，不包括电气安装和装修人员。(　　)

505. 新参加电气工作的人员不得单独工作。(　　)

506. 局部电路的欧姆定律表明，电阻不变时电阻两端的电压与电阻上的电流成反比。(　　)

507. 并联电路中各支路上的电流不一定相等。(　　)

508. 额定电压 1 500 W 的灯泡，在两小时内消耗的电能是 0.5 kW · h。(　　)

509. 原使用白炽灯时导线过热，改用瓦数相同的日光灯以后导线就不会过热。(　　)

510. 直流电路中，局部电路的欧姆定律表示功率、电动势、电流之间的关系。(　　)

511. 并联电阻越多，总电阻越大。(　　)

512. 两个并联电阻的等效电阻的电阻值小于其中任何一个电阻的电阻值。(　　)

513. 电动机在额定工作状态下运行时定子电路所加的线电压叫额定电压。(　　)

514. 当电气设备发生接地故障，接地电流通过接地体向大地流散，若人在接地短路点周围行走，其两脚间的电位差引起的触电叫直接触电。(　　)

515. 断路器的选用，应先确定断路器的外形，然后才进行具体的参数的确定。(　　)

516. 电动机在额定工作状态下运行时允许输出的机械功率叫额定功率。(　　)

517. 保险绳的使用应高挂低用。(　　)

518. 继电器，是一种根据外界输入信号来控制电路关闭或“断开”的一种自动电器。(　　)

519. 低压断路器也称为自动空气开关。(　　)

520. 熔断器在电动机的电路中，起短路保护作用。(　　)

521. 三相四线制的零线的截面积一般小于相线截面积。(　　)

522. 静电现象时十分普遍的电现象，灼伤是它的最大危害。(　　)

523. 一般情况下低压电器的静触头应接电源。(　　)

524. 工作接零是指电力系统由于运行和安全的需要，常常中性点接地。(　　)

525. 在电容器的串联回路中总电压等于各个电容器电容量之和。(　　)

526. 单臂电桥一般适合的测量电阻范围是 1 Ω ~ 1 000 kΩ。(　　)

527. 某点的磁感应强度为：该点上电流以单位速度与磁场做垂直方向运动时，所承受的磁场力。(　　)

528. 接触器的作用是：在交变电流过零时，维持动静铁心之间具有一定的吸力，以清除动、静铁心之间的振动。(　　)

529. 电动机转速慢的可能原因有：转子绕组短路；转子绕组断路；定子绕组接地或短路。(　　)

530. 电流方向与磁场方向垂直时磁场对电流的磁场力最大。(　　)

531. 磁通经过的闭合路径叫磁路。(　　)

532. 电阻器主要质量参数是电阻标称阻值允许误差和额定功率。(　　)

533. 示波器将电信号转换成光信号。(　　)

534. 电容器的并联回路中，等效电容量等于各电容器电容量之和。(　　)

535. 普通功率表在接线时，电压线圈和电流线圈的关系是具体情况而定。(　　)

536. 数个电阻元件的首尾端分别连在一起叫串联。(　　)

537. 几个电阻并联时 ，电路的总和等于电流各电阻支路之和。(　　)

538. 一般情况下低压电器的静触头应接电源。(　　)

539. 工作接地是指电力系统由于运行和安全的需要，常常接地，这种接地方式称为工作接地。(　　)

540. 在电容器的串联回路中总电压等于各个电容器电容量之和。(　　)

541. 单臂电桥一般适合的测量电阻范围是 1 Ω ~ 1 000 kΩ。(　　)

542. 某点的磁感应强度为：该点上单位正电荷以单位速度与磁场做水平方向运动时，所承受的磁场力。(　　)

543. 短路环的作用是：在交变电流过零时，维持动静铁心之间具有一定的吸力，以清除动、静铁心之间的振动。(　　)

544. 运行中的用电设备或电动机，由于某种原因引起瞬间断电，当排除故障，恢复供电

以后，使用电设备和电动机不能自行启动，用以保护设备和人身安全，这种保护措施叫工作接地。(　　)

545. 由于某种原因电源电压降到额定电压的85%及以下保证电源不被接通的措施叫作欠压保护。(　　)

546. 单相电钻转速慢的可能原因有：转子绕组短路，转子绕组断路，定子绕组接地或短路。(　　)

547. 电流方向与磁场方向垂直时磁场对电流的磁场力最大。(　　)

548. 磁通经过的闭合路径叫磁路。(　　)

549. 电阻器主要质量参数是电阻标称阻值，允许误差和额定电压。(　　)

550. 示波器将电信号转换成光信号。(　　)

三、多选题

1. 为保障职工在生产过程中的安全与健康。在（　　）、组织制度上和教育上采取的一套综合措施，叫作劳动保护。

A. 法律上　　B. 技术上　　C. 设备上　　D. 管理上

2. 跨越线路，不得足踏（　　）。

A. 轨道　　B. 枕木　　C. 道岔尖部　　D. 道岔转动部分

3. 机车车钩“三态”指（　　）。

A. 开锁　　B. 闭锁　　C. 常开　　D. 敞开

4. 三相异步电动机运行维护时需要检查（　　）。

A. 型号是否正确　　B. 轴承是否过热

C. 三相电压是否平衡　　D. 三相电流是否平衡

5. 绕线式异步电动机常采用（　　）启动方法。

A. 直接启动　　B. 间接启动

C. 频敏变阻器　　D. 转子绕组串电阻

6. 选择导线的截面积应考虑（　　）。

A. 导线发热条件　　B. 线路电压损失

C. 机械强度　　D. 经济条件

7. 车间照明及动力线路维修工作的主要内容有哪些（　　）。

A. 检查线路接头　　B. 清扫更换损坏零件

C. 测量线路的绝缘电阻　　D. 进行短路实验 ABC

8. 单相电钻转速慢的可能原因有（　　）。

A. 转子不转　　B. 转子绕组短路

C. 转子绕组断路　　D. 定子绕组接地或短路

9. 架空线常用绝缘子有（　　）。

A. 针式　　B. 虎式　　C. 悬式　　D. 蝶式

10. 三相异步电动机常用的电气制动方法是（　　）。

A. 回馈制动　　B. 能耗制动　　C. 直接制动　　D. 反接制动

11. 向电力用户供应电能应符合（　　）基本要求。
A. 省钱　B. 安全　C. 可靠　D. 经济
12. 任何一个电路都可以具有（　　）这些状态。
A. 有载　B. 开路　C. 短路　D. 无路
13. 欧姆定律主要说明了（　　）三者之间的关系。
A. 电压　B. 电流　C. 电荷　D. 电阻
14. 常用的灭火器有干粉灭火器，和（　　）。
A. 手提 1211 灭火器　B. 手提氧气灭火器
C. 手提式泡沫灭火器　D. 手提二氧化碳灭火器
15. 敷设电缆线路的基本要求是（　　）。
A. 线路走向经济合理　B. 运行安全便于维修
C. 满足供电及控制的要求　D. 以上都不是
16. 下列电机在自动控制系统中属于控制电机的是（　　）。
A. 电机扩大机　B. 伺服电动机　C. 测速发电机　D. 以上都不是
17. 常用导线可分为（　　）。
A. 导线　B. 裸导线　C. 绝缘导线　D. 非绝缘导线
18. 计算电路的两条基本定律是（　　）。
A. 欧姆定律　B. 基尔霍夫定律
C. 麦勒革堡定律　D. 柴可夫斯基定律
19. 选择功率表时，应考虑表的（　　）。
A. 电压限量　B. 电流限量　C. 负载限量　D. 体重限量
20. 实现对三相笼型异步电动机的正、反转控制有（　　）。
A. 倒顺开关正、反转控制
B. 按钮联锁的正、反转控制
C. 接触器联锁的正、转控制
D. 按钮、接触器双重联锁的正、反转控制
21. 热继电器主要用于电动机（　　）的保护。
A. 超速　B. 过载　C. 断相　D. 电流不平衡运行
22. 造成匝间短路的原因（　　）。
A. 在施工过程中碰破了线圈的匝间绝缘
B. 电动机长期在高温下运行，使线圈的匝间绝缘老化变质。
C. 电动机进水
D. 电动机严重过负荷运行
23. 三相异步电动机修复后一般要做（　　）。
A. 空载试验　B. 绝缘性能试验
C. 绕组冷态直流电阻的测定　D. 外壳防暴击实验
24. 三相异步电动空载试验的目的是（　　）。
A. 检查铁心及轴承是否过热
B. 测量电动机的空载电流及空载损耗

C. 观察电动机的运行是否平稳，有无异常声音及振动
D. 检查绕线型电动机的集电环是否有火花和过热现象

25. 导线联结的基本要求是（　　）。
A. 连接牢靠，接头电阻小，机械强度高
B. 防止接头的电化腐蚀
C. 操作简单
D. 绝缘性能好

26. 电气照明的基本要求是（　　）。
A. 省钱省力
B. 照度达到照明标准
C. 兼顾经济、安全、美观、便于施工和维修
D. 空间亮度得到合理分布，以达到柔和的视觉环境

27. 磁机构的常见故障表现为（　　）。
A. 衔铁噪声大　　B. 衔铁生锈
C. 衔铁吸不上　　D. 衔铁不释放等

28. 工作接地起（　　）作用。
A. 迅速切断故障设备
B. 降低人体的接触电压迅速切断故障设备
C. 降低电气设备和电力线路的设计功率因数
D. 降低电气设备和电力线路的设计绝缘水平

29. 常见触头熔焊原因是（　　）。
A. 选用不当，触头容量太小　　B. 触头弹簧损坏，初压力减小
C. 负载电流过大，操作频率过高　　D. 气温过高

30. 低压配电线路常用的接线方式有（　　）。
A. 异形　　B. 放射式　　C. 树干式　　D. 环形

31. 电动机选择的基本原则有（　　）。
A. 省钱办事
B. 根据实际需要选择
C. 选择新产品、新型号
D. 考虑电动机的全寿命周期费用选择

32. 电路故障类型有（　　）。
A. 断路故障　　B. 短路和短接故障
C. 接地故障　　D. 极性和连接故障

33. 接地电阻包括（　　）。
A. 大地电阻接　　B. 地导线的电阻
C. 接地体本身的电阻　　D. 接地体与大地间的接触电阻

34. 起重机的电力驱动有（　　）部分。
A. 主钩　　B. 副钩　　C. 大车　　D. 小车

35. 电力变压器的常见故障有（　　）。

A. 磁路故障　　B. 铁心发生故障
C. 变压器油故障　　D. 结构方面故障

36. 正弦交流电的三要素是（　　）。
A. 最大值　　B. 日期　　C. 周期　　D. 初相角

37. 任一个电路都是由（　　）组成。
A. 电源　　B. 负载　　C. 控制装置　　D. 连接导线

38. 数字仪表具有（　　）的特点。
A. 可以和计算机配用
B. 准确度和灵敏度高，测量速度快
C. 仪表的量程和被测量的极性自动转换
D. 测量结果以数字形式直接显示，消除了视差影响

39. 异步电动机可以通过（　　）方法调速。
A. 改变相序　　B. 改变转差率
C. 改变电源频率　　D. 改变磁极对数

40. 高压架空线路面向负荷侧，从左侧起导线的排列顺序是（　　）。
A. L1　　B. L2　　C. L3　　D. L4

41. 高压断路器的操纵机构有（　　）等几种形式。
A. 手动式　　B. 电磁式　　C. 弹簧式　　D. 液压式

42. 继电器的分类一般有（　　）。
A. 过电流　　B. 空间继电器
C. 时间继电器　　D. 低电压瓦斯温度

43. 根据保护装置对被保护的元件所起的作用可分为（　　）。
A. 主动保护　　B. 自己保护　　C. 他人保护　　D. 辅助保护

44. 电器测量误差有（　　）几种表达形式。
A. 绝对误差　　B. 相对误差　　C. 无用误差　　D. 应用误差

45. 室内布线的方法有（　　）。
A. 瓷夹板　　B. 瓷瓶布线　　C. 槽板布线　　D. 线管布线

46. 变压器并联运行的好处是（　　）。
A. 能传递大容量的电能　　B. 供电可靠性高
C. 损耗小效率高　　D. 不规则

47. 查找电气故障的一般步骤是（　　）。
A. 观察和调查故障现象　　B. 分析故障原因
C. 确定故障部位　　D. 报修

48. 产生电路故障的基本原因是不同电位的导体之间的绝缘击穿或相互短接主要原因有（　　）。
A. 绝缘击穿　　B. 导线相接
C. 动物作祟　　D. 在架空线路下违章作业

49. 避雷针由（　　）组成。
A. 借闪器　　B. 电压表　　C. 支持物　　D. 接地装置

50. 接头制作安装时的要求必须满足以下条件（　　）。
A. 良好的密封性能　　B. 足够的机械强度
C. 导体连接良好　　D. 良好电气绝缘性能
51. 电流持续流动的条件是（　　）。
A. 电路为闭合电路　　B. 电路两端存在电压
C. 短路　　D. 断路
52. 电动机有（　　）等启动方式。
A. 直接启动　　B. 在电枢回路中穿入电阻启动
C. 降压启动　　D. 补偿电感
53. 电动机励磁方式有（　　）。
A. 串励电动机　　B. 并励电动机
C. 三相笼型异步电动机　　D. 复励电动机
54. 接头制作安装时的要求为：（　　）。
A. 良好的密封性能　　B. 足够的机械强度
C. 导体连接良好　　D. 良好电气绝缘性能
55. 变压器磁路故障有（　　）。
A. 铁心片间绝缘老化，穿铁心螺钉碰接铁心
B. 压铁松动引起电磁振动和噪声
C. 铁心接地不良形成间歇性静电放电
D. 铁心安装不良造成空洞声
56. 常用的个人携带工具有（　　）。
A. 低压试电笔　　B. 剥线钳　　C. 手锤　　D. 电工刀
57. 接地的作用（　　）。
A. 为了安全，防止因电气设备绝缘损坏时而遭受电击
B. 为了保证功率
C. 为了保证电气设备的正常运行
D. 为了保证效率
58. 避雷针的构造（　　）。
A. 借闪器　　B. 转子　　C. 支持物　　D. 接地装置
59. 半导体的特点是（　　）。
A. 温度升高或受光照射时导电能力增强
B. 在纯净的半导体中掺入微量的其他物质其导电能力会增强
C. 不可做成热敏元件
D. 不可做成光敏元件
60. 电动机的调压调速的特点（　　）。
A. 调速范围广，调速过程中没有附加能量损耗
B. 速度变化平滑
C. 电压降低后机械特性硬度不变
D. 稳定性好

61. 变压器常见的故障（　　）。

A. 铁心发生故障　　B. 变压器油故障

C. 磁路故障　　D. 结构方面故障

62. 产生电路故障的基本原因是不同电位的导体之间的绝缘击穿或相互短接主要原因有（　　）。

A. 绝缘击穿　　B. 导线相接

C. 动物作祟　　D. 在架空线路下违章作业

63. 查找电气故障的一般步骤（　　）。

A. 观察和调查故障现象　　B. 分析故障原因

C. 确定故障部位　　D. 报修

64. 电气装置正常运行的条件（　　）。

A. 有一定的电压限额电流限额功率限额频率限额温升限额

B. 特定的接线方式

C. 技术条件

D. 环境天气

65. 使用单臂电桥（　　）。

A. 使用前将各盘来回转动数次，使其线路接触良好

B. 测试感性负载的阻值时先接通电源按钮在接通检流计按钮

C. 从电桥到被测电阻之间连接应尽量采用截面积较大的导线

D. 电桥使用后应将检流计锁住或短接

66. 电路故障类型有（　　）。

A. 断路故障　　B. 短路和短接故障

C. 接地故障　　D. 极性和连接故障

67. 单相交流异步电动机由（　　）组成。

A. 定子　　B. 转子　　C. 端盖　　D. 轴承外壳

68. 调制解调器（Modem）的功能是实现（　　）。

A. 数字信号的编码　　B. 数字信号的整形

C. 模拟信号的转换　　D. 数字信号的转换

69. 常用降压启动方法有（　　）。

A. 直接启动　　B. 定子绕组串电阻启动

C. 用自耦变压器降压启动　　D. 星三角启动

70. 电缆直埋敷设的优点是（　　）。

A. 投资少

B. 施工简单

C. 散热条件好

D. 挖掘土方最大，电缆可能受到土中酸碱的腐蚀

71. 刀具磨损的主要原因（　　）。

A. 电力磨损　　B. 机械磨损　　C. 相变磨损　　D. 化学磨损

72. 电器测量误差有（　　）。

A. 绝对误差　B. 相对误差　C. 没有误差　D. 应用误差

73. 变压器并联运行的好处是（　　）。

A. 省钱省力　B. 能传递大容量的电能

C. 供电可靠性高　D. 损耗小效率高

74. 安全电压额定值有（　　）。

A. 72 V　B. 42 V　C. 36 V　D. 24 V

75. 一般电路中包（　　）定律。

A. 欧姆定律　B. 吉姆定律

C. 麦勒革堡定律　D. 基尔霍夫定律

76. 电动架车机的传动部分由（　　）组成。

A. 电机　B. 摆线针轮减速机

C. 丝杠　D. 抬镐

77. 防止触电的措施有（　　）。

A. 保护接地　B. 保护接零

C. 使用漏电保护器　D. 采用三相五线制

78. 三相鼠笼异步电动机主要由（　　）组成。

A. 定子　B. 转子　C. 原子　D. 分子

79. 自动控制系统有（　　）。

A. 无线　B. 蓝牙

C. 开环控制系统　D. 闭环控制系统

80. HZ5 系列转换开关就其用途可分为（　　）。

A. 电源引入开关　B. 电动机控制开关

C. 控制电路转换开关　D. 接触器

81. 熔断器主要由（　　）组成。

A. 变压器　B. 熔断体　C. 触头插座　D. 底板组成

82. 数字仪表具有（　　）等特点。

A. 准确度和灵敏度高，测量速度快

B. 仪表的量程和被测量的极性自动转换

C. 可以和计算机配用

D. 测量结果以数字形式直接显示，消除了视差影响

83. 低压电器按控制种类可分为（　　）。

A. 高压配电电器　B. 高压控制电器

C. 低压配电电器　D. 低压控制电器

84. 绝缘材料的分类有（　　）。

A. 有机绝缘材料　B. 无机绝缘材料

C. 混合绝缘材料　D. 导电绝缘材料

85. 变压器的额定值有（　　）。

A. 额定容量　B. 额定电压　C. 额定电流　D. 额定电感

86. 镇流器过热的原因有（　　）。

A. 电路电压过高　　B. 内部线圈短路
C. 触头熔焊　　D. 启动闪烁时间过长

87. 变压器并联运行的好处是（　　）。
A. 省钱省力　　B. 能传递大容量的电能
C. 供电可靠性高　　D. 损耗小效率高

88. 一个电路都是（　　）分组成。
A. 电源　　B. 负载　　C. 控制装置　　D. 连接导线

89. 操作的断路器合不上闸的原因有（　　）。
A. 操作电源电压　　B. 控制线接错误
C. 电源容量太小　　D. 电磁铁的拉杆行程太小

90. 仪表的误差分为（　　）。
A. 基本误差　　B. 视力误差　　C. 听力误差　　D. 附加误差

91. 绕线式异步电动机常采用（　　）启动方法。
A. 直接启动　　B. 间接启动
C. 频敏变阻器　　D. 转子绕组串电阻

92. 室内布线的方法有（　　）。
A. 瓷夹板　　B. 瓷瓶布线　　C. 槽板布线　　D. 线管布线

93. 造成电动机缺相的原因有（　　）。
A. 有一相熔体熔断
B. 接触器的三对主触头不能同时闭合
C. 某相接头处接触不良
D. 电源线有一相内部断线

94. 电磁制动器工作时噪音大的原因有（　　）。
A. 静铁心上短路环损坏
B. 电磁铁心未完全吸合
C. 动、静铁心工作面上有油污
D. 动、静铁心歪斜

95. 电动机有（　　）种启动方式。
A. 直接启动　　B. 在电枢回路中穿入电阻启动
C. 降压启动　　D. 补偿电感

96. 电流持续流动的条件是（　　）。
A. 电路为闭合电路　　B. 电路两端存在电压
C. 短路　　D. 断路

97. 继电器的分类一般有（　　）。
A. 过电流　　B. 空间继电器
C. 时间继电器　　D. 低电压瓦斯温度

98. 根据保护装置对被保护的元件所起的作用可分为（　　）。
A. 主动保护　　B. 自己保护　　C. 他人保护　　D. 辅助保护

99. 电缆直埋敷设的优点是（　　）。

A. 投资少
B. 施工简单
C. 散热条件好
D. 挖掘土方最大，电缆可能受到土中酸碱的腐蚀

100. 一般电路中包含（　　）定律。
A. 欧姆定律　　B. 吉姆定律
C. 麦勒革堡定律　　D. 基尔霍夫定律

101. 常用的避雷器有（　　）。
A. 羊角型保护间隙　　B. 管型避雷器
C. 阀型避雷器　　D. 非线性电阻

102. 保证电气工作的安全措施可分为（　　）。
A. 停电措施　　B. 组织措施　　C. 验电措施　　D. 技术措施

103. 电气工作人员必须具备（　　）。
A. 无妨碍工作的病症
B. 具备必需的电气知识，并经考试合格
C. 学会触电急救
D. 思想政治觉悟高

104. 在高压设备上工作，必须遵守（　　）。
A. 填用工作票或口头、电话命令
B. 至少应有两人在一起工作
C. 完成保证工作人员安全的组织措施
D. 完成保证工作人员安全的技术措施

105. 照明线路常见的故障有（　　）。
A. 漏电　　B. 断路
C. 接头接触不良　　D. 短路

106. 对于旋转式电气设备的灭火，可采用的灭火剂有（　　）。
A. 干粉灭火剂　　B. 1211 灭火剂
C. 二氧化碳　　D. 四氯化碳

107. A、E 级绝缘材料允许的极限工作温度分别为（　　）℃。
A. 9　　B. 105　　C. 120　　D. 600

108. 属于安全电压等级的是（　　）。
A. 50 V　　B. 20 V　　C. 12 V　　D. 36 V

109. 根据电网中性点的运行方式可将电网分为（　　）。
A. 三相三线电网　　B. 接地电网
C. 单相电网　　D. 不接地电网

110. 金属导体的电阻和下列因数有关（　　）。
A. 导体长度　　B. 所加的电压大小
C. 导体横截面　　D. 导体的电阻率

111. 变压器常见的故障是（　　）。

A. 铁心发生故障　　B. 变压器油故障

C. 磁路故障　　D. 结构方面故障

112. 产生电路故障的基本原因是不同电位的导体之间的绝缘击穿或相互短接，主要原因有（　　）。

A. 绝缘击穿　　B. 导线相接

C. 动物作祟　　D. 在架空线路下违章作业

113. 查找电气故障的一般步骤是（　　）。

A. 观察和调查故障现象　　B. 分析故障原因

C. 确定故障部位　　D. 报修

114. 电气装置正常运行的条件是（　　）。

A. 有一定的电压限额电流限额功率限额频率限额温升限额

B. 特定的接线方式

C. 技术条件

D. 环境天气

115. 使用单臂电桥应（　　）。

A. 使用前将各盘来回转动数次，使其线路接触良好

B. 测试感性负载的阻值时先接通电源按钮在接通检流计按钮

C. 从电桥到被测电阻之间连接应尽量采用截面积较大的导线

D. 电桥使用后应将检流计锁住或短接

116. 电路故障类型有（　　）。

A. 断路故障　　B. 短路和短接故障

C. 接地故障　　D. 极性和连接故障

117. 单相交流异步电动机由（　　）组成。

A. 定子　　B. 转子　　C. 端盖　　D. 轴承外壳

118. 调制解调器（Modem）的功能是实现（　　）。

A. 数字信号的编码　　B. 数字信号的整形

C. 模拟信号的转换　　D. 数字信号的转换

119. 常用降压启动方法有（　　）。

A. 直接启动

B. 定子绕组串电阻启动

C. 用自耦变压器降压启动

D. 星三角启动

120. 电缆直埋敷设的优点是（　　）。

A. 投资少

B. 施工简单

C. 散热条件好

D. 挖掘土方最大，电缆可能受到土中酸碱的腐蚀

121. 刀具磨损的主要原因是（　　）。

A. 电力磨损　　B. 机械磨损　　C. 相变磨损　　D. 化学磨损

122. 电器测量误差有（　　）表达形式。
A. 绝对误差　B. 相对误差　C. 没有误差　D. 应用误差
123. 变压器并联运行的好处是（　　）。
A. 省钱省力　B. 能传递大容量的电能
C. 供电可靠性高　D. 损耗小效率高
124. 安全电压额定值有（　　）。
A. 72 V　B. 42 V　C. 36 V　D. 24 V
125. 一般电路中包含（　　）定律。
A. 欧姆定律　B. 吉姆定律
C. 麦勒革堡定律　D. 基尔霍夫定律
126. 电动架车机的传动部分由（　　）组成。
A. 电机　B. 摆线针轮减速机
C. 丝杠　D. 抬镐
127. 防止触电的措施有（　　）。
A. 保护接地　B. 保护接零
C. 使用漏电保护器　D. 采用三相五线制
128. 三相鼠笼异步电动机主要由（　　）两部分组成。
A. 定子　B. 转子　C. 原子　D. 分子
129. 自动控制系统有（　　）。
A. 无线　B. 蓝牙
C. 开环控制系统　D. 闭环控制系统
130. HZ5 系列转换开关就其用途可分为（　　）。
A. 电源引入开关　B. 电动机控制开关
C. 控制电路转换开关　D. 接触器
131. 熔断器主要由（　　）组成。
A. 变压器　B. 熔断体　C. 触头插座　D. 底板组成
132. 数字仪表具有（　　）特点。
A. 准确度和灵敏度高，测量速度快
B. 仪表的量程和被测量的极性自动转换
C. 可以和计算机配用
D. 测量结果以数字形式直接显示，消除了视差影响
133. 低压电器按控制种类可分为（　　）。
A. 高压配电电器　B. 高压控制电器
C. 低压配电电器　D. 低压控制电器
134. 绝缘材料的分类有（　　）。
A. 有机绝缘材料　B. 无机绝缘材料
C. 混合绝缘材料　D. 导电绝缘材料
135. 变压器的额定值有（　　）。

A. 额定容量 B. 额定电压 C. 额定电流 D. 额定电感

136. 镇流器过热的原因有（ ）。

A. 电路电压过高 B. 内部线圈短路
C. 触头熔焊 D. 启动闪烁时间过长

137. 变压器并联运行的好处是（ ）。

A. 省钱省力 B. 能传递大容量的电能
C. 供电可靠性高 D. 损耗小效率高

138. 一个电路都是由（ ）组成。

A. 电源 B. 负载 C. 控制装置 D. 连接导线

139. 操作的断路器合不上闸的原因有（ ）。

A. 操作电源电压 B. 控制线接错误
C. 电源容量太小 D. 电磁铁的拉杆行程太小

140. 仪表的误差分为（ ）。

A. 基本误差 B. 视力误差 C. 听力误差 D. 附加误差

141. 绕线式异步电动机常采用（ ）的启动方法。

A. 直接启动 B. 间接启动
C. 频敏变阻器 D. 转子绕组串电阻

142. 电气线路从安全角度考虑对它的主要要求有（ ）。

A. 导电能力 B. 绝缘强度 C. 机械强度 D. 电流大小

143. 电容器运行时发生下列情况必须立刻停止使用（ ）。

A. 外壳膨胀 B. 漏油严重或有异常响声
C. 三相电流出现不平衡 D. 三相电流出现严重不平衡

144. 引起电气设备过度发热的不正常运行，大体有（ ）。

A. 短路 B. 过载 C. 接触不良 D. 散热不良

145. 下列导线符合标准截面的是（ ）。

A. 35 mm^2 B. 50 mm^2 C. 72 mm^2 D. 93 mm^2

146. 高低压同杆架设在低压带电线路上工作时，必须注意（ ）。

A. 检查与高压线的距离
B. 采用防止误碰带电高压线的措施
C. 工作人员不得穿越未采取绝缘措施的低压带电导线
D. 采取防止相间短路与单相接地的隔离措施

147. 下列材料属于绝缘材料的有（ ）。

A. 玻璃 B. 布 C. 纸 D. 矿物油

148. 使用钳形电流表测量线路和设备的电流时应注意（ ）。

A. 必须停电 B. 选择合适的量程挡
C. 不能测量裸导线的电流 D. 不要在测量过程中切换量程挡

149. 在纯电阻正弦交流电路中，下列结论正确的有（　　）。

A. 电压与电流成正比　　B. 消耗有功功率

C. 消耗无功功率　　D. 电压与电流相位相同

150. 室内配线导线截面的选择主要依据是（　　）。

A. 导线的安全电流值　　B. 线路允许的电压降

C. 导线的机械强度　　D. 导线的粗度

设备电工（维修组）应知应会练习题参考答案

一、单选题

1. A	2. A	3. B	4. C	5. C	6. B	7. B	8. C	9. A	10. C
11. B	12. B	13. D	14. C	15. C	16. A	17. C	18. A	19. B	20. C
21. B	22. C	23. A	24. B	25. C	26. C	27. C	28. B	29. C	30. C
31. A	32. C	33. B	34. A	35. B	36. A	37. C	38. A	39. A	40. B
41. A	42. B	43. A	44. C	45. C	46. C	47. C	48. A	49. A	50. C
51. B	52. B	53. C	54. C	55. A	56. A	57. B	58. C	59. B	60. C
61. D	62. A	63. A	64. B	65. A	66. A	67. C	68. D	69. A	70. C
71. A	72. B	73. A	74. C	75. C	76. B	77. B	78. A	79. A	80. B
81. C	82. B	83. C	84. A	85. B	86. D	87. B	88. A	89. B	90. C
91. A	92. A	93. A	94. C	95. A	96. C	97. B	98. C	99. B	100. C
101. B	102. D	103. B	104. A	105. D	106. B	107. B	108. C	109. B	110. B
111. C	112. B	113. D	114. C	115. C	116. D	117. A	118. A	119. B	120. A
121. C	122. B	123. B	124. A	125. B	126. B	127. D	128. D	129. C	130. C
131. A	132. C	133. A	134. B	135. C	136. B	137. C	138. A	139. D	140. D
141. C	142. C	143. B	144. C	145. C	146. A	147. C	148. B	149. A	150. B
151. A	152. C	153. A	154. A	155. B	156. A	157. B	158. A	159. C	160. C
161. C	162. C	163. B	164. A	165. C	166. B	167. B	168. C	169. C	170. A
171. A	172. B	173. A	174. B	175. C	176. D	177. A	178. B	179. B	180. A
181. A	182. C	183. D	184. A	185. A	186. A	187. A	188. C	189. C	190. B
191. B	192. A	193. A	194. B	195. C	196. B	197. C	198. A	199. B	200. B
201. B	202. A	203. B	204. C	205. A	206. A	207. C	208. A	209. C	210. A
211. A	212. C	213. B	214. B	215. B	216. D	217. C	218. A	219. A	220. C
221. A	222. B	223. C	224. B	225. C	226. A	227. B	228. A	229. C	230. A
231. B	232. C	233. A	234. C	235. B	236. A	237. B	238. A	239. C	240. A
241. A	242. B	243. A	244. B	245. C	246. C	247. D	248. C	249. B	250. A

251. C	252. C	253. A	254. A	255. C	256. B	257. D	258. A	259. C	260. B
261. C	262. B	263. C	264. A	265. B	266. B	267. B	268. A	269. A	270. C
271. A	272. D	273. A	274. C	275. D	276. B	277. B	278. A	279. C	280. A
281. A	282. C	283. C	284. B	285. B	286. C	287. C	288. C	289. B	290. B
291. D	292. C	293. C	294. A	295. C	296. A	297. D	298. C	299. D	300. D
301. D	302. A	303. A	304. B	305. B	306. A	307. A	308. A	309. A	310. B
311. A	312. C	313. C	314. B	315. B	316. A	317. B	318. C	319. B	320. C
321. C	322. B	323. D	324. A	325. B	326. C	327. B	328. B	329. B	330. B
331. C	332. B	333. A	334. C	335. C	336. C	337. B	338. A	339. A	340. A
341. C	342. C	343. B	344. B	345. B	346. B	347. B	348. C	349. B	350. D
351. A	352. A	353. B	354. A	355. A	356. C	357. C	358. C	359. A	360. D
361. B	362. D	363. A	364. C	365. C	366. A	367. B	368. C	369. A	370. C
371. B	372. A	373. A	374. B	375. A	376. A	377. B	378. B	379. C	380. B
381. A	382. A	383. B	384. B	385. B	386. B	387. A	388. C	389. D	390. A
391. D	392. A	393. C	394. A	395. C	396. B	397. D	398. B	399. D	400. C
401. A	402. C	403. B	404. A	405. A	406. A	407. A	408. B	409. C	410. C
411. B	412. B	413. A	414. B	415. A	416. A	417. D	418. A	419. B	420. C
421. D	422. D	423. D	424. C	425. C	426. A	427. C	428. A	429. B	430. A
431. C	432. B	433. B	434. B	435. C	436. D	437. A	438. A	439. B	440. B
441. D	442. A	443. A	444. C	445. A	446. A	447. D	448. D	449. A	450. D
451. A	452. A	453. B	454. A	455. A	456. B	457. A	458. A	459. C	460. A
461. A	462. B	463. D	464. A	465. B	466. A	467. A	468. B	469. C	470. A
471. A	472. C	473. B	474. C	475. D	476. D	477. C	478. C	479. B	480. A
481. D	482. A	483. B	484. C	485. C	486. A	487. D	488. C	489. B	490. C
491. B	492. C	493. A	494. D	495. C	496. D	497. A	498. B	499. C	500. C
501. D	502. B	503. C	504. A	505. C	506. B	507. C	508. C	509. D	510. D
511. C	512. B	513. B	514. A	515. D	516. D	517. A	518. B	519. C	520. B
521. B	522. D	523. D	524. A	525. C	526. B	527. C	528. B	529. C	530. A
531. B	532. B	533. B	534. A	535. B	536. A	537. C	538. C	539. B	540. B
541. A	542. A	543. B	544. C	545. B	546. C	547. A	548. B	549. B	550. B
551. A	552. B	553. C	554. C	555. A	556. A	557. C	558. A	559. C	560. B
561. B	562. B	563. A	564. B	565. C	566. B	567. A	568. A	569. C	570. A
571. C	572. A	573. A	574. C	575. B	576. B	577. B	578. D	579. C	580. A
581. A	582. C	583. A	584. B	585. C	586. B	587. C	588. A	589. B	590. A
591. A	592. B	593. A	594. A	595. B	596. C	597. A	598. C	599. A	600. D

二、判断题

1. ×　2. ×　3. ×　4. √　5. ×　6. ×　7. ×　8. ×　9. √　10. ×

11. √　12. √　13. √　14. √　15. √　16. √　17. √　18. √　19. ×　20. ×

21. ×　22. √　23. √　24. √　25. √　26. √　27. ×　28. ×　29. √　30. √

31. ×　32. √　33. √　34. √　35. ×　36. ×　37. √　38. ×　39. √　40. ×

41. √　42. ×　43. ×　44. √　45. √　46. √　47. √　48. √　49. √　50. ×

51. √　52. ×　53. ×　54. ×　55. ×　56. √　57. √　58. ×　59. √　60. √

61. ×　62. ×　63. ×　64. √　65. √　66. √　67. √　68. ×　69. ×　70. √

71. √　72. √　73. ×　74. √　75. ×　76. ×　77. ×　78. ×　79. √　80. √

81. ×　82. √　83. √　84. √　85. √　86. √　87. ×　88. ×　89. √　90. ×

91. √　92. ×　93. √　94. ×　95. ×　96. √　97. √　98. ×　99. √　100. ×

101. √　102. ×　103. ×　104. ×　105. ×　106. √　107. √　108. √　109. ×　110. ×

111. √　112. ×　113. √　114. ×　115. √　116. √　117. √　118. ×　119. ×　120. ×

121. ×　122. √　123. √　124. √　125. ×　126. ×　127. ×　128. √　129. √　130. √

131. ×　132. ×　133. ×　134. √　135. ×　136. ×　137. √　138. √　139. ×　140. ×

141. √　142. √　143. √　144. √　145. ×　146. ×　147. √　148. ×　149. √　150. ×

151. √　152. ×　153. ×　154. √　155. ×　156. √　157. √　158. √　159. √　160. √

161. √　162. √　163. √　164. √　165. √　166. ×　167. ×　168. ×　169. ×　170. √

171. ×　172. ×　173. ×　174. ×　175. ×　176. √　177. ×　178. √　179. √　180. ×

181. ×　182. √　183. ×　184. √　185. √　186. √　187. ×　188. √　189. √　190. √

191. ×　192. ×　193. √　194. ×　195. ×　196. ×　197. √　198. √　199. ×　200. ×

201. √　202. ×　203. ×　204. √　205. ×　206. √　207. √　208. √　209. √　210. ×

211. √　212. ×　213. √　214. ×　215. ×　216. √　217. √　218. ×　219. √　220. ×

221. √　222. ×　223. √　224. ×　225. √　226. √　227. ×　228. ×　229. ×　230. √

231. √　232. √　233. √　234. ×　235. ×　236. √　237. ×　238. √　239. ×　240. √

241. √　242. ×　243. ×　244. ×　245. √　246. ×　247. √　248. √　249. √　250. √

251. ×　252. √　253. ×　254. ×　255. ×　256. √　257. √　258. √　259. √　260. ×

261. √　262. √　263. ×　264. ×　265. √　266. ×　267. √　268. ×　269. ×　270. √

271. ×　272. ×　273. ×　274. ×　275. √　276. ×　277. √　278. ×　279. ×　280. ×

281. √　282. √　283. ×　284. √　285. √　286. ×　287. √　288. √　289. ×　290. √

291. √　292. ×　293. ×　294. √　295. ×　296. ×　297. ×　298. √　299. √　300. ×

301. √　302. ×　303. ×　304. ×　305. ×　306. √　307. √　308. √　309. √　310. √

311. √　312. ×　313. ×　314. √　315. ×　316. √　317. ×　318. ×　319. ×　320. √

321. √　322. ×　323. √　324. ×　325. ×　326. √　327. ×　328. ×　329. ×　330. √

331. ×　332. √　333. √　334. ×　335. ×　336. √　337. ×　338. ×　339. ×　340. ×

341. √ 342. × 343. × 344. × 345. √ 346. √ 347. √ 348. √ 349. × 350. √
351. √ 352. × 353. × 354. × 355. × 356. × 357. × 358. √ 359. × 360. √
361. √ 362. × 363. √ 364. √ 365. × 366. √ 367. √ 368. √ 369. × 370. ×
371. × 372. × 373. × 374. × 375. × 376. × 377. × 378. √ 379. × 380. ×
381. × 382. √ 383. × 384. √ 385. √ 386. × 387. × 388. × 389. √ 390. √
391. √ 392. × 393. × 394. × 395. × 396. √ 397. √ 398. × 399. × 400. ×
401. √ 402. × 403. √ 404. √ 405. × 406. × 407. × 408. √ 409. × 410. √
411. × 412. × 413. √ 414. √ 415. √ 416. √ 417. √ 418. × 419. × 420. √
421. √ 422. × 423. √ 424. × 425. × 426. √ 427. × 428. × 429. √ 430. ×
431. × 432. × 433. √ 434. √ 435. √ 436. √ 437. × 438. × 439. × 440. √
441. √ 442. × 443. √ 444. × 445. √ 446. × 447. √ 448. × 449. × 450. ×
451. × 452. √ 453. √ 454. × 455. × 456. √ 457. √ 458. √ 459. × 460. ×
461. √ 462. √ 463. √ 464. √ 465. × 466. √ 467. √ 468. × 469. √ 470. √
471. √ 472. × 473. √ 474. √ 475. √ 476. × 477. √ 478. √ 479. √ 480. √
481. × 482. × 483. √ 484. √ 485. × 486. √ 487. × 488. × 489. × 490. √
491. √ 492. √ 493. × 494. × 495. × 496. × 497. × 498. √ 499. × 500. √
501. × 502. √ 503. √ 504. × 505. √ 506. × 507. √ 508. × 509. × 510. ×
511. × 512. √ 513. √ 514. × 515. × 516. √ 517. √ 518. × 519. √ 520. ×
521. √ 522. × 523. √ 524. × 525. √ 526. √ 527. × 528. × 529. × 530. √
531. √ 532. √ 533. √ 534. × 535. × 536. √ 537. × 538. √ 539. × 540. √
541. √ 542. × 543. × 544. × 545. √ 546. × 547. √ 548. √ 549. × 550. √

三、多选题

1. ABC　2. CD　3. ABC　4. BCD　5. CD
6. ABCD　7. ABC　8. BCD　9. ACD　10. ABD
11. BCD　12. ABC　13. ABD　14. ACD　15. ABC
16. ABC　17. BC　18. AB　19. ABC　20. ABCD
21. BCD　22. ABD　23. ABC　24. ABCD　25. ABD
26. BCD　27. CAD　28. ABD　29. ABC　30. BCD
31. BCD　32. ABCD　33. ABCD　34. ABCD　35. ABCD
36. ACD　37. ABCD　38. ABCD　39. BCD　40. ABC
41. BCD　42. ACD　43. AD　44. ABD　45. ABCD
46. ABC　47. ABC　48. ABCD　49. ACD　50. ABCD
51. AB　52. ABC　53. ABD　54. ABCD　55. ABCD
56. ABD　57. AC　58. ACD　59. AB　60. ABCD

61. ABCD 62. ABCD 63. ABC 64. ABC 65. ABCD
66. ABCD 67. ABCD 68. CD 69. BCD 70. ABC
71. BCD 72. ABD 73. BCD 74. BCD 75. AD
76. ABCD 77. ABCD 78. AB 79. CD 80. ABC
81. BCD 82. ABCD 83. CD 84. ABC 85. ABC
86. ABD 87. BCD 88. ABCD 89. ABCD 90. AD
91. CD 92. ABCD 93. ABCD 94. ABCD 95. ABC
96. AB 97. ACD 98. AD 99. ABC 100. AD
101. BC 102. BD 103. ABCD 104. ABCD 105. ABD
106. BCD 107. BC 108. CD 109. BD 110. ACD
111. ABCD 112. ABCD 113. ABC 114. ABC 115. ABCD
116. ABCD 117. ABCD 118. CD 119. BCD 120. ABC
121. BCD 122. ABD 123. BCD 124. BCD 125. AD
126. ABCD 127. ABCD 128. AB 129. CD 130. ABC
131. BCD 132. ABCD 133. CD 134. ABC 135. ABC
136. ABD 137. BCD 138. ABCD 139. ABCD 140. AD
141. CD 142. ABC 143. ABD 144. ABCD 145. AB
146. ABCD 147. ABCD 148. BD 149. ABD 150. ABC

第五节　设备钳工（维修组）应知应会练习题

一、单选题

1. 工件加工过程中，切去金属层的厚度，称为（　　）。

A. 加工余量　B. 粗加工　C. 精加工　D. 去毛刺

2. 在液压系统中溢流阀起（　　）作用、安全保护作用及卸荷作用。

A. 溢流　B. 单相　C. 截止　D. 调节

3. 煮洗设备排水系统检修工艺及标准：管路畅通，（　　）动作灵活，系统联接良好，无泄漏。

A. 电机　B. 系统　C. 管路　D. 阀门

4. 若将两个以上的零件结合在一起或将零件与几个组件结合在一起，成为一个装配单元的装配工作叫（　　）。

A. 部件装配　B. 总装配　C. 零件装配　D. 间隙调整

5. 根据燃料的类型内燃机分类有（　　）汽油机，煤气机和沼气机等。

A. 煤油机　B. 柴油机　C. 往复活塞　D. 旋转活塞式

6. 在装配机件的三视图中，机件上对应部分的主、左视图应（　　）。

A. 长对齐　B. 高平齐　C. 宽相等　D. 高相等

7. 零件装配图中注写极限偏差时，上下偏差小数点对齐，小数点后位数（ ），零偏差必须标出。

A. 不相同 B. 相同

C. 相同不相同两可 D. 依个人习惯

8. 平锉、圆锉、半圆锉和三角锉属于（ ）类锉刀。

A. 特种锉 B. 什锦锉 C. 普通锉 D. 整形锉

9. 狭窄平面研磨时，用金属块做“导靠”采用研磨轨迹为（ ）。

A. 8 字形 B. 螺旋形 C. 直线形 D. 圆形

10.（ ）机构传动中，为增加接触面积，改善啮合质量，在保留原传动副的情况下，采取加载跑合措施。

A. 带 B. 链 C. 齿轮 D. 蜗杆

11. 假如弹簧内径与其他零件相配，用经验公式 $D_0 = (0.75 \sim 0.8)D_1$ 确定心棒直径时，其系数应取（ ）值。

A. 大 B. 中 C. 小 D. 任意

12. 检查工件曲面刮削质量，其校准工具一般是与被检曲面配合的（ ）。

A. 孔 B. 轴 C. 孔或轴 D. 都不是

13. 国标规定外螺纹的大径画线应该是（ ）。

A. 点画线 B. 粗实线 C. 细实线 D. 虚线

14. 内燃机一般是将热能转变成（ ）的一种热力发动机。

A. 机械能 B. 动能 C. 运动 D. 势能

15. 目前应用最广泛的焊接方法是（ ）。

A. 电弧焊 B. CO_2 气体保护焊

C. MIG 焊 D. 钎焊

16. 按基本原理分类内燃机有往复活塞式内燃机，旋转活塞式内燃机和（ ）等。

A. 沼气机 B. 涡轮式内燃机

C. 汽油机 D. 煤油机

17. 下列哪种螺距小螺旋升角小自锁性好，除用于承受冲击震动或变载的连接外，还用于调整机构（ ）。

A. 粗牙螺纹 B. 管螺纹 C. 细牙螺纹 D. 矩形螺纹

18. 矫正精度较高的轴类零件时应用（ ）来检查矫正情况。

A. 钢板尺 B. 平台 C. 游标卡尺 D. 百分表

19. 在液压系统中起控制作用的是指（ ）。

A. 液压泵 B. 液压缸

C. 各种控制阀 D. 输油管、油箱

20. 在标注形位公差代号时，形位公差框格的左起第一格应填写（ ）。

A. 形位公差项目名称 B. 形位公差项目符号

C. 形位公差数值及有关符号 D. 基准代号

21. 机床导轨刮削时，以（ ）为刮削基准。

A. 溜板用导轨　　B. 尾座用导轨

C. 压板用导轨　　D. 溜板模向燕尾导轨

22. 若平面度要求 0.03，应选择（　　）方法进行加工。

A. 磨　　B. 精刨　　C. 刮削　　D. 锉削

23. 在矫直圆棒料时，为消除因弹性变形所产生的回翘可（　　）一些。

A. 适当少压　　B. 用力小

C. 用力大　　D. 使其反向弯曲塑性变形

24. 涂色法用来检查（　　）两圆锥面的接触情况时，色斑分布情况应在整个圆锥表面上。

A. 离合器　　B. 联轴器　　C. 圆锥齿轮　　D. 都不是

25. 用于最后修光工件表面的用（　　）。

A. 油光锉　　B. 粗锉刀　　C. 细锉刀　　D. 什锦锉

26. 当有人因触电而停止了呼吸，但心脏仍跳动，应采取的抢救措施是（　　）。

A. 立即送医院抢救　　B. 请医生抢救

C. 就地立即做人工呼吸　　D. 做体外心跳按摩

27. 某一零部件在径向位置上有偏重由此产生的惯性力合力不通过旋转件重心，这种不平衡称（　　）。

A. 静不平衡　　B. 动不平衡　　C. 静平衡　　D. 动平衡

28.（　　）是造成工作台往复运动速度误差大的主要原因之一。

A. 油缸两端的泄漏不等　　B. 系统中混入空气

C. 活塞有效作用面积不一样　　D. 液压缸容积不一样

29. 安装孔的最小极限尺寸和轴的最大极限尺寸之代数差为正值叫（　　）。

A. 间隙值　　B. 最小间隙　　C. 最大间隙　　D. 最大过盈

30. 感应加热表面淬火淬硬层深度和硬度与（　　）有关。

A. 加热时间　　B. 电流频率　　C. 电压　　D. 钢的含碳量

31. 天车在起吊工作物时试吊离地面（　　），经过检查确认稳妥方可起吊。

A. 1 m　　B. 1.5 m　　C. 0.3 m　　D. 0.5 m

32. 部件的装配尺寸链的解法有（　　）。

A. 极值法　　B. 图表法　　C. 计算法　　D. 公式法

33. 装配松键在键长方向、键与（　　）的间隙是 0.1 mm。

A. 轴槽　　B. 槽底　　C. 轮毂　　D. 轴和毂槽

34. 当活塞运动到达（　　），缸内废气压力仍高于大气压力，排气门迟关一些，可使废气排得干净些。

A. 下死点　　B. 上死点　　C. 中部　　D. 下部

35. 静连接花键装配的时候要有较少的过盈量，若过盈量较大，则应将套件加热到（　　）后进行装配。

A. 100 °C　　B. 80 ~ 120 °C

C. 150 °C　　D. 200 °C

36. 使用手持电动工具时应穿（　　）。

A. 布鞋　B. 胶鞋　C. 皮鞋　D. 凉鞋

37. 钻床的主要工作部件包括主轴变速箱、进给变速箱、主轴和（　　）。

A. 进给手柄　B. 操纵结构　C. 齿条　D. 钢球接合子

38. 錾子淬火后应进行（　　）。

A. 高温回火　B. 中温回火　C. 低温回火　D. 球化退火

39. 立式钻床 Z525 主轴的最高转速为（　　）。

A. 97 r/min　B. 1 360 r/min　C. 1 420 r/min　D. 480 r/min

40. 齿轮在轴上固定安装时当要求配合过盈量（　　）时，应采用液压套合法装配。

A. 很大　B. 很小　C. 一般　D. 无要求

41. 两带轮在使用过程中，发现轮上的三角带张紧程度（　　），这是轴颈弯曲原因造成的。

A. 太紧　B. 太松　C. 不等　D. 发生变化

42. 由壳体和壳体中部的鼓形回转体、主轴、分度机构和分度盘组成（　　）。

A. 分度头　B. 套筒　C. 手柄芯轴　D. 螺旋

43. 钢件和铸铁件上加工同样直径的内螺纹时，钢件的底孔直径比铸铁件的底孔直径（　　）。

A. 稍小　B. 小很多　C. 稍大　D. 大很多

44. 液压传动是依靠（　　）来传递运动的。

A. 油液内部的压力　B. 密封容积的变化

C. 油液的流动　D. 活塞的运动

45. 蜗轮轴装入箱体后，蜗杆轴位置已由箱体孔决定，要使蜗杆轴线位于蜗轮轮齿对称中心面内时只能通过（　　）方法来调整。

A. 改变箱体孔中心线位置

B. 改变蜗轮调整垫片厚度

C. 只能报废

D. 改变把轮轴车细加偏心套改变中心位置

46. 当带轮的孔加大时，必须镶套，套与轴为键连接，套与带轮常用（　　）方法固定。

A. 键　B. 螺纹　C. 过盈　D. 加骑缝螺钉

47. 离心泵的叶轮切削直径 D 与扬程 H 之间关系为（　　）。

A. 正比关系　B. H 与 D_2 成正比关系

C. H 与 D_3 成正比关系　D. 都不对

48. 对于钙基润滑脂，下列说法正确的是（　　）

A. 耐高温，易溶于水。适用于温度高，潮湿轴承

B. 不溶于水，滴点低，适用于温度较高，环境干燥的轴承

C. 耐高温，易溶于水，适用于温度较高，环境干燥的轴承

D. 不溶于水，滴点低，适用于温度较低，环境潮湿的轴承

49. 根据被联接两轴的相对位置关系，联轴器的类型有（　　）。

A. 刚性和弹性　B. 弹性，刚性和液力

C. 弹性和液力　　D. 刚性和液力

50. 离心泵多选用（　　）叶轮。

A. 后弯　　B. 前弯　　C. 径向　　D. 扭曲

51. 工人上岗时只允许穿（　　）。

A. 凉鞋　　B. 拖鞋　　C. 高跟鞋　　D. 工作鞋

52. 在下列哪种（　　）场合，滚动轴承采用毡圈式密封。

A. 高温、油润滑　　B. 高速、脂润滑

C. 低温、油润滑　　D. 低速、脂润滑

53. 立式钻床的电动机（　　）保养，要按需要拆洗电机，更换 1 号钙基润滑脂。

A. 一级　　B. 二级　　C. 三级　　D. 四级

54. 转速较高的大齿轮装在轴上后应作平衡性检查，以免工作时产生（　　）。

A. 松动　　B. 脱落　　C. 振动　　D. 加剧磨损

55. 泵串联工作时，扬程会（　　）。

A. 上升　　B. 下降　　C. 不变　　D. 内层材料

56. 离心泵中主要保护轴不受磨损的部件是（　　）

A. 密封　　B. 轴套　　C. 隔板　　D. 泵壳

57. 水泵和一般附属机械试运时，对振动值的测量应取（　　）。

A. 垂直　　B. 横向、轴向

C. 垂直、横向、轴向　　D. 轴向

58. 规定预紧力的螺纹连接，常用控制扭矩法、控制扭角法和（　　）来保证准确的预紧力。

A. 控制工件变形法　　B. 控制螺栓伸长法

C. 控制螺栓变形法　　D. 控制螺母变形法

59. 罗茨风机是依靠两个外形呈“8”字形的转子，在旋转时造成工作室（　　）改变来输送气体的。

A. 势能　　B. 内能　　C. 动能　　D. 容积

60. 十字沟槽式联轴器在（　　）时，允许两轴线有少量径向偏移和歪斜。

A. 装配　　B. 试验　　C. 工作　　D. 停车

61. 对被联接两轴间的相对位移具有补偿能力的联轴器是（　　）。

A. 较大套筒联轴器　　B. 凸缘联轴器

C. 齿式联轴　　D. 前面叙述均不对

62. 皮碗式密封用于防止漏油时，其密封唇应（　　）。

A. 向着轴承　　B. 背着轴承　　C. 紧靠轴承　　D. 主轴

63. 装配滚动轴承时，轴颈处的圆弧半径，应（　　）轴承的圆弧半径。

A. 大于　　B. 小于　　C. 等于　　D. 螺孔

64. 将滚动轴承的一个套圈固定，另一套圈沿径向的最大移动量称为（　　）。

A. 径向位移　　B. 径向游隙　　C. 轴向游隙　　D. 稍抬起

65. 代号为 6308 的滚动轴承（　　）。

A. 只能承受径向载荷

B. 只能承受轴向载荷

C. 主要承受径向载荷和较小的轴向载荷

D. 主要承受轴向载荷和较小的径向载荷

66. 滚动轴承采用润滑脂润滑时，润滑脂的填充量应（　　）。

A. 充满油腔　　B. 填充 1/2 ~ 1/3 油腔

C. 填充小于 1/3 油腔　　D. 填充 2/3 油腔

67. 滑动轴承间隙的取值范围为轴颈直径的（　　）倍。

A. 1.5/100 ~ 2/100　　B. 1.5/1 000 ~ 2/1 000

C. 1.5/10 000 ~ 2/10 000　　D. 1.5 ~ 2

68. 錾削软材料时，楔角取（　　）。

A. 30° ~ 50°　　B. 50° ~ 60°　　C. 60° ~ 70°　　D. 70° ~ 90°

69. 检查棒校正丝杠螺母副同轴度，消除检验棒在各支承孔中的安装误差，可将检验棒转过（　　）后再测量一次，取其平均值。

A. 60°　　B. 180°　　C. 90°　　D. 360°

70. 用塞尺从（　　）插入，检测往复式压缩机主轴的顶间隙。

A. 下瓦的中间　　B. 下瓦的两侧

C. 上瓦瓦背的顶部　　D. 上瓦两端的顶部

71. 高速滑动轴承工作时发生突然烧瓦，其中最致命的原因可能是（　　）。

A. 载荷发生变化　　B. 供油系统突然故障

C. 轴瓦发生磨损　　D. 冷却系统出现故障

72. 用铅丝法检验齿侧间隙，铅丝被挤压后（　　）的尺寸为侧隙。

A. 最厚处　　B. 最薄处

C. 厚薄平均值　　D. 厚处二分之一

73. 刮削滑动轴承内孔表面，接触点合理分布应为（　　）。

A. 均匀分布　　B. 中间少两端多

C. 中间多两端少　　D. 以上均可

74. 高速离心泵设置诱导轮的目的是为了：（　　）。

A. 减少汽蚀危害　　B. 增大流量

C. 增大压力　　D. 减小电流

75. 离心泵中唯一的做功部件是（　　）。

A. 轴　　B. 叶轮　　C. 回流器　　D. 弯道

76. 阀门的填料、垫片应根据（　　）来选用。

A. 介质　　B. 管道、阀体材料

C. 介质和参数　　D. 温度

77. 阀门研磨的质量标准是：阀头与阀座密封部分接触良好，表面无麻点、沟槽、裂纹等缺陷，接触面应在全宽的（　　）以上。

A. 1/2　　B. 1/3　　C. 1/4　　D. 2/3

78. 堵漏夹具注胶时起始注入点为（　　）。

A. 离泄漏点最近点　　B. 离泄漏点最远点

C. 任意选一点　　D. 泄漏最大点

79. 刀具材料的硬度越高，耐磨性（　　）。

A. 越差　　B. 越高　　C. 不变　　D. 影响不大

80. 制造较高精度、刀刃形状复杂并用于切削钢材的刀具，其材料应选用（　　）。

A. 碳素工具钢　　B. 硬质合金　　C. 高速工具钢　　D. 陶瓷

81. 主切削刃在基面上的投影与切削平面之间的夹角，称为（　　）。

A. 前角　　B. 后角　　C. 主偏角　　D. 副偏角

82. 在主刨面内，后刀面与切削平面之间的夹角称为（　　）。

A. 前角　　B. 后角　　C. 主偏角　　D. 刀尖角

83. 离心式压缩机一般都采用（　　）式叶轮。

A. 前弯曲叶片　　B. 径向开式叶片

C. 后弯曲叶片　　D. 不规则

84. 成形车刀磨损后要刃磨前刀面，铲齿铣刀磨损后要刃磨（　　），才能保持其原来要求的廓形精度。

A. 前刀面　　B. 后刀面　　C. 前、后刀面　　D. 侧面

85. 在夹具中，长圆柱心轴工件上圆柱孔的定位元件，可限制工件的（　　）自由度。

A. 3 个　　B. 4 个　　C. 5 个　　D. 6 个

86. 尺寸链中封闭环公差等于（　　）。

A. 增环公差　　B. 减环公差

C. 各组成环公差之和　　D. 增环公差与减环公差之差

87. 在夹具中，用一个平面对工件的平面进行定位，可以限制工件的（　　）自由度。

A. 2 个　　B. 3 个　　C. 4 个　　D. 6 个

88. 夹紧装置的基本要求中，重要的一条是（　　）。

A. 夹紧动作迅速　　B. 安全可靠

C. 正确施加预紧力　　D. 定位可靠

89. 在夹具中，较长的 V 形架作工件上圆柱表面的定位元件，可以限制工件的（　　）自由度。

A. 2 个　　B. 3 个　　C. 4 个　　D. 6 个

90. 在夹具中，较长的定位销作工件上圆柱孔的定位元件，可以限制工件的（　　）自由度。

A. 2 个　　B. 3 个　　C. 4 个　　D. 5 个

91. 在夹具中，较长锥心轴作工件上圆锥孔的定位元件，可以限制工件的（　　）自由度。

A. 3 个　　B. 4 个　　C. 5 个　　D. 6 个

92. 保证已确定的工件位置在加工过程中不发生变更的装置，称为（　　）装置。

A. 定位　　B. 夹紧　　C. 导向　　D. 传动

93. 工件在夹具中定位时，按照定位原则最多限制（　　）自由度。

A. 5 个　B. 6 个　C. 7 个　D. 8 个

94. 夹具中确定夹紧力时，最好的状态是（　　）。

A. 尽可能大　B. 偏大　C. 尽可能小　D. 大小适应

95. 当加工的孔需要依次进行钻、扩、铰多种工步时，需要采用（　　）。

A. 可换钻套　B. 快换钻套　C. 一般钻套　D. 特殊钻套

96. 国家标准的 1 级平板，在 25 mm × 25 mm 内研点应为（　　）点。

A. 15 ~ 20　B. 20 ~ 25　C. 25 ~ 30　D. 30 ~ 35

97. 标准群钻磨短横刃后产生内刃，其前角（　　）。

A. 增大　B. 减小　C. 不变　D. 不确定

98. 标准群钻主要用来钻削碳钢和（　　）。

A. 金属合金钢　B. 合金工具钢

C. 铝合金　D. 其他有色金属

99. 标准群钻磨有月牙形的圆弧刃，圆弧刃上各个点的前角由钻心向外（　　）。

A. 逐渐增大　B. 逐渐减小　C. 不变　D. 不好确定

100. 标准群钻上的分屑槽应磨在一条主切削刃的（　　）段。

A. 外刃　B. 内刃　C. 圆弧刃　D. 任何刃

101. 钻黄铜的群钻为避免钻孔时出现“扎刀”现象，外刃的纵向前角磨成（　　）。

A. 8°　B. 15°　C. 20°　D. 35°

102. 钻铸铁的群钻的第二重顶角为（　　）。

A. 45°　B. 70°　C. 90°　D. 100°

103. 钻薄板的群钻，其圆弧刃的深度应比薄板工件的厚度大（　　）mm。

A. 1　B. 2　C. 3　D. 4

104. 通常，孔的深度为孔径（　　）倍以上的孔称为深孔，必须用钻深孔的方法进行钻孔。

A. 三　B. 四　C. 五　D. 十

105. 钻小孔或长径比较大的孔时，应取（　　）的转速钻削。

A. 很低　B. 较低　C. 中等　D. 较高

106. 用工具经纬仪通过扫描法建立测量基准平面来检验大型工件的平面度误差时，是依据（　　）来确定测量基准面的。

A. 三点定一面　B. 最小条件　C. 最大条件　D. 两点定一线

107. 测量误差产生的原因有（　　）个方面因素。

A. 2　B. 3　C. 4　D. 5

108. 巴氏合金底瓦在浇铸前，为了使合金瓦底结合牢固需要在底面镀一层（　　）。

A. 铜　B. 铝　C. 锡　D. 铝合金

109. 液体动压轴承工作时，为了平稳轴的载荷使轴能浮在油中，必须（　　）。

A. 有足够的供油压力　B. 有一定的压差

C. 使轴有一定的旋转速度　D. 油要有足够的黏度

110. 液体动压轴承是指运转时（　　）的滑动轴承。

A. 干摩擦　　B. 半干摩擦　　C. 混合摩擦　　D. 纯液体摩擦

111. 减少滚动轴承配合间隙，可以使主轴在轴承内的（　　）减少，有利于提高主轴的旋转精度。

A. 热膨胀　　B. 倾斜度　　C. 跳动量　　D. 位移量

112. 机床床身导轨面硬度应（　　）溜板导轨面的硬度。

A. 高于　　B. 低于　　C. 等于　　D. 略低于

113. 采用热装法装配轴承时，将轴承放入机油槽中加热，温度不超过（　　）°C。

A. 100　　B. 150　　C. 200　　D. 250

114. 当一般刮削导轨的表面粗糙度在 R_a 1.6 以下，磨削或精刨导轨的表面粗糙度则在 R_a（　　）以下。

A. 0.2　　B. 0.4　　C. 0.6　　D. 0.8

115. 一般机床导轨的直线度误差为（　　）/1 000 mm。

A.（0.01 ~ 0.02）mm　　B.（0.015 ~ 0.02）mm

C.（0.02 ~ 0.03）mm　　D.（0.03 ~ 0.04）mm

116. 一般机床导轨的平行度误差为（　　）/1 000 mm。

A.（0.015 ~ 0.02）mm　　B.（0.02 ~ 0.03）mm

C.（0.03 ~ 0.04）mm　　D.（0.02 ~ 0.05）mm

117. 导轨材料中应用最普通的是（　　）。

A. 铸铁　　B. 黄铜　　C. 青铜　　D. 碳素钢

118. 用检验棒校正丝杠螺母副同轴度时，为消除检验棒在各支撑孔中的安装误差，可将检验棒转过（　　）后再测量一次，取其平均值。

A. 60°　　B. 90°　　C. 120°　　D. 180°

119. 校正带有中间支撑的丝杠螺母副的同轴度时，为了考虑丝杠的自重挠度，中心支承孔中心位置校正应（　　）两端。

A. 高于　　B. 略高于　　C. 略低于　　D. 等于

120. 螺旋机构中，丝杠与螺母的配合精度决定着丝杠的传动精度和（　　）精度，故必须做好调整工作。

A. 回转　　B. 定位　　C. 导向　　D. 联接

121. 丝杠螺母副的配合精度，常以（　　）间隙来表示。

A. 径向　　B. 轴向　　C. 法向　　D. 最小

122. 直列四缸柴油机，各缸动作的间隙角度为（　　）。

A. 60°　　B. 90°　　C. 120°　　D. 180°

123. 活塞环不是一个整圆环，而是呈开口状，在自由状态下其直径（　　）气缸直径。

A. 大于　　B. 小于　　C. 等于　　D. 略小于

124. 活塞材料的热膨胀系数（　　）活塞销的热膨胀系数。

A. 大于　　B. 小于　　C. 略小于　　D. 等于

125. 正在切削的切削层表面称为（　　）。

A. 未加工表面　　B. 代加工表面

C. 加工表面　　D. 已加工表面

126. 装配时，使用可换垫片、衬套和镶条等，以消除零件间的累积误差或配合间隙的方法是（　　）。

A. 完全互换法　　B. 不完全互换法

C. 修配法　　D. 调整法

127.（　　）间隙直接影响丝杠螺母副的传动精度。

A. 轴向　　B. 径向　　C. 法向　　D. 配合

128. 目前机床导轨中，应用最为普遍的是（　　）导轨。

A. 静压　　B. 滚动　　C. 滑动　　D. 动压

129. 单杠四行程柴油机每次进气、压缩、做功、排气行程，可完成（　　）工作循环。

A. 一　　B. 二　　C. 三　　D. 四

130. 装配滚动轴承时，轴颈或壳体孔台阶的圆弧半径应（　　）轴承的圆弧半径。

A. 大于　　B. 略大于　　C. 小于　　D. 等于

131. 金属导体的电阻与（　　）无关。

A. 导线的长度　　B. 导线的横截面积

C. 外加电压　　D. 负载

132. 在高温下能够保持刀具材料切削性能的称为（　　）。

A. 硬度　　B. 耐热性　　C. 耐磨性　　D. 强度

133. 利用自准直光学量仪，可以测量反射镜对光轴（　　）的微小偏转。

A. 垂直方向　　B. 水平方向　　C. 前后位置　　D. 左右位置

134. 在夹具中，用较长的 V 形槽来作工件上圆柱表面的定位元件时，它可以限制工件的（　　）自由度。

A. 2　　B. 3　　C. 4　　D. 5

135. 由两个或两个以上零件结合而成为机器的一部分，是（　　）。

A. 零件　　B. 部件　　C. 装配单元　　D. 机器

136. 单螺母消隙机构中消隙力的方向必须与（　　）方向一致，以防进给时产生“爬行”，影响进给精度。

A. 切削　　B. 切削力　　C. 重心　　D. 旋转

137. 静压类的轴承它的油膜压力的建立，是依靠（　　）来保证的。

A. 旋转速度　　B. 供油压力　　C. 负载大小　　D. 油液黏度

138. 机床控制电路中起到失压保护的电器是（　　）。

A. 熔断器　　B. 热继电器　　C. 时间继电器　　D. 交流继电器

139. 校正弯曲工件只适用于材料（　　）的零件。

A. 强度较高　　B. 硬度较高　　C. 塑性较好　　D. 弹性较好

140. 为使工件获得高的韧性和足够的强度，要对工件进行（　　）处理。

A. 正火　　B. 退火　　C. 回火　　D. 调质

141. 溢流阀在液压系统中的作用是（　　）保持稳定。

A. 运动速度　　B. 压力　　C. 流量　　D. 流速

142. V 形类密封圈的工作压力不大于（　　）kg/cm^2。

A. 140　　B. 320　　C. 500　　D. 750

143. 高速离心式压缩机的径向轴承一般采用（　　）。

A. 滚动轴承　　B. 对开式滑动轴承

C. 多油楔滑动轴承　　D. 锥面滑动轴承

144. 当固定啮合齿轮的轴向错位时齿轮轮缘宽度 $B \leqslant 15$ 时，允许错位（　　）。

A. 1/10B　　B. 1/15B　　C. 1/20B　　D. 1/25B

145. 安装可调节的 1：50 斜度镶条时应当留有调整和小修必要余量（　　）mm。

A. 5 ~ 15　　B. 15 ~ 25　　C. 25 ~ 35　　D. 35 ~ 40

146. 若丝杠螺纹磨损严重，减少外径后仍然不能车出标准齿厚时，允许齿厚减薄，但不得超过标准齿厚的（　　）。

A. 1/10　　B. 1/15　　C. 1/20　　D. 1/25

147. 汽轮机保温拆除一般规定应在气缸调节级金属壁温降到（　　）以下进行。

A. 100 °C　　B. 50 °C　　C. 80 °C　　D. 150 °C

148. 若确定夹紧力方向应尽量使夹紧力方向垂直于（　　）基准面。

A. 主要定位　　B. 辅助定位　　C. 止推定位　　D. 尺寸

149. 普通车床的工艺系统指（　　）。

A. 主轴系统　　B. 床身系统

C. 传动系统　　D. 机床、工、刀具系统

150. 研磨点高低的误差可以采用（　　）检查。

A. 千分尺　　B. 卡尺　　C. 百分表　　D. 塞尺

151. 引起离心式压缩机轴向力增大的原因之一是（　　）。

A. 平衡盘密封太严　　B. 叶轮和轮盖密封间隙小

C. 机器发生喘振　　D. 流量增大

152. 机械密封发生周期性或阵发性泄漏原因之一是（　　）。

A. 弹簧预压缩量太小　　B. 弹簧装配压缩量太大

C. 转子组件轴向窜量太大　　D. 密封端面太窄

153. 离心压缩机联轴器的选用，由于在高速转动时，要求能补偿两轴的偏移，又不会产生附加载荷，一般选用联轴器是（　　）。

A. 凸缘式联轴器　　B. 齿轮联轴器

C. 十字滑块联轴器　　D. 万向联轴器

154. 渐开线齿形误差可以评定（　　）的指标之一。

A. 齿轮运动精度　　B. 齿轮接触精度

C. 齿轮的工作平稳精度　　D. 齿轮几何精度

155. 手工研磨量块保证量块的表面粗糙度和光亮度，用直线式往复运动，其运动方向应（　　）于量块的长边。

A. 垂直　　B. 平行　　C. 倾斜　　D. 交叉

156. 材料弯曲过程会发生变形，当弯曲的曲率半径和材料厚度的比越小弯曲角越大，形变（　　）。

A. 成比例　　B. 越小　　C. 越大　　D. 无变

157. 环磨修理零件过程中，精环磨时一般应选用（　　）砂条进行。

A. 硬　B. 较硬　C. 中软　D. 软

158. 导轨按工作情况，可分为主运动导轨，进给导轨，移置导轨等几种，主运动导轨担负设备（　　）的导轨和承载。

A. 相对运动　B. 加速运动
C. 主体运动　D. 进给运动

159. 导轨的导向精度主要是指移动导轨（　　）准确度，其直接影响机床的工作精度。

A. 直线运动　B. 回转运动
C. 运动轨迹　D. 相对运动

160. 修理中装配滚动轴承时，可采用（　　）装配来抵消或减少相关件的制造偏差，提高轴组的回转精度。

A. 加热装配法　B. 压配法
C. 相位补偿法　D. 修配法

161. 机床传动链中各环节精度对刀具与工件间相对运动的均匀性和准确性的影响程度，称为（　　）。

A. 工作精度　B. 几何精度
C. 传动精度　D. 运动精度

162. 凸轮的（　　）是指凸轮与被动件直接接触那个面的轮廓线。

A. 理论曲线　B. 实际曲线　C. 基圆　D. 工作曲线

163. 齿轮的运动误差影响齿轮传递运动的（　　）。

A. 平稳性　B. 准确性　C. 振动程度　D. 噪声大小

164. 对零件进行立体划线时，通常选择（　　）个划线基准

A. 1　B. 2　C. 3　D. 4

165. 推行全面质量管理的目的是（　　）。

A. 提高经济效益
B. 提高产品质量
C. 最少投入，又多又好地生产出用户需要的产品
D. 减少人员

166. 下列情况中（　　）允许戴布手套操作。

A. 加油润滑　B. 进行电焊
C. 进行搬运　D. 操作车床

167. 刮削普通车床时，一般应先刮削（　　）导轨面。

A. 尾架　B. 床鞍　C. 压板　D. 大拖板

168. 传动功率为 2.2 ~ 3.7 kW，带速为 8 m/s 时，应选用（　　）型三角带。

A. O　B. A　C. B　D. C

169. 万能角度尺可以测量（　　）范围的任何角度。

A. 均匀　B. 不均匀　C. 不对称　D. 任意

170. 一般手铰刀的刀齿在圆周上是沿（　　）分布的。

A. 止推基准面　B. 导向基准面
C. 主要定位基准面　D. 大平面

171. 表面粗糙度评定参数中，轮廓算术平均偏差代号是（　　）。

A. R_p　　B. R_a　　C. R_y　　D. R_z

172. 设备修理，拆卸时一般应（　　）。

A. 先拆内部、上部　　B. 先拆外部、下部

C. 先拆外部、上部　　D. 先拆内部、下部

173. 研磨的切削量很小，所以研磨余量不能（　　）。

A. 太大　　B. 太小　　C. 厚　　D. 较厚

174. R_z 指的是表面粗糙度评定参数中（　　）的符号。

A. 轮廓算术平均偏差　　B. 微观不平度 + 点高度

C. 轮廓最大高度　　D. 轮廓不平程度

175. 合金结构钢牌号前面的两位数字表示平均含碳量为（　　）。

A. 十万分之几　　B. 万分之几

C. 百分之几　　D. 十分之几

176. 钳工常用的刀具材料有高速钢和（　　）两大类。

A. 硬质合金　　B. 碳素工具钢

C. 陶瓷　　D. 金刚石

177. 当配合过盈量较小时，可采用（　　）方法压入轴承。

A. 套筒压入　　B. 压力机械压入

C. 利用温差　　D. 直接敲入

178.（　　）是企业生产管理的依据。

A. 生产计划　　B. 生产作业计划

C. 班组管理　　D. 生产组织

179. 滑动轴承因可产生（　　）故具有吸振能力。

A. 润滑油膜　　B. 弹性变形

C. 径向跳动　　D. 轴向窜动

180. 在钢件和铸铁件上加工同样直径的内螺纹时，其底孔直径（　　）。

A. 同样大　　B. 钢件比铸件稍大

C. 铸件比钢件稍大　　D. 相差两个螺矩

181. 百分表在使用完毕后应将测量杆擦净，放入盒内保管，应（　　）。

A. 涂上油脂　　B. 上机油

C. 让测量杆处于自由状态　　D. 拿测量杆，以免变形

182. 圆板牙的排屑孔形成圆板牙的（　　）。

A. 前刀面　　B. 后刀面　　C. 副后刀面　　D. 切削平面

183. 对零件进行形体分析，确定主视图方向是绘制零件图的（　　）。

A. 第一步　　B. 第二步　　C. 第三步　　D. 第四步

184. 钻头直径大于 13 mm 时，柄部一般做成（　　）。

A. 直柄　　B. 莫氏锥柄　　C. 方柄　　D. 直柄锥柄都有

185. 钻头（　　）为零，靠近切削部分的棱边与孔壁的摩擦比较严重，容易发热和磨损。

A. 前角　　B. 后角　　C. 横刃斜角　　D. 副后角

186. 研磨圆柱的孔用的研磨棒，其长度为工件长度的（　　）倍。

A. 1～2　　B. 1.5～2　　C. 2～3　　D. 3～4

187. 为达到螺纹连接可靠和坚固的目的，要求纹牙间有一定的（　　）。

A. 摩擦力矩　　B. 拧紧力矩　　C. 预紧力　　D. 摩擦力

188. 用测力扳手使预紧力达到给定值的是（　　）。

A. 控制扭矩法　　B. 控制螺栓伸长法

C. 控制螺母扭角法　　D. 控制摩擦力法

189. 蜗杆传动机构装配后，应进行啮合质量的检验，检验的主要项目包括蜗轮轴向位置、接触斑点、（　　）和转动灵活性。

A. 中心距　　B. 齿侧间隙

C. 轴线垂直度　　D. 配合间隙

190. 蜗杆传动机构的装配，首先要保证蜗杆轴线与蜗轮轴心线（　　）。

A. 平行　　B. 垂直　　C. 交叉　　D. 相交

191. 按规定的技术要求，将若干个零件结合成部件或若干个零件和部件结合成机器的过程称为（　　）。

A. 部件装配　　B. 总装配　　C. 零件装配　　D. 装配

192. 无机黏合剂必须选择好接头的结构形式，尽量使用（　　）。

A. 对接　　B. 搭接　　C. 角接　　D. 套接

193. 材料弯曲后其长度不变的一层称为（　　）。

A. 中心层　　B. 中间层　　C. 中性层　　D. 内层

194. 试车工作是将静止的设备进行运转，以进一步发现设备中存在的问题，然后做最后的（　　），使设备的运行特点符合生产的需要。

A. 改进　　B. 修理和调整　　C. 修饰　　D. 检查

195. 划线时当发现毛坯误差不大，但用找正方法不能补救时，可用（　　）方法来予以补救，使加工后的零件仍能符合要求。

A. 找正　　B. 借料　　C. 变换基准　　D. 改图样尺寸

196. Z525 立钻主要用于（　　）。

A. 镗孔　　B. 钻孔　　C. 铰孔　　D. 扩孔

197. 一般划线精度能达到（　　）。

A. 0.025～0.05 mm　　B. 0.1～0.3 mm

C. 0.25～0.5 mm　　D. 0.25～0.8 mm

198. 平面粗刮刀的楔角一般为（　　）。

A. 90°～92.5°　　B. 95° 左右

C. 97.5° 左右　　D. 85°～90°

199. 柴油机的主要运动件是（　　）。

A. 气缸　　B. 喷油器　　C. 曲轴　　D. 节温器

200. 读零件图的第一步应看（　　），了解其零件概貌。

A. 视图　　B. 尺寸　　C. 技术要求　　D. 标题栏

201. 常用的手动起重设备有千斤顶、（　　）、手扳葫芦等。

A. 单梁起重机　　B. 手拉葫芦
C. 桥式起重机　　D. 单壁式吊架

202. 研具材料比被研磨工件的材料要（　　）。
A. 软　　B. 硬　　C. 软硬均可　　D. 超硬

203. 钨钴钛类硬质合金的代号是（　　）。
A. YW　　B. YG　　C. YT　　D. YR

204. 相互运动的表层金属逐渐形成微粒剥落而造成的磨损叫（　　）。
A. 疲劳磨损　　B. 砂粒磨损
C. 摩擦磨损　　D. 消耗磨损

205. 消除铸铁导轨的内应力所造成的变化，需在加工前（　　）处理。
A. 回火　　B. 淬火　　C. 时效　　D. 表面热

206. 下面（　　）不属于装配工艺过程的内容。
A. 装配工序有工步的划分　　B. 装配工作
C. 调整、精度检修和试车　　D. 喷漆、涂油、装箱

207. 划线时，都应从（　　）开始。
A. 中心线　　B. 基准面　　C. 设计基准　　D. 划线基准

208. 千分尺的制造精度主要是由它的（　　）来决定的。
A. 刻线精度　　B. 测微螺杆精度
C. 微分筒精度　　D. 固定套筒精度

209. 用测力扳手使预紧力达到给定值的方法是（　　）。
A. 控制扭矩法　　B. 控制螺栓伸长法
C. 控制螺母扭角法　　D. 控制工件变形法

210. 在夹具中，夹紧力的作用方向应与钻头轴线的方向（　　）。
A. 平行　　B. 垂直　　C. 倾斜　　D. 相交

211. 采用适当的压入方法装配滑动轴承时，必须防止（　　）。
A. 垂直　　B. 平行　　C. 倾斜　　D. 弯曲

212. 利用分度头可在工件上划出圆的（　　）。
A. 等分线　　B. 不等分线
C. 等分线或不等分线　　D. 以上叙述都不正确

213. 对于标准麻花钻而言，在主截面内（　　）与基面之间的夹角称为前角。
A. 后刀面　　B. 前刀面　　C. 副后刀面　　D. 切削平面

214. 丝锥的构造由（　　）组成。
A. 切削部分和柄部　　B. 切削部分和校准部分
C. 工作部分和校准部分　　D. 工作部分和柄部

215. 轴向间隙直接影响（　　）的传动精度。
A. 齿轮传动　　B. 液化传动
C. 蜗杆副传动　　D. 丝杠螺母副

216. 车床丝杠的纵向进给和横向进给运动是（　　）。
A. 齿轮传动　　B. 液化传动

C. 螺旋传动　　D. 蜗杆副传动

217. 台虎钳的规格是以钳口的（　　）表示的。

A. 长度　　B. 宽度　　C. 高度　　D. 夹持尺寸

218. 车床（　　）的纵向进给和横向进给运动是螺旋传动。

A. 光杠　　B. 旋转　　C. 立轴　　D. 丝杠

219. 液压传动是依靠（　　）来传递运动的。

A. 油液内部的压力　　B. 密封容积的变化

C. 活塞的运动　　D. 油液的流动

220. 钻床夹具的类型在很大程度上取决于被加工孔的（　　）。

A. 精度　　B. 方向　　C. 大小　　D. 分布

221. 分度头的主要规格是以（　　）表示的。

A. 长度

B. 高度

C. 顶尖（主轴）中心线到底面的高度

D. 夹持工件最大直径

222. 划线时，直径大于 20 mm 的圆周线上应有（　　）以上冲点。

A. 4 个　　B. 6 个　　C. 8 个　　D. 10 个

223. 国产液压油的使用寿命一般都在（　　）。

A. 3 年　　B. 2 年　　C. 1 年　　D. 1 年以上

224. 精度为 0.02 mm 的游标卡尺，当游标卡尺读数为 30.42 时，游标上的第（　　）格与主尺刻线对齐。

A. 30　　B. 21　　C. 42　　D. 49

225. 销连接在机械中主要是定位，连接成锁定零件，有时还可作为安全装置的（　　）零件。

A. 传动　　B. 固定　　C. 定位　　D. 过载剪断

226. 在（　　）圆形式方形布置的成组螺母时，必须对称地进行。

A. 安装　　B. 松开　　C. 拧紧　　D. 装配

227. 销连接在机械中主要是定位，连接成锁定零件，有时还可作为安全装置的（　　）零件。

A. 传动　　B. 固定　　C. 定位　　D. 过载剪断

228. 在尺寸链中，当其他尺寸确定后，新产生的一个环是（　　）。

A. 增环　　B. 减环　　C. 封闭环　　D. 组成环

229. 要套 $M10 \times 1.5$ 的外螺纹，其圆杆直径应为（　　）。

A. $\phi = 9.8$ mm　　B. $\phi = 10$ mm　　C. $\phi = 9$ mm　　D. $\phi = 10.5$ mm

230. 车床主轴及其轴承间的间隙(　　)加工时使被加工零件发生振动而产生圆度误差。

A. 过小　　B. 没有　　C. 过大　　D. 都不对

231. 选择錾子楔角时，在保证足够强度的前提下，尽量取（　　）数值。

A. 较小　　B. 较大　　C. 一般　　D. 随意

232. 手电钻装卸钻头时，按操作规程必须用（　　）。

A. 钥匙　B. 榔头　C. 铁棍　D. 管钳

233. 过盈连接是依靠包容件和被包容件配合后的（　　）来达到紧固连接的。

A. 压力　B. 张紧力　C. 过盈值　D. 摩擦力

234. 整体式向心滑动轴承是用（　　）装配的。

A. 热胀法　B. 冷配法　C. 压入法　D. 爆炸法

235. 分度头的主轴轴心线能相对于工作台平面向上 90° 和向下（　　）。

A. 10°　B. 45°　C. 90°　D. 120°

236. 带传动机构常见的损坏形式有（　　）、带轮孔与轴配合松动、槽轮磨损带拉长或断裂、带轮崩裂等。

A. 轴颈弯曲　B. 轴颈断裂

C. 键损坏　D. 轮磨损

237. 机床常用照明灯应选（　　）V 的电压。

A. 6　B. 24　C. 110　D. 220

238. 锯割管子和薄板时，必须用（　　）锯条。

A. 粗齿　B. 细齿　C. 硬齿　D. 软齿

239. 一般手锯的往复长度不应小于锯条长度的（　　）。

A. 1/3　B. 2/3　C. 1/2　D. 3/4

240. 锯条在制造时，使锯齿按一定的规律左右错开，排列成一定形状，称为（　　）。

A. 锯齿的切削角度　B. 锯路

C. 锯齿的粗细　D. 锯割

241. 用半孔钻钻半圆孔时宜用（　　）。

A. 低速手进给　B. 高速手进给

C. 低速自动进给　D. 高速自动进给

242. 孔径较大时，应取（　　）的切削速度。

A. 任意　B. 较大　C. 较小　D. 中速

243. 标准麻花钻的后角是：在（　　）内后刀面与切削平面之间的夹角。

A. 基面　B. 主截面　C. 柱截面　D. 副后刀面

244.（　　）影响刀具刃口的锋利程度和强度。

A. 刃倾角　B. 前角　C. 后角　D. 刀尖角

245. 机床在切削塑性较大的金属材料时会形成（　　）切屑。

A. 带状　B. 挤裂　C. 粒状　D. 崩碎

246. 规定（　　）的磨损量 V_B 作为刀具的磨损限度。

A. 切削表面　B. 前刀面

C. 主切削刃　D. 后刀面

247. 修整砂轮一般用（　　）。

A. 油石　B. 金刚石

C. 硬质合金刀　D. 高速钢

248. 刀具材料的硬度越高，耐磨性（　　）。

A. 越差　B. 越好　C. 不变　D. 消失

249. 钻头上缠绕铁屑时，应及时停车，用（　　）清除。
A. 手　B. 工件　C. 钩子　D. 嘴吹
250. 刮削具有切削量小，切削力小，装夹变形（　　）等特点。
A. 小　B. 大　C. 适中　D. 或大或小
251. 外圆柱工件在套筒孔中的定位，当选用较短的定位心轴时，可限制（　　）自由度。
A. 两个移动　B. 两个转动
C. 两个移动和两个转动　D. 一个移动一个转动
252. 机械传动是采用带轮、齿轮、轴等机械零件组成的传动装置来进行（　　）的传递。
A. 运动　B. 动力　C. 速度　D. 能量
253. 联轴器只有在（　　）时，用拆卸的方法才能使两轴脱离传动关系。
A. 机器运转　B. 机器停车
C. 机器反转　D. 机器正常
254. 研磨时，工件孔口扩大的原因之一是研磨棒伸出孔口（　　）。
A. 太短　B. 太长　C. 不长不短　D. 研磨棒头偏小
255. 剪板机是剪割（　　）的专用设备。
A. 棒料　B. 块状料　C. 板料　D. 软材料
256. 带传动机构装配时，两带轮中心平面应（　　），其倾斜角和轴向偏移量不应过大。
A. 倾斜　B. 重合　C. 相平行　D. 互相垂直
257. 带轮张紧力的调整方法是靠改变两带轮的（　　）或用张紧轮张紧。
A. 中心距　B. 位置　C. 计转速　D. 平行度
258. 松键装配在键长方向、键与（　　）的间隙是 0.1 mm。
A. 轴槽　B. 槽底　C. 轮毂　D. 轴和毂槽
259. 当活塞到达（　　），缸内废气压力仍高于大气压力，排气门迟关一些，可使废气排得干净些。
A. 下死点　B. 上死点　C. 中部　D. 下部
260. 静连接花键装配，要有较少的过盈量，若过盈量较大，则应将套件加热到（　　）后进行装配。
A. 100 °C　B. 80 ~ 120 °C
C. 150 °C　D. 200 °C
261. 使用电动工具时应穿（　　）。
A. 布鞋　B. 胶鞋　C. 皮鞋　D. 凉鞋
262. 立式钻床的主要部件包括主轴变速箱、（　　）进给变速箱和主轴。
A. 进给手柄　B. 操纵结构
C. 齿条　D. 钢球接合子
263. 带传动是依靠传动带与带轮之间的（　　）来传动动力的。
A. 作用力　B. 张紧力　C. 摩擦力　D. 弹力
264. 立钻 Z525 主轴最低转速为（　　）。
A. 97 r/min　B. 1 360 r/min　C. 1 420 r/min　D. 480 r/min
265. 磨削加工的主运动是（　　）。

A. 砂轮圆周运动　　B. 工件旋转运动
C. 工作台移动　　D. 砂轮架运动

266. 两皮带轮在使用过程中发现轮上的三角带张紧的程度（　　），这是轴颈弯曲原因造成的。

A. 太紧　　B. 太松　　C. 不等　　D. 发生变

267. 壳体、壳体中部的鼓形回转体、主轴、（　　）分度盘组成分度头。

A. 分度机构　　B. 套筒
C. 手柄芯轴　　D. 螺旋

268. 在钢和铸铁件上加工同样直径的内螺纹时，钢件的底孔（　　）比铸铁件的底孔直径稍大。

A. 稍小　　B. 小很多　　C. 直径　　D. 大很多

269. 机械设备合理使用润滑材料可减少机器零件相对运动的（　　），提高设备使用寿命。

A. 速度　　B. 时间　　C. 摩擦　　D. 能力

270. 下列材料牌号中，属于灰口铸铁的是（　　）。

A. HT250　　B. KTH350-10　　C. QT800-2　　D. RUT420

271. 制定装配工艺规程的原则是保证产品（　　），合理安排装配工序及尽可能少占车间的生产面积。

A. 作用　　B. 内容　　C. 方法　　D. 装配质量

272. 传动精度高，工作平稳，无噪声，易于自锁，能传递（　　），这是螺旋传动机构特点。

A. 较大的扭矩　　B. 蜗轮蜗杆传动机构
C. 齿轮传动机构　　D. 带传动机构

273. 以下方式带传动不能实现的是（　　）。

A. 吸振和缓冲　　B. 安全保护作用
C. 保证准确的传动比　　D. 实现两轴中心较大的传动

274. 熔断器具有（　　）保护作用。

A. 过流　　B. 过热　　C. 短路　　D. 欠压

275. 从（　　）中可以了解装配体的名称。

A. 明细栏　　B. 零件图　　C. 标题栏　　D. 技术文件

276. 标准麻花钻主要用于（　　）。

A. 扩孔　　B. 螺纹　　C. 过盈　　D. 钻孔

277. 用标准铰刀铰削 $D < 40$ mm、IT8 级精度、表面粗糙度 $R_a1.6$ 的孔，其工艺过程是（　　）。

A. 钻孔-扩孔-铰孔　　B. 钻孔-扩孔-粗铰-精铰
C. 钻孔-粗铰-精铰　　D. 钻孔-扩孔-精铰

278. 钳工工作场地必须（　　）、整齐，物品摆放有序。

A. 随意　　B. 无序　　C. 清洁　　D. 按要求

279. 两基本几何体，以平面的方式相互接触叫作（　　）。

A. 相交　　B. 封闭环　　C. 相贴　　D. 增环

280. 位置公差中垂直度符号是（　　）。

A. ⊥　　B. //　　C. ◎　　D. ∠

281. 车间职工在上岗期间只允许穿（　　）。

A. 凉鞋　　B. 拖鞋　　C. 高跟鞋　　D. 工作鞋

282. 在低速、脂润滑场合，（　　）采用毡圈式密封。

A. 高温、油润滑　　B. 高速、脂润滑

C. 低温、油润滑　　D. 滚动轴承

283. 装在同一轴上的两个轴承中，必须有一个的外圈（或内圈）可以在热胀时产生（　　），以免被轴承咬住。

A. 径向移动　　B. 轴向移动

C. 轴向转动　　D. 径向跳动

284. 转速高的大齿轮装在轴上后应作（　　）以免工作时产生振动。

A. 松动　　B. 脱落　　C. 平衡检查　　D. 加剧磨损

285. 起锯角为（　　）左右。

A. 10°　　B. 15°　　C. 20°　　D. 25°

286. 制造麻花钻头应选用（　　）材料。

A. T10　　B. W18Cr4V　　C. 5CrMnMo　　D. 4Cr9Si2

287. 过共析钢的淬火加热温度应选择在（　　）。

A. A_{c1} 以下　　B. $A_{c1}+(30\sim50)$ °C

C. $A_{c3}+(30\sim50)$ °C　　D. $A_{ccm}+(30\sim50)$ °C

288. 规定预紧力的螺纹连接，常用控制扭矩法、（　　）和控制螺栓伸长法来保证准确的预紧力。

A. 控制工件变形法　　B. 控制扭角法

C. 控制螺栓变形法　　D. 控制螺母变形法

289. 锯条有了锯路后，使工件上的锯缝宽度大于锯条背部的厚度，从而防止了（　　）。

A. 工件变形　　B. 等于　　C. 夹锯　　D. 小于或等于

290. 牛头刨床适宜于加工（　　）零件。

A. 箱体类　　B. 床身导轨

C. 小型平面、沟槽　　D. 机座类

291. 内径百分表的（　　）是通过更换可换触头来改变的。

A. 表盘　　B. 测量杆　　C. 长指针　　D. 测量范围

292.（　　）在液压系统中可以起溢流作用、安全保护作用及卸荷作用。

A. 溢流阀　　B. 单相　　C. 截止　　D. 调节

293. 车削外圆是由工件的（　　）和车刀的纵向移动完成的。

A. 纵向移动　　B. 横向移动

C. 垂直移动　　D. 旋转运动

294. 机床照明灯应选安全电压为（　　）V 电压。

A. 6　　B. 24　　C. 110　　D. 220

295. 链轮两轴线必须平行，否则会加剧链条和链轮的磨损，降低传动（　　），并增加噪声。

A. 平稳性　　B. 准确性　　C. 可靠性　　D. 坚固性

296. 当过盈量及（　　）较小时，常采用压入法装配。

A. 较大　　B. 配合尺寸

C. 正常　　D. 前面叙述均不对

297. 立式钻床的主要部件包括主轴变速箱、进给变速箱、主轴和（　　）。

A. 进给机构　　B. 操纵机构

C. 齿条　　D. 进给手柄

298. 剖分式滑动轴承常用（　　）和轴瓦上的凸台来止动。

A. 定位销　　B. 沟槽　　C. 销、孔　　D. 螺孔

299. 圆柱面过盈连接的装配方法，包括压入法、热胀配合法、冷缩配合法。使用压入法当过盈量及配合尺寸较小时，常用（　　）压入装配。

A. 常温　　B. 高温　　C. 规定温度　　D. 低温

300. 能按照柴油机的工作次序，定时打开（　　）排气门，使新鲜空气进入和废气从气缸排出的机构叫配气机构。

A. 气缸　　B. 凸轮机构

C. 曲柄连杆机构　　D. 滑块机构

301. 影响齿轮传动精度的因素包括齿轮加工精度，齿轮的精度等级，齿轮副的侧隙要求及齿轮副的（　　）要求。

A. 运动精度　　B. 接触精度

C. 接触斑点　　D. 工作平稳性

302. 用螺钉调整法调整轴承游隙时，先松开锁紧螺母，然后转动（　　）调整轴承间隙到规定值。

A. 调整螺钉　　B. 轴承盖联接螺钉

C. 紧定螺钉　　D. 调整螺钉

303. 用 15 钢制造凸轮，要求表面硬度高而心部具有高的韧性，应采用（　　）的热处理工艺。

A. 渗碳 + 淬火 + 低温回火　　B. 退火

C. 调质　　D. 表面淬火

304. 用检验棒校正丝杠螺母副同轴度时，为消除检验棒在各支承孔中的（　　），可将检验棒转过 180° 后再测量一次，取其平均值。

A. 60°　　B. 安装误差　　C. 90°　　D. 360°

305. 扩孔的加工质量比钻孔高，常作为孔的（　　）加工。

A. 精　　B. 半精　　C. 粗　　D. 一般

306. 冷作硬化现象是在（　　）时产生的。

A. 热矫正　　B. 冷矫正　　C. 火焰矫正　　D. 高频矫正

307. 设备修理时的拆卸顺序是（　　）。

A. 先拆内部、上部　　B. 先拆外部、下部

C. 先拆外部、上部　　D. 先拆内部、下部

308. 假想用剖切平面将机件的某处（　　），仅画出断面图形称为剖面。

A. 切开　　B. 剖切　　C. 切断　　D. 分离

309. R_z 是表面粗糙度评定参数中（　　）的符号。

A. 轮廓算术平均偏差　　B. 微观不平度 + 点高度

C. 轮廓最大高度　　D. 轮廓不平程度

310. 螺旋传动机械是将螺旋运动变换为（　　）。

A. 两轴速垂直运动　　B. 直线运动

C. 螺旋运动　　D. 曲线运动

311. 一张完整装配图的内容包括一组图形、必要的尺寸、（　　）、零件序号和明细栏、标题栏。

A. 技术要求　　B. 必要的技术要求

C. 所有零件的技术要求　　D. 粗糙度及形位公差

312. 退火的目的是（　　）。

A. 提高硬度和耐磨性　　B. 降低硬度，提高塑性

C. 提高强度和韧性　　D. 改善回火组织

313.（　　）是液压传动的基本特点之一。

A. 传动比恒定

B. 传动噪声大

C. 易实现无级变速和过载保护作用

D. 传动效率高

314.（　　）因可产生润滑油膜故具有吸振能力。

A. 滑动轴承　　B. 弹性变形

C. 径向跳动　　D. 轴向窜动

315. 主要承受径向载荷的滚动轴承叫（　　）。

A. 向心轴承　　B. 推力轴承

C. 向心、推力轴承　　D. 单列圆锥滚子轴承

316. 百分表每次使用完毕后要将测量杆擦净，放入盒内保管，应（　　）。

A. 涂上油脂　　B. 上机

C. 让测量杆处于自由状态　　D. 拿测量杆，以免变形

317. 蜗杆与蜗轮的（　　）相互间有垂直关系。

A. 重心线　　B. 中心线　　C. 轴心线　　D. 连接线

318. 标注形位公差代号时，形位公差项目符号应写入形位公差框格（　　）内。

A. 第一格　　B. 第二格　　C. 第三格　　D. 第四格

319. 钻头直径大于 13 mm 时，柄部一般做成（　　）。

A. 直柄　　B. 莫氏锥柄　　C. 方柄　　D. 直柄锥柄都有

320. 粗刮时，显示剂要调（　　）。

A. 干些　　B. 稀些　　C. 不干不稀　　D. 稠些

321. 研磨圆柱孔用的研磨棒，其长度为工件长度的（　　）倍。

A. 1 ~ 2　　B. 1.5 ~ 2　　C. 2 ~ 3　　D. 3 ~ 4

322. M3 以上的圆板牙尺寸可调节，其调节范围是（　　）。

A. 0.1 ~ 0.5 mm　　B. 0.6 ~ 0.9 mm

C. 1 ~ 1.5 mm　　D. 2 ~ 1.5 mm

323. 刮刀精磨须在（　　）上进行。

A. 油石　　B. 粗砂轮　　C. 油砂轮　　D. 都可以

324. 主要用于碳素工具钢、合金工具钢、高速钢工件研磨的磨料是（　　）。

A. 氧化物磨料　　B. 碳化物磨料

C. 金刚石磨料　　D. 氧化铬磨料

325. 蜗杆传动机构装配后，蜗轮在任何位置上，用手旋转蜗杆所需的扭矩（　　）。

A. 均应相同　　B. 大小不同

C. 相同或不同　　D. 无要求

326. 按规定的技术要求，将若干个零件结合成部件或若干个零件和部件结合成的（　　）过程称为装配。

A. 部件装配　　B. 总装配

C. 零件装配　　D. 机器

327. 带传动机构装配时，还要保证两带轮相互位置的正确性，可用直尺或（　　）进行测量。

A. 角尺　　B. 拉线法　　C. 划线盘　　D. 光照法

328. 尺寸链中封闭环公差等于（　　）。

A. 增环公差　　B. 减环公差

C. 各组成环公差之和　　D. 增环公差与减环公差之差

329. 长方体工件定位，在导向基准面上应分布（　　）支承点，并且要在同一平面上。

A. 1 个　　B. 2 个　　C. 3 个　　D. 4 个

330. 剖与未剖部分以波浪线为分界线的剖视图是（　　）。

A. 全剖视图　　B. 半剖视图

C. 局部剖视图　　D. 单二剖视图

331. 用百分表测量时，测量杆应预先压缩 0.3 ~ 1 mm，以保证有一定的初始测力，以免（　　）测不出来。

A. 尺寸　　B. 公差　　C. 形状公差　　D. 负偏差

332. 装在退卸套上的轴承，先将（　　）卸掉，然后用退卸螺母将退卸套从轴承座圈中拆出。

A. 锁紧螺母　　B. 箱体　　C. 轴　　D. 外圈

333. 棒料和轴类零件在矫正时会产生（　　）变形。

A. 塑性　　B. 弹性　　C. 塑性和弹性　　D. 扭曲

334. 柴油机的主要运动件是（　　）。

A. 气缸　　B. 喷油器　　C. 曲轴　　D. 节温器

335. 制定装配工艺规程的（　　）是保证产品装配质量，合理安排装配工序及尽可能少占车间的生产面积。

A. 作用　B. 内容　C. 方法　D. 原则

336. 金属板四周呈波纹状，用延展法进行矫平时，锤击点应（　　）。

A. 从一边向另一边　B. 从中间向四周

C. 从一角开始　D. 从四周向中间

337.（　　）常用来检验工件表面或设备安装的水平情况。

A. 测微仪　B. 轮廓仪　C. 百分表　D. 水平仪

338. 装配前准备工作主要包括零件的清理和清洗、（　　）和旋转件的平衡试验。

A. 零件的密封性试验　B. 气压法

C. 液压法　D. 静平衡试验

339. 碳素工具钢 T8 表示含碳量是（　　）。

A. 0.08%　B. 0.8%　C. 8%　D. 80%

340. 狭窄平面（　　）时，用金属块做“导靠”采用直线形研磨轨迹。

A. 8 字形　B. 螺旋形　C. 研磨　D. 圆形

341. 煮洗设备排水系统检修工艺及标准：管路畅通，阀门动作灵活，系统（　　）良好，无泄漏。

A. 电机　B. 系统　C. 联接　D. 阀门

342. 千分尺的活动套筒转动一格，测微螺杆移动（　　）。

A. 1 mm　B. 0.1 mm　C. 0.01 mm　D. 0.001 mm

343. 开始工作前，必须按规定穿戴好防护用品是安全生产的（　　）。

A. 重要规定　B. 一般知识　C. 规章　D. 制度

344. 主切削刃和副切削刃的交点是（　　）。

A. 过渡刃　B. 修光刃　C. 刀尖　D. 刀头

345. 用刮刀在工件表面上刮去一层很薄的金属，可以提高工件的加工（　　）。

A. 尺寸　B. 强度　C. 耐磨性　D. 精度

346. 游标高度尺一般用来（　　）。

A. 测直径　B. 测齿高

C. 测高和划线　D. 测高和测深度

347. 圆锉刀的尺寸规格是以锉身的（　　）大小规定的。

A. 长度　B. 直径　C. 半径　D. 宽度

348. 对轴承座进行立体划线，需要翻转 90° 角，安放（　　）。

A. 一次位置　B. 两次位置

C. 三次位置　D. 四次位置

349. 液压传动是依靠（　　）来传递运动的。

A. 油液内部的压力　B. 密封容积的变化

C. 油液的流动　D. 活塞的运动

350. 车削时，切削热主要是通过（　　）进行传导的。

A. 切屑　B. 工件　C. 刀具　D. 周围介质

351. 汽车、拖拉机和工程机械的齿轮传动润滑用油应选择（　　）。

A. 齿形精度　　B. 安装是否正确

C. 传动平稳性　　D. 齿轮副的接触斑点要求

352. 内燃机按基本原理分类，有往复活塞式内燃机和（　　）。

A. 沼气机　　B. 旋转活塞式内燃机

C. 汽油机　　D. 煤油机

353. 螺距小、螺旋升角小、自锁性好，除用于承受冲击震动或变载的连接外，还用于调整机构的是（　　）。

A. 粗牙螺纹　　B. 管螺纹　　C. 细牙螺纹　　D. 矩形螺纹

354. 有机黏合剂可以在室温下（　　）。

A. 液化　　B. 汽化　　C. 固化　　D. 熔化

355. 在液压系统中属于控制部分的是指（　　）。

A. 液压泵　　B. 液压缸

C. 各种控制阀　　D. 输油管、油箱

356. 标注形位公差代号时，形位公差框格左起第一格应填写（　　）。

A. 形位公差项目名称　　B. 形位公差项目符号

C. 形位公差数值及有关符号　　D. 基准代号

357. 刮削机床导轨时，以（　　）为刮削基准。

A. 溜板用导轨　　B. 尾座用导轨

C. 压板用导轨　　D. 溜板模向燕尾导轨

358. 检查用的平板其平面度要求 0.03，应选择（　　）方法进行加工。

A. 磨　　B. 精刨　　C. 刮削　　D. 锉削

359. 矫直棒料时，为消除因弹性变形所产生的回翘可（　　）一些。

A. 适当少压　　B. 用力小

C. 用力大　　D. 使其反向弯曲塑性变形

360. 用涂色法检查（　　）两圆锥面的接触情况时，色斑分布情况应在整个圆锥表面上。

A. 离合器　　B. 联轴器　　C. 圆锥齿轮　　D. 都不是

361. 触电而停止了呼吸心脏仍跳动应立即采取的抢救措施是（　　）。

A. 立即送医院抢救　　B. 请医生抢救

C. 就地立即做人工呼吸　　D. 做体外心跳按摩

362. 零部件在径向位置上有偏重但由此产生的惯性力合力不通过旋转件重心，这种不平衡称（　　）。

A. 静不平衡　　B. 动不平衡

C. 静平衡　　D. 动平衡

363.（　　）是造成工作台往复运动速度误差大的原因之一。

A. 油缸两端的泄漏不等　　B. 系统中混入空气

C. 活塞有效作用面积不一样　　D. 液压缸容积不一

364. 孔的最小极限尺寸与轴的最大极限尺寸之代数差为正值叫（　　）。

A. 间隙值　　B. 最小间隙

C. 最大间隙　　D. 最大过盈

365. 感应加热表面淬火淬硬层深度与（　　）有关。

A. 加热时间　　B. 电流频率

C. 电压　　D. 钢的含碳量

366. 吊车起吊工作物时应试吊离地面（　　），经过检查确认稳妥后方可起吊。

A. 1 m　　B. 1.5 m　　C. 0.3 m　　D. 0.5 m

367. 起重设备和（　　）在使用过程中，如果操作不正确，将发生人身和设备事故，危及人身安全。

A. 吊装工具　　B. 工艺程序

C. 图纸　　D. 工艺卡

368. 立式钻床的主要部件包括（　　）、进给变速箱、主轴和进给手柄。

A. 主轴变速箱　　B. 操纵结构

C. 齿条　　D. 钢球接合子

369. 剪板机是剪割（　　）的专用设备。

A. 棒料　　B. 块状料　　C. 板料　　D. 软状料

370. 台虎钳夹紧工件时，只允许（　　）手柄。

A. 用手锤敲击　　B. 用手扳

C. 套上长管子扳　　D. 两人同时扳

371. 任何一个未被约束的物体，在空间具有进行（　　）种运动的可能性。

A. 6　　B. 5　　C. 4　　D. 3

372. 切削用量的三要素包括（　　）。

A. 切削速度、切削深度和进给量

B. 切削速度、切削厚度和进给量

C. 切削速度、切削宽度和进给量

D. 切削厚度、切削宽度和进给量

373. 标准麻花钻主要用于（　　）。

A. 扩孔　　B. 钻孔　　C. 铰孔　　D. 锪孔

374. 起锯角为（　　）左右。

A. 10°　　B. 15°　　C. 20°　　D. 30°

375. 牛头刨床适宜于加工（　　）零件。

A. 箱体类　　B. 床身导轨

C. 小型平面、沟槽　　D. 机座类

376. 扩孔的加工质量比钻孔高，常作为孔的（　　）加工。

A. 精　　B. 半精　　C. 粗　　D. 一般

377. 带传动是依靠传动带与带轮之间的（　　）来传动动力的。

A. 作用力　　B. 张紧力　　C. 摩擦力　　D. 弹力

378. 台虎钳夹紧工件时，只允许（　　）手柄。

A. 用手锤敲击　　B. 用手扳

C. 套上长管子扳　　D. 两人同时扳

379. 切削塑性较大的金属材料时形成（　　）切屑。
A. 带状　B. 挤裂　C. 粒状　D. 崩碎
380. 碳化硅砂轮适用于刃磨（　　）刀具。
A. 合金工具钢　B. 硬质合金
C. 高速钢　D. 碳素工具钢
381. 采用伸张、弯曲、延展、扭转等方法进行的矫正叫（　　）。
A. 机械矫正　B. 手工矫正
C. 火焰矫正　D. 高频矫正
382. 煮洗设备排水系统检修工艺及标准：（　　）畅通，阀门动作灵活，系统联接良好，无泄漏。
A. 电机　B. 系统　C. 管路　D. 阀门
383. 起吊工作物，试吊离地面（　　），经过检查确认稳妥，方可起吊。
A. 1 m　B. 1.5 m　C. 0.3 m　D. 0.5 m
384. 锯条有了锯路后，使工件上的锯缝（　　）大于锯条背部的厚度，从而防止了夹锯。
A. 小于　B. 等于　C. 宽度　D. 小于或等于
385. 当有人触电而停止了呼吸，心脏仍跳动，应采取的抢救措施是（　　）。
A. 立即送医院抢救　B. 请医生抢救
C. 就地立即做人工呼吸　D. 做体外心跳按摩
386. 沉头铆钉铆合头所需长度应为圆整后铆钉直径的（　　）倍。。
A. 0.5 ~ 1　B. 0.8 ~ 1.2　C. 1 ~ 1.5　D. 1.2 ~ 2
387. 张紧力的调整方法是靠改变两带轮的中心距或用（　　）。
A. 张紧轮张紧　B. 中点产生 1.6 mm 的挠度
C. 张紧结构　D. 小带轮张紧
388. 车刀切削部分材料的硬度不能低于（　　）。
A. HRC90　B. HRC70　C. HRC60　D. HRC50
389. 钨钴钛类硬质合金的代号是（　　）。
A. YW　B. YG　C. YT　D. YR
390. 精度为 0.02 mm 的游标卡尺，当游标卡尺读数为 30.42 时，游标上的第（　　）格与主尺刻线对齐。
A. 30　B. 21　C. 42　D. 49
391. 带传动机构常见的损坏形式有（　　）、带轮孔与轴配合松动、槽轮磨损拉长或断裂、带轮崩裂等。
A. 轴颈弯曲　B. 轴颈断裂
C. 键损坏　D. 轮磨损
392.（　　）影响刀具刃口的锋利程度和强度。
A. 刃倾角　B. 前角　C. 后角　D. 刀尖角
393. 钻头上缠绕铁屑时，应及时停车，用（　　）清除。
A. 手　B. 工件　C. 钩子　D. 嘴吹
394. 孔的精度要求较高和表面粗糙度值要求很小时，应选用主要起（　　）作用的切削液。

A. 润滑　　B. 冷却　　C. 冲洗　　D. 防腐

395. 用自准直仪测量较长零件直线度误差的方法，属于（　　）测量法。

A. 直接　　B. 工角差　　C. 工比较　　D. 工步

396. 普通圆柱（　　）传动的精度等级有 12 个。

A. 齿轮　　B. 蜗杆　　C. 体　　D. 零件

397. 立钻电动机保养，要按需要拆洗电机，更换（　　）钙基润滑脂。

A. 一级　　B. 1 号　　C. 三级　　D. 四级

398. 检查用的平板其平面度要求 0.03，应选择（　　）方法进行加工。

A. 磨　　B. 精刨　　C. 刮削　　D. 锉削

399. 离心泵在单位时间所排出的液体量称（　　）。

A. 流量　　B. 体积　　C. 容量　　D. 90°

400. 移动装配法适用于（　　）生产。

A. 大批量　　B. 小批量　　C. 组成环　　D. 单件

401. 静压轴承油膜压力的建立，是依靠（　　）来保证的。

A. 旋转速度　　B. 供油压力

C. 负载大小　　D. 油液黏度

402. 在机床控制电路中，起失压保护的电器是（　　）。

A. 熔断器　　B. 热继电器

C. 时间继电器　　D. 交流继电器

403. 校正弯曲工件的操作，只适用于材料（　　）的零件。

A. 强度较高　　B. 硬度较高

C. 塑性较好　　D. 弹性较好

404. 为了使工件获得高韧性和足够强度，要对工件进行（　　）处理。

A. 正火　　B. 退火　　C. 回火　　D. 调质

405. 溢流阀的作用是使液压系统的（　　）保持稳定。

A. 运动速度　　B. 压力　　C. 流量　　D. 流速

406. V 形密封圈的工作压力不大于（　　）kg/cm^2。

A. 140　　B. 320　　C. 500　　D. 750

407. 自然调平机床精度的方法一般适用于（　　）机型。

A. 轻型　　B. 中小型　　C. 中型　　D. 重型

408. 固定啮合齿轮的轴向错位，当齿轮轮缘宽度 $B \leqslant 15$ 时，允许错位（　　）。

A. $1/10B$　　B. $1/15B$　　C. $1/20B$　　D. $1/25B$

409. 装配可调节的 1：50 斜度镶条时，应留有调整和小修必要余量（　　）mm。

A. 5 ~ 15　　B. 15 ~ 25　　C. 25 ~ 35　　D. 35 ~ 40

410. 丝杠螺纹磨损严重，减少外径后仍不能车出标准齿厚时，允许齿厚减薄，但不得超过标准齿厚的（　　）。

A. 1/10　　B. 1/15　　C. 1/20　　D. 1/25

411. 普通车床顶尖的角度为 60°，重型机床顶尖角度为（　　）。

A. 30°　　B. 45°　　C. 60°　　D. 90°

412. 确定夹紧力方向时，应尽量可能使夹紧力方向垂直于（　　）基准面。

A. 主要定位　　B. 辅助定位

C. 止推定位　　D. 尺寸

413. 机床的工艺系统指（　　）。

A. 主轴系统　　B. 床身系统

C. 传动系统　　D. 机床、工、刀具系统

414. 研点高低的误差可采用（　　）检查。

A. 千分尺　　B. 卡尺　　C. 百分表　　D. 塞尺

415. 车削时，通常把切削刃作用部位的金属划分为（　　）变形区。

A. 2 个　　B. 3 个　　C. 4 个　　D. 工步

416. 螺纹止端工作塞规只能用来检验实际（　　）一个参数。

A. 螺距　　B. 中经　　C. 牙形角　　D. 外径

417. 水平仪的精度是以气泡偏移一格，表明在（　　）内倾斜高度之差来表示。

A. 0.2 m　　B. 0.5 m　　C. 1 m　　D. 2 m

418. 渐开线齿形误差，是评定（　　）的常用指标之一。

A. 齿轮运动精度　　B. 齿轮接触精度

C. 齿轮的工作平稳精度　　D. 齿轮几何精度

419. 手工研磨量块时，为保证量块的表面粗糙度和光亮度，应采用直线式往复运动，其运动方向应（　　）于量块的长边。

A. 垂直　　B. 平行　　C. 倾斜　　D. 交叉

420. 材料弯曲过程中会发生变形，当弯曲的曲率半径和材料厚度的比值越小弯曲角越大，变形（　　）。

A. 成比例　　B. 越小　　C. 越大　　D. 无变

421. 使用电钻时应穿（　　）。

A. 布鞋　　B. 胶鞋　　C. 皮鞋　　D. 凉鞋

422. 手工研磨量块时，量块应在整个平板表面运动，使平板各部磨损均匀，以保持平板工作面的准确性。同时应采用直线式的往复运动，而且纹路方向要（　　）于量块的长边。

A. 平行　　B. 垂直　　C. 交叉　　D. 钢球接合子

423 T10A 钢锯片淬火后应进行（　　）。

A. 高温回火　　B. 中温回火

C. 低温回火　　D. 球化退火

424. 立钻 Z525 主轴最高转速为（　　）。

A. 97 r/min　　B. 1 360 r/min　　C. 1 420 r/min　　D. 480 r/min

425. 齿轮在轴上固定，当要求配合过盈量（　　）时，应采用液压套合法装配。

A. 很大　　B. 很小　　C. 一般　　D. 无要求

426. 两带轮在使用过程中，发现轮上的三角带张紧程度（　　），这是轴颈弯曲原因造成的。

A. 太紧　B. 太松　C. 不等　D. 发生变

427. 壳体、壳体中部的鼓形回转体、主轴、分度机构和分度盘组成（　　）。

A. 分度头　B. 套筒　C. 手柄芯轴　D. 螺旋

428. 在钢和铸铁件上加工同样直径的内螺纹时，钢件的底孔直径比铸铁件的底孔直径（　　）。

A. 稍小　B. 小很多　C. 稍大　D. 大很多

429. 一个工人在一台机床上，对一个工件所连续完成的一部分加工过程称为（　　）。

A. 工艺过程　B. 工艺　C. 工序　D. 工步

430. 切削塑性较大的金属材料时，形成（　　）切屑。

A. 带状　B. 挤裂　C. 粒状　D. 不规则

431. 制定装配工艺规程的（　　）是保证产品装配质量，合理安排装配工序及尽可能少占车间的生产面积。

A. 作用　B. 内容　C. 方法　D. 原则

432. 传动精度高，工作平稳，无噪声，易于自锁，能传递较大的扭矩，这是（　　）特点。

A. 螺旋传动机构　B. 蜗轮蜗杆传动机构

C. 齿轮传动机构　D. 带传动机构

433. 带传动不能做到的是（　　）。

A. 吸振和缓冲　B. 安全保护作用

C. 保证准确的传动比　D. 实现两轴中心较大的传动

434. Z525 型立钻速度箱的 9 种不同转速，是通过改变装在两根花键轴上的（　　）滑动齿轮实现的。

A. 两组两联　B. 两组三联

C. 三组三联　D. 先内、下

435. Z525 型立钻变速箱的进给机构，是由（　　）内的拉键，沿轴向移动获得变速的。

A. 两组空套三联齿轮

B. 两组空套二联齿轮

C. 三组空套三联齿轮

D. 改变把轮轴车细加偏心套改变中心位置

436. 钻头套一般外圆锥比内锥孔大 1 号，特制钻头套则大（　　）。

A. 1 号　B. 2 号

C. 2 号或更大的号　D. 加骑缝螺钉

437. 限制工件自由度的数目，少于按加工要求所必须限制自由度的数目称为（　　）定位。

A. 不完全　B. 完全　C. 欠　D. 可换触头

438. 工作场地必须清洁、整齐，物品摆放（　　）关闭闸刀阀门。

A. 随意　B. 无序　C. 有序　D. 按要求

439. 把影响某一装配精度的尺寸彼此按顺序地连接起来构成一个封闭外形，这些相互关联尺寸的总称叫（　　）。

A. 装配尺寸链　　B. 封闭环　　C. 组成环　　D. 增环

440. 位置公差同轴度度符号是（　　）。

A. ⊥　　B. //　　C. ◎　　D. ∠

441. 外圆柱工件在套筒孔中的定位，当工件定位基准和定位孔较长时，可限制（　　）自由度。

A. 两个移动　　B. 两个转动

C. 两个移动和两个转动　　D. 三个移动

442. 减速箱的蜗杆轴组件装入箱体后，轴端与轴承盖轴向间隙Δ，应在（　　）。

A. 0.01 ~ 0.02 mm　　B. 0.1 ~ 0.2 mm

C. 1 ~ 2 mm　　D. 1 ~ 3 mm

443. 设备处理故障拆卸时一般应（　　）。

A. 先内后外　　B. 先上后下

C. 先外部、上部　　D. 先内、下

444. 把蜗轮轴装入箱体后，蜗杆轴位置已由箱体孔决定，要使蜗杆轴线位于蜗轮轮齿对称中心面内，只能通过（　　）方法来调整。

A. 改变箱体孔中心线位置

B. 改变蜗轮调整垫片厚度

C. 只能报废

D. 改变把轮轴车细加偏心套改变中心位置

445. 当带轮孔加大，必须镶套，套与轴为键连接，套与带轮常用（　　）方法固定。

A. 键　　B. 螺纹　　C. 过盈　　D. 加骑缝螺钉

446.（　　）的测量范围是通过更换可换触头来改变的。

A. 表盘　　B. 测量杆　　C. 长指针　　D. 内径百分表

447. 钳工工作场地必须清洁、整齐，物品摆放（　　）。

A. 随意　　B. 无序　　C. 有序　　D. 按要求

448. 如果把影响某一装配精度的有关尺寸彼此按顺序地连接起来，可以构成一个封闭外形，这些相互关联尺寸的总称叫（　　）。

A. 装配尺寸链　　B. 封闭环

C. 组成环　　D. 增环

449. 位置公差中平行度符号是（　　）。

A. ⊥　　B. //　　C. ◎　　D. ∠

450. 钳工上岗时只允许穿（　　）。

A. 凉鞋　　B. 拖鞋　　C. 高跟鞋　　D. 工作鞋

451. 在（　　）场合，滚动轴承采用毡圈式密封。

A. 高温、油润滑　　B. 高速、脂润滑

C. 低温、油润滑　　D. 低速、脂润滑

452. 立钻电动机（　　）保养，要按需要拆洗电机，更换 1 号钙基润滑脂。

A. 一级　　B. 二级　　C. 三级　　D. 四级

453. 转速高的大齿轮装在轴上后应作平衡检查，以免工作时产生（　　）。

A. 松动　B. 脱落　C. 振动　D. 加剧磨损

454. 工件弯曲后（　　）长度不变。

A. 外层材料　B. 中间材料

C. 中性层材料　D. 内层材料

455. 感应加热表面淬火，电流频率越高，淬硬层深度（　　）。

A. 越深　B. 越浅　C. 不变　D. 越大

456. 孔的最大极限尺寸与轴的最小极限尺寸之代数差为正值叫（　　）。

A. 间隙值　B. 最小间隙

C. 最大间隙　D. 最小过盈

457. 规定预紧力的螺纹连接，常用控制扭矩法、控制扭角法和（　　）来保证准确的预紧力。

A. 控制工件变形法　B. 控制螺栓伸长法

C. 控制螺栓变形法　D. 控制螺母变形法

458. 锯条有了锯路后，使工件上的锯缝宽度（　　）锯条背部的厚度，从而防止了夹锯。

A. 小于　B. 等于　C. 大于　D. 小于或等于

459.（　　）越好，允许的切削速度越高。

A. 韧性　B. 强度　C. 耐磨性　D. 耐热性

460. 内径百分表的测量范围是通过更换（　　）来改变的。

A. 表盘　B. 测量杆　C. 长指针　D. 可换触头

461. 溢流阀在液压系统中可以起（　　）作用、安全保护作用及卸荷作用。

A. 溢流　B. 单相　C. 截止　D. 调节

462. 精度较高的（　　）零件，矫正时应用百分表来检查矫正情况。

A. 钢板尺　B. 平台　C. 游标卡尺　D. 轴类

463. 机床照明灯应选（　　）伏电压。

A. 6　B. 24　C. 110　D. 220

464. 测量车床主轴与尾座的等高精度时，可用（　　）。

A. 水平仪　B. 千分尺与试棒

C. 千分尺　D. 停车

465. 当过盈量及配合尺寸（　　）时，常采用压入法装配。

A. 较大　B. 较小　C. 正常　D. 前面叙述均不对

466. 立式钻床的主要部件包括主轴变速箱、进给变速箱、（　　）和进给手柄。

A. 进给机构　B. 操纵机构　C. 齿条　D. 主轴

467. 剖分式滑动轴承常用定位销和轴瓦上的（　　）来止动。

A. 凸台　B. 沟槽　C. 销、孔　D. 螺孔

468. 锯割时，回程时应（　　）。

A. 用力　B. 取出　C. 滑过　D. 稍抬起

469. 能按照柴油机的工作次序，定时打开排气门，使新鲜空气进入气缸和废气从气缸排出的机构叫（　　）。

A. 配气机构　B. 凸轮机构

C. 曲柄连杆机构　　D. 滑块机构

470. 影响齿轮传动精度的因素包括（　　），齿轮的精度等级，齿轮副的侧隙要求及齿轮副的接触斑点要求。

A. 运动精度　　B. 接触精度
C. 齿轮加工精度　　D. 工作平稳性

471. 用螺钉调整法调整轴承游隙时，先松开（　　），然后转动调整螺钉调整轴承间隙到规定值。

A. 锁紧螺母　　B. 轴承盖联接螺钉
C. 紧定螺钉　　D. 调整螺钉

472. 錾削铜、铝等软材料时，楔角取（　　）。

A. 30°～50°　　B. 50°～60°　　C. 60°～70°　　D. 70°～90°

473. 用检查棒校正丝杠螺母副同轴度时，为消除检验棒在各支承孔中的安装误差，可将检验棒转过（　　）后再测量一次，取其平均值。

A. 60°　　B. 180°　　C. 90°　　D. 360°

474. 长方体工件定位，在（　　）上方分布一个支承点。

A. 止推基准面　　B. 导向基准面
C. 主要定位基准面　　D. 大平面

475. 交叉锉锉刀运动方向与工件夹持方向约成（　　）角。

A. 10°～20°　　B. 20°～30°　　C. 30°～40°　　D. 40°～50°

476. 内径千分尺是通过（　　）把回转运动变为直线运动而进行直线测量的。

A. 精密螺杆　　B. 多头螺杆
C. 梯形螺杆　　D. 先拆内部

477. 煤油，汽油，机油等可作为（　　）。

A. 研磨剂　　B. 研磨液　　C. 磨料　　D. 研磨膏

478. 车刀主后角增大，能（　　）后刀面与切削表面之间的摩擦。

A. 减小　　B. 增大　　C. 不变　　D. 轮廓

479. 表示装配单元先后顺序的图称为（　　）。

A. 总装图　　B. 工艺流程卡
C. 装配单元系统图　　D. 曲线运动

480. 在压力加工的成形工序，坯料所受的冲压应力超过材料的（　　）。

A. 弹性极限　　B. 屈服点
C. 强度极限　　D. 粗糙度及形位公差

481. 一般情况下，由于夹具体的体积较大且要求具有一定的尺寸稳定性，小易变形，所以最好是用（　　）制造。

A. 铸铁　　B. 铸钢　　C. 铸铅　　D. 铜铝

482. 在加工过程中，切去金属层的厚度，称为（　　）

A. 加工余量　　B. 粗加工　　C. 精加工　　D. 去毛刺

483. 在分度盘直径相同的情况下，径向分度比轴向分度精度（　　）。

A. 要低　　B. 要高　　C. 相等　　D. 调节

484. 煮洗设备排水系统检修工艺及标准：阀门动作灵活，系统联接良好，(　　)。

A. 电机　B. 系统　C. 无泄漏　D. 阀门

485. 凡是将两个以上的零件结合在一起或将零件与几个组件结合在一起，成为一个装配单元的装配工作叫(　　)。

A. 部件装配　B. 总装配

C. 零件装　D. 间隙调整

486. 内燃机按所用燃料分类有(　　)汽油机，煤气机和沼气机等。

A. 煤油机　B. 柴油机

C. 往复活塞　D. 旋转活塞式

487. 在机件的三视图中，机件上对应部分的主、左视图应(　　)。

A. 长对齐　B. 高平齐　C. 宽相等　D. 高相等

488. 零件图中注写极限偏差时，上下偏差小数点对齐，小数点后位数(　　)，零偏差必须标出。

A. 不相同　B. 相同

C. 相同不相同两可　D. 依个人习惯

489. 平锉、方锉、圆锉、半圆锉和三角锉属于(　　)类锉刀。

A. 特种锉　B. 什锦锉　C. 普通锉　D. 整形锉

490. 狭窄平面研磨时，用金属块做“导靠”采用(　　)研磨轨迹。

A. 8字形　B. 螺旋形　C. 直线形　D. 圆形

491. (　　)传动中，为增加接触面积，改善啮合质量，在保留原传动副的情况下，采取加载跑合措施。

A. 带　B. 链　C. 齿轮　D. 蜗杆

492. 若弹簧内径与其他零件相配，用经验公式 D0 =（0.75 ~ 0.8）D1 确定心棒直径时，其系数应取(　　)值。

A. 大　B. 中　C. 小　D. 任意

493. 检查曲面刮削质量，其校准工具一般是与被检曲面配合的(　　)。

A. 孔　B. 轴　C. 孔或轴　D. 都不是

494. 国标规定外螺纹的大径应画(　　)。

A. 点划线　B. 粗实线　C. 细实线　D. 虚线

495. 内燃机是将热能转变成(　　)的一种热力发动机。

A. 机械能　B. 动能　C. 运动　D. 势能

496. 影响齿轮传动精度的因素包括齿轮的加工精度，齿轮的精度等级，齿轮副的侧隙要求，及(　　)。

A. 齿形精度　B. 安装是否正确

C. 传动平稳性　D. 齿轮副的接触斑点要求

497. 内燃机按基本原理分类，有往复活塞式内燃机，旋转活塞式内燃机和(　　)等。

A. 沼气机　B. 涡轮式内燃机

C. 汽油机　D. 煤油机

498.（ ）由于螺距小螺旋升角小自锁性好，除用于承受冲击震动或变载的连接外，还用于调整机构。

A. 粗牙螺纹　　B. 管螺纹
C. 细牙螺纹　　D. 矩形螺纹

499. 精度较高的轴类零件，矫正时应用（ ）来检查矫正情况。

A. 钢板尺　　B. 平台　　C. 游标卡尺　　D. 百分表

500. 液压系统中的控制部分是指（ ）。

A. 液压泵　　B. 液压缸
C. 各种控制阀　　D. 输油管、油箱

501. 制造农具、汽车零件宜选用（ ）。

A. 球墨铸铁　　B. 可锻铸铁
C. 耐热铸铁　　D. 铸铜

502. 制造各种弹簧宜选用（ ）。

A. 可锻铸铁　　B. 高速钢　　C. 弹簧钢　　D. 普通钢

503. 在下列制图比例中缩小的比例是（ ）。

A. 2:1　　B. 5:1　　C. 1:3　　D. 1:1

504. 两线间电压超过（ ）时称为高压。

A. 360 V　　B. 220 V　　C. 180 V　　D. 250 V

505. 在夹具中，用来确定刀具对工件的相对位置和相对进给方向，以减少加工中位置误差的元件和机构统称（ ）。

A. 刀具导向装置　　B. 定心装置
C. 对刀快　　D. 测量装置

506. 夹具中布置 6 个支承点，限制了 6 个自由度，这种定位称（ ）。

A. 完全定位　　B. 过定位
C. 欠定位　　D. 超定位

507. 在安装过盈量较大的中大型轴承时，宜用（ ）。

A. 普通装　　B. 锤击　　C. 冷装　　D. 热装

508. 当空间平面平行投影面时，其投影与原平面形状大小（ ）。

A. 等长　　B. 不相等　　C. 相比不确定　　D. 相等

509. 车削时，传递切削热量最多的是（ ）。

A. 刀具　　B. 工件　　C. 切屑　　D. 车床

510. 测量误差对加工（ ）。

A. 有影响　　B. 无影响　　D. 都可以　　A. 影响不大

511. 离心泵在单位时间所排出的液体量称（ ）。

A. 流量　　B. 体积　　C. 容量　　D. 面积

512. 切削加工时，工件材料抵抗刀具切削所产生的阻力称（ ）。

A. 摩擦力　　B. 作用力　　C. 削抗力　　D. 切削力

513. 一个 Φ 200 mm 的钢筒在镗床上镗后经研磨机磨成，我们称这个孔经过了（ ）。

A. 两个工身　　B. 两个工步

C. 两次进给　　D. 一个工身

514. 一个$\Phi 30$ mm 的孔在同一个钻床中经削、扩削和铰削（　　）加工而成。

A. 三个工序　　B. 三个工步

C. 三次进给　　D. 两个进给

515. 制造各种结构复杂的刀具的常用材料是（　　）。

A. 碳素工具　　B. 高速钢

C. 硬质合金　　D. 普通钢

516. 单位时间内通过某断面的液压流体的体积，称为（　　）。

A. 流量　　B. 排量　　C. 容量　　D. 容积

517. 液压泵的输入功率与输出功率（　　）。

A. 相同　　B. 不同　　D. 都行　　D. 不成比例

518. 液体单位体积具有的（　　）称为液体的密度。

A. 数量　　B. 重量　　D. 容量　　D. 质量

519. 在要求不高的液压系统可使用（　　）。

A. 水、润滑油、柴油均可　　B. 乳化油

C. 柴油　　D. 普通润滑油

520. 表示装配单元先后顺序的图称为（　　）。

A. 总装图　　B. 工艺流程卡

C. 装配单元系统图　　D. 工艺图

521. 在铝、铜等有色金属光坯上划线，一般涂（　　）。

A. 无水涂料　　B. 锌钡白

C. 品紫　　D. 石灰水

522. 机床设备的电气装置发生故障应由（　　）来排除。

A. 操作者　　B. 钳工　　C. 电工　　D. 领导

523. 钢板下料应采用（　　）。

A. 剪板机　　B. 带锯　　C. 弓锯　　D. 砂轮机

524. 装拆内角螺钉时，使用的工具是（　　）。

A. 套筒扳手　　B. 开口活扳手

C. 锁紧扳手　　D. 内六方扳手

525. 攻丝前的底孔直径应（　　）螺纹小径。

A. 略大于　　B. 略小于　　C. 等于　　D. 都可以

526. 切削铸铁一般不用加切削液，但精加工时为了提高表面粗糙度使表面光整而采用（　　）作切削液。

A. 乳化液　　B. 煤油　　C. 机油　　D. 液压油

527. 车间内的各种起重机、电瓶车、平板车属于（　　）。

A. 生产设备　　B. 辅助设备

C. 起重运输设备　　D. 安全设备

528. 在尺寸链中被间接控制的，在其他尺寸确定后自然形成的尺寸，称为（　　）。

A. 增环　　B. 减环　　C. 封闭环　　D. 圆环

529. Φ60 mm 的孔轴配合是（　　）配合。

A. 过小　B. 过渡　C. 过盈　D. 间隙

530. 国家标准规定，机械图样中的尺寸以（　　）为单位。

A. 毫米　B. 厘米　C. 丝米　D. 英寸

531. 加工一个孔 Φ50 mm，它公差为（　　）mm。

A. Φ50　B. Φ50　C. 0.04　D. 0.01

532. 轴 Φ50 mm 与孔 Φ50 mm 的配合是（　　）。

A. 间隙配合　B. 过渡配合

C. 过大　D. 过盈配合

533. Φmm 的孔与 Φmm 的轴相配合是（　　）。

A. 基轴过渡配合　B. 基孔制过盈配合

C. 基孔制过渡配合　D. 过盈配合

534. 平键与键槽的配合一般采用（　　）。

A. 间隙配合　B. 过渡配合

C. 过盈配合　D. 过大

535. 轴承 7518 型的内孔尺寸为（　　）。

A. 10　B. 60　C. 100　D. 90

536. 形状公差中，“//”表示（　　）。

A. 平行度　B. 平面度　C. 直线度　D. 符号

537. 位置公差中，“◎”表示（　　）。

A. 圆柱度　B. 同轴度　C. 位置度　D. 符号

538. 形状公差中，“⊥”表示（　　）。

A. 平行度　B. 垂直度　C. 直线度　D. 符号

539. 钳工常用的锯条长度是（　　）mm。

A. 500　B. 400　C. 300　D. 200

540. 2 英寸等于（　　）mm。

A. 50.8　B. 49　C. 67.4　D. 46

541. 1 英寸等于（　　）mm。

A. 50.8　B. 25.4　C. 67.4　D. 46

542. 在大批量生产中应尽量采用高效的（　　）夹具。

A. 专用　B. 通用　C. 组合　D. 都可以

543. 201 轴承的内径是（　　）。

A. 1　B. 2　C. 4　D. 12

544. 外圆柱工件在套筒孔中的定位，当选用较短的定位心轴时，可限制（　　）自由度。

A. 两个移动　B. 两个转动

C. 两个移动和两个转动　D. 一个移动一个转动

545. 机械传动是采用带轮、齿轮、轴等机械零件组成的传动装置来进行（　　）的传递。

A. 运动　B. 动力　C. 速度　D. 能量

546. 联轴器只有在（　　）时，用拆卸的方法才能使两轴脱离传动关系。

A. 机器运转　　B. 机器停车
C. 机器反转　　D. 机器正常

547. 孔的最小极限尺寸与轴的最大极限尺寸之代数差为正值叫（　　）。
A. 间隙值　　B. 最小间隙
C. 最大间隙　　D. 最大过盈

548. 感应加热表面淬火淬硬层深度与（　　）有关。
A. 加热时间　　B. 电流频率
C. 电压　　D. 钢的含碳量

549. 起吊工作物，试吊离地面（　　），经过检查确认稳妥，方可起吊。
A. 1 m　　B. 1.5 m　　C. 0.3 m　　D. 0.5 m

550. 装配尺寸链的解法有（　　）。
A. 极值法　　B. 图表法　　C. 计算法　　D. 公式法

551. 松键装配在键长方向、键与（　　）的间隙是 0.1 mm。
A. 轴槽　　B. 槽底　　C. 轮毂　　D. 轴和毂槽

552. 当活塞到达（　　），缸内废气压力仍高于大气压力，排气门迟关一些，可使废气排得干净些。
A. 下死点　　B. 上死点　　C. 中部　　D. 下部

553. 静连接花键装配，要有较少的过盈量，若过盈量较大，则应将套件加热到（　　）后进行装配。
A. 100°　　B. 80° ~ – 120°　　C. 150°　　D. 200°

554. 使用电钻时应穿（　　）。
A. 布鞋　　B. 胶鞋　　C. 皮鞋　　D. 凉鞋

555. 立式钻床的主要部件包括主轴变速箱、进给变速箱、主轴和（　　）。
A. 进给手柄　　B. 操纵结构
C. 齿条　　D. 钢球接合子

556. T10A 钢锯片淬火后应进行（　　）。
A. 高温回火　　B. 中温回火
C. 低温回火　　D. 球化退火

557. 立钻 Z525 主轴最高转速为（　　）。
A. 97 r/min　　B. 1 360 r/min　　C. 1 420 r/min　　D. 480 r/min

558. 齿轮在轴上固定，当要求配合过盈量（　　）时，应采用液压套合法装配。
A. 很大　　B. 很小　　C. 一般　　D. 无要求

559. 两带轮在使用过程中，发现轮上的三角带张紧程度（　　），这是轴颈弯曲原因造成的。
A. 太紧　　B. 太松　　C. 不等　　D. 发生变

560. 壳体、壳体中部的鼓形回转体、主轴、分度机构和分度盘组成（　　）。
A. 分度头　　B. 套筒　　C. 手柄芯轴　　D. 螺旋

561. 在钢和铸铁件上加工同样直径的内螺纹时，钢件的底孔直径比铸铁件的底孔直径（　　）。

A. 稍小　　B. 小很多　　C. 稍大　　D. 大很多

562. 一个工人在一台机床上，对一个工件所连续完成的一部分加工过程称为（　　）。

A. 工艺过程　　B. 工艺　　C. 工序　　D. 工步

563. 切削塑性较大的金属材料是，形成（　　）切屑。

A. 带状　　B. 挤裂　　C. 粒状　　D. 不规则

564. 在铸铁工件上攻制 M10 的螺纹，底孔应选择钻头直径为（　　）。

A. $\Phi 10$　　B. $\Phi 9$　　C. $\Phi 8.4$　　D. $\Phi 8$

565. 锯条的切削角度前角是（　　）。

A. 30°　　B. 0°　　C. 60°　　D. 40°

566. 2 英寸等于（　　）英分。

A. 8　　B. 16　　C. 20　　D. 32

567. 向心球轴承适用于承受（　　）载荷。

A. 轴向　　B. 径向　　C. 双向　　D. 单向

568. 推力轴承适用于承受（　　）载荷。

A. 轴向　　B. 径向　　C. 轴向与径向　　D. 都可以

569. 滑动轴承的轴瓦主要失效形式是（　　）。

A. 折断　　B. 塑性变形　　C. 磨损　　D. 裂纹

570. 机床分为若干种，磨床用字母（　　）表示。

A. “C”　　B. “X”　　C. “M”　　D. “X”

571. 1 英寸等于（　　）英分。

A. 4　　B. 16　　C. 20　　D. 8

572. 传动精度高，工作平稳，无噪音，易于自锁，能传递较大的扭矩，这是（　　）特点。

A. 螺旋传动机构　　B. 蜗轮蜗杆传动机构

C. 齿轮传动机构　　D. 带传动机构

573. 带传动不能做到的是（　　）。

A. 吸振和缓冲　　B. 安全保护作用

C. 保证准确的传动比　　D. 实现两轴中心较大的传动

574. 设备修理，拆卸时一般应（　　）。

A. 先内后外　　B. 先上后下

C. 先外部、上部　　D. 先内、下

575. 把蜗轮轴装入箱体后，蜗杆轴位置已由箱体孔决定，要使蜗杆轴线位于蜗轮轮齿对称中心面内，只能通过（　　）方法来调整。

A. 改变箱体孔中心线位置

B. 改变蜗轮调整垫片厚度

C. 只能报废

D. 改变把轮轴车细加偏心套改变中心位置

576. 当带轮孔加大，必须镶套，套与轴为键连接，套与带轮常用（　　）方法固定。

A. 键　　B. 螺纹　　C. 过盈　　D. 加骑缝螺钉

577. 内径百分表的测量范围是通过更换（　　）来改变的。
A. 表盘　B. 测量杆　C. 长指针　D. 可换触头

578. 钳工工作场地必须清洁、整齐，物品摆放（　　）。
A. 随意　B. 无序　C. 有序　D. 按要求

579. 如果把影响某一装配精度的有关尺寸彼此按顺序地连接起来，可以构成一个封闭外形，这些相互关联尺寸的总称叫（　　）。
A. 装配尺寸链　B. 封闭环
C. 组成环　D. 增环

580. 位置公差中平行度符号是（　　）。
A. ⊥　B. //　C. ◎　D. ∠

581. 钳工上岗时只允许穿（　　）。
A. 凉鞋　B. 拖鞋　C. 高跟鞋　D. 工作鞋

582. 在（　　）场合，滚动轴承采用毡圈式密封。
A. 高温、油润滑　B. 高速、脂润滑
C. 低温、油润滑　D. 低速、脂润滑

583. 立钻电动机（　　）保养，要按需要拆洗电机，更换 1 号钙基润滑脂。
A. 一级　B. 二级　C. 三级　D. 四级

584. 转速高的大齿轮装在轴上后应作平衡检查，以免工作时产生（　　）。
A. 松动　B. 脱落　C. 振动　D. 加剧磨损

585. 工件弯曲后（　　）长度不变。
A. 外层材料　B. 中间材料
C. 中性层材料　D. 内层材料

586. 感应加热表面淬火，电流频率越高，淬硬层深度（　　）。
A. 越深　B. 越浅　C. 不变　D. 越大

587. 孔的最大极限尺寸与轴的最小极限尺寸之代数差为正值叫（　　）。
A. 间隙值　B. 最小间隙
C. 最大间隙　D. 最小过盈

588. 规定预紧力的螺纹连接，常用控制扭矩法、控制扭角法和（　　）来保证准确的预紧力。
A. 控制工件变形法　B. 控制螺栓伸长法
C. 控制螺栓变形法　D. 控制螺母变形法

589. 锯条有了锯路后，使工件上的锯缝宽度（　　）锯条背部的厚度，从而防止了夹锯。
A. 小于　B. 等于　C. 大于　D. 小于或等于

590.（　　）越好，允许的切削速度越高。
A. 韧性　B. 强度　C. 耐磨性　D. 耐热性

591. 内径百分表的测量范围是通过更换（　　）来改变的。
A. 表盘　B. 测量杆　C. 长指针　D. 可换触头

592. 溢流阀在液压系统中可以起（　　）作用、安全保护作用及卸荷作用。
A. 溢流　B. 单相　C. 截止　D. 调节

593. 精度较高的轴类零件，矫正时应用（　　）来检查矫正情况。
A. 钢板尺　B. 平台　C. 游标卡尺　D. 百分表

594. 机床照明灯应选（　　）伏电压。
A. 6　B. 24　C. 110　D. 220

595. 十字沟槽式联轴器在（　　）时，允许两轴线有少量径向偏移和歪斜。
A. 装配　B. 试验　C. 工作　D. 停车

596. 当过盈量及配合尺寸（　　）时，常采用压入法装配。
A. 较大　B. 较小　C. 正常　D. 前面叙述均不对

597. 立式钻床的主要部件包括主轴变速箱、进给变速箱、（　　）和进给手柄。
A. 进给机构　B. 操纵机构
C. 齿条　D. 主轴

598. 剖分式滑动轴承常用定位销和轴瓦上的（　　）来止动。
A. 凸台　B. 沟槽　C. 销、孔　D. 螺孔

599. 锯割时，回程时应（　　）。
A. 用力　B. 取出　C. 滑过　D. 稍抬起

600. 制造轴承座、减速箱一般使用（　　）铸铁。
A. 灰口　B. 可锻　C. 球墨　D. 磁性

二、判断题

1. 机床照明灯应选 24 V 电压。（　　）
2. 减压阀是起溢流作用的，它可以控制某一支油路的压力低于主油路的压力。（　　）
3. 在加工表面和加工工具不变的情况下，所连续完成的那一部分工序，称为装配。（　　）
4. 生产必须安全，安全促进生产，当安全与生产发生矛盾时，安全服从生产。（　　）
5. 跨越线路禁止足踏道岔尖部和道岔转动部分。（　　）
6. 安全生产装置是指配置在生产设备上，保障设备安全的所有附属装置。（　　）
7. 凡是将两个以上的零件结合在一起或将零件与几个组件结合在一起，成为一个装配单元的装配工作叫总装配。（　　）
8. 上岗前穿好工作服，戴好工作帽，要求整齐清洁。班前可以饮酒。（　　）
9. 机车车钩“三态”指开锁；自锁；常开。（　　）
10. 多工位机床可同时在几个工位对工件进行加工和装卸。（　　）
11. 每年汛期从 6 月 15 日开始至 9 月 15 日结束。（　　）
12. 检修库内车顶作业严禁从主断路隔离开关处通过。（　　）
13. 在车顶进行吊装物件作业或走动时，一定要踩稳、慢走，可以手拿过重物件。（　　）
14. 车顶作业可以在车顶边缘，放置工具等物件。（　　）
15. 安全风险分设备类、违章类和环境类。（　　）
16. 使用登高梯时应和地面保持 55° ~ 60° 角度。（　　）
17. 架落车作业必须在机械组工长的现场监控下，由机械组负责进行。（　　）
18. 引起机床振动的振源有机内振源和机外振源两个方面。（　　）

19. 机床装配后必须进行空运转，这是为了机床的加工精度。(　　)

20. 国标规定外螺纹的大径应画粗实线。(　　)

21. 带传动中，为增加接触面积，改善啮合质量，在保留原传动副的情况下，采取加载跑合措施。(　　)

22. 退火的目的是降低硬度提高塑性。(　　)

23. 设备修理，拆卸时一般应先拆内部、下部。(　　)

24. 煤油、汽油、机油等可作为研磨液。(　　)

25. Rz 是表面粗糙度评定参数中微观不平度 + 点高度的符号。(　　)

26. 一张完整的装配图的内容包括一组图形，必要的尺寸、粗糙度及形位公差、零件序号和明细栏、标题栏。(　　)

27. 易实现无级变速和过载保护作用是液压传动的基本特点之一。(　　)

28. 当过盈量及配合尺寸正常时，常采用压入法装配。(　　)

29. 螺旋传动机械是将螺旋运动变换为直线运动。(　　)

30. 剖分式滑动轴承常用定位销和轴瓦上的凸台来止动。(　　)

31. 锯割时，回程时应用力。(　　)

32. 在加工过程中，切去金属层的厚度，称为精加工。(　　)

33. 溢流阀在液压系统中可以起截止作用，安全保护作用及卸荷作用。(　　)

34. 煮洗设备排水系统检修工艺及标准：管路畅通，阀门动作不灵活，系统联接良好，无泄漏。(　　)

35. 用人力移动零件时，人员要妥善配备。工作时动作要一致。 抬轴杆、螺丝、管子和大梁时，必须同肩。要稳起、稳放前进。搬运机床或吊运大型、重型机件，应严格遵守起重工、搬运工的安全操作规程。(　　)

36. 内燃机按所用燃料分类有柴油机汽油机煤气机和沼气机等。(　　)

37. 在机件的三视图中，机件上对应部分的主、左视图应宽相等。(　　)

38. 零件图中注写极限偏差时上下偏差小数点对齐小数点后位数相同零偏差必须标出。(　　)

39. 平锉方锉圆锉半圆锉和三角锉属于普通类锉刀。(　　)

40. 狭窄平面研磨时用金属块做“导靠”采用直线研磨轨迹。(　　)

41. 齿轮传动中，为增加接触面积，改善啮合质量，在保留原传动副的情况下，采取加载跑合措施。(　　)

42. 若弹簧内径与其他零件相配，用经验公式 $D_0 = (0.75 \sim 0.8)D_1$ 确定心棒直径时，其系数应取大值。(　　)

43. 检查曲面刮削质量，其校准工具一般是与被检曲面配合的孔。(　　)

44. 钳工的工作地点要保持清洁。油液污水不得流在地上以防滑倒伤人。(　　)

45. 内燃机是将热能转变成机械能的一种热力发动机。(　　)

46. 影响齿轮传动精度的因素包括齿轮的加工精度，齿轮的精度等级，齿轮副的侧隙要求，及齿精度。(　　)

47. 内燃机按基本原理分类，有往复活塞式内燃机，旋转活塞式内燃机和汽油机。(　　)

48. 细牙螺纹由于螺距小螺旋升角小自锁性好除用于承受冲击震动或变载的连接外还用于调整机构。(　　)

49. 精度较高的轴类零件矫正时应用百分百来检查矫正情况。(　　)

50. 液压系统中的控制部分是指各种控制阀。(　　)

51. 标注形位公差代号时，形位公差框格左起第一格应填写基准代号。(　　)

52. 刮削机床导轨时以溜板用导轨为刮削基准。(　　)

53. 检查用的平板其平面度要求 0.03，应选择铿削方法进行加工。(　　)

54. 矫直棒料时为消除因弹性变形所产生的回翘可用力大一些。(　　)

55. 用涂色法检查离合器两圆锥面的接触情况时，色斑分布情况应在整个圆锥表面上。(　　)

56. 当有人触电而停止了呼吸，心脏仍跳动，应采取的抢救措施是立即送医院抢救。(　　)

57. 油缸两端的泄漏不等是造成工作台往复运动速度误差大的原因之一。(　　)

58. 孔的最小极限尺寸与轴的最大极限尺寸之代数差为正值叫最小间隙。(　　)

59. 感应加热表面淬火淬硬层深度与加热时间有关。(　　)

60. 起吊工作物试吊离地面 1.5 m，经过检查确认稳妥，方可起吊。(　　)

61. 装配尺寸链的解法有极值法。(　　)

62. 松键装配在键长方向、键与轮毂的间隙是 0.1 mm。(　　)

63. 当活塞到达当部，缸内废气压力仍高于大气压力，排气门早关一些，可使废气排得干净些。(　　)

64. 静连接花键装配，要有较少的过盈量，若过盈量较大，则应将套件加热到 250° 后进行装配。(　　)

65. 使用电钻时应穿胶鞋。(　　)

66. 立式钻床的主要部件包括，主轴变速箱、进给变速箱、主轴和钢球。(　　)

67. T10A 钢锯片淬火后应进行低温回火。(　　)

68. 立钻 Z525 主轴最高转速为 1 360 r/min。(　　)

69. 齿轮在轴上固定，当要求配合过盈量无所谓时，应采用液压套合法装配。(　　)

70. 两带轮在使用过程中，发现轮上的三角带张紧程度无所谓，这是轴颈弯曲原因造成的。(　　)

71. 壳体，壳体中部的鼓形回转体、主轴、分度机构和分度盘组成分度头。(　　)

72. 设备修理拆卸时一般应先外部和上部。(　　)

73. 把蜗轮轴装入箱体后，蜗杆轴位置已由箱体孔决定，要使蜗杆轴线位于蜗轮轮齿对称中心面内，只能通过换件方法来调整。(　　)

74. 当带轮孔加大，必须镶套，套与轴为键连接，套与带轮常用螺杆固定。(　　)

75. 内径百分表的测量范围是通过更换可换触头来改变的。(　　)

76. 钳工工作场地必须清洁整齐物品摆放有序。(　　)

77. 如果把影响某一装配精度的有关尺寸彼此按顺序地连接起来，可以构成一个封闭外形，这些相互关联尺寸的总称叫加环。(　　)

78. 位置公差中平行度符号是//。(　　)

79. 钳工上岗时只允许穿工作鞋。(　　)

80. 在高温、油润滑场合，滚动轴承采用毡圈式密封。(　　)

81. 立钻电动机五级保养，要按需要拆洗电机，更换1号钙基润滑脂。(　　)

82. 转速高的大齿轮装在轴上后应作平衡检查以免工作时产生振动。(　　)

83. 工件弯曲后中性层材料长度不变。(　　)

84. 感应加热表面淬火，电流频率越高，淬硬层深度不变。(　　)

85. 孔的最大极限尺寸与轴的最小极限尺寸之代数差为正值叫最大间隙。(　　)

86. 钳工操作前应按规定穿戴好劳动保护用品，女工的发辫必须纳入帽内。如使用电动设备工具按规定检查接地线，并采取绝缘措施。(　　)

87. 规定预紧力的螺纹连接，常用控制扭矩法、控制扭角法和控制自己来保证准确的预紧力。(　　)

88. 十字沟槽式联轴器在交叉时，允许两轴线有少量径向偏移和歪斜。(　　)

89. 当过盈量及配合尺寸较小时常采用压入法装配。(　　)

90. 立式钻床的主要部件包括，主轴变速箱、进给变速箱、齿条和进给手柄。(　　)

91. 实行冷装时，对盛装氮液或其他制冷剂的压力容气瓶的使用、保管，严格按气瓶安全操作规程进行。(　　)

92. 锯割时，回程时应用大力。(　　)

93. 能按照柴油机的工作次序，定时打开排气门，使新鲜空气进入气缸和废气从气缸排出的机构叫曲柄连接机构。(　　)

94. 影响齿轮传动精度的因素包括工作平稳性，齿轮的精度等级，齿轮副的侧隙要求及齿轮副的接触斑点要求。(　　)

95. 用螺钉调整法调整轴承游隙时，先松开轴承盖联接螺钉，转动调整螺钉调整轴承间隙到规定值。(　　)

96. 錾削铜和铝等软材料时楔角取30°~50°。(　　)

97. 用检查棒校正丝杠螺母副同轴度时，为消除检验棒在各支承孔中的安装误差，可将检验棒转过身后后再测量一次，取其平均值。(　　)

98. 长方体工件定位，在下方上方分布一个支承点。(　　)

99. 采用压床压配零件，零件要放在压头中心位置，底座要牢靠。 压装小零件要用夹持工具。(　　)

100. 机械设备上的安全防护装置未安装好之前，不准试车，不准移交生产。(　　)

101. 若弹簧内径与其他零件相配，用经验公式 $D_0=(0.75\sim0.8)D_1$ 确定心棒直径时，其系数应取任意值。(　　)

102. 检查曲面刮削质量，其校准工具一般是与被检曲面配合的。(　　)

103. 国标规定外螺纹的大径应画粗实线。(　　)

104. 内燃机的原理是将热能转变成机械能的一种热力发动机。(　　)

105. 影响齿轮传动精度的因素包括齿轮的加工精度，齿轮的精度等级，齿轮副的侧隙要求，及安装是否正确。(　　)

106. 内燃机按基本原理分类，有往复活塞式内燃机，旋转活塞式内燃机和沼气机等。(　　)

107. 一张完整的装配图的内容包括，一组图形、必要的尺寸、技术要求、零件序号和明细栏、标题栏。(　　)

108. 精度较高的轴类零件，矫正时应用钢板尺来检查矫正情况。(　　)

109. 液压系统中的属于控制部分的是指各种控制阀。(　　)

110. 在加工过程中，切去金属层的厚度，称为粗加工。(　　)

111. 溢流阀在液压系统中可以起溢流作用、安全保护作用及卸荷作用。(　　)

112. 煮洗设备排水系统检修工艺及标准：系统不畅通，阀门动作灵活，系统联接良好，无泄漏。(　　)

113. 工作开始前，先检查电源、气源是否断开。如果机器与动力 线未切断时，禁止工作。必要时在开关处挂“不准合闸”，“不准开气”的警示牌。(　　)

114. 内燃机按所用燃料分类有柴油机、汽油机、煤气机和沼气机等。(　　)

115. 钨钴钛类硬质合金的代号是 YT。(　　)

116. 在机件的三视图中，机件上对应部分的主、左视图应长对齐。(　　)

117. 零件图中注写极限偏差时，上下偏差小数点对齐，小数点后位数不相同，零偏差必须标出。(　　)

118. 平锉、方锉、圆锉、半圆锉和三角锉属于普通锉类锉刀。(　　)

119. 狭窄平面研磨时，用金属块做“导靠”采用 8 字形研磨轨迹。(　　)

120. 棒料和轴类零件在矫正时会产生塑性和弹性变形。(　　)

121. 刮刀精磨须在油石上进行。(　　)

122. 主要用于碳素工具钢，合金工具钢，高速钢工件研磨的磨料是金刚石磨料。(　　)

123. 蜗杆传动机构装配后，蜗轮在任何位置上，用手旋转蜗杆所需的扭矩无要求。(　　)

124. 按规定的技术要求，将若干个零件结合成部件或若干个零件和部件结合成机器的过程称为总装配。(　　)

125. 普通圆柱蜗杆传动的精度等级有 12 个。(　　)

126. 分度头的主要规格是以顶尖（主轴）中心线到底面的高度表示的。(　　)

127. 划线时，直径大于 20 mm 的圆周线上应有四个以上冲点。(　　)

128. 国产液压油的使用寿命一般都在一年以上。(　　)

129. 销连接在机械中主要是定位，连接成锁定零件，有时还可作为安全装置的固定零件。(　　)

130. 利用分度头可在工件上划出圆的等分线或不等分线。(　　)

131. 对于标准麻花钻而言，在主截面内副后刀面与基面之间的夹角称为前角。(　　)

132. 丝锥的构造由工作部分和柄部组成。(　　)

133. 轴向间隙是直接影响丝杠螺母副的传动精度。(　　)

134. 车床的纵向进给和横向进给是螺旋传动。(　　)

135. 传动精度高，工作平稳，无噪音，易于自锁，能传递较大的扭矩，这是螺旋传动机构特点。(　　)

136. 壳体、壳体中部的鼓形回转体、主轴、分度机构和分度盘组成分度头。(　　)

137. 在钢和铸铁件上加工同样直径的内螺纹时，钢件的底孔直径比铸铁件的底孔直径小很多。(　　)

138. 一个工人在一台机床上，对一个工件所连续完成的一部分加工过程称为工艺过程。(　　)

139. 切削塑性较大的金属材料是，形成粒状切屑。(　　)

140. 制定装配工艺规程的作用是保证产品装配质量，合理安排装配工序及尽可能少占车间的生产面积。(　　)

141. 水平仪常用来检验工件表面或设备安装的水平情况。(　　)

142. 装配前准备工作主要包括零件的清理和清洗、零件密封性试验和旋转件的平衡试验。(　　)

143. 在机件的三视图中，机件上对应部分的主、左视图应宽相等。(　　)

144. 狭窄平面研磨时，可以用金属块做“导靠”采用 8 字形研磨轨迹。(　　)

145. 煮洗设备排水系统检修工艺及标准：电机畅通，阀门动作灵活，系统联接良好，无泄漏。(　　)

146. 零部件在径向位置上有偏重但由此产生的惯性力合力不通过旋转件重心，这种不平衡称静平衡。(　　)

147. 油缸两端的泄露不等是造成工作台往复运动速度误差大的原因之一。(　　)

148. 孔的最小极限尺寸与轴的最大极限尺寸之代数差为正值叫最小间隙。(　　)

149. 感应加热表面淬火淬硬层深度与加热时间有关。(　　)

150. 起吊工作物，试吊离地面 1.5 m，经过检查确认稳妥，方可起吊。(　　)

151. 扩孔的加工质量比钻孔高，常作为孔的粗加工。(　　)

152. 带传动是依靠传动带与带轮之间的摩擦力来传动动力的。(　　)

153. 台虎钳夹紧工件时，只允许用手锤敲击手柄。(　　)

154. 切削塑性较大的金属材料时形成带状切屑。(　　)

155. 修整砂轮一般用金刚石。(　　)

156. 使用电钻时应穿胶鞋。(　　)

157. 立式钻床的主要部件包括主轴变速箱、进给变速箱、主轴和操纵机构。(　　)

158. T10A 钢锯片淬火后应进行中温回火。(　　)

159. 立钻 Z525 主轴最高转速为 1 360 r/min。(　　)

160. 齿轮在轴上固定，当要求配合过盈量无要求时，应采用液压套合法装配。(　　)

161. 退火的目的是改善回火组织。(　　)

162. 在加工过程中，切去金属层的厚度，称为去毛刺。(　　)

163. 溢流阀在液压系统中可以起溢流作用、安全保护作用及卸载负荷作用。(　　)

164. 煮洗设备排水系统检修工艺：电机畅通，阀门动作灵活，系统联接良好，无泄漏。(　　)

165. 将两个以上的零件结合在一起或将零件与几个组件结合在一起，成为一个装配单元的装配工作叫总装配。(　　)

166. 为了使工件获得高韧性和足够强度，我们要对工件进行正火处理。(　　)

167. 刮削机床导轨时，以溜板模向燕尾导轨为刮削基准。(　　)

168. 粗刮时，显示剂调的不干不稀。(　　)

169. 螺旋传动机械是将螺旋运动变换为直线运动。(　　)

170. 錾削铜、铝等软材料时，楔角取 70° ~ 90°。(　　)

171. 用检查棒校正丝杠螺母副同轴度时，为消除检验棒在各支承孔中的安装误差，可将检验棒转过 360° 后再测量一次，取其平均值。(　　)

172. 长方体工件定位，在大平面上方分布一个支承点。(　　)

173. 交叉锉锉刀运动方向与工件夹持方向约成 30° ~ 40° 角。(　　)

174. 设备修理，拆卸时一般应先拆内部、上部。(　　)

175. 剪板机是剪割板料的专用设备。(　　)

176. 钻头直径大于 13 mm 时，柄部一般做成直柄。(　　)

177. 立式钻床的主要部件包括主轴变速箱、进给变速箱、主轴和进给手柄。(　　)

178. 研磨圆柱孔用的研磨棒，其长度为工件长度的 3 ~ 4 倍。(　　)

179. 直径 3 mm 以上的圆板牙尺寸可调节，其调节范围是 2 ~ 1.5 mm。(　　)

180. 装配尺寸链的解法有极值法。(　　)

181. 起吊工作物，试吊离地面 1 m，经过检查确认稳妥，方可起吊。(　　)

182. 标注形位公差代号时，形位公差框格左起第一格应填写基准代号。(　　)

183. 禁止使用有裂纹、带毛刺、手柄松动等不合要求的工具，并严格遵守常用工具安全操作规程。(　　)

184. 三视图的投影规律为：(长对正)、(高平齐)、(宽相等)。(　　)

185. 台虎钳的规格是以钳口的宽度表示的。(　　)

186. 对零件进行形体分析，确定主视图方向是绘制零件图的第四步。(　　)

187. 当带轮孔加大，必须镶套，套与轴为键连接，套与带轮常用键方法固定。(　　)

188. 内径百分表的测量范围是通过可换触头来改变的。(　　)

189. 钳工工作场地必须清洁、整齐，物品摆放随意。(　　)

190. 消除铸铁导轨的内应力所造成的变化，需在加工前回火处理。(　　)

191. 装配工序有工步的划分不属于装配工艺过程。(　　)

192. 划线时，都应从中心线开始。(　　)

193. 千分尺的制造精度主要是由它的测微螺杆精度来决定的。(　　)

194. 用测力扳手使预紧力达到给定值的方法是控制扭矩法。(　　)

195. 分度头的主轴轴心线能相对于工作台平面向上 90° 和向下 10°。(　　)

196. 带传动不能做到的是吸振和缓冲。(　　)

197. 锯条有了锯路后，使工件上的锯缝宽度小于锯条背部的厚度，从而防止了夹锯。(　　)

198. 锯割管子和薄板时，必须用粗齿锯条。(　　)

199. 一般手锯的往复长度不应小于锯条长度的。(　　)

200. 当活塞到达下死点，缸内废气压力仍高于大气压力，排气门迟关一些，可使废气排得干净些。(　　)

201. 静连接花键装配，要有较少的过盈量，若过盈量较大，则应将套件加热到 200° 后进行装配。(　　)

202. 铸铁的含碳量比钢含碳量高。(　　)

203. 精铰 20 mm 的孔（已粗铰过）应留（0.1 ~ 0.20）mm 加工余量。(　　)

204. T10A 钢锯片淬火后应进行低温回火。(　　)

205. 规定预紧力的螺纹连接，常用控制扭矩法、控制扭角法和控制工件变形法来保证准确的预紧力。(　　)

206. 蜗轮箱经组装后，调整接触斑点精度是靠移动转动零件的圆柱面的位置来达到的。(　　)

207. 强度越好，允许的切削速度越高。(　　)

208. 内径百分表的测量范围是通过更换可换触头来改变的。(　　)

209. 在液压系统中溢流阀可以起溢流作用、安全保护作用及卸荷作用。(　　)

210. 张紧力的调整方法是改变两轴中心距。(　　)

211. 滑动轴承因可产生润滑油膜故具有吸振能力。(　　)

212. 螺纹从左向右升高的称为右螺纹。(　　)

213. 百分表每次使用完毕后要将测量杆擦净，放入盒内保管，应涂上油脂。(　　)

214. 蜗杆与蜗轮的轴心线相互间有垂直关系。(　　)

215. 碳素工具钢，合金工具钢，高速钢工件研磨可以使用的磨料是金刚石磨料。(　　)

216. 蜗杆传动机构装配后，蜗轮蜗杆在任何位置上，用手旋转蜗杆所需的扭矩无要求。(　　)

217. 按技术要求，将若干个零件结合成部件或若干个零件和部件结合成机器的过程称为总装配。(　　)

218. 普通圆柱蜗杆传动的精度等级有 12 个。(　　)

219. 尺寸链中封闭环公差等于各组成环公差之和。(　　)

220. 检查用的平板其平面度要求 0.03，应选择铿削方法进行加工。(　　)

221. 校正弯曲工件的操作，只适用于材料强度较高的零件。(　　)

222. 为了提高工件获得高韧性和足够强度，我们要对工件进行正火处理。(　　)

223. 溢流阀的作用是使液压系统的压力保持稳定。(　　)

224. V 形密封圈的工作压力不大于 320 kg/cm^2。(　　)

225. 自然调平机床精度的方法一般适用于中小型机型。(　　)

226. 钳工上岗时只允许穿工作鞋。(　　)

227. 在高温、油润滑 场合，滚动轴承采用毡圈式密封。(　　)

228. 立钻电动机四级保养，要按需要拆洗电机，更换 1 号钙基润滑脂。(　　)

229. 转速高的大齿轮装在轴上后应作平衡检查，以免工作时产生松动。(　　)

230. 工件弯曲后中性层材料长度不变。(　　)

231. 开动设备，应先检查防护装置，紧固螺丝钉以及电、油、气等动力开关是否完好，并空载试车检验，方可投入工作。操作时应严格遵守所用设备的安全操作规程。(　　)

232. 设备上的电气线路和器件以及电动工具发生故障，应交电工修理，自己不得拆卸。不准自己动手敷设线路和安装临时电源。(　　)

233. 工作中注意周围人员及自身安全，防止因挥动手锤脱落，工件及铁屑飞溅造成伤害。两人以上一起工作要注意协调配合。(　　)

234. 使用梯子登高要有防滑措施，梯子竖立斜度 60 度为宜，必要时设人看护，人字梯中部要用结实的牵绳拉住。(　　)

235. 在齿轮传动中，为增加接触面积，改善啮合质量，在保留原传动副的情况下，必须采取加载跑合措施。(　　)

236. 若一支弹簧内径与其他零件相配，用经验公式 $D_0 = (0.75 \sim 0.8)D_1$ 确定心棒直径时，其系数应取大值。(　　)

237. 检查曲面刮削质量，其校准工具一般是与被检曲面配合的轴。(　　)

238. 清洗零件时，严禁吸烟，打火或进行其他明火作业。不准用 汽油清洗零件、擦洗设备或地面。废油要倒在指定容器内，定期回收，不准倒入下水道。(　　)

239. 内燃机的工作是将热能转变成机械能的一种热力发动机。(　　)

240. 十字沟槽式联轴器在交叉使用时，允许两轴线有少量径向偏移和歪斜。(　　)

241. 设备起运吊装应正确选用钢丝绳，在起吊设备时，要有一人统一指挥，重心要平衡，起吊工具要检查。(　　)

242. 立式钻床的主要部件包括主轴变速箱、进给变速箱、主轴和进给手柄。(　　)

243. 取放工件必须使用专用夹具，带隔热手套，人体不得接触氮液或冷却了的工件。撒在地上的氮液要用条帚扫到底处，用硬板盖上，不准用手直接清扫。(　　)

244. 检查曲面刮削质量，其校准工具一般是与被检曲面配合的孔。(　　)

245. 在液压系统中油缸两端的泄漏不等是造成工作台往复运动速度误差大的原因。(　　)

246. 影响齿轮传动精度的主要因素包括工作平稳性，齿轮的精度等级，齿轮副的侧隙要求及齿轮副的接触斑点要求。(　　)

247. 整法调整轴承游隙时，先松开轴承盖联接螺钉，然后转动调整螺钉调整轴承间隙到规定值。(　　)

248. 工作完毕或因故离开工作岗位，必须将设备和工具的电、手、水、油源断开。清理场地，将工具和零件整齐的摆放在指定位置。(　　)

249. 柴油机的工作次序，定时打开排气门，使新鲜空气进入气缸和废气从气缸排出的机构叫曲柄连接机构。(　　)

250. 两带轮在使用过程中，发现轮上的三角带张紧程度太紧，这是轴颈弯曲原因造成的。(　　)

251. 拆卸下来的零件，应尽量放在一起，并按规定安放，不要乱 丢乱放。(　　)

252. 跨越机车线路时禁止足踏道岔尖部和道岔转动部分。(　　)

253. 设备上的安全生产装置，指配置在生产设备上，保障设备安全的所有附属装置。(　　)

254. 在拆装侧面机件时，如齿轮箱的箱盖，应先拆下部螺丝，装 配时应先紧上边螺丝；重心不平衡的机件拆卸时，应先拆离重心远的螺丝；装拆弹簧时，应注意弹簧崩出伤人。(　　)

255. 铲刮设备或机床轨道面时，工件底部要垫平稳。用千斤顶时， 下面要垫枕木，以保安全。(　　)

256. 两人以上做同一工件时，必须注意刮刀方向，不准对人操作；搬运工件和校准工

具时，要统一行动，统一步调；往复研合时，手指不准伸向吻合错动面或有危险的地方。(　　)

257. 按照柴油机的工作次序，打开排气门，使空气进入气缸和废气从气缸排出的机构叫曲柄连接机构。(　　)

258. 影响齿轮传动精度的因素包括工作平稳性，齿轮的精度等级，齿轮啮合大小，齿轮副的侧隙要求及齿轮副的接触斑点要求。(　　)

259. 用螺钉调整法调整轴承游隙时，先松开轴承盖联接螺钉，然后转动调整螺钉调整轴承间隙直到规定值方可。(　　)

260. 錾削软材料时楔角取 30°～50°。(　　)

261. 检查棒校正丝杠螺母副同轴度，为消除检验棒在各支承孔中的安装误差，将检验棒转过身后后再测量一次，取其平均值。(　　)

262. 长方体工件定位时，在下方上方分布一个支承点。(　　)

263. 采用加热炉、加热器或感应电炉加热零件时，应遵守有关安 全操作规程和采用专用夹具来夹持零件。工作台板上不准有油污，工作场地附近不准有易燃易爆物品，热套好的组件不得随地乱放以免烫伤事故。(　　)

264. 使用电动或风动扳手，应遵守有关安全操作规程。不用时， 立即关闭电、气门，并放到固定位置，不准随地乱放。(　　)

265. 位置公差中平行度符号是∥。(　　)

266. 固定啮合齿轮的轴向错位，当齿轮轮缘宽度 $B \leqslant 15$ 时，允许错位 1/25B。(　　)

267. 装配可调节的 1:50 斜度镶条时，应留有调整和小修必要余量 35～40 mm。(　　)

268. 内径百分表的测量范围的大小是通过更换可换触头来改变的。(　　)

269. 普通车床顶尖的角度为 60°，重型机床顶尖角度为 30°。(　　)

270. 确定夹紧力方向时，应尽量可能使夹紧力方向垂直于尺寸基准面。(　　)

271. 丝杠螺纹磨损严重，减少外径后仍不能车出标准齿厚时，允许齿厚减薄，但不得超过标准齿厚的 1/25。(　　)

272. 研点高低的误差可采用百分表检查。(　　)

273. 一个人在一台机床上，对一个工件所连续完成的一部分加工过程称为工艺过程。(　　)

274. 车刀切削部分材料的硬度不能低于 HRC60。(　　)

275. 机床的工艺系统指机床、工、刀具系统。(　　)

276. 水平仪的精度是以气泡偏移一格，表明在 2 m 内倾斜高度之差来表示。(　　)

277. 渐开线齿形误差，是评定齿轮几何精度的常用指标之一。(　　)

278. 手工研磨量块时，为力保证量块的表面粗糙度和光亮度，应采用直线式往复运动，其运动方向应交叉于量块的长边。(　　)

279. 材料弯曲过程中会发生变形，当弯曲的曲率半径和材料厚度的比值越小弯曲角越大，变形成比例。(　　)

280. 游标卡尺的尺身每一格为 1 mm，游标共有 50 格，当两量爪并拢时，游标的 50 格正好与尺身的 49 格对齐，则该游标卡尺的读数精度为（0.03）mm。(　　)

281. 蜗轮箱经组装后，调整接触斑点精度是靠移动转动零件的圆柱面的位置来达到安装精度。(　　)

282. 视图中长度计量基本单位为毫米。(　　)

283. 立式钻床 Z525 主轴最高转速为 1 360 r/min。(　　)

284. 齿轮在轴上固定，当要求配合过盈量很大时，应采用液压套合法装配。(　　)

285. 方锉、圆锉、半圆锉和三角锉属于普通锉类锉刀。(　　)

286. 狭窄平面研磨时，用金属块做“导靠”采用 S 字形研磨轨迹。(　　)

287. 带传动中，为增加接触面积，改善啮合质量，在保留原传动副的情况下，采取加载跑合措施。(　　)

288. 若弹簧内径与其他零件相配，用经验公式 $D_0 = (0.75 \sim 0.8)D_1$ 确定心棒直径时，其系数应取任意值。(　　)

289. 检查曲面刮削质量，其校准工具一般是与被检曲面配合精度较高的孔。(　　)

290. 设备解体从上至下，从重至轻，每吊一个部件，详细检查相互连接部位，主修工人与天车司机行动一致，发出上下信号要正确清晰。(　　)

291. 内燃机是将热能转变成机械能的一种热力发动机。(　　)

292. 影响齿轮传动精度的因素包括齿轮的加工精度，齿轮的精度等级，齿轮副的侧隙要求，及齿形精度。(　　)

293. 在高温、油润滑场合，滚动轴承采用毡圈式密封。(　　)

294. 立式钻电动机四级保养，要按需要拆洗电机，更换 1 号钙基润滑脂。(　　)

295. 转速高的大齿轮装在轴上后应作平衡检查，动平衡检查以免工作时产生松动。(　　)

296. 工件弯曲后材料长度不变。(　　)

297. 感应加热表面淬火，电流频率越高，淬硬层深度越大。(　　)

298. 孔的最大极限尺寸与轴的最小极限尺寸之代数差为正值叫最大间隙。(　　)

299. 规定预紧力的螺纹连接，常用控制扭矩法、控制扭角法和控制螺母变形法来保证准确的预紧力。(　　)

300. 工作中注意周围人员及自身安全，防止因挥动工具、工具脱 落、工件及铁屑飞溅造成伤害。两人以上一起工作要注意协调配合。(　　)

301. 十字沟槽式联轴器在停车时，允许两轴线有少量径向偏移和歪斜。(　　)

302. 尺寸链中封闭环公差等于各组成环公差之和。(　　)

303. 在夹具中，用一个平面对工件的平面进行定位，可以限制工件的 6 个自由度。(　　)

304. 夹紧装置的基本要求中，重要的一条是定位可靠。(　　)

305. 标准群钻主要用来钻削碳钢和金属合金钢。(　　)

306. 在夹具中，较长的定位销作工件上圆柱孔的定位元件，可以限制工件的 5 个自由度。(　　)

307. 在夹具中，较长锥心轴作工件上圆锥孔的定位元件，可以限制工件的 5 个自由度。(　　)

308. 保证已确定的工件位置在加工过程中不发生变更的装置，称为传动装置。(　　)

309. 工件在夹具中定位时，按照定位原则最多限制 8 个自由度。(　　)

310. 夹具中确定夹紧力时，最好的状态是大小适应。(　　)

311. 钻铸铁的群钻的第二重顶角为 70°。(　　)

312. 活塞材料的热膨胀系数略小于活塞销的热膨胀系数。(　　)

313. 由两个或两个以上零件结合而成为机器的一部分，是机器。(　　)

314. 在高温下能够保持刀具材料切削性能的称为强度。(　　)

315. 利用自准直光学量仪，可以测量反射镜对光轴的左右位置微小偏转。(　　)

316. 在夹具中，用较长的 V 形槽来作工件上圆柱表面的定位元件时，它可以限制工件的 5 自由度。(　　)

317. 螺纹止端工作塞规只能用来检验实际中经一个参数。(　　)

318. 在机床控制电路中，起失压保护的电器是熔断器。(　　)

319. 静压轴承的油膜压力的建立，是依靠旋转速度来保证的。(　　)

320. 允许戴布手套操作是进行搬运。(　　)

321. 校正弯曲工件的操作，只适用于材料强度较高的零件。(　　)

322. 金属导体的电阻与负载无关。(　　)

323. 单螺母消隙机构中消隙力的方向必须与旋转方向一致，以防进给时产生“爬行”，影响进给精度。(　　)

324. 传动功率为 2.2 ~ 3.7 kW 时，带速为 8 m/s，应选用 O 形三角带。(　　)

325. 溢流阀的作用是使液压系统的压力保持稳定。(　　)

326. V 形密封圈的工作压力不大于 320 kg/cm^2。(　　)

327. 自然调平机床精度的方法一般适用于中小型机型。(　　)

328. 固定啮合齿轮的轴向错位，当齿轮轮缘宽度 $B \leqslant 15$ 时，允许错位值 $1/25B$。(　　)

329. 装配可调节的 1:50 斜度镶条时，应留有调整和小修必要余量 35 ~ 40 mm。(　　)

330. 减少外径后仍不能车出标准齿厚时，允许齿厚减薄，但不得超过标准齿厚的 1/25。(　　)

331. 静压轴承的油膜压力的建立是依靠供油压力来保证的。(　　)

332. 在机床控制电路中起失压保护的电器是交流一继电器。(　　)

333. 校正弯曲工件的操作，只适用于材料硬度较高的零件。(　　)

334. 为了使工件获得高韧性和足够强度，我们要对工件进行回火处理。(　　)

335. 溢流阀的作用是使液压系统的压力保持稳定。(　　)

336. 在齿轮传动中的惰轮，即改变（传动比），又改变（传动方向）。(　　)

337. 薄壁轴瓦与轴承座装配时，为达到配合紧密，有合适的过盈量，其轴瓦的剖分面与轴承蜗轮轴向。(　　)

338. T10 钢锯片淬火后应进行低温回火。(　　)

339. 立钻 Z525 主轴最高转速为 1 360 r/min。(　　)

340. 轴上安装齿轮，当要求配合过盈量很大时，应采用液压套合法装配。(　　)

341. 两带轮在使用过程中，发现轮上的三角带张紧程度太紧，这是轴颈弯曲原因造成的。(　　)

342.（丝锥）是钳工经常使用的量具，在机器设备装配时，用它来测量滑动面的间隙量，如导轨配合面，滑动轴承配合面等。(　　)

343. 在钢和铸铁件上加工同样直径的内螺纹时，钢件的底孔直径比铸铁件的底孔直径大很多。(　　)

344. 一个工人在一台机床上对一个工件所连续完成的一部分加工过程称为工艺。(　　)

345. 切削塑性较大的金属材料是，形成不规则切屑。(　　)

346. 剪板机是剪割板料的专用设备。(　　)

347. 机床照明灯应选 36 V 伏电压。(　　)

348. 台虎钳的规格是以钳口的宽度表示的。(　　)

349. 熔断器具有短路保护作用。(　　)

350. 标准麻花钻主要用于钻孔。(　　)

351. 起锯角约为 15° 左右。(　　)

352. 牛头刨床适宜于加工小型平面零件。(　　)

353. 扩孔的加工质量比钻孔高，常作为孔的精度加工。(　　)

354. 轴承外圈与轴承座采用基轴制配合内孔与轴采用基孔制配合。(　　)

355. 台虎钳夹紧工件时只允许用手扳手柄。(　　)

356. 平带传动的使用特点结构简单，适用于两轴距离较大的场合。(　　)

357. 砂轮机在修整砂轮时一般用金刚石。(　　)

358. 煤油，汽油，机油等可作为清洗液。(　　)

359. 煮洗设备排水系统检修工艺及标准：管道畅通，阀门动作灵活，系统联接良好，无泄漏。(　　)

360. 起吊工作物，试吊离地面 5 米，经过检查确认稳妥，方可起吊。(　　)

361. 带传动机构常见的损坏形式有带轮孔与轴配合松动、槽轮磨损拉长或断裂、带轮崩裂等。(　　)

362. 前角影响刀具刃口的锋利程度和强度。(　　)

363. 钻头上缠绕铁屑是，应及时停车，用手清除。(　　)

364. 研磨时工件孔口扩大的原因之一是研磨棒伸出孔口太长。(　　)

365. 一个工人在一台机床上对一个工件所连续完成的一部分加工过程称为工序。(　　)

366. 普通圆柱蜗杆传动的精度等级可分为 12 个。(　　)

367. 立钻电动机保养，要按需要拆洗电机，更换 1 号钙基润滑脂。(　　)

368. 螺旋传动机械是将螺旋变换为直线运动。(　　)

369. 一张完整的装配图的内容包括一组图形，必要的尺寸、技术要求、零件序号和明细栏、标题栏。(　　)

370. 退火的目的是降低硬度。(　　)

371. 无级变速和过载保护作用是液压传动的基本特点之一。(　　)

372. 滑动轴承因为可以产生润滑油膜故具有一定的吸振能力。(　　)

373. 承受径向载荷的滚动轴承叫向心轴承。(　　)

374. 百分表使用完毕后要将测量杆擦净，放入盒内保管，应涂上油脂。(　　)

375. 蜗杆与蜗轮的轴心线相互间必须垂直。(　　)

376. 对零件进行形体分析，确定主视图方向是绘制零件图的第一步。(　　)

377. 钻头直径大于 13 mm 时柄部一般做成莫氏锥柄。(　　)

378. 粗刮时显示剂调的稀一些。(　　)

379. 普通机床顶尖的角度为 60° 重型机床顶尖角度为 90°。(　　)

380. 确定夹紧力方向时应尽量可能使夹紧力方向垂直于主要定位基准面。(　　)

381. 引起零件失效的最主要原因是零件的表面破坏。(　　)

382. 铰孔时如铰削余量太大，则使孔表面粗糙度增大。(　　)

383. 在钳工的装配和检修工作中，使用百分表可以测量和校验某些零件、部件的同轴度、直线度、垂直度等组装后的精度。(　　)

384. 螺纹止端工作塞规只能用来检验实际中径一个参属。(　　)

385. 水平仪的精度是以气泡偏移一格，表明在 10 m 内倾斜高度之差来表示。(　　)

386. 渐开线齿形误差是评定齿轮的工作平稳精度的常用指标之一。(　　)

387. 机床传动链中各环节精度对刀具与工件间相对运动的均匀性和准确性的影响程度，称为运动精度。(　　)

388. 凸轮的工作曲线是指凸轮与被动件直接接触那个面的轮廓线。(　　)

389. 齿轮的运动误差影响齿轮传递运动的准确性。(　　)

390. 对零件进行立体划线时通常选择 3 个划线基准。(　　)

391. 推行全面质量管理的目的是最少投入又多又好地生产出用户需要的产品。(　　)

392. 丝杠螺纹磨损严重，减少外径后仍不能车出标准齿厚时，允许齿厚减薄，但不得超过标准齿厚的 1/25。(　　)

393. 普通车床顶尖的角度为 30°，重型机床顶尖角度为 90°。(　　)

394. 确定夹紧力方向时尽量可能使夹紧力方向垂直于尺寸基准面。(　　)

395. 机床的工艺系统指机床、工、刀具系统。(　　)

396. 将主尺上的整数和副尺上的小数相加工件尺寸=主尺整数+副尺格数 × 卡尺精度。(　　)

397. 一个工人在一台机床上，对一个工件完成的一部分加工过程称为工艺过程。(　　)

398. 螺纹止端工作塞规只能用来检验实际中径一个参数。(　　)

399. 水平仪的精度是以气泡偏移一格，表明在 5 m 内倾斜高度之差来表示。(　　)

400. 滑动轴承因可产生润滑油膜故具有吸振能力。(　　)

401. 在装配前，必须认真做好对装配零件的清理和清洗工作。(　　)

402. 百分表在使用完毕后应将测量杆擦净，放入盒内保管，应涂上油脂。(　　)

403. 蜗杆与蜗轮的轴心线相互间有垂直关系。(　　)

404. 热浸加热法适用于过盈量较大的配合零件。(　　)

405. 钻头直径大于 13 mm 时，柄部一般做成直柄锥柄都有。(　　)

406. 千分尺螺旋部分的螺距为 0.6 mm。(　　)

407. 研磨圆柱孔用的研磨棒，其长度为工件长度的 3 ~ 4 倍。(　　)

408. M3 以上的圆板牙尺寸可调节，其调节范围是 2 ~ 1.5 mm。(　　)

409. 丝锥的构造由工作部分和柄部组成。(　　)

410. 轴向间隙是直接影响丝杠螺母副的传动精度。(　　)

411. 车床丝杠的纵向进给和横向进给运动是螺旋传动。(　　)

412. 传动精度高，工作平稳，无噪音，易于自锁，能传递较大的扭矩，这是带传动机构特点。(　　)

413. 车床丝杠的纵向进给和横向进给运动是螺旋传动。(　　)

414. 液压传动是依靠密封容积的变化来传递运动的。(　　)

415. 钻床夹具的类型在很大程度上取决于被加工孔的分布。(　　)

416. 分度头的主要规格是以顶尖（主轴）中心线到底面的高度表示的。(　　)

417. 齿轮在轴上固定，当要求配合过盈量无要求时，应采用液压套合法装配。(　　)

418. 两带轮在使用过程中，发现轮上的三角带张紧程度太紧，这是轴颈弯曲原因造成的。(　　)

419. 壳体中部的鼓形回转体、主轴、分度机构和分度盘组成套筒。(　　)

420. 在铸铁件上加工同样直径的内螺纹时，钢件的底孔直径比铸铁件的底孔直径大很多。(　　)

421. 精密零件及导轨，研合面要用麻绳或带有橡胶管子的钢丝绳吊运，防止对工件拉伤，损坏表面。(　　)

422. 切削塑性较大的金属材料是，形成不规则切屑。(　　)

423. 制定装配工艺规程的作用是：保证产品装配质量合理安排装配工序以及尽可能少占车间的生产面积。(　　)

424. 传动精度高，工作平稳，无噪音，易于自锁，能传递较大的扭矩，这是蜗轮蜗杆传动机构特点。(　　)

425. 带传动不能做到的是保证准确的传动比。(　　)

426. 对零件进行形体分析，确定主视图方向是绘制零件图的第三步。(　　)

427. 钻头直径大于 13 mm 时，柄部一般做成方柄。(　　)

428. 精度为 0.02 mm 的游标卡尺，当零线对齐时，游标上 50 格与主尺上 49 格对齐。(　　)

429. 研磨圆柱孔用的研磨棒，其长度为工件长度的 5 ~ 6 倍。(　　)

430. M3 以上的圆板牙尺寸可调节，其调节范围是 5 ~ 15 mm。(　　)

431. 刮刀精磨须在油石上进行。(　　)

432. 主要用于碳素工具钢，合金工具钢，高速钢工件研磨的磨料是氧化铬磨料。(　　)

433. 将蜗杆传动机构装配后，蜗轮在任何位置上，用手旋转涡轮蜗杆所需的扭矩无要求。(　　)

434. 按规定的技术要求，将两个以上的零件结合成部件或若干个零件和部件结合成机器的过程称为总装配。(　　)

435. 刮研操作时，工件必须稳固，部件研合时，操作者要相互配合好，手指禁止伸向吻合错动面防止挤伤手指。(　　)

436. 安装深沟球轴承时，当内圈与轴配合较紧而外圈壳体孔配合较松时，一般应先装轴和轴承。(　　)

437. 剪板机是剪割板料的专用设备。(　　)

438. 工作中注意周围人员及自身安全，防止因挥动工具、工具脱 落、工件及铁屑飞溅造成伤害。两人以上一起工作要注意协调配合。(　　)

439. 台虎钳的规格是以钳口的宽度表示的。(　　)

440. 熔断器具有短路保护作用。(　　)

441. 使用电钻，电砂轮，角磨机等手动工具必须有接地线，使用前检查砂轮有否裂纹现象，否则不得使用。(　　)

442. 起锯角为 15° 左右。(　　)

443. 牛头刨床适宜于加工小型平面、沟槽零件。(　　)

444. 扩孔的加工质量比钻孔高，常作为孔的一般加工。(　　)

445. 带传动是依靠传动带与带轮之间的摩擦力来传动动力的。(　　)

446. 内燃机按所用燃料分类有旋转活塞式汽油机，煤气机和沼气机等。(　　)

447. 在机件的三视图中，机件上对应部分的主、左视图应高相等。(　　)

448. 零件图中注写极限偏差时，上下偏差小数点对齐，小数点后位数相同不相同两可，零偏差必须标出。(　　)

449. 平锉、方锉、圆锉、半圆锉和三角锉属于普通锉类锉刀。(　　)

450. 狭窄平面研磨时，用金属块做“导靠”采用螺旋形研磨轨迹。(　　)

451. 蜗杆传动中，为增加接触面积，改善啮合质量，在保留原传动副的情况下，采取加载跑合措施。(　　)

452. 若弹簧内径与其他零件相配，用经验公式 $D_0 = (0.75 \sim 0.8)D_1$ 确定心棒直径时，其系数应取最大值。(　　)

453. 检查曲面刮削质量，其校准工具一般是与被检曲面配合的方形件。(　　)

454. 部件解体要集中存放，要在人行道以内，不得随便乱放，大件反转工作地面垫平稳，使用千斤顶时，下面要垫枕木。(　　)

455. 使用钻床时必须用压板和平口钳子夹紧工件，禁止用手拿工件或戴手套工作。(　　)

456. 采用梯子登高要有防滑措施，梯子斜度以 60° 为宜，必要时 设人看护。人字梯中部要用结实的牵绳拉住。(　　)

457. 为了使工件获得高韧性和足够强度，我们要对工件进行正火处理。(　　)

458. 溢流阀的作用是使液压系统的压力保持稳定。(　　)

459. V 形密封圈的工作压力不大于 320 kg/cm^2。(　　)

460. 自然调平机床精度的方法一般适用于中小型机型。(　　)

461. 固定啮合齿轮的轴向错位，当齿轮轮缘宽度 $B \leqslant 15$ 时，允许错位 $1/25B$。(　　)

462. 装配可调节的 1:50 斜度镶条时，应留有调整和小修必要余量 35 ~ 40 mm。(　　)

463. 螺纹磨损严重，减少外径不能车出标准齿厚时，允许齿厚减薄，但不得超过标准齿厚的 1/25。(　　)

464. 普通车床顶尖的角度为 90°，重型机床顶尖角度为 30°。(　　)

465. 确定夹紧力方向时，应尽量可能使夹紧力方向垂直于止推定位基准面。(　　)

466. 起吊或搬运重物，应遵守起重搬运安全操作规程，手势信号清楚与行车工密切配合。(　　)

467. 操作前，应按所用工具的需要和有关规定，穿戴好防护用品.。(　　)

468. 能按照柴油机的工作次序，定时打开排气门，使新鲜空气进入气缸和废气从气缸排出的机构叫滑块机构。(　　)

469. 影响齿轮传动精度的因素包括工作平稳性，齿轮的精度等级，齿轮副的接触斑点要求。(　　)

470. 用螺钉调整法调整轴承游隙时，先松开紧定螺钉，然后转动调整螺钉调整轴承间隙到规定值。(　　)

471. 錾削铜、铝等软材料时，楔角取 70° ~ 90°。(　　)

472. 用检查棒校正丝杠螺母副同轴度时，为消除检验棒在各支承孔中的安装误差，将检验棒转过 360° 再测量一次，取其平均值。(　　)

473. 长方体工件定位，在大平面上方分布 5 个支承点。(　　)

474. 交叉锉锉刀运动方向与工件夹持方向成 30° ~ 40° 角。(　　)

475. 设备修理，拆卸时一般应先拆内部、上部。(　　)

476. 设备修理，拆卸时一般应先内、下。(　　)

477. 把蜗轮轴装入箱体后，蜗杆轴位置已由箱体孔决定，要使蜗杆轴线位于蜗轮轮齿对称中心面内，只能通过改变把轮轴车细加偏心套改变中心位置方法来调整。(　　)

478. 当带轮孔加大，必须镶套，套与轴为键连接，套与带轮常用螺纹方法固定。(　　)

479. 内径百分表的测量范围是通过更换可换触头来实现的。(　　)

480. 钳工工作场地必须清洁、整齐，物品摆放随意。(　　)

481. 如果把影响某一装配精度的有关尺寸彼此按顺序地连接起来，可以构成一个封闭外形，这些相互关联尺寸的总称叫组成环。(　　)

482. 位置公差平行度符号是∥。(　　)

483. 钳工上岗时防护用品必须佩带齐全。(　　)

484. 在温度过高的油润滑场合，滚动轴承采用毡圈式密封。(　　)

485. 立钻电动机四级保养，要按需要拆洗电机，更换 1 号钙基润滑脂。(　　)

486. 位置公差中垂直度符号是⊥。(　　)

487. 感应加热表面淬火时淬硬层深度与加热时间有关。(　　)

488. 天车起吊工作物，试吊离地面 1.5 米，经过检查确认稳妥，方可起吊。(　　)

489. 工作开始前，穿戴好防护用品，检查工作场地，有无临时撑垫的危险部件，以及试车临时电源线路是否牌安全状态。(　　)

490. 松键装配在键长方向，键与轮毂的间隙是 0.1 mm。(　　)

491. 当活塞到达顶部，缸内废气压力仍高于大气压力，排气门迟关一些，可使废气排得干净些。(　　)

492. 静连接花键装配要有较少的过盈量，若过盈量较大，则应将套件加热到 280° 后进行装配。(　　)

493. 使用电动工具时应穿胶鞋。(　　)

494. 立式钻床的主要部件包括，主轴变速箱、进给变速箱，主轴和钢球。(　　)

495. T10A 钢锯片淬火后应进行低温回火处理。(　　)

496. 立钻 Z525 主轴它的最高转速为 1 360 r/min。(　　)

497. 齿轮在轴上固定，当要求配合过盈量无所谓时，必须应采用液压套合法装配。(　　)

498. 钳工上岗时，可以穿高跟鞋。(　　)

499. 在高温下能够保持刀具材料切削性能的称为耐热性。(　　)

500. 基准孔的最小极限尺寸等于基本尺寸，故基准孔的上偏差为零。(　　)

501. 车刀在刀架上安装位置的高低，对切削工作角度无影响。(　　)

502. 在车削过程中产生积屑瘤，易影响工件的加工精度。(　　)

503. 工件残余应力引起的误差和变形都很小，不会对机器构成影响。(　　)

504. 各种液压油性能都差不多，因此可任意混合使用。(　　)

505. 钻削精密孔的关键是钻床精度高且转速及进给量合适，而与钻头无关。(　　)

506. 提高切削速度是，提高切削效率的最有效途径。(　　)

507. 提高切削速度是，提高刀具寿命的最有效途径。(　　)

508. 零件的机械加工质量，包括加工精度和表面质量两个部分。(　　)

509. 实际偏差的数值不一定为正值。(　　)

510. 容积泵是依靠工作室容积的间歇改变来输送液体。(　　)

511. 离心泵流量的单位一般用 m^3 表示。(　　)

512. 离心泵扬程的单位是 m。(　　)

513. 离心泵在启动前应灌满液体并将出口管路上的阀门关闭。(　　)

514. 离心泵一般不属于高压泵。(　　)

515. 在工业企业中，设备管理是指对设备的物质运动形态的技术管理。(　　)

516. 生产技术准备周期，是从生产技术工作开始到结束为止的经历的总时间。(　　)

517. 一般刀具材料的高温硬度越高耐磨性越好刀具寿命也越长。(　　)

518. 用硬质合金车削硬钢时，切削速度越慢刀具寿命越长。(　　)

519. 刀具刃磨后刀面越平整表面粗糙度越小刀具寿命越长。(　　)

520. 刀具刃磨后刀刃的直线度和完整程度越好加工出的工件表面质量越好。(　　)

521. 加工精度的高与低是通过加工误差的大和小来表示的。(　　)

522. 在长期的生产过程中：机床、夹具、刀具逐渐磨损；则工艺系统的几何误差进一步扩大因此工件表面精度也相应降低。(　　)

523. 测量误差主要是人的失误造成，和量具、环境无关。(　　)

524. 单件小批生产中，应尽量多用专用夹具。(　　)

525. 单件小批生产由于数量少，因此对工人技术水平要求比大批量生产方式要低。(　　)

526. 单件小批生产中应多用专用机床，以提高效率。(　　)

527. 表面粗糙度代号应注在可见轮廓线、尺寸线、尺寸界线和它们的延长线上。(　　)

528. 机件上的每一尺寸一般只标注一次并应标注在反映该结构最清晰的图形上。(　　)

529. 滚动轴承实现轴向预紧：就是要采取各种方法使其内外圈产生相对位移以消除游隙。(　　)

530. 圆锥销定位用于经常拆卸的地方。(　　)
531. 圆柱销定位用于不常拆卸的地方。(　　)
532. 槽销定位用于承受振动和有变向载荷的地方。(　　)
533. 链传动是通过链条和链轮牙齿之间的啮合来传递力和运动的因此属于啮合传动。(　　)
534. 当两轴轴线相交时，可采用蜗轮蜗杆传动。(　　)
535. 直齿圆柱齿轮传动比斜齿圆柱齿轮，平稳。(　　)
536. 在两轴轴线相交的情况下可采用圆锥齿轮传动。(　　)
537. 滑动轴承一般用在转速不太高的地方。(　　)
538. 实际偏差若在极限偏差范围之内则这个零件合格。(　　)
539. 加工铸铁时一般不用冷却润滑液因铸铁内的石墨也起一定的润滑作用。(　　)
540. 被加工零件的精度等级越低，数字越小。(　　)
541. 被加工零件的精度等级数字越大精度越低公差也越大。(　　)
542. 加工零件的偏差是极限尺寸与公称尺寸之差。(　　)
543. 某尺寸莲共有几个组成环除 1 个封闭环外共有 n－个组成环。(　　)
544. 液压传动容易获得很大的力、低速、大扭矩的传动、并能自动控制扭矩输出。(　　)
545. 液压传动效率高，总效率可达 100%。(　　)
546. 螺纹的作用是用于连接，没有传动作用。(　　)
547. 丝杆和螺母之间的相对运动是把旋转运动转换成直线运动。(　　)
548. 退火的目的是，使钢件硬度变高。(　　)
549. 上偏差的数值可以是正值也可以是负值或者为零。(　　)
550. 刮研操作时，被刮工件必须稳固，不得串动，校准工具必须 装有固定拿手或吊环，较大和较重的校准工具，不准一人搬动。(　　)

三、多选题

1. 退火的目的是（　　）。
   A. 降低硬度　　B. 高塑性
   C. 释放内应力　　D. 提高晶体之间的强度
2. 引起机床振动的振源（　　）。
   A. 机内振源　　B. 机外振源
   C. 工件装卸　　D. 紧急故障
3. 钳工上岗时不允许穿（　　）。
   A. 拖鞋　　B. 凉鞋　　C. 工作鞋　　D. 高跟鞋
4. 尺寸标注形式有（　　）。
   A. 链式　　B. 坐标式　　C. 综合式　　D. 全开口式
5. 机器制造生产类型分（　　）。
   A. 专业生产　　B. 大量生产
   C. 成批生产　　D. 单件生产

6. 切削塑性较大的金属材料，不能形成（　　）切屑。

A. 带状　　B. 挤裂　　C. 粒状　　D. 不规则

7. 滚动轴承实现预紧的方法有（　　）。

A. 径向预紧　　B. 间隙调整
C. 轴向预紧　　D. 补偿法

8. 离合器的种类很多，按其结构和用途不同分为（　　）。

A. 啮合式　　B. 安全式　　C. 摩擦式　　D. 超越式

9. 泵的种类有很多种，归纳起来可分为（　　）。

A. 容积泵　　B. 叶片泵　　C. 潜水泵　　D. 流体作用泵

10. 制动器的调整包括（　　）。

A. 调整抱闸宽度　　B. 调整工作行程
C. 调整制动间隙　　D. 调整制动力矩

11. 锉刀分为哪几种（　　）。

A. 普通锉　　B. 特种锉　　C. 板锉　　D. 整形锉

12. 影响切削力的因素有（　　）。

A. 工件的重量　　B. 刀具几何参数
C. 工件材料　　D. 切削用量

13. 平面锉削包括（　　）。

A. 顺向锉　　B. 交叉锉　　C. 推锉　　D. 单手锉

14. 减压阀的作用是起（　　）。

A. 减压　　B. 稳压　　C. 截止　　D. 换向

15. 销连接在机械中主要作用是（　　）。

A. 安装　　B. 锁定零件　　C. 定位　　D. 确定精度

16. 台虎钳夹紧工件时，不允许（　　）手柄。

A. 用手锤敲击　　B. 用手扳
C. 套上长管子扳　　D. 两人同时扳

17. 钻头上缠绕铁屑是，应及时停车，不允许用（　　）清除。

A. 手　　B. 工件　　C. 钩子　　D. 嘴吹

18. 煤油，汽油，机油等不可作为（　　）。

A. 研磨剂　　B. 研磨液　　C. 磨料　　D. 研磨膏

19. 导轨的修理除了可以利用刮削外，还可以用（　　）。

A. 间隙调整法　　B. 补偿法
C. 弯曲法　　D. 收边法

20. 带传动能做到的是（　　）。

A. 吸振和缓冲　　B. 安全保护作用
C. 保证准确的传动比　　D. 实现两轴中心较大的传动

21. 水平仪的读数方法有（　　）。

A. 相对读数法　　B. 绝对读数法
C. 间隙调整法　　D. 补偿法

22. 螺旋测微量具按用途可分为（　　）。
A. 千分尺　B. 内径千分尺
C. 深度千分尺　D. 高度尺
23. 刀具磨损的主要原因（　　）。
A. 机械磨损　B. 过热磨损
C. 化学磨损　D. 变相磨损
24. 铰刀选用的材料是（　　）。
A. 中碳钢　B. 高速钢　C. 高碳钢　D. 铸铁
25. 标准圆锥形铰刀由（　　）组成。
A. 工作部分　B. 颈部　C. 柄部　D. 前部
26. 钳工常用钻孔设备有（　　）。
A. 台钻　B. 立钻　C. 普通车床　D. 摇臂钻
27. 机床导轨是起（　　）作用。
A. 承载　B. 导向　C. 运动　D. 旋转
28. 铆接具有（　　）等优点。
A. 工艺简单　B. 连接可靠
C. 抗震　D. 不需要钻孔
29. 金属材料变形有（　　）。
A. 塑性变形　B. 弹性变形
C. 直线变形　D. 曲线变形
30. 安全色是表达安全信息含义的颜色，它表示（　　）。
A. 警告　B. 提示　C. 禁止　D. 指示
31. 测量误差可分为（　　）。
A. 系统误差　B. 温度误差
C. 随机误差　D. 粗大误差
32. 属于钳工常用的设备有（　　）。
A. 台式钻床　B. 砂轮机
C. 车床　D. 台虎钳
33. 机床夹具的作用是（　　）。
A. 保证加工精度　B. 提高劳动生产率
C. 扩大机床加工范围　D. 提示操作者
34. 三相交流异步电动机常见的机械故障有（　　）。
A. 离合器损坏　B. 定子和转子相擦
C. 转动部分不灵活或被异物卡死　D. 润滑不良或轴承损坏
35. 导轨的几何精度包括（　　）。
A. 导轨在垂直平面内和水平面内的直线度
B. 导轨与导轨之间的平行度和垂直度
C. 走刀箱与导轨的平行度
D. 导轨与地面的垂直度

36. 设备修理对磨损件表面的修复经常采用（　　）。
A. 粘接　B. 焊修　C. 电镀　D. 喷涂
37. 过盈连接的装配方法有（　　）。
A. 压入法　B. 热胀配合法
C. 冷缩配合法　D. 液压配合法
38. 台虎钳按其结构可分为（　　）。
A. 回转式　B. 固定式　C. 啮合式　D. 超越式
39. 刀具的辅助平面有（　　）。
A. 基面　B. 垂直面　C. 切削面　D. 截面
40. 锯齿的粗细按齿距的大小分为（　　）。
A. 粗齿　B. 中齿　C. 细齿　D. 宽齿
41. 液压系统常见的故障有（　　）。
A. 噪音　B. 爬行　C. 油温过高　D. 系统压力不足
42. 在维修中常见的铝和铝导线的连接法有（　　）。
A. 冷压连接　B. 电阻焊接
C. 螺栓连接　D. 压板连接
43. 龙门刨工作台齿条和多杆蜗头的啮合间隙通常可用（　　）测量。
A. 拉线与吊线法　B. 塞尺
C. 铅压法　D. 游标卡尺
44. 导轨的几何精度的检查方法，按其原理可分为（　　）。
A. 线性值测量　B. 角值测量
C. 高度尺　D. 百分表
45. 钻小孔的加工特点是（　　）。
A. 加工直径小　B. 排屑困难
C. 刀具重磨困难　D. 不用加冷却液
46. 下列对钻削小孔要点说法正确的是（　　）。
A. 选用精度较高的钻床　B. 采用相应的小型钻夹头
C. 不可频繁提起钻头　D. 开始时进给力要小
47. 钻深孔时容易产生（　　）。
A. 孔的歪斜　B. 振动
C. 定位不准　D. 不易排泄
48. 刮削时常用显示剂的种类有（　　）。
A. 机油　B. 煤油　C. 红丹粉　D. 蓝油
49. 刮削可分为（　　）四个步骤进行。
A. 粗刮　B. 细刮　C. 精刮　D. 刮花纹
50. 下列对常用锯条长度描述不正确的是（　　）。
A. 100 mm　B. 200 mm　C. 300 mm　D. 500 mm
51. 起重机的电力驱动有（　　）。
A. 主钩　B. 副钩　C. 大车　D. 小车

52. 上岗前要求（　　）。
A. 穿好工作服　B. 戴好安全帽
C. 要求整齐清洁　D. 可以穿拖鞋
53. 跨越线路，不得足踏（　　）。
A. 道岔尖部　B. 道岔转动部分
C. 钢轨　D. 枕木头
54. 丝锥的构造由（　　）组成。
A. 柄部　B. 工作部分　C. 刀尖　D. 螺母
55. 安全色是表达安全信息含义的颜色，它表示（　　）。
A. 警告　B. 提示　C. 禁止　D. 指示
56. 机车车钩“三态”指（　　）。
A. 开锁　B. 闭锁　C. 常开　D. 打开
57. 锉刀粗细的选择取决于工件的（　　）。
A. 加工精度　B. 加工余量
C. 材料性质　D. 表面粗糙度
58. 换向阀的控制方式有（　　）。
A. 液动　B. 手动　C. 电动　D. 气动
59. 静压液体摩擦轴承广泛应用于（　　）场合。
A. 重载　B. 低速　C. 灰尘多　D. 高精度
60. 目前切削刀具常用的硬质合金由（　　）。
A. 钨钴类硬质合金　B. 钢铁
C. 钨钴钛类　D. 宝石
61. 内径百分表由（　　）组成。
A. 百分表　B. 按钮　C. 接触装置　D. 表架
62. 塑性材料经过（　　）形成切屑。
A. 挤压　B. 滑移　C. 挤裂　D. 切离
63. 滚动导轨按滚动体形状不同可分为（　　）。
A. 滚珠导轨　B. 滚柱导轨
C. 滚动导轨　D. 滚针导轨
64. 压缩机按其原理的差别可分为（　　）。
A. 往复式　B. 离心式　C. 轴流式　D. 回转式
65. 导轨按摩擦状态可分为（　　）。
A. 三角形导轨　B. 滑动导轨
C. 滚动导轨　D. 静压导轨
66. 由于工件材料和切削条件不同，形成的切屑一般有（　　）。
A. 带状切屑　B. 粒状切屑
C. 蹦碎切屑　D. 块状切屑
67. 在车顶进行吊装作业或走动时（　　）。
A. 快走　B. 一定要踩稳

C. 不得手拿过重物件 D. 慢走

68. 在机械加工中（ ）组成的一体称为工艺系统。

A. 机床 B. 夹具 C. 工件 D. 底座

69. 滑动轴承的特点（ ）。

A. 润滑油膜具有吸振能力 B. 能承受较大冲击载荷

C. 工作可靠 D. 传动平稳、无噪音

70. 钻削铝件时选用（ ）来冷却润滑。

A. 机油 B. 乳化液 C. 煤油 D. 水

71. 钻削钢件时选用（ ）来冷却润滑。

A. 机油 B. 乳化液 C. 煤油 D. 水

72. 刮削具有（ ）。

A. 装夹变形小 B. 切削量小

C. 切削力小 D. 产生热量小

73. 煮洗设备引风机装置检修范围包括（ ）。

A. 外观运转检查 B. 检查补充轴承润滑油

C. 检查皮带、三角带 D. 检查温度是否过高

74. 煮洗设备排水系统检修工艺及标准（ ）。

A. 管路畅通 B. 系统联接良好

C. 无泄漏 D. 阀门动作灵活

75. 泵的作用是（ ）。

A. 传递动力 B. 吸取 C. 输送 D. 定位

76. 车间的生产单位是指车间内的（ ）。

A. 员工 B. 工段 C. 班组 D. 生产设备

77. 经纬仪在装配和修理中，主要用来测量机床的（ ）。

A. 水平转台的分度精度 B. 万能转台的分度精度

C. 光杠的精度 D. 丝杠的精度

78. 液压回路中，工作台的换向过程分（ ）。

A. 辅助生产过程 B. 制动阶段

C. 停留阶段 D. 反向启动阶段

79. 离合器的装配要求（ ）。

A. 在接合和分离时离合器动作灵敏

B. 能传递足够的转矩

C. 装夹变形小

D. 工作平稳可靠

80. 凸轮机构由（ ）组成。

A. 凸轮 B. 机架 C. 从动杆 D. 离合器

81. 三角形矩形组合导轨，它具有（ ）特点。

A. 提高生产效率 B. 导向性好

C. 刚性好 D. 制造方便

82. 溢流阀在液压系统中可以起（　　）作用。
A. 安全保护　B. 定位　C. 溢流　D. 卸荷
83. 液压系统由（　　）组成。
A. 驱动元件　B. 控制元件
C. 执行元件　D. 辅助元件
84. 链传动可用于工作条件恶劣如（　　）。
A. 灰尘多　B. 淋油　C. 温度高　D. 舒适
85. 常用的密封圈有（　　）。
A. V　B. P　C. O　D. Y
86. 常见的电动机保护器有（　　）。
A. 熔断器　B. 离合器　C. 热继电器　D. 制动器
87. 流量控制阀包括（　　）。
A. 节流阀　B. 调速阀　C. 单向阀　D. 顺序阀
88. 方向控制阀包括（　　）。
A. 单向　B. 换向　C. 节流　D. 减压
89. 台虎钳常用的钳口宽度（　　）。
A. 100 mm　B. 125 mm　C. 150 mm　D. 600 mm
90. 常用刀具材料的种类有（　　）。
A. 碳素工具钢　B. 硬质合金
C. 高速钢　D. 合金工具钢
91. 曲面刮刀有（　　）。
A. 圆头刮刀　B. 三角刮刀
C. 平面刮刀　D. 蛇头刮刀
92. 普通锉刀包括（　　）。
A. 特种锉　B. 方锉　C. 圆锉　D. 半圆锉
93. 机车车钩“三态”指（　　）。
A. 开锁　B. 闭锁　C. 常开　D. 打开
94. 按照尺寸基准性质可分为（　　）。
A. 设计基准　B. 工艺基准
C. 平面基准　D. 曲面基准
95. 锯齿蹦碎的原因有（　　）。
A. 锯削运动突然摆动过大使锯齿受到较大冲击
B. 起锯角太大
C. 锯条选用不当
D. 锯条质量差
96. 研磨操作的方法有（　　）。
A. 手工研磨　B. 机械研磨
C. 成批研磨　D. 单件研磨
97. 千分尺由（　　）组成。

A. 尺架　B. 测力装置　C. 外观　D. 测微螺杆

98. 零件的密封试验按承受工作压力大小有（　　）。

A. 气压法　B. 液压法　C. 补偿法　D. 间隙调整法

99. 空气锤的二级保养部位有（　　）。

A. 电气系统　B. 压缩缸　C. 工作缸　D. 离合器

100. 齿轮啮合的质量包括（　　）。

A. 一定的接触面积　B. 正确的接触部位

C. 较高的制造精度　D. 适当的齿侧间隙

101. 使用电磨头时，安全方面要注意（　　）。

A. 穿胶鞋，戴绝缘手套

B. 使用前要空转 8 ~ 10 min

C. 砂轮外径不允许超过铭牌规定尺寸

D. 砂轮与工件接触力不宜过大

102. 设备型号所标的主参数为折算值，其折算系数有（　　）。

A. 1　B. 1/2　C. 1/10　D. 1/20

103. 修复后的零件必须保证足够的（　　），并不影响零件的使用寿命和性能。

A. 强度　B. 刚度　C. 形状精度　D. 耐磨性

104. 设备项目性修理项修主要工作内容有（　　）。

A. 制定的修理项目修理

B. 几何精度的全面恢复

C. 设备常见故障的排除

D. 项修对相连接或相关部件的几何精度影响的预先确认和处理

105. 连接安全检查能够（　　），以防发展成为严重问题或事故。

A. 及时找到隐患　B. 及时进行整改

C. 及时发现问题　D. 及时进行纠正

106. 齿轮油泵轴向剂径向间隙过大，使（　　），系统将产生爬行。

A. 输出油量减小　B. 输出压力波动

C. 建立不起工作压力　D. 工作压力泄露

107. 退火的目的是（　　）。

A. 降低硬度　B. 高塑性

C. 释放内应力　D. 提高晶体之间的强度

108. 引起机床振动的振源（　　）。

A. 机内振源　B. 机外振源

C. 工件装卸　D. 紧急故障

109. 联轴器是用来传递运动和扭矩的部件，其作用有（　　）。

A. 减少传递扭矩的耗损　B. 补偿两轴的位置偏斜

C. 减少轴向力　D. 吸收振动

110. 设备日常维护保养的主要内容有（　　）。

A. 日保养　B. 周保养　C. 旬保养　D. 小修

111. 一般机械设备的润滑方式有（　　）。
A. 浇油　B. 油绳　C. 溅油　D. 旋盖式油杯

112. 在设备故障诊断中，定期巡检周期一般安排较短的设备有（　　）。
A. 高速、大型、关键设备　B. 精密、液压设备
C. 振动状态变化明显的设备　D. 普通的金属切削设备

113. 量棒也称为检验心棒，它是由连接部分和检验部分组成的，连接部分常用的是（　　）和一些特殊量棒。
A. 圆柱形　B. 莫氏锥度
C. 1:20 公制锥度　D. 7:24 锥度

114. 设备空转时常见的故障有（　　）。
A. 金属组织细化　B. 裂纹
C. 气孔　D. 砂眼

115. 精密万能磨床 磨削长工件圆度超差的原因是（　　）。
A. 工件中心孔不合格
B. 头架和尾座锥孔中心线不同轴
C. 工件主轴的轴承松动
D. 尾座套筒外圆磨损

116. 电磁离合器铁心吸合时产生振动的原因是（　　）。
A. 线圈电压不足　B. 接线线头脱落
C. 严重过载运行　D. 铁心接触不良

117. 设备工作精度检查反映了（　　） 设备的几何精度。
A. 静态　B. 动态　C. 工作状态　D. 空载

118. 润滑脂的供给方式有（　　）。
A. 供油装置　B. 循环装置
C. 定期加油　D. 一次性加油

119. 刀具磨损主要有（　　）。
A. 后刀面磨损　B. 前刀面磨损
C. 正常磨损　D. 非正常磨损

120. 长期不再维护设备安装地脚螺栓的拧紧，应按照（　　）的方法，才能使地脚螺栓和设备受力均匀。
A. 从两端开始　B. 从中间开始
C. 对称轮换逐次拧紧　D. 从中间向两端

121. 设备拆卸的加热拆卸法，其加热温度不能过高，要根据零部件的（　　）来确定。
A. 硬度　B. 形状　C. 结构　D. 精度

122. 链传动的失效形式主要有链条的（　　），为减少链传动的失效，常在张紧和润滑上下功夫。
A. 磨损　B. 疲劳　C. 延伸　D. 胶合

123. 设备在拆卸时，零部件的拆卸要与装配方向相反的方向进行，并注意零件的（　　）。
A. 连接形式　B. 连接尺寸

C. 连接位置　　D. 固定形式设备装配过程中

124. 离心泵的叶片是依靠工作时叶轮或叶片的旋转来输送液体的，(　　)都属于叶片泵。

A. 往复泵　　B. 离心泵　　C. 喷射泵　　D. 轴流泵

125. 常用的灭火器有干粉灭火器，和(　　)。

A. 手提 1211 灭火器　　B. 手提氧气灭火器

C. 手提式泡沫灭火器　　D. 手提二氧化碳灭火器

126. 敷设电缆线路的基本要求是(　　)。

A. 线路走向经济合理　　B. 运行安全便于维修

C. 满足供电及控制的要求　　D. 以上都不是

127. 下列电机在自动控制系统中属于控制电机的是(　　)。

A. 电机扩大机　　B. 伺服电动机

C. 测速发电机　　D. 以上都不是

128. 常用导线可分为(　　)两种。

A. 导线　　B. 裸导线

C. 绝缘导线　　D. 非绝缘导线

129. 目前切削刀具常用的硬质合金由(　　)。

A. 钨古类硬质合金　　B. 钢铁

C. 钨钴钛类　　D. 宝石

130. 内径百分比表由(　　)组成。

A. 百分表　　B. 按钮　　C. 接触装置　　D. 表架

131. 塑性材料经过(　　)过程形成切屑。

A. 挤压　　B. 滑移　　C. 挤裂　　D. 切离

132. 滚动导轨按滚动体形状不同可分为(　　)。

A. 滚珠导轨　　B. 滚柱导轨

C. 滚动导轨　　D. 滚针导轨

133. 压缩机按其原理的差别可分为(　　)。

A. 往复式　　B. 离心式　　C. 轴流式　　D. 回转式

134. 导轨按摩擦状态可分为(　　)。

A. 三角形导轨　　B. 滑动导轨

C. 滚动导轨　　D. 静压导轨

135. 由于工件材料和切削条件不同，形成的切屑一般有(　　)。

A. 带状切屑　　B. 粒状切屑

C. 蹦碎切屑　　D. 块状切屑

136. 在车顶进行吊装作业或走动时(　　)。

A. 快走　　B. 一定要踩稳

C. 不得手拿过重物件　　D. 慢走

137. 在机械加工中(　　)组成的一体称为工艺系统。

A. 机床　　B. 夹具　　C. 工件　　D. 底座

138. 滑动轴承的特点（　　）。

A. 润滑油膜具有吸振能力　　B. 能承受较大冲击载荷

C. 工作可靠　　D. 传动平稳、无噪音

139. 钻削铝件时选用（　　）来冷却润滑。

A. 机油　　B. 乳化液　　C. 煤油　　D. 水

140. 钻削钢件时选用（　　）来冷却润滑。

A. 机油　　B. 乳化液　　C. 煤油　　D. 水

141. 方向控制阀包括（　　）。

A. 单向　　B. 换向　　C. 节流　　D. 减压

142. 台虎钳常用的钳口宽度（　　）。

A. 100 mm　　B. 125 mm　　C. 150 mm　　D. 600 mm

143. 千分尺由（　　）组成。

A. 尺架　　B. 测力装置　　C. 外观　　D. 测微螺杆

144. 零件的密封试验按承受工作压力大小有（　　）。

A. 气压法　　B. 液压法　　C. 补偿法　　D. 间隙调整法

145. 空气锤的二级保养部位有（　　）。

A. 电气系统　　B. 压缩缸　　C. 工作缸　　D. 离合器

146. 齿轮啮合的质量包括（　　）。

A. 一定的接触面积　　B. 正确的接触部位

C. 较高的制造精度　　D. 适当的齿侧间隙

147. 为保障职工在生产过程中的安全与健康。在（　　）、组织制度上和教育上采取的一套综合措施，叫作劳动保护。

A. 法律上　　B. 技术上　　C. 设备上　　D. 管理上

148. 跨越线路，不得足踏（　　）。

A. 轨道　　B. 枕木

C. 道岔尖部　　D. 道岔转动部分

149. 台虎钳夹紧工件时，不允许（　　）手柄。

A. 用手锤敲击　　B. 用手扳

C. 套上长管子扳　　D. 两人同时扳

150. 钻头上缠绕铁屑时，应及时停车，不允许用（　　）清除。

A. 手　　B. 工件　　C. 钩子　　D. 嘴吹

设备钳工（维修组）应知应会练习题参考答案

一、单选题

1. A　2. A　3. D　4. A　5. B　6. B　7. B　8. C　9. C　10. C

11. A　12. B　13. B　14. A　15. A　16. B　17. C　18. D　19. C　20. B

21. A 22. C 23. C 24. A 25. A 26. C 27. B 28. A 29. B 30. A
31. D 32. A 33. A 34. B 35. B 36. B 37. A 38. C 39. B 40. A
41. C 42. A 43. C 44. B 45. B 46. D 47. B 48. D 49. B 50. A
51. D 52. D 53. B 54. C 55. A 56. B 57. C 58. B 59. D 60. C
61. C 62. A 63. B 64. B 65. C 66. B 67. B 68. A 69. B 70. D
71. B 72. B 73. B 74. A 75. B 76. C 77. D 78. B 79. B 80. C
81. C 82. D 83. C 84. C 85. B 86. C 87. B 88. B 89. C 90. C
91. C 92. B 93. B 94. C 95. B 96. B 97. A 98. A 99. A 100. A
101. A 102. B 103. A 104. D 105. C 106. A 107. C 108. C 109. C 110. D
111. C 112. A 113. A 114. D 115. B 116. D 117. A 118. D 119. C 120. B
121. A 122. B 123. A 124. C 125. C 126. D 127. D 128. C 129. A 130. C
131. D 132. B 133. A 134. C 135. B 136. B 137. B 138. D 139. C 140. D
141. B 142. B 143. C 144. B 145. B 146. A 147. A 148. A 149. D 150. C
151. C 152. C 153. B 154. C 155. B 156. C 157. C 158. C 159. C 160. C
161. C 162. D 163. B 164. C 165. C 166. C 167. B 168. B 169. B 170. A
171. B 172. A 173. B 174. B 175. B 176. B 177. A 178. A 179. A 180. B
181. C 182. A 183. A 184. B 185. D 186. B 187. A 188. A 189. B 190. B
191. D 192. D 193. C 194. B 195. B 196. B 197. C 198. A 199. C 200. D
201. B 202. A 203. C 204. C 205. C 206. A 207. D 208. B 209. A 210. A
211. C 212. C 213. B 214. D 215. D 216. C 217. B 218. D 219. B 220. D
221. D 222. C 223. D 224. B 225. D 226. C 227. D 228. C 229. A 230. C
231. A 232. A 233. C 234. C 235. A 236. A 237. B 238. B 239. B 240. B
241. A 242. C 243. C 244. B 245. A 246. D 247. B 248. B 249. C 250. A
251. A 252. D 253. B 254. B 255. C 256. B 257. A 258. A 259. B 260. B
261. B 262. A 263. C 264. D 265. A 266. C 267. A 268. C 269. C 270. A
271. D 272. A 273. C 274. C 275. C 276. D 277. B 278. C 279. C 280. A
281. D 282. D 283. B 284. C 285. B 286. B 287. B 288. B 289. C 290. C
291. D 292. A 293. D 294. B 295. C 296. B 297. D 298. A 299. A 300. A
301. C 302. A 303. A 304. B 305. B 306. B 307. C 308. C 309. B 310. B
311. B 312. B 313. C 314. A 315. A 316. C 317. C 318. A 319. B 320. B
321. B 322. A 323. A 324. A 325. A 326. D 327. B 328. C 329. B 330. C
331. D 332. A 333. C 334. C 335. D 336. B 337. D 338. A 339. B 340. C
341. C 342. A 343. B 344. C 345. D 346. C 347. B 348. C 349. B 350. A

351. B　352. B　353. C　354. C　355. C　356. B　357. A　358. C　359. C　360. A
361. C　362. B　363. A　364. B　365. A　366. D　367. A　368. A　369. C　370. B
371. A　372. A　373. B　374. B　375. C　376. B　377. C　378. B　379. A　380. B
381. B　382. C　383. D　384. C　385. C　386. B　387. A　388. C　389. C　390. B
391. A　392. B　393. A　394. B　395. B　396. B　397. B　398. C　399. A　400. A
401. B　402. D　403. C　404. D　405. B　406. B　407. B　408. B　409. B　410. A
411. D　412. A　413. D　414. C　415. B　416. B　417. C　418. C　419 B　420. C
421. B　422. A　423. C　424. B　425. A　426. C　427. A　428. C　429. C　430. A
431. D　432. A　433. C　434. B　435. A　436. C　437. C　438. C　439. A　440. C
441. C　442. A　443. C　444. B　445. D　446. D　447. C　448. A　449. B　450. D
451. D　452. B　453. C　454. C　455. B　456. C　457. B　458. C　459. D　460. D
461. A　462. D　463. B　464. B　465. B　466. D　467. A　468. D　469. A　470. C
471. A　472. A　473. B　474. A　475. C　476. A　477. B　478. A　479. C　480. B
481. A　482. A　483. B　484. C　485. A　486. B　487. B　488. B　489. C　490. C
491. C　492. A　493. B　494. B　495. A　496. D　497. B　498. C　499. D　500. C
501. B　502. C　503. C　504. D　505. A　506. A　507. D　508. D　509. C　510. A
511. A　512. D　513. A　514. B　515. B　516. A　517. B　518. D　519. D　520. C
521. D　522. C　523. A　524. D　525. A　526. B　527. C　528. C　529. D　530. A
531. C　532. D　533. C　534. A　535. D　536. A　537. B　538. B　539. C　540. A
541. A　542. A　543. D　544. A　545. D　546. B　547. B　548. A　549. D　550. A
551. A　552. B　553. B　554. B　555. A　556. C　557. B　558. A　559. C　560. A
561. C　562. C　563. A　564. C　565. B　566. B　567. B　568. A　569. C　570. C
571. D　572. A　573. C　574. C　575. B　576. D　577. D　578. C　579. A　580. B
581. D　582. D　583. B　584. C　585. C　586. B　587. C　588. B　589. C　590. D
591. D　592. A　593. D　594. B　595. C　596. B　597. D　598. A　599. D　600. A

二、判断题

1. √　2. ×　3. ×　4. ×　5. √　6. ×　7. ×　8. ×　9. √　10. √
11. √　12. √　13. ×　14. ×　15. √　16. √　17. ×　18. √　19. ×　20. √
21. ×　22. √　23. ×　24. √　25. √　26. ×　27. √　28. ×　29. √　30. √
31. ×　32. ×　33. ×　34. ×　35. √　36. √　37. ×　38. √　39. √　40. √
41. ×　42. ×　43. ×　44. √　45. √　46. ×　47. ×　48. √　49. √　50. √
51. ×　52. √　53. ×　54. √　55. √　56. ×　57. √　58. √　59. √　60. ×

61. √ 62. √ 63. × 64. × 65. √ 66. × 67. √ 68. √ 69. × 70. ×
71. × 72. √ 73. × 74. × 75. √ 76. √ 77. × 78. √ 79. √ 80. ×
81. × 82. √ 83. √ 84. × 85. √ 86. √ 87. × 88. × 89. √ 90. ×
91. √ 92. × 93. × 94. × 95. × 96. √ 97. × 98. × 99. √ 100. √
101. × 102. × 103. √ 104. √ 105. × 106. × 107. × 108. × 109. √ 110. ×
111. √ 112. × 113. √ 114. √ 115. √ 116. × 117. × 118. √ 119. × 120. √
121. √ 122. × 123. × 124. × 125. √ 126. √ 127. × 128. √ 129. × 130. √
131. × 132. √ 133. √ 134. √ 135. × 136. √ 137. × 138. × 139. × 140. ×
141. √ 142. √ 143. × 144. × 145. × 146. × 147. √ 148. √ 149. √ 150. ×
151. × 152. √ 153. × 154. √ 155. √ 156. √ 157. √ 158. √ 159. √ 160. ×
161. × 162. × 163. √ 164. × 165. × 166. × 167. × 168. × 169. √ 170. ×
171. × 172. × 173. √ 174. × 175. √ 176. × 177. √ 178. × 179. × 180. √
181. × 182. × 183. √ 184. × 185. √ 186. × 187. × 188. √ 189. × 190. ×
191. √ 192. × 193. √ 194. √ 195. √ 196. √ 197. × 198. × 199. √ 200. ×
201. × 202. √ 203. √ 204. √ 205. × 206. × 207. × 208. √ 209. √ 210. √
211. √ 212. √ 213. × 214. √ 215. × 216. × 217. × 218. √ 219. √ 220. ×
221. × 222. × 223. √ 224. √ 225. √ 226. √ 227. × 228. × 229. × 230. √
231. √ 232. √ 233. √ 234. √ 235. × 236. × 237. × 238. √ 239. √ 240. ×
241. √ 242. √ 243. √ 244. × 245. √ 246. × 247. × 248. √ 249. × 250. ×
251. × 252. √ 253. × 254. √ 255. √ 256. √ 257. × 258. × 259. × 260. √
261. × 262. × 263. √ 264. √ 265. √ 266. × 267. × 268. √ 269. × 270. ×
271. × 272. √ 273. × 274. √ 275. √ 276. × 277. × 278. × 279. × 280. ×
281. √ 282. √ 283. √ 284. × 285. √ 286. × 287. × 288. × 289. × 290. √
291. √ 292. × 293. × 294. × 295. × 296. √ 297. × 298. √ 299. × 300. √
301. × 302. √ 303. × 304. × 305. √ 306. × 307. × 308. × 309. × 310. ×
311. √ 312. √ 313. × 314. √ 315. × 316. × 317. √ 318. × 319. × 320. √
321. × 322. √ 323. × 324. × 325. √ 326. √ 327. √ 328. × 329. × 330. ×
331. √ 332. √ 333. × 334. × 335. √ 336. × 337. × 338. √ 339. √ 340. ×
341. × 342. × 343. × 344. √ 345. × 346. √ 347. √ 348. √ 349. √ 350. √
351. √ 352. √ 353. × 354. √ 355. √ 356. √ 357. √ 358. × 359. × 360. ×
361. × 362. √ 363. × 364. √ 365. √ 366. √ 367. × 368. √ 369. × 370. √
371. √ 372. √ 373. √ 374. × 375. √ 376. × 377. √ 378. √ 379. √ 380. √
381. √ 382. √ 383. √ 384. √ 385. × 386. √ 387. × 388. √ 389. √ 390. √

391. √ 392. × 393. × 394. × 395. √ 396. √ 397. × 398. √ 399. × 400. √
401. √ 402. × 403. √ 404. × 405. × 406. × 407. × 408. × 409. √ 410. √
411. √ 412. × 413. √ 414. √ 415. √ 416. √ 417. × 418. × 419. × 420. ×
421. √ 422. × 423. × 424. × 425. √ 426. × 427. × 428. × 429. × 430. ×
431. √ 432. × 433. × 434. × 435. √ 436. × 437. √ 438. √ 439. √ 440. √
441. √ 442. √ 443. √ 444. × 445. √ 446. × 447. × 448. × 449. √ 450. ×
451. × 452. × 453. × 454. √ 455. √ 456. √ 457. × 458. √ 459. √ 460. √
461. × 462. × 463. × 464. × 465. × 466. √ 467. √ 468. × 469. × 470. ×
471. × 472. × 473. × 474. √ 475. × 476. × 477. × 478. × 479. √ 480. ×
481. × 482. √ 483. √ 484. × 485. × 486. √ 487. √ 488. × 489. √ 490. ×
491. × 492. × 493. √ 494. × 495. √ 496. √ 497. × 498. × 499. √ 500. ×
501. × 502. × 503. × 504. × 505. × 506. × 507. × 508. × 509. √ 510. √
511. √ 512. √ 513. √ 514. √ 515. × 516. × 517. √ 518. × 519. √ 520. √
521. √ 522. √ 523. × 524. × 525. × 526. × 527. √ 528. √ 529. √ 530. √
531. √ 532. √ 533. √ 534.× 535. × 536. √ 537. √ 538. √ 539. √ 540. ×
541. √ 542. √ 543. √ 544. √ 545. × 546. × 547. √ 548. × 549. √ 550. √

三、多选题

1. AB 2. AB 3. ABD 4. ABC 5. BCD
6. BCD 7. AC 8. ABCD 9. ABD 10. BCD
11. ABD 12. BCD 13. ABC 14. AB 15. ABC
16. ACD 17. ABD 18. ACD 19. AB 20. ABD
21. AB 22. ABC 23. ACD 24. BC 25. ABC
26. ABD 27. AB 28. ABC 29. AB 30. ABCD
31. ACD 32. ABD 33. ABC 34. BCD 35. AB
36. ABCD 37. ABCD 38. AB 39. ACD 40. ABC
41. ABCD 42. AB 43. BC 44. AB 45. ABC
46. ABD 47. ABD 48. CD 49. ABCD 50. ABD
51. ABCD 52. ABC 53. AB 54. AB 55. ABCD
56. ABC 57. ABCD 58. ABCD 59. ABD 60. AC
61. AD 62. ABCD 63. ABD 64. ABCD 65. BCD
66. ABC 67. BCD 68. ABC 69. ABCD 70. BC
71. AB 72. ABCD 73. ABC 74. ABCD 75. BC

76. BC	77. AB	78. BCD	79. ABD	80. ABC
81. BCD	82. ACD	83. ABCD	84. ABC	85. ACD
86. AC	87. AB	88. AB	89. ABC	90. ABCD
91. ABD	92. BCD	93. ABC	94. AB	95. ABC
96. AB	97. ABD	98. AB	99. ABC	100. ABD
101. ACD	102. AC	103. AB	104. AD	105. CD
106. CD	107. AB	108. AB	109. BD	110. AB
111. ABCD	112. AC	113. ABCD	114. ABD	115. AB
116. AD	117. AB	118. CD	119. CD	120. BCD
121. ABCD	122. ABD	123. ACD	124. BD	125. ACD
126. ABC	127. ABC	128. BC	129. AC	130. AD
131. ABCD	132. ABD	133. ABCD	134. BCD	135. ABC
136. BCD	137. ABC	138. ABCD	139. BC	140. AB
141. AB	142. ABC	143. ABD	144. AB	145. ABC
146. ABD	147. ABC	148. CD	149. ACD	150. ABD

第六章　量具使用指导书

第一节　量具使用作业指导书——百分表

名称	百分表	
概述	百分表是一种精度较高的比较量具，它只能测出相对数值，不能测出绝对值，主要用于检测工件的形状和位置误差（如圆度、平面度、垂直度、跳动等），也可用于校正零件的安装位置以及测量零件的内径等	
作用	用来测量相对面与表的支撑件距离的变动量	
结构	（1）百分表（表身）	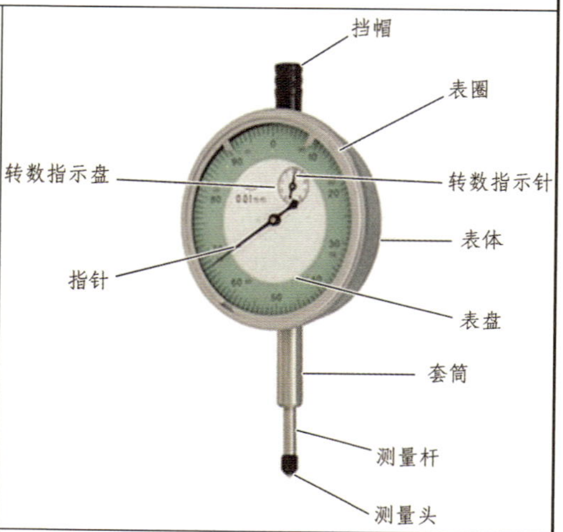
	（2）磁力表座	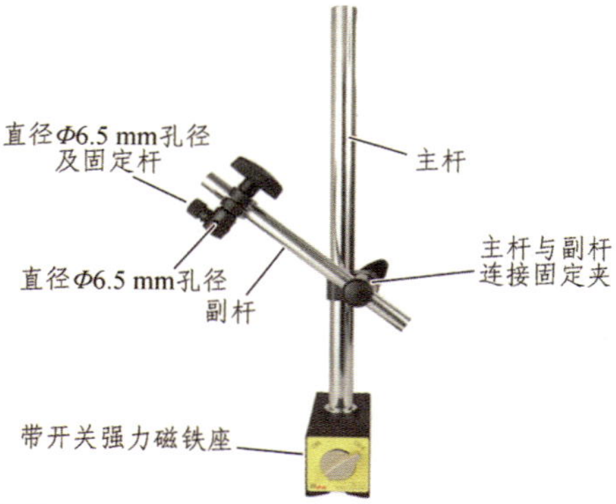
使用方法	使用前的检查： 1. 合格证（有合格证，使用日期必须在合格证有效期范围内）。 2. 外观（各部良好）。 3. 检查测量杆在套筒内的移动是否灵活，无卡滞现象。 4. 磁铁座旋钮无松动，各部作用良好	

续表

使用方法	使用前的准备： 1. 应检查测量杆活动的灵活性。即轻轻推动测量杆时，测量杆在套筒内的移动要灵活，没有任何轧卡现象，且每次放松后，指针能回复到原来的刻度位置（图1所示）。 2. 使用百分表时，必须把它固定在可靠的夹持架上（如固定在磁力表座上，图2所示），夹持架要安放平稳，免使测量结果不准确或摔坏百分表。 3. 用夹持百分表的套筒来固定百分表时，夹紧力不要过大，以免因套筒变形而使测量杆活动不灵活。 4. 用百分表时，测量杆必须垂直于被测量表面。即使测量杆的轴线与被测量尺寸的方向一致，否则将使测量杆活动不灵活或使测量结果不准确（图3所示）	 图1　灵敏度测试  图2　安装在专用夹持架上的百分表  图3　测量杆必须垂直于被测量表面

续表

<table>
<tr><td rowspan="2">使用方法</td><td>测量步骤：
1. 调整百分表的零位：用手转动表盘；观察大指针能否对准零位。
2. 测量时，不要使测量杆的行程超过它的测量范围；不要使测量头突然撞在零件上；不要使百分表受到剧烈的振动和撞击，亦不要把零件强迫推入测量头下，免得损坏百分表的机件而失去精度。因此，用百分表测量表面粗糙或凹凸不平的零件是错误的。
3. 测量零件时，应当使测量杆有一定的初始测力。即在测量头与零件表面接触时，测量杆应有 0.3～1 mm 的压缩量，使指针转过半圈左右，然后转动表圈，使表盘的零位刻线对准指针。轻轻地拉动手提测量杆的圆头，拉起和放松几次，检查指针所指的零位有无改变</td><td></td></tr>
<tr><td>错误示范：
测量时测量杆未垂直于被测量表面</td><td></td></tr>
<tr><td>读数方法</td><td colspan="2">百分表的读数方法为：
先读小指针转过的刻度线（即毫米整数），再读大指针转过的刻度线（即小数部分），并乘以 0.01，然后两者相加，即得到所测量的数值</td></tr>
<tr><td>使用注意事项</td><td colspan="2">1. 使用前，应检查测量杆活动的灵活性。即轻轻推动测量杆时，测量杆在套筒内的移动要灵活，没有任何卡滞现象，每次手松开后，指针能回到原来的刻度位置。
2. 使用时，必须把百分表固定在可靠的夹持架上。切不可贪图省事，随便夹在不稳固的地方，否则容易造成测量结果不准确，或摔坏百分表。
3. 测量时，不要使测量杆的行程超过它的测量范围，不要使表头突然撞到工件上，也不要用百分表测量表面粗糙或凹凸不平的工件。
4. 测量平面时，百分表的测量杆要与平面垂直，测量圆柱形工件时，测量杆要与工件的中心线垂直，否则，将使测量杆活动不灵或测量结果不准确。
5. 为方便读数，在测量前一般都让大指针指到刻度盘的零位</td></tr>
<tr><td>保养注意事项</td><td colspan="2">1. 远离液体，不使冷却液、切削液、水或油与百分表接触。
2. 在不使用时，要摘下百分表，使表卸除其所有负荷，让测量杆处于自由状态。
3. 成套保存于盒内，避免丢失与混用</td></tr>
</table>

第二节　量具使用作业指导书——直流双臂电桥

名称	直流双臂电桥
概述	电桥分为单臂直流电桥与双臂直流电桥，双臂直流电桥用于测量 0.000 1 ~ 11 Ω 的电阻阻值，单臂直流电桥则用于测量 11 Ω 以上电阻阻值。双臂直流电桥是一种用于精确测量小电阻阻值的常用电工测量仪表
作用	用于对小电阻阻值进行精确测量
结构	（1）电桥（表身）（详见图 1）。 （2）测量导线（见图 2） 图 1　电桥 图 2　测量导线
使用方法	使用前的检查： 1. 合格证（有合格证，使用日期必须在合格证有效期在范围内）。 2. 外观（各部良好）。 3. 检流计表（指针平直、刻度清晰）。 4. 各开关、旋钮无松动，作用良好。 5. 测量导线（绝缘良好、连接紧固、夹力作用良好）
	使用前的准备： （1）在电池盒内，装入 1.5 V 1 号手电筒电池 4 ~ 6 节并联使用，2 节 6F22、9 V 并联使用，此时电桥就能正常工作。 （2）如用外接直流电源 1.5 ~ 2 V 时，电池盒内的 1.5 V 电池，应预先全部取出

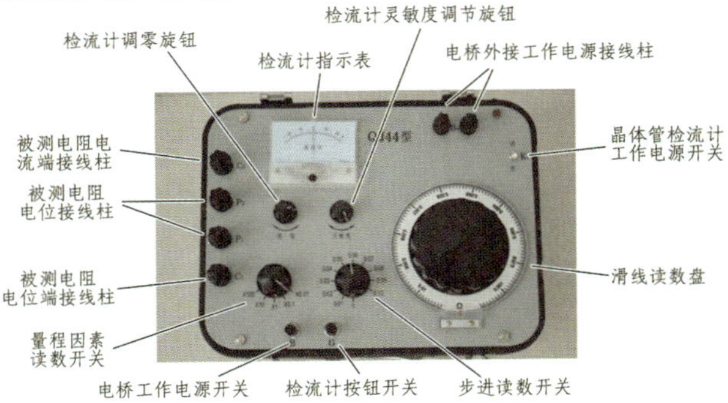

续表

使用方法

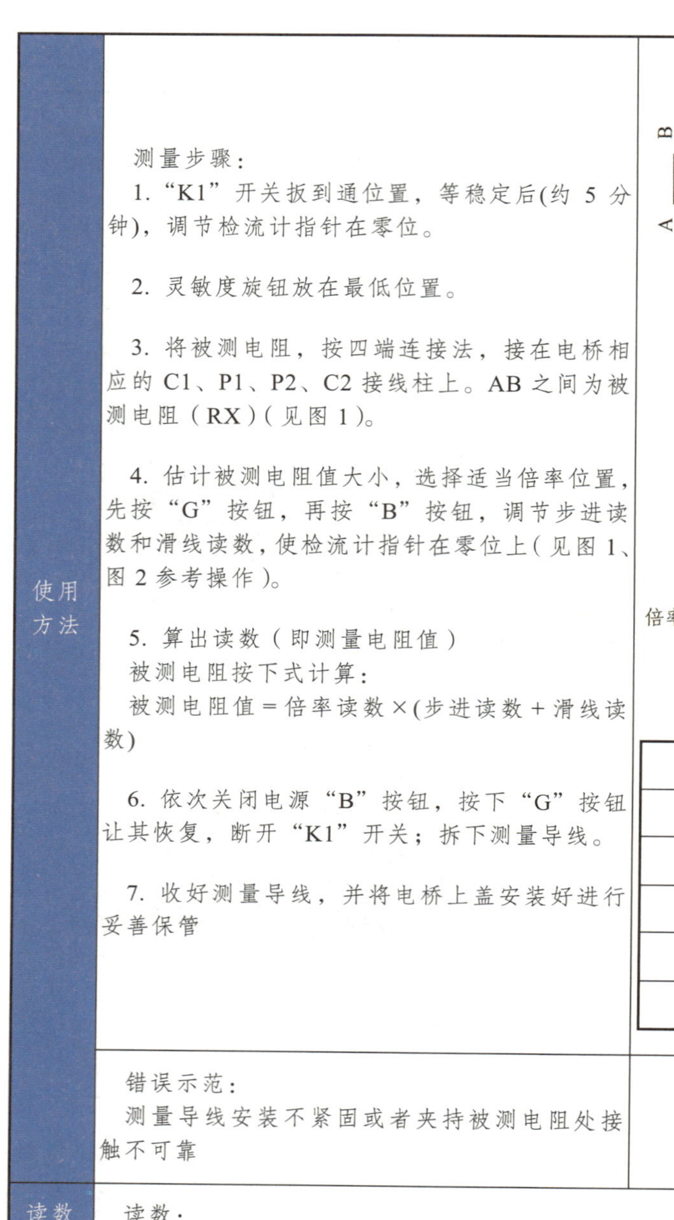

测量步骤：

1. “K1”开关扳到通位置，等稳定后(约 5 分钟)，调节检流计指针在零位。

2. 灵敏度旋钮放在最低位置。

3. 将被测电阻，按四端连接法，接在电桥相应的 C1、P1、P2、C2 接线柱上。AB 之间为被测电阻（RX）（见图 1）。

4. 估计被测电阻值大小，选择适当倍率位置，先按“G”按钮，再按“B”按钮，调节步进读数和滑线读数，使检流计指针在零位上（见图 1、图 2 参考操作）。

5. 算出读数（即测量电阻值）

被测电阻按下式计算：

被测电阻值 = 倍率读数 ×(步进读数 + 滑线读数)

6. 依次关闭电源“B”按钮，按下“G”按钮让其恢复，断开“K1”开关；拆下测量导线。

7. 收好测量导线，并将电桥上盖安装好进行妥善保管

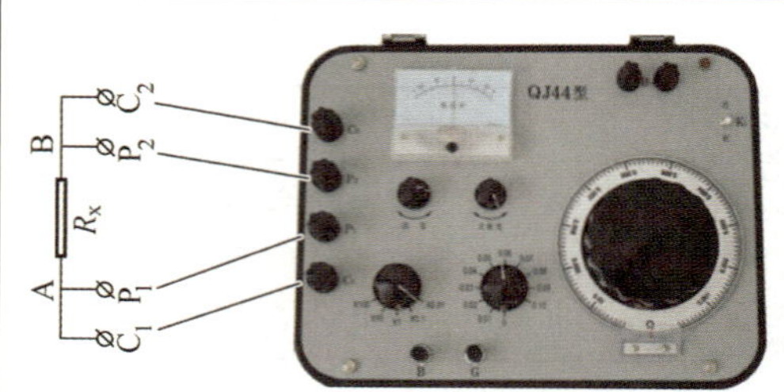

图 1　调整测量开关

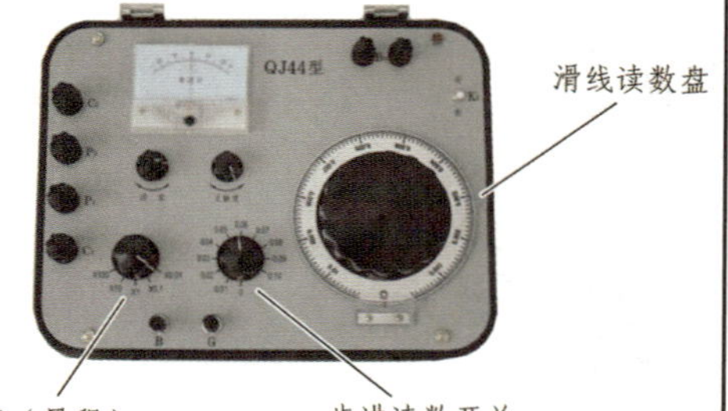

图 2　量程倍率表

被测电阻范围与倍率位置选择表

倍率	被测电阻范围（Ω）
×100	1.1 ~ 11
×10	0.11 ~ 1.1
×1	0.011 ~ 0.11
×0.1	0.0011 ~ 0.011
×0.01	0.00001 ~ 0.0011

错误示范：

测量导线安装不紧固或者夹持被测电阻处接触不可靠

读数方法

读数：

被测电阻值 = 倍率读数 ×(步进读数 + 滑线读数)

使用注意事项

（1）禁止在被测电阻有电的条件下进行测量，只能在设备不带电，也没有感应电的情况下进行测量。

（2）使用过程中轻拿轻放，避免内部损坏

保养注意事项

（1）使用过程中严禁与设备磕碰。

（2）按规定时间进行校验

第三节　量具使用作业指导书——电容表

<table>
<tr><td>名称</td><td colspan="2">数字电容表</td></tr>
<tr><td>概述</td><td colspan="2">数字电容表是一种用来测量电容值的电子测量仪器，在电子线路中有着重要的用途</td></tr>
<tr><td>作用</td><td colspan="2">用来测量电容容量即电容值</td></tr>
<tr><td>结构</td><td>（1）表身。
（2）显示屏。
（3）背光灯开关键。
（4）调零旋钮。
（5）量程选择挡位开关。
（6）表笔插孔</td><td>液晶显示屏
背光灯开关键
功能开关键：用于改变测量功能量程
电容测量 负输入端
调零旋钮：测量小电容时用于调零用
电容测量 正输入端</td></tr>
<tr><td rowspan="2">使用方法</td><td colspan="2">使用前注意事项：
（1）对任何电容应完全放电。
（2）当连接有极性电容时注意观察电容极性。
（3）不要将测试表笔短接在一起，否则将造成额外的大电流消耗，并将在所有量程范围作出超量程显示。
（4）绝对不要将测试插孔接到电压上，否则可能造成严重损伤</td></tr>
<tr><td>使用前的检查：
1. 合格证（有合格证，使用日期必须在合格证有效期范围内）。
2. 外观（各部良好）。
3. 挡位转换开关（动作灵活无卡滞、相应挡位显示正确）。
4. 测量导线检查　（导线各部完好无损、表笔完好无放电痕迹）
5. 测量导线插接良好，无松脱现象。
6. 校零检测（① 挡位选择到需要的适合挡位；② 调整调零旋钮使显示屏上显示为 0）</td><td>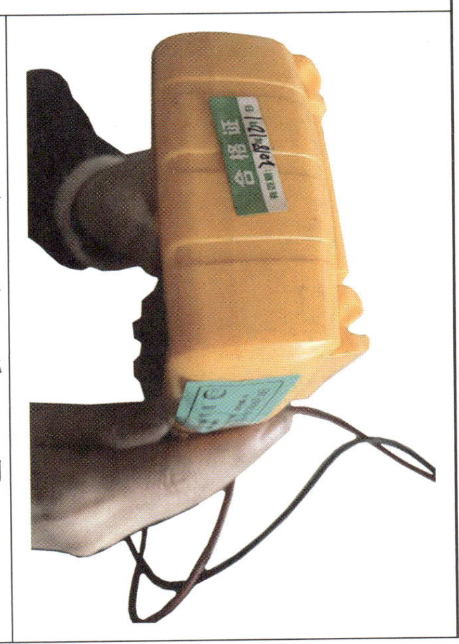</td></tr>
</table>

续表

使用方法	测量步骤： （1）按照电容最大值选择量程开关。 （2）将测量导线与电容两端分别可靠接触，如果测量带极性的电容必须按正负极进行测量。 （3）测量电容值较小的电容时，如果测试量程是 200 pF、2 nF、20 nF，需要调整“ZERO ADJ”旋钮来校零，以提高精度。 （4）读出显示值，读数值将直接按照量程开关上所选择量程的单位读出，如果显示器显示“1”，表明是超出量程范围的测量。如果是显示数字前有 1 个或几个零，将量程选择为下一个较低的范围，以提高电容仪表的分辨率	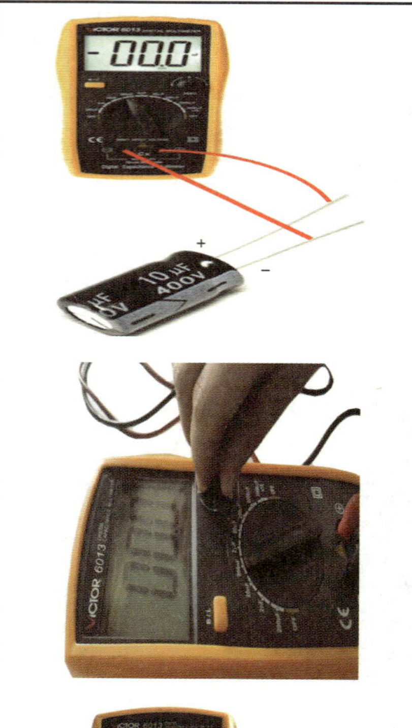  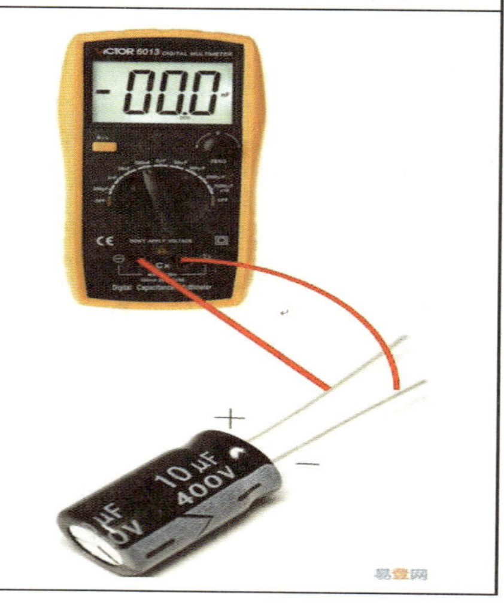
	错误示范： 测量极性电容时，正负极表笔接触错误	

续表

读数方法	电容表读数时直接从显示器上视读，但是应注意表上显示的单位	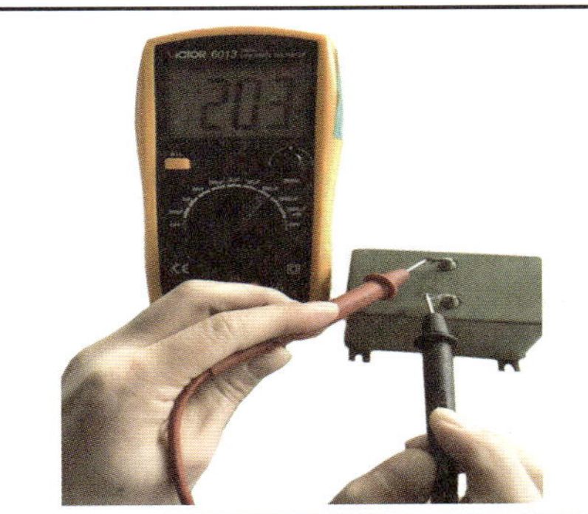
使用注意事项	1. 开机检查电池使用状况，当电容表的电池电量即将耗尽时，液晶显示器上出现“电池”符号，表示电量低，应及时更新。 2. 使用过程中，手部不得直接与测量表笔金属部分接触。 3. 测量过程中不能转换开关。当改变量程或功能时，任何一根表笔均要与被测电路断开。 4. 使用完毕及时关断电源开关。 5. 长期不使用时应把蓄电池拆下存放。 6. 测试时测试表笔应与被测点可靠接触。 7. 不准许被测值超过说明书的负载极限。 8. 测量时表笔接入被测电路应先接黑表笔，表笔与被测电路分离时应先断开红表笔。 9. 当使用仪表进行测量时，绝对不要打开后盖，以免触电	
保养注意事项	1. 注意防水，防尘、防摔。 2. 不宜在高温高湿、易燃易爆和强磁场的环境下存放、使用仪表。 3. 请使用湿布和温和的清洁剂清洁仪表外表，不要使用研磨剂及酒精等烈性溶剂。 4. 如果长时间不使用，应取出电池，防止电池漏液腐蚀仪表	

第四节 量具使用作业指导书——钢直尺

名称	钢直尺	
概述	钢直尺是简单的长度量具，它的长度一般为 150 mm、200 mm、300 mm、500 mm 和 1 000 mm 5 种规格	
作用	用于测量零件的长度、宽度、螺距、孔距、深度等尺寸，同时用于划线时的辅助测量	
结构	(1) 尺身。 (2) 测量面。 (3) 刻度线。 (4) 挂孔	测量面 尺身 刻度线 挂孔

续表

使用方法	将钢板直尺靠放在被测工件的工作面上。 使零刻度与被测尺寸起点重合，并贴紧测量工件	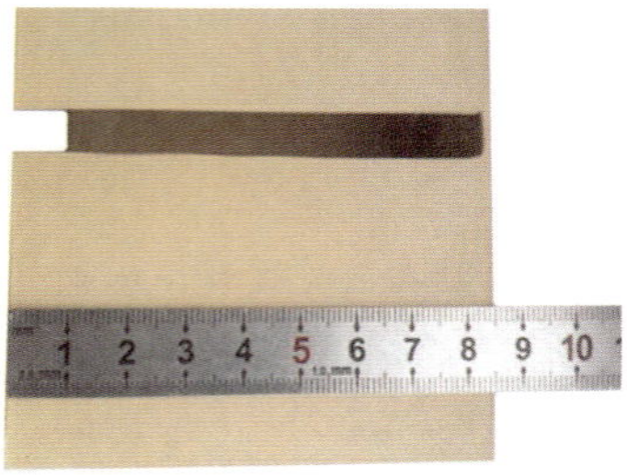
	错误示范： （1）使用刻度字迹不清晰量具进行测量（见图 1）。 （2）尺边未对齐被测对象，放置歪斜或零刻度线过量磨耗（见图 2）。 （3）尺刻面未紧贴被测对象（见图 3）	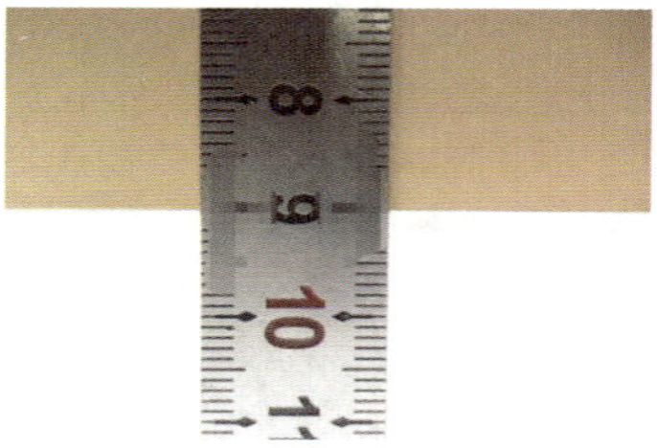 图 1 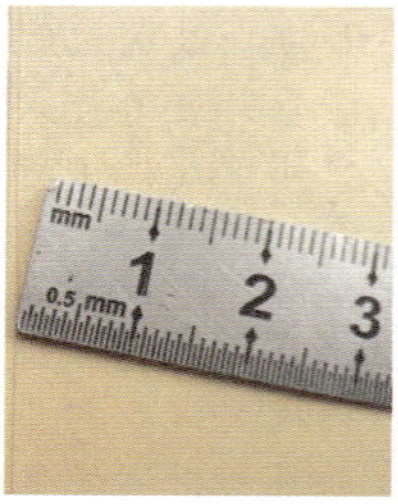 图 2  图 3
读数方法	由于钢直尺的刻线间距为 1 mm，而刻线本身宽度为 0.1～0.2 mm，所以用钢直尺测量物件的长度尺寸时结果是不太准确。测量时读数误差比较大，只能读出毫米数，小于 1 mm 数值，只能估读。 如右图，若观察者认为对准在 4.2 cm 刻度线上时，正确记录应为 4.20 cm，其中 4.2 cm 是尺面准确读出的数，最小刻度下要估读一位数，需在毫米的 10 分位上加“0”，表明 4.2 mm 是准确数，估读数是 0。	

续表

使用注意事项	（1）正确放置。尺边对齐被测对象，必须放正重合，不能歪斜；尺的刻面必须紧贴被测对象，不能“悬空”。 （2）正确观察。视线在终端刻度线的正前方，且视线与刻面垂直，看清大格及小格数。 （3）正确记录测量结果。多次测量取平均值并记录。 （4）不能作为工具使用
保养注意事项	（1）在使用量具前看清该量具是否在有效期内。 （2）在使用过程中量具若造成磕碰，必须交计量室重新修理、检定。 （3）在使用结束后，将量具擦拭干净，放入量具盒。

第五节　量具使用作业指导书——数显推拉力计

名称	数显推拉力计	
概述	推拉力计是小型简便的拉力测试仪器，具有高精度、易操作及携带方便的优点	
作用	适用于各种产品的推拉力、插拔力、接触力、负荷测试等，应用范围很广	
结构	1. 多用途转换头。 2. 安装螺杆。 3. 液晶显示屏。 4. 功能键。 5. 型号规格。 6. 复位键。 7. 电源插孔。 8. 电源指示灯	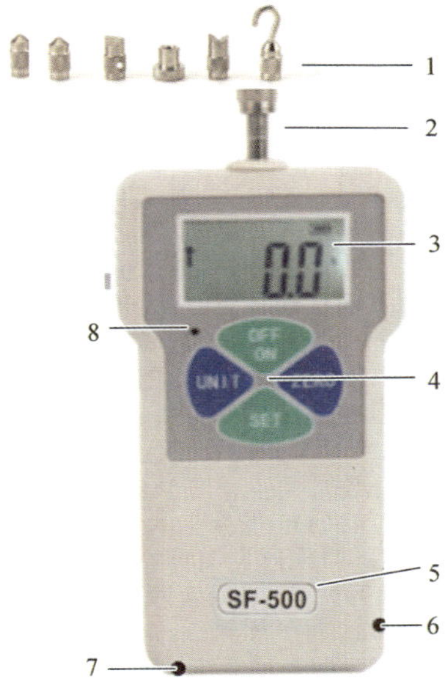 1 2 3 4 5 6 7 8 OFF ON UNIT ZERO SET 0.0 SF-500
	多用途转换头： 配置5种测量头及一个加长杆，可根据环境需求更换不同测头	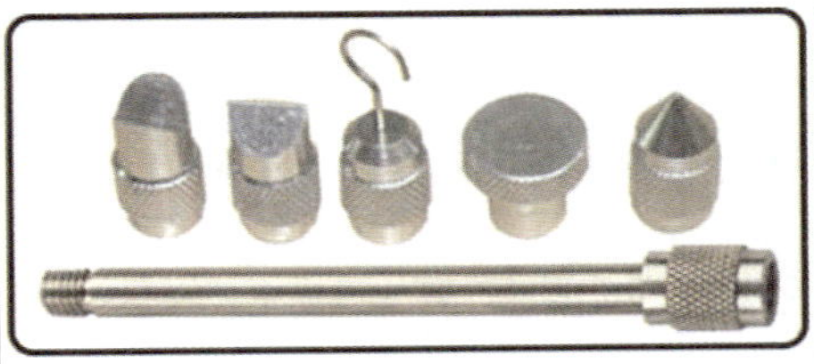

续表

	屏幕显示： 1. 峰值模式：开机后，进入测量界面，按“SET”键，即可进入“峰值模式”，记录一个短时间内测量到的最大力值。 2. 推拉力表示：推拉力计不动，上箭头显示为拉力，下箭头显示为推力。 3. 测量力值显示。 4. 3 种模式显示：N（牛）、kg（千克）、lb（磅）3 种单位分别显示，按“UNIT”键转换。 5. 电池电量显示	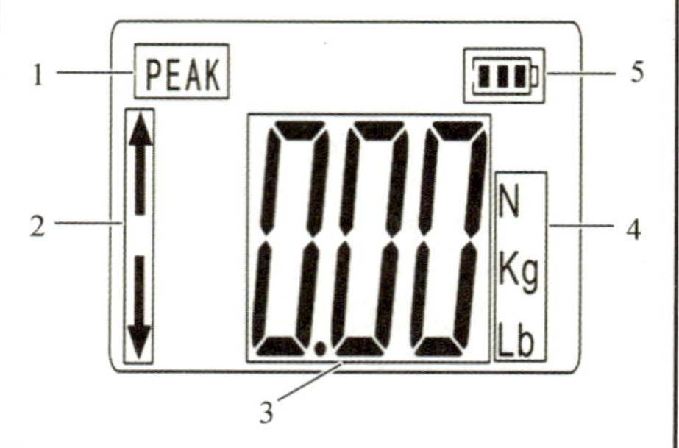
	按键介绍： 1. OFF/ON（“开机/关机”键）：按此键时，电源打开，出现测量界面。关机时，再按此键即可关机。 2. UNIT（“单位切换”键）：N（牛）、kg（千克）、lb（磅）3 种单位相互换算。 3. SET（“模式切换”键）：按此键时，进入峰值测量模式。按“SET”键可进入设置项界面。 4. ZERO（“置零”键）：将记录的数值归零 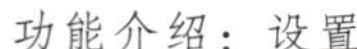	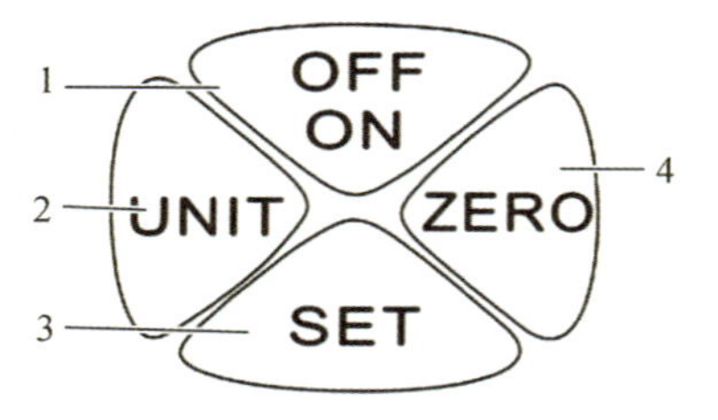
使用说明	功能介绍：设置 开机后按“SET”键 4～5 s，再放开，即进入设置界面，显示“HIDT”，再连续按“UNIT”，会依次出现其他的设置项。 1.（HIDT）测试值上限设定：设定测试值上限，上限值默认状态满量程的 99%。高于上限为超出范围，仪器会鸣叫。若想重新设定上限值，可用“UNIT”键和“ZERO”键设定。按“SET”键保存后自动回到设定项目界面。 2.（LODT）测试值下限设定：设定测试值下限，下限值默认为 0。低于下限为超出范围，仪器会鸣叫。若想重新设定下限值，与上步操作大同小异，用“UNIT”键和“ZERO”键设定。按“SET”键保存后自动回到设定项目界面。 3.（L.SET）峰值最小保存值：最小峰值保存值，峰值模式下，当前值小于该值时，峰值将不被保存。 4.（OFFT）自动关机时间设定：在此设置项目下，用“UNIT”键和“ZERO”键设定，可设定 1～9 999 min 自动关机，也可设定“00”不自动关机。如选不自动关机，选定后按“SET”键完成设定，即返回到选项界面。仪器默认设置为 10 min。 5.（G.SET）重力加速度设定：用户可根据本地区的位置设定重力加速度值，默认值为 9.800。 6.（bAC.S）背光功能设定：在此设置项目下，用“UNIT”键选择，若选择“（YES）”表示开启背光功能，选择“（NO）”表示关闭背光，选定后按“SET”键保存并返回到设置项目界面。 7.（R.SET）恢复出厂设置功能：在此设置项目下，按“SET”键即可恢复出厂设置，机器关机。若使用机器重新开机即可	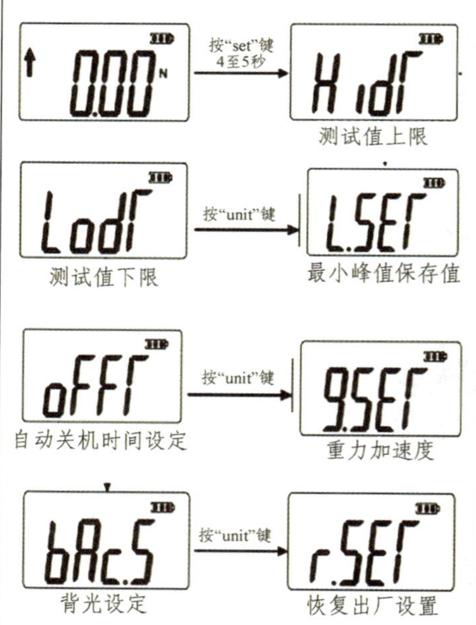

续表

<table>
<tr><td rowspan="4">使用说明</td><td>技术参数：
1. 型号 SF-500。
2. 最大负荷 500 N、50 kg、110 Lb。
3. 精度 ±0.5%。
4. 电源 0.7 V 锂电池。
5. 电池连续使用时间：约 15 h
6. 工作温度：温度 5～35 °C。
7. 工作环境：周围无振源及腐蚀性介质。
8. 充电器：输入 AC 220 V 50 Hz，输出 DC 5 V</td><td></td></tr>
<tr><td>使用前的检查：
1. 合格证（有合格证，使用日期必须在合格证有效期范围内）。
2. 外观检查（外观检查各部良好，无缺损）。
3. 使用前注意量程的选择，不要超量程使用（以 SF-500 为例，精度保证的有效范围为 50～500 N，测量低于 50 N 的建议应选用其他量程，以保证仪器精度）。
3. 开机后首先检查电池电量（电量过低会影响测量的准确度）。
4. 若电池电量不足需充电 4～6 h 方可进行测试</td><td></td></tr>
<tr><td>测量：
1. 按开机键打开电源。
2. 按“UNIT”键选择测量单位。
3. 选择合适的测试接头，安装到拉力计上。
4. 使用时请牢固握住推拉力计进行测试。
5. 测试时请使被测试力和推拉力计的推拉杆成一直线，以便测得准确的值。
6. 测试完毕后，卸下负荷，关闭电源</td><td></td></tr>
<tr><td>故障处理：
1. 按开机键无显示：确认仪器是否有电。
2. 死机按任意键无反应：按下“复位”键。
3. 测量值不准确：需返厂效验</td><td></td></tr>
<tr><td>测试示范</td><td>正确示范</td><td></td></tr>
</table>

续表

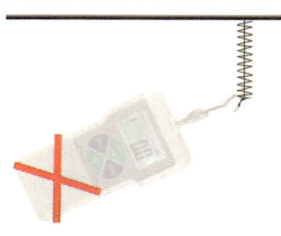

测试示范	错误示范	
安全注意事项	1. 如果是测试冲击负荷请选用最大负荷比所要测试的冲击负荷大 1 倍的机型。 2. 在破坏性测试时，应戴上保护面具和手套以防测试过程中发生的飞溅物质伤及人体。 3. 不要超出最大量程来使用本仪器。否则可能导致传感器损坏，甚至发生事故。 4. 当测试值超过满量程的 100% 时，蜂鸣器会连续鸣叫，此时请快速解除所加之负荷，或降低负荷，当测试值超过满量程的 120% 时，仪器可能会损坏。 5. 不要使用充电器额定电压以外的电源，否则可能会引起电击或火灾。 6. 请用柔软的布来清洁本机。将布浸入泡有清洁剂的水中，拧干后再清除灰尘和污垢。注意：不要使用易挥发的化学物质来清洁本机（如挥发剂、稀释剂、酒精等）	

第六节　量具使用作业指导书——秒表

名称	秒表	
概述	秒表常用于精确计时，通常可以实现单次计时、分段计时或多次计时，根据使用对象不同可选择不一样的电子秒表	
作用	可以用它来进行一段时间的精确计时	
结构	秒表主要由表体与表带两部分组成	

续表

使用方法	使用前的检查： 1. 合格证（有合格证，使用日期必须在合格证有效期范围内）。 2. 外观检查（外观检查各部良好，无缺损）。 3. 液晶显示器上字符显示正常。 4. 手动按压各按钮，按钮具有复位功能，相对应按扭按下时表体有相应反应（字符变化或者声音提示）。 5. 表带完好无断裂现象	
	测量前的准备： 1. 把表带挂吊挂于脖上（避免因松手而造成秒表脱落造成损坏）。 2. 把秒表放于手掌心处，拇指、食指、中指分别与开始/停止键、模式键、重新设定键对应放置（或者放置于对应按钮旁）；无名指与小指扶住秒表表身，防止脱落。 3. 确认计时已清零，屏上显示数值全是“0”	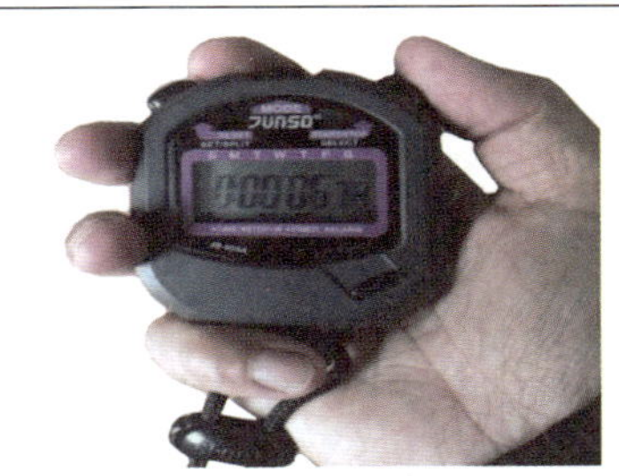
	测量方法： 1. 当需要计时的开始指令发出时按下“开始/停止”键，此时计秒功能开始计时。 2. 当需要计时的结束指令发出时按下“开始/停止”键，此时秒表停止计时，显示数值为计时数值。 3. 用笔记录下本次用时。 4. 计时完毕按下“重新设定”键，秒表上原刻录数值全部重新变成“0”，完成一个一次秒表记录周期。 5. 如需再次计时重复以上 1～4 步	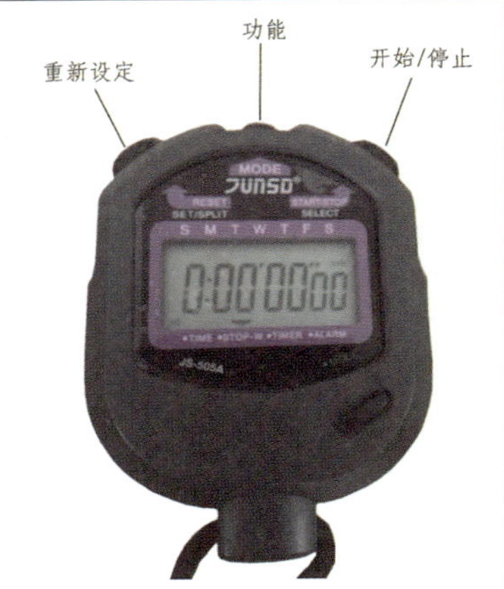
错误示范	错误示范： （1）未把表带挂吊挂于脖上。 （2）由于计时人员个人原因，操作按钮时与开始/结束指令时刻不能准确对应	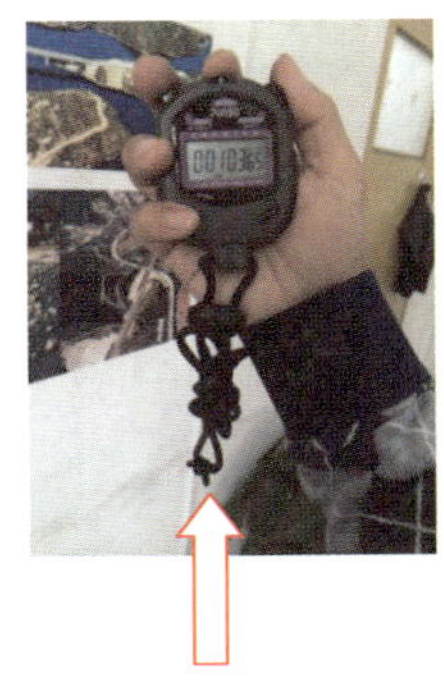
读数方法	读数： 知识点：秒的下一个单位是毫秒，毫秒是一种较为微小的时间单位，是 1 s 的千分之一（0.001 s），单位符号 ms。 读数按时、分、秒、毫秒顺序进行，如果秒表最后小数能精确到三位数则可以直接读出，如果只有两位数则是把 1 s 分成 100 等分进行分割，例如图上显示 1 分 3 秒 65，尾数 65 意为 65/100 = 0.65 秒。总计则为：1 分 3.65 秒	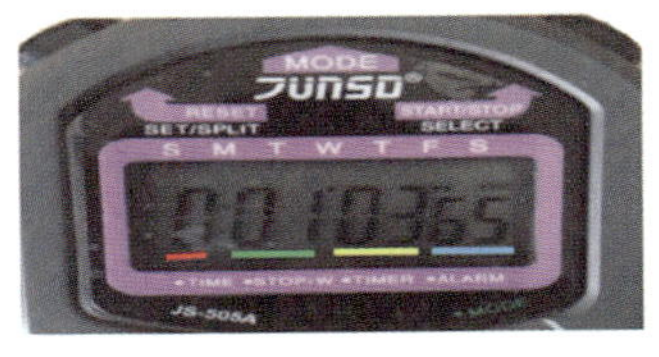 小时　分　秒　毫秒

续表

使用注意事项	1. 使用过程中把表带吊挂于脖上，以防脱落而损坏。 2. 使用过程中轻拿轻放
保养注意事项	（1）使用前应用软布进行擦拭。 （2）使用完毕后应用软布进行擦拭保持干净，放置于盒内。 （3）显示屏提示电源电量低时更新电池。 （4）按规定时间进行校验

第七节　量具使用作业指导书——内径百分表

名称	内径百分表	
概述	内径百分表是将测头的直线位移变为指针的角位移的计量器具。用比较测量法完成测量，用于不同孔径的尺寸及其形状误差的测量。它附有成套的可调测量头，使用前必须先进行组合和校对零位	
作用	内径百分表可用来测量孔径和孔的形状误差，对于测量深孔极为方便	
结构	内径百分表由百分表和专用表架组成。 （1）百分表又包括表盘、长指针、转数指针、测轴等。 （2）专用表架又包括夹紧手柄、手柄、直管、固定测头、定位护桥等	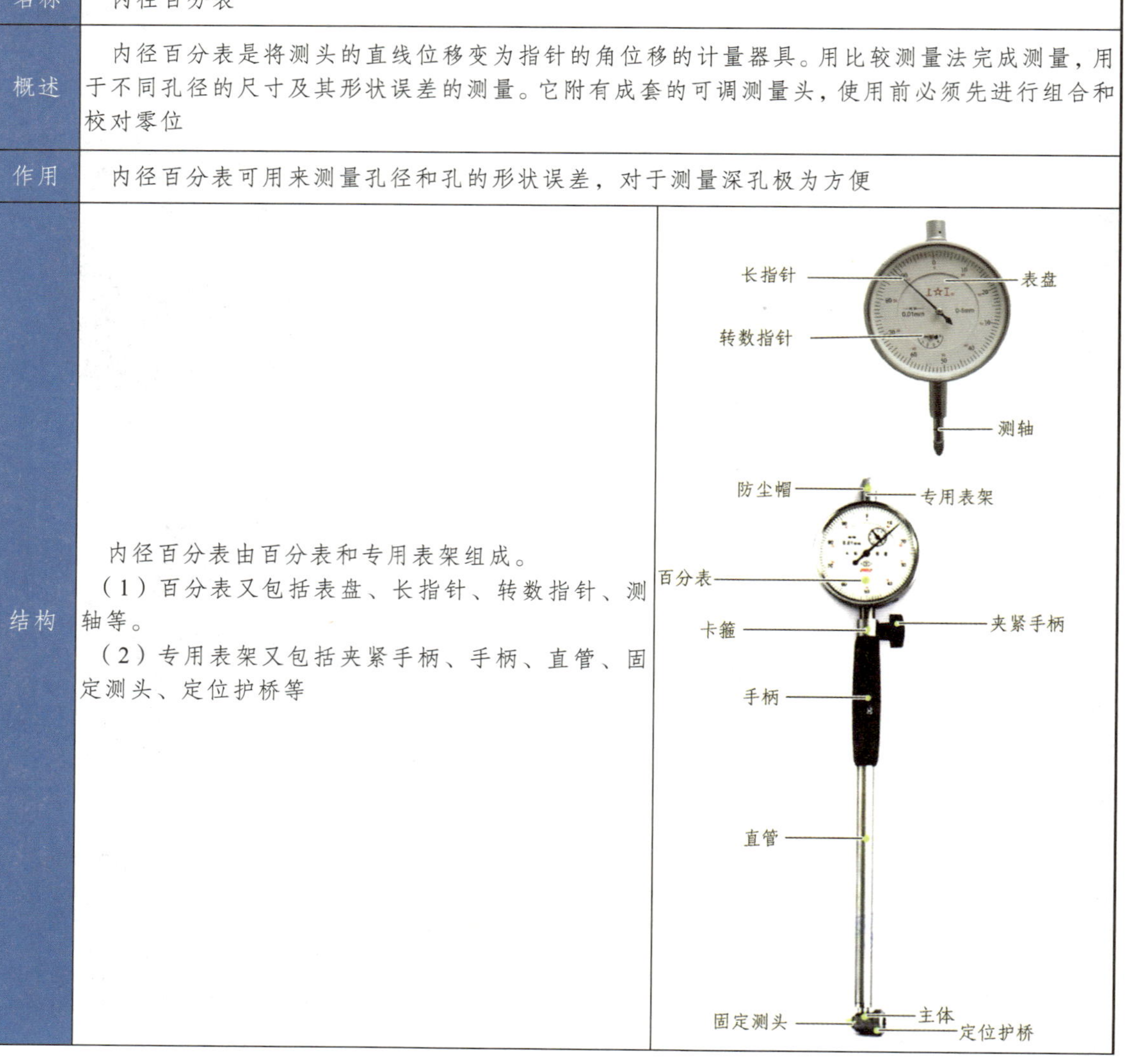

续表

<table>
<tr><td rowspan="3">使用方法</td><td colspan="2">使用前的检查：
1. 合格证（百分表和表架都有合格证，使用日期必须在合格证有效期范围内）。
2. 外观（各部良好）。
3. 检查百分表表头的相互作用和稳定性（轻触测轴，指针应灵活，归位准确）。
4. 检查内径百分表，确定有没有影响校准计量特性的因素。如：内径百分表测量机构的移动应平稳、灵活、无卡住和阻滞现象。每个测头更换应方便，紧固后应平稳可靠。
5. 检查活动测头和可换测头表面光洁，连接稳固</td></tr>
<tr><td>测量方法：
1. 把百分表插入表架直管轴孔中，压缩百分表一圈，紧固。
2. 选取并安装可换测头，紧固。
3. 根据被测孔径大小用外径千分尺或专用环规调整好尺寸，并把表盘调零。(以孔轴向的最小尺寸或平面间任意方向内最小的尺寸对 0 位，然后反复测量同一位置 2～3 次后检查指针是否仍与 0 线对齐，如不齐则重调。)
4. 用一只手拿住绝热套，另一只手尽量托住百分表表杆下部，将内径百分表倾斜，并稍微压缩活动测量杆，放入工件孔内，轻轻摆动表杆，使内径百分表测量杆与工件孔轴线垂直，可通过观察百分表指针摆动情况来判断。找到轴向平面的最小尺寸（转折点）来读数</td><td>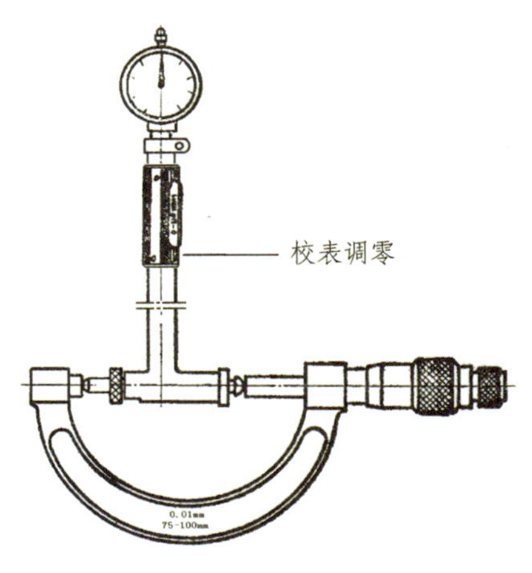</td></tr>
<tr><td>错误示范：
内径百分表测量杆与工件孔轴线不垂直</td><td>B 位置是正确位置，A、C 位置是错误位置
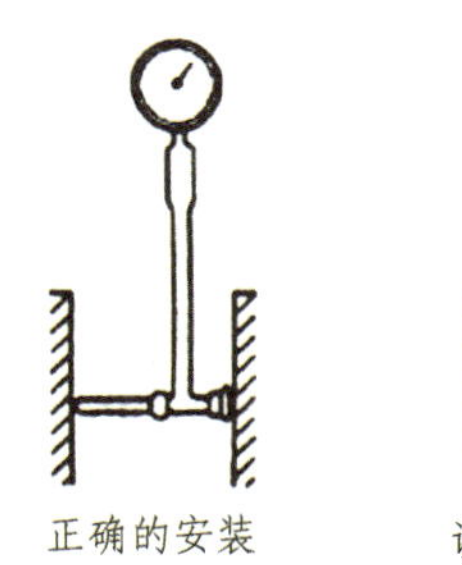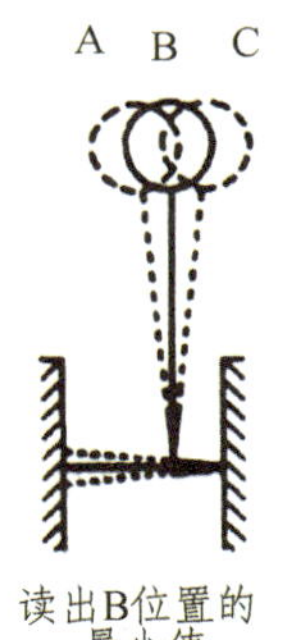</td></tr>
<tr><td>读数方法</td><td>读数：
百分表圆表盘刻度为 100，长指针在圆表盘上转动一格为 0.01 mm，转动一圈为 1 mm；小指针偏动一格为 1 mm。
（1）内径百分表读数方法与百分表相同，读出百分表表头指示数值。
（2）确定工件尺寸。如果百分表表头的小指针恰好指在被预偏转的数值，大指针正好指在“0”处，说明被测工件的孔径与其校表尺寸相等。若以标准尺寸进行校表，则表示工件尺寸与标准尺寸相同。如果百分表头大指针顺时针方向转离“0”位，则表示工件尺寸小于标准尺寸；反之，则表示大于标准尺寸。记录偏离“0”位刻度数值。工件尺寸 = 标准尺寸 ± 偏离“0”位刻度数值</td><td></td></tr>
</table>

续表

<table>
<tr><td rowspan="2">读数方法</td><td rowspan="2">错误示范：
读数时视线不垂直</td><td>正确——垂直视读</td></tr>
<tr><td>错误——斜视视读</td></tr>
<tr><td>使用注意事项</td><td colspan="2">1. 把百分表插入表架直管轴孔中，压缩百分表一圈，紧固。
2. 选取并安装可换测头，紧固。
3. 测量前，清洁内径百分表测量头、被测工件。
4. 测量时手握隔热装置。
5. 根据被测尺寸用千分尺或专用环规调整零位。
6. 测量时，摆动内径百分表，找到轴向平面的最小尺寸（转折点）来读数。
7. 测杆、测头、百分表等配套使用，不要与其他表混用</td></tr>
<tr><td>保养注意事项</td><td colspan="2">1. 远离液体，不使冷却液、切削液、水或油与内径百分表接触。
2. 使用完毕，要摘下百分表，使表解除其所有负荷，让测量杆处于自由状态。
3. 成套保存于盒内，避免丢失与混用</td></tr>
</table>

第八节　量具使用作业指导书——内卡钳

名称	内卡钳
概述	卡钳是一种简单的量具，由于它具有结构简单，制造方便、价格低廉、维护和使用方便等特点，故广泛应用于要求不高的零件尺寸的测量和检验，尤其是对锻铸件毛坯尺寸的测量和检验，卡钳是最合适的测量工具
作用	可以用来测量内径和凹槽的长度

续表

结构	（1）钳脚。 （2）钳身。 （3）转轴	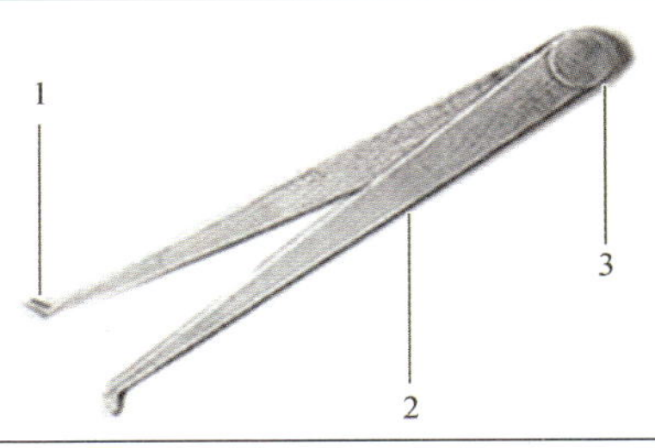
使用方法	使用基本原则：它本身不能直接读出测量结果，而是把测量的长度尺寸（直径也属于长度尺寸），在钢直尺上进行读数，或在钢直尺上先取下所需尺寸，再去检验零件的直径是否符合	
	使用前的检查： 1. 首先检查钳口的形状，钳口形状对测量精确性影响很大，应注意经常修整钳口的形状。 2. 外观检查清洁无污染。 3. 钳身转动不能过松或过紧	
	测量 卡钳的使用方法有两种：卡钳在钢尺上取尺寸法和卡钳测量法。 1. 卡钳在钢尺上取尺寸方法 使用内卡钳时，其取尺寸方法与外卡钳一样，只是在钢尺的端面须靠着一个辅助平面，内卡钳的一个脚也靠着该平面。 2. 卡钳测量法 用内卡钳测量孔的直径时，要使两钳脚测量面的连线垂直并相交于内孔轴线，测量时一个钳脚靠在孔壁上，另一个钳脚由孔口略偏里面一些逐渐向外测试，并沿孔壁的圆周方向摆动，当摆动的距离最小时，内卡钳的开口尺寸就是内孔直径。 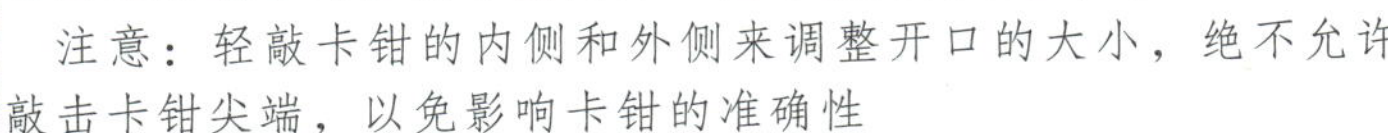 注意：轻敲卡钳的内侧和外侧来调整开口的大小，绝不允许敲击卡钳尖端，以免影响卡钳的准确性	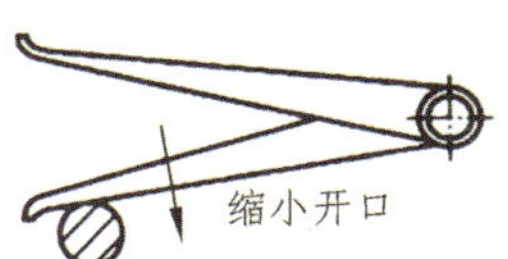 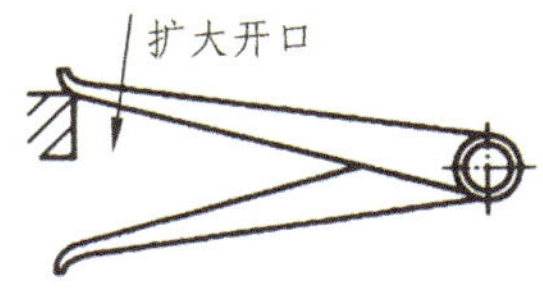
	测量方法： 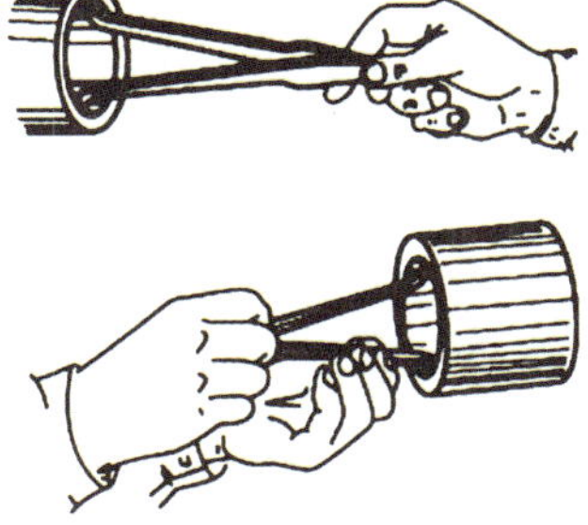 （a）测量孔的直径 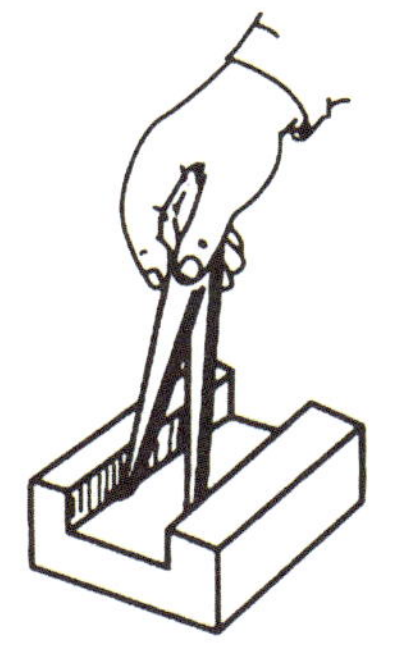 （b）测量槽的宽度 用小型内卡钳测量工件的姿势如图所示。 测量时，卡钳的两个脚连线应垂直于被测工件的轴心线，并有一定的摆动距离，摆动的幅度相当于被测尺寸的1/10左右。如直径为30 mm左右的内孔，摆动的幅度应为3 mm左右。测量时与工件接触的松紧程度要适当	

续表

使用方法	错误示范： 手握位置不正确	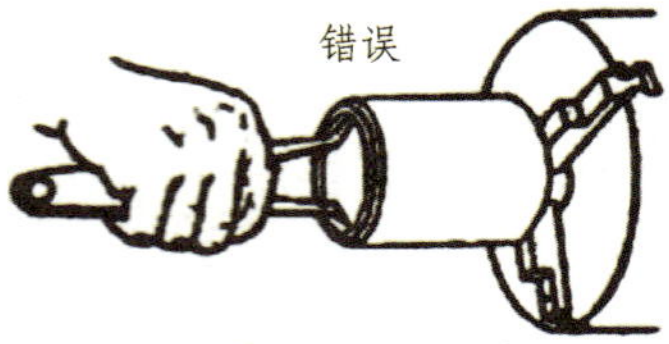 错误
	正确握持方法： 3 个手指捏住钳身，有利于调节钳口开度	
	调整钳口大小的正确方法： 可以利用机床导轨等通过对钳身的调节来改变钳口的大小	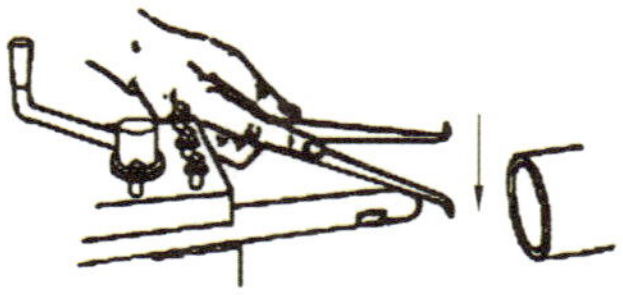 缩小钳口 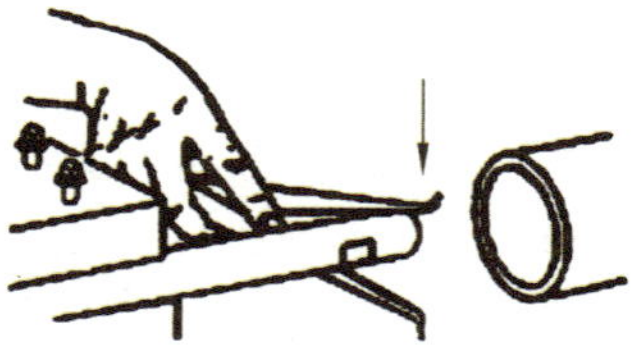 增大钳口
读数方法	读数： 1. 使内卡钳的一端对准钢直尺上的一个整数刻度并用辅助方法固定，如图所示。 2. 读出内卡钳的卡脚尖端对应的尺寸，计算出卡钳两卡脚尖端的距离，即为卡钳测量的尺寸。 3. 读数时视线应与钢直尺垂直，保证读数的准确性	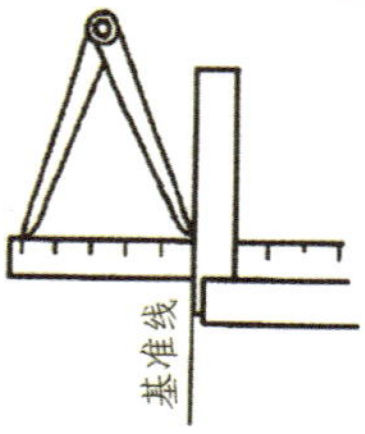 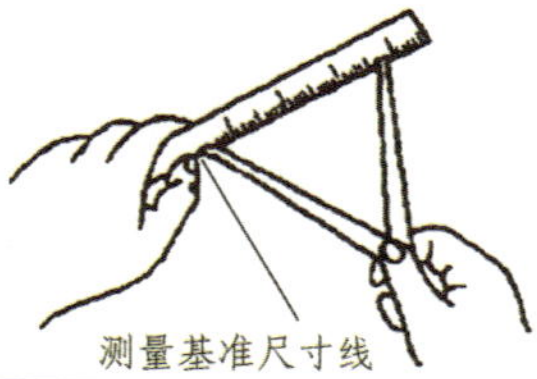 基准线 测量基准尺寸线
使用注意事项	卡钳开度的调节： 首先检查钳口的形状，钳口形状对测量精确性影响很大，应注意经常修整钳口的形状。调节卡钳的开度时，应轻轻敲击卡钳脚的两侧面。先用两手把卡钳调整到和工件尺寸相近的开口，然后轻敲卡钳的外侧来减小卡钳的开口，敲击卡钳内侧来增大卡钳的开口。但不能直接敲击钳口，这会因卡钳的钳口损伤测量面而引起测量误差，更不能在机床的导轨上敲击卡钳	
保养注意事项	（1）使用前应用软布进行擦拭。 （2）使用完毕后应用软布对钳身进行擦拭保持干净。 （3）定期对卡钳及转轴进行给油保养	

第九节　量具使用作业指导书——钳形电流表

<table>
<tr><td>名称</td><td colspan="2">钳形电流表</td></tr>
<tr><td>概述</td><td colspan="2">钳形电流表又称为钳表，它是测量交直流电流的专用电工仪表。一般用于不断开电路测量电流的场合。现在一般使用的都是多功能数字显示或指针显示的仪表</td></tr>
<tr><td>作用</td><td colspan="2">主要用来测量交流电流、直流电流，也可以来测直流电压、交流电压、电阻、温度、频率等</td></tr>
<tr><td>结构</td><td>（1）钳头。
（2）量程旋钮。
（3）功能按钮。
（4）显示屏。
（5）插孔 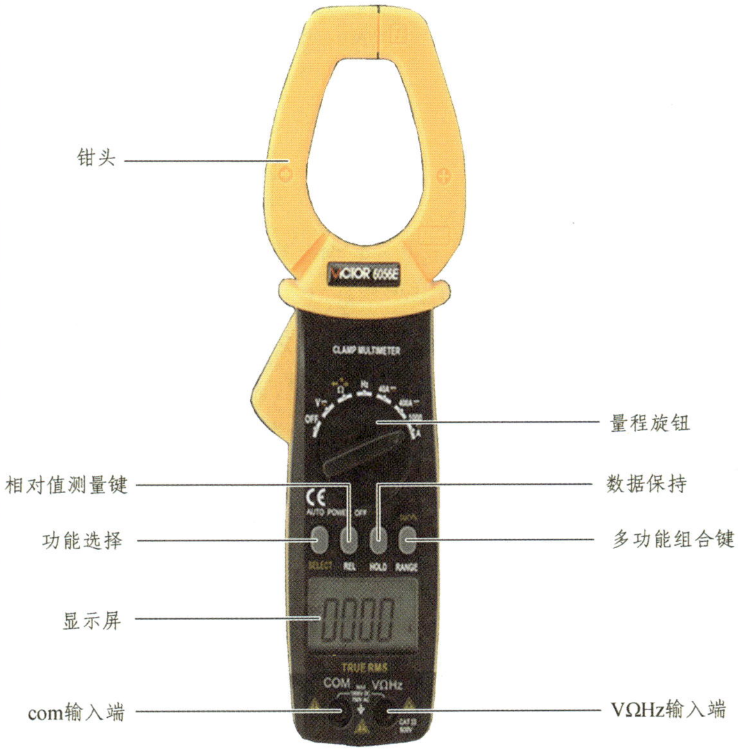</td><td>钳头
量程旋钮
相对值测量键
数据保持
功能选择
多功能组合键
显示屏
com输入端
VΩHz输入端</td></tr>
<tr><td>使用方法</td><td>使用前的检查：
1. 合格证（有合格证，使用日期必须在合格证有效期范围内）。
2. 外观（各部良好）。
3. 挡位转换开关（动作灵活无卡滞、相应挡位显示正确）。
4. 钳口开闭活动灵活，作用良好 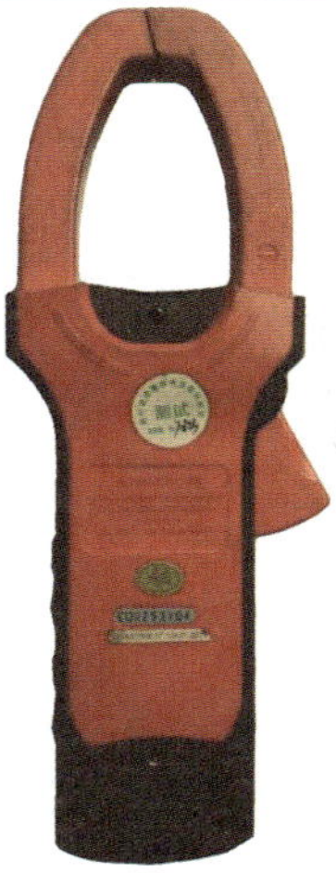</td><td></td></tr>
</table>

续表

<table>
<tr><td rowspan="4">使用方法</td><td>测量步骤：
1. 根据被测电路的电流值选择合适的量程。
2. 打开钳形表钳口，将钳形表接入被测电路中。
3. 松开手把让钳口闭合，注意确认钳头可靠闭合。
4. 观察显示屏上电流数值，读出读数（注意单位）。
5. 测量完毕松开钳口，把钳形电流表从被测电路中移出。
6. 测量过程中，如果需要测量浪涌电流时，应先在第 1 步选择量程后应按“INRUSH”键，再进行其他步骤</td><td></td></tr>
<tr><td>错误示范-测量交流电两项电线路：
错误原因：两根导线同时放入钳口内（这样测不出电路的消耗电流，而是电路的泄漏电流，正常情况下为零，因为两根电线中流过的电流方向不同而相互抵消）</td><td>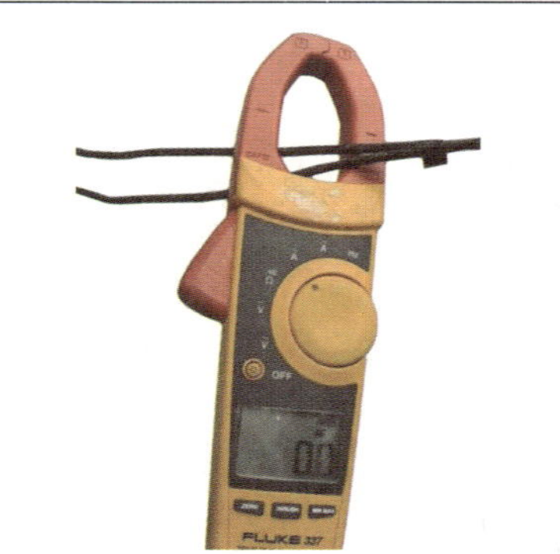</td></tr>
<tr><td>正确示范-测量交流电两项电线路：
在测量交流电流时，只能一根被测导线放入钳口内方可测量出单根电线的通过电流</td><td></td></tr>
<tr><td>错误示范：
测量时钳口未可靠闭合</td><td>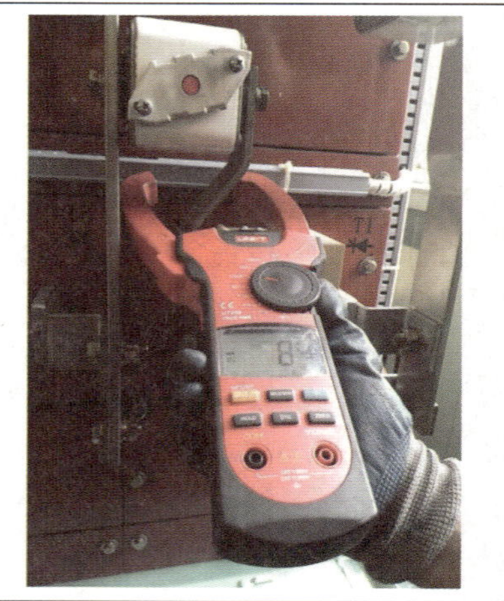</td></tr>
</table>

续表

读数方法	钳形电流表测量结果应等数值不乱跳动的时候直接从显示器上视读，但是应注意表上显示的单位	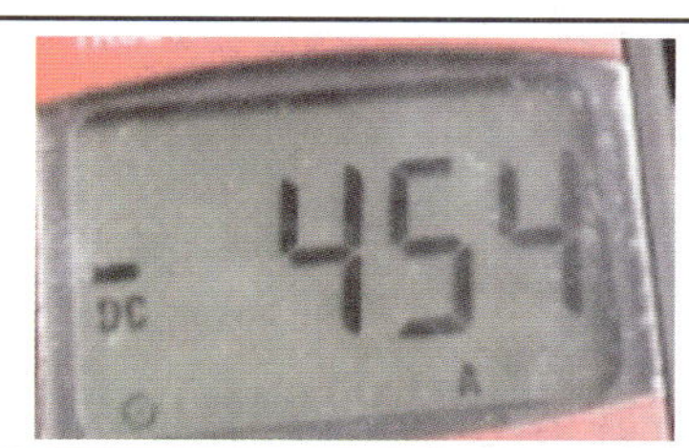
使用注意事项	1. 使用过程中，手部不得直接与被测量导线裸露金属部分接触（以防触电）。 2. 作业人员在测量大电流设备时必须戴好绝缘手套。 3. 测量过程中不能转换开关换挡。 4. 使用完毕及时关断电源开关。	
保养注意事项	（1）在使用量具前看清该量具是否在有效期内。 （2）在使用过程中量具若造成磕碰，必须交计量室重新修理、检定。 （3）长期不使用时应把蓄电池拆下存放	

第十节　量具使用作业指导书——深度游标卡尺

名称	深度游标卡尺	
概述	深度游标卡尺用于测量凹槽或孔的深度、梯形工件的梯层高度、长度等尺寸，通常被简称为“深度尺”。如测量内孔深度时应把基座的端面紧靠在被测孔的端面上，使尺身与被测孔的中心线平行，伸入尺身，则尺身端面至基座端面之间的距离，就是被测零件的深度尺寸	
作用	可以用它来测量零件的外径、内径、长度、宽度、厚度、深度和孔距等，应用范围很广	
结构	（1）测量基座。 （2）紧固螺钉。 （3）尺框。 （4）尺身。 （5）游标	深度游标卡尺 1—测量基座；2—紧固螺钉；3—尺框；4—尺身；5—游标
使用方法	使用前的检查： 1. 合格证（有合格证，使用日期必须在合格证有效期范围内）。 2. 外观检查（外观检查各部良好，无缺损）。 3. 零刻度线检查（当游尺推回到最左侧的初始状态，主尺与游尺的0刻度线应对齐）。 4. 量爪检查（游尺打开状态时：量爪外观检查无缺损、凸起、下凹。游尺合拢时：对准亮光处检查内外测量刃处应无透光）。 5. 游标活动量检查（左右滑动游尺，游尺应滑动灵活，无卡滞与晃动）。 6. 深度尺检查（推出游尺，观察深度尺尺身平直无缺损，测量顶端平整无变形；收回游尺时，深度测量顶端面应与尺身端部平齐）	

续表

<table>
<tr><td rowspan="2">使用方法</td><td colspan="2">测量时的基本要求：
（1）密贴。测量工件时测量爪应与被测工件测量处密贴。
（2）对齐。测量工件时测量爪应与被测工件对齐，并平直，不能有夹角。
（3）固定。测量时在不便于直接视读测量结果时，应先使用紧固螺钉对测量数量进行固定，取出后在方便视读条件下进行视读。
（4）多次取平均。量时为了提高精确度，可采用多次测量取平均值的方法</td></tr>
<tr><td>测量方法：
深度游标卡尺如图所示，用于测量零件的深度尺寸或台阶高低和槽的深度。如测量内孔深度时应把基座的端面紧靠在被测孔的端面上，使尺身与被测孔的中心线平行，伸入尺身，则尺身端面至基座端面之间的距离，就是被测零件的深度尺寸，它的读数方法和游标卡尺完全一样，如图（a）所示。测量轴类等台阶时，测量基座的端面一定要压紧在基准面，如图（b）、（c）所示，再移动尺身，直到尺身的端面接触到工件的量面（台阶面）上，然后用紧固螺钉固定尺框，提起卡尺，读出深度尺寸。多台阶小直径的内孔深度测量，要注意尺身的端面是否要测量的台阶上，如图（d）所示。当基准面是曲线时，如图（e）所示，测量基座的端面必须放在曲线的最高点上，测量出的深度尺寸才是工件的实际尺寸，否则会出现测量误差</td><td>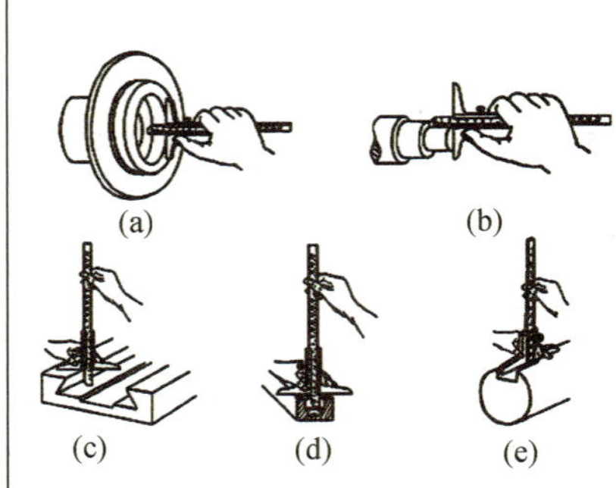</td></tr>
<tr><td rowspan="2">读数方法</td><td>读数：
1. 先读整数（看游标零线的左边，尺身上最靠近的一条刻线的数值，读出被测尺寸的整数部分）33 mm。
2. 再读小数（看游标零线从左向右查找第一条与主尺刻度线最对齐的数值，读出被测尺寸的小数部分）0.32 mm。
3. 得出被测尺寸（把上面两次读数的整数部分和小数部分相加，就是卡尺的所测尺寸）。
$33 + 0.32 = 33.32$（mm）</td><td>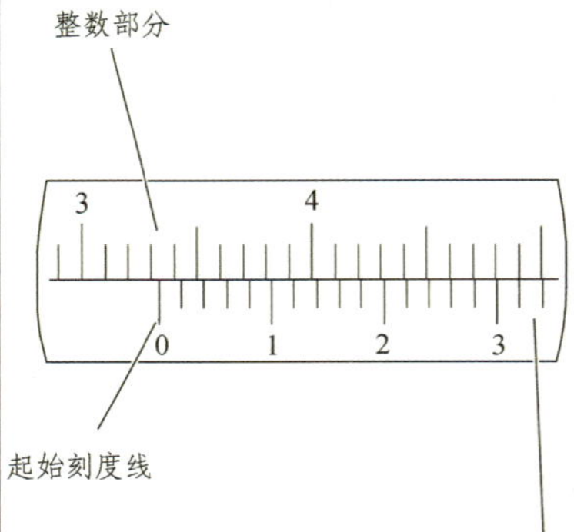</td></tr>
<tr><td>错误示范：
标准读数结果为：33.32 mm。
1. 误读成：3.3（整数读数错误、无单位）。
2. 误读成：33.3（小数读数错误、没有精确到小数点后两位、无单位）。
3. 误读成：33.32（无单位）</td><td>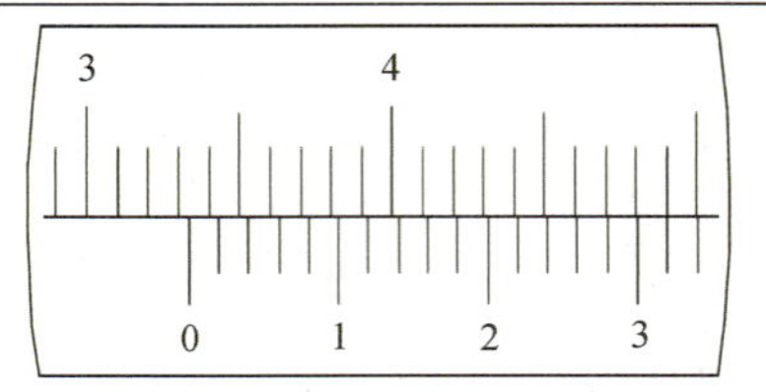</td></tr>
<tr><td>使用注意事项</td><td colspan="2">1. 测量时先检查游尺。
2. 测量过程中卡工件时不能用力过度。
3. 使用过程中注意测量爪与工件不能磕碰。</td></tr>
<tr><td>保养注意事项</td><td colspan="2">（1）使用前应用软布进行擦拭。
（2）使用完毕后应用软布对尺身进行擦拭，保持干净。
（3）定期对游尺与主尺之间的缝隙进行给油保养。
（4）按规定时间进行校验</td></tr>
</table>

第十一节　量具使用作业指导书——外径千分尺

<table>
<tr><td>名称</td><td colspan="2">外径千分尺</td></tr>
<tr><td>概述</td><td colspan="2">外径千分尺也叫螺旋测微器，常简称为“千分尺”。它是比游标卡尺更精密的长度测量仪器，精度可达到 0.01 mm，加上估读的 1 位，可读取到小数点后第 3 位（千分位），故称千分尺</td></tr>
<tr><td>作用</td><td colspan="2">主要用来测量工件的长，宽，厚及外径</td></tr>
<tr><td>结构</td><td>其结构由固定的尺架、测砧、测微螺杆、固定套管、微分筒、测力装置、锁紧装置等组成</td><td>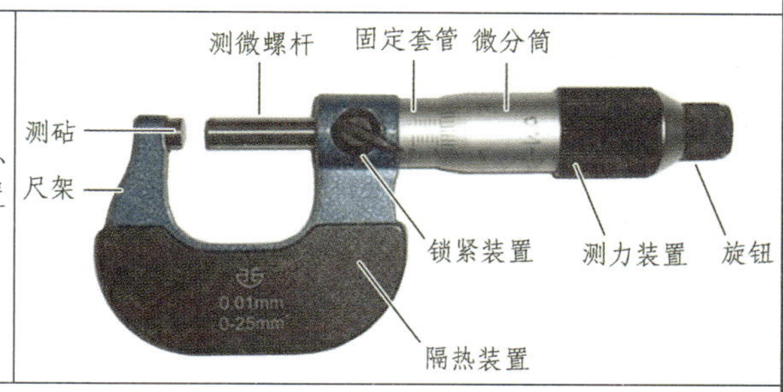
</td></tr>
<tr><td rowspan="3">使用方法</td><td colspan="2">使用前的检查：
1. 合格证（有合格证，使用日期必须在合格证有效期范围内）。
2. 外观检查（外观检查部件齐全，无损伤）。
3. 相互作用检查（转动微分筒，其与固定套筒之间不应有卡住或相互摩擦的现象，在全量程应转动灵活）。
4. 测力装置检查（用锁紧装置将微分筒紧固住，旋转棘轮，当其能发出清脆的“咔咔”声，说明棘轮良好，测力正常）。
5. 测量面检查（先把两个测量面擦拭干净，检查两个测量面无损伤）。
6. 零位检查（0～25 mm 千分尺直接校对，25 mm 以上的千分尺使用校验棒，当测量面接触，棘轮发出“咔咔”声时，零位应对齐。否则有零误差）</td></tr>
<tr><td colspan="2">测量时的基本要求：
1. 将被测工件擦干净，千分尺使用时轻拿轻放。
2. 使用时手拿千分尺隔热装置。
3. 当测微螺杆要接近工件时，改旋测力装置。
4. 千分尺测量面与工件密贴。
5. 先旋紧锁紧装置（防止移动千分尺时螺杆转动），然后读数。
6. 多次取平均。测量时为了提高精确度，可采用多次测量取平均值的方法</td></tr>
<tr><td colspan="2">测量方法：
1. 清洁千分尺、被测工件。
2. 转动微分筒，使测砧与测微螺杆之间的距离略大于被测工件。
3. 用侧砧面先与被测工件密贴。
4. 一只手轻轻转动旋钮，当测微螺杆要接近工件时，改旋测力装置直至听到“咔咔”声后再轻轻转动 0.5～1 圈。
5. 旋紧锁紧装置（防止移动千分尺时螺杆转动），直视基准线，进行读数。
6. 测量完毕后旋回锁紧装置，旋转微分筒，松开工件</td></tr>
</table>

续表

使用方法	错误示范： （1）测量时未拿千分尺隔热装置。	正确 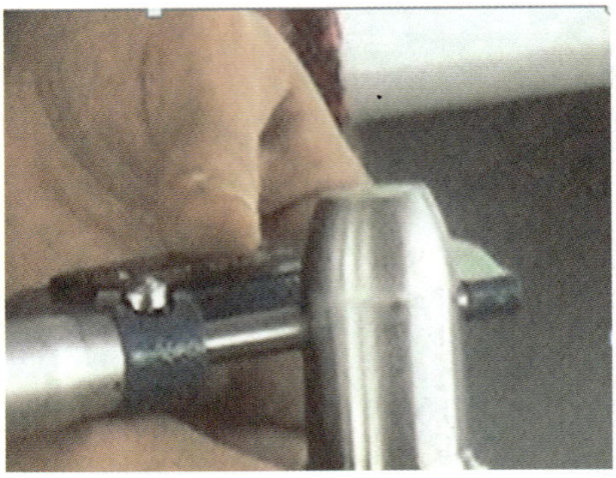 错误 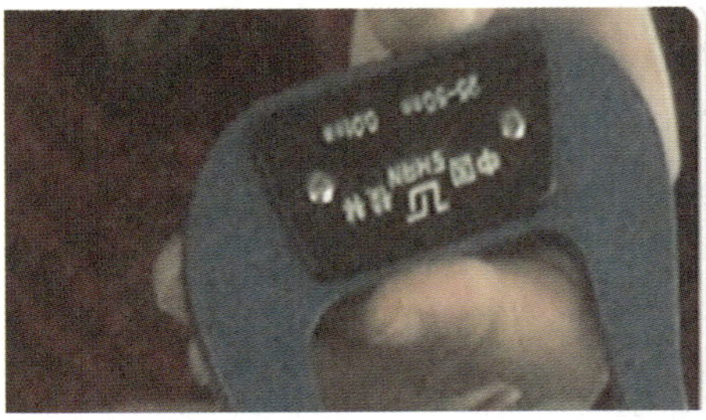
	（2）测量时千分尺测量面与工件不密贴	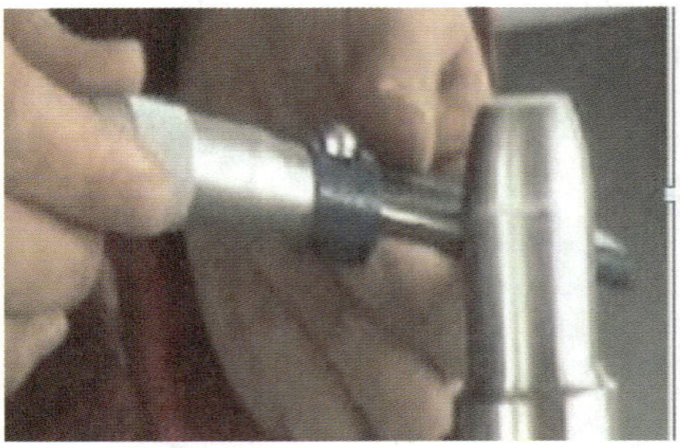

续表

<table>
<tr>
<td>使用方法</td>
<td>（3）读数值时未直视基准线</td>
<td>正确-直视基准线
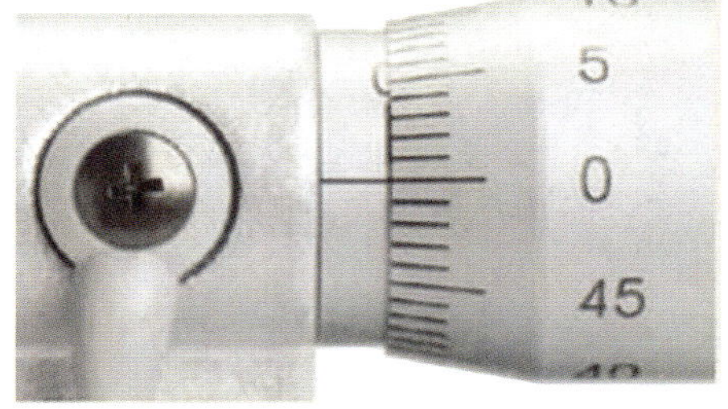

错误-从上面看刻度线
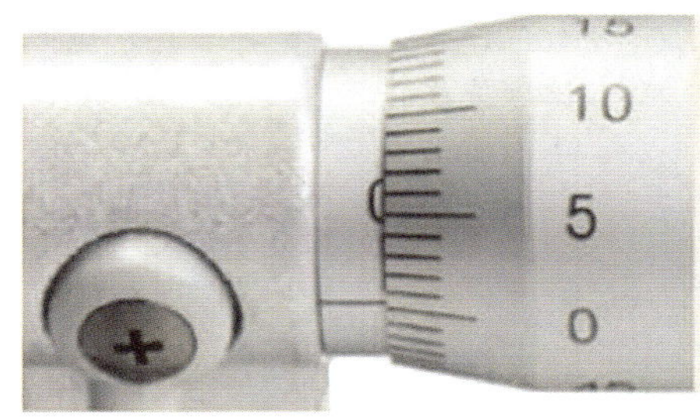

错误-从下面看刻度线
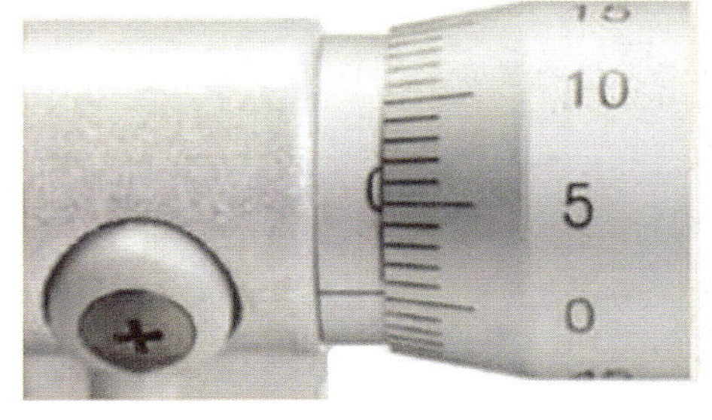
</td>
</tr>
</table>

续表

读数方法	读数： 在微分筒的圆周上标有 50 个刻度，每个刻度表示百分之一毫米（0.01 mm）。所以微分筒转一整圈表示 50×0.01 mm，即 0.50 mm。因此，微分筒转一整圈，它就沿着主刻度尺运动 0.50 mm，也就是半毫米的刻度，具体读数如下： 1. 先读微分筒左边的主刻度尺上看得见的整毫米刻度，如右图所示为 9.00 mm。 2. 若基准线下面的一个刻度露出，就把半毫米刻度加到上面读出的读数上；如果未露出，则不加，右图所示主刻度尺的读数为 9.00 + 0.50 = 9.50 mm。 3. 读出微分筒上与固定套筒的基准线对齐的那条刻度线数值，即为不足半毫米的刻度值，右图所示为 48×0.01=0.48；若微分筒上的刻度线未与基准线对齐时，应加上估读值，如若对齐也应加上千分位估读数字“0”，所以图示微分筒刻度应读为 0.480 mm。 4. 把以上 3 个读数加起来即为测得的实际尺寸数值，如右图中的测量值应为： 主刻度尺整毫米刻度：9.00 mm 主刻度尺半毫米刻度：0.50 mm 微分筒刻度：+0.480 mm 实际尺寸：9.980 mm	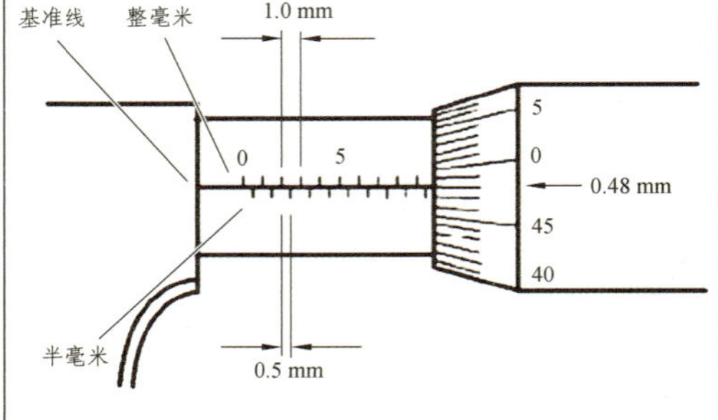
	错误示范： 标准读数结果为：9.980 mm。 1. 误读成：9.98（无估读，无单位）。 2. 误读成：9.480（未加主刻度尺露出的半毫米刻度值、无单位）	
使用注意事项	1. 使用前清洁检查，校对零位。 2. 测量时，注意要在测微螺杆快靠近被测物件时应停止使用旋钮，而改为微调旋钮，避免压力过大，既使测量结果精确，又能保护螺旋测微器。 3. 在读数时，要注意主刻度尺上表示半毫米的刻线是否露出。 4. 读数时，千分位有一位估读数字，不能随便扔掉，即使微分筒上与固定套筒的基准线对齐，千分位上也应读取为“0”。 5. 校对零位时出现零误差时，注意在最后测量读数上去掉零误差的数值。 6. 使用完后，应清洁干净，活动套筒处于零位，放入专用盒内	
保养注意事项	1. 轻拿轻放。 2. 将测砧、微分筒擦拭干净，避免切屑粉末、灰尘影响。 3. 不得放在潮湿、温度变化大的地方。 4. 千分尺应平放在其专用盒内	

第十二节　量具使用作业指导书——外卡钳

<table>
<tr><td>名称</td><td colspan="2">外卡钳</td></tr>
<tr><td>概述</td><td colspan="2">卡钳是一种简单的量具，由于它具有结构简单、价格低廉、维护和使用方便等特点，故广泛应用于要求不高的零件尺寸的测量和检验，尤其是对锻铸件毛坯尺寸的测量和检验，卡钳是最合适的测量工具</td></tr>
<tr><td>作用</td><td colspan="2">外卡钳用于测量圆柱体的外径或物体的长度等</td></tr>
<tr><td>结构</td><td>（1）钳脚。
（2）钳身。
（3）转轴</td><td>1
2
3</td></tr>
<tr><td rowspan="4">使用方法</td><td colspan="2">使用基本原则：它本身不能直接读出测量结果，而是把测量的长度尺寸（直径也属于长度尺寸），在钢直尺上进行读数，或在钢直尺上先取下所需尺寸，再去检验零件的直径是否符合</td></tr>
<tr><td colspan="2">使用前的检查：
1. 首先检查钳口的形状，钳口形状对测量精确性影响很大，应注意经常修整钳口的形状。
2. 外观检查清洁无污染。
3. 钳身转动不能过松或过紧</td></tr>
<tr><td colspan="2">测量：
卡钳的使用方法有两种：卡钳在钢尺上取尺寸法和卡钳测量法。
1. 卡钳在钢尺上取尺寸方法
外卡钳的一个钳脚的测量面靠着钢尺的端面，另一钳脚的测量面对准所取的尺寸刻线上，且两测量面的连线应与钢尺平行。
2. 卡钳测量法
用外卡钳测量圆的中心距时，要使两钳脚测量面的连线垂直于圆的轴线，不加外力，靠外卡钳自重滑过圆的外圆，这时外卡钳开口尺寸就是圆柱的直径。
注意：轻敲卡钳的内侧和外侧来调整开口的大小，绝不允许敲击卡钳尖端，以免影响卡钳的准确性</td></tr>
<tr><td>错误示范：
（1）不能直接敲击钳口，这会因卡钳的钳口损伤而引起测量误差。
（2）不能在机车导轨上敲击卡钳</td><td>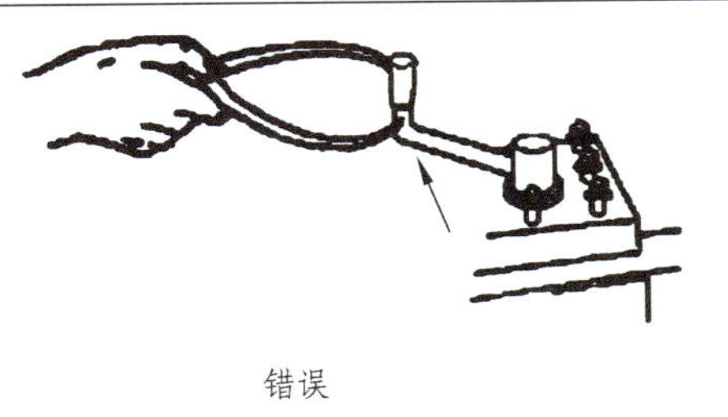
错误</td></tr>
</table>

续表

使用方法		
		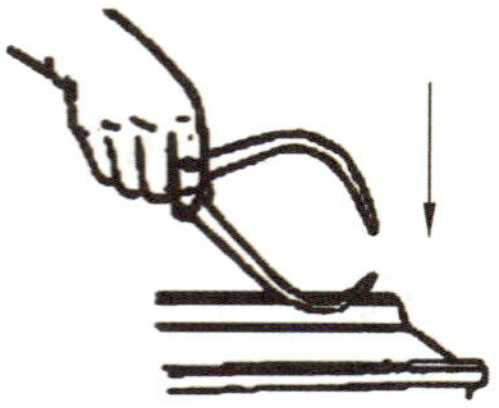 错误
	正确方法： 轻敲卡钳外侧来减小卡钳的开口，敲击卡钳内侧来增大卡钳的开口	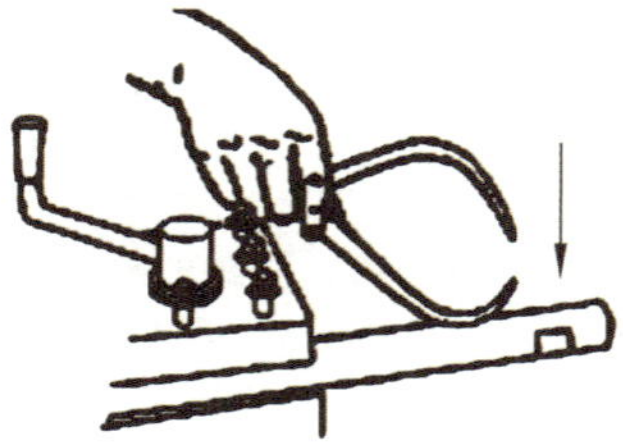 缩小钳口 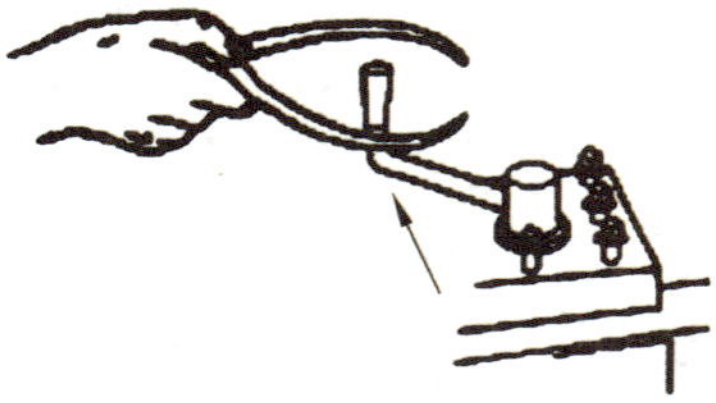 增大钳口
	错误示范： 卡钳的自重能刚好滑下为合适。 不可将卡钳歪斜地放上工件测量，这样会导致测量误差	正确  错误 
	错误示范： 由于卡钳有弹性，把外卡钳用力压过外圆是错误的，更不能把卡钳横着卡上去	错误 

续表

使用方法	正确方法： 对于大尺寸的外卡钳，靠它自重滑过零件外圆的测量压力已经太大了，此时应托住卡钳进行测量	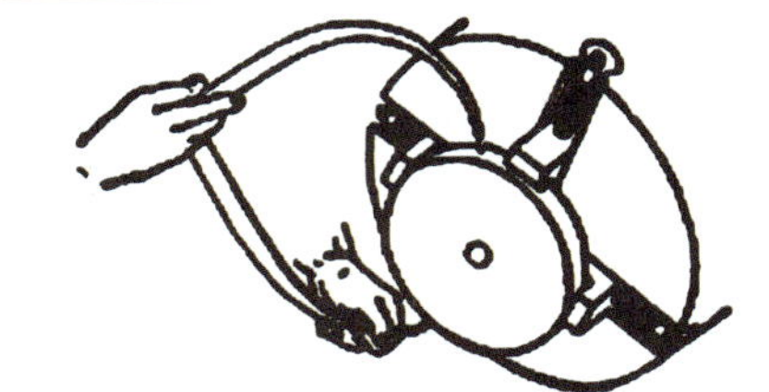
读数方法	读数： 1. 使一个钳脚的测量面靠在钢直尺的端面上，另一端钳脚对准钢直尺的位置就是卡钳所量尺寸，如图所示。 2. 读数时视线应与钢直尺垂直，保证读数的准确性	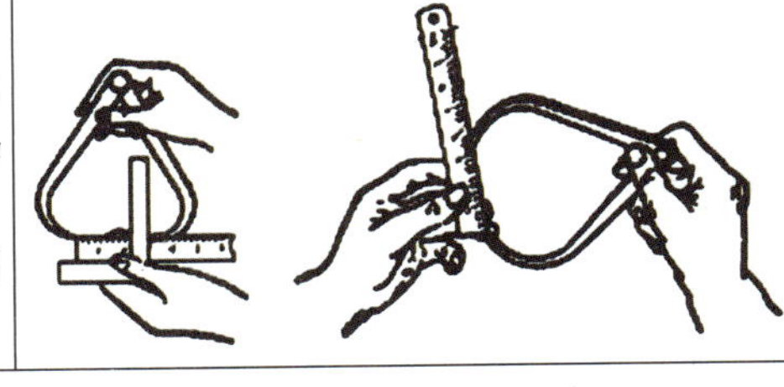
使用注意事项	卡钳开度的调节： 首先检查钳口的形状，钳口形状对测量精确性影响很大，应注意经常修整钳口的形状。调节卡钳的开度时，应轻轻敲击卡钳脚的两侧面。先用两手把卡钳调整到和工件尺寸相近的开口，然后轻敲卡钳的外侧来减小卡钳的开口，敲击卡钳内侧来增大卡钳的开口，但不能直接敲击钳口，这会因卡钳的钳口损伤测量面而引起测量误差。更不能在机床的导轨上敲击卡钳	
保养注意事项	（1）使用前应用软布进行擦拭。 （2）使用完毕后应用软布对钳身进行擦拭，保持干净。 （3）定期对卡钳及转轴进行给油保养	

第十三节　量具使用作业指导书——数字万用表

名称	数字万用表	
概述	万用表是一种带有整流器的，可以测量交、直流电流，电压及电阻等多种电学参量的磁电式仪表	
作用	用来测量电阻阻值，线路通断，交、直流电流值，交、直流电压值，电容值，二极管，温度等	
结构	（1）表身。 （2）多功能显示屏。 （3）功能按钮。 （4）挡位选择开关。 （5）测试导线。 （6）测量表笔	易读的大型数字显示 手动和自动量程 数据保留 欧姆（电阻） 0.1欧姆至40兆欧 二极管测试蜂鸣器警示通断 直流毫伏 0.1毫伏至400毫伏 直流电压 0.01毫伏至400毫伏 交流电压 0.1毫伏至1 000伏 相对模式 频率 高至100千赫 电容 0.01纳法拉至100微法拉 交流/直流安培 0.1安培至10安培 交流/直流毫安 0.01毫安至400毫安 交流/直流微安 0.1微安至4 000微安 温度 摄氏-50℃至400℃

续表

<table>
<tr><td rowspan="3">使用方法</td><td colspan="2">使用基本原则：
使用测量电阻、通断、电压（交流、直流）、电容、二极管、温度等挡位时，要求是表笔与被测元件并联。使用测量电流（交流、直流）时，把万用表串联到电路中，当测量直流电路时必须按要求红表笔流入，黑表笔流出</td></tr>
<tr><td>使用前的检查：
1. 合格证检查。确认粘贴合格证，且使用日期必须在合格证有效期范围内。
2. 表身外观检查。检查表身各部良好。
3. 挡位转换开关检查。动作灵活无卡滞、相应挡位显示正确。
4. 测量导线检查。导线各部完好无损、表笔完好无放电痕迹。
5. 校零检测：① 挡位选择-电阻挡；② 红、黑表笔短接；③ 显示器显示阻值 0.2～0.5 Ω。</td><td>
</td></tr>
<tr><td>电阻的测量：
1. 首先红表笔插入VΩ孔，黑表笔插入 COM 孔。
2. 量程旋钮拧到“Ω”量程挡适当位置（17B 型万用表放于“电阻、通断、二极管”共用挡，选择时用“黄色”按钮进行转换）。
3. 分别用红黑表笔接到电阻两端金属部分。
4. 读出显示屏上显示的数据（注意单位：Ω/kΩ/MΩ）。
安全注意事项：
为避免触电、造成伤害或损坏仪表，在测量电阻、通断性、二极管或电容之前，请先断开电路电源并将所有高压电容器放电</td><td>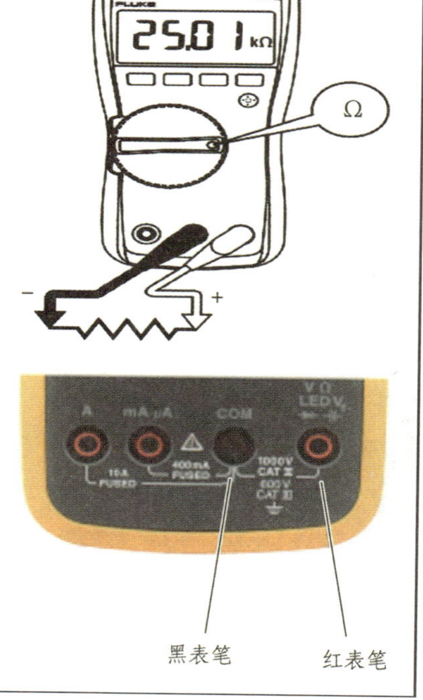
</td></tr>
</table>

续表

<table>
<tr>
<td rowspan="3">使用方法</td>
<td>交、直流电流的测量：
1. 关闭电路电源。
2. 黑表笔插入 com 端口，红表笔插入 mA 或者 10A 端口。
3. 功能旋转开关拧至 A～（交流）或 A-（直流），并选择合适的量程（根据被测电路电流值确定）。
4. 将数字万用表串联入被测线路中，被测线路中电流从一端流入红表笔，经万用表黑表笔流出，再流入被测线路中。
5. 接通电路电源。
6. 读出显示屏电流值</td>
<td>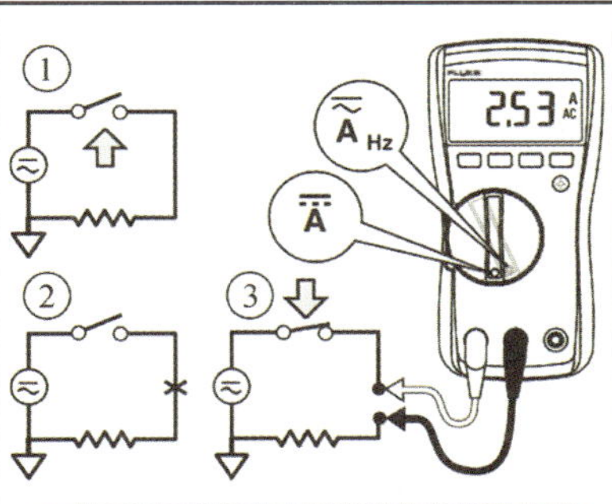
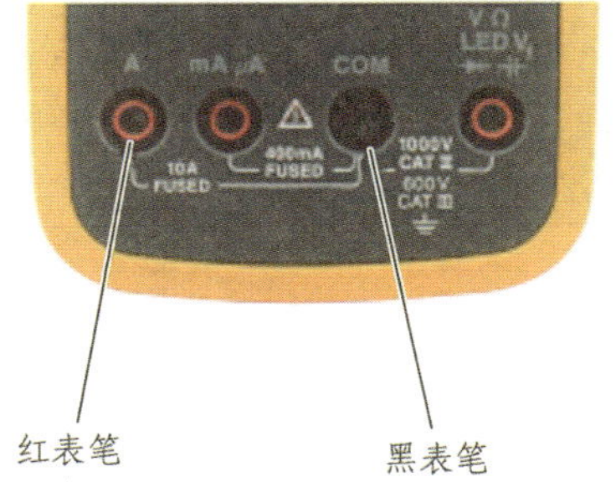
</td>
</tr>
<tr>
<td>直流电流测量注意事项：
估计电路中电流的大小。若测量大于 200 mA 的电流，则要将红表笔插入“10A”插孔并将旋钮打到直流“10A”挡；若测量小于 200 mA 的电流，则将红表笔插入“200mA”插孔，将旋钮打到直流 200mA 以内的合适量程。
将万用表串进电路中，保持稳定，即可读数。若显示为“1.”，那么就要加大量程；如果在数值左边出现“-”，则表明电流从黑表笔流进万用表</td>
<td>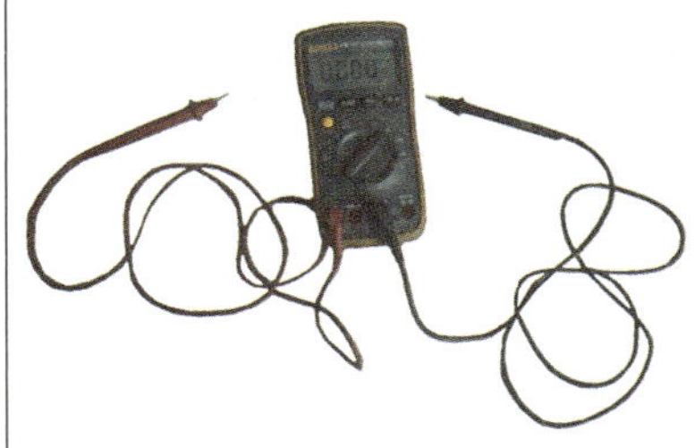</td>
</tr>
<tr>
<td>交、直流电压的测量：
1. 将旋转开关转至 Ṽ（交流）或 V̿（直流）选择交流电或直流电。
2. 将红色测试导线连接至 VΩ 端子，黑色测试导线连接至 COM 端子。
3. 将数字万用表并联接入被测线路中。
4. 读出显示屏电压值</td>
<td>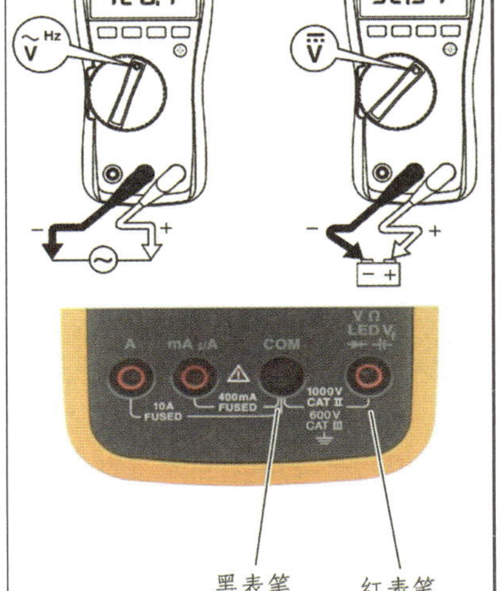
</td>
</tr>
</table>

续表

读数方法	数字万用表读数时直接从显示器上视读，但是要注意表上显示的单位
使用注意事项	1. 使用过程中，手部不得直接与测量表笔金属部分接触（以防触电）。 2. 测量过程中不能转换开关。 3. 使用完毕及时关断电源开关。 4. 长期不使用时应将电池拆下存放。 5. 当万用表的电池电量即将耗尽时，液晶显示器出现“电池”符号，表示电量低，应及时更新
保养注意事项	1. 在使用万用表前看清万用表是否在有效期内。 2. 在使用过程中若造成磕碰，必须交计量室重新修理、检定。 3. 在使用结束后，将万用表擦拭干净，放入盒中

第十四节　量具使用作业指导书——兆欧表

名称	兆欧表	
概述	兆欧表又称摇表，兆欧表的额定电压有 250 V、500 V、1 000 V、2 500 V 等几种，测量范围有 500 MΩ、1 000 MΩ、2 000 MΩ等几种	
作用	用来测量被测设备的绝缘电阻和高值电阻	
结构	（1）手摇发电机（表身）。 （2）接线柱（L：线路端、E：接地端、G：屏蔽端）。 （3）测试导线及夹子。 （4）摇把	接线柱 手摇发电机（表身） 摇把 测试导线及夹子
使用方法	使用前的检查： 1. 合格证（有合格证，使用日期必须在合格证有效期范围内）。 2. 外观（各部良好）。 3. 仪表盘（指针平直、刻度清晰）。 4. 测量导线（绝缘良好、连接紧固、夹力作用良好）。 5. 校表（开路试验、短路试验）	

续表

<table>
<tr><td rowspan="2">使用方法</td><td>使用前的开路检查：
测试导线分开一定距离保持绝缘，摇动手把，指针应指在“∞”处</td><td>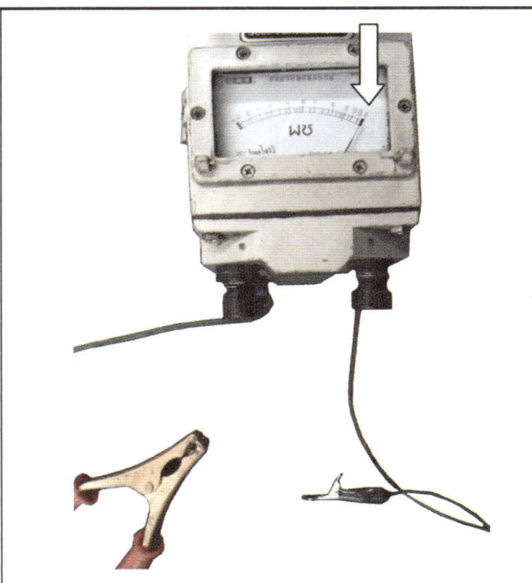
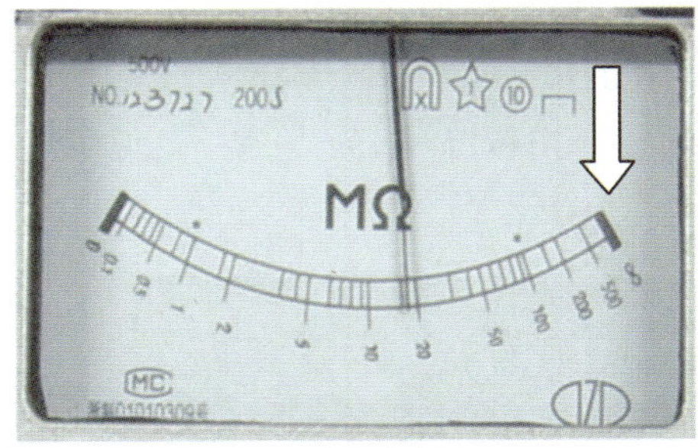
摇表的读数</td></tr>
<tr><td>使用前的短路检查：
测试导线短接，摇动手把，指针应指在“0”处</td><td>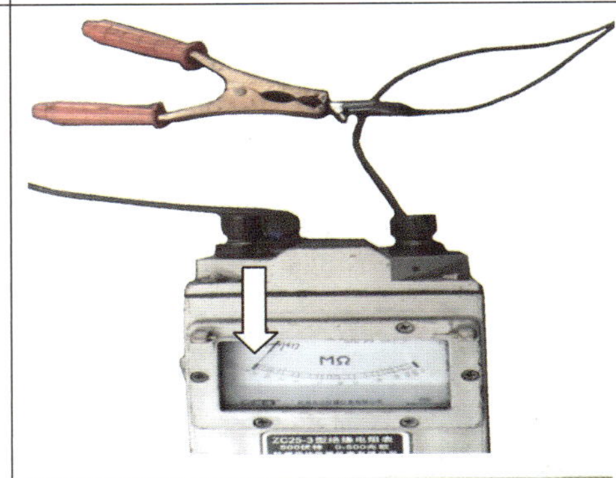
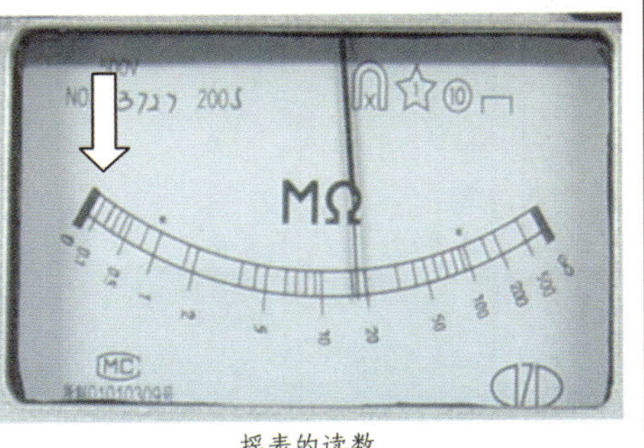
摇表的读数</td></tr>
</table>

续表

使用方法	测量方法 1. 把测试导线与被测配件进行连接。 测量时导线的夹持方法： L-线路（红线）-→ 被测线路 E-接地（黑线）-→ 被测设备地线或机壳 2. 寻找可靠绝缘接地点。 3. L 线路连接被测设备导线，检查连接可靠后，顺时针方向转动摇把，转速达到 120 r/min 左右时，保持匀速转动，1 min 后垂直视线读数，并且要边摇边读数，不能停下来读数。 4. 拆线放电。放电方法是将测量时使用的地线从摇表上取下来与被测设备短接一下即可（不是摇表放电）	
	错误示范： 夹持处有绝缘层	
读数方法	读数： 1. 顺时针方向转动摇把，转速达到 120 r/min 左右时，保持匀速转动，1 min 后垂直视线读数，并且要边摇边读数，不能停下来读数。 2. 读数单位为 MΩ，此读数一般为约读数	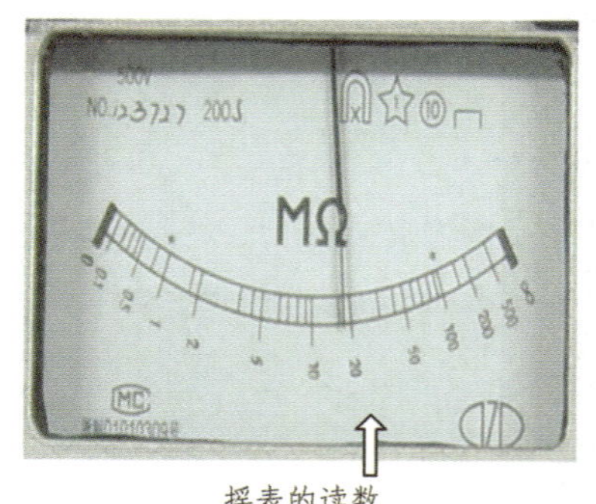 摇表的读数
	错误示范： 读数时视线不垂直	正确——垂直视读 

续表

读数方法	错误示范： 读数时视线不垂直	错误——斜视视读
使用注意事项	（1）禁止在雷电时或高压设备附近测绝缘电阻，只能在设备不带电，也没有感应电的情况下测量。 （2）摇测过程中，被测设备附近不能有人工作。 （3）摇表线不能绞在一起，要分开。 （4）摇表未停止转动之前或被测设备未放电之前，严禁用手触及。拆线时，也不要触及引线的金属部分。 （5）测量结束时，对于大电容设备要放电	
保养注意事项	（1）使用过程中严禁与设备磕碰。 （2）按规定时间进行校验	

第十五节　量具使用作业指导书——游标卡尺

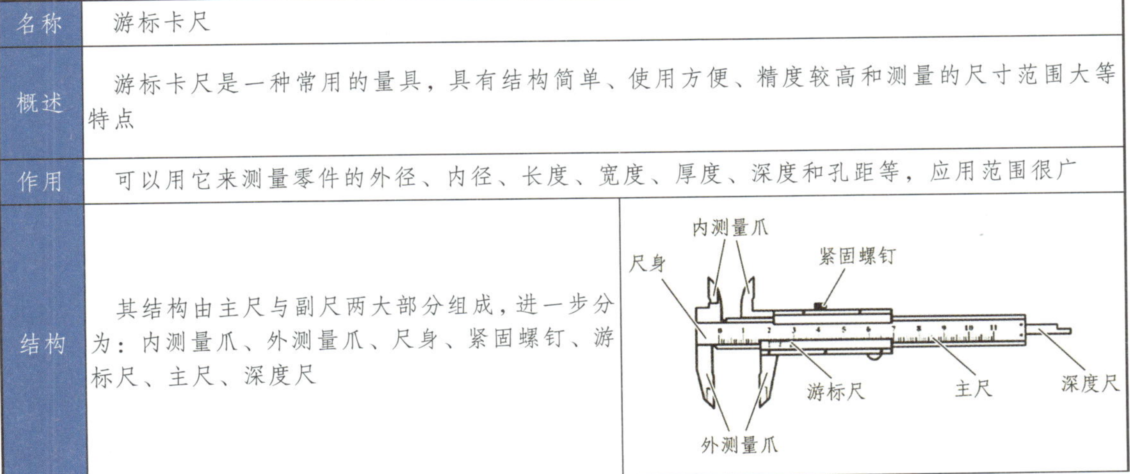

名称	游标卡尺	
概述	游标卡尺是一种常用的量具，具有结构简单、使用方便、精度较高和测量的尺寸范围大等特点	
作用	可以用它来测量零件的外径、内径、长度、宽度、厚度、深度和孔距等，应用范围很广	
结构	其结构由主尺与副尺两大部分组成，进一步分为：内测量爪、外测量爪、尺身、紧固螺钉、游标尺、主尺、深度尺	

续表

<table>
<tr><td rowspan="3">使用方法</td><td>使用前的检查：
1. 合格证(有合格证,使用日期必须在合格证有效期范围内)。
2. 外观检查（外观检查各部良好，无缺损）。
3. 零刻度线检查（当游尺推回到最左侧的初始状态，主尺与游尺的0刻度线应对齐）。
4. 量爪检查（游尺打开状态时：量爪外观检查无缺损、凸起、下凹。游尺合拢时：对准亮光处检查内外测量刃处应无透光）。
5. 游标活动量检查（左右滑动游尺，游尺应滑动灵活，无卡滞与晃动）。
6. 深度尺检查（推出游尺，观察深度尺尺身平直无缺损，测量顶端平整无变形；收回游尺时，深度测量顶端面应与尺身端部平齐）</td><td></td></tr>
<tr><td>测量时的基本要求：
1. 密贴。测量工件时测量爪应与被测工件测量处密贴。
2. 对齐。测量工件时测量爪应与被测工件对齐，并平直，不能有夹角。
3. 固定。测量时在不便于直接视读测量结果时，应先使用紧固螺钉对测量数量进行固定，取出后在方便视读条件下进行视读。
4. 多次取平均。测量时为了提高精确度，可采用多次测量取平均值的方法</td><td></td></tr>
<tr><td colspan="2">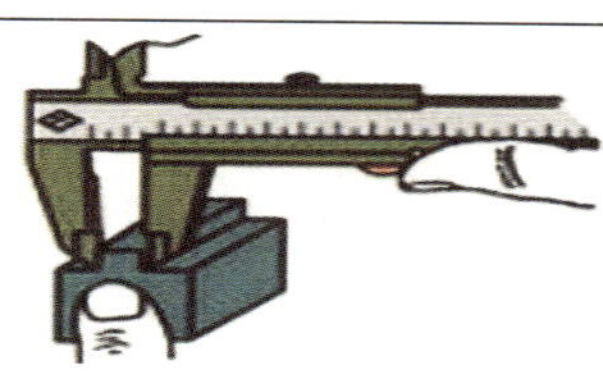
（a）测量工件宽度
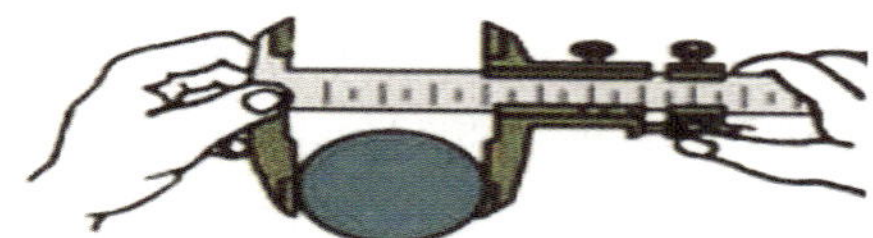
（b）测量工件外径

（c）测量工件内径
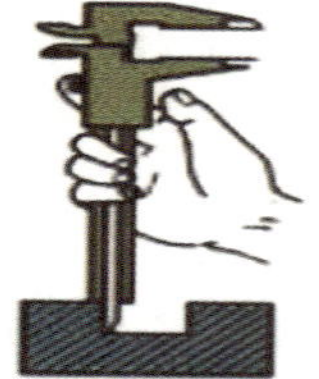
（d）测量工件深度
测量步骤-以图（a）测量工件宽度为例说明：
1. 滑动游尺使外测量爪开距稍大于被测工件宽度。
2. 用外测量爪非滑动端与被测工件密贴。
3. 轻轻推动游尺向工件靠近。
4. 当推动外测量爪滑动爪与工件密贴，并平直无夹角时，进行视读测量结果数值（如遇由于不能直接视读结果时，用紧固螺钉把游尺进行固定，到方便视读的环境下视读数值）。
5. 测量完毕后把游尺反方向滑开松开工件。
6. 将游标卡尺恢复到初始状态，用软布对游标卡尺进行擦拭保养，并放回到专到游标卡尺盒内</td></tr>
</table>

续表

使用方法	错误示范： 1. 测量时量爪与工件测量面不密贴	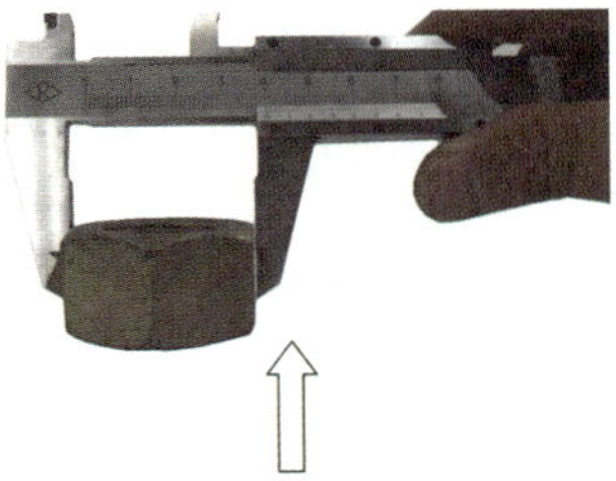
	2. 测量时量爪与工件不平直	正确夹持方式 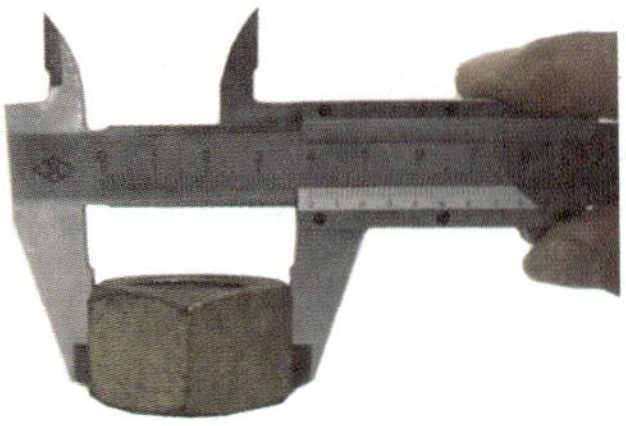 错误夹持方式 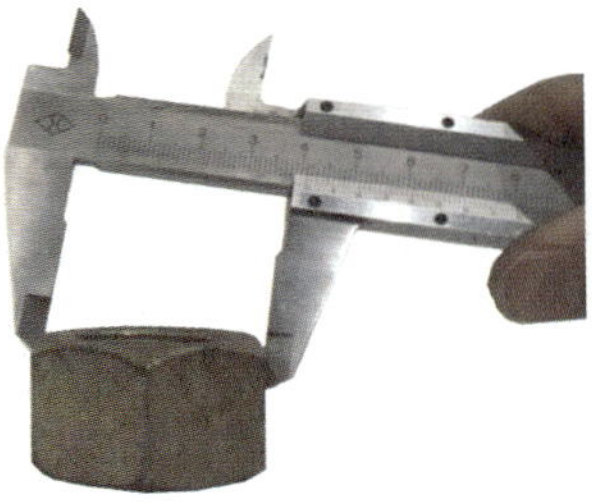
	3. 量轴歪斜	正确 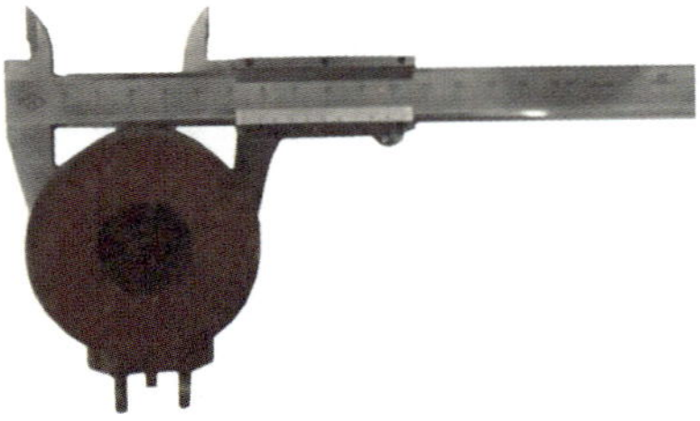 错误 

续表

使用方法	4. 量孔偏歪	正确 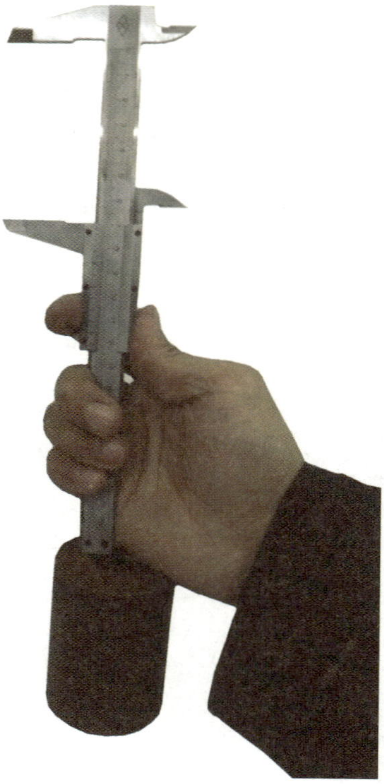 错误 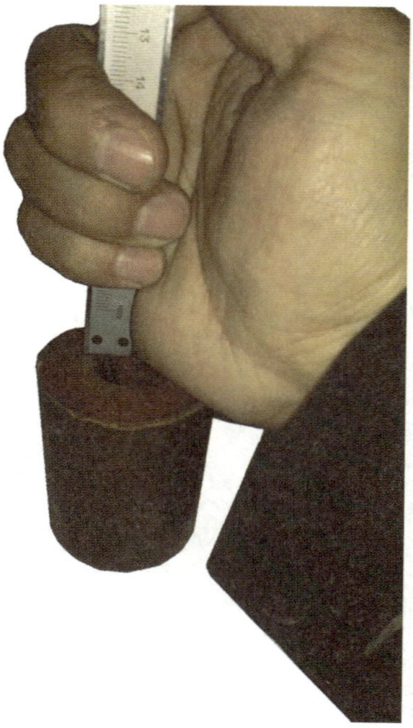

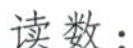

续表

读数方法	读数： 1. 先读整数（看游标零线的左边，尺身上最靠近的一条刻线的数值，读出被测尺寸的整数部分）33 mm。 2. 再读小数（看游标零线从左向右查找第一条与主尺刻度线最对齐的数值，读出被测尺寸的小数部分）0.32 mm。 3. 得出被测尺寸（把上面两次读数的整数部分和小数部分相加，就是卡尺的所测尺寸） 33 + 0.32 = 33.32（mm）	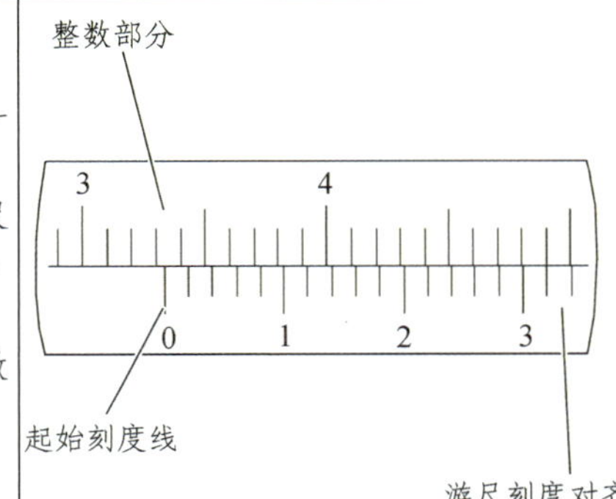
	错误示范：（例图数值为例） 标准读数结果为：33.32 mm。 1. 误读成：3.3（整数读数错误、无单位）。 2. 误读成：33.3（小数读数错误、没有精确到小数点后两位、无单位）。 3. 误读成：33.32（无单位）	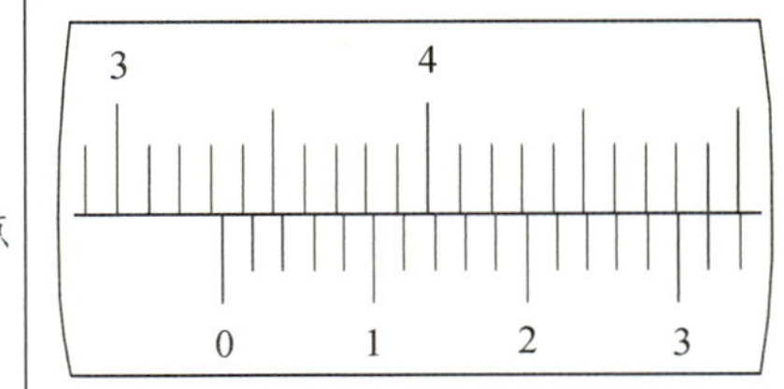
使用注意事项	1. 测量时先检查游尺。 2. 测量过程中卡工件时不能用力过度。 3. 使用过程中注意测量爪与工件不能磕碰	
保养注意事项	（1）使用前应用软布进行擦拭。 （2）使用完毕后应用软布对尺身进行擦拭，保持干净。 （3）定期对游尺与主尺之间的缝隙进行给油保养。 （4）按规定时间进行校验	

第七章　工具使用指导书

第一节　工具使用作业指导书——卡簧钳

名称	卡簧钳	
概述	卡簧钳是一种用来安装内簧环和外簧环的专用工具，外形上属于尖嘴钳一类，钳头可采用内直、外直、内弯、外弯几种形式，不仅可以用于安装簧环，也能用于拆卸簧环	
作用	卡簧钳分为外卡簧钳和内卡簧钳两大类，分别用来拆装轴外用卡簧和孔内用卡簧。其中外卡簧钳又叫作轴用卡簧钳，内卡簧钳又叫作穴用卡簧钳	
使用方法	使用前的检查： 外观检查良好，绝缘手柄无破损，卡簧钳部无变形及过量磨耗。	
	卡簧钳的造型和操作方法基本与其他常见钳子是一样的，只要用手指带动钳腿张开、合并，就可以操控钳嘴，并完成卡簧的安装、拆卸过程，如图所示	胀开型卡环　收缩型卡环 外卡环钳　内卡环钳

第二节　工具使用作业指导书——塞尺

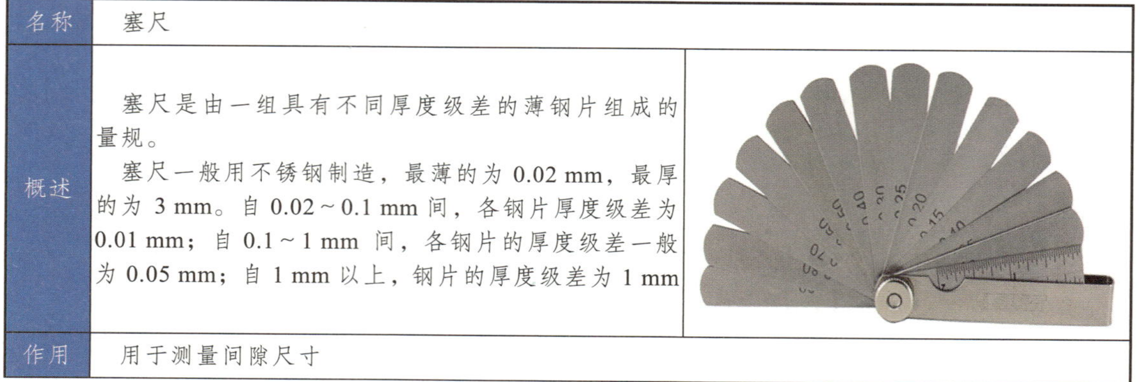

名称	塞尺
概述	塞尺是由一组具有不同厚度级差的薄钢片组成的量规。 塞尺一般用不锈钢制造，最薄的为 0.02 mm，最厚的为 3 mm。自 0.02～0.1 mm 间，各钢片厚度级差为 0.01 mm；自 0.1～1 mm 间，各钢片的厚度级差一般为 0.05 mm；自 1 mm 以上，钢片的厚度级差为 1 mm
作用	用于测量间隙尺寸

续表

结构	（1）塞尺片。 （2）塞尺架。 （3）锁紧螺母	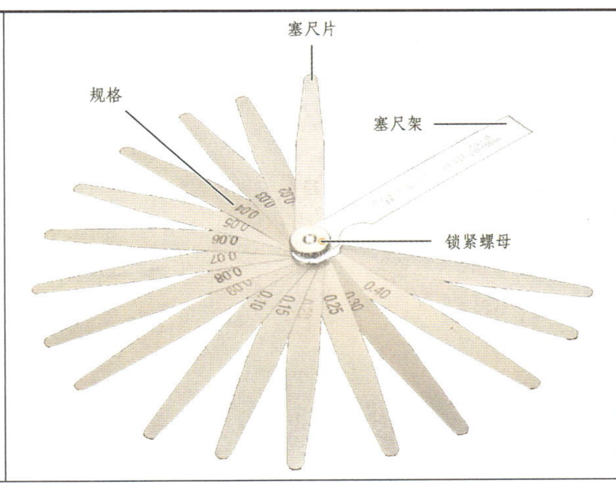
使用方法	（1）用干净的布将塞尺测量表面擦拭干净，不能在塞尺沾有油污或金属屑末的情况下进行测量，否则将影响测量结果的准确性。 （2）将塞尺插入被测间隙中，来回拉动塞尺，感到稍有阻力，说明该间隙值接近塞尺上所标出的数值；如果拉动时阻力过大或过小，则说明该间隙值小于或大于塞尺上所标出的数值。 （3）进行间隙的测量和调整时，先选择符合间隙规定的塞尺插入被测间隙中，然后一边调整，一边拉动塞尺，直到感觉稍有阻力时拧紧锁紧螺母，此时塞尺所标出的数值即为被测间隙值	
	错误示范： （1）塞尺粘有油污或金属屑的情况下进行测量。	正确 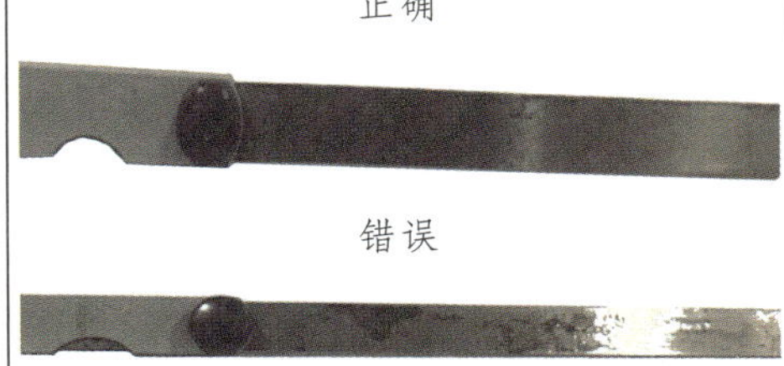 错误
	（2）测量过程中剧烈弯折塞尺。	正确 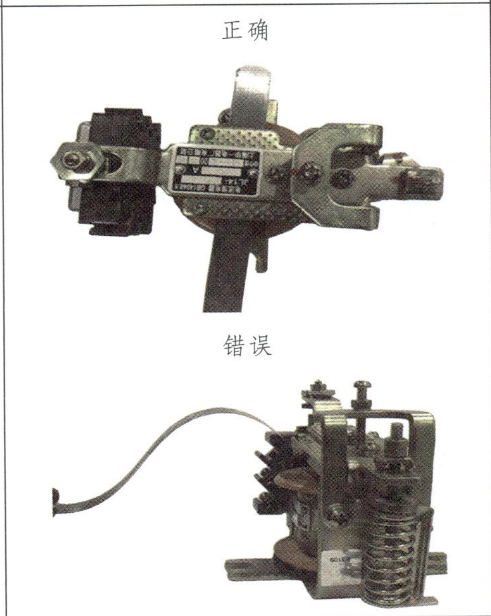 错误

续表

	（3）存放于重物之下	正确  错误 
使用注意事项	（1）根据结合面的间隙情况选用塞尺片数，但片数越少越好。 （2）测量时不能用力太大，以免塞尺遭受弯曲和折断；不能测量温度较高的工件。 （3）使用塞尺时不能戴手套并保持手的干净、干燥。 （4）观察塞尺有无弯折、生锈，以免影响测量的准确度。 （5）擦拭塞尺上的灰尘和油污，以免影响测量的准确度。 （6）测量时不能强行把塞尺塞入测量间隙，以免塞尺弯曲或折断	
保养注意事项	（1）使用前应用软布进行擦拭。 （2）使用完毕后应用软布对尺身进行擦拭，保持干净。 （3）定期进行校验	

第三节　工具使用作业指导书——锡焊作业

<table>
<tr><td>名称</td><td colspan="2">锡焊作业</td></tr>
<tr><td>概述</td><td colspan="2">锡焊是利用焊锡加热热熔化后，渗入并填充金属件连接处间隙的焊接方法</td></tr>
<tr><td>作用</td><td colspan="2">锡焊的目的是将分离的金属件连接起来，使电流能导通，并达到要求的强度和密封性</td></tr>
<tr><td>结构</td><td>（1）烙铁架。
（2）电烙铁。
（3）焊锡丝。
（4）松香焊剂。
（5）海绵</td><td>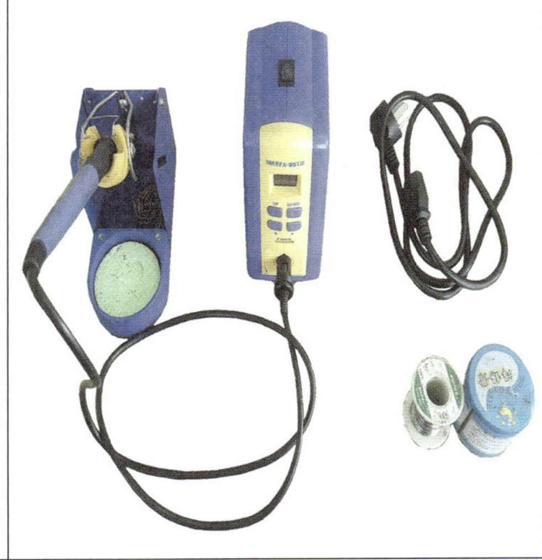</td></tr>
<tr><td rowspan="2">使用方法</td><td colspan="2">使用前的准备：
检查插头线路处有无短路现象，检查电烙铁接线处螺丝松紧，检查烙铁嘴是否氧化，是否凹凸不平影响受热；检查清洁海绵含水量是否适当（半干状态为佳），是否脏污，否则进行处理）；检查烙铁架上是否有锡渣，若有要及时清除；检查烙铁温度设置是否合理；周围不能放易燃或不必要的物品</td></tr>
<tr><td>使用步骤：
1. 准备施焊
准备好焊锡丝和烙铁。此时特别强调的是烙铁头部要保持干净，即可以沾上焊锡（俗称吃锡）。
2. 加热焊件
将烙铁接触焊接点，注意首先要保持烙铁加热焊件各部分，例如印制板上引线和焊盘使之受热，其次要注意让烙铁头的扁平部分（较大部分）接触热容量较大的焊件，烙铁头的侧面或边缘部分接触热容量较小的焊件，以保持焊件均匀受热。
3. 熔化焊料
当焊件加热到能熔化焊料的温度后将焊丝置于焊点，焊料开始熔化并润湿焊点。
4. 移开焊锡
当熔化一定量的焊锡后将焊锡丝移开。</td><td>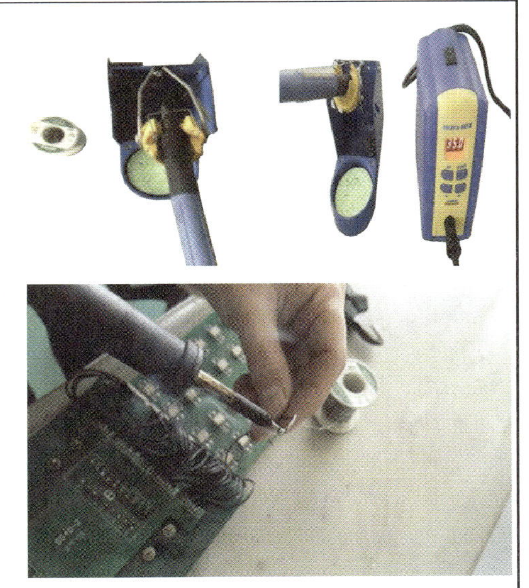</td></tr>
</table>

续表

<table>
<tr><td rowspan="3">使用方法</td><td>5. 移开烙铁
当焊锡完全润湿焊点后移开烙铁，注意移开烙铁的方向应该是大致 45° 的方向</td><td></td></tr>
<tr><td>错误示范：
（1）焊锡丝过多造成焊点连焊，会造成电路短接，损坏电器元件。</td><td></td></tr>
<tr><td>（2）焊接温度不佳、方法不当造成虚焊，使两元件连接点之间存在隔离层，其电气特性并没有导通或导通不良，影响电路特性</td><td></td></tr>
<tr><td>使用注意事项</td><td colspan="2">（1）焊接前应将线头清理干净，挂锡；焊接时应用无腐蚀的中性焊剂，线芯断股不得有超过总股数的 10%。
（2）接触线应有各自的绝缘套管和线号套管，屏蔽层采用热缩咔管进行绝缘保护；焊接后应将残锡清除干净。
（3）焊接的线头要接牢固，可靠；焊接温度合适，焊接角度顺序正确，保持适当的焊接时间。焊点要均匀，焊接可靠，不得虚焊。
（4）必须带静电环操作，戴手套或指套操作，裸手不能直接接触机板及元器件金手指。尽量使用低温焊接，焊接时勿施压过大</td></tr>
<tr><td>保养注意事项</td><td colspan="2">（1）焊接完毕后，暂时不用时，先把温度调到大约 250 °C，然后清洁烙铁头，再加上一层新锡（起保护作用），操作过程中严禁与设备磕碰。
（2）较长时间不用时，先按第一项加锡保护烙铁头，然后关闭电源，清洁烙铁架及海绵等。
（3）烙铁头要经常保持清洁，经常用湿布、沾水海绵擦拭烙铁头。
（4）不焊接时应及时将烙铁嘴放回烙铁架上，并且注意轻拿轻放。操作中不得敲击甩动烙铁嘴，以免发热芯受损及锡珠乱溅</td></tr>
</table>

第四节　工具使用作业指导书——锉刀

<table>
<tr><td>名称</td><td colspan="2">锉刀</td></tr>
<tr><td>概述</td><td colspan="2">锉刀是用碳素工具钢 T12 或 T13 经热处理后，再将工作部分淬火制成的一种小型生产工具，是用于锉光工件的手工工具</td></tr>
<tr><td>作用</td><td colspan="2">用于对金属、木料、皮革等表层做微量加工</td></tr>
<tr><td>结构</td><td>工作部分、锉刀柄、锉刀面、锉刀边</td><td> 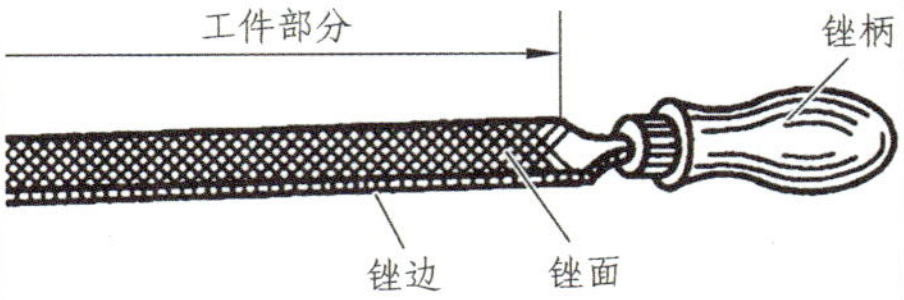工件部分
锉柄
锉边
锉面</td></tr>
<tr><td>锉刀分类</td><td>普通锉刀按照截面状态可分为：平锉、半圆锉、方锉、三角锉、圆锉 5 种。
平锉用于锉削平面、外圆和凸圆弧面。
方锉用于锉削平面和方孔及方槽。
三角锉：用于锉削平面、方孔及 60° 以上的锐角。
圆锉：用于锉削圆内弧面。
半圆锉：用于锉削平面、内弧面和大的圆孔</td><td> 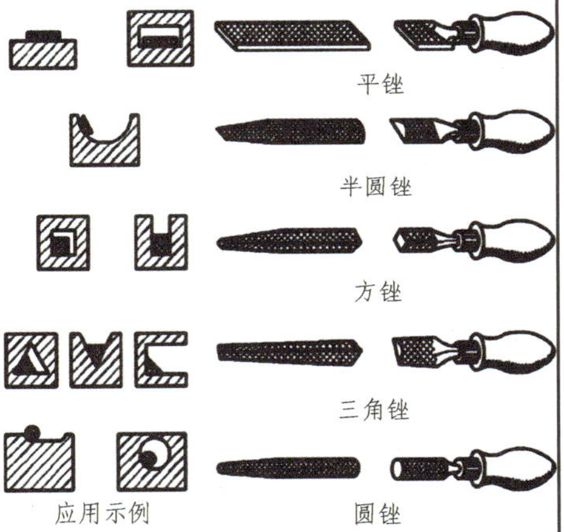平锉
半圆锉
方锉
三角锉
应用示例　圆锉</td></tr>
<tr><td>锉刀选用</td><td colspan="2">（1）根据工件形状和加工面的大小选择锉刀的形状和规格。
（2）根据材料的软硬、加工余量、精度和粗糙度的要求选择锉刀齿纹的粗细。
（3）以锉刀 10 mm 长的锉面上齿数多少来确定：
粗锉刀（4～12 齿）用于加工软材料，如铜、铅等，或粗加工时。
细锉刀（13～24 齿）用于加工硬材料或精加工时。
光锉刀（30～40 齿）用于最后修光表面</td></tr>
<tr><td>锉刀握法</td><td>大锉刀握法：右手心抵在锉刀手柄端头，大拇指放在锉刀柄上，其余四指弯下，配合大拇指捏住手柄，左手根据锉刀大小和用力轻重，如图所示可选择握法</td><td> 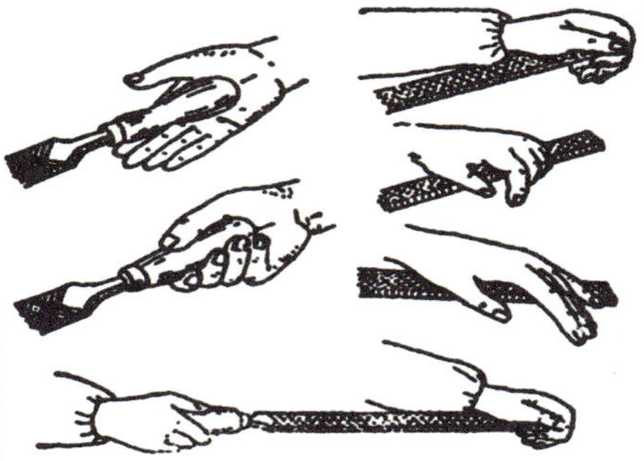</td></tr>
</table>

续表

锉刀握法	中锉刀握法：右手握法与大锉刀握法相同，左手用大拇指和食指捏住锉刀前端	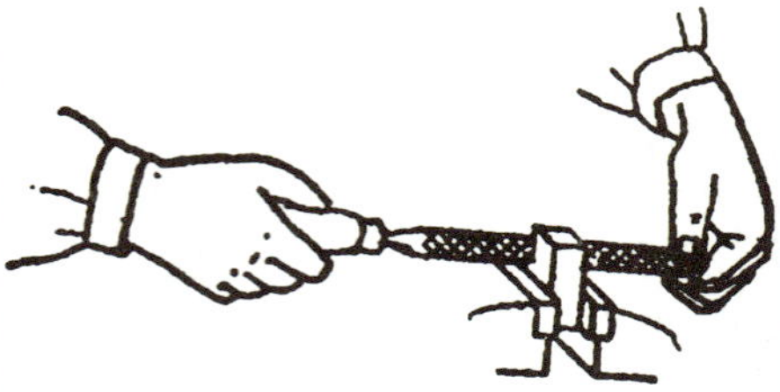
	小锉刀握法：右手食指伸直，拇指放在锉刀手柄上，食指靠在锉刀的刀边，左手几个手指压在锉刀中部	
	什锦锉握法：一般只用右手拿锉，食指放在锉刀上面，拇指放在锉刀左侧	
锉刀使用	锉削时，对锉刀的总压力不能太大，因为锉齿存屑空间有限，压力太大只能使锉刀磨损更快；但压力也不能太小，过小锉刀打滑，达不到切削目的，一般是以在向前推进时手上有一种韧性感为宜。 锉削速度一般为每分钟40～50次，太快操作者易疲劳，太慢，效率低。	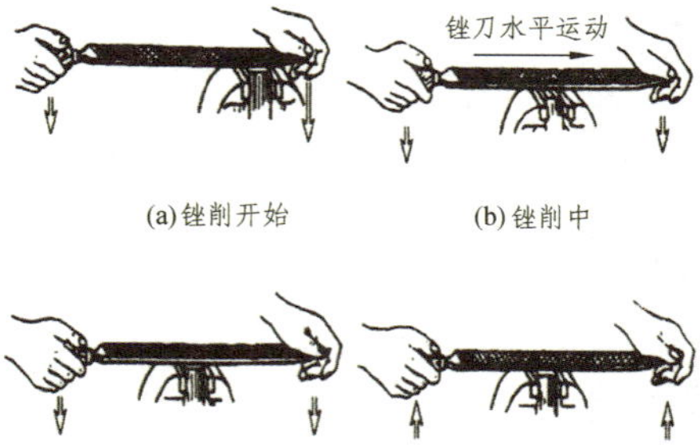 锉刀水平运动 (a)锉削开始 (b)锉削中 (c)锉削终结 (d) 锉刀返回
平面锉削	顺向锉法：锉刀沿着工件表面横向或者纵向移动，锉削表面可得到正直的锉痕，比较整齐美观。适合用于锉削小平面和最后修光工件	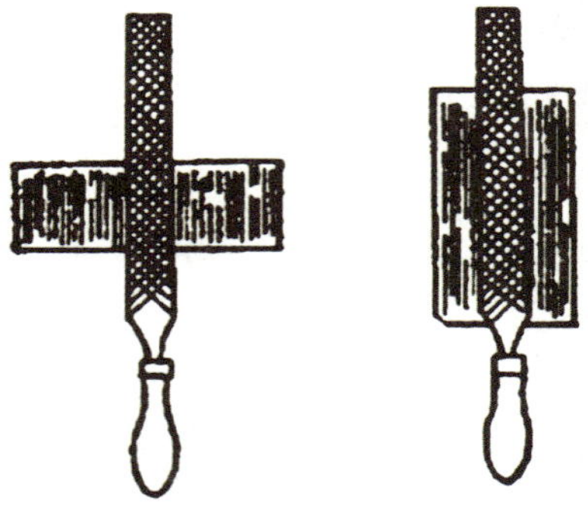

续表

<table>
<tr><td rowspan="2">平面锉削</td><td>交叉锉法：以交叉的两方向顺序对工件进行锉削，由于锉痕交叉，容易判断锉削表面的不平程度，因而也容易把表面锉平。交叉锉法去屑较快，适用于平面的粗锉</td><td> 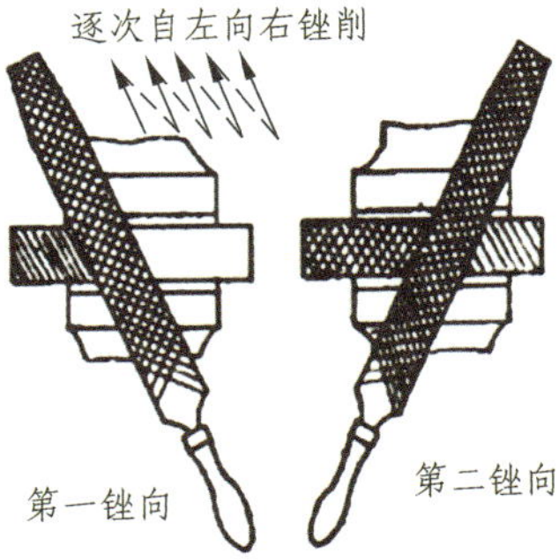逐次自左向右锉削
第一锉向
第二锉向</td></tr>
<tr><td>推挫法：两手对称握住锉刀，两个大拇指推锉刀进行锉削，这种方法适用于较窄表面且已经锉平、加工余量很小的情况下来修正尺寸和减少表面粗糙度</td><td> 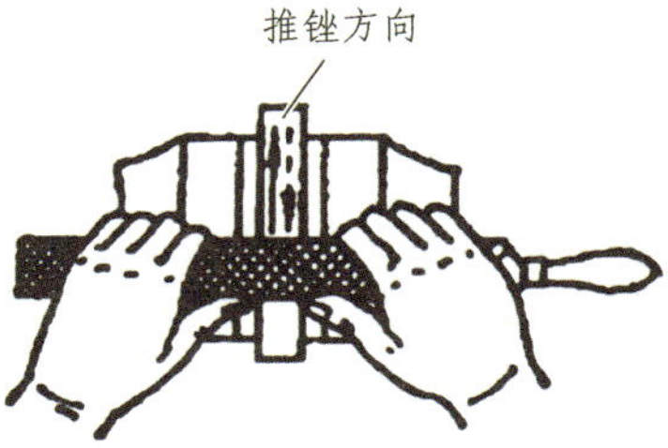推锉方向</td></tr>
<tr><td rowspan="4">锉削质量检测</td><td>检测直线度：用钢尺和直角尺以透光法检查</td><td></td></tr>
<tr><td>检查垂直度：用直角尺采用透光法检查，先选择基准面，然后选择其他面检查</td><td> 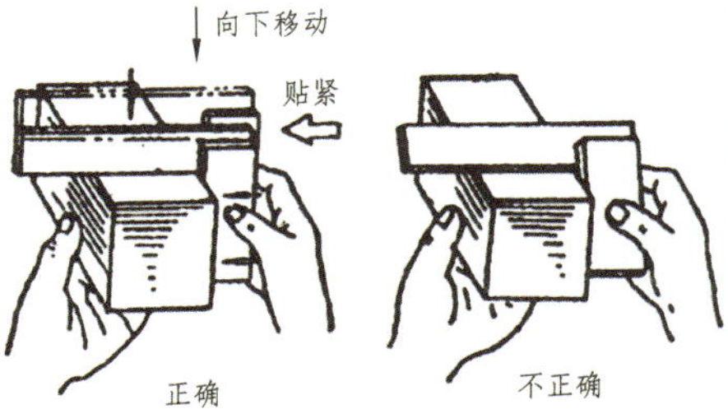向下移动
贴紧
正确
不正确</td></tr>
<tr><td>检查尺寸：用游标卡尺在全长不同位置上测量几次，进行对比</td><td></td></tr>
<tr><td>检查表面粗糙度：可用表面粗糙度样板对比检查</td><td></td></tr>
<tr><td>使用注意事项</td><td colspan="2">1. 不准使用无柄锉刀锉削，避免伤手。
2. 不准吹锉屑，以防锉屑飞入眼睛。
3. 锉削时，锉刀不要碰撞工件，以免损坏工件。
4. 放置锉刀时不要把锉刀露出钳台，以防坠落。
5. 锉削时不可用手摸被锉削面，防止烫伤。
6. 锉刀齿面积屑后，用钢刷去除，禁止用手抹去</td></tr>
</table>

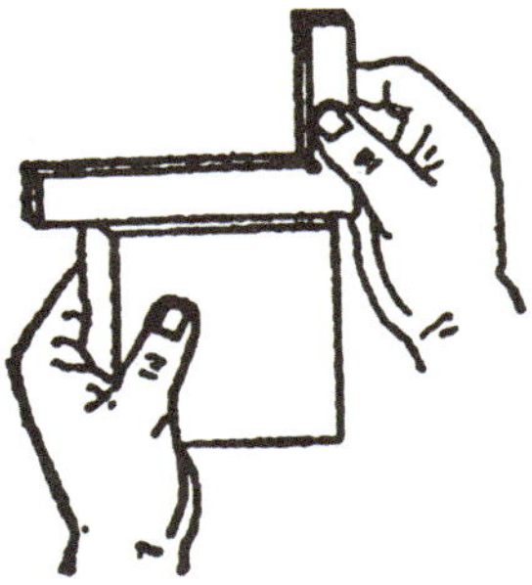

续表

保养注意事项	为延长锉刀的使用寿命，必须遵守以下几个原则： 1. 不准用新锉刀锉削硬金属。 2. 不准用锉刀锉淬硬材料。 3. 不准锉削有氧化皮和表面粘砂的材料，待清理完后再行锉削加工。 4. 锉削时，要经常用钢丝刷清理齿纹（槽）的锉屑。 5. 锉削速度要慢，速度快易磨损锉齿。 6. 锉刀不能沾水，沾油

第五节　工具使用作业指导书——活扳手

<table>
<tr><td>名称</td><td colspan="2">活扳手</td></tr>
<tr><td>概述</td><td colspan="2">活扳手是用来旋转六角或方头螺栓、螺钉、螺母的一种常用工具。因它的特点是开口尺寸可以在规定范围内任意调节，所以特别适用于在螺栓规格多的场合使用</td></tr>
<tr><td>作用</td><td colspan="2">用于四方头或六方头螺纹管件紧固，拆卸</td></tr>
<tr><td>结构</td><td>（1）固定钳口。
（2）活动钳口。
（3）开口调节螺母。
（4）固定销。
（5）握把</td><td>固定钳口
开口调节螺母
握把
活动钳口
固定销
250 mm</td></tr>
<tr><td rowspan="2">使用方法</td><td colspan="2">（1）使用时，将扳口调节到比螺母稍大些，用右手握手柄，再用右手指旋动蜗轮使扳口紧压螺母。扳动大螺母时，因为力矩较大，手应握在手柄的尾处。
（2）扳动较小螺母时，需用力矩不大，但螺母过小易打滑，故手应握在靠近头部的地方，可随时调节蜗轮，收紧活络扳唇，防止打滑</td></tr>
<tr><td>应按螺栓或管件大小选用适当的活扳手</td><td>
</td></tr>
</table>

续表

<table>
<tr><td rowspan="4">使用方法</td><td>使用时扳手开口要适当，防止打滑，以免损坏管件或螺栓，或造成人员受伤</td><td>
</td></tr>
<tr><td>不应套加力管使用，不准把扳手当榔头用</td><td>
</td></tr>
<tr><td>使用扳手要用力顺扳，不准反扳，以免损坏扳手</td><td>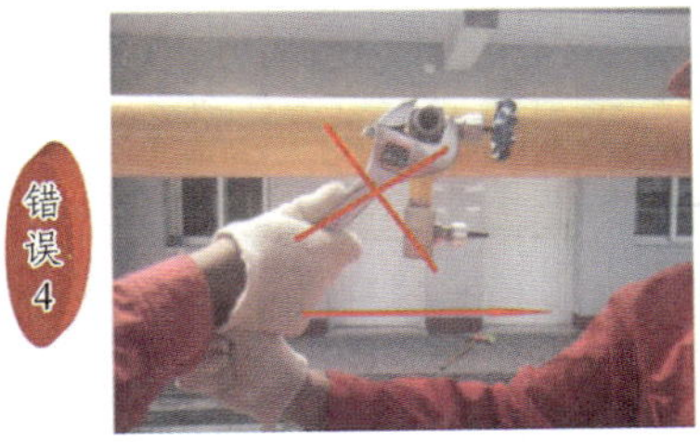
</td></tr>
<tr><td>扳手用力方向 1 m 内不准站人</td><td>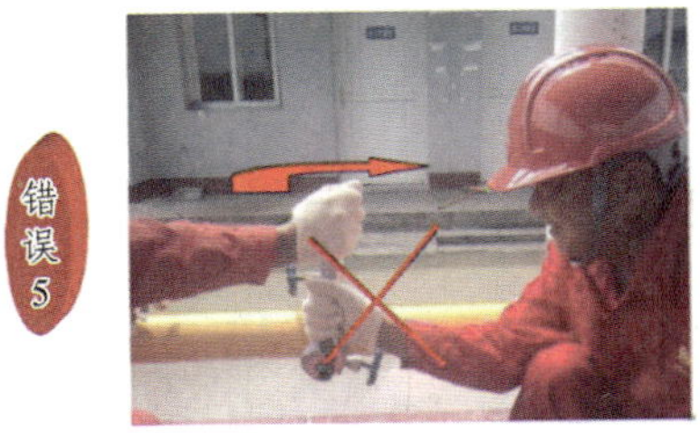
</td></tr>
<tr><td>使用注意事项</td><td colspan="2">（1）使用扳手时，严禁带电操作。
（2）使用活扳手时应随时调节扳口，把工件的两侧面夹牢，以免螺母脱角打滑，不得用力太猛。
（3）活扳手不可反用，以免损坏活动扳唇，也不可用钢管接长手柄来施加较大的扳拧力矩。
（4）活扳手不得当作撬棍和锤子使用</td></tr>
<tr><td>保养注意事项</td><td colspan="2">（1）使用前检查活扳手活动性能良好。
（2）使用过程中避免磕碰。
（3）使用结束后，将工具擦拭干净存放</td></tr>
</table>

第六节　工具使用作业指导书——棘轮套筒扳手

名称	棘轮套筒扳手	
概述	一种手动螺丝松紧工具，是拆卸螺栓最方便、灵活且安全的工具	
作用	用于旋转狭窄或难于接近的位置螺丝的松紧操作	
结构	（1）棘轮套筒。 （2）棘轮手柄	
使用方法	（1）将套筒套在配套手柄的方榫上（视需要与长接杆、短接杆或万向接头配合使用），按下锁紧按钮，将套筒头套入棘轮扳手的方榫中，松开锁定按钮，套筒即被锁止，如果再次按下锁定按钮，即可解除套筒锁定。 （2）通过调整锁紧机构可改变其旋转方向：将锁紧机构手柄调到左边，可以单向顺时针拧紧螺栓或螺母；将锁紧机构手柄调到右边，可以单向逆时针松开螺栓或螺母。 （3）再将套筒套住螺栓或螺母，左手握住手柄与套筒连接处，保持套筒与所拆卸或紧固的螺栓同轴，右手握住配套手柄加力	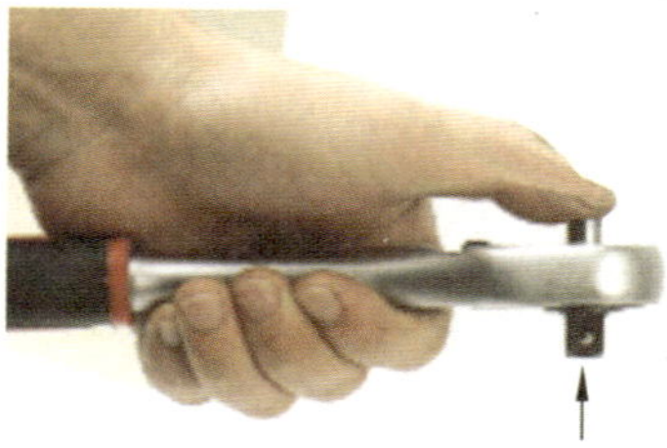  多种组合，可自由组成 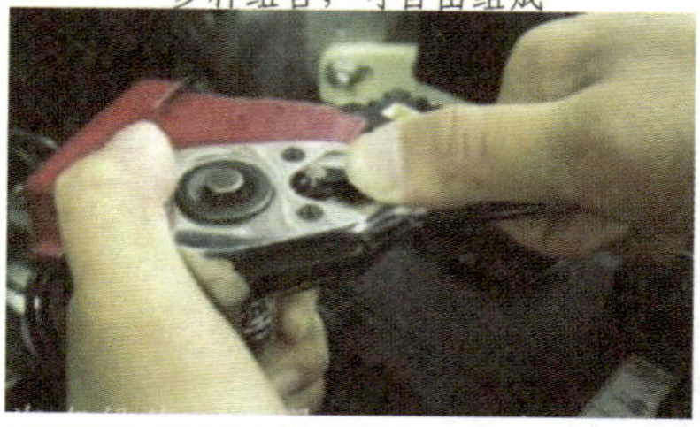
	错误示范： （1）作锤击使用。	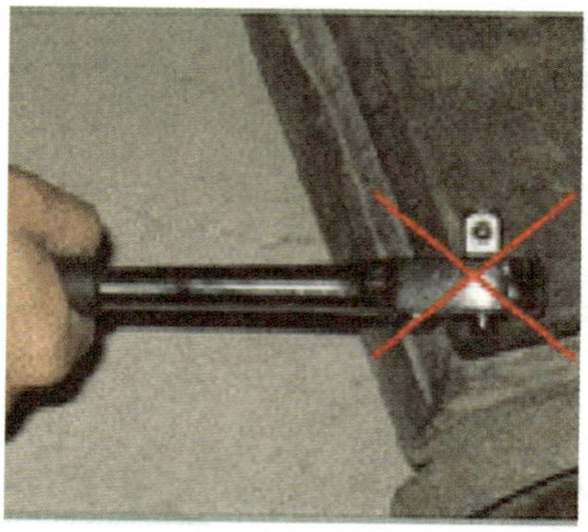

续表

<table>
<tr><td>使用方法</td><td>（2）长期浸泡或用于油污环境</td><td></td></tr>
<tr><td>使用注意事项</td><td colspan="2">（1）根据空间大小、扭矩要求和螺栓或螺母的尺寸来选用合适的套筒头。
（2）在使用套筒的过程中，左手握紧手柄与套筒连接处，切勿摇晃，以免套筒滑出或损坏螺栓螺母的棱角。
（2）朝向自己的方向用力，可防止滑脱造成手部受伤。
（3）在选用套筒时，必须使套筒与螺栓、螺母的形状及尺寸完全适合，若选择不正确，则套筒在使用时有可能打滑，从而损坏螺栓、螺母。
（4）不要使用出现裂纹或已损坏了的套筒。这种套筒会引起打滑，从而损坏螺栓、螺母的棱角。
（5）禁止用锤子将套筒击入变形的螺栓、螺母进行拆装，避免损坏套筒</td></tr>
<tr><td>保养注意事项</td><td colspan="2">不要使用棘轮扳手对螺栓或螺母进行最后的拧紧。
（2）严禁对棘轮手柄施加过大的扭矩，否则会损坏内部棘爪结构。
（3）工具使用完毕，应清洗油污，妥善放置</td></tr>
</table>

第七节 工具使用作业指导书——开口扳手

<table>
<tr><td>名称</td><td colspan="2">开口扳手</td></tr>
<tr><td>概述</td><td>开口扳手（呆扳手）是一种基本的固定尺寸的扳手。由于这类扳手的开口是固定的，不同大小规格的螺栓和螺母都需要与扳手一一对应，在扳手上通常会标明开口的规格，六角或四角螺母对边的距离就是适用扳手开口的型号。整套的呆扳手会由小到大按照标准规格每个尺寸都自成一把，根据尺寸覆盖的跨度，一套扳手往往由几把到二十几把构成。对于膨胀螺丝，公制 M5、M6、M8、M10、M12 的螺母通常对应的扳手是 8、10、14、、17、19 号。呆扳手虽然开口是固定的，针对性强，但结构稳定，经久耐用，实际使用起来比活动扳手顺手得多。此外，根据应用的需要，还有敲击呆扳手、撬棒呆扳手、弯柄呆扳手、弯柄敲击呆扳手等</td><td>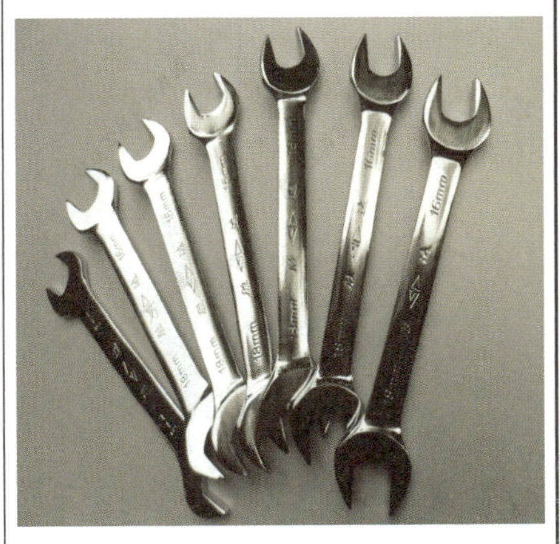</td></tr>
<tr><td>作用</td><td colspan="2">扳手是用来拧紧或松动螺栓和螺母的工具，每种类型的扳手都有其特殊的用途</td></tr>
</table>

续表

<table>
<tr><td>分类</td><td colspan="2">开口扳手、梅花扳手、活动扳手、内六角扳手、棘轮扳手等</td></tr>
<tr><td>用途</td><td colspan="2">（1）多用于拧紧或松动标准规格的螺栓和螺母。
（2）可以上下套入或横向插入，使用方便。
（3）不可以用来拧紧力矩较大的螺栓或螺母</td></tr>
<tr><td rowspan="3">使用方法</td><td colspan="2">（1）开口扳手只能在一个有限的空间里扳动螺栓或螺母，在螺栓或螺母被扳动到极限位置后，再将扳手取出重复原先的过程。
（2）扳动扳手的方向应朝向钳口方向。
（3）使用开口扳手进行最后拧紧时，加在扳手上的力不能太大，否则会导致螺纹滑丝。
（4）扳手应完整地夹在螺栓上，增大接触面积。
（5）只能选用与螺栓或螺母对边距尺寸相同的扳手。
（6）如果扳手规格尺寸选大了，会损坏螺栓或螺母。
（7）错误使用扳手会使扳手或螺栓和螺母损坏</td></tr>
<tr><td>图（a）正确，图（b）错误</td><td>（a）
（b）
开口扳手</td></tr>
<tr><td>图（a）正确，图（b）错误</td><td>（a）
（b）
开口扳手</td></tr>
</table>

续表

使用方法	开口扳手错误使用	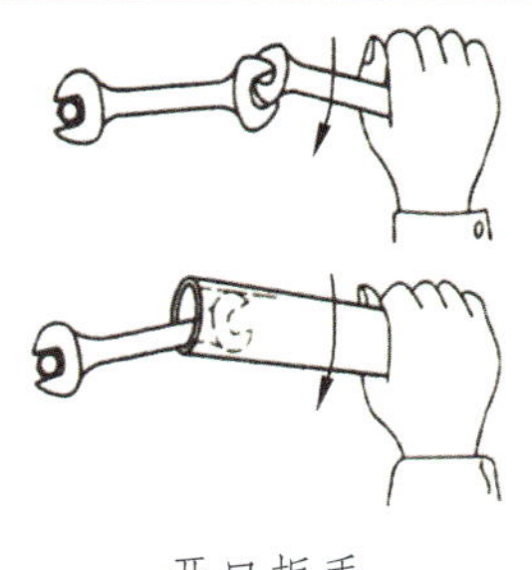 开口扳手
使用注意事项	使用时，一定要选择与所拆装螺栓（螺母）相同规格的扳手，以免因扳手尺寸过大而损坏螺栓（螺母）的棱角。 当使用推力拆装时，应用手掌力来推动，不能采用握推的方式，以免碰上手指。 不能采用两个扳手对拉或用套筒等套接的方式来加长扳手，以免损坏扳手或发生事故	
保养注意事项	（1）使用前检查开口扳手无破损、裂纹、变形。 （2）使用过程中避免磕碰。 （3）使用结束后，将工具擦拭干净存放	

第八节　工具使用作业指导书——螺丝刀

名称	螺丝刀	
概述	螺丝刀是一种用来拧转螺丝钉以迫使其就位的工具，通常有一个薄楔形头，可插入螺丝钉头的槽缝或凹口内，主要有一字（负号）和十字（正号）两种	
作用	用于拧紧或拧松带有槽口的螺栓或螺钉的手用工具	
结构	（1）刀杆。 （2）刀柄	
使用方法	（1）右手握持螺丝刀，手心抵住柄端，让螺丝刀口端与螺栓或螺钉槽口处于垂直吻合状态。 （2）当开始拧紧或最后拧紧时，应用力将螺丝刀压紧后再用腕力扭转螺丝刀。 （3）当螺栓松动后，即可使手心轻压螺丝刀柄，用拇指、中指和食指快速转动螺丝刀	
	错误示范： （1）电工带电维修时禁止使用金属杆直通柄顶的螺丝刀，应选择带绝缘手柄且在金属杆上穿绝缘套管的螺丝刀。 （2）使用较小的螺丝刀拧较大的螺丝或用较大的螺丝刀拧紧较小的螺丝。 （3）螺丝刀当撬棍或凿子使用	

续表

使用注意事项	（1）不要用螺丝刀对手中的物件进行螺丝钉的旋紧或者拧松，正确的做法是将物件固定在某个地方，以防伤害到周围的人。 （2）不可以用锤击工具对螺丝刀的手柄进行敲打或者撬开，不可以用螺丝刀对某些金属毛刺及其他的物体进行剔除。 （3）一旦螺丝刀使用不当，很容易出现损坏或者是锋利程度较低，螺丝刀的刀口应进行随时修磨，用砂轮磨时要用水冷却，无法修补的螺丝刀，如刀口损坏严重、变形、手把柄裂开或损坏，应报废
保养注意事项	（1）使用时，不可用螺丝刀当撬棍或凿子使用。 （2）在使用前应先擦净螺丝刀柄和口端的油污，以免工作时滑脱而发生意外，使用后也要擦拭干净。 （3）选用的螺丝刀口端应与螺栓或螺钉上的槽口相吻合。如口端太薄易折断，太厚则不能完全嵌入槽内，易使刀口或螺栓槽口损坏。 （4）使用时，要根据旋紧或松开的螺丝钉头部的槽宽和槽形选用适当的螺丝刀，不能用较小的螺丝刀去旋拧较大的螺丝钉

第九节　工具使用作业指导书——力矩扳手

名称	力矩扳手	
概述	力矩扳手又叫扭矩扳手、扭力扳手、扭矩可调扳手，是扳手的一种	
作用	力矩扳手可精确锁紧螺栓，防止锁螺栓时扭力过大引起断裂，或者扭力过小导致螺栓未锁紧	
结构	（1）方榫。 （2）定位销。 （3）铭牌。 （4）主标尺。 （5）手柄。 （6）定位装置	1　2　3　4　5　6
使用方法	使用基本原则： 力矩扳手分为定值式、预设式两种，预置可调式扭矩扳手是指扭矩的预紧值是可调的，使用者根据需要进行调整，使用扳手前，先将需要的实际扭紧矩值预置到扳手上，当拧紧螺丝紧固件时，若实际拧紧矩与预紧扭矩值相等时，扳手发出“咔哒”报警声，此时立即停止扳动，释放后扳手自动为下一次使用自动设定预紧扭矩值	
	1. 扭矩值设定：拉下手柄后部定位套锁紧装置。 2. 扭矩扳手手柄上有窗口，窗口内有标尺，标尺显示扭矩值大小，选择所需力矩值。松开定位套紧装置，使定位套复位，锁住力矩值。 3. 将扳手方榫套入相应尺寸规格套筒。 4. 将套筒套入螺母或螺栓帽上。 5. 按顺时针方向均匀施力。 6. 当听到“咔嗒”声感到扳手有卸力感时，即达到设定的扭矩值	

续表

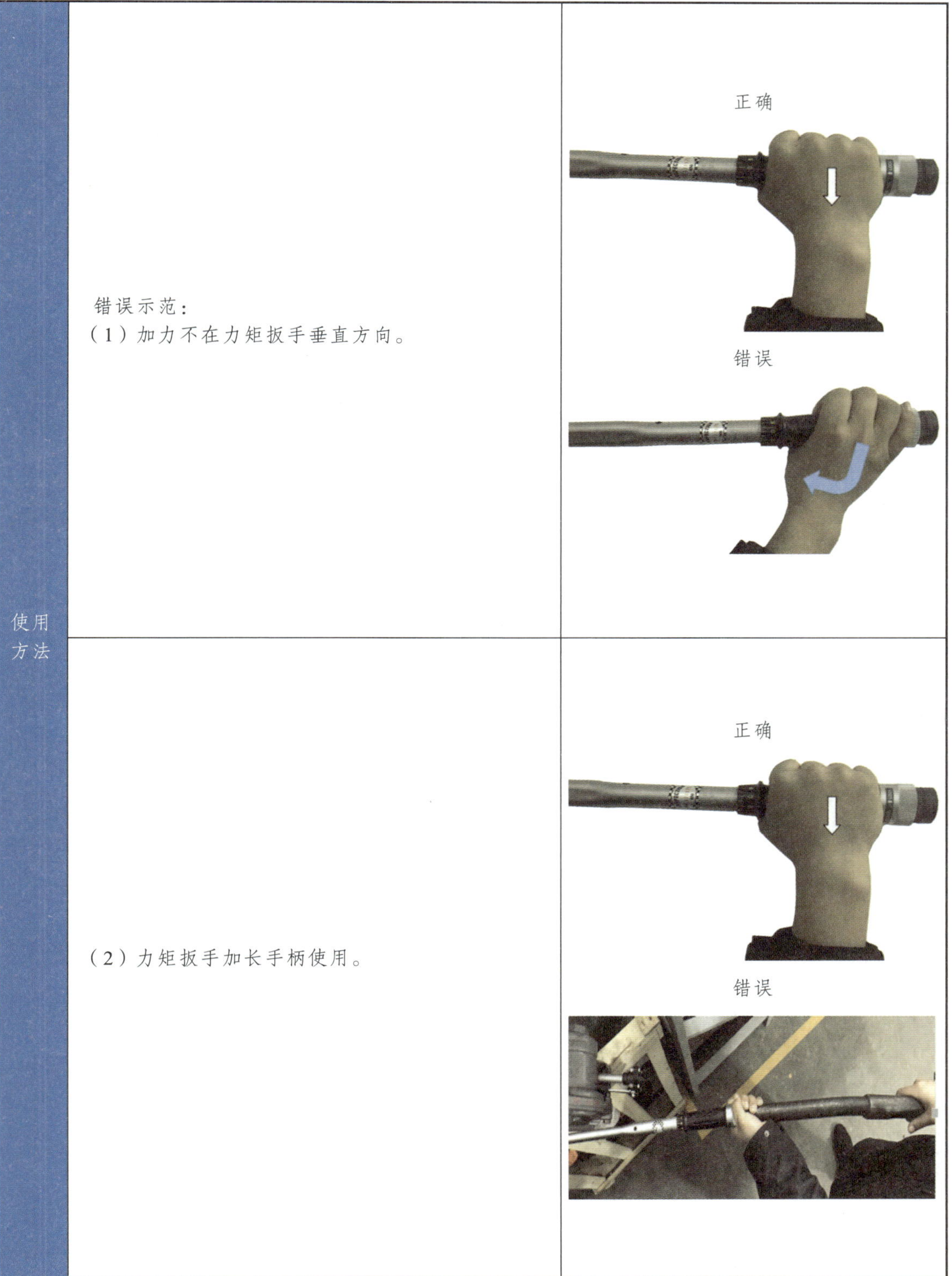

使用方法	错误示范： （1）加力不在力矩扳手垂直方向。	正确 错误
	（2）力矩扳手加长手柄使用。	正确 错误

续表

使用方法	（3）施加力位置未在正中心	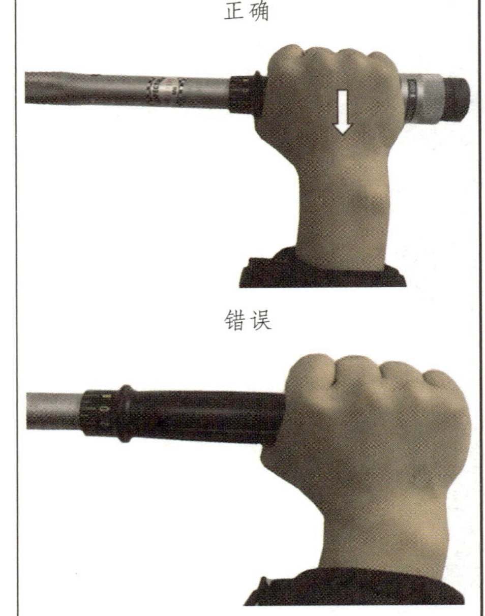
使用注意事项	（1）设定所需的扭矩值，并将锁紧装置拨至 lock 位置。 （2）请从小值往大值方向调整扭矩，若超过设定值，请往回调至低于设定扭矩值后再调。 （3）请勿直接从最大值调至最小值。 （4）检查扭矩扳手驱动头是否适合，或选用合适的转接头。 （5）施力前需确定扳手与被施力的物体牢牢结合。 （6）施力位置为握把正中心。 （7）施力应平稳缓慢，听到音响及待弹簧释放后，即停止施力。 （8）使用大扭矩扳手时，操作者需注意身体重心	
保养注意事项	（1）使用前应用软布进行擦拭。 （2）使用完毕后应用软布对尺身进行擦拭，保持干净。 （3）使用后需将设定值转回最小刻划。 （4）按规定时间进行校验	

第十节　工具使用作业指导书——剥线钳

名称	剥线钳
概述	剥线钳为内线电工，电动机修理、仪器仪表电工常用的工具之一，是利用杠杆原理，通过刀片的不同刃孔剥除不同导线的绝缘层
作用	用于剥除塑料、橡胶绝缘电线、电缆芯线的绝缘层

续表

<table>
<tr><td>结构</td><td>（1）剥线口。
（2）压线口。
（3）钳柄。
（4）复位弹簧杆。
（5）调节按钮</td><td>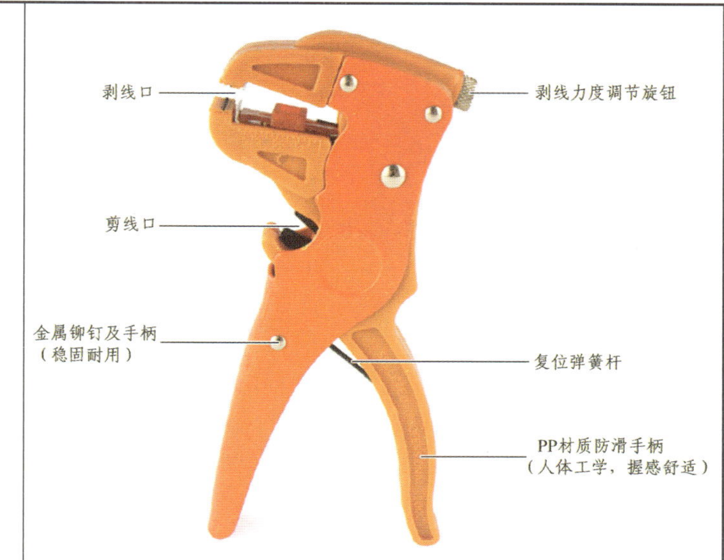</td></tr>
<tr><td rowspan="2">使用方法</td><td colspan="2">（1）根据缆线的粗细型号，选择相应的剥线刀口
（2）将准备好的电缆放在剥线工具的刀刃中间，选择好要剥线的长度
（3）握住剥线工具手柄，将电缆夹住，缓缓用力使电缆外表皮慢慢剥落
（4）松开工具手柄，取出电缆线，这时电缆金属整齐地露出外面，其余绝缘塑料完好无损</td></tr>
<tr><td>错误示范：
（1）用剥线钳剪切钢丝。</td><td>正确
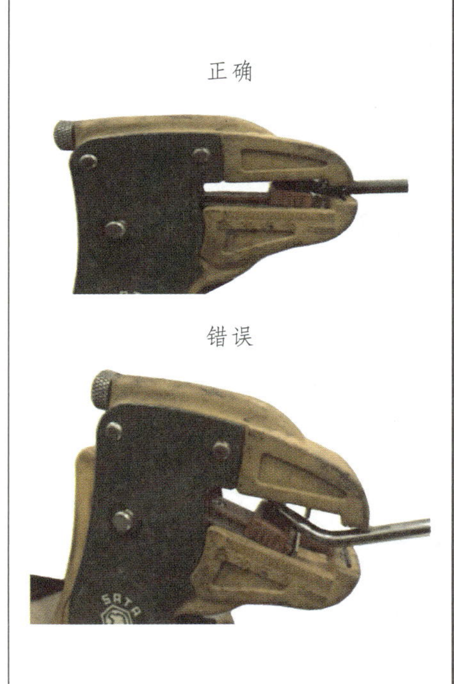
错误</td></tr>
</table>

续表

使用方法	（2）导线直径不符合（0.5～2.5 mm）使用范围。	正确  错误 
	（3）剥除长度过长	正确 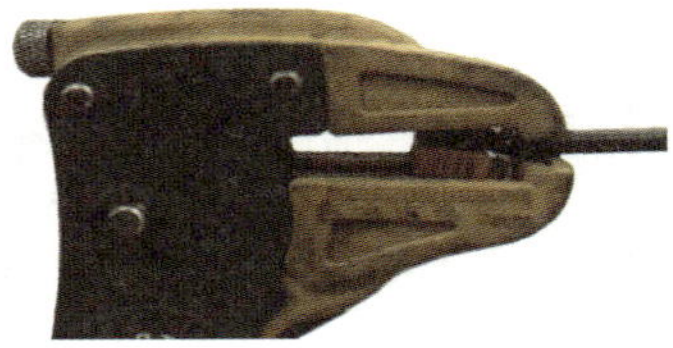 错误 
使用注意事项	（1）为了不伤及周围人和物，请确认断片飞溅方向再进行切断。 （2）操作时请戴上护目镜。 （3）务必关紧刀刃尖端，放置在幼儿无法伸手拿到的安全场所	
保养注意事项	（1）使用前检查工具是否性能良好。 （2）使用过程中避免磕碰。 （3）使用结束后，将工具具擦拭干净存放	

第十一节　工具使用作业指导书——电烙铁

名称	电烙铁
概述	电烙铁是电子制作和电器维修的必备工具。按机械结构可分为内热式电烙铁和外热式电烙铁以及温控式电烙铁，按功能可分为焊接用电烙铁和吸锡用电烙铁，根据用途不同又分为大功率电烙铁和小功率电烙铁

续表

<table>
<tr><td>作用</td><td colspan="2">焊接元件及导线，在电子电路领域应用范围很广</td></tr>
<tr><td>结构</td><td>外热式电烙铁由烙铁头、烙铁芯、外壳、木柄、电源引线、插头等部分组成；内热式电烙铁由手柄、连接杆、弹簧夹、烙铁芯、烙铁头组成</td><td>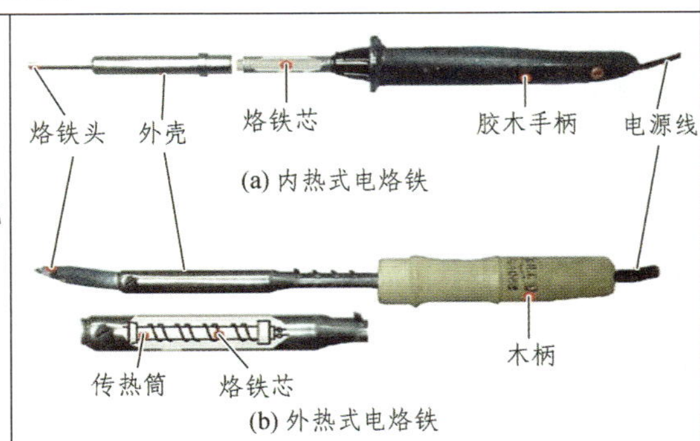(a) 内热式电烙铁
(b) 外热式电烙铁</td></tr>
<tr><td rowspan="3">使用方法</td><td colspan="2">使用前说明：
1. 新买的电烙铁先要用万用表电阻挡检查一下插头与金属外壳之间的电阻值，万用表指针应该不动。否则应该彻底检查，谨防漏电。
2. 电烙铁在使用前用锉刀锉一下烙铁的尖头，接通电源后等一会儿烙铁头的颜色会变，证明烙铁发热了，然后把焊锡丝放在烙铁尖头上镀上锡，使烙铁不易被氧化。在使用中，应使烙铁头保持清洁，并保证烙铁的尖头上始终有焊锡</td></tr>
<tr><td colspan="2">电烙铁的选用：
1. 焊接集成电路、晶体管及受热易损元器件时，应选用 20 W 内热式或 25 W 的外热式电烙铁。
2. 焊接导线及同轴电缆时，应选用 45～75 W 外热式电烙铁，或 50 W 内热式电烙铁。
3. 焊接较大的元器件时，如行输出变压器的引线脚、大电解电容器的引线脚、金属底盘接地焊片等，应选用 100 W 以上的电烙铁</td></tr>
<tr><td colspan="2">使用方法：
1. 选用合适的焊锡，应选用焊接电子元件用的低熔点焊锡丝。
2. 选择合适的助焊剂。
3. 电烙铁使用前要上锡，具体方法是：将电烙铁烧热，待刚刚能熔化焊锡时，涂上助焊剂，再把焊锡均匀地涂在烙铁头上，使烙铁头均匀地敷上一层锡。
4. 焊接方法，把焊盘和元件的引脚用细砂纸打磨干净，涂上助焊剂。用烙铁头蘸取适量焊锡，接触焊点，待焊点上的焊锡全部熔化并浸没元件引线头后，电烙铁头沿着元器件的引脚轻轻往上一提离开焊点。
5. 焊接时间不宜过长，否则容易烫坏元件，必要时可用镊子夹住管脚帮助散热。
6. 焊点应呈正弦波峰形状，表面应光亮圆滑，无锡刺，锡量适中。
7. 焊接完成后，要用酒精把线路板上残余的助焊剂清洗干净，以防炭化后的助焊剂影响电路正常工作。
8. 集成电路应最后焊接，电烙铁要可靠接地，或断电后利用余热焊接。或者使用集成电路专用插座，焊好插座后再把集成电路插上去</td></tr>
<tr><td>图示说明</td><td>图示一：
正确的焊点要求是圆润饱满、美观、无毛刺、不虚焊</td><td>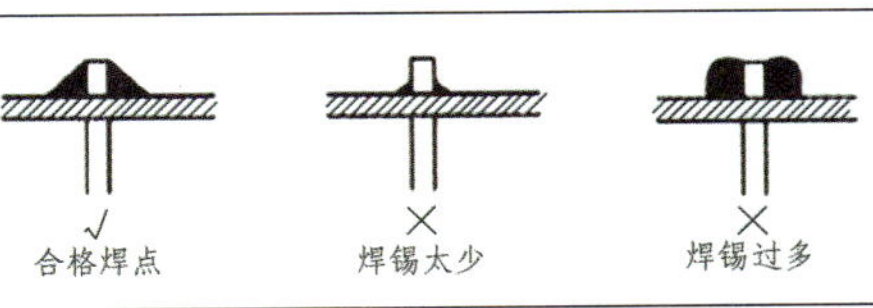</td></tr>
</table>

续表

图示说明	图示二： 电烙铁使用前必须先上锡，这样电烙铁比较耐用。另外，电烙铁长时间不用时，应及时切断电源，防止电烙铁“烧死”，也就是烙铁头氧化，以后使用时，不“吃锡”，温度再高也无济于事	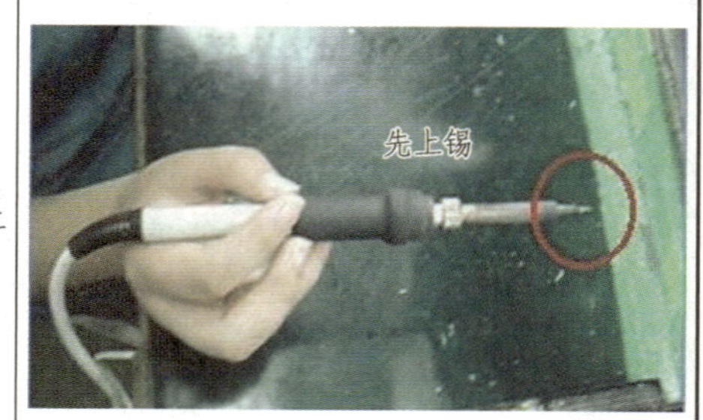
	图示三： 焊接时间不宜过长，否则容易烫坏元件，必要时可用镊子夹住管脚帮助散热	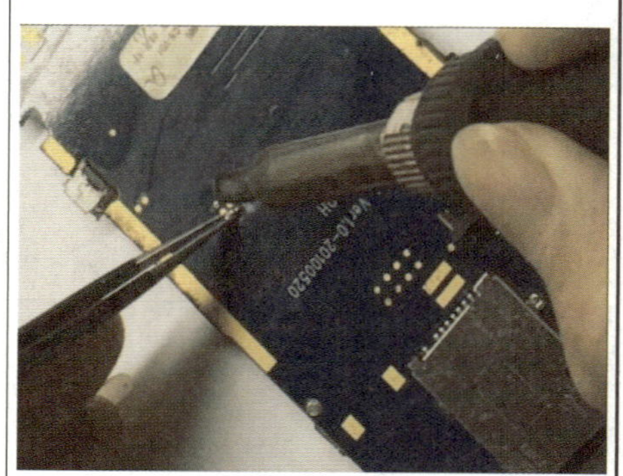
	图示四： 用烙铁头蘸取适量焊锡，接触焊点，待焊点上的焊锡全部熔化并浸没元件引线头后，电烙铁头沿着元器件的引脚轻轻往上一提迅速离开焊点	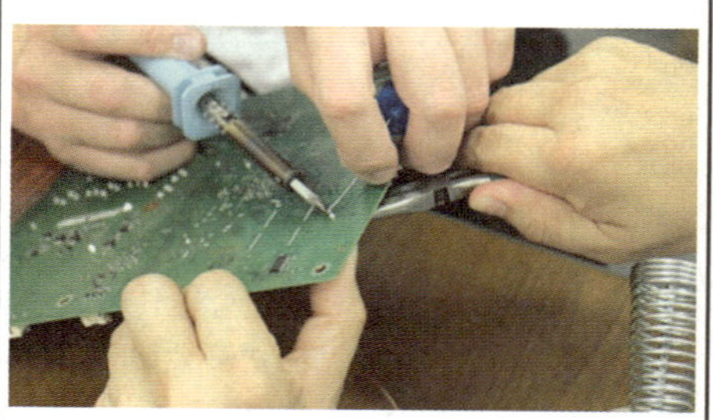
	图示五： 电烙铁用完后应放置在专用支架上	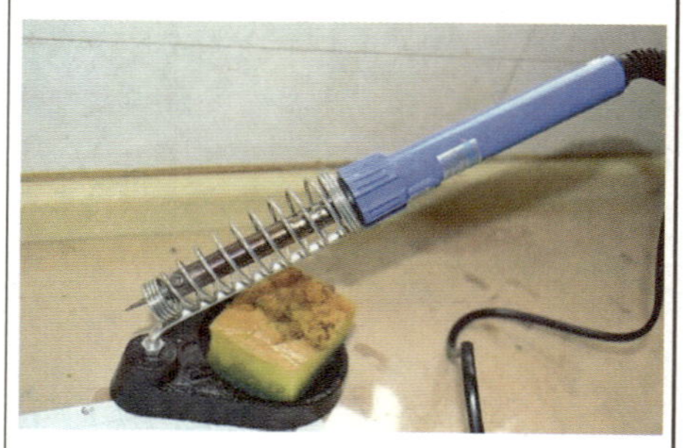

续表

使用注意事项	1. 电烙铁使用前应检查使用电压是否与电烙铁标称电压相符。 2. 电烙铁应该接地。 3. 电烙铁通电后不能任意敲击、拆卸及安装其电热部分零件。 4. 电烙铁应保持干燥，不宜在过分潮湿或淋雨环境使用。 5. 拆烙铁头时，要切断电源。 6. 切断电源后，最好利用余热在烙铁头上上一层锡，以保护烙铁头。 7. 当烙铁头上有黑色氧化层时，可用砂布擦去，然后通电，并立即上锡。 8. 海绵用来收集锡渣和锡珠，用手捏刚好不出水为适。 9. 焊接之前做好“5S”，焊接之后也要做“5S”
保养注意事项	1. 平时不用烙铁的时候，要让烙铁嘴上保持有一定量的锡。 2. 烙铁头发黑，不可用刀片之类的金属器件处理，要用松香或锡丝来解决。 3. 每天用完后，先清洁，再加足锡，然后马上切断电源。 4. 电烙铁不用时，应放在烙铁架上

第十二节　工具使用作业指导书——尖嘴钳

名称	尖嘴钳	
概述	主要用来剪切线径较细的单股与多股线，给单股导线接头弯圈、剥塑料绝缘层。以及夹取小零件等。市面上的尖嘴钳可以分为：高档日式尖嘴钳、专业电子尖嘴钳、德式省力尖嘴钳、VDE 耐高压尖嘴钳等。它的规格一般按公称长度分为：(140±7)、(160±8)、(180±10)、(200±10)、(280±14) mm 等	
结构	由钳口、刀口、钳柄等组成	钳口 刃口 钳柄
用途	钳柄上套有额定电压 500 V 的绝缘套管，是一种常用的钳形工具。能在较狭小的工作空间操作，不带刃口者只能夹捏工件，带刃口者能剪切细小零件，它是电工（尤其是内线器材等装配及修理工作）常用的工具之一	

续表

注意事项	（1）工作前必须对工具进行检查，严禁使用腐蚀、变形、松动、有故障、破损等不合格工具。确保使用过程中的安全。 （2）不允许用尖嘴钳装卸螺母、夹持较粗的硬金属导线及其他硬物。 （3）塑料手柄破损后严禁带电操作。 （4）尖嘴钳头部是经过淬火处理的，不要在锡锅或高温条件下使用	
使用方法	钳子是用右手操作。将钳口朝内侧，便于控制钳切部位，用小指伸在两钳柄中间来抵住钳柄，张开钳头。钳子的使用方法：一般情况下，钳子的强度有限，所以不能用它操作一般手的力量所达不到的工作。特别是型号较小的或者普通尖嘴钳，用它弯折强度大的棒料板材时有可能损坏钳口。尖嘴钳在剪断电线的时候，钳柄只能用手握，不能用其他方法加力。只有这样，才能延长尖嘴钳的使用寿命	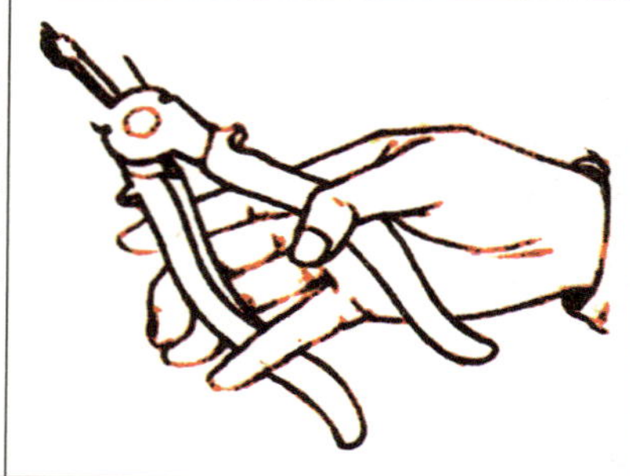
修理维护	在停用后，要及时擦拭干净。半年内不用者应涂油或用防腐法保存，停用一年以上的应涂油装入袋或箱内储存。对于使用过的钳子，有的部位会有所磨损或损伤，尤其是带刃的钳头和绝缘的塑料部位，应进行修整	

第十三节　工具使用作业指导书——推针器

名称	推针器	
概述	推针器是一种用于退出插头、插座上圆形插针的一种常用工具，具有结构简单、使用方便、操作简单等特点	
作用	可以用它来对机车上方插、圆插进行退出插针或插母（根据尺寸大小来选用）	
结构	推针器主要由针头、活动推针环、手把三部分组成	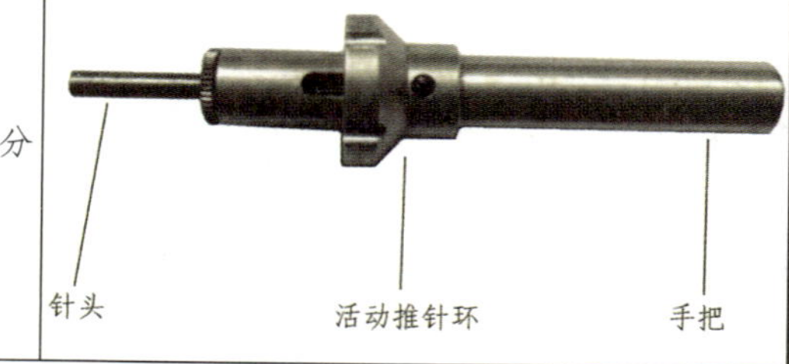
使用方法	使用基本原则：推针器根据被退针插头的大小分为多种，现机车检修中心常用的有两种，分别是用于退 10 芯、20 芯圆插的一种，另一种是用于退 56 芯方插的一种，两种作用原理相似	
	使用前的检查： 1. 外观检查无破损。 2. 针头部圆周无缺失、裂纹。 3. 手动推动活动推针环，动作灵活无卡滞。 4. 使用推针器型号与被退插母、插针大小匹配	

续表

<table>
<tr><td rowspan="2">使用方法</td><td>使用方法
1. 右手通过中指、无名指、小指与掌心握住推针器手把，拇指与食指轻扶活动推针环。
2. 把针头对准插针或插母，要求推针器轴线与插针或插母同轴线。
3. 左手扶插头或插座外圈，右手用力通过手把把针头推进到插针或插母内一定距离。
4. 用右手拇指与食指用力向前推动活动推针环，直至把安装于插头或插座上的插针或插母退出一定距离。
5. 取出安装于插座或插头的上插针或插母</td><td>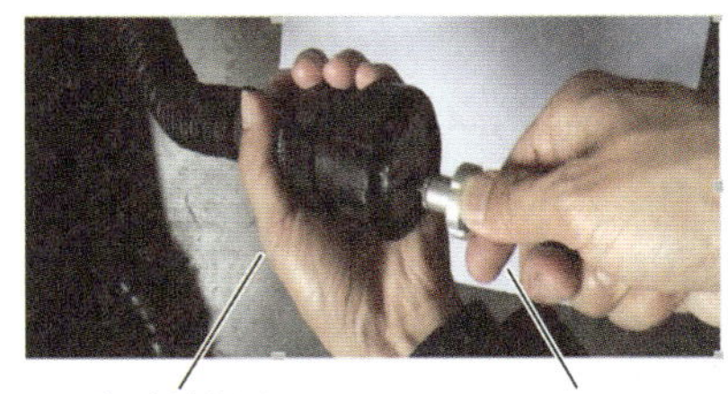

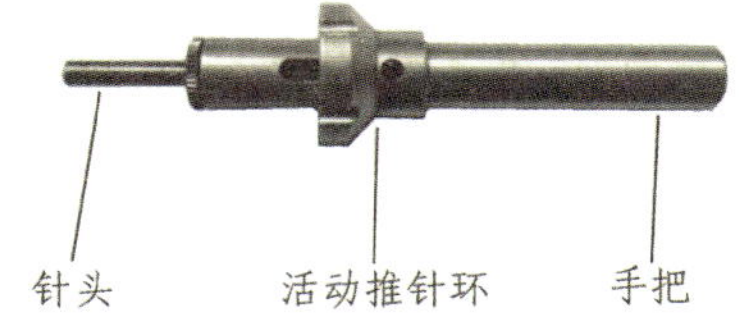
</td></tr>
<tr><td>错误示范：
1. 使用过程中推针器的针头一定要与插针或插母轴向线同轴线（见图中推针器与插头平行轴线有夹角）。
2. 以大代小或者以小代大（因为各型号推针器针头口直径大小区别不大，易出现错误）</td><td>
</td></tr>
<tr><td>使用注意事项</td><td colspan="2">1. 使用过程中推针器的针头一定要与插针或插母保持轴向线同轴线。
2. 使用过程中出现插入不匹配时不能用力过度进行操作，要检查确认后再操作</td></tr>
<tr><td>保养注意事项</td><td colspan="2">（1）使用前应用软布进行擦拭。
（2）使用完毕后应用软布进行擦拭保持干净</td></tr>
</table>

第十四节　工具使用作业指导书——斜口钳

<table>
<tr><td>名称</td><td colspan="2">斜口钳</td></tr>
<tr><td>概述</td><td colspan="2">斜口钳的头部扁斜，因此又叫扁嘴钳或剪线钳、断线钳，样子和尖嘴钳类似，但钳口不同。它的柄部，有铁柄、管柄和绝缘柄之分，绝缘柄耐压为 1 000 V。它由优质的弹簧钢制成，有极高的硬度和韧性；它的刃口锋利，耐磨，剪切阻力小；使用安全，携带方便。
斜口钳分为专业电子斜口钳、德式省力斜口钳、不锈钢电子斜口钳、VDE 耐高压大头斜口钳、镍铁合金欧式斜口钳、精抛美式斜口钳、省力斜口钳等</td></tr>
<tr><td>作用</td><td colspan="2">1. 斜口钳以切断导线为主要用途。主要剪切 2.5 mm^2 以下的单股铜线，4 mm^2 的铜线就已经不容易剪断了。普通内外线以 6 寸和 7 寸为主，剪切起来比较省力。而电子安装时用 5 寸、6 寸比较灵活方便。
2. 斜口钳的刀口可用来剖切软电线的橡皮或塑料绝缘层。
3. 钳子的刀口也可用来切剪电线、铁丝。剪 8 号镀锌铁丝时，应用刀刃绕表面来回割几下，然后只需轻轻一扳，铁丝即断。铡口也可以用来切断电线、钢丝等较硬的金属线</td></tr>
<tr><td>结构</td><td>1. 头部。
2. 手柄</td><td> 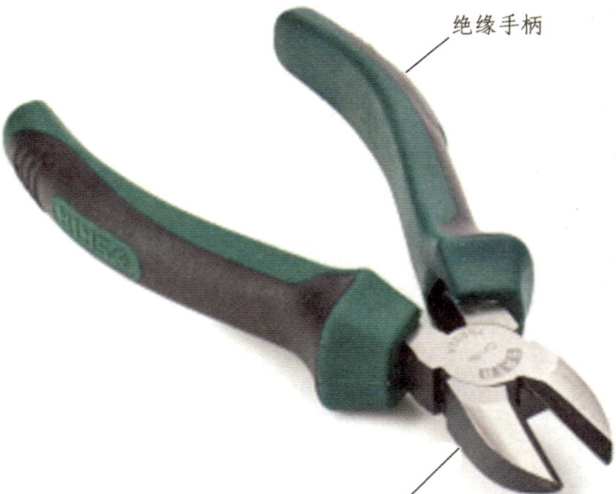</td></tr>
<tr><td rowspan="2">使用方法</td><td colspan="2">使用基本原则：
斜口钳主要用来剪断较粗的金属丝、线材和电线等。</td></tr>
<tr><td colspan="2">使用前的检查：
使用前要检查绝缘柄是否完好。</td></tr>
</table>

续表

<table>
<tr><td rowspan="2">使用方法</td><td>正确使用示范：</td><td>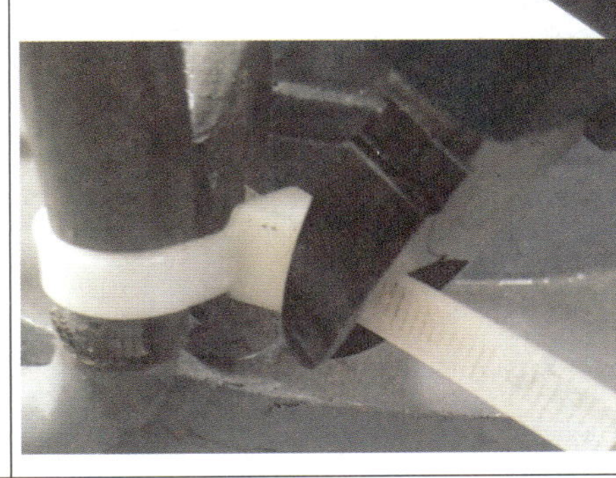</td></tr>
<tr><td>错误使用示范：所剪线材过粗</td><td>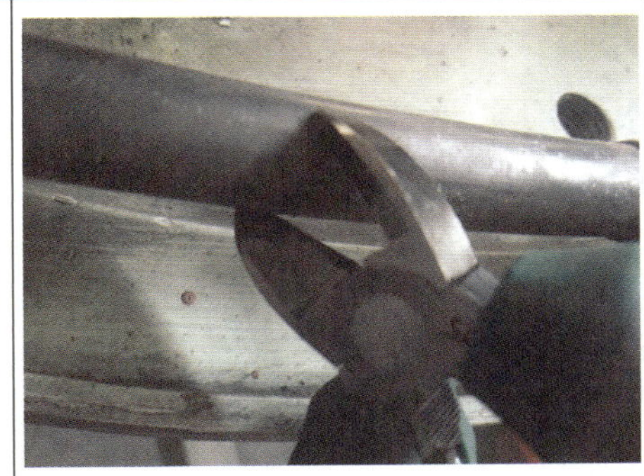
错误使用方式</td></tr>
<tr><td>使用注意事项</td><td colspan="2">1. 斜口钳的刀口可用来剖切软电线的橡皮或塑料绝缘层，也可用来切剪电线、铁丝。应用刀刃绕表面来回割几下，然后只需轻轻一扳，铁丝即断。铡口也可以用来切断电线、钢丝等较硬的金属线。
2. 使用工具的人员，必须熟知工具的性能、特点等。使用斜口钳是用右手操作。将钳口朝内侧，便于控制钳切部位，用小指伸在两钳柄中间抵住钳柄，张开钳头，这样分开钳柄灵活。
3. 使用斜口钳要量力而行，不可以用来剪切钢丝、钢丝绳和过粗的铜导线和铁丝，否则容易导致钳子崩牙和损坏。
4. 剪断导线时一定要一根一根剪，不可多股导线一起剪，以免发生短路</td></tr>
<tr><td>保养注意事项</td><td colspan="2">1. 每次使用完后，由于刃口会有磨痕，所以建议用完后清理脏污，并涂油保养，防止刃口老化氧化。
2. 刃口钝了不建议自己磨削，因为刃口硬度和钳身硬度不一样。刃口是经过调质处理的，所以一些钳子越磨越不好用</td></tr>
</table>

第十五节　工具使用作业指导书——压线钳

<table>
<tr><td>名称</td><td colspan="2">压线钳</td></tr>
<tr><td>概述</td><td colspan="2">压线钳又称导线压接钳，是一种用冷压的方法来连接铜、铝等导线的工具。压线钳大致可分为手压和油压两类。导线截面为 35 mm^2 及以下用手压钳，35 mm^2 以上用齿轮压钳或油压钳</td></tr>
<tr><td>作用</td><td colspan="2">用于压接端子和连接头的专用工具</td></tr>
<tr><td>结构</td><td>（1）手柄。
（2）自锁机构。
（3）压接机构</td><td> 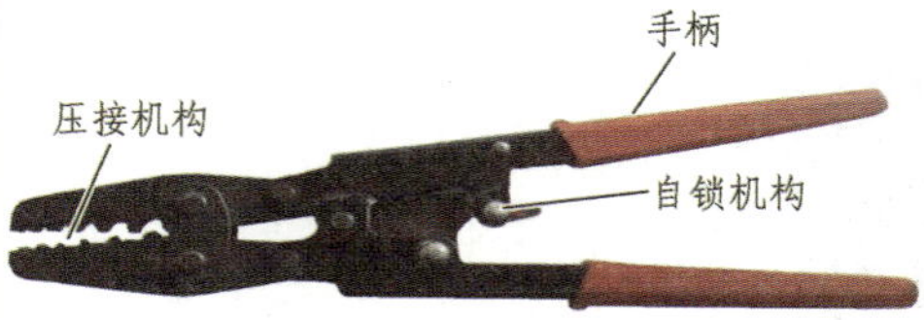手柄
压接机构
自锁机构</td></tr>
<tr><td>使用方法</td><td>（1）将连接处的导线绝缘护套剥除，剥除长度应为铝套管长度一半加上 5～10 mm，根据端子直径，选择相应的压线钳口。
（2）将准备好的电缆插入接线端子，端子焊缝对着钳口的凹模。
（3）握紧工具手柄，将电缆夹紧。
（4）松开工具手柄，取出电缆线，检查压接紧固状态</td><td>   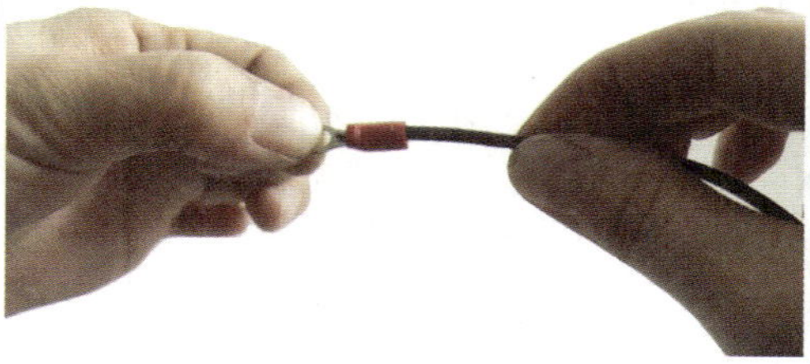</td></tr>
</table>

第十六节　工具使用作业指导书——退针器

名称	退针器	
概述	退针器又叫取针器，不同规格型号的退针器可以取出嵌装在插头中的不同直径插针。机车常用的插头连接件一般分两种，一种是圆形插头（圆插），一种是矩形插头（方插）。两种插头插针及退针工具不可混用	
作用	用于取出插头内的插针	
结构	（1）顶杆。 （2）起拔器管	顶杆 起拔器管
使用方法	（1）将方插退针器插入插孔，将插针的卡夹完全压回后，对推杆用力将插针退出。 （2）将圆插退针器插入插孔，将插针的卡夹完全压回后，对推杆用力将插针退出	
	错误示范： （1）方插退针时使用圆插退针器。	

续表

使用方法	（2）圆插退针时使用方插退针器。	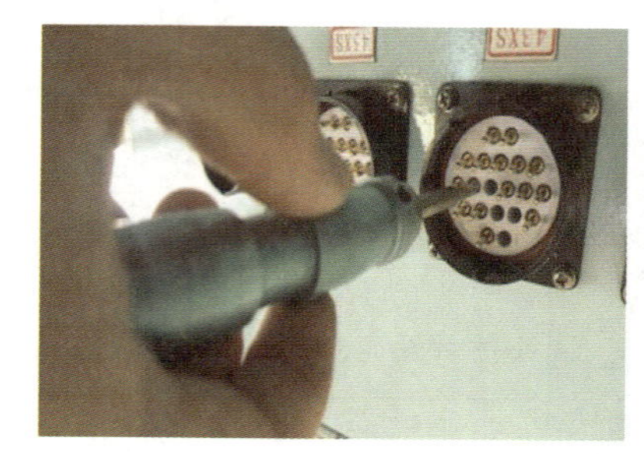
使用注意事项	（1）操作时为保持插针的完整性，以免插针受到损坏，不要用蛮力。 （2）不能作为其他工具使用	
保养注意事项	（1）在使用前检查工具状态及动作性能。 （2）在使用过程中避免磕碰起拔器部分。 （3）在使用结束后，将量具擦拭干净	

第十七节　工具使用作业指导书——板牙

名称	板牙	
概述	板牙是一种加工外螺纹的刀具，相当于一个具有很高硬度的螺母，螺孔周围制有几个排屑板牙孔，一般在螺孔的两端磨有切削锥。它加工出的螺纹精度较低，但由于结构简单、使用方便，在单件、小批生产和修配中得到广泛应用	
作用	主要用来加工或修正外螺纹的螺纹	
结构	板牙由板牙和板牙架组成。板牙又由切削部分、定位部分和排屑孔组成。板牙架是用来夹持板牙、传递扭矩的工具。不同外径的板牙应选用不同的板牙架	

续表

<table>
<tr><td>结构</td><td></td><td>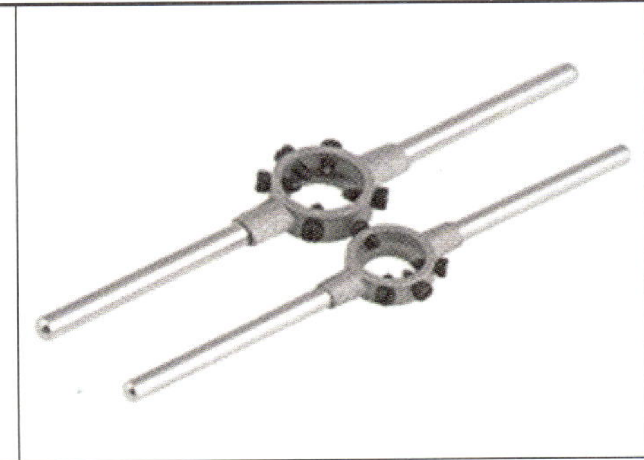</td></tr>
<tr><td rowspan="3">使用方法</td><td colspan="2">使用基本原则：
圆板牙加工时，呈半切削半挤压状态，板牙的内径和中径为切削部分，尤其是板牙内径要承受较大的切削力，因此必须具有一定的强度和切削能力。考虑到板牙切削出的螺钉与螺孔配合时应有一定的间隙，并考虑到磨损量，故设计板牙时，应使内径和中径小于螺纹内径、中径的标称尺寸</td></tr>
<tr><td colspan="2">使用前的检查：
1. 合格证（有合格证，使用日期必须在合格证有效期范围内）。
2. 外观检查（外观检查各部齐全良好，切削刃无缺损）</td></tr>
<tr><td colspan="2">使用方法
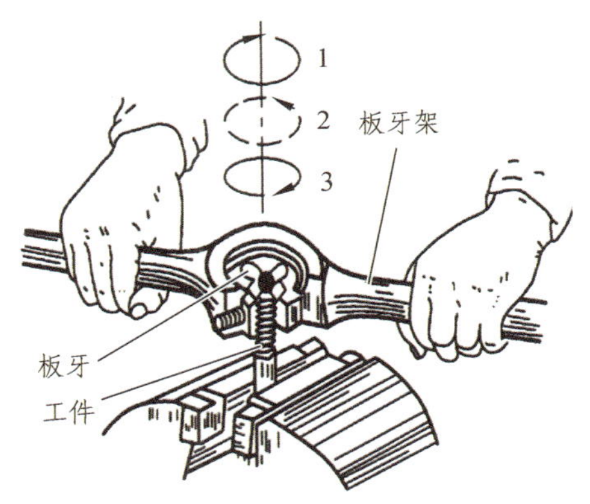

使用步骤：
（1）为了使板牙容易切入材料，圆杆端要倒成锥角，锥体的最小直径应比螺纹小径略小，避免螺纹端部出现锋口和卷边。
（2）套螺纹时切削力矩较大，圆杆工件要用 V 形钳口或厚铜板作衬垫，才能牢固地夹持。
（3）起套时，要使板牙的端面与圆杆轴线垂直，要在转动板牙时施加轴向压力，转动要慢，压力要大，当板牙切入材料 2～3 圈时，要及时检查并校正板牙的位置，否则切出的螺纹牙形一面深一面浅，甚至出现乱牙。
（4）起套完成正常套螺纹时，不要加压，让板牙自然引进，以免损坏螺纹和板牙，并要经常倒转断屑。
（5）在钢件上套螺纹要加切削液，以减小加工螺纹的表面粗糙度值和延长板牙使用寿命</td></tr>
</table>

续表

<table>
<tr><td>使用方法</td><td>错误示范：
板牙的端面与圆杆轴线不垂直</td><td>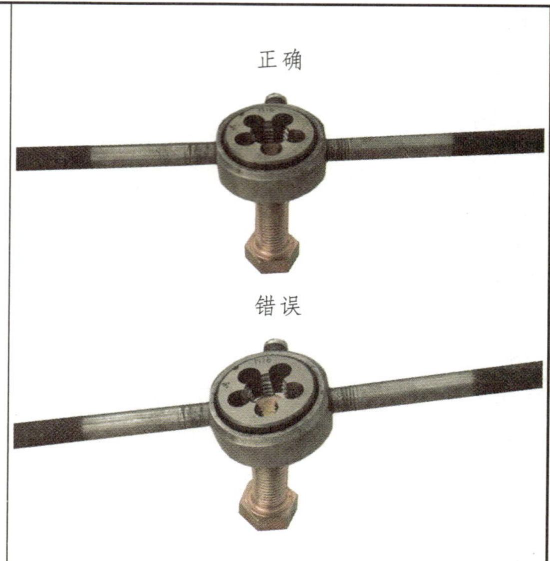</td></tr>
<tr><td>使用注意事项</td><td colspan="2">1. 先在螺栓坯料的端部加工出 45° 的倒角，以防止在板牙的导向刃上产生板牙突然加载现象。同时要确保圆板牙或六角板牙垂直地切入螺栓坯料。
2. 尽可能减小螺栓坯料的直径，即确保与螺栓大径有关的公差靠近下限，这样可把攻丝时产生的切削力降至最低。
3. 使用带刃倾角部分的板牙，这样可确保把切屑导出切削加工区域。
4. 采用正确的冷却液，并把足量的冷却液对准切削加工区域。
在调节开口板牙时，不得把板牙张开，张开的板牙在攻丝时会对工件产生刮擦而不是切削。均匀地转动调节螺钉，可把开口板牙闭合大约 0.15 mm。若压力只作用在板牙的一边，可能会使板牙损坏</td></tr>
<tr><td>保养注意事项</td><td colspan="2">1. 使用完后，将拔牙切屑清理干净并涂防锈油。
2. 成套放于专用盒内，以免混用</td></tr>
</table>

第十八节　工具使用作业指导书——铳子套装

名称	铳子 5 件套
概述	铳子是指用金属做成的一种将孔中物品清除出去的工具，为机械加工必备的工具。 铳子套装采用优质铬钒钢锻造，镀铬镜面抛光。按外形分为销式铳子、冲孔器、中心铳子、扁铲、钎头。用于剔除、清理工件配件孔中阻塞物品
工具用途	使用前的检查： 外观检查良好，无变形，缺块及油污

续表

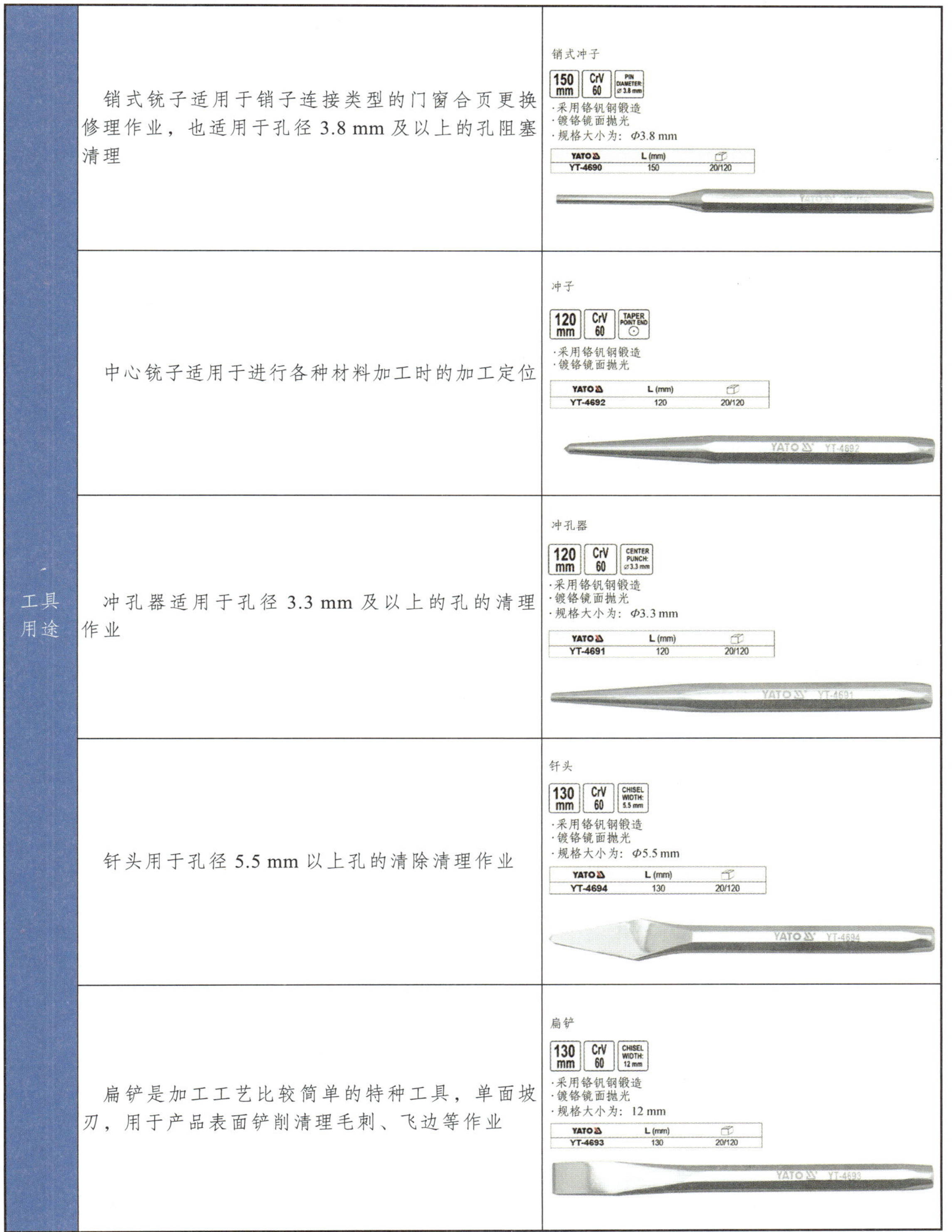

工具用途	销式铳子适用于销子连接类型的门窗合页更换修理作业，也适用于孔径 3.8 mm 及以上的孔阻塞清理	销式冲子 150 mm CrV 60 PIN DIAMETER: ⌀ 3.8 mm ·采用铬钒钢锻造 ·镀铬镜面抛光 ·规格大小为：Φ3.8 mm YATO / L (mm) YT-4690 / 150 / 20/120
	中心铳子适用于进行各种材料加工时的加工定位	冲子 120 mm CrV 60 TAPER POINT END ·采用铬钒钢锻造 ·镀铬镜面抛光 YATO / L (mm) YT-4692 / 120 / 20/120
	冲孔器适用于孔径 3.3 mm 及以上的孔的清理作业	冲孔器 120 mm CrV 60 CENTER PUNCH: ⌀ 3.3 mm ·采用铬钒钢锻造 ·镀铬镜面抛光 ·规格大小为：Φ3.3 mm YATO / L (mm) YT-4691 / 120 / 20/120
	钎头用于孔径 5.5 mm 以上孔的清除清理作业	钎头 130 mm CrV 60 CHISEL WIDTH: 5.5 mm ·采用铬钒钢锻造 ·镀铬镜面抛光 ·规格大小为：Φ5.5 mm YATO / L (mm) YT-4694 / 130 / 20/120
	扁铲是加工工艺比较简单的特种工具，单面坡刃，用于产品表面铲削清理毛刺、飞边等作业	扁铲 130 mm CrV 60 CHISEL WIDTH: 12 mm ·采用铬钒钢锻造 ·镀铬镜面抛光 ·规格大小为：12 mm YATO / L (mm) YT-4693 / 130 / 20/120

第十九节　工具使用作业指导书——管拧子

名称	管拧子
概述	套筒扳手又叫管拧子，它是由多个带六角孔或十二角孔的套筒并配有手柄、接杆等多种附件组成，特别适用于拧转地位十分狭小或凹陷很深处的螺栓或螺母
作用	用于螺母端或螺栓端完全低于被连接面，且凹孔的直径不能使用开口扳手或活动扳手及梅花扳手时，螺栓螺母的紧固、松动
结构	管拧子由套筒和加长杆及加力杆组成。套筒用来接触螺栓、螺母，加长杆及加力杆用来提供更深的作业空间及更大的作用力。不同螺栓、螺母应选用不同的管拧子
使用方法	使用基本原则： 套筒扳手一般称为套筒：它是由多个带六角孔或十二角孔的套筒并配有手柄、接杆等多种附件组成，特别适用于拧转地位十分狭小或凹陷很深处的螺栓或螺母。套筒有公制和英制之分，套筒虽然内凹形状一样，但外径、长短等是针对对应设备的形状和尺寸设计的，国家没有统一规定，所以套筒的设计相对来说比较灵活，符合大众的需要
	使用前的检查： 1. 各部件清洁无油污、无弯曲变形。 2. 套筒接头内部无滑方
	使用方法： 套筒扳手一般都附有一套各种规格的套筒头以及摆手柄、接杆、万向接头、旋具接头、弯头手柄等用来套入六角螺帽。套筒扳手的套筒头是一个凹六角形的圆筒;扳手通常由碳素结构钢或合金结构钢制成，扳手头部具有规定的硬度，中间及手柄部分则具有弹性。 1. 套筒直接接触被作用的螺栓、螺母。 2. 加力杆施加正向及反向作用力即可
使用注意事项	1. 套筒滑方后不能使用，否则将损坏螺栓、螺母。 2. 不能以大代小，拆装螺栓。 3. 加力杆不得有裂损情况，防止滑脱伤手。
保养注意事项	使用完后，清洁干净，无油污、水迹

第二十节　工具使用作业指导书——角磨机

名称	角磨机	
概述	角磨机，又称研磨机或盘磨机，是用于切削和打磨的一种磨具。主要用于切割、研磨及刷磨金属与石材等。 角磨机常见型号按照所使用的附件规格划分为 100 mm（4 寸）、125 mm（5 寸）、150 mm（6 寸）、180 mm（7 寸）及 230 mm（9 寸），欧美多使用的小规格角磨机为 115 mm	
作用	可以安装云石切割片、抛光片、羊毛轮等，对各类加工件、维修件进行切割、打磨、抛光、去毛刺，应用范围很广	
结构	电机、大皮带轮、小皮带轮、皮带、轴承箱、快速接头、软轴、磨头箱、砂轮片、磨头把手	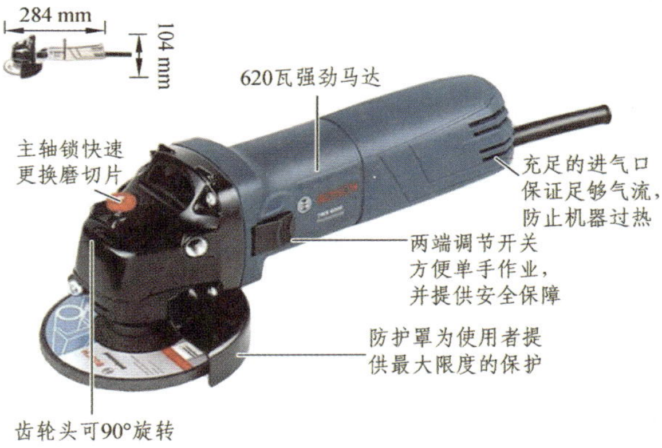 284 mm 104 mm 620瓦强劲马达 主轴锁快速更换磨切片 充足的进气口保证足够气流，防止机器过热 两端调节开关方便单手作业，并提供安全保障 防护罩为使用者提供最大限度的保护 齿轮头可90°旋转
使用方法	使用基本原则：利用高速旋转的薄片砂轮以及橡胶砂轮、钢丝轮等对金属构件进行磨削、切削、除锈、磨光加工。角磨机适合用来切割、研磨及刷磨金属与石材，作业时不可使用水。切割石材时必须使用引导板。针对配备了电子控制装置的机型，如果在此类机器上安装合适的附件，也可以进行研磨及抛光作业	
	使用前的检查： （1）外壳、手柄不出现裂缝、破损. （2）电缆软线及插头等完好无损，开关动作正常，保护接零连接正确、牢固可靠. （3）各部防护罩齐全牢固，电气保护装置可靠。 （4）确认开关处于关闭状态再接通电源插头	

续表

<table>
<tr><td>使用方法</td><td>作业程序
1. 拆装打磨片：拔掉电源头，左手捏住打磨片，右手用专用工具或者其他工具卡主打磨片压块上的拆装孔，逆时针旋转，即可拆下打磨片。安装打磨片同样操作。
2. 角磨机开关：往前推，角磨机开始运转，松手则开关退回原位，打磨机关闭，此时需要手指一直用力。往前推，再用手指将开关按下，则角磨机运转且开关固定，此时可以松开手指，角磨机仍然运转。
3. 角磨机的放置：角磨机放置时，必须把有防护的一面朝下，禁止直接把砂轮片放在地上，特别是在角磨机仍在运转的时候。
4. 角磨机使用：使用无防护的一面进行打磨，砂轮面与工件成约30°的角，手指按在开关上，便于随时关闭打磨机。打磨作业时，必须把手上的油擦干净，避免打磨机脱手伤人。
5. 角磨机用途多样，换上不同的打磨片，可对各种不同材料的工件进行打磨、抛光、修整等作业</td><td>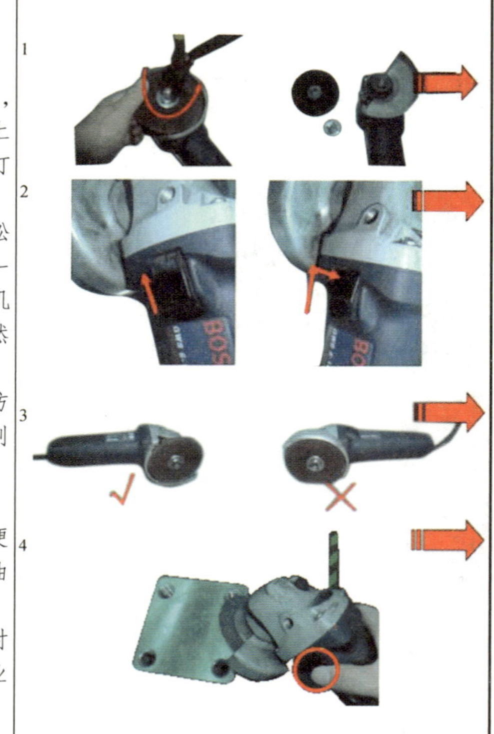</td></tr>
<tr><td>使用注意事项</td><td colspan="2">1. 使用前一定要检查角磨机是否有防护罩，防护罩是否稳固，以及角磨机的磨片安装是否稳固。
2. 严禁使用残缺的砂轮片，切割时应防止火星四溅，防止溅到他人，并远离易燃易爆物品。
3. 要带保护眼罩，穿好合适的工作服，不可穿过于宽松的工作服，更不要戴首饰或留长发，严禁戴手套及袖口不扣而操作。
4. 角磨机刚打开时会有较大摆动，要用力握稳。
5. 打开开关之后，要等待砂轮转动稳定后才能工作。
6. 切割方向不能向着人。
7. 连续工作半小时后要停15 min，待其散热后再用。长期使用后，机器应在空载速度下运行一较短的时间，以便冷却马达。
8. 用角磨机切割或打磨时要稳握角磨机手把均匀用力。
9. 不能用手捉住小零件对角磨机进行加工。
10. 出现不正常声音，或过大振动或漏电，应立刻停止检查；维修或更换配件前必须先切断电源，并等锯片完全停止。
11. 如在潮湿地方工作时，必须站在绝缘垫或干燥的木板上。登高或在防爆等危险区域内使用必须做好安全防护措施</td></tr>
<tr><td>保养注意事项</td><td colspan="2">1. 角磨机的碳刷为消耗品，使用一段时间后要更换。更换时注意让其接触良好。
2. 磨削完毕，应关闭电源，不要让角磨机空转，同时要经常清除防护罩内积尘，并定期检修更换主轴润滑油脂。
3. 工作完成后自觉清洁工作环境</td></tr>
</table>

第二十一节　工具使用作业指导书——手动铆钉枪

<table>
<tr><td>名称</td><td colspan="2">手动铆钉枪</td></tr>
<tr><td>概述</td><td colspan="2">用于各类金属板材、管材等制造工业的紧固铆接，目前广泛地使用在汽车、航空、铁道、制冷、电梯、开关、仪器、家具、装饰等机电和轻工产品的铆接上。为解决金属薄板、薄管焊接螺母易熔，攻内螺纹易滑牙等缺点而开发，它可铆接不需要攻内螺纹，不需要焊接螺母的拉铆产品、铆接牢固效率高、使用方便</td></tr>
<tr><td>作用</td><td colspan="2">用来单面铆接工件，如铆接板材、管材等</td></tr>
<tr><td>结构</td><td>（1）铆钉枪体。
（2）废铆钉回收盒。
其结构由铆钉枪体与废铆钉回收盒两大部分组成。进一步分为：废铆钉回收盒、回收盒导板、手把、枪体、扳机、接头与可换式导嘴等</td><td> 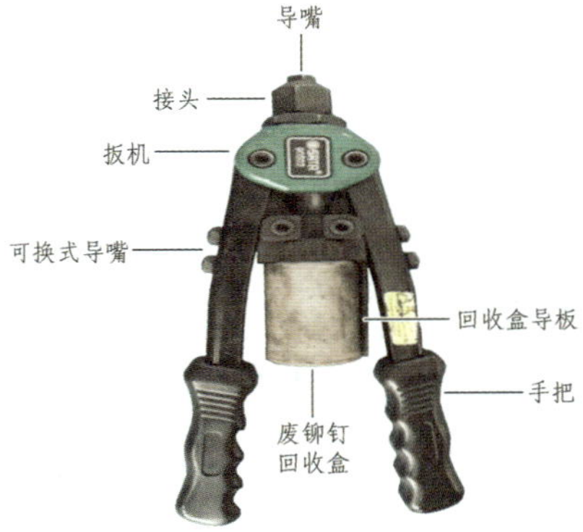</td></tr>
<tr><td rowspan="3">使用方法</td><td colspan="2">使用基本原则：拉铆适用于各厚度板材、管材紧固领域。使用手动铆钉枪可一次铆固，方便牢固；取代传统的焊接螺母，弥补金属薄板，薄管焊接易熔，焊接螺母不顺等不足</td></tr>
<tr><td colspan="2">使用前的检查：
1. 合格证（有合格证，使用日期必须在合格证有效期范围内）。
2. 外观检查（外观检查各部良好，无缺损）</td></tr>
<tr><td>使用铆钉枪前的基本要求：
1. 预估要铆接件的铆钉直径。常见开口铆钉的直径有 2.4 mm，3.0 mm，3.2 mm，4.0 mm，4.8 mm，5.0 mm，6.0 mm，6.4 mm。
2. 然后在铆钉枪配件里选择对应的导嘴，一般导嘴上会刻有上述这些规格。这点很重要，否则可能导致拉铆效果不好或者卡钉</td><td> 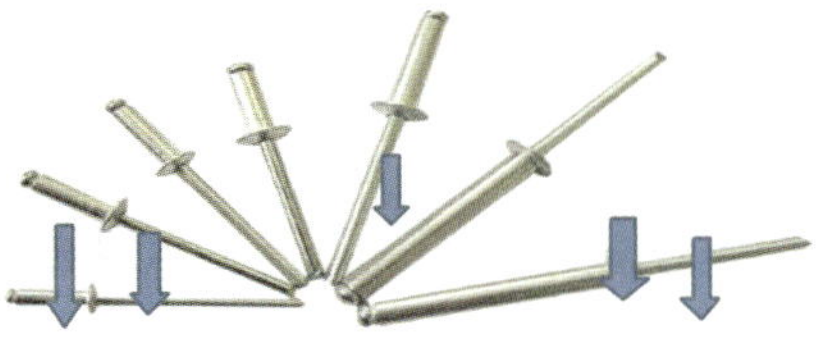 </td></tr>
</table>

续表

<table>
<tr>
<td>使用方法</td>
<td>
使用步骤：
1. 把铆枪手柄完全打开，把铆钉细的一端插入，轻压手把把铆钉夹住（避免铆钉掉出）。
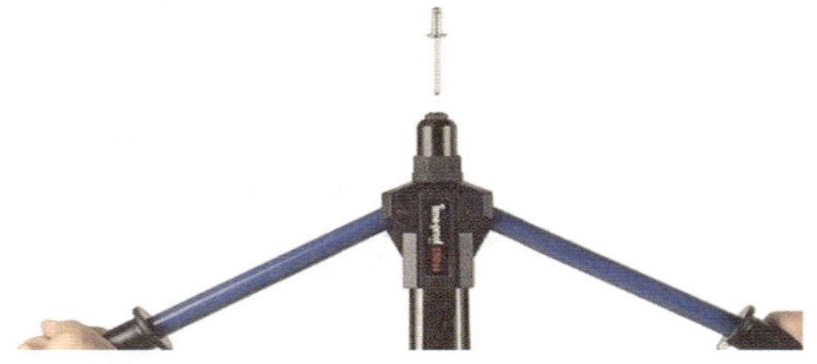
2. 再将铆钉枪里的铆钉插入钻好的孔里。

3. 把枪用力向里推，直到铆钉的平面紧贴工件。
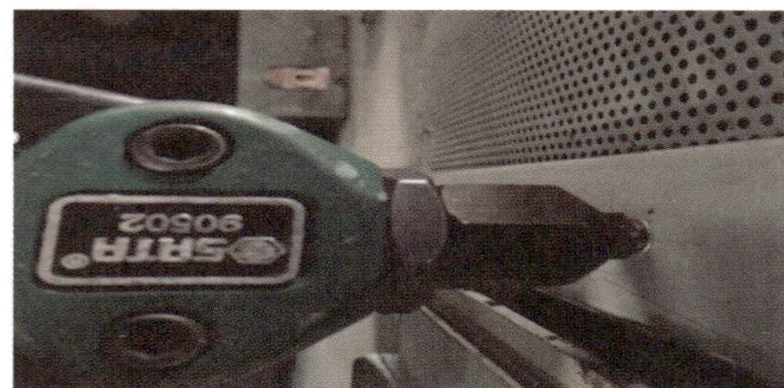
4. 抵住铆钉，双手用力压两个手柄，一次或者多次，直至铆钉钉芯断开。
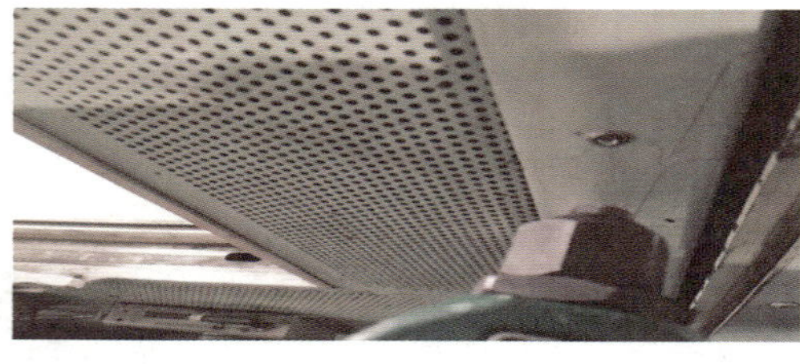
5. 拉完以后断的钉子会落入集钉瓶中，收集到快满了，取下集钉瓶，倒掉钉子再装上。
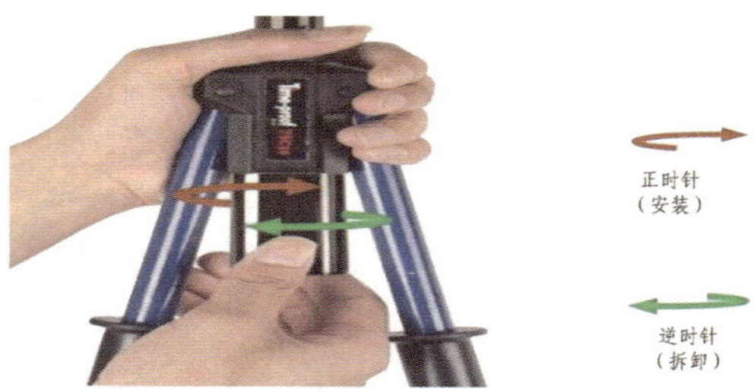

</td>
</tr>
</table>

续表

使用方法	错误示范： （1）铆钉选择错误，孔与所用铆钉差距过大。	正确  错误 
	（2）铆钉未推到底就按压手把，与工件表面未紧贴	正确  错误 

续表

使用注意事项	铆钉枪规格依其长度而定。铆钉枪配有多个枪嘴，上面标有不同的口径，可按实际需要装卸交替使用。 1. 抽芯铆钉枪仅限于安装抽芯铆钉，所有操作需按操作说明进行。 2. 不能超负荷使用抽芯铆钉枪，应在规定的性能参数范围内工作。 3. 在未将铆钉放入需铆接材料之间时，不许扣动扳机空拉铆钉，不允许将铆钉枪枪头对准自己或他人。 4. 操作时确保收集芯棒的容器旋紧不会滑落。 5. 及时清空收集芯棒的容器，以免损坏抽芯铆钉枪。 6. 不能将铆钉枪作为手锤使用。 7. 避免严重碰撞或撞击铆钉枪
保养注意事项	1. 使用完铆钉枪后，将铆钉枪储存在干燥处。 2. 铆钉枪的维修一定要由经过专业培训的技术维修工人进行

第二十二节　工具使用作业指导书——撬棍

名称	撬棍	
概述	撬棍是一种常用的工具，撬棍材质应为 45 钢调质处理后制成，也可用 HBR335、HBR400 加工制作。撬棍直径应在 20～30 mm，长度在 300～1 200 mm，长度和直径应相匹配。撬棍两端一端为圆锥形状，另一端为方形扁头且与撬棍轴向成 30°～40° 角。撬棍具有结构简单、使用方便、安全、省时、省力和提高功效等特点	
作用	可以用它来将重物从地面掀起并发生位移，应用范围很广	
结构	（1）臂杆。 （2）圆锥头。 （3）方形扁头	臂杆 30° 圆锥头 方形扁头

续表

<table>
<tr><td rowspan="5">使用方法</td><td colspan="2">使用基本原则：
在使用撬棍工具过程中应根据需要合理选择其品种规格，不得以小代大，更不得把它当作使用钢制工具一样来对待</td></tr>
<tr><td colspan="2">使用前的检查：
使用前应检查撬棍是否有裂纹、毛刺，外观检查各部良好，否则禁止使用</td></tr>
<tr><td colspan="2">使用过程：
撬棍的支点应靠近重物，支点下应利用坚硬石块或铁块垫实，并应有一定的接触面积，防止支点滑脱</td></tr>
<tr><td colspan="2">使用方法：
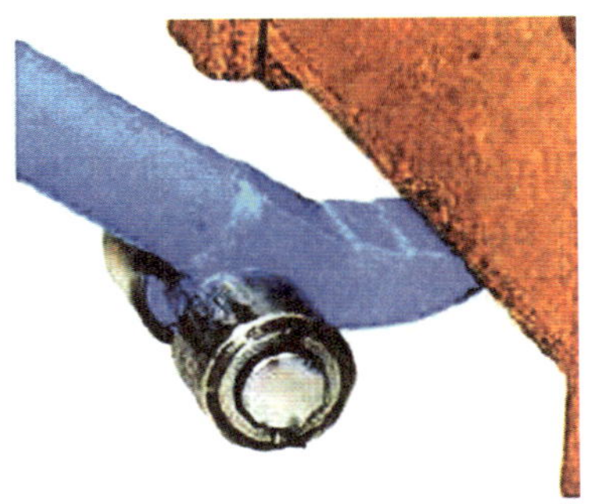
1. 撬棍的支点应靠近重物。
2. 支点下放好垫块。
3. 将方形扁头一端伸入被撬物下方，插牢靠。
4. 用力向下压撬棍的另一端。
5. 使用完毕后将撬棍擦拭干净</td></tr>
<tr><td>错误示范：
垫块未靠近重物</td><td>
正确放置方式
错误放置方式</td></tr>
</table>

续表

使用注意事项	1. 禁止两人一起使用同一支撬棍。 2. 用力适度防止压挤手脚及被撬物飞出伤人。 3. 多人操作应设专人指挥，注意动作一致。 4. 被撬物垫实前，禁止将手脚伸到撬物下面。 5. 禁止在被撬物垫起或没确认放稳前撤离工作现场。 6. 撬棍要插牢，以防止撬棍滑出伤人；严禁骑跨撬棍，不准肩扛撬棍
保养注意事项	使用后，要及时擦拭干净。半年内不用者应涂油或用防腐法保存，停用一年以上的撬棍应涂油装入袋或箱内储存

第二十三节　工具使用作业指导书——砂轮机

名称	砂轮机	
概述	砂轮机是一种机械加工磨具，在多个行业都有应用。如机械加工过程中，因刀具磨损变钝或者刀具损坏，失去切削能力，必须用砂轮对刀具进行刃磨，恢复其切削能力	
作用	砂轮机是用来刃磨各种刀具、工具的常用设备，也用作普通小零件进行磨削、去毛刺及清理等工作	
结构	主要由基座、砂轮、电动机或其他动力源、托架、防护罩和给水器等所组成。可分为手持式砂轮机、立式砂轮机、悬挂式砂轮机、台式砂轮机等	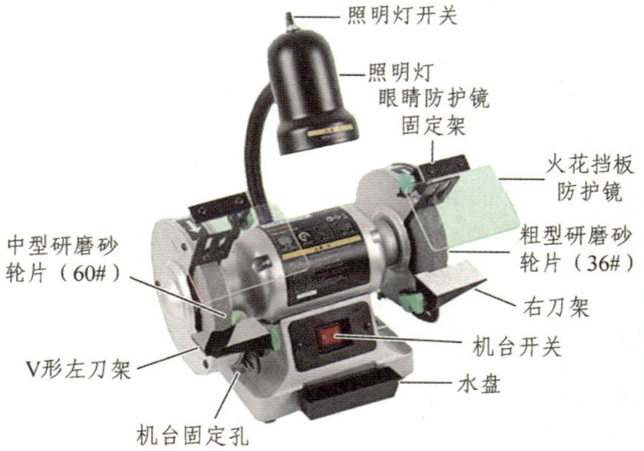 照明灯开关 照明灯 眼睛防护镜固定架 火花挡板防护镜 中型研磨砂轮片（60#） 粗型研磨砂轮片（36#） 右刀架 机台开关 V形左刀架 水盘 机台固定孔
使用方法	安全操作规程： 1. 使用者必须遵守《金属切削加工安全技术操作通则》。 2. 使用者必须熟知砂轮机的构造、性能及维护保养知识。 3. 根据砂轮使用的说明书，选择与砂轮机主轴转数相符合的砂轮。新领的砂轮要有出厂合格证，或检查试验标志。安装前如发现砂轮的质量、硬度、粒度不符合要求或外观有裂缝等缺陷时，不能使用。 4. 砂轮机必须安装牢固可靠，紧固螺丝不准松动或损坏。 5. 砂轮法兰盘必须大小一致，其直径不准小于砂轮直径的 1/3，砂轮与甲板之间必须有柔性垫片。 6. 拧紧螺帽时，要用专用的扳手，不能拧得太紧，严禁用硬的东西锤敲，防止砂轮受击碎裂。	

续表

<table>
<tr><td>使用方法</td><td colspan="2">7. 砂轮装好后，要装防护罩。
8. 新装砂轮启动时，不要过急，先点动检查，经过 5～10 min 试转后，才能使用。实习人员不得更换砂轮。
9. 砂轮开动后，空转 2～3 min，方可使用。
10. 砂轮抖动，没有防护罩，托刀架磨损，装卡不牢固时不准使用。砂轮与托刀架距离必须小于 3 mm。
11. 磨工件或刀具时不准用力过大或撞击砂轮。过大、过小或手控困难的工件及有色金属、非有色金属等，禁止在砂轮机上磨削。
12. 在同一砂轮上禁止两人同时作业，也不得在砂轮侧面磨工件。
13. 磨削时，工作者不准站在砂轮正面，必须戴防护镜及防尘口罩，磨削时间较长的工件，应及时进行冷却，防止烫手，禁止用棉纱等裹住工件进行磨削。
14. 经常修整砂轮表面的平衡度，保持良好的状态。
15. 砂轮磨削损耗到规定尺寸时要立即更换，否则禁止使用。
16. 检查、维护、调整间隙时必须停机操作。
17. 砂轮机必须配备良好的吸尘设备，安装位置便于操作，并必须有良好的照明装置，禁止在阴暗狭小的操作环境下工作。
18. 公用砂轮机必须设置专人管理，所有砂轮保持干燥。砂轮在使用前应进行检查，合格后方可使用。
19. 刃磨结束后应及时关闭砂轮机电源</td></tr>
<tr><td>型号</td><td>型号：
砂轮机的型号应符合 GB/T 9088 规定，其含义如图所示</td><td>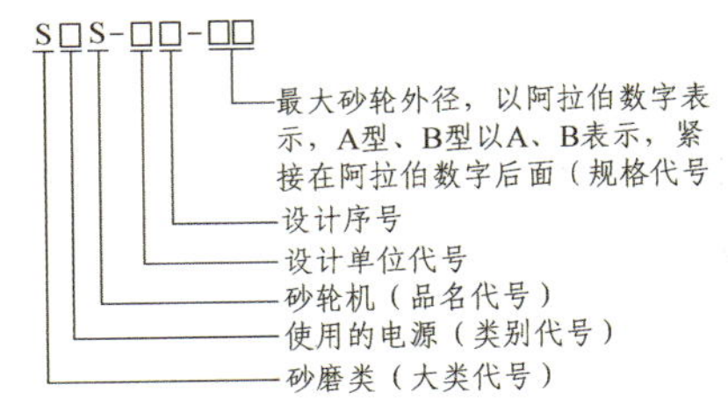
</td></tr>
<tr><td>故障排除</td><td colspan="2">故障排除：
电动机不转动（有电磁声音）
产生原因：（1）起动电容损坏；（2）三相电源断相；（3）电源开关损坏；（4）轴承卡死；（5）绕组烧坏。
排除方法：（1）更换新电容；（2）查修电路；（3）更换电源开关；（4）更换轴承；（5）修理绕组。
电动机不转（无电磁声音）
产生原因：（1）电源开关损坏；（2）停电；（3）绕组烧坏。
排除方法：（1）更换电源开关；（2）等待供电；（3）修理绕组。
砂轮易碎或磨损过快
产生原因：（1）砂轮类型不正确；　（2）砂轮过期或质量不好；（3）轴承损坏；（4）安装不正确。
排除方法：（1）更换类型对应的砂轮；（2）更换合格砂轮；（3）更换轴承；（4）正确安装。
声音不正常
产生原因：（1）轴承磨损严重；（2）砂轮安装不正确；（3）缺相运行；（4）绕组故障。
排除方法：（1）更换轴承；（2）正确安装砂轮；（3）查修电源；（4）查修绕组。</td></tr>
</table>

续表

故障排除	绕组烧毁 产生原因：（1）定子、转子扫膛；（2）三相电动机断相运行；（3）单相电动机误接入 380 V 电源 排除方法：（1）更换轴承；（2）查修电源；（3）查修电源	
正确操作	砂轮机正确使用方法，磨削工件时一定要站在砂轮机的侧面，并佩戴好防护用具	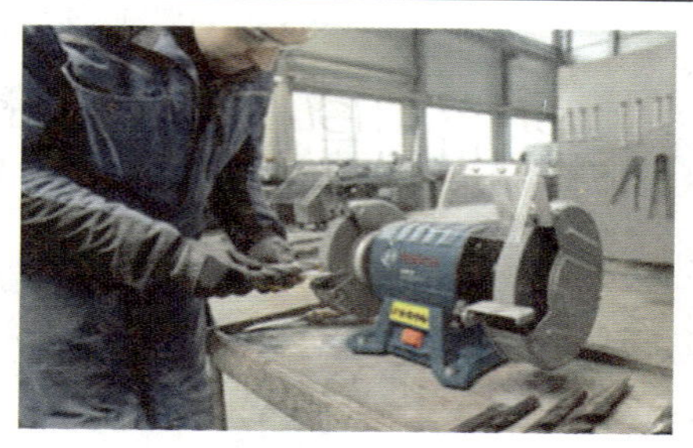
使用注意事项	1. 应根据要加工器件的材质和加工进度要求，选择砂轮的粗细。较软的金属材料，例如铜和铝，应使用较粗的砂轮，加工精度要求较高的器件，要使用较细的砂轮。 2. 根据要加工的形状，选择相适应的砂轮面。 3. 所用砂轮不得有裂痕、缺损等缺陷或伤残，安装一定要稳固。这一点，在使用过程中也应时刻注意，一旦发现砂轮有裂痕、缺损等缺陷或伤残，应立刻停止使用并更换新品；活动时，应立刻停机紧固。 4. 磨削时，操作人员应戴防护眼镜，以防止飞溅的金属屑和砂粒对人体的伤害。 5. 施加在被磨削器件上的压力应适当，过大将产生过热而使加工面退火，严重时将不能使用，同时造成砂轮寿命过快降低。 6. 对于宽度小于砂轮磨削面的器件，在磨削过程中，不要始终在砂轮的一个部位进行磨削，应在砂轮磨削面上以一定的周期进行左右平移，目的是使砂轮磨削面能保持相对平整，便于以后的加工。 7. 为了防止被磨削的器件加工面过热退火，可随时将磨削部位深入水中进行冷却。 8. 定期测量电动机的绝缘电阻，应保证不低于 5 MΩ）。应使用带漏电保护装置的断路器与电源连接	
保养注意事项	1. 设备周围不得有其他杂物，设备表面应保持清洁。 2. 生产操作人员应严格按照标准操作规程进行生产操作，严禁随意操作。 3. 设备电路必须可靠接地，以保护人身安全。 4. 砂轮在安装使用前必须经过严格的检查，有裂纹等缺陷的砂轮绝对不准安装使用。 5. 核对砂轮的特性是否符合使用要求，砂轮与主轴尺寸是否相匹配。 6. 将砂轮自由地装配到砂轮主轴上，不可用力挤压，砂轮内径与主轴和卡盘的配合间隙适当，避免过大或过小。 7. 紧固砂轮的松紧程度应以压紧到带动砂轮不产生滑动为宜，不宜过紧。 8. 调整平衡后的砂轮需在装好防护罩后进行空转试验，空转试验时间应不低于 2 min。 9. 设备运行中有无异常响声。 10. 设备不得有损坏或缺少的部件。 11. 爱护机器，严禁野蛮操作。 12. 禁止使用钢铁类工具敲打砂轮。 13. 设备运行时出现异常应及时停机、上报	

第二十四节　工具使用作业指导书——手锤

<table>
<tr><td>名称</td><td colspan="2">手锤</td></tr>
<tr><td>概述</td><td colspan="2">手锤俗称榔头、锤子，是电工和其他维修工必不可少的工具，锤子有着各式各样的形式，常见的形式是一柄把手以及顶部</td></tr>
<tr><td>作用</td><td colspan="2">校直、錾削、维修和装卸零件等操作中都要用手锤来敲击</td></tr>
<tr><td>结构</td><td>手锤由锤头、木柄和楔子（斜楔铁）组成，种类较多。若按锤头软硬来分，一般分为硬头手锤和软头手锤两种。硬头手锤用碳素工具钢锻制而成，并经热处理淬硬。软头手锤的锤头是用铅、铜、硬木、牛皮或橡皮制成的，多用于装配和矫正工作。
手锤的规格以锤头的质量来分，有 0.25 kg、0.5 kg 和 1 kg 等几种。手锤的木柄应选用比较坚固而不脆的木材制成，如檀木等，手握处的断面应为椭圆形，以便锤头定向，准确敲击。常用的 1 kg 锤头的柄长为 350 mm 左右。木柄安装在锤头中，必须稳固可靠，锤头安装木柄的孔呈椭圆形，且两端大，中间小。木柄敲紧装入锤孔后，再在端部打入带倒刺的铁楔子，用楔子楔紧，就不易松动，可以防止锤头脱落造成事故。锤柄的粗细和强度要适当，要和锤头大小相称</td><td>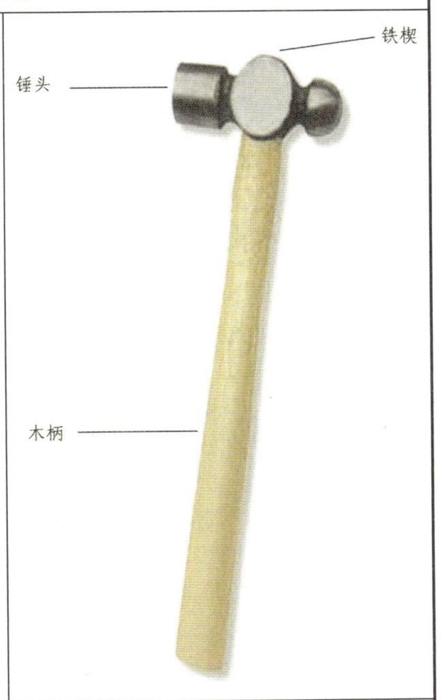
</td></tr>
<tr><td rowspan="2">使用方法</td><td colspan="2">使用基本原则：
使用时，一般为右手握锤，常用的方法有紧握锤和松握锤两种。紧握锤是用右手五指紧握锤柄，大拇指合在食指上，虎口对准锤头方向（木柄椭圆的长轴方向），木柄尾端露出 15～30 mm，从挥锤到击锤的全过程中，全部手指一直紧握锤柄。如果在挥锤开始时，全部手指紧握锤柄，随着锤的上举，逐渐依次地将小指、无名指和中指放松，而在锤击的瞬间，迅速将放松了的手指又全部握紧，并加快手腕、肘以至臂的运动，则称为松握锤。松握锤可以加强锤击力量，而且不易疲劳</td></tr>
<tr><td>使用前的检查：
1. 使用手锤时禁止戴手套。
2. 挥锤前应确认周围情况，不得有其他人员在旁。
3. 手锤使用前，应检查锤柄与锤头是否松动，是否有裂纹，锤头上是否有卷边或毛刺，有缺陷必须修好后再使用。
4. 手、手锤柄、锤头上有油污时，必须擦干净后方能进行操作</td><td>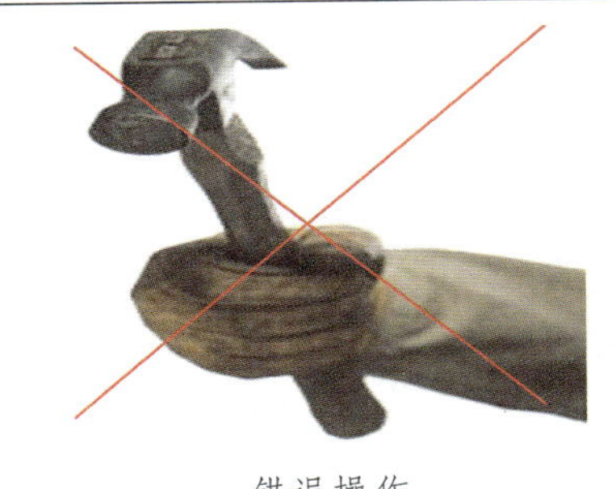
错误操作</td></tr>
</table>

续表

<table>
<tr><td rowspan="2">使用方法</td><td>挥锤方法：
1. 腕挥
腕挥仅用手腕的动作进行锤击运动，采用紧握法握锤。一般用于錾削余量较小或錾削开始或结尾时。在油槽錾削中采用腕挥法锤击，锤击力量均匀，使錾出的油槽深浅一致，槽面光滑。
2. 肘挥
肘挥是手腕与肘部一起挥动做锤击运动，采用松握法握锤，因挥动幅度较大，故锤击力也较大，这种方法应用最多。
3. 臂挥
臂挥是用手腕、肘和全臂一起挥动，其锤击力最大，多用于强力錾切</td><td>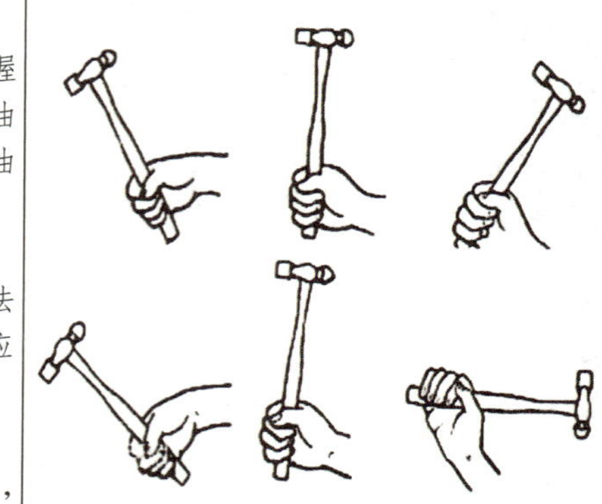</td></tr>
<tr><td colspan="2">挥锤要求：
挥锤要求准、稳、狠。
准就是命中率要高；稳就是速度节奏为 40 次/分；狠就是锤击要有力。
錾削时的锤击要稳、准、狠，其动作要一下一下有节奏地进行，一般在肘挥时约 40 次/分钟，腕挥时约 50 次/分钟。
手锤应是加速度敲下去，可增加锤击的力量。
因手锤从它的质量 m 和手或手臂提供给它的速度 v 获得能量 W 的计算公式是：$W=\frac{1}{2}mv^2$。故当手锤的质量增加 1 倍，能量也增加 1 倍，而速度增加 1 倍，则能量增加 4 倍。
锤击要领：
挥锤时做到肘收臂提，举锤过肩；手腕后弓，三指微松；锤面朝天，稍停瞬间。
锤击时做到目视錾刃，臂肘齐下；收紧三指，手腕加劲；锤錾一线，锤走弧形；左脚着力，或右腿伸直</td></tr>
<tr><td>使用注意事项</td><td colspan="2">（1）作业完毕后将手锤放置在指定位置，以防滑落磕碰伤人。
（2）清除锤头上的杂物或油污，待下次使用</td></tr>
<tr><td>保养注意事项</td><td colspan="2">（1）对手锤的放置位置及锤柄、锤头进行检查，有油污或杂物时须擦拭干净。
（2）定期检查锤柄与锤头是否松动，是否有裂纹，锤头上是否有卷边或毛刺，有缺陷必须进行维修</td></tr>
</table>

第二十五节　工具使用作业指导书——手枪钻

<table>
<tr><td>名称</td><td colspan="2">手枪钻</td></tr>
<tr><td>概述</td><td colspan="2">手枪钻是以交流电源或直流电池为动力的钻孔工具，是手持式电动工具的一种</td></tr>
<tr><td>作用</td><td colspan="2">用于金属材料、木材、塑料等钻孔的工具。广用于建筑、装修、家具制造等行业，用于在物件上开孔或洞穿物体，有的行业之也称为电锤</td></tr>
<tr><td>结构</td><td>手枪钻的主要构成：钻夹头、输出轴、齿轮、转子、定子、机壳、开关和电缆线。
常用配件：麻花钻头</td><td>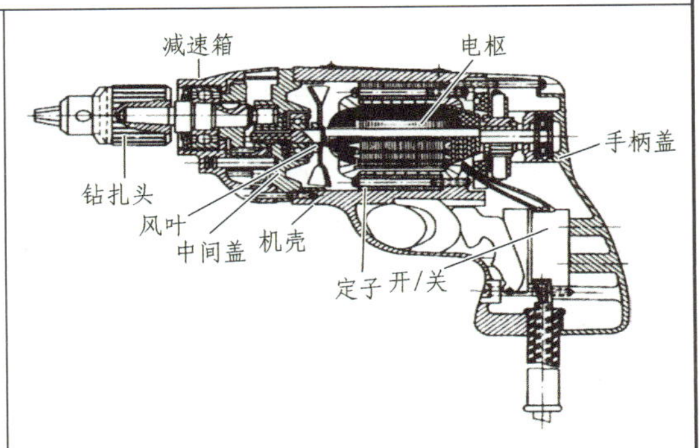
</td></tr>
<tr><td rowspan="2">使用方法</td><td colspan="2">正确使用方法：
1. 在金属材料上钻孔时应首先在被钻位置处冲打样冲眼。
2. 在钻较大孔眼时，预先用小钻头钻穿，然后再使用大钻头钻孔。
3. 如需长时间在金属上进行钻孔时可采取一定的冷却措施，以保持钻头的锋利。
4. 钻孔时产生的钻屑严禁用手直接清理，应用专用工具清屑</td></tr>
<tr><td>使用细则：
1. 确保电路安全：在使用前和使用过程中要确保电路正常，连接电源的电线无破损、破皮漏电情况。如果有电线裸露，要用绝缘胶布包裹好才能使用。
2. 确保开关装置安全：手电钻不使用时要关闭开关，防止下一次使用通电时手钻突然转动伤人。
3. 使用前检查：手电钻在使用前，通电打开开关后应先空转 0.5～1 s，检查传动部分是否灵活，有无异常杂音，螺钉等有无松动，换向器火花是否正常。
4. 掌控方式要正确：用手电钻打孔时要双手紧握，尽量不要单手操作。
5. 钻头选择正确：不能使用有缺口的钻头，钻孔时向下压的力不要太大，防止钻头打断。
6. 手柄处集合了 3 个按钮：“开关”处为电子无级调速开关，按压深浅可以调节转速；正反转调节按钮可以用于拧起螺丝时调节旋转方向；黑色按钮时开关锁，开启开关后开关按到底可使工具持续工作，可以理解成“定速巡航”，持续作业时很方便。
7. 通过左右调节正反转调节按钮，来实现正转和反转。</td><td>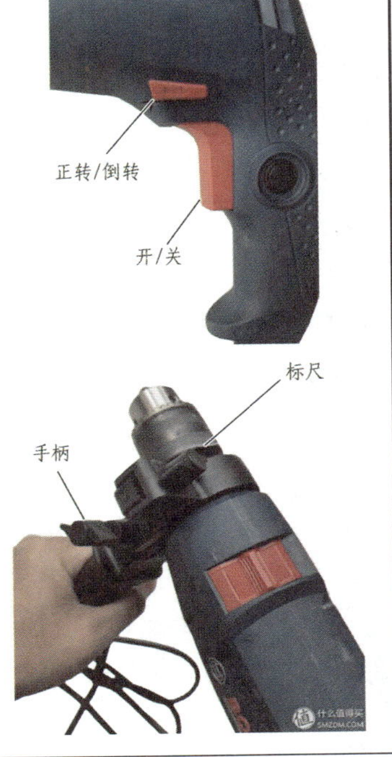
</td></tr>
</table>

续表

使用方法	8. 手柄上有两个旋钮，分别固定手柄和标尺。手柄是可拆卸的，角度可以任意调节。简单情况下老手使用可以不用安手柄，但新手还是安上稳一点，两只手抓着比较稳固。	
	9. 钻头由 3 个金属爪夹紧，适合多种钻头。安装钻头时，先旋转有齿轮的那一圈，旋紧至听到连续“咔哒”声，然后拿钥匙插入侧面小孔旋紧固定。在钻孔之前最好先空转一下，观察钻头是不是安装正了、有没有松动	
	10. 安上钻头以后就可以装上量尺了，量尺和钻头前端的距离差也就是想要的钻孔深度。这个大概估计就好，有经验的不用量尺也行。	
	11. 使用案例如图所示	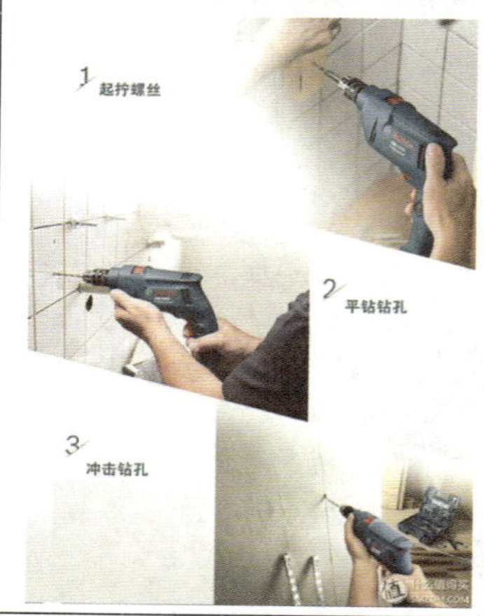

续表

作业前应注意事项	1. 确认现场所接电源与电钻铭牌是否相符，是否有漏电保护器。 2. 钻头与夹持器应适配，并妥善安装。 3. 电钻上开关接通锁扣状态，否则插头插入电源插座时电钻将出其不意地立刻转动，从而导致人员伤害。 4. 作业场所在远离电源的地点，需延伸线缆时，应使用容量足够、安装合格的延伸线缆。延伸线缆如通过人行过道应高架或采取防止线缆被碾压损坏的措施
使用时个人防护	1. 面部朝上作业时，要戴上防护面罩。在生铁铸件上钻孔要戴好防护眼镜，以保护眼睛。钻头夹持器应妥善安装。 2. 作业时钻头处在灼热状态，应注意避免灼伤肌肤。 3. 钻 ϕ12 mm 以上的孔时应使用有侧柄手枪钻。 4. 站在梯子上工作或高处作业时应做好防高处坠落措施，梯子应有地面人员扶持
安全操作规程	1. 手电钻外壳必须有接地或者接零中性线保护。 2. 手电钻导线要保护好，严禁乱拖，防止轧坏、割破，更不准把电线拖到油水中，防止油水腐蚀电线。 3. 使用时一定不能戴手套、首饰等物品，防止卷入设备给手带来伤害；穿胶布鞋；在潮湿的地方工作时，必须站在橡皮垫或干燥的木板上工作，以防触电。 4. 使用中发现电钻漏电、振动、高热或者有异声时，应立即停止工作，找电工检查修理。 5. 电钻未完全停止转动时，不能卸、换钻头。 6. 停电休息或离开工作地时，应立即切断电源。 7. 不可以用来钻水泥和砖墙，否则，极易造成电机过载，烧毁电机
维护和检查	1. 检查钻头 使用迟钝或弯曲的钻头，将使发动机过负荷面工况失常，并降低作业效率，因此，若出现这类情况，应立刻处理更换。 2. 电钻器身紧固螺钉检查 使用前检查电钻机身安装螺钉紧固情况，若发现螺丝松了，应立即重新扭紧，否则会导致电钻故障。 3. 检查碳刷 电动机上的碳刷是一种消耗品，其磨耗度一旦超出极限，电动机将发生故障，因此，磨耗了的碳刷应立即更换。此外，碳刷必须常保持干净状态。 4. 保护接地线检查 保护接地线是保护人身安全的重要措施，因此Ⅰ类器具（金属外壳）应经常检查其外壳应有良好的接地

第二十六节　工具使用作业指导书——丝锥

名称	丝锥
概述	丝锥是加工各种中、小尺寸内螺纹的刀具，结构简单，使用方便，既可手工操作，也可以在机床上工作，在生产中应用非常广泛

续表

结构

尽管丝锥的种类很多，但它的结构基本上是相同的。

1. 切削部分齿形是不完整的，后一刀齿比前一刀齿高，当丝锥做螺旋运动时，每一个刀齿都切下一层金属，丝锥主要的切屑工作是由切削部分担负。
2. 校准部分的齿形是完整的，它主要用来校准及修光并起引导作用。
3. 沟槽：切削、容屑、排屑。
4. 柄部：传递扭矩。
5. 方头：安装丝锥工具

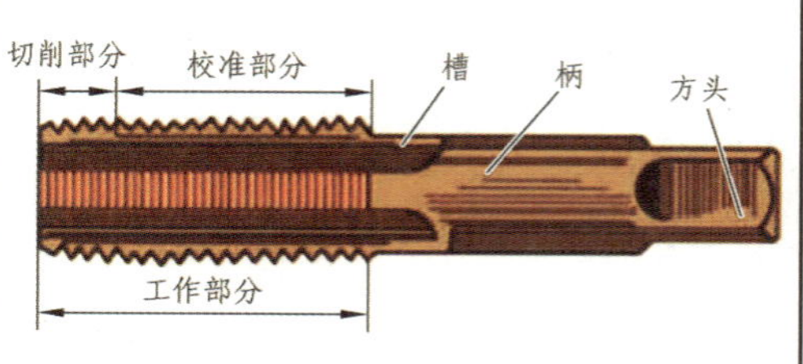

种类

丝锥分类：

1. 按驱动不同分：手用丝锥和机用丝锥。
2. 按加工方式分：切削丝锥和挤压丝锥。
3. 按被加工螺纹分：公制粗牙丝锥，公制细牙丝锥，管螺纹丝锥等。
4. 根据其形状分为直槽丝锥、螺旋槽丝锥和螺尖丝锥。
5. 按使用时丝锥攻丝方向又可分为顺扣丝锥和倒扣丝锥

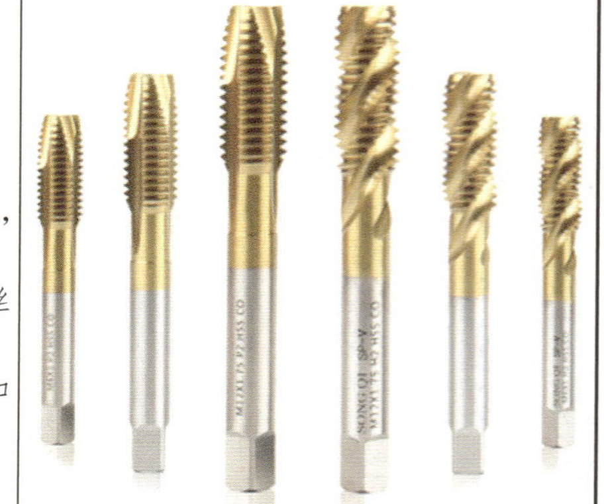

选用丝锥

国产机用丝锥都标志中径公差带代号：H1、H2、H3 分别表示公差带不同的位置，但公差值是相等的。手用丝锥的公差带代号为 H4，公差值、螺距及角度误差比机用丝锥大，材质、热处理、生产工艺也不如机用丝锥。H4 按规定可以不标志。丝锥中径公差带所能加工的内螺纹公差带等级见表

（国产）丝锥公差带代号	适用内螺纹公差带等级
H1	4H、5H
H2	5G、6H
H3	6G、7H、7G
H4	6H、7H

手用丝锥攻丝

用丝锥攻丝时不正确的操作方法，会使攻出的螺孔质量降低或折断丝锥。因此，攻丝时必须仔细小心。

在钳台上用手用丝锥攻丝时，应注意以下几点：

1. 将丝锥对准眼孔，用眼判断，使丝锥和工件的平面垂直。
2. 将丝锥转动一圈，从前面及侧面两方面来观察，考查是否对正，即丝锥是否与工作平面垂直，必要时可以从前面后侧面用直角尺测验是否对正，如果已对正，则把丝锥转动两圈，仍用上述方法，考核是否对正；
3. 在攻丝时，若感觉向前旋转费力，则不可强制旋转，应立即停止，向后倒退 1/4 圈，以清除丝锥切削部分和孔眼周围所积存的切屑，然后再继续向前攻。
4. 若对得不正，应该把丝锥倒旋出来，重新对正，否则会使攻出的螺孔倾斜。
5. 在攻丝时用力必须均匀，可以一只手按住扳手，一只手扶着丝锥，均匀地用力旋转，或者两手平衡按着扳手，均匀地用力旋转。

续表

<table>
<tr><td>手用丝锥攻丝</td><td>6. 所使用的扳手要与丝锥的大小相适，扭动扳手费力时，绝对不可在扳手上加长套。
7. 攻丝完毕，倒旋出丝锥时，在用扳手松动丝锥后，不能连带着扳手一起后退，这一点应特别注意，以防止损坏螺孔中的螺纹和丝锥。
8. 取出丝锥后，将螺纹孔内积存的切屑倒出来，或用油灌出、用钩子掏出、用压缩空气吹出均可，切不可用嘴吹，以免铁屑飞进眼睛。
9. 攻丝时，碰到材料有石块或攻不动时，可先用三攻丝锥在已攻好的部分回攻一下，以减少切削力，然后再继续用头攻丝锥攻</td></tr>
<tr><td>机用丝锥攻丝</td><td>在机床上用机用丝锥攻丝时，应注意以下事项：
1. 工作螺孔的中心应与丝锥中心在一条直线上。
2. 当丝锥将进入工件上已钻好的底孔时应用手扶住，避免丝锥与工件碰撞。
3. 在机床上攻丝时，为了避免丝锥受力过大而折断，最好采用具有保护装置的攻丝工具。
4. 攻丝的长度在机床上或攻丝工具上定位准确，攻丝的尝试不能等于孔的深度，一般应比底孔的深度少 1～2 mm，有时可更小一点，具体可按标准规定进行预钻孔。
5. 在机床上攻制通孔螺纹时，丝锥最好通过工件取出，不要回旋出来，以防止可能损坏已攻好的螺纹；攻制不通孔螺纹时，则可使机床主轴做反方向旋转，倒退出丝锥</td></tr>
<tr><td>注意事项</td><td>攻丝时，应注意充分冷却能提高螺纹的光洁度和丝锥寿命，一般使用冷却液有下面几种：A.乳化液；B 混成油；C 硫化油；D 植物油。前面几种冷却液性能较高，但润滑性较低，其中乳化液具有最高的冷却性和最低的润滑性，而植物油则具有最低的冷却性和最高的润滑性。高速切削时，采用乳化的混成油较好，丝锥攻丝时，若螺纹光洁度要求较高，则除降低切削速度外，可选用植物油和硫化油。
在铸铁上攻制螺纹时，一般不使用冷却液，必要时可用煤油。攻铸铜时，不需用冷却液</td></tr>
<tr><td>攻螺纹常见的问题</td><td>
<table>
<tr><th>问题</th><th>产生原因</th><th>解决方法</th></tr>
<tr><td>丝锥折断</td><td>螺纹底孔加工时，底孔直径偏小，排屑不好造成切屑堵塞；攻盲孔螺纹时，钻孔的深度不够；攻螺纹的速度太高；攻螺纹用的丝锥与螺纹底孔直径不同轴；丝锥刃磨参数的选择不合适；被加工工件硬度不稳定；丝锥使用时间过长，过度磨损</td><td>正确地选择螺纹底孔的直径；刃磨刃倾角或选用螺旋槽丝锥；钻底孔的深度要达到规定的标准；适当降低切削速度，按标准选取；攻螺纹时校正丝锥与底孔，保证其同轴度符合要求，并且选用浮动攻螺纹夹头；增大丝锥前角，缩短切削锥长度；保证工件硬度符合要求，选用保险夹头；发现丝锥磨损应及时更换</td></tr>
<tr><td>丝锥崩齿</td><td>丝锥前角选择过大；丝锥每齿切削厚度太大；丝锥的淬火硬度过高；丝锥磨损严重</td><td>适当减小丝锥前角；适当增加切削锥的长度；降低硬度并及时更换丝锥</td></tr>
<tr><td>丝锥磨损过快</td><td>攻螺纹时速度过高；丝锥刃磨参数选择不合适；切削液选择不当，使用不充分；工件的材料硬度过高；丝锥刃磨时，产生烧伤现象</td><td>适当降低切削速度；减小丝锥前角，加长切削锥的长度；选用润滑性好的切削液；对被加工工件进行适当的热处理；正确地刃磨丝锥</td></tr>
</table>
</td></tr>
</table>

续表

续表

问题	产生原因	解决方法
螺纹中径过大	丝锥的中径精度等级选择不当；切削液选择不合理；攻螺纹的速度过高；丝锥与工件螺纹底孔同轴度差；丝锥刃磨参数选择不合适；刃磨丝锥产生毛刺；丝锥切削锥长度过短	选择合适精度等级的丝锥中径；选择适宜的切削液并适当降低切削速度；攻螺纹时校正丝锥和螺纹底孔同轴度；采用浮动夹头；适当减小前角与切削锥后角；消除刃磨丝锥产生的毛刺，并适当增加切削锥长度
螺纹中径过小	丝锥的中径精度等级选择不当；丝锥刃磨参数不合适；丝锥磨损；切削液选择不合适	选择适宜精度等级的丝锥中径；适当加大丝锥前角和切削锥度；更换磨损过大的丝锥；选用润滑性好的切削液
螺纹表面粗糙度大	丝锥刃磨参数不合适；工件的材料硬度过低；丝锥刃磨质量差、切削液选择不当；攻螺纹的削速太高；丝锥磨损大	适当加大丝锥前角，减小切削锥度；进行热处理，适当提高工件硬度；保证丝锥前刀面有较低的表面粗糙度值；选择润滑性好的切削液；适当降低切削速度；更换已磨损的丝锥

第二十七节　工具使用作业指导书——錾子

名称	錾子	
概述	1. 常用的錾子主要有扁平錾、尖錾、油槽錾等。 2. 錾子是錾削用的工具，通常是用碳素钢制作的，不可用高速钢做錾子。热处理后的硬度为HRC48－52；錾顶不准淬火，不准有裂纹和毛刺。 3. 一般錾削毛坯表面的毛刺，浇、冒口和分割材料可用扁錾（阔錾）；錾槽及分割曲线形板料可用尖錾（狭錾）；錾削油槽使用油槽錾	扁平錾　尖錾　油槽錾
作用	目前錾削一般用来錾掉锻件的飞边、铸件的毛刺和浇冒口，錾掉配合件凸出的错位、边缘及多余的一层金属，分割板料和錾切油槽等	
结构	（1）錾刃。 （2）錾身。 （3）錾顶	錾刃　錾身　錾顶
使用方法	使用基本原则： 錾削时，应从工件侧面的尖角处轻轻起錾，錾开缺口后再全刃工作，否则，錾子容易弹开或打滑；切削距工件尽头10 mm处时，应掉头錾削	

续表

	内容	图示
使用方法	使用前的检查： 使用前应先检查錾口是否有裂纹、毛刺；外观检查各部良好，否则禁止使用	
	使用过程： 平面錾法是先在工件上划好线，然后用尖錾开槽，最后再用扁平錾錾成平面	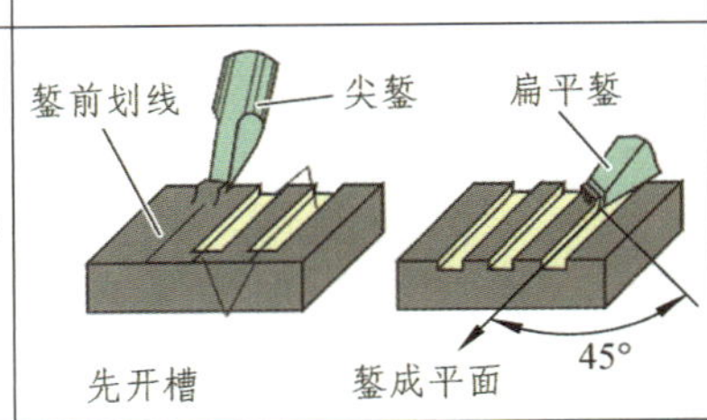
	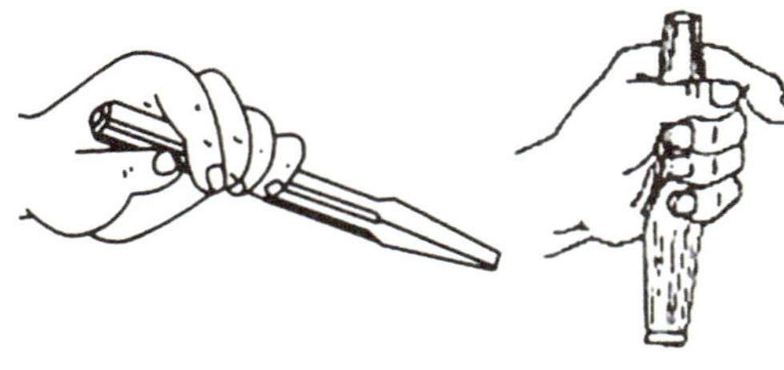 1. 正握法　2. 立握法　3. 反握法 錾子的握法如上图所示。 1. 正握法：手心向下，用虎口夹住錾身，拇指与食指自然张开，其余三指自然弯曲靠拢握住錾身，露出虎口上面的錾子顶部不宜过长，一般在 20 mm 左右。 2. 立握法：虎口向上，拇指放在錾子一侧，其余四指放在另一侧捏住錾子。这种握法用于垂直錾切工件，如在铁砧上錾断材料。 3. 反握法：手心向上，手指自然捏住錾身，手心悬空。这种握法适用于小量的平面或侧面錾削	
	握法示范	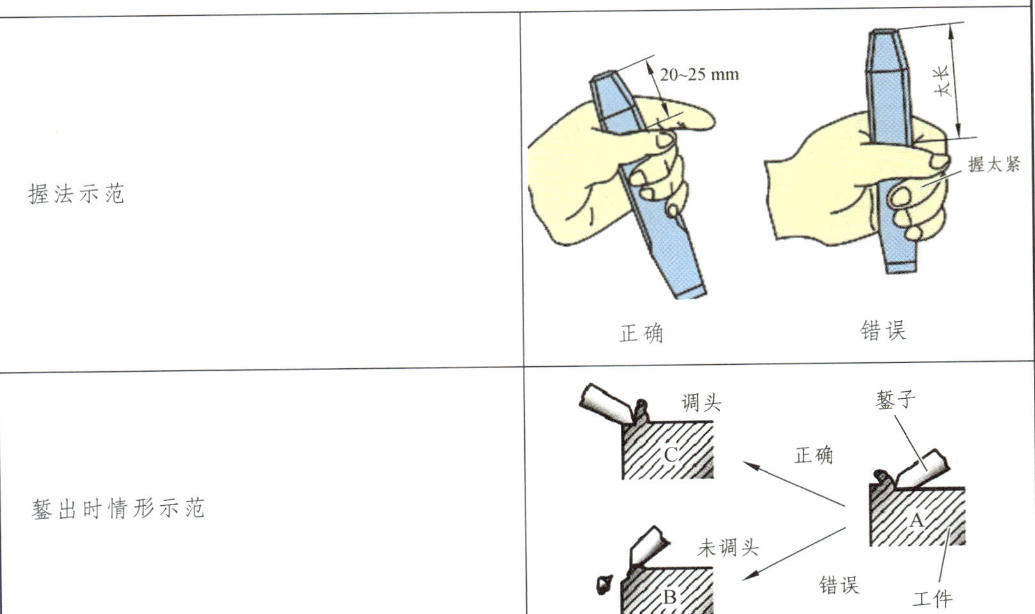
	錾出时情形示范	

续表

使用方法	錾削姿势示范	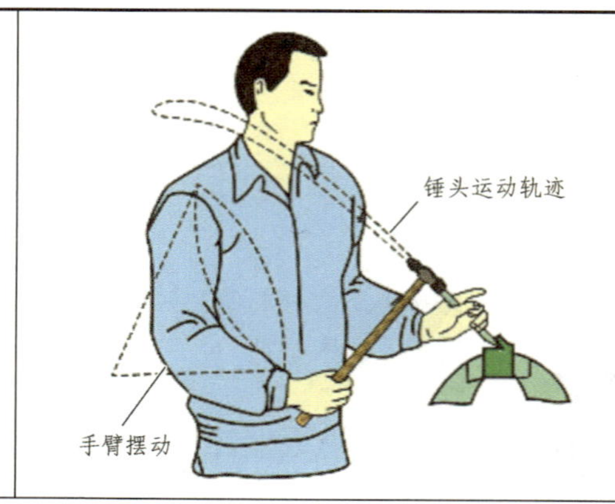
使用注意事项	1. 不要正面对人操作。 2. 錾削时，眼睛看錾削部位。 3. 錾头不能有毛刺。 4. 为减少錾击对手的震动，錾子不要握得太紧。 5. 操作时不能戴手套，以免打滑；錾削临近终了时要减力锤击，以免用力过猛伤手	
保养注意事项	使用后，要及时擦拭干净。若錾子刃口变钝、錾顶出现卷边及毛刺，可在砂轮机上磨削修整，使其刃部和顶部符合要求	

第二十八节　工具使用作业指导书——大锤

名称	大锤
概述	大锤，是钳工和其他维修工种必不可少的工具，大锤有着各式各样的形式，常见的形式是一柄把手以及锤头
作用	拆除连接部件连接销。矫正、维修和装卸零件等操作中都要用大锤来敲击
使用方法	使用基本原则： 使用时，一般为双手握柄，常用的方法有紧握锤和松握锤两种。紧握锤是用双手十指前后紧握锤柄，大拇指合在食指上，虎口对准锤头方向（木柄椭圆的长轴方向），木柄尾端露出 15～30 mm，从挥锤到击锤的全过程中，全部手指一直紧握锤柄。如果在挥锤开始时，全部手指紧握锤柄，随着锤的上举，逐渐依次地将左手小指、无名指和中指放松，而在锤击的瞬间，迅速将放松了的手指又全部握紧，并加快手腕、肘以至臂的运动，则称为松握锤。松握锤可以加强锤击力量，而且不易疲劳
	使用前的检查： 1. 使用大锤时禁止戴手套。 2. 挥锤前应确认周围情况，不得有人。 3. 使用前，应检查锤柄与锤头是否松动，是否有裂纹，锤头上是否有卷边或毛刺，有缺陷必须修好后再使用。 4. 手、锤柄、锤头上及作业场地有油污时，必须擦干净后方能进行操作

续表

挥锤要求	挥锤要求： 挥锤要求稳、准、狠。 稳就是速度节奏均匀；准就是命中率要高；狠就是锤击要有力。 拆连接销锤击要稳、准、狠，其动作要一下一下有节奏地进行，一般在肘挥时约20次/分钟。 大锤应是加速度敲下去，可增加锤击的力量。 因大锤从它的质量 m 和手或手臂提供给它的速度 v 获得能量 W 的计算公式是：$W=\frac{1}{2}mv^2$。故当手锤的质量增加1倍，能量也增加1倍，而速度增加1倍，则能量增加4倍。 锤击要领： 挥锤时做到肘收臂提，举锤过肩；锤面朝天，稍停瞬间。 锤击时做到目视工件，臂肘齐下；双手十指收紧，手腕加劲；锤件一线，锤走弧形；左脚着力，或右腿伸直	
使用注意事项	（1）作业完毕后将大锤放置在指定位置，以防滑落磕碰伤人。 （2）清除锤头上的杂物或油污，待下次使用	
保养注意事项	（1）对大锤的放置位置及锤柄、锤头进行检查，有油污或杂物时须擦拭干净。 （2）定期检查锤柄与锤头是否松动，是否有裂纹，锤头上是否有卷边或毛刺，有缺陷必须进行维修	

第二十九节　工具使用作业指导书——管钳

名称	管钳
概述	管钳是一种用来夹持和旋转钢管类的工件。广泛用于石油管道和民用管道安装
用途	用于紧固或拆卸各种管子、管路附件或圆形零件

续表

<table>
<tr><td>规格分类</td><td>

规格	基本尺寸/mm	偏差	最大夹持管径/mm
6″	150	±3%	20
8″	200	±3%	25
10″	250	±3%	30
12″	300	±4%	40
14″	350	±4%	50
18″	450	±4%	60
24″	600	±5%	75
36″	900	±5%	85
48″	1 200	±5%	110

</td><td>分类：管子钳按其承载能力分为重级、普通级两个等级；按重量分为加重型、重型、轻型；按款式分为英式、美式、德式、西班牙式、偏斜式、链条、鹰嘴双柄管钳等；按柄部材质分为铝合金管钳、铸钢管钳、玛钢管钳、球铁管钳等
</td></tr>
<tr><td>结构原理</td><td colspan="2">结构：主要由：手柄（力臂），活动钳口，调节轮，反力弹片，固定销组成。
原理：用钳口的锥度增加扭矩，通常锥度在 3°～8°，咬紧管状物。自动适应不同的管径，自动适应钳口对管施加应力而引起的塑性变形，在出现这种降低管径的情况下，保证扭矩，不打滑</td></tr>
<tr><td>使用方法</td><td colspan="2">1. 调节钳口间距以适应管子口径（管子卡在管钳口深 2/3 处为最好，保证钳口可靠卡住管子）。
2. 旋紧钳口调节轮旋钮。
3. 紧固管件时，顺时针方向用力，松动管件时，逆时针方向用力</td></tr>
<tr><td rowspan="2">紧固管件</td><td>错误示范：
钳口夹持错误</td><td>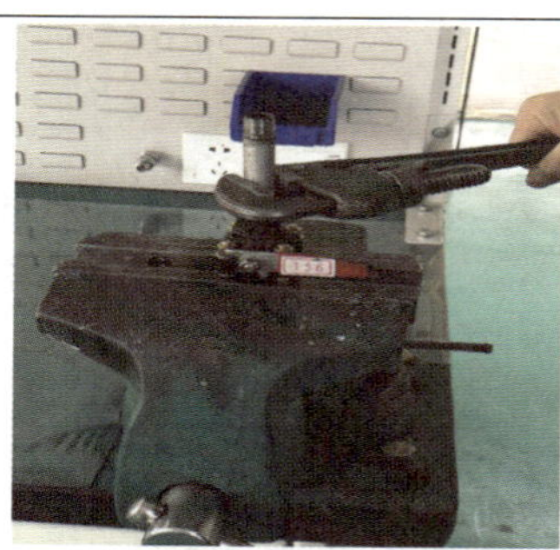</td></tr>
<tr><td>正确示范：
钳口夹持正确</td><td></td></tr>
</table>

续表

<table>
<tr><td>松动管件</td><td>正确示范：
钳口夹持正确</td><td></td></tr>
<tr><td>保养使用注意事项</td><td colspan="2">1. 要选择合适的规格。
2. 钳头开口要等于工件的直径。
3. 钳头要卡紧工件后再用力扳，防止打滑。
4. 用加力杆时长度要适当，不能用力过猛或超过管钳的允许强度。
5. 管钳的牙和调节环要保持清洁。
6. 用后及时洗净，涂抹黄油，防止旋转螺母生锈。
7. 用完后及时放回工具架。
8. 使用管钳时，应先检查固定销钉是否牢固，钳头、钳柄有无裂痕，有裂痕者不能使用；较小的管钳，不能用力过大，不能加加力杠使用，不能把管钳当成锤子或撬杠使用</td></tr>
</table>

第三十节　工具使用作业指导书——梅花扳手

<table>
<tr><td>名称</td><td colspan="2">梅花扳手</td></tr>
<tr><td>概述</td><td colspan="2">梅花扳手两端呈花环状，其内孔是由 2 个正六边形相互同心错开 30° 而成</td></tr>
<tr><td>分类</td><td colspan="2">梅花扳手有很多种：直柄梅花扳手，敲击梅花扳手，弯柄梅花扳手。通常有 6 道或 12 道槽口，使螺帽受力面增加，平均受力减小，使螺帽不易损坏</td></tr>
<tr><td>作用</td><td colspan="2">梅花扳手容易套于螺帽上且不易滑脱，适合于初松紧或最后锁紧螺帽</td></tr>
<tr><td>结构</td><td>俗称眼镜扳手，两端是套筒式圆环状的，圆环内一般有 12 个棱角，能将螺母或螺栓的六角部分全部围住，工作时不易滑脱，安全可靠。很多梅花扳手都有弯头，常见的弯头角度在 10°～45°，从侧面看旋转螺栓部分和手柄部分是错开的</td><td></td></tr>
</table>

续表

<table>
<tr><td rowspan="4">使用方法</td><td colspan="2">使用基本原则：
1. 扳转时，严禁将加长的管子套在扳手上以延伸扳手的长度增加力矩，严禁捶击扳手以增加力矩，否则会造成工具的损坏。
2. 严禁使用带有裂纹和内孔已严重磨损的梅花扳手</td></tr>
<tr><td colspan="2">使用前的检查：
1. 外观检查（外观检查各部良好，无缺损）。
2. 选择好适用于锁紧螺母尺寸的扳手</td></tr>
<tr><td>正确使用示范：
在使用梅花扳手时，左手推住梅花扳手与螺栓连接处，保持梅花扳手与螺栓完全配合，防止滑脱，右手握住梅花扳手另一端并加力。梅花扳手可将螺栓、螺母的头部全部围住，因此不会损坏螺栓角，可以施加大力矩</td><td></td></tr>
<tr><td>错误使用示范：</td><td>
错误使用方式</td></tr>
<tr><td>使用注意事项</td><td colspan="2">1. 不要使用损坏或有裂纹的梅花扳手，否则会伤害自己或别人。
2. 六边形的梅花扳手比 12 边形的梅花扳手更具有防滑性。
3. 梅花扳手的选用要与螺栓或螺母的尺寸相适应。
4. 要将螺栓或螺母套牢固后才能搬动用力，否则会损坏螺栓或螺母。
5. 不能用管子套在扳手上以增加扳手的长度来拧紧，这样会损坏扳手或螺栓或螺母</td></tr>
<tr><td>保养注意事项</td><td colspan="2">1. 每次使用完后，由于开口会有磨痕，所以建议用完后清理脏污，并涂油保养。
2. 手把有弯曲变形时要及时更新，防止下次他人在使用过程中发生事故</td></tr>
</table>

参考文献

[1] 南车株洲电力机车有限公司. 神华八轴大功率交流传动电力机车检修手册. 2012.
[2] 全国量具量仪标准化技术委员会. 量具量仪机械工业标准汇编. 北京：机械工业出版社，2012.